Konrad Sattler

Lehrbuch der Statik

Theorie und ihre Anwendung

Zweiter Band

Höhere Berechnungsverfahren

Teil A: Spannungen und Schnittbelastungen

Springer-Verlag Berlin Heidelberg New York 1974

Dr.-Ing. Dr. techn. h. c. Konrad Sattler

o. Professor an der Technischen Hochschule in Graz

M. I. Struct. E., Chartered Structural Engineer, London

Mit 376 Abbildungen

ISBN 978-3-642-52180-5   ISBN 978-3-642-52179-9 (eBook)
DOI 10.1007/978-3-642-52179-9

Library of Congress Catalog Card Number 69-14537

Meiner Frau Friedel
gewidmet

Vorwort

Während im Band I die klassischen, grundlegenden Methoden der Statik ebener Stab- und Fachwerke enthalten sind, werden im Band II eine Reihe von besonderen Gebieten der Statik behandelt, deren Beherrschung für einen verantwortlich arbeitenden Ingenieur von Vorteil ist. Es handelt sich dabei sowohl um Verfahren zur Ermittlung von Schnittbelastungen (Bd. II A) als auch um solche zur Bestimmung von Eigenwerten (Bd. II B), wie sie bei Stabilitätsproblemen und bei Fragen der Eigenschwingungen zur Anwendung kommen.

Ein wesentlicher Teil dieses Werkes betrifft räumliche Stab- und Fachwerke. Letztere werden vorteilhaft unter Verwendung der Vektoren-, Dyaden- und Matrizenrechnung erfaßt. Ein kurzer Auszug der wesentlichen, aber vielfältig anwendbaren Operationen mit Vektoren, Dyaden und Matrizen bildet daher den Beginn des Werkes.

Aus den Schnittbelastungen erhält der Ingenieur über die Spannungsermittlung einen Einblick über die Beanspruchungen und die Sicherheit der Konstruktionen, wobei sowohl ebene als auch räumliche Spannungszustände Berücksichtigung finden müssen. Die Aussagen über Anstrengungshypothesen weisen jedoch einen wesentlich größeren Streubereich auf, als die Ermittlung der Schnittbelastungen, die genauer erfaßt werden können. Ein eigenes zusammenfassendes Kapitel gibt sowohl Einblick in die Berechnung ebener und räumlicher Spannungszustände aus den Schnittbelastungen, als auch eine Gegenüberstellung der verschiedenen Anstrengungshypothesen, damit der Ingenieur sich selbst ein Urteil über die vielen damit verbundenen schwierigen Probleme bilden kann.

Die Torsion und die sich daraus ergebenden Spannungen werden — wegen ihrer besonderen Bedeutung — in einem eigenen Kapitel behandelt.

Die Kapitel über Trägerroste und Rautenfachwerke zeigen, wie mit geringem Aufwand vielfach statisch unbestimmte Systeme mit einfachen Näherungsberechnungen erfaßt werden können, wobei deren Ergebnisse nur wenige Prozent von den genauen Werten abweichen.

In den Kapiteln über die Stabilität und die Schwingungen wird gezeigt, wie nicht nur Einzelstäbe, sondern beliebige ebene und räumliche Systeme im elastischen und plastischen Bereich erfaßt werden können, wobei genauen Methoden wieder einfache Näherungsberechnungen gegenübergestellt werden.

Obwohl in diesem Werk nur Teilgebiete der Statik aufgenommen werden konnten, wird darin eine Vielfalt der verschiedensten Methoden geboten, die auch bei immer wieder neu auftretenden Problemen sinngemäß zur Anwendung kommen können. Sie werden daher dem Ingenieur bei der Schaffung neuer Konstruktionen eine Hilfe sein können, um die volle Verantwortung für deren Sicherheit zu tragen.

Zahlenbeispiele zeigen zu allen Kapiteln die Anwendung der Theorien.

Mit den vier Bänden I A und B, II A und B ist ein Werk abgeschlossen, das einen großen Bereich der Statik ebener und räumlicher Tragwerke erfaßt. Dieses soll eine zusammenfassende Grundlage zu den anderweitigen, modernen Werken über Flächentragwerke und Finite Elemente bilden. Ein Ingenieur, der Stab- und Fach-

werke voll beherrscht und sich auch über Anstrengungsprobleme Rechenschaft geben
kann, wird sich auch in anderen Bereichen zurecht finden.

Von den angegebenen Entwicklungen sind manche während meiner langen Tätigkeit als Hochschullehrer an der Technischen Universität Berlin und der Technischen Hochschule in Graz — die nun zu Ende geht — entwickelt worden. Während dieser ganzen Zeit war ich im ständigen Gedankenaustausch mit meinen jeweiligen Assistenten, die auch die umfangreichen Zahlenrechnungen durchgeführt haben. Sie sind somit wesentlich am Zustandekommen dieses Werkes beteiligt. So danke ich als erstes meinen ehemaligen und jetzigen Mitarbeitern, den Herren:

Civ. Eng. Dr.-Ing. Hk. Bandel, New York;
Baurat Dr. techn. W. Gobiet, Graz;
Dr. techn. G. Gsell, Linz;
Prüf. Ing. Dr.-Ing. S. Krug, Aachen;
Prok. Dr.-Ing. K. Kunert, Mainz;
Dr. techn. K. Matz, Graz;
Prof. Dr. techn. W. Mudrak, Wien;
Ziv. Ing. Dr. techn. H. Passer, Innsbruck;
Prok. Dr.-Ing. E. Schaber, Saarlouis;
Dir. Dr.-Ing. H. J. Schrader, Hannover;
Dr. techn. H. Spener, München;
Prof. Dr.-Ing. P. Stein, Wien;
Prof. Dr.-Ing. W. Steinbach, Hannover;
Dr. techn. H. Steiner, Linz;
Dr. techn. T. Szyszkowitz, Graz;
Dr. techn. L. Wagner, Frankfurt;
Dr. techn. W. Walluschek-Wallfeld, Graz.

Von diesen Herren wurden interessante Dissertationen am Institut angefertigt, deren Ergebnisse zu großen Teilen in diesem Werk aufgenommen wurden.

Dies betrifft auch die Dissertationen der Herren Dr. techn. W. Jeltsch und Dr. techn. F. Tschemmernegg. Ich danke auch Herrn Dipl.-Ing. R. Kersten für seine Zustimmung, daß ein kurzer Auszug des Reduktionsverfahrens aus seinem Buch aufgenommen werden konnte. Meinem Assistenten Dipl.-Ing. H. Adelsberger gebührt mein Dank für die Mitarbeit bei der Fertigstellung dieses Buches.

Dieses Buch habe ich in großer Dankbarkeit meiner Frau gewidmet, denn sie hat durch eine lange Lebenszeit hindurch, unter Inkaufnahme manchen Verzichtes, mir die günstigen Voraussetzungen zu einer gedeihlichen wissenschaftlichen Arbeit geschaffen.

Besonderer Dank gebührt dem Springer-Verlag für die Drucklegung und schöne Ausstattung dieses Buches.

Graz, im Sommer 1974

Konrad Sattler

Inhaltsverzeichnis

III. Torsion

VI. Rautenfachwerke

VII. Räumliche Stabwerke (Matrizen-Methode)

VIII. Räumliche Fachwerke

IX. Trägerroste

Inhaltsübersicht von Band II B
(in Vorbereitung)

I. Stabilität ebener Systeme

II. Stabilität räumlicher Systeme

III. Stabilität von Scheiben

IV. A. Schwingungen ebener Systeme
   B. Schwingungen räumlicher Systeme

Tafeln F bis H

Druckfehlerberichtigung
zu Band I: Grundlagen und fundamentale Berechnungsverfahren

Abkürzungen: Z = Zeile; Z. v. u. = Zeile von unten; ( ) = Gleichung; Abb. = Abbildung.

Teil A: Theorie

Seite 103	(II C.1)	$-\sum_l G_{n,z}(x_m - x_n)$
Seite 104	4. Z nach Tab. II C.1	$^0Q_{i-k} = -\sum G$
Seite 109	Tab. II C.2, Spalte 5	$A_{0,z} - G_{0,z} = Q_{0-1}$; $Q_{0-1} - G_{1,z} = Q_{1-2}$
Seite 110	(II C.12)	$-\sum G_{n,x}(z_n - z_m)$
Seite 117	3. Z	$-\sum G_{n,x}z_n$
Seite 122	(II C.32)	$-A_{l,z}$
Seite 128	Abb. I C.69	z-Werte haben Bezugslinie $0-r$
Seite 134	(II D.11)	$-M_i + \cdots$
Seite 151	Abb. II D.45 d	negatives Vorzeichen
Seite 155	3. Z. v. u.	$-\dfrac{f}{h}$ „T"
Seite 163	Abb. II E.17 h	„^0S_i"-Linie ist zu verlängern bis zum linken Gelenk und fällt bis zum rechten Gelenk auf Null ab.
Seite 201	1. Z	$S_{n-\bar{m}} = \left(\dfrac{1}{h_n} + \dfrac{1}{h_l}\right)\dfrac{1}{\cos \alpha_{n-l'}}$
Seite 227	(III B.35)	$\cdots + \sum \mathfrak{M}_{B,b} \cdot {}^v\varphi^*_{B,a}$
Seite 232, 233	(III B.46, 48)	$= EJ_c {}^vA_i$
Seite 236	13. Z	$1\varphi_{W,c} +$
Seite 288	11. Z. v. u.	$a_{2,1} = \sum S_2 \, {}^vS_1 \, s \dfrac{F_c}{F}$
Seite 366	Abb. VII A.17	im Punkt 2 $a_{2,2}$ statt $a_{2,3}$ und $a_{2,2} - \mu_{2-1}a_{1,2}$

Seite 366	(VII A.25 b)	$= \dfrac{a_{1,2}}{a_{1,2} + a'_{2,2}}\, l_{1-2}$
Seite 366	(VII A.26 b)	$(u'_2 + u''_2)$
Seite 368, 369	(VII A.30, 33, 35)	$= \overline{}\, l_{e-f}$
Seite 375, 377	10. Z, (VII A.46, 49)	$,,\tilde{X}_i`` = - \cdots$
Seite 382	3. Z. v. u.	$= \overline{}\, l_{2-4}$
Seite 384	(VII B.4)	$a_{i-k} = \overline{}\, l_{i-k};\quad c_{i-k} = \overline{}\, l_{i-k}$
Seite 411	(VIII C.7)	${}^k b_i = 2\varkappa_{i-k};\quad {}^i b_{i-k} = 6\varkappa_{i-k};\quad {}^i b^0_{i-k} = 3\varkappa_{i-k};$
Seite 421	Abb. VIII D.1 b	$+\,{}^\alpha\psi_{3-6}$
Seite 422	6. Z	$+\,{}^\alpha\psi_{3-6}$
Seite 436	(IX B.13)	$\tilde{M}_{\Delta T;i,k} = -\tilde{M}_{\Delta T;k,i} =$

Teil B: Zahlenbeispiele

Seite 4	22. Z	statt Dyname wird $\mathfrak{M}_{\Sigma P,0} = (8{,}077;\ 14{,}134;\ 24{,}230\ \text{tm})$ verwendet;
Seite 40	Tab. 11.2	$J_y = 9\,500 + 111\,332 = 120\,832\ \text{cm}^4;$ $J_p = 203\,923\ \text{cm}^4.$
Seite 68	Tab. 17.4; 4. Z	Sp. 8 $+1{,}199;$ Sp. 10 $-2{,}991$
Seite 87	Abb. 21.5	Einflußlinien sind abzuschrägen von Pkt. 1 bis $F\,(0{,}0)$
Seite 130	4. Z	$a_{B,1} = +7{,}7095 + 20{,}31 = 28{,}02;$ zusätzlich Anteil der Stäbe 0—4, damit Änderung der Ergebnisse.
Seite 207	8. Z	$v'_r = l_r/3$
Seite 226	20. Z	$\mu_{7-14} = 0$
Seite 261	Abb. 50.5	$M_{r,I}/2;$
Seite 275	3. Z. vor Tab. 52.3	$\varphi_1 = -13{,}703/EJ_c$
Seite 303	13. Z. v. u. 12. Z. v. u.	$-V_{B,1} = (\ ) \cdot (-0{,}25) + 1 \cdot 0{,}5 = +0{,}25\ \text{t}$ $-V_{1,1} = \alpha(0{,}125 \cdot 4) \cdot (-0{,}25) = -0{,}125\alpha$
Seite 308	Abb. 58.15	Im Stiel 1,5 statt 0,75
Seite 312	15. Z. v. u.	$+(-15{,}7446 - 17{,}2473) \cdot (\ ) \cdots$

Geringfügige Druckfehler, die sofort als solche zu erkennen sind, wurden nicht in dieses Verzeichnis aufgenommen.

Wesentliche Bezeichnungen

Querschnittswerte

F	Fläche;
J	Trägheitsmomente (z. B. J_1, J_x, J_{xy} usw.);
W	Widerstandsmoment;
S_e	Statisches Moment einer Teilfläche;
$\tilde{S}_e = S_e + C_g$	(C_g = Integrationskonstante);
i	Trägheitsradius;
J_d	Drillungswiderstand;
ω	Einheitsverwölbungen (auf den Schubmittelpunkt bezogen);
$C_m = J_{\omega\omega} = \int \omega^2 \, dF$	Wölbwiderstand;
$S_\omega = \int \omega \, dF$	sektorielles statisches Moment;
$\tilde{S}_\omega = S_\omega + C_\omega$	(C_ω = Integrationskonstante);
$J_{\omega x} = \int \omega x \, dF; \quad J_{\omega y} = \int \omega y \, dF;$	
k	Schubkonstante.

Allgemeine Größen

$E; G$	Elastizitätsmodul, Schubmodul;
$\varepsilon; \gamma; \sigma; \tau$	Dehnungen, Schiebungen, Zug-Druckspannungen, Schubspannungen;
${}^o\tau; {}^s\tau; \tilde{\tau}$	Schubspannungen für dünnwandige Querschnitte (^{o} offener Querschnitt, ^{s} Hohlquerschnitt, $^\sim$ sekundäre Spannungen);
t	Schubkraft;
m	Poisson-Konstante, $\nu = \dfrac{1}{m}$;
e	Räumliche Dehnung;
σ_m	Mittlere räumliche Spannung (hydraulischer Druck);
s_{i-k}	Länge des Stabes $i - k$;
Δs_{i-k}	Längenänderung des Stabes $i - k$;
$\lambda = \dfrac{s_{i-k}}{i}$	Schlankheit;
A_i	Formänderungsarbeit;
$A_ä$	Äußere Arbeit;
$^v A$	virtuelle Arbeit;
$k_{i,k} = \dfrac{J_{i,k}}{s_{i-k}}$	
$s_{i,k}; {}^o s_{i,k}; {}^s s_{i,k}; {}^a s_{i,k}$	Steifigkeiten eines Stabes $i - k$ (beiderseits eingespannte Knoten, einseitig Gelenkknoten, Symmetrie, Antimetrie);
f	Federkonstante;
$\mu_{i,k}$	Verteilungszahl für Momentenausgleich aus Knotendrehung;
$\nu_{i,k}$	Verteilungszahl für Momentenausgleich aus Stockwerksverschiebung;
μ_{i-k}	Fortleitungszahl bei Momentenausgleich;
α_T	Wärmeausdehnungszahl für 1 °C;
γ	spezifisches Gewicht.

Vektoren und Matrizen

$\mathfrak{r}; \mathfrak{v}; \mathfrak{d}; \mathfrak{P}; \mathfrak{M}$	Vektoren (Strecken, Verschiebungen, Drehungen, Kräfte, Momente);
$r; v^*; d^*; P; M$	Absolutwerte von Vektoren;
$\mathfrak{e}$	Einheitsvektor;
$\mathfrak{a} \cdot \mathfrak{b}$	Skalares Produkt;
$\mathfrak{a} \times \mathfrak{b}$	Vektorprodukt;
$(\mathfrak{a} \times \mathfrak{b}) \cdot \mathfrak{c} = \lvert \mathfrak{a}\, \mathfrak{b}\, \mathfrak{c} \rvert$	Gemischtes Produkt;
$\{\mathfrak{a}\mathfrak{b}\}$	dyadisches Produkt;
$x; s$ usw.	Spaltenvektoren;
$x^T; s^T$ usw.	Zeilenvektoren;
$\mathbf{A}; \mathbf{B}; \boldsymbol{\Phi}$ usw.	Matrizen, Dyaden;
$\mathbf{A}^T$	Transformierte Matrix;
$\mathbf{A}^{-1}$	Kehrmatrix;
$\check{\mathbf{A}}$	Diagonalmatrix;
$\mathbf{A} \cdot x$	Produkt einer Matrix mit einem Spaltenvektor;
$x^T \cdot \mathbf{A}$	Produkt einer Matrix mit einem Zeilenvektor;
$\mathbf{F} = \mathbf{A} \cdot \mathbf{B} \cdot \mathbf{C}$	Matrizenprodukt.

Belastungen

$g; p; q$	Belastungen je Längeneinheit;
$m; m_t$	Momentenbelastung je Längeneinheit (Biege-Torsionsmomente);
$P; {}^{\ddot{a}}M$	Absolutwerte der Belastung;
$\mathfrak{P}; {}^{\ddot{a}}\mathfrak{M}$	Vektoren der Belastung.

Schnittbelastungen, Verformungen, Arbeiten ebener Systeme

$M; N; Q; S_{i-k}$	Moment, Längskraft, Querkraft, Stabkraft für Stab $i - k$ für statisch bestimmte Systeme;
$M_d; T_s; T_\omega$	Torsionsmomente ($_s$ = Saint Venant Torsion, $_\omega$ = Wölbkrafttorsion);
$u; w; \varphi; \vartheta$ usw.	Verschiebungen, Drehungen, Verdrehung für statisch bestimmte Systeme;
$\varphi_i; \varphi_k; \psi_{i-k}$	Drehung des Knotens i, des Knotens k und Sehnendrehung des Stabes $i - k$;
X	Statisch unbestimmte Größen der Schnittbelastungsmethode;
Y	Statisch unbestimmte Lastgruppengrößen der Schnittbelastungsmethode;
W	Elastische Gewichte;
${}^{W}M; {}^{W}N; {}^{W}Q; {}^{W}S_{i-k}$	Schnittbelastungen aus W-Gewichtsbelastungen;
${}^{v}M; {}^{v}N; {}^{v}Q; {}^{v}S_{i-k}$	Schnittbelastungen aus virtueller Belastung;
$a_{i,i}; a_{i,k}; a_{B,i}$ usw.	Virtuelle Arbeiten der Schnittbelastungsmethode (aus Einheitszuständen und Belastungszuständen);
${}^{i}a_i; {}^{k}a_i; a_{B,i}; {}^{i}a_{i-k}$ usw.	Virtuelle Arbeiten der Deformationsmethode (aus Einheitszuständen und Belastungszuständen);
$M'_{i\,k}; M'_{k,i}$	Momente infolge Knotendrehungen (Momentenausgleich);
$M''_{i,k}$	Momente infolge Sehnendrehungen (Momentenausgleich);
$V_{i,i}; V_{B,i}$	Stabkräfte in Festhaltestäben (Verfahren Ostenfeld).

Belastungen, Schnittbelastungen, Verformungen, Matrizen usw. für räumliche Systeme

Index q	bezieht sich auf das q-System mit den Richtungen 1, 2 und 3 der Stabachse und der Hauptträgheitsachsen senkrecht zur Stabachse;
Index p	bezieht sich auf das p-System mit den Richtungen x, y, z;
${}^{q}\mathfrak{P}; {}^{p}\mathfrak{P}; {}^{q,\ddot{a}}\mathfrak{M}; {}^{p,\ddot{a}}\mathfrak{M}$	Äußere Lasten, Momente;
$\mathfrak{S}_{i-k}$	Stabkraft im Stab $i - k$ (Vektor);

${}^p\mathfrak{S}_i$; ${}^q\mathfrak{S}_i$	Stützbelastung im Knoten i aus Wirkung eines Stabes $i-k$;
${}^q\mathfrak{B}_i$; ${}^p\mathfrak{B}_i$	Stützbelastung im Knoten i senkrecht zur Stabachse $i-k$; aus Wirkung eines Stabes $i-k$;
${}^q\mathfrak{M}$; ${}^q\mathfrak{N}$; ${}^q\mathfrak{Q}$; ${}^p\mathfrak{M}$; ${}^p\mathfrak{N}$; ${}^p\mathfrak{Q}$	Schnittbelastungen (Moment, Längskraft, Querkraft);
${}^q\mathfrak{v}_i$; ${}^q\Phi_i$; ${}^p\mathfrak{v}_i$; ${}^p\Phi_i$ usw.	Knotenverschiebungen, Knotendrehungen (Vektoren);
$\mathbf{R}_{i,k}$; $\mathbf{R}_{i,k}^T$	Rotationsmatrizen zur Transformation von Belastungen, Schnittbelastungen und Verformungen vom q- ins p-System und umgekehrt;
${}^q\mathbf{K}_{i,i}$; ${}^q\mathbf{K}_{k,i}$; ${}^q\mathbf{D}_{i,i}$; ${}^q\mathbf{E}_{i,i}$; ${}^q\mathbf{L}_{i,k}$; ${}^q\mathbf{E}_{k,i}$; ${}^p\mathbf{K}_{ii}$; ${}^p\mathbf{D}_{ii}$ usw.	Steifigkeitsmatrizen der Deformationsmethode für Stäbe $i-k$;
${}^p\mathbf{K}_i$; ${}^p\mathbf{D}_i$; ${}^p\mathbf{E}_i$; ${}^p\mathbf{L}_i$	Summen von Steifigkeitsmatrizen für Knoten i.

Statisch bestimmte Systeme, statisch unbestimmte Systeme, statisch unbestimmte Grundsysteme

Die Schnittbelastungen und Verformungen werden für alle Verfahren einheitlich bezeichnet.

M; N; S_{i-k}; w; φ; $\mathfrak{S}_{i-k}$; $\mathfrak{M}$; W usw.	Statisch bestimmte Systeme (ohne besondere Kennzeichnung);
$\tilde{M}$; $\tilde{N}$; $\tilde{S}_{i-k}$; $\tilde{w}$; $\tilde{\mathfrak{M}}$; $\tilde{W}$ usw.	Statisch unbestimmte Grundsysteme (mit ~);
$\tilde{M}^*$ usw.	Statisch unbestimmte Grundsysteme nach Momentenausgleich (mit ~*);
$\overline{M}$; $\overline{Q}$; $\overline{S}_{i-k}$; $\overline{v}$; $\overline{\mathfrak{M}}$; $\overline{W}$ usw.	Statisch unbestimmte Systeme (mit ⁻);
${}^oS_{i-k}$; ${}^oM_i$	Stabkraft, Moment am Ersatzsystem (Schnittbelastungsvertauschung).

Trägerroste

α; α^*	Torsionssteifigkeitsfaktor;
ϑ; ϑ^*	Roststeifigkeitsfaktor;
$K_{i,a;0}$; $K_{i,a;\alpha}$ usw.	Lastverteilungsfaktoren ohne, mit Torsionssteifigkeit;
$k_{i,a;0}$; $k_{i,a;\alpha}$ usw.	Querverteilungseinflußlinie ohne, mit Torsionssteifigkeit;
$\overline{k}_{i,a;0}$; $\overline{k}_{i,a;\alpha}$ usw.	Querverteilungseinflußlinie, wenn die Randträger ein anderes Trägheitsmoment als die Mittelträger aufweisen;
ζ'; ζ''; $\overline{\zeta}'$; $\overline{\zeta}''$	Zerlegung von k bzw. $\overline{k}$ in symmetrische und antimetrische Anteile;
k'	Querverteilungseinflußlinie für Sekundäreinfluß bei großen Abständen der lastverteilenden Querträger;
$\tilde{M}$	Sekundär-Momente des an den Querträgern starr gestützten Systems.

Allgemeines (Bezeichnungen und Indizierung)

$[\ ]$	Zustände, (z. B. $[M_{H=1}]$, Zustandslinie der Momente infolge $H=1$);
„ “	Einflußlinien (z. B. „S_{3-4}“, „M_2“, Einflußlinie der Stabkraft des Stabes 3—4, bzw. des Momentes im Punkt 2);
$s_i = \begin{pmatrix} M_i \\ N_i \\ Q_i \end{pmatrix}$; $s^T = (M_i;\ N_i;\ Q_i)$	Spalten- und Zeilenvektor;
$\mathbf{A} = \begin{vmatrix} a_{11}\ a_{12} \cdots a_{1n} \\ a_{21} \cdots\cdots a_{2n} \\ \vdots \\ a_{m1} \cdots\cdots a_{mn} \end{vmatrix}$	Matrix;
$\det A = \begin{vmatrix} 3 & 1 & -2 \\ 2 & 4 & 3 \\ 1 & -3 & 0 \end{vmatrix} = 50$	Wert einer Determinante;

$$u_k = \begin{pmatrix} u_{kx} \\ u_{ky} \\ u_{kz} \end{pmatrix}; \quad e_2 = \begin{pmatrix} e_{2,x} \\ e_{2,y} \\ e_{2,z} \end{pmatrix}$$

Vektor u und Einheitsvektor in Richtung der Hauptträgheitsachse 2;

$$B_k = \{u_k\, e_2\} = \begin{Bmatrix} u_{kx}e_{2x} & u_{kx}e_{2y} & u_{kx}e_{2z} \\ u_{ky}e_{2x} & u_{ky}e_{2y} & u_{ky}e_{2z} \\ u_{kz}e_{2x} & u_{kz}e_{2y} & u_{kz}e_{2z} \end{Bmatrix}$$

Dyade.

Bei mehrfacher Indizierung wird zuerst die Ursache der Entstehung des betreffenden Wertes und dann die Art seines Auftretens angegeben bzw. die Größe eines Wertes und seine Komponente.

$P_{2,x}$ Komponente der Kraft P_2 in Richtung x;

$e_R;\, e_{R,z}$ Einheitsvektor der Resultierenden R, Komponente in Richtung z;

$M_{R,m;x}$ Moment der Resultierenden R um den Punkt m in Richtung x;

J_1 Trägheitsmoment um die Achse 1;

$S_{A_0=1;2-3}$ Stabkraft infolge $A_0 = 1$ im Stab $2-3$;

${}^0S_{T_1=1;E_2}$ Stabkraft infolge $T_1 = 1$ im Ersatzstab E_2 am Ersatzsystem;

${}^W S_{3;4-5}$ Stabkraft infolge W-Gewichtsbelastung für Punkt 3, im Stab $4-5$;

$M_{B;i,r}$ Moment aus Belastungszustand $[B]$ im Punkt i, rechts;

$X_{B,3}$ Unbekannte X_3 aus der Belastung B;

$\tilde{M}_{B,i;i,k}$ Moment im Knoten i des beiderseits eingespannten Stabes $i-k$ infolge Belastung B;

${}^1\psi_{4-5}$ Sehnendrehung des Stabes $4-5$ infolge Einheitsverschiebung $\Delta_1 = 1$;

${}^3\tilde{M}_{P,1;1,2}$ Starreinspannmoment des Stabes $1-2$ in Richtung 3 im Punkt 1 infolge P;

${}^2\overline{M}_{B,1;1,2}$ Endgültiges Moment des Stabes $1-2$ im Punkt 1 in Richtung 2 infolge Belastung B;

$${}^q K_{1,1;1,2} = \begin{bmatrix} 11\,165 & 0 & 0 \\ 0 & 120\,000 & 0 \\ 0 & 0 & 46\,875 \end{bmatrix}$$

Steifigkeitsmatrix für Stab $1-2$ im Knoten 1 bei Drehung des Knotens 1 im q-System;

$${}^q\overline{\mathfrak{S}}_{B,1;1,2} = \begin{pmatrix} -2,20 \\ +2,49 \\ +3,30 \end{pmatrix}$$

Endgültige Belastung des Knotens 1 infolge Belastung B durch Stab $1-2$;

$M_{B;b};\, w_{B;n}$

$k_{1,2;0}$ erster Index gibt die Wirkung, zweiter Index den Ort an; Querverteilungseinflußlinienordinate für den Träger 2 bei Laststellung am Träger 1 für torsionsfreien Trägerrost;

,,$\overline{M}_{b;a,5}$``   Einflußlinie für das Moment im Punkt 5 des Trägers a, bei Laststellung auf Träger b eines Trägerrostes.

Maßeinheiten, Dimensionen

In Bd. I A, S. 19, ist auf die Beziehungen zwischen den bisher üblichen technischen Maßsystemen und den physikalischen Maßsystemen hingewiesen worden und es sind die Größen Kilopond [kp], dyn und Newton [N] erläutert.

Mit Rücksicht auf die Einheitlichkeit der Bände I und II des Lehrbuches mit den vielen Zahlenbeispielen und mit Rücksicht darauf, daß die Größen [kg] (Kilogramm) und [t] (Tonnen) aus der Praxis des Bauingenieurwesens noch nicht wegzudenken sind und die vorhandene Literatur des Bauingenieurwesens noch darauf basiert, ist es erforderlich, dieses Maßsystem auch beim II. Band beizubehalten.

Nachfolgend werden jedoch tabellarisch die Zusammenhänge zwischen den einzelnen Maßsystemen angegeben, so daß die Umrechnung bzw. Umbezeichnung vom einen System in das andere ohne Schwierigkeiten erfolgen kann.

Umrechnung von derzeit üblichen technischen Maßsystemen in das SI-System

Belastungen, Schnittbelastungen	Kraft	$0{,}1 \text{ kg} = 0{,}1 \text{ kp} = 1 \text{ N}$ $1 \text{ kg} = 1 \text{ kp} = 10 \text{ N}$ $100 \text{ kg} = 100 \text{ kp} = 1 \text{ kN}$ $1 \text{ t} = 1 \text{ Mp} = 10 \text{ kN}$ $100 \text{ t} = 100 \text{ Mp} = 1 \text{ MN}$
	Moment	$0{,}1 \text{ kgm} = 0{,}1 \text{ kpm} = 1 \text{ Nm}$ $1 \text{ kgm} = 1 \text{ kpm} = 10 \text{ Nm}$ $100 \text{ kgm} = 100 \text{ kpm} = 1 \text{ kNm}$ $1 \text{ tm} = 1 \text{ Mpm} = 10 \text{ kNm}$ $100 \text{ tm} = 100 \text{ Mpm} = 1 \text{ MNm}$
Spannungen, Festigkeiten, Moduli		$1 \text{ kg/cm}^2 = 10 \text{ t/m}^2 = 1 \text{ kp/cm}^2 = 0{,}1 \text{ N/mm}^2$ $10 \text{ kg/cm}^2 = 10 \text{ kp/cm}^2 = 1 \text{ N/mm}^2 = 1 \text{ MN/m}^2 = 1 \text{ MPa}$ $1 \text{ t/cm}^2 = 1 \text{ kp/cm}^2 = 100 \text{ N/mm}^2 = 100 \text{ MN/m}^2$ $1 \text{ t/m}^2 = 0{,}1 \text{ kg/cm}^2 = 0{,}1 \text{ kp/cm}^2 = 10 \text{ kN/m}^2$
Steifigkeiten		$1 \text{ kg cm}^2 = 1 \text{ kp cm}^2 = 0{,}1 \text{ N mm}^2$ $10 \text{ kg cm}^2 = 10 \text{ kp cm}^2 = 1 \text{ N mm}^2 = 1 \text{ MN m}^2$

Bezeichnungen:

k	Kilo $= 10^3$	kg	Kilogramm
M	Mega $= 10^6$	kp	Kilopond
	$1 \text{ Pa} = 1 \text{ N/m}^2$	t	Tonne
		N	Newton
		Pa	Pascal

Die obigen Angaben gelten in sehr guter Näherung, da nach Bd. I A, S. 19 die Beziehung gilt: $1 \text{ kp} = 9{,}80665 \text{ N}$.

Einleitung

Aus dem Kapitel I über Vektoren, Dyaden und Matrizen ist zu erkennen, daß es nur verhältnismäßig weniger Operationen bedarf, um große Bereiche der Statik einfachen schematischen Berechnungen zugänglich zu machen. Dies wird im Rahmen dieses Werkes mehrfach gezeigt. Die Beherrschung dieser Materie ist heute für einen Ingenieur eine Notwendigkeit.

Im Kapitel II wird zuerst eine zusammenfassende Darstellung der Zusammenhänge zwischen Spannungen und Verformungen bei ebenen und räumlichen Spannungszuständen und den zugehörigen Formänderungsarbeiten gegeben. Dies ist zum Verständnis des folgenden Abschnittes über die maßgeblichen Anstrengungshypothesen erforderlich. Letztere weichen in den Ergebnissen oft weit voneinander ab. Die eine oder andere kann für ein bestimmtes Material nur in gewissen Grenzen Gültigkeit haben oder überhaupt unbrauchbar sein. Verschiedentlich können in der Praxis kaum genau abschätzbare Einflüsse, wie Temperatur, Eigenspannungen, Dauerbeanspruchung, Belastungsgeschwindigkeit u. a. m. nur näherungsweise in ihren Auswirkungen auf die Materialanstrengung erfaßt werden. Gerade diese Fragen sind aber für den Ingenieur wesentlich, wenn er sich bei einer bestimmten Konstruktion und einem gegebenen Material über die erforderliche Sicherheit Rechenschaft geben will. Dieses Kapitel wird ihm einen Überblick über die auftretenden Probleme geben. Er wird daraus aber auch erkennen, daß die Genauigkeit über die Festlegung von zulässigen Spannungen bzw. Sicherheiten nicht allzu eng gehalten werden kann und daß die Einhaltung der Genauigkeit von wenigen Prozenten bei der Schnittbelastungsberechnung demgegenüber wesentlich höher ist und damit nicht übertrieben werden soll. Abschließend folgt eine zusammenfassende Darstellung der Berechnung der Spannungen aus Normalkraft, Moment und Querkraft für gerade und gekrümmte Stäbe sowie für Voll- und Hohlquerschnitte.

Im Kapitel III werden zusammenfassend die Probleme der Torsion, und zwar sowohl für Reine Torsion als auch für Wölbkrafttorsion behandelt. Dies betrifft sowohl die Berechnung der Schnittbelastungen als auch die der Schub- und Normalspannungen. Von besonderer Bedeutung für eine einfache Berechnungsweise sind dabei die Näherungsberechnungen für Systeme mit Reiner Torsion und solche nur mit Wölbkrafttorsion. Die Kenntnis dieser Grundlagen sind Voraussetzung, um sicher in die oft schwierigen Probleme der Torsion eindringen zu können.

Das kurze Kapitel IV über Pfahlroste soll zeigen, wie einfach ein räumlicher Pfahlrost mit vielen Pfählen mit Hilfe der Dyadenrechnung erfaßt werden kann, und daß dieses Verfahren anderen älteren Methoden weit überlegen ist.

Kapitel V zeigt die Anwendung der Matrizenschreibweise auf ebene Systeme unter Zugrundelegung einerseits der Schnittbelastungsmethode und andererseits des Reduktionsverfahrens. Diese Verfahren weiten sicher den Blick des Ingenieurs, obwohl für ebene Systeme vielfach die Methoden des Bandes I bevorzugt werden dürften.

Für Rautensysteme nach Kapitel VI kann die normale Theorie der Gelenkfachwerke nicht Anwendung finden. Es handelt sich dabei um hochgradig statisch unbestimmte Systeme, bei denen die Biegesteifigkeit der Gurte Berücksichtigung finden muß. Solche Rautenfachwerke sind aber bei großen Stützweiten besonders wirtschaftlich. Die Entwicklungen zeigen, wie durch eine einfache Belastungsaufteilung solche Systeme mit verhältnismäßig geringem Rechenaufwand erfaßt werden können.

Für eine sinnvolle Berechnung räumlicher Stabwerke, die in Kapitel VII behandelt werden, ist die Anwendung der Matrizenrechnung — gleichgültig ob es sich um unverschiebliche oder verschiebliche Systeme handelt — eine notwendige Voraussetzung. Zum Vergleich werden die Entwicklungen für die Schnittbelastungsmethode und die Deformationsmethode gebracht.

Während die erstere für die Berechnung von Raumträgern — unter der Annahme der Belastung in angenommenen Knotenpunkten — zweckmäßig ist, kann die Deformationsmethode für alle beliebigen Raumstabwerke mit Vorteil Anwendung finden. Letztere ist so weit aufbereitet, daß für ein gegebenes System schematisch das Gleichungssystem für die unbekannten Verformungsgrößenvektoren aufgeschrieben werden kann, mit Matrizen als Koeffizienten. Zur Bestimmung der Koeffizienten der einzelnen Matrizen bei Stäben mit verschiedenen möglichen Lagerungen der Stabenden kann mit Vorteil auch Tabelle II A.2 von Bd. II B Verwendung finden. Auch die Koeffizientenmatrizen sind formelmäßig festgelegt, so daß eine elektronische schematische Rechnung durchgeführt werden kann.

Das Kapitel VIII über räumliche Fachwerke ist nur ein Sonderfall der Stabwerke. Unter Verwendung von Steifigkeitsmatrizen kann jedes beliebige Fachwerk, gleichgültig welches Aufbauschema es besitzt, einfach schematisch berechnet werden.

Vielfach ist die Anwendung hochgradig statisch unbestimmter Trägerroste. Das zugehörige umfangreiche Schrifttum betrifft im wesentlichen Verfahren mit großem Rechenaufwand. In Kapitel IX werden überaus einfache Näherungsmethoden für torsionsfreie und torsionssteife Trägerroste behandelt, die nur einen minimalen Rechenaufwand erfordern. Auf jeden Fall können sie mit besonderem Vorteil für Vorberechnungen Anwendung finden. Mit Rücksicht auf die großen Reserven von Trägerrosten gegenüber Fließ- und Bruchuntersuchungen ist eine Genauigkeit von wenigen Prozenten bei den Näherungsmethoden in der Regel aber ausreichend, da alle anderen Berechnungsannahmen in weit größeren Bereichen schwanken.

Abschließend sind — auch in Ergänzung zu Band I — als Hilfe für die Durchführung der Berechnungen, Tafeln für Kreuzlinienabschnitte, Auflagerdrücke und Einspannmomente von ebenen und räumlich beliebig belasteten Einzelträgern unter verschiedenen Lagerbedingungen, solche für Arbeitsintegrale und für Querverteilungseinflußlinien für Trägerroste vorgesehen.

I. Grundlagen der Vektor-, Dyaden- und Matrizenrechnung

Für die Berechnung räumlicher Systeme und Probleme bietet die Vektorrechnung die Möglichkeit, diese in übersichtlicher und einfacher Schreibweise durchzuführen. In den einzelnen Abschnitten dieses Buches wird verschiedentlich von der Vektorrechnung mit Vorteil Gebrauch gemacht. Sie beinhaltet die Verwendung von Dyaden bzw. Matrizen. Mit Hilfe derselben kann nach allgemeiner Formulierung eines Problems, dieses rein schematisch mit Hilfe von Rechengeräten numerisch gelöst werden. Ebene Probleme sind hierbei Sonderprobleme.

Obwohl Dyaden und Matrizen praktisch dasselbe bedeuten, werden sie in den Unterabschnitten B und C dieses Abschnittes getrennt behandelt. Der Vorteil der Dyadendarstellung liegt darin, daß durch Mitanschreiben der Einheitsvektoren jede Operation durch systematische Anwendung der Regeln für skalare und vektorielle Produkte klar ersichtlich wird. Diese Darstellung ist besonders für den Ingenieur instruktiv und gibt ihm einen Einblick in die tieferen Zusammenhänge der Vektorrechnung und ihre praktisch universelle Anwendung. Die Angaben bleiben in dem Abschnitt B auf vorstellbare Vektoren und die Entwicklungen auf den dreidimensionalen Raum beschränkt, da sie nur der Vorstellungskraft des Ingenieurs dienen sollen. Wesentlich andere Gesichtspunkte gelten für die Grundlagen der Matrizendarstellung des Abschnittes C. Hierbei kann der Vektor ein abstrakter Begriff sein, der überhaupt nicht vorstellbar ist, der Größen verschiedener Richtungen und verschiedener Dimensionen vereinigt, u. a. m.

In Verbindung mit Operatoren, den Matrizen ergeben sich Rechenschemen, mit denen rein schematisch die Berechnungen durchgeführt werden können. Während die Dyadenrechnung besonders instruktiv für das Verstehen der Vektorrechnung ist, liegt der Vorteil der Matrizenrechnung in der rein schematischen Durchführung der Rechnung. Sie ist ein nicht mehr zu entbehrendes Hilfsmittel bei der Durchführung moderner statischer Berechnungen.

Nachfolgend wird nur eine kurze Zusammenfassung derjenigen Operationen und Operatoren gebracht, mit denen der Statiker heute immer wieder zu arbeiten hat. Damit ist einerseits die gewählte Bezeichnungsweise festgelegt und es kann andererseits bei den späteren Anwendungen auf diesen Abschnitt verwiesen werden, wodurch Wiederholungen vermieden werden.

Die Bezeichnungen werden im wesentlichen bei der Dyadenrechnung nach Lagally [2] und bei der Matrizenrechnung nach Zurmühl [3, 4] gewählt.

Die Grundlagen dieses Abschnittes sind im wesentlichen diesen beiden Büchern entnommen.

Sie sollen nur als Einführung dienen und den Statiker veranlassen, die vielseitigen Entwicklungen in diesen Büchern u. a. m. eingehend zu studieren.

A. Allgemeine Vektorbeziehungen

1. Der Vektor. Summe von Vektoren

Für den dreidimensionalen Raum wird ein rechtssinniges rechtwinkeliges Koordinatensystem x, y, z mit den Einheitsvektoren $e_x = i$, $e_y = j$ und $e_z = \mathfrak{k}$ angenommen (Abb. I A.1). Die Bezeichnung $i, j, \mathfrak{k}$ wird wegen der einfacheren Schreibweise gewählt.

Der Vektor $\mathfrak{a}$ wird durch seine Komponenten entweder als Spaltenvektor

$$\mathfrak{a} = \begin{pmatrix} a_1\, i \\ a_2\, j \\ a_3\, \mathfrak{k} \end{pmatrix} = \begin{pmatrix} a_1 \\ a_2 \\ a_3 \end{pmatrix} \qquad (\text{I A.1})$$

oder als Zeilenvektor

$$\mathfrak{a} = (a_1\, i + a_2\, j + a_3\, \mathfrak{k}) = (a_1, a_2, a_3) \qquad (\text{I A.2})$$

angeschrieben.

Die verschiedene Art des Anschreibens wird — wie später gezeigt wird — wegen einer schematischen Durchführung im Rahmen der Matrizenrechnung zweckmäßig.

Für den Einheitsvektor $e_a = 1$ in Richtung $\mathfrak{a}$ (Abb. I A.2) gilt

$$e_{a,x} = \cos a1, \; e_{a,y} = \cos a2, \; e_{a,z} = \cos a3 \qquad (\text{I A.3})$$

und

$$e_a = i \cos a1 + j \cos a2 + \mathfrak{k} \cos a3.$$

Mit

$$|\mathfrak{a}| = a = \sqrt{a_1^2 + a_2^2 + a_3^2} \;\text{wird}\; e_a = \mathfrak{a}/a \qquad (\text{I A.4})$$

und

$$\mathfrak{a} = a e_a \quad \text{bzw.} \quad \mathfrak{r} = r e_r.$$

Nach Abb. I A.3 ist

$$\mathfrak{r}_m + \mathfrak{r} = \mathfrak{r}_n \quad \text{bzw.} \quad \mathfrak{r} = \mathfrak{r}_n - \mathfrak{r}_m = \begin{pmatrix} a_{n,1} - a_{m,1} \\ a_{n,2} - a_{m,2} \\ a_{n,3} - a_{m,3} \end{pmatrix}. \qquad (\text{I A.5})$$

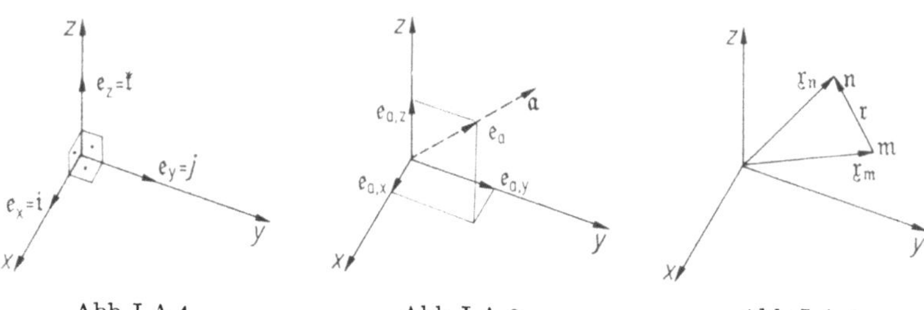

Abb. I A.1   Abb. I A.2   Abb. I A.3

2. Produkte von Vektoren

a) Skalares Produkt zweier Vektoren

Als skalares Produkt zweier Vektoren $\mathfrak{a}$ und $\mathfrak{b}$ (Abb. I A.4) im Raum wird der Absolutwert

$$\mathfrak{a} \cdot \mathfrak{b} = \mathfrak{b} \cdot \mathfrak{a} = ab \cos \vartheta \qquad (\text{I A.6})$$

bezeichnet. Danach ist $i \cdot i = 1$; $i \cdot j = 0$ usw.

Somit ist

$$(a_1\mathfrak{i} + a_2\mathfrak{j} + a_3\mathfrak{k}) \cdot (b_1\mathfrak{i} + b_2\mathfrak{j} + b_3\mathfrak{k}) = a_1b_1(\mathfrak{i} \cdot \mathfrak{i}) + a_1b_2(\mathfrak{i} \cdot \mathfrak{j}) + \cdots + a_3b_3(\mathfrak{k} \cdot \mathfrak{k})$$

und

$$\mathfrak{a} \cdot \mathfrak{b} = a_1b_1 + a_2b_2 + a_3b_3. \tag{I A.7}$$

Aus (I A.7) erhält man mit (I A.6) und (I A.4)

$$\cos \vartheta = \frac{a_1b_1 + a_2b_2 + a_3b_3}{\sqrt{a_1^2 + a_2^2 + a_3^2} \cdot \sqrt{b_1^2 + b_2^2 + b_3^2}}. \tag{I A.8}$$

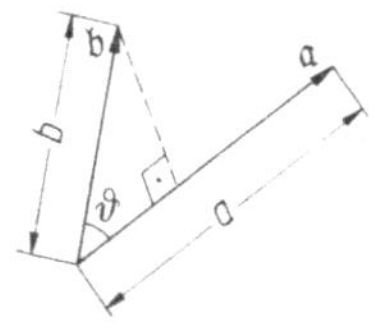

Abb. I A.4

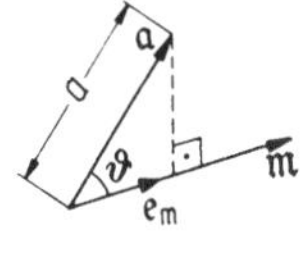

Abb. I A.5

Die Komponente eines Vektors $\mathfrak{a}$ in einer durch den Einheitsvektor $\mathfrak{e}_m$ (Abb. I A.5) gegebenen Richtung ist nach (I A.6) und (I A.7)

$$\mathfrak{a} \cdot \mathfrak{e}_m = \begin{pmatrix} a_1 \\ a_2 \\ a_3 \end{pmatrix} \cdot \begin{pmatrix} e_{m,x} \\ e_{m,y} \\ e_{m,z} \end{pmatrix} = a_1 e_{m,x} + a_2 e_{m,y} + a_3 e_{m,z}. \tag{I A.9}$$

b) Vektorprodukt zweier Vektoren

Das Vektorprodukt zweier Vektoren $\mathfrak{a}$ und $\mathfrak{b}$

$$\mathfrak{a} \times \mathfrak{b} = \mathfrak{c} \tag{I A.10}$$

ist ein Vektor $\mathfrak{c}$, der auf die Ebene $\mathfrak{ab}$ senkrecht steht (Abb. I A.6) und den Betrag des Flächeninhaltes des Parallelogramms $\mathfrak{ab}$

$$|\mathfrak{c}| = ab \sin \vartheta \tag{I A.11}$$

aufweist. Für die Richtung von $\mathfrak{c}$ gilt die rechte Handregel. Es gilt das assoziative Gesetz

$$(n\mathfrak{a}) \times \mathfrak{b} = n(\mathfrak{a} \times \mathfrak{b}) \quad \text{bzw.} \quad (n\mathfrak{a}) \times (m\mathfrak{b}) = nm(\mathfrak{a} \times \mathfrak{b}), \tag{I A.12}$$

das distributive Gesetz

$$\mathfrak{a} \times (\mathfrak{b} \times \mathfrak{c}) = (\mathfrak{a} \times \mathfrak{b}) + (\mathfrak{a} \times \mathfrak{c}) \tag{I A.13}$$

und das alternative Gesetz

$$(\mathfrak{a} \times \mathfrak{b}) = -(\mathfrak{b} \times \mathfrak{a}). \tag{I A.14}$$

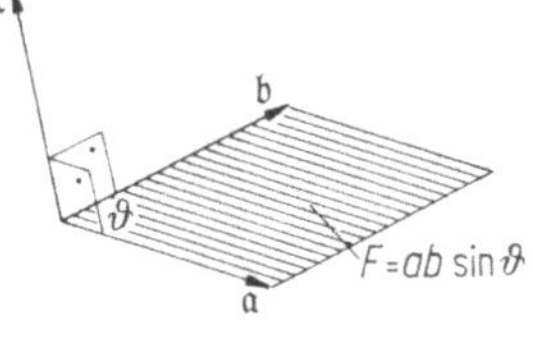

Abb. I A.6

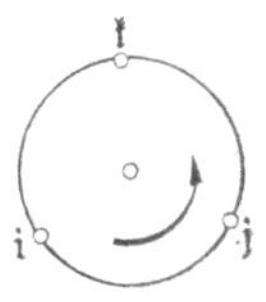

Abb. I A.7

Für zueinander parallele Vektoren wird

$$\mathfrak{a} \times \mathfrak{b} = 0 \qquad\qquad (\text{I A.15})$$

somit auch $\mathfrak{a} \times \mathfrak{a} = 0$.

Für das rechtwinklige Dreibein nach Abb. I A.1 gilt nach (I A.10) und (I A.14) die für die späteren Entwicklungen wichtigen Gedächtnisregel (siehe Abb. I A.7):

$$\left.\begin{array}{l} \mathfrak{i} \times \mathfrak{i} = \mathfrak{j} \times \mathfrak{j} = \mathfrak{k} \times \mathfrak{k} = 0; \\[4pt] \mathfrak{i} \times \mathfrak{j} = \mathfrak{k}, \;\; \mathfrak{j} \times \mathfrak{k} = \mathfrak{i}, \;\; \mathfrak{k} \times \mathfrak{i} = \mathfrak{j}; \\[4pt] \mathfrak{j} \times \mathfrak{i} = -\mathfrak{k}; \;\; \mathfrak{k} \times \mathfrak{j} = -\mathfrak{i}; \;\; \mathfrak{i} \times \mathfrak{k} = -\mathfrak{j}. \end{array}\right\} \qquad (\text{I A.16})$$

Nach (I A.10) und (I A.12) und (I A.16) erhält man die Komponenten des Vektors $\mathfrak{c}$ zu:

$$(\mathfrak{a} \times \mathfrak{b}) = (\mathfrak{i}a_1 + \mathfrak{j}a_2 + \mathfrak{k}a_3) \times (\mathfrak{i}b_1 + \mathfrak{j}b_2 + \mathfrak{k}b_3) =$$

$$= a_1 b_1 \underbrace{(\mathfrak{i} \times \mathfrak{i})}_{0} + a_1 b_2 \underbrace{(\mathfrak{i} \times \mathfrak{j})}_{\mathfrak{k}} + a_1 b_3 \underbrace{(\mathfrak{i} \times \mathfrak{k})}_{-\mathfrak{j}} +$$

$$+ a_2 b_1 \underbrace{(\mathfrak{j} \times \mathfrak{i})}_{-\mathfrak{k}} + \cdots$$

$$= (a_2 b_3 - a_3 b_2)\,\mathfrak{i} + (a_3 b_1 - a_1 b_3)\,\mathfrak{j} + (a_1 b_2 - a_2 b_1)\,\mathfrak{k} \qquad (\text{I A.17a})$$

bzw. in Determinanten-Schreibweise

$$\mathfrak{a} \times \mathfrak{b} = \begin{pmatrix} \mathfrak{i} & \mathfrak{j} & \mathfrak{k} \\ a_1 & a_2 & a_3 \\ b_1 & b_2 & b_3 \end{pmatrix}. \qquad\qquad (\text{I A.17b})$$

Für die beiden beliebig gerichteten Einheitsvektoren $\mathfrak{e}_a$ und $\mathfrak{e}_b$ erhält man

$$\mathfrak{e}_a \times \mathfrak{e}_b = \mathfrak{e}_c \sin \vartheta = \begin{pmatrix} \mathfrak{i} & \mathfrak{j} & \mathfrak{k} \\ \cos a1 & \cos a2 & \cos a3 \\ \cos b1 & \cos b2 & \cos b3 \end{pmatrix}. \qquad (\text{I A.18})$$

c) Gemischtes Produkt oder Spatprodukt dreier Vektoren

Für das gemischte Produkt dreier Vektoren nach Abb. I A.8 ergibt sich unter Beachtung von Abschnitt a und b ein Absolutwert

$$(\mathfrak{a} \times \mathfrak{b}) \cdot \mathfrak{c} = V = ab \sin \vartheta \, h = |\mathfrak{a}\,\mathfrak{b}\,\mathfrak{c}|. \qquad (\text{I A.19})$$

Es ist dies das Volumen des dünn in Abb. I A.8 eingetragenen Parallelepipedes. Bezüglich des Vorzeichens ist hierbei jedoch die rechte Handregel zu beachten.

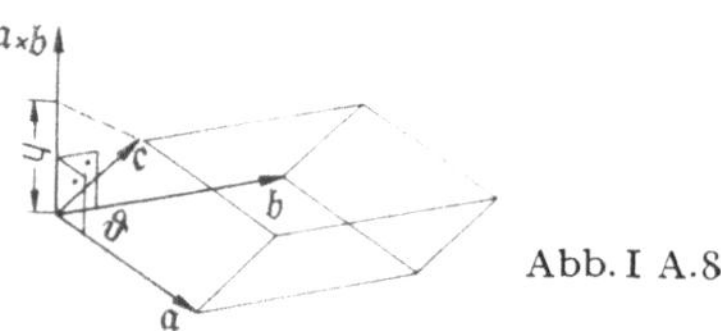

Abb. I A.8

Es gilt weiters bei zyklischer Vertauschung der Vektoren

$$(\mathfrak{a} \times \mathfrak{b}) \cdot \mathfrak{c} = \mathfrak{a} \cdot (\mathfrak{b} \times \mathfrak{c}) = \mathfrak{b} \cdot (\mathfrak{c} \times \mathfrak{a}) = \mathfrak{c} \cdot (\mathfrak{a} \times \mathfrak{b}) =$$

$$= |\mathfrak{a}\,\mathfrak{b}\,\mathfrak{c}| = |\mathfrak{b}\,\mathfrak{c}\,\mathfrak{a}| = |\mathfrak{c}\,\mathfrak{a}\,\mathfrak{b}|. \qquad (\text{I A.20a})$$

Bei nichtzyklischer Vertauschung ergibt sich:

$$(\mathfrak{a} \times \mathfrak{b}) \cdot \mathfrak{c} = -(\mathfrak{b} \times \mathfrak{a}) \cdot \mathfrak{c} \quad \text{usw.} \quad |\mathfrak{a}\,\mathfrak{b}\,\mathfrak{c}| = -|\mathfrak{b}\,\mathfrak{a}\,\mathfrak{c}|. \qquad (\text{I A.20b})$$

Bezogen auf das Dreibein $\mathfrak{i} \, \mathfrak{j} \, \mathfrak{k}$ erhält man

$$\mathfrak{a} \cdot (\mathfrak{b} \times \mathfrak{c}) = (a_1 \mathfrak{i} + a_2 \mathfrak{j} + a_3 \mathfrak{k}) \cdot \begin{pmatrix} \mathfrak{i} & \mathfrak{j} & \mathfrak{k} \\ b_1 & b_2 & b_3 \\ c_1 & c_2 & c_3 \end{pmatrix} =$$

$$= (a_1 \mathfrak{i} + a_2 \mathfrak{j} + a_3 \mathfrak{k}) \cdot (\mathfrak{i}(b_2 c_3 - b_3 c_2) - \mathfrak{j}(b_1 c_3 - b_3 c_1) + \mathfrak{k}(b_1 c_2 - b_2 c_1)) =$$

$$= a_1(b_2 c_3 - b_3 c_2) \underbrace{(\mathfrak{i} \cdot \mathfrak{i})}_{1} - a_2(b_1 c_3 - b_3 c_1) \underbrace{(\mathfrak{j} \cdot \mathfrak{j})}_{1} + a_3(b_1 c_2 - b_2 c_1) \underbrace{(\mathfrak{k} \cdot \mathfrak{k})}_{1},$$

wobei die Glieder mit $(\mathfrak{i} \cdot \mathfrak{j})$, $(\mathfrak{i} \cdot \mathfrak{k})$ usw. verschwinden.

Man erkennt, daß $[\mathfrak{a} \, \mathfrak{b} \, \mathfrak{c}]$ der Wert einer Determinante ist

$$|\mathfrak{a} \, \mathfrak{b} \, \mathfrak{c}| = \begin{vmatrix} a_1 & a_2 & a_3 \\ b_1 & b_2 & b_3 \\ c_1 & c_2 & c_3 \end{vmatrix} = \begin{vmatrix} a_1 & b_1 & c_1 \\ a_2 & b_2 & c_2 \\ a_3 & b_3 & c_3 \end{vmatrix} . \tag{I A.21}$$

Damit wird

$$|\mathfrak{i} \, \mathfrak{j} \, \mathfrak{k}| = 1 . \tag{I A.22}$$

d) Grammsche Determinante

Diese Determinante ist dadurch gekennzeichnet, daß deren Einzelglieder Skalarprodukte sind.

$$|\mathfrak{a} \, \mathfrak{b} \, \mathfrak{c}|^2 = \begin{vmatrix} \mathfrak{a} \cdot \mathfrak{a} & \mathfrak{a} \cdot \mathfrak{b} & \mathfrak{a} \cdot \mathfrak{c} \\ \mathfrak{b} \cdot \mathfrak{a} & \mathfrak{b} \cdot \mathfrak{b} & \mathfrak{b} \cdot \mathfrak{c} \\ \mathfrak{c} \cdot \mathfrak{a} & \mathfrak{c} \cdot \mathfrak{b} & \mathfrak{c} \cdot \mathfrak{c} \end{vmatrix} = \begin{vmatrix} \sum a_i^2 & \sum a_i b_i & \sum a_i c_i \\ \sum b_i a_1 & \sum b_i^2 & \sum b_i c_i \\ \sum c_i a_i & \sum c_i b_i & \sum c_i^2 \end{vmatrix} \tag{I A.23}$$

bzw.

$$|\mathfrak{a} \, \mathfrak{b} \, \mathfrak{c}| \cdot |\mathfrak{a}' \, \mathfrak{b}' \, \mathfrak{c}'| = \begin{vmatrix} \mathfrak{a} \cdot \mathfrak{a}' & \mathfrak{a} \cdot \mathfrak{b}' & \mathfrak{a} \cdot \mathfrak{c}' \\ \mathfrak{b} \cdot \mathfrak{a}' & \mathfrak{b} \cdot \mathfrak{b}' & \mathfrak{b} \cdot \mathfrak{c}' \\ \mathfrak{c} \cdot \mathfrak{a}' & \mathfrak{c} \cdot \mathfrak{b}' & \mathfrak{c} \cdot \mathfrak{c}' \end{vmatrix} . \tag{I A.24}$$

e) Dreifaches Vektorprodukt

Für das Vektorprodukt $\mathfrak{a} \times (\mathfrak{b} \times \mathfrak{c})$ (Abb. I A.9) ist zu beachten, daß der Vektor $(\mathfrak{b} \times \mathfrak{c})$ senkrecht zur Ebene $(\mathfrak{b}\mathfrak{c})$ steht. Da der Vektor $\mathfrak{a} \times (\mathfrak{b} \times \mathfrak{c})$ senkrecht zu den beiden Vektoren $\mathfrak{a}$ und $(\mathfrak{b} \times \mathfrak{c})$ steht, muß er wieder in die Ebene $(\mathfrak{b}\mathfrak{c})$ zu liegen kommen.

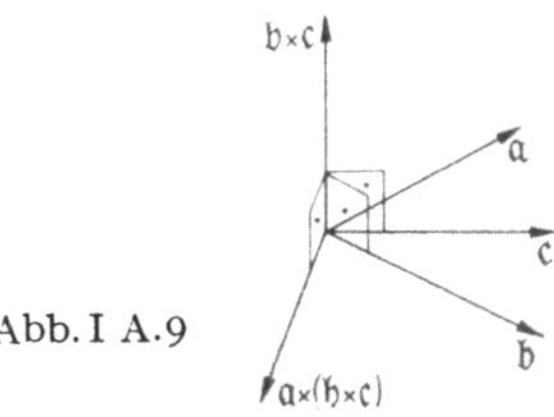

Abb. I A.9

Es gilt

$$\mathfrak{a} \times (\mathfrak{b} \times \mathfrak{c}) = n\mathfrak{b} + m\mathfrak{c}, \left. \begin{array}{c} \\ \\ \end{array} \right\} \tag{I A.25}$$
$$\text{wobei } n = \mathfrak{a} \cdot \mathfrak{c} \text{ und } m = -\mathfrak{a} \cdot \mathfrak{b} \text{ sind.}$$

Damit wird

$$\mathfrak{a} \times (\mathfrak{b} \times \mathfrak{c}) = (\mathfrak{a} \cdot \mathfrak{c}) \, \mathfrak{b} - (\mathfrak{a} \cdot \mathfrak{b}) \, \mathfrak{c} . \tag{I A.26}$$

f) Vierfache Vektorprodukte

Für vierfache Vektorprodukte gilt:

$$(\mathfrak{a}\times\mathfrak{b})\cdot(\mathfrak{c}\times\mathfrak{d}) = \mathfrak{a}\cdot(\mathfrak{b}\times(\mathfrak{c}\times\mathfrak{d})) = \mathfrak{a}\cdot((\mathfrak{b}\cdot\mathfrak{d})\,\mathfrak{c} - (\mathfrak{b}\cdot\mathfrak{c})\,\mathfrak{d}) =$$

$$= (\mathfrak{a}\cdot\mathfrak{c})(\mathfrak{b}\cdot\mathfrak{d}) - (\mathfrak{a}\cdot\mathfrak{d})(\mathfrak{b}\cdot\mathfrak{c}) = \begin{vmatrix} \mathfrak{a}\cdot\mathfrak{c} & \mathfrak{b}\cdot\mathfrak{c} \\ \mathfrak{a}\cdot\mathfrak{d} & \mathfrak{b}\cdot\mathfrak{d} \end{vmatrix} \qquad (\text{I A.27})$$

$$(\mathfrak{a}\times\mathfrak{b})\times(\mathfrak{c}\times\mathfrak{d}) = |\mathfrak{a}\,\mathfrak{b}\,\mathfrak{d}|\,\mathfrak{c} - |\mathfrak{a}\,\mathfrak{b}\,\mathfrak{c}|\,\mathfrak{d} =$$

$$= |\mathfrak{a}\,\mathfrak{c}\,\mathfrak{d}|\,\mathfrak{b} - |\mathfrak{b}\,\mathfrak{c}\,\mathfrak{d}|\,\mathfrak{a}. \qquad (\text{I A.28})$$

g) Reziproke Grundsysteme

Zwei Grundsysteme von je drei Vektoren eines Dreibeines $\mathfrak{a}$, $\mathfrak{b}$, $\mathfrak{c}$ und $\mathfrak{a}^*$, $\mathfrak{b}^*$, $\mathfrak{c}^*$ heißen reziprok, wenn die Kanten des von dem einen System gebildeten Dreikantes auf den Seiten des Dreikantes des anderen Systems senkrecht stehen und zwischen Richtungssinnen und Beträgen besondere Beziehungen vorliegen (Abb. I A.10, $\mathfrak{c}^* \perp$ zu $\mathfrak{a}$ und $\mathfrak{b}$).

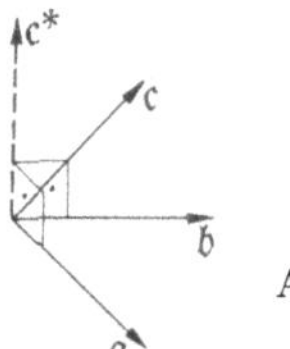

Abb. I A.10

Es gilt:

$$\left.\begin{aligned} \mathfrak{a}^*\cdot\mathfrak{b} = 0; \quad \mathfrak{b}^*\cdot\mathfrak{a} = 0; \quad \mathfrak{c}^*\cdot\mathfrak{a} = 0; \\ \mathfrak{a}^*\cdot\mathfrak{c} = 0; \quad \mathfrak{b}^*\cdot\mathfrak{c} = 0; \quad \mathfrak{c}^*\cdot\mathfrak{b} = 0; \\ \mathfrak{a}\cdot\mathfrak{b}^* = 0; \quad \mathfrak{b}\cdot\mathfrak{a}^* = 0; \quad \mathfrak{c}\cdot\mathfrak{a}^* = 0; \\ \mathfrak{a}\cdot\mathfrak{c}^* = 0; \quad \mathfrak{b}\cdot\mathfrak{c}^* = 0; \quad \mathfrak{c}\cdot\mathfrak{b}^* = 0. \end{aligned}\right\} \qquad (\text{I A.29})$$

bzw.

Es werden folgende Beziehungen zwischen den beiden Systemen festgelegt:

$$\mathfrak{a}\cdot\mathfrak{a}^* = 1; \quad \mathfrak{b}\cdot\mathfrak{b}^* = 1; \quad \mathfrak{c}\cdot\mathfrak{c}^* = 1. \qquad (\text{I A.30})$$

Wählt man auf Grund von (I A.29)

$$\mathfrak{a}^* = \frac{\mathfrak{b}\times\mathfrak{c}}{|\mathfrak{a}\,\mathfrak{b}\,\mathfrak{c}|},$$

so ist (I A.30) erfüllt

$$\mathfrak{a}\cdot\mathfrak{a}^* = \frac{\mathfrak{a}\cdot(\mathfrak{b}\times\mathfrak{c})}{|\mathfrak{a}\,\mathfrak{b}\,\mathfrak{c}|} = \frac{|\mathfrak{a}\,\mathfrak{b}\,\mathfrak{c}|}{|\mathfrak{a}\,\mathfrak{b}\,\mathfrak{c}|} = 1.$$

Somit gilt allgemein:

$$\left.\begin{aligned} \mathfrak{a}^* = \frac{\mathfrak{b}\times\mathfrak{c}}{|\mathfrak{a}\,\mathfrak{b}\,\mathfrak{c}|}; \quad \mathfrak{b}^* = \frac{\mathfrak{c}\times\mathfrak{a}}{|\mathfrak{a}\,\mathfrak{b}\,\mathfrak{c}|}; \quad \mathfrak{c}^* = \frac{\mathfrak{a}\times\mathfrak{b}}{|\mathfrak{a}\,\mathfrak{b}\,\mathfrak{c}|}; \\ \mathfrak{a} = \frac{\mathfrak{b}^*\times\mathfrak{c}^*}{|\mathfrak{a}^*\,\mathfrak{b}^*\,\mathfrak{c}^*|}; \quad \mathfrak{b} = \frac{\mathfrak{c}^*\times\mathfrak{a}^*}{|\mathfrak{a}^*\,\mathfrak{b}^*\,\mathfrak{c}^*|}; \quad \mathfrak{c} = \frac{\mathfrak{a}^*\times\mathfrak{b}^*}{|\mathfrak{a}^*\,\mathfrak{b}^*\,\mathfrak{c}^*|}. \end{aligned}\right\} \qquad (\text{I A.31})$$

bzw.

Man erhält weiters die Beziehung

$$|\mathfrak{a}\,\mathfrak{b}\,\mathfrak{c}||\mathfrak{a}^*\,\mathfrak{b}^*\,\mathfrak{c}^*| = 1, \qquad (\text{I A.32})$$

bzw. $V V^* = 1$.

B. Grundlagen der Dyadenrechnung

1. Affine Abbildung

Bezogen auf eine Basis aus 3 Vektoren $\mathfrak{a}$, $\mathfrak{b}$ und $\mathfrak{c}$ mit dem Scheitel O ist ein Punkt n des Raumes durch den Vektor

$$\mathfrak{r} = x\mathfrak{a} + y\mathfrak{b} + z\mathfrak{c} \qquad\qquad \text{(I B.1)}$$

festgelegt, wo x, y, z Maßzahlen sind.

Dieser Punkt n kann in einem zweiten Raum mit dem Scheitel O' und der Basis $\mathfrak{a}'$, $\mathfrak{b}'$, $\mathfrak{c}'$ mit den gleichen Maßzahlen durch den Punkt n' affin dargestellt werden.

$$\mathfrak{r}' = x\mathfrak{a}' + y\mathfrak{b}' + z\mathfrak{c}'. \qquad\qquad \text{(I B.2a)}$$

Mit (I A.29) und (I A.30) wird

$$\mathfrak{r} \cdot \mathfrak{a}^* = x\underbrace{\mathfrak{a} \cdot \mathfrak{a}^*}_{1} + y\underbrace{\mathfrak{b} \cdot \mathfrak{a}^*}_{0} + z\underbrace{\mathfrak{c} \cdot \mathfrak{a}^*}_{0};$$

$$\mathfrak{r} \cdot \mathfrak{b}^* = y; \quad \mathfrak{r} \cdot \mathfrak{c}^* = z$$

und

$$\mathfrak{r}' = \mathfrak{r} \cdot \mathfrak{a}^*\mathfrak{a}' + \mathfrak{r} \cdot \mathfrak{b}^*\mathfrak{b}' + \mathfrak{r} \cdot \mathfrak{c}^*\mathfrak{c}' = \mathfrak{r} \cdot \{\mathfrak{a}^*\mathfrak{a}' + \mathfrak{b}^*\mathfrak{b}' + \mathfrak{c}^*\mathfrak{c}'\} = \mathfrak{r} \cdot \boldsymbol{\Phi}. \quad \text{(I B.2b)}$$

$\boldsymbol{\Phi}$ ist hierbei ein unbestimmtes oder dyadisches Produkt, eine Dyade. Die Dyade ist ein rein abstrakter Bergiff, die erst in Verbindung mit einer vektoriellen Operation einen Sinn erfüllt. Zum Beispiel wird das Skalarprodukt eines Vektors mit einer Dyade nach (I B.2b) wieder ein Vektor. Wenn man bei der obigen affinen Abbildung die Scheitel O und O' zusammenfallen läßt und den Bildvektor $\mathfrak{r}'$ auf die ursprüngliche Basis $\mathfrak{a}$, $\mathfrak{b}$, $\mathfrak{c}$ bezieht, so kann man setzen

$$\mathfrak{r}' = x'\mathfrak{a} + y'\mathfrak{b} + z'\mathfrak{c}. \qquad\qquad \text{(I B.3)}$$

Kennt man die Beziehungen der Grundvektoren $\mathfrak{a}'$, $\mathfrak{b}'$, $\mathfrak{c}'$ mit denen von $\mathfrak{a}$, $\mathfrak{b}$, $\mathfrak{c}$, so sind die neuen Maßzahlen x', y' und z' festgelegt. Mit

$$\mathfrak{a}' = a_{11}\mathfrak{a} + a_{21}\mathfrak{b} + a_{31}\mathfrak{c};$$

$$\mathfrak{b}' = a_{12}\mathfrak{a} + a_{22}\mathfrak{b} + a_{32}\mathfrak{c}; \qquad\qquad \text{(I B.4)}$$

$$\mathfrak{c}' = a_{13}\mathfrak{a} + a_{23}\mathfrak{b} + a_{33}\mathfrak{c};$$

und (I B.2a) wird

$$\left.\begin{aligned}
\mathfrak{r}' &= (a_{11}x + a_{12}y + a_{13}z)\,\mathfrak{a} + (a_{21}x + a_{22}y + a_{32}z)\,\mathfrak{b} + \\
&\quad + (a_{31}x + a_{32}y + a_{33}z)\,\mathfrak{c}; \\[2mm]
x' &= a_{11}x + a_{12}y + a_{13}z; \ \text{usw.}
\end{aligned}\right\} \qquad \text{(I B.5)}$$

bzw.

2. Lineare Vektorfunktion. Dyade

Sind für einen dreidimensionalen Raum $\mathfrak{a}_1$, $\mathfrak{a}_2$, $\mathfrak{a}_3$ und $\mathfrak{b}_1$, $\mathfrak{b}_2$, $\mathfrak{b}_3$ zwei Reihen von beliebigen Vektoren, so kann man für die allgemeinste lineare Vektorfunktion schreiben

$$\mathfrak{r}' = \mathfrak{a}_1\mathfrak{b}_1 \cdot \mathfrak{r} + \mathfrak{a}_2\mathfrak{b}_2 \cdot \mathfrak{r} + \mathfrak{a}_3\mathfrak{b}_3 \cdot \mathfrak{r} = \boldsymbol{\Phi} \cdot \mathfrak{r}, \qquad \text{(I B.6a)}$$

$$\boldsymbol{\Phi} = \{\mathfrak{a}_1\mathfrak{b}_1 + \mathfrak{a}_2\mathfrak{b}_2 + \mathfrak{a}_3\mathfrak{b}_3\}. \qquad\qquad \text{(I B.6b)}$$

Damit kann ein Punkt des einen Raumes in einem anderen abgebildet werden.

Sind die Vektoren $\mathfrak{a}_1$, $\mathfrak{a}_2$, $\mathfrak{a}_3$ oder $\mathfrak{b}_1$, $\mathfrak{b}_2$, $\mathfrak{b}_3$ komplanar, so wird durch

$$\mathfrak{r}' = \mathfrak{a}_1\mathfrak{b}_1 \cdot \mathfrak{r} + \mathfrak{a}_2\mathfrak{b}_2 \cdot \mathfrak{r} = \boldsymbol{\Phi} \cdot \mathfrak{r}; \quad \boldsymbol{\Phi} = \{\mathfrak{a}_1\mathfrak{b}_1 + \mathfrak{a}_2\mathfrak{b}_2\} \qquad \text{(I B.7)}$$

jeder Punkt des Raumes in einer Ebene abgebildet.

Sind die Vektoren $\mathfrak{a}_1$, $\mathfrak{a}_2$, $\mathfrak{a}_3$ oder $\mathfrak{b}_1$, $\mathfrak{b}_2$, $\mathfrak{b}_3$ kollinear, so wird jeder Punkt des Raumes durch

$$\mathfrak{r}' = \mathfrak{a}_1\mathfrak{b}_1 \cdot \mathfrak{r} = \boldsymbol{\Phi} \cdot \mathfrak{r}; \quad \boldsymbol{\Phi} = \{\mathfrak{a}_1\mathfrak{b}_1\} \tag{I B.8}$$

auf einer einzigen Geraden abgebildet.

Je nach der Anzahl der Glieder, spricht man bei (I B.6) bzw. (I B.7) bzw. (I B.8) von einer vollständigen bzw. einer planaren bzw. von einer linearen Dyade.

Betrachtet man den Ausdruck

$$\mathfrak{a}\mathfrak{b} \cdot \mathfrak{r} = \{\mathfrak{a}\mathfrak{b}\} \cdot \mathfrak{r} = \boldsymbol{\Phi} \cdot \mathfrak{r}, \tag{I B.9}$$

so ist das ein Vektor in Richtung $\mathfrak{a}$, wobei der Vektor $\mathfrak{a}$ mit dem Skalarprodukt $(\mathfrak{b} \cdot \mathfrak{r})$ zu multiplizieren ist.

In gleicher Weise gilt

$$\mathfrak{r} \cdot \mathfrak{a}\mathfrak{b} = \mathfrak{r} \cdot \{\mathfrak{a}\mathfrak{b}\} = \mathfrak{r} \cdot \boldsymbol{\Phi},$$

wobei jedoch ein Vektor in Richtung $\mathfrak{b}$ entsteht.

$\boldsymbol{\Phi}$ kann somit als Operator aufgefaßt werden, mit dem eine affine Abbildung durchgeführt werden kann.

Für die Dyade

$$\boldsymbol{\Phi} = \{\mathfrak{a}_1\mathfrak{b}_1 + \mathfrak{a}_2\mathfrak{b}_2 + \mathfrak{a}_3\mathfrak{b}_3\} \tag{I B.10}$$

und die dazugehörige konjugierte oder transponierte Dyade

$$\overline{\boldsymbol{\Phi}} = \{\mathfrak{b}_1\mathfrak{a}_1 + \mathfrak{b}_2\mathfrak{a}_2 + \mathfrak{b}_3\mathfrak{a}_3\} = \boldsymbol{\Phi}^T \tag{I B.11}$$

gilt

$$\mathfrak{r}' = \{\mathfrak{a}_1\mathfrak{b}_1 + \mathfrak{a}_2\mathfrak{b}_2 + \mathfrak{a}_3\mathfrak{b}_3\} \cdot \mathfrak{r} = \mathfrak{r} \cdot \{\mathfrak{b}_1\mathfrak{a}_1 + \mathfrak{b}_2\mathfrak{a}_2 + \mathfrak{b}_3\mathfrak{a}_3\}.$$

Somit gilt

$$\mathfrak{r}' = \boldsymbol{\Phi} \cdot \mathfrak{r} = \mathfrak{r} \cdot \overline{\boldsymbol{\Phi}}. \tag{I B.12}$$

Obwohl die Dyade ein rein abstrakter Begriff ist, der für sich allein unverständlich ist, wird sie in Verbindung mit Vektormultiplikationen zu einem besonders wertvollen Operator bei der mathematischen Behandlung unzähliger Probleme des Ingenieurs.

3. Neunerform der Dyade

Bezieht man jeden Vektor auf das Dreibein $\mathfrak{i}$, $\mathfrak{j}$, $\mathfrak{k}$, so ergibt sich durch dyadische Multiplikation mit

$$\mathfrak{a}_1 = u_{11}\mathfrak{i} + u_{12}\mathfrak{j} + u_{13}\mathfrak{k},$$
$$\mathfrak{b}_1 = v_{11}\mathfrak{i} + v_{12}\mathfrak{j} + v_{13}\mathfrak{k},$$
$$\mathfrak{a}_2 = u_{21}\mathfrak{i} + u_{22}\mathfrak{j} + u_{23}\mathfrak{k},$$
$$\mathfrak{b}_2 = v_{21}\mathfrak{i} + v_{22}\mathfrak{j} + v_{23}\mathfrak{k},$$
$$\mathfrak{a}_3 = u_{31}\mathfrak{i} + u_{32}\mathfrak{j} + u_{33}\mathfrak{k},$$
$$\mathfrak{b}_3 = v_{31}\mathfrak{i} + v_{32}\mathfrak{j} + v_{33}\mathfrak{k};$$

$$\{\mathfrak{a}_1\mathfrak{b}_1\} = \begin{Bmatrix} u_{11}v_{11}\mathfrak{i}\mathfrak{i} & u_{11}v_{12}\mathfrak{i}\mathfrak{j} & u_{11}v_{13}\mathfrak{i}\mathfrak{k} \\ u_{12}v_{11}\mathfrak{j}\mathfrak{i} & u_{12}v_{12}\mathfrak{j}\mathfrak{j} & u_{12}v_{13}\mathfrak{j}\mathfrak{k} \\ u_{13}v_{11}\mathfrak{k}\mathfrak{i} & u_{12}v_{13}\mathfrak{k}\mathfrak{j} & u_{13}v_{13}\mathfrak{k}\mathfrak{k} \end{Bmatrix}$$

bzw. durch Summation

$$\boldsymbol{\Phi} = \{\mathfrak{a}_1\mathfrak{b}_1 + \mathfrak{a}_2\mathfrak{b}_2 + \mathfrak{a}_3\mathfrak{b}_3\} = \begin{Bmatrix} a_{11}\mathfrak{i}\mathfrak{i} & a_{12}\mathfrak{i}\mathfrak{j} & a_{13}\mathfrak{i}\mathfrak{k} \\ a_{21}\mathfrak{j}\mathfrak{i} & a_{22}\mathfrak{j}\mathfrak{j} & a_{23}\mathfrak{j}\mathfrak{k} \\ a_{31}\mathfrak{k}\mathfrak{i} & a_{32}\mathfrak{k}\mathfrak{j} & a_{33}\mathfrak{k}\mathfrak{k} \end{Bmatrix}. \tag{I B.13 a}$$

mit $a_{11} = u_{11}v_{11} + u_{21}v_{21} + u_{31}v_{31}$ usw.

Mit $i \cdot i = 1$; $i \cdot j = 0$ usw. ergibt sich die lineare Vektorfunktion aus (I B.12) mit (I B.13)

$$\mathfrak{r}' = x'i + y'j + z'\mathfrak{k} = \boldsymbol{\Phi} \cdot \mathfrak{r} = \boldsymbol{\Phi} \cdot (xi + yj + z\mathfrak{k}) = a_{11}x\underbrace{i \cdot i}_{1} + a_{12}x\underbrace{j \cdot i}_{0} + \cdots$$

$$= (a_{11}x + a_{12}y + a_{13}z)\,i + (a_{21}x + a_{22}y + a_{23}z)\,j + (a_{31}x + a_{32}y + a_{33}z)\,\mathfrak{k}$$

$$= c_{11}i + c_{22}j + c_{33}\mathfrak{k}. \tag{I B.14}$$

Im allgemeinen Schema geschrieben, ergeben sich die einzelnen Koeffizienten c als Summe der Produkte von Zeile mal Spalte.

$$
\mathfrak{r}' = \boldsymbol{\Phi} \cdot \begin{pmatrix} xi \\ yj \\ z\mathfrak{k} \end{pmatrix} =
\begin{array}{|ccc|c|c}
 & & & x & \\
 & & & y & \\
 & & & z & \\
\hline
a_{11} & a_{12} & a_{13} & c_{11} & i \\
a_{21} & a_{22} & a_{23} & c_{22} & j \\
a_{31} & a_{32} & a_{33} & c_{33} & \mathfrak{k}
\end{array}
\tag{I B.15}
$$

Hierbei ist: $c_{11} = a_{11}x + a_{12}y + a_{13}z$ usw.

Für die linear Vektorfunktionen

$$\mathfrak{r}' = \mathfrak{r} \cdot \boldsymbol{\Phi}$$

ergibt sich nach demselben Schema

$$
\mathfrak{r}' = \mathfrak{r}^T \cdot \boldsymbol{\Phi} =
\begin{array}{c|ccc}
 & a_{11} & a_{12} & a_{13} \\
 & a_{21} & a_{22} & a_{23} \\
 & a_{31} & a_{32} & a_{33} \\
\hline
x\,y\,z & c'_{11} & c'_{22} & c'_{33}
\end{array}
\tag{I B.16}
$$

Hierbei ist: $c'_{11} = a_{11}x + a_{21}y + a_{31}z$ usw.

$\mathfrak{r}^T$ bedeutet hierbei die transponierte Darstellung eines Spaltenvektor $\mathfrak{r} = \begin{pmatrix} x \\ y \\ z \end{pmatrix}$ als Zeilenvektor $\mathfrak{r}^T = (x\,y\,z)$. Diese Bezeichnung hat nur für das Rechenschema Bedeutung. Für die konjugierte Dyade sind die a_{ik} und a_{ki}-Werte vertauscht. Für $\mathfrak{r}' = \mathfrak{r}^T \cdot \overline{\boldsymbol{\Phi}}$ ergibt sich

$$
\mathfrak{r}' = \mathfrak{r}^T \cdot \overline{\boldsymbol{\Phi}} =
\begin{array}{c|ccc}
 & a_{11} & a_{21} & a_{31} \\
 & a_{12} & a_{22} & a_{32} \\
 & a_{13} & a_{23} & a_{33} \\
\hline
x\,y\,z & c_{11} & c_{22} & c_{33}
\end{array}
\tag{I B.17}
$$

Hierbei ist: $c_{11} = a_{11}x + a_{12}y + a_{13}z$.
Mit (I B.15) und (I B.17) ist (I B.12) bestätigt.

4. Zerlegung von Dyaden. Invarianten

Eine allgemeine Dyade läßt sich in eine symmetrische und antimetrische Dyade zerlegen.

Für eine symmetrische Dyade sind die Koeffizienten a_{ik} und a_{ki} gleich, d.h. für eine solche gilt $\Phi = \overline{\Phi}$. Ihre allgemeine Form lautet:

$$\Phi_s = \begin{Bmatrix} a_{11}\mathfrak{ii} & a_{12}\mathfrak{ij} & a_{13}\mathfrak{ik} \\ a_{12}\mathfrak{ji} & a_{22}\mathfrak{jj} & a_{23}\mathfrak{jk} \\ a_{13}\mathfrak{ki} & a_{23}\mathfrak{kj} & a_{33}\mathfrak{kk} \end{Bmatrix}. \tag{I B.18}$$

Bei einer antimetrischen Dyade ändert sich bei Vertauschung der a_{ik} und a_{ki}-Werte nur das Vorzeichen; ihre allgemeine Form lautet

$$\Phi_a = \begin{Bmatrix} 0 & a_{12}\mathfrak{ij} & a_{13}\mathfrak{ik} \\ -a_{12}\mathfrak{ji} & 0 & a_{23}\mathfrak{jk} \\ -a_{13}\mathfrak{ki} & -a_{23}\mathfrak{kj} & 0 \end{Bmatrix}. \tag{I B.19}$$

Jede symmetrische Dyade kann durch Wahl eines geeigneten Dreibeins auf die Form

$$\Phi_s = \{a\mathfrak{ii} + b\mathfrak{jj} + c\mathfrak{kk}\}$$

gebracht werden.

Von besonderer Bedeutung ist die Einheitsdyade

$$\mathbf{E} = \{\mathfrak{ii} + \mathfrak{jj} + \mathfrak{kk}\}. \tag{I B.20}$$

Man erkennt aus (I B.15), daß gilt

$$\mathfrak{r}' = \mathbf{E} \cdot \mathfrak{r} = \mathfrak{r}. \tag{I B.21}$$

Mit

$$\Phi = \begin{Bmatrix} a_{11}\mathfrak{ii} & a_{12}\mathfrak{ij} & a_{13}\mathfrak{ik} \\ a_{21}\mathfrak{ji} & a_{22}\mathfrak{jj} & a_{23}\mathfrak{jk} \\ a_{31}\mathfrak{ki} & a_{32}\mathfrak{kj} & a_{33}\mathfrak{kk} \end{Bmatrix} \quad \text{und} \quad \overline{\Phi} = \begin{Bmatrix} a_{11}\mathfrak{ii} & a_{21}\mathfrak{ij} & a_{31}\mathfrak{ik} \\ a_{12}\mathfrak{ji} & a_{22}\mathfrak{jj} & a_{32}\mathfrak{jk} \\ a_{13}\mathfrak{ki} & a_{23}\mathfrak{kj} & a_{33}\mathfrak{kk} \end{Bmatrix} \tag{I B.13 b}$$

ergibt sich

$$\Phi = \frac{1}{2}\{\Phi + \overline{\Phi}\} + \frac{1}{2}\{\Phi - \overline{\Phi}\} = \Phi_s + \Phi_a, \tag{I B.22}$$

d.h. Φ ist in eine symmetrische Dyade Φ_s und eine antimetrische Φ_a zerlegt worden.

$$\Phi_s = \begin{Bmatrix} a_{11}\mathfrak{ii} & \frac{1}{2}(a_{12} + a_{21})\,\mathfrak{ij} & \frac{1}{2}(a_{13} + a_{31})\,\mathfrak{ik} \\ \frac{1}{2}(a_{12} + a_{21})\,\mathfrak{ji} & a_{22}\mathfrak{jj} & \frac{1}{2}(a_{23} + a_{32})\,\mathfrak{jk} \\ \frac{1}{2}(a_{13} + a_{31})\,\mathfrak{ki} & \frac{1}{2}(a_{23} + a_{32})\,\mathfrak{kj} & a_{33}\mathfrak{kk} \end{Bmatrix}; \tag{I B.23}$$

$$\Phi_a = \begin{Bmatrix} 0 & \frac{1}{2}(a_{12} - a_{21})\,\mathfrak{ij} & \frac{1}{2}(a_{13} - a_{31})\,\mathfrak{ik} \\ -\frac{1}{2}(a_{12} - a_{21})\,\mathfrak{ji} & 0 & \frac{1}{2}(a_{23} - a_{32})\,\mathfrak{jk} \\ -\frac{1}{2}(a_{13} - a_{31})\,\mathfrak{ki} & \frac{1}{2}(a_{23} - a_{32})\,\mathfrak{kj} & 0 \end{Bmatrix}. \tag{I B.24}$$

Die Dyade ist eine vom Koordinatensystem unabhängige Größe. Ersetzt man die unbestimmte Multiplikation durch die skalare oder vektorielle, so entstehen Größen, die vom Koordinatensystem unabhängig sind. Für die Dyade

$$\Phi = \{\mathfrak{a}_1\mathfrak{b}_1 + \mathfrak{a}_2\mathfrak{b}_2 + \mathfrak{a}_3\mathfrak{b}_3\} \tag{I B.10}$$

ergeben sich die Invarianten:
das erste Skalar oder die Spur der Dyade

$$\Phi_I = \mathfrak{a}_1 \cdot \mathfrak{b}_1 + \mathfrak{a}_2 \cdot \mathfrak{b}_2 + \mathfrak{a}_3 \cdot \mathfrak{b}_3 \tag{I B.25}$$

und der Vektor

$$\Phi_x = (\mathfrak{a}_1 \times \mathfrak{b}_1) + (\mathfrak{a}_2 \times \mathfrak{b}_2) + (\mathfrak{a}_3 \times \mathfrak{b}_3). \tag{I B.26}$$

Für die neungliedrige Form (I B.13) erhält man

$$\Phi_I = a_{11} + a_{22} + a_{33} \tag{I B.27}$$

und

$$\Phi_x = (a_{23} - a_{32})\,\mathfrak{i} + (a_{31} - a_{13})\,\mathfrak{j} + (a_{12} - a_{21})\,\mathfrak{k}. \tag{I B.28}$$

Für die Einheitsdyade $\mathbf{E}$ nach (I B.20) ist

$$E_I = 3 \quad \text{und} \quad E_x = 0. \tag{I B.29}$$

Für eine symmetrische Dyade ist $\Phi_{s,x} = 0$, für eine antimetrische ist $\Phi_{a,I} = 0$.

5. Skalares Produkt zweier Dyaden

Bildet man den Vektor $\mathfrak{r}'$ von (I B.6a) neuerdings ab, so ergibt sich aus

$$\mathfrak{r}' = \Phi \cdot \mathfrak{r}, \tag{I B.6a}$$

$$\mathfrak{r}'' = \Psi \cdot \mathfrak{r}' = \Psi \cdot \Phi \cdot \mathfrak{r} = \{\Psi \cdot \Phi\} \cdot \mathfrak{r} = \mathbf{H} \cdot \mathfrak{r}. \tag{I B.30}$$

Führt man die skalare Multiplikation der beiden Dyaden Ψ und Φ aus, so erhält man:

$$\mathbf{H} = \begin{Bmatrix} b_{11}\mathfrak{i}\mathfrak{i} & b_{12}\mathfrak{i}\mathfrak{j} & b_{13}\mathfrak{i}\mathfrak{k} \\ b_{21}\mathfrak{j}\mathfrak{i} & b_{22}\mathfrak{j}\mathfrak{j} & b_{23}\mathfrak{j}\mathfrak{k} \\ b_{31}\mathfrak{k}\mathfrak{i} & b_{32}\mathfrak{k}\mathfrak{j} & b_{33}\mathfrak{k}\mathfrak{k} \end{Bmatrix} \cdot \begin{Bmatrix} a_{11}\mathfrak{i}\mathfrak{i} & a_{12}\mathfrak{i}\mathfrak{j} & a_{13}\mathfrak{i}\mathfrak{k} \\ a_{21}\mathfrak{j}\mathfrak{i} & a_{22}\mathfrak{j}\mathfrak{j} & a_{23}\mathfrak{j}\mathfrak{k} \\ a_{31}\mathfrak{k}\mathfrak{i} & a_{32}\mathfrak{k}\mathfrak{j} & a_{33}\mathfrak{k}\mathfrak{k} \end{Bmatrix} =$$

$$= b_{11}a_{11}\underbrace{\mathfrak{i}\mathfrak{i}\cdot\mathfrak{i}\mathfrak{i}}_{1} + b_{11}a_{12}\underbrace{\mathfrak{i}\mathfrak{i}\cdot\mathfrak{i}\mathfrak{j}}_{1} + b_{11}a_{13}\underbrace{\mathfrak{i}\mathfrak{i}\cdot\mathfrak{i}\mathfrak{k}}_{1} + b_{11}a_{21}\underbrace{\mathfrak{i}\mathfrak{i}\cdot\mathfrak{j}\mathfrak{i}}_{0}\ldots$$

$$+ b_{12}a_{21}\underbrace{\mathfrak{i}\mathfrak{j}\cdot\mathfrak{j}\mathfrak{i}}_{1} + b_{12}\ldots =$$

$$= \begin{Bmatrix} c_{11}\mathfrak{i}\mathfrak{i} & c_{12}\mathfrak{i}\mathfrak{j} & c_{13}\mathfrak{i}\mathfrak{k} \\ c_{21}\mathfrak{j}\mathfrak{i} & c_{22}\mathfrak{j}\mathfrak{j} & c_{23}\mathfrak{j}\mathfrak{k} \\ c_{31}\mathfrak{k}\mathfrak{i} & c_{32}\mathfrak{k}\mathfrak{j} & c_{33}\mathfrak{k}\mathfrak{k} \end{Bmatrix}. \tag{I B.31a}$$

Die einzelnen Koeffizienten ergeben sich schematisch aus dem nachfolgenden Schema, wenn man jeweils Zeile mit Spalte multipliziert.

$$\mathbf{H} = \begin{array}{c|c} & \begin{matrix} a_{11} & a_{12} & a_{13} \\ a_{21} & a_{22} & a_{23} \\ a_{31} & a_{32} & a_{33} \end{matrix} \\ \hline \begin{matrix} b_{11} & b_{12} & b_{13} \\ b_{21} & b_{22} & b_{23} \\ b_{31} & b_{32} & b_{33} \end{matrix} & \begin{matrix} c_{11} & c_{12} & c_{13} \\ c_{21} & c_{22} & c_{23} \\ c_{31} & c_{32} & c_{33} \end{matrix} \end{array}. \tag{I B.31b}$$

Hierbei ist z.B. $c_{23} = b_{21}a_{13} + b_{22}a_{23} + b_{23}a_{33}$.
Dieses Schema wurde von Falk [1] vorgeschlagen.

6. Quotient zweier Dyaden. Reziproke Dyade

Die reziproke Dyade Φ^{-1} zur Dyade Φ genügt der Bedingung

$$\Phi \cdot \Phi^{-1} = \mathbf{E} = \Phi^{-1} \cdot \Phi. \tag{I B.32}$$

Ist

$$\det \Phi = \begin{vmatrix} a_{11} & a_{12} & a_{13} \\ a_{21} & a_{22} & a_{23} \\ a_{31} & a_{32} & a_{33} \end{vmatrix} \qquad (\text{I B.33})$$

die Determinante der Neunerform der Dyade Φ, so sind A_{ik} die Unterdeterminanten hierzu, die jeweils mit dem Vorzeichen $(-1)^{i+k}$ versehen sind.

$$\begin{Bmatrix} A_{11} & A_{12} & A_{13} \\ A_{21} & A_{22} & A_{23} \\ A_{31} & A_{32} & A_{33} \end{Bmatrix} . \qquad (\text{I B.34a})$$

In transponierter Anordnung ergibt sich

$$\begin{Bmatrix} A_{11} & A_{21} & A_{31} \\ A_{12} & A_{22} & A_{32} \\ A_{13} & A_{23} & A_{33} \end{Bmatrix} . \qquad (\text{I B.34b})$$

Mit

$$\frac{A_{ik}}{\det \Phi} = \alpha_{ki} \qquad (\text{I B.35})$$

erhält man die reziproke Dyade

$$\Phi^{-1} = \begin{Bmatrix} \alpha_{11} & \alpha_{12} & \alpha_{13} \\ \alpha_{21} & \alpha_{22} & \alpha_{23} \\ \alpha_{31} & \alpha_{32} & \alpha_{33} \end{Bmatrix} . \qquad (\text{I B.36})$$

Aus $\mathfrak{r}' = \Phi \cdot \mathfrak{r}$ gewinnt man durch skalare Multiplikation mit Φ^{-1} und (I B.21)

$$\Phi^{-1} \cdot \mathfrak{r}' = \Phi^{-1} \cdot \Phi \cdot \mathfrak{r} = \mathbf{E} \cdot \mathfrak{r} = \mathfrak{r} \qquad (\text{I B.37})$$

und somit $\mathfrak{r} = \Phi^{-1} \cdot \mathfrak{r}'$.

7. Tensorflächen zweiter Ordnung

Multipliziert man die nach (I B.13a) gegebene Dyade Φ zweimal skalar mit $\mathfrak{r}$, so erhält man eine skalare quadratische Form

$$2F = \mathfrak{r} \cdot \Phi \cdot \mathfrak{r} =$$
$$= a_{11}x^2 + a_{12}xy + a_{13}xz +$$
$$+ a_{21}xy + a_{22}y^2 + a_{23}yz +$$
$$+ a_{31}xz + a_{32}yz + a_{33}z^2. \qquad (\text{I B.38})$$

Für symmetrische Dyaden gilt $a_{ik} = a_{ki}$ und

$$2F = \mathfrak{r} \cdot \Phi \cdot \mathfrak{r} = \text{const} = c \qquad (\text{I B.39})$$

bzw.

$$a_{11}x^2 + a_{22}y^2 + a_{33}z^2 + 2a_{12}xy + 2a_{23}yz + 2a_{13}xz = \text{const}.$$

(I B.39) stellt eine eindeutige Zuordnung zwischen einer Dyade Φ und einer Schar von ähnlichen und ähnlich gelegenen Mittelpunktsflächen, den Tensorflächen, dar. Als Repräsentant dieser Flächen wird in der Regel

$$2F = \mathfrak{r} \cdot \Phi \cdot \mathfrak{r} = 1 \qquad (\text{I B.40})$$

gewählt.

(I B.39) stellt für einen bestimmten Wert c eine Niveaufläche

$$V(\mathfrak{r}) = c$$

dar.

Die Änderung der Feldfunktion $V(\mathfrak{r})$ ist beim Fortschreiten vom Punkt p nach p' auf der Niveaufläche Null, und erreicht in der Senkrechten zur Niveaufläche mit dem Einheitsvektor $\mathfrak{n}$ beim Fortschreiten von p nach p'' seinen maximalen Wert dV/dn (Abb. I B.1).

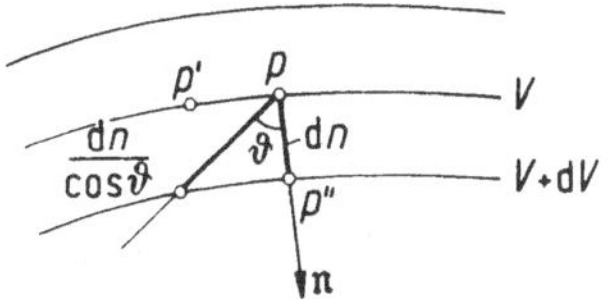

Abb. I B.1

Für ein beliebiges Linienelement $\mathrm{d}s = \dfrac{\mathrm{d}n}{\cos \vartheta}$ ergibt sich als Änderung von V

$$\frac{\mathrm{d}V}{\mathrm{d}s} = \frac{\mathrm{d}V}{\mathrm{d}n} \cos \vartheta. \qquad\qquad \text{(I B.41)}$$

Bezeichnet man den Gradienten von V

$$\operatorname{grad} V(\mathfrak{r}) = \nabla V = \mathfrak{n} \frac{\mathrm{d}V}{\mathrm{d}n}, \qquad\qquad \text{(I B.42)}$$

so ergibt sich aus (I B.41)

$$\mathrm{d}V = \frac{\mathrm{d}V}{\mathrm{d}n} \cos \vartheta \, \mathrm{d}s,$$

$$\mathrm{d}V = \mathrm{d}\mathfrak{r} \cdot \operatorname{grad} V. \qquad\qquad \text{(I B.43)}$$

Der Gradient ist eine Invariante. Im $\mathfrak{i}, \mathfrak{j}, \mathfrak{k}$-System gilt:

$$\operatorname{grad} V = \mathfrak{i} \frac{\partial V}{\partial x} + \mathfrak{j} \frac{\partial V}{\partial y} + \mathfrak{k} \frac{\partial V}{\partial z}. \qquad\qquad \text{(I B.44)}$$

Mit $\mathrm{d}\mathfrak{r} = \mathfrak{i} \, \mathrm{d}x + \mathfrak{j} \, \mathrm{d}y + \mathfrak{k} \, \mathrm{d}z$ wird

$$\mathrm{d}V = (\mathfrak{i} \, \mathrm{d}x + \mathfrak{j} \, \mathrm{d}y + \mathfrak{k} \, \mathrm{d}z) \cdot \left(\mathfrak{i} \frac{\partial V}{\partial x} + \mathfrak{j} \frac{\partial V}{\partial y} + \mathfrak{k} \frac{\partial V}{\partial z} \right) =$$

$$= \frac{\partial V}{\partial x} \, \mathrm{d}x + \frac{\partial V}{\partial y} \, \mathrm{d}y + \frac{\partial V}{\partial z} \, \mathrm{d}z. \qquad\qquad \text{(I B.45)}$$

Eine interessante Beziehung besteht nun zwischen der linearen Abbildung $\mathfrak{r}' = \boldsymbol{\Phi} \cdot \mathfrak{r}$ nach (I B.6a) und dem Gradienten ∇F der Tensorfläche nach (I B.39) bzw. (I B.40).

Aus (I B.39) und (I B.40) erhält man

$$\nabla F = \mathfrak{i} \frac{\partial F}{\partial x} + \mathfrak{j} \frac{\partial F}{\partial y} + \mathfrak{k} \frac{\partial F}{\partial z} =$$

$$= \mathfrak{i}(a_{11}x + a_{12}y + a_{13}z) +$$

$$+ \mathfrak{j}(a_{12}x + a_{22}y + a_{23}z) +$$

$$+ \mathfrak{k}(a_{13}x + a_{23}y + a_{33}z).$$

Vergleicht man damit (I B.14) — bei Zugrundelegung einer symmetrischen Dyade mit $a_{ik} = a_{ki}$ — so erhält man

$$\mathfrak{r}' = \boldsymbol{\Phi} \cdot \mathfrak{r} = \operatorname{grad} F = \nabla F. \qquad\qquad \text{(I B.46)}$$

Somit hat der Vektor $\mathfrak{r}'$ die Richtung der Normalen der Tensorfläche im Endpunkt des Vektors $\mathfrak{r}$.

8. Invarianten eines Vektorfeldes. Divergenz und Rotation

Alle aus der Operation ∇ und einem Vektor gebildeten Produkte ergeben, ebenso wie die Produkte zweier gewöhnlicher Vektoren, vom Koordinatensystem unabhängige Größen, sind somit Invarianten.

a) Divergenz

Als Divergenz einer Feldfunktion $\mathfrak{v}$ wird das skalare Produkt von ∇ mit $\mathfrak{v}$ bezeichnet, das somit ein Skalar ist.

$$\operatorname{div}\mathfrak{v} = \nabla \cdot \mathfrak{v}. \tag{I B.47}$$

Im $\mathfrak{i}, \mathfrak{j}, \mathfrak{k}$-System wird mit

$$\nabla = \mathfrak{i}\frac{\partial}{\partial x} + \mathfrak{j}\frac{\partial}{\partial y} + \mathfrak{k}\frac{\partial}{\partial z} \tag{I B.48}$$

und

$$\mathfrak{v} = \mathfrak{i}u + \mathfrak{j}v + \mathfrak{k}w,$$

$$\operatorname{div}\mathfrak{v} = \left(\mathfrak{i}\frac{\partial}{\partial x} + \mathfrak{j}\frac{\partial}{\partial y} + \mathfrak{k}\frac{\partial}{\partial z}\right) \cdot (\mathfrak{i}u + \mathfrak{j}v + \mathfrak{k}w) = \frac{\partial u}{\partial x} + \frac{\partial v}{\partial y} + \frac{\partial w}{\partial z}. \tag{I B.49}$$

b) Rotation oder Wirbel

Als Rotation oder Wirbel bezeichnet man das Vektorprodukt von ∇ mit $\mathfrak{v}$, das somit einen Vektor darstellt.

$$\operatorname{rot}\mathfrak{v} = \nabla \times \mathfrak{v}. \tag{I B.50}$$

Im $\mathfrak{i}, \mathfrak{j}, \mathfrak{k}$-System wird

$$\operatorname{rot}\mathfrak{v} = \left(\mathfrak{i}\frac{\partial}{\partial x} + \mathfrak{j}\frac{\partial}{\partial y} + \mathfrak{k}\frac{\partial}{\partial z}\right) \times (\mathfrak{i}u + \mathfrak{j}v + \mathfrak{k}w),$$

$$\operatorname{rot}\mathfrak{v} = \begin{pmatrix} \mathfrak{i} & \mathfrak{j} & \mathfrak{k} \\ \dfrac{\partial}{\partial x} & \dfrac{\partial}{\partial y} & \dfrac{\partial}{\partial z} \\ u & v & w \end{pmatrix}. \tag{I B.51}$$

9. Algebra des ∇-Operators

Es gelten die nachfolgenden Regeln, wobei die Pfeile angeben, auf welche Größen der Operator ∇ anzuwenden ist.

$$\nabla(u + v) = \nabla u + \nabla v, \tag{I B:52}$$

$$\nabla \cdot (\mathfrak{u} + \mathfrak{v}) = \nabla \cdot \mathfrak{u} + \nabla \cdot \mathfrak{v}, \tag{I B.53}$$

$$\nabla \times (\mathfrak{u} + \mathfrak{v}) = \nabla \times \mathfrak{u} + \nabla \times \mathfrak{v}, \tag{I B.54}$$

$$\nabla(\alpha\beta) = \nabla\overset{\downarrow}{\alpha}\beta + \nabla\alpha\overset{\downarrow}{\beta}, \tag{I B.55}$$

$$\nabla u\overset{\downarrow}{\beta} = u\nabla\overset{\downarrow}{\beta}, \tag{I B.56}$$

$$\nabla uv = u\nabla v + v\nabla u, \tag{I B.57}$$

$$\nabla \cdot u\mathfrak{v} = \mathfrak{v} \cdot \nabla u + u\nabla \cdot \mathfrak{v}, \tag{I B.58}$$

$$\nabla \times u\mathfrak{v} = -\mathfrak{v} \times \nabla u + u\nabla \times \mathfrak{v}, \tag{I B.59}$$

$$\nabla(\mathfrak{u} \cdot \mathfrak{v}) = \nabla\overset{\downarrow}{\mathfrak{u}} \cdot \mathfrak{v} + \nabla\mathfrak{u} \cdot \overset{\downarrow}{\mathfrak{v}}, \tag{I B.60}$$

$$\nabla \times (\mathfrak{u} \times \mathfrak{v}) = \mathfrak{v} \cdot \nabla\mathfrak{u} - \mathfrak{u} \cdot \nabla\mathfrak{v} + \mathfrak{u}\nabla \cdot \mathfrak{v} - \mathfrak{v}\nabla \cdot \mathfrak{u}, \tag{I B.61}$$

$$\operatorname{div}\operatorname{grad} V = \nabla\nabla V = \left(\frac{\partial^2}{\partial x^2} + \frac{\partial^2}{\partial y^2} + \frac{\partial^2}{\partial z^2}\right)V, \tag{I B.62}$$

$$\text{Laplacescher Operator } \Delta = \nabla \cdot \nabla = \frac{\partial^2}{\partial x^2} + \frac{\partial^2}{\partial y^2} + \frac{\partial^2}{\partial z^2}, \tag{I B.63}$$

$$\operatorname{grad}\operatorname{div}\mathfrak{v} = \nabla\nabla \cdot \mathfrak{v} = \nabla^2\mathfrak{v}. \tag{I B.64}$$

Dyadischer Differentialoperator 2. Ordnung .

$$\nabla^2 = \nabla\nabla \qquad (\text{I B.65})$$

$$\begin{aligned}
\nabla^2 = {}& \mathfrak{i}\mathfrak{i}\,\frac{\partial^2}{\partial x^2} + \mathfrak{i}\mathfrak{j}\,\frac{\partial^2}{\partial x\,\partial y} + \mathfrak{i}\mathfrak{k}\,\frac{\partial^2}{\partial x\,\partial z} \\[4pt]
& + \mathfrak{j}\mathfrak{i}\,\frac{\partial^2}{\partial y\,\partial x} + \mathfrak{j}\mathfrak{j}\,\frac{\partial^2}{\partial y^2} + \mathfrak{j}\mathfrak{k}\,\frac{\partial^2}{\partial y\,\partial x} \\[4pt]
& + \mathfrak{k}\mathfrak{i}\,\frac{\partial^2}{\partial x\,\partial z} + \mathfrak{k}\mathfrak{j}\,\frac{\partial^2}{\partial y\,\partial z} + \mathfrak{k}\mathfrak{k}\,\frac{\partial^2}{\partial z^2}\,.
\end{aligned} \qquad (\text{I B.66})$$

C. Grundlagen der Matrizenrechnung

1. Abstrakter Vektor

Unter einem n-dimensionalen Vektor versteht man einen solchen, der aus n verschiedenen Gliedern besteht. Zum Beispiel bilden alle auf ein Fachwerk (Abb. I C.1) wirkenden Kräfte P_1 bis P_n einen einzigen Zeilenvektor $\boldsymbol{P}^T$

$$\boldsymbol{P}^T = (P_1, P_2 \ldots P_n),$$

bzw. Spaltenvektor

$$\boldsymbol{P} = \begin{pmatrix} P_1 \\ P_2 \\ \vdots \\ P_n \end{pmatrix}. \qquad (\text{I C.1 a})$$

Die einzelnen Kräfte P_1 bis P_n sind hierbei nicht zu einem Vektor $\boldsymbol{P}$ vektoriell zu summieren, sondern es ist dies ein abstrakter Begriff. Ebenso können alle Stabkräfte S_1 bis S_m als ein Zeilenvektor $\boldsymbol{S}$

$$\boldsymbol{S} = (S_1, S_2 \ldots S_m) \qquad (\text{I C.1 b})$$

aufgefaßt werden, oder alle Verschiebungen der Angriffspunkte der Kräfte P_1 bis P_n als ein Zeilenvektor $\boldsymbol{r}$

$$\boldsymbol{r}_P = (r_1, r_2 \ldots r_n) \qquad (\text{I C.1 c})$$

usw.

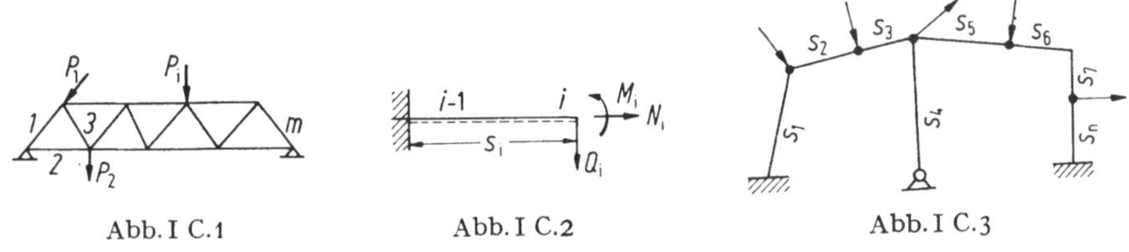

Abb. I C.1   Abb. I C.2   Abb. I C.3

Betrachtet man z. B. einen einseitig eingespannten Träger mit der Länge s_i nach Abb. I C.2, so können die Schnittbelastungen am rechten Ende als ein Zeilenvektor s_i

$$s_i = (M_i, Q_i, N_i) \qquad (\text{I C.1 d})$$

aufgefaßt werden, und die Gesamtheit der Vektoren der Abb. I C.3 der Einzelteile s_1 bis s_n als neuer abstrakter Zeilenvektor s

$$s = (s_1, s_2, s_3 \ldots s_n). \qquad (\text{I C.1 d})$$

Für das Beispiel des Fachwerkträgers sind (I C.1 a) und (I C.1 b) durch das Gleichungssystem

$$\left.\begin{aligned} S_1 &= a_{11}P_1 + a_{12}P_2 + \cdots a_{1n}P_n \\ &\;\;\vdots \\ S_m &= a_{m1}P_1 + a_{m2}P_2 + \cdots a_{mn}P_n \end{aligned}\right\} \boldsymbol{\Phi} \cdot P = s \qquad \text{(I C.2)}$$

verknüpft. a_{11} ist hierbei die Stabkraft infolge $P_1 = 1$ im Stab 1, a_{ki} die Stabkraft infolge $P_i = 1$ im Stab k.

2. Linear-Transformation. Matrizen

Die Beziehungen zwischen 2 Größensystemen $x_1, x_2 \ldots x_n$ und $y_1, y_2 \ldots y_m$, durch lineare Gleichungen dargestellt, stellen die Abbildung eines n-dimensionalen Raumes in einen m-dimensionalen dar.

Das Gleichungssystem

$$\begin{aligned} a_{11}x_1 + a_{12}x_2 + \cdots + a_{1n}x_n &= y_1, \\ a_{21}x_1 + a_{22}x_2 + \cdots + a_{2n}x_n &= y_2, \\ a_{m1}x_1 + a_{m2}x_2 + \cdots + a_{mn}x_n &= y_m \end{aligned} \qquad \text{(I C.3)}$$

kann entsprechend (I B.13) und (I B.14) auch in der Form

$$\boldsymbol{\Phi} \cdot \boldsymbol{x} = \boldsymbol{y} \qquad \text{(I C.4)}$$

geschrieben werden. Hierbei stellen $\boldsymbol{\Phi}$ die Matrix

$$\boldsymbol{\Phi} = \begin{bmatrix} a_{11} & a_{12} & \ldots & a_{1n} \\ a_{21} & a_{22} & \ldots & a_{2n} \\ \vdots & & & \\ a_{m1} & a_{m2} & \ldots & a_{mn} \end{bmatrix} \qquad \text{(I C.5)}$$

und $\boldsymbol{x}$ und $\boldsymbol{y}$ Spaltenvektoren

$$\boldsymbol{x} = \begin{pmatrix} x_1 \\ x_2 \\ \vdots \\ x_n \end{pmatrix}, \quad \boldsymbol{y} = \begin{pmatrix} y_1 \\ y_2 \\ \vdots \\ y_m \end{pmatrix} \qquad \text{(I C.6a)}$$

bzw.

$$\boldsymbol{x}^T = (x_1, x_2 \ldots x_n); \quad \boldsymbol{y}^T = (y_1, y_2 \ldots y_m) \qquad \text{(I C.6b)}$$

Zeilenvektoren dar.

Diese verschiedene Darstellung als Spalten- bzw. Zeilenvektor hat nur für das Anschreiben des Rechenschemas Bedeutung. Aus (I C.4) erhält man entsprechend dem Schema nach (I B.15)

$$y = \boldsymbol{\Phi} \cdot x = \begin{pmatrix} y_1 \\ y_2 \\ \vdots \\ y_m \end{pmatrix} = \begin{array}{|ccccc|} \hline & & & & \begin{matrix} x_1 \\ x_2 \\ \vdots \\ x_n \end{matrix} \\ \hline a_{11} & a_{12} & \ldots & a_{1n} & y_1 \\ a_{21} & a_{22} & \ldots & a_{2n} & y_2 \\ \vdots & & & \vdots & \vdots \\ a_{m1} & a_{n2} & \ldots & a_{mn} & y_m \\ \hline \end{array} \, . \qquad \text{(I C.7a)}$$

Nach der Regel „Zeile mal Spalte" ergibt sich z.B.

$$y_2 = a_{21}x_1 + a_{22}x_2 \ldots + a_{2n}x_n,$$ (I C.7b)

welcher Wert mit (I C.3) übereinstimmt.

Bezeichnet man von einer Matrix $\boldsymbol{\Phi}$ nach (I C.6) als Zeilenvektor

$$^i\boldsymbol{a} = (a_{i1}, a_{i2} \ldots a_{in})$$ (I C.8a)

und als Spaltenvektor

$$_k\boldsymbol{a} = \begin{pmatrix} a_{1k} \\ a_{2k} \\ \vdots \\ a_{mk} \end{pmatrix}$$ (I C.8b)

so kann man auch schreiben

$$\boldsymbol{\Phi} = [_1a, {}_2a \ldots {}_na] = \begin{bmatrix} {}^1a \\ {}^2a \\ \vdots \\ {}^ma \end{bmatrix}.$$ (I C.9)

Für den Fall, daß $\boldsymbol{x}$ den k-ten Einheitsvektor darstellt wird aus (I C.7)

$$y = \boldsymbol{\Phi} \cdot e_k = \boldsymbol{\Phi} \cdot \begin{bmatrix} 0 \\ 0 \\ \vdots \\ 1 \\ \vdots \\ 0 \end{bmatrix} = \begin{bmatrix} a_{1k} \\ a_{2k} \\ \vdots \\ a_{kk} \\ \vdots \\ a_{mk} \end{bmatrix} = {}_k\boldsymbol{a}.$$ (I C.10)

Der k-te Spaltenvektor $_k a$ einer Matrix $\boldsymbol{\Phi}$ ist das Bild, in das der k-te Einheitsvektor e_k bei der linearen Abbildung $\boldsymbol{\Phi} \cdot e_k$ übergeht.

Entsprechend (I B.16) ist

$$\boldsymbol{\Phi} \cdot \boldsymbol{x} \neq \boldsymbol{x}^T \cdot \boldsymbol{\Phi}.$$

Für $\boldsymbol{y}^T = \boldsymbol{x}^T \cdot \boldsymbol{\Phi}$ gilt das Schema

$$\boldsymbol{y}^T = (y_1\, y_2\, y_m) = \begin{array}{|c|c|} \hline x_1\, x_2 \ldots x_n & y_1\, y_2 \ldots y_m \\ \hline \end{array} \quad \begin{bmatrix} a_{11}\, a_{12} \ldots a_{1m} \\ a_{21}\, a_{22} \ldots a_{2m} \\ \vdots \quad \vdots \qquad \vdots \\ a_{n1}\, a_{n2} \ldots a_{nm} \end{bmatrix}.$$ (I C.11a)

Nach der Regel „Zeile mal Spalte" ergibt sich z.B.

$$y_2 = a_{12}x_1 + a_{22}x_2 \cdots + a_{n2}x_n.$$ (I C.11b)

Die Werte y sind somit nach (I C.7) und (I C.11) verschieden. Entsprechend (I B.11) erhält man die konjugierte oder transponierte Matrix durch transponierte Anordnung der Koeffizienten

$$\boldsymbol{\Phi}^T = \overline{\boldsymbol{\Phi}} = \begin{bmatrix} a_{11}\, a_{21} \ldots a_{m1} \\ a_{12}\, a_{22} \ldots a_{m2} \\ \vdots \quad \vdots \qquad \vdots \\ a_{1n}\, a_{2n} \ldots a_{mn} \end{bmatrix}.$$ (I C.12)

Bei quadratischer Matrix entsteht die transponierte Matrix durch Spiegeln an der Hauptdiagonale.

Entsprechend (I B.12) gilt

$$\boldsymbol{\Phi} \cdot \boldsymbol{x} = \boldsymbol{x}^T \cdot \overline{\boldsymbol{\Phi}} = \boldsymbol{x}^T \cdot \boldsymbol{\Phi}^T ; \qquad (\text{I C.13a})$$

$$(\text{I C.13b})$$

Zum Beispiel ist nach dem Schema „Zeile mal Spalte"

$$y_2 = a_{21}x_1 + a_{22}x_2 \ldots + a_{2n}x_n = a_{21}x_1 + a_{22}x_2 \ldots a_{2n}x_n.$$

Für eine quadratische symmetrische Matrix $\boldsymbol{\Phi}_s$ gilt mit

$$a_{ik} = a_{ki} \quad \text{auch} \quad \boldsymbol{\Phi}_s = \overline{\boldsymbol{\Phi}}_s \qquad (\text{I C.14})$$

und

$$\boldsymbol{\Phi}_s \cdot \mathfrak{x} = \mathfrak{x}^T \cdot \boldsymbol{\Phi}_s. \qquad (\text{I C.15})$$

Für eine quadratisch antimetrische Matrix gilt mit

$$a_{ik} = -a_{ki} \quad \text{und} \quad a_{ii} = 0,$$

$$\boldsymbol{\Phi}_a = -\overline{\boldsymbol{\Phi}}_a. \qquad (\text{I C.16})$$

Entsprechend (I B.22) bis (I B.24) kann eine quadratische Matrix in eine symmetrische und antimetrische Matrix zerlegt werden.

$$\boldsymbol{\Phi} = \frac{1}{2}[\boldsymbol{\Phi} + \overline{\boldsymbol{\Phi}}] + \frac{1}{2}[\boldsymbol{\Phi} - \overline{\boldsymbol{\Phi}}] = \boldsymbol{\Phi}_s + \boldsymbol{\Phi}_a. \qquad (\text{I C.17})$$

Bei einer Diagonalmatrix $\check{\mathbf{D}}$ sind nur die Koeffizenten der Hauptdiagonale besetzt.

$$\check{\mathbf{D}} = \begin{bmatrix} d_1 & 0 & 0 & 0 & 0 \\ 0 & d_2 & 0 & 0 & 0 \\ 0 & 0 & d_3 & 0 & 0 \\ \vdots & \vdots & \vdots & \vdots & \vdots \\ 0 & 0 & 0 & 0 & d_n \end{bmatrix} = \mathbf{Diag}\,(di). \qquad (\text{I C.18a})$$

Hierfür gilt

$$\check{\mathbf{D}} = \overline{\mathbf{D}} = \check{\mathbf{D}}^T, \qquad (\text{I C.18b})$$

und bei einer linearen Transformation

$$\boldsymbol{y} = \check{\mathbf{D}} \cdot \boldsymbol{x} = \boldsymbol{x}^T \cdot \check{\mathbf{D}} = \begin{pmatrix} y_1 = x_1\,d_1 \\ y_2 = x_2\,d_2 \\ \vdots \quad \vdots \\ y_n = x_n\,d_n \end{pmatrix}. \qquad (\text{I C.19})$$

Haben alle Koeffizienten der Diagonalmatrix den Wert $d_i = 1$, so ergibt sich die Einheitsmatrix

$$\check{\mathbf{E}} = \begin{bmatrix} 1 & 0 & 0 & 0 \\ 0 & 1 & 0 & 0 \\ 0 & 0 & 1 & 0 \\ 0 & 0 & 0 & 1 \end{bmatrix}. \qquad (\text{I C.20})$$

Damit ergibt sich

$$y = \check{E} \cdot x = x \quad \text{bzw.} \quad y^T = x^T \cdot \check{E} = x^T. \tag{I C.21}$$

Haben alle Koeffizienten der Diagonalmatrix den Wert $d_i = k$, so spricht man von einer Skalarmatrix, da sie sich bei der Multiplikation mit einer anderen Matrix wie ein skalarer Faktor verhält.

3. Skalares und dyadisches Produkt zweier Vektoren

a) Skalarprodukt

Wendet man die schematische Schreibweise mit Zeilen- und Spaltenvektoren an, so erhält man für das Skalarprodukt der beiden Vektoren

$$a = \begin{pmatrix} a_1 \\ a_2 \\ \vdots \\ a_n \end{pmatrix} \quad \text{und} \quad b = \begin{pmatrix} b_1 \\ b_2 \\ \vdots \\ b_n \end{pmatrix};$$

$$c = a \cdot b = a^T \cdot b = \begin{array}{|c|} \hline b_1 \\ b_2 \\ \vdots \\ b_n \\ \hline \end{array} \tag{I C.22a}$$

$$\begin{array}{|c|c|} \hline a_1 a_2 \dots a_n & c \\ \hline \end{array}$$

Aus der Summe der Produkte „Zeile mal Spalte" ergibt sich wie nach (I A.7)

$$c = a_1 b_1 + a_2 b_2 + \cdots a_n b_n. \tag{I C.22b}$$

Es gilt auch

$$c = b^T \cdot a. \tag{I C.23}$$

b) Dyadisches Produkt

Aus den Entwicklungen nach (I B.13) erkennt man, daß für das dyadische Produkt zweier Vektoren a und b, wobei a und b verschiedene Dimensionen haben können, die schematische Form lautet:

$$\Phi = \{a\,b\} = [a\,b^T] =$$

$$= \begin{array}{c|ccc} & b_1 & b_2 & \dots & b_n \\ \hline a_1 & a_1 b_1 & a_1 b_2 & \dots & a_1 b_n \\ a_2 & a_2 b_1 & a_2 b_2 & \dots & a_2 b_n \\ \vdots & \vdots & \vdots & & \vdots \\ a_n & a_n b_1 & a_n b_2 & \dots & a_n b_n \end{array} = \begin{bmatrix} a_1 b_1 & a_1 b_2 & \dots & a_1 b_n \\ a_2 b_1 & a_2 b_2 & \dots & a_2 b_n \\ \vdots & \vdots & & \vdots \\ a_n b_1 & a_n b_2 & \dots & a_n b_n \end{bmatrix}. \tag{I C.24}$$

Hierbei gilt für die einzelnen Koeffizienten die Regel „Zeile mal Spalte". $\{ab\}$ zeigt hierbei die dyadische Schreibweise, $[ab^T]$ die Matrizenschreibweise.

Entsprechend (I B.10) und (I B.11) erhält man die konjugierte oder transponierte Matrix

$$\boldsymbol{\Phi}^T = \overline{\boldsymbol{\Phi}} = \{ba\} = [ba^T] =$$

$$= \begin{array}{c|ccc} & a_1 & a_2 & \cdots & a_m \\ \hline b_1 & a_1 b_1 & a_2 b_1 & \cdots & a_m b_1 \\ b_2 & a_1 b_2 & a_2 b_2 & & \cdots \\ \vdots & \vdots & \vdots & & \vdots \\ b_n & a_1 b_n & & & a_m b_n \end{array} = \begin{bmatrix} a_1 b_1 & a_2 b_1 & \cdots & a_m b_1 \\ a_1 b_2 & a_2 b_2 & & \cdots \\ \vdots & & & \vdots \\ a_1 b_n & & & a_m b_n \end{bmatrix} =$$

$$= \begin{bmatrix} c_{11} & c_{12} & \cdots & c_{1m} \\ c_{21} & c_{22} & \cdots & c_{2m} \\ \vdots & & & \vdots \\ c_{n1} & \cdots & & c_{nm} \end{bmatrix}. \qquad \text{(I C.25 a)}$$

Die Koeffizienten lauten somit

$$c_{ik} = a_i b_k. \qquad \text{(I C.25 b)}$$

4. Superposition von Matrizen

Für Matrizen von gleichem Rang, d.h. mit je m Zeilen und n Spalten gilt

$$\mathbf{C} = \mathbf{A} \pm \mathbf{B}, \qquad \text{(I C.26 a)}$$

$$\mathbf{C} = \begin{bmatrix} a_{11} & \cdots & a_{1n} \\ \vdots & & \\ a_{m1} & \cdots & a_{mn} \end{bmatrix} \pm \begin{bmatrix} b_{11} & \cdots & b_{1n} \\ \vdots & & \\ b_{m1} & \cdots & b_{mn} \end{bmatrix} = \begin{bmatrix} c_{11} & \cdots & c_{1n} \\ \vdots & & \\ c_{m1} & \cdots & c_{mn} \end{bmatrix}, \qquad \text{(I C.26 b)}$$

wobei $c_{ik} = a_{ik} \pm b_{ik}$ ist.

Eine Matrix ist dann eine Nullmatrix, wenn $a_{ik} = 0$ für alle i und k.

$\mathbf{A} = \mathbf{B}$ gilt nur für $a_{ik} = b_{ik}$ für alle i und k. In diesem Fall wäre $\mathbf{C} = \mathbf{A} - \mathbf{B} = 0$.

5. Produkte von Matrizen

Entsprechend den Entwicklungen nach (I B.30) und (I B.31) erhält man bei der Multiplikation von Matrizen eine neue Matrix.

$$\mathbf{C} = \mathbf{A} \cdot \mathbf{B}. \qquad \text{(I C.27 a)}$$

Im Schema gilt hierfür die Regel „Zeile mal Spalte".

$$\mathbf{C} = \begin{array}{c|c} & \begin{matrix} b_{11} & b_{12} & \cdots & b_{1,p} \\ b_{21} & \cdots & & \\ \vdots & & & \\ b_{n1} & \cdots & & b_{np} \end{matrix} \\ \hline \begin{matrix} a_{11} & a_{12} & \cdots & a_{1n} \\ a_{21} & a_{22} & \cdots & a_{2n} \\ \vdots & & & \\ a_{m1} & \cdots & & a_{mn} \end{matrix} & \begin{matrix} c_{11} & \cdots & c_{1p} \\ c_{21} & & \\ & & \\ c_{m1} & \cdots & c_{mp} \end{matrix} \end{array} = \begin{bmatrix} c_{11} & c_{12} & \cdots & c_{1p} \\ c_{21} & \cdots & & \\ \vdots & & & \\ c_{m1} & \cdots & & c_{mp} \end{bmatrix}. \qquad \text{(I C.27 b)}$$

Zum Beispiel ist:

$$c_{21} = a_{21} b_{11} + a_{22} b_{21} \cdots + a_{2n} b_{n1}. \qquad \text{(I C.27 c)}$$

Der Spalten- und Zeilenrang der einzelnen Matrizen kann hierbei verschieden sein; n muß gleich, m und p können verschieden sein.

Wird die Matrix **C** mit einer weiteren Matrix **D** multipliziert, so gilt dasselbe Schema.

$$\mathbf{F} = \mathbf{A} \cdot \mathbf{B} \cdot \mathbf{C} \cdot \mathbf{D}, \tag{I C.28a}$$

$$\mathbf{F} = \begin{array}{|c|c|c|c|} \hline & \mathbf{B} & \mathbf{C} & \mathbf{D} \\ \hline \mathbf{A} & \mathbf{A}\cdot\mathbf{B} & \mathbf{A}\cdot\mathbf{B}\cdot\mathbf{C} & \mathbf{F}=\mathbf{A}\cdot\mathbf{B}\cdot\mathbf{C}\cdot\mathbf{D} \\ \hline \end{array}. \tag{I C.28b}$$

Bei der Multiplikation einer Diagonalmatrix $\check{\mathbf{D}}$ mit einer quadratischen Matrix **B** erhält man

$$\mathbf{A} = \check{\mathbf{D}} \cdot \mathbf{B} = \begin{bmatrix} d_1 a_{11} & \dots & d_1 a_{1n} \\ \vdots & & \\ d_n a_{n1} & & d_n a_{nn} \end{bmatrix}. \tag{I C.29}$$

Ist $\check{\mathbf{D}}_k$ eine Skalarmatrix mit den Elementen k, so ergibt sich aus (I C.29) mit $d_i = k$

$$\mathbf{A} = \check{\mathbf{D}}_k \cdot \mathbf{B} = \mathbf{Diag}(k) \cdot \mathbf{B} = k\mathbf{B}. \tag{I C.30}$$

In gleicher Weise ist

$$k\mathbf{A} = \begin{bmatrix} ka_{11} & ka_{12} & ka_{1n} \\ ka_{n1} & \dots & ka_{nn} \end{bmatrix}. \tag{I C.31}$$

Es gelten weiters folgende Regeln:

$$\mathbf{A} \cdot \mathbf{B} \neq \mathbf{B} \cdot \mathbf{A}, \tag{I C.32}$$

$$[\mathbf{A} \cdot \mathbf{B}] \cdot \mathbf{C} = \mathbf{A} \cdot [\mathbf{B} \cdot \mathbf{C}] = \mathbf{A} \cdot \mathbf{B} \cdot \mathbf{C}, \tag{I C.33}$$

$$[\mathbf{A} + \mathbf{B}] \cdot \mathbf{C} = \mathbf{A} \cdot \mathbf{C} + \mathbf{B} \cdot \mathbf{C}, \tag{I C.34}$$

$$\mathbf{C} \cdot [\mathbf{A} + \mathbf{B}] = \mathbf{C} \cdot \mathbf{A} + \mathbf{C} \cdot \mathbf{B}. \tag{I C.35}$$

Wenn

$$\mathbf{C} = \mathbf{A} \cdot \mathbf{B} \quad \text{wird} \quad \mathbf{C}^T = \mathbf{B}^T \cdot \mathbf{A}^T, \tag{I C.36}$$

wobei c_{ik} und c_{ki} vertauscht sind.

Ebenso gilt für

$$\mathbf{\Phi} = \mathbf{A} \cdot \mathbf{B} \cdot \mathbf{C} \dots \mathbf{M}, \tag{I C.37}$$
$$\mathbf{\Phi}^T = \mathbf{M}^T \dots \mathbf{C}^T \cdot \mathbf{B}^T \cdot \mathbf{A}^T.$$

Es gilt weiters folgende Schreibweise

$$\mathbf{\Phi} \cdot \mathbf{\Phi} = \mathbf{\Phi}^2, \tag{I C.38}$$

$$\mathbf{\Phi}^m \cdot \mathbf{\Phi}^n = \mathbf{\Phi}^{m+n}, \tag{I C.39}$$

$$\mathbf{\Phi}^{-1} \cdot \mathbf{\Phi}^{-1} = \mathbf{\Phi}^{-2}, \tag{I C.40}$$

$$\mathbf{\Phi}^0 = \mathbf{E}, \tag{I C.41}$$

$$\mathbf{\Phi}^{-1} \cdot \mathbf{\Phi} = \mathbf{E}. \tag{I C.42}$$

Für eine Diagonalmatrix ergibt sich

$$\check{\mathbf{D}}^p = \mathbf{Diag}\,(d_i^p), \tag{I C.43}$$

$$\check{\mathbf{D}}^{1/2} = \mathbf{Diag}\,(\sqrt{d_i}). \tag{I C.44}$$

6. Kehrmatrix

Entsprechend (I B.32 bis I B.37) besteht zwischen einer quadratischen Matrix und deren Kehrmatrix die Beziehung

$$\mathbf{A} \cdot \mathbf{A}^{-1} = \mathbf{E} = \mathbf{A}^{-1} \cdot \mathbf{A}. \tag{I C.45}$$

Aus der linearen Transformation zweier Systeme x und y

$$y = \mathbf{A} \cdot x \tag{I C.46}$$

gewinnt man durch Multiplikation mit der Kehrmatrix

$$\mathbf{A}^{-1} \cdot y = \mathbf{A}^{-1} \cdot \mathbf{A} \cdot x = \mathbf{E} \cdot x$$

und

$$x = \mathbf{A}^{-1} \cdot y \tag{I C.47}$$

mit

$$\mathbf{A} = \begin{bmatrix} a_{11} & a_{12} & \dots & a_{1n} \\ a_{21} & a_{22} & \dots & a_{2n} \\ \vdots & & & \\ a_{n1} & a_{n2} & & a_{nn} \end{bmatrix} \quad \text{und} \quad \mathbf{A}^{-1} = \begin{bmatrix} \alpha_{11} & \alpha_{12} & \dots & \alpha_{1n} \\ \alpha_{21} & \alpha_{22} & \dots & \alpha_{2n} \\ \vdots & \vdots & \vdots & \vdots \\ \alpha_{n1} & \alpha_{n2} & \dots & \alpha_{nn} \end{bmatrix}. \tag{I C.48}$$

Bildet man zur Matrix $\mathbf{A}$ diejenige Matrix, die aus den Unterdeterminanten A_{ik} besteht, wobei diese jeweils mit dem Vorzeichen $(-1)^{i+k}$ zu versehen sind, so erhält man die Matrix

$$\begin{bmatrix} A_{11} & A_{12} & \dots & A_{1n} \\ A_{21} & A_{22} & \dots & A_{2n} \\ \vdots & & & \\ A_{n1} & A_{n2} & \dots & A_{nn} \end{bmatrix}. \tag{I C.49}$$

Die dazu transponierte Matrix wird als adjungierte Matrix bezeichnet

$$\mathbf{A}_{\text{adj}} = \begin{bmatrix} A_{11} & A_{21} & \dots & A_{n1} \\ A_{12} & A_{22} & \dots & A_{n2} \\ \vdots & & & \\ A_{1n} & A_{2n} & \dots & A_{nn} \end{bmatrix}. \tag{I C.50}$$

Mit dem Wert der Determinante A

$$\det A = \begin{vmatrix} a_{11} & a_{12} & \dots & a_{1n} \\ a_{21} & a_{22} & \dots & a_{2n} \\ \vdots & & & \\ a_{n1} & a_{n2} & \dots & a_{nn} \end{vmatrix} \tag{I C.51}$$

ergeben sich die Elemente der Matrix $\mathbf{A}^{-1}$ zu

$$\alpha_{ik} = \frac{A_{ki}}{\det A}, \tag{I C.52}$$

und man erhält

$$\mathbf{A}^{-1} = \begin{bmatrix} \dfrac{A_{11}}{\det A} & \dfrac{A_{21}}{\det A} & \dots & \dfrac{A_{n1}}{\det A} \\ \vdots & & & \\ \dfrac{A_{1n}}{\det A} & & \dots & \dfrac{A_{nn}}{\det A} \end{bmatrix} = \begin{bmatrix} \alpha_{11} & \alpha_{12} & \dots & \alpha_{1n} \\ \alpha_{21} & \alpha_{22} & \dots & \alpha_{2n} \\ \vdots & \vdots & & \vdots \\ \alpha_{n1} & \alpha_{n2} & \dots & \alpha_{nn} \end{bmatrix} = \frac{1}{\det A} \begin{bmatrix} A_{11} & A_{21} & \dots & A_{n1} \\ A_{12} & \dots & & \\ \vdots & & & \\ A_{1n} & & \dots & A_{nn} \end{bmatrix}. \tag{I C.53}$$

Für eine Diagonalmatrix $\mathbf{D}$ nach (I C.18) erhält man unter Anwendung von (I C.53)

$$\mathbf{D}^{-1} = \mathbf{Diag}\left(\frac{1}{d_i}\right).$$

(I C.54)

Mit (I C.45) ist auch die sogenannte Matrizendivision auszuführen. Aus

$$\mathbf{A} \cdot \mathbf{B} = \mathbf{C}$$

(I C.55a)

ergibt sich

$$\mathbf{A}^{-1} \cdot \mathbf{A} \cdot \mathbf{B} = \mathbf{A}^{-1} \cdot \mathbf{C} \quad \text{und} \quad \mathbf{B} = \mathbf{A}^{-1} \cdot \mathbf{C}$$

(I C.55b)

bzw.

$$\mathbf{A} \cdot \mathbf{B} \cdot \mathbf{B}^{-1} = \mathbf{C} \cdot \mathbf{B}^{-1} \quad \text{und} \quad \mathbf{A} = \mathbf{C} \cdot \mathbf{B}^{-1}.$$

(I C.55c)

Literatur zum Abschnitt I

[1] Falk, S.: Z. Angew. Math. Mech. 31 (1951) 152.
[2] Lagally, M., Franz, W.: Vorlesungen über Vektorrechnung, 6. Aufl., Leipzig: Geest & Portig 1959.
[3] Zurmühl, R.: Praktische Mathematik, 3. Aufl., Berlin-Göttingen-Heidelberg: Springer 1961.
[4] Zurmühl, R.: Matrizen, 4. Aufl., Berlin-Göttingen-Heidelberg: Springer 1964.

II. Spannungen, Verzerrungen, Formänderungsarbeit, Anstrengungshypothesen

Die Beurteilung der Sicherheit einer Konstruktion auf Grund der auftretenden Spannungen eines Belastungszustandes gehört zu den schwierigsten Aufgaben des Ingenieurs. Hierbei sind völlig verschiedene Gesichtspunkte zu betrachten, je nachdem ob man die Elastizitätsgrenze, die Fließgrenze oder den Bruchzustand betrachtet. Je nach den Grundlagen, von denen die einzelnen Forscher ausgegangen sind, sind die verschiedensten Anstrengungshypothesen entwickelt worden. Im nachfolgenden Fall soll ein zusammenfassender Überblick über die verschiedenen Theorien gegeben werden.

Zum Verständnis derselben sind die Erkenntnisse der mathematischen Elastizitätstheorie Voraussetzung. Sie sind u. a. in eindrucksvoller Weise in den Werken von Trefftz [46], O. Mohr [25], Chwalla [3] zusammengestellt, auf die nachfolgend im wesentlichen Bezug genommen wird. Da es sich im besonderen um räumliche Spannungszustände handelt, bietet auch für diese Probleme die Anwendung der Vektor- und Dyaden- bzw. Matrizenrechnung große Vorteile, wobei weitgehend auf das Werk von Lagally [14] zurückgegriffen wird.

Im Abschnitt A wird ein Überblick über die Ermittlung räumlicher Spannungszustände, der Hauptspannungen und Hauptspannungsrichtungen, der Invarianten der Spannungszustände u. a. m. gegeben.

Der Abschnitt B betrifft die Verzerrungszustände, zugehörig zu räumlichen Spannungszuständen.

Im Abschnitt C werden die Beziehungen zwischen Spannungen und Verformungen und die Entwicklungen für die Formänderungsarbeiten (Volumen- und Gestaltänderungsarbeiten) angegeben.

Auf Grund der in den Abschnitten A, B und C entwickelten Grundlagen werden in Abschnitt D die verschiedensten Anstrengungshypothesen und die sich daraus ergebenden Folgerungen behandelt, wobei u. a. im besonderen auf die Arbeiten von O. Mohr [25], M. Roš und A. Eichinger [28], L. Stabilini [41—43], A. Slattenschek [36—40] und Leon [15—18] bezug genommen wird.

Im Abschnitt E wird die Berechnung der Normal- und Schubspannungen für die verschiedenen Schnittbelastungen und Querschnitte behandelt.

A. Spannungen

1. Spannungstensor

Als Spannungsvektor $\mathfrak{p}$ wird eine Kraftwirkung je Flächeneinheit bezeichnet. Verschiedentlich wird hierbei auch die Bezeichnung reduzierte Spannung gewählt. Normalspannungen σ wirken senkrecht zum Flächenelement, Schubspannungen τ in dessen Ebene. Die positiven Wirkungsrichtungen von σ und τ sind in Abb. II A.1 eingetragen. Wirkt auf die Volumeneinheit die Kraft $\Re(X,\ Y \text{ und } Z)$, so erhält man für das Gleichgewicht in x-Richtung nach Abb. II A.2

$$\frac{\partial\sigma_x}{\partial x}\,dx\,dy\,dz + \frac{\partial\tau_{yx}}{\partial y}\,dy\,dx\,dz + \frac{\partial\tau_{zx}}{\partial z}\,dz\,dx\,dy + X\,dx\,dy\,dz = 0.$$

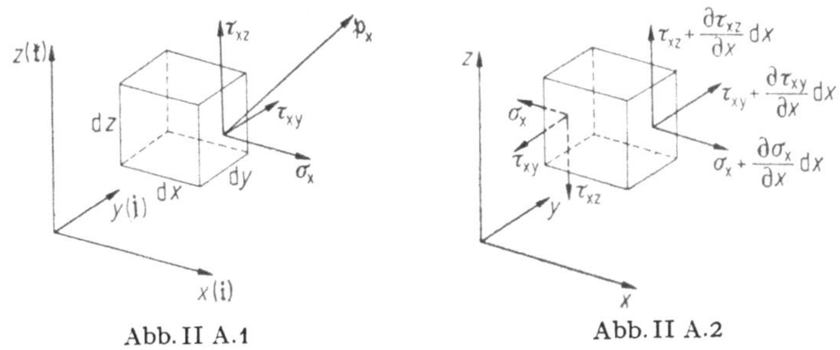

Abb. II A.1
Abb. II A.2

Damit ergeben sich die Gleichgewichtsbedingungen

$$\left.\begin{array}{l}
\dfrac{\partial\sigma_x}{\partial x} + \dfrac{\partial\tau_{yx}}{\partial y} + \dfrac{\partial\tau_{zx}}{\partial z} + X = 0,\\[2ex]
\dfrac{\partial\tau_{xy}}{\partial x} + \dfrac{\partial\sigma_y}{\partial y} + \dfrac{\partial\tau_{zy}}{\partial z} + Y = 0,\\[2ex]
\dfrac{\partial\tau_{xz}}{\partial x} + \dfrac{\partial\tau_{yz}}{\partial y} + \dfrac{\partial\sigma_z}{\partial z} + Z = 0.
\end{array}\right\} \tag{II A.1a}$$

Man bezeichnet als Spannungsdyade die Dyade

$$\boldsymbol{\Phi}_\sigma = \left\{\begin{array}{ccc}
\sigma_x \mathfrak{i}\mathfrak{i} & \tau_{xy}\mathfrak{i}\mathfrak{j} & \tau_{xz}\mathfrak{i}\mathfrak{k}\\
\tau_{yx}\mathfrak{j}\mathfrak{i} & \sigma_y\mathfrak{j}\mathfrak{j} & \tau_{yz}\mathfrak{j}\mathfrak{k}\\
\tau_{zx}\mathfrak{k}\mathfrak{i} & \tau_{zy}\mathfrak{k}\mathfrak{j} & \sigma_z\mathfrak{k}\mathfrak{k}
\end{array}\right\} \tag{II A.2a}$$

bzw. als Spannungstensor dieselbe Form in Matrizenschreibweise ohne die Einheitsvektoren.

$$\boldsymbol{\Phi}_\sigma = \begin{bmatrix}
\sigma_x & \tau_{xy} & \tau_{xz}\\
\tau_{yx} & \sigma_y & \tau_{yz}\\
\tau_{zx} & \tau_{zy} & \sigma_z
\end{bmatrix}. \tag{II A.2b}$$

Die Koeffizienten der Spannungsdyade bzw. des Spannungstensors ergeben sich aus der Bedingung, daß für die zu den Achsen x, y, z senkrechten Flächenelemente der Abb. II A.1 die Spannungsvektoren $\mathfrak{p}_x$, $\mathfrak{p}_y$, $\mathfrak{p}_z$ auftreten müssen.

Entsprechend (I B.14) erhält man mit $\mathfrak{i}\,(1, 0, 0)$ usw.:

$$\left.\begin{array}{l}
\mathfrak{p}_x = \mathfrak{i}\cdot\boldsymbol{\Phi}_\sigma = \mathfrak{i}\sigma_x + \mathfrak{j}\tau_{xy} + \mathfrak{k}\tau_{xz};\\[1ex]
\mathfrak{p}_y = \mathfrak{j}\cdot\boldsymbol{\Phi}_\sigma = \mathfrak{i}\tau_{yx} + \mathfrak{j}\sigma_y + \mathfrak{k}\tau_{yz};\\[1ex]
\mathfrak{p}_z = \mathfrak{k}\cdot\boldsymbol{\Phi}_\sigma = \mathfrak{i}\tau_{zx} + \mathfrak{j}\tau_{zy} + \mathfrak{k}\sigma_z.
\end{array}\right\} \tag{II A.3}$$

(siehe [14, S. 303]).

Mit (II A.3) und (I B.49) kann man (II A.1a) wie folgt schreiben

$$\left.\begin{array}{l}
\operatorname{div}\mathfrak{p}_x + X = 0\\
\operatorname{div}\mathfrak{p}_y + Y = 0\\
\operatorname{div}\mathfrak{p}_z + Z = 0
\end{array}\right\} \text{ bzw. } \nabla\cdot\boldsymbol{\Phi}_\sigma + \Re = 0. \tag{II A.1b}$$

2. Spannungen für ein beliebig gewähltes Flächenelement

Für ein Flächenelement senkrecht zur Achse $i'(\xi)$ mit dem Einheitsvektor $\cos(\xi x)$, $\cos(\xi y)$ und $\cos(\xi z)$ ergibt sich entsprechend (II A.3)

$$\mathfrak{p}_\xi = i' \cdot \boldsymbol{\Phi}_\sigma. \tag{II A.4}$$

Die Komponente dieses Vektors in der Richtung i' ist dann

$$\sigma_\xi = \mathfrak{p}_\xi \cdot i' = i' \cdot \boldsymbol{\Phi}_\sigma \cdot i'; \tag{II A.5 a}$$

$$\sigma_\xi = i' \cdot \boldsymbol{\Phi}_\sigma \cdot i' = \begin{pmatrix} \cos(\xi x)\,i \\ \cos(\xi y)\,j \\ \cos(\xi z)\,\mathfrak{k} \end{pmatrix} \cdot \begin{bmatrix} \sigma_x ii & \tau_{xy} ij & \tau_{xz} i\mathfrak{k} \\ \tau_{yx} ji & \sigma_y jj & \tau_{yz} j\mathfrak{k} \\ \tau_{zx} \mathfrak{k} i & \tau_{zy} \mathfrak{k} j & \sigma_z \mathfrak{k}\mathfrak{k} \end{bmatrix} \cdot \begin{pmatrix} \cos(\xi x)\,i \\ \cos(\xi y)\,j \\ \cos(\xi z)\,\mathfrak{k} \end{pmatrix} =$$

$$= \begin{pmatrix} [\sigma_x \cos(\xi x) + \tau_{yx}\cos(\xi y) + \tau_{zx}\cos(\xi z)]\,i \\ [\tau_{xy}\cos(\xi x) + \sigma_y\cos(\xi y) + \tau_{zy}\cos(\xi z)]\,j \\ [\tau_{xz}\cos(\xi x) + \tau_{yz}\cos(\xi y) + \sigma_z\cos(\xi z)]\,\mathfrak{k} \end{pmatrix} \cdot \begin{pmatrix} \cos(\xi x)\,i \\ \cos(\xi y)\,j \\ \cos(\xi z)\,\mathfrak{k} \end{pmatrix} =$$

$$= \sigma_\xi = + \sigma_x \cos^2(\xi x) + \tau_{yx}\cos(\xi x)\cos(\xi y) + \tau_{zx}\cos(\xi x)\cos(\xi z) +$$
$$+ \tau_{xy}\cos(\xi x)\cos(\xi y) + \sigma_y\cos^2(\xi y) + \tau_{zy}\cos(\xi y)\cos(\xi z) +$$
$$+ \tau_{xz}\cos(\xi x)\cos(\xi z) + \tau_{yz}\cos(\xi y)\cos(\xi z) + \sigma_z\cos^2(\xi z). \tag{II A.5 b}$$

Für ein rechtwinkeliges Achsensystem i', j', $\mathfrak{k}'$, wobei j' und $\mathfrak{k}'$ mit den Einheitsvektoren $(\cos(\eta x), \cos(\eta y), \cos(\eta z))$ und $(\cos(\zeta x), \cos(\zeta y), \cos(\zeta z))$ in das Flächenelement senkrecht zur Achse i' fallen, erhält man die Schubspannungen $\tau_{\xi\eta}$ in diesen Flächenelementen zu

$$\tau_{\xi\eta} = i' \cdot \boldsymbol{\Phi}_\sigma \cdot j'. \tag{II A.6a}$$

$$\tau_{\xi\eta} = \sigma_x \cos(\xi x)\cos(\eta x) + \tau_{yx}\cos(\xi y)\cos(\eta x) + \tau_{zx}\cos(\xi z)\cos(\eta x) +$$
$$+ \tau_{xy}\cos(\xi x)\cos(\eta y) + \sigma_y\cos(\xi y)\cos(\eta y) + \tau_{zy}\cos(\xi z)\cos(\eta y) +$$
$$+ \tau_{xz}\cos(\xi x)\cos(\eta z) + \tau_{yz}\cos(\xi y)\cos(\eta z) + \sigma_z\cos(\xi z)\cos(\eta z). \tag{II A.6b}$$

In gleicher Weise können alle Spannungen für das gedachte Achsenkreuz i', j', $\mathfrak{k}'$ berechnet werden.

Allgemein gilt für ein Flächenelement normal zur Achse $\mathfrak{n}$ $(\cos nx, \cos ny, \cos nz)$ für den Spannungsvektor

$$\mathfrak{p}_\mathfrak{n} = \mathfrak{n} \cdot \boldsymbol{\Phi}_\sigma = \begin{pmatrix} (\sigma_x \cos nx + \tau_{yx}\cos ny + \tau_{zx}\cos nz)\,i \\ (\tau_{xy}\cos nx + \sigma_y\cos ny + \tau_{zy}\cos nz)\,j \\ (\tau_{xz}\cos nx + \tau_{zy}\cos ny + \sigma_z\cos nz)\,\mathfrak{k} \end{pmatrix}. \tag{II A.7}$$

Dies sind die sog. Cauchyschen Gleichungen [14, S. 303].

3. Hauptspannungen und Hauptspannungsrichtungen

a) Räumlicher Spannungszustand

Treten in einem Flächenelement keine Schubspannungen auf, so besteht der Spannungsvektor $\mathfrak{p}_\mathfrak{n}$ nur aus der Normalspannung σ in Richtung $\mathfrak{n}$ und es gelten auf Grund des Gleichgewichtes am Keilelement nach Abb. II A.3a und II A.3b die Beziehungen

$$\sigma_x \cos nx + \tau_{yx}\cos ny + \tau_{zx}\cos nz = \sigma \cos nx,$$
$$\tau_{xy}\cos nx + \sigma_y\cos ny + \tau_{zy}\cos nz = \sigma \cos ny, \tag{II A.8}$$
$$\tau_{xz}\cos nx + \tau_{yz}\cos ny + \sigma_z\cos nz = \sigma \cos nz.$$

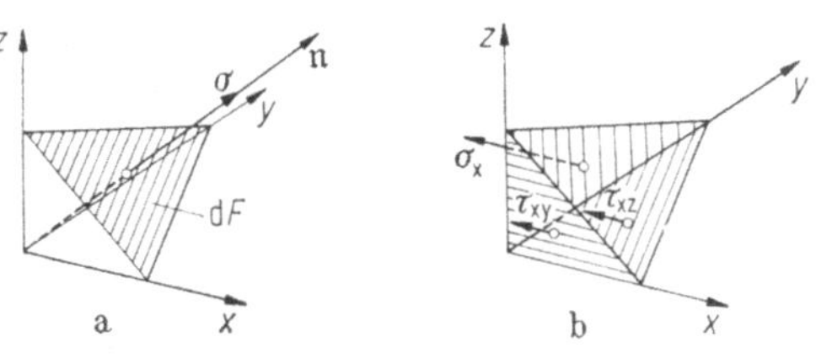

Abb. II A.3

Außerdem gilt:

$$\cos^2 nx + \cos^2 ny + \cos^2 nz = 1. \tag{II A.9}$$

Aus diesem Gleichungssystem können bei bekannter Matrix $\boldsymbol{\Phi}_\sigma$ die Hauptspannungen, für die gleichzeitig die Schubspannungen verschwinden, und deren Richtungen ermittelt werden.

(II A.8) kann nur beim Verschwinden der Determinante (II A.10) erfüllt werden.

$$\begin{vmatrix} \sigma_x - \sigma & \tau_{yx} & \tau_{zx} \\ \tau_{xy} & \sigma_y - \sigma & \tau_{zy} \\ \tau_{xz} & \tau_{yz} & \sigma_z - \sigma \end{vmatrix} = 0. \tag{II A.10}$$

Damit ergibt sich

$$\sigma^3 - (\sigma_x + \sigma_y + \sigma_z)\,\sigma^2 + (\sigma_y\,\sigma_z - \tau_{yz}^2 + \sigma_z\sigma_x - \tau_{zx}^2 + \sigma_x\sigma_y - \tau_{xy}^2)\,\sigma -$$
$$- (\sigma_x\sigma_y\sigma_z + 2\tau_{xy}\tau_{yz}\tau_{zx} - \sigma_x\tau_{yz}^2 - \sigma_y\tau_{zx}^2 - \sigma_z\tau_{xy}^2) = 0. \tag{II A.11 a}$$

Als Lösung erhält man die 3 Werte $\sigma_1 \geqq \sigma_2 \geqq \sigma_3$ und nach Einsetzen in (II A.8) und (II A.9) die zugehörigen Hauptspannungsrichtungen für

$$\sigma = \sigma_1: \quad \cos n_1 x \quad \cos n_1 y \quad \cos n_1 z;$$
$$\sigma = \sigma_2: \quad \cos n_2 x \quad \cos n_2 y \quad \cos n_2 z;$$
$$\sigma = \sigma_3: \quad \cos n_3 x \quad \cos n_3 y \quad \cos n_3 z.$$

Diese Richtungen stehen, da die Spannungsmatrix symmetrisch ist ($\tau_{xy} = \tau_{yx}$ usw.), aufeinander senkrecht.

Da die Hauptspannungen vom gewählten Koordinatensystem unabhängig sind, müssen die Koeffizienten von (II A.11 a) Invarianten des vorliegenden Spannungszustandes sein.

Somit ergibt sich

$$\sigma^3 - J_1\sigma^2 - J_2\sigma - J_3 = 0 \tag{II A.11 b}$$

mit

$$\left.\begin{aligned} J_1 &= \sigma_1 + \sigma_2 + \sigma_3 = \sigma_x + \sigma_y + \sigma_z; \\ J_2 &= -(\sigma_1\sigma_2 + \sigma_2\sigma_3 + \sigma_3\sigma_1) = -(\sigma_x\sigma_y - \tau_{xy}^2 + \sigma_y\sigma_z - \tau_{yz}^2 + \sigma_z\sigma_x - \tau_{zx}^2); \\ J_3 &= \sigma_1\sigma_2\sigma_3 = \sigma_x\sigma_y\sigma_z + 2\tau_{xy}\tau_{yz}\tau_{zx} - \sigma_x\tau_{yz}^2 - \sigma_y\tau_{zx}^2 - \sigma_z\tau_{xy}^2. \end{aligned}\right\} \tag{II A.12}$$

Auch aus der Dyadenrechnung ergibt sich nach (I B.27) $J_1 = \boldsymbol{\Phi}_I$ (auch als erstes Skalar oder Spur der Dyade $\boldsymbol{\Phi}$ bezeichnet) als Invariante.

Sind die Hauptspannungen σ_n und ihre Richtungen ($\cos nx$, $\cos ny$, $\cos nz$) gegeben, so erhält man entsprechend (II A.5) und (II A.6), da die zugehörigen Schubspannungen verschwinden, für ein beliebiges Achsenkreuz x, y, z die Spannungen:

$$\sigma_x = \sum \sigma_n \cos^2 xn; \quad \tau_{xy} = \sum \sigma_n \cos xn \cos yn;$$
$$\sigma_y = \sum \sigma_n \cos^2 yn; \quad \tau_{yz} = \sum \sigma_n \cos yn \cos zn; \tag{II A.13}$$
$$\sigma_z = \sum \sigma_n \cos^2 zn; \quad \tau_{zx} = \sum \sigma_n \cos zn \cos xn.$$

Für Hauptspannungsrichtungen $(\mathfrak{i}', \mathfrak{j}', \mathfrak{k}')$ als Bezugsachsen ergibt sich die Normalform der Spannungsdyade bzw. der Spannungsmatrix

$$\boldsymbol{\Phi}_\sigma = \begin{Bmatrix} \sigma_1\mathfrak{i}'\mathfrak{i}' & 0 & 0 \\ 0 & \sigma_2\mathfrak{j}'\mathfrak{j}' & 0 \\ 0 & 0 & \sigma_3\mathfrak{k}'\mathfrak{k}' \end{Bmatrix} = \begin{bmatrix} \sigma_1 & 0 & 0 \\ 0 & \sigma_2 & 0 \\ 0 & 0 & \sigma_3 \end{bmatrix}. \qquad \text{(II A.14)}$$

b) Ebener Spannungszustand

Für einen ebenen Spannungszustand mit $\sigma_x, \sigma_y, \tau_{xy} = \tau_{yx} = \tau$ ergibt sich für ein Flächenelement normal zur Richtung ξ nach Abb. II A.4 mit $\cos \xi x = \cos \alpha$, $\cos \xi y = \sin \alpha$, $\cos \eta x = -\sin \alpha$, $\cos \eta y = \cos \alpha$ aus (II A.5 b) und (II A.6 b)

$$\left.\begin{aligned} \sigma_\xi &= \sigma_x \cos^2 \alpha + \sigma_y \sin^2 \alpha + 2\tau \sin \alpha \cos \alpha, \\ \tau_{\xi\eta} &= -\sigma_x \sin \alpha \cos \alpha + \sigma_y \sin \alpha \cos \alpha + \tau(\cos^2 \alpha - \sin^2 \alpha). \end{aligned}\right\} \qquad \text{(II A.15)}$$

Damit ergibt sich

$$\frac{d\sigma_\xi}{d\alpha} = -2\sigma_x \sin \alpha \cos \alpha + 2\sigma_y \sin \alpha \cos \alpha + 2\tau (\cos^2 \alpha - \sin^2 \alpha) = 2\tau_{\xi\eta}$$

bzw.

$$\frac{d\sigma_\xi}{d\alpha} = (\sigma_y - \sigma_x) \sin 2\alpha + 2\tau \cos 2\alpha.$$

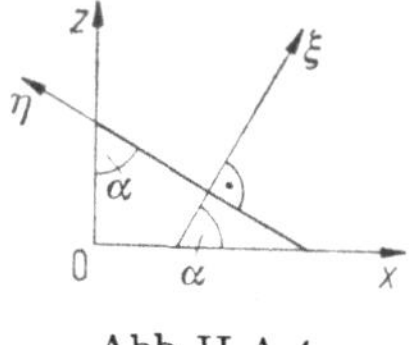

Abb. II A.4

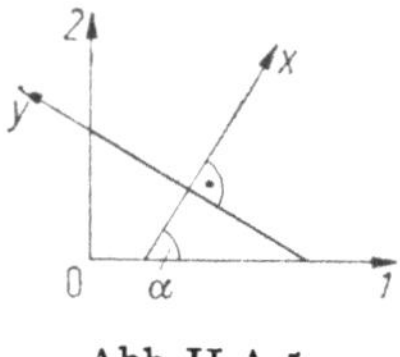

Abb. II A.5

Für $\dfrac{d\sigma_\xi}{d\alpha} = 0$ ergeben sich die Hauptspannungen $\sigma_{1,2}$, wobei gleichzeitig die Schubspannungen verschwinden. Für diesen Fall erhält man für den Winkel α_1 die Bedingung

$$\operatorname{tg} 2\alpha_1 = \frac{2\tau}{\sigma_x - \sigma_y} \qquad \text{(II A.16)}$$

und

$$\sigma_{1,2} = \frac{\sigma_x + \sigma_y}{2} \pm \sqrt{\left(\frac{\sigma_x - \sigma_y}{2}\right)^2 + \tau^2}. \qquad \text{(II A.17)}$$

Führt man die entsprechenden Betrachtungen für die Schubspannungen durch, so erhält man

$$\tau_{\max} = \frac{1}{2} \sqrt{(\sigma_x - \sigma_y)^2 + 4\tau^2}. \qquad \text{(II A.18)}$$

Die Ebenen, in denen die maximalen Schubspannungen wirken, sind um 45° gegenüber den Hauptspannungsebenen geneigt.

Entsprechend (II A.13) erhält man unter Zugrundelegung der Hauptspannungen σ_1 und σ_2 für ein Achsenkreuz x, y nach Abb. II A.5 mit $\cos x 1 = \cos \alpha$, $\cos x 2 = \sin \alpha$, $\cos y 1 = -\sin \alpha$ und $\cos y 2 = \cos \alpha$

$$\left.\begin{aligned} \sigma_x &= \sigma_1 \cos^2 \alpha + \sigma_2 \sin^2 \alpha; \\ \sigma_y &= \sigma_1 \sin^2 \alpha + \sigma_2 \cos^2 \alpha; \\ \tau_{xy} &= -\sigma_1 \cos \alpha \sin \alpha + \sigma_2 \sin \alpha \cos \alpha = (-\sigma_1 + \sigma_2) \sin \alpha \cos \alpha. \end{aligned}\right\} \qquad \text{(II A.19)}$$

4. Mohrsche Kreise

Auf ein Flächenelement mit der Normalenrichtung $\mathfrak{m}$ ($\cos m1$, $\cos m2$, $\cos m3$) wirkt unter Zugrundelegung von (II A.14) der Spannungsvektor

$$\mathfrak{p}_m = \mathfrak{m} \cdot \boldsymbol{\Phi}_\sigma = \begin{pmatrix} \cos m1\ \mathfrak{i'} \\ \cos m2\ \mathfrak{j'} \\ \cos m3\ \mathfrak{f'} \end{pmatrix} \cdot \left\{ \begin{array}{ccc} \sigma_1 \mathfrak{i'i'} & & \\ & \sigma_2 \mathfrak{j'j'} & \\ & & \sigma_3 \mathfrak{f'f'} \end{array} \right\} = \begin{pmatrix} \sigma_1 \cos m1\ \mathfrak{i'} \\ \sigma_2 \cos m2\ \mathfrak{j'} \\ \sigma_3 \cos m3\ \mathfrak{f'} \end{pmatrix}. \qquad \text{(II A.20)}$$

Der Absolutbetrag dieses Vektors beträgt

$$|\mathfrak{p}_m|^2 = \sigma_m^2 + \tau_m^2 = \sigma_1^2 \cos^2 m1 + \sigma_2^2 \cos^2 m2 + \sigma_3^2 \cos^2 m3.$$

Außerdem ist nach (II A.13)

$$\sigma_m = \sigma_1 \cos^2 m1 + \sigma_2 \cos^2 m2 + \sigma_3 \cos^2 m3$$

und

$$\cos^2 m1 + \cos^2 m2 + \cos^2 m3 = 1.$$

Aus diesen Gleichungen erhält man bei vorgegebenen Werten σ_1, σ_2 und σ_3 für vorgeschriebene Werte σ_m und τ_m die Richtungskosinus $\cos mn$ [46, S. 54]

$$\left. \begin{array}{l} \cos^2 m1 = \dfrac{\tau_m^2 + (\sigma_m - \sigma_2)(\sigma_m - \sigma_3)}{(\sigma_1 - \sigma_2)(\sigma_1 - \sigma_3)}\ ; \\[2ex] \cos^2 m2 = \dfrac{\tau_m^2 + (\sigma_m - \sigma_3)(\sigma_m - \sigma_1)}{(\sigma_2 - \sigma_3)(\sigma_2 - \sigma_1)}\ ; \\[2ex] \cos^2 m3 = \dfrac{\tau_m^2 + (\sigma_m - \sigma_1)(\sigma_m - \sigma_2)}{(\sigma_3 - \sigma_1)(\sigma_3 - \sigma_2)}. \end{array} \right\} \qquad \text{(II A.21)}$$

Mit $\sigma_1 \geqq \sigma_2 \geqq \sigma_3$ ist in (II A.21) der Nenner $(\sigma_1 - \sigma_2)(\sigma_1 - \sigma_3)$ positiv, und somit muß gelten

$$\tau_m^2 + (\sigma_m - \sigma_2)(\sigma_m - \sigma_3) \geqq 0.$$

Der Punkt σ_m, τ_m muß somit außerhalb des Kreises

$$\tau_m^2 + (\sigma_m - \sigma_2)(\sigma_m - \sigma_3) = 0$$

liegen, der in Abb. II A.6 den Durchmesser $\sigma_2 - \sigma_3$ hat. In gleicher Weise ergeben sich aus den beiden anderen Gleichungen die Kreise mit den Durchmessern $\sigma_1 - \sigma_2$ und $\sigma_1 - \sigma_3$ und die Bedingung, daß jeder durch σ_m und τ_m gekennzeichnete Spannungszustand eines Flächenelements normal zum Vektor $\mathfrak{m}$ einem bestimmten Punkt der schraffierten Fläche der Abb. II A.6 entspricht. Die drei Kreise selbst entsprechen Flächenelementen, welche durch eine der Hauptachsen hindurchgehen. Diese Kreise werden als Mohrsche Spannungskreise bezeichnet.

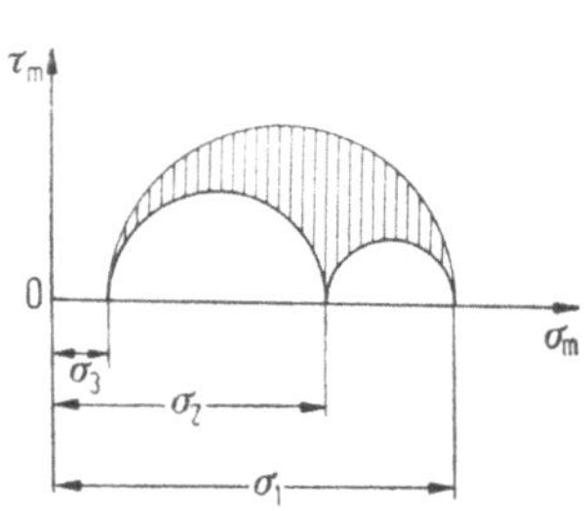

Abb. II A.6. Mohrsche Kreise
für räumliche Spannungszustände

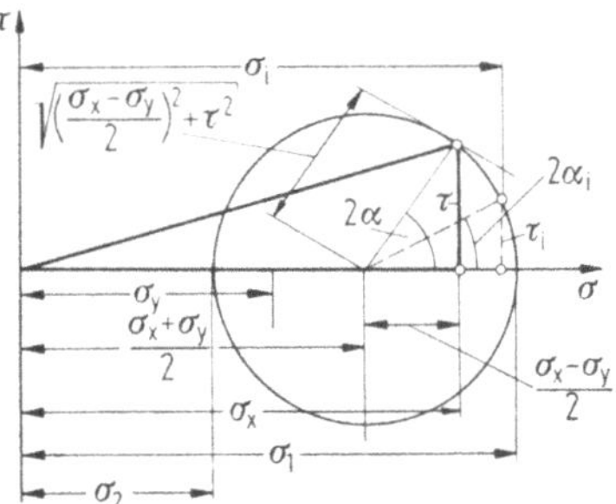

Abb. II A.7. Mohrscher Kreis für
ebene Spannungszustände

In Abb. II A.7 ist für den ebenen Spannungszustand die zu (II A.17) gehörige Konstruktion des Mohrschen Kreises zu ersehen. Entsprechend (II A.16) kann auch der Winkel 2α daraus entnommen werden. Sind die Hauptspannungen σ_1 und σ_2 gegeben, so können für ein Flächenelement mit der Neigung α_i aus Abb. II A.7 unmittelbar die Werte τ_i und σ_i abgelesen werden. Alle Spannungszustände, die zu einer Hauptspannungsebene gehören, sind somit durch Punkte auf dem zugehörigen Mohrschen Kreis festgelegt. In Abb. II A.8 sind in übersichtlicher Weise die zu den Hauptspannungsebenen zugehörigen Spannungskreise und die Lagen der entsprechenden Flächenelemente eingetragen [36, S. 90]. Die Konstruktion nach Abb. II A.7 und II A.8a führt folgerichtig zur graphischen Bestimmung von σ und τ für ein beliebig im Raum liegendes Flächenelement [25 und 3].

Zu beachten ist daher, daß für einen Zugkreis und einen Druckkreis nach Abb. II A.8b die Richtungen von φ in bezug auf die absolut größte bzw. kleinste Spannung auf zueinander senkrechte Achsen zu beziehen sind.

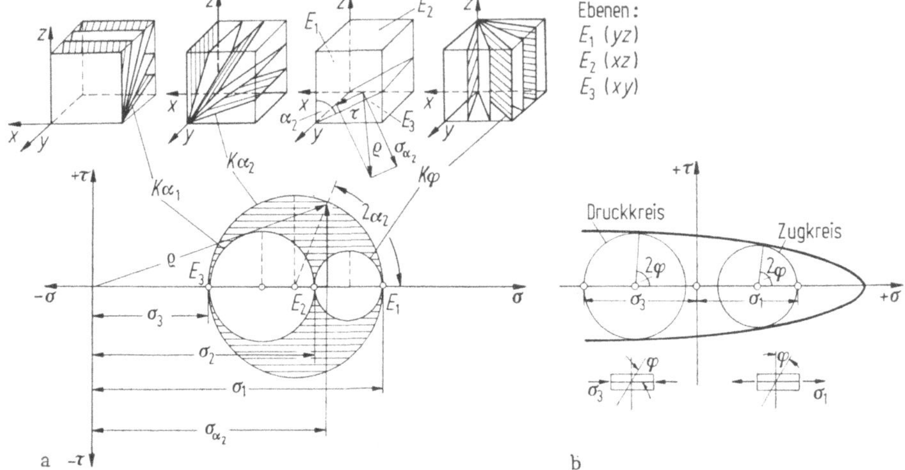

Abb. II A.8. a) Hauptspannungskreise nach Mohr und Hauptspannungsebenen (nach Slattenschek [36]),   b) Richtungen von φ in bezug auf $+\sigma_{\max}$

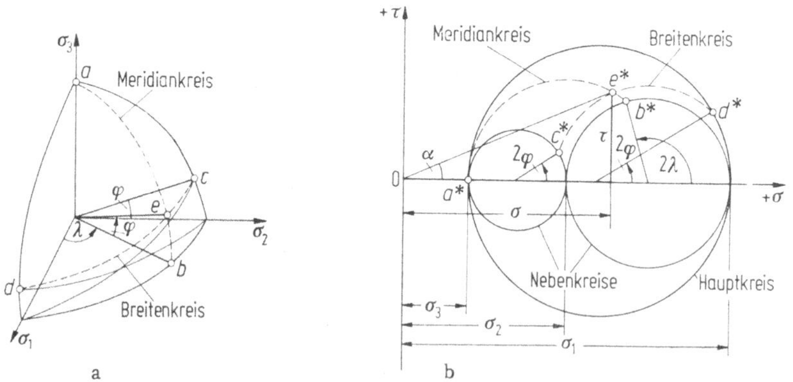

Abb. II A.9. Zuordnung von Flächenelementen und Spannungen (nach Chwalla [3])

Im zu untersuchenden Punkt des Körpers, für den der Spannungszustand durch die Spannungsmatrix $\boldsymbol{\Phi}_\sigma$ eindeutig festgelegt ist, sei eine Kugel angenommen (Abb. II A.9a) und als Achsen die drei Hauptspannungsrichtungen für σ_1, σ_2 und σ_3

eingetragen. Verschiebt man das zu untersuchende Flächenelement parallel zu sich, bis es die Kugel tangential berührt, so erhält man den Punkt e. Dieser ist durch seine Eulerkoordinaten λ und φ für Meridian- und Breitenkreis festgelegt. Trägt man die Mohrschen Spannungskreise für die Hauptspannungsebenen auf (Abb. II A.9b), so sind nach Abb. II A.8 die den Punkten a, b, c und d der Flächenelemente der Kugel auf Meridian- und Breitenkreis entsprechenden Punkte a^*, b^*, c^* und d^* der Spannungszustände festgelegt [3, S. 94]. Nach den Entwicklungen von Mohr [25] müssen die Spannungszustände für Flächenelemente der Punkte von Meridiankreisen und Breitenkreisen wieder Kreisen im Mohrschen Spannungsbild entsprechen. Zeichnet man durch die Punkte a^*, b^* und c^*, d^* Kreise mit den Mittelpunkten auf der Abszissenachse, so ist durch den Schnittpunkt e^* dieser beiden Kreise der Spannungszustand durch τ und σ eindeutig bestimmt (siehe auch [39]).

5. Schubspannung τ_0 in der Oktaederfläche eines Würfels, der durch die Hauptspannungen σ_1, σ_2 und σ_3 beansprucht ist

Für den Würfel der Abb. II A.10 mit der Seitenlänge 1 haben die Vektoren zu den Eckpunkten a, b und c folgende Komponenten:

$$\mathfrak{a} = \begin{pmatrix} +1 \\ +1 \\ 0 \end{pmatrix}; \quad \mathfrak{b} = \begin{pmatrix} +1 \\ 0 \\ +1 \end{pmatrix}; \quad \mathfrak{c} = \begin{pmatrix} 0 \\ +1 \\ +1 \end{pmatrix}.$$

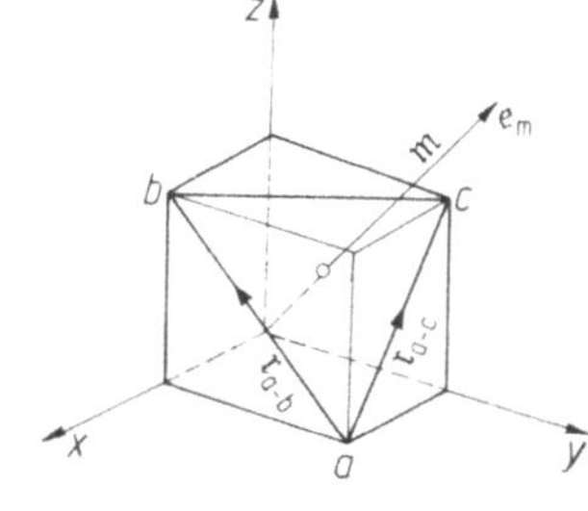

Abb. II A.10

Damit wird

$$\mathfrak{r}_{a-c} = \mathfrak{c} - \mathfrak{a} = \begin{pmatrix} -1 \\ 0 \\ +1 \end{pmatrix}; \quad \mathfrak{r}_{a-b} = \mathfrak{b} - \mathfrak{a} = \begin{pmatrix} 0 \\ -1 \\ +1 \end{pmatrix}.$$

Für die Normale $\mathfrak{m}$ zur Oktaederfläche abc mit dem Einheitsvektor $\mathfrak{e}_m$ gilt:

$$\mathfrak{r}_{a-c} \cdot \mathfrak{e}_m = -e_{m,x} + e_{m,z} = 0;$$
$$\mathfrak{r}_{a-b} \cdot \mathfrak{e}_m = -e_{m,y} + e_{m,z} = 0.$$

Daraus wird

$$e_{m,x} = e_{m,y} = e_{m,z}.$$

Mit

$$e_{m,x}^2 + e_{m,y}^2 + e_{m,z}^2 = 1$$

ergibt sich

$$e_{m,x} = e_{m,y} = e_{m,z} = \frac{1}{\sqrt{3}}$$

und somit

$$\cos m1 = \cos m2 = \cos m3 = \frac{1}{\sqrt{3}}\,.$$

Für das Flächenelement $a - b - c$ ergibt sich nach (II A.7) der Spannungsvektor

$$\mathfrak{p}_m = \mathfrak{m} \cdot \boldsymbol{\Phi}_\sigma = [\sigma_1 \cos m1,\, \sigma_2 \cos m2,\, \sigma_3 \cos m3]. \qquad \text{(II A.20)}$$

Außerdem gilt

$$|\mathfrak{p}_m|^2 = \sigma_m^2 + \tau_m^2 = \sigma_1^2 \cos^2 m1 + \sigma_2^2 \cos^2 m2 + \sigma_3^2 \cos^2 m3\,.$$

Mit (II A.5 b) wird

$$\sigma_m = \sigma_1 \cos^2 m1 + \sigma_2 \cos^2 m2 + \sigma_3 \cos^2 m3$$

und

$$\sigma_m^2 = \sigma_1^2 \cos^4 m1 + \sigma_2^2 \cos^4 m2 + \sigma_3^2 \cos^4 m3 + 2\sigma_1\sigma_2 \cos^2 m1 \cos^2 m2$$
$$+ 2\sigma_1\sigma_3 \cos^2 m1 \cos^2 m3 + 2\sigma_2\sigma_3 \cos^2 m2 \cos^2 m3\,,$$

und man erhält mit $\cos mn = \dfrac{1}{\sqrt{3}}$

$$\tau_0 = \frac{\sqrt{2}}{3} \sqrt{\sigma_1^2 + \sigma_2^2 + \sigma_3^2 - \sigma_1\sigma_2 - \sigma_1\sigma_3 - \sigma_2\sigma_3} =$$
$$= \frac{1}{3} \sqrt{(\sigma_1 - \sigma_2)^2 + (\sigma_2 - \sigma_3)^2 + (\sigma_3 - \sigma_1)^2}\ \,. \qquad \text{(II A.22)}$$

6. Spannungstensorflächen

Beachtet man (I B.38 bis I B.40), so ergibt sich unter Zugrundelegung der Normalform von $\boldsymbol{\Phi}_\sigma$ nach (II A.14)

$$\boldsymbol{\Phi}_\sigma = \begin{bmatrix} \sigma_1 & & \\ & \sigma_2 & \\ & & \sigma_3 \end{bmatrix} \qquad \text{(II A.14)}$$

die Gleichung der repräsentantiven Spannungstensorfläche mit $c = 1$

$$2F_\sigma = \mathfrak{r} \cdot \boldsymbol{\Phi}_\sigma \cdot \mathfrak{r} = 1 \qquad \text{(II A.23)}$$

bzw.

$$\sigma_1 x^2 + \sigma_2 y^2 + \sigma_3 z^2 = 1\,. \qquad \text{(II A.24)}$$

Es ist dies eine Fläche zweiter Ordnung mit den Hauptachsen $x,\, y,\, z$ in Richtung der Hauptspannungen.

Betrachtet man die Einheitskugel (Abb. II A.11) mit der Gleichung

$$\mathfrak{r} \cdot \mathfrak{r} = 1\,, \qquad \text{(II A.25)}$$

so wird diese durch die lineare Transformation

$$\mathfrak{r}' = \boldsymbol{\Phi}_\sigma \cdot \mathfrak{r} \qquad \text{(II A.26)}$$

bzw.

$$\mathfrak{r} = \boldsymbol{\Phi}_\sigma^{-1} \cdot \mathfrak{r}'$$

übergeführt in

$$(\boldsymbol{\Phi}_\sigma^{-1} \cdot \mathfrak{r}') \cdot (\boldsymbol{\Phi}_\sigma^{-1} \cdot \mathfrak{r}') = \mathfrak{r}' \cdot \boldsymbol{\Phi}_\sigma^{-2} \cdot \mathfrak{r}' = 1\,, \qquad \text{(II A.27)}$$

wobei (I C.15) gilt.

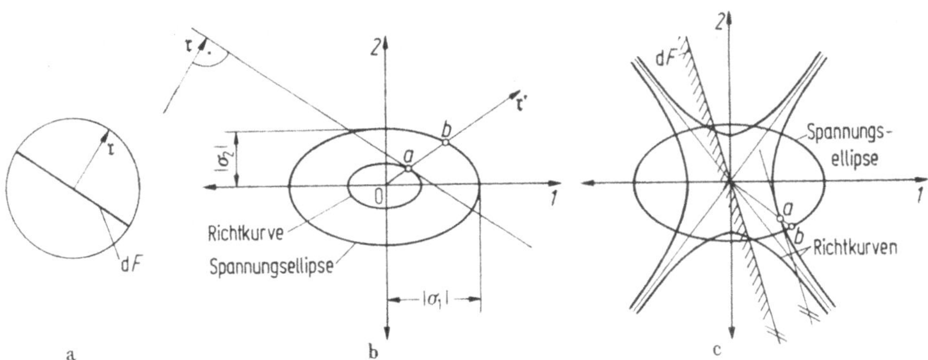

Abb. II A.11. Spannungsellipse und Richtkurven (nach Chwalla [3])

Unter Beachtung von (I B.32) bis (I B.36) wird mit $\boldsymbol{\Phi}_\sigma$ nach (II A.14)

$$\boldsymbol{\Phi}_\sigma^{-1} = \begin{bmatrix} \dfrac{1}{\sigma_1} & & \\ & \dfrac{1}{\sigma_2} & \\ & & \dfrac{1}{\sigma_3} \end{bmatrix} \qquad\qquad\text{(II A.28)}$$

und nach (I B.31)

$$\boldsymbol{\Phi}_\sigma^{-2} = \boldsymbol{\Phi}_\sigma^{-1} \cdot \boldsymbol{\Phi}_\sigma^{-1} = \begin{bmatrix} \dfrac{1}{\sigma_1^2} & & \\ & \dfrac{1}{\sigma_2^2} & \\ & & \dfrac{1}{\sigma_3^2} \end{bmatrix}. \qquad\text{(II A.29)}$$

Damit erhält man entsprechend (I B.38) die zugehörige Fläche 2. Ordnung, das sogenannte Lamésche Spannungsellipsoid

$$\frac{x^2}{\sigma_1^2} + \frac{y^2}{\sigma_2^2} + \frac{z^2}{\sigma_3^2} = 1. \qquad\qquad\text{(II A.30)}$$

Nach (II A.20) ergibt sich mit

$$\sigma_{m,x} = \sigma_1 \cos m1 = x; \quad \sigma_{m,y} = \sigma_2 \cos m2 = y; \quad \sigma_{m,z} = \sigma_3 \cos m3 = z$$

und

$$\cos^2 m1 + \cos^2 m2 + \cos^2 m3 = 1$$

bzw.

$$\frac{x^2}{\sigma_1^2} + \frac{y^2}{\sigma_2^2} + \frac{z^2}{\sigma_3^2} = 1$$

in gleicher Weise das Spannungsellipsoid. Jeder Punkt dieses Ellipsoides ergibt, verbunden mit dem Ursprung des Koordinatensystem, die Größe der Gesamtspannung σ_m an, wobei jedoch — mit Ausnahme der Hauptspannungsrichtungen — die Lage des zugehörigen Flächenelements noch nicht bekannt ist.

Bildet man zu (II A.23) die reziproke Tensorfläche

$$2F' = \mathfrak{r}' \cdot \boldsymbol{\Phi}_\sigma^{-1} \cdot \mathfrak{r}' = \pm 1, \qquad\qquad\text{(II A.31)}$$

so ergibt sich entsprechend (II A.24) mit (II A.28) das zugehörige Ellipsoid, bzw. die sogenannte Spannungsrichtfläche

$$\frac{x^2}{\sigma_1} + \frac{y^2}{\sigma_2} + \frac{z^2}{\sigma_3} = \pm 1. \qquad\qquad\text{(II A.32)}$$

Entsprechend (I B.46) erhält man

$$\operatorname{grad} F' = \nabla F' = \boldsymbol{\Phi}_\sigma^{-1} \cdot \mathfrak{r}' = \mathfrak{r}. \qquad \text{(II A.33)}$$

Somit hat der Vektor $\mathfrak{r}$ die Richtung der Normalen der Tensorfläche F' im Endpunkt des Vektors $\mathfrak{r}'$.

Betrachtet man auf der Einheitskugel (Abb. II A.11 a) einen Vektor $\mathfrak{r}$, der senkrecht zum untersuchten Flächenelement dF steht, so ist die Richtung von $\mathfrak{r}'$ — sowohl für das Lamésche Spannungsellipsoid als auch für die Spannungsrichtfläche — dadurch gegeben, daß die Tangentialebene an die Spannungsrichtfläche parallel zu dF sein muß. Verbindet man den Koordinatenursprung mit dem Berührungspunkt a (Abb. II A.11 b), so ist durch den Punkt b sowohl die Richtung der resultierenden Spannung σ_m als auch durch die Strecke $(0 - b)$ deren Größe gegeben, die zu dem orientierten Flächenelement dF gehört.

In (II A.32) gilt das Pluszeichen, wenn alle 3 Hauptspannungen ein positives Vorzeichen haben, es gilt das Minuszeichen wenn alle ein negatives Vorzeichen haben. In beiden Fällen ist die Richtfläche ein Ellipsoid. Haben die drei Hauptspannungen verschiedene Vorzeichen, so gelten auf der rechten Gleichungsseite beide Vorzeichen, so daß die Richtfläche aus einem einschaligen und aus einem koaxial liegenden zweiachsigen Hyperboloid mit gemeinsamen Asymptotenkegel besteht [3, S. 93a].

Der oben beschriebenen Konstruktion ist somit entweder Abb. II A.11 b oder II A.11 c zugrunde zu legen.

B. Verzerrungen

1. Verzerrungstensor

Für eine beliebige Feldfunktion $\mathfrak{v}$ ergibt sich nach (I B.43)

$$d\mathfrak{v} = d\mathfrak{r} \cdot \operatorname{grad} \mathfrak{v} = d\mathfrak{r} \cdot \nabla\mathfrak{v}. \qquad \text{(II B.1)}$$

In einem elastischen Körper sei $\mathfrak{s}(\mathfrak{r})$ der Vektor der Verschiebung als Funktion des Ortsvektors $\mathfrak{r}$ der Ruhelage. Nach Abb. II B.1 ergibt sich

$$\mathfrak{r}' = \mathfrak{r} + \mathfrak{s}(\mathfrak{r}) \qquad \text{(II B.2)}$$

und

$$\mathfrak{s}(\mathfrak{r} + d\mathfrak{r}) = \mathfrak{s}(\mathfrak{r}) + d\mathfrak{s}. \qquad \text{(II B.3)}$$

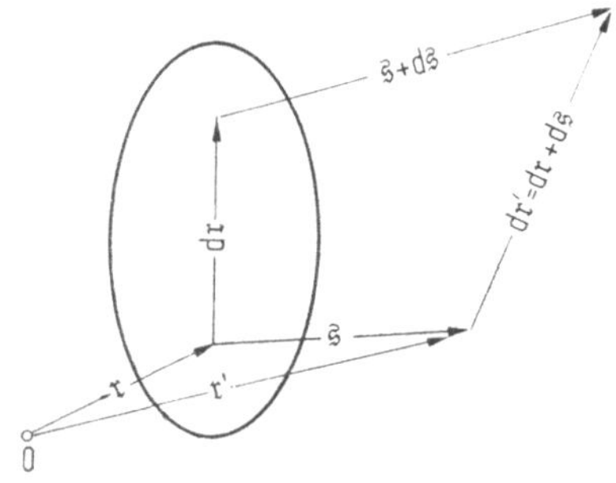

Abb. II B.1

Nach (II B.1) ist

$$d\mathfrak{s} = d\mathfrak{r} \cdot \nabla\mathfrak{s} \qquad \text{(II B.4)}$$

und

$$d\mathfrak{r}' = d\mathfrak{r} + d\mathfrak{r} \cdot \nabla\mathfrak{s} = \{\mathbf{E} + \mathfrak{s}\nabla\} \cdot d\mathfrak{r}. \qquad \text{(II B.5)}$$

Es handelt sich somit um eine affine Transformation. Diese kann aufgespalten werden in eine Translation, eine Drehung und eine Deformation.

Nach (I B.22) kann die Dyade $\boldsymbol{\Phi} = \{\mathfrak{s}\nabla\}$ in eine symmetrische und eine antimetrische Dyade zerlegt werden.

$$\boldsymbol{\Phi} = \frac{1}{2}\{\boldsymbol{\Phi} + \boldsymbol{\Phi}^T\} + \frac{1}{2}\{\boldsymbol{\Phi} - \boldsymbol{\Phi}^T\} =$$

$$= \frac{1}{2}\{\mathfrak{s}\nabla + \nabla\mathfrak{s}\} + \frac{1}{2}\{\mathfrak{s}\nabla - \nabla\mathfrak{s}\} = \boldsymbol{\Phi}_\varepsilon + \boldsymbol{\Phi}_a. \qquad \text{(IIB.6)}$$

Somit ergibt sich

$$\mathrm{d}\mathfrak{r}' = \{\mathbf{E} + \boldsymbol{\Phi}_\varepsilon\} \cdot \mathrm{d}\mathfrak{r} + \boldsymbol{\Phi}_a \cdot \mathrm{d}\mathfrak{r}. \qquad \text{(II B.7)}$$

Hierbei stellt nach [14, S. 291] $\boldsymbol{\Phi}_a \cdot \mathrm{d}\mathfrak{r}$ eine Drehung dar, während durch $\boldsymbol{\Phi}_\varepsilon$ die Deformation gekennzeichnet ist. Vorausgesetzt sind hierbei kleine Verformungen. Mit

$$\mathfrak{s} = \mathfrak{i}u + \mathfrak{j}v + \mathfrak{k}w \qquad \text{(II B.8)}$$

wird

$$\boldsymbol{\Phi}_\varepsilon = \frac{1}{2}\left\{(\mathfrak{i}u + \mathfrak{j}v + \mathfrak{k}w)\left(\mathfrak{i}\frac{\partial}{\partial x} + \mathfrak{j}\frac{\partial}{\partial y} + \mathfrak{k}\frac{\partial}{\partial z}\right)\right\} +$$

$$+ \frac{1}{2}\left\{\left(\mathfrak{i}\frac{\partial}{\partial x} + \mathfrak{j}\frac{\partial}{\partial y} + \mathfrak{k}\frac{\partial}{\partial z}\right)(\mathfrak{i}u + \mathfrak{j}v + \mathfrak{k}w)\right\} =$$

$$= \frac{1}{2}\left\{\begin{matrix} \frac{\partial u}{\partial x}\mathfrak{ii} & \frac{\partial u}{\partial y}\mathfrak{ij} & \frac{\partial u}{\partial z}\mathfrak{ik} \\[2mm] \frac{\partial v}{\partial x}\mathfrak{ji} & \frac{\partial v}{\partial y}\mathfrak{jj} & \frac{\partial v}{\partial z}\mathfrak{jk} \\[2mm] \frac{\partial w}{\partial x}\mathfrak{ki} & \frac{\partial w}{\partial y}\mathfrak{kj} & \frac{\partial w}{\partial z}\mathfrak{kk} \end{matrix}\right\} + \frac{1}{2}\left\{\begin{matrix} \frac{\partial u}{\partial x}\mathfrak{ii} & \frac{\partial v}{\partial x}\mathfrak{ij} & \frac{\partial w}{\partial x}\mathfrak{ik} \\[2mm] \frac{\partial u}{\partial y}\mathfrak{ji} & \frac{\partial v}{\partial y}\mathfrak{jj} & \frac{\partial w}{\partial y}\mathfrak{jk} \\[2mm] \frac{\partial u}{\partial z}\mathfrak{ki} & \frac{\partial v}{\partial z}\mathfrak{kj} & \frac{\partial w}{\partial z}\mathfrak{kk} \end{matrix}\right\} \qquad \text{(II B.9)}$$

Mit den 6 Verzerrungskoeffizienten, den 3 Dehnungen

$$\varepsilon_x = \frac{\partial u}{\partial x}; \quad \varepsilon_y = \frac{\partial v}{\partial y}; \quad \varepsilon_z = \frac{\partial w}{\partial z} \qquad \text{(II B.10a)}$$

und den 3 Schiebungen (halbe Ausweitungen der von zwei Koordinatenachsen gebildeten rechten Winkel)

$$\bar{\gamma}_{xy} = \frac{1}{2}\left(\frac{\partial u}{\partial y} + \frac{\partial v}{\partial x}\right); \quad \bar{\gamma}_{xz} = \frac{1}{2}\left(\frac{\partial u}{\partial z} + \frac{\partial w}{\partial x}\right); \quad \bar{\gamma}_{yz} = \frac{1}{2}\left(\frac{\partial v}{\partial z} + \frac{\partial w}{\partial y}\right) \qquad \text{(II B.10b)}$$

wird

$$\boldsymbol{\Phi}_\varepsilon = \left\{\begin{matrix} \varepsilon_x\,\mathfrak{ii} & \bar{\gamma}_{xy}\,\mathfrak{ij} & \bar{\gamma}_{xz}\,\mathfrak{ik} \\[2mm] \bar{\gamma}_{xy}\,\mathfrak{ji} & \varepsilon_y\,\mathfrak{jj} & \bar{\gamma}_{yz}\,\mathfrak{jk} \\[2mm] \bar{\gamma}_{xz}\,\mathfrak{ki} & \bar{\gamma}_{yz}\,\mathfrak{kj} & \varepsilon_z\,\mathfrak{kk} \end{matrix}\right\} \qquad \text{(II B.11a)}$$

bzw. in Matrizenform wird die Matrix der Deformation

$$\boldsymbol{\Phi}_\varepsilon = \begin{bmatrix} \varepsilon_x & \bar{\gamma}_{xy} & \bar{\gamma}_{xz} \\[2mm] \bar{\gamma}_{xy} & \varepsilon_y & \bar{\gamma}_{yz} \\[2mm] \bar{\gamma}_{xz} & \bar{\gamma}_{yz} & \varepsilon_z \end{bmatrix}. \qquad \text{(II B.11b)}$$

Diese Matrix ist völlig gleich gebaut wie der Spannungstensor $\boldsymbol{\Phi}_\sigma$ nach (II A.2b). Überträgt man die dort gefundenen Ergebnisse, so muß es drei Werte ε_1, ε_2 und ε_3 geben, für welche die zugehörigen $\gamma_{m,n}$ verschwinden. Die entsprechenden Richtungen stehen wieder aufeinander senkrecht.

Für das neue Achsenkreuz gilt entsprechend (II A.8)

$$\left.\begin{array}{l} (\varepsilon_x - \varepsilon)\cos nx + \bar{\gamma}_{xy}\cos ny + \bar{\gamma}_{xz}\cos nz = 0; \\[4pt] \bar{\gamma}_{xy}\cos nx + (\varepsilon_y - \varepsilon)\cos ny + \bar{\gamma}_{yz}\cos nz = 0; \\[4pt] \bar{\gamma}_{xz}\cos nx + \bar{\gamma}_{yz}\cos ny + (\varepsilon_z - \varepsilon)\cos nz = 0 \end{array}\right\} \qquad \text{(II B.12)}$$

und entsprechend (II A.9)

$$\cos^2 nx + \cos^2 ny + \cos^2 nz = 1. \qquad \text{(II B.13)}$$

(II B.12) kann nur erfüllt werden, wenn die Determinante dieses Gleichungssystems verschwindet.

$$\begin{vmatrix} \varepsilon_x - \varepsilon & \bar{\gamma}_{xy} & \bar{\gamma}_{xz} \\[4pt] \bar{\gamma}_{xy} & \varepsilon_y - \varepsilon & \bar{\gamma}_{yz} \\[4pt] \bar{\gamma}_{xz} & \bar{\gamma}_{yz} & \varepsilon_z - \varepsilon \end{vmatrix} = 0. \qquad \text{(II B.14)}$$

Aus diesem Gleichungssystem können entsprechend (II A.11a) bei bekannter Matrix $\boldsymbol{\Phi_\varepsilon}$ die Hauptdehnungen ε_1, ε_2, ε_3, für die gleichzeitig die Schiebungen verschwinden, ermittelt werden. Mit diesen Werten ergeben sich aus (II B.12) und (II B.13) auch die Richtungen der Hauptdehnungen.

Entsprechend (II A.11b) und (II A.12) erhält man die Invarianten des Deformationszustandes [46, S. 58]

$$\left.\begin{array}{l} J_{1,\varepsilon} = \varepsilon_x + \varepsilon_y + \varepsilon_z = \varepsilon_1 + \varepsilon_2 + \varepsilon_3 = e; \\[4pt] J_{2,\varepsilon} = -(\varepsilon_1\varepsilon_2 + \varepsilon_2\varepsilon_3 + \varepsilon_3\varepsilon_1) = -(\varepsilon_x\varepsilon_y - \bar{\gamma}_{xy}^2 + \varepsilon_y\varepsilon_z - \bar{\gamma}_{yz}^2 + \varepsilon_z\varepsilon_x - \bar{\gamma}_{xz}^2); \\[4pt] J_{3,\varepsilon} = \varepsilon_1\varepsilon_2\varepsilon_3 = \varepsilon_x\varepsilon_y\varepsilon_z + 2\bar{\gamma}_{xy}\bar{\gamma}_{yz}\bar{\gamma}_{zx} - \varepsilon_x\bar{\gamma}_{yz}^2 - \varepsilon_y\bar{\gamma}_{zx}^2 - \varepsilon_z\bar{\gamma}_{xy}^2. \end{array}\right\} \quad \text{(II B.15)}$$

Die erste Invariante ist nach (I B.49)

$$J_{1,\varepsilon} = \varepsilon_x + \varepsilon_y + \varepsilon_z = \frac{\partial u}{\partial x} + \frac{\partial v}{\partial y} + \frac{\partial w}{\partial z} = \operatorname{div}\mathfrak{s}. \qquad \text{(II B.16a)}$$

Ein Parallelepiped mit den Kanten $\mathrm{d}x$, $\mathrm{d}y$, $\mathrm{d}z$ und dem Volumen $\mathrm{d}V = \mathrm{d}x\,\mathrm{d}y\,\mathrm{d}z$ weist im verformten Zustand das Volumen

$$\mathrm{d}V' = \mathrm{d}x\,\mathrm{d}y\,\mathrm{d}z\,(1 + \varepsilon_x)\,(1 + \varepsilon_y)\,(1 + \varepsilon_z)$$

auf.

Unter Vernachlässigung kleiner Größen höherer Ordnung wird

$$\mathrm{d}V' = \mathrm{d}x\,\mathrm{d}y\,\mathrm{d}z\,(1 + \varepsilon_x + \varepsilon_y + \varepsilon_z).$$

Damit wird die Volumenänderung je Volumeneinheit, die räumliche Dilatation:

$$e = \frac{\mathrm{d}V' - \mathrm{d}V}{\mathrm{d}V} = \operatorname{div}\mathfrak{s} = \varepsilon_x + \varepsilon_y + \varepsilon_z = \varepsilon_1 + \varepsilon_2 + \varepsilon_3. \qquad \text{(II B.16b)}$$

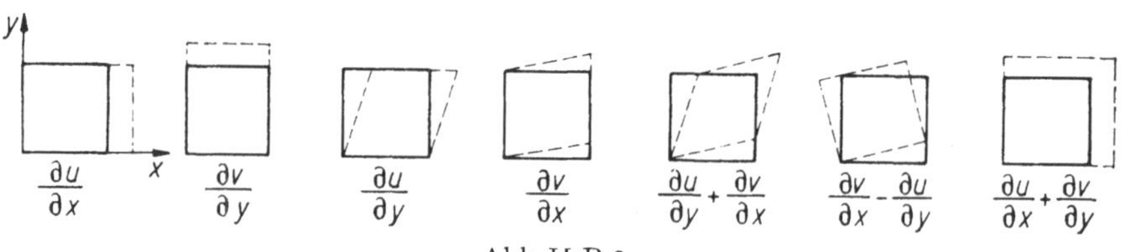

Abb. II B.2

Die wirklichen Schiebungen, d. h. Winkeländerungen zwischen 2 Koordinatenachsen, betragen $2\bar{\gamma}$, somit gilt

$$\gamma_{xy} = \frac{\partial u}{\partial y} + \frac{\partial v}{\partial x}; \quad \gamma_{xz} = \frac{\partial u}{\partial z} + \frac{\partial w}{\partial x}; \quad \gamma_{yz} = \frac{\partial v}{\partial z} + \frac{\partial w}{\partial y}. \qquad \text{(II B.17)}$$

Die Bedeutung der einzelnen Verformungen ist für die xy-Ebene aus Abb. II B.2 zu ersehen [3, S. 106].

2. Verschiebungsellipsoid

Unter Beachtung von (II B.14) und (II B.15) lautet die Normalform der Deformationsmatrix

$$\boldsymbol{\Phi}_\varepsilon = \begin{bmatrix} \varepsilon_1 & & \\ & \varepsilon_2 & \\ & & \varepsilon_3 \end{bmatrix}. \qquad \text{(II B.18)}$$

Damit wird

$$\boldsymbol{\Phi}_v = \{\mathbf{E} + \boldsymbol{\Phi}_\varepsilon\} = \begin{bmatrix} 1+\varepsilon_1 & & \\ & 1+\varepsilon_2 & \\ & & 1+\varepsilon_3 \end{bmatrix}. \qquad \text{(II B.19)}$$

Nach (II B.7) gilt für die Verzerrungen

$$d\mathfrak{r}' = \boldsymbol{\Phi}_v \cdot d\mathfrak{r}. \qquad \text{(II B.20)}$$

Betrachtet man die Einheitskugel mit der Gleichung

$$\mathfrak{r} \cdot \mathfrak{r} = 1, \qquad \text{(II B.21)}$$

so wird diese entsprechend (II A.25) bis (II A.29) durch die lineare Transformation

$$\mathfrak{r}' = \boldsymbol{\Phi}_v \cdot \mathfrak{r} \qquad \text{(II B.22)}$$

bzw.

$$\mathfrak{r} = \boldsymbol{\Phi}_v^{-1} \cdot \mathfrak{r}'$$

in die Form

$$\mathfrak{r}' \cdot \boldsymbol{\Phi}_v^{-2} \cdot \mathfrak{r}' = 1 \qquad \text{(II B.23)}$$

übergeführt. Hierbei wird

$$\boldsymbol{\Phi}_v^{-2} = \begin{vmatrix} \dfrac{1}{(1+\varepsilon_1)^2} & & \\ & \dfrac{1}{(1+\varepsilon_2)^2} & \\ & & \dfrac{1}{(1+\varepsilon_3)^2} \end{vmatrix}. \qquad \text{(II B.24)}$$

Damit erhält man entsprechend (I B.38) die zugehörige Fläche 2. Ordnung, das sog. Verschiebungsellipsoid

$$\frac{x^2}{(1+\varepsilon_1)^2} + \frac{y^2}{(1+\varepsilon_2)^2} + \frac{z^2}{(1+\varepsilon_3)^2} = 1. \qquad \text{(II B.25)}$$

Entsprechend (II A.31) bis (II A.33) ist dem Verschiebungsellipsoid die Verschiebungsrichtfläche

$$\frac{x^2}{1+\varepsilon_1} + \frac{y^2}{1+\varepsilon_2} + \frac{z^2}{1+\varepsilon_3} = 1$$

zugeordnet.

Abb. II B.3 zeigt, wie eine um den Punkt m angeordnete Kugel mit dem Radius 1 verzerrt wird. Sind ε_1, ε_2 und ε_3 positiv, so liegt das Verschiebungsellipsoid außerhalb der Einheitskugel, sind alle drei negativ, so liegt es innerhalb der Einheitskugel; haben ε_1, ε_2 und ε_3 verschiedene Vorzeichen, so wird die Einheitskugel vom Ellipsoid durchschnitten.

Entsprechend den Überlegungen für Abb. II A.11 zeigt Abb. II B.3 die Konstruktion zur Feststellung des Punktes b, in den ein Punkt p der Einheitskugel nach der Verzerrung zu liegen kommt. Im Falle, daß ε_1, ε_2 und ε_3 verschiedene Vorzeichen haben, gibt es Punkte, die bei der Verzerrung des Körpers auf der Einheitskugel bleiben, so daß die Radiusvektoren nur gedreht werden, aber keine Längenänderungen erfahren.

Beim ebenen Verzerrungszustand mit $\varepsilon_3 = 0$ gehen Verschiebungsellipsoid und Verschiebungsrichtfläche in Ellipsen über [3, S. 93 b].

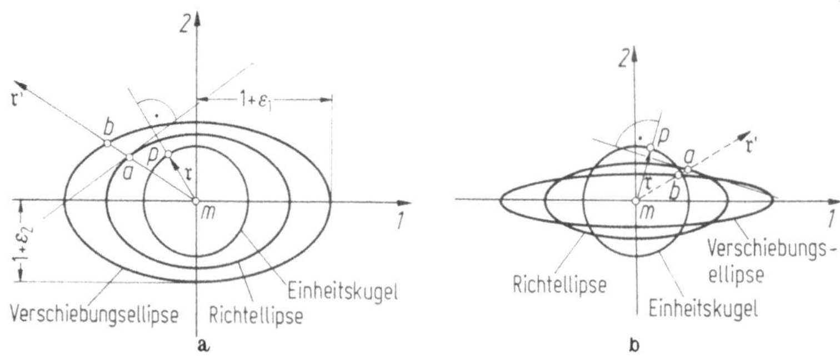

Abb. II B.3. Verschiebungsellipse und Richtellipse (nach Chwalla [3])

C. Grundlagen der linearen Elastizitätstheorie

1. Hookesches Gesetz. Beziehungen zwischen Spannungen und Verformungen

Für die nachfolgende Zusammenstellung wird ein isotropes Material zugrunde gelegt. In diesen Fall fallen die Hauptachsen des Spannungszustandes mit den Hauptachsen des Verzerrungszustandes zusammen [46, S. 60].

Weiter werden das Hookesche Gesetz (1678) der Linearität zwischen Spannung und Verformung und kleine Deformationen vorausgesetzt. Ist aus Zugversuchen die Arbeitslinie eines Materials bekannt (Abb. II C.1), so sind bis zur Proportionalitätsgrenze σ_p die Spannungen σ und Dehnungen ε durch den Youngschen Elastizitätsmodul E (1807) linear voneinander abhängig.

$$\sigma_1 = E\varepsilon_1. \tag{II C.1}$$

Abb. II C.1. Arbeitslinie
eines Materials

Navier versuchte als erster (1821) ein Elastizitätsgesetz für allgemeine Spannungszustände zu finden. Wirkt nur die Spannung σ_1 in einem Zugstab, so treten in den zu dieser Richtung senkrechten Richtungen 2 und 3 Querdehnungen

$$\varepsilon_q = \frac{\varepsilon_1}{m} \tag{II C.2}$$

auf. Hierbei ist $1/m$ die Poissonsche Konstante. Für einen räumlichen Spannungszustand σ_1, σ_2 und σ_3 ergeben sich damit die Gleichungen von Cauchy

$$\varepsilon_1 = \frac{1}{E}\left(\sigma_1 - \frac{\sigma_2 + \sigma_3}{m}\right);$$
$$\varepsilon_2 = \frac{1}{E}\left(\sigma_2 - \frac{\sigma_3 + \sigma_1}{m}\right); \tag{II C.3}$$
$$\varepsilon_3 = \frac{1}{E}\left(\sigma_3 - \frac{\sigma_1 + \sigma_2}{m}\right).$$

Bezieht man dieses Ergebnis auf den durch den Spannungstensor $\boldsymbol{\Phi}_\sigma$ nach (II A.2b) festgelegten Spannungszustand und den durch $\boldsymbol{\Phi}_\varepsilon$ nach (II B.11 b) festgelegten Verzerrungszustand, so gilt nach (II A.13)

$$\left.\begin{aligned}
\sigma_x &= \sum_1^3 \sigma_n \cos^2 nx; \\
\tau_{xy} &= \sum_1^3 \sigma_n \cos nx \cos ny; \text{ usw.}
\end{aligned}\right\} \tag{II C.4}$$

und entsprechend

$$\left.\begin{aligned}
\varepsilon_x &= \sum_1^3 \varepsilon_n \cos^2 nx; \\
\gamma_{xy} &= 2 \sum_1^3 \varepsilon_n \cos nx \cos ny; \text{ usw.}
\end{aligned}\right\} \tag{II C.5}$$

Entsprechend (II A.12) und (II B.15) gelten die Invarianten

$$\sigma_m = \frac{1}{3}(\sigma_1 + \sigma_2 + \sigma_3) = \frac{1}{3}(\sigma_x + \sigma_y + \sigma_z) \tag{II C.6}$$

und

$$e = \varepsilon_1 + \varepsilon_2 + \varepsilon_3 = \varepsilon_x + \varepsilon_y + \varepsilon_z. \tag{II C.7}$$

Damit erhält man aus (II C.3) [46, S. 61]

$$\varepsilon_n = \frac{1}{E}\left(\frac{m+1}{m}\sigma_n - \frac{3\sigma_m}{m}\right) = \frac{m+1}{Em}\left(\sigma_n - \frac{3\sigma_m}{m+1}\right).$$

Multipliziert man diese Gleichung mit $\cos^2 nx$, so ergibt sich bei Summation über n

$$\left.\begin{aligned}
\varepsilon_x &= \frac{m+1}{Em}\left(\sigma_x - \frac{3\sigma_m}{m+1}\right); \\
\varepsilon_y &= \frac{m+1}{Em}\left(\sigma_y - \frac{3\sigma_m}{m+1}\right); \\
\varepsilon_z &= \frac{m+1}{Em}\left(\sigma_z - \frac{3\sigma_m}{m+1}\right);
\end{aligned}\right\} \tag{II C.8}$$

und entsprechend, bei Multiplikation mit $2 \cos nx \cos ny$ und Summation

$$\left.\begin{aligned}
\gamma_{xy} &= \frac{2(m+1)}{Em}\tau_{xy}; \\
\gamma_{yz} &= \frac{2(m+1)}{Em}\tau_{yz}; \\
\gamma_{zx} &= \frac{2(m+1)}{Em}\tau_{z,x}.
\end{aligned}\right\} \tag{II C.9}$$

Mit dem Schubmodul

$$G = \frac{Em}{2(m+1)} \tag{II C.10}$$

ergibt sich

$$\left.\begin{aligned}
\varepsilon_x &= \frac{1}{2G}\left(\sigma_x - \frac{3\sigma_m}{m+1}\right); \quad \gamma_{xy} = \frac{1}{G}\tau_{xy}; \\
\varepsilon_y &= \frac{1}{2G}\left(\sigma_y - \frac{3\sigma_m}{m+1}\right); \quad \gamma_{yz} = \frac{1}{G}\tau_{yz}; \\
\varepsilon_z &= \frac{1}{2G}\left(\sigma_z - \frac{3\sigma_m}{m+1}\right); \quad \gamma_{zx} = \frac{1}{G}\tau_{zx}.
\end{aligned}\right\} \tag{II C.11}$$

Aus (II C.11) erhält man

$$e = \varepsilon_x + \varepsilon_y + \varepsilon_z = \frac{3}{2G}\frac{(m-2)}{(m+1)}\sigma_m = \frac{3}{E}\frac{(m-2)}{m}\sigma_m. \qquad \text{(II C.12)}$$

Mit (II C.12) ergibt die Auflösung von (II C.11) nach den Spannungen

$$\left.\begin{aligned}
\sigma_x &= 2G\left(\varepsilon_x + \frac{e}{m-2}\right); \quad \tau_{xy} = G\gamma_{xy};\\[2mm]
\sigma_y &= 2G\left(\varepsilon_y + \frac{e}{m-2}\right); \quad \tau_{yz} = G\gamma_{yz};\\[2mm]
\sigma_z &= 2G\left(\varepsilon_z + \frac{e}{m-2}\right); \quad \tau_{zx} = G\gamma_{zx}.
\end{aligned}\right\} \qquad \text{(II C.13)}$$

Sind die Spannungen bekannt, so sind aus (II C.11) und (II C.12) alle Verzerrungsgrößen ε_x, γ_{xy} usw. zu ermitteln.

Mit (II B.10a) und (II B.17) können aus

$$\varepsilon_x = \frac{\partial u}{\partial x}; \quad \gamma_{xy} = \frac{\partial u}{\partial y} + \frac{\partial v}{\partial x}; \quad \text{usw.}$$

nach Bildung der zweiten Differentialquotienten

$$\frac{\partial^2 u}{\partial x^2} = \frac{\partial \varepsilon_x}{\partial x}; \quad \frac{\partial \gamma_{xy}}{\partial y} = \frac{\partial^2 u}{\partial y^2} + \frac{\partial v^2}{\partial x\,\partial y}; \quad \text{usw.} \qquad \text{(II C.14)}$$

Lösungen für die Verschiebungen u, v, w für den gegebenen Spannungszustand gefunden werden.

Aus (II A.1a) ergibt sich, wenn man die Gleichungen für die Spannungen nach (II C.13) differenziert und in (II A.1a) einsetzt und (II C.14) beachtet, das vollständige System partieller Differentialgleichungen der Elastizitätstheorie

$$\left.\begin{aligned}
G\left(\Delta u + \frac{m}{m-2}\frac{\partial e}{\partial x}\right) + X &= 0;\\[2mm]
G\left(\Delta v + \frac{m}{m-2}\frac{\partial e}{\partial y}\right) + Y &= 0;\\[2mm]
G\left(\Delta w + \frac{m}{m-2}\frac{\partial e}{\partial z}\right) + Z &= 0
\end{aligned}\right\} \qquad \text{(II C.15)}$$

mit dem Laplaceschen Operator

$$\Delta = \frac{\partial^2}{\partial x^2} + \frac{\partial^2}{\partial y^2} + \frac{\partial^2}{\partial z^2}.$$

Für Stahl gelten allgemein die Werte

$$E = 2100 \text{ t/cm}^2; \quad G = 810 \text{ t/cm}^2; \quad m = 2{,}6.$$

Für alle anderen Baustoffe sind in den entsprechenden Vorschriften Angaben über diese Werte gemacht. So gilt z.B. für Beton nach der DIN 4227

	B 250	B 450	B 550;
E [t/cm²]	300	370	390;
G [t/cm²]	125	154	162,5

während hierfür $m = 5$ gewählt werden kann.

2. Formänderungsarbeit

Unter Zugrundelegung der Linearität zwischen Spannungen und Dehnungen bzw. Schiebungen leistet eine bestimmte Spannung an der Volumeneinheit unter Beachtung von Abb. II C.2 (siehe auch Bd. I A.V.3) die Arbeit

$$A_i = \frac{1}{2}\,\sigma\varepsilon \quad \text{bzw.} \quad \frac{1}{2}\,\tau\gamma\,. \tag{II C.16}$$

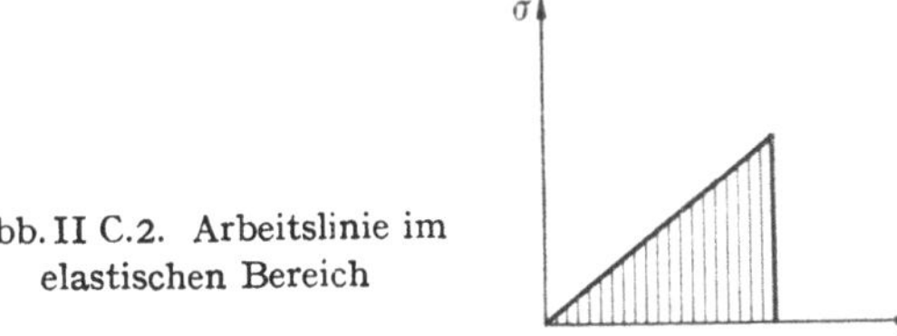

Abb. II C.2. Arbeitslinie im elastischen Bereich

Legt man die Hauptachsen des Spannungs- und Verzerrungszustandes zugrunde, so erhält man für die wirkliche innere Formänderungsarbeit pro Volumeneinheit

$$A_i = \frac{1}{2}\,(\sigma_1\varepsilon_1 + \sigma_2\varepsilon_2 + \sigma_3\varepsilon_3)\,. \tag{II C.17}$$

Mit (II C.13) ergibt sich hierfür $\tau = 0$ und

$$\sigma_1 = 2G\left(\varepsilon_1 + \frac{e}{m-2}\right) \quad \text{usw.}$$

und mit (II C.7)

$$A_i = G\left(\varepsilon_1^2 + \varepsilon_2^2 + \varepsilon_3^2 + \frac{1}{m-2}\,(\varepsilon_1 + \varepsilon_2 + \varepsilon_3)^2\right)\,. \tag{II C.18}$$

In gleicher Weise ergibt sich für einen auf x, y, z bezogenen Spannungszustand

$$A_i = \frac{1}{2}\,(\sigma_x\varepsilon_x + \sigma_y\varepsilon_y + \sigma_z\varepsilon_z + \tau_{xy}\gamma_{xy} + \tau_{yz}\gamma_{yz} + \tau_{zx}\gamma_{zx}) \tag{II C.19}$$

unter Beachtung von (II C.13) und (II B.15)

$$A_i = G\left[\frac{m-1}{m-2}\,e^2 - 2(\varepsilon_x\varepsilon_y + \varepsilon_y\varepsilon_z + \varepsilon_z\varepsilon_x) + \frac{1}{2}\,(\gamma_{xy}^2 + \gamma_{yz}^2 + \gamma_{zx}^2)\right]\,. \tag{II C.20}$$

Drückt man die Verformungen durch die Spannungen aus, erhält man aus (II C.17) mit (II C.3)

$$A_i = \frac{1}{2E}\left[\sigma_1^2 + \sigma_2^2 + \sigma_3^2 - \frac{2}{m}\,(\sigma_1\sigma_2 + \sigma_2\sigma_3 + \sigma_1\sigma_3)\right]\,. \tag{II C.21}$$

Aus (II C.19) erhält man mit (II C.11) und (II C.6)

$$A_i = \frac{1}{4G}\left[\sigma_x\left(\sigma_x - \frac{3\sigma_m}{m+1}\right) + \sigma_y\left(\sigma_y - \frac{3\sigma_m}{m+1}\right) + \sigma_z\left(\sigma_z - \frac{3\sigma_m}{m+1}\right) + \right.$$

$$\left. + 2(\tau_{xy}^2 + \tau_{yz}^2 + \tau_{zx}^2)\right] =$$

$$= \frac{1}{4G}\left[\sigma_x^2 + \sigma_y^2 + \sigma_z^2 - \frac{9}{m+1}\,\sigma_m^2 + 2(\tau_{xy}^2 + \tau_{yz}^2 + \tau_{zx}^2)\right]\,. \tag{II C.22}$$

Mit der Identität

$$(\sigma_x + \sigma_y + \sigma_z)^2 + (\sigma_x - \sigma_y)^2 + (\sigma_y - \sigma_z)^2 + (\sigma_z - \sigma_x)^2 = 3\,(\sigma_x^2 + \sigma_y^2 + \sigma_z^2) \tag{II C.23 a}$$

wird

$$A_i = \frac{1}{2G}\left\{ \frac{3}{2}\,\frac{(m-2)}{(m+1)}\,\sigma_m^2 + \frac{1}{6}\,[(\sigma_x - \sigma_y)^2 + (\sigma_y - \sigma_z)^2 + (\sigma_z - \sigma_x)^2] + \right.$$

$$\left. + \tau_{xy}^2 + \tau_{yz}^2 + \tau_{zx}^2 \right\} \tag{II C.23 b}$$

bzw.

$$A_i = \frac{1}{2G}\left\{ \frac{3}{2}\,\frac{(m-2)}{(m+1)}\,\sigma_m^2 + \frac{1}{6}\,[(\sigma_1 - \sigma_2)^2 + (\sigma_2 - \sigma_3)^2 + (\sigma_3 - \sigma_1)^2] \right\}. \tag{II C.24}$$

Diese Arbeit kann in einem Anteil $A_{i,v}$ der Volumenänderungsarbeit, der der Wirkung des hydraulischen Druckes σ_m entspricht, also ohne Änderung der Gestalt vor sich geht und einem Anteil $A_{i,g}$ der Gestaltänderungsarbeit zerlegt werden.

Die Volumenänderungsarbeit ergibt sich zu

$$A_{i,v} = \frac{1}{2}\,\sigma_m \left(\frac{\varepsilon_1 + \varepsilon_2 + \varepsilon_3}{3}\right) 3.$$

Mit (II B.15) und (II C.12) wird

$$e = \varepsilon_1 + \varepsilon_2 + \varepsilon_3 = \frac{3}{2G}\,\frac{(m-2)}{(m+1)}\,\sigma_m,$$

und somit

$$A_{i,v} = \frac{1}{2}\,\sigma_m\,\frac{3}{2G}\,\frac{(m-2)}{m+1}\,\sigma_m = \frac{1}{2G}\left[\frac{3}{2}\,\frac{(m-2)}{(m+1)}\,\sigma_m^2\right]. \tag{II C.25}$$

In (II C.23) und (II C.24) stellt somit das erste Glied die Volumenänderungsarbeit dar, während durch die Restglieder die Gestaltänderungsarbeit festgelegt ist.

Somit gilt für die Gestaltänderungsarbeit:

$$A_{i,g} = \frac{1}{2G}\left\{ \frac{1}{6}\,[(\sigma_x - \sigma_y)^2 + (\sigma_y - \sigma_z)^2 + (\sigma_z - \sigma_x)^2 + \tau_{xy}^2 + \tau_{yz}^2 + \tau_{zx}^2 \right\} \tag{II C.26}$$

bzw.

$$A_{i,g} = \frac{1}{12G}\,[(\sigma_1 - \sigma_2)^2 + (\sigma_2 - \sigma_3)^2 + (\sigma_3 - \sigma_1)^2] \tag{II C.27a}$$

bzw.

$$A_{i,g} = \frac{1}{6G}\,(\sigma_1^2 + \sigma_2^2 + \sigma_3^2 - \sigma_1\sigma_2 - \sigma_2\sigma_3 - \sigma_3\sigma_1) \tag{IIC.27b}$$

bzw. mit

$$\tau_{1,2} = \frac{\sigma_1 - \sigma_2}{2} \quad \text{usw.,}$$

$$A_{i,g} = \frac{1}{3G}\,(\tau_{1,2}^2 + \tau_{2,3}^2 + \tau_{3,1}^2). \tag{II C.27c}$$

Bei der gesamten Formänderungsarbeit A_i ist zu beachten, daß die Ableitungen nach den Spannungen die Formänderung und die Ableitungen nach den Formänderungen die Spannungen ergeben, z.B. erhält man aus (II C.18)

$$\frac{\partial A_i}{\partial \varepsilon_1} = 2G\left(\varepsilon_1 + \frac{e}{m-2}\right) = \sigma_1 \tag{II C.28}$$

in Übereinstimmung mit (II C.13); aus (II C.20)

$$\frac{\partial A_i}{\partial \varepsilon_x} = G\left[\frac{m-1}{m-2}\,2e - 2\,(\varepsilon_y + \varepsilon_z)\right] = \tag{II C.29}$$

$$= 2G\left[\varepsilon_x + \frac{e}{m-2}\right] = \sigma_x$$

in Übereinstimmung mit (II C.13); aus (II C.21)

$$\frac{\partial A_i}{\partial \sigma_1} = \frac{1}{E}\left(\sigma_1 - \frac{\sigma_2 + \sigma_3}{m}\right) = \varepsilon_1 \qquad\qquad \text{(II C.30)}$$

in Übereinstimmung mit (II C.3); und aus (II C.22) mit (II C.6)

$$\frac{\partial A_i}{\partial \sigma_x} = \frac{1}{4G}\left[\frac{m}{m+1}\, 2\cdot 9\sigma_m\,\frac{1}{3} - 2\,(\sigma_y - \sigma_x)\right] =$$

$$= \frac{1}{2G}\left(\sigma_x - \frac{3\sigma_m}{m+1}\right) = \varepsilon_x \qquad\qquad \text{(II C.31)}$$

in Übereinstimmung mit (II C.11); und

$$\frac{\partial A_i}{\partial \tau_{xy}} = \frac{2}{4G}\,(2\tau_{xy}) = \frac{\tau_{xy}}{G} = \gamma_{xy}. \qquad\qquad \text{(II C.32)}$$

D. Anstrengungshypothesen für ruhende Belastungen

Die verschiedenen Anstrengungshypothesen beziehen sich auf den Vergleich von Kombinationen von Spannungszuständen untereinander bzw. auf den Vergleich eines beliebigen Spannungszustandes mit einem einachsigen. Die betrachteten Grenzwerte entsprechen dabei Übergängen über die Elastizitäts- bzw. Fließgrenze, bzw. sie entsprechen dem Bruch. Im allgemeinen bilden diese Grenzwerte Raumflächen, die den sicheren Bereich von dem Bereich trennen, der den betreffenden Baustoff unter gegebenen Voraussetzungen nicht mehr zugemutet werden kann. Neben den mathematischen Formulierungen wird nachfolgend verschiedentlich die anschaulich graphische Darstellung der Grenzwertraumflächen nach Becker-Westergaard [43] verwendet. Nach letzterem werden in einem Koordinatensystem, das den Hauptspannungen σ_1, σ_2 und σ_3 entspricht, die ertragbaren kritischen Spannungen σ_{kr} aufgetragen. Für räumliche Spannungszustände erhält man auf diese Weise Raumflächen, für ebene Spannungszustände ebene Kurven.

Erreicht bei einem einachsigen Spannungszustand die kritische Spannung den Wert

$$\sigma_{kr} = \sigma_v \quad \text{(Vergleichsspannung)}, \qquad\qquad \text{(II D.1)}$$

so gibt die ideelle Spannung

$$\sigma_v = f(\sigma_1, \sigma_2, \sigma_3) \qquad\qquad \text{(II D.2)}$$

für einen beliebigen Spannungszustand die entsprechende Vergleichsspannung an, bei der derselbe kritische Zustand eintritt.

$$\sigma_{1,kr} = \frac{\sigma_{kr}}{c} \qquad\qquad \text{(II D.3)}$$

gibt bei einem bestimmten Spannungszustand die kritische Spannung $\sigma_1 = \sigma_{1,kr}$ an, im Vergleich zur kritischen Spannung beim einachsigen Zugversuch.

1. Hypothese der größten und kleinsten Hauptspannung

Es ist dies eine der ältesten Theorien, die mit dem Namen Galilei (1638), Leibniz, Navier (1826), Lamé (1838), Clapeyron, Clebsch und Rankine verbunden ist. Sie sagt aus, daß die größte bzw. kleinste Hauptspannung gleich σ_{kr} wird

$$\sigma_1 = \pm\sigma_{kr}; \quad \sigma_2 = \pm\sigma_{kr}; \quad \sigma_3 = \pm\sigma_{kr}. \qquad\qquad \text{(II D.4)}$$

Die graphische Darstellung wird dabei für den räumlichen Spannungszustand ein Würfel (Abb. II D.1 a), für den ebenen ein Quadrat (Abb. II D.1 b). Sind in den verschiedenen Richtungen verschiedene große Werte σ_{kr} vorhanden, so werden die entsprechenden Figuren zu Quadern bzw. Rechtecken. Die Hauptspannungen für den räumlichen Spannungszustand sind dabei nach (II A.10) bzw. (II A.11) zu bestimmen, die für den ebenen Spannungszustand nach (II A.17).

Für zähe Werkstoffe wie Stahl weicht diese Theorie im allgemeinen weit von den Versuchsergebnissen ab. Es sei nur auf den Fall allseitig gleichen Druckes oder Zuges verwiesen. Die Versuche von Roš-Eichinger lassen schließen, daß diese Theorien u. U. für Stahlguß und Glas und ähnliche Stoffe brauchbar sein können.

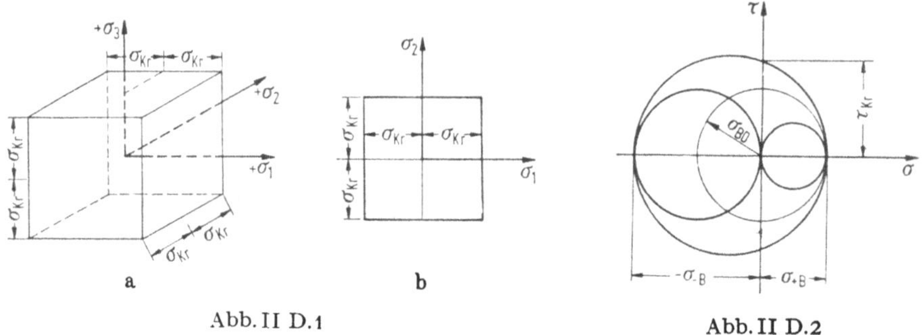

a   b

Abb. II D.1   Abb. II D.2

Für einen ebenen Spannungszustand und ein Material

$$\sigma_{1,kr} = + \sigma_{+B}; \quad \sigma_{2,kr} = -\sigma_{-B}$$

werden sich unter Zugrundelegung der Mohrschen Kreise (Abb. II D.2) die kritische Schubspannung

$$\tau_{kr} = \sqrt{\sigma_{+B}\,\sigma_{-B}}$$

und die kritische Drehfestigkeit $\sigma_{BD} = \sigma_{+B}$ oder σ_{-B} (kleinerer Wert) ergeben, was ebenfalls im Gegensatz zu den Versuchen und anderen Theorien steht.

2. Hypothese der größten Dehnung

Diese Theorie, die mit den Namen Navier (1826), de Saint Venant (1837), Poncelet (1839) und Grashof verbunden ist, legt die größte Dehnung der Vergleichsspannung zugrunde.

Mit (II C.3) ergibt sich beim veränderlichen Spannungszustand als Vergleichsspannung

$$\left.\begin{aligned}
\sigma_v = E\varepsilon_1 = \sigma_1 - \frac{\sigma_2 + \sigma_3}{m} = \pm\sigma_{kr}; \\[2mm]
\sigma_v = E\varepsilon_2 = \sigma_2 - \frac{\sigma_3 + \sigma_1}{m} = \pm\sigma_{kr}; \\[2mm]
\sigma_v = E\varepsilon_3 = \sigma_3 - \frac{\sigma_2 + \sigma_1}{m} = \pm\sigma_{kr}.
\end{aligned}\right\} \qquad \text{(II D.5)}$$

Zum Beispiel würde sich für $\sigma_1 = \sigma_2 = \sigma_3$ ergeben

$$\sigma_1\left(1 - \frac{2}{m}\right) = \sigma_{kr} \quad \text{bzw.} \quad \sigma_{1,kr} = \frac{\sigma_{kr}}{1 - \dfrac{2}{m}}.$$

Für einen ebenen Spannungszustand ergibt sich

$$\left.\begin{array}{l} \sigma_v = E\varepsilon_1 = \sigma_1 - \dfrac{\sigma_2}{m} = \pm\sigma_{kr}; \\[3mm] \sigma_v = E\varepsilon_2 = \sigma_2 - \dfrac{\sigma_1}{m} = \pm\sigma_{kr}. \end{array}\right\} \qquad \text{(II D.6)}$$

Zum Beispiel wird für $\sigma_1 = \sigma_2$:

$$\sigma_1\left(1 - \frac{1}{m}\right) = \sigma_{kr} \quad \text{bzw.} \quad \sigma_{1,kr} = \frac{\sigma_{kr}}{\dfrac{m-1}{m}}.$$

In der Darstellung von Becker-Westergaard sind somit für räumliche Spannungszustände ein Parallelepiped (Abb. II D.3 a), für ebene Spannungszustände ein Rhombus (Abb. II D.3 b) festgelegt. Bei der Darstellung ist zu beachten, daß jeweils die Werte $\sigma_{i,kr}$ aufzutragen sind. Zum Beispiel gilt für den Fall der Abb. II D.3 b:

$$\text{Für } \sigma_2 = 0;\ \sigma_{1,kr} = \pm\sigma_{kr} \ (\text{Punkt } a \text{ und } b);$$

$$\text{für } \sigma_1 = 0;\ \sigma_{2,kr} = \pm\sigma_{kr} \ (\text{Punkt } c \text{ und } d);$$

$$\text{für Gerade } e - a - f:\ \sigma_{1,kr} = \sigma_{kr} + \frac{\sigma_2}{m}.$$

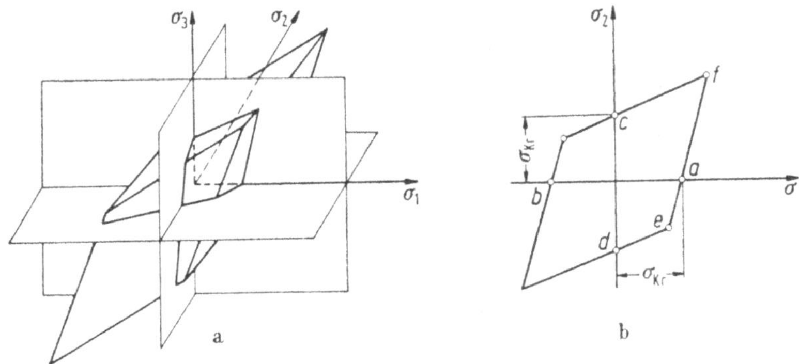

Abb. II D.3. Kritische Spannungen (nach Stabilini [43])

Für die ebenen Spannungszustände

$$\text{a)} \qquad \sigma_1 = +\sigma_z;\quad \sigma_2 = 0;\quad \sigma_3 = 0,$$

$$\text{b)} \qquad \sigma_1 = +\sigma_z;\quad \sigma_2 = 0;\quad \sigma_3 = -\sigma_z$$

würden sich an der Elastizitätsgrenze mit $m = 4$ die σ_v-Werte

$$\sigma_v = \sigma_z = \sigma_{1,kr,a},$$

$$\sigma_v = \sigma_z\left(1 + \frac{1}{4}\right) = \frac{5}{4}\sigma_z = \frac{5}{4}\sigma_{1,kr,b}$$

ergeben, bzw.

$$\sigma_{1,kr,a} = \sigma_v$$

$$\sigma_{1,kr,b} = 0{,}8\sigma_v,$$

also ein Verhältnis 1:0,8. Dieses Verhältnis ist nach den Versuchen für ein gleichartiges Material jedoch weder unveränderlich noch gilt dieser Größenwert. Bauschinger hat z. B. dafür das Verhältnis 1:0,5 gefunden. Besonders schlechte Ergebnisse liefert diese Theorie, wenn sie auf den Bruchzustand angewendet wird. Man erkennt auch aus Abb. II D.3 a, daß diese Theorie nicht zutreffen kann, wenn man nur z. B. allseitig gleichen Druck betrachtet.

Mit (II D.5) ergibt sich für einen allgemeinen ebenen Spannungszustand unter Beachtung von (II A.17)

$$\sigma_v = \frac{\sigma_x + \sigma_y}{2} + \frac{1}{2}\sqrt{(\sigma_x - \sigma_y)^2 + 4\tau^2} - \frac{1}{m}\left(\frac{\sigma_x + \sigma_y}{2} - \frac{1}{2}\sqrt{(\sigma_x - \sigma_y)^2 + 4\tau^2}\right) =$$

$$= \frac{m - 1}{2m}(\sigma_x + \sigma_y) + \frac{m + 1}{2m}\sqrt{(\sigma_x - \sigma_y)^2 + 4\tau^2}, \tag{II D.7}$$

und mit $m = 10/3$ (Stahl) und für $\sigma_y = 0$

$$\sigma_v = 0{,}35\sigma + 0{,}65\sqrt{\sigma^2 + 4\tau^2}. \tag{II D.8}$$

Für räumliche Spannungszustände sind in (II D.5) die Spannungswerte von (II A.11) einzuführen.

Die Theorie der größten Dehnung stimmt im allgemeinen nicht mit den Versuchsergebnissen überein.

3. Hypothese der resultierenden Dehnung

G. D. Sandel (1928) [43] legt die resultierende Dehnung bzw. die resultierende Verlängerung

$$\varepsilon_r = \sqrt{\varepsilon_1^2 + \varepsilon_2^2 + \varepsilon_3^2} \tag{II D.9}$$

einer Anstrengungshypothese zugrunde. Hierbei soll ε_r sowohl vom Material als auch von der kubischen Dehnung e abhängig sein.

$$\varepsilon_r = \varepsilon_0 - Ce. \tag{II D.10}$$

Das negative Vorzeichen gilt dabei für Zug.

Nach (II C.12) und (II C.6) ist

$$e = \frac{3}{E}\left(\frac{m - 2}{m}\right)\sigma_m$$

mit

$$\sigma_m = \frac{\sigma_1 + \sigma_2 + \sigma_3}{3}.$$

Mit (II C.3) ergibt sich damit

$$\varepsilon_r^2 = \frac{1}{E^2}\left[\frac{m^2 + 2}{m^2}(\sigma_1^2 + \sigma_2^2 + \sigma_3^2) - \frac{4m - 2}{m^2}(\sigma_1\sigma_2 + \sigma_2\sigma_3 + \sigma_1\sigma_3)\right]. \tag{II D.11}$$

Für den einachsigen Zugversuch erhält man mit $\sigma_1 = \sigma_{kr}$, $\sigma_2 = \sigma_3 = 0$ aus (II D.10) und (II D.11) mit (II C.6) und (II C.12)

$$\frac{1}{E}\sqrt{\frac{m^2 + 2}{m^2}}\,\sigma_{kr} = \varepsilon_0 - C\frac{3}{E}\frac{(m - 2)}{m}\frac{\sigma_{kr}}{3}. \tag{II D.12}$$

Wenn für den einachsigen Druckversuch die kritische Belastung $\sigma_1 = -\alpha\sigma_{kr}$ beträgt, ergibt sich in ähnlicher Weise

$$\frac{1}{E}\sqrt{\frac{m^2 + 2}{m^2}}\,\alpha\sigma_{kr} = \varepsilon_0 - \frac{3C}{E}\frac{(m - 2)}{m}\frac{(-\alpha\sigma_{kr})}{3}.$$

Auf der linken Gleichungsseite ist $\alpha\sigma_{kr}$ positiv einzuführen, da es sich um die Wurzel aus σ_1^2 handelt.

Wird aus Versuchen für ein bestimmtes Material σ_{kr} und $\alpha\sigma_{kr}$ bestimmt, so ergeben sich aus (II D.12)

$$\left.\begin{array}{l} \varepsilon_0 = \dfrac{2\alpha}{1+\alpha}\,\dfrac{\sigma_{kr}}{E}\sqrt{\dfrac{m^2+2}{m^2}}\,; \\[4mm] C = \dfrac{\alpha-1}{1+\alpha}\sqrt{\dfrac{m^2+2}{(m-2)^2}}\,. \end{array}\right\} \qquad \text{(II D.13)}$$

Aus (II D.10) und (II D.11) wird mit (II D.13) und nach Multiplikation mit $\dfrac{E^2m^2}{m^2+2}$:

$$\varepsilon_r^2 = \varepsilon_0^2 - 2C\varepsilon_0 e + C^2 e^2$$

und

$$\sigma_1^2 + \sigma_2^2 + \sigma_3^2 - \frac{4m-2}{m^2+2}\,(\sigma_1\sigma_2 + \sigma_2\sigma_3 + \sigma_3\sigma_1) =$$

$$= \frac{4\alpha^2}{(1+\alpha)^2}\,\sigma_{kr}^2 - \frac{4\alpha(\alpha-1)}{(1+\alpha)^2}\,2\sigma_{kr}\,(\sigma_1 + \sigma_2 + \sigma_3) + \frac{(\alpha-1)^2}{(1+\alpha)^2}\,(\sigma_1 + \sigma_2 + \sigma_3)^2\,.$$

$$\text{(II D.14)}$$

Für Stahl ergibt sich mit $\alpha \approx 1{,}0$

$$\sigma_{kr}^2 = \sigma_1^2 + \sigma_2^2 + \sigma_3^2 - \frac{4m-2}{m^2+2}\,(\sigma_1\sigma_2 + \sigma_2\sigma_3 + \sigma_1\sigma_3)\,. \qquad \text{(II D.15)}$$

Diese Formel gilt für den elastischen Bereich. Für den Fließbereich des Stahls tritt keine Volumenänderung auf, d.h., daß nach (II C.25) hierfür $m = 2$ ist. Somit ergibt sich aus (II D.15) für den Fließbereich

$$\sigma_{kr}^2 = \sigma_1^2 + \sigma_2^2 + \sigma_3^2 - \sigma_1\sigma_2 - \sigma_2\sigma_3 - \sigma_1\sigma_3\,. \qquad \text{(II D.16)}$$

Die Vergleichsspannung ergibt sich somit im elastischen Bereich zu

$$\sigma_v = \sqrt{\sigma_1^2 + \sigma_2^2 + \sigma_3^2 - \frac{4m-2}{m^2+2}\,(\sigma_1\sigma_2 + \sigma_2\sigma_3 + \sigma_1\sigma_3)}\,, \qquad \text{(II D.17)}$$

und im Fließbereich

$$\sigma_v = \sqrt{\sigma_1^2 + \sigma_2^2 + \sigma_3^2 - \sigma_1\sigma_2 - \sigma_2\sigma_3 - \sigma_1\sigma_3}\,. \qquad \text{(II D.18)}$$

Es ist dies der gleiche Wert, wie er nach den Abschn. D 9, 10, 11, 13 gefunden wird.

Diese Methode kann für bestimmte Spannungszustände für die verschiedenen Materialien Anwendung finden, sowohl für den Fließbereich zäher Materialien als auch für spröde Stoffe.

4. Hypothese der maximalen Schubspannung

Diese Theorie geht auf Tresca (1868) und J. Guest (1900) [5] zurück. Aus den Mohrschen Kreisen (z.B. Abb. II D.4) erkennt man, daß die maximale Schubspannung max τ für einen bestimmten Spannungszustand durch die Differenz der größten und kleinsten Hauptspannung gegeben ist.

$$\left.\begin{array}{ll} \dfrac{\sigma_3-\sigma_1}{2} = \pm\tau_{kr} & \text{für}\quad \sigma_3 > \sigma_2 > \sigma_1\,; \\[4mm] \dfrac{\sigma_2-\sigma_3}{2} = \pm\tau_{kr} & \text{für}\quad \sigma_2 > \sigma_1 > \sigma_3\,; \\[4mm] \dfrac{\sigma_1-\sigma_2}{2} = \pm\tau_{kr} & \text{für}\quad \sigma_1 > \sigma_3 > \sigma_2\,. \end{array}\right\} \qquad \text{(II D.19)}$$

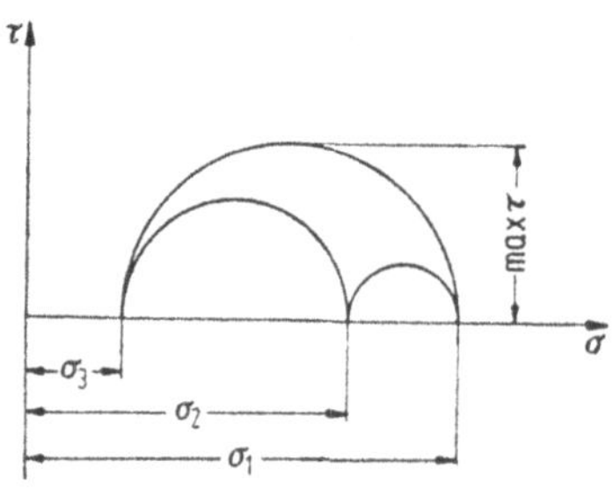

Abb. II D.4

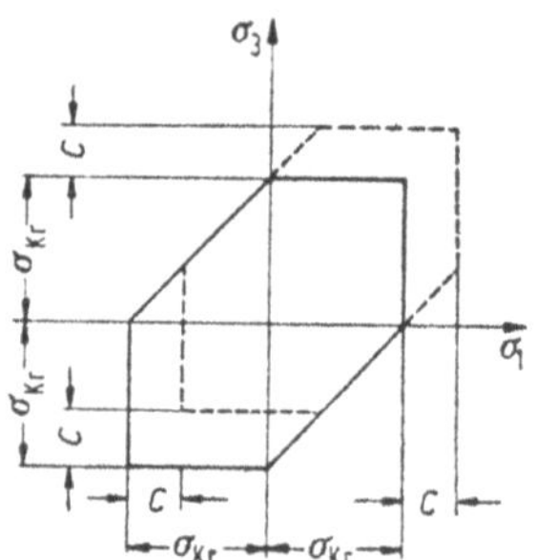

Abb. II D.5. Kritische Spannungen

Für eine einachsige Zugbeanspruchung ergibt sich mit

$$\sigma_3 = \sigma_2 = 0,$$

$$\frac{\sigma_1}{2} = \pm\tau_{kr} = \frac{\sigma_{kr}}{2}. \tag{II D.20}$$

Damit erhält man aus (II D.19) die Bedingungen

$$\left.\begin{aligned}
\sigma_3 - \sigma_1 &= \pm\sigma_{kr}; \\
\sigma_2 - \sigma_3 &= \pm\sigma_{kr}; \\
\sigma_1 - \sigma_2 &= \pm\sigma_{kr}.
\end{aligned}\right\} \tag{II D.21}$$

Für $\sigma_2 = 0$ ergibt sich somit

$$\left.\begin{aligned}
\sigma_3 &= \pm\sigma_{kr} + \sigma_1; \\
\sigma_3 &= \pm\sigma_{kr}; \\
\sigma_1 &= \pm\sigma_{kr}.
\end{aligned}\right\} \tag{II D.22}$$

Die Grenzbeanspruchungen für ebene Spannungszustände sind daher durch die vollen Linien der Abb. II D.5 festgelegt.

Für $\sigma_2 = c$ wird

$$\left.\begin{aligned}
\sigma_3 &= \pm\sigma_{kr} + \sigma_1; \\
\sigma_3 &= \pm\sigma_{kr} + c; \\
\sigma_1 &= \pm\sigma_{kr} + c.
\end{aligned}\right\} \tag{II D.23}$$

Die Grenzbeanspruchungen für einen solchen Spannungszustand sind durch die strichlierten Linien der Abb. II D.5 gekennzeichnet. Dieser Linienzug liegt jedoch um den Wert c parallel zur Ebene ($\sigma_1, \sigma_3, \sigma_2 = 0$) verschoben.

Für ein variables σ_2 liegen somit die Begrenzungsflächen für die Grenzbeanspruchungen auf einem sechseckigem Prisma, dessen Seitenflächen jeweils unter 45° gegen die Achsen 1, 2 und 3 geneigt sind (Abb. II D.6) und das eine unendliche Ausdehnung in der Längsrichtung hat. Dies kann zumindest für eine allseitige Zugbeanspruchung nicht zutreffen. Diese Theorie kann somit ebenfalls nicht allgemein gültig sein. Für den ebenen Spannungszustand mit $\sigma_2 = 0$ kann die Bedingung (II D.22)

$$\sigma_{kr} = \sigma_3 - \sigma_1$$

mit (II A.17) durch die Spannungen σ_x, σ_y und τ ausgedrückt werden.

$$\sigma_{kr} = 2\sqrt{\left(\frac{\sigma_x - \sigma_y}{2}\right)^2 + \tau^2} = \sqrt{(\sigma_x - \sigma_y)^2 + 4\tau^2}. \tag{II D.24}$$

Nach dieser Theorie hat die mittlere Hauptspannung kaum Einfluß auf die Anstrengungshypothese. Es wird dabei angenommen, daß beim Brechen oder Fließen die Körperteile sich in denjenigen Flächen verschieben, in denen die größten Schubspannungen $\left(\text{z.B. } \tau_{max} = \dfrac{\sigma_3 - \sigma_1}{2}\right)$ auftreten und die gegen die Richtungen der beiden Hauptspannungen um 45° geneigt sind.

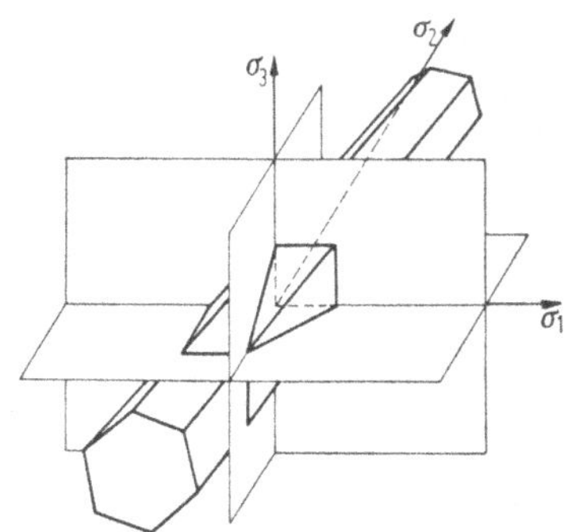

Abb. II D.6. Kritische Spannungen
(nach Stabilini [43])

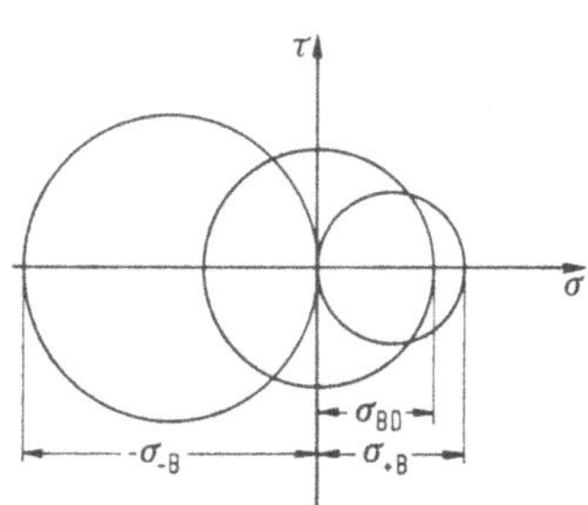

Abb. II D.7

Nach Mohr berechtigt keine Erfahrungstatsache zu der Annahme, der Eintritt von Bewegungen in bestimmten Flächen sei allein von den darin wirkenden Schubspannungen abhängig und unabhängig von den zugehörigen Normalspannungen.

Betrachtet man die Spannungszustände (Abb. II D.7)

a) $\sigma_x = 0$; $\quad \sigma_y = 0$; $\quad \sigma_z = +\sigma_{+B}$; (Zugfestigkeit)

b) $\sigma_x = -\sigma_{-B}$; $\quad \sigma_y = 0$; $\quad \sigma_z = 0$; (Druckfestigkeit)

c) $\sigma_x = -\sigma_{BD}$; $\quad \sigma_y = 0$; $\quad \sigma_z = +\sigma_{BD}$; (Drehfestigkeit)

so ist festzustellen, daß für die meisten gleichartigen Stoffe und Baumaterialien die Hauptkreise dieser Spannungszustände sehr verschiedene Durchmesser haben, was im Widerspruch mit (II D.19) steht.

Bei allseitig hohem Druck, bei dem auch spröde Stoffe in den plastischen Zustand übergehen, ist es möglich, daß die Hauptkreise annähernd konstante Werte annehmen.

Als Grundlage für Gleit- und Bruchflächen kann diese Theorie in etwa in Betracht gezogen werden.

5. Hypothese der inneren Reibung

Nach der Theorie von Coulomb (1776) wird die Fließgrenze erreicht, sobald ein Gleiten in einer bestimmten Fläche eintritt. Für ein nichtbindiges Material ergibt sich für den Reibungswinkel φ und die Normalpressung σ der Reibungswiderstand nach Coulomb

$$\tau = \sigma \tan \varphi.$$ (II D.25 a)

Wenn

$$\frac{\tau}{\sigma} \leq \tan \varphi \quad \text{bzw.} \quad \tau - \sigma \tan \varphi \leq 0$$ (II D.25 b)

ist, tritt kein Gleiten ein. Hierbei ist σ für Druck positiv einzuführen, wobei (II D.25) nur für Druckspannungen Gültigkeit hat.

Für ein bestimmtes Material mit Kohäsion, das einen Schubwiderstand besitzt, gilt

bzw.

$$\left. \begin{array}{l} \tau = \tau_0 + \sigma \tan \varphi \\[2mm] \tau - \sigma \tan \varphi \leqq \tau_0 \end{array} \right\} \tag{II D.26}$$

$\tan \varphi = \mu$ ist der Koeffizient der inneren Reibung, der nicht mit dem Koeffizienten der gleitenden Reibung zu verwechseln ist.

Für einen Druckversuch sind die Bruchflächen in Abb. II D.8 angegeben. Unter Zugrundelegung eines ebenen Spannungszustandes gibt der Mohrsche Kreis nach Abb. II D.9 ein Bild über den Eintritt des Fließens. Wenn der Hauptkreis bei kohäsionslosem Material die Tangente t_{kl} und bei Material mit Kohäsion die Tangente t_k berührt, tritt Gleiten ein. Nach Abb. II D.9 gilt:

$$2\gamma + \varphi = \frac{\pi}{2} \; ; \quad \gamma = \frac{\pi}{4} - \frac{\varphi}{2} \; ;$$

$$\alpha = \frac{\pi}{2} - \gamma = \frac{\pi}{4} + \frac{\varphi}{2} \; ;$$

$$\tau = \frac{\sigma_1 - \sigma_2}{2} \cos \varphi ;$$

$$\sigma = \frac{\sigma_1 + \sigma_2}{2} - \tau \tan \varphi = \frac{\sigma_1 + \sigma_2}{2} - \frac{\sigma_1 - \sigma_2}{2} \sin \varphi .$$

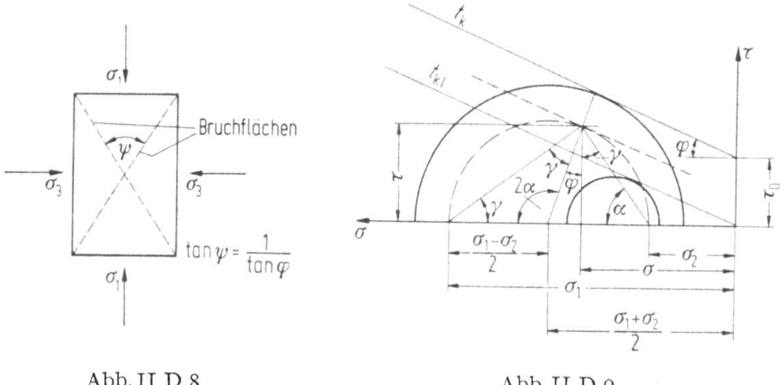

Abb. II D.8   Abb. II D.9

Damit ergibt sich aus (II D.26)

$$\frac{1}{2 \cos \varphi} \left[(\sigma_1 - \sigma_2) - (\sigma_1 + \sigma_2) \sin \varphi \right] \leqq \tau_0 .$$

Für den Augenblick des Gleitens gilt

$$\sigma_1 \frac{1 - \sin \varphi}{1 + \sin \varphi} - \sigma_2 = 2\tau_0 \frac{\cos \varphi}{1 + \sin \varphi}$$

bzw. nach Umformung

$$\sigma_1 \tan^2 \left(\frac{\pi}{4} - \frac{\varphi}{2} \right) - \sigma_2 = 2\tau_0 \frac{\cos \varphi}{1 + \sin \varphi} .$$

In allgemeiner Form ergibt sich für den räumlichen Spannungszustand, wenn σ_n die größere und σ_m die kleinere Spannung ist:

$$\left.\begin{aligned} \sigma_n \tan^2\left(\frac{\pi}{4} - \frac{\varphi}{2}\right) - \sigma_m &= 2\tau_0 \frac{\cos\varphi}{1 + \sin\varphi} \\ \text{für} \quad n &= 1; \; m = 2, 3; \\ n &= 2; \; m = 1, 3; \\ n &= 3; \; m = 1, 2. \end{aligned}\right\} \qquad \text{(II D.27)}$$

Die 6 Gleichungen (II D.27) ergeben nach der Darstellung Becker-Westergaard eine sechseckige Pyramide (Abb. II D.10).

Für die gedachte kritische Spannung, bei der ein Gleiten eintritt — wenn man nun wieder Druckspannungen negativ und Zugspannungen positiv einführt — gilt nach (II D.27)

$$\sigma_{kr} = -\sigma_1 \tan^2\left(\frac{\pi}{4} - \frac{\varphi}{2}\right) + \sigma_3 \qquad \text{(II D.28)}$$

$$\text{für} \quad |-\sigma_1| > |\sigma_2| > |\sigma_3|.$$

Für den reinen Druckversuch ist mit $|-\sigma_1|$ und $\sigma_2 = \sigma_3 = 0$

$$\sigma_{kr} = -\sigma_1 \tan^2\left(\frac{\pi}{4} - \frac{\varphi}{2}\right) = -\sigma_1 c \quad \text{bzw.} \quad \sigma_1 = -\frac{\sigma_{kr}}{c}.$$

Für den reinen Zugversuch ist nach (II D.28)

$$\sigma_{kr} = +\sigma_3 \quad \text{bzw.} \quad \sigma_{kr} = +\sigma_1.$$

Für den ebenen Spannungszustand gilt mit $|-\sigma_1|$ und $\sigma_2 = 0$

$$\sigma_3 = \sigma_{kr} + \sigma_1 c.$$

Die entsprechende ebene Figur — aus der Pyramide Abb. II D.10 für $\sigma_2 = 0$ — ist in Abb. II D.11 dargestellt.

Diese Theorie ist insofern realer, als beim hydrostatischen Druck kein Bruch stattfinden kann, wohl aber bei einem hydrostatischen Zug. Für $\tan\varphi = 0$ geht (II D.26) in (II D.19) über, d.h. die Theorie der inneren Reibung stimmt dann mit der Theorie der maximalen Schubspannung überein.

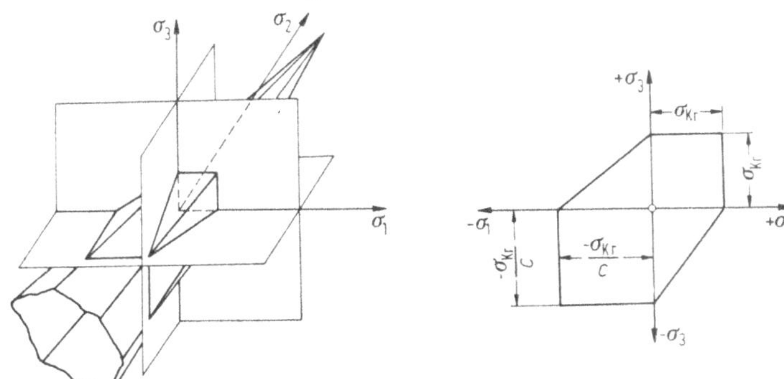

Abb. II D.10. Kritische Spannungen (nach Stabilini [43])

Abb. II D.11

6. Hypothese nach Mohr

Nach Mohr (1882) [25] berechtigt keine Erfahrungstatsache zu der Annahme „der Eintritt von Bewegungen in Gleit- und Bruchflächen sei allein von der Schubspannung abhängig und unabhängig von der Normalspannung auf diese Flächen".

4*

Er kommt zur Feststellung:

„Die Elastizitätsgrenze und die Bruchgrenze eines Materials wird durch die Spannungen in den Gleit- und Bruchflächen bestimmt.

Die Schubspannung der Gleitfläche erreicht an der Grenze einen von der Normalspannung und von der Materialbeschaffenheit abhängigen Größtwert."

Nach Mohr ist der größte Hauptspannungskreis bei einem beliebigen Spannungszustand maßgebend, wobei sich in jedem Körper, in welchem die Elastizitätsgrenze oder Bruchgrenze überschritten wird, zwei Gleitflächen bilden. Sind $\sigma_3 = \sigma_z$ und $\sigma_1 = \sigma_x$ die Spannungen des Hauptkreises, so schneiden sich die Gleitflächen in der y-Achse des Körpers und schließen mit der Richtung einer jeden Hauptspannung σ_z und σ_x gleich große Winkel ein. Dies ist graphisch in Abb. II D.12 dargestellt. Wird im Punkt m — der den Spannungen σ_m und τ_m entspricht — ein Gleiten eintreten, und denkt man sich um den Körperpunkt a eine Kugel, so ergibt sich nach Abb. II A.7 der Winkel $\varphi = 2\alpha$, wobei α der Winkel ist, den die Hauptspannungsrichtungen gegenüber den Richtungen von σ_x und σ_y einschließen.

Mit $a - b$ als Bezugslinie gibt $a - m$ somit die Richtung einer Hauptspannung an; die maximale Schubspannungsrichtung, die zugehörige Gleitfläche, muß somit auf $a - m$ senkrecht stehen. Die gleiche Konstruktion muß für den spiegelsymmetrischen Punkt m' gelten. Damit sind die beiden möglichen Gleitflächen nach Mohr festgelegt.

Zeichnet man für verschiedene Spannungszustände, bei denen gerade ein Gleiten eintritt, die Mohrschen Kreise, so ist die Einhüllende die Grenzkurve (Abb. II D.13). Für einen Spannungszustand, bei dem der Mohrsche Kreis die Einhüllende nicht berührt (z.B. strichlierter Kreis in Abb. II D.13) tritt somit kein Gleiten bzw. kein Bruch ein.

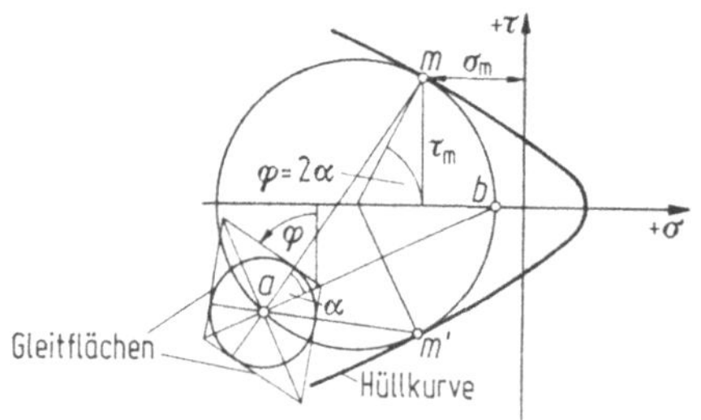

Abb. II D.12. Gleitflächen (nach Mohr [25])

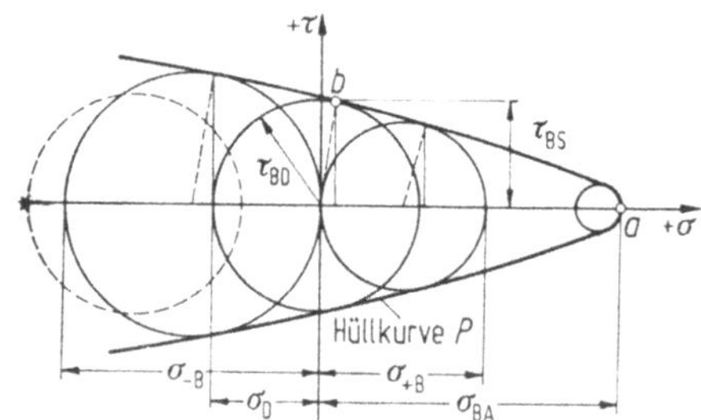

Abb. II D.13. Grenzkurve nach Mohr

Ist σ_{-B} die Druckfestigkeit beim einachsigen Druckversuch und σ_{+B} die Zugfestigkeit beim einachsigen Zugversuch, bei welchen Zuständen Gleiten oder Bruch eintritt, so kann nach Abb. II D.14 als Näherung für Spannungszustände, die zwischen beiden Grenzbereichen liegen, eine Gerade als Einhüllende gewählt werden. Danach ergibt sich die Drehfestigkeit

$$\sigma_D = \frac{\sigma_{-B}\,\sigma_{+B}}{\sigma_{-B} + \sigma_{+B}} \qquad \text{(II D.29)}$$

und die Schubfestigkeit

$$\tau_{BS} = \frac{1}{2}\sqrt{\sigma_{-B}\,\sigma_{+B}}\,. \qquad \text{(II D.30)}$$

Jeder Zustand, bei dem der Mohrsche Kreis die Gerade berührt, ist somit ein gefährlicher Zustand. Für den Bereich nach Abb. II D.14 und II D.15 gilt somit

$$\pm\tau = \frac{\sqrt{\sigma_{-B}\,\sigma_{+B}}}{2} - \sigma\,\frac{\sigma_{-B} - \sigma_{+B}}{2\sqrt{\sigma_{-B}\,\sigma_{+B}}}\,. \qquad \text{(II D.31)}$$

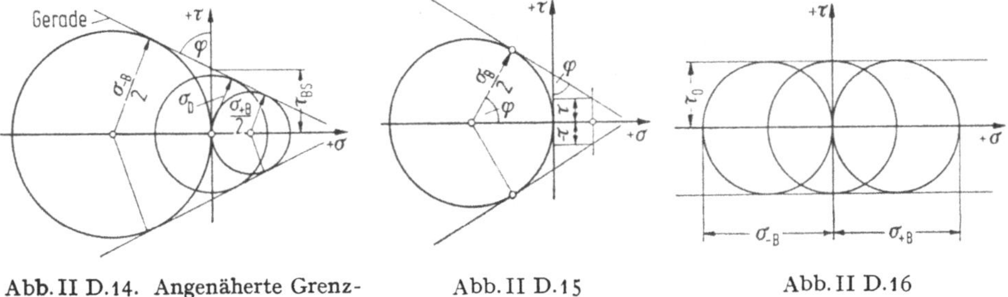

Abb. II D.14. Angenäherte Grenz-   Abb. II D.15   Abb. II D.16
kurve (nach Mohr [25])

Ebenfalls ist für diesen Bereich in Näherung die Größe des Winkels $\varphi = 2\alpha$, also die Stellung der Gleitflächen gegenüber den Hauptspannungsebenen der Körperpunkte, unverändert dieselbe. Sind die Werte σ_{-B} und σ_{+B} gleich groß, wird die Einhüllende eine Parallele zur σ-Achse (Abb. II D.16) und die kritische Spannung ist mit der maximalen Schubspannung identisch.

Bei der Theorie von Mohr hat die mittlere Normalspannung keinen Einfluß auf die kritische Spannung, was mit den Versuchen nicht ganz im Einklang steht; auch gilt sie im wesentlichen für Bruchzustände. Die Mohrsche Einhüllende hat den Vorteil, daß sie sowohl bei allseitig gleichen Zug dem Trennbruch gerecht wird (Punkt a in Abb. II D.13) als auch bei allseitig gleichen Druck nicht zum Bruch führt. Beim Trennbruch, der praktisch verformungslos vor sich geht, steht die Bruchfläche senkrecht auf eine der drei gleich großen Hauptnormalspannungen.

Durch Punkt b in Abb. II D.13 wird die reine Schubfestigkeit festgelegt, bei der in der Bruchfläche keine Normalspannung wirkt. Eine Zugbeanspruchung auf die Gleitebene erniedrigt die Gleitfestigkeit, eine Druckbeanspruchung erhöht sie. Für den Sonderfall nach Abb. II D.16, bei dem die lineare Zugfestigkeit gleich der linearen Druckfestigkeit ist, artet im gezeigten Bereich die Mohrsche Hüllkurve in zwei parallele Gerade aus. Demnach müßten alle kritischen Spannungszustände durch gleichgroße Kreise darstellbar sein, d. h. die Schubfestigkeit des Werkstoffes wäre vom Spannungszustand unabhängig.

7. Hypothese von Leon

Die Erweiterung der Mohrschen Anstrengungstheorie durch A. Leon [15—18] ist geeignet, den Festigkeitszustand der metallischen und auch der nichtmetallischen Werkstoffe für praktische Verhältnisse ausreichend genau zu beschreiben. Nachfolgend werden die Formulierungen von Slattenschek [36, 37] zu dieser Theorie gebracht.

Leon hat wohl als erster darauf hingewiesen, daß die Hüllkurve P aus Gründen der Stetigkeit die σ-Achse im Punkt a senkrecht schneiden muß und er hat eine gewöhnliche Parabel, als Hüllkurve vorgeschlagen. Diese Parabel ist durch Angabe zweier Festigkeitswerte bestimmt. Wählt man etwa die lineare Druckfestigkeit σ_{-B} und die lineare Zugfestigkeit σ_{+B}, so lassen sich aus dem Verhältnis

$$c = \frac{\sigma_{-B}}{\sigma_{+B}} \tag{II D.32}$$

auch alle anderen Festigkeitsverhältnisse ausdrücken.

Aber auch die Winkel ϱ der Bruchflächen können durch den jeweiligen Belastungszustand durch den c-Wert dargestellt werden.

Nach Leon sind grundsätzlich drei Bereiche zu unterscheiden:

α. Im ersten Bereich ist die Druckfestigkeit kleiner als die dreifache Zugfestigkeit, also $c < 3$ (Abb. II D.17). Für diesen Fall zeigen die Zugfestigkeit, die Verdrehfestigkeit und die Druckfestigkeit einen Schubbruch, d.h. die Bruchflächen sind zu den Hauptnormalspannungsrichtungen geneigt; sie entstehen jeweils unter Mitwirkung einer Schubspannung. Es gilt:

$$\left.\begin{aligned}\frac{\tau_{BS}}{\sigma_B} &= \frac{c+1}{4} \,; \\[2mm] \frac{\tau_{BD}}{\sigma_B} &= \frac{1}{2}\sqrt{c}\,; \\[2mm] \frac{\sigma_{BA}}{\sigma_B} &= \frac{(c+1)^2}{8(c-1)} = c_A\,; \end{aligned}\right\} \qquad \text{(II D.33)}$$

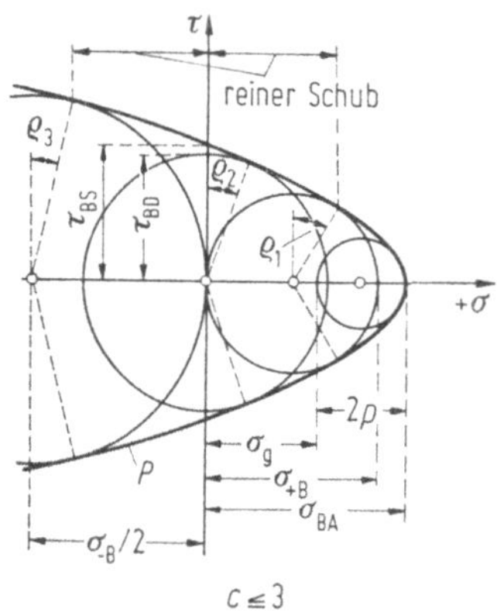

Abb. II D.17. Leon-Hüllparabel für $c \leqq 3{,}0$ (nach Slattenschek [36])

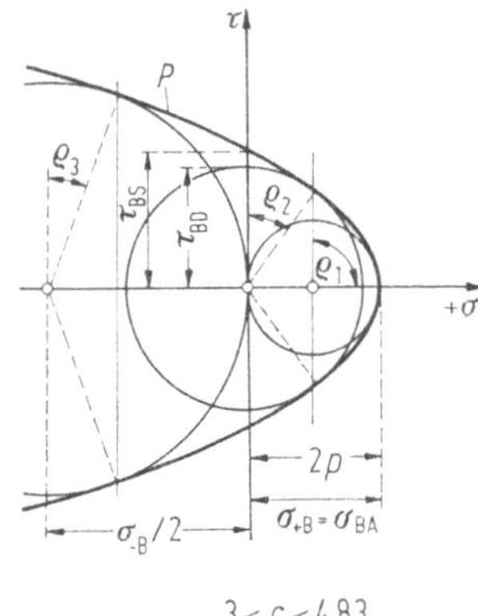

Abb. II D.18. Leon-Hüllparabel für $3{,}0 \leqq c \leqq 4{,}83$ (nach Slattenschek [36])

und

$$\left.\begin{aligned}\tan \varrho_1 &= \frac{c-1}{\sqrt{(3-c)(1+c)}}\,; \\[2mm] \tan \varrho_2 &= \frac{c-1}{\sqrt{(c+1)^2 - 2(c-1)^2}}\,; \\[2mm] \tan \varrho_3 &= \frac{c-1}{\sqrt{(3c-1)(c+1)}}\,. \end{aligned}\right\} \qquad \text{(II D.34)}$$

β. Im zweiten Bereich ist $3 \leqq c < 4{,}83$ (Abb. II D.18). Hierfür gilt:

$$\left.\begin{aligned}\frac{\tau_{BS}}{\sigma_B} &= \sqrt{(c+1)} - 1\,; \\[2mm] \frac{\tau_{BD}}{\sigma_B} &= \sqrt{c[\sqrt{4c+1} - (c+4)]}\,; \\[2mm] \frac{\sigma_{BA}}{\sigma_B} &= 1\,; \end{aligned}\right\} \qquad \text{(II D.35)}$$

und

$$\tan \varrho_1 = \infty; \quad (\varrho_1 = 90°);$$

$$\tan \varrho_2 = \frac{(\sqrt{c+1}-1)^2}{\sqrt{2[4(c+1)\sqrt{(c+1)} - (c+3)^2 + 5]}};$$

$$\tan \varrho_3 = \frac{\sqrt{c+1}-1}{2\sqrt{c+1}}.$$

$$(\text{II D.36})$$

Aus (II D.35) ist zu ersehen, daß für diesen Bereich die lineare Zugfestigkeit σ_B gleich der allseitigen Zugfestigkeit σ_{BA} wird, d.h. der lineare Zug liefert einen Trennbruch.

Für den Grenzfall $c = 3$ wird auch die reine Schubfestigkeit τ_{BS} gleich der linearen Zugfestigkeit.

γ. Für den dritten Bereich wird $c \geqq 4{,}83$. Nach Abb. II D.19a gilt:

$$\frac{\tau_{BS}}{\sigma_B} = \sqrt{(c+1)} - 1;$$

$$\frac{\tau_{BD}}{\sigma_{+B}} = 1;$$

$$\frac{\sigma_{BA}}{\sigma_{+B}} = 1$$

$$(\text{II D.37})$$

und

$$\tan \varrho_1 = \infty; \quad (\varrho_1 = 90°);$$

$$\tan \varrho_2 = \infty; \quad (\varrho_2 = 90°);$$

$$\tan \varrho_3 = \frac{\sqrt{c+1}-1}{2\sqrt{c+1}}.$$

$$(\text{II D.38})$$

Nach (II D.37) werden die Verdrehfestigkeit, die lineare Zugfestigkeit und die allseitige Zugfestigkeit gleich groß, d.h. bei allen drei Versuchen treten Trennbrüche auf.

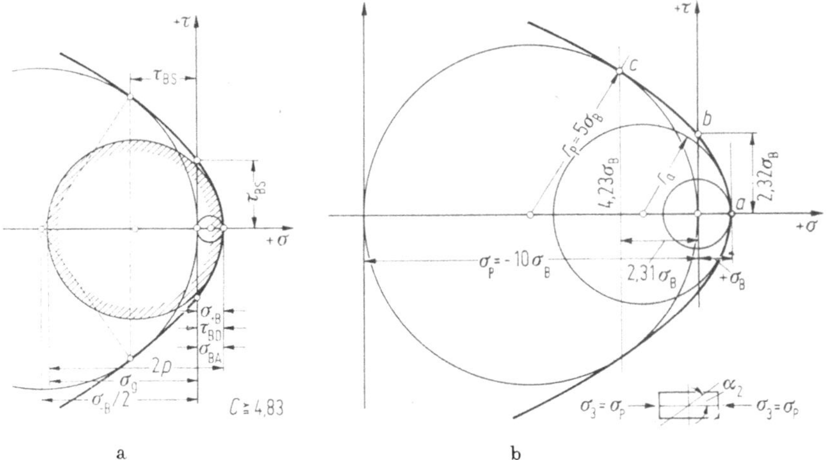

a　　　　　　　　　　　　b

Abb. II D.19. a) Leon-Hüllparabel für $c \geqq 4{,}83$ (nach Slattenschek [36]), b) Hüllparabel für Beton

Bei Beton gilt der Fall γ. Wird die Druckfestigkeit gleich der Prismenfestigkeit angenommen und für die Zugfestigkeit annähernd 1/10 der Druckfestigkeit, so gilt nach (II D.32)

$$c = \frac{\sigma_{-B}}{\sigma_B} = \frac{\sigma_P}{\frac{1}{10}\sigma_P} = 10$$

und nach (II D.37)

$$\frac{\tau_{BS}}{\sigma_B} = \sqrt{10 + 1} - 1 = 2{,}32.$$

Nach Abb. II D.19b sind somit die Punkte a und b der normalen Parabel gegeben, wodurch diese eindeutig bestimmt ist. Die Gleichung der Parabel lautet

$$\tau^2 = -2p(\sigma - \sigma_B).$$

Für $\sigma = 0$ wird

$$\tau_{BS}^2 = 2p\sigma_B \quad \text{und} \quad 2p = \frac{\tau_{BS}^2}{\sigma_B} = 2{,}32^2\sigma_B = 5{,}38\sigma_B.$$

Damit ergibt sich

$$\tau^2 = -5{,}38\sigma_B(\sigma - \sigma_B).$$

Der Durchmesser des Krümmungskreises im Scheitel beträgt

$$r_a = p = 2{,}69\sigma_B = 0{,}269\sigma_P.$$

Die Gleichung des Spannungskreises für reinen Druck mit dem Radius $r_p = 5\sigma_B$ lautet:

$$(5\sigma_B + \sigma_1)^2 + \tau_1^2 = (5\sigma_B)^2,$$

die der Parabel

$$\tau_1^2 = -5{,}38\sigma_B(\sigma_1 - \sigma_B).$$

Für den Berührungspunkt c ergibt sich

$$\sigma_1^2 + 4{,}62\sigma_B\sigma_1 + 5{,}38\sigma_B^2 = 0,$$

$$\sigma_1 \approx -2{,}31\sigma_B; \quad \tau_1 = 4{,}23\sigma_B.$$

Nach Abb. II A.8a und II A.8b gewinnt man die Richtung der kritischen Schubspannungsebene für den Druckversuch

$$\text{tg } 2\alpha_2 = \frac{\tau_1}{5\sigma_B + \sigma_1} = \frac{4{,}23}{5{,}0 - 2{,}31} = 1{,}575,$$

$$\alpha_2 = 28° \, 55'.$$

Bei den Baustählen bestehen bei der Bestimmung der Leon-Hüllparabel insofern Schwierigkeiten, als σ_{+B} und σ_{-B} nur wenig voneinander verschieden sein können (≈ 1). Da zur Bestimmung der Hüllparabel nur 2 Werte benötigt werden, ist auch durch die Trennfestigkeit σ_{BA} und die Zugfestigkeit σ_B die Hüllparabel bestimmt.

Nach P. Ludwik [19] (siehe auch [36] und [37]) kann die Trennfestigkeit annähernd gleich der Reißfestigkeit gesetzt werden. Die Reißfestigkeit s_R wird beim Zugversuch aus der Bedingung

$$s_R = \frac{P_R}{f_R} \tag{II D.39}$$

bestimmt (Abb. II D.20). Sie ist somit die auf den Bruchquerschnitt f_R bezogene Bruchlast P_R.

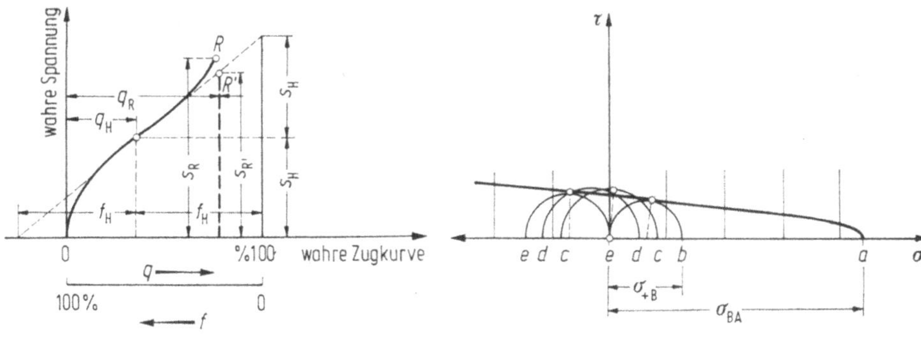

Abb. II D.20. Bestimmung der Reißfestigkeit nach Ludwik (nach Slattenschek [36])

Abb. II D.21. Hüllparabel für SM-Stahl (nach Versuchen von Roš und Eichinger [28, 36])

Mit

f_0 = Ausgangsquerschnitt,

f_H = Querschnitt im Höchstlastpunkt,

f_R = Bruchquerschnitt,

ergibt sich nach Ludwik

$$\sigma_B = \frac{P_{\max}}{f_0} \qquad \text{Zugfestigkiet,}$$

$$s_H = \frac{P_{\max}}{f_H} \qquad \text{effektive Hauptlastspannung,}$$

$$\vartheta_H = \left(\frac{f_0}{f_H} - 1\right) \qquad \text{Gleichmaßdehnung,}$$

$$q_H = \left(1 - \frac{f_R}{f_H}\right) \qquad \text{effektive Brucheinschnürung,}$$

$$q_R = \left(1 - \frac{f_R}{f_0}\right) \qquad \text{Brucheinschnürung,}$$

$$P_{\max} \qquad \text{Höchstlast im Punkt } H,$$

$$P_R \qquad \text{Höchstlast im Punkt } R$$

und damit

$$\left.\begin{aligned} s'_R &= s_H(1 + q_H) \\ s'_R &= \sigma_B(1 + \vartheta_H)\,[2 - (1 + \vartheta_H)\,(1 - q_R)]; \end{aligned}\right\} \qquad \text{(II D.40)}$$

$$s_R = Ks'_R; \qquad \text{(II D.41)}$$

$$\text{für } q_H > 0,5 \text{ ist } K = [1 + (q_H - 0,5)]. \qquad \text{(II D.42)}$$

Die Hüllparabel eines Werkstoffes kann somit durch eine vollständige Auswertung des Zugversuches allein gefunden werden. Die Reißfestigkeit wird im allgemeinen niedriger liegen, als die tatsächliche Trennfestigkeit. Die aus der Reißfestigkeit gerechnete Hüllparabel verläuft demnach steiler als die wirkliche, was auf der Seite der größeren Sicherheit liegt [36].

Abb. II D.21 zeigt die Hüllparabel für einen SM-Stahl ($C = 0{,}22$, $Si = 0{,}25$, $Mn = 0{,}71$) nach Versuchen von Roš und Eichinger, EMPA 1926, wobei aus der Reißfestigkeit (Punkt a) und der Zugfließgrenze (Punkt b) die Hüllparabel bestimmt wurde. Die Abweichungen für die Zustände c bis e liegen in annehmbaren Grenzen.

8. Hypothese von Beltrami oder Theorie der elastischen Formänderungsarbeit

Nach Beltrami (1885) [43] wird die Grenzbeanspruchung derart festgelegt, daß die elastische Formänderungsarbeit einen bestimmten Grenzwert „c^2" erreicht.

Nach (II C.21) ergibt sich für die Formänderungsarbeit, bezogen auf die Hauptspannungen

$$A_i = \frac{1}{2E}\left[\sigma_1^2 + \sigma_2^2 + \sigma_3^2 - \frac{2}{m}(\sigma_1\sigma_2 + \sigma_2\sigma_3 + \sigma_1\sigma_3)\right] = c^2. \qquad \text{(II D.43)}$$

Für die vergleichbare lineare Zugbeanspruchung erhält man aus (II D.43)

$$A_i = \frac{1}{2E}\sigma_1^2 = \frac{\sigma_{kr}^2}{2E} = c^2.$$

Somit wird

$$\sigma_{kr} = \sqrt{\sigma_1^2 + \sigma_2^2 + \sigma_3^2 - \frac{2}{m}(\sigma_1\sigma_2 + \sigma_2\sigma_3 + \sigma_1\sigma_3)} \qquad \text{(II D.44)}$$

bzw. mit (II C.22)

$$\sigma_{kr} = \sqrt{9\sigma_m^2 - \frac{2(m+1)}{m}(\sigma_x\sigma_y + \sigma_y\sigma_z + \sigma_z\sigma_x - \tau_{xy}^2 - \tau_{yz}^2 - \tau_{zx}^2)} \;. \qquad \text{(II D.45)}$$

Für den Fall eines ebenen Spannungszustandes wird

$$\sigma_{kr}^2 = \sigma_1^2 + \sigma_2^2 - \frac{2}{m}\sigma_1\sigma_2. \qquad \text{(II D.46)}$$

Die Grenzkurve hierfür ist eine Ellipse (Abb. II D.22).

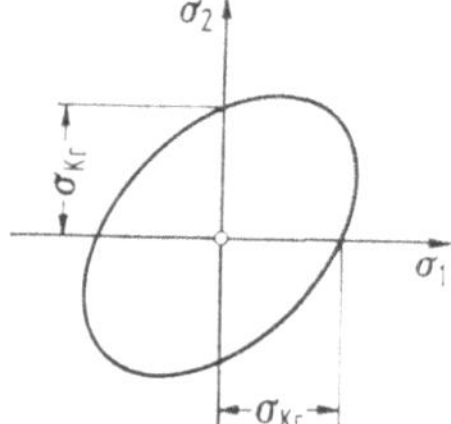

Abb. II D.22. Grenzkurve

Diese Hypothese wurde auch von B. P. Haigh 1920 unabhängig entwickelt. Für $\sigma_1 = \sigma_2 = \sigma_3 = +\sigma$ würde sich aus (II D.44) ergeben:

$$\text{für } m = 2 \cdots \sigma_{kr} = \sqrt{3\sigma_1^2 - 3\sigma_1^2} \;= \sigma_1 \cdot 0 \;\; \text{bzw.} \;\; \sigma_1 = \frac{\sigma_{kr}}{0} = \infty;$$

$$\text{für } m = 3 \cdots \sigma_{kr} = \sqrt{3\sigma_1^2 - 2\sigma_1^2} \;= \sigma_1 \;\;\;\;\; \text{bzw.} \;\; \sigma_1 = \sigma_{kr};$$

$$\text{für } m = 6 \cdots \sigma_{kr} = \sigma\sqrt{2} \;\; \text{bzw.} \; \sigma_1 = \frac{\sigma_{kr}}{\sqrt{2}}.$$

Man erkennt daraus, daß diese Theorie für räumliche Spannungszustände unbrauchbar ist. Sie steht in Widerspruch mit den Erfahrungstatsachen.

9. Hypothese der Gestaltänderungsarbeit von Huber

Nach der Theorie von Huber (1904) [8] soll bei zähem Material die Gestaltänderungsarbeit ein Maß für das Erreichen der Elastizitätsgrenze darstellen.

Nach (II C.26) und (II C.27) beträgt die Gestaltänderungsarbeit

$$A_{i,g} = \frac{1}{2G} \left\{ \frac{1}{6} \left[(\sigma_x - \sigma_y)^2 + (\sigma_y - \sigma_z)^2 + (\sigma_z - \sigma_x)^2 \right] + \tau_{xy}^2 + \tau_{yz}^2 + \tau_{zx}^2 \right\}$$

bzw.

$$A_{i,g} = \frac{1}{6G} \left[\sigma_1^2 + \sigma_2^2 + \sigma_3^2 - \sigma_1\sigma_2 - \sigma_2\sigma_3 - \sigma_1\sigma_3 \right]$$

bzw.

$$A_{i,g} = \frac{1}{3G} \left[\tau_{1,2}^2 + \tau_{2,3}^2 + \tau_{3,1}^2 \right].$$

Für den vergleichbaren linearen Zugversuch erhält man damit

$$A_{i,g} = \frac{1}{6G} \sigma_1^2 = \frac{1}{6G} \sigma_{kr}^2.$$

Somit ergibt sich

$$\sigma_{kr} = \sqrt{\sigma_1^2 + \sigma_2^2 + \sigma_3^2 - \sigma_1\sigma_2 - \sigma_2\sigma_3 - \sigma_3\sigma_1} \qquad \text{(II D.47a)}$$

bzw.

$$\sigma_{kr} = \sqrt{\frac{1}{2} \left[(\sigma_x - \sigma_y)^2 + (\sigma_y - \sigma_z)^2 + (\sigma_z - \sigma_x)^2 \right] + 3(\tau_{xy}^2 + \tau_{yz}^2 + \tau_{zx}^2)} \qquad \text{(II D.48a)}$$

bzw.

$$\sigma_{kr} = \sqrt{2(\tau_{1,2}^2 + \tau_{2,3}^2 + \tau_{3,1}^2)}. \qquad \text{(II D.49)}$$

Die letzte Gleichung sagt aus, daß das Fließen für einen bestimmten Spannungszustand lediglich von Schubspannungen abhängt.

Die Gleichung (II D.47)

$$\sigma_1^2 + \sigma_2^2 + \sigma_3^2 - \sigma_1\sigma_2 - \sigma_2\sigma_3 - \sigma_3\sigma_1 = \sigma_{kr}^2 = c^2$$

stellt einen Zylinder dar (Abb. II D.23), dessen Achse gegenüber den Koordinatenachsen die Winkel $e_{m,x} = e_{m,y} = e_{m,z} = \cos \alpha_{m,n} = \dfrac{1}{\sqrt{3}}$ einschließt. Dieser Zylinder erstreckt sich beiderseits ins Unendliche. Für $\sigma_1 = \sigma_2 = \sigma_3 = \pm\sigma$ wird

$$\sigma_{kr} = \sigma_1 \cdot 0 \quad \text{und} \quad \sigma_1 = \frac{\sigma_{kr}}{0} = \infty;$$

was wieder mit den Erfahrungstatsachen nicht vereinbar ist.

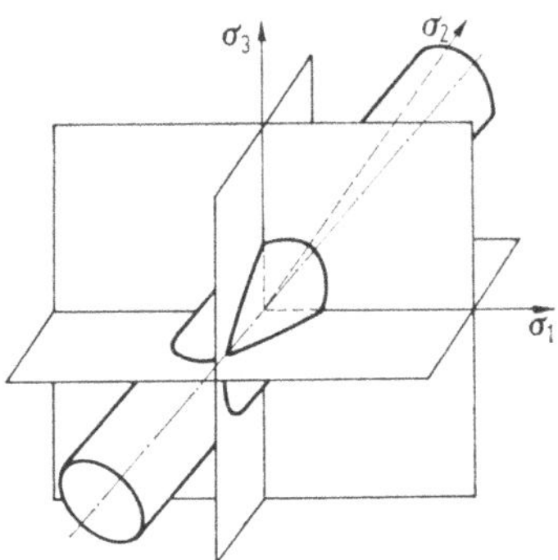

Abb. II D.23. Kritische Spannungen
(nach Stabilini [43])

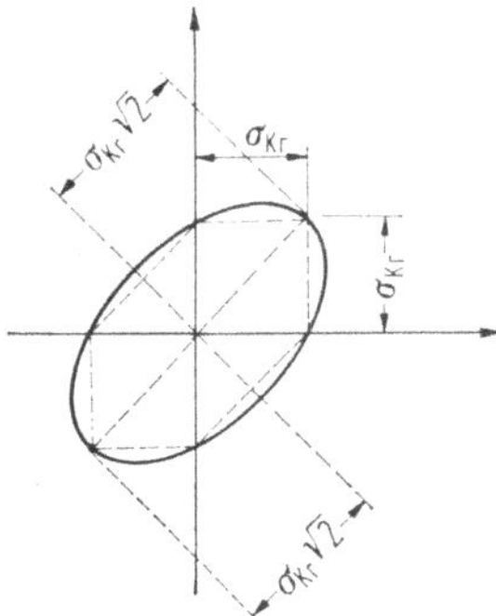

Abb. II D.24. Grenzkurve

Für den ebenen Spannungszustand wird

$$\sigma_{kr} = \sqrt{\sigma_1^2 + \sigma_2^2 - \sigma_1\sigma_2}\,, \tag{II D.47b}$$

was als Grenzkurve eine Ellipse ergibt (Abb. II D.24), bzw.

$$\sigma_{kr} = \sqrt{\sigma_x^2 + \sigma_y^2 - \sigma_x\sigma_y + 3\tau_{xy}^2}\,. \tag{II D.48b}$$

10. Hypothese der Invarianten des Spannungsdeviators nach v. Mises

Nach v. Mises (1913) [23] haben Versuche gezeigt, daß isotropes Material durch hydrostatischen Druck praktisch keine plastischen Verformungen erleidet, und weiter zu der wesentlichen Erkenntnis geführt, daß bei plastischen Verformungen keine Volumenänderung auftritt. Es war daher naheliegend, bei der theoretischen Erfassung bildsamer Zustände nicht den Spannungstensor $\boldsymbol{\Phi}_\sigma$ nach (II A.2b), sondern den um die hydrostatische Belastung

$$\sigma_m = \frac{1}{3}\,(\sigma_1 + \sigma_2 + \sigma_3) = \frac{1}{3}\,(\sigma_x + \sigma_y + \sigma_z)$$

verminderten Spannungstensor $\boldsymbol{\Phi}_s$, nach Schouten als Deviator bezeichnet, zugrunde zu legen.

Mit

$$s_x = \sigma_x - \sigma_m;\ \ s_y = \sigma_y - \sigma_m;\ \ s_z = \sigma_z - \sigma_m; \tag{II D.50}$$

$$s_1 = \sigma_1 - \sigma_m;\ \ s_2 = \sigma_2 - \sigma_m;\ \ s_3 = \sigma_3 - \sigma_m$$

ergibt sich der Spannungsdeviator

$$\boldsymbol{\Phi}_s = \begin{bmatrix} s_x & \tau_{xy} & \tau_{xz} \\ \tau_{yx} & s_y & \tau_{yz} \\ \tau_{zx} & \tau_{zy} & s_z \end{bmatrix} = \begin{bmatrix} s_1 & & \\ & s_2 & \\ & & s_3 \end{bmatrix}. \tag{II D.51}$$

Die Determinante zur Bestimmung von s_1, s_2 und s_3 lautet entsprechend (II A.10)

$$\begin{vmatrix} s_x - s & \tau_{xy} & \tau_{xz} \\ \tau_{yx} & s_y - s & \tau_{yz} \\ \tau_{zx} & \tau_{zy} & s_z - s \end{vmatrix}, \tag{II D.52}$$

und man erhält entsprechend (II A.11a und II A.11b) und (II A.12)

$$s^3 - J_1's^2 - J_2's - J_3' = 0 \tag{II D.53}$$

mit

$$J_1' = s_1 + s_2 + s_3;\ \ \ J_3' = s_1 s_2 s_3; \tag{II D.54}$$

$$\left.\begin{aligned}
J_2' &= -(s_1 s_2 + s_2 s_3 + s_3 s_1) = \frac{1}{2}\,(s_1^2 + s_2^2 + s_3^2) = \\[4pt]
&= \frac{1}{2}\,(s_x^2 + s_y^2 + s_z^2) + \tau_{xy}^2 + \tau_{yz}^2 + \tau_{zx}^2 = \\[4pt]
&= \frac{1}{3}\,[\sigma_1^2 + \sigma_2^2 + \sigma_3^2 - \sigma_1\sigma_2 - \sigma_2\sigma_3 - \sigma_1\sigma_3] = \\[4pt]
&= \frac{1}{6}\,[(\sigma_1 - \sigma_2)^2 + (\sigma_2 - \sigma_3)^2 + (\sigma_3 - \sigma_1)^2] = \\[4pt]
&= \frac{1}{6}\,[(\sigma_x - \sigma_y)^2 + (\sigma_y - \sigma_z)^2 + (\sigma_z - \sigma_x)^2] + \tau_{xy}^2 + \tau_{yz}^2 + \tau_{zx}^2 = \\[4pt]
&= \frac{1}{2}\,[\sigma_x^2 + \sigma_y^2 + \sigma_z^2 - 3\sigma_m^2] + \tau_{xy}^2 + \tau_{yz}^2 + \tau_{zx}^2.
\end{aligned}\right\} \tag{II D.55}$$

Führt man den aus dem Schrifttum bekannten Ausdruck für die sogenannte Vergleichsspannung

$$\sigma_v^2 = \sigma_g^2 = \frac{1}{2}\left[(\sigma_1 - \sigma_2)^2 + (\sigma_2 - \sigma_3)^2 + (\sigma_3 - \sigma_1)^2\right] \qquad \text{(II D.56)}$$

ein, so ergibt sich

$$J_2' = \frac{1}{3}\,\sigma_g^2. \qquad \text{(II D.57)}$$

Da ein beliebiger Spannungszustand durch die Invarianten J_2' und J_3' eindeutig gekennzeichnet wird, ist es einleuchtend, Vorgänge im bildsamen Bereich von festen Stoffen durch Funktionen $f(J_2', J_3')$ zu erfassen. Von R. v. Mises [24] wurde festgestellt, daß bei nichtverfestigendem Material, das bis zur Fließgrenze elastisch ist, die Invariante J_3' nicht berücksichtigt zu werden braucht und daß die Fließbedingung in einfachster Form lautet

$$f(J_2', J_3') \approx f(J_2') = c^2, \qquad \text{(II D.58)}$$

wobei c^2 für ein bestimmtes Material ein konstanter Wert ist. Für den linearen Zugversuch ist

$$J_2' = \frac{1}{3}\,\sigma_1^2 = \frac{1}{3}\,\sigma_{kr}^2 = c^2. $$

Somit ergibt sich beim Vergleich eines beliebigen Spannungszustandes mit einem linearen Zugversuch

$$\left.\begin{aligned}
\sigma_{kr}^2 = \sigma_g^2 &= \frac{1}{2}\left[(\sigma_1 - \sigma_2)^2 + (\sigma_2 - \sigma_3)^2 + (\sigma_3 - \sigma_1)^2\right] = \\
&= \frac{1}{2}\left[(\sigma_x - \sigma_y)^2 + (\sigma_y - \sigma_z)^2 + (\sigma_z - \sigma_x)^2\right] + 3(\tau_{xy}^2 + \tau_{yz}^2 + \tau_{zx}^2).
\end{aligned}\right\} \text{(II D.59)}$$

Man erhält somit dieselbe Fließbedingung wie bei der Theorie nach Huber.

11. Hypothese nach Roš-Eichinger

Die Theorie von Roš-Eichinger [28] ist für Stahl eine Erweiterung der Theorie von Mohr. Nach letzterer findet das Gleiten in Gleitflächen statt, welche die größten Schubspannungen enthalten, somit mit der mittleren Hauptspannung zusammenfallen. Nach Roš-Eichinger „kann dies aber nicht stimmen, weil sonst die Körperabmessungen in der Richtung der mittleren Hauptspannung keine Änderungen erfahren würden". Die Körperabmessungen ändern sich aber auch in Richtung der mittleren Hauptspannung, und es werden daher die Theorien von Mohr-Guest wie folgt abgeändert:

„Die bleibenden Formänderungen kommen durch Verschiebungen in Gleitebenen zustande, die mit den Ebenen der größten und kleinsten Schubspannung identisch sind."

Die Gleitebenen schließen nach Mohr (Abb. II D.25a und II D.25b) mit den Hauptspannungen den Winkel von 45° ein. Damit ergeben sich in den Gleitrichtungen Komponenten der Verformungen von $C\varepsilon_1$ bzw. $C\varepsilon_2$. Diese zwei Verschiebungen ergeben eine resultierende Verschiebung, so daß sich die ganze Formänderung auf eine einzige Gleitebene reduziert.

Trägt man die Dehnungen in den Diagonalflächen der Abb. II D.25a und II D.25b in einem Dreikant nach Abb. II D.26a auf, so erkennt man, daß die resultierende

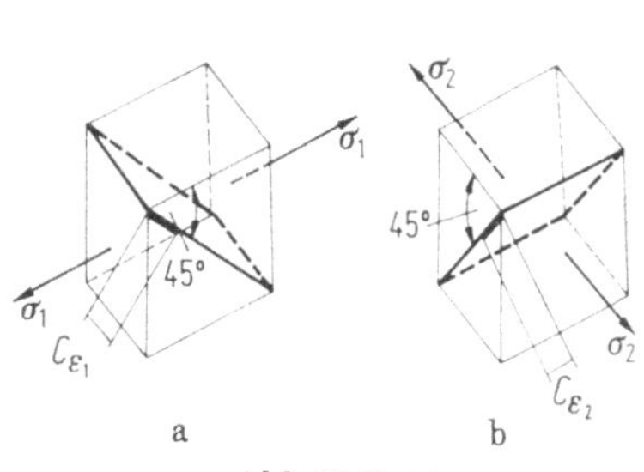

a   b

Abb. II D.25

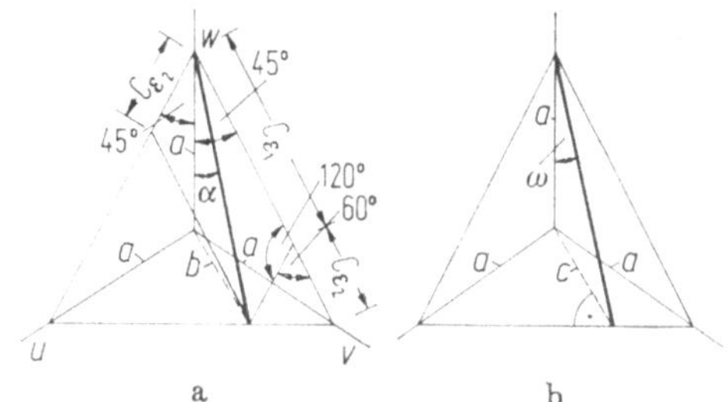

a   b

Abb. II D.26. Resultierende Gleitebene und resultierende Verschiebung (nach Roš-Eichinger [28])

Dehnung in der Oktaederebene u, v, w liegt. Aus Abb. II D.26a ergibt sich:

$$2a^2 = C^2(\varepsilon_1 + \varepsilon_2)^2; \quad a = C\frac{\varepsilon_1 + \varepsilon_2}{\sqrt{2}},$$

und die resultierende Dehnung

$$s^2 = C^2(\varepsilon_1^2 + \varepsilon_2^2 - 2\varepsilon_1\varepsilon_2 \cos 120°) = C^2(\varepsilon_1^2 + \varepsilon_2^2 + \varepsilon_1\varepsilon_2)$$

bzw.

$$s = C\sqrt{\varepsilon_1^2 + \varepsilon_2^2 + \varepsilon_3^2}. \tag{II D.60}$$

Damit wird

$$b^2 = s^2 - a^2 = C^2\frac{(\varepsilon_1^2 + \varepsilon_2^2)}{2}; \quad b = C\frac{\sqrt{\varepsilon_1^2 + \varepsilon_2^2}}{\sqrt{2}}$$

und

$$\tan\alpha = \frac{b}{a} = \frac{\sqrt{\varepsilon_1^2 + \varepsilon_2^2}}{\varepsilon_1 + \varepsilon_2}. \tag{II D.61}$$

Nach Abb. II D.26b ist

$$c = \frac{a}{\sqrt{2}}; \quad \tan\omega = \frac{c}{a} = \frac{1}{\sqrt{2}} \quad \text{und} \quad \omega = 35° 17'. \tag{II D.62}$$

ω ist der Winkel, den die Hauptspannung $\sigma_z = \sigma_3$ mit der resultierenden Gleitebene einschließt; α der Winkel den die resultierende Verschiebung mit σ_3 bildet.

Führt man nach (II C.3)

$$\varepsilon_1 = \frac{1}{E}\left(\sigma_1 - \frac{\sigma_2 + \sigma_3}{m}\right)$$

usw. für den Augenblick des Fließens mit $m = 2$, somit

$$\varepsilon_1 = \frac{1}{E}\left(\sigma_1 - \frac{\sigma_2 + \sigma_3}{2}\right)$$

usw. in (II D.60) ein, so erhält man

$$s^2 = C^2 \frac{3}{2E^2}(\sigma_1^2 + \sigma_2^2 + \sigma_3^2 - \sigma_1\sigma_2 - \sigma_2\sigma_3 - \sigma_3\sigma_1)$$

bzw.

$$s = \frac{C}{E}\sqrt{3/2}\sqrt{\sigma_1^2 + \sigma_2^2 + \sigma_3^2 - \sigma_1\sigma_2 - \sigma_2\sigma_3 - \sigma_3\sigma_1}. \tag{II D.63}$$

Für den linearen Zugversuch ergibt sich

$$s = \frac{C}{E}\sqrt{3/2}\,\sigma_1 = \frac{C}{E}\sqrt{3/2}\,\sigma_{kr}$$

und daraus

$$\sigma_{kr} = \sqrt{\sigma_1^2 + \sigma_2^2 + \sigma_3^2 - \sigma_1\sigma_2 - \sigma_2\sigma_3 - \sigma_3\sigma_1} \;. \qquad \text{(II D.64)}$$

Diese Gleichung stimmt aber mit dem Kriterium von Huber nach (II D.47a) bzw. mit dem nach v. Mises nach (II D.59) überein.

Wenn die resultierende Schiebung in der Oktaederebene für das Gleiten maßgebend sein soll, so muß auch die resultierende Schubspannung in der Oktaederebene als Maß für die Anstrengungshypothese gelten.

Diese resultierende Schubspannung beträgt nach (II A.22)

$$\tau_m = \frac{\sqrt{2}}{3} \sqrt{\sigma_1^2 + \sigma_2^2 + \sigma_3^2 - \sigma_1\sigma_2 - \sigma_1\sigma_3 - \sigma_2\sigma_3} \;.$$

Für den linearen Zugversuch wird

$$\tau_m = \frac{\sqrt{2}}{3}\,\sigma_1 = \frac{\sqrt{2}}{3}\,\sigma_{kr}$$

und somit

$$\sigma_{kr} = \sqrt{\sigma_1^2 + \sigma_2^2 + \sigma_3^2 - \sigma_1\sigma_2 - \sigma_2\sigma_3 - \sigma_3\sigma_1}\;.$$

Dieses Kriterium ist identisch mit (II D.64).

Sämtliche Versuchsergebnisse, unter Zugrundelegung der verschiedensten räumlichen Spannungszustände, zeigen eine sehr gute Übereinstimmung mit der Theorie von Huber-Mises-Hencky. Die Werte nach Mohr liegen tiefer. Die Versuche von Roš-Eichinger bestätigen somit die Theorie von der konstanten Gestaltänderungsarbeit als Maß einer Anstrengungshypothese für Stoffe mit ausgesprochener Proportionalitätsgrenze. Zu vermerken ist jedoch, daß bei allen Versuchen die dritte Hauptspannung klein gegenüber den beiden anderen Hauptspannungen gewählt wurde. Es ist jedoch auch festgestellt worden, daß die Theorie von Mohr als sehr gute praktische Näherung gilt, und daß die experimentelle Festlegung der Bruchzustände für jeden einzelnen Bau- und Werkstoff unerläßliche Grundlage ist. Der ganz verschiedene Aufbau der einzelnen Stoffe und der dadurch bedingte verschiedene Formänderungsmechanismus rechtfertigen die Ansicht, daß jeder Stoff seine eigene Theorie der Bruchgefahr hat. Im Bruchzustand bilden sich Bruchflächen aus. Bei geringeren Beanspruchungen ist bei den einzelnen Stoffen und Belastungszuständen folgendes ganz verschiedenes Verhalten festzustellen:

a) Bei steigender Belastung sind die Verformungen weiterhin elastisch.

b) Ohne wesentliche Verformungen tritt ein plötzlicher Sprödbruch im Trennbereich auf.

c) Starke Zunahme der Formänderungen bei gleichbleibender oder sogar abnehmender Belastung, es tritt Fließen, eine Plastizierung ein. Für diesen Fall gelten statt (II C.3) die Gleichungen

$$\varepsilon_x = \delta\left[\sigma_x - \frac{1}{2}\,(\sigma_y + \sigma_z)\right] \quad \text{usw.,}$$

wobei δ eine vom Material und vom Spannungszustand abhängige Größe ist.

d) Von einem bestimmten Beanspruchungszustand an tritt eine stärkere Bildsamkeit unter fortwährendem Steigen des Formänderungswiderstandes ein (*Cu*).

Die Belastungssteigerungen sind zum Teil mit Fließgrenzen, einem Rissigwerden, Temperaturänderungen u. a. m. verbunden.

Im allgemeinen tritt beim Zugversuch unter der Elastizitätsgrenze eine Unterkühlung, beim Druckversuch eine Erwärmung auf, während bei Beanspruchung über die Elastizitätsgrenze in beiden Fällen Erwärmung auftritt.

Sprödbrüche treten nur unter bestimmten Bedingungen auf (besondere räumliche Spannungszustände, Temperaturverhältnisse usw.), und es können im allgemeinen spröde Stoffe unter bestimmten Verhältnissen (z.B. allseitiger, gleich großer räumlicher Druck) ebenfalls bildsam sein.

Auch das Verhalten von Stoffen, die bis kurz vor dem Bruch belastet sind und wieder entlastet werden, ist verschieden.

So erleiden z.B. Glas und Porzellan keinen nennenswerten Schaden. Gewisse Stoffe leisten nach der Belastung bei einer neuerlichen anderen Art der Belastung keinerlei Widerstand. Marmor hat z.B. unter allseitigem hohen Druck die Fähigkeit sich plastisch verformen zu lassen. Wird er entlastet und sodann einer Biegung unterworfen, so erweist er sich als gänzlich unfähig, irgendwelche Zugspannungen zu übernehmen, da durch die Vorbelastung eine Lockerung des Gefüges eingetreten ist. Völlig anders verhält sich Beton.

Zu beachten ist auch, daß unter Umständen in Querschnitten, die rechnerisch nicht beansprucht sind (z.B. Abb. II D.27) durch vagabundierende Spannungen Zerstörungen auftreten können. Durch solche Spannungen kann unter Umständen die Reißfestigkeit an einer bestimmten Stelle überschritten werden.

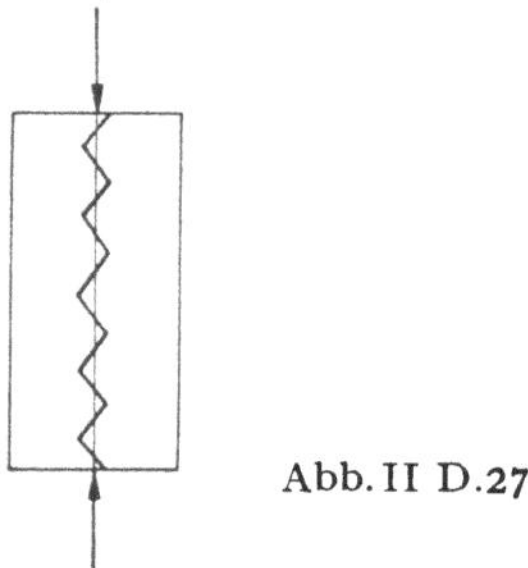

Abb. II D.27

Bei metallischen Stoffen kann der Bruch von verschiedener Beschaffenheit sein.

a) Sind kristallographische Abgleitungen wirksam und wird nirgends die Reißfestigkeit erreicht, dann tritt in der Ebene $\varepsilon_{1,3}$ der größten Schubspannung $\tau_{\max} = \tau_{1,3}$ der Gleitbruch ein. Die Schubfestigkeit $\tau_{\max} = \tau_{1,3}$ bleibt bei allen Versuchen mit reiner Gleitung konstant. Für den Zustand des Fließens gilt jedoch unter bestimmten Voraussetzungen die Hypothese der Gestaltänderungsarbeit, da das Fließen das ganze Volumen des Körpers beeinflußt und daher auch alle drei Hauptspannungen maßgeblich beteiligt sein müssen, im Gegensatz zum Bruch, der in einer einzigen Fläche, der Bruchfläche, erfolgt. Daher ergibt sich auch ein anderes Verhältnis von Schubspannung zur Fließgrenze σ_s bzw. Bruchspannung σ_{eff}, und zwar

$$\frac{\tau_f}{\sigma_s} = 0,57 \quad \text{und} \quad \frac{\tau_B}{\sigma_{\text{eff}}} = 0,5 .$$

b) Ist die Reißfestigkeit erreicht, werden Trennungen eintreten, auf welche auch die vagabundierenden Spannungen von Einfluß sind. Es kommt zum plötzlichen Trennbruch, der senkrecht auf die Richtung der größten Zughauptspannung erfolgt, wobei für alle Spannungszustände die Reißfestigkeit einen praktisch konstanten Wert aufweist.

c) Sind die ersten Risse, welche durch die stellenweise Überwindung des Reißwiderstandes entstanden sind, selten und klein, und die daher einen plötzlichen Trennbruch nicht herbeiführen können, so werden Trennungen und Gleitungen vermischt auftreten und den Bruch herbeiführen (Verschiebungsbruch). Seine Bruchfläche fällt weder mit der Ebene der maximalen Schubspannung zusammen, noch steht sie winkelrecht zur Richtung der Hauptspannung σ_3.

Für alle untersuchten Stähle wurde auf Grund der durchgeführten Versuche ausgesagt:
Für das Eintreten der Fließgrenze gilt die Theorie der Gestaltänderung sehr gut;
für das Eintreten eines Gleitungsbruches kann die Theorie von Mohr zugrunde gelegt werden; tritt dagegen ein Trennbruch ein, so weist die Reißfestigkeit — sobald es auf diese ankommt — einen praktisch ziemlich konstanten Wert auf, der unabhängig von den übrigen Hauptspannungen ist.
In bezug auf die erste Störung des Gleichgewichts nach Erreichen der Proportionalitätsgrenze kann verschiedentlich die Theorie der Gestaltänderung zugrunde gelegt werden.

12. Hypothese von Hencky

Hencky legt seiner Anstrengungstheorie (1924, 1943) [6] ebenfalls die Invarianten des Spannungsdeviators zugrunde. Zum Unterschied von Huber und v. Mises sind nach seiner Ansicht die mittlere hydrostatische Belastung σ_m und $J_2' = \tau_{res}^2$ für das Eintreten eines Sprödbruches bzw. das einer Plastizierung maßgebend.

Mit (II D.56) ergibt sich

$$J_2' = \frac{1}{3}\,\sigma_g^2 = \tau_{res}^2 \qquad \text{(II D.65)}$$

bzw.

$$\left.\begin{aligned}
\tau_{res} &= \frac{1}{\sqrt{3}}\,\sigma_g = \frac{1}{\sqrt{3}}\,\sqrt{\frac{1}{2}\left[(\sigma_1 - \sigma_2)^2 + (\sigma_2 - \sigma_3)^2 + (\sigma_3 - \sigma_1)^2\right.} \\
&= \frac{1}{\sqrt{3}}\,\sqrt{\frac{1}{2}\left[(\sigma_x - \sigma_y)^2 + (\sigma_y - \sigma_z)^2 + (\sigma_z - \sigma_x)^2\right] + 3\,(\tau_{xy}^2 + \tau_{yz}^2 + \tau_{zx}^2)}.
\end{aligned}\right\} \qquad \text{(II D.66)}$$

Für den linearen Zugversuch wird

$$\sigma_g = \sigma_1 = \sigma_{kr},$$

und somit lautet die Fließbedingung

$$\tau_{res,pl} = \frac{1}{\sqrt{3}}\,\sigma_{kr} = 0{,}578\sigma_{kr}. \qquad \text{(II D.67)}$$

Außerdem ist mit (II A.22)

$$\tau_{res} = \sqrt{\frac{3}{2}}\,\tau_m. \qquad \text{(II D.68)}$$

Somit führt die Theorie der Oktaederschubspannung nach Roš-Eichinger zum gleichen Ergebnis.

Nach (II C.6) ist

$$\sigma_m = \frac{1}{3}\,(\sigma_1 + \sigma_2 + \sigma_3) = \frac{1}{3}\,(\sigma_x + \sigma_y + \sigma_z).$$

Trägt man nach Abb. II D.28 für einen Gebrauchslastenzustand die hydrostatische Spannung σ_m und den Wert τ_{res} in einem Koordinatensystem $\sigma_m - \tau_{res}$ auf, so ist jeder Spannungszustand durch einen Punkt i $(\sigma_{m,i}, \tau_{res,i})$ gekennzeichnet. Die volle Linie gibt die für ein bestimmtes Material aus Versuchen bestimmte Grenzkurve für den Bruch an. Nach Hencky „entsprechen die reduzierten Schubspannungen dieser Grenzkurve den maximalen Schubspannungen in der Darstellung von Mohr und unterscheiden sich quantitativ nur um einige Prozent von diesen. Die Bruchkurve selbst ist stets parabel- oder hyperbelähnlich, weil kein Körper von homogenem Bau durch allseitigen Druck zerstört werden kann". Diese Feststellung scheint jedoch nicht ganz zutreffend.

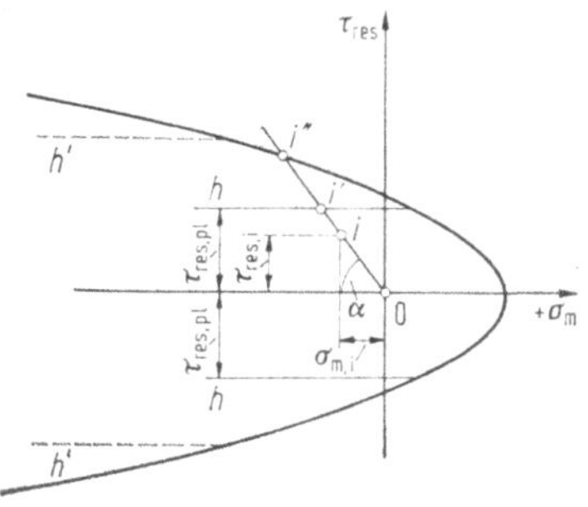

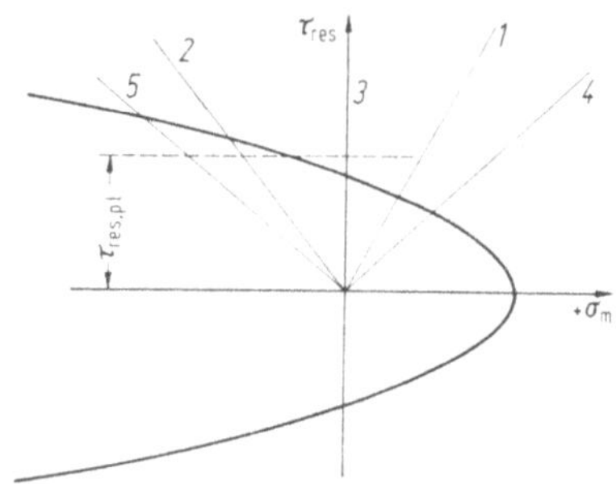

Abb. II D.28. Kritische Spannungen   Abb. II D.29. Kritische Spannungszustände
nach Hencky [6]   nach Hencky [6]

Für den Mohrschen Hauptkreis sind nur die größten und kleinsten Spannungen maßgebend, während die mittlere Spannung hierfür ohne Einfluß ist. Betrachtet man z.B. den Fall $\sigma_1 = 1{,}0\,\sigma$; $\sigma_2 = 0{,}4\,\sigma$ und $\sigma_3 = 0$ und den Fall $\sigma_1 = 1{,}0\,\sigma$; $\sigma_2 = 1{,}0\,\sigma$ und $\sigma_3 = 0$, so sind die Mohrschen Hauptkreise hierfür gleich, während im ersten Fall $\sigma_m = 1{,}4/3\,\sigma = 0{,}47\,\sigma$ und im zweiten Fall $\sigma_m = 2{,}0/3\,\sigma = 0{,}67\,\sigma$ erhalten werden. Würde der Hauptkreis gerade die Hüllkurve berühren, so wäre τ_B gleich und die σ_m-Werte wären verschieden. Das bedeutet jedoch, daß zu einem Punkt σ_m verschiedene Werte von τ_{res} möglich wären, und somit nicht eine einzige Bruchkurve — wie von Hencky vorgeschlagen — vorhanden wäre.

Die horizontalen Linien in Abb. II D.28 mit den Ordinaten $\tau_{res,pl}$ stellen die Plastizitätsgrenze dar. Nimmt man an, daß bei einer Belastungssteigerung $\nu > 1{,}0$ das Verhältnis der Spannungen untereinander gleich bleibt, muß auch der Wert

$$|\tan \alpha| = \frac{\tau_{res,i}}{\sigma_{m,i}} = \frac{\nu\tau_{res,i}}{\nu\sigma_{m,i}} \qquad\qquad \text{(II D.69)}$$

gleich bleiben, d.h. der Punkt i liegt auf der Geraden $0 - i$. Fällt i mit i zusammen, so beginnt die Plastizierung, fällt er mit i'' zusammen, so kommt es zum Bruch.

Abb. II D.29 gibt einen interessanten Einblick für ein bestimmtes homogenes Material unter Zugrundelegung verschiedener Spannungszustände. Für den linearen Zugversuch gilt:

$$\tau_{res} = \frac{1}{\sqrt{3}}\,\sigma_1, \qquad \sigma_m = \frac{\sigma_1}{3} \quad \text{und} \quad \tan \alpha = \sqrt{3}\,, \qquad \text{(Gerade 1)};$$

für den linearen Druckversuch erhält man:

$$\tau_{res} = \frac{1}{\sqrt{3}}\,\sigma_1, \qquad \sigma_m = -\frac{\sigma_1}{3} \quad \text{und} \quad \tan \alpha = -\sqrt{3}\,, \qquad \text{(Gerade 2)};$$

für den ebenen Spannungszustand $\sigma_1 = -\sigma_2 = +\sigma$ wird

$$\sigma_m = 0 \quad \text{und} \quad \tan \alpha = \infty, \qquad \text{(Gerade 3)};$$

für den ebenen Spannungszustand $\sigma_1 = \sigma_2 = +\sigma$ ergibt sich

$$\tau_{res} = \frac{\sigma}{\sqrt{3}}\,; \qquad \sigma_m = \frac{2\sigma}{3} \quad \text{und} \quad \tan \alpha = \sqrt{\frac{3}{4}}\,, \qquad \text{(Gerade 4)};$$

und für den ebenen Spannungszustand $\sigma_1 = \sigma_2 = -\sigma$ wird

$$\tan \alpha = - \sqrt{\frac{3}{4}}. \qquad \text{(Gerade 5).}$$

Schneidet die Gerade $0 - i$ für einen bestimmten Spannungszustand die Grenzkurve, bevor sie die Horizontale h (Abb. II D.28) gekreuzt hat, so kommt es zum verformungslosen Bruch, zum Sprödbruch. Man erkennt aus Abb. II D.28, daß es je nach der Höhenlage der Geraden h eine große Anzahl von Spannungszuständen gibt, die zum Sprödbruch führen. Bei tiefen Temperaturen steigt in der Regel der Wert $\tau_{\text{res},pl}$, d.h., daß die Gerade h' höher als die Gerade h liegt (Abb. II D.28) und daß dafür viele Spannungszustände zum Sprödbruch führen können, die bei normaler Temperatur zum Fließen führen.

13. Hypothese von Stassi d'Alia

Stassi d'Alia (1950) [43] geht von dem Gedanken aus, daß die Gestaltänderungsarbeit und die mittlere hydrostatische Beanspruchung σ_m in linearer Beziehung zueinander stehen und kommt damit zur Anstrengungsbedingung

$$(\sigma_1 - \sigma_2)^2 + (\sigma_2 - \sigma_3)^2 + (\sigma_3 - \sigma_1)^2 + A(\sigma_1 + \sigma_2 + \sigma_3) + B = 0. \qquad \text{(II D.70)}$$

Es ist dies ein Gedanke, der auch der Theorie von Schleicher entspricht [35].

Ergibt sich nach Abb. II D.30 für den linearen Zugversuch die Fließgrenze $\sigma_{s,z}$ und für den linearen Druckversuch eine solche von $\sigma_{s,d} = -\alpha\sigma_{s,z}$, so ergeben sich für $\sigma_2 = \sigma_3 = 0$ aus (II D.70) die Bedingungsgleichungen für die beiden Konstanten A und B.

$$A\sigma_{s,z} + B = -2\sigma_{s,z}^2,$$
$$-A\alpha\sigma_{s,z} + B = -2\alpha^2\sigma_{s,z}^2$$

und

$$A = 2(\alpha - 1)\,\sigma_{s,z}; \quad B = -2\alpha\sigma_{s,z}^2.$$

Damit ergibt sich die Grenzbedingung

$$(\sigma_1 - \sigma_2)^2 + (\sigma_2 - \sigma_3)^2 + (\sigma_3 - \sigma_1)^2 + 2(\alpha - 1)\,\sigma_{s,z}(\sigma_1 + \sigma_2 + \sigma_3) = 2\alpha\sigma_{s,z}^2.$$

$$\text{(II D.71)}$$

Diese Gleichung wird durch ein Umdrehungsparaboloid nach Abb. II D.31 dargestellt.

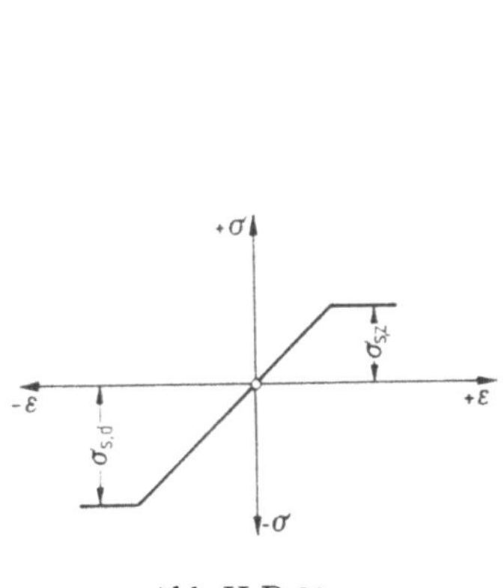

Abb. II D.30

Abb. II D.31. Kritische Spannungen (nach Stabilini [43])

In etwas anderer Form lautet (II D.71)

$$(\sigma_1 - \sigma_2)^2 + (\sigma_2 - \sigma_3)^2 + (\sigma_3 - \sigma_1)^2 = 2[\sigma_{s,z}\sigma_{s,d} - 3\sigma_m(\sigma_{s,d} - \sigma_{s,z})], \qquad \text{(II D.71)}$$

wobei $\sigma_{s,d}$ mit seinem Absolutwert einzuführen ist.

Die kritische Vergleichsspannung erhält man, wenn man $\sigma_{s,z} = \sigma_{kr}$ setzt, zu

$$\sigma_{kr} = \frac{(\alpha - 1)\,(\sigma_1 + \sigma_2 + \sigma_3)}{2\alpha} \pm \qquad\qquad \text{(II D.73)}$$

$$\pm \frac{\sqrt{(\alpha - 1)^2\,(\sigma_1 + \sigma_2 + \sigma_3)^2 + 2\alpha[(\sigma_1 - \sigma_2)^2 + (\sigma_2 - \sigma_3)^2 + (\sigma_3 - \sigma_1)^2]}}{2\alpha}\,.$$

Die Vorzeichen $\pm$ gelten, je nachdem $(\sigma_1 + \sigma_2 + \sigma_3) \gtrless 0$ ist. Für $\alpha = 1$ ergibt sich wieder, wie nach (II D.59)

$$\sigma_{kr} = \sqrt{\frac{1}{2}\,[(\sigma_1 - \sigma_2)^2 + (\sigma_2 - \sigma_1)^2 + (\sigma_3 - \sigma_1)^2]}\,. \qquad \text{(II D.74)}$$

14. Gegenüberstellung der verschiedenen Hypothesen für verschiedene Spannungszustände

Jeder beliebige Spannungszustand kann nach (II A.11) und (II A.12) bzw. nach (II A.17) in einem Hauptspannungszustand transformiert werden, so daß den nachfolgenden schematischen Zuständen die Hauptspannungen zugrunde gelegt werden. Da für die einzelnen Hypothesen aber auch die Formeln unter Zugrundelegung eines allgemeinen Spannungszustandes $(\sigma_x, \sigma_y, \sigma_z, \tau_{xy}$ usw.) angegeben sind, können die Vergleichsspannungen auch ohne Berechnung der Hauptspannungen ermittelt werden.

a) Spannungszustände für Gebrauchslasten

Es wird das Hookesche Gesetz mit konstantem Elastizitätsmodul zugrunde gelegt und ein Stahlmaterial mit $m = 10/3$.

Es wird die Vergleichsspannung $\sigma_v \leqq \sigma_{zul}$ nach den einzelnen Hypothesen (H 1 bis H 13) ermittelt.

Zustand a 1): $\sigma_x = +0{,}950 \text{ t/cm}^2,\ \sigma_y = +0{,}3 \text{ t/cm}^2,\ \tau_{xy} = +0{,}4 \text{ t/cm}^2.$

Mit (II A.17) wird

$$\sigma_1 = \frac{0{,}95 + 0{,}3}{2} \pm \sqrt{(0{,}95 + 0{,}3)^2 + 4\cdot 0{,}4^2}\ ;$$

$$\sigma_1 = +1{,}140 \text{ t/cm}^2;\quad \sigma_2 = +0{,}110 \text{ t/cm}^2.$$

H 1 (II D.4): $\sigma_v = \sigma_1 = +1{,}140 \text{ t/cm}^2;$

H 2 (II D.5): $\sigma_v = \sigma_1 - \dfrac{\sigma_2}{m} = +1{,}140 - \dfrac{3}{10}\,0{,}11 = +1{,}107 \text{ t/cm}^2;$

H 3 (II D.15): $\sigma_v = \sqrt{1{,}14^2 + 0{,}11^2 - \dfrac{4(10/3) - 2}{(10/3)^2 + 2}\,1{,}14\cdot 0{,}11} = +1{,}097 \text{ t/cm}^2;$

H 4 (II D.21): Hierbei muß $\sigma_3 = 0$ beachtet werden.

$$\sigma_v = 1{,}140 - 0{,}0 = +1{,}140 \text{ t/cm}^2.$$

H 5: Für $\mu = 0$ und $\varphi = \pi/2$ stimmt H 4 mit H 5 überein.

$$\sigma_v = +1{,}140 \text{ t/cm}^2.$$

H 6: Wenn die kritische Zug- und Druckspannung gleich groß ist, d.h. die Tangente an die Hüllkurve im beobachteten Bereich parallel zur x-Achse ist, stimmt H 6 mit H 4 überein.

$$\sigma_v = +1{,}140 \ \text{t/cm}^2;$$

H 8 (II D.44): $\sigma_v = \sqrt{1{,}14^2 + 0{,}11^2 - \dfrac{2\cdot 3}{10}(1{,}14\cdot 0{,}11)} = +1{,}112 \ \text{t/cm}^2;$

H 9, 10, 11, 13 (II D.47a): $\sigma_v = \sqrt{1{,}14^2 + 0{,}11^2 - 1{,}14\cdot 0{,}11} = +1{,}089 \ \text{t/cm}^2.$

Zustand a2): $\sigma_1 = +1{,}0 \ \text{t/cm}^2, \ \sigma_2 = +0{,}8 \ \text{t/cm}^2, \ \sigma_3 = +0{,}4 \ \text{t/cm}^2.$

H 1: $\sigma_v = +1{,}0 \ \text{t/cm}^2;$

H 2: $\sigma_v = 1{,}0 - \dfrac{(0{,}8 + 0{,}4)\cdot 3}{10} = +0{,}640 \ \text{t/cm}^2;$

H 3: $\sigma_v = \sqrt{1{,}0^2 + 0{,}8^2 + 0{,}4^2 - \dfrac{4(10/3) - 2}{(10/3)^2 + 2}(1{,}0\cdot 0{,}8 + 0{,}8\cdot 0{,}4 + 1{,}0\cdot 0{,}4)} =$

$\qquad = 0{,}697 \ \text{t/cm}^2;$

H 4: $\sigma_v = 1{,}0 - 0{,}4 = +0{,}60 \ \text{t/cm}^2;$

H 8: $\sigma_v = \sqrt{1{,}0^2 + 0{,}8^2 + 0{,}4^2 - \dfrac{2\cdot 3}{10}(1{,}0\cdot 0{,}8 + 0{,}8\cdot 0{,}4 + 1{,}0\cdot 0{,}4)} =$

$\qquad = +0{,}942 \ \text{t/cm}^2;$

H 9: $\sigma_v = \sqrt{1{,}0^2 + 0{,}8^2 + 0{,}4^2 - 1{,}0\cdot 0{,}8 - 0{,}8\cdot 0{,}4 - 1{,}0\cdot 0{,}4} = +0{,}53 \ \text{t/cm}^2.$

Zustand a3): $\sigma_1 = +1{,}0 \ \text{t/cm}^2, \ \sigma_2 = +1{,}0 \ \text{t/cm}^2, \ \sigma_3 = +0{,}8 \ \text{t/cm}^2.$

H 1: $\sigma_v = +1{,}0 \ \text{t/cm}^2;$

H 2: $\sigma_v = 1{,}0 - \dfrac{(1{,}0 + 0{,}8)\cdot 3}{10} = +0{,}46 \ \text{t/cm}^2;$

H 4: $\sigma_v = 1{,}0 - 0{,}8 = +0{,}2 \ \text{t/cm}^2;$

H 9: $\sigma_v = \sqrt{1{,}0^2 + 1{,}0^2 + 0{,}8^2 - (1{,}0\cdot 1{,}0 + 1{,}0\cdot 0{,}8 + 1{,}0\cdot 0{,}8)} = +0{,}2 \ \text{t/cm}^2.$

b) Spannungszustände bei Beginn des Fließens bzw. beim Trennbruch

Den nachfolgenden Berechnungen wird ein Siemens-Martin-Stahl (nach Versuchen von Roš-Eichinger, EMPA 1926) [36, S. 95] zugrunde gelegt. Mit Rücksicht auf das Fließen wird $m = 2$ beachtet. Es gelten hierfür folgende Materialwerte:
Zugfließgrenze $\sigma_{+B} = +2{,}50 \ \text{t/cm}^2;$ Druckquetschgrenze $\sigma_{-B} = -2{,}92 \ \text{t/cm}^2;$
Trennfestigkeit $\sigma_{BA} = +8{,}5 \ \text{t/cm}^2.$
Nach (II D.32) ist:

$$c = \frac{2{,}92}{2{,}50} = 1{,}17,$$

und nach (II D.33)

$$\tau_{BS} = \frac{c + 1}{4}\,\sigma_{+B} = +1{,}36 \ \text{t/cm}^2;$$

$$\tau_{BD} = \frac{1}{2}\,\sqrt{c}\,\sigma_{+B} = +1{,}35 \ \text{t/cm}^2;$$

$$\sigma_{BA} = \frac{(c + 1)^2}{8(c - 1)}\,\sigma_B = 8{,}66 \ \text{t/cm}^2 \approx 8{,}5 \ \text{t/cm}^2.$$

Die diesen Werten entsprechende Leon-Hüllparabel ist in Abb. II D.32 dargestellt.

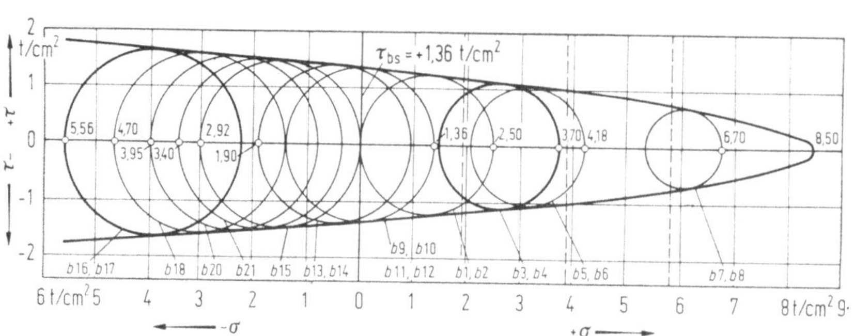

Abb. II D.32. Leon-Hüllparabel für SM-Stahl (nach Roš-Eichinger [36])

Nach H 3, H 8, H 9, H 10 und H 11 ergibt sich die kritische Vergleichsspannung

$$\sigma_{kr} = \sqrt{\sigma_1^2 + \sigma_2^2 + \sigma_3^2 - \sigma_1\sigma_2 - \sigma_1\sigma_3 - \sigma_2\sigma_3}$$

für die Spannungszustände A:

$$+\sigma_1, \quad \sigma_2 = +\sigma_1, \quad \sigma_3 = +\alpha\sigma_1;$$
$$+\sigma_1, \quad \sigma_2 = +\alpha\sigma_1, \quad \sigma_3 = +\alpha\sigma_1;$$
$$-\sigma_1, \quad \sigma_2 = -\sigma_1, \quad \sigma_3 = -\alpha\sigma_1;$$
$$-\sigma_1, \quad \sigma_2 = -\alpha\sigma_1, \quad \sigma_3 = -\alpha\sigma_1$$

zu

$$\sigma_{kr} = (1 - \alpha)\,\sigma_{1,kr} \quad \text{und} \quad \sigma_{1,kr} = \frac{\sigma_{kr}}{1 - \alpha}; \qquad \text{(II D.75)}$$

für die Spannungszustände B:

$$+\sigma_1, \quad \sigma_2 = +\sigma_1, \quad \sigma_3 = -\alpha\sigma_1;$$
$$+\sigma_1, \quad \sigma_2 = -\alpha\sigma_1, \quad \sigma_3 = -\alpha\sigma_1;$$
$$-\sigma_1, \quad \sigma_2 = -\sigma_1, \quad \sigma_3 = +\alpha\sigma_1;$$
$$-\sigma_1, \quad \sigma_2 = +\alpha\sigma_1, \quad \sigma_3 = +\alpha\sigma_1$$

zu

$$\sigma_{kr} = (1 + \alpha)\,\sigma_{1,kr} \quad \text{und} \quad \sigma_{1,kr} = \frac{\sigma_{kr}}{1 + \alpha}. \qquad \text{(II D.76)}$$

Nach H 4 ergibt sich für die Spannungszustände A:

$$\sigma_{kr} = \sigma_{1,kr}(1 - \alpha); \quad \sigma_{1,kr} = \frac{\sigma_{kr}}{1 - \alpha} \qquad \text{(II D.75)}$$

und für die Spannungszustände B:

$$\sigma_{kr} = \sigma_{1,kr}(1 + \alpha); \quad \sigma_{1,kr} = \frac{\sigma_{kr}}{1 + \alpha}. \qquad \text{(II D.76)}$$

Damit erhält man für diese Zustände die gleichen Vergleichsspannungen wie nach H 3, H 8, H 9, H 10 und H 11.

(II D.75) und (II D.76) zeigen an, daß für diese Fälle die mittlere Spannung σ_2 von keinem Einfluß ist.

Für σ_{kr} wird den Zahlenwerten $\sigma_{kr} = \sigma_{+B} = +2{,}5$ t/cm² zugrunde gelegt. Überwiegen die Druckspannungen werden zum Vergleich auch die Klammerwerte ( ) mit $\sigma_{kr} = \sigma_{-B} = -2{,}92$ t/cm² angegeben. Zum Vergleich werden auf Grund der einzelnen Hypothesen für die verschiedensten Spannungszustände die Vergleichswerte $\sigma_{1,kr}$ berechnet. Die Werte für H 6 werden aus der Leon-Hüllparabel der Abb. II D.32 entnommen.

Zustand b1): $+\sigma_1,\ \sigma_2 = +0,4\,\sigma_1,\ \sigma_3 = 0.$

H 1: $\sigma_{kr} = +1,0\,\sigma_{1,kr};\quad \sigma_{1,kr} = +2,5\ \text{t/cm}^2;$

H 2: Mit $m = 2$ wird

$$\sigma_{1,kr} \cdot \left(1,0 - \frac{0,4}{2}\right) = \sigma_{kr};\quad \sigma_{1,kr} = \frac{2,5}{0,8} = +3,13\ \text{t/cm}^2;$$

H 3, H 8, H 9, H 10, H 11: $\sigma_{kr} = \sigma_{1,kr}\ \sqrt{1,0^2 + 0,4^2 - 0,4} = 0,872\,\sigma_{1,kr}\,,$

$$\sigma_{1,kr} = \frac{2,5}{0,872} = +2,87\ \text{t/cm}^2;$$

H 4: $\sigma_{kr} = \sigma_{1,kr}(1,0 - 0,0);\quad \sigma_{1,kr} = +2,5\ \text{t/cm}^2;$

H 6: Aus Leon-Hüllparabel $\sigma_{1,kr} = +2,5\ \text{t/cm}^2.$

Zustand b2): $+\sigma_1,\ \sigma_2 = +1,0\,\sigma_1,\ \sigma_3 = 0,\ \alpha = 0.$

H 1: $\sigma_{1,kr} = +2,5\ \text{t/cm}^2;$

H 2: $\sigma_{1,kr}\left(1,0 - \frac{1,0}{2}\right) = \sigma_{kr};\quad \sigma_{1,kr} = \frac{2,5}{0,5} = +5,0\ \text{t/cm}^2;$

H 3, H 4: $\sigma_{1,kr} = \dfrac{\sigma_{kr}}{1 - \alpha} = +2,5\ \text{t/cm}^2;$

H 6: $\sigma_{1,kr} = +2,5\ \text{t/cm}^2.$

Zustand b3): $+\sigma_1,\ \sigma_2 = +1,0\,\sigma_1,\ \sigma_3 = 0,4\,\sigma_1,\ \alpha = 0,4.$

H 1: $\sigma_{1,kr} = +2,5\ \text{t/cm}^2;$

H 2: $\sigma_{1,kr}\left(1 - \frac{1,4}{2}\right) = \sigma_{kr};\quad \sigma_{1,kr} = \frac{2,5}{0,3} = +8,33\ \text{t/cm}^2;$

H 3, H 4: $\sigma_{1,kr} = \dfrac{\sigma_{kr}}{1 - \alpha} = \dfrac{2,5}{0,6} = +4,17\ \text{t/cm}^2;$

H 6: $\sigma_{1,kr} = +3,70\ \text{t/cm}^2.$

Zustand b4): $+\sigma_1,\ \sigma_2 = +0,4\,\sigma_1,\ \sigma_3 = +0,4\,\sigma_1,\ \alpha = 0,4.$

H 2: $\sigma_{1,kr}\left(1 - \frac{0,8}{2}\right) = \sigma_{kr};\quad \sigma_{1,kr} = \frac{2,5}{0,6} = +4,17\ \text{t/cm}^2;$

H 3, H 4: $\sigma_{1,kr} = +4,17\ \text{t/cm}^2;$

H 6: $\sigma_{1,kr} = +3,70\ \text{t/cm}^2.$

Zustand b5): $+\sigma_1,\ \sigma_2 = 1,0\,\sigma_1,\ \sigma_3 = 0,5\,\sigma_1,\ \alpha = 0,5.$

H 1: $\sigma_{1,kr} = +2,5\ \text{t/cm}^2;$

H 2: $\sigma_{1,kr}\left(1 - \frac{1,5}{2}\right) = \sigma_{kr};\quad \sigma_{kr} = \frac{2,5}{0,25} = +10,0\ \text{t/cm}^2;$

H 3, H 4: $\sigma_{1,kr} = \dfrac{\sigma_{kr}}{1 - \alpha} = \dfrac{2,5}{0,5} = +5,0\ \text{t/cm}^2;$

H 6: $\sigma_{1,kr} = +4,18\ \text{t/cm}^2.$

Zustand b6): $+\sigma_1,\ \sigma_2 = \sigma_3 = +0,5\,\sigma_1,\ \alpha = 0,5.$

H 2: $\sigma_{1,kr}\left(1,0 - \frac{1,0}{2}\right) = \sigma_{kr};\quad \sigma_{1,kr} = \frac{2,5}{0,5} = +5,0\ \text{t/cm}^2;$

H 3, H 4, H 6 wie b5.

Zustand b7): $+\sigma_1$, $\sigma_2 = +1,0\,\sigma_1$, $\sigma_3 = +0,8\,\sigma_1$, $\alpha = 0,8$.

$$H\,2:\ \sigma_{1,kr}\left(1,0 - \frac{1,8}{2}\right) = \sigma_{kr}; \quad \sigma_{1,kr} = \frac{2,5}{0,1} = +25,0\ \text{t/cm}^2;$$

$$H\,3,\ H\,4:\ \sigma_{1,kr} = \frac{\sigma_{kr}}{1-\alpha} = \frac{2,5}{0,2} = +12,5\ \text{t/cm}^2;$$

$$H\,6:\ \sigma_{1,kr} = +6,7\ \text{t/cm}^2.$$

Zustand b8): $+\sigma_1$, $\sigma_2 = \sigma_3 = 0,8\,\sigma_1$, $\alpha = 0,8$.

$$H\,2:\ \sigma_{1,kr}\left(1,0 - \frac{1,6}{2}\right) = \sigma_{kr}; \quad \sigma_{kr} = \frac{2,5}{0,2} = +12,5\ \text{t/cm}^2;$$

$$H\,3,\ H\,4,\ H\,6\ \text{wie b7.}$$

Zustand b9): $+\sigma_1$, $\sigma_2 = +1,0\,\sigma_1$, $\sigma_3 = -1,0\,\sigma_1$, $\alpha = -1,0$.

$$H\,1:\ \sigma_{1,kr} = +2,5\ \text{t/cm}^2;$$

$$H\,2:\ \sigma_{1,kr}\left(1,0 - \frac{1,0 - 1,0}{2}\right) = \sigma_{kr}; \quad \sigma_{1,kr} = +2,5\ \text{t/cm}^2;$$

$$H\,3,\ H\,4:\ \sigma_{1,kr} = \frac{\sigma_{kr}}{1+\alpha} = \frac{2,5}{2,0} = 1,25\ \text{t/cm}^2;$$

$$H\,6:\ \sigma_{1,kr} = +1,36\ \text{t/cm}^2.$$

Zustand b10): $-1,0\,\sigma_1$, $\sigma_2 = -1,0\,\sigma_1$, $\sigma_3 = +1,0\,\sigma_1$, $\alpha = 1,0$.

$$H\,2:\ \sigma_{1,kr} = -\left(1,0 - \frac{-1,0 - 1,0}{2}\right) = \sigma_{kr}; \quad \sigma_{1,kr} = -\frac{2,5}{2} = -1,25\ \text{t/cm}^2,$$

$$(-1,46\ \text{t/cm}^2);$$

$$H\,3,\ H\,4,\ H\,6\ \text{wie b9.}$$

Zustand b11): $+\sigma_1$, $\sigma_2 = 0$, $\sigma_3 = -1,0\,\sigma_1$.

$$H\,1:\ \sigma_{1,kr} = +2,5\ \text{t/cm}^2;$$

$$H\,2:\ \sigma_{1,kr}\left(1,0 - \frac{0 - 1,0}{2}\right) = \sigma_{kr}; \quad \sigma_{1,kr} = \frac{2,5}{1,5} = 1,67\ \text{t/cm}^2;$$

$$H\,3:\ \sigma_{kr} = \sigma_{1,kr}\sqrt{1,0^2 + 1,0^2 - (-1,0 \cdot 1,0)}; \quad \sigma_{1,kr} = \frac{2,5}{1,73} = 1,44\ \text{t/cm}^2;$$

$$H\,4:\ \sigma_{1,kr}(1,0 + 1,0) = \sigma_{kr}; \quad \sigma_{1,kr} = +\frac{2,5}{2,0} = +1,25\ \text{t/cm}^2;$$

$$H\,6:\ \sigma_{1,kr} = +1,36\ \text{t/cm}^2.$$

Zustand b12): $-\sigma_1$, $\sigma_2 = 0$, $\sigma_3 = +0,5\,\sigma_1$.

$$H\,1:\ \sigma_{1,kr} = -2,92\ \text{t/cm}^2;$$

$$H\,2:\ \sigma_{1,kr}\left(-1,0 - \frac{0,5}{2}\right) = \sigma_{kr}; \quad \sigma_{1,kr} = -\frac{2,92}{1,25} = -2,35\ \text{t/cm}^2;$$

$$H\,3:\ \sigma_{kr} = \sigma_{1,kr}\sqrt{1,0^2 + 0,5^2 - (-0,5 \cdot 1,0)}\ ;$$

$$\sigma_{1,kr} = -\frac{2,5}{1,325} = -1,88\ \text{t/cm}^2; \quad (-2,21\ \text{t/cm}^2);$$

$$H\,4:\ \sigma_{1,kr}(-1,0 - 0,5) = \sigma_{kr}; \quad \sigma_{1,kr} = -\frac{2,92}{1,5} = -1,95\ \text{t/cm}^2;$$

$$H\,6:\ \sigma_{1,kr} = -1,90\ \text{t/cm}^2.$$

Zustand b 13): $-1,0\,\sigma_1,\ \sigma_2 = -1,0\,\sigma_1,\ \sigma_3 = +0,5\,\sigma_1,\ \alpha = 0,5.$

$$\text{H 3, H 4: } \sigma_{1,kr} = \frac{\sigma_{kr}}{1+\alpha} = -\frac{2,5}{1,5} = -1,67\ \text{t/cm}^2\ (-1,95\ \text{t/cm}^2);$$

$$\text{H 6: } \sigma_{1,kr} = -1,90\ \text{t/cm}^2.$$

Zustand b 14): $-1,0\,\sigma_1,\ \sigma_2 = \sigma_3 = +0,5\,\sigma_1,\ \alpha = 0,5.$

H 3 und H 6 wie b 13.

Zustand b 15): $-1,0\,\sigma_1,\ \sigma_2 = -1,0\,\sigma_1,\ \sigma_3 = 0,\ \alpha = 0.$

$$\text{H 1: } \sigma_{1,kr} = -2,92\ \text{t/cm}^2;$$

$$\text{H 2: } \sigma_{1,kr}\left(-1,0 - \frac{-1,0}{2}\right) = \sigma_{kr}, \quad \sigma_{1,kr} = -\frac{2,92}{0,5} = -5,84\ \text{t/cm}^2;$$

$$\text{H 3, H 4: } \sigma_{1,kr} = \frac{\sigma_{kr}}{1+\alpha} = -\frac{2,5}{1,0} = -2,50\ \text{t/cm}^2\ (-2,92\ \text{t/cm}^2);$$

$$\text{H 6: } \sigma_{1,kr} = -2,92\ \text{t/cm}^2.$$

Zustand b 16): $-1,0\,\sigma_1,\ \sigma_2 = -1,0\,\sigma_1,\ \sigma_3 = -0,4\,\sigma_1,\ \alpha = 0,4.$

$$\text{H 1: } \sigma_{1,kr} = -2,92\ \text{t/cm}^2;$$

$$\text{H 2: } \sigma_{1,kr}\left(-1,0 - \frac{-1,0-0,4}{2}\right) = \sigma_{kr}; \quad \sigma_{1,kr} = -\frac{2,92}{0,3} = -9,73\ \text{t/cm}^2;$$

$$\text{H 3: } \sigma_{1,kr} = \frac{\sigma_{kr}}{1-\alpha} = -\frac{2,5}{0,6} = -4,17\ \text{t/cm}^2\ (-4,87\ \text{t/cm}^2);$$

$$\text{H 6: } \sigma_{1,kr} = -5,56\ \text{t/cm}^2.$$

Zustand b 17): $-1,0\,\sigma_1,\ \sigma_2 = \sigma_3 = -0,4\,\sigma_1,\ \alpha = 0,4.$

$$\text{H 2: } \sigma_{1,kr}\left(-1,0 - \frac{-0,4-0,4}{2}\right) = \sigma_{kr}; \quad \sigma_{1,kr} = -\frac{2,92}{0,6} = -4,87\ \text{t/cm}^2;$$

H 3, H 4 und H 6 wie b 16.

Zustand b 18): $-1,0\,\sigma_1,\ \sigma_2 = -1,0\,\sigma_1,\ \sigma_3 = -0,3\,\sigma_1,\ \alpha = 0,3.$

$$\text{H 2: } \sigma_{1,kr}\left(-1,0 - \frac{-1,0-0,3}{2}\right) = \sigma_{kr}; \quad \sigma_{kr} = -\frac{2,92}{0,35} = -8,34\ \text{t/cm}^2;$$

$$\text{H 3, H 4: } \sigma_{1,kr} = -\frac{\sigma_{kr}}{1-\alpha} = -\frac{2,5}{0,7} = -3,57\ \text{t/cm}^2,\ (-4,17\ \text{t/cm}^2);$$

$$\text{H 6: } \sigma_{1,kr} = -4,70\ \text{t/cm}^2.$$

Zustand b 19): $-1,0\,\sigma_1,\ \sigma_2 = -0,3\,\sigma_1,\ \sigma_3 = -0,3\,\sigma_1,\ \alpha = 0,3.$

H 3 und H 6 wie b 18.

Zustand b 20): $-1,0\,\sigma_1,\ \sigma_2 = -1,0\,\sigma_1,\ \sigma_3 = -0,2\,\sigma_1,\ \alpha = 0,2.$

$$\text{H 1: } \sigma_{1,kr} = -2,92\ \text{t/cm}^2;$$

$$\text{H 2: } \sigma_{1,kr}\left(-1,0 - \frac{-1,0-0,2}{2}\right) = \sigma_{kr}; \quad \sigma_{1,kr} = -\frac{2,92}{0,4} = -7,30\ \text{t/cm}^2;$$

$$\text{H 3, H 4: } \sigma_{1,kr} = \frac{\sigma_{kr}}{1-\alpha} = -\frac{2,5}{0,8} = -3,13\ \text{t/cm}^2\ (-3,67\ \text{t/cm}^2);$$

$$\text{H 6: } \sigma_{1,kr} = -3,95\ \text{t/cm}^2.$$

Zustand b 21): $-1,0\,\sigma_1$, $\sigma_2 = -1,0\,\sigma_1$, $\sigma_3 = -0,1\,\sigma_1$, $\alpha = 0,1$.

$$H\,1:\ \sigma_{1,kr} = -2,92\ \text{t/cm}^2;$$

$$H\,2:\ \sigma_{1,kr}\left(-1,0 - \frac{-1,0 - 0,1}{2}\right) = \sigma_{kr};\quad \sigma_{1,kr} = -\frac{2,92}{0,45} = -6,49\ \text{t/cm}^2;$$

$$H\,3,\ H\,4:\ \sigma_{1,kr} = \frac{\sigma_{kr}}{1-\alpha} = -\frac{2,50}{0,9} = -2,78\ \text{t/cm}^2\ (-3,25\ \text{t/cm}^2);$$

$$H\,6:\ \sigma_{1,kr} = -3,40\ \text{t/cm}^2.$$

Legt man die Leon-Hüllparabel nach H 6 als Basis für einen Vergleich der einzelnen Hypothesen zugrunde, so erkennt man aus den Zahlenwerten, daß die Hypothesen H 1 und H 2 sich als völlig ungeeignet erweisen. Die nachfolgende Zusammenstellung gibt einen interessanten Einblick über die Verhältnisse bei verschiedenen Spannungszuständen:

Tabelle II D.1

Zustand:	σ_1	σ_2	σ_3	$\sigma_{1,kr}$ für $\sigma_{+B} = 2,5$ t/cm²			$\sigma_{1,kr}$ für $\sigma_{-B} = -2,92$ t/cm²			$v = \dfrac{\sigma_{1,kr}\,(\text{H 3})}{\sigma_{1,kr}\,(\text{H 6})}$	
	γ	β	α	H 3	H 4	H 6	H 3	H 4	H 6	v'	v''
b 7	$+1,0$	$+1,0$	$+0,8$	$+12,5$	$+12,5$	$+6,7$				1,87	
b 8	$+1,0$	$+0,8$	$+0,8$	$+12,5$	$+12,5$	$+6,7$				1,87	
b 5	$+1,0$	$+1,0$	$+0,5$	$+5,0$	$+5,0$	$+4,18$				1 20	
b 3	$+1,0$	$+1,0$	$+0,4$	$+4,17$	$+4,17$	$+3,70$				1,13	
b 6	$+1,0$	$+0,5$	$+0,5$	$+5,0$	$+5,0$	$+4,18$				1,20	
b 4	$+1,0$	$+0,4$	$+0,4$	$+4,17$	$+4,17$	$+3,70$				1,13	
b 2	$+1,0$	$+1,0$	0	$+2,5$	$+2,5$	$+2,5$				1,00	
b 1	$+1,0$	$+0,4$	0	$+2,87$	$+2,5$	$+2,5$				1,15	
b 9	$+1,0$	$+1,0$	$-1,0$	$+1,25$	$+1,25$	$+1,36$				0,92	
b 11	$+1,0$	0	$-1,0$	$+1,44$	$+1,25$	$+1,36$				1,06	
b 10	$-1,0$	$-1,0$	$+1,0$	$-1,25$	$-1,25$	$-1,36$	$-1,46$	$-1,46$	$-1,36$	0,92	1,07
b 14	$-1,0$	$+0,5$	$+0,5$	$-1,67$	$-1,67$	$-1,90$	$-1,95$	$-1,95$	$-1,90$	0,88	1,03
b 12	$-1,0$	0	$+0,5$	$-1,88$	$-1,67$	$-1,90$	$-2,21$	$-1,95$	$-1,90$	0,99	1,16
b 13	$-1,0$	$-1,0$	$+0,5$	$-1,67$	$-1,67$	$-1,90$	$-1,95$	$-1,95$	$-1,90$	0,88	1,03
b 15	$-1,0$	$-1,0$	0	$-2,50$	$-2,50$	$-2,92$	$-2,92$	$-2,92$	$-2,92$	0,86	1,00
b 19	$-1,0$	$-0,3$	$-0,3$	$-3,57$	$-3,57$	$-4,70$	$-4,17$	$-4,17$	$-4,70$	0,76	0,89
b 17	$-1,0$	$-0,4$	$-0,4$	$-4,20$	$-4,20$	$-5,56$	$-4,87$	$-4,87$	$-5,56$	0,76	0,88
b 21	$-1,0$	$-1,0$	$-0,1$	$-2,79$	$-2,79$	$-3,40$	$-3,25$	$-3,25$	$-3,40$	0,82	0,95
b 20	$-1,0$	$-1,0$	$-0,2$	$-3,13$	$-3,13$	$-3,95$	$-3,67$	$-3,67$	$-3,95$	0,79	0,93
b 18	$-1,0$	$-1,0$	$-0,3$	$-3,57$	$-3,57$	$-4,70$	$-4,17$	$-4,17$	$-4,70$	0,76	0,89
b 16	$-1,0$	$-1,0$	$-0,4$	$-4,20$	$-4,20$	$-5,56$	$-4,87$	$-4,87$	$-5,56$	0,76	0,88

Dem Verhältniswert v' liegt bei der Ermittlung von $\sigma_{1,kr}$ der Wert $\sigma_{+B} = +2,5$ t/cm² zugrunde, während bei v'' der Wert $\sigma_{-B} = -2,92$ t/cm² verwendet wurde.

Auf Grund der Tabelle II D.1 können folgende Feststellungen getroffen werden:

Die Hypothesen H 3 und H 4 stimmen für Spannungszustände, bei denen die mittlere Spannung σ_2 gleich groß wie eine der beiden Grenzspannungen σ_1 oder σ_3 ist völlig überein. Hierbei sind für die Fälle $\sigma_1 > \sigma_2 > \sigma_3$ Abweichungen zwischen den beiden Hypothesen H 3 und H 4 in der Größenordnung bis 15% vorhanden.

Für räumliche Spannungszustände, bei denen alle drei Hauptspannungen Zugspannungen oder Druckspannungen sind und die kleinste Spannung den Wert

$\sigma_3 = 0,4\,\sigma_1$ überschreitet

$$\left(\begin{array}{l} \text{Grenzfälle} \; + 1,0\,\sigma_1 > \sigma_2 \quad > \sigma_3 = +0,4\,\sigma_1 \\ \text{oder} \qquad\quad - 1,0\,\sigma_1 > -\sigma_2 > \sigma_3 = -0,4\,\sigma_1 \end{array} \right),$$

kann nur H 6 als Anstrengungshypothese zugrunde gelegt werden.

Für alle zwischenliegenden ebenen und räumlichen Spannungszustände, wobei sowohl nur Zugspannungen oder nur Druckspannungen oder gleichzeitig beliebige Zug- und Druckspannungen wirksam sein können, kann die Hypothese H 3 Anwendung finden. Ist die größte Spannung dabei eine Zugspannung, so ist $\sigma_{kr} = \sigma_{+B} = +\sigma_s$ (Fließgrenze) der Vergleichsspannung bzw. der Ermittlung von $\sigma_{1,kr}$ zugrunde zu legen; ist sie eine Druckspannung, so ist zweckmäßig $\sigma_{kr} = \sigma_{-B} = \sigma_q$ (Quetschgrenze) einzuführen. Hierbei kann näherungsweise $\sigma_q \approx 1,1\,\sigma_{+B}$ bis $1,15\,\sigma_{+B}$ angenommen werden.

15. Leon-Hüllparabel und Werkstoffverhalten der Stähle

Eine der unangenehmsten Erscheinungen im Verhalten der Stähle ist der Sprödbruch. Nach Ludwik [20] ist für den Eintritt eines Sprödbruches ein bestimmtes Zusammenwirken folgender Bedingungen maßgebend:
   a) Werkstoffart und Werkstoffzustand,
   b) Mehrachsigkeit des Spannungszustandes,
   c) Geschwindigkeit der Beanspruchung,
   d) Temperatur während der Beanspruchung.
Die Werkstoffart und der Werkstoffzustand sind für ruhende Belastung und Raumtemperatur durch die Leon-Hüllparabel erfaßt. Abb. II D.33 zeigt z. B., daß bei einer Schweißnaht Grundmaterial, Schweißnaht und Übergangszone völlig verschiedene Hüllparabeln aufweisen können. Es ändern sich somit mit dem Gefügezustand und den Festigkeitseigenschaften die Werte c_s, S_R und σ_s (Abb. II D.33). Es gilt hierbei H 1 für den Grundwerkstoff, H 2 für die stark aufgehärteten Übergangszonen und H 4 für die Schweißnaht. Die Verhältniszahl c_s schwankt dabei zwischen 7,2 und 2,3. Somit ist der Werkstoff nach H 4 wesentlich ungünstiger für räumliche Spannungszustände und er ist daher anfälliger für Sprödbrüche, während der Grundwerkstoff noch zähes Verhalten zeigt. Es besteht die Aufgabe durch Verwendung hochwertiger Elektroden und die Schaffung geeigneter Schweißbedingungen die c_s-Werte von

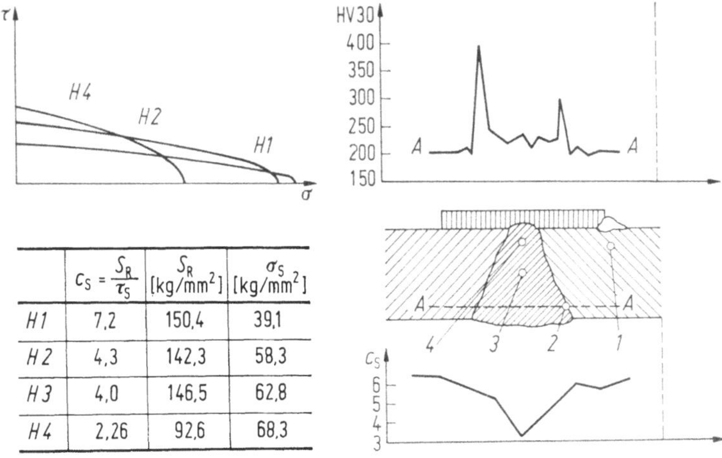

	$c_S = \dfrac{S_R}{\tau_S}$	S_R [kg/mm^2]	σ_S [kg/mm^2]
H 1	7,2	150,4	39,1
H 2	4,3	142,3	58,3
H 3	4,0	146,5	62,8
H 4	2,26	92,6	68,3

Abb. II D.33. Festigkeitszustände in einer Schweißnaht (nach Slattenschek [38])

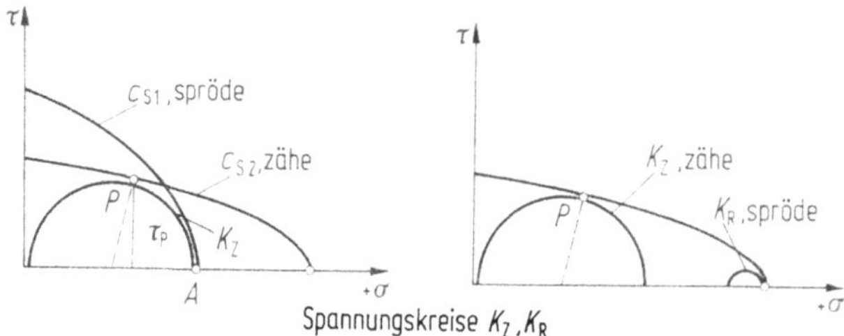

a Vergleich zweier Werkstoffe $c_{S1} < c_{S2}$ bei gleicher Beanspruchung

b Vergleich zweier Beanspruchungen K_Z und K_R bei gleichem Werkstoff

Abb. II D.34. Werkstoffverhalten abhängig vom Werkstoff und Spannungszustand
(nach Slattenschek [40])

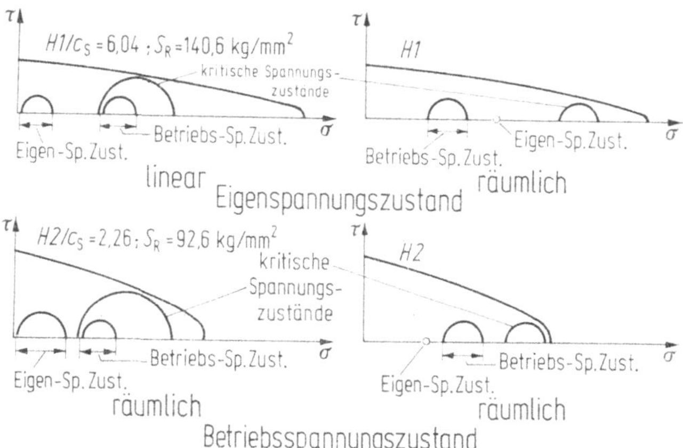

Abb. II D.35. Überlagerung von Eigenspannungen und Betriebsspannungen
(nach Slattenschek [38])

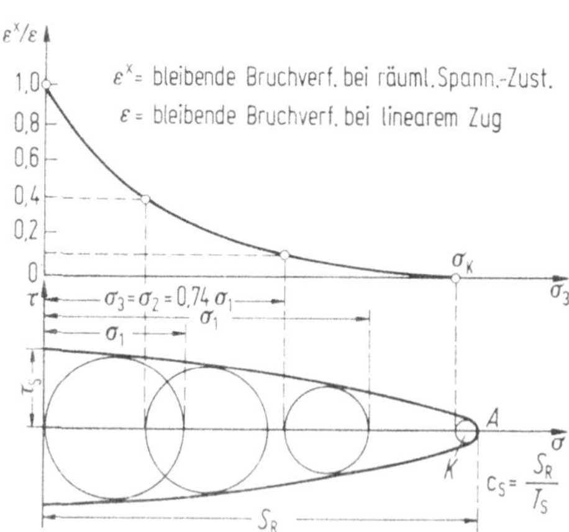

Abb. II D.36. Bruchverformungsvermögen bei räumlichen Spannungszuständen
(nach Slattenschek [38])

Grundwerkstoff und Schweißnaht möglichst gleich zu erhalten. Abb. II D.34 zeigt schematisch, wie es bei einem gegebenen Spannungszustand — gegeben durch den Spannungskreis — je nach der Materialgüte einmal zum Sprödbruch und einmal zum Verformungsbruch kommt. Die Bedingungen a) und b) sind somit durch die Hüllparabel und den Spannungskreis eindeutig miteinander verbunden. Aus Abb. II D.35 erkennt man, daß für zwei verschiedene Materialien die Betriebsspannungen allein weit von einem kritischen Belastungsfall entfernt sind. Durch die Überlagerung von linearen oder räumlichen Spannungszuständen zur Betriebsbelastung kann es sowohl zu Verformungs- als auch zu Sprödbrüchen kommen.

Abb. II D.36 gibt einen schematischen Einblick, wie sehr das Verhältnis $\varepsilon^*/\varepsilon$ von bleibender Bruchverformung beim räumlichen Spannungszustand zur bleibenden Bruchverformung beim linearen Zug in Abhängigkeit vom Spannungszustand variiert. Mit dem Weiterrücken des Spannungskreises nach rechts nimmt dieses Verhältnis stark ab, so daß man daraus ebenfalls die damit verbundene Versprödung des Materials erkennt.

Die Bedingungen c) und d), der Einfluß der Geschwindigkeit der Belastung und die der Temperatur können ebenfalls maßgeblich für ein zähes oder sprödes Verhalten eines Werkstoffes werden.

Abb. II D.37 zeigt schematisch, wie der Gleitwiderstand, ausgehend von der ruhenden Belastung, mit zunehmender Belastungsgeschwindigkeit abnimmt und plötzlich bei einer kritischen spezifischen Verformungsgeschwindigkeit auf einen tiefen Wert absinkt, so daß statt eines Gleitbruches ein Trennbruch eintritt. Dieser Übergang hängt nun aber auch wesentlich von der vorhandenen Temperatur ab und er tritt bei tiefen Temperaturen wesentlich früher ein, als bei hohen. In dieser Abbildung sind für verschiedene Temperaturen die Kurven für den Übergang vom Verformungsbruch zum Trennbruch in Abhängigkeit von der spezifischen Verformungsgeschwindigkeit aufgetragen. Die stark ausgezogene Linie gibt z. B. an, daß bei 0° und einer bestimmten spezifischen Verformungsgeschwindigkeit der Übergang zum Sprödbruch stattfindet. Bei der gleichen Verformungsgeschwindigkeit führen alle Temperaturen oberhalb von 0° zum Verformungsbruch, alle unter 0° liegenden zum Trennbruch. Die Kurve K gibt die Beziehung zwischen Temperatur und kritischer Verformungsgeschwindigkeit an. Diese Erscheinung ist von der Kerbschlagprobe her bekannt, da an der Kerbe infolge der Schlagbeanspruchung besonders hohe Verformungsgeschwindigkeiten auftreten. Wäre die Ebene V in Abb. II D.37 gerade die Verformungsgeschwindigkeit beim Kerbschlagversuch, dann würde bei 0° Prüftem-

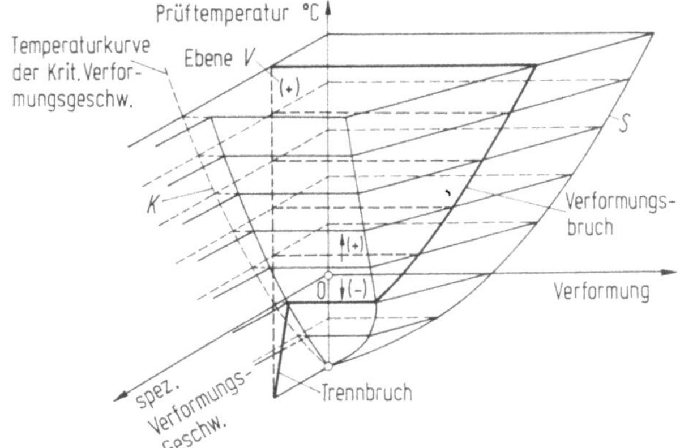

Abb. II D.37. Schematischer Einfluß der Temperatur und Verformungsgeschwindigkeit auf die Bruchart (nach Slattenschek [37])

peratur bei dem gewählten Material gerade das Übergangsgebiet von Verformungsbruch zum Trennbruch liegen (Abb. II D.38).

Der bekannte Verlauf der Kerbzähigkeit-Temperatur-Kurve entspricht grundsätzlich der Schnittfigur der V-Ebene im räumlichen Schaubild Abb. II D.37.

In Abb. II D.39 ist durch die Kurve, die die Beziehung zwischen Temperatur und kritischer Verformungsgeschwindigkeit angibt, die Übergangsbedingung zwischen zähem und spröden Verhalten des betreffenden Werkstoffes festgelegt. Ist der Beanspruchungszustand bei $+t_1$ für eine bestimmte Verformungsgeschwindigkeit v durch den Punkt z gegeben, so liegt er im zähen Bereich. Sinkt die Temperatur auf $-t_2^0$, so befindet sich der entsprechende Punkt s bereits im spröden Bereich. Ähnliches tritt ein, wenn bei gleicher Temperatur $+t_1^0$ die spezifische Verformungsgeschwindigkeit von v auf v_1 anwächst, da der entsprechende Punkt s_1 sich ebenfalls bereits im Sprödbereich befindet.

Niedrige Temperaturen können bei Konstruktionen im Freien auftreten; hohe Verformungsgeschwindigkeiten bei Druckstößen im Stahlwasserbau usw. Über die Auswirkung der verschiedenen Einflüsse ist in [39] eingehend berichtet.

Es sei auch darauf hingewiesen, daß der Werkstoff Stahl keineswegs isotrop ist, sondern daß je nach der Walzrichtung Proben in der Walzrichtung und senkrecht

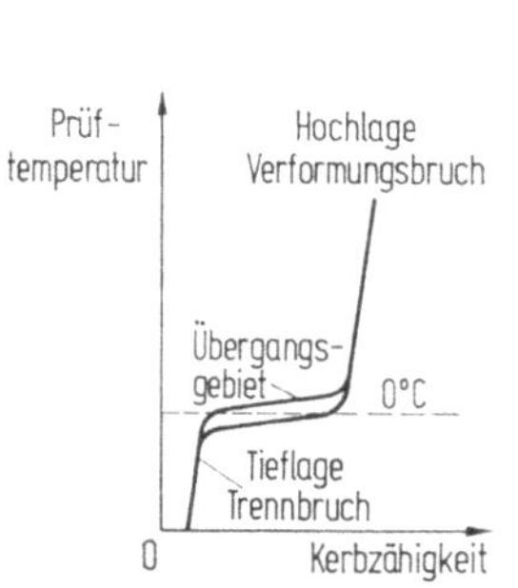

Abb. II D.38. Beziehung zwischen Prüftemperatur und Kerbzähigkeit (nach Slattenschek [37])

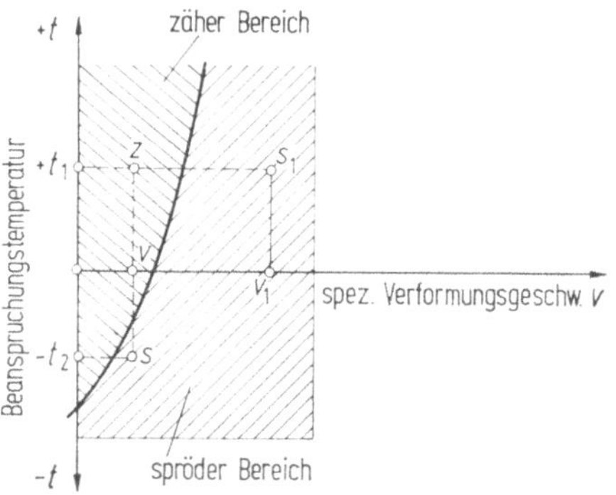

Abb. II D.39. Temperaturkurve der kritischen spezifischen Verformungsgeschwindigkeit (nach Slattenschek [40])

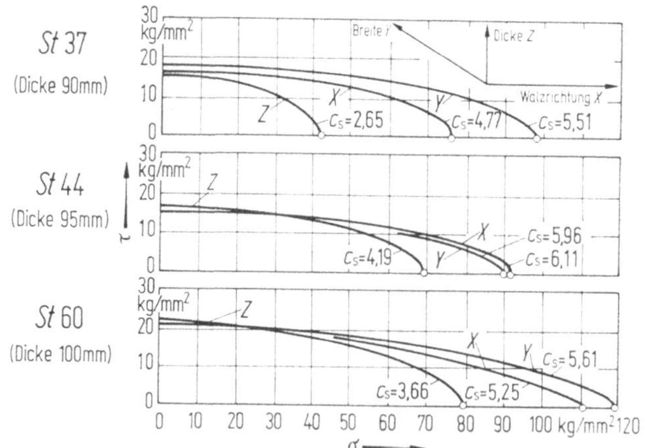

Abb. II D.40. Anisotropie des Festigkeitszustandes (nach Slattenschek [40])

zur Oberfläche große Abweichungen in den Festigkeitseigenschaften aufweisen können, wie dies die Hüllkurven der Abb. II D.40 zeigen.

Auch eine Kaltverformung kann Änderungen der Hüllprarabel ergeben.

Die Frage des Sprödbruches wurde von den verschiedensten Gesichtspunkten aus betrachtet und eine Unzahl von Forschungsarbeiten sind darüber entstanden. Es sei hier nur auf einige Arbeiten von Rühl [30—33] und Klöppel [9] hingewiesen, in denen weitere umfangreiche Schrifttumsangaben zu diesem Problem verzeichnet sind. Die diesbezüglichen Forschungen fanden zum Teil ihren Niederschlag in den „Vorläufigen Empfehlungen zur Wahl der Stahlgütegruppen für geschlossene Stahlbauten" [47]. Einen sehr interessanten Einblick über die Wirkung der verschiedenen Parameter, die auf die Sprödbruchanfälligkeit von Stahlkonstruktionen von Einfluß sind, ergeben auch die Arbeiten von Bierett [1, 2].

Zusammenfassung

Mittels der Hüllparabel, die durch zwei Materialkennwerte (z.B. Zugfestigkeit und Reißfestigkeit) festgelegt ist, können in Verbindung mit dem Mohrschen Spannungskreis verschiedene Spannungszustände bei ruhender Belastung und einer bestimmten Temperatur miteinander verglichen werden. Die Hypothese der Hüllparabel wird durch die Arbeiten von Kuntze [12, 13] gestützt.

Den Schubspannungen wirkt die Gleitfestigkeit, den Normalspannungen die Trennfestigkeit entgegen. Wird die Gleitfestigkeit überwunden, so tritt zuerst bleibende Verformung auf, die Überwindung der Trennfestigkeit bedingt Trennung des Werkstoffes.

Von Kuntze konnte die Trennfestigkeit als eine von der Prüfkörperform unabhängige Materialeigenschaft festgestellt werden. Damit hat Kuntze eine eindeutige Trennung zwischen der Ermittlung der stofflichen Widerstandsgrößen des Werkstoffes auf der einen Seite und der Ermittlung des Spannungszustandes mit Hilfe der Elastizitätstheorie auf der anderen Seite durchgeführt. Mit der Temperatur-Verformungsgeschwindigkeits-Kurve besteht aber auch die Möglichkeit den Einfluß verschiedener Belastungsgeschwindigkeiten und verschiedener Temperaturen zu erfassen und damit Aussagen über die Anwendung von Stählen unter bestimmten Voraussetzungen zu machen.

Das Hüllkurvengesetz, das Kuntze für metallische Werkstoffe experimentell gefunden hat, wurde durch verschiedene Forscher, wie z.B. Roš und Eichinger, auch bei nichtmetallischen Stoffen und bei Kunstharzen immer wieder bestätigt gefunden.

Nach Leon kann die Hüllparabel als normale Parabel, unter Zugrundelegung zweier Ausgangswerte, angenommen werden.

Aus den obigen Darlegungen erkennt man auch die Vielfältigkeit der Probleme, die mit dem Begriff von Anstrengungshypothesen verbunden sind. Daher ist es dringend notwendig bei der Auswahl eines bestimmten Materials für besondere Konstruktionen diese Materialeigenschaften eingehend zu studieren. Man erkennt aber auch, daß es nicht sinnvoll ist für die statische Berechnung zur Ermittlung der Spannungen eine übertriebene Genauigkeit zu fordern, wenn die bei der Festlegung der Materialeigenschaften getroffenen Annahmen in weit größeren Bereichen streuen, als dies bei der Genauigkeit der Berechnung der Fall ist.

16. Die Theorie der Dauerfestigkeit

Wöhler [48] hat 1870 das Gesetz formuliert:

„Der Bruch des Materials, läßt sich auch durch vielfach wiederholte Schwingungen, von denen keine die absolute Bruchgrenze erreicht, herbeiführen. Die Differenzen der Spannungen, welche die Schwingungen eingrenzen, sind dabei für die Zerstörung des

Zusammenhanges maßgebend. Die absolute Größe der Grenzspannungen ist nur insoweit von Einfluß, als mit wachsender Spannung die Differenzen, welche den Bruch herbeiführen, sich verringern."

Seit 100 Jahren wird unermüdlich auf diesem Gebiet geforscht und es ist ein umfangreiches Schrifttum entstanden. Die Ergebnisse dieser Forschungen sind mit Rücksicht auf ihre besondere Wichtigkeit laufend in den verschiedenen Normen und Vorschriften (z.B. Berechnungsvorschriften der Deutschen Bundesbahn für die Berechnung stählerner Brücken) berücksichtigt worden. Im Rahmen dieses Werkes muß auf die eingehende Behandlung dieses Problems verzichtet werden. Es sei nur auf einige wenige neuere Arbeiten von Roš [29], Stüssi [45], Massonnet [22] und Klöppel-Klee [10] verwiesen, wo auf weitere Schrifttumsangaben verwiesen wird.

Neben der Zahl der Belastungswechsel, bei der bei einem bestimmten Schwingungsausschlag der Dauerbruch eintritt, sind aber auch die Belastungsfolge und die wirklichen Betriebslasten — das Spannungskollektiv — von besonderer Bedeutung. Auf dieses Problem ist z.B. zusammenfassend von Pelikan [26] hingewiesen worden.

17. Die Ermittlung der Spannungs-Dehnungslinie
im elastischen und plastischen Bereich metallischer Stoffe

Es ist in den früheren Abschnitten gezeigt worden, wie der Beginn des Fließens von verschiedenen Spannungszuständen abhängt, bzw. daß es bei gleichem Material je nach dem Spannungszustand zu einem Verformungs- bzw. Trennbruch kommen kann.

Nachfolgend wird gezeigt, wie man für ein bestimmtes Material aus dem Spannungs-Dehnungs-Diagramm des Zugversuches, auch die Spannungs-Dehnungs-Kurve für einen beliebigen Spannungszustand erhalten kann [34].

Nach R. v. Mises [24] lautet die Fließbedingung nach (II D.58) in einfachster Form

$$f(J_2', J_3') \approx f(J_2') = c^2.$$

Hierbei ist nach (II D.65)

$$J_2' = \frac{1}{3} \sigma_g^2.$$

Legt man die Gestaltänderungsarbeit als Fließhypothese zugrunde, so ergibt sich mit (II C.27) und (II D.50)

$$A_{i,g} = \frac{1}{2}(s_1\varepsilon_1 + s_2\varepsilon_2 + s_3\varepsilon_3) = \frac{1+\nu}{3E}\sigma_g^2 = \frac{J_2'}{2G} \qquad \text{(II D.77)}$$

mit $\nu = 1/m$.

Für nichtmetallische Stoffe gilt dieses Gesetz nicht mehr, und es muß auch J_3' Berücksichtigung finden [27].

Diesbezügliche Untersuchungen über Marmor und Beton findet man z.B. unter [21].

Bei Anisotropie kann eine zu (II D.65) ähnliche Bedingung Anwendung finden.

Ist bei symmetrischer, orthogonaler Anisotropie das verschiedene Verhalten des Werkstoffes in den verschiedenen Richtungen durch Faktoren $\alpha_1, \alpha_2, \alpha_3, \beta_1', \beta_2', \beta_3'$ gekennzeichnet, so kann als Fließbedingung eingeführt werden [27, 7, 34]

$$f(\sigma_{ij}) = \frac{1}{2(\alpha_1 + \alpha_2 + \alpha_3)}[\alpha_1(\sigma_x - \sigma_y)^2 + \alpha_2(\sigma_x - \sigma_z)^2 + \alpha_3(\sigma_y - \sigma_z)^2 +$$

$$+ 2(\beta_1'\tau_{xy}^2 + \beta_2'\tau_{xz}^2 + \beta_3'\tau_{yz}^2)] = \frac{1}{3}\sigma_g^2. \qquad \text{(II D.78)}$$

Bezüglich der Bestimmung der Faktoren α und β' sei auf [7, 27, 34] verwiesen.

Von besonderem Interesse ist auch verfestigendes Material (z. B. Aluminium) und hierbei interessieren vor allem die Zusammenhänge zwischen den Spannungszuständen und den plastischen Verformungen. Für Beuluntersuchungen werden solche Gesetze in finiter oder besser differentieller Form benötigt.

Bei einem einachsigen Spannungszustand (Abb. II D.41) wird bei einer differentiellen Belastungszunahme $\mathrm{d}J_2' > 0$, für eine Entlastung $\mathrm{d}J_2' < 0$. Bei einem mehrachsigen Spannungszustand ist aber außerdem eine neutrale Spannungszustandsänderung möglich, bei der sich wohl die einzelnen Spannungskomponenten ändern können, aber der Wert von J_2' konstant bleibt, so daß $\mathrm{d}J_2' = 0$ wird.

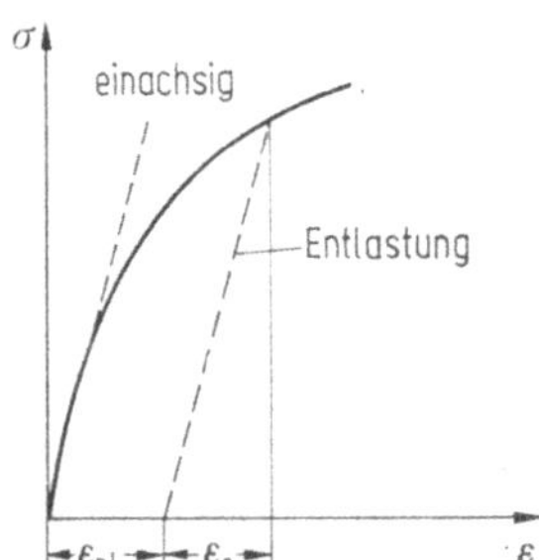

Abb. II D.41. Einachsiger Spannungszustand. Spannungs-Dehnungskurve

Es ist klar, daß nur für Belastungszunahme ($\mathrm{d}J_2' > 0$) plastische Verformungskomponenten $\mathrm{d}\varepsilon_{ij,pl}$ auftreten können, während für $\mathrm{d}J_2' = 0$ keine solchen möglich sind ($\mathrm{d}\varepsilon_{ij,pl} = 0$). Diese Verformungen $\mathrm{d}\varepsilon_{ij,pl}$ werden in irgendeinem funktionellen Zusammenhang $p(J_2')$ mit dem gegebenen Spannungszustand stehen.

Setzt man sie nach [27] in der Form

$$\mathrm{d}\varepsilon_{ij,pl} = p(J_2') \cdot \sigma_{ij}' \cdot \mathrm{d}J_2' = \sigma_{ij}' \cdot \mathrm{d}\lambda \qquad \text{(II D.79)}$$

an, so ist einerseits $\mathrm{d}\varepsilon_{ij,pl} = 0$ für $\mathrm{d}J_2' = 0$ erfüllt und andererseits ist die Bedingung für die Volumenkonstanz bei plastischen Vorgängen eingehalten, da mit $s_1 + s_2 + s_3 = 0$ die Volumenänderung $\mathrm{d}\varepsilon_{11} + \mathrm{d}\varepsilon_{22} + \mathrm{d}\varepsilon_{33} = p(J_2') \cdot \mathrm{d}J_2' \cdot (s_1 + s_2 + s_3) = 0$ wird.

Dieses Gesetz, das im amerikanischen Schrifttum als „incremental law" bezeichnet wird, ist mit den Namen Lewy (1971), von Mises, Prandtl und Reuss verbunden [7, 27].

Die Aufgabe besteht nun darin, für einen bestimmten Baustoff und Spannungszustand die mit J_2' variierende skalare Größe $\mathrm{d}\lambda$ zu ermitteln. Es ist dann nach Gl. (II D.79) [24]

$$\frac{\mathrm{d}\varepsilon_x}{s_x} = \frac{\mathrm{d}\varepsilon_y}{s_y} = \frac{\mathrm{d}\varepsilon_z}{s_z} = \frac{\mathrm{d}\gamma_{xy}}{\tau_{xy}} = \frac{\mathrm{d}\gamma_{yz}}{\tau_{yz}} = \frac{\mathrm{d}\gamma_{xz}}{\tau_{xz}} = \mathrm{d}\lambda, \qquad \text{(II D.80)}$$

d. h. sämtliche plastischen Dehnungen und Schiebungen sind nur von dieser skalaren Größe $\mathrm{d}\lambda$ abhängig.

Unter Verwendung von (II D.50)—(II D.58) erhält man

$$\sigma_{ij}' = \frac{\partial f(J_2')}{\partial \sigma_{ij}} . \qquad \text{(II D.81)}$$

Zum Beispiel gilt für isotropes Material

$$\frac{\delta f}{\delta \sigma_x} = \frac{\delta J_2'}{\delta \sigma_x} = \frac{1}{6} \left[2(\sigma_x - \sigma_y) + 2(\sigma_z - \sigma_x) \cdot (-1) \right] = \sigma_x - \sigma_m = s_x \qquad \text{(II D.82)}$$

und

$$\sum \sigma_{ij} \cdot \sigma_{ij}' = \sigma_x s_x + \sigma_y s_y + \sigma_z s_z + 2(\tau_{xy}^2 + \tau_{yz}^2 + \tau_{zx}^2) = 2f(J_2') = 2J_2'. \qquad \text{(II D.83)}$$

Die Änderung der Gestaltänderungsarbeit während einer differentiellen Änderung des Spannungszustandes ergibt sich, unter Beachtung aller Spannungs- und plastischen Verformungskomponenten, zu

$$dW_p = \sum \sigma_{ij}\, d\varepsilon_{ij,pl} = \left(\sum \sigma_{ij}\sigma'_{ij}\right) d\lambda = 2 \cdot f \cdot d\lambda, \tag{II D.84}$$

und nach (II D.57) und (II D.58)

$$f = J'_2 = \frac{1}{3}\, \sigma_g^2,$$

$$dW_p = \frac{2}{3}\, \sigma_g^2 \cdot d\lambda. \tag{II D.85}$$

Betrachtet man nach Reckling [27] einen gedachten äquivalenten, einachsigen Spannungszustand σ_g und eine zugehörige, gedachte, äquivalente, einachsige, plastische Dehnungsänderung $d\varepsilon_{g,pl}$, die durch die Funktion Φ (Abb. II D.42) miteinander verknüpft sind,

$$\sigma_g = \Phi\left(\int d\varepsilon_{g,pl}\right), \tag{II D.86}$$

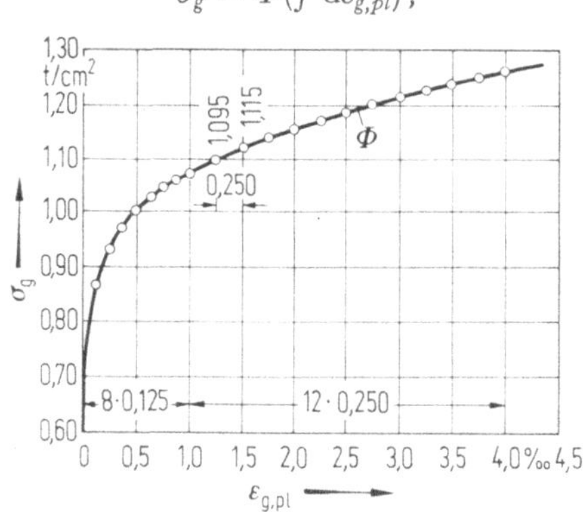

Abb. II D.42. Äquivalenter einachsiger Spannungszustand Funktion Φ
(Vergleichsspannung σ_g-plastische Dehnung $\varepsilon_{g,pl}$)

so ergibt sich für diesen gedachten äquivalenten Zustand

$$dW_p = \sigma_g \cdot d\varepsilon_{g,pl}, \tag{II D.87}$$

und aus der Gleichsetzung von (II D.85) und (II D.87)

$$d\lambda = \frac{3}{2}\, \frac{d\varepsilon_{g,pl}}{\sigma_g}. \tag{II D.88}$$

Ist für einen bestimmten Baustoff die Funktion Φ, z.B. durch den Zugversuch, festgelegt, so können damit für jeden beliebigen Spannungszustand mit (II D.88) und (II D.79) und (II D.80) die plastischen Verformungskomponenten $d\varepsilon_{x,pl}$, $d\varepsilon_{y,pl}$, $d\varepsilon_{z,pl}$, $d\gamma_{xy,pl}$ usw. bestimmt werden. Durch numerische Integration der plastischen Verformungskomponenten und mit Berücksichtigung der elastischen Verformungskomponenten kann man jede gewünschte Spannungs-Dehnungskurve ermitteln. Die Durchführung der Rechnung zeigen die nachfolgenden Beispiele.

Beispiele

a) Isotropes Material

Der Zahlenrechnung wird zu Vergleichszwecken Avional M nach [44] zugrunde gelegt. Die Spannungs-Dehnungslinie des einachsigen Zugversuches wurde aus [44]

Figur 6 entnommen (Abb. II D.43). Damit ergab sich $E = 800 \text{ t/cm}^2$; $\nu = 0{,}35$; $\sigma_p \approx 0{,}70 \text{ t/cm}^2$.

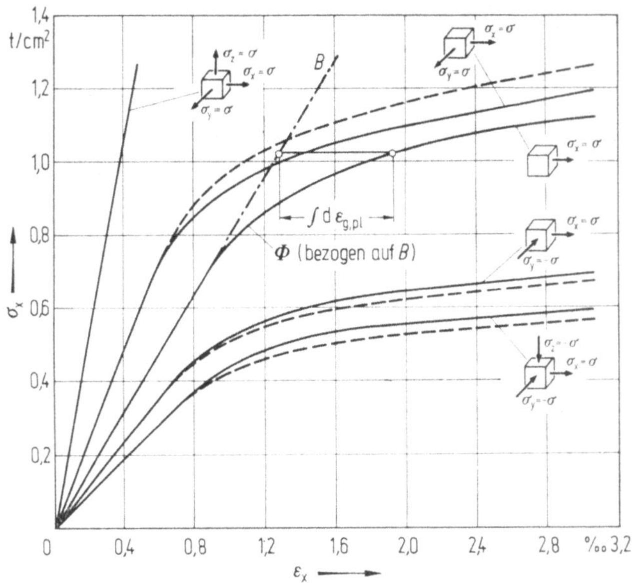

Abb. II D.43. Spannungs-Dehnungskurven für Aviaonal M bei verschiedenen Spannungszuständen

α) Bestimmung der Φ-Kurve aus dem einachsigen Spannungszustand $\sigma_x = \sigma$, $\sigma_y = \sigma_z = 0$.

Nach (II D.56) ist

$$\sigma_g = \sigma_x = \sigma.$$

Weiter wird mit

$$\sigma_m = \frac{\sigma}{3}\,; \quad s_x = \frac{2}{3}\,\sigma, \quad s_y = s_z = -\frac{\sigma}{3}$$

aus (II D.80) und (II D.88)

$$d^*\varepsilon_{x,pl} = s_x \cdot d\lambda = \frac{2}{3}\,\sigma\,\frac{3}{2}\cdot\frac{d\varepsilon_{g,pl}}{\sigma} = d\varepsilon_{g,pl}\,;$$

$$d^*\varepsilon_{y,pl} = s_y \cdot d\lambda = -\frac{1}{3}\,\sigma\,\frac{3}{2}\,\frac{d\varepsilon_{g,pl}}{\sigma} = -\frac{1}{2}\,d\varepsilon_{g,pl} = d^*\varepsilon_{z,pl}.$$

Aus der Beziehung $d^*\varepsilon_{x,pl} = d\varepsilon_{g,pl}$ erkennt man, daß die Φ-Kurve für das gegebene Material sofort aus der Spannungs-Dehnungskurve des einachsigen Zugversuches gewonnen werden kann, wenn man die elastischen Dehnungen von den gesamten Dehnungen abzieht. Die Φ-Kurve ist in Abb. II D.42 besonders dargestellt.

β) Mehrachsige Spannungszustände

β1. $\sigma_x = \sigma_y = \sigma$; $\sigma_z = 0$.

Es wird

$$\sigma_g = \sigma; \quad \sigma_m = \frac{2}{3}\,\sigma; \quad s_x = \frac{1}{3}\,\sigma;$$

$$d\varepsilon_{x,pl} = s_x \cdot d\lambda = \frac{1}{3}\,\sigma\,\frac{3}{2}\cdot\frac{d\varepsilon_{g,pl}}{\sigma} = \frac{1}{2}\,d\varepsilon_{g,pl}.$$

6*

Die elastischen Dehnungen betragen

$$\varepsilon_{x,e} = \frac{1}{E}\,(\sigma_x - \nu\sigma_y) = 0{,}8125\,\sigma. \quad [{}^0\!/_{00}]$$

In Tabelle II D.2 wurden auszugsweise entsprechend Abb. II D.43 für konstante Intervalle $d\varepsilon_{g,pl} = 0{,}125\,{}^0\!/_{00}$ bzw. $0{,}25\,{}^0\!/_{00}$ (Spalte 2) die zugehörigen σ_g-Werte in Spalte 1 eingetragen. Wegen $\sigma_g = \sigma$ können bei der Ermittlung von $d\varepsilon_{x,pl} = 1/2 \cdot d\varepsilon_{g,pl}$ die Zeilen beibehalten und in Spalte 3 die Werte $1/2\,d\varepsilon_{g,pl}$ eingetragen werden. Die numerische Integration zeigt Spalte 4. In Spalte 5 sind zugehörig zu $\sigma_g = \sigma_x$ die Werte $\varepsilon_{x,e}$ angegeben. Durch Summation der Spalten 4 und 5 ergeben sich nach Spalte 6 die endgültigen Dehnungen ε_x. Die $\sigma_x - \varepsilon_x$-Kurve ist in Abb. II D.43 dargestellt.

Tabelle II D.2

σ_g	$d\varepsilon_{g,pl}$	$\sigma_y=\sigma_x,\ \sigma_g=\sigma_x$				$\sigma_y=-\sigma_x,\ \sigma_g=\sqrt{3}\cdot\sigma_x$					$\sigma_z=-\sigma_x,\ \sigma_y=-\sigma_x,\ \sigma_g=2\cdot\sigma_x$			
		$d\varepsilon_{x,pl}=(1/2)d\varepsilon_{g,pl}$	$\Sigma d\varepsilon_{x,pl}$	$\varepsilon_{x,e}=0{,}8125\cdot\sigma$	ε_x	$d\varepsilon_{x,pl}=0{,}86605\cdot d\varepsilon_{g,pl}$	$\Sigma\varepsilon_{x,pl}$	$\varepsilon_{x,e}=1{,}6875\cdot\sigma$	ε_x	$\sigma_x=0{,}57773\cdot\sigma_g$	$\Sigma d\varepsilon_{x,pl}$	$\varepsilon_{x,e}=2{,}125\cdot\sigma$	ε_x	$\sigma_x=(1/2)\cdot\sigma_g$
t/cm²	‰	‰	‰	‰	‰	‰	‰	‰	‰	t/cm²	‰	‰	%	t/cm²
0,700	—	0	0	0,5687	0,5687	—	—	0,6819	0,6819	0,404	—	0,7437	0,7437	0,350
0,870	0,125	0,0625	0,0625	0,7112	0,7737	0,1083	0,1083	0,8471	0,9554	0,502	0,125	0,9244	1,0494	0,435
⋮														
1,070	0,125	0,0625	0,500	0,8747	1,3747	0,2165	0,8664	1,0429	1,9093	0,618	1,000	1,1369	2,1369	0,535
1,095	0,250	0,1250	0,6250	0,8952	1,5202	0,2165	1,0829	1,0665	2,1494	0,632	1,250	1,1634	2,4134	0,5475

$\beta 2.\ \ \sigma_x = \sigma;\ \sigma_y = -\sigma;\ \sigma_z = 0.$

Es wird

$$\sigma_g = \sqrt{3}\cdot\sigma_x;\quad \sigma_m = 0;\quad s_x = \sigma;$$

$$d\varepsilon_{x,pl} = \sigma\,\frac{3}{2}\,\frac{d\varepsilon_{g,pl}}{\sqrt{3}\cdot\sigma} = \frac{\sqrt{3}}{2}\,d\varepsilon_{g,pl} = 0{,}86603\,d\varepsilon_{g,pl};$$

$$\varepsilon_{x,e} = \frac{1}{E}\,(\sigma_x - \nu\sigma_y) = 1{,}6875\,\sigma. \quad [{}^0\!/_{00}]$$

In Tabelle II D.2 wird die Berechnung der Dehnung ε_x in den Spalten 7 bis 10 analog Fall $\beta 1$, Spalten 3—6, durchgeführt. Es ist hierbei zu beachten, daß nun die ermittelten Dehnungen (Spalte 10) den Spannungen $\sigma_x = \sigma_g\sqrt{3}$ (Spalte 11) zuzuordnen sind. Die Spannungs-Dehnungskurve ist ebenfalls aus Abb. II D.43 ersichtlich.

$\beta 3.\ \sigma_x = \sigma;\ \sigma_y = \sigma_z = -\sigma.$

Es wird

$$\sigma_g = 2\sigma;\quad \sigma_m = -\frac{\sigma}{3};\quad s_x = \frac{4}{3}\sigma;$$

$$d\varepsilon_{x,pl} = \frac{4}{3}\sigma\,\frac{3}{2}\,\frac{d\varepsilon_{g,pl}}{2\sigma} = d\varepsilon_{g,pl};$$

$$\varepsilon_{x,e} = \frac{1}{E}(\sigma_x - v\sigma_y - v\sigma_z) = 2{,}125\,\sigma.\ [^o/_{oo}]$$

Bezüglich der Zahlenrechnung siehe Tabelle II D.2 Spalten 2, 12—15, und hinsichtlich der graphischen Darstellung gleichfalls Abb. II D.43.

$\beta 4.\ \sigma_x = \sigma_y = \sigma_z = \sigma.$

Es wird $\sigma_g = 0$ und daher treten keine plastischen Verformungen auf.

$$\varepsilon_{x,e} = \varepsilon_x = 0{,}375\,\sigma.$$

In Abb. II D.43 sind zum Vergleich die Kurven nach Stüssi [44] strichliert angegeben. Diese Kurven wurden aber nach einem finiten Gesetz

$$\begin{aligned}
\varepsilon_1 &= \mu_1\varepsilon_{11} + \mu_2\varepsilon_{12} + \mu_3\varepsilon_{13},\\
\varepsilon_2 &= \mu_1\varepsilon_{21} + \mu_2\varepsilon_{22} + \mu_3\varepsilon_{23},\\
\varepsilon_3 &= \mu_1\varepsilon_{31} + \mu_2\varepsilon_{32} + \mu_3\varepsilon_{33}
\end{aligned} \qquad\text{(II D.89)}$$

mit

$$\mu_1 = \frac{\sigma_1}{\sigma_g},\quad \mu_2 = \frac{\sigma_2}{\sigma_g},\quad \mu_3 = \frac{\sigma_3}{\sigma_g}$$

berechnet. Hierbei sind z.B. ε_{11}, ε_{21} und ε_{31} die Dehnungen aus der Spannungs-Dehnungskurve für reinen Zug σ_{10}. Die erhaltenen Dehnungen sind wieder den Spannungen $\sigma_x = \mu_1\sigma_{10}$ zuzuordnen. Die Abweichungen der Stüssischen Werte sind darauf zurückzuführen, daß die Volumenkonstanz bei Zugrundelegung der veröffentlichten Meßergebnisse nicht ganz eingehalten wird. Legt man die Volumenkonstanz zugrunde und verwendet lediglich die $\sigma_x - {}^*\varepsilon_x$-Kurve der Messungen von Stüssi, so lassen sich die plastischen Anteile von (II D.89) in (II D.80) überleiten, wie nachfolgend gezeigt wird.

Für den Spannungszustand σ_x, σ_y, σ_z ist nach (II D.55, II D.56 und II D.57)

$$f = J_2' = \frac{1}{6}\left[(\sigma_x - \sigma_y)^2 + (\sigma_y - \sigma_z)^2 + (\sigma_z - \sigma_x)^2\right];$$

$$\sigma_g^2 = 3J_2',$$

und nach (II D.82)

$$s_x = \frac{1}{3}(2\sigma_x - \sigma_y - \sigma_z).$$

Nach (II D.80) und (II D.88) wird z.B.

$$d\varepsilon_{x,pl} = s_x\cdot d\lambda = \frac{1}{3}(2\sigma_x - \sigma_y - \sigma_z)\frac{3}{2}\cdot\frac{d\varepsilon_{g,pl}}{\sigma_g} = \frac{\sigma_x}{\sigma_g}\,d\varepsilon_{g,pl} - \frac{\sigma_y}{2\sigma_g}\,d\varepsilon_{g,pl} - \frac{\sigma_z}{2\sigma_g}\,d\varepsilon_{g,pl}.$$

Führt man die Ergebnisse des Beispieles a) ein, so ergibt sich

$$d\varepsilon_{x,pl} = \frac{\sigma_x}{\sigma_g}\,d{}^*\varepsilon_{x,pl} + \frac{\sigma_y}{\sigma_g}\,d{}^*\varepsilon_{y,pl} + \frac{\sigma_z}{\sigma_g}\,d{}^*\varepsilon_{z,pl} = \mu_1\,d{}^*\varepsilon_{x,pl} + \mu_2\,d{}^*\varepsilon_{y,pl} + \mu_3\,d{}^*\varepsilon_{z,pl}.$$

Diese Gleichung stimmt also vollkommen mit der ersten Gleichung (II D.89) nach Stüssi überein, wenn man sie auf differentielle Änderungen des Spannungszustandes bezieht, und man erhält genau die gleichen Spannungs-Dehnungslinien, wie sie in Abb. II D.43 durch volle Linien dargestellt sind.

Das interessante Ergebnis der oben gezeigten Beispiele ist, daß das gleiche Material, je nach dem Spannungszustand, einmal zum Verformungsbruch und das andere Mal zum Trennbruch bzw. Sprödbruch führt, wie das auch nach Rühl [31] in Abb. II D.44 gezeigt wird.

Weiter erkennt man aus den obigen Formeln, daß für Isotropie auch im plastischen Bereich der Satz von Maxwell über die Gegenseitigkeit der Verschiebungen gilt.

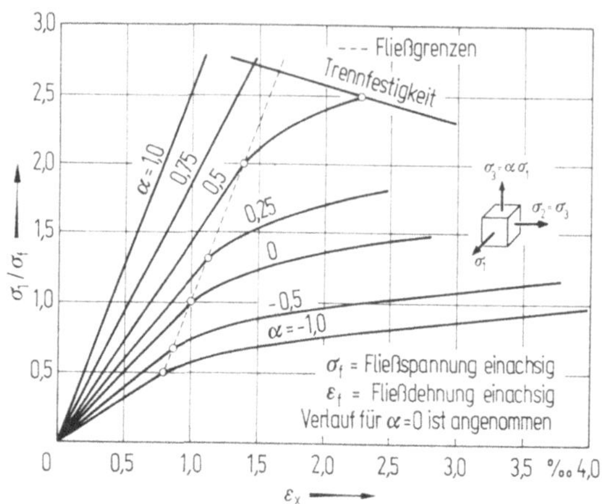

Abb. II D.44. Fließkurven bei räumlicher Beanspruchung (nach Rühl [31])

b) Anisotropes Material

Die Berechnung der Spannungs-Dehnungslinie für anisotropes Material bei verschiedenen Belastungszuständen wurde vom Verfasser a. O. [34] gezeigt.

Zusammenfassung

Mit obigen Unterlagen ist ein differentielles Gesetz gegeben, das die Behandlung besonderer Aufgaben zuläßt.

Ein Beispiel hierfür ist die unter [27] angeführte Arbeit, bei welcher mit obigem differentiellen Gesetz gearbeitet wurde, im Gegensatz z. B. zu einer Arbeit von Iljushin [11], der mit einem finiten Gesetz arbeitet und die Poisson-Zahl 0,5 annehmen mußte, um immer die Volumenkonstanz einhalten zu können.

Es wurde ein Einblick gegeben, wie die einzelnen Spannungszustände vollkommen verschiedene Verformungen bedingen und einmal zum Verformungsbruch und zum anderen Mal zum Trennbruch führen (siehe Abb. II D.43 und II D.44).

Literatur zu den Abschnitten II A bis II D

[1] Bierett, G.: Güteauswahl der Stähle für geschweißte Konstruktionen mit Hilfe eines einfachen Klassifizierungsschemas. Bauingenieur 34 (1959) 213 ff.
[2] Bierett, G.: Güteauswahl der Stähle für geschweißte Konstruktionen. Bauingenieur 35 (1960) 309 ff.
[3] Chwalla, E.: Einführung in die Baustatik, 2. Aufl., Köln: Stahlbauverlag 1954.

[4] Girtler, R.: Mechanik fester elastischer Körper und zugehöriges Versuchswesen, Wien: Springer 1931.

[5] Guest, J.: Philosophical Magazine 50 (1900).

[6] Hencky, H.: Ermüdung, Bruch und Plastizität. Stahlbau 16 (1943) 95 ff.

[7] Hill, R.: The Mathematical Theory of Plasticity, Oxford: Clarendon Press 1950.

[8] Huber, M. T.: Die spezifische Formänderungsarbeit als Maß der Anstrengung eines Materials, Leonberg 1904. (Siehe auch Föppl: Drang und Zwang, 1. Aufl., 1920, S. 30.)

[9] Klöppel, K.: Werkstoffmechanik und Sicherheit geschweißter Stahlkonstruktionen. Schweißen u. Schneiden 3 (1951) Sonderheft, 81 ff.

[10] Klöppel, K., Klee, S.: Das zyklische Spannungs-Dehnungs- und Bruchverhalten des Stahles St 37. Veröffentl. d. Inst. f. Statik u. Stahlbau der TH Darmstadt, H. 6 (1969).

[11] Kollbrunner, C. F.: Stabilität der Platten im plastischen Bereich. Theorie von Iljushin. Mitt. d. Inst. f. Baustatik, ETH Zürich, Nr. 20 (1947).

[12] Kuntze, W.: Kohäsionsfestigkeit. Mitt. Dtsch. Mat.-Prüf.-Anst., Sonderheft 20 (1932).

[13] Kuntze, W.: Prüftechnische Bewertung von Baustoffen. Arch. Eisenhüttenw. 17 (1943/44) 127—140.

[14] Lagally, M.: Vorlesungen über Vektorrechnung, Leipzig: Akad. Verlagsges. Geest & Portig 1959.

[15] Leon, A.: Über das Maß der Anstrengung bei Beton. Ing.-Arch. 4 (1933) 421—431.

[16] Leon, A.: Über die Verhinderung von Trenn- und Sprödbruch. 4. Internat. Kongreß für angewandte Mechanik, Cambridge, 1934.

[17] Leon, A.: Über die Rolle des Trennbruches im Rahmen der Mohrschen Anstrengungshypothese. Bauingenieur 15 (1934) 318—321.

[18] Leon, A., Slattenschek, A.: Festigkeitsversuche und deren Auswertung mittels der Mohrschen Theorie mit Hüllparabeln. Gießerei 21 (1934) H. 51/52.

[19] Ludwik, P.: Streckgrenze, Kalt- und Warmsprödigkeit. Z. VDI (1926) 379—386.

[20] Ludwik, P.: Die Bedeutung des Gleit- und Rißwiderstandes für die Werkstoffprüfung. Z. VDI 71 (1927) 1532.

[21] Majer, J.: Beitrag zu den dreiachsigen Spannungs-Dehnungsbeziehungen fester Stoffe. Österr. Ing.-Arch. IV (1950) H. 2.

[22] Massonnet, Ch.: Quelques progrès fondamentaux en fatigue. Revue Tidskr. 6 (Nov. 1960).

[23] v. Mises, R.: Mechanik der plastischen Formänderung von Kristallen. ZAMM 8 (1928) H. 3. S. 162 ff.

[24] v. Mises, R.: Mechanik der festen Körper im plastischen deformablen Zustand. Gött. Nachr. math. phys. Klasse (1913) 582.

[25] Mohr, O.: Abhandlungen aus den Gebieten der technischen Mechanik, 2. Aufl., Berlin: Ernst & Sohn 1914.

[26] Pelikan, W.: Eine Betrachtung über die Größe der Betriebslasten von Eisenbahn- und Straßenbrücken und ihre Auswirkung auf die Bemessung dieser Bauwerke. Bauingenieur 43 (1968) 207 ff.

[27] Reckling, K. A.: Die Instabilität dünner Rechteckplatten im plastischen Bereich. Habilitation an der TU Berlin, 1954.

[28] Roš, M., Eichinger, A.: I. Versuche zur Klärung der Bruchgefahr. Eidgen. Materialprüfungsanstalt, ETH Zürich, Zürich 1926. II. Nichtmetallische Stoffe. Diskussionsbericht Nr. 28, Zürich 1928. III. Metalle. Diskussionsbericht Nr. 34, Zürich 1929.

[29] Roš, M.: La fatigue des métaux. Eidgen. Materialprüfungs- und Versuchsanstalt, Zürich, Bericht 160, Zürich 1947.

[30] Rühl, K. H.: Die Tragfähigkeit metallischer Baukörper in Bautechnik und Maschinenbau, Berlin: Ernst & Sohn 1952.

[31] Rühl, K. H.: Neuere Gesichtspunkte der Sprödbruchprüfung. Stahlbau 24 (1955) 145.

[32] Rühl, K. H.: Stand der Sprödbruchfrage mit Berücksichtigung der Stahlnormung, Schweißen u. Schneiden 8 (1956) 107 ff.

[33] Rühl, K. H.: Sprödbruchprüfung im In- und Ausland. Industrieanz. Nr. 58 (1956) 59 ff.

[34] Sattler, K.: Betrachtungen über Spannungs-Dehnungsgesetze für metallische Stoffe im plastischen Bereich. Österr. Bauzeitschr. 10 (1955) 237 ff.

[35] Schleicher, F.: Der Spannungszustand an der Fließgrenze. ZAMM 6 (1926) H. 3.

[36] Slattenschek, A.: Zähes und sprödes Verhalten metallischer Werkstoffe bei mechanischen Beanspruchungen. Schweißen u. Schneiden 3 (1951) Sonderheft, 90 ff.

[37] Slattenschek, A.: Grundsätzliches zur Theorie des Sprödbruches. Radenthein, Radex Rdsch. (1953) 4/5.

[38] Slattenschek, A.: Eigenschaften der Stähle in Druckrohrleitungs- und Stahlwasserbau, sowie deren Abnahmebedingungen. Ztschr. d. Österr. Stahlbauvereines, Stahlbau-Rdsch., Sonderheft, Österr. Stahlbautagung 1955, Salzburg.

[39] Slattenschek, A.: Über einige Fragen der Sicherheit geschweißter Konstruktionen. Schweißtechnik, Wien (1957) H. 8.

[40] Slattenschek, A.: Beitrag zu den Problemen der Sprödbruchprüfung von Stählen für geschweißte Konstruktionen, Berg- u. Hüttenmännische Monatshefte, Wien 106 (1961) H. 4.

[41] Stabilini, L.: Tecnica delle costruzioni, Vol. 1, Milano: Liberia Editrice Politecnica Cesare Tamborini 1956.

[42] Stabilini, L.: La plasticitá e l'ingegnere costrottore. Rendicondi des Seminaria Matematico e Fisico dé Milano, Vol. XXX, Milano: Liberia editrice politecnica, Tamborini 1960.

[43] Stabilini, L.: La plasticita. Politecnico di Milano, Rendicondi e Publicazioni, Vol. XII, Milano: Liberia Editrice Politecnica Cesare Tamborini 1961.

[44] Stüssi, F.: Beitrag zur Plastizitätstheorie. Abh. IVBH 13 (1953) 327ff.

[45] Stüssi, F.: Die Theorie der Dauerfestigkeit und die Versuche von August Wöhler, Zürich: Verlag V. S. B. 1955.

[46] Trefftz, E.: Mathematische Elastizitätstheorie. Handbuch der Physik, Bd. VI: Mechanik der Elastischen Körper, Berlin: Springer 1928, S. 47ff.

[47] Vorläufige Empfehlungen zur Wahl der Stahlgütegruppe für geschweißte Stahlbauten, 2. Aufl., Köln: Stahlbau-Verlag 1960.

[48] Wöhler, A.: Über die Festigkeitsversuche mit Eisen und Stahl. Ztschr. f. Bauw. XX (1870).

E. Spannungen infolge Normalkraft, Biegemoment und Querkraft

1. Allgemeines

Den nachfolgenden Entwicklungen liegt das Hookesche Gesetz der Proportionalität von Dehnung und Spannung zugrunde. Die ermittelten Spannungen liegen somit noch im elastischen Bereich der Baustoffe.

Für diesen Fall gilt das Superpositionsgesetz beim Auftreten mehrerer Belastungsfälle. Eine weitere wesentliche Voraussetzung ist die Bernoullische Hypothese vom Ebenbleiben der Querschnitte infolge von Biegemomenten, die durch Versuche voll bestätigt ist. Bezüglich der Schubverformungen wird näherungsweise ebenfalls das Ebenbleiben der Querschnitte beibehalten (s. Bd. I, Teil A; III Bb, S. 220).

Bestehen Querschnitte aus verschiedenen Materialien, wie z.B. aus Stahl, Beton usw., so ist es zweckmäßig, einen ideellen Gesamtquerschnitt der Berechnung zugrunde zu legen. Da der Elastizitätsmodul des Stahles einen konstanten Wert von $E_e = 2100$ t/cm² aufweist, ist es zweckmäßig, diesen Modul als Bezugswert zu wählen und alle anderen Materialien entsprechend dem Verhältnis der Elastizitätsmoduli

$$n_a = \frac{E_e}{E_a} \tag{II E.1}$$

zu berücksichtigen. Man erhält einen ideellen Ersatzquerschnitt, wenn man in dem Schwerpunkt der Fläche eines bestimmten Materials die reduzierte Fläche F_r und das reduzierte Trägheitsmoment J_r sich vorhanden denkt und den gesamten Schwerpunkt S_i dieser verschiedenen Flächenteile in üblicher Weise sucht. Ist der Schwerpunkt S_i bekannt, so können das statische Moment S_i und das Trägheitsmoment J des ideellen Querschnittes berechnet werden. Für Verbundkonstruktionen aus Stahlträger mit Betonplatten, Spannbetonkonstruktionen u.a. sind die entsprechenden Entwicklungen ausführlich in [6] durchgeführt und Endformeln angegeben.

Zum Beispiel ist für Beton, wobei E_b der wirklich vorhandene E-Modul des Betons ist

$$n_b = \frac{E_e}{E_b} \; ; \quad F_{b,r} = \frac{F_b}{n_b} \; ; \quad J_{b,r} = \frac{J_b}{n_b} \; ; \quad \left.\rule{0pt}{3em}\right\}$$

für Spannstahl

$$n_z = \frac{E_e}{E_z} \; ; \quad F_{z,r} = \frac{F_z}{n_z} \; ; \quad J_{z,r} = \frac{J_z}{n_z} . \quad \left.\rule{0pt}{3em}\right\}$$

(IIE.2)

Für einen Verbundträger würde sich damit nach Abb. II E.1 ergeben

$$F_i = F_{b,r} + F_{st}; \quad a\,F_{st} = a_b\,F_i;$$
$$S_i = \frac{a\,F_{st}F_{b,r}}{F_i} \; ; \quad J_i = J_{b,r} + J_{st} + a\,S_i. \quad \left.\rule{0pt}{3em}\right\}$$

(II E.3)

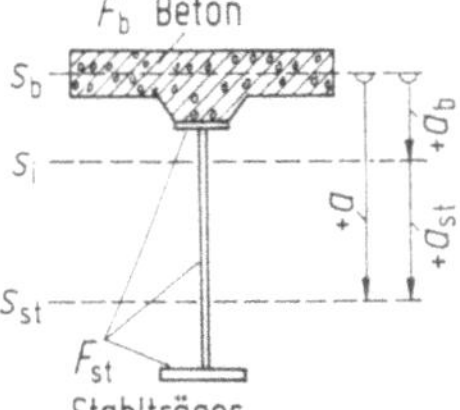

Abb. II E.1. Verbundträger

Die Berechnung der Spannungen aus Biegemomenten wird zweckmäßig unter Zugrundelegung der Hauptträgheitsachsen durchgeführt. Wenn der Schubmittelpunkt mit dem Schwerpunkt zusammenfällt, sind alle Schnittbelastungen auf den Schwerpunkt zu beziehen, im anderen Falle auf den Schubmittelpunkt. Im Rahmen dieses Abschnittes wird vorausgesetzt, daß die Belastungsebene für Belastungen senkrecht zur Stabachse durch die durch den Schubmittelpunkt gehende Längsachse des betrachteten Stabes geht, so daß keinerlei Torsionsmomente auftreten.

2. Normalspannungen infolge Normalkraft

Wirkt eine Normalkraft im Schwerpunkt s eines Querschnittes (Abb. II E.2), bzw. im Schwerpunkt s_i eines Verbundquerschnittes aus verschiedenen Materialien (Abb. II E.3) und es ist kein Ausknicken des Stabes zu berücksichtigen (letzteres s. Bd. II B, I), so ergibt sich die überall gleiche Normalspannung

$$\sigma = \frac{N}{F} .$$

(II E.4)

Hierbei ist N für eine Zugkraft positiv, für eine Druckkraft negativ einzuführen.

Für einen Verbundquerschnitt ist

$$\sigma_i = \frac{N}{F_i}$$

(II E.5)

die ideelle Spannung für den gedachten Stahlquerschnitt.

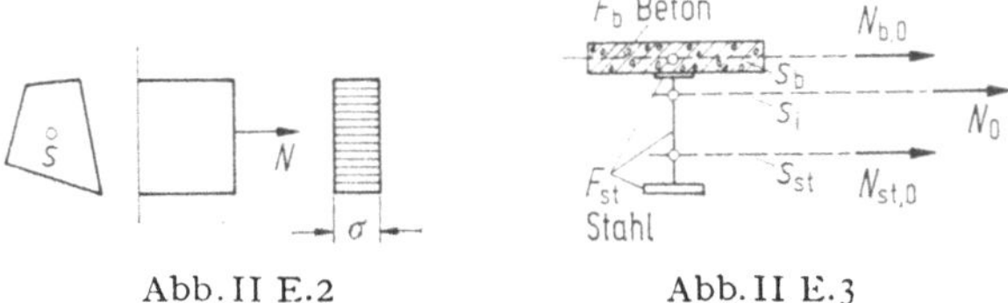

Abb. II E.2   Abb. II E.3

Für einen Anteil $F_{a,i} = \dfrac{F_a}{n_a}$ der Fläche gilt

$$N_a = N\,\frac{F_{a,i}}{F_i}, \qquad\qquad (\text{II E.6})$$

und die wirkliche Spannung

$$\sigma_a = \frac{N_a}{F_a}. \qquad\qquad (\text{II E.7})$$

Für den Verbundquerschnitt nach Abb. II E.1 erhält man nach Abb. II E.3

$$^{N}N_b = \frac{F_{b,r}}{F_i}\,N\,; \qquad ^{N}N_{st} = \frac{F_{st}}{F_i}\,N\,. \qquad\qquad (\text{II E.8})$$

$$\sigma_b = \frac{N_b}{F_b}\,; \qquad \sigma_{st} = \frac{N_{st}}{F_{st}}\,. \qquad\qquad (\text{II E.9})$$

3. Normalspannungen infolge Biegung gerader Stäbe

a) Schiefe Biegung

Der allgemeine Fall der schiefen Biegung, bei dem die Belastungsebene nicht mit einer Hauptachse zusammenfällt, ist bereits im Bd. I, Teil A, I C.5 a behandelt.

Nach Bd. I, A (I C.35) wird zur Momentenspur die zugehörige Biegeachse BA als konjugierte Achse bestimmt. Ist β der Winkel des Momentenvektors mit der Biegeachse (Abb. II E.4), so beträgt allgemein die Biegespannung in der Entfernung e von der Biegeachse

$$\sigma_e = \frac{M\cos\beta}{J_{BA}}\,e. \qquad\qquad (\text{II E.10})$$

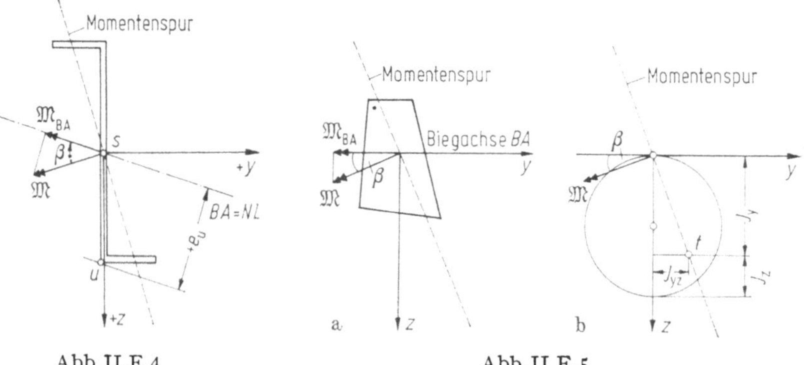

Abb. II E.4   Abb. II E.5

Fällt nach Abb. II E.5 die Biegeachse mit der y-Achse zusammen, so muß unter Verwendung des Mohr-Land-Kreises (Bd. I/A, I C.4b) nach Abb. II E.5b die Momentenspur als konjugierte Gerade zur Biegeachse durch den Trägheitspunkt t gehen. Damit ergibt sich aber

$$\cos\beta = \frac{J_y}{\sqrt{J_y^2 + J_{yz}^2}}$$

und

$$\sigma = \frac{M\cos\beta}{J_y}\,z = \frac{M}{\sqrt{J_y^2 + J_{yz}^2}}\,z. \qquad\qquad (\text{II E.11})$$

b) Biegung um die Hauptträgheitsachsen

In der Regel ist es zweckmäßig, den Momentenvektor, der normal zur Belastungsebene gerichtet ist (z. B. Abb. II E.6), in seine Komponenten $\mathfrak{M}_1$ und $\mathfrak{M}_2$ in den Richtungen der Hauptachsen zu zerlegen. Für einen beliebigen Punkt n ergibt sich damit

$$\sigma_n = \frac{M_1}{J_1}\,z_n + \frac{M_2}{J_2}\,y_n,\tag{II E.12}$$

y_n und z_n sind dabei vorzeichengerecht einzuführen.

Es gilt das Superpositionsgesetz, und man wird daher die Spannungsermittlung für die Zustände M_1 und M_2 zweckmäßig getrennt berechnen.

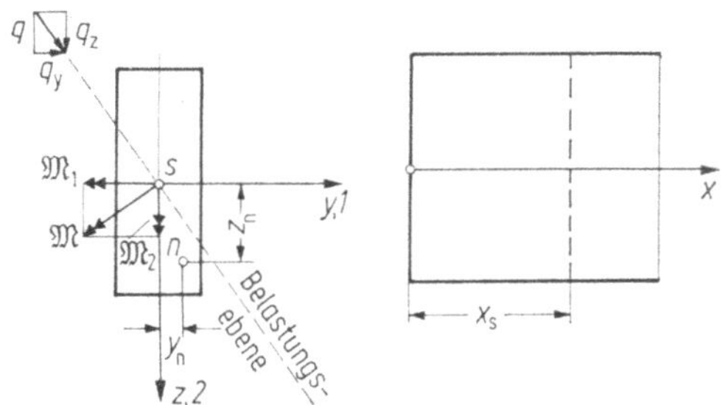

Abb. II E.6

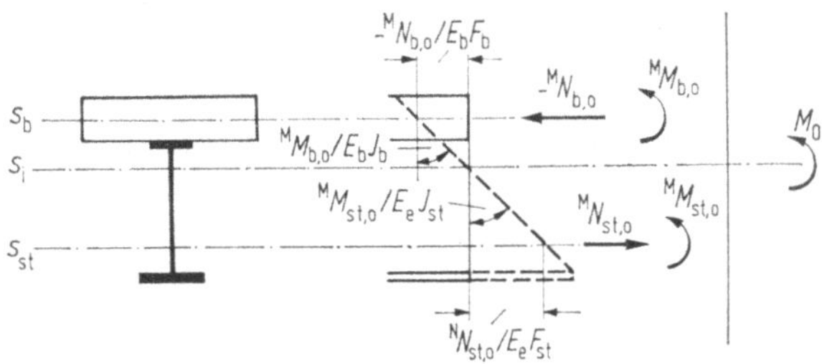

Abb. II E.7

Bei einem Verbundquerschnitt, auf den ein Moment M_0 wirkt (Abb. II E.7) können die Spannungen sowohl über dem ideellen Gesamtquerschnitt s_i als auch über die Einzelquerschnitte berechnet werden.

Unter Zugrundelegung des Gesamtquerschnittes mit dem Schwerpunkt s_i gilt die ideelle Spannung

$$\sigma_i = \frac{M_0}{J_i}\,z.\tag{II E.13}$$

Für den Bereich des Stahlträgers ist

$$\sigma_i = \sigma_{st}\tag{II E.14a}$$

und für den Bereich des Betons

$$\sigma_b = \frac{\sigma_i}{n_b}.\tag{II E.14b}$$

Die Berechnung über die Einzelquerschnitte empfiehlt sich bei Verbundkonstruktionen, wenn Kriechen und Schwinden zu berücksichtigen sind (siehe [6]).

In diesem Fall sind die Verteilungsgrößen, die dem Moment M_0 entsprechen (s. Abb. II E.7), zu ermitteln.

Aus den Gleichgewichtsbedingungen ergibt sich:

$$-{}^{M}N_{b,0} = {}^{M}N_{st,0}; \quad M_0 = {}^{M}M_{b,0} + {}^{M}M_{st,0} - {}^{M}N_{b,0}a.$$

Aus den Kontinuitätsbedingungen, die aus dem Ebenbleiben des Querschnittes resultieren, erhält man:

$$\frac{{}^{M}M_{b,0}}{E_b J_b} = \frac{{}^{M}M_{st,0}}{E_e J_{st}}; \quad -\frac{{}^{M}N_{b,0}}{E_b F_b} + \frac{{}^{M}N_{st,0}}{E_e F_{st}} = \frac{{}^{M}M_{st,0}}{E_e J_{st}}a.$$

Damit wird mit (II E.3)

$$\left. \begin{array}{ll} {}^{M}N_{b,0} = -\dfrac{S_i}{J_i} M_0; & {}^{M}M_{b,0} = \dfrac{J_{b,r}}{J_i} M_0; \\[3ex] {}^{M}N_{st,0} = \dfrac{S_i}{J_1} M_0; & {}^{M}M_{st,0} = \dfrac{J_{st}}{J_i} M_0. \end{array} \right\} \qquad (II\ E.15)$$

Die Spannungen ergeben sich daraus zu

$$\left. \begin{array}{l} \sigma_b = \dfrac{{}^{M}N_{b,0}}{F_b} + \dfrac{{}^{M}M_{b,0}}{J_b} y_b; \\[3ex] \sigma_{st} = \dfrac{{}^{M}N_{st,0}}{F_{st}} + \dfrac{{}^{M}M_{st,0}}{J_{st}} y_{st}. \end{array} \right\} \qquad (II\ E.16)$$

Die Verteilungsgrößen für beliebige Verbundquerschnitte (Spannbeton, Stahlträgerverbund usw.) und beliebige Belastungen können aus [6] entnommen werden.

4. Normalspannungen infolge Biegung bei gekrümmten Stäben

Den Entwicklungen nach [2, 4, 10] ist das Ebenbleiben des Querschnittes zugrunde gelegt. Für einen zur z-Achse symmetrischen Querschnitt liegt die Biegeachse parallel zur y-Achse. Nach Abb. II E.8 ist die ursprüngliche Krümmung

$$\frac{d\varphi}{dx} = \frac{1}{r}$$

und die Krümmungsänderung

$$\frac{\Delta\, d\varphi}{dx} = \varkappa.$$

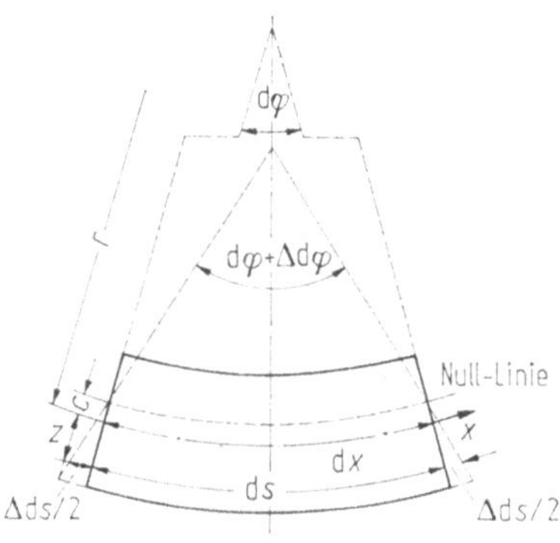

Abb. II E.8

Die Nullinie geht hier nicht mehr durch die Hauptachse, sondern hat einen Abstand c von dieser. Damit ergibt sich die Dehnung einer bestimmten Faser im Abstand z zu

$$\varepsilon = \frac{\triangle\,\mathrm{d}s}{\mathrm{d}s} = \frac{(c+z)\,\triangle\,\mathrm{d}\varphi}{(r+z)\,\mathrm{d}\varphi} = \frac{c+z}{r+z}\,r\varkappa. \tag{II E.17}$$

Mit

$$\sigma = E\varepsilon = E\varkappa r\,\frac{c+z}{r+z} \tag{II E.18}$$

und mit

$$\int \sigma\,\mathrm{d}F = 0$$

wird

$$M = \int \sigma z\,\mathrm{d}F = E\varkappa r\left(c\int\frac{z\,\mathrm{d}F}{r+z} + \int\frac{z^2\,\mathrm{d}F}{r+z}\right).$$

Mit

$$\int\frac{z^2\,\mathrm{d}F}{1+\dfrac{z}{r}} = \alpha J_y = \alpha F i_y^2 \tag{II E.19}$$

erhält man nach weiteren Entwicklungen (siehe [2]) den Abstand c zu

$$c = \frac{\alpha i_y^2 r}{r^2 + \alpha i_y^2}, \tag{II E.20}$$

damit

$$M = E J\varkappa\,\frac{\alpha}{1+\dfrac{\alpha i_y^2}{r^2}} \tag{II E.21}$$

und

$$\sigma = \frac{M}{\alpha J_y}\left(\frac{\alpha^2 i_y^2}{r} + \frac{rz}{r+z}\right). \tag{II E.22}$$

Der Spannungsverlauf ist nicht mehr geradlinig, sondern folgt einer Hyperbel.

Für $r = \infty$ erhält man wieder die Spannungen des geraden Stabes. Für einen bestimmten Querschnitt ist somit zunächst der Wert α nach (II E.19) zu berechnen, wonach nach (II E.22) die Spannungen ermittelt werden können.

Nach [2] wurden für den Querschnitt nach Abb. II E.9 für verschiedene Werte von r die Spannungen berechnet. Man erkennt aus Abb. II E.10, daß bereits bei $r = 5h$ die Nullinie faßt mit der Schwerachse zusammenfällt und die Spannungsver-

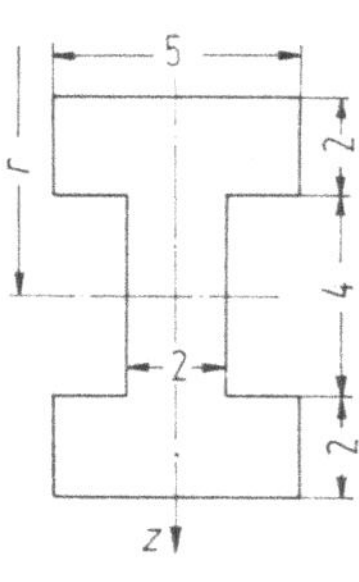

Abb. II E.9

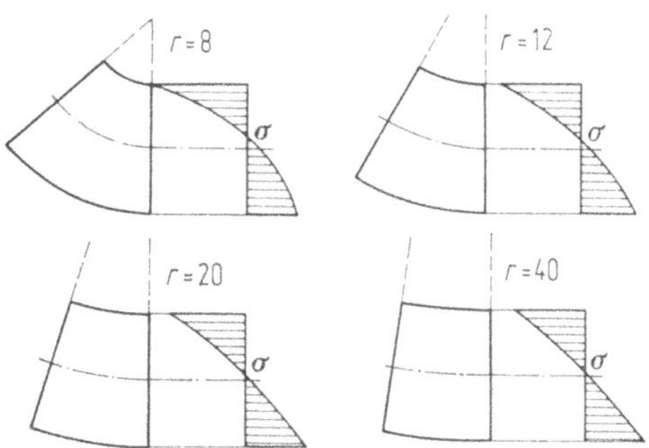

Abb. II E.10. Verteilung der Biegespannungen in Stäben verschiedener Krümmung (nach Flügge [2])

teilung nahezu geradlinig verläuft. Der Wert α beträgt dabei je nach der Größe von r

$$r = 8, \qquad 12, \qquad 20, \qquad 40\ \text{cm}$$
$$\alpha = 1{,}187, \qquad 1{,}071 \qquad 1{,}020 \qquad 1{,}002$$

Müller-Breslau [4] berechnete für den Rechteckquerschnitt für $r = 5h$ den Wert $\alpha = 1{,}006$. Weyrauch [12] hat die α-Werte für verschiedene Querschnitte berechnet. Sie sind in Tabelle II E.1 für einige Querschnittsarten angegeben ($h = $ Querschnittshöhe).

Tabelle II E.1. α-Werte

$\dfrac{r}{h}$	Kreis und Ellipse	Quadrat und Rechteck	I-Querschnitt nach Abb. II E.11
1	1,1452	1,1833	1,2614
2	1,0325	1,0393	1,0541
3	1,0141	1,0170	1,0233
4	1,0079	1,0095	1,0129
5	1,0050	1,0060	1,0082
6	1,0035	1,0042	1,0057
7	1,0026	1,0031	1,0042
8	1,0020	1,0023	1,0032
9	1,0015	1,0018	1,0025
10	1,0012	1,0015	1,0021
15	1,0006	1,0007	1,0009
20	1,0003	1,0004	1,0005
50	1,0000	1,0001	1,0001

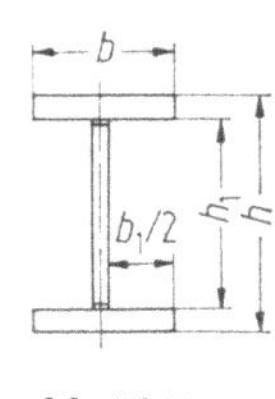

Abb. II E.11

Man erkennt daraus, daß bereits bei verhältnismäßig kleinen Verhältnissen von r/h die Spannungen in guter Näherung nach der Theorie der geraden Stäbe berechnet werden können.

5. Schubspannungen infolge Querkraft

a) Vollwandige Querschnitte (Näherungsberechnung)

Im Falle der drillungsfreien Biegung beträgt die Normalspannung für einen Querschnitt nach Abb. II E.12 bei einer Biegung um die Hauptachse $y - y$

$$\sigma = \frac{M}{J_y}\, z.$$

Als Resultierende aller Normalspannungen oberhalb der Geraden $e - e$ ergibt sich

$$N = \int \sigma\, dF = \frac{M}{J_y} \int_{z_e}^{z_r} z\, dF = \frac{M}{J_y}\, S_e.$$

S_e wird nach Bd. I A, I A C.3 (S. 47—48) als statisches Moment bezeichnet. Beim Verschieben um dx ändert sich das Moment M nach Abb. II E.13 um den Betrag

$$dM = Q\, dx$$

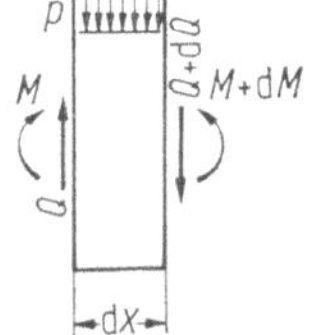

Abb. II E.12   Abb. II E.13

und N nach Abb. II E.14a um den Betrag

$$\frac{dN}{dx} = \frac{dM}{dx}\frac{S_e}{J_y} = Q\frac{S_e}{J_y} = t_e.$$ (II E.19)

Der Mittelwert der Schubspannungen beträgt

$$\tau_{m,e} = \frac{dN}{b_e\,dx} = \frac{t_e\,dx}{b_e\,dx} = \frac{QS_e}{J_y b_e}.$$ (II E.20)

Auf Grund der Dualität der Schubspannungen wirken die gleichen Schubspannungen auch in der Querschnittsebene an der Stelle z_e.

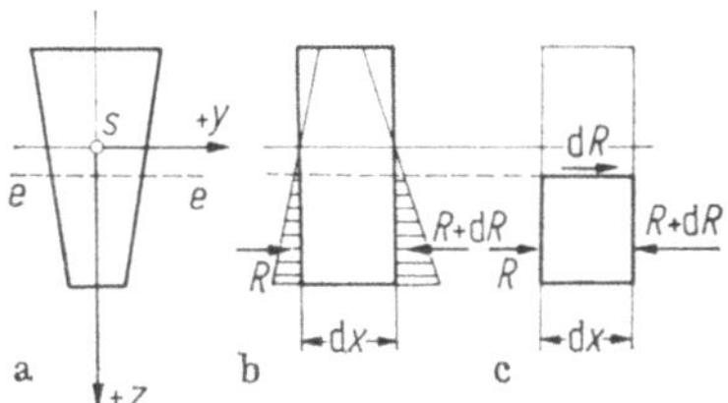

Abb. II E.14

Bekanntlich ist (II E.20) eine Näherungsformel, da die Verwölbungen und Querkontraktionen hierbei nicht berücksichtigt sind [3, S. 235]. Von Chwalla [1, S. 199 ff.] sind Angaben über die Abweichungen vom Mittelwert τ_m für verschiedene Querschnitte angegeben, sowie umfangreiche Schrifttumsangaben zu diesem Problem. Danach folgt die genaue Schubspannungsverteilung für Rechteck- und elliptische Querschnitte für die Hauptachse der Abb. II E.15a und II E.15b. Bei schmalen hohen Rechtecken mit $h/b \geqq 2$ sind die Abweichungen für τ_1 bzw. τ_2 kleiner als 2% bzw. 4% von τ_m, beim quadratischen Querschnitt 6,9 bzw. 14,6%. Bei einem niedrigen Rechteckquerschnitt mit $h/b = 1/4$ ist τ_1 um 22,5% kleiner und τ_2 um 114% größer als τ_m. Beim Kreisquerschnitt ist τ_1 um 3,5% größer und τ_2 um 7,0% kleiner als τ_m.

Nach (II E.20) ergibt sich eine Spannungsverteilung entsprechend Abb. II E.12, wonach am Rande $\tau_e = 0$ wird und der maximale Wert τ_{max} in der Biegungsachse durch den Schwerpunkt auftritt. Bei einem sprungweise veränderlichen Querschnitt (Abb. II E.16) ändert sich auch die Schubspannung sprunghaft.

Näher wird in Abschnitt d) auf die genaue Berechnung der Schubspannungen eingegangen.

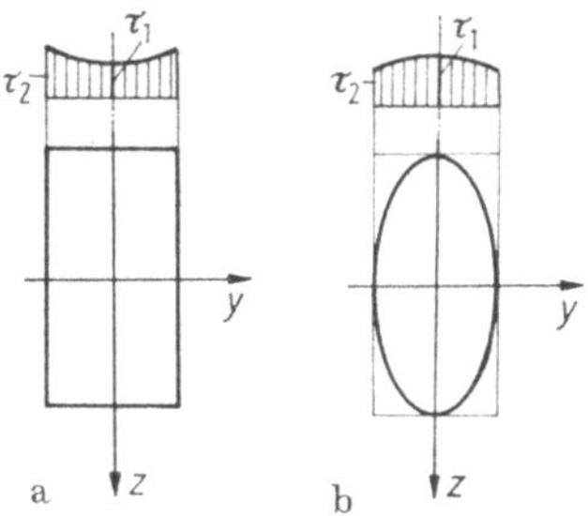

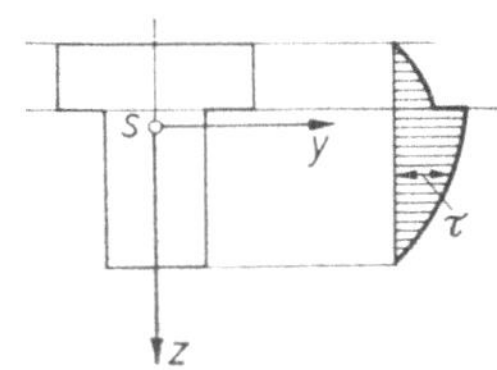

Abb. II E.15. Schubspannungsverteilungen
für die Achse $y - y$ (nach Chwalla [1])

Abb. II E.16

b) Dünnwandige offene Querschnitte

Für dünnwandige offene Querschnitte (z. B. Abb. II E.17) gilt nach (II E.19) für die Schubkraft

$$t_e = \frac{Q S_e}{J_y} \qquad\qquad \text{(II E.21)}$$

und für die gleichmäßig über die Wandstärke verteilt angenommenen Schubspannung

$$\tau_e = \frac{Q S_e}{J_y s_e} . \qquad\qquad \text{(II E.22)}$$

S_e ist dabei das statische Moment des an der betrachteten Stelle e abgeschnitten gedachten Rechteckquerschnittes um die zur Querkraftrichtung senkrechte Hauptachse. Die Berechnung der Schubspannungen τ_e ist in Bd. I A, I C.b (S. 65 ff.) eingehend behandelt.

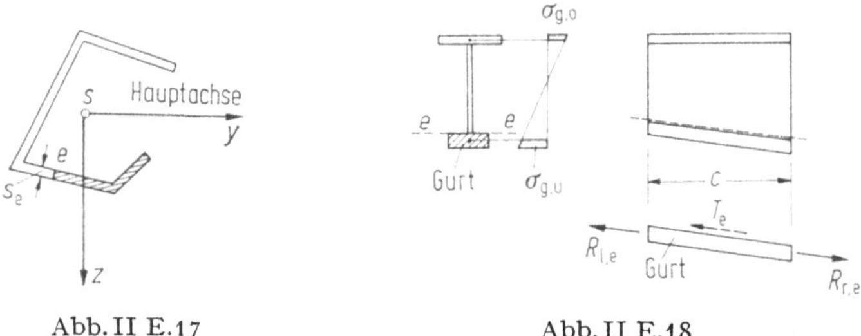

Abb. II E.17   Abb. II E.18

(II E.22) gilt nur für parallelgurtige Träger. Für Träger mit geneigten Gurten (Abb. II E.18) empfiehlt es sich zur Berechnung der Schubspannungen in einer bestimmten Faser in kleinen Abständen c die Längskräfte N_l und N_r am linken und rechten Ende des betrachteten Trägerstückes für die Restquerschnitte zu bestimmen. Die Differenzkraft

$$T_e = N_{r,e} - N_{l,e}$$

ergibt, bei gleichmäßiger Aufteilung auf die Länge c, die Schubkraft

$$t_e = \frac{N_{r,e} - N_{l,e}}{c} , \qquad\qquad \text{(II E.23)}$$

und die Schubspannung

$$\tau_e = \frac{N_{r,e} - N_{l,e}}{c s_e} . \qquad\qquad \text{(II E.24)}$$

Bei stärkeren Neigungen der Gurte von Vollwandträgern ist (II E.24) bei der Berechnung der Halsnähte bzw. Halsniete zu berücksichtigen. Zum Beispiel beträgt die Schubspannung im Steg beim Anschluß des Gurtes an den Steg des Trägers nach Abb. II E.18 mit

$$N_G = \sigma_G F_G ,$$

$$\tau = \frac{N_{G,r} - N_{G,l}}{c s_e} .$$

Bezüglich der Schubspannungen in Verbundträgern bei Berücksichtigung von Kriechen, Schwinden und Temperatureinflüssen siehe [6].

c) Dünnwandige geschlossene Querschnitte

Für die Berechnung der Schubspannungen infolge Querkräfte von geschlossenen dünnwandigen Querschnitten sind ähnliche Überlegungen, wie sie in Bd. I A, I C.6c (S. 65 ff.) entwickelt wurden, zutreffend. Schneidet man einen geschlossenen Querschnitt (z.B. Abb. II 19a) an einer Stelle auf (Punkt 1, n), so können für diesen nun offenen Querschnitt die Schubkräfte $t_{0,e}$ und Schubspannungen $\tau_{0,e}$ nach (II E.21), und (II E.22) berechnet werden (Abb. II E.19b).

$$t_{0,e} = \frac{Q S_e}{J_y}, \qquad \text{(II E.21)}$$

$$\tau_{0,e} = \frac{Q S_e}{J_y s_e}. \qquad \text{(II E.22)}$$

Diesen Schubkräften entsprechen Schiebungswinkel

$$\gamma_{0,e} = \frac{t_{0,e}}{s_e G},$$

und nach Bd. I A (I C.55) ein Verwölbungssprung an der Schnittstelle

$$\Delta^0 w = \frac{1}{G} \oint \frac{t_0}{s}\, du.$$

du ist das Längenelement in Richtung des Umfanges. Da an der Schnittstelle jedoch keine Klaffung auftreten kann, muß diese bei einem einzelligen Hohlquerschnitt durch eine Schubkraft t_1 geschlossen werden (siehe Bd. I A, Abb. I C.61), die aber längs des ganzen Umfanges konstant bleibt (Abb. II E.19c). Diese Schubkraft bedingt einen Verwölbungssprung an der Schnittstelle von der Größe

$$\Delta^1 w = \frac{1}{G} \oint \frac{t_1}{s}\, du = \frac{t_1}{G} \oint \frac{du}{s}.$$

Aus der Bedingung $\Delta^0 w + \Delta^1 w = 0$ erhält man die Gleichung zur Bestimmung von t_1

$$\oint \frac{t_0}{s}\, du + t_1 \oint \frac{du}{s} = 0$$

bzw.

$$t_1 = -\frac{\oint \frac{t_0}{s}\, du}{\oint \frac{du}{s}} = +\frac{Q}{J_y} C_g \quad \text{mit} \quad C_g = -\frac{\frac{J_y}{Q} \oint \frac{t_0}{s}\, du}{\oint \frac{du}{s}}. \qquad \text{(II E.25)}$$

Die endgültigen Schubspannungen betragen dann an einer bestimmten Stelle e

$$\tau_e = \frac{t_{0,e} + t_1}{s_e} \qquad \text{(II E.26a)}$$

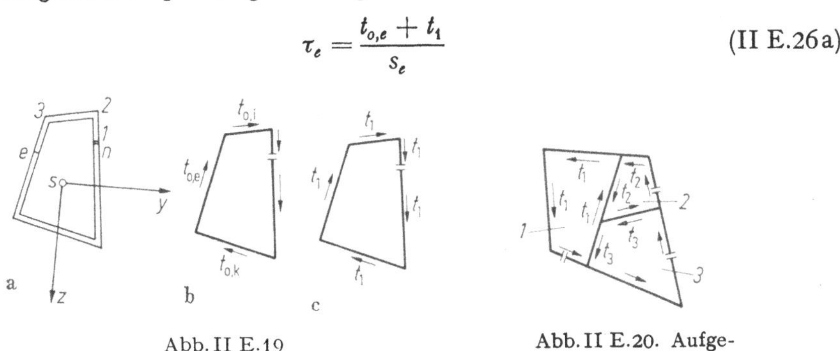

Abb. II E.19   Abb. II E.20. Aufgeschnittener Hohlquerschnitt

bzw. in allgemeiner Schreibweise

$$\tau_e = \frac{Q}{J_y S_e}(S_e + C_g) = \frac{Q}{J_y}\frac{\tilde{S}_e}{S_e} \quad \text{mit } \tilde{S}_e = S_e + C_g. \qquad \text{(II E.26b)}$$

Bei mehrzelligen Querschnitten ist jeder Hohlraum aufzuschneiden und es sind an den Schnittstellen die Schubkräfte t_1 bis t_n anzubringen.

Für den dreizelligen Querschnitt nach Abb. II E.20 lautet das zugehörige Gleichungssystem für die unbekannten Stabkräfte t_1, t_2 und t_3

$$\left.\begin{aligned}
t_1 \oint_{H_1} \frac{du}{s} - t_2 \int_{H_2-H_1} \frac{du}{s} - t_3 \int_{H_1-H_3} \frac{du}{s} + \oint_{H_1} \frac{t_0}{s}\,du &= 0, \\
-t_1 \int_{H_1-H_2} \frac{du}{s} + t_2 \oint_{H_2} \frac{du}{s} - t_3 \int_{H_2-H_3} \frac{du}{s} + \oint_{H_2} \frac{t_0}{s}\,du &= 0, \\
-t_1 \int_{H_1-H_3} \frac{du}{s} - t_2 \int_{H_2-H_3} \frac{du}{s} + t_3 \oint_{H_3} \frac{du}{s} + \oint_{H_3} \frac{t_0}{s}\,du &= 0.
\end{aligned}\right\} \qquad \text{(II E.27)}$$

Hierbei erstrecken sich die Ringintegrale jeweils über den betreffenden Hohlraum, während sich die anderen Integrale auf die Berührungslängen zwischen den einzelnen Hohlräumen beschränken. Auch hierbei gilt die Voraussetzung, daß die Querkraft durch den Schubmittelpunkt gehen muß.

Bei symmetrischen Querschnitten mit ungerader Hohlzellenzahl (1, 3, 5, ...) ist für die mittlere Hohlzelle $t_1 = 0$.

Beispiel II.1. Schubkräfte für einen dünnwandigen Hohlquerschnitt

Der Querschnitt ist in Abb. II 1.1 dargestellt, wobei y und z die Richtungen der Hauptträgheitsachsen sind.

Es betragen die Hauptträgheitsmomente für die konstante Stärke $s = 0,8$ cm:

$$J_y = 3\,204 \text{ cm}^4, \quad J_z = 1\,794 \text{ cm}^4.$$

Die Längen der einzelnen Umfangsabschnitte sind in Tab. 1.1 angegeben.

Tabelle 1.1 *Einzellängen in cm*

Bereich	Länge u	Bereich	Länge u
a—I	1,210	c—I	15,982
I—II	17,320	I—d	15,085
II—III	10,0	d—II	2,233
III—b	5,746	II—III	10,0
b—IV	14,254	III—IV	20,0
IV—a	18,790	IV—c	4,018

Tabelle 1.2 *Koordinaten der Eckpunkte*

Punkt n	y_n	z_n	$y_n \cdot s$	$z_n \cdot s$
	cm	cm	cm²	cm²
I	+10,970	+0,880	+8,7760	+0,7040
II	−1,625	+12,769	−1,3000	+10,2152
III	−8,489	+5,496	−6,7912	+4,3968
IV	−2,758	−13,664	−2,2014	−10,9312

Nach (II E.22) beträgt für eine bestimmte Stelle e des im Punkt a aufgeschnittenen Querschnittes, in dem die Querkraft $Q_z = 1$ wirkt, die Schubkraft

$$\tau_{o,e} = \frac{Q\,S_e}{J_y s_e} = \frac{1}{J_y s}\,S_e.$$

Nach Bd. I A (I C.48) beträgt das statische Moment des abgeschnittenen Teiles

$$S_e = \int z\,\mathrm{d}F = \int zs\,\mathrm{d}u = \int g\,\mathrm{d}u.$$

Denkt man sich g als Belastung und Q_g als Querkraft aus dieser Belastung — wobei man sich den Umfang als Träger wirkend denkt —, so entsprich diese Querkraft gleich dem Wert S_e.

Für $Q_y = 1$ gilt für den im Punkt c aufgeschnittenen Querschnitt:

$$\tau_{o,e} = \frac{1}{J_z s}\,S_e; \qquad S_e = \int ys\,\mathrm{d}u = \int g\,\mathrm{d}u.$$

Die Belastungen sind in Abb. II 1.2a und b eingetragen.

Fall $Q_z = 1$

Die Werte von $Q_g = S_e = \int g\,\mathrm{d}u$ betragen:

Punkt a_r: $S_e = 0$;

Punkt 1: $S_e = \dfrac{0{,}7040}{2} \cdot \dfrac{1{,}210}{2} \cdot \dfrac{1}{2} = 0{,}11\ \mathrm{cm}^3$;

Punkt I: $S_e = \dfrac{0{,}704 \cdot 1{,}210}{2} = 0{,}43$;

Punkt 2: $S_e = 0{,}43 + \dfrac{0{,}704 + 0{,}5\,(0{,}704 + 10{,}215)}{2} \cdot \dfrac{17{,}32}{2} = 27{,}12$;

Punkt II: $S_e = 0{,}43 + \dfrac{(0{,}704 + 10{,}215)}{2} \cdot 17{,}32 = 94{,}98$;

Punkt 3: $S_e = 94{,}98 + \dfrac{10{,}215 + 0{,}5\,(10{,}215 + 4{,}397)}{2} \cdot \dfrac{10{,}0}{2} = 138{,}7$;

Punkt III: $S_e = 94{,}98 + \dfrac{10{,}215 + 4{,}397}{2} \cdot 10{,}0 = 168{,}04$;

Punkt 4: $S_e = 168{,}04 + \dfrac{1{,}5 \cdot 4{,}397}{2} \cdot \dfrac{5{,}746}{2} = 177{,}51$;

Punkt b: $S_e = 168{,}04 + \dfrac{4{,}397}{2} \cdot 5{,}746 = 180{,}68$.

In gleicher Weise ergibt sich:

Punkt a_l: $S_e = 0$; Punkt 6: $S_e = 25{,}67$; Punkt IV: $S_e = 102{,}70$;

Punkt 5: $S_e = 161{,}13$; Punkt b: $S_e = 180{,}68$ cm.

Zu beachten ist, daß bei einer geradlinigen Umfangsbegrenzung nach Abb. II 1.2a die Werte g geradlinig mit u zu- bzw. abnehmen. Die Werte

$$S_e = \int g\,\mathrm{d}u = \int cu\,\mathrm{d}u = c\,\frac{u^2}{2}$$

ändern sich somit nach quadratischen Parabeln. Für eine quadratische Parabel ergibt sich nach Abb. II 1.3 der Inhalt

$$\int\limits_a^c p \, \mathrm{d}u = \frac{u_{a-c}}{6}(A + 4B + C).$$

Für den geschlossenen Querschnitt beträgt nach (II E.25):

$$\int \frac{t_0}{s} \, \mathrm{d}u = \frac{1}{J_y s} \int S_e \, \mathrm{d}u.$$

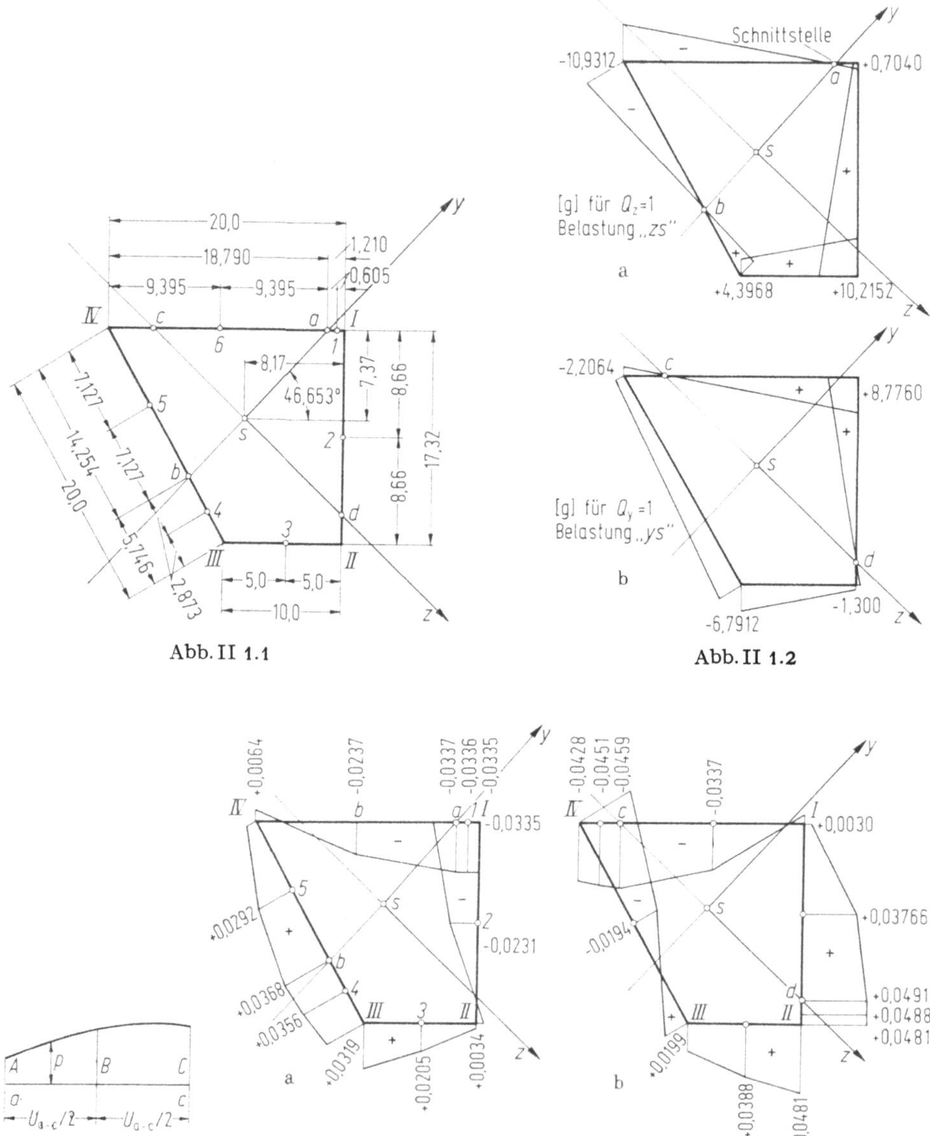

Damit erhält man für den gesamten Querschnitt:

$$\int S_e \, \mathrm{d}u = \frac{18{,}790}{6}(0 + 4 \cdot 25{,}67 + 102{,}70) + \frac{14{,}254}{6}(102{,}70 + 4 \cdot 161{,}13 +$$

$$+ 180{,}68) + \frac{1{,}210}{6}(0 + 4 \cdot 0{,}11 + 0{,}43) + \frac{17{,}326}{6}(0{,}43 +$$

$$+ 4 \cdot 27{,}12 + 94{,}98) + \frac{10{,}0}{6}(94{,}98 + 4 \cdot 138{,}78 + 168{,}04) +$$

$$+ \frac{5{,}746}{6}(168{,}04 + 4 \cdot 177{,}51 + 180{,}68) = 5\,813{,}62.$$

Mit

$$\int \mathrm{d}u = (20{,}0 + 20{,}0 + 10{,}0 + 17{,}32) = 67{,}32$$

wird nach (II E.25) für $Q_x = 1$

$$t_1 = -\frac{\dfrac{1}{J_y s}\int S_e \, \mathrm{d}u}{\dfrac{1}{s}\int \mathrm{d}u} = -\frac{5\,813{,}62}{3\,204 \cdot 67{,}32} = -0{,}02695.$$

Die endgültigen Schubspannungen betragen:

$$\tau_e = \frac{t_{0,e} + t_1}{s} = \frac{S_e}{3\,204 \cdot 0{,}8} - \frac{0{,}02695}{0{,}8} = \frac{S_e}{2563} - 0{,}0337 \;[\text{t/cm}^2].$$

Diese Werte sind in Abb. II 1.4a eingetragen.

Fall $Q_y = 1$

Für diesen Fall ist der Querschnitt in Punkt c aufgeschnitten gedacht. Die Belastung g ist in Abb. II 1.2b eingetragen und die endgültigen Schubspannungen in Abb. II 1.4b dargestellt.

d) Vollwandige Querschnitte und dickwandige Hohlquerschnitte (Genaue Berechnung)

Für einige einfache Sonderquerschnitte wurden bereits von Love-Timpe [3], Weber [11], u. a. m., in neuerer Zeit von Thomsen [9], mathematisch strenge Lösungen für die Schubspannungen bekannt gegeben. Passer [5] gibt unter Zugrundelegung der Differenzenrechnung und bei Berücksichtigung der Querkontraktion ein Verfahren an, mit dem die Schubspannungen für beliebige vollwandige Querschnitte und auch dickwandige beliebige Hohlquerschnitte in einfacher Weise berechnet werden können. Er baut hierbei auf den Arbeiten von Schwalbe [7, 8] auf, dessen Betrachtungen dem Schubmittelpunkt beliebiger Querschnitte galten, bei Vernachlässigung der Querkontraktion. Auf den Arbeiten von Schwalbe und Passer beruhen die nachfolgenden Entwicklungen.

α) Vollwandige Querschnitte

Für einen allgemeinen Querschnitt nach Abb. II E.21 gilt, wenn die Belastungsebene normal zur Hauptachse ist, für die Biegespannung

$$\sigma_x = \frac{M}{J_y}z \quad \text{bzw.} \quad \frac{\partial \sigma_x}{\partial x} = \frac{Q}{J_y}z. \tag{II E.28}$$

Mit $\sigma_y = \sigma_z = \tau_{yz} = 0$ ergibt sich aus dem Gleichgewicht des Volumenelements (Abb. II E.22) (bei Annahme einer konstanten Querkraft)

$$\frac{\partial \tau_{xy}}{\partial y} + \frac{\partial \tau_{xz}}{\partial z} = -\frac{\partial \sigma_x}{\partial x} = -\frac{Qz}{J_y}. \qquad \text{(II E.29)}$$

Da die Oberfläche kräftefrei ist, gilt die Randbedingung am Umfang (Abb. II E.23)

$$-\tau_{xy} \sin(nz) + \tau_{xz} \cos(nz) = 0,$$

bzw.

$$\tau_{xz} \frac{dy}{ds} - \tau_{xy} \frac{dz}{ds} = 0, \qquad \left.\right\} \qquad \text{(II E.30)}$$

wobei n die Normale auf die Tangente im betrachteten Punkt des Umfanges ist.

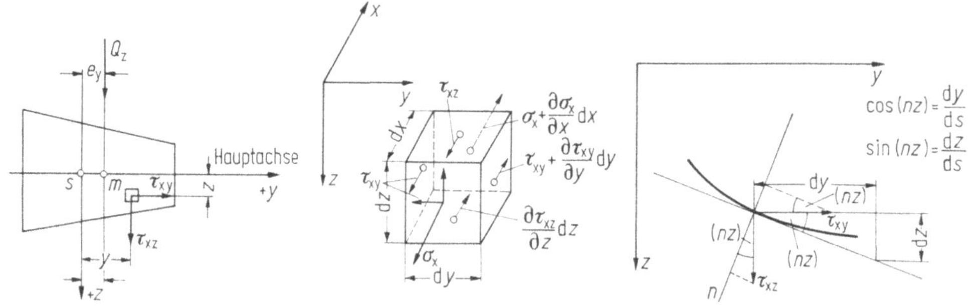

Abb. II E.21. Lage des Schubmittelpunktes
Abb. II E.22
Abb. II E.23

Aus den Kompatibilitätsbedingungen der Elastizitätstheorie [10, S. 64]

$$\frac{\partial^2 \gamma_{yz}}{\partial y \, \partial z} = \frac{\partial^2 \varepsilon_y}{\partial z^2} + \frac{\partial^2 \varepsilon_z}{\partial y^2}; \quad 2\frac{\partial^2 \varepsilon_y}{\partial x \, \partial z} = \frac{\partial}{\partial y}\left(\frac{\partial \gamma_{yz}}{\partial x} + \frac{\partial \gamma_{xy}}{\partial z} - \frac{\partial \gamma_{xz}}{\partial y}\right);$$

$$\frac{\partial^2 \gamma_{xz}}{\partial x \, \partial z} = \frac{\partial^2 \varepsilon_z}{\partial_x^2} + \frac{\partial^2 \varepsilon_x}{\partial z^2}; \quad 2\frac{\partial^2 \varepsilon_z}{\partial x \, \partial y} = \frac{\partial}{\partial z}\left(\frac{\partial \gamma_{xz}}{\partial y} + \frac{\partial \gamma_{yz}}{\partial x} - \frac{\partial \gamma_{xy}}{\partial z}\right);$$

$$\frac{\partial^2 \gamma_{xy}}{\partial x \, \partial y} = \frac{\partial^2 \varepsilon_x}{\partial y^2} + \frac{\partial^2 \varepsilon_y}{\partial x^2}; \quad 2\frac{\partial^2 \varepsilon_x}{\partial y \, \partial z} = \frac{\partial}{\partial x}\left(\frac{\partial \gamma_{xy}}{\partial z} + \frac{\partial \gamma_{xz}}{\partial y} - \frac{\partial \gamma_{yz}}{\partial x}\right),$$

ergibt sich mit (II C.6) bis (II C.11) und den Bedingungen

$$\sigma_y = \sigma_z = \tau_{yz} = 0,$$

$$\gamma_{xy} = \frac{\tau_{xy}}{G}; \quad \gamma_{xz} = \frac{\tau_{xz}}{G}; \quad \sigma_m = \frac{\sigma_x}{3}; \quad G = \frac{mE}{2(m+1)};$$

$$\varepsilon_y = \frac{m+1}{Em}\left(\sigma_y - \frac{3\sigma_m}{m+1}\right) = -\frac{\sigma_x}{Em} = -\mu\frac{\sigma_x}{E};$$

$$\frac{\partial \varepsilon_y}{\partial x} = -\frac{1}{Em}\frac{\partial \sigma_x}{\partial x} = -\frac{1}{Em}\frac{Q}{J_y}z = -\mu\frac{Q}{EJ_y}z;$$

$$2\frac{\partial \varepsilon_y^2}{\partial x \, \partial z} = -\mu\frac{2Q}{EJ_y}.$$

Aus der Kompatibilitätsbedingung erhält man:

$$\frac{1}{G}\frac{\partial}{\partial y}\left(\frac{\partial \tau_{xy}}{\partial z} - \frac{\partial \tau_{xz}}{\partial y}\right) = -\mu\frac{2Q}{EJ_y},$$

und damit

$$\frac{\partial \tau_{xy}}{\partial z} - \frac{\partial \tau_{xz}}{\partial y} = -\mu \frac{2GQ}{EJ_y} y + C = -\mu \frac{2GQ}{EJ_y}. \qquad \text{(II E.31)}$$

Die Entwicklungen nach [5] führen zur Feststellung, daß die Konstante C zu Null werden muß.

Zur Lösung der beiden gekoppelten Differentialgleichungen (II E.29) und (II E.31) werden nach [5, 7, 8] zwei Spannungsfunktionen φ und ψ angenommen und für die Schubspannungen die Ansätze

$$\left.\begin{aligned} \tau_{xy} &= \frac{\partial}{\partial z}\left(\varphi(y,z) + \psi(y,z)\right); \\ \tau_{xz} &= -\frac{\partial}{\partial y}\left(\varphi(y,z) + \psi(y,z)\right) - \frac{Q}{J_y} \cdot \frac{z^2}{2} \end{aligned}\right\} \qquad \text{(II E.32)}$$

gewählt.

Damit wird (II E.29) erfüllt

$$\frac{\partial \tau_{xy}}{\partial y} + \frac{\partial \tau_{xz}}{\partial z} = \frac{\partial^2 \varphi}{\partial y\,\partial z} + \frac{\partial^2 \psi}{\partial y\,\partial z} - \frac{\partial^2 \varphi}{\partial y\,\partial z} - \frac{\partial^2 \psi}{\partial y\,\partial z} - \frac{Qz}{J_y} = -\frac{Qz}{J_y}.$$

Mit

$$k_1 = -\frac{Q}{(1+m)\,J_y} \qquad \text{(II E.33)}$$

ergibt sich aus (II E.31) mit (II E.32)

$$\frac{\partial^2 \varphi}{\partial y^2} + \frac{\partial^2 \varphi}{\partial z^2} + \frac{\partial^2 \psi}{\partial y^2} + \frac{\partial^2 \psi}{\partial z^2} = k_1 y.$$

Aus (II E.30) erhält man mit den Randwerten $\bar{\varphi}$ und $\bar{\psi}$ der Spannungsfunktionen und (II E.32)

$$\left(\frac{\partial \bar{\varphi}}{\partial y} \cdot \frac{dy}{ds} + \frac{\partial \bar{\varphi}}{\partial z} \cdot \frac{dz}{ds}\right) + \left(\frac{\partial \bar{\psi}}{\partial y} \cdot \frac{dy}{ds} + \frac{\partial \bar{\psi}}{\partial z} \cdot \frac{dz}{ds}\right) = -\frac{Q}{J_y} \cdot \frac{z^2}{2} \cdot \frac{dy}{ds}$$

bzw.

$$\frac{d\bar{\varphi}}{ds} + \frac{d\bar{\psi}}{ds} = -\frac{Qz^2}{2J_y} \cdot \frac{dy}{ds}. \qquad \text{(II E.34)}$$

Die Schubspannungen werden nun in zwei Teile aufgespalten, die zusammen (II E.32) erfüllen.

$$\tau_{xy} = \tau'_{xy} + \tau''_{xy}; \quad \tau_{xz} = \tau'_{xz} + \tau''_{xz}, \qquad \text{(II E.35)}$$

$$\left.\begin{aligned} \tau'_{xy} &= \frac{\partial \varphi}{\partial z}; \quad \tau''_{xy} = \frac{\partial \psi}{\partial z} \\ \tau'_{xz} &= -\frac{\partial \varphi}{\partial y} - \frac{Qz^2}{2J_y}; \quad \tau''_{xz} = -\frac{\partial \psi}{\partial y}. \end{aligned}\right\} \qquad \text{(II E.36)}$$

Für die beiden Systeme der Spannungsfunktionen erhält man damit die Differentialgleichungen

$$\frac{\partial^2 \varphi}{\partial y^2} + \frac{\partial^2 \varphi}{\partial z^2} = \Delta\varphi = 0 \qquad \text{(II E.37)}$$

mit der Randbedingung

$$\frac{d\bar{\varphi}}{ds} = -\frac{Qz^2}{2J_y} \cdot \frac{dy}{ds} \qquad \text{(II E.38)}$$

und

$$\frac{\partial^2 \psi}{\partial y^2} + \frac{\partial^2 \psi}{\partial z^2} = \Delta\psi = k_1 y \qquad \text{(II E.39)}$$

mit der Randbedingung

$$\frac{d\bar{\psi}}{ds} = 0. \tag{II E.40}$$

Damit muß die Spannungsfunktion ψ am Rand einen konstanten Wert haben, somit gilt

$$\bar{\psi} = c. \tag{II E.41}$$

Der Wert c kann beliebig, also auch mit Null, gewählt werden. Schreibt man die Gleichungen (II E.37) bis (II E.41) in Differenzenform für alle ausgewählten Punkte auf, so erhält man ein lineares Gleichungssystem für die Werte φ_i und ψ_i. Sind diese Werte bekannt, so können aus (II E.32) die Schubspannungen berechnet werden. Hierbei wird zweckmäßig für einen bestimmten Punkt a des Umfanges $\bar{\varphi}_a = 0$ gewählt. Die übrigen Werte von $\bar{\varphi}_i$ ergeben sich dann zwangsläufig aus (II E.38).

Legt man als Begrenzungskurven der Spannungsfunktionen zwischen drei Punkten quadratische Parabeln zugrunde, so gilt mit Abb. II E.24

$$\left.\begin{aligned}\frac{d\varphi}{dy} &= \frac{\varphi_l - \varphi_i}{2\Delta y}; \quad \frac{d\varphi}{dz} = \frac{\varphi_m - \varphi_n}{2\Delta z}; \\[2mm] \frac{d^2\varphi}{dy^2} &= \frac{\varphi_l - 2\varphi_k + \varphi_i}{\Delta y^2}; \quad \frac{d^2\varphi}{dz^2} = \frac{\varphi_m - 2\varphi_k + \varphi_n}{\Delta z^2}.\end{aligned}\right\} \tag{II E.42}$$

Aus (II E.39) und (II E.40) kann abgeleitet werden [5], daß für $\mu = 0$ bzw. $m = \infty$ die Spannungsfunktion ψ überall einen konstanten Wert annimmt, daß somit die Spannungsfunktion φ nur von Q abhängt und somit nur die Schubspannungen τ' auftreten, während die Schubspannungen τ'' verschwinden. Man erkennt weiter daraus, daß die Schubspannungen τ'' von μ abhängen.

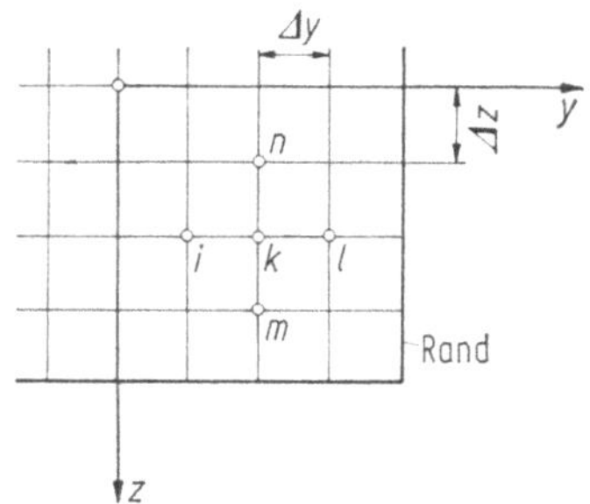

Abb. II E.24

β) Dickwandige Hohlquerschnitte

Die für den Vollquerschnitt durchgeführten Entwicklungen können auch bei dickwandigen Hohlquerschnitten Anwendung finden.

1. Querschnitt mit einem Hohlraum

Für einen Punkt a des Umfanges wird wieder der Wert der Spannungsfunktion φ_a beliebig angenommen (z. B. $\varphi_a = 0$). Der Wert φ_b am inneren Rand nach Abb. II E.25 ist noch unbekannt. Nach (II E.38) können aber für alle weiteren Punkte des inneren Randes die Werte φ_i in linearer Abhängigkeit von φ_b bestimmt werden. Nunmehr kann (II E.37) für jeden Rasterpunkt als Differenzengleichung mit (II E.42) angeschrieben werden.

$$\Delta\varphi = \frac{\partial^2\varphi}{\partial y^2} + \frac{\partial^2\varphi}{\partial z^2} = 0.$$

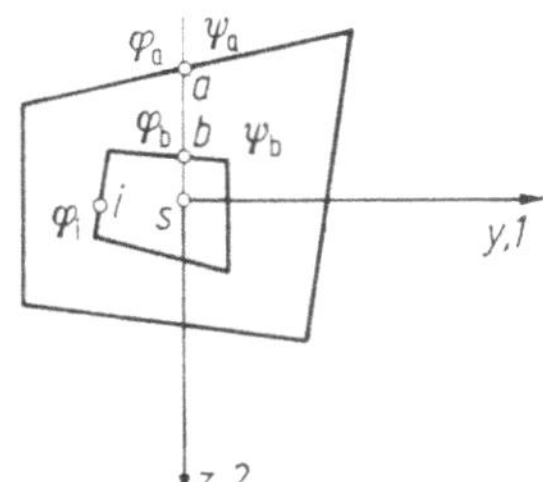

Abb. II E.25. Unsymme-
trischer Hohlquerschnitt

Als Lösung erhält man den Wert φ_m der Spannungsfunktion für einen beliebigen Punkt m in linearer Abhängigkeit von dem vorerst noch unbekannten Wert φ_b. Die Schubspannungen τ'_{xz} und τ'_{xy} sind nach (II E.36) und (II E.42) nunmehr linear von dem Wert φ_b abhängig. Man wählt in gleicher Weise (Abb. II E.25) $\psi_a = 0$ und ψ_b als unbekannten Wert der Spannungsfunktion ψ. Nach (II E.40) ergibt sich nun aber für alle Punkte des inneren Randes der gleiche Wert ψ_b der inneren Spannungsfunktion. Schreibt man (II E.39) für alle Rasterpunkte in Differenzenform auf, so erhält man für jeden beliebigen Punkt m die Spannungsfunktion ψ_m linear abhängig von ψ_b. Nach (II E.36) und (II E.42) werden damit auch die Schubspannungen τ''_{xz} und τ''_{xy} linear von ψ_b abhängig.

Wie in Abschnitt α) festgestellt wurde, sind nur die Schubspannungen τ'' von μ abhängig. Dies bedeutet weiter, daß die Schubspannungen τ' mit der Querkraft Q im Gleichgewicht sein müssen und die Schubspannungen τ'' für sich ein Gleichgewichtssystem bilden.

Die Schubspannungen τ'_{xy} und τ'_{xz} sind nur von der Spannungsfunktion φ abhängig. Der unbekannte Wert φ_b wird nun so gewählt, daß die Formänderungsarbeit dieser Schubspannungen zum Minimum wird. Es gilt somit:

$$A_i = \frac{1}{2G} \iint (\tau'^2_{xy} + \tau'^2_{xz})\, \mathrm{d}y\, \mathrm{d}z = \text{Min.} \qquad \text{(II E.43)}$$

bzw.

$$\frac{\partial A_i}{\partial \varphi_b} = 0. \qquad \text{(II E.44)}$$

Stellt man die Differentialgleichung (II E.37)

$$\Delta \varphi = 0$$

mit (II E.42) in Differenzenform auf, so tritt im Gleichungssystem verschiedentlich der Wert φ_b — als unbekannte Größe — auf. Die von φ_b abhängigen Glieder können als Belastungsglieder des Gleichungssystems aufgefaßt werden. Löst man das Gleichungssystem einmal für $\varphi_b = 0$ auf, so erhält man die Spannungsfunktionswerte φ_0, löst man es für $\varphi_b = 1$, so ergeben sich die entsprechenden Werte φ^*. Die endgültige Spannungsfunktion muß somit den Aufbau

$$\varphi = \varphi_0 + \varphi_b \varphi^* \qquad \text{(II E.45)}$$

haben.

Damit erhält man nach (II E.36)

$$\left.\begin{aligned}
\tau'_{xy} &= \frac{\partial \varphi_0}{\partial z} + \varphi_b \frac{\partial \varphi^*}{\partial z}\,; \\[2ex]
\tau'_{xz} &= -\frac{\partial \varphi_0}{\partial y} - \varphi_b \frac{\partial \varphi^*}{\partial y} - \frac{z^2}{2}\frac{Q}{J_y}.
\end{aligned}\right\} \qquad \text{(II E.46)}$$

Aus (II E.43) und (II E.44) ergibt sich die Bedingungsgleichung für φ_b.

$$\iint \left(\tau'_{xy} \frac{\partial \tau'_{xy}}{\partial \varphi_b} + \tau'_{xz} \frac{\partial \tau'_{xz}}{\partial \varphi_b} \right) \mathrm{d}y\, \mathrm{d}z = 0 \qquad \text{(II E.47)}$$

bzw.

$$\iint \frac{\partial \varphi_0}{\partial z} \cdot \frac{\partial \varphi^*}{\partial z}\, dy\, dz + \iint \frac{\partial \varphi_0}{\partial y} \cdot \frac{\partial \varphi^*}{\partial y}\, dy\, dz + \frac{Q}{2 J_y} \iint z^2 \frac{\partial \varphi^*}{\partial y}\, dy\, dz +$$

$$+ \varphi_b \iint \left[\left(\frac{\partial \varphi^*}{\partial z} \right)^2 + \left(\frac{\partial \varphi^*}{\partial y} \right)^2 \right] dy\, dz = 0. \tag{II E.48}$$

Da φ_0 und φ^* und damit ihre Ableitungen für jeden Rasterpunkt bekannt sind, können die Integrale einfach numerisch berechnet werden. Man erhält somit aus (II E.48) die Bedingungsgleichung für φ_b.

bzw.

$$\left. \begin{aligned} A \varphi_b + B &= 0 \\[2ex] \varphi_b &= -\frac{B}{A}, \end{aligned} \right\} \tag{II E.49}$$

wobei A und B bekannte Werte sind.

Die Berechnung von ψ_b kann entsprechend durchgeführt werden. Es gilt:

$$A_i = \frac{1}{2G} \iint (\tau_{xy}''^2 + \tau_{xz}''^2)\, dy\, dz = \text{Min}; \tag{II E.50}$$

$$\frac{\partial A_i}{\partial \psi_b} = 0. \tag{II E.51}$$

In der Differenzengleichung nach (II E.39)

$$\frac{\partial^2 \psi}{\partial y^2} + \frac{\partial^2 \psi}{\partial z^2} = k_1 y$$

tritt der Wert ψ_b verschiedentlich als unbekannte Größe auf. Mit den Lösungen ψ^0 bzw. ψ^* für $\psi_b = 0$ bzw. $\psi_b = 1$ erhält man allgemein

$$\psi = \psi_0 + \psi_b\, \psi^*. \tag{II E.52}$$

Nach (II E.36) wird:

$$\left. \begin{aligned} \tau_{xy}'' &= \frac{\partial \psi_0}{\partial z} + \psi_b \frac{\partial \psi^*}{\partial z}, \\[2ex] \tau_{xz}'' &= -\frac{\partial \psi_0}{\partial y} - \psi_b \frac{\partial \psi^*}{\partial y}. \end{aligned} \right\} \tag{II E.53}$$

Aus (II E.50) und (II E.51) ergibt sich die Bedingungsgleichung für ψ_b.

$$\iint \left(\tau_{xy}'' \frac{\partial \tau_{xy}''}{\partial \psi_b} + \tau_{xz}'' \frac{\partial \tau_{xz}''}{\partial \psi_b} \right) dy\, dz = 0 \tag{II E.54}$$

bzw.

$$\iint \frac{\partial \psi_0}{\partial z} \cdot \frac{\partial \psi^*}{\partial z}\, dy\, dz + \iint \frac{\partial \psi_0}{\partial y} \cdot \frac{\partial \psi^*}{\partial y}\, dy\, dz + \psi_b \iint \left[\left(\frac{\partial \psi^*}{\partial z} \right)^2 + \left(\frac{\partial \psi^*}{\partial y} \right)^2 \right] dy\, dz = 0. \tag{II E.55}$$

Mit den für die Rasterpunkte bekannten Werten ψ_0 und ψ^* und deren Ableitungen wird

$$\left. \begin{aligned} C \psi_b + D &= 0; \\[2ex] \psi_b &= -\frac{D}{C}, \end{aligned} \right\} \tag{II E.56}$$

wobei C und D bekannte Werte sind.

Mit φ_b und ψ_b sind nach (II E.35), (II E.46) und (II E.53) auch die endgültigen Schubspannungen an jeder Stelle bekannt.

Zur Vereinfachung der Rechnung wird angenommen, daß die Werte der Spannungsfunktionen φ_0, φ^*, ψ_0, ψ^* und deren Ableitungen

$$\frac{\partial\varphi_0}{\partial y}, \frac{\partial\varphi_0}{\partial z}, \frac{\partial\varphi^*}{\partial y}, \frac{\partial\varphi^*}{\partial z}, \frac{\partial\psi_0}{\partial y}, \frac{\partial\psi_0}{\partial z}, \frac{\partial\psi^*}{\partial y}, \frac{\partial\psi^*}{\partial z}$$

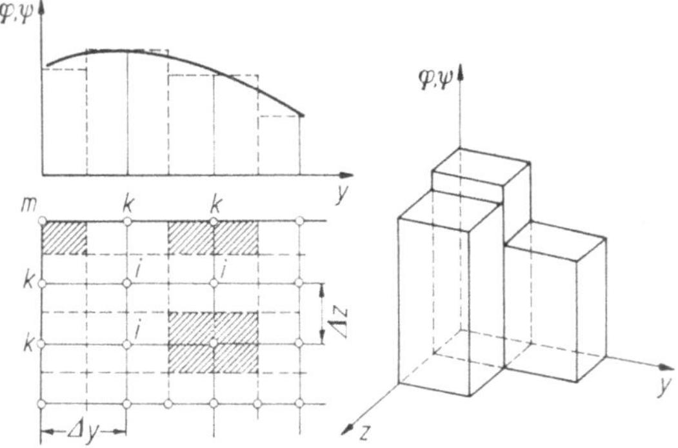

Abb. II E.26. Vereinfachung für die Volumen über $dy\,dz$

auf dem Bereich eines, einem Rasterpunkt zugeordneten Flächenanteiles (Abb. II E.26) konstant bleiben. Dieser Flächenanteil beträgt für einen Innenpunkt (i) $\Delta F = \Delta y \cdot \Delta z$, für einen Randpunkt ($k$) $\Delta F = 1/2 \cdot \Delta y \cdot \Delta z$ und für einen Eckpunkt (m) $\Delta F = 1/4 \cdot \Delta y \cdot \Delta z$. Damit ergibt sich z. B.

$$\iint \frac{\partial\varphi_0}{\partial z} \cdot \frac{\partial\varphi^*}{\partial z}\,dy\,dz = \left[\sum_i \frac{\partial\varphi_0}{\partial z} \cdot \frac{\partial\varphi^*}{\partial z} + \frac{1}{2}\sum_k \frac{\partial\varphi_0}{\partial z} \cdot \frac{\partial\varphi^*}{\partial z} + \frac{1}{4}\sum_m \frac{\partial\varphi_0}{\partial z} \cdot \frac{\partial\varphi^*}{\partial z}\right] \Delta y\,\Delta z,$$

$$\text{(II E.57)}$$

wobei $\dfrac{\partial\varphi_0}{\partial z}$; $\dfrac{\partial\varphi^*}{\partial z}$ für jeden Rasterpunkt bekannte Größen sind.

In gleicher Weise können alle anderen Integrale berechnet werden. Trägt man die Werte $\dfrac{\partial\varphi_0}{\partial z} \cdot \dfrac{\partial\varphi^*}{\partial z}$ usw. auf (Abb. II E.26), so kann man aus dem Verlauf der Kurven deren Völligkeitsgrad bestimmen (siehe z. B. Bd. I A, S. 30) und kann in einfacher Weise die Werte von (II E.57) verbessern. Je nach der Form der Kurven wird der Völligkeitsgrad positiv (Abb. II E.27, Kurve a) oder negativ (Abb. II E.27, Kurve b) sein. Es sind dann lediglich die Werte φ_b und ψ_b nach (II E.49) und (II E.56) neu zu berechnen.

Im Sonderfall eines symmetrischen Querschnittes (z. B. Abb. II E.28) mit einem Hohlraum tritt eine Vereinfachung ein. Man erkennt aus (II E.39), wonach ψ von y abhängt, daß mit $\bar\psi = 0$ am Außenrand die Spannungsfunktion ψ antimetrisch sein

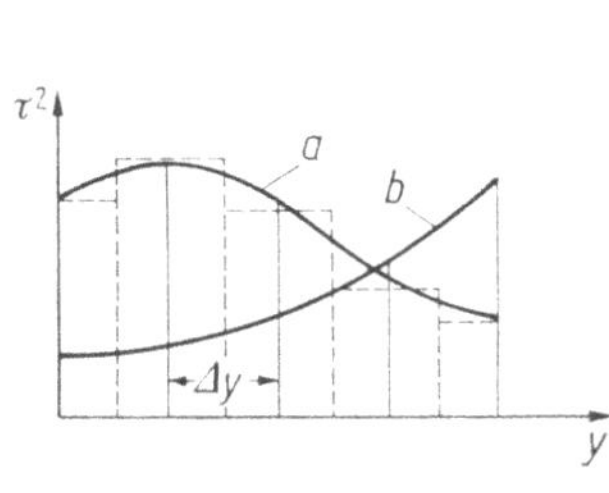

Abb. II E.27

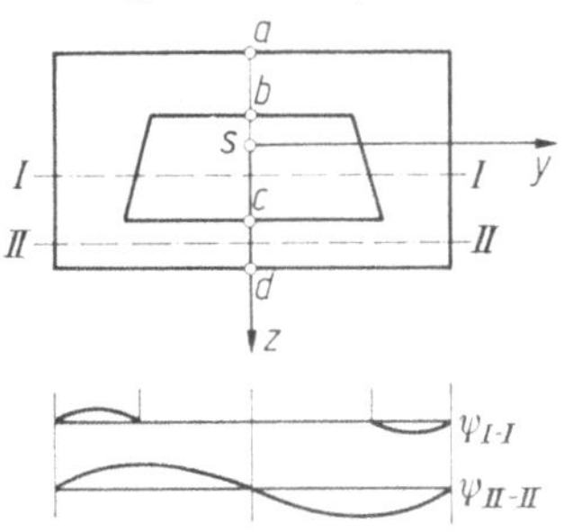

Abb. II E.28. Symmetrischer Hohlquerschnitt mit antimetrischer Spannungsfunktion

muß. Dies bedeutet, daß ψ auf der Symmetrieachse im Bereich $a - b$ und $c - d$ Null sein muß. Damit ist aber auch $\bar{\psi}_b = \bar{\psi}_c = 0$ und es gilt nach (II E.40) für den gesamten inneren Rand $\bar{\psi}_i = 0$. Somit gilt nach (II E.53)

$$\tau''_{xy} = \frac{\partial \psi_0}{\partial z}\,; \quad \tau''_{xz} = -\frac{\partial \psi_0}{\partial y}\,. \tag{II E.58}$$

Der Wert φ_b wird nach (II E.43) bis (II E.49) berechnet. Für die Schubspannung τ'_{xy} und τ'_{xz} gilt (II E.46).

Für einen doppeltsymmetrischen Querschnitt wird als Ausgangspunkt der Berechnung jeweils eine Symmetrieachse zugrunde gelegt. Damit ergibt sich $\varphi_a = \varphi_b = 0$, da die ersten drei Integrale von (II E.48) als Produkt von symmetrischen und antimetrischen Anteilen über den Gesamtquerschnitt zu Null werden, wie dies aus Zahlenbeispielen ersichtlich ist.

Die Durchführung bzw. die Ergebnisse der Berechnung von Voll- und Hohlquerschnitten ist aus den Beispielen II.2 bis II.5 zu ersehen.

2. Querschnitt mit mehreren Hohlräumen

Hat ein Querschnitt mehrere Hohlräume, so kann man entsprechend vorgehen. Zum Beispiel wird man für den Querschnitt mit 2 Hohlräumen nach Abb. II E.29 für einen Ausgangspunkt a die Werte $\varphi_a = 0$ und $\psi_a = 0$ annehmen, während die Werte der Spannungsfunktionen φ und ψ für beliebige Punkte b und c an den Innenrändern, somit die Größen $\varphi_b, \psi_b, \varphi_c, \psi_c$, als unbekannte Größen in die Rechnung eingeführt werden. φ_b und φ_c erhält man entsprechend (II E.43) und (II E.44) aus den Bedingungsgleichungen, mit y, z als Hauptträgheitsachsen,

$$\frac{\partial A_i(\tau'_{xy}, \tau'_{xz})}{\partial \varphi_b} = 0\,; \quad \frac{\partial A_i(\tau'_{xy}, \tau'_{xz})}{\partial \varphi_c} = 0\,; \tag{II E.59}$$

ψ_b und ψ_c entsprechend (II E.50) und (II E.51) aus

$$\frac{\partial A_i(\tau''_{xy}, \tau''_{xz})}{\partial \psi_b} = 0\,; \quad \frac{\partial A_i(\tau''_{xy}, \tau''_{xz})}{\partial \psi_c} = 0\,. \tag{II E.60}$$

Die endgültigen Spannungsfunktionen ergeben sich daraus zu

$$\varphi = \varphi_0 + \varphi_b \varphi_b{}^* + \varphi_c \varphi_c{}^*, \tag{II E.61}$$

$$\psi = \psi_0 + \psi_b \psi_b{}^* + \psi_c \psi_c{}^*, \tag{II E.62}$$

womit wieder die endgültigen Schubspannungen berechnet werden können.

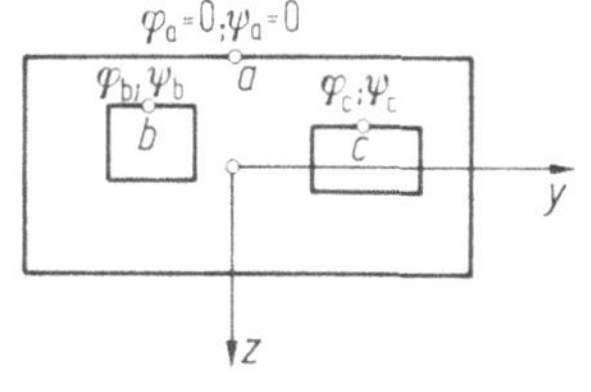

Abb. II E.29. Unsymmetrischer Querschnitt mit mehreren Hohlräumen

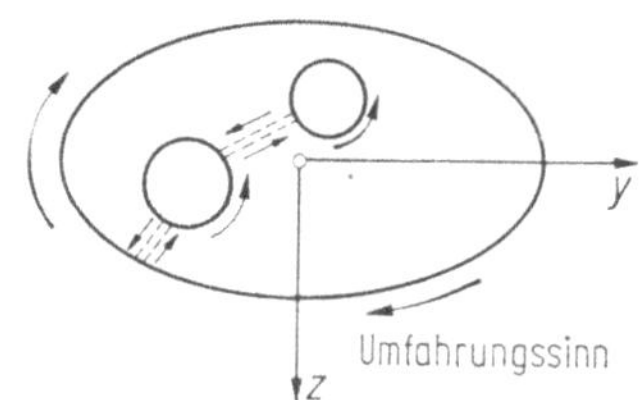

Abb. II E.30

γ) Schubmittelpunkt

Die Entwicklungen der Abschnitte α) und β) beruhen auf der Annahme, daß es sich um eine Belastung ohne Torsionsmomente handelt, d.h. daß in den Schubspannungen keine Anteile aus Torsionsmomenten vorhanden sind. Entsprechend Bd. I A, I C.6 kann dies nur der Fall sein, wenn Belastungs- und Querkraftebene durch den Schubmittelpunkt m gehen (Abb. II E.21). Dies bedeutet aber auch, daß das Moment der Querkraft und das Moment der Schubspannungen um den Schwerpunkt gleich groß sein müssen.

$$Qe_y = - \int\int (\tau_{xy}z - \tau_{xz}y)\, dy\, dz \qquad \text{(II E.63)}$$

bzw. mit (II E.35) und (II E.36)

$$Qe_y = - \int\int \left(\frac{\partial\varphi}{\partial y}y + \frac{\partial\varphi}{\partial z}z + \frac{Qz^2y}{J_y\cdot 2}\right) dy\, dz - \int\int \left(\frac{\partial\psi}{\partial y}y + \frac{\partial\psi}{\partial z}z\right) dy\, dz. \qquad \text{(II E.64)}$$

Durch Anwendung der Regeln der partiellen Integration — unter Berücksichtigung der Randwerte $\bar\varphi$ und $\bar\psi = 0$ — erhält man für den Vollquerschnitt (siehe auch [5]):

$$Qe_y = - \oint \bar\varphi y\, dz + \oint \bar\varphi z\, dy - \frac{Q}{2J_y}J_{yz^2} + 2V_\varphi + 2V_\psi; \qquad \text{(II E.65)}$$

und für einen beliebigen Hohlquerschnitt:

$$Qe_y = - \oint \bar\varphi y\, dz + \oint \bar\varphi z\, dy - \frac{Q}{2J_y}J_{yz^2} + 2V_\varphi + 2V_\psi + 2\sum_i \bar\psi_i F_i. \qquad \text{(II E.66)}$$

Hierbei sind:

$$V_\varphi = \int\int \varphi\, dy\, dz; \quad V_\psi = \int\int \psi\, dy\, dz \qquad \text{(II E.67)}$$

die Volumen der Spannungsfunktionen über der Grundfläche des tatsächlichen Querschnittes, d. h. bei Hohlquerschnitten erstreckt sich das Volumen von V_φ und V_ψ nicht über die Hohlräume. Die $\sum_i \psi_i F_i$ stellt für sich das Volumen der Spannungsfunktion ψ im Bereich der Hohlräume dar.

$$J_{yz^2} = \int\int z^2 y\, dy\, dz. \qquad \text{(II E.68)}$$

Zur Bestimmung der beiden Ringintegrale in (II E.65) denkt man sich den Querschnitt nach Abb. II E.30 aufgeschnitten und einen kontinuierlichen Richtungssinn eingetragen. Da die Bereiche der Schnitte keinen Anteil ergeben — entgegengesetzt gleich große Werte —, bleiben nur die Teilintegrale über dem Außenrand und die Innenränder übrig.

Ganz allgemein kann man den Schubmittelpunkt über die Resultierende der Schubspannungen berechnen. Bringt man in den einzelnen Rasterpunkten die Kräfte

$$\tau_{xz}\, \Delta y\, \Delta z$$

an, so kann man entweder mit Kraftplan und Seileck die Lage der Resultierenden bestimmen (siehe auch Bd. I A, I C.6) oder das Moment der Einzelkräfte um den Schwerpunkt berechnen. In beiden Fällen ist damit die Entfernung e_y des Schubmittelpunktes festgelegt. Letzteres gilt sowohl für den Voll- als auch für den Hohlquerschnitt.

Wird die Berechnung auch für die zweite Hauptachse y durchgeführt, erhält man in gleicher Weise den Wert e_z und damit die Lage des Schubmittelpunktes m. Hierbei ist der Einfluß der Querkontraktion berücksichtigt.

In vielen Fällen wird man sich bezüglich des Schubmittelpunktes mit der Näherungsberechnung nach Bd. I A, I C.6 begnügen.

δ) Grundbeziehungen in Differenzenform

Für jeden beliebig geformten Querschnitt können die Begrenzungskurven des äußeren Randes und der inneren Ränder bei Hohlquerschnitten durch gerade Linienstücke angenähert werden (Abb. II E.31).

Für die Durchführung der Differenzenrechnung ist es zweckmäßig, einen gleichförmigen oder abschnittsweise gleichförmigen Raster mit jeweils konstanten Rasterabständen Δy und Δz über den ganzen Querschnitt zu legen (Abb. II E.32 und II E.33). Da die Werte der Spannungsfunktionen φ und ψ für die Ränder gegeben sind, ist es auch notwendig, die Gleichungen der Differenzenrechnung unter Zugrundelegung der Randabstände Δy_R und Δz_R für Aufpunkte k, die den Rändern benachbart sind, in Abhängigkeit von diesen Randabständen Δy_R und Δz_R aufzustellen (Abb. II E.34). Unterschreiten die Werte Δy_R und Δz_R etwa die Größen $1/5\Delta y$ bzw. $1/5\Delta z$, so wird es zweckmäßig, die Begrenzungsgerade derart örtlich zu ändern, daß

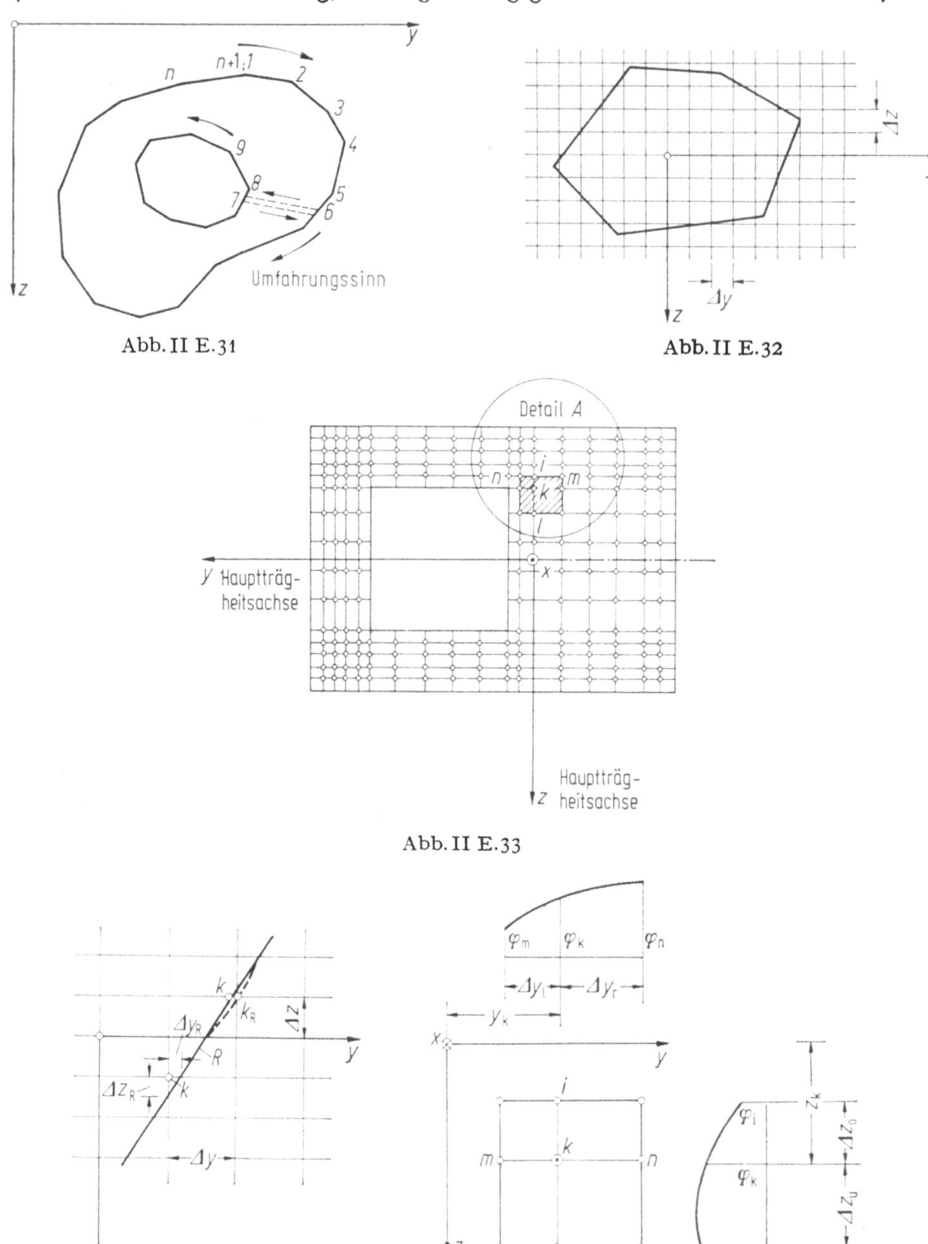

man den Aufpunkt k zu einem Randpunkt k_R macht (Abb. II E.34). Da die Randwerte der Funktionen φ und ψ für die geänderten Randlinien bestimmt werden, sind damit die Größen von $\bar{\varphi}$ und $\bar{\psi}$ für den Randpunkt k_R gegeben.

Den nachfolgenden Formeln ist zugrunde gelegt, daß jeweils durch 3 Punkte eine quadratische Parabel gelegt wird (Abb. II E.35).

Zweite Ableitung einer Spannungsfunktion φ im Rasterpunkt k

$$\left.\begin{aligned}
\frac{\partial^2\varphi}{\partial y^2}(y_k) &= \frac{1}{n_y}\left[2\triangle y_r\varphi_m - 2(\triangle y_r + \triangle y_l)\,\varphi_k + 2\triangle y_l\varphi_n\right]; \\[2mm]
\frac{\partial^2\varphi}{\partial z^2}(z_k) &= \frac{1}{n_z}\left[2\triangle z_u\varphi_i - 2(\triangle z_u + \triangle z_o)\,\varphi_k + 2\triangle z_o\varphi_l\right];
\end{aligned}\right\} \quad \text{(II E.69)}$$

wobei gilt:

$$\left.\begin{aligned}
n_y &= \triangle y_r\,\triangle y_l\,(\triangle y_r + \triangle y_l); \\[1mm]
n_z &= \triangle z_u\,\triangle z_0\,(\triangle z_u + \triangle z_0).
\end{aligned}\right\} \quad \text{(II E.70)}$$

Für konstante Rasterteilung $\triangle y$ und $\triangle z$ ergibt sich:

$$\frac{\partial^2\varphi}{\partial y^2}(y_k) = \frac{\varphi_m - 2\varphi_k + \varphi_n}{\triangle y^2}; \quad \frac{\partial^2\varphi}{\partial z^2}(z_k) = \frac{\varphi_i - 2\varphi_k + \varphi_l}{\triangle z^2}. \quad \text{(II E.71)}$$

Erste Ableitung einer Spannungsfunktion φ für einen Rasterpunkt k. Mit Rücksicht auf die Ermittlung von Schubspannungen, werden sowohl die Ableitungen für den Rasterpunkt k als auch für den Randpunkt k_R benötigt.

Rasterpunkt k

Mit (II E.70) wird für den Rasterpunkt k:

$$\left.\begin{aligned}
\frac{\partial\varphi}{\partial y}(y_k) &= \frac{1}{n_y}\left[-\triangle y_r^2\varphi_m + (\triangle y_r^2 - \triangle y_l^2)\,\varphi_k + \triangle y_l^2\varphi_n\right]; \\[2mm]
\frac{\partial\varphi}{\partial z}(z_k) &= \frac{1}{n_z}\left[-\triangle z_u^2\varphi_i + (\triangle z_u^2 - \triangle z_0^2)\,\varphi_k + \triangle z_0^2\varphi_l\right].
\end{aligned}\right\} \quad \text{(II E.72)}$$

Für die konstante Rasterteilung $\triangle y$ und $\triangle z$ wird

$$\frac{\partial\varphi}{\partial y}(y_k) = \frac{\varphi_n - \varphi_m}{2\triangle y}; \quad \frac{\partial\varphi}{\partial z}(z_k) = \frac{\varphi_l - \varphi_i}{2\triangle z}. \quad \text{(II E.72)}$$

Rasterpunkte k_R

Für einen Randpunkt muß die Ableitung der Spannungsfunktion durch den Randwert und die Werte der beiden benachbarten Innenpunkte ausgedrückt werden. Zum Beispiel wird in Abb. II E.35 für den gedachten Randpunkt m die Ableitung im Punkt m durch den Randwert $\bar{\varphi}_m$ und die Werte φ_k und φ_n ausgedrückt.

$$\left.\begin{aligned}
\frac{\partial\varphi}{\partial y}(y_{m,R}) &= \frac{1}{n_y}\left[-\triangle y_r(2\triangle y_l + \triangle y_r)\,\bar{\varphi}_m + (\triangle y_l + \triangle y_r)^2\,\varphi_k - \triangle y_l^2\varphi_n\right]; \\[2mm]
\frac{\partial\varphi}{\partial y}(y_{n,R}) &= \frac{1}{n_y}\left[\triangle y_r^2\varphi_m - (\triangle y_r + \triangle y_l)^2\,\varphi_k + \triangle y_l\,(2\triangle y_r + \triangle y_l)\,\bar{\varphi}_n\right] \\[2mm]
\text{bzw. in } z\text{-Richtung} & \\[2mm]
\frac{\partial\varphi}{\partial z}(z_{i,R}) &= \frac{1}{n_z}\left[-\triangle z_u(2\triangle z_o + \triangle z_u)\,\bar{\varphi}_i + (\triangle z_o + \triangle z_u)^2\,\varphi_k - \triangle z_0^2\varphi_l\right]; \\[2mm]
\frac{\partial\varphi}{\partial z}(z_{l,R}) &= \frac{1}{n_z}\left[\triangle z_u^2\varphi_i - (\triangle z_o + \triangle z_u)^2\,\varphi_k + \triangle z_o(2\triangle z_u + \triangle z_0)\,\bar{\varphi}_l\right].
\end{aligned}\right\} \quad \text{(II E.73)}$$

Mit konstanten Rasterabständen Δy und Δz gilt in y-Richtung:

$$\frac{\partial \varphi}{\partial y}(y_{m,R}) = \frac{-3\bar{\varphi}_m + 4\varphi_k - \varphi_n}{2\Delta y};$$

$$\frac{\partial \varphi}{\partial y}(y_{n,R}) = \frac{\varphi_m - 4\varphi_k + 3\bar{\varphi}_n}{2\Delta y};$$

und in z-Richtung

$$\frac{\partial \varphi}{\partial z}(z_{i,R}) = \frac{-3\bar{\varphi}_i + 4\varphi_k - \varphi_l}{2\Delta z};$$

$$\frac{\partial \varphi}{\partial z}(z_{l,R}) = \frac{\varphi_i - 4\varphi_k + 3\bar{\varphi}_l}{2\Delta z}.$$

$$\text{(II E.74)}$$

Für einen beliebig geformten Querschnitt sind eine Reihe von Querschnittswerten, die Randwerte der Spannungsfunktionen sowie Randintegrale der Spannungsfunktionen erforderlich.

Querschnittswerte

Die Querschnittswerte werden mit den Koordinaten der Anfangs- und Endpunkte eines jeden Geradenstückes i (Abb. II E.36) bestimmt.

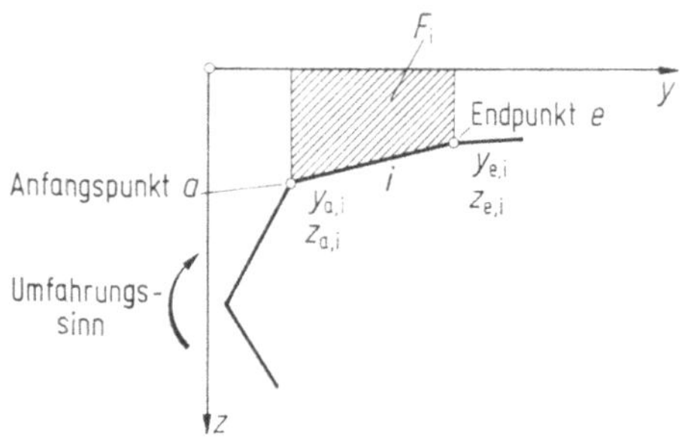

Abb. II E.36

Fläche

$$F = \sum_{i=1}^{i} F_i = -\frac{1}{2} \sum_{i=1}^{i} (y_{e,i} - y_{a,i}) \cdot (z_{e,i} + z_{a,i}). \qquad \text{(II E.75)}$$

Schwerpunkt

Die Koordinaten des Schwerpunktes y_s und z_s werden mit den statischen Momenten um die y- und z-Achse berechnet.

$$S_y = \sum_{i=1}^{i} S_{y,i} = -\frac{1}{6} \sum_{i=1}^{i} (y_{e,i} - y_{a,i}) \cdot (z_{e,i}^2 + z_{e,i} z_{a,i} + z_{a,i}^2);$$

$$S_z = \sum_{i=1}^{i} S_{z,i} = \frac{1}{6} \sum_{i=1}^{i} (z_{e,i} - z_{a,i}) \cdot (y_{e,i}^2 + y_{e,i} y_{a,i} + y_{a,i}^2);$$

$$y_s = \frac{S_y}{F}; \quad z_s = \frac{S_z}{F}. \qquad \text{(II E.76)}$$

Der weiteren Berechnung wird eine Parallelverschiebung des Koordinatensystems in dem Schwerpunkt zugrunde gelegt.

Trägheitsmoment und Zentrifugalmoment

$$\left.\begin{aligned}
J_y &= \sum_{i=1}^{i} J_{y,i} = - \frac{1}{12} \sum_{i=1}^{i} (y_{e,i} - y_{a,i}) \cdot (z_{e,i} + z_{a,i}) \cdot (z_{e,i}^2 + z_{a,i}^2); \\
J_z &= \sum_{i=1}^{i} J_{z,i} = \frac{1}{12} \sum_{i=1}^{i} (z_{e,i} - z_{a,i}) \cdot (y_{e,i} + y_{a,i}) \cdot (y_{e,i}^2 + y_{a,i}^2).
\end{aligned}\right\} \qquad \text{(II E.77)}$$

Für $z_{e,i} \neq z_{a,i}$ wird

$$\begin{aligned}
J_{yz} = &- \frac{1}{6} \sum_{i=1}^{i} \frac{y_{e,i} - y_{a,i}}{z_{e,i} - z_{a,i}} (z_{e,i}^2 + z_{e,i} z_{a,i} + z_{a,i}^2) \cdot (y_{a,i} z_{e,i} - y_{e,i} z_{a,i}) - \\
&- \frac{1}{8} \sum_{i=1}^{i} \frac{z_{e,i} + z_{a,i}}{z_{e,i} - z_{a,i}} (y_{e,i} - y_{a,i})^2 \cdot (z_{e,i}^2 + z_{a,i}^2).
\end{aligned} \qquad \text{(II E.78)}$$

Für $z_{e,i} = z_{a,i}$ wird

$$J_{yz} = - \frac{1}{2} \sum_{i=1}^{i} z_{e,i}^2 (y_{e,i}^2 - y_{a,i}^2). \qquad \text{(II E.79)}$$

Die Hauptträgheitsachsen können mit Hilfe des Mohr-Land-Kreises bestimmt werden. Damit sind auch nach Bd. I A, S. 55—57 die Hauptträgheitsmomente bekannt. Letztere könnten aber auch unter Beachtung der Hauptträgheitsachsen als neues Koordinatensystem nach den Formeln (II E.77) berechnet werden.

Flächenmoment 3. Ordnung

Die Berechnung ist auf die Koordinaten im Hauptträgheitsachsensystem zu beziehen.

Für $z_{e,i} \neq z_{a,i}$ wird

$$\begin{aligned}
J_{yz^2} = \sum_{i=1}^{i} J_{yz^2,i} = &\frac{-1}{z_{e,i} - z_{a,i}} \left[\frac{1}{12} \sum_{i=1}^{i} (y_{e,i} - y_{a,i}) \cdot (z_{e,i} + z_{a,i}) \cdot \right. \\
&\left. \cdot (z_{e,i}^2 + z_{a,i}^2) \cdot (y_{a,i} z_{e,i} - y_{e,i} z_{a,i}) + \frac{1}{15} \sum_{i=1}^{i} (y_{e,i} - y_{a,i})^2 \cdot \right. \\
&\left. \cdot (z_{e,i}^5 - z_{a,i}^5) \right].
\end{aligned} \qquad \text{(II E.80)}$$

Für $z_{e,i} = z_{a,i}$ wird

$$J_{yz^2} = \sum_{i=1}^{i} J_{yz^2,i} = - \frac{1}{6} \sum_{i=1}^{i} z_{a,i}^3 \cdot (y_{e,i}^2 - y_{a,i}^2). \qquad \text{(II E.81)}$$

Randwerte der Spannungsfunktion φ

Zur Berechnung der Randwerte für die Spannungsfunktion $\varphi(yz)$ werden jene Koordinaten der Randpunkte herangezogen, die Schnittpunkte des gewählten Rasters mit den Randgeraden des Querschnittes sind. Sind die Ausgangswerte der Spannungsfunktion — im Fall von Hohlräumen sind dies nach Abschnitt β) unbekannte Größen — gewählt, so läßt sich der Verlauf der Randwerte am äußeren Rand und an den inneren Rändern fortlaufend berechnen.

Für den äußeren Rand mit $\varphi_a = 0$ wird

$$\bar{\varphi}_{R,a} = - \frac{Q}{6 J_y} \sum_{i=1}^{i} (y_{e,i} - y_{a,i}) \cdot (z_{e,i}^2 + z_{e,i} z_{a,i} + z_{a,i}^2). \qquad \text{(II E.82)}$$

Für einen inneren Rand mit dem unbekannten Ausgangswert $\varphi_{b,i} \neq 0$ wird

$$\bar{\varphi}_{R,i} = - \frac{Q}{6 J_y} \sum_{i=1}^{i} (y_{e,i} - y_{a,i}) \cdot (z_{e,i}^2 + z_{e,i} z_{a,i} + z_{a,i}^2) + \varphi_{b,i}. \qquad \text{(II E.83)}$$

Zu beachten ist hierbei, daß sowohl am Außenrand wie an einem inneren Rand der Umfahrungssinn gleich gehalten werden muß (Abb. II E.37).

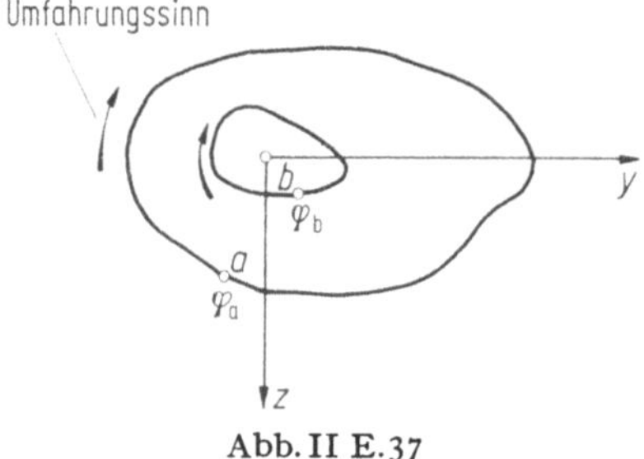

Abb. II E.37

Randintegrale einer Spannungsfunktion

Integriert man die Randwerte der Spannungsfunktion unter Beachtung des Umfahrungssinnes nach Abb. II E.31 — der Umfahrungssinn für innere Ränder ist entgegengesetzt dem für den Außenrand einzuführen —, so ergibt sich:

für $z_{e,i} \neq z_{a,i}$

$$\oint \bar{\varphi}_R z \, \mathrm{d}y = \frac{1}{2} \cdot \sum_{i=1}^{i} \bar{\varphi}_{a,i} \cdot (y_{e,i} - y_{a,i}) \cdot (z_{e,i} + z_{a,i}) -$$

$$- \frac{Q}{6J_y} \cdot \sum_{i=1}^{i} \left(\frac{y_{e,i} - y_{a,i}}{z_{e,i} - z_{a,i}}\right)^2 \cdot \left[\frac{1}{5}(z_{e,i}^5 - z_{a,i}^5) - \frac{1}{2} z_{a,i}^3 \cdot (z_{e,i}^2 - z_{a,i}^2)\right]$$

$$\text{(II E.84)}$$

und für $z_{e,i} = z_{a,i}$ (Sonderfall)

$$\oint \bar{\varphi}_R z \, \mathrm{d}y = \frac{1}{2} \cdot \sum_{i=1}^{i} \bar{\varphi}_{a,i} \cdot (y_{e,i} - y_{a,i}) \cdot (z_{e,i} + z_{a,i}) -$$

$$- \frac{Q}{4J_y} \cdot \sum_{i=1}^{i} z_{a,i}^3 \cdot (y_{e,i} - y_{a,i})^2, \qquad \text{(II E.85)}$$

und weiters

$$\oint \bar{\varphi}_R y \, \mathrm{d}z = \frac{1}{2} \cdot \sum_{i=1}^{i} \bar{\varphi}_{a,i} \cdot (z_{e,i} - z_{a,i}) \cdot (y_{e,i} + y_{a,i}) -$$

$$- \frac{Q}{6J_y} \cdot \sum_{i=1}^{i} \frac{y_{a,i}}{4} (y_{e,i} - y_{a,i}) \cdot [(z_{e,i}^2 + z_{a,i}^2) \cdot (z_{e,i} + z_{a,i}) - 4z_{a,i}^3] -$$

$$- \frac{Q}{6J_y} \sum_{i=1}^{i} \frac{(y_{e,i} - y_{a,i})^2}{3} \cdot$$

$$\cdot \left[(z_{e,i}^3 - z_{a,i}^3) - \frac{1}{4}(2z_{e,i} + z_{a,i}) \cdot (z_{e,i} - z_{a,i}) + \frac{1}{10}(z_{e,i} - z_{a,i})^3\right].$$

$$\text{(II E.86)}$$

$\bar{\varphi}_{a,i}$ bedeutet darin den Randwert der Spannungsfunktion am Beginn des jeweiligen Teilbereiches des betrachteten Geradenstückes i.

Zusammenfassung

Mit den angegebenen Formeln können alle Werte, die zur Ermittlung der Schubspannungen und des Schubmittelpunktes erforderlich sind, schematisch berechnet werden.

Zahlenbeispiele

Es werden an einigen wenigen Beispielen die Ergebnisse der theoretischen Entwicklungen des Abschnittes II E d gezeigt. Die Berechnungen werden mittels der Differenzenmethode des Abschnittes II E5 d δ durchgeführt. Da dort alle erforderlichen Formeln ausführlich angegeben sind, kann die schematische Zahlenrechnung für die nachfolgenden Beispiele weggelassen werden. Es werden jeweils die benötigten Summenwerte angegeben, die zur Berechnung der Schubspannungen und des Schubmittelpunktes erforderlich sind. Aus den Ergebnissen kann man sowohl den genauen Schubspannungsverlauf, die Lage des Schubmittelpunktes und den Einfluß der Querkontraktion für Voll- und Hohlquerschnitte erkennen. Bei der Darstellung der Ergebnisse der Zahlenrechnung ist lediglich der Querschnitt von der entgegengesetzten Seite betrachtet worden (linkes Schnittufer), so daß die positive y-Achse entgegengesetzt eingetragen ist, als es bei den Ableitungen der Formeln der Fall ist.

Beispiel II.2. Vollwandiger Rechteckquerschnitt

Der Querschnitt ist in Abb. II 2.1 dargestellt. Die Koordinaten der Randpunkte betragen

	y	z
$\bar{1}$	0	$-2,0$
$\bar{2}$	$+2,5$	$-2,0$
$\bar{3}$	$+2,5$	$+2,0$
$\bar{4}$	0	$+2,0$
$\bar{5}$	$-2,5$	$+2,0$
$\bar{6}$	$-2,5$	$-2,0$

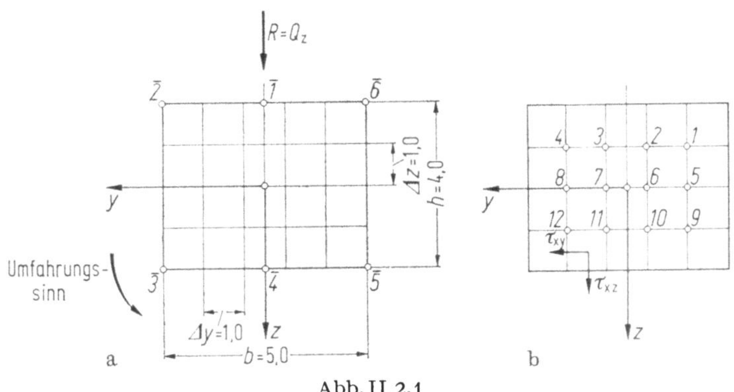

Abb. II 2.1

Damit ergeben sich folgende Querschnittswerte:

$$F = 20,0; \quad J_y = J_2 = 26,66; \quad J_z = J_1 = 41,66; \quad J_{y,z} = 0; \quad J_{yz^2} = 0.$$

$\bar{\varphi}_R$-*Werte*

Die Bestimmung der Randwerte $\bar{\varphi}_R$ erfolgt nach (II E.82). Es ergibt sich mit $Q_z = R$:

$$\bar{\varphi}_{R,\bar{1}} = 0; \quad \bar{\varphi}_{R,\bar{2}} = \bar{\varphi}_{R,\bar{3}} = -5,0\, R/J_y;$$
$$\bar{\varphi}_{R,\bar{4}} = 0; \quad \bar{\varphi}_{R,\bar{5}} = \bar{\varphi}_{R,\bar{6}} = +5,0\, R/J_y;$$

d. h. die Randwerte $\bar{\varphi}_R$ liegen auf Geraden. Sie sind in Abb. II 2.2a eingetragen.

Randintegrale $\oint \bar{\varphi}_R z \, \mathrm{d}y$ *und* $\oint \bar{\varphi}_R y \, \mathrm{d}z$

Diese Integrale ergeben sich nach (II E.84) bis (II E.86) im vorliegenden Fall zu Null.

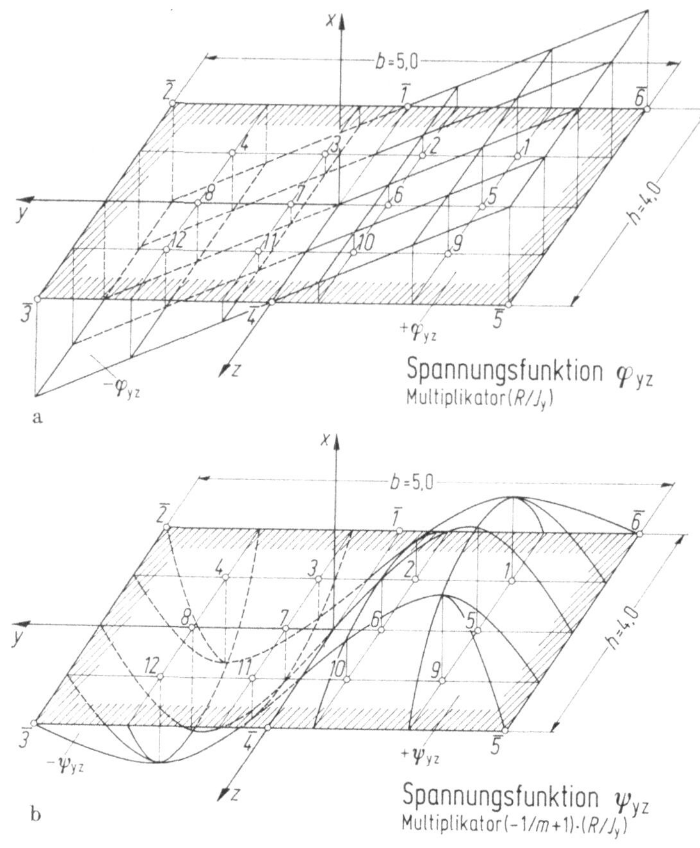

Abb. II 2.2

Aufstellung der Differenzengleichungen für die Spannungsfunktionen

Mit der Rastereinteilung und Punktbezeichnung nach Abb. II E.2.1 und mit (II E.71) ergeben sich nach (II E.37) und (II E.39) die Gleichungssysteme zur Bestimmung der Ordinaten der Spannungsfunktionen $\varphi(yz)$ und $\psi(yz)$ in den Rasterpunkten nach Tabelle 2.1. Für die Spannungsfunktion ψ sind die Randwerte $\bar{\psi}_R = 0$.

Tabelle 2.1

Pkt.	1	2	3	4	5	6	7	8	9	10	11	12	φ_{yz}	ψ_{yz}
1	−4	1			1								= −8,0	= −1,5
2	1	−4	1			1							= −1,0	= −0,5
3		1	−4	1			1						= +1,0	= +0,5
4			1	−4				1					= +8,0	= +1,5
5	1				−4	1			1				= −5,0	= −1,5
6		1			1	−4	1			1			= 0	= −0,5
7			1			1	−4	1			1		= 0	= +0,5
8				1			1	−4				1	= +5,0	= +1,5
9					1				−4	1			= −8,0	= −1,5
10						1			1	−4	1		= −1,0	= −0,5
11							1			1	−4	1	= +1,0	= +0,5
12								1			1	−4	= +8,0	= +1,5

Multiplikator R/J_y (Spalte φ_{yz}) — Multiplikator k_1 (Spalte ψ_{yz})

Tabelle 2.2

| Pkt. | Spannungsfunktion | | | |
	$\varphi(yz)$		$\psi(yz)$	
1	$+3{,}0$		$+0{,}65054$	
2	$+1{,}0$		$+0{,}30645$	
3	$-1{,}0$		$-0{,}30645$	
4	$-3{,}0$		$-0{,}65054$	
5	$+3{,}0$	Multiplikator:	$+0{,}79570$	Multiplikator:
6	$+1{,}0$	R/J_y	$+0{,}38172$	k_1
7	$-1{,}0$		$-0{,}38172$	
8	$-3{,}0$		$-0{,}79570$	
9	$+3{,}0$		$+0{,}65054$	
10	$+1{,}0$		$+0{,}30645$	
11	$-1{,}0$		$-0{,}30645$	
12	$-3{,}0$		$-0{,}65054$	

Die Auflösung der Gleichungssysteme ergibt die Werte der Tabelle 2.2.

Die Spannungsfunktionen φ und ψ sind in Abb. II 2.2a und II 2.2b dargestellt. Für diesen Sonderfall liegen die Ordinaten der Spannungsfunktion φ in einer Ebene.

Schubspannungen

Die Schubspannungen werden für die Querdehnungszahl $m = 10/3$ berechnet, damit die Ergebnisse mit den Werten von Weber [11, S. 341] verglichen werden können.

Aus (II E.35) und (II E.36) können mit (II E.72) bis (II E.74) die Schubspannungen berechnet werden, und zwar sowohl für innere Rasterpunkte als auch für Randpunkte. Zum Beispiel ergibt sich mit Abb. II 2.3 τ_{xz} im Punkt 1 mit

$$k_1 = -\frac{1}{3{,}33 + 1}\frac{R}{J_y} = -0{,}231\frac{R}{J_y}:$$

$$-\frac{\partial\varphi}{\partial y} = -\left(\frac{+1{,}0 - 5{,}0}{2\cdot 1{,}0}\right)\cdot\frac{R}{J_y} = \qquad +2{,}0\frac{R}{J_y};$$

$$-\frac{\partial\psi}{\partial y} = -\left(\frac{+0{,}30645 - 0}{2\cdot 1{,}0}\right)\cdot(-0{,}231)\frac{R}{J_y} = +0{,}03544\frac{R}{J_y};$$

$$-\frac{z^2}{2}\frac{R}{J_y} = -\frac{(-1{,}0)^2}{2}\frac{R}{J_y} = \qquad -0{,}50\frac{R}{J_y}$$

$$\tau_{xz} = \qquad +1{,}53544\frac{R}{J_y}.$$

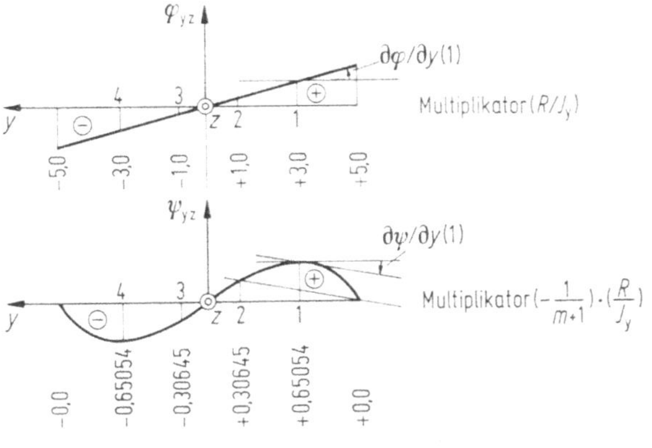

Abb. II 2.3

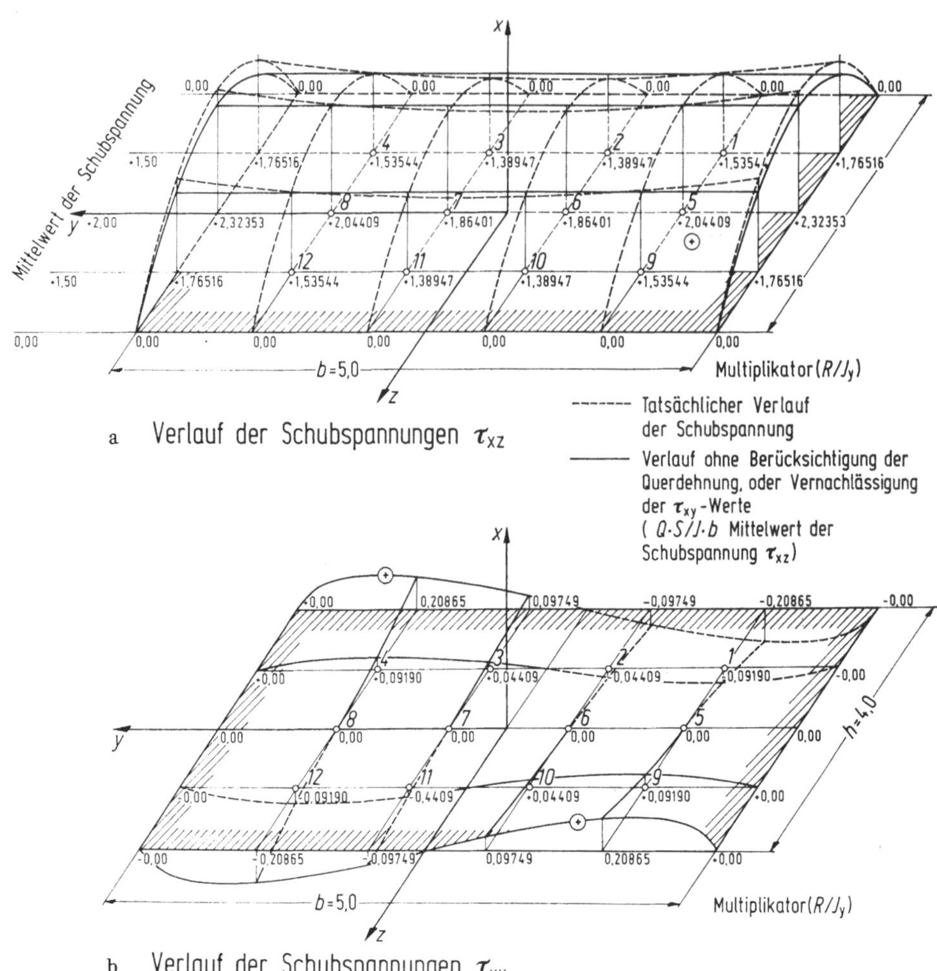

a   Verlauf der Schubspannungen τ_{xz}

b   Verlauf der Schubspannungen τ_{xy}

Abb. II 2.4

Der Verlauf der Schubspannungen τ_{xz} und τ_{xy} ist in Abb. II 2.4 dargestellt.

Schubmittelpunkt

Der Schubmittelpunkt, der nach (II E.65) berechnet werden kann, fällt in diesem Sonderfall des doppelsymmetrischen Querschnitts mit dem Schwerpunkt zusammen. Es sind sowohl die Randintegrale $\int \bar{\varphi}_R y \, dz = 0$ und $\int \bar{\varphi}_R z \, dy = 0$ als auch $V_\varphi = V_\psi = 0$, wenn der Ausgangspunkt in der Symmetrieachse gewählt wird, was zweckmäßig ist.

Vergleich mit Weber [11]

Weber gibt die Abweichungen vom Mittelwert in der neutralen Achse in Abhängigkeit vom Seitenverhältnis b/h an. Der Mittelwert der maximalen Schubspannung ergibt sich nach (II E.20) zu

$$\tau_{\max,m} = \frac{QS_e}{Jb_e}.$$

Für den Querschnitt nach Abb. II 2.5 gilt für die neutrale Achse

$$S_e = \frac{F}{2} \cdot \frac{h}{4} = \frac{Fh}{8}; \quad J_y = F\frac{h^2}{12};$$

$$\tau_m = \tau_{xz} = \frac{3R}{2F} = 2,0\,\frac{R}{J_y}.$$

Die endgültigen Schubspannungen nach Weber sind in Abb. II 2.6 für die Punkte a und b in Beziehung zum Mittelwert eingetragen. Für das Seitenverhältnis $b/h = 1,25$ erhält man für die Punkte a und b die Werte

$$\tau_a = 0,907\,\tau_m \quad \text{und} \quad \tau_b = 1,198\,\tau_m.$$

Nach Abb. II 2.4 ergeben sich die entsprechenden Werte

$$\tau_a = \frac{1,864}{2,0}\,\tau_m = 0,932\,\tau_m \quad \text{und} \quad \tau_b = \frac{2,3235}{2,0}\,\tau_m = 1,162\,\tau_m$$

(siehe Abb. II 2.6).

Aus obigen Werten erkennt man, daß selbst bei der geringen Anzahl von Rasterpunkten dieses Beispiels die Werte der Schubspannungen gut mit den Werten der strengen Lösung nach Weber übereinstimmen.

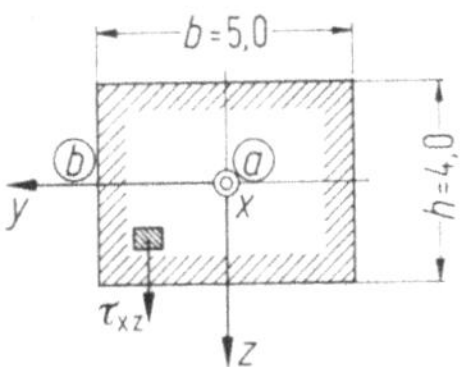

Abb. II 2.5

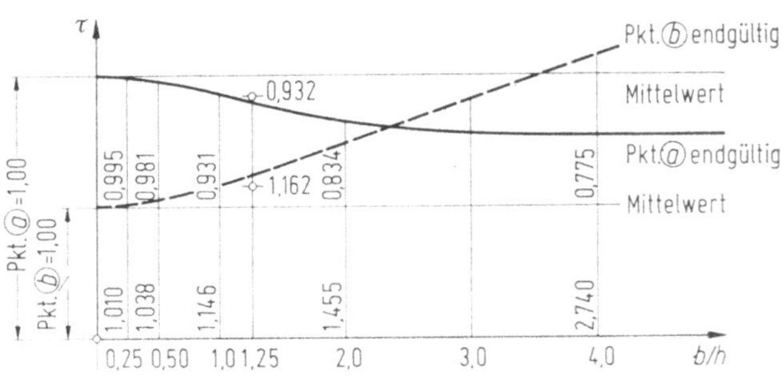

Abb. II 2.6

Beispiel II.3. Unsymmetrischer Vollquerschnitt

Der Querschnitt ist in Abb. II 3.1 dargestellt, in die auch der Raster eingetragen ist. Auch die der Berechnung zugrunde gelegten geringfügigen Änderungen der Berandung sind angegeben.

Unter Zugrundelegung des Abschnittes E 5 d δ ergeben sich die Hauptträgheitsachsen und die erforderlichen Querschnittswerte.

$$F = 110,00;$$
$$J_y = J_1 = 2246,85;$$
$$J_z = J_2 = 597,16;$$
$$J_{yz} = -1216,10.$$

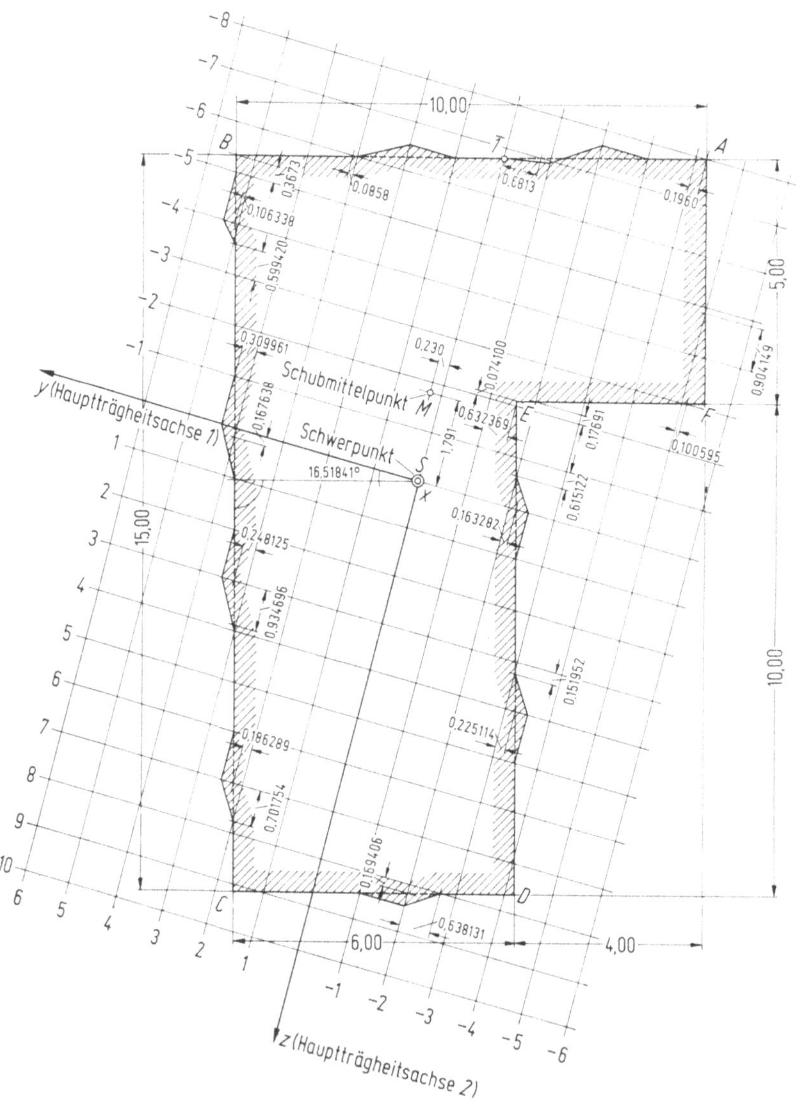

Abb. II 3.1

Belastung in Richtung der Hauptträgheitsachse 2

Als Ausgangswert für die Spannungsfunktionen $\varphi(yz)$ und $\psi(yz)$ werden die Werte im Punkt $\bar{1}$ mit

$$\varphi_{R,\bar{a}} = \varphi_a = 0; \quad \psi_{R\bar{a}} = \psi_a = 0$$

gewählt.

Die Bezeichnung der Rasterpunkte ist in Abb. II 3.2 eingetragen. Der Verlauf der Randwerte für die Spannungsfunktion φ ergibt sich nach (II E.38) unter Verwendung von (II E.82).

Die Aufstellung der Differenzengleichung für $\varphi(yz)$ erfolgt nach (II E.37) mit (II E.69) und (II E.70). Nach Lösung des Gleichungssystems ergibt sich die Spannungsfunktion in allen Rasterpunkten nach Abb. II 3.2.

Für die Spannungsfunktion $\psi(yz)$ sind die Randwerte $\bar{\psi} = 0$. Mit (II E.39), (II E.69) und (II E.70) erhält man die Spannungsfunktion ψ nach Abb. II 3.3.

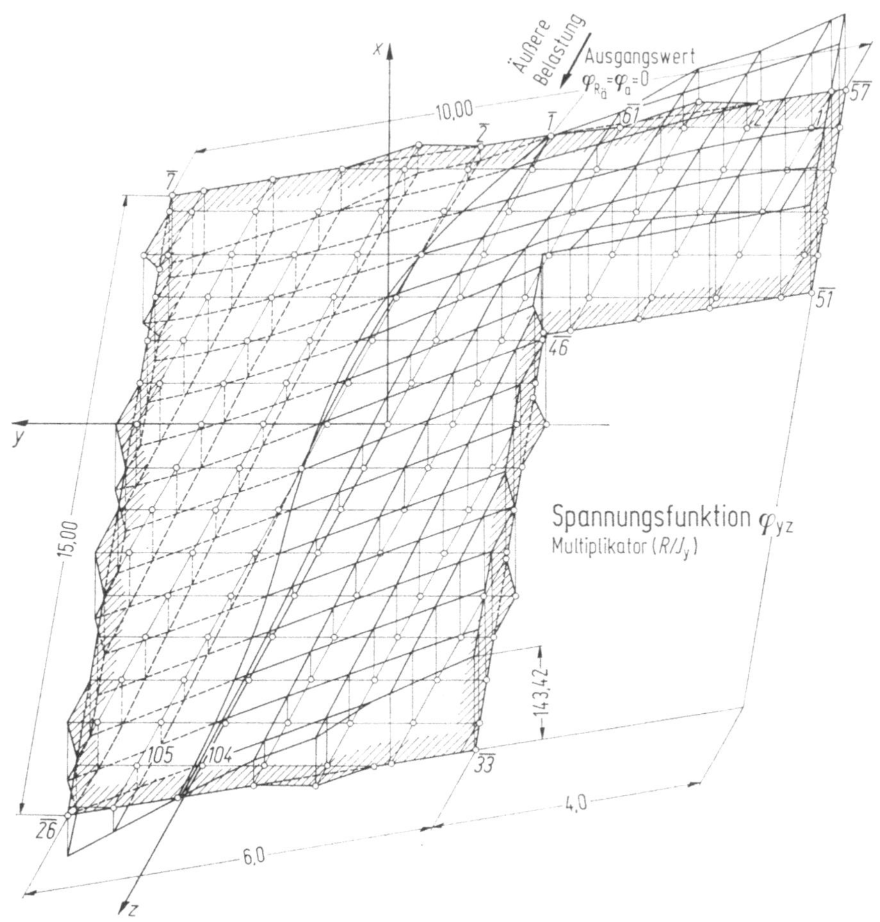

Abb. II 3.2

Nach (II E.35) und (II E.36) mit (II E.72) bis (II E.74) können nun die Schubspannungen τ_{xz} und τ_{xy} berechnet werden. Sie sind in den Abb. II 3.4 und II 3.5 dargestellt.

Abschließend wird nach (II E.65) mit (II E.84) bis (II E.86) der Schubmittelpunktsabstand e_y berechnet. Es ergibt sich:

$$-\oint \bar{\varphi} y \, \mathrm{d}z = -2034{,}61 \frac{R}{J_y};$$

$$+\oint \bar{\varphi} z \, \mathrm{d}y = -210{,}47 \frac{R}{J_y};$$

$$-\frac{J_{yz^2}}{2} = +608{,}50 \frac{R}{J_y};$$

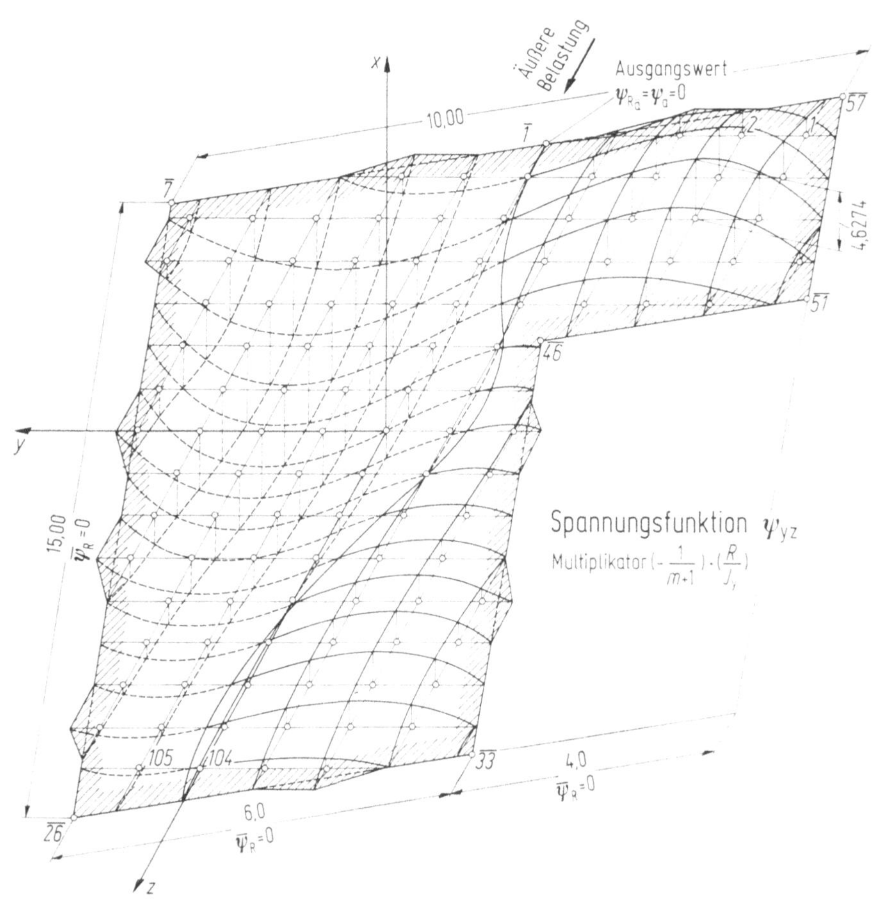

Abb. II 3.3

$$+2V_\varphi \quad = +2117{,}29\,\frac{R}{J_y};$$

$$+2V_\psi \quad = \quad +36{,}21\,\frac{R}{J_y}.$$

Damit wird für $Q_z = R = 1$ und mit $J_y = 2246{,}85$

$$e_y = +0{,}230\,.$$

Für die andere Hauptachse wird die Berechnung entsprechend durchgeführt und man erhält:

$$e_z = 1{,}791\,.$$

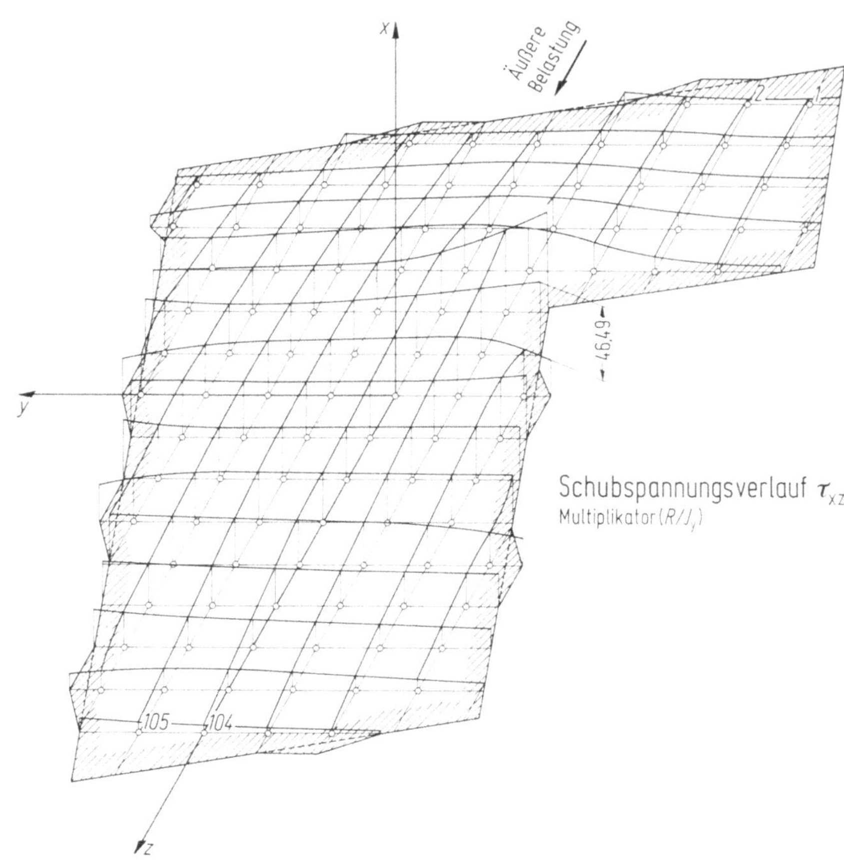

Abb. II 3.4

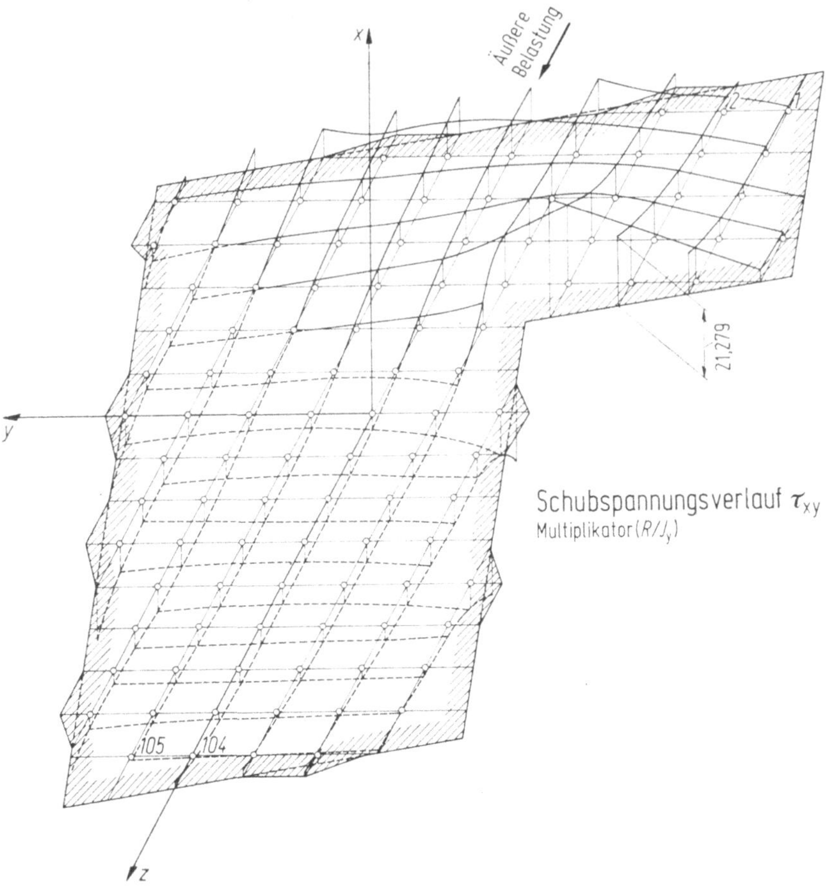

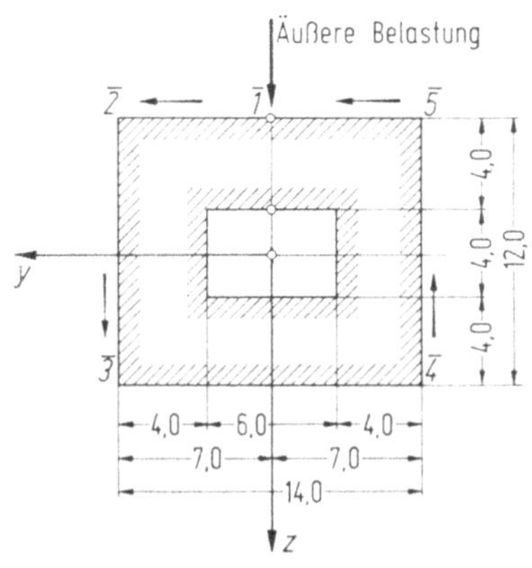

Abb. II 3.5

Beispiel II.4. Doppelsymmetrischer Hohlquerschnitt

Der Querschnitt ist in Abb. II 4.1 dargestellt. Entsprechend Abschnitt II E 5 d β, γ und δ wird die Berechnung zweckmäßig so durchgeführt, daß für den Punkt $\bar{1}$ auf

Abb. II 4.1

der Symmetrieachse $\varphi_a = 0$ und $\psi_a = 0$ gewählt werden. Damit ergibt sich für den Ausgangspunkt am inneren Rand auf der gleichen Symmetrieachse auch $\varphi_b = 0$. Für diesen Sonderfall gilt $\psi = 0$ am äußeren und inneren Rand für alle Punkte.

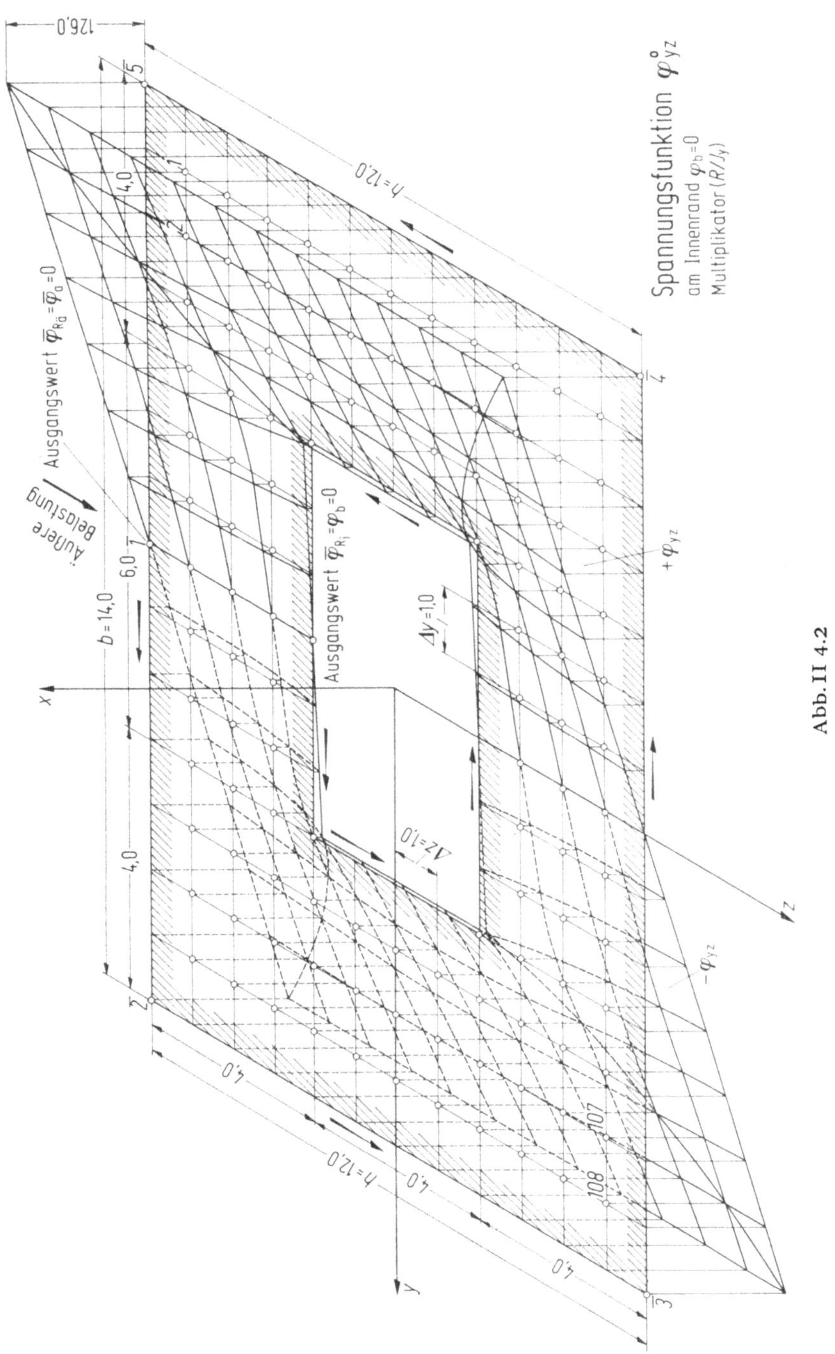

Abb. II 4.2

Die Berechnung der Randwerte von φ und die Aufstellung der Differenzengleichungen für φ und ψ erfolgt entsprechend den vorhergehenden Beispielen. Die Spannungsfunktionen φ und ψ sind in den Abb. II 4.2 und II 4.3 dargestellt, die Schubspannungen τ_{xz} und τ_{xy} in den Abb. II 4.4 und II 4.5.

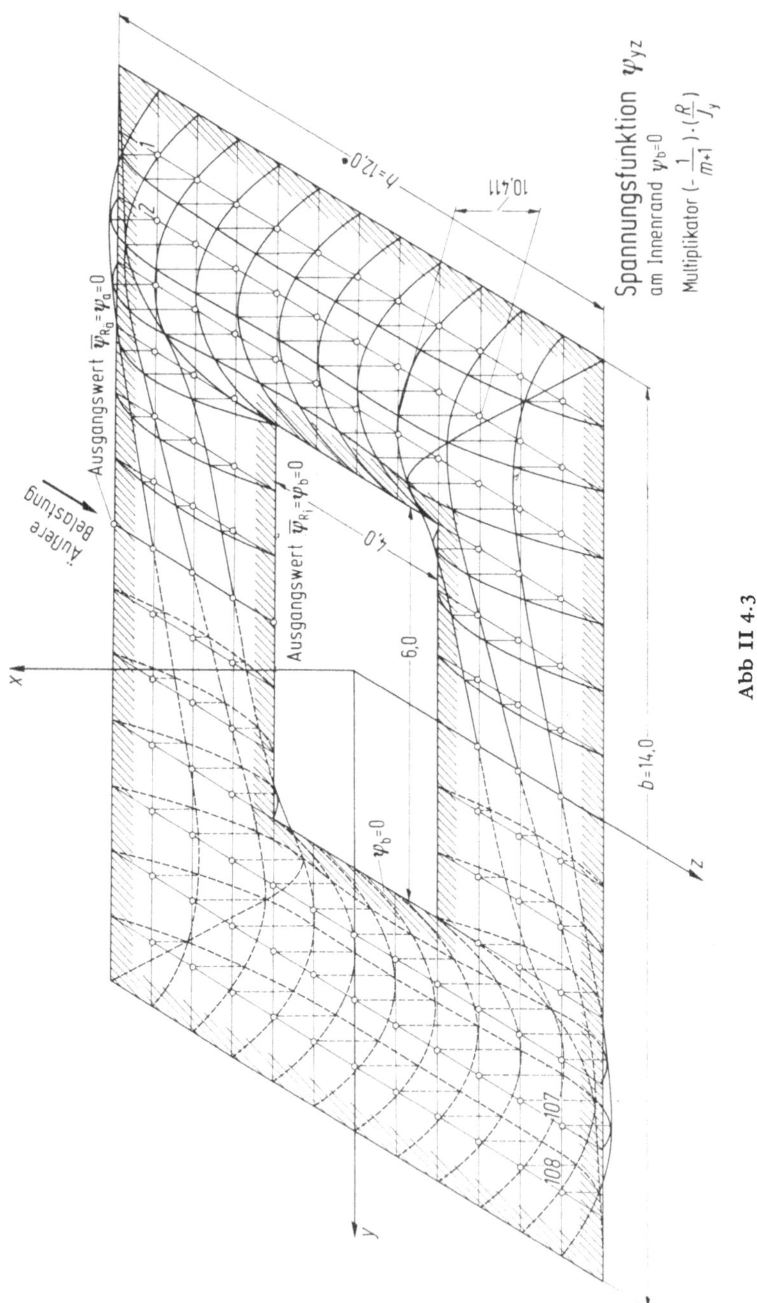

Abb II 4.3

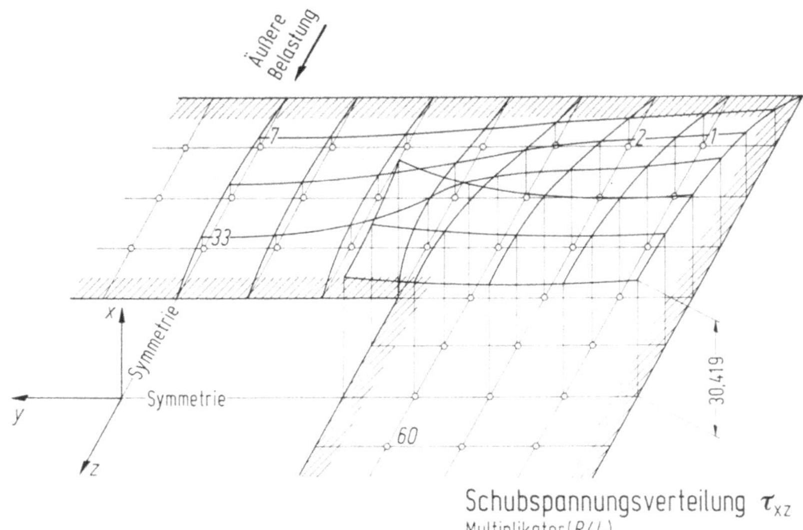

Abb. II 4.4

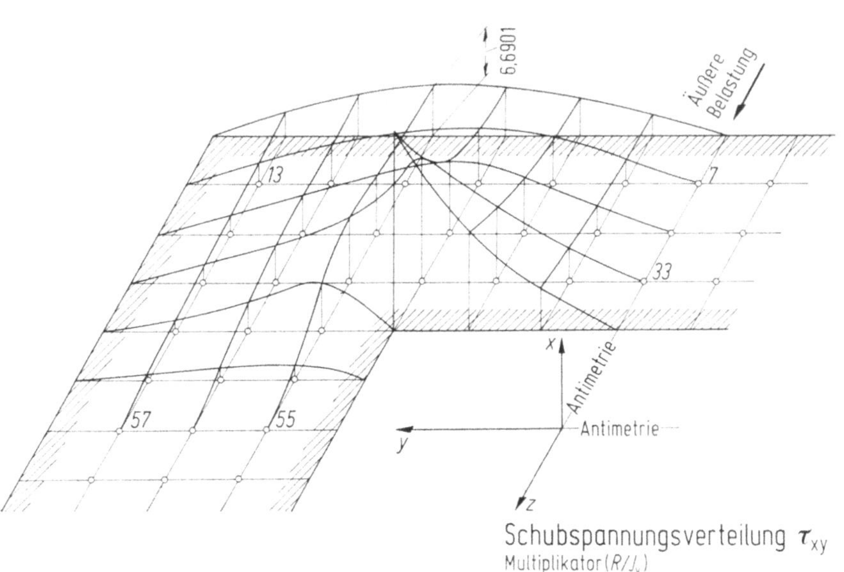

Abb. II 4.5

Beispiel II.5. Unsymmetrischer Hohlquerschnitt

Der Querschnitt ist in Abb. II 5.1 dargestellt. Es ergeben sich die Querschnittswerte

$$F = 150,; 0 \quad J_z = J_2 = 1997,478; \quad J_y = J_1 = 2690,0; \quad J_{yz} = 140,88.$$

Als Ausgangspunkte für die Berechnung der Randwerte der Spannungsfunktionen φ und ψ werden für die Belastung in z-Richtung der Punkt $\overline{1}$ am äußeren Rand mit $\varphi_a = 0$, $\psi_a = 0$ und der Punkt $\overline{55}$ am inneren Rand mit den vorerst unbekannten Werten φ_b und ψ_b gewählt.

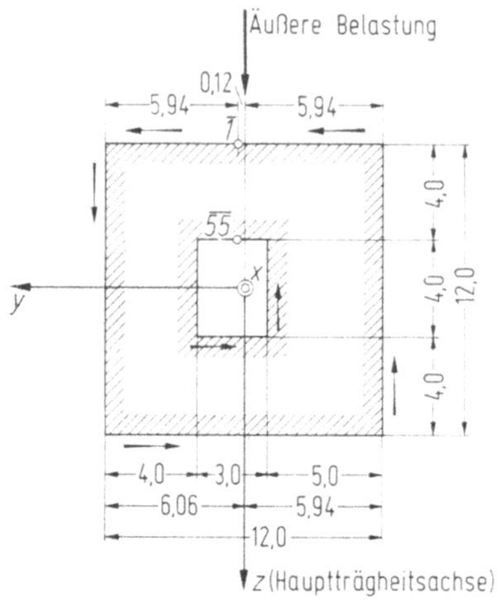

Abb. II 5.1

Die Berechnung wird entsprechend Abschnitt II E 5 d β und γ durchgeführt, wobei wieder die Formeln der Differenzenrechnung nach Abschnitt II E 5 d δ verwendet werden.

Zuerst werden mit $R = Q_z$ die Differenzengleichungen für (II E.37) und (II E.38) für die Randwerte $\varphi_b = 0$ und $\psi_b = 0$ aufgestellt. Damit erhält man die Spannungsfunktionswerte φ_0 und ψ_0 der Abb. II 5.2 und II 5.3 mit den Multiplikatoren $\dfrac{R}{J_y}$ bzw. $\left(-\dfrac{1}{1+m}\dfrac{R}{J_y}\right)$.

Entsprechend dem Ansatz (II E.45) und (II E.52) werden die Gleichungssysteme

$$\Delta\varphi^* = 0 \quad \text{und} \quad \Delta\psi^* = 0$$

für die Randwerte $\varphi_a = 0$ am gesamten äußeren Rand und $\varphi_b = 1$ am gesamten inneren Rand gelöst, womit man die Werte φ^* in allen Rasterpunkten erhält. Aus Rechengründen wird nun nicht die Einheit $\varphi_b = 1$, sondern $\varphi_b = R/J_y$ gewählt. Damit erhält man aus $\Delta\varphi^* = 0$ die Werte φ^* nach Abb. II 5.4 wieder mit dem Multiplikator (R/J_y).

Für $\psi_b = -\dfrac{1}{1+m}\dfrac{R}{J_y}$ als Einheit erhält man mit $\Delta\psi^* = 0$ genau die gleiche Spannungsfunktionsfläche nach Abb. II 5.4, wenn man den Multiplikator $\left(-\dfrac{1}{1+m}\dfrac{R}{J_y}\right)$ wählt.

Die Flächenintegrale nach (II E.48) ergeben unter Beachtung der Formeln der Differenzenrechnung nach Abschnitt II E d δ die Größen

$$\iint \frac{\partial\varphi_0}{\partial z}\cdot\frac{\partial\varphi^*}{\partial z}\,\mathrm{d}F = +90{,}822\left(\frac{R}{J_y}\right)^2;$$

$$\iint \frac{\partial\varphi_0}{\partial y}\cdot\frac{\partial\varphi^*}{\partial y}\,\mathrm{d}F = +175{,}164\left(\frac{R}{J_y}\right)^2;$$

$$\frac{1}{2}\frac{R}{J_y}\iint z^2\,\frac{\partial\varphi^*}{\partial y}\,\mathrm{d}F = -0{,}757\left(\frac{R}{J_y}\right)^2;$$

$$\iint\left[\left(\frac{\partial\varphi^*}{\partial z}\right)^2 + \left(\frac{\partial\varphi^*}{\partial y}\right)^2\right]\mathrm{d}F = +27{,}089\left(\frac{R}{J_y}\right)^2.$$

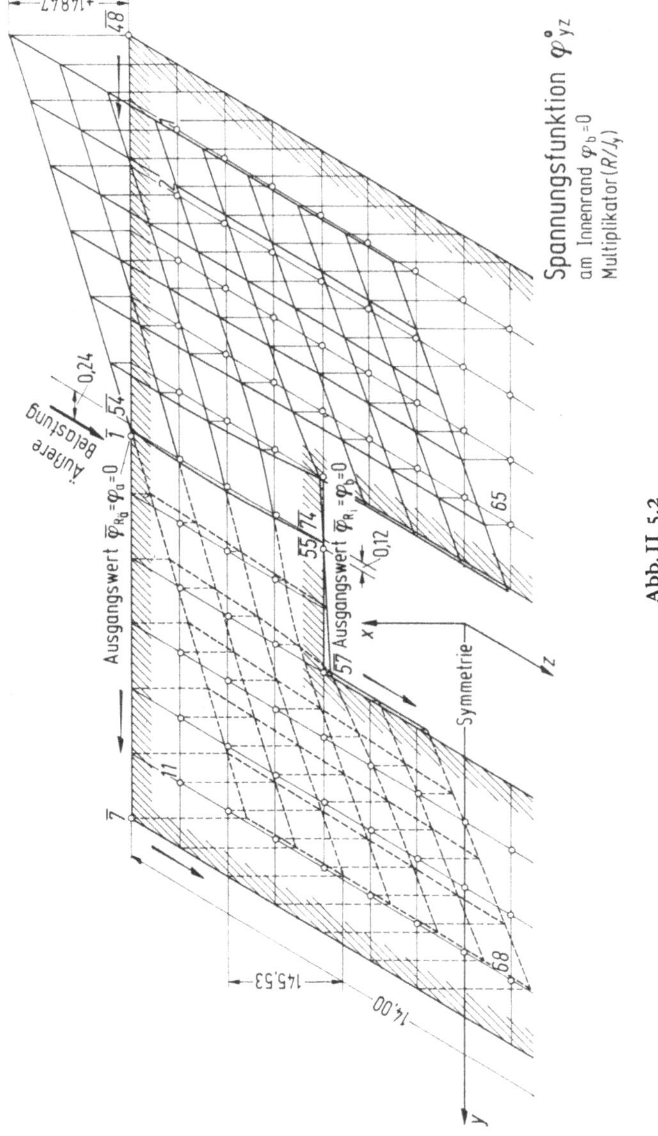

Abb. II 5.2

Damit ergibt sich aus (II E.48) und (II E.49) der Multiplikator φ_b.

$$265{,}229 + \varphi_b \cdot 27{,}089 = 0; \quad \varphi_b = -9{,}7911\,.$$

Die Flächenintegrale nach (II E.55) betragen:

$$\iint \left(\frac{\partial \psi_0}{\partial z} \cdot \frac{\partial \psi^*}{\partial z} \right) \mathrm{d}F = +13{,}1508\, k_1^2;$$

$$\iint \left(\frac{\partial \psi_0}{\partial y} \cdot \frac{\partial \psi^*}{\partial y} \right) \mathrm{d}F = -11{,}6443\, k_1^2;$$

$$\iint \left[\left(\frac{\partial \psi^*}{\partial z} \right)^2 + \left(\frac{\partial \psi^*}{\partial y} \right)^2 \right] \mathrm{d}F = +27{,}0886\, k_1^2\,.$$

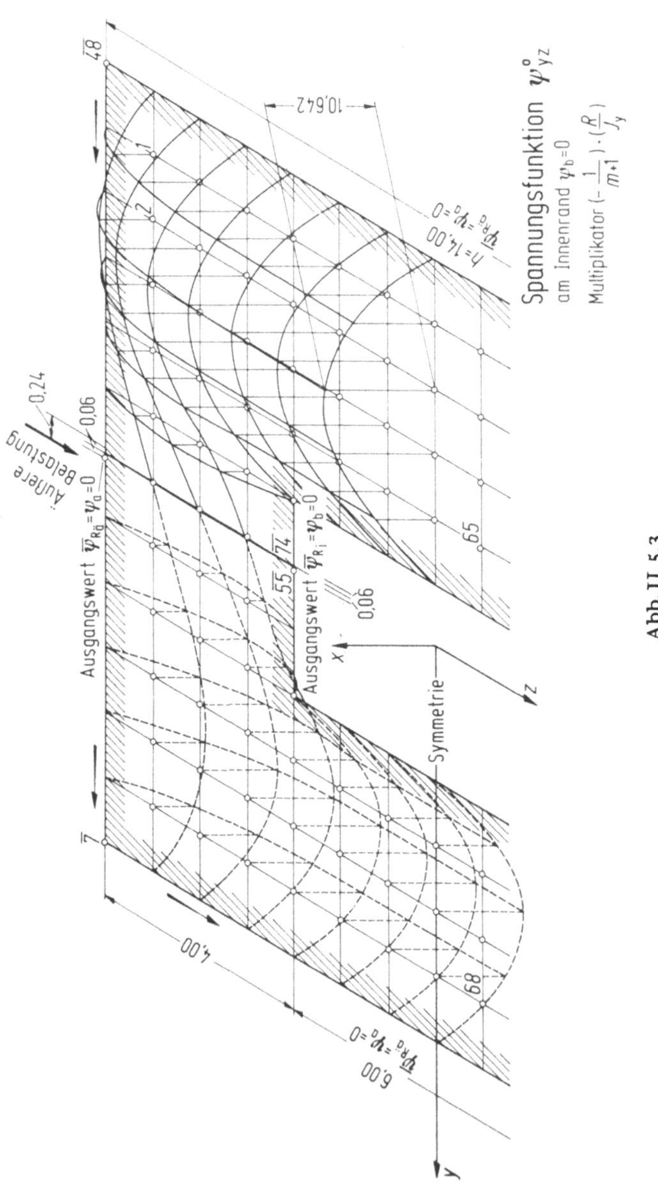

Abb. II 5.3

Nach (II E.55) und (II E.56) ergibt sich damit der Multiplikator

$$+1{,}5064 + \psi_b \cdot 27{,}0886 = 0; \quad \psi_b = -0{,}0556.$$

Mit den Werten φ_b und ψ_b sind nach (II E.45) und (II E.52) die endgültigen Spannungsfunktionen $\varphi(yz)$ und $\psi(yz)$ (Abb. II 5.5 und II 5.6) bekannt und nach (II E.46), (II E.53) und (II E.35) auch die endgültigen Schubspannungen τ_{xz} und τ_{xy} (Abb. II 5.7 und II 5.8).

Die Lage des Schubmittelpunktes wird nach (II E.66) berechnet.

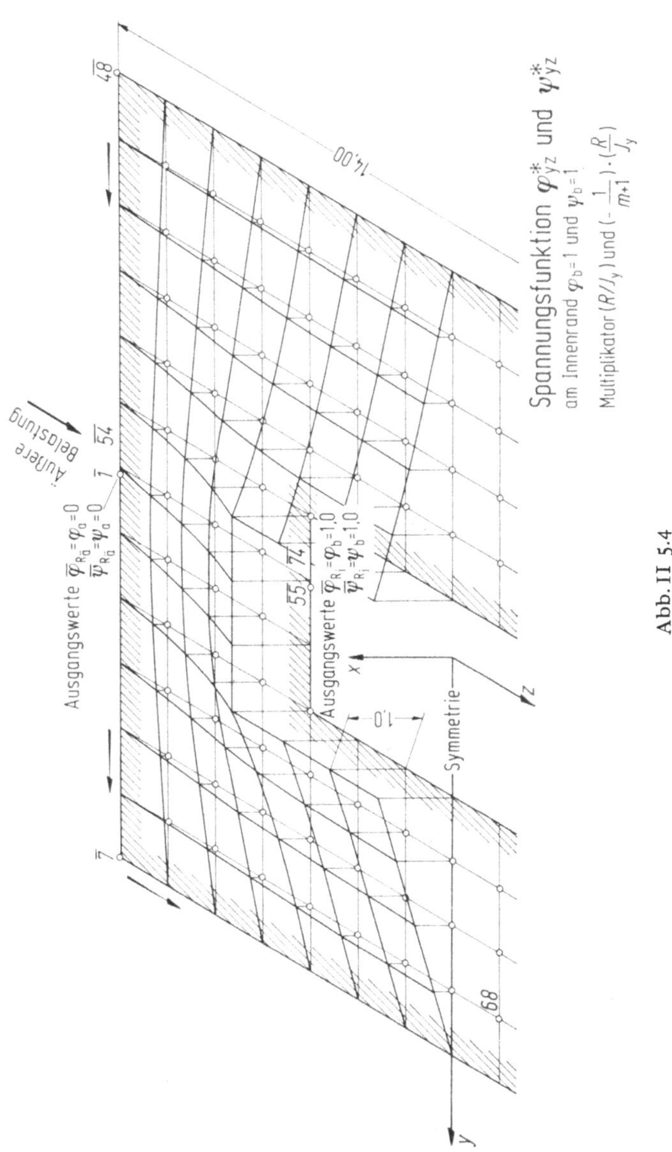

Abb. II 5.4

Mit

$$-\oint \bar{\varphi}_R y\, \mathrm{d}z = -493{,}91\, \frac{R}{J_y} \qquad \text{äußerer Rand;}$$

$$+247{,}52\, \frac{R}{J_y} \qquad \text{innerer Rand;}$$

$$+\oint \bar{\varphi}_R z\, \mathrm{d}y = +246{,}96\, \frac{R}{J_y} \qquad \text{äußerer Rand;}$$

$$-211{,}88\, \frac{R}{J_y} \qquad \text{innerer Rand;}$$

$$+2V_\varphi \quad = +561{,}06\, \frac{R}{J_y};$$

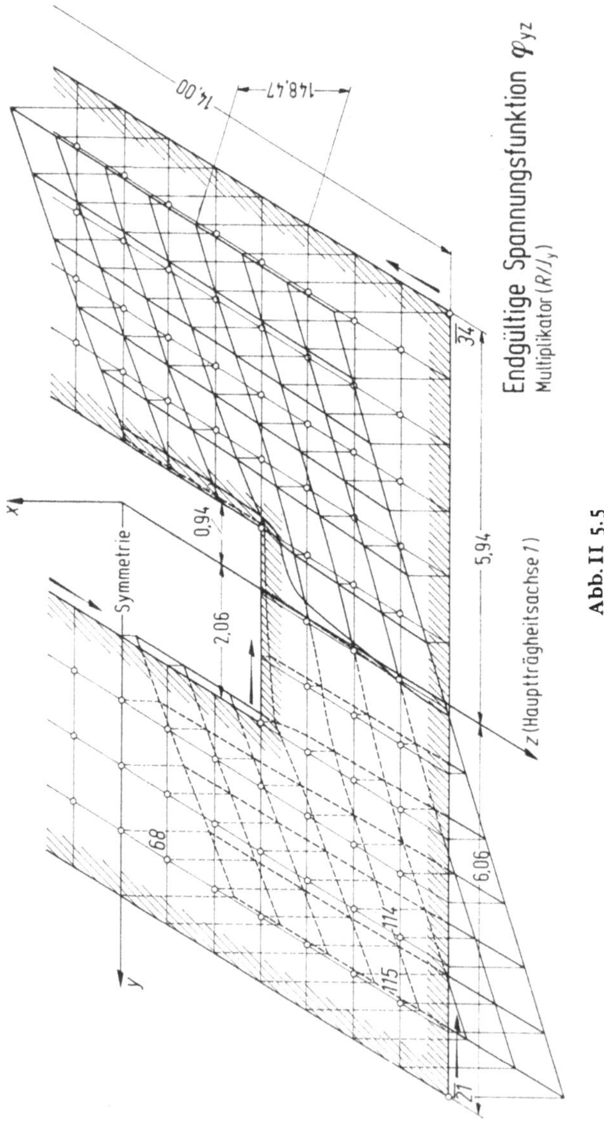

Abb. II 5.5

$$+2V_\psi \quad = -\ 51{,}87\,\frac{R}{J_y}\,;$$

$$-\frac{1}{2}J_{yz^2} = -140{,}88\,\frac{R}{J_y}\,;$$

$$+2\psi_b F_b \quad = +\ \ 0{,}46\,\frac{R}{J_y}\,;$$

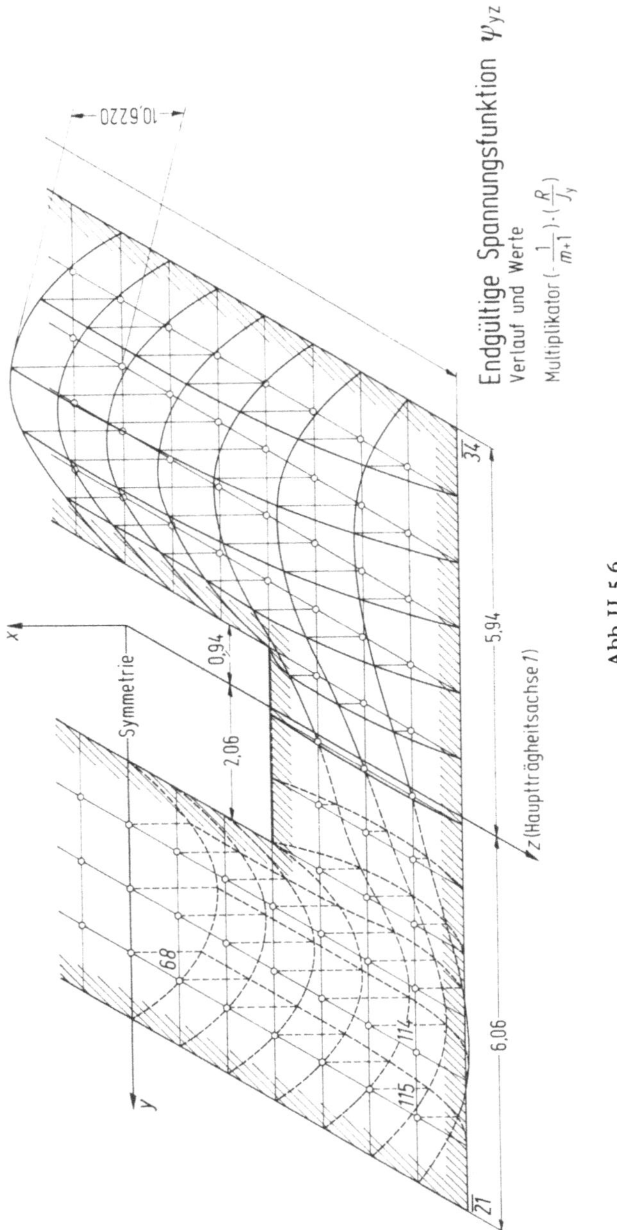

Abb. II 5.6

wobei V_φ und V_ψ die Volumen der endgültigen Spannungsfunktionen sind (Abb. II 5.5 und II 5.6), ergibt sich für $Q_z = R = 1$ und $J_y = 2690{,}0$

$$e_y = 0{,}2416.$$

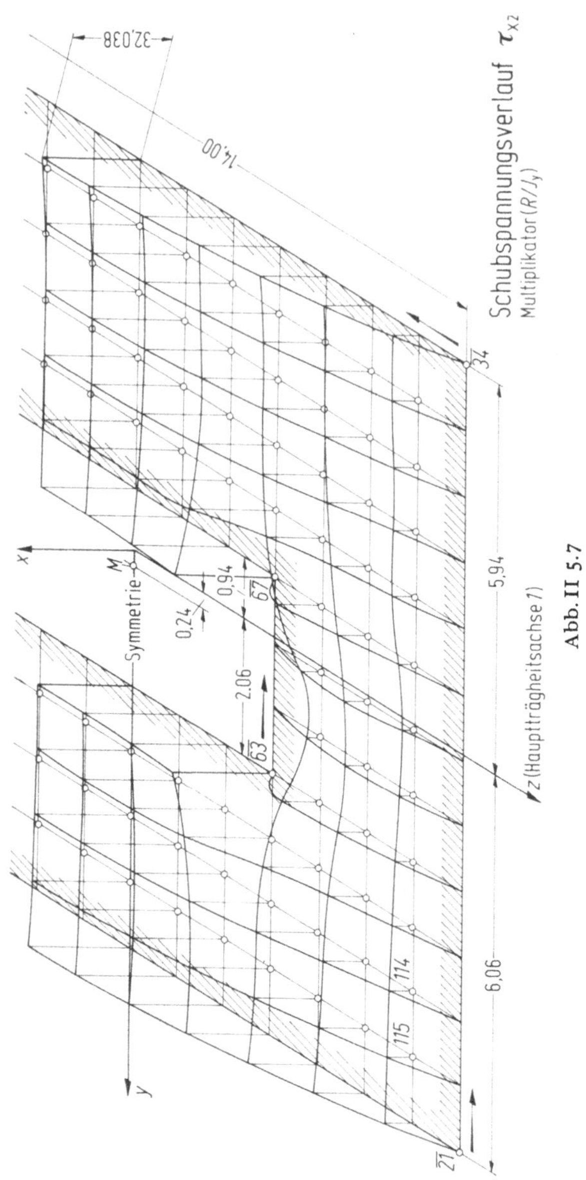

Literatur zum Kapitel II E

[1] Chwalla, E.: Einführung in die Baustatik, 2. Aufl. Köln: Stahlbau-Verlags GmbH, 1954.
[2] Flügge, W.: Festigkeitslehre. Berlin-Heidelberg-New York: Springer 1967, S. 196.
[3] Love, R. E. H., Timpe, A.: Lehrbuch der Elastizität. Leipzig und Berlin, Teubner 1907.
[4] Müller-Breslau: Die neueren Methoden der Festigkeitslehre und der Statik der Baukonstruktionen. Leipzig: Baumgärtners Buchhandlung, 1886, S. 144.

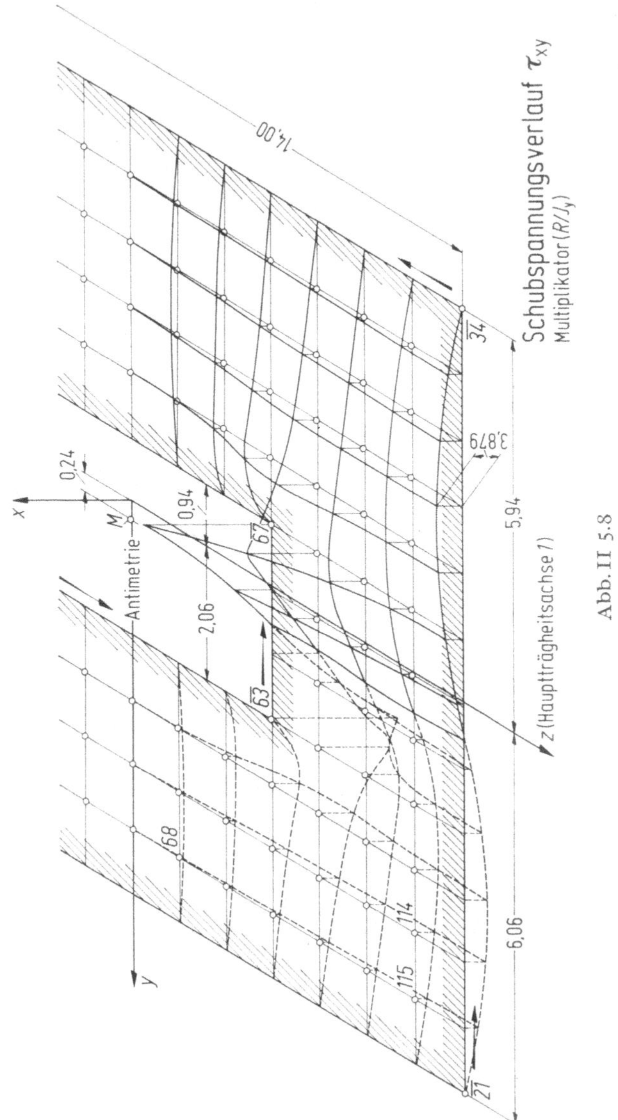

[5] Passer, H.: Beitrag zur Berechnung der Schubspannung im Fall drillfreier Biegung für Vollquerschnitte und dickwandige Hohlquerschnitte. Dissert., TH Graz 1973.

[6] Sattler, K.: Theorie der Verbundkonstruktionen. 2. Aufl. Berlin: W. Ernst & Sohn 1959.

[7] Schwalbe, W. L.: Über den Schubmittelpunkt in einem durch eine Einzellast gebogenen Balken. ZAMM, Bd. 15, 1935, H. 1/2, S. 138ff.

[8] Schwalbe, W. L.: The Torsionsless Bending of a Hollow Beam by a Transverse Load. Journal of Applied Mechanics, 1937, S. 25ff.

[9] Thomson, Milne, L. M.: Antiplane Elastic Systems. „Ergebnisse der angewandten Mathematik". Berlin-Göttingen-Heidelberg: Springer 1962.

[10] Trefftz, E.: Mathematische Elastizitätstheorie. Geiger/Scheél, Handb. d. Phys., Bd. VI, Berlin: Springer 1928.

[11] Weber, C.: Biegung und Schub in geraden Balken. ZAMM, Bd. 4, H. 4.

[12] Weyrauch, J. J.: Die elastischen Bogenträger. München: Theodor Ackermann 1897, S. 20.

III. Torsion

Bei den Ermittlungen der Spannungen und Verformungen infolge Torsion ist zwischen „Reiner Torsion" und „Wölbkrafttorsion" zu unterscheiden. Bei „Reiner Torsion" treten keine Normalspannungen in der Stablängsrichtung auf. Von besonderer Bedeutung ist der Schubmittelpunkt oder natürlicher Drillruhepunkt. Geht bei Querkraftsbiegung die Momentenebene (Belastungsebene) durch den Schubmittelpunkt, so tritt keine Torsion auf. Wird bei Wölbkrafttorsion ein Stab sich selbst überlassen, d.h. wird ihm nicht eine besondere Drehachse aufgezwungen, so findet die Drehung um den Drillruhepunkt (Schubmittelpunkt) statt.

Wölbkrafttorsion tritt auf, wenn an den Enden durch besondere Lagerung die freie Verwölbung verhindert wird, wenn der Querschnitt nicht über die gesamte Stablänge konstant ist und wenn sich das Drehmoment im Stabbereich ändert.

Die Berechnung des Schubmittelpunktes ist für die verschiedensten Querschnitte in Bd. I A, I C.6 behandelt. Die dort getroffenen Vorzeichenfestlegungen werden nachfolgend beibehalten. Die Ermittlung des Schubmittelpunktes dickwandiger Hohlquerschnitte ist in Abschnitt II E gezeigt. Die Berechnung des Drillwiderstandes J_d und des Wölbwiderstandes $C_m = J_{\omega\omega}$ sind im Bd. I A, I C.7 und I C.8 gezeigt. Nachfolgend wird weitgehend auf Bd. I A verwiesen.

Besonders ausführlich wurden die Probleme der Torsion in den Büchern von Wlassow [10] und Kollbrunner, Basler [6] behandelt. Dort wie auch bei Chwalla [2] findet sich ein umfangreiches Schrifttumsverzeichnis (siehe auch Bd. I A, S. 82). Aus diesem Grunde kann dieser Abschnitt auf die grundlegenden Probleme der Torsion beschränkt bleiben.

Torsionsmomente werden im Rahmen dieses Abschnittes mit T bezeichnet (T_s = Saint-Venant-Torsion, T_ω = Wölbkrafttorsion), äußere eingeprägte Torsionsmomente mit ^{ä}T bzw. ^{ä}t bei laufender Torsionsbelastung. Vorausgesetzt wird, daß die Schubdeformationen gegenüber denen aus Normalspannungen vernachlässigt werden.

A. Grundlagen der reinen Torsion (Saint-Venant-Torsion)

Vorausgesetzt wird, daß die Querschnittsabmessungen und das Torsionsmoment über die Stablänge konstant bleiben und eine unbehinderte Verwölbung an den Stabenden möglich ist. In der Regel treten Achsialverschiebungen $w = f(y, z)$ auf. Für einige besondere Querschnitte wird w eine lineare Funktion von y und z, d.h. diese Querschnitte bleiben auch nach der Verdrehung eben (Wölbfreie Querschnitte, s. Bd. I A).

Nach (II C.6) ist

$$\sigma_m = \frac{1}{3}(\sigma_x + \sigma_y + \sigma_z)$$

und nach (II C.7)

$$e = \varepsilon_x + \varepsilon_y + \varepsilon_z = \frac{\partial \xi}{\partial x} + \frac{\partial \eta}{\partial y} + \frac{\partial \zeta}{\partial z}.$$

Weiter ergeben sich nach (II C.11) die Verformungen zu einem Spannungszustand

$$\varepsilon_x = \frac{1}{2G}\left(\sigma_x - \frac{3\sigma_m}{m+1}\right); \quad \gamma_{xy} = \frac{1}{G}\tau_{xy};$$

$$\varepsilon_y = \frac{1}{2G}\left(\sigma_y - \frac{3\sigma_m}{m+1}\right); \quad \gamma_{yz} = \frac{1}{G}\tau_{yz};$$

$$\varepsilon_z = \frac{1}{2G}\left(\sigma_z - \frac{3\sigma_m}{m+1}\right); \quad \gamma_{zx} = \frac{1}{G}\tau_{zx};$$

und nach (II C.13) die Spannungen zu einem Verformungszustand (Abb. III A.1)

$$\sigma_x = 2G\left(\frac{\partial \xi}{\partial x} + \frac{e}{m-2}\right); \quad \tau_{xy} = G\gamma_{xy} = G\left(\frac{\partial \xi}{\partial y} + \frac{\partial \eta}{\partial x}\right);$$

$$\sigma_y = 2G\left(\frac{\partial \eta}{\partial y} + \frac{e}{m-2}\right); \quad \tau_{yz} = G\gamma_{yz} = G\left(\frac{\partial \zeta}{\partial y} + \frac{\partial \eta}{\partial z}\right); \qquad \text{(III A.1)}$$

$$\sigma_z = 2G\left(\frac{\partial \zeta}{\partial z} + \frac{e}{m-2}\right); \quad \tau_{zx} = G\gamma_{zx} = G\left(\frac{\partial \zeta}{\partial x} + \frac{\partial \xi}{\partial z}\right).$$

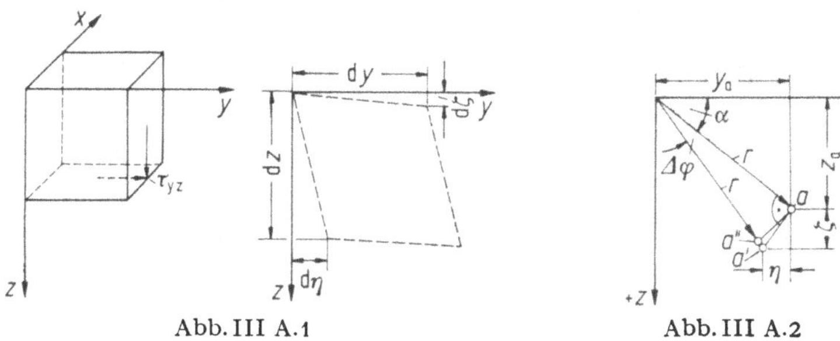

Abb. III A.1   Abb. III A.2

Bei einer Verdrehung (s. auch Bd. I A, Abb., I C.52 und I C.53) bewegt sich, unter der Annahme kleiner Verformungen, der Punkt a nach a' (Abb. III A.2). Damit ergibt sich mit

$$\Delta\varphi = \vartheta x; \qquad \text{(III A.2)}$$

$$\eta = -\vartheta x r \sin\alpha = -\vartheta x z; \quad \frac{\partial \eta}{\partial y} = 0; \quad \frac{\partial \eta}{\partial x} = -\vartheta z; \quad \frac{\partial \eta}{\partial z} = -\vartheta x;$$

$$\zeta = \vartheta x r \cos\alpha = \vartheta x y; \quad \frac{\partial \zeta}{\partial z} = 0; \quad \frac{\partial \zeta}{\partial y} = \vartheta x; \quad \frac{\partial \zeta}{\partial x} = \vartheta y. \qquad \text{(III A.3)}$$

Somit ist

$$e = \frac{\partial \xi}{\partial x}.$$

Für den Sonderfall $\xi = w = f(y, z)$ wird $\partial\xi/\partial x = 0$ und $e = 0$.

Damit wird nach (II C.13) auch $\sigma_x = 0$, und es liegt tatsächlich der Fall reiner Torsion vor.

Nachfolgend werden verschiedene Methoden zur Berechnung der Schubspannungen infolge Torsion gezeigt, wobei strenge Lösungen nur für einige wenige Sonderfälle möglich sind.

1. Die Verwölbung w von Vollquerschnitten wird als Funktion von y und z gewählt und der passende Querschnitt gesucht, bei dem bei reiner Verdrehung die angenommenen Verwölbungen auftreten

Annahmen:

$$w = \xi = kyz \quad [4, \text{S. } 42].\tag{III A.4}$$

Aus (III A.1) und (III A.3) erhält man (Abb. III A.3)

$$\tau_{xy} = G\left(\frac{\partial \xi}{\partial y} + \frac{\partial \eta}{\partial x}\right) = G(kz - \vartheta z) = G(k - \vartheta)\,z;$$

$$\tau_{xz} = G\left(\frac{\partial \zeta}{\partial x} + \frac{\partial \xi}{\partial z}\right) = G(\vartheta y + ky) = G(k + \vartheta)\,y;\tag{III A.5}$$

$$\tau_{yz} = G\left(\frac{\partial \zeta}{\partial y} + \frac{\partial \eta}{\partial z}\right) = G(\vartheta x - \vartheta x) = 0.$$

Aus der letzten Gleichung ersieht man, daß keine Winkeländerungen im Querschnitt auftreten, d. h. er bleibt bei der Verdrehung formtreu. Aus der Bedingung, daß die Schubspannung am Rande in Richtung der Tangente wirken muß, erhält man (Abb. III A.4) weiter:

$$\frac{dy}{dz} = \frac{\tau_{xy}}{\tau_{xz}} = \frac{(k - \vartheta)\,z}{(k + \vartheta)\,y}.\tag{III A.6}$$

Die Integration ergibt

$$(k + \vartheta)\,y^2 + (\vartheta - k)\,z^2 = C.$$

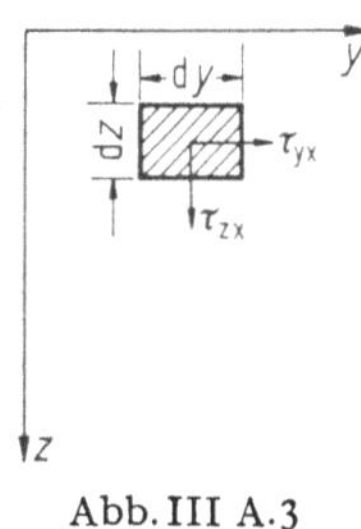

Abb. III A.3

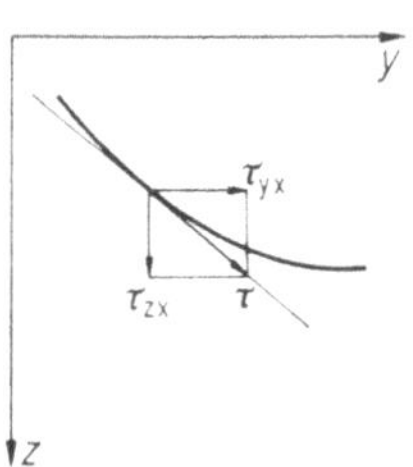

Abb. III A.4

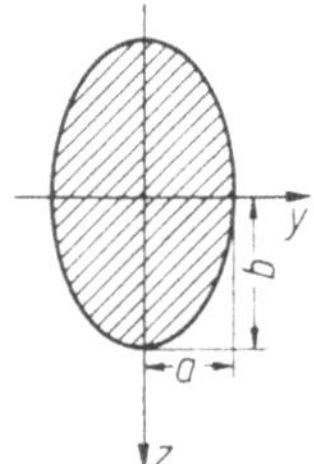

Abb. III A.5

Dies ist die Gleichung einer Ellipse (Abb. III A.5)

$$\frac{y^2}{a^2} + \frac{z^2}{b^2} = 1$$

mit

$$a^2 = \frac{C}{k + \vartheta}; \quad b^2 = \frac{C}{\vartheta - k}.$$

Für

$$\vartheta > k \text{ wird } k = \vartheta\,\frac{b^2 - a^2}{a^2 + b^2}; \quad C = 2\vartheta\,\frac{a^2 b^2}{a^2 + b^2}.\tag{III A.7}$$

Durch geeignete Wahl von k und C kann als Querschnittsbegrenzung jede beliebige Ellipse erhalten werden.

Aus (III A.7) und (III A.5) ergibt sich

$$\tau_{xy} = G\vartheta\left(\frac{b^2 - a^2}{a^2 + b^2} - 1\right) z = -2G\vartheta\,\frac{a^2}{a^2 + b^2}\,z;$$

$$\tau_{xz} = 2G\vartheta\,\frac{b^2}{a^2 + b^2}\,y.$$

Der Anteil des Flächenelements $\mathrm{d}F$ am Torsionsmoment beträgt (Abb. III A.6)

$$\mathrm{d}T_s = (\tau_{zx}y - \tau_{xy}z)\,\mathrm{d}y\,\mathrm{d}z = 2G\vartheta \left(\frac{b^2}{a^2 + b^2}y^2 + \frac{a^2}{a^2 + b^2}z^2\right)\mathrm{d}z\,\mathrm{d}y.$$

Damit wird

$$T_s = \frac{2G\vartheta}{a^2 + b^2}\,[b^2 \iint y^2\,\mathrm{d}y\,\mathrm{d}z + a^2 \iint z^2\,\mathrm{d}y\,\mathrm{d}z] =$$

$$= \frac{2G\vartheta}{a^2 + b^2}\,(b^2 J_z + a^2 J_y)$$

mit

$$J_z = \frac{\pi}{4}\,ba^3 \quad \text{und} \quad J_y = \frac{\pi}{4}\,ab^3.$$

Somit ergibt sich

$$T_s = G\vartheta\,\frac{\pi a^3 b^3}{a^2 + b^2} = G\vartheta J_d. \tag{III A.8}$$

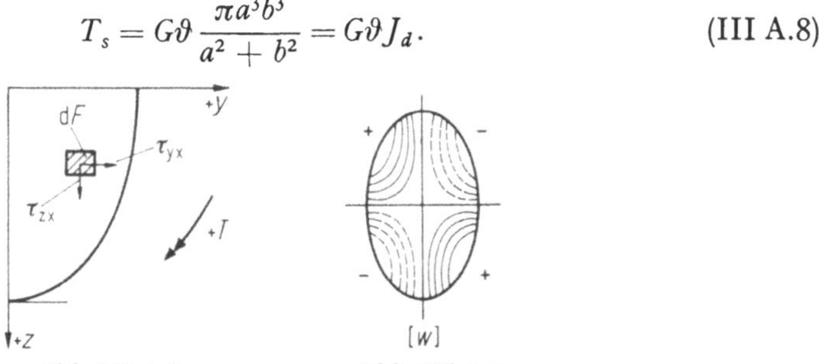

Abb. III A.6   Abb. III A.7

J_d wird als Drillungs- oder Drehwiderstand bezeichnet.

$$J_d = \frac{\pi a^3 b^3}{a^2 + b^2}. \tag{III A.9}$$

Der Verdrehungswinkel pro Längeneinheit beträgt

$$\vartheta = \frac{T_s}{G J_d}. \tag{III A.10}$$

Die maximale Schubspannung tritt am Ende der kleinen Achse auf

$$\tau_{\max} = \tau_{xz(y=a)} = 2G\vartheta\,\frac{b^2}{a^2 + b^2}\,a = 2\,\frac{T_s}{J_d}\,\frac{ab^2}{(a^2 + b^2)} = \frac{2}{\pi a^2 b}\,T_s. \tag{III A.11}$$

Mit dem Werk k nach (III A.7) ist nach (III A.4) auch die Verwölbungsfläche (Abb. III A.7) festgelegt.

In ähnlicher Weise erhält man strenge Lösungen für elliptische Hohlwellen mit ähnlichen Ellipsen ($a_1 = \alpha a$; $b_1 = \alpha b$) und für Kreis- und Kreisring-Querschnitte.

Werte für J_d siehe Bd. I A (I C.82).

2. Methode der Spannungsfunktion bei Vollquerschnitten

Es werden die Schubspannungen als Gefälle der Spannungsfunktion $F(y, z)$ bestimmt [4, S. 49], [8, S. 196].

Die Gleichgewichtsbedingung in x-Richtung für ein Raumelement $\mathrm{d}x\,\mathrm{d}y\,\mathrm{d}z$ (ohne Massenkräfte) lautet (Abb. III A.8)

$$\frac{\partial \sigma_x}{\partial x}\,\mathrm{d}x\,\mathrm{d}y\,\mathrm{d}z + \frac{\partial \tau_{xy}}{\partial y}\,\mathrm{d}y\,\mathrm{d}x\,\mathrm{d}z + \frac{\partial \tau_{xz}}{\partial z}\,\mathrm{d}z\,\mathrm{d}x\,\mathrm{d}y = 0.$$

Bei reiner Verdrehung soll $\sigma_x = 0$ und daher $\partial \sigma_x / \partial x = 0$ sein.

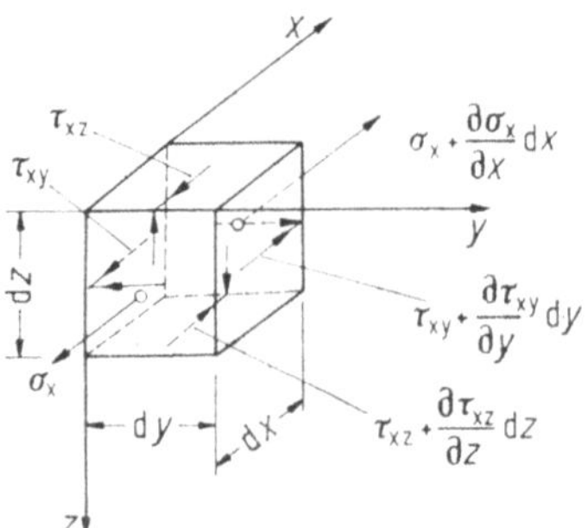

Abb. III A.8

Es gilt somit

$$\frac{\partial \tau_{xy}}{\partial y} + \frac{\partial \tau_{xz}}{\partial z} = 0. \tag{III A.12}$$

Aus (III A.1) und (III A.3) erhält man

$$\frac{\partial \tau_{xz}}{\partial y} - \frac{\partial \tau_{xy}}{\partial z} = G\left(\vartheta + \frac{\partial^2 \xi}{\partial y\,\partial z}\right) - G\left(\frac{\partial^2 \xi}{\partial y\,\partial z} - \vartheta\right) = 2G\vartheta. \tag{III A.13}$$

(III A.12) wird durch den Ansatz

$$\tau_{xy} = \frac{\partial F}{\partial z} \quad \text{und} \quad \tau_{xz} = -\frac{\partial F}{\partial y} \tag{III A.14}$$

erfüllt.

Aus (III A.13) ergibt sich mit (III A.14)

$$\frac{\partial^2 F}{\partial y^2} + \frac{\partial^2 F}{\partial z^2} = -2G\vartheta. \tag{III A.15}$$

Die Randbedingung (III A.6) lautet mit (III A.14)

$$\frac{dy}{dz} = \frac{\tau_{xy}}{\tau_{xz}} = \frac{\dfrac{\partial F}{\partial z}}{-\dfrac{\partial F}{\partial y}}$$

oder

$$\frac{\partial F}{\partial z}\,dz + \frac{\partial F}{\partial y}\,dy = 0. \tag{III A.16}$$

(III A.16) besagt, daß F am Umfang des Querschnittes konstant ist. Bei Vollquerschnitten kann man in (III A.15) den Randwert von F beliebig wählen, dieser wird zweckmäßig am Rande $F(y, z) = 0$ angenommen.

Nach Abb. III A.6 ergibt sich für das Torsionsmoment

$$T_s = \iint (\tau_{zx} y - \tau_{xy} z)\, dy\, dz = -\iint \left(\frac{\partial F}{\partial y}\, y + \frac{\partial F}{\partial z}\, z\right) dy\, dz. \tag{III A.17}$$

Es gilt

$$\int\limits_{y_u}^{y_0} y\,\frac{\partial F}{\partial y}\, dy = F_0 y_0 - F_u y_u - \int\limits_{y_u}^{y_0} F\, dy;$$

$$\int\limits_{z_u}^{z_0} z\,\frac{\partial F}{\partial z}\, dz = F_0 z_0 - F_u z_u - \int\limits_{z_u}^{z_0} F\, dz$$

und mit $F(y, z)_R = 0$, d.h. $F_0 = F_u$ am gesamten Rand gleich Null,

$$T_s = 2 \int\int F_{(y,z)} \, dy \, dz. \tag{III A.18}$$

Für bestimmte Querschnitte empfiehlt es sich, Polarkoordinaten zu verwenden [4, 8].

a) Die Summe der zweiten Ableitungen der Gleichung $f(y, z)$ des Querschnittsumfanges ergibt eine Konstante

In diesem Fall ist

$$F = \mu f(y, z) \tag{III A.19}$$

eine strenge Lösung [4].

Für den elliptischen Querschnitt nach Abb. III A.5 gilt:

$$f(y, z) = \frac{y^2}{a^2} + \frac{z^2}{b^2} - 1 = 0;$$

$$F(y, z) = \mu f(y, z).$$

Nach (III A.15) ist

$$\frac{\partial^2 F}{\partial y^2} + \frac{\partial^2 F}{\partial x^2} = -2G\vartheta = \mu\left(\frac{2}{a^2} + \frac{2}{b^2}\right)$$

und

$$\mu = -\frac{a^2 b^2}{a^2 + b^2} G\vartheta; \quad F = -\frac{a^2 b^2}{a^2 + b^2}\left(\frac{y^2}{a^2} + \frac{z^2}{b^2} - 1\right) G\vartheta.$$

Mit (III A.14) wird

$$\tau_{xy} = \frac{\partial F}{\partial z} = -\frac{2a^2}{a^2 + b^2} z G\vartheta.$$

Dies ist der gleiche Ausdruck wie in Abschnitt 1.

Für das gleichseitige Dreieck mit der Seitenlänge a erhält man auf diese Weise ebenfalls eine strenge Lösung [4]. Es wird

$$J_d = \frac{a^4}{46{,}19} \quad \text{und} \quad \max \tau = \frac{20}{a^3} T_s. \tag{III A.20}$$

Die Querschnittsverwölbungen, Schubspannungslinien und die Schubspannungsverteilung sind aus Abb. III A.9 ersichtlich.

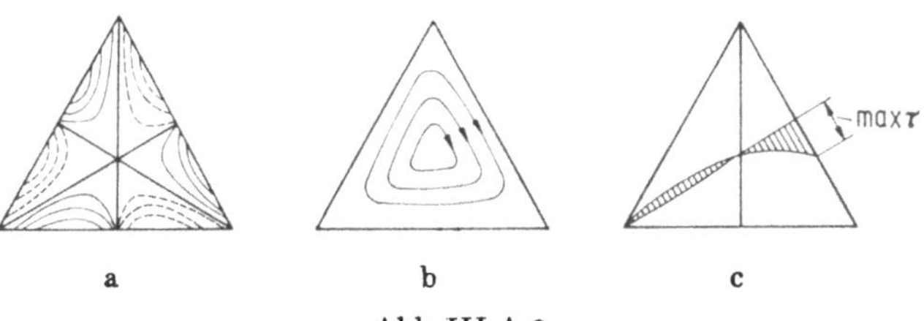

Abb. III A.9

b) Näherungslösung für den Rechteckquerschnitt mit Hilfe des Minimums der Formänderungsarbeit

Man wählt eine Spannungsfunktion F, die die Randbedingung $F_R = 0$ erfüllt. Sie wird als Polynom oder als Summe trigonometrischer Funktionen mit einer beliebigen Anzahl freier Parameter c_n angenommen. Zur Bestimmung der Konstanten c_n wird der Satz vom Minimum der Formänderungsarbeit verwendet. Die Anwendung des Verfahrens ist in Bd. I A, I C.7c gezeigt. Dort sind auch die Angaben über den Drillungswiderstand gemacht.

Die maximale Schubspannung am Rande der kleinen Achse [2, S. 178] beträgt

$$\max \tau = \frac{\beta}{g^2 h} T_s. \tag{III A.21}$$

Der Verlauf der Schubspannungen ist für die Symmetrieachse in Abb. III A.10 dargestellt. β kann der Tabelle III A.1 entnommen werden.

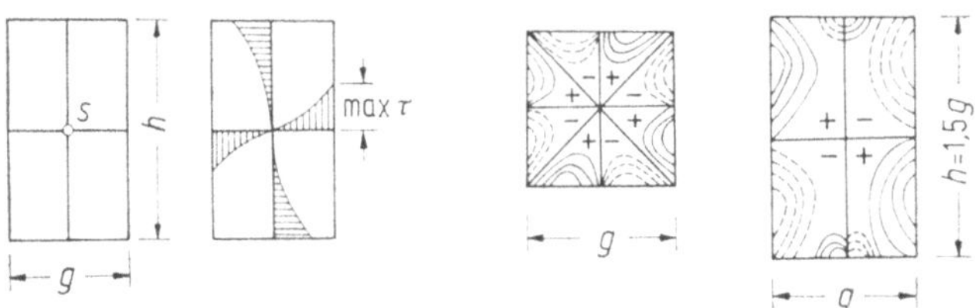

Abb. III A.10   Abb. III A.11

Tabelle III A.1

h/g	1,0	1,5	2,0	2,5	3,0	5,0	10,0	∞
β	4,81	4,33	4,06	3,88	3,74	3,43	3,20	3,0

Mit $J_d = \alpha g^2 h$ (Bd. I A, I C.93) und $T_s = G\vartheta J_d$ ist

$$\max \tau = \alpha \beta g G\vartheta. \tag{III A.22}$$

Für sehr schmale Rechtecke wird $\alpha \cdot \beta \approx 1$ und

$$\max \tau = g G\vartheta. \tag{III A.23}$$

Die Formen der Verwölbungen $w(yz)$ sind für das Quadrat und einem Rechteckquerschnitt ($h/g = 1,5$) aus Abb. III A.11 zu ersehen.

c) Näherungslösung mit Hilfe der Differenzenrechnung für beliebige Vollquerschnitte und dünnwandige offene Querschnitte

Mit der bezogenen Spannungsfunktion

$$f = \frac{F}{G\vartheta} \tag{III A.24}$$

ergibt sich aus (III A.15)

$$\frac{\partial^2 f}{\partial y^2} + \frac{\partial^2 f}{\partial z^2} = -2 \tag{III A.25}$$

und

$$J_d = 2 \iint f \, dy \, dz. \tag{III A.26}$$

Einzelheiten zur Berechnung siehe Bd. I A, Abschnitt I C.7d. Daraus ist auch zu entnehmen, daß für dünnwandige offene Querschnitte gilt [Bd. I A (I C.98)]:

$$J_d \approx \frac{1}{3} \sum s_n^3 l_n; \tag{III A.27}$$

$$\max \tau = G\vartheta s_n. \tag{III A.28}$$

s_n und l_n sind dabei die Dicken bzw. Längen der einzelnen Rechtecke, aus denen der dünnwandige Querschnitt zusammengesetzt ist. Für gekrümmte dünnwandige Querschnitte — auch mit veränderlicher Dicke — kann der Querschnitt in guter Näherung in einzelne Rechtecke mit konstanter Dicke zerlegt werden (Abb. III A.12).

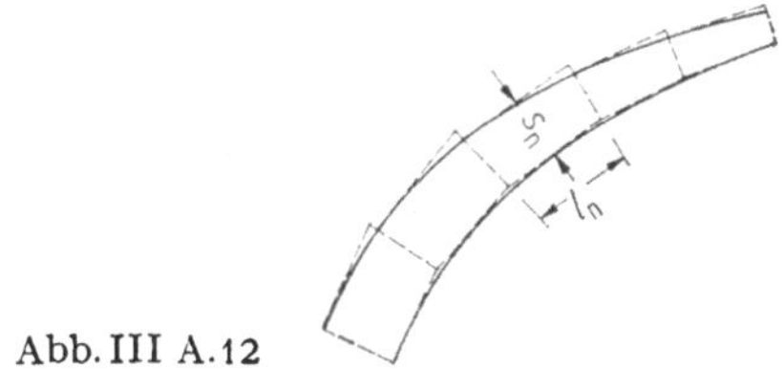

Abb. III A.12

d) Seifenhautgleichnis von Prandtl

Für Versuchsmessungen geeignet ist dieses Verfahren, bei dem über den Querschnitt unter einem inneren Überdruck eine Seifenhaut gewölbt wird, deren Ordinaten proportional der Spannungsfunktion sind [8].

3. Dünnwandige geschlossene Hohlquerschnitte mit geradlinigen Teilquerschnitten

Ein geschlossener dünnwandiger Querschnitt kann als innerlich statisch unbestimmtes System aufgefaßt werden. Wie sonst in der Statik üblich, wird von einem statisch bestimmten Grundsystem, dem offenen bzw. aufgeschnittenen Hohlquerschnitt, ausgegangen [5, 9]. Aus der Bedingung, daß an den aufgeschnittenen Stellen keine gegenseitige Verschiebungen der Ränder auftreten können, werden die Gleichungen für die zusätzlichen Schubkräfte gewonnen (Bredtscher Satz). Die entsprechenden Entwicklungen sind in Bd. I A, Abschnitt I C.6 cα und I C.7 e durchgeführt.

Nach Bd. I A (I C.57—I C.61) und (I C.99—I C.102) erhält man z. B. (Abb. III A.13) die Schubkräfte

$$t_n = \mu_n G\vartheta;$$
(III A.29)

den Drillungswiderstand

$$J_d = {}^0J_d + {}^sJ_d = \frac{1}{3}\sum s_n^3 l_n + \sum 2\mu_n F_n$$
(III A.30)

(siehe Zahlenbeispiele im Bd. I B).

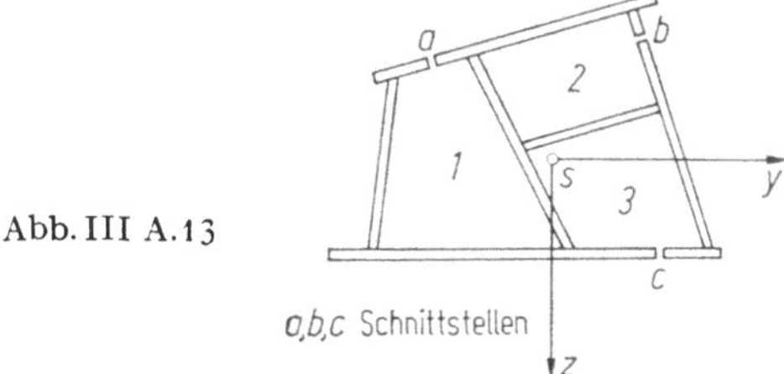

Abb. III A.13

Die maximalen Schubspannungen am Rande der einzelnen Rechtecke betragen für eine Berandungswand

$$\tau = {}^0\tau + {}^s\tau = G\vartheta\left(s_n + \frac{\mu_n}{s_n}\right);$$
(III A.31)

für eine Zwischenwand

$$\tau = {}^0\tau + {}^s\tau = G\vartheta\left(s_n + \frac{\mu_n - \mu_{n-1}}{s_n}\right).$$
(III A.32)

Den günstigen Einfluß geschlossener Profile bei Torsionsbeanspruchungen ersieht man aus folgendem Beispiel.

Beispiel III.1

Für den Querschnitt nach Abb. III 1.1 ergibt sich:

$$^{o}J_d = \frac{1}{3}\left(2 \cdot 30 \cdot 2{,}0^3 + 26{,}0 \cdot 1{,}2^3\right) = 175 \text{ cm}^4.$$

Flansch: $\quad ^{o}\tau = \frac{T_s}{J_d}s = \frac{2}{175}T_s = \frac{1}{87{,}5}T_s.$

Steg: $\quad ^{o}\tau = \frac{1{,}2}{175}T_s = \frac{1}{146}T_s.$

Für den Querschnitt nach Abb. III 1.2 erhält man

$$^{o}J_d = \frac{1}{3}\left(2 \cdot 30 \cdot 2{,}0^3 + 2 \cdot 26{,}0 \cdot 0{,}6^3\right) = 164 \text{ cm}^4.$$

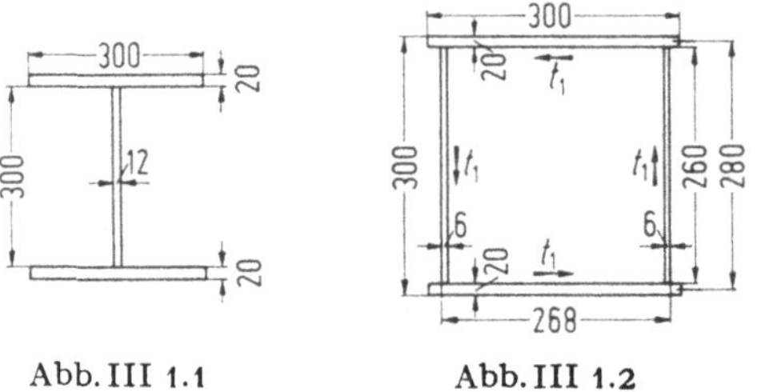

Abb. III 1.1   Abb. III 1.2

Nach Bd. I A (I C.56) ist

$$t_1\left[2 \cdot \frac{26{,}8}{2{,}0} + 2 \cdot \frac{28{,}0}{0{,}6}\right] = G\vartheta \cdot 2 \cdot 26{,}8 \cdot 28{,}0;$$

$$t_1 = 12{,}5\,G\vartheta \quad \text{und} \quad \mu_1 = 12{,}5.$$

Nach Bd. I A (I C.100) ist

$$^{s}J_d = 2\mu_1 F_1 = 2 \cdot 12{,}5 \cdot 26{,}8 \cdot 28{,}0 = 18780 \text{ cm}^4;$$

$$J_d = 164 + 18780 = 18944 \text{ cm}^4.$$

Nach (III A.31) ergeben sich die Spannungen im

Gurt: $\quad \tau = \frac{T_s}{J_d}\left(s + \frac{\mu_1}{s}\right) = \frac{2{,}0 + \dfrac{12{,}5}{2{,}0}}{18944}T_s = \frac{1}{2300}T_s;$

im Steg: $\quad \tau = \frac{0{,}6 + \dfrac{12{,}5}{0{,}6}}{18944}T_s = \frac{1}{884}T_s.$

Die Spannungen im Querschnitt nach Abb. III 1.2 sind somit wesentlich geringer als die im Querschnitt nach Abb. III 1.1, obwohl die gleiche Gesamtquerschnittsfläche vorhanden ist. Man wird daher bei torsionsbeanspruchten Bauteilen aus Metall zweckmäßig Hohlquerschnitte wählen.

Für gekrümmte geschlossene Hohlquerschnitte gelten die Überlegungen von Abschnitt 2c.

B. Grundlagen der Zwängungsdrillung

Betrachtet man die Formeln für die reine Verdrehung nach Abschnitt A, so ersieht man (z. B. geschlossener Hohlquerschnitt), daß in den Formeln für den Drillwiderstand und die Schubspannungen die Lage der Drehachse überhaupt nicht eingeht. Es ist somit für die Werte von J_d und τ völlig gleichgültig, um welche, parallel zu den Erzeugenden verlaufende Drehachse sich ein sich selbst überlassener Stab dreht. Während die in der Drehachse verlaufende Faser gerade bleibt, verwinden sich die anderen schraubenförmig. Es müssen dabei die Bedingungen der reinen Torsion — keine Änderung des Torsionsmomentes, keine Querschnittssprünge, wölbunbehinderte Lagerung — eingehalten werden.

Ganz anders liegen die Verhältnisse, wenn diese Bedingungen — z. B. Einspannung an den Enden u. dgl. — nicht erfüllt werden. In diesem Falle wird ein sich selbst überlassener Stab eine Drehung um die sog. „natürliche Drehachse" ausführen, wobei der Widerstand des Stabes gegen Verdrehen seinen kleinsten Wert erreicht.

Während bei „reiner Verdrehung" die Verwölbung $w_{(y,z)}$ eines Punktes y, z für alle Stellen x gleich groß ist, ändern sich bei der „behinderten oder Zwängungsdrillung" die Verwölbungen $w(y, z)$ auch mit der x-Richtung. Die Änderung der Verwölbungen zweier benachbarter Querschnittsteilchen entspricht aber einer Dehnung in der Längsrichtung des Stabes. Es treten somit in der Längsrichtung des Stabes Dehnungen und damit auch Längsspannungen auf. Der Stab wird gegenüber dem Zustand bei reiner Torsion daher einen größeren Widerstand aufweisen und dieser Widerstand wird um so größer sein, je größer die Normalspannungen σ_x sind.

Man kann nun schreiben

$$T = T^\cdot + T_\omega, \tag{III B.1}$$

wobei T_ω ein Zusatzwert zu dem Torsionsmoment bei reiner Verdrehung

$$T_s = G J_d \vartheta \tag{III B.2}$$

ist.

Für die natürliche Drehachse besteht daher die Bedingung, daß T_ω zu einem Minimum werden muß [2]. Der Querschnittspunkt, durch den in diesem Fall die Drehachse geht, der „Natürliche Drillruhepunkt" stimmt mit dem Schubmittelpunkt überein. Für jede andere aufgezwungene Drehachse wird der Widerstand gegen Verdrehen größer.

Bei wölbfreien Querschnitten, wobei ein sich selbst überlassener Stab sich um die natürliche Drehachse drehen kann, wird $T_\omega = 0$. Zwingt man einen wölbfreien Querschnitt durch besondere Lagerbedingungen sich jedoch um eine bestimmte andere Achse zu drehen, so treten Werte T_ω auf [2]. Bei der Drehung nichtwölbfreier Querschnitte um andere aufgezwungene Achsen als die natürliche Drehachse werden die Werte T_ω größer als bei einer Drehung um die natürliche Drehachse.

1. Wölbfreie Querschnitte

Wenn sich diese Querschnitte um ihren Schubmittelpunkt verdrehen können und nicht durch Scharniere gezwungen sind, sich um andere Achsen zu verdrehen, bleiben die Querschnitte auch nach der Drillung senkrecht zur Stabachse, und es treten keinerlei Verwölbungen auf. Auch bei Änderung des Drehmomentes mit x gilt die Gleichung

$$T = G \vartheta J_d = G J_d \varphi'. \tag{III B.2}$$

Hierbei sind T, ϑ und φ Funktionen von x.

2. Nichtwölbfreie dünnwandige Querschnitte

a) Verwölbungen, Schubmittelpunkt

Nach Bd. I A (I C.66) beträgt die Verwölbung, bezogen auf den Schubmittelpunkt m mit den Koordinaten e_y und e_z, bei einer Winkeländerung $\vartheta = \varphi'$

$$w = \vartheta\omega = \vartheta(\omega_a^* + \omega^* + e_y z - e_z y). \tag{III B.3}$$

ω^* ist die Einheitsverwölbung ($\vartheta = 1$) bezogen auf den Schwerpunkt, ω_a^* der entsprechende Ausgangswert am Beginn des beweglichen $u - v$-Koordinatensystems längs des Umfanges. Die positiven Größen bzw. Richtungen e_y, e_z, p_m, q_m bzw. y, z, u sind in Abb. III B.1 dargestellt.

Nach Bd. I A (I C.71) bis (I C.77) gilt

$$\left.\begin{aligned}
\omega_a^* &= -\frac{\int \omega^*\,dF}{F_{st}}\,; \\[2ex]
e_y &= -\frac{\int z\omega^*\,dF}{J_y}\,; \\[2ex]
e_z &= +\frac{\int y\omega^*\,dF}{J_z}\,.
\end{aligned}\right\} \tag{III B.4}$$

In (III B.4) können die von q abhängigen Anteile wegen ihrer Kleinheit vernachlässigt werden.

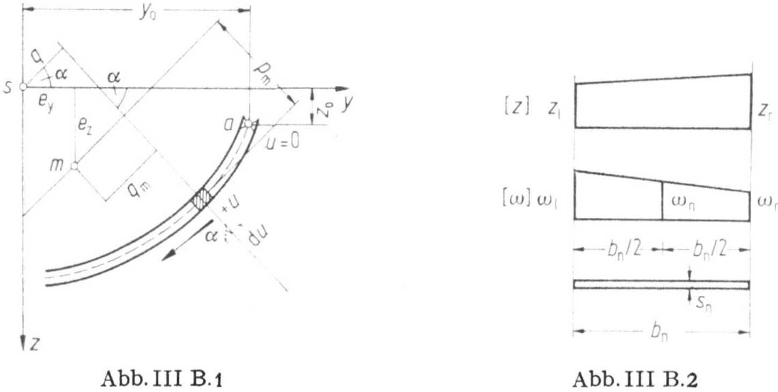

Abb. III B.1   Abb. III B.2

Wenn die Einzelelemente des Querschnittes Rechtecke konstanter Dicke s_b sind (Abb. III B.2), liegen die Ordinaten y bzw. z und auch die Verwölbungen ω^* über die Länge b_n auf Geraden. Es gilt dann

$$\left.\begin{aligned}
\int_n \omega^*\,dF &= \omega_n^* b_n s_n\,; \\[2ex]
\int_n z\omega^*\,dF &= \frac{s_n b_n}{6}\left[\omega_l(2z_l + z_r) + \omega_r(2z_r + z_l)\right] \\[2ex]
\int_n y\omega^*\,dF &= \frac{s_n b_n}{6}\left[\omega_l(2y_l + y_r) + \omega_r(2y_r + y_l)\right].
\end{aligned}\right\} \tag{III B.5}$$

Die Berechnung der Werte ω^*, ω_a^*, e_y und e_z ist in den Beispielen III 2 bis III 5 für offene und geschlossene Querschnitte gezeigt.

b) Sekundäre Schubspannungen

Mit den endgültigen Verwölbungen nach (III B.3) ergibt sich die Dehnung in x-Richtung

$$\varepsilon_x = \frac{\mathrm{d}w}{\mathrm{d}x} = \vartheta'\omega = \varphi''\omega,$$

und damit ergibt sich die Spannung

$$\sigma_x = E\varepsilon_x = E\varphi''\omega. \qquad\qquad \text{(III B.6)}$$

Sind die Verwölbungen w bzw. Einheitsverwölbungen ω und damit die Normalspannungen σ_x mit x veränderlich, so müssen zwischen den einzelnen Stabfasern zugehörige Schubspannungen übertragen werden. Diesen Schubspannungen entsprechen gleich große zugeordnete, sekundäre Schubspannungen $\tilde\tau$ in der Querschnittsebene. Diese sekundären Schubspannungen leisten dem äußeren Torsionsmoment einen Widerstand, und zwar um so mehr, je größer die Normalspannungen σ_x sind.

Die Gleichgewichtsgleichung in x-Richtung lautet für ein Element mit $\tau_{xz} = 0$ nach Abb. III A.8

$$\frac{\partial\sigma_x}{\partial x}\,\mathrm{d}x\,\mathrm{d}u\,\mathrm{d}z + \frac{\partial\tilde\tau_{ux}}{\partial u}\,\mathrm{d}u\,\mathrm{d}z\,\mathrm{d}x = 0$$

oder

$$\frac{\partial\sigma_x}{\partial x} + \frac{\partial\tilde\tau_{ux}}{\partial u} = 0, \qquad\qquad \text{(III B.7)}$$

und mit (III B.6)

$$\frac{\partial\tilde\tau_{ux}}{\partial u} = -E\varphi'''\omega. \qquad\qquad \text{(III B.8)}$$

Damit wird

$$\tilde\tau_{ux} = -E\varphi'''\int\omega\,\mathrm{d}u + C. \qquad\qquad \text{(III B.9)}$$

Die positiven Schubspannungen $\tilde\tau_{ux}$ im Schnitt $x + \mathrm{d}x$ sind in Abb. III B.3 eingetragen. Die Konstante C ergibt sich aus den Randbedingungen.

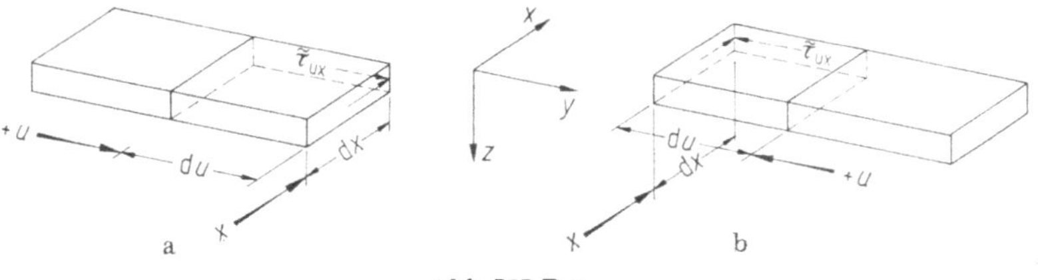

Abb. III B.3

Bei offenen Profilen ergeben sich die Konstanten C aus der Bedingung, daß am offenen Rande die Schubspannungen $\tilde\tau_{ux}$ verschwinden müssen. Bei einer Änderung der Wandstärke erhält man die Randbedingung an der Übergangsstelle aus der Beziehung, daß die Schubkraft $\tilde t = \tilde\tau s$ links und rechts dieser Stelle gleich sein muß.

$$\tilde\tau_l s_l = \tilde\tau_r s_r. \qquad\qquad \text{(III B.10)}$$

Bei geschlossenen Profilen sind andere Überlegungen zur Bestimmung der Konstanten erforderlich. Für jeden Hohlraum gilt hier die Bedingung

$$\oint\tilde\tau_{ux}\,\mathrm{d}u = 0. \qquad\qquad \text{(III B.11)}$$

Nimmt man an einer bestimmten Stelle a des Querschnittes die vorerst noch unbekannte Schubkraft

$$\tilde t_a = \tilde\tau_a s_a \qquad\qquad \text{(III B.12)}$$

an, so lassen sich alle übrigen Schubspannungen $\tilde{\tau}_{ux}$ entsprechend (III B.9) in Abhängigkeit von $\tilde{\tau}_a$ ausdrücken. $\tilde{\tau}_a$ kann dann mit (III B.11) bestimmt werden. Bei Änderungen der Wandstärke s ist dabei wieder (III B.10) zu beachten. Das Moment der Schubkräfte $\tilde{t}$ um den Schubmittelpunkt entspricht der Größe von T_ω (Abb· III B.1)

$$T_\omega = \int \tilde{t}_{ux} p_m \, du, \qquad\qquad\qquad \text{(III B.13)}$$

p_m ist hierbei der Normalabstand eines Linienelements du vom Schubmittelpunkt.

Mit der Schubkraft

$$\tilde{t}_{ux} = \tilde{\tau}_{ux} s$$

kann (III B.7) auch in der Form

$$\frac{\partial \tilde{t}_{ux}}{\partial u} + \frac{\partial \sigma_x}{\partial x} s = 0 \qquad\qquad\qquad \text{(III B.14)}$$

angeschrieben werden. Damit wird

$$\frac{\partial \tilde{t}_{ux}}{\partial u} = -E\varphi''' \omega s; \qquad\qquad\qquad \text{(III B.15)}$$

$$\tilde{t}_{ux} = -E\varphi''' \int_0^u \omega s \, du + C_0 = -E\varphi''' \left(\int_0^u \omega \, dF + C_\omega \right) = -E\varphi''' \tilde{S}_\omega. \qquad \text{(III B.16)}$$

$$\tilde{S}_\omega = \int_0^u \omega \, dF + C_\omega = S_\omega + C_\omega \qquad\qquad\qquad \text{(III B.17)}$$

wird als sektorielles statisches Moment bezeichnet. Wenn der Beginn der Integration bei einem offenen Querschnitt von einem Rand aus erfolgt, ist $C_\omega = 0$ und S_ω ist das sektorielle statische Moment des abgeschnittenen Querschnittsteiles.

(III B.10) ist erfüllt, da $\tilde{t}_l = \tilde{t}_r$ ist.

(III B.11) lautet nunmehr für geschlossene Profile

$$\oint \frac{\tilde{t}_{ux}}{s} \, du = 0, \qquad\qquad\qquad \text{(III B.18)}$$

wobei $\tilde{t}_a$ an der Schnittstelle a als unbekannte Schubkraft einzuführen ist. Bei mehreren Hohlräumen erhält man ein entsprechendes Gleichungssystem für die unbekannten Werte $\tilde{t}_n$.

Die Berechnung der sekundären Schubspannungen wird in den Beispielen III 2 bis III 5 gezeigt.

c) Allgemeine Gleichung der Wölbkrafttorsion bei konstantem Querschnitt

Erteilen wir dem Querschnitt eine virtuelle Verdrehung „$\vartheta = 1$", so entsprechen dieser Verdrehung nach (III B.3) Einheitsverwölbungen ω. Für die Arbeit des Drehmomentes aus den sekundären Schubspannungen

$$\partial A_{\tilde{\tau}} = T_\omega \cdot 1 \cdot dx$$

und für die Arbeit der Längsspannungen $\sigma_x = E\varphi'' \omega$

$$\partial A_{\sigma_x} = \int \frac{\partial \sigma_x}{\partial x} \, dx \, \omega \, dF = E\varphi''' \, dx \int \omega^2 \, dF = E\varphi''' C_m \, dx$$

gilt für den Fall des Gleichgewichtes der Kräfte, daß die virtuelle Gesamtarbeit verschwinden muß.

$$\partial A_{\tilde{\tau}} + \partial A_{\sigma_x} = 0.$$

Somit wird

$$T_\omega = -E C_m \varphi''' = -E J_{\omega\omega} \varphi'''. \qquad\qquad\qquad \text{(III B.19)}$$

Hierbei ist

$$C_m = J_{\omega\omega} = \int \omega^2 \, dF.$$ (III B.20)

Die Bezeichnung $J_{\omega\omega}$ entspricht [1, 6, 10].

Für Querschnitte mit Rechteckelementen gilt nach Abb. III B.2

$$J_{\omega\omega} = \frac{b_n s_n}{3} \left(\omega_l^2 + \omega_l \omega_r + \omega_r^2 \right).$$ (III B.21)

Damit gilt allgemein für die Zwängungsdrillung

$$T = G J_d \varphi' - E J_{\omega\omega} \varphi'''.$$ (III B.22)

Mit

$$k^2 = \frac{G J_d}{E J_{\omega\omega}} l^2$$ (III B.23)

erhält man

$$\varphi''' - \frac{k^2}{l^2} \varphi' + \frac{1}{E J_{\omega\omega}} T = 0,$$ (III B.24)

bzw. mit $m_t = -dT/dx$

$$\varphi^{IV} - \frac{k^2}{l^2} \varphi'' - \frac{1}{E J_{\omega\omega}} m_t = 0.$$ (III B.25)

In vielen Fällen wird T in (III B.24) höchstens eine Funktion zweiten Grades von x sein.

Setzt man daher

$$\frac{1}{E J_{\omega\omega}} T = A + Bx + Cx^2,$$ (III B.26)

so lautet die allgemeine Lösung der Differentialgleichung (III B.24)

$$\varphi = C_1 \sinh \frac{k}{l} x + C_2 \cosh \frac{k}{l} x + C_3 + \frac{l^2}{k^2} \left[\left(A + 2 \frac{l^2}{k^2} C \right) x + \frac{1}{2} Bx^2 + \frac{1}{3} Cx^3 \right]$$
(III B.27a)

bzw.

$$\varphi = C_1 e^{\frac{k}{l} x} + C_2 e^{-\frac{k}{l} x} + C_3 + \frac{l^2}{k^2} \left[\left(A + 2 \frac{l^2}{k^2} C \right) x + \frac{1}{2} Bx^2 + \frac{1}{3} Bx^3 \right].$$
(III B.27b)

Die ersten drei Glieder geben die Lösung der homogenen Gleichung an, während das letzte Glied die partikuläre Lösung darstellt, die mittels Koeffizientenvergleich erhalten wird.

Der Wert k ist ein dimensionsloser Wert, der nach [6] und [10] einen guten Anhalt bietet, wie weit Vereinfachungen bei den Berechnungen angewendet werden können. Kollbrunner, Basler [6] haben darüber besondere Angaben gemacht. Ist k sehr groß ($k \approx {>}10$), so wird der Einfluß der Wölbtorsion so gering, daß sie gegenüber der reinen Torsion vernachlässigbar ist.

Es gilt in diesem Falle (III B.2)

$$G J_d \varphi' - T = 0.$$ (III B.2)

Ist jedoch k klein ($k \approx {<}0{,}5$), so wird der Einfluß der Reinen Torsion unbedeutend, und kann daher vernachlässigt werden. Hierbei gilt dann statt (III B.24)

$$\varphi''' + \frac{1}{E J_{\omega\omega}} T = 0.$$ (III B.28)

In beiden Fällen wird die Berechnung wesentlich einfacher als nach dem allgemeinen Fall der gemischten Torsion nach (III B.1) bzw. (III B.24).

Kollbrunner, Basler [6] haben weiter angegeben, in welchen Bereichen zwischen $(0{,}5 < k < 10)$ man die einfachen Berechnungen nach (III B.2) bzw. (III B.28) unter Berücksichtigung von Korrekturen anwenden kann.

3. Nichtwölbfreie Sonderquerschnitte

a) Querschnitt mit Fachwerkelementen

Bestehen Einzelelemente des Querschnittes aus Fachwerken (Abb. III B.4), so kann man sich diese durch ideelle Vollwände ersetzt denken.

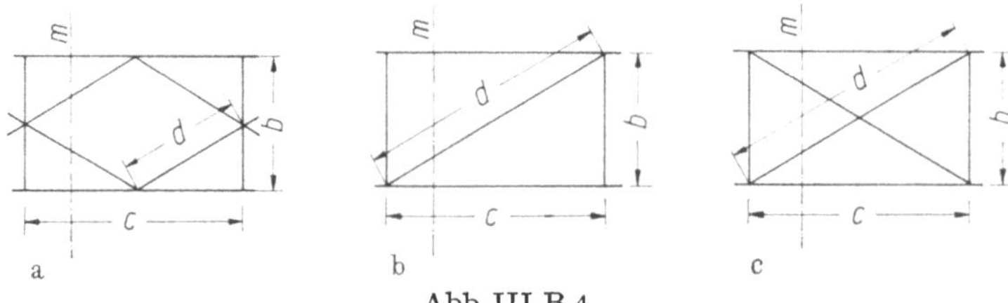

Abb. III B.4

Nach Bd. I A (III A.40) beträgt für das Fachwerk nach Abb. III B.4a die ideelle Wandstärke

$$s_{id} = \frac{E}{G} \cdot \frac{bcF_d}{4d^3}, \qquad \text{(III B.28a)}$$

wobei F_d die Fläche der Diagonalen ist. Entsprechend ergibt sich für ein Fachwerk nach Abb. III B.4b

$$s_{id} = \frac{E}{G} \cdot \frac{bcF_d}{d^3}, \qquad \text{(III B.28b)}$$

und für eines nach Abb. III B.4c

$$s_{id} = \frac{E}{G} \cdot \frac{2bcF_d}{d^3}. \qquad \text{(III B.28c)}$$

b) Querschnitt aus Wandelementen mit Bindeblechen

Für einen mit Bindeblechen versehenen Stab (Abb. III B.5) gelten grundsätzlich die gleichen Überlegungen.

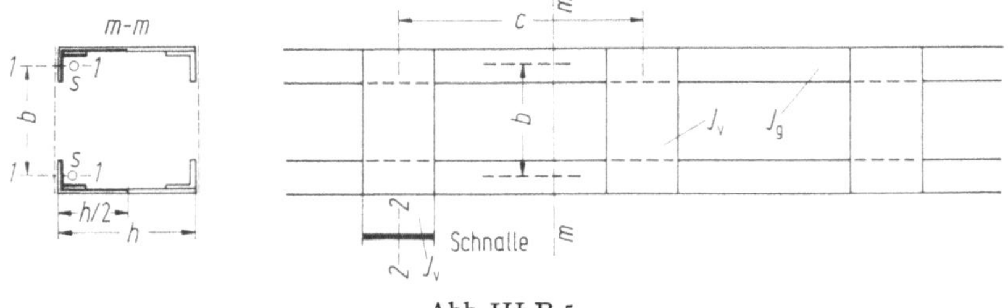

Abb. III B.5

Um den Schubwiderstand des gegliederten Teilstabes zu ermitteln, wird die Verformung infolge einer Querkraft Q mit Hilfe der virtuellen Last $^vP = 1$ berechnet. Für den Rahmenstab kann in Annäherung die Momentenverteilung für diese beiden Belastungsfälle nach Abb. III B.6 angenommen werden.

Es gilt

$$\frac{1}{2}\delta + \frac{1}{2}\delta = \int M_Q{}^vM_{P=1}\frac{ds}{EJ} =$$

$$= \frac{2}{E}\left[2 \cdot \frac{1}{3}\frac{c}{2}Q\left(\frac{c}{4}\right)^2\frac{1}{J_g} + \frac{1}{3}\frac{b}{2}Q\left(\frac{c}{2}\right)^2\frac{1}{J_v}\right] =$$

$$= \frac{Qc^3}{12EJ_g}\left[\frac{1}{2} + \frac{b}{c}\frac{J_g}{J_v}\right].$$

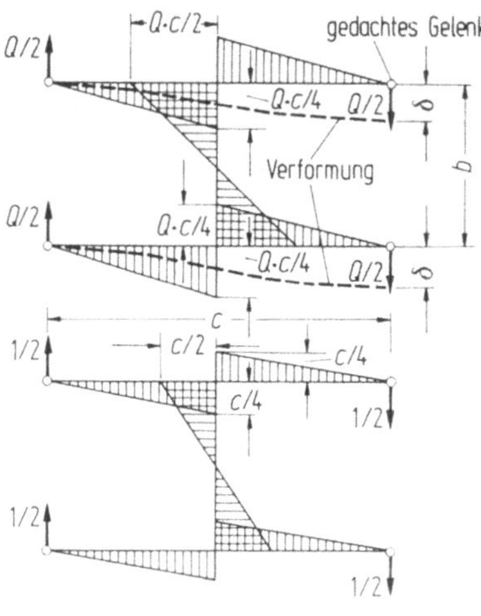

Abb. III B.6

Damit wird der Schiebungswinkel

$$\gamma = \frac{\delta}{c} = \frac{Qc^2}{12EJ_g}\left[\frac{1}{2} + \frac{b}{c}\frac{J_g}{J_v}\right].$$

Für ein ideelles Vollblech wäre mit

$$Q = tb = \tau s_{id}b;$$

$$\gamma_{id} = \frac{\tau}{G} = \frac{Q}{s_{id}bG}.$$

Aus $\gamma = \gamma_{id}$ erhält man die ideelle Blechstärke einer vollen Wand

$$s_{id} = \frac{E}{G}\frac{12\,J_g}{bc^2\left(\dfrac{1}{2} + \dfrac{b}{c}\dfrac{J_g}{J_v}\right)}. \qquad\qquad \text{(III B.29)}$$

Aus den Abb. III B.5 und III B.6 erkennt man, daß in den Schnitten $m - m$ kein durchgehendes Blech vorhanden ist, in dem Wölbungszwängungsspannungen auftreten können, wohl aber ist ein Widerstand gegen Schubverformungen vorhanden. Es verschwinden daher im Bereich der ideellen Bleche alle Querschnittswerte, die von der Längsverformung ω abhängen, und zwar in den Gleichungen von Bd. I A (I C.75 bis I C.79 und I C.107) die Größen

$$\Delta\Omega,\ \Delta J_y,\ \Delta J_z,\ \Delta K_y,\ \Delta K_z \quad \text{und} \quad \Delta C_m = \Delta J_{\omega\omega}.$$

Der Schubwiderstand ist durch die ideelle Blechstärke s_{id} zu berücksichtigen, d.h. es ist für den gedachten Hohlquerschnitt im Bereich des aufgelösten Querschnittsteiles der ideelle Vollquerschnitt mit dem Wert s_{id} bei der Berechnung von μ_n in den Formeln von Bd. I A (I C.56 bis I C.58) und auch bei

$$\Delta\omega_n^* = \left(\frac{\mu_n}{s_{n,id}} - p_n\right)b_n$$

einzuführen (Bd. I A (I C.47)).

Ist in einem Punkt i außer dem geschlossenen Querschnitt (in Abb. III B.7 schraffiert dargestellt) noch eine zusätzliche Gurtfläche F_i (nicht schraffiert) vorhanden, so kann man den Einfluß der Gurtfläche F_i bei der Berechnung von $J_{\omega\omega}$ näherungsweise berücksichtigen. Denkt man sich die Fläche F_i im Punkt i konzentriert und ist

ω_i^* die Einheitsverwölbung für diesen Punkt, so lauten die von der Längsverformung abhängigen Werte der Teilquerschnitte (siehe Bd. I A, Abschnitt I C.6 und I C.8)

$$\left.\begin{aligned}
\int \omega_i^* \, dF &= \omega_i^* F; \\
\Delta K_{y,i} &= \omega_i^* z_i F_i; \qquad \Delta K_{z,i} = \omega_i^* y_i F_i; \\
\Delta J_{y,i} &= F_i z_i^2; \qquad\quad\; \Delta J_{z,i} = F_i y_i^2; \\
\Delta J_{\omega\omega,i} &= \omega_i^{*2} F_i.
\end{aligned}\right\} \qquad \text{(III B.30)}$$

Bei der Berechnung der μ-Werte (Bredtscher Satz) wird es meist genügen, nur die Querschnittsteile zu berücksichtigen, die den geschlossenen Torsionsquerschnitt bilden (schraffierter Teil in Abb. III B.7).

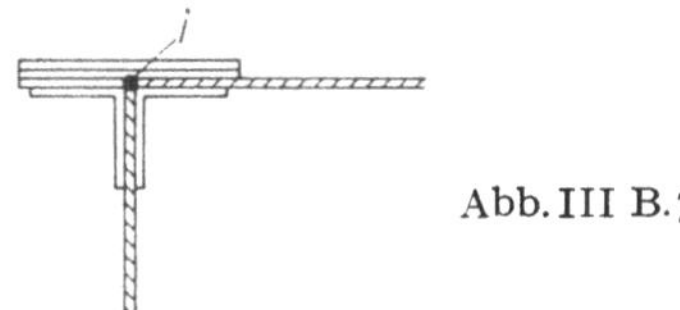

Abb. III B.7

4. Allgemeine Gleichungen der Wölbkrafttorsion des veränderlichen offenen Querschnittes

Die allgemeinen Gleichungen der Torsion des dünnwandigen Stabes mit veränderlichem offenen Querschnitt wurden von Cywinski [3] angegeben. In dieser Arbeit sind weitere einschlägige Veröffentlichungen angegeben.

Die Koordinaten und Vorzeichen sind dabei nach Abb. III B.8 festgelegt.

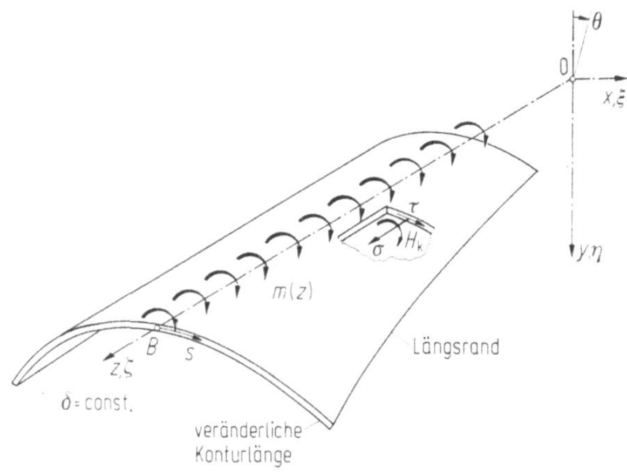

Abb. III B.8

Es werden folgende Hilfswerte verwendet:

$$\left.\begin{aligned}
&\int_F y \, dF = S_x; \quad \int_F x \, dF = S_y; \quad \int_F xy \, dF = J_{xy}; \\
&\int_F \omega \, dF = S_\omega; \quad \int_F x\omega \, dF = J_{\omega x}; \quad \int_F y\omega \, dF = J_{\omega y}; \\
&\int_F y^2 \, dF = J_x; \quad \int_F x^2 \, dF = J_y; \quad \int_F \omega^2 \, dF = J_{\omega\omega}.
\end{aligned}\right\} \qquad \text{(III B.31)}$$

a) Unsymmetrische Querschnitte

Nach [3] erhält man ein simultanes System von Differentialgleichungen nach den 4 Veränderlichen ζ, ξ, η und θ.

$$\left.\begin{aligned}
(EF\zeta')' - (ES_y\xi'')' - (ES_x\eta'')' - (ES_\omega\theta'')' &= 0; \\
-(ES_y\zeta')'' + (EJ_y\xi'')'' + (EJ_{xy}\eta'')'' + (EJ_{\omega x}\theta'')'' &= 0; \\
-(ES_x\zeta')'' + (EJ_{xy}\xi'')'' + (EJ_x\eta'')'' + (EJ_{\omega y}\theta'')'' &= 0; \\
-(ES_\omega\zeta')'' + (EJ_{\omega x}\xi'')'' + (EJ_{\omega y}\eta'')'' + (EJ_{\omega\omega}\theta'')'' - (GJ_d\theta')' &= m(z).
\end{aligned}\right\} \quad \text{(III B.32)}$$

b) Einfach symmetrische Querschnitte

Mit y als Symmetrieachse ergibt sich $S_y = S_\omega = J_{xy} = J_{\omega y} = 0$ und man erhält nach [3] das für die Torsionsbelastung maßgebende reduzierte System der Differentialgleichungen:

$$\left.\begin{aligned}
(EJ_y\xi'')'' + (EJ_{\omega x}\theta'')'' &= 0; \\
(EJ_{\omega x}\xi'')'' + (EJ_{\omega\omega}\theta'')'' - (GJ_d\theta')' &= m(z).
\end{aligned}\right\} \quad \text{(III B.33)}$$

Für die Lösung der Systeme nach (III B.32) und (III B.33) eignet sich besonders das Ersatzbalkenverfahren von Stein [7].

C. Ebene Systeme mit Reiner Torsion (St.-Venant-Torsion)

Wie in Bd. I A, Abschnitt I C.6β angegeben, gibt es eine Reihe von dünnwandigen Querschnitten, die sogenannten wölbfreien Querschnitte, bei denen bei Torsionsbelastung keine Verwölbungen auftreten.

Für andere Querschnitte gibt der Wert k nach (III B.23) ein Maß an, ob noch Reine Torsion der Rechnung zugrunde gelegt werden kann.

Nach [6] sind für große k-Werte (etwa $k > 10$) die Wölbspannungen unter 10% der größtmöglichen Werte, so daß unter Zugrundelegung Reiner Torsion genügend genaue Ergebnisse erhalten werden. Dies trifft in der Regel bei dicken Vollquerschnitten und geschlossenen längeren Hohlquerschnitten zu. Auch Föppl [4], Chwalla [2] und Wlassow [10] weisen darauf hin, daß bei dickwandigen Voll- und Hohlquerschnitten die Verwölbungen so gering sind, daß nur Reine Torsion der Berechnung zugrunde gelegt werden braucht. Kollbruner [6] gibt als entsprechendes Kriterium für dünnwandige Hohlquerschnitte an, daß dabei die Querschnittsfläche kleiner als ein Fünftel des umschlossenen Hohlraumes sein muß. Zu bemerken ist nur, daß für konzentriert angreifende Torsionsmomente das Prinzip von St. Venant über die Lasteinteilung zu beachten ist. Einzelheiten über die damit zusammenhängende Probleme siehe [6]. Nachfolgend wird in diesem Abschnitt der Index von T_s weggelassen (T), da $T_\omega = 0$ zugrunde gelegt wird.

Allgemein gilt nach (III B.2).

$$GJ_d\varphi' - T = 0. \qquad \text{(III B.2)}$$

1. Statisch bestimmte Stabwerke

Bei statisch bestimmten Stabwerken können die Lagerreaktionen allein nach dem Hebelgesetz bestimmt werden (siehe Bd. I A, Abschnitt I B.3).

Beim starr eingespannten geraden Kragträger muß die Summe aller eingeprägten Torsionsmomente $\Sigma\,^{\ddot a}T_n$ an der Einspannstelle aufgenommen werden.

Zum Beispiel ist nach Abb. III C.1

$$T_0 = -(^{\ddot a}T_1 + \,^{\ddot a}T_2).$$

Nach (III A.10) wird mit

$$\varphi = \int \vartheta \, dx = \int \frac{T}{GJ_d} \, dx;$$

$$\varphi_1 = \frac{1}{G} \frac{(T_1 + T_2)}{J_{d,0-1}} a;$$

$$\varphi_2 = \frac{1}{G} \left[\frac{(T_1 + T_2)}{J_{d,0-1}} a + \frac{T_2}{J_{d,1-2}} b \right].$$

Beim System nach Abb. III C.2 treten nur Lagerkräfte in B und C auf, Torsionsmomente nur in 1—2, während in 0—1 Biegemomente auftreten (Abb. III C.2 b und c).

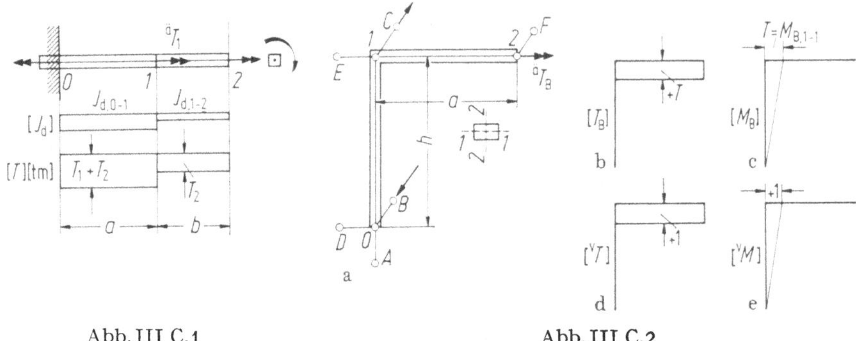

Abb. III C.1   Abb. III C.2

Nach Bd. I A (III B.44) ergibt sich die Verdrehung infolge des Torsionsmomentes ^aT_B im Punkt 2 unter Benützung eines virtuellen Torsionsmomentes $^vT = 1$ im Punkt 2 (Abb. III C.2 d und e).

$$\varphi_2 = \int\limits_0^1 \frac{M_B{}^vM}{EJ_{1-1}} \, ds + \int\limits_1^2 \frac{T_B{}^vT}{GJ_d} \, ds =$$

$$= \frac{1}{EJ_{1-1}} \frac{h}{3} T + \frac{a}{GJ_d} T.$$

Für ein beliebiges, statisch bestimmtes System, das bei räumlicher Belastung 6 Lagerreaktionen aufweist, kann die Verformung an einer beliebigen Stelle nach Bd. I A (III B.44) ermittelt werden. Hierbei können sowohl Längskräfte, Biegemomente und Querkräfte als auch Torsionsmomente berücksichtigt werden.

(Siehe auch Bd. I A, Abschnitt VIII.A.)

2. Statisch unbestimmte Systeme

Die Berechnung statisch unbestimmter Systeme erfolgt, entsprechend Bd. I A entweder mit der Schnittbelastungs- oder Deformationsmethode. Bei der Schnittbelastungsmethode, die im wesentlichen nachfolgend behandelt wird, ist besondere Beachtung der Wahl des statisch bestimmten Grundsystems zu schenken.

Bei dem nur auf Torsion beanspruchten beiderseits starr eingespannten Stab nach Abb. III C.3 a treten an den Einspannstellen 0 und 2 nur Torsionsmomente auf. Schneidet man an der Stelle 2 auf, so entsteht das statisch bestimmte System nach Abb. III C.3 c mit dem Torsionsmoment T_B. Der Zustand aus der Unbekannten X_1 (ebenfalls ein Torsionsmoment) am statisch bestimmten Grundsystem ist durch die Momente T_1 in Abb. III C.3 d festgelegt.

Entsprechend Bd. I A (V C.4) ist unter Zugrundelegung eines konstanten Drillungswiderstandes $J_{d,c}$

$$X_{B,1} = -\frac{a_{B1}}{a_{11}};$$

$$a_{B1} = \int T_B{}^v T_1 \frac{J_{d,c}}{J_d}\,ds = T_B \cdot 1 \cdot 1 \cdot a;$$

$$a_{11} = \int T_1{}^v T_1 \frac{J_{d,c}}{J_d}\,ds = 1 \cdot 1 \cdot 1 \cdot a + 1 \cdot 1 \cdot c \cdot b.$$

Entsprechend Bd. I A (V C.6) wird (Abb. III C.3 e)

$$\overline{T}_0 = T_B + X_{B,1} \cdot 1; \quad \overline{T}_2 = 0 + X_{B,1}.$$

Bei einem durchlaufenden Stab nach Abb. III C.4a, der Linienlager über die ganze Breite aufweist (Abb. III C.4b), treten im Bereich $i - k$ infolge eines Torsionsmomentes ^aT genau die gleichen Momente auf, als wäre nur ein beiderseits eingespannter Stab vorhanden (Abb. III C.3 a). Dies rührt davon her, daß bei der Reinen Torsion einerseits keine Querschnittsverformung und andererseits keine Verwölbungen auftreten. Bei starrer linienförmigen Lagerung kann somit auch keine Beeinflussung der Nachbarfelder auftreten. Ein entsprechender Fall tritt bei Biegemomenten ein (Abb. III C.4c), wenn der Stab an ∞ starren Stützen biegesteif angeschlossen ist. Auch hier bleiben die Nachbarfelder spannungslos.

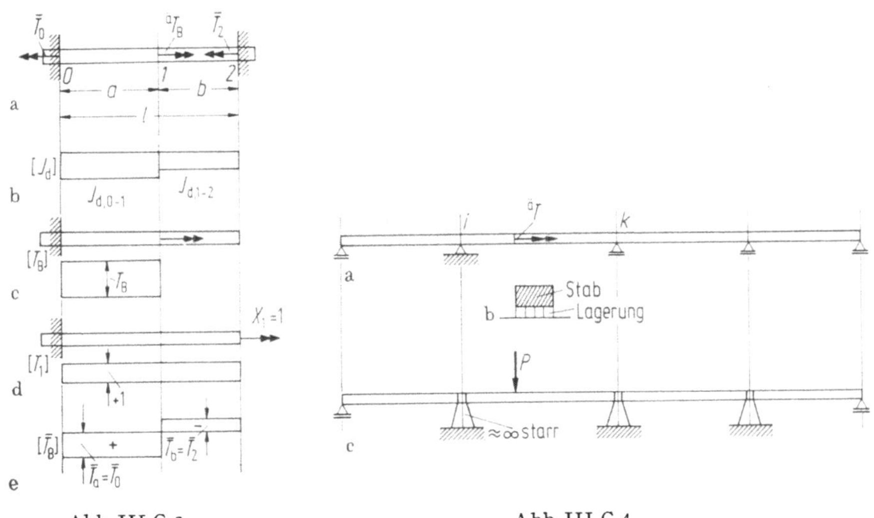

Abb. III C.3   Abb. III C.4

Sind jedoch an den Stützen elastische Drehlagerungen vorgesehen, so kommen bei Torsionsbelastung eines Feldes alle Felder in Spannung. Die Berechnung erfolgt nach den üblichen Regeln der Statik (siehe z. B. [6]). Der interessante Fall einer schrägen Linienlagerung wird eingehend von Kollbrunner, Basler [6] behandelt.

Bei dem eingespannten ebenen Stabwerk nach Abb. III C.5, das durch ein beliebiges eingeprägtes Moment $^aM_B(^aM_{B,x}, {}^aM_{B,y}, {}^aM_{B,z})$ im Punkt 1 beansprucht wird, werden als statisch bestimmtes Grundsystem zwei Kragträger angenommen. Die laufenden Koordinaten und die Vorzeichen der Schnittbelastungen werden nach Abb. III C.5c gewählt. An der Schnittstelle 2 treten 6 Unbekannte X_1 bis X_6 auf (Abb. III C.5d), die zugehörigen Einheitszustände sind in Abb. III C.6 dargestellt.

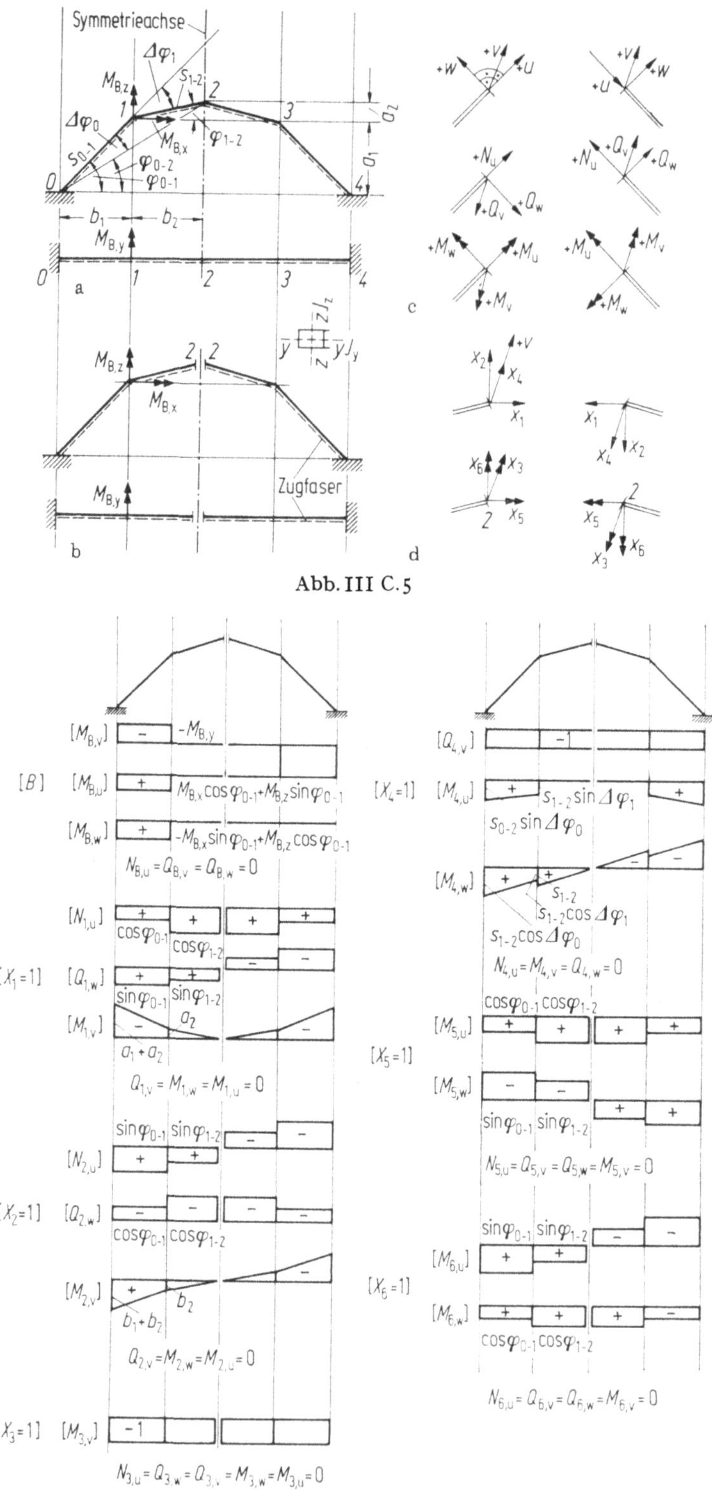

Abb. III C.5

Abb. III C.6

Entsprechend Bd. I A (V C.7) und (V B.14a) erhält man das Gleichungssystem zur Bestimmung der Unbekannten.

$$X_{B,1}\,a_{1,1} + X_{B,2}\,a_{2,1} + X_{B,3}\,a_{3,1} + X_{B,4}\,a_{4,1} + X_{B,5}\,a_{5,1} + X_{B,6}\,a_{6,1} + a_{B,1} = 0$$
$$X_{B,1}\,a_{1,2} + X_{B,2}\,a_{2,2} + X_{B,3}\,a_{3,2} + X_{B,4}\,a_{4,2} + X_{B,5}\,a_{5,2} + X_{B,6}\,a_{6,2} + a_{B,2} = 0$$
$$X_{B,1}\,a_{1,3} + X_{B,2}\,a_{2,3} + X_{B,3}\,a_{3,3} + X_{B,4}\,a_{4,3} + X_{B,5}\,a_{5,3} + X_{B,6}\,a_{6,3} + a_{B,3} = 0$$
$$X_{B,1}\,a_{1,4} + X_{B,2}\,a_{2,4} + X_{B,3}\,a_{3,4} + X_{B,4}\,a_{4,4} + X_{B,5}\,a_{5,4} + X_{B,6}\,a_{6,4} + a_{B,4} = 0$$
$$X_{B,1}\,a_{1,5} + X_{B,2}\,a_{2,5} + X_{B,3}\,a_{3,5} + X_{B,4}\,a_{4,5} + X_{B,5}\,a_{5,5} + X_{B,6}\,a_{6,5} + a_{B,5} = 0$$
$$X_{B,1}\,a_{1,6} + X_{B,2}\,a_{2,6} + X_{B,3}\,a_{3,6} + X_{B,4}\,a_{4,6} + X_{B,5}\,a_{5,6} + X_{B,6}\,a_{6,6} + a_{B,6} = 0$$

(III C.1)

Es ergibt sich für den symmetrischen Bogen

$$a_{1,1} = \int\limits_0^4 N_{1,u}\,{}^vN_{1,u}\,\frac{J_c}{F}\,\mathrm{d}s + \int\limits_0^4 M_{1,v}\,{}^vM_{1,v}\,\frac{J_c}{J_y}\,\mathrm{d}s + \frac{F}{G}\,k_y \int\limits_0^4 Q_{1,w}\,{}^vQ_{1,w}\,\frac{J_c}{F}\,\mathrm{d}s;$$

$$a_{1,2} = 0;$$

$$a_{1,3} = \int\limits_0^4 M_{1,v}\,{}^vM_{3,v}\,\frac{J_c}{J_y}\,\mathrm{d}s; \quad a_{1,4} = 0; \quad a_{1,5} = 0; \quad a_{1,6} = 0;$$

$$a_{2,2} = \int\limits_0^4 N_{2,u}\,{}^vN_{2,u}\,\frac{J_c}{F}\,\mathrm{d}s + \int\limits_0^4 M_{2,v}\,{}^vM_{2,v}\,\frac{J_c}{J_y}\,\mathrm{d}s + \frac{E}{G}\,k_y \int Q_{2,w}\,{}^vQ_{2,w}\,\frac{J_c}{F}\,\mathrm{d}s;$$

$$a_{2,3} = \int\limits_0^4 M_{2,v}\,{}^vM_{3,v}\,\frac{J_c}{J_y}\,\mathrm{d}s; \quad a_{2,4} = 0; \quad a_{2,5} = 0; \quad a_{2,6} = 0;$$

$$a_{3,3} = \int\limits_0^4 M_{3,v}\,{}^vM_{3,v}\,\frac{J_c}{J_y}\,\mathrm{d}s; \quad a_{3,4} = 0; \quad a_{3,5} = 0; \quad a_{3,6} = 0;$$

$$a_{4,4} = 2 \int\limits_0^2 M_{4,w}\,{}^vM_{4,w}\,\frac{J_c}{J_z}\,\mathrm{d}s + 2\frac{E}{G} \int\limits_0^2 M_{4,u}\,{}^vM_{4,u}\,\frac{J_c}{J_d}\,\mathrm{d}s + 2\frac{E}{G}\,k_z \int\limits_0^2 Q_{4,v}\,{}^vQ_{4,v}\,\frac{J_c}{F}\,\mathrm{d}s;$$

$$a_{4,5} = 2 \int\limits_0^2 M_{4,w}\,{}^vM_{5,w}\,\frac{J_c}{J_z}\,\mathrm{d}s + 2\frac{E}{G} \int\limits_0^1 M_{4,u}\,{}^vM_{5,u}\,\frac{J_c}{J_d}\,\mathrm{d}s;$$

$$a_{4,6} = 0; \quad a_{5,5} = 2 \int\limits_0^2 M_{5,w}\,{}^vM_{5,w}\,\frac{J_c}{J_z}\,\mathrm{d}s + 2\frac{E}{G} \int\limits_0^2 M_{5,u}\,{}^vM_{5,u}\,\frac{J_c}{J_d}\,\mathrm{d}s;$$

$$a_{5,6} = 0; \quad a_{6,6} = 2 \int\limits_0^2 M_{6,w}\,{}^vM_{6,w}\,\frac{J_c}{J_z}\,\mathrm{d}s + 2\frac{E}{G} \int\limits_0^2 M_{6,u}\,{}^vM_{6,u}\,\frac{J_c}{J_d}\,\mathrm{d}s;$$

$$a_{B,1} = \int\limits_0^1 M_{B,v}\,{}^vM_{1,v}\,\frac{J_c}{J_y}\,\mathrm{d}s; \quad a_{B,2} = \int\limits_0^1 M_{B,v}\,{}^vM_{2,v}\,\frac{J_c}{J_y}\,\mathrm{d}s;$$

$$a_{B,3} = \int\limits_0^1 M_{B,v}\,{}^vM_{3,v}\,\frac{J_c}{J_y}\,\mathrm{d}s; \quad a_{B,4} = \frac{E}{G} \int\limits_0^1 M_{B,u}\,{}^vM_{4,u}\,\frac{J_c}{J_d}\,\mathrm{d}s + \int\limits_0^1 M_{B,w}\,{}^vM_{4,w}\,\frac{J_c}{J_z}\,\mathrm{d}s;$$

$$a_{B,5} = \frac{E}{G} \int\limits_0^1 M_{B,u}\,{}^vM_{5,u}\,\frac{J_c}{J_d}\,\mathrm{d}s + \int\limits_0^1 M_{B,w}\,{}^vM_{5,w}\,\frac{J_c}{J_z}\,\mathrm{d}s;$$

$$a_{B,6} = \frac{E}{G} \int\limits_0^1 M_{B,u}\,{}^vM_{6,u}\,\frac{J_c}{J_d}\,\mathrm{d}s + \int\limits_0^1 M_{B,w}\,{}^vM_{6,w}\,\frac{J_c}{J_z}\,\mathrm{d}s.$$

(III C.2)

Man erkennt, daß bei einem ebenen System infolge einer Belastung nur in der Tragwerksebene (im vorliegenden Fall $M_{B,v} = M_{B,4}$) die Werte $a_{B,4}$, $a_{B,5}$ und $a_{B,6}$ verschwinden und in den Werten $a_{B,1}$, $a_{B,2}$, $a_{B,3}$ nur Einflüsse aus einer Belastung in der Tragwerksebene entstehen. Der Einfluß aus einer Belastung in der Tragwerksebene kann somit unabhängig von einer Belastung senkrecht zu derselben berechnet werden. Im vorliegenden Fall gilt:

$$\left.\begin{aligned}
X_{B,1}a_{1,1} + X_{B,2}a_{2,1} + X_{B,3}a_{3,1} + a_{B,1} &= 0; \\
X_{B,1}a_{1,2} + X_{B,2}a_{2,2} + X_{B,3}a_{3,2} + a_{B,2} &= 0; \\
X_{B,1}a_{1,3} + X_{B,2}a_{2,3} + X_{B,3}a_{3,3} + a_{B,3} &= 0
\end{aligned}\right\} \quad \text{(III C.3)}$$

und

$$\left.\begin{aligned}
\overline{N}_{B,u} &= N_{B,u} + X_{B,1}N_{1,u} + X_{B,2}N_{2,u} + X_{B,3}N_{3,u}; \\
\overline{M}_{B,v} &= M_{B,v} + X_{B,1}M_{1,v} + X_{B,2}M_{2,v} + X_{B,3}M_{3,v}; \\
\overline{Q}_{B,w} &= Q_{B,w} + X_{B,1}Q_{1,w} + X_{B,2}Q_{2,w} + X_{B,3}Q_{3,w}.
\end{aligned}\right\} \quad \text{(III C.4)}$$

Entsprechend gilt für Belastungen senkrecht zur Tragwerksebene (im vorliegenden Fall $M_{B,x}$ und $M_{B,z}$)

$$\left.\begin{aligned}
X_{B,4}a_{4,4} + X_{B,5}a_{5,4} + X_{B,6}a_{6,4} + a_{B,4} &= 0; \\
X_{B,4}a_{4,5} + X_{B,5}a_{5,5} + X_{B,6}a_{6,5} + a_{B,5} &= 0; \\
X_{B,4}a_{4,6} + X_{B,5}a_{5,6} + X_{B,6}a_{6,6} + a_{B,6} &= 0
\end{aligned}\right\} \quad \text{(III C.5)}$$

und

$$\left.\begin{aligned}
\overline{Q}_{B,v} &= Q_{B,v} + X_{B,4}Q_{4,v} + X_{B,5}Q_{5,v} + X_{B,6}Q_{6,v}; \\
\overline{M}_{B,u} &= M_{B,u} + X_{B,4}M_{4,u} + X_{B,5}M_{5,u} + X_{B,6}M_{6,v}; \\
\overline{M}_{B,w} &= M_{B,w} + X_{B,4}M_{4,w} + X_{B,5}M_{5,w} + X_{B,6}M_{6,w}.
\end{aligned}\right\} \quad \text{(III C.6)}$$

Mit diesen Formeln können z. B. die Schnittbelastungen für einen eingespannten Bogen berechnet werden, der entweder durch exzentrische Lasten P oder Seitenkräfte H oder Torsionsmoment T belastet wird (Abb. III C.7).

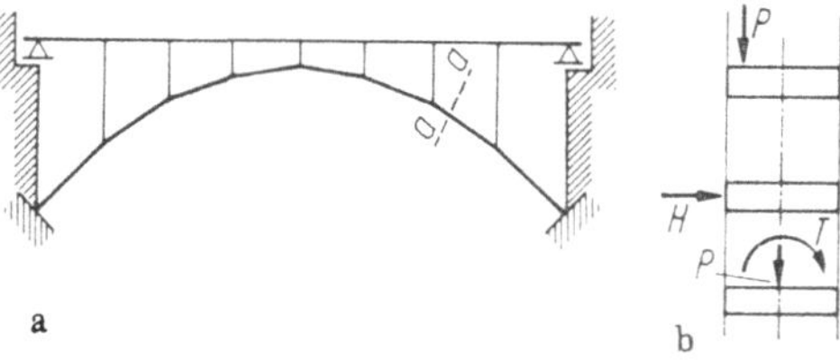

Abb. III C.7

Berechnet man die Schnittbelastungen für verschiedene Angriffsstellen eines wandernden Torsionsmomentes $T = 1$, so kann man für jeden Querschnitt die zugehörigen Einflußlinien der Schnittbelastungen zeichnen.

Während man bei ebenen, räumlich belasteten Systemen nach den üblichen Verfahren rechnen kann, ist es bei räumlichen Systemen zweckmäßig, auf schematische Berechnungsweisen überzugehen. Im Abschnitt VII werden diesbezüglich verschiedene Verfahren (Schnittbelastungs- und Deformationsmethoden) unter Verwendung der Matrizenrechnung gezeigt.

D. Ebene Systeme nur mit Wölbkrafttorsion

Nach Abschnitt B kann für kleine Werte k nach (III B.25) der Einfluß der Reinen Torsion vernachlässigt werden. Nach [6] wird hierfür $k \approx\, <0,5$ vorgeschlagen.

Es gilt dann die Differentialgleichung (III D.1)

$$\varphi''' + \frac{1}{EJ_{\omega\omega}}\, T_\omega = 0 \qquad\qquad \text{(III D.1)}$$

bzw. mit $m_t = -\mathrm{d}T_\omega/\mathrm{d}x$

$$\varphi^{IV} - \frac{1}{EJ_{\omega\omega}}\, m_t = 0. \qquad\qquad \text{(III D.2)}$$

Es hat sich nun als besonders vorteilhaft gezeigt (siehe Bornscheuer [1], Wlassow [10], Kollbrunner, Basler [6]), T_ω als ideelle Querkraft zum Bimoment M_ω aufzufassen, für welches gilt:

$$M_\omega = -\int \sigma_x\omega\, \mathrm{d}F. \qquad\qquad \text{(III D.3 a)}$$

Dieses Bimoment stellt somit eine innere Gleichgewichtsgruppe, ein inneres Doppelmoment dar, das durch gedachte Kräfte (Spannung mal Verwölbung mal $\mathrm{d}F$) entsteht. Die Wirkung eines Bimomentes ist z. B. an einem I-Träger nach Abb. III D.1 gezeigt.

Nach (III B.6) ist

$$\sigma_x = E\varphi''\omega$$

und nach (III B.20)

$$J_{\omega\omega} = \int \omega^2\, \mathrm{d}F.$$

Damit ergibt sich aus (III D.3 a)

$$M_\omega = -E\varphi'' \int \omega^2\, \mathrm{d}F = -E\varphi'' J_{\omega\omega} \qquad\qquad \text{(III D.3 b)}$$

und

$$\frac{\mathrm{d}M_\omega}{\mathrm{d}x} = T_\omega = -EJ_{\omega\omega}\varphi''',$$

so daß (III D.1) erfüllt ist.

Betrachtet man den Träger nach Abb. III D.2a, mit den Vorzeichenfestlegungen nach Abb. III D.2b und c für die Achsen und Verformungen f_y, f_z, φ_x, so ergibt sich

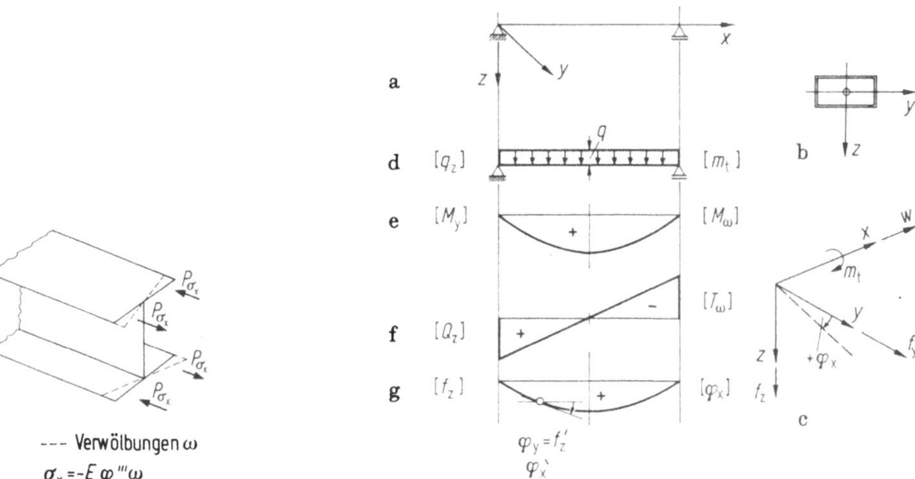

Abb. III D.1   Abb. III D.2

für eine statische Belastung q_z (linke Seite der nachstehenden Gleichungen)

$$Q_z = \frac{\mathrm{d}M_y}{\mathrm{d}x}; \quad T_\omega = \frac{\mathrm{d}M_\omega}{\mathrm{d}x}; \qquad \text{(III D.4)}$$

$$q_z = -\frac{\mathrm{d}Q_z}{\mathrm{d}x} = -\frac{\mathrm{d}^2M_y}{\mathrm{d}x^2}; \quad m_t = -\frac{\mathrm{d}T_\omega}{\mathrm{d}x} = -\frac{\mathrm{d}^2M_\omega}{\mathrm{d}x^2}; \qquad \text{(III D.5)}$$

$$\frac{\mathrm{d}^2f_z}{\mathrm{d}x^2} = -\frac{M_y}{EJ_y}; \quad \frac{\mathrm{d}^2\varphi_x}{\mathrm{d}x^2} = -\frac{M_\omega}{EJ_{\omega\omega}}; \qquad \text{(III D.6)}$$

$$\frac{\mathrm{d}^3f_z}{\mathrm{d}x^3} = -\frac{Q_z}{EJ_y}; \quad \frac{\mathrm{d}^3\varphi_x}{\mathrm{d}x^3} = -\frac{T_\omega}{EJ_{\omega\omega}}; \qquad \text{(III D.7)}$$

$$\frac{\mathrm{d}^4f_z}{\mathrm{d}x^4} = \frac{q_z}{EJ_y}; \quad \frac{\mathrm{d}^4\varphi_x}{\mathrm{d}x^4} = \frac{m_t}{EJ_{\omega\omega}}. \qquad \text{(III D.8)}$$

Vergleicht man diese Gleichungen mit denen für die Wölbkrafttorsion, die daneben aufgeschrieben sind, wobei nach (III D.4)

$$T_\omega = \frac{\mathrm{d}M_\omega}{\mathrm{d}x}$$

eingeführt wird, und M_ω als Bimoment bezeichnet wird, so kommt man zu einer vollständigen Analogie zwischen Querkraftsbiegung und Wölbkrafttorsion.

Beachtet man weiter, daß z.B. für ein gelenkiges, wölbunbehindertes Gabellager $f_z = 0$, $f_z'' = 0$, $\varphi_x = 0$, $\varphi_x'' = 0$ und für eine starre Einspannung $f_z = 0$; $f_z' = 0$; $\varphi_x = 0$; $\varphi_x' = 0$ ist, so ist die völlige Analogie vorhanden.

Somit können in gleicher Weise wie für Einzellasten P und stetige Belastungen q die Schnittbelastungen M und Q und Verformungen f berechnet werden, für Einzeltorsionsmomente ^dT bzw. für stetige Torsionsmomente m_t die Bimomente M_ω, die Torsionsmomente T_ω und Verformungen φ_x bestimmt werden.

Bei den Verformungen ist hierbei statt J der Wert $J_{\omega\omega}$ zu berücksichtigen. Das gilt sowohl für statisch bestimmte wie statisch unbestimmte Systeme (siehe z.B. Abb. III D.3). Bei der Durchführung der Berechnung denkt man sich die Einzeltorsionsmomente ^dT bzw. stetige Torsionsmomente m_t (Abb. III D.4a) als ideelle Einzellasten bzw. stetige Belastungen (Abb. III D.4b) wirkend.

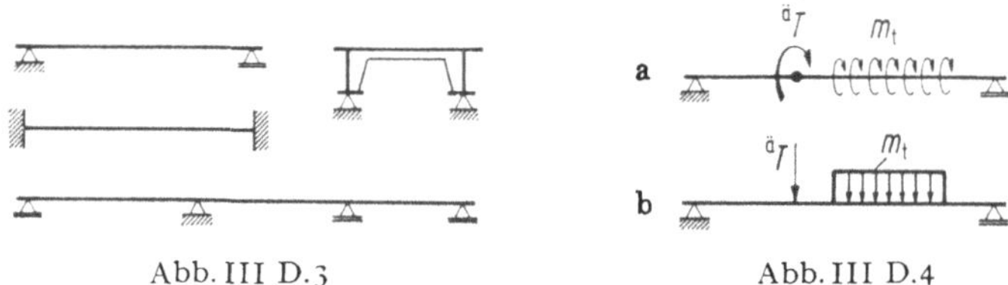

Abb. III D.3
Abb. III D.4

In den Abb. III D.5, III D.6 und III D.7 ist schematisch die Analogie der Berechnung bei statisch bestimmten und statisch unbestimmten Systemen dargestellt. Für die Belastungen ^dT und m_t werden in gleicher Weise wie für die Belastungen P und q (Abb. a) die Bimomente M_ω statt M (Abb. b), die Torsionsmomente T_ω statt Q (Abb. c) und die Verformungen φ_x statt f_z (Abb. d) berechnet. Zum Unterschied von der Reinen Torsion (Abschnitt C) ist hier z.B. an einer Stütze $\varphi_{x,l}' = \varphi_{x,r}'$, so daß sich die Analogie auf das gesamte System erstreckt.

Die Berechnung der Bimomente M_ω, der Torsionsmomente T_ω und der Verformungen φ_x kann somit mit den üblichen Verfahren der Statik (Schnittbelastungsmethode, Deformationsmethode, Momentenausgleichsverfahren) erfolgen.

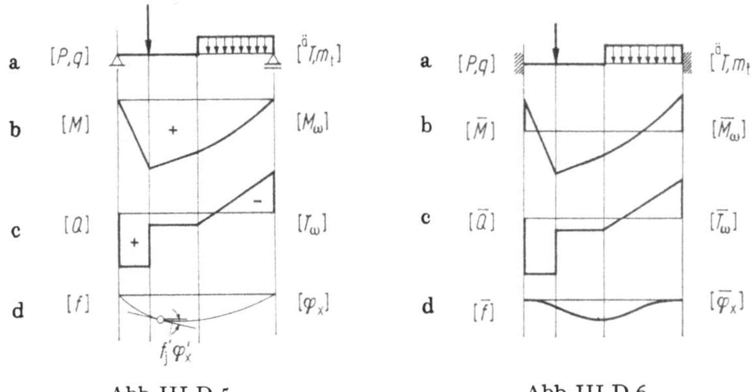

Abb. III D.5   Abb. III D.6

Sind die Größen M_ω und T_ω bekannt, so können damit die Spannungen ermittelt werden.

Mit (III B.6) und (III D.6) ergeben sich die Normalspannungen

$$\sigma_x = E\varphi''\omega = -\frac{M_\omega}{J_{\omega\omega}}\,\omega \qquad\qquad \text{(III D.9)}$$

und mit (III B.16) und (III D.7) die Schubspannungen

$$\tilde{\tau}_{u,x} = \frac{\tilde{t}_{u,x}}{s} = -\frac{E\varphi'''}{s}\,\tilde{S}_\omega = +\frac{T_\omega}{sJ_{\omega\omega}}\,\tilde{S}_\omega. \qquad\qquad \text{(III D.10)}$$

Mit Rücksicht auf die Analogie von M und M_ω bzw. Q und T_ω können in gleicher Weise auch die Einflußlinien von „M_ω" und „T_ω" bestimmt werden.

Aus dem gleichen Grunde können aber auch die Quereinflußlinien für ein Bauwerk unter Verkehrsbelastung bestimmt werden [6].

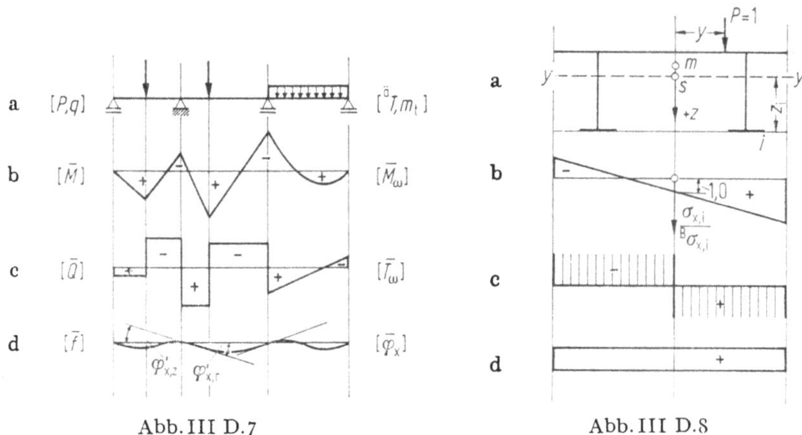

Abb. III D.7   Abb. III D.8

Greift nach Abb. III D.8a für einen symmetrischen Querschnitt eine Einzellast $P = 1$ im Abstand y vom Schubmittelpunkt m an und reduziert man die Last in dem Schubmittelpunkt, so ergibt sich dort als Wirkung eine Einzellast und ein Torsionsmoment

$$^{\ddot{a}}T = 1 \cdot y.$$

Da Biegemoment M_y und Bimoment M_ω affin sind, entspricht der Quotient M_ω/M_y dem Verhältnis der Belastung $P = 1$ zur ideellen Belastung $^{\ddot{a}}T = 1 \cdot y$.

Es gilt somit

$$\frac{M_\omega}{M_y} = \frac{1 \cdot y}{1} = y. \qquad\qquad \text{(III D.11)}$$

Für einen beliebigen Punkt i des Querschnittes setzt sich die Normalspannung σ_x aus einem Anteil aus der Biegung (Last im Schubmittelpunkt) und einem Anteil aus dem Torsionsmoment zusammen.

$$\sigma_{x,i} = {}^B\sigma_{x,i} + {}^T\sigma_{x,i} = \frac{M_y}{J_y} z_i - \frac{M_\omega}{J_{\omega\omega}} \omega_i \qquad\qquad \text{(III D.12a)}$$

bzw.

$$\sigma_{x,i} = {}^B\sigma_{x,i} \left(1 - \frac{M_\omega}{M_y} \frac{J_y}{J_{\omega\omega}} \frac{\omega_i}{z_i} \right). \qquad\qquad \text{(III D.12b)}$$

Mit (III D.11) wird

$$,,\sigma_{x,i}`` = {}^B\sigma_{x,i} \left(1 - \frac{\omega_i}{z_i} \frac{J_y}{J_{\omega\omega}} y \right) \qquad\qquad \text{(III D.13a)}$$

bzw.

$$\frac{,,\sigma_{x,i}``}{{}^B\sigma_{x,i}} = 1 - \frac{\omega_i}{z_i} \frac{J_y}{J_{\omega\omega}} y, \qquad\qquad \text{(III D.13b)}$$

mit der Lastscheide

$$y_L = \frac{z_i J_{\omega\omega}}{\omega_i J_y}. \qquad\qquad \text{(III D.14)}$$

Aus (III D.13) und (III D.14) erkennt man einerseits, daß die Quereinflußlinie $,,\sigma_{x,i}/{}^B\sigma_{x,i}``$ eine Gerade ist (Abb. III D.8b) und daß andererseits diese Gerade für jeden Punkt i anders verläuft und auch einen anderen Lastscheidepunkt y_L hat.

Für $y_{z,i} = 0$ wird $y_L = 0$, d.h. die Quereinflußlinie wird im Punkt m vertikal (Abb. III D.8c) und es treten nur Spannungen ${}^T\sigma_{x,i}$ aus Torsion auf. Für $\omega_i = 0$ wird $y_L = \infty$, d.h. die Quereinflußlinie ist horizontal (Abb. III D.8d) und es treten nur Spannungen ${}^B\sigma_{x,1}$ aus Biegung auf.

Sind die Querschnittswerte auf die Länge des Bauwerkes konstant, so gelten für das gesamte System die gleichen Querverteilungslinien.

Ist die Einflußlinie für das Biegemoment $,,M_y``$, bzw. $,,\overline{M}_y``$ bei statisch unbestimmten Systemen bekannt, so ergibt sich die Einflußlinie für $,,\sigma_{x,i}``$ nach (III D.13) zu

$$,,\sigma_{x,i}`` = ,,M_y`` \frac{z_i}{J_y} \left(1 - \frac{\omega_i}{z_i} \frac{J_y}{J_{\omega\omega}} y \right) \qquad\qquad \text{(III D.15a)}$$

bzw.

$$,,\overline{\sigma}_{x,i}`` = ,,\overline{M}_y`` \frac{z_i}{J_y} \left(1 - \frac{\omega_i}{z_i} \frac{J_y}{J_{\omega\omega}} y \right). \qquad\qquad \text{(III D.15b)}$$

Anstatt die gesamte Einflußlinie mit der gegebenen Belastung auszuwerten, ist es zweckmäßig, den Belastungszug aus der Quereinflußlinie (Abb. III D.8b) zu bestimmen, die Einflußlinie $,,M_y``$ auszuwerten und mit $\mu_i = z_i/J_y$ zu multiplizieren.

Beim Durchlaufträger nach Abb. III D.9 wäre z.B. zur Bestimmung von $\max +\overline{\sigma}_{x,i}$ im Querschnitt n bei Belastung durch eine gleichförmig verteilte Verkehrslast p folgendermaßen vorzugehen: Im Bereich des positiven Astes der Momenteneinflußlinie $,,\overline{M}_{n,y}``$ (Abb. III D.9b, Feld 2) ist der positive Bereich der Quereinflußlinie auszuwerten. Es ergibt sich $p_1 = pF_1$ (Abb. III D.9c und d). Für den negativen Bereich von $,,\overline{M}_{n,y}``$ ist der negative Bereich der Quereinflußlinie zu berücksichtigen; $p_2 = -pF_2$. Die Auswertung von $,,\overline{M}_{n,y}``$ mit $(+p_1)$ und $(-p_2)$ ergibt für beide Felder positive Anteile. Es entspricht dies einer schachbrettartigen Belastung (Abb. III D.9e).

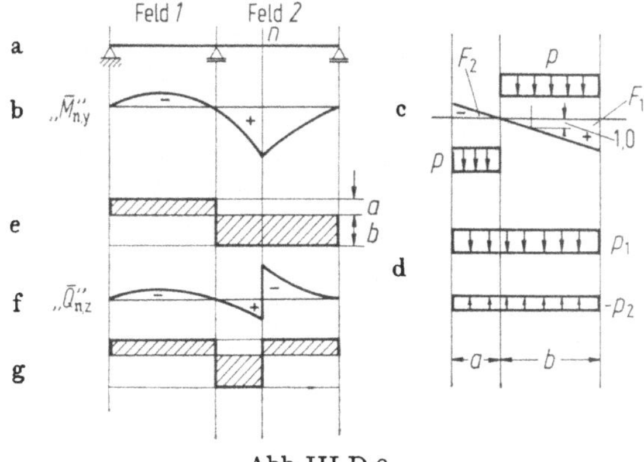

Abb. III D.9

Bei anderer Belastung (z. B. Einzelfahrzeugen und verschiedene Belastung p auf Fahrbahn und Fußwegen) ist entsprechend vorzugehen.

Zur Bestimmung der endgültigen Schubspannungen in einem Punkt i des Querschnittes sind die Anteile aus der Querkraftbiegung nach (II E.22) bzw. (II E.26) und aus der Torsion nach (III B.17) und (III D.10) zu überlagern. Hierbei treten die Werte C_g und C_ω nur bei geschlossenen Querschnitten auf, so daß bei offenen Querschnitten unter den vorher gegebenen Voraussetzungen $C_g = C_\omega = 0$ einzuführen sind.

$$\tau_{ux,i} = {}^{B}\tau_{ux,i} + {}^{T}\tau_{ux,i} = \frac{1}{s_e}\left(\frac{Q_z \tilde{S}_e}{J_y} + \frac{T_\omega}{J_{\omega\omega}} \tilde{S}_\omega\right) \tag{III D.16a}$$

bzw.

$$\tau_{ux,i} = {}^{B}\tau_{ux,i}\left(1 + \frac{T_\omega}{Q_z} \frac{\tilde{S}_\omega}{\tilde{S}_e} \frac{J_y}{J_{\omega\omega}}\right). \tag{III D.16b}$$

Entsprechend den Entwicklungen für die Normalspannungen $\sigma_{x,i}$ ist für eine Einzellast $P = 1$ im Abstand y vom Schubmittelpunkt m

$$\frac{M_\omega}{M_y} = \frac{T_\omega}{Q_z} = y. \tag{III D.17}$$

Die Quereinflußlinie für die Schubspannung wird damit

$$\text{„}\tau_{ux,i}\text{"} = {}^{B}\tau_{ux,i}\left(1 + \frac{\tilde{S}_\omega}{\tilde{S}_e} \frac{J_y}{J_{\omega\omega}} y\right) \tag{III D.18a}$$

bzw.

$$\frac{\tau_{ux,i}\text{"}}{\text{„}{}^{B}\tau_{ux,i}} = 1 + \frac{\tilde{S}_\omega}{\tilde{S}_e} \frac{J_y}{J_{\omega\omega}} y \tag{III D.18b}$$

mit der Lastscheide

$$y_L = -\frac{\tilde{S}_e J_{\omega\omega}}{\tilde{S}_\omega J_y}. \tag{III D.19}$$

Die Quereinflußlinie für die Schubspannung ist wieder eine Gerade und hat für jeden Punkt i eine andere Lastscheide.

Ist die Einflußlinie für die Querkraft „Q_z" bzw. „$\bar{Q}_z$" bei statisch unbestimmten Systemen bekannt, so ergibt sich die Einflußfläche für „$\tau_{ux,i}$" nach (III D.18) und (II E.26) zu

$$\text{„}\tau_{ux,i}\text{"} = \text{„}Q_z\text{"} \frac{\tilde{S}_e}{s_e J_y}\left(1 + \frac{\tilde{S}_\omega}{\tilde{S}_e} \frac{J_y}{J_{\omega\omega}} y\right) \tag{III D.20a}$$

bzw.

$$\text{,,}\tilde{\tau}_{ux,i}\text{``} = \text{,,}\overline{Q}_z\text{``} \frac{\tilde{S}_e}{s_e J_y}\left(1 + \frac{\tilde{S}_\omega}{\tilde{S}_e}\frac{J_y}{J_{\omega\omega}}y\right). \tag{III D.20b}$$

Für die Auswertung ist es wieder zweckmäßig, aus der Quereinflußlinie den Belastungszug jeweils für den positiven und negativen Bereich derselben zu bestimmen, die „Q_z``- bzw. „$\overline{Q}_z$``-Einflußlinie damit auszuwerten und das Ergebnis mit dem Multiplikator

$$\mu_i = \frac{\tilde{S}_e}{s_e J_y}$$

zu vervielfachen.

Für den Durchlaufträger nach Abb. III D.9 kommt bei einer Quereinflußlinie nach (III D.18b) mit wechselnden Vorzeichen für die Auswertung wieder eine schachbrettartige Belastung in Frage (z. B. für max $+ \overline{Q}_z$ nach Abb. III D.9f und g).

Die Zugrundelegung der Quereinflußlinie für „$\overline{\sigma}_{x,i}$`` und „$\overline{\tau}_{ux,i}$`` auf die gesamte Bauwerkslänge gilt streng nur, wenn der Querschnitt konstant bleibt und sich damit die Lage des Schubmittelpunktes nicht ändert und außerdem die Verhältnisse $J_{c,y}/J_y$ und $J_{c,\omega\omega}/J_{\omega\omega}$ bei veränderlichen Querschnitten in den einzelnen Querschnittsbereichen gleich sind. Im anderen Falle treten Abweichungen auf, die jedoch bei geringfügigen Änderungen der Lage des Schubmittelpunktes und der Werte $J_{c,y}/J_y$ und $J_{c,\omega\omega}/J_{\omega\omega}$ in den einzelnen Querschnittsbereichen vernachlässigt werden können.

Auf jeden Fall ist für den Querschnitt im Punkt n des Tragwerkes die Quereinflußlinie unter Berücksichtigung der an dieser Stelle vorhandenen Querschnittswerte zu bestimmen, d. h. daß für jeden Querschnittspunkt n unter Umständen besondere Quereinflußlinien ermittelt werden müssen.

Etwas umständlicher wird die Berechnung, wenn die Hauptträgheitsachsen nicht parallel zur y- und z-Richtung sind, bzw. sich noch über die Trägerlänge je nach dem Querschnitt ändern.

Für konstanten Querschnitt über die Trägerlänge (Abb. III D.10) ergibt sich für die Normalspannung im Punkt i infolge einer Einzellast $P = 1$ im Abstand $y_{m,k}$ vom Schubmittelpunkt m nach (II E.12) und (III D.9)

$$\sigma_{x,i} = {}^B\sigma_{x,i} + {}^T\sigma_{x,i} = \frac{M_1}{J_1}\overline{z}_i + \frac{M_2}{J_2}\overline{y}_i - \frac{M_\omega}{J_{\omega\omega}}\omega_i = \tag{III D.21a}$$

$$= M_{P=1}\left(\frac{\cos\alpha}{J_1}\overline{z}_i - \frac{\sin\alpha}{J_2}\overline{y}_i\right) - \frac{M_\omega}{J_{\omega\omega}}\omega_i =$$

$$= {}^B\sigma_{x,i}\left(1 - \frac{M_\omega}{M_{P=1}}\frac{\omega_i}{\left(\dfrac{\cos\alpha}{J_1}\overline{z}_i - \dfrac{\sin\alpha}{J_2}\overline{y}_i\right)J_{\omega\omega}}\right). \tag{III D.21b}$$

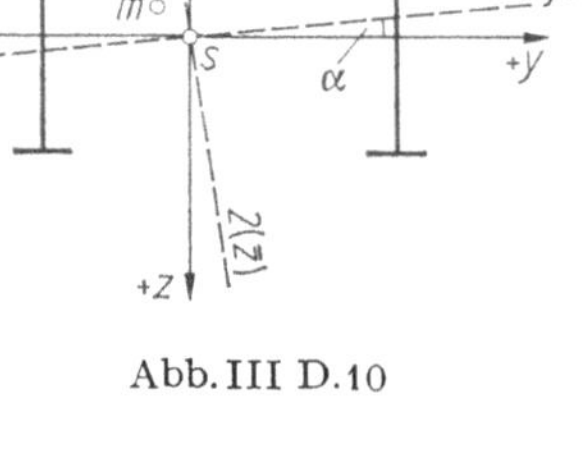

Abb. III D.10 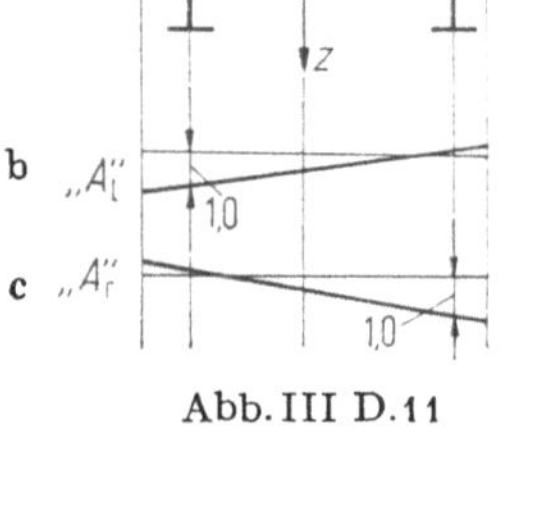　　　　　　　　　　Abb. III D.11

Nach (III D.11) kann $M_\omega/M_{P=1} = y$ angenommen werden.

Damit ergibt sich für die Quereinflußlinie

$$\text{,,}\sigma_{x,i}\text{''} = {}^B\sigma_{x,i}\left(1 - \frac{\omega_i}{\left(\dfrac{\cos\alpha}{J_1}\bar{z}_i - \dfrac{\sin\alpha}{J_2}y\right)J_{\omega\omega}}y\right). \qquad \text{(III D.22)}$$

Ähnliches gilt für die Schubspannungen.

Für statisch unbestimmte Systeme trifft (III D.11) nur angenähert zu, da die Momente M_1 und M_2 nicht affin zueinander sind, wenn die J_c/J_1- bzw. J_c/J_2-Werte dies nicht sind.

Weitere Schwierigkeiten treten auf, wenn die Querschnittswerte sich über die Systemlänge ändern, da sich dann auch noch die Lage der Schubmittelpunkte und der Winkel α ändern. (III D.22) kann dann nur als angenäherte Quereinflußlinie angesehen werden.

Die vorhergehenden Entwicklungen zeigen, daß der Rechenaufwand unter Zugrundelegung der Wölbkrafttorsion um ein Vielfaches größer ist, als nach der bisherigen Berechnung solcher Systeme. Nach Abb. III D.11 sind nach den üblichen Berechnungsverfahren nach Abb. b und c nur die Quereinflußlinien „A_l" und „A_r" für den linken und rechten Hauptträger zu zeichnen und die Belastungszüge durch Auswertung mit der gegebenen Belastung zu bestimmen. Damit können der linke und rechte Hauptträger unabhängig nur auf Querkraftbiegung um die y-Achse berechnet werden. Für einen bestimmten Punkt i gilt dann

$$\sigma_{x,i} = \frac{M_y}{J_y}z_i \quad \text{und} \quad \tau = \frac{Q_z\tilde{S}_e}{s_eJ_y}.$$

In der Regel wird für die maßgeblichen Querschnittspunkte i die Differenz zwischen den beiden Berechnungsverfahren nicht sehr groß sein, so daß das übliche Verfahren beibehalten werden kann. Es ist jedoch ratsam, für einige Querschnittspunkte eine Überprüfung nach der Theorie der Wölbkrafttorsion vorzunehmen.

Werden nach den üblichen Berechnungsverfahren die Belastungen nach dem Hebelgesetz auf die einzelnen Hauptträger verteilt und sind dabei die zulässigen Spannungen eingehalten, so ist auch unter Beachtung der Plastizitätstheorie die notwendige Sicherheit des Bauwerkes gewährleistet.

E. Ebene Systeme mit St.-Venant- und Wölbkrafttorsion (Gemischte Torsion) bei konstantem Querschnitt

Bei diesen Systemen gilt (III B.1)

$$T = T_s + T_\omega.$$

Es gelten hierfür die Gleichungen (III B.22) bis (III B.25). Für den Fall, daß T höchstens eine Funktion zweiten Grades ist, gelten (III B.26) und (III B.27).

1. Drehfest aber wölbunbehindert gelagerter Stab, belastet durch ein Torsionsmoment

Der Stab nach Abb. III E.1 ist im Punkt 1 durch ein äußeres Torsionsmoment ${}^aT_1$ belastet. An den Enden 0 und 2 ist eine Gabellagerung vorhanden, so daß der Stab gegen Verdrehen gestützt ist, aber wölbunbehindert gelagert ist. Die Randbedingungen lauten dann in den Punkten 0 und 2

$$\varphi = 0; \quad \varphi'' = 0. \qquad \text{(III E.1 a)}$$

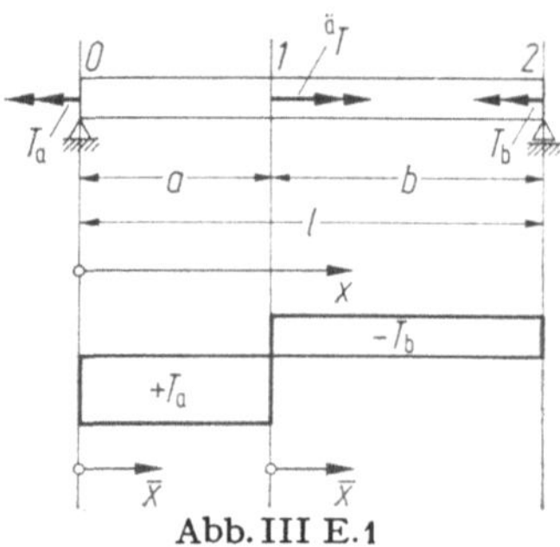

Abb. III E.1

Im Punkt 1 gilt

$$\varphi_{1,l} = \varphi_{1,r}; \quad \varphi'_{1,l} = \varphi'_{1,r}; \quad \varphi''_{1,l} = \varphi''_{1,r}. \tag{III E.1 b}$$

Die Differentialgleichung (III B.24) wird für die beiden Bereiche a und b aufgestellt. Für jeden Bereich wird statt x die Koordinate $\bar{x}$ eingeführt.

Bereich a:

Es gilt nach (III B.26) für ein konstantes Torsionsmoment T_a

$$\frac{1}{EJ_{\omega\omega}} T_a = A_1.$$

Damit wird nach (III B.27a)

$$\varphi = C_1 \sinh \frac{k}{l} \bar{x} + C_2 \cosh \frac{k}{l} \bar{x} + C_3 + A_1 \frac{l^2}{k^2} \bar{x};$$

$$\varphi' = C_1 \frac{k}{l} \cosh \frac{k}{l} \bar{x} + C_2 \frac{k}{l} \sinh \frac{k}{l} \bar{x} + A_1 \frac{l^2}{k^2};$$

$$\varphi'' = C_1 \frac{k^2}{l^2} \sinh \frac{k}{l} \bar{x} + C_2 \frac{k^2}{l^2} \cosh \frac{k}{l} \bar{x};$$

für $\bar{x} = 0$ ist

$$\left. \begin{array}{l} \varphi_0 = 0; \quad C_2 + C_3 = 0 \\ \varphi''_0 = 0; \quad C_2 \qquad = 0 \end{array} \right\} C_2 = C_3 = 0; \tag{III E.2}$$

für $\bar{x} = a$ ist:

$$\varphi_{1,l} = C_1 \sinh \frac{k}{l} a + \frac{l^2}{k^2} a;$$

$$\varphi'_{1,l} = C_1 \frac{k}{l} \cosh \frac{k}{l} a + A_1 \frac{l^2}{k^2};$$

$$\varphi''_{1,l} = C_1 \frac{k^2}{l^2} \sinh \frac{k}{l} a.$$

Bereich b:

Für das konstante Torsionsmoment T_b gilt nach (III B.26)

$$-\frac{1}{EJ_{\omega\omega}} T_b = A_2.$$

Mit $\bar{x} = x - a$; $d\bar{x} = dx$ wird nach (III B.27a)

$$\varphi = C_4 \sinh \frac{k}{l} \bar{x} + C_5 \cosh \frac{k}{l} \bar{x} + C_6 + A_2 \frac{l^2}{k^2} \bar{x};$$

$$\varphi' = C_4 \frac{k}{l} \cosh \frac{k}{l} \bar{x} + C_5 \frac{k}{l} \sinh \frac{k}{l} \bar{x} + \frac{l^2}{k^2} A_2;$$

$$\varphi'' = C_4 \frac{k^2}{l^2} \sinh \frac{k}{l} \bar{x} + C_5 \frac{k^2}{l^2} \cosh \frac{k}{l} \bar{x}.$$

Für $x = a$; $\bar{x} = 0$ ist

$$\left.\begin{aligned}
\varphi_{1,r} &= C_5 + C_6; \\[2mm]
\varphi'_{1,r} &= C_4\,\frac{k}{l} + A_2\,\frac{l^2}{k^2}; \\[2mm]
\varphi''_{1,r} &= C_5\,\frac{k^2}{l^2}.
\end{aligned}\right\} \qquad \text{(III E.3)}$$

Für $x = l$; $\bar{x} = l - a = b$ ist

$$\left.\begin{aligned}
\varphi_2 &= 0;\ C_4 \sinh\frac{k}{l}\,b + C_5 \cosh\frac{k}{l}\,b + C_6 + A_2\,\frac{l^2}{k^2}\,b; \\[2mm]
\varphi''_2 &= 0;\ C_4\,\frac{k^2}{l^2} \sinh\frac{k}{l}\,b + C_5\,\frac{k^2}{l^2} \cosh\frac{k}{l}\,b.
\end{aligned}\right\} \qquad \text{(III E.4)}$$

Somit ergibt sich für Punkt 1 aus den Kontinuitätsbedingungen

$$\left.\begin{aligned}
\varphi_{1,l} = \varphi_{1,r}:\ & C_1 \sinh\frac{k}{l}\,a + A_1\,\frac{l^2}{k^2}\,a = C_5 + C_6; \\[2mm]
\varphi'_{1,l} = \varphi'_{1,r}:\ & C_1\,\frac{k}{l} \cosh\frac{k}{l}\,a + A_1\,\frac{l^2}{k^2} = C_4\,\frac{k}{l} + A_2\,\frac{l^2}{k^2}; \\[2mm]
\varphi''_{1,l} = \varphi''_{1,r}:\ & C_1\,\frac{k^2}{l^2} \sinh\frac{k}{l}\,a = C_5\,\frac{k^2}{l^2}.
\end{aligned}\right\} \qquad \text{(III E.5)}$$

Betrachtet man noch die Gleichgewichtsbedingung

$$|T_a| + |T_b| = |T_1|, \qquad \text{(III E.6)}$$

so können aus (III E.2), (III E.4) und (III E.5) alle Konstanten bestimmt werden.

Bei der weiteren Entwicklung ist zu beachten, daß

$$\sinh(x \pm y) = \sinh x \cosh y \pm \cosh x \sinh y$$

bzw.

$$\cosh(x \pm y) = \cosh x \cosh y \pm \sinh x \sinh y$$

ist. Man erhält damit

$$T_a = \frac{b}{l}\,T_1;\quad T_b = \frac{a}{l}\,T_1;$$

$$A_1 = \frac{1}{EJ_{\omega\omega}}\,\frac{b}{l}\,T_1;\quad A_2 = -\frac{1}{EJ_{\omega\omega}}\,\frac{a}{l}\,T_1;$$

$$C_1 = -\frac{1}{EJ_{\omega\omega}}\,\frac{l^3}{k^3}\,\frac{\sinh\dfrac{k}{l}\,b}{\sinh\dfrac{k}{l}\,l}\,T_1;$$

$$C_6 = \frac{1}{EJ_{\omega\omega}}\,\frac{l^2}{k^2}\,\frac{ab}{l}\,T_1 \quad \text{usw.}$$

Für den Bereich a ergibt sich für einen beliebigen Punkt $x = \bar{x}$:

$$\varphi_x = \frac{1}{EJ_{\omega\omega}}\,\frac{l^2}{k^2}\left(b\,\frac{x}{l} - \frac{l}{k}\,\frac{\sinh\dfrac{k}{l}\,b}{\sinh\dfrac{k}{l}\,l}\,\sinh\frac{k}{l}\,x \right) T_1. \qquad \text{(III E.7)}$$

Für den Bereich b gilt ein ähnlicher Ausdruck.

Mit $\varphi, \varphi', \varphi'', \varphi'''$ ist nach den früheren Entwicklungen sowohl der Verformungs- als auch der Spannungszustand an jeder Stelle bekannt.

2. An den Enden starr eingespannter Stab, belastet durch ein Torsionsmoment

Für den in Abb. III E.2 dargestellten Stab gelten grundsätzlich die gleichen Betrachtungen als für den Stab nach Abschnitt 1. Da der Stab ab den Enden starr eingespannt ist, gelten für $\bar{x} = 0$ die Randbedingungen $\varphi = 0$ und $\varphi' = 0$. Aus Rechnungsgründen wird $\bar{x}$ in den Bereichen a und b jeweils von dem Ende zur Stabmitte hin gezählt.

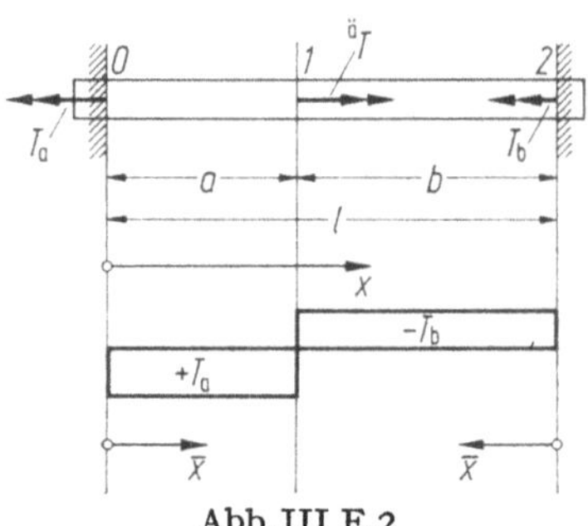

Abb. III E.2

Mit Rücksicht auf die positive Wahl der Vorzeichen gilt nunmehr für Punkt 1

$$\varphi_{1,l} = -\varphi_{1,r}.$$

Mit

$$\bar{x}_r = l - \bar{x}_l \quad \text{wird} \quad \frac{d\bar{x}_r}{d\bar{x}_l} = -1$$

und

$$\frac{d\varphi_{1,l}}{d\bar{x}_l} = -\frac{d\varphi_{1,r}}{d\bar{x}_l} = -\frac{d\varphi_{1,r}}{d\bar{x}_r}\frac{d\bar{x}_r}{d\bar{x}_l} = +\frac{d\varphi_{1,r}}{d\bar{x}_r}; \quad -\frac{d^2\varphi_{1,l}}{d\bar{x}_l^2} = -\frac{d^2\varphi_{1,r}}{d\bar{x}_r^2}. \qquad \text{(III E.8)}$$

Bereich a:

Nach (III B.26) ist:

$$\frac{1}{EJ_{\omega\omega}} T_a = A_1.$$

Damit wird nach (III B.27a)

$$\varphi = C_1 \sinh\frac{k}{l}\bar{x} + C_2 \cosh\frac{k}{l}\bar{x} + C_3 + A_1\frac{l^2}{k^2}\bar{x};$$

$$\varphi' = C_1 \frac{k}{l}\cosh\frac{k}{l}\bar{x} + C_2 \frac{k}{l}\sinh\frac{k}{l}\bar{x} + A_1\frac{l^2}{k^2};$$

$$\varphi'' = C_1 \frac{k^2}{l^2}\sinh\frac{k}{l}\bar{x} + C_2 \frac{k^2}{l^2}\cosh\frac{k}{l}\bar{x}.$$

Für $\bar{x} = 0$ ist:

$$\varphi = 0; \quad C_2 + C_3 = 0;$$

$$\varphi' = 0; \quad C_1\frac{k}{l} + A_1\frac{l^2}{k^2} = 0. \qquad \text{(III E.9)}$$

Für $\bar{x} = a$ ist:

$$\varphi_{1,l} = C_1 \sinh\frac{k}{l}a + C_2 \cosh\frac{k}{l}a + C_3 + A_1\frac{l^2}{k^2}a;$$

$$\varphi'_{1,l} = C_1 \frac{k}{l}\cosh\frac{k}{l}a + C_2 \frac{k}{l}\sinh\frac{k}{l}a + A_2\frac{l^2}{k^2}; \qquad \text{(III E.10)}$$

$$\varphi''_{1,l} = C_1 \frac{k^2}{l^2}\sinh\frac{k}{l}a + C_2 \frac{k^2}{l^2}\cosh\frac{k}{l}a.$$

Bereich b:

$$-\frac{1}{EJ_{\omega\omega}}\,T_b = A_2;$$

$$\varphi = C_4 \sinh\frac{k}{l}\,\bar{x} + C_5 \cosh\frac{k}{l}\,\bar{x} + C_6 + A_2\frac{l^2}{k^2}\,\bar{x};$$

$$\varphi' = C_4\frac{k}{l}\cosh\frac{k}{l}\,\bar{x} + C_5\frac{k}{l}\sinh\frac{k}{l}\,\bar{x} + A_2\frac{l^2}{k^2};$$

$$\varphi'' = C_4\frac{k^2}{l^2}\sinh\frac{k}{l}\,\bar{x} + C_5\frac{k^2}{l^2}\cosh\frac{k}{l}\,\bar{x}.$$

Für $\bar{x} = 0$ ist:

$$\left.\begin{aligned}
\varphi &= 0; \quad C_5 + C_6 = 0; \\
\varphi' &= 0; \quad C_4\frac{k}{l} + A_2\frac{l^2}{k^2} = 0.
\end{aligned}\right\} \qquad \text{(III E.11)}$$

Für $\bar{x} = b$ ist:

$$\left.\begin{aligned}
\varphi_{1,r} &= C_4 \sinh\frac{k}{l}\,b + C_5 \cosh\frac{k}{l}\,b + C_6 + A_2\frac{l^2}{k^2}\,b; \\
\varphi'_{1,r} &= C_4\frac{k}{l}\cosh\frac{k}{l}\,b + C_5\frac{k}{l}\sinh\frac{k}{l}\,b + A_2\frac{l^2}{k^2}; \\
\varphi''_{1,r} &= C_4\frac{k^2}{l^2}\sinh\frac{k}{l}\,b + C_5\frac{k^2}{l^2}\cosh\frac{k}{l}\,b.
\end{aligned}\right\} \qquad \text{(III E.12)}$$

Für den Punkt 1 gilt somit:

$$\left.\begin{aligned}
\varphi_{1,l} &= -\varphi_{1,r}; \quad C_1 \sinh\frac{k}{l}\,a + C_2 \cosh\frac{k}{l}\,a + C_3 + A_1\frac{l^2}{k^2}\,a \\
&= -C_4 \sinh\frac{k}{l}\,b - C_5 \cosh\frac{k}{l}\,b - C_6 - A_2\frac{l^2}{k^2}\,b. \\[4pt]
\varphi'_{1,l} &= \varphi'_{1,r}; \quad C_1\frac{k}{l}\cosh\frac{k}{l}\,a + C_2\frac{k}{l}\sinh\frac{k}{l}\,a + A_1\frac{l^2}{k^2} = \\
&= C_4\frac{k}{l}\cosh\frac{k}{l}\,b + C_5\frac{k}{l}\sinh\frac{k}{l}\,b + A_2\frac{l^2}{k^2}; \\[4pt]
\varphi''_{1,l} &= -\varphi''_{1,r}; \quad C_1\frac{k^2}{l^2}\sinh\frac{k}{l}\,a + C_2\frac{k^2}{l^2}\cosh\frac{k}{l}\,a = \\
&= C_4\frac{k^2}{l^2}\sinh\frac{k}{l}\,b + C_5\frac{k^2}{l^2}\cosh\frac{k}{l}\,b.
\end{aligned}\right\} \qquad \text{(III E.13)}$$

Unter Beachtung der Gleichgewichtsbedingung

$$|T_a| + |T_b| = |T_1| \qquad \text{(III E.14)}$$

können aus (III E.10), (III E.12) und (III E.13) sämtliche Konstanten C_1 bis C_6 und A_1, A_2 als Funktionen von T bestimmt werden. Bei der Entwicklung der endgültigen Formeln ist neben den oben angegebenen Formeln für $\sinh(x+y)$ und $\cosh(x+y)$ auch zu beachten, daß $\cosh^2 x \mp \sinh^2 x = 1$ ist.

Man erhält schließlich

$$
\left.
\begin{aligned}
T_a &= \frac{1 - \cosh\frac{k}{l}l + \cosh\frac{k}{l}a - \cosh\frac{k}{l}b + \frac{k}{l}b\sinh\frac{k}{l}l}{2 - 2\cosh\frac{k}{l}l + \frac{k}{l}l\sinh\frac{k}{l}l}\,T_1; \\[3ex]
T_b &= \frac{1 - \cosh\frac{k}{l}l - \cosh\frac{k}{l}a + \cosh\frac{k}{l}b + \frac{k}{l}a\sinh\frac{k}{l}b}{2 - 2\cosh\frac{k}{l}l + \frac{k}{l}\sinh\frac{k}{l}l}\,T_1.
\end{aligned}
\right\} \quad \text{(III E.15)}
$$

$\left(\text{Für } a = b = \dfrac{l}{2} \text{ wird } T_a = T_b = \dfrac{1}{2}\,T_1\right).$

Weiter ist:

$$A_1 = \frac{1}{EJ_{\omega\omega}}\,T_a; \quad A_2 = -\frac{1}{EJ_{\omega\omega}}\,T_b;$$

$$C_1 = -\frac{1}{EJ_{\omega\omega}}\,\frac{l^3}{k^3}\,T_a;$$

$$C_2 = -C_3 = \frac{1}{EJ_{\omega\omega}}\,\frac{l^3}{k^3}\,\frac{1}{\sinh\frac{k}{l}l}\left(T_a\cosh\frac{k}{l}l + T_b - T_1\cosh\frac{k}{l}b\right);$$

$$C_4 = \frac{1}{EJ_{\omega\omega}}\,\frac{l^3}{k^3}\,T_b;$$

$$C_5 = -C_6 = -\frac{1}{EJ_{\omega\omega}}\,\frac{l^3}{k^3}\,\frac{1}{\sinh\frac{k}{l}l}\left(T_a + T_b\cosh\frac{k}{l}l - T_1\cosh\frac{k}{l}a\right).$$

Mit diesen Werten können an jeder Stelle des Stabes die Werte $\varphi, \varphi', \varphi'', \varphi'''$ und damit die Verformungen und Spannungen bestimmt werden.

3. Stäbe mit verschiedenen Randbedingungen und Belastungen

Die Berechnung erfolgt entsprechend den Abschnitten 1 und 2 durch Bestimmung der Konstanten der Differentialgleichung (III B.24) bzw. (III B.25).

Ausführliche Entwicklungen hierüber sind in [6] durchgeführt. Mit Vorteil wird hierbei auch wieder der Ausdruck für das Bimoment nach (III D.6)

$$M_\omega = -EJ_{\omega\omega}\varphi''$$

eingeführt.

Stab einseitig starr eingespannt, unendlich lang

Wirkt am freien Ende ein Moment ^aT, so erhält man mit den Randbedingungen $\varphi_0 = 0;\ \varphi_0' = 0$ nach [6] die Lösungen

$$
\left.
\begin{aligned}
\varphi &= \frac{Tl}{GJ_d k}\left(-1 + \frac{k}{l}x + e^{-\frac{k}{l}x}\right); \\[2ex]
T_s &= GJ_d\,\varphi' = T\left(1 - e^{-\frac{k}{l}x}\right); \\[2ex]
M_\omega &= -EJ_{\omega\omega}\,\varphi'' = -T\,\frac{l}{k}\,e^{-\frac{k}{l}x}; \\[2ex]
T_\omega &= -EJ_{\omega\omega}\,\varphi''' = T e^{-\frac{k}{l}x}.
\end{aligned}
\right\} \quad \text{(III E.16)}
$$

Aus Abb. III E.3 erkennt man das rasche Abklingen von T_ω und M_ω von der Einspannstelle aus.

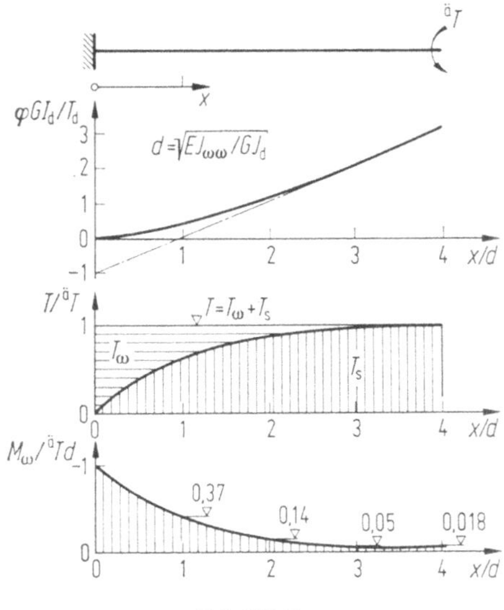

Abb. III E.3

Beiderseits gabelgelagerter, wölbunbehinderter Stab, an einem Ende durch ein Bimoment belastet

Diesem Grundfall kommt bei der Berechnung von Durchlaufträgern besonderer Bedeutung zu. Der Stab wird am Ende $x = l$ mit dem Bimoment X belastet.

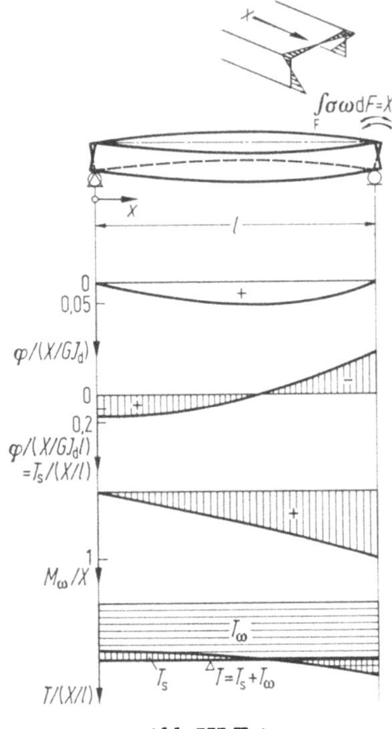

Abb. III E.4

Mit $\xi = x/l$ ergeben sich die Randbedingungen

$$\varphi(\xi = 0) = 0; \quad \varphi(\xi = 1) = 0;$$
$$M_\omega(\xi = 0) = 0; \quad M_\omega(\xi = 1) = X.$$

Die partikuläre Lösung ist in diesem Fall $\varphi = 0$, da im Bereich des Stabes kein äußeres Torsionsmoment angreift.

Nach [6] ergeben sich die Lösungen:

$$\left.\begin{aligned}
\varphi &= \frac{X}{GJ_d}\left(\xi - \frac{\sinh k\xi}{\sinh k}\right); \\[2mm]
\varphi' &= \frac{X}{GJ_d l}\left(1 - k\,\frac{\cosh k\xi}{\sinh k}\right); \\[2mm]
M_\omega &= X\,\frac{\sinh k\xi}{\sinh k}\,; \\[2mm]
T &= \frac{X}{l}\,.
\end{aligned}\right\} \qquad \text{(III E.17)}$$

Der Verlauf der entsprechenden Kurven ist in Abb. III E.4 angegeben.

Durchlaufende Stäbe

Diese Fälle sind in [6] eingehend behandelt. Danach werden als Grundsystem die einzelnen einfach gelagerten Stäbe betrachtet. Als Überzählige treten nur die Bimomente X_k über den einzelnen Zwischenstützen auf. Es gelten zu deren Bestimmung die Dreimomentengleichungen entsprechend der Berechnungsdurchführung des Abschnittes D, wobei nur die Verschiebungs- und Belastungsgrößen unter Beachtung der Formeln für gemischte Torsion zu wählen sind.

4. Näherungsberechnungen

Den Formeln der Abschnitte 1 bis 3 sind feldweise konstante Querschnittswerte zugrunde gelegt. In vielen Fällen der Praxis wird dies aber nicht der Fall sein.

In solchen Fällen kann das auf baustatischen Berechnungsverfahren beruhende „Ersatzbalkenverfahren'' von Stein [7] mit Vorteil zur Anwendung kommen.

In [6] sind eine Reihe von Betrachtungen über die Wahl von Näherungen in Abhängigkeit von k durchgeführt.

Bei großen k-Werten klingen die Bimomente an Krafteinleitungsstellen rasch ab — siehe auch die Beispiele III —, so daß örtliche Störungen nach dem Prinzip von Saint Venant örtlich behandelt werden können.

Nach [6] kann man näherungsweise auch folgendermaßen vorgehen:

„Wenn Wölb- und Saint Venantsche Torsion zur Aufnahme von Torsion vorhanden sind, die gesamte Beanspruchung aber der einen zugewiesen wird und die zulässige Spannung dabei nicht überschritten wird, so ist im Sinne der Plastizitätstheorie, ein statisch zulässiger Spannungszustand konstruiert worden.''

Beispiel III.2. Doppelsymmetrischer offener Querschnitt

Für einen doppelsymmetrischen Querschnitt fällt der Schwerpunkt s mit dem Schubmittelpunkt m zusammen, und es sind die Verwölbungen der Symmetrieebene Null ($e_y = e_z = 0$). Beginnt man die Berechnung der Verwölbungen von einem Punkt der Symmetrieebene aus, so ist $\omega_a^* = 0$ (siehe Bd. I A (I C.71)).

1. Querschnitt nach Abb. III.2a

Verwölbungen

Nach Bd. I A (I C.66) und (I C.72) gilt

$$\omega = \omega_a^* + \omega^* + e_y z - e_z y.$$

Mit $\omega_a^* = e_y = e_z = 0$ wird $\omega = \omega^*$.

Bereich $\mathbf{0}$—I: ($+u$ in Richtung von $\mathbf{0}$ nach I mit $u = 0$ in $\mathbf{0}$)

$$\omega^* = - \int p \, du = -pu + C; \quad p = \frac{b}{2}.$$

Punkt $\mathbf{0}$: $\qquad u = 0; \quad \omega_{\mathbf{0}}^* = 0; \quad \text{damit } C = 0.$

Punkt I: $\qquad \omega_I^* = -\frac{b}{2} u = -\frac{b}{2} \frac{a}{2} = -\frac{ab}{4}.$

Bereich I'—$\mathbf{0}'$: ($+u$ in Richtung von I' nach $\mathbf{0}'$)

$$\omega^* = - \int p \, du = -pu + C.$$

Punkt $\mathbf{0}'$: $\qquad \omega_{\mathbf{0}}^* = 0; \quad u = \frac{a}{2}; \quad \omega_{\mathbf{0}'}^* = -\frac{b}{2} \frac{a}{2} + C = 0.$

$$C = \frac{ab}{4};$$

$$\omega_{I'} = -\frac{b}{2} \cdot 0 + \frac{ab}{4} = +\frac{ab}{4}.$$

Verwölbungen siehe Abb. III 2b.

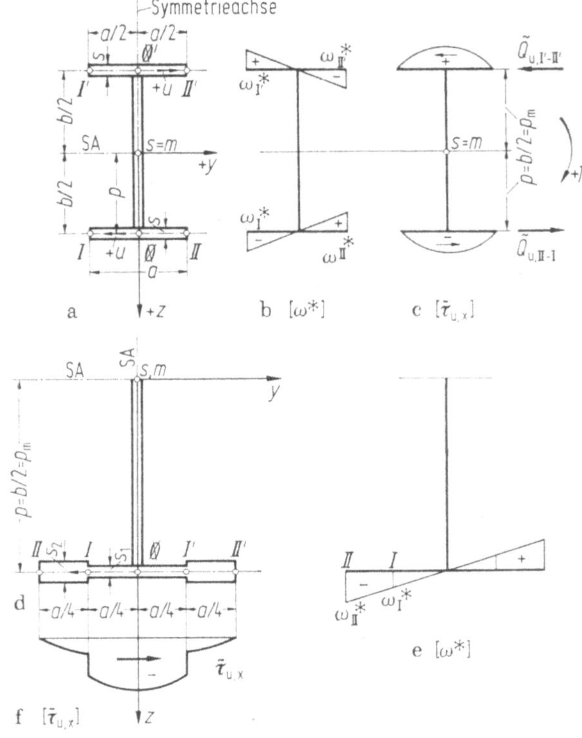

Abb. III.2

Sekundäre Schubspannungen

Nach (III B.9) wird:

$$\tilde{\tau}_{ux} = -E\varphi''' \int \omega \, \mathrm{d}u + C = -E\varphi''' \int \omega^* \, \mathrm{d}u + C.$$

Bereich 0 —I:
$$\omega^* = -\frac{b}{2}\,u;$$

$$\tilde{\tau}_{ux} = E\varphi''' \frac{b}{2} \int u \, \mathrm{d}u + C = E\varphi''' \frac{b}{4}\,u^2 + C.$$

Punkt I:
$$\tilde{\tau}_{ux} = 0 = E\varphi''' \frac{b}{4}\frac{a^2}{4} + C; \quad C = -E\varphi''' \frac{a^2 b}{16};$$

$$\tilde{\tau}_{ux} = E\varphi''' \left(\frac{b}{4}\,u^2 - \frac{ba^2}{16} \right).$$

(siehe Abb. III 2c).

Für diese negativen Schubspannungen ergibt sich die Richtung nach Abb. III B.3 b und Abb. III 2c.

Bereich I' — 0':
$$\omega^* = -\frac{b}{2}\,u + \frac{ab}{4};$$

$$\tilde{\tau}_{ux} = -E\varphi''' \int \omega^* \, \mathrm{d}u + C.$$

Punkt I':
$$\tilde{\tau}_{ux} = 0, \text{ damit } C = 0;$$

$$\tilde{\tau}_{ux} = -E\varphi''' \left[-\frac{b}{2}\frac{u^2}{2} + \frac{ab}{4}\,u \right].$$

Punkt 0':
$$\tilde{\tau}_{ux} = -E\varphi''' \frac{a^2 b}{16}.$$

Für diese negativen Schubspannungen ergibt sich die Richtung nach Abb. III B.3 b und Abb. III 2c.

Mit den Schubspannungen erhält man die entsprechenden Querkräfte

$$\tilde{Q}_{u,II-I} = \tilde{Q}_{u,II'-I'} = 2 \int \tilde{\tau}_{ux} \, \mathrm{d}f = 2\,sE\varphi''' \int_0^{a/2} \left(\frac{b}{4}\,u^2 - \frac{ba^2}{16} \right) \mathrm{d}u = -\frac{1}{24}\,a^3 bsE\varphi'''.$$

Das Moment dieser Querkräfte um den Schubmittelpunkt beträgt nach Abb. III 2c

$$T_\omega = \sum \tilde{Q}p_m = -2\frac{b}{2}\frac{1}{24}\,a^3 bsE\varphi''' = -\frac{1}{24}\,a^3 b^2 sE\varphi'''.$$

Dieser Momentenanteil muß aber dem Moment T nach (III B.19) entsprechen.

Nach (III B.20) ist mit Abb. III 2b

$$J_{\omega\omega} = \int \omega^2 \, \mathrm{d}F = 4\,s \int_0^{a/2} \frac{b^2}{4}\,u^2 \, \mathrm{d}u = \frac{1}{24}\,a^3 b^2 s;$$

$$T_\omega = -EJ_{\omega\omega}\varphi''' = -\frac{1}{24}\,a^3 b^2 sE\varphi'''.$$

Man kommt somit zum gleichen Ergebnis, wenn man den Anteil des Momentes aus der Zwängungsdrillung über die sekundäre Querkraft berechnet.

2. Querschnitt nach Abb. III 2d

Es gilt wieder für die Symmetrieachse $\omega_a^* = 0$ und weiter $e_y = e_z = 0$ und $\omega = \omega^*$.

Bereich 0—II:

Es gilt allgemein wie bei 1:

$$\omega^* = -\frac{b}{2}u; \quad (\text{mit } u = 0 \text{ in } 0) \qquad (\text{Abb. III 2e}).$$

$$\tilde{\tau}_{ux} = E\varphi''' \frac{b}{4} u^2 + C.$$

Bereich I—II:

$$\tilde{\tau}_{ux} = E\varphi''' \left[\frac{b}{4} u^2 - \frac{a^2 b}{16}\right]$$

Punkt II:
$$\tilde{\tau}_{ux} = 0;$$

Punkt I_l mit $u = \dfrac{a}{4}$:

$$\tilde{\tau}_{ux} = -\frac{3}{4} \frac{a^2 b}{16} E\varphi'''.$$

Bereich 0—I:

Nach (III B.10) ist

$$\tilde{\tau}_{ux,I_r} = \tilde{\tau}_{ux,I_l} \frac{s_2}{s_1}.$$

Für Punkt I gilt mit $u = \dfrac{a}{4}$

$$-\frac{3}{4} \frac{a^2 b}{16} E\varphi''' \frac{s_2}{s_1} = E\varphi''' \frac{b}{4} \frac{a^2}{16} + C.$$

$$C = -E\varphi''' \frac{a^2 b}{4 \cdot 16}\left(3\frac{s_2}{s_1} + 1{,}0\right)$$

und

$$\tilde{\tau}_{ux} = E\varphi''' \frac{b}{4}\left[u^2 - \frac{a^2}{16}\left(3\frac{s_2}{s_1} + 1{,}0\right)\right].$$

Die Schubspannungen sind in Abb. III 2f dargestellt. Die Kontrolle über die Q-Werte bestätigt wieder die Richtigkeit der Rechnung.

Beispiel III.3. Einfach symmetrischer offener Querschnitt

Der Querschnitt ist in Abb. III 3.1a dargestellt, die Systemwerte mit den Punktbezeichnungen und den Richtungen $+u$ in Abb. III 3.1b, die positiven Werte von p und p_m (bezogen auf den Schubmittelpunkt m) in Abb. III 3.1c.

Die Verwölbungen ω^* (um den Schwerpunkt s), die Verwölbungen ω (um den Schubmittelpunkt m) und die Entfernung e_z zwischen Schwerpunkt und Schubmittelpunkt sind nach Bd. I A, C 6cβ berechnet worden. Die Werte ω sind in Abb. III 3.2a eingetragen.

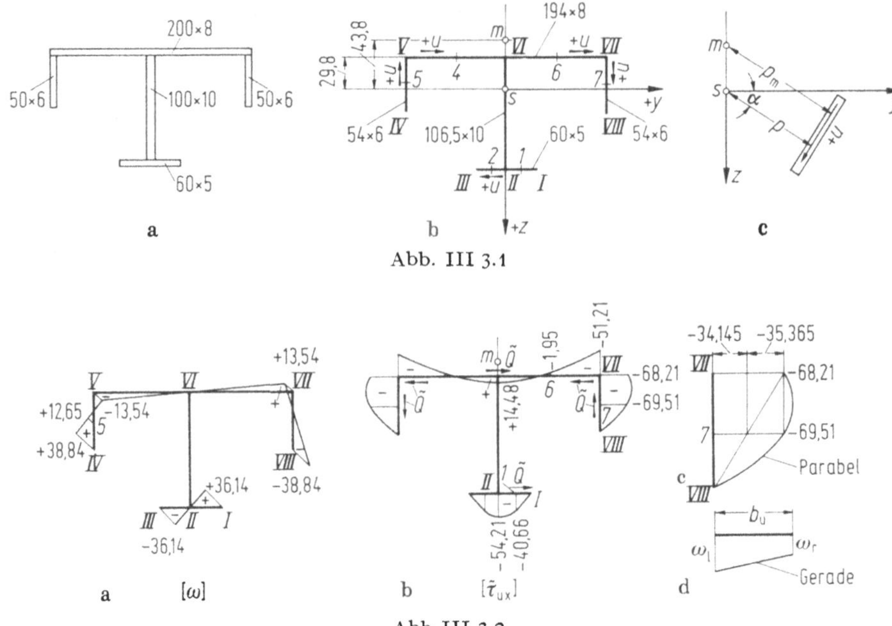

Abb. III 3.1

Abb. III 3.2

Sekundäre Schubspannungen

Nach (III B.9) ergibt sich:

$$\tilde{\tau}_{ux} = -E\varphi''' \int \omega \, du + C.$$

Wenn man am Rande mit der Integration beginnt, wird aus

$$\tilde{\tau}_{ux} = 0, \text{ auch } C = 0.$$

Da bei geradlinigen Teilelementen auch ω geradlinig mit u verläuft, folgt $\tilde{\tau}_{ux}$ einer quadratischen Parabel. Um die Werte der Querkraftanteile $\tilde{Q}$ aus den sekundären Schubspannungen zu erhalten, sind somit außer den Randwerten nur die $\tilde{\tau}_{ux}$-Werte für die Schwerpunkte der Einzelelemente erforderlich.

Punkt I, III, IV und VIII: $\tilde{\tau}_{ux} = 0$;

$$\text{Punkt 1: } \tilde{\tau}_{ux} = -E\varphi'''\left(36{,}14 + \frac{36{,}14}{2}\right)1{,}5 \cdot 0{,}5 \quad = -40{,}66 \, E\varphi''';$$

Punkt II: $\tilde{\tau}_{ux} = -E\varphi'''(36{,}14 \cdot 3{,}0 \cdot 0{,}5) \qquad = -54{,}21 \, E\varphi''';$

Punkt 5: $\tilde{\tau}_{ux} = -E\varphi'''(38{,}84 + 12{,}65)\,2{,}7 \cdot 0{,}5 \quad = -69{,}51 \, E\varphi''';$

Punkt V: $\tilde{\tau}_{ux,l} = -E\varphi'''(38{,}84 - 13{,}54)\,5{,}4 \cdot 0{,}5 \quad = -68{,}29 \, E\varphi''';$

Punkt V: Nach (III B.10) wird

$$\tilde{\tau}_{ux,r} = -68{,}29\,\frac{0{,}6}{0{,}8}\, E\varphi''' = -51{,}21 \, E\varphi''';$$

$$\text{Punkt 4: } \tilde{\tau}_{ux} = \left[-51{,}21 + \left(13{,}54 + \frac{13{,}54}{2}\right)4{,}85 \cdot 0{,}5\right]E\varphi''' = -1{,}95 \, E\varphi''';$$

Punkt VI: $\tilde{\tau}_{ux} = [-51{,}21 + 13{,}54 \cdot 9{,}7 \cdot 0{,}5]\, E\varphi''' = +14{,}48 \, E\varphi'''.$

Die $\tilde{\tau}_{ux}$-Werte sind in diesem Fall zur Symmetrieachse symmetrisch, sie sind in Abb. III 3.2b eingetragen.

$\tilde{Q}$-Werte für die Einzelelemente:

Unter Beachtung von Abb. III 2c erhält man:

$$\tilde{Q}_{\text{VII}-\text{VIII}} = \tilde{Q}_{\text{V}-\text{VI}} = 5,4 \cdot 0,6 \left[\frac{2}{3}(-35,363) + \frac{1}{2}(-68,29) \right] E\varphi''' = -187,02\, E\varphi''';$$

$$\tilde{Q}_{\text{I}-\text{III}} = 6,0 \cdot 0,5 \, \frac{2}{3}(-54,21)\, E\varphi''' = -108,42\, E\varphi''';$$

$$\tilde{Q}_{\text{V}-\text{VI}} = 19,4 \cdot 0,8 \left[+\frac{2}{3}(51,21 + 14,48) - 51,21 \right] E\varphi''' = -115,11\, E\varphi'''.$$

Torsionsmoment T_ω

Dieses ergibt sich aus den sekundären Schubspannungen um den Schubmittelpunkt m zu

$$T_\omega = \sum \tilde{Q} p_m = E\varphi'''[-108,42 \cdot (10,65 + 4,38 - 2,98) + 115,11 \cdot$$
$$\cdot (4,38 - 2,98) - 2 \cdot 187,02 \cdot 9,7] = E\varphi''' [-1306,5 + 161,1 - 3628,2] =$$
$$= -4774\, E\varphi'''.$$

Nach (III B.19) wird

$$T_\omega = -EJ_{\omega\omega}\varphi''' \quad \text{und} \quad J_{\omega\omega} = \int \omega^2 \, dF.$$

Für ein Einzelelement ist nach Abb. III 2d

$$\int \omega^2 \, dF = \frac{b_n s_n}{3}(\omega_l^2 + \omega_l\omega_r + \omega_r^2).$$

Bereich I—III: $\int \omega^2 \, dF = \dfrac{6,0 \cdot 0,5}{3} 36,14^2 = +1306;$

Bereich V—VII: $\int \omega^2 \, dF = \dfrac{19,4 \cdot 0,8}{3} 13,54^2 = +948;$

Bereich V—VI, VII—VIII:

$$\int \omega^2 \, dF = 2\frac{5,4 \cdot 0,6}{3} \cdot (38,84^2 - 38,84 \cdot 13,54 + 13,54^2) = +2519;$$

$$J_{\omega\omega} = \int \omega^2 \, dF = 4773 \text{ cm}^6.$$

Nach (III B.19) wird

$$T_\omega = -EJ_{\omega\omega}\varphi''' = -4773\, E\varphi''' \quad \text{(wie oben)}.$$

Beispiel III.4. Einfach symmetrischer Hohlquerschnitt

Der Querschnitt ist in Abb. III 4.1 dargestellt.

Die Berechnung der ω^*-Werte erfolgt nach dem Beispiel 11 des Bd. I B (S. 39), ebenso die des Wertes e_z für den Schubmittelpunkt.

Verwölbungen ω^*

Mit Rücksicht auf die am Schluß dieser Berechnung durchgeführte Kontrolle wurde die Berechnung noch genauer durchgeführt, wobei sich in den Verwölbungen ω^* und in e_z geringe Änderungen ergaben (siehe Tabelle III 4.1).

Außerdem ergeben sich

$$J_y = 121\,710 \text{ cm}^4; \quad J_z = 83\,690 \text{ cm}^4.$$

Man erhält

$$e_z = -0,589 \text{ cm}.$$

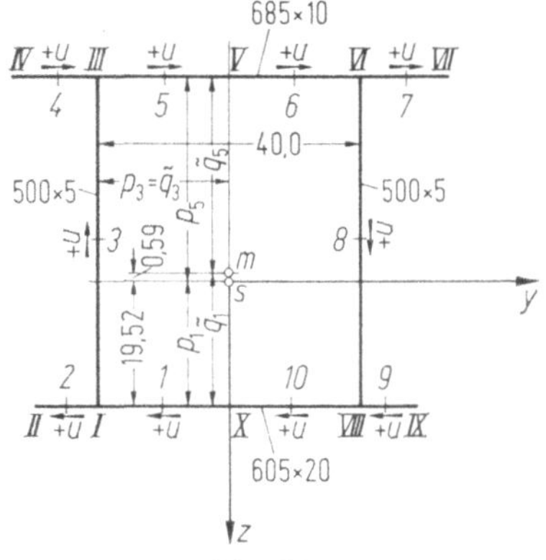

Abb. III 4.1

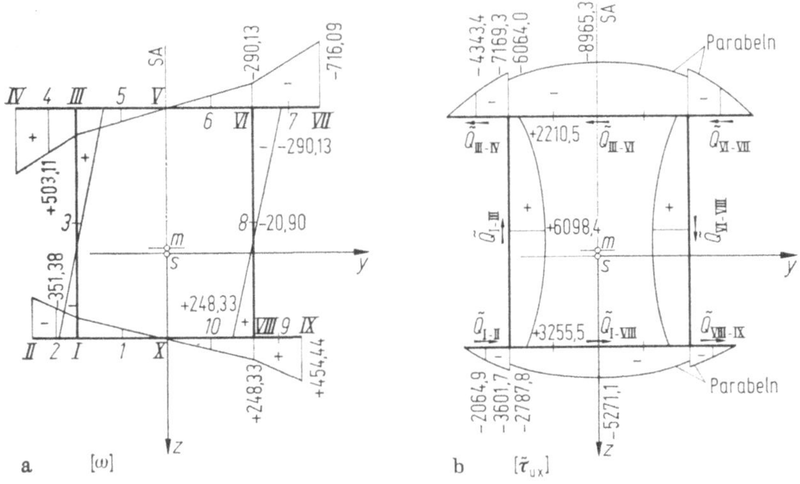

a $[\omega]$ b $[\tilde{\tau}_{ux}]$

Abb. III 4.2

Mit $\omega_a^* = 0$ und $e_y = 0$ wird

$$\omega_n = \omega_n^* - e_z y_n.$$

Diese Werte sind in Tabelle III 4.1 eingetragen und in Abb. III 4.2a dargestellt, sie sind zur Symmetrieachse spiegelsymmetrisch.

Tabelle III 4.1

Punkt	ω_n^*	y_n	ω_n
	cm²	cm	cm²
X	0	0	0
I	$-236{,}55$	$-20{,}0$	$-248{,}33$
II	$-436{,}63$	$-30{,}25$	$-454{,}44$
III	$+301{,}91$	$-20{,}0$	$+290{,}13$
IV	$+736{,}25$	$-34{,}25$	$+716{,}09$
V	0	0	0

Sekundäre Schubspannungen

Nach (III B.9) ist

$$\tilde{\tau}_{ux} = -E\varphi''' \int \omega \, du + C.$$

Wird die Integration über u im Punkt X begonnen, so ist $C = \tilde{\tau}_a = \tilde{\tau}_{ux,\mathrm{X}}$.

Punkt I_r: $\tilde{\tau}_{ux} = -E\varphi'''(-248{,}33) \cdot 20 \cdot 0{,}5 + \tilde{\tau}_a = +2483{,}3\,E\varphi''' + \tilde{\tau}_a$.

Punkt II: $\tilde{\tau}_{ux} = 0$.

Bei der Integration von II nach I ist

$$\tilde{\tau}_{ux} = -E\varphi''' \int \omega \, (-du) = E\varphi''' \int \omega \, du.$$

Punkt 2: $\tilde{\tau}_{ux} = E\varphi'''(-454{,}44 - 351{,}38) \cdot 0{,}5 \cdot 5{,}125 = -2064{,}9\,E\varphi'''$;

Punkt I_l: $\tilde{\tau}_{ux} = E\varphi'''(-454{,}44 - 248{,}33) \cdot 0{,}5 \cdot 10{,}25 = -3601{,}7\,E\varphi'''$;

Punkt I_0: Nach Abb. III 4.3 a ist $\tilde{t}_{\mathrm{I},0} = \tilde{t}_{\mathrm{I},r} - \tilde{t}_{\mathrm{I},l}$ bzw.

$$\tilde{\tau}_{ux,\mathrm{I0}} \cdot 0{,}5 = [E\varphi'''(2483{,}3 - (-3601{,}7)) + \tilde{\tau}_a] \cdot 2{,}0.$$

$$\tilde{\tau}_{ux} = 24340{,}0\,E\varphi''' + 4\tilde{\tau}_a.$$

Punkt 3: $\tilde{\tau}_{ux} = 24340{,}0\,E\varphi''' + 4\tilde{\tau}_a - E\varphi'''(-248{,}33 + 20{,}90) \cdot$

$\cdot 0{,}5 \cdot 25 = 27182{,}9\,E\varphi''' + 4\tilde{\tau}_a$;

Punkt III_u: $\tilde{\tau}_{ux} = 24340{,}0\,E\varphi''' + 4\tilde{\tau}_a - E\varphi'''(-248{,}33 + 290{,}13) \cdot$

$\cdot 0{,}5 \cdot 50{,}0 = +23295{,}0\,E\varphi''' + 4\tilde{\tau}_a$;

Punkt IV: $\tilde{\tau}_{ux} = 0$;

Punkt 4: $\tilde{\tau}_{ux} = -E\varphi'''(+716{,}09 + 503{,}11) \cdot 0{,}5 \cdot 7{,}125 = -4343{,}4\,E\varphi'''$;

Punkt III_l: $\tilde{\tau}_{ux} = -E\varphi'''(+716{,}09 + 290{,}13) \cdot 0{,}5 \cdot 14{,}25 = -7169{,}3\,E\varphi'''$;

Punkt III_r: Nach Abb. III 4.3 b ist:

$$\tilde{t}_{\mathrm{III},l} + \tilde{t}_{\mathrm{III},u} = \tilde{t}_{\mathrm{III},r};$$

$\tilde{\tau}_{\mathrm{III},r} \cdot 1{,}0 = -7169{,}3\,E\varphi''' \cdot 1{,}0 + (23295{,}0\,E\varphi''' + 4\tilde{\tau}_a)\,0{,}5 = 4478{,}2\,E\varphi''' + 2\tilde{\tau}_a$;

Punkt V: $\tilde{\tau}_{ux} = 4478{,}2\,E\varphi''' + 2\tau_a - E\varphi'''(290{,}13) \cdot 0{,}5 \cdot 20{,}0 = +1576{,}9\,E\varphi'''$.

Nach (III B.11) gilt:

$$\oint \tilde{\tau}_{ux} = 0.$$

Da die sekundären Schubspannungen Parabeln folgen, gilt:

$$2 \cdot 20{,}0 \left[\tilde{\tau}_a + E\varphi''' \frac{1}{3} \cdot 2483{,}3\right] +$$

$$+ 2 \cdot 50{,}0 \left\{4\tilde{\tau}_a + E\varphi''' \cdot \left[\frac{24340 + 23295}{2} + \frac{2}{3}\left(27182{,}9 - \frac{23295{,}0 + 24340{,}0}{2}\right)\right]\right\} +$$

$$+ 40{,}0 \cdot \left\{2\tilde{\tau}_a + E\varphi'''\left[4478{,}2 - \frac{2}{3}(4478{,}2 - 1576{,}9)\right]\right\} = 0$$

und $\tilde{\tau}_a = -5271{,}1\,E\varphi'''$.

Die endgültigen sekundären Schubspannungen ergeben sich somit nach Tabelle III 4.2 und sind in Abb. III 4.2 b dargestellt.

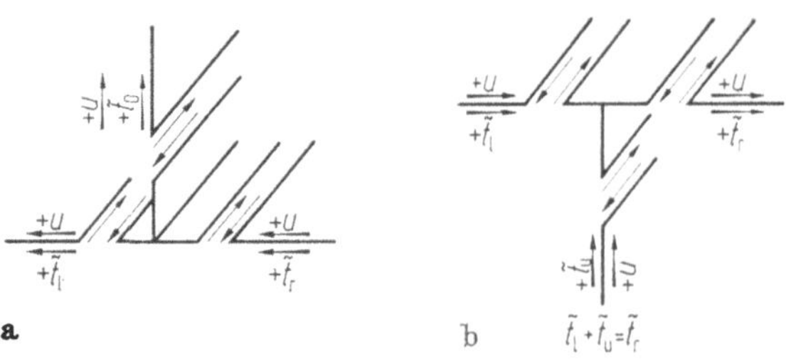

Abb. III 4.3

Tabelle III 4.2. (Multiplikator $E\varphi'''$)

Punkt		Punkt		Punkt	
X	$-5271{,}1$	II	0	III_l	$-7169{,}3$
I_r	$-2787{,}8$	I_o	$+3255{,}5$	4	$-4343{,}4$
I_l	$-3601{,}7$	3	$+6098{,}4$	IV	0
2	$-2064{,}9$	III_u	$+2210{,}5$	III_r	$-6064{,}0$
				V	$-8965{,}3$

Moment der sekundären Schubkräfte um den Schubmittelpunkt

Mit $Q = \int \tilde{\tau}_{ux}\, dF$ und dem Normalabstand p_m eines Einzelelementes vom Schubmittelpunkt m erhält man

$$T_\omega = \sum \tilde{Q} p_m.$$

Unter Beachtung des parabelförmigen symmetrischen Verlaufes der Schubspannungen erhält man:

$$\tilde{Q}_{I-VIII}\, p_{m,1} = 40 \cdot 2{,}0 \left[-2787{,}8 - \frac{2}{3}\left(5271{,}1 - 2787{,}8\right) \right] \cdot 20{,}11 \cdot E\varphi''' =$$

$$= -7148000\, E\varphi''';$$

$$\tilde{Q}_{I-II}\, p_{m,2} = 2 \cdot 10{,}25 \cdot 2{,}0 \left[-3601{,}7 \cdot \frac{1}{2} - \frac{2}{3}\left(2064{,}9 - \frac{3601{,}7}{2}\right) \right] \cdot$$

$$\cdot 20{,}11 \cdot E\varphi''' = -1630000\, E\varphi''';$$

$$\tilde{Q}_{I-III}\, p_{m,3} = 2 \cdot 50{,}0 \cdot 0{,}5 \cdot \frac{1}{6}\left(3255{,}5 + 4 \cdot 6098{,}4 + 2210{,}5\right) \cdot 20{,}0 \cdot$$

$$\cdot E\varphi''' = +4977000\, E\varphi''';$$

$$\tilde{Q}_{III-IV}\, p_{m,4} = 2 \cdot 14{,}25 \cdot 1{,}0 \left[-7169{,}3 \cdot \frac{1}{2} - \frac{2}{3}\left(4343{,}4 - \frac{7169{,}3}{2}\right) \right] \cdot 29{,}89 \cdot$$

$$\cdot E\varphi''' = -3485000\, E\varphi''';$$

$$\tilde{Q}_{III-VI}\, p_{m,5} = 40{,}0 \cdot 1{,}0 \cdot \frac{1}{6}\left(-2 \cdot 6064{,}0 - 4 \cdot 8965{,}3\right) \cdot 29{,}89 \cdot E\varphi''' =$$

$$= -9563000\, E\varphi'''.$$

Damit wird

$$\sum \tilde{Q} p_m = -16849000\, E\varphi'''.$$

Der Wölbwiderstand beträgt nach (III B.20)

$$J_{\omega\omega} = \int \omega^2\, dF.$$

Für ein Einzelement gilt mit Abb. III 3.2d

$$\Delta J_{\omega\omega} = \frac{s_n b_n}{3}\,(\omega_l^2 + \omega_l\omega_r + \omega_r^2).$$

Bereich X—I: $\Delta J_{\omega\omega} = 2\cdot\dfrac{20{,}0\cdot 2{,}0}{3}\,248{,}33^2 = 1\,644\,474;$

Bereich I—II: $\Delta J_{\omega\omega} = 2\cdot\dfrac{10{,}25\cdot 2{,}0}{3}\,(248{,}33^2 + 248{,}33\cdot 454{,}44 + 454{,}44^2) =$

$$= 5\,207\,473;$$

Bereich I—III: $\Delta J_{\omega\omega} = 2\cdot\dfrac{50{,}0\cdot 0{,}5}{3}\,(248{,}33^2 - 248{,}33\cdot 290{,}13 + 290{,}13^2) =$

$$= 1\,229\,920;$$

Bereich III—IV: $\Delta J_{\omega\omega} = 2\cdot\dfrac{14{,}25\cdot 1{,}0}{3}\,(716{,}09^2 + 716{,}09\cdot 290{,}13 + 290{,}13^2) =$

$$= 7\,644\,835;$$

Bereich III—V: $\Delta J_{\omega\omega} = 2\cdot\dfrac{20{,}0\cdot 1{,}0}{3}\cdot 290{,}13^2 = 1\,122\,339.$

$$J_{\omega\omega} = 16\,849\,000\ \text{cm}^6.$$
$$T_\omega = -16\,849\,000\,E\varphi''' \quad \text{(wie oben)}.$$

Beispiel III.5. Unsymmetrischer Hohlquerschnitt

Der Querschnitt ist in Abb. III 5.1 dargestellt.
Für die Hauptträgheitsachsen $\bar{y}$, $\bar{z}$ erhält man

$$J_{\bar{y}} = 3\,203\ \text{cm}^4; \quad J_{\bar{z}} = 1\,793\ \text{cm}^4.$$

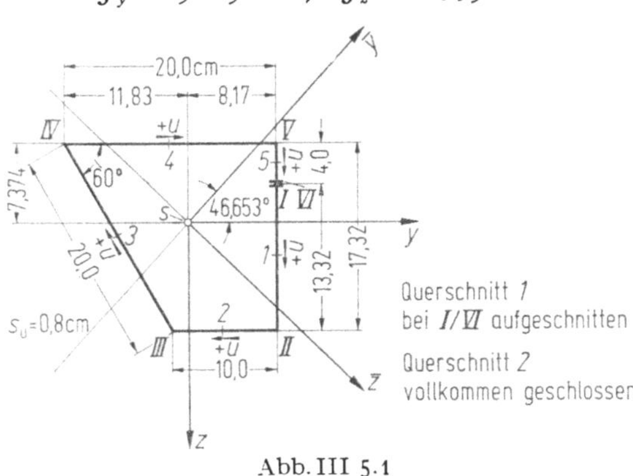

Abb. III 5.1

1. Offener Hohlquerschnitt

Der Querschnitt ist in den Punkten I, VI aufgeschnitten.

Verwölbungen ω^*

Die Berechnung der Verwölbungen ω^*, der Koordinaten des Schubmittelpunktes m (Abb. III 5.2a) $e_{\bar{y}}$, $e_{\bar{z}}$ und der endgültigen Verwölbungen ω erfolgt wie in Bd. I B, Beispiel 10.

$$e_{\bar{y}} = -12{,}60\ \text{cm}; \quad e_{\bar{z}} = -8{,}71\ \text{cm}; \quad \omega_a^* = +268{,}34\ \text{cm}^2;$$
$$\omega = \omega^* + \omega_a^* + e_{\bar{y}}\bar{z} - e_{\bar{z}}\bar{y}.$$

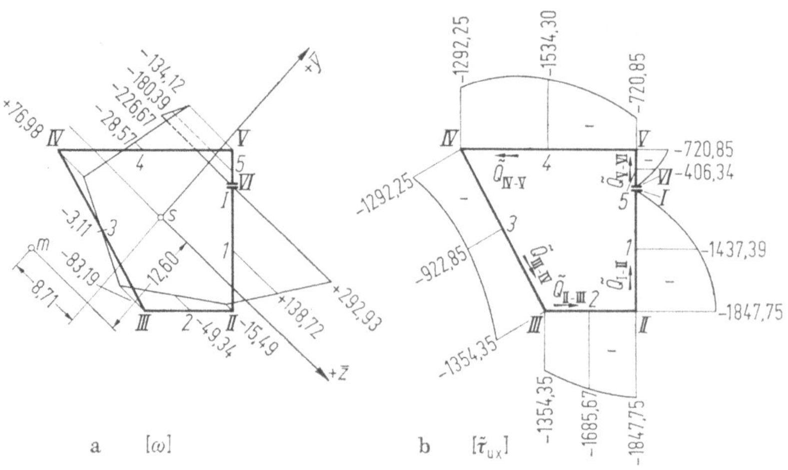

Abb. III 5.2

Tabelle III 5.1

Punkt	$\bar{z}$	$\bar{y}$	ω^*	ω
	cm	cm	cm²	cm²
I	+3,62	+8,06	0	+292,93
II	+12,77	−1,62	−108,82	−15,49
III	+5,50	−8,49	−208,28	−83,19
IV	−13,66	−2,76	−339,44	+76,98
V	+0,88	+10,97	−486,92	−134,12
VI	+3,62	+8,06	−519,60	−226,67

Die Werte ω sind in Abb. III 5.2a eingetragen.

Damit ergibt sich nach Abb. III 5.3d mit der Wandstärke s_n

$$J_{\omega\omega} = \int \omega^2 \, \mathrm{d}F = \sum \frac{s_n b_n}{3} (\omega_l^2 + \omega_l \omega_r + \omega_r^2) = 520\,869 \text{ cm}^6.$$

Sekundäre Schubspannungen

Nach (III B.9) ist

$$\tilde{\tau}_{ux} = -E\varphi''' \int \omega \, \mathrm{d}u + C.$$

Bei Beginn der Integration im Punkt I wird $C = 0$.

Diese sekundären Schubspannungen werden sowohl in den Punkten I bis VI als auch in den Streckenhalbierungspunkten 1 bis 5 berechnet, da zur Berechnung der Querkräfte $\tilde{Q}$ letztere benötigt werden.

Punkt I und VI: $\tilde{\tau}_{ux} = 0$.

Punkt 1: $\tilde{\tau}_{ux} = -E\varphi''' \cdot \dfrac{1}{2} (292{,}93 + 138{,}72) \cdot \dfrac{13{,}32}{2} = -1\,437{,}39 \, E\varphi'''$;

Punkt II: $\tilde{\tau}_{ux} = -E\varphi''' \dfrac{1}{2} (292{,}93 - 15{,}59) \cdot 13{,}32 = -1\,847{,}75 \, E\varphi'''$;

Punkt 2: $\tilde{\tau}_{ux} = -E\varphi''' \dfrac{1}{2} (-15{,}49 - 49{,}34) \cdot 5{,}0 - 1\,847{,}75 \, E\varphi''' =$

$$= -1\,685{,}67 \, E\varphi''' \quad \text{usw.}$$

Die $\tilde{\tau}_{ux}$-Werte sind in Abb. III 5.2b eingetragen.

Moment der sekundären Schubspannungen um den Schubmittelpunkt

Unter Beachtung des parabelförmigen Verlaufes der sekundären Schubspannungen, $\tilde{Q} = \int \tilde{\tau}_{ux}\, dF$, und des Normalabstandes p_m eines Einzelelementes vom Schubmittelpunkt m erhält man mit Abb. III 5.2b das Moment der Querkräfte um den Schubmittelpunkt

$$T_\omega = \sum \tilde{Q}p_m;$$

$$\tilde{Q}_{I-II}p_{m,1} = \left[-E\varphi''' \cdot 0{,}8 \cdot 13{,}32 \cdot \left(\frac{1\,847{,}75}{2} + \frac{2}{3}\cdot 513{,}52\right)\right] \cdot 23{,}15 =$$
$$= -312\,358\, E\varphi''';$$

$$\tilde{Q}_{II-III}\,p_{m,2} = \left[-E\varphi''' \cdot 0{,}8 \cdot 10{,}0\left(1\,601{,}05 + \frac{2}{3}\cdot 84{,}62\right)\right] \cdot 6{,}76 =$$
$$= -89\,636\, E\varphi''';$$

$$\tilde{Q}_{III-IV}p_{m,3} = -E\varphi''' \cdot 16\,901 \cdot 8{,}01\,(-8{,}01) = +135\,380\, E\varphi''';$$

$$\tilde{Q}_{IV-V}p_{m,4} = -E\varphi''' \cdot 21\,734 \cdot 10{,}56 = -229\,512\, E\varphi''';$$

$$\tilde{Q}_{V-VI}p_{m,5} = -E\varphi''' \cdot 1\,251 \cdot 23{,}15 = -28\,867\, E\varphi'''.$$

Damit wird $T_\omega = -524\,993\,[\text{cm}^6]\,E\varphi'''$.

Dieser Wert stimmt praktisch mit dem oben errechneten $-E\varphi'''J_{\omega\omega}$ überein.

2. Geschlossener Hohlquerschnitt

Dieser Querschnitt nach Abb. III 5.3a ist in den Abmessungen gleich wie der unter 1. behandelte Querschnitt.

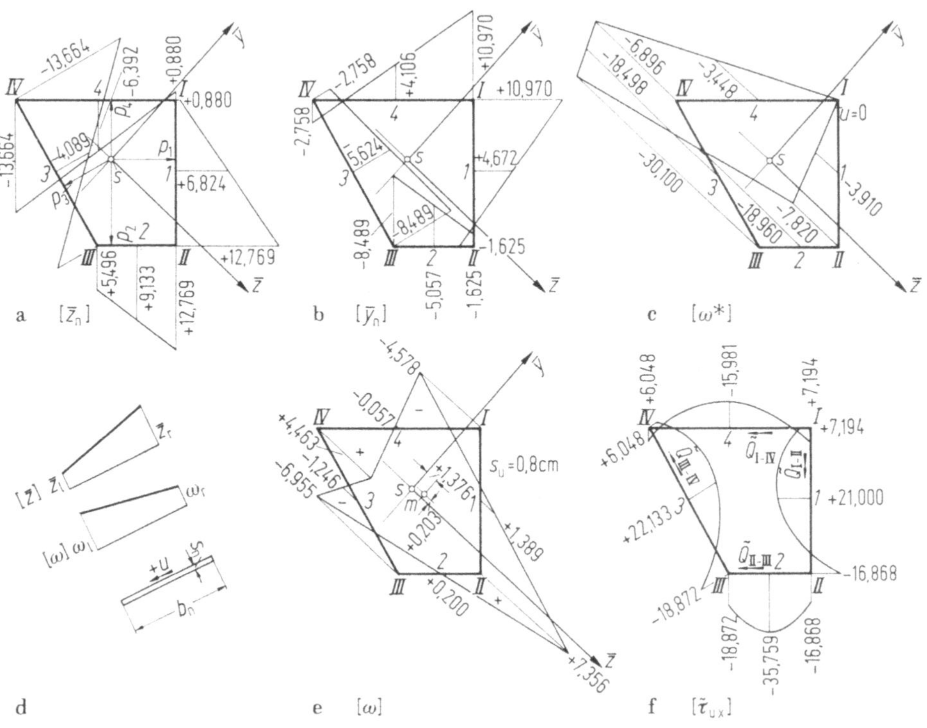

Abb. III 5.3

Querschnittsfläche:
$$F_{st} = (17,32 + 10,0 + 20,0 + 20,0) \cdot 0,8 = 67,32 \cdot 0,8 = 53,856 \text{ cm}^2.$$
Von der Systemlinie umschriebene Fläche:
$$F = 17,32 (10,0 + 10,0 \cdot 0,5) = 259,8 \text{ cm}^2.$$

Verwölbungen ω^*

Nach Bd. I A (I C.56) und (I C.57) gilt

$$\oint \frac{t}{s} \, du = G\vartheta\, 2F \quad \text{und} \quad t = \mu G\vartheta \quad \text{bzw.} \quad \mu = \frac{2F}{\oint \frac{du}{s}};$$

$$\oint \frac{du}{s} = \frac{1}{0,8} 67,32 = 84,15; \quad \mu = 6,175.$$

Für die einzelnen Elemente mit der Länge b_n und der Stärke s_n gilt nach Bd. I A (I C.74)

$$\Delta\omega_n^* = \left(\frac{\mu}{s_n} - p_n\right) b_n = (7,7188 - p_n)\, b_n.$$

Tabelle III 5.2

Feld	b_n	s_n	p_n	ω_n^*
	cm	cm	cm	cm²
I—II	17,32	0,8	+8,170	−7,820
II—III	10,00	0,8	+9,946	−22,280
III—IV	20,0	0,8	+6,558	+23,203
IV—I	20,0	0,8	+7,374	+6,896

Mit dem Beginn der Integration im Punkt I erhält man vom Punkt I fortlaufend die Verwölbungen ω^* der Eckpunkte durch Summation $\sum \Delta\omega_n^*$. Die Zwischenwerte liegen jeweils auf einer Geraden. Die ω^*-Werte sind in Tabelle III 5.3 und in Abb. III 5.3 c axonometrisch eingetragen.

Tabelle III 5.3

Pkt.	ω^*	$b_n s_n$	$\Delta\Omega_n$	$\Delta K_{\overline{y},n}$	$\Delta K_{\overline{z},n}$	ω
	cm²	cm²	cm⁴	cm⁵	cm⁵	cm²
I	0					−4,578
1	−3,910	13,856	−54,177	−477,082	−139,415	+1,389
II	−7,820					+7,356
2	−7,820 − 11,114 = −18,960	8,0	−151,680	−1277,189	+868,999	+0,200
III	−7,820 − 22,280 = −30,100					−6,955
3	−30,100 + 11,602 = −18,498	16,0	−295,968	+615,948	+1841,686	−1,246
IV	−30,100 + 23,203 = −6,896					+4,463
4	−6,896 + 3,448 = −3,448	16,0	−55,168	+486,361	−100,295	−0,057
I	−6,896 + 6,896 = 0,0					−4,578
Σ			−556,993	−651,963	+2470,974	

Nach Bd. I A (I C.75) ergibt sich für ein Teilfeld:

$$\Delta\Omega = \int \omega^* \, dF = \omega_n^* b_n s_n$$

und man erhält nach Tabelle III 5.3

$$\Omega = \sum \Delta\Omega_n = -556{,}993\,.$$

Nach Bd. I A (I C.76) und (I C.77) ergibt sich für ein Teilfeld

$$\Delta K_{\bar{y},n} = \int \bar{z}\omega^* \, dF \quad \text{und} \quad \Delta K_{\bar{z},n} = \int y\omega^* \, dF\,.$$

Mit Abb. III 5.3 d gilt hierfür

$$\Delta K_{\bar{y},n} = \frac{s_n b_n}{6} \left[\omega_l^*(2\bar{z}_l + \bar{z}_r) + \omega_r^*(2\bar{z}_r + \bar{z}_l)\right];$$

$$\Delta K_{\bar{z},n} = \frac{s_n b_n}{6} \left[\omega_l^*(2\bar{y}_l + \bar{y}_r) + \omega_r^*(2\bar{y}_r + \bar{y}_l)\right].$$

Diese Werte sind in Tabelle III 5.3 berechnet, wobei die Koordinaten $\bar{z}$ und $\bar{y}$ aus Abb. III 5.3 a und b entnommen werden können.

Nach Bd. I A (I C.71) erhält man den Ausgangswert der Verwölbung im Punkt I und die Koordinaten des Schubmittelpunktes.

$$\omega_a^* = -\frac{\Omega}{F_{st}} = \frac{556{,}993}{53{,}856} = +10{,}342 \text{ cm}^2\,;$$

$$e_{\bar{y}} = -\frac{K_{\bar{y}}}{J_{\bar{y}}} = -\frac{-651{,}963}{3\,204{,}19} = +0{,}203 \text{ cm}\,;$$

$$e_{\bar{z}} = +\frac{K_{\bar{z}}}{J_{\bar{z}}} = \frac{2470{,}974}{1\,794{,}35} = +1{,}377 \text{ cm}\,.$$

Der Schubmittelpunkt ist in Abb. III 5.3 e eingetragen. Nach Bd. I A (I C.66) ergeben sich die endgültigen Einheitsverwölbungen des geschlossenen Hohlquerschnittes zu

$$\omega = \omega_a^* + \omega^* + e_{\bar{y}}\bar{z} - e_{\bar{z}}\bar{y}\,.$$

Mit den Werten $\bar{z}$ und $\bar{y}$ nach Abb. III 5.3 a und b erhält man die Werte ω der Tabelle III 5.3.

Die ω-Werte sind axonometrisch in Abb. III 5.3 e dargestellt.

Sekundäre Schubspannungen

Nach (III B.9) ist

$$\tilde{\tau}_{ux} = -E\varphi''' \int \omega \, du + C\,.$$

Nimmt man im Punkt I die vorerst noch unbekannte Schubspannung $\tilde{\tau}_a$ an, so erhält man unter Beachtung von Abb. III 5.3 e

Punkt I: $\tilde{\tau}_{ux} = \tilde{\tau}_a$;

Punkt 1: $\tilde{\tau}_{ux} = -E\varphi''' \left[\dfrac{-4{,}578 + 1{,}389 \cdot \dfrac{17{,}32}{2}}{2}\right] + \tilde{\tau}_a = +E\varphi''' \cdot 13{,}808 + \tilde{\tau}_a$;

Punkt II: $\tilde{\tau}_{ux} = -E\varphi''' \left[+1{,}389 \cdot 17{,}32\right] + \tilde{\tau}_a = -E\varphi''' \cdot 24{,}057 + \tilde{\tau}_a$;

Punkt 2: $\tilde{\tau}_{ux} = -E\varphi''' \left[\dfrac{+7{,}356 + 0{,}200}{2} \cdot 5{,}0\right] = -E\varphi''' \cdot 24{,}057 + \tilde{\tau}_a =$

$$= -E\varphi''' \cdot 42{,}947 + \tilde{\tau}_a;$$

Punkt III: $\tilde{\tau}_{ux} = -E\varphi''' \cdot 26{,}057 + \tilde{\tau}_a$;

Punkt 3: $\tilde{\tau}_{ux} = +E\varphi''' \cdot 14{,}948 + \tilde{\tau}_a$;

Punkt IV: $\tilde{\tau}_{ux} = -E\varphi''' \cdot 1{,}137 + \tilde{\tau}_a$;

Punkt 4: $\quad \tilde{\tau}_{ux} = -E\varphi''' \cdot 23{,}167 + \tilde{\tau}_a$;

Punkt I: $\quad \tilde{\tau}_{ux} = -E\varphi''' \cdot [-0{,}057 \cdot 20] - E\varphi''' \cdot 1{,}137 + \tilde{\tau}_a = \tilde{\tau}_a$.

Zur Bestimmung von $\tilde{\tau}_a$ dient (III B.11)

$$\oint \tilde{\tau}_{ux}\, du = 0.$$

Unter Beachtung, daß der Verlauf der Schubspannungen $\tilde{\tau}_{ux}$ parabelförmig ist, erhält man die Bedingungsgleichung für $\tilde{\tau}_a$.

$$17{,}32\left\{\tilde{\tau}_a + E\varphi''' \cdot \left[\frac{-24{,}057 + 0}{2} + \frac{2}{3}(+13{,}808 + 12{,}029)\right]\right\} +$$

$$+ 10{,}0\left\{\tilde{\tau}_a + E\varphi''' \cdot \left[\frac{-24{,}057 - 26{,}057}{2} + \frac{2}{3}(-42{,}947 + 25{,}057)\right]\right\} +$$

$$+ 20{,}0\left\{\tilde{\tau}_a + E\varphi''' \cdot \left[\frac{-26{,}057 - 1{,}137}{2} + \frac{2}{3}(+14{,}948 + 13{,}597)\right]\right\} +$$

$$+ 20{,}0\left\{\tilde{\tau}_a + E\varphi''' \cdot \left[\frac{-1{,}137}{2} + \frac{2}{3}(-23{,}167 + 0{,}569)\right]\right\} = 0$$

und

$$\tilde{\tau}_a = 7{,}194\, E\varphi'''.$$

Damit erhält man die endgültigen Schubspannungen $\tilde{\tau}_{ux}$, die in Abb. III 5.3 f eingetragen sind.

Die zugehörigen Querkräfte der Einzelelemente betragen damit

$$\tilde{Q}_{\text{I}-\text{II}} = 0{,}8 \cdot 17{,}32\left[\frac{7{,}194 - 16{,}868}{2} + \frac{2}{3}(21{,}000 + 4{,}837)\right]E\varphi''' =$$

$$= 171{,}644\, E\varphi''';$$

$$\tilde{Q}_{\text{II}-\text{III}} = 0{,}8 \cdot 10{,}0\left[\frac{-16{,}868 - 18{,}872}{2} + \frac{2}{3}(-35{,}759 + 17{,}870)\right]E\varphi''' =$$

$$= -238{,}368\, E\varphi''';$$

$$\tilde{Q}_{\text{III}-\text{IV}} = +201{,}888\, E\varphi''';$$

$$\tilde{Q}_{\text{IV}-\text{I}} = -135{,}152\, E\varphi'''.$$

Die Normalabstände p_m der Einzelelemente vom Schubmittelpunkt m betragen

$$p_{m,1} = 7{,}030\ \text{cm}; \quad p_{m,2} = 9{,}149\ \text{cm}; \quad p_{m,3} = 7{,}147\ \text{cm}; \quad p_{m,4} = 8{,}171\ \text{cm}.$$

Damit ergibt sich das Moment der Querkräfte $\tilde{Q}$ um den Schubmittelpunkt m zu

$$\sum \tilde{Q} p_m = (+1\,206{,}654 - 2\,180{,}829 + 1\,442{,}894 - 1\,104{,}327)\, E\varphi''' =$$

$$= -635{,}608\, E\varphi'''.$$

Weiters gilt nach (III B.19) und (III B.20)

$$T_\omega = -E\varphi''' J_{\omega\omega}$$

und

$$J_{\omega\omega} = \int \omega^2\, dF.$$

Mit den ω-Werten nach Abb. III 5.3e und unter Beachtung von Abb. III 5.3d gilt für ein Einzelelement

$$\Delta J_{\omega\omega} = \int \omega^2 \, \mathrm{d}F = \frac{s_n b_n}{3}\,(\omega_l^2 + \omega_l\omega_r + \omega_r^2)\,;$$

$$\Delta J_{\omega\omega,1} = +191{,}181\,;$$

$$\Delta J_{\omega\omega,2} = +136{,}858\,;$$

$$\Delta J_{\omega\omega,3} = +198{,}668\,;$$

$$\Delta J_{\omega\omega,4} = +109{,}039\,;$$

$$J_{\omega\omega} = +635{,}746\,.$$

Damit wird

$$T_\omega = -635{,}746\,E\varphi'''\,,$$

welcher Wert mit dem über die Querkräfte $\tilde{Q}$ erhaltenen Wert übereinstimmt.

Man erkennt somit die großen Unterschiede in den Verwölbungen und sekundären Schubspannungen eines offenen gegenüber einem geschlossenen Querschnitt.

Beispiel III.6. Rahmen, Torsionsmomentenbelastung

Der symmetrische Rahmen nach Abb. III 6.1a wird im Viertelpunkt des Riegels mit einem Moment $^2M_{B,x} = M$ belastet. Das statisch bestimmte Grundsystem wird nach Abb. III 6.1b, die statisch unbestimmten Größen X_4, X_5, X_6 nach Abb. III 6.1c gewählt. Der Einfluß der Querkräfte wird vernachlässigt. Da keine Belastung in der Tragwerksebene auftritt, entstehen nach (III C.5) nur die Unbekannten $X_{B,4}$, $X_{B,5}$ und $X_{B,6}$. Die Momente für die Zustände $[B]$, $[X_4 = 1]$, $[X_5 = 1]$, $[X_6 = 1]$ sind in Abb. III 6.2a bis d dargestellt.

Mit (III C.2) ergibt sich aus Abb. III 6.2

$$a_{4,6} = a_{5,6} = a_{B,6} = 0\,.$$

Damit wird nach (III C.5) $X_{B,6} = 0$, und man erhält das Gleichungssystem

$$X_{B,4}a_{4,4} + X_{B,5}a_{5,4} + a_{B,4} = 0\,;$$

$$X_{B,4}a_{4,5} + X_{B,5}a_{5,5} + a_{B,5} = 0\,.$$

Mit (III C.2) erhält man (siehe Abb. III 6.2)

$$a_{4,4} = 2\,\frac{E}{G}\,\frac{J_c}{J_d}\,a^3 + 2\,\frac{J_c}{J_z}\left(\frac{a^3}{3} + \frac{a^3}{3}\right);$$

$$a_{4,5} = -2\,\frac{J_c}{J_z}\,\frac{a^2}{2}\,;$$

$$a_{5,5} = 2\,\frac{E}{G}\,\frac{J_c}{J_d}\,a + 2\,\frac{J_c}{J_z}\,a\,;$$

$$a_{B,4} = -\,\frac{J_c}{J_z}\,M\,\frac{a^2}{2}\,;$$

$$a_{B,5} = \frac{E}{G}\,M\,\frac{a}{2}\,\frac{J_c}{J_d} + \frac{J_c}{J_z}\,Ma\,.$$

Für einen Kreisquerschnitt aus Beton und über den ganzen Rahmen hinweg konstanten Querschnitt wird

$$J_z = \frac{\pi r^4}{4}\,;\quad J_d = \frac{\pi r^4}{2}\,;\quad \frac{J_c}{J_z} = 1{,}0\,;\quad \frac{J_c}{J_d} = \frac{1}{2}\,;\quad \frac{E}{G} = 2{,}4\,.$$

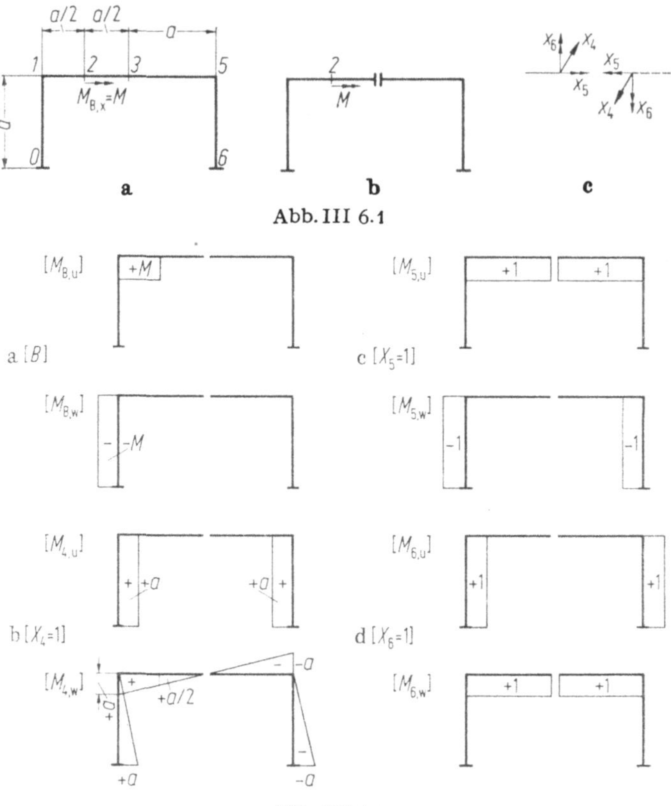

Abb. III 6.1

Abb. III 6.2

Damit erhält man

$$a_{4,4} = 3{,}733a^3\,;\quad a_{4,5} = -1{,}0a^2\,;\quad a_{5,5} = 4{,}4a\,;$$
$$a_{B,4} = -0{,}5a^2M\,;\quad a_{B,5} = +1{,}6aM\,.$$

Das Gleichungssystem lautet:

$$3{,}733a^3 X_{B,4} - 1{,}0a^2 X_{B,5} - 0{,}5a^2M = 0\,;$$
$$-1{,}0a^2 X_{B,4} + 4{,}4a X_{B,5} + 1{,}6aM = 0\,;$$

mit der Lösung für $a = 4{,}0$ m

$$X_{B,4} = 0{,}010M\,;\quad X_{B,5} = -0{,}354M\,.$$

Nach (III C.6) erhält man die endgültigen Schnittbelastungen

$$\overline{M}_{B,u} = M_{B,u} + X_{B,4}M_{4,u} + X_{B,5}M_{5,u}\,;$$
$$\overline{M}_{B,w} = M_{B,w} + X_{B,4}M_{4,w} + X_{B,5}M_{5,w}\,.$$

Diese Schnittbelastungen sind in Abb. III 6.3 eingetragen. Zum Beispiel erhält man an der Stelle 2 die Werte

$$\overline{M}_{2u,l} = (+1{,}0 - 0{,}354 \cdot 1{,}0)\,M = +0{,}646M\,;$$
$$\overline{M}_{2w,l} = (+0{,}01 \cdot 2{,}0)\,M = +0{,}02M\,;$$
$$\overline{M}_{2u,r} = (0 - 0{,}354 \cdot 1{,}0) = -0{,}354M\,;$$
$$\overline{M}_{2w,r} = +0{,}01 \cdot 2{,}0 \cdot M = +0{,}02M\,.$$

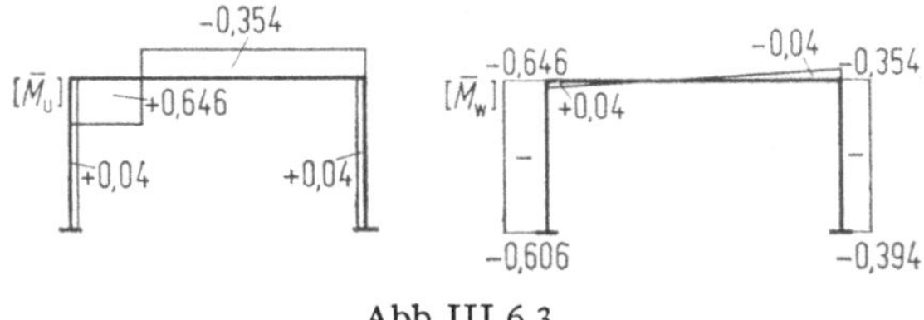

Abb. III 6.3

Beispiel III.7. I-Träger, Belastung durch Torsionsmoment

Für die beiden Profile I 30 und IP 30 nach Abb. III 7.1 werden die Torsionsmomente, Spannungen und Verformungen berechnet, und zwar wahlweise:

Für die beiden Stützweiten $l = 5,0$ m und $l = 10,0$ m, bei Angriff eines Torsionsmomentes ^dT in Feldmitte bzw. im Viertelpunkt des Trägers, bei wölbunbehinderter Lagerung an den Enden nach Abschnitt E 1 bzw. starr eingespannten Enden nach Abschnitt E 2.

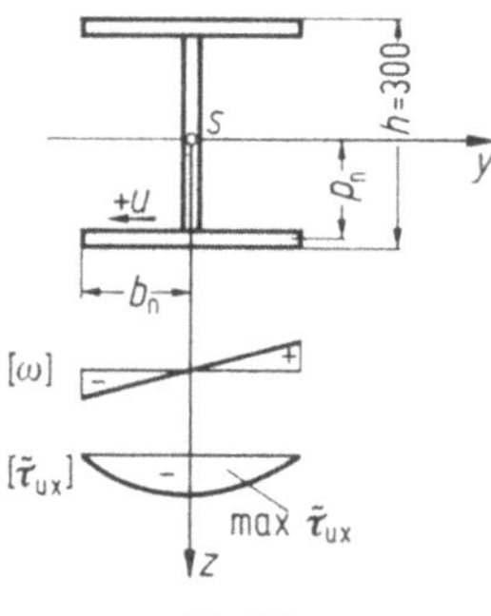

Abb. III 7.1

Die Durchführung der Zahlenrechnung wird für den Punkt $x = 300$ cm des Trägers I 30 mit $l = 10,0$ m und wölbunbehinderter Lagerung an den Enden bei Momentenangriff in Feldmitte gezeigt.

Querschnittswerte:

I 30: $s_n = 1,62$ cm; $b_n = 6,25$ cm; $p_n = 14,19$ cm; $J_d = \dfrac{1}{3} \sum b_n s_n^3 = 46,7$ cm⁴;

$$J_{\omega\omega} = \frac{4}{3} s_n b_n^3 p_n^2 = 106184 \text{ cm}^6; \quad \frac{1}{EJ_{\omega\omega}} = 0,448458 \cdot 10^{-8} \text{ [t}^{-1}\text{ cm}^{-4}\text{]}.$$

Nach (III B.23) ist

$$\frac{k}{l} = \sqrt{\frac{GJ_d}{EJ_{\omega\omega}}} = 1,301 \cdot 10^{-1}\text{cm}; \quad \omega_n = p_n b_n = 88,69 \text{ cm}^2;$$

IP 30: $s_n = 2,0$ cm; $b_n = 15,0$ cm; $p_n = 14,0$ cm; $J_d = 175,0$ cm⁴;

$$J_{\omega\omega} = 1764000 \text{ cm}^6; \quad \frac{1}{EJ_{\omega\omega}} = 0,026995 \cdot 10^{-8} \text{ [t}^{-1}\text{ cm}^{-4}\text{]};$$

$$\frac{k}{l} = 0,6185 \cdot 10^{-2} \text{ cm}^{-1}; \quad \omega_n = 210,0 \text{ cm}^2.$$

Nach (III E.7) wird für den Punkt $x = 300$ cm mit $^aT_d = 100$ tcm, $b = 500$; $l = 1\,000$ cm.

$$\varphi_{300} = \frac{1}{EJ_{\omega\omega}} \frac{l^2}{k^2} \left(b\frac{x}{l} - \frac{l}{k} \frac{\sinh\dfrac{k}{l}b}{\sinh\dfrac{k}{l}l} \sinh\frac{k}{l}x \right) {}^aT =$$

$$= \frac{0{,}448458 \cdot 10^{-8}}{1{,}301^2 \cdot 10^{-4}} \left[\frac{500 \cdot 300}{1\,000} - \frac{1}{1{,}301 \cdot 10^{-2}} \cdot \frac{336}{225\,631} \cdot 24{,}839 \right] \cdot$$

$$\cdot 100 = 0{,}389321 \, .$$

$$\varphi'_{300} = \frac{1}{EJ_{\omega\omega}} \frac{l^2}{k^2} \left[\frac{b}{l} - \frac{\sinh\dfrac{k}{l}b}{\sinh\dfrac{k}{l}l} \cosh\frac{k}{l}x \right] {}^aT =$$

$$= \frac{0{,}448458 \cdot 10^{-8}}{1{,}301^2 \cdot 10^{-4}} \cdot \left[\frac{500}{1\,000} - \frac{336}{225\,631} \cdot 24{,}859 \right] \cdot 100 =$$

$$= 0{,}122491 \cdot 10^{-2} \, [\text{cm}^{-1}];$$

$$\varphi''_{300} = - \frac{1}{EJ_{\omega\omega}} \frac{l}{k} \left[\frac{\sinh\dfrac{k}{l}b}{\sinh\dfrac{k}{l}l} \sinh\frac{k}{l}x \right] {}^aT =$$

$$= \frac{-0{,}448458 \cdot 10^{-8}}{1{,}301 \cdot 10^2} \cdot \frac{336}{225\,631} \cdot 24{,}839 \cdot 100 =$$

$$= -1{,}274067 \cdot 10^{-6} \, [\text{cm}^{-2}] \, .$$

$$\varphi'''_{300} = - \frac{1}{EJ_{\omega\omega}} \left[\frac{\sinh\dfrac{k}{l}b}{\sinh\dfrac{k}{l}l} \cosh\frac{k}{l}x \right] {}^aT =$$

$$= -0{,}448458 \cdot 10^{-8} \cdot \frac{336}{225\,631} \cdot 24{,}859 \cdot 100 =$$

$$= -0{,}016588 \cdot 10^{-6} \, [\text{cm}^{-3}] \, .$$

Nach (III B.22) ist:

$$T = GJ_d\varphi' - EJ_{\omega\omega}\varphi''' =$$
$$= 810 \cdot 46{,}7 \cdot 0{,}122491 \cdot 10^{-2} - 2100 \cdot 106184 \cdot (-0{,}016588 \cdot 10^{-6}) =$$
$$= 46{,}301 + 3{,}699 = 50{,}000 \text{ tcm} \, .$$

Nach (III B.9) wird mit Abb. III 7.1 und entsprechend Beispiel III.2:

$$\tilde{\tau}_{ux} = -E\varphi''' \int \omega \, du \, .$$

Mit $\omega_n = -p_n b_n$ wird $- \int\limits_{II}^{\theta} \omega \, du = + \dfrac{p_n b_n^2}{2}$ und mit (III A.28) und $\vartheta = \varphi'$

$$\max \tau = G\vartheta s_n + \tilde{\tau}_{ux} =$$

$$= 810 \cdot 0{,}122491 \cdot 10^{-2} \cdot 1{,}62 - 2100 \cdot (-0{,}016588 \cdot 10^{-6}) \cdot 14{,}19 \frac{6{,}25^2}{2} =$$

$$= 1{,}60730 + 0{,}00965 = 1{,}61695 \text{ t/cm}^2 \, .$$

Nach (III B.6) wird

$$\max \sigma_x = E\omega\varphi'' = 2100 \cdot 88{,}69 \cdot (-1{,}274067 \cdot 10^{-6}) = -0{,}237 \text{ t/cm}^2 \, .$$

Aus Abb. III 7.2 erkennt man die Aufteilung des Torsionsmomentes eines jeden Querschnittes auf die Momente aus reiner Torsion und aus Zwängungsdrillung, je nach dem Angriffspunkt des Torsionsmomentes $^{\ddot{a}}T$ und der Profilart.

Auch der Einfluß der Lagerung ist daraus klar zu erkennen. Besonders interessant ist das verhältnismäßig rasche Abklingen des Zwängungsmomentes von dem Belastungsangriffspunkt bzw. von einer starren Einspannung.

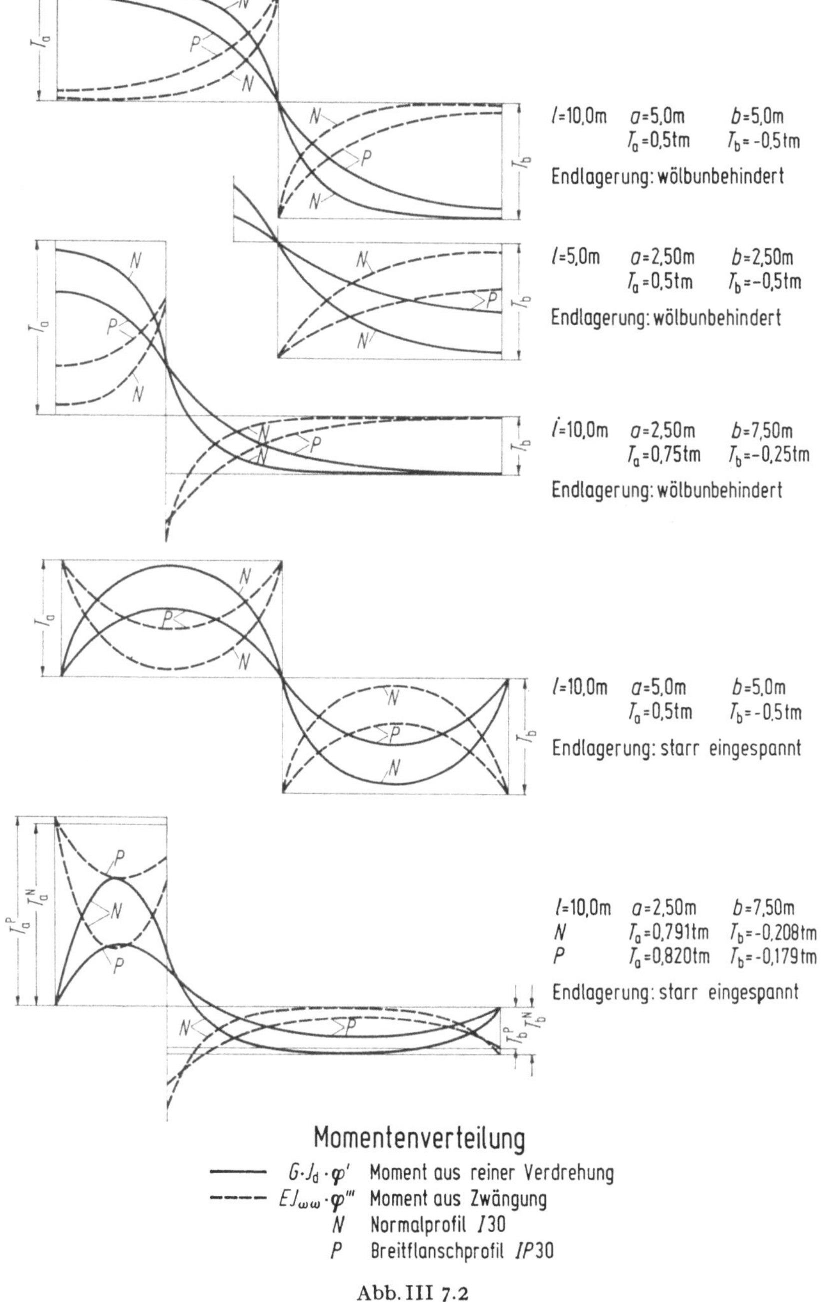

Abb. III 7.2

Literatur zum Kapitel III

[1] Bornscheuer, F. W.: Systematische Darstellung des Biege- und Verdrehungsvorganges unter besonderer Berücksichtigung der Wölbkrafttorsion. Stahlbau 21 (1952) 1.
[2] Chwalla, E.: Einführung in die Baustatik, Köln: Stahlbau-Verlag 1954.
[3] Cywiński, Z.: Torsion des dünnwandigen Stabes mit veränderlichem, einfach symmetrischen, offenem Querschnitt. Stahlbau 33 (1964) 301.
[4] Föppl, A., Föppl, L.: Drang und Zwang, 2. Aufl. 2. Bd. Berlin-München: Oldenbourg 1928.
[5] Kappus, R.: Drillknicken zentrisch gedrückter Stäbe, Berlin-München: Oldenbourg 1937.
[6] Kollbrunner, C. F., Basler, K.: Torsion, Berlin-Heidelberg-New York: Springer 1966.
[7] Stein, P.: Die Lösung der linearen gewöhnlichen Differentialgleichungen und simultaner Systeme mit Hilfe der Stabstatik. Das Ersatzbalkenverfahren, Wien-New York: Springer 1969.
Ein baustatisches Verfahren zur Lösung von gewöhnlichen, linearen Differentialgleichungen m-ter Ordnung. Bauingenieur 48 (1973) 341. Systematische Ableitung der Differentialgleichungen der Wölbkrafttorsion des frei beweglichen, des elastisch gebetteten und des starrgelagertem, dünnwandigen Stabes mit offenem, formfreiem Profil unter besonderer Berücksichtigung einer freien, elastischen oder starren Längsbettung. Bauingenieur 47 (1972) 303.
[8] Tölke: Baustatik, Winter 1949.
[9] Wansleben, F.: Die Theorie der Drehfestigkeit von Stahlbauteilen. D. St. V. Abh. aus dem Stahlbau, 3 (1948).
[10] Wlassow, W. S.: Dünnwandig elastische Stäbe, Bd. 1 u. Bd. 2, Berlin: VEB Verlag für Bauwesen 1964, 1965.

IV. Pfahlrost mit starrer Fundamentplatte (Dyaden-Methode)

1. Allgemeine Entwicklung

Den theoretischen Entwicklungen liegt die Arbeit von Trostel [1] zugrunde.

Der Pfahlrost ist in allgemeiner Weise in Abb. IV.1 dargestell. Alle Koordinaten sind auf den Koordinatenursprung $\mathbf{0}$ bezogen. Es gelten die Entwicklungen und Beziehungen von Bd. I A, Abschnitt I B und Bd. II A, Abschnitt I B.

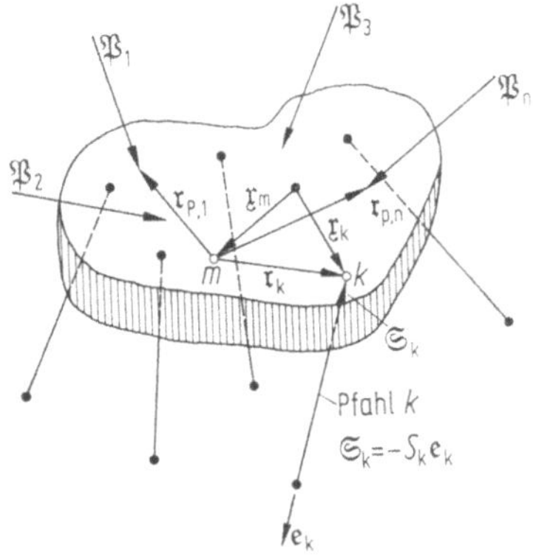

Abb. IV 1

Die äußeren Kräfte $\mathfrak{P}_i$ ergeben im Punkt m mit dem Ortsvektor $\mathfrak{r}_m$ die Resultierende $\mathfrak{R}$ und das Moment $\mathfrak{M}$.

$$\mathfrak{R} = \sum_n \mathfrak{P}_n = \begin{pmatrix} R_x \\ R_y \\ R_z \end{pmatrix}; \quad \mathfrak{M} = \sum_n (\mathfrak{r}_{P,n} \times \mathfrak{P}_n) = \begin{pmatrix} M_x \\ M_y \\ M_z \end{pmatrix}.$$

Die Einheitsvektoren in Richtung der Achsen x, y, z werden nach Abb. I A.1 mit $\mathfrak{i}, \mathfrak{j}, \mathfrak{k}$ bezeichnet.

Für den Pfahl k mit dem Angriffspunkt k gilt:

$$\mathfrak{r}_k = \begin{pmatrix} x_k \\ y_k \\ z_k \end{pmatrix}; \quad \mathfrak{r}_k = \mathfrak{r}_k - \mathfrak{r}_m = \begin{pmatrix} x_k - x_m \\ y_k - y_m \\ z_k - z_m \end{pmatrix}; \quad \mathfrak{e}_k = \begin{pmatrix} \cos \alpha_k \\ \cos \beta_k \\ \cos \gamma_k \end{pmatrix};$$

wobei $+\mathfrak{e}_k$ vom Punkt k zur Erdscheibe zeigt.

$$\text{Pfahlkraft } \mathfrak{S}_k = -S_k \mathfrak{e}_k.$$

Wird die Fundamentplatte als starr angenommen, was in vielen Fällen mit großen Plattenstärken gilt, ist die Gesamtverformung der Platte durch die beiden Bewegungsvektoren $\mathfrak{v}_m^*$ und $\mathfrak{d}_m^*$ für die Verschiebung und Drehung festgelegt.

Nach Bd. I A (I B.1a) bis (I B.5) ergibt sich für die Verschiebung des Pfahlangriffspunktes k

$$\mathfrak{v}_k^* = \mathfrak{v}_m^* + (\mathfrak{d}_m^* \times \mathfrak{r}_k) = \mathfrak{v}_m^* + \mathfrak{d}_m^* \times (\mathfrak{x}_k - \mathfrak{x}_m).$$

Die Verschiebung in Richtung der Pfahlachse und somit die Längenänderung des Pfahles erhält man zu

$$\Delta l_k = \mathfrak{v}_k^* \cdot \mathfrak{e}_k = \mathfrak{v}_m^* \cdot \mathfrak{e}_k + |\,\mathfrak{d}_m^*,\, \mathfrak{x}_k - \mathfrak{x}_m,\, \mathfrak{e}_k\,|.$$

Damit ergibt sich die Pfahlkraft

$$S_k = \frac{E_k F_k}{l_k}\, \Delta l_k = c_k\, \Delta l_k \quad \text{bzw.} \quad \mathfrak{S}_k = -S_k \mathfrak{e}_k.$$

Die beiden Gleichgewichtsbedingungen lauten bei l Pfählen:

$$\sum_l \mathfrak{S}_k + \mathfrak{R} = 0; \quad \sum_l (\mathfrak{r}_k \times \mathfrak{S}_k) + \mathfrak{M} = 0;$$

bzw.

$$\sum_l c_k\, \Delta l_k \mathfrak{e}_k = \mathfrak{R}; \quad \sum_l (\mathfrak{r}_k \times c_k\, \Delta l_k \mathfrak{e}_k) = \mathfrak{M};$$

bzw.

$$\sum_l c_k (\mathfrak{v}_m^* \cdot \mathfrak{e}_k + |\,\mathfrak{d}_m^*,\, \mathfrak{x}_k - \mathfrak{x}_m,\, \mathfrak{e}_k\,|)\, \mathfrak{e}_k = \mathfrak{R};$$

bzw.

$$\sum_l (\mathfrak{x}_k - \mathfrak{x}_m) \times c_k(\mathfrak{v}_m^* \cdot \mathfrak{e}_k + |\,\mathfrak{d}_m^*,\, \mathfrak{x}_k - \mathfrak{x}_m,\, \mathfrak{e}_k\,|)\, \mathfrak{e}_k = \mathfrak{M}.$$

Die einzelnen Glieder dieser Gleichungen werden nach $\mathfrak{v}_m^*$ und $\mathfrak{d}_m^*$, den beiden unbekannten Vektorgrößen, weiter entwickelt.

$$c_k(\mathfrak{v}_m^* \cdot \mathfrak{e}_k)\, \mathfrak{e}_k = c_k \mathfrak{v}_m^* \cdot \{\mathfrak{e}_k \mathfrak{e}_k\} = \mathfrak{v}_m^* \cdot c_k\{\mathfrak{e}_k \mathfrak{e}_k\} = \mathfrak{v}_m^* \cdot \mathbf{A}_k;$$

$$c_k\,|\,\mathfrak{d}_m^*,\, \mathfrak{x}_k - \mathfrak{x}_m,\, \mathfrak{e}_k\,|\, \mathfrak{e}_k = c_k \mathfrak{d}_m^* \cdot ((\mathfrak{x}_k - \mathfrak{x}_m) \times \mathfrak{e}_k)\, \mathfrak{e}_k =$$
$$= c_k \mathfrak{d}_m^* \cdot \{((\mathfrak{x}_k - \mathfrak{x}_m) \times \mathfrak{e}_k)\, \mathfrak{e}_k\} = \mathfrak{d}_m^* \cdot c_k\{((\mathfrak{x}_k - \mathfrak{x}_m) \times \mathfrak{e}_k)\, \mathfrak{e}_k\} = \mathfrak{d}_m^* \cdot \mathbf{B}_k;$$

$$(\mathfrak{x}_k - \mathfrak{x}_m) \times c_k(\mathfrak{v}_m^* \cdot \mathfrak{e}_k)\, \mathfrak{e}_k = c_k(\mathfrak{v}_m^* \cdot \mathfrak{e}_k)\,((\mathfrak{x}_k - \mathfrak{x}_m) \times \mathfrak{e}_k) =$$
$$= \mathfrak{v}_m^* \cdot c_k\{\mathfrak{e}_k((\mathfrak{x}_k - \mathfrak{x}_m) \times \mathfrak{e}_k)\} = \mathfrak{v}_m^* \cdot \mathbf{B}_k^{T} = \mathbf{B}_k \cdot \mathfrak{v}_m^*;$$

$$(\mathfrak{x}_k - \mathfrak{x}_m) \times c_k\,|\,\mathfrak{d}_m^*,\, \mathfrak{x}_k - \mathfrak{x}_m,\, \mathfrak{e}_k\,|\, \mathfrak{e}_k = ((\mathfrak{x}_k - \mathfrak{x}_m) \times \mathfrak{e}_k)\, c_k(\mathfrak{d}_m^* \cdot ((\mathfrak{x}_k - \mathfrak{x}_m) \times \mathfrak{e}_k)) =$$
$$= \mathfrak{d}_m^* \cdot c_k\{((\mathfrak{x}_k - \mathfrak{x}_m) \times \mathfrak{e}_k)\,((\mathfrak{x}_k - \mathfrak{x}_m) \times \mathfrak{e}_k)\} = \mathfrak{d}_m^* \cdot \mathbf{C}_k.$$

Mit

$$\mathbf{A} = \sum_l \mathbf{A}_k; \quad \mathbf{B} = \sum_l \mathbf{B}_k; \quad \mathbf{C} = \sum_l \mathbf{C}_k$$

ergeben sich die beiden Gleichgewichtsbedingungen zu

$$\mathfrak{v}_m^* \cdot \mathbf{A} + \mathfrak{d}_m^* \cdot \mathbf{B} = \mathfrak{R};$$
$$\mathbf{B} \cdot \mathfrak{v}_m^* + \mathfrak{d}_m^* \cdot \mathbf{C} = \mathfrak{M}.$$

Nach (I B.13a) ergibt sich entsprechend der Dyade $\{\mathfrak{a}_1\mathfrak{b}_1\}$ die Dyade $\mathbf{A}_k = c_k\{\mathfrak{e}_k\mathfrak{e}_k\}$

$$\mathbf{A}_k = c_k \begin{Bmatrix} \cos^2\alpha_k\; \mathfrak{i}\mathfrak{i} & \cos\alpha_k\, \cos\beta_k\; \mathfrak{i}\mathfrak{j} & \cos\alpha_k\cos\gamma_k\; \mathfrak{i}\mathfrak{k} \\ \cos\beta_k\cos\alpha_k\; \mathfrak{j}\mathfrak{i} & \cos^2\beta_k\; \mathfrak{j}\mathfrak{j} & \cos\beta_k\cos\gamma_k\; \mathfrak{j}\mathfrak{k} \\ \cos\gamma_k\cos\alpha_k\, \mathfrak{k}\mathfrak{i} & \cos\gamma_k\; \cos\beta_k\; \mathfrak{k}\mathfrak{j} & \cos^2\gamma_k\; \mathfrak{k}\mathfrak{k} \end{Bmatrix}$$

$$\mathbf{A} = \begin{Bmatrix} a_{11}\, \mathfrak{i}\mathfrak{i} & a_{12}\, \mathfrak{i}\mathfrak{j} & a_{13}\, \mathfrak{i}\mathfrak{k} \\ a_{21}\, \mathfrak{j}\mathfrak{i} & a_{22}\, \mathfrak{j}\mathfrak{j} & a_{23}\, \mathfrak{j}\mathfrak{k} \\ a_{31}\, \mathfrak{k}\mathfrak{i} & a_{32}\, \mathfrak{k}\mathfrak{j} & a_{33}\, \mathfrak{k}\mathfrak{k} \end{Bmatrix}$$

$$a_{11} = \sum_l c_k \cos^2\alpha_k; \quad a_{12} = \sum_l c_k \cos\alpha_k \cos\beta_k \quad \text{usw.}$$

Mit

$$\mathfrak{u}_k = (\mathfrak{r}_k - \mathfrak{r}_m) \times \mathfrak{e}_k = \begin{pmatrix} \mathfrak{i} & \mathfrak{j} & \mathfrak{k} \\ x_k - x_m & y_k - y_m & z_k - z_m \\ \cos \alpha_k & \cos \beta_k & \cos \gamma_k \end{pmatrix} =$$

$$= \begin{pmatrix} ((y_k - y_m) \cos \gamma_k - (z_k - z_m) \cos \beta_k)\ \mathfrak{i} \\ ((z_k - z_m) \cos \alpha_k - (x_k - x_m) \cos \gamma_k)\ \mathfrak{j} \\ ((x_k - x_m) \cos \beta_k - (y_k - y_m) \cos \alpha_k)\ \mathfrak{k} \end{pmatrix} = \begin{pmatrix} u_{k,x}\ \mathfrak{i} \\ u_{k,y}\ \mathfrak{j} \\ u_{k,z}\ \mathfrak{k} \end{pmatrix}$$

wird

$$\mathbf{B}_k = c_k\{\mathfrak{u}_k\mathfrak{e}_k\} = c_k \begin{Bmatrix} u_{k,x} \cos \alpha_k\ \mathfrak{ii} & u_{k,x} \cos \beta_k\ \mathfrak{ij} & u_{k,x} \cos \gamma_k\ \mathfrak{ik} \\ u_{k,y} \cos \alpha_k\ \mathfrak{ji} & u_{k,y} \cos \beta_k\ \mathfrak{jj} & u_{k,y} \cos \gamma_k\ \mathfrak{jk} \\ u_{k,z} \cos \alpha_k\ \mathfrak{ki} & u_{k,z} \cos \beta_k\ \mathfrak{kj} & u_{k,z} \cos \gamma_k\ \mathfrak{kk} \end{Bmatrix}$$

und

$$\mathbf{B} = \begin{Bmatrix} b_{11}\ \mathfrak{ii} & b_{12}\ \mathfrak{ij} & b_{13}\ \mathfrak{ik} \\ b_{21}\ \mathfrak{ji} & b_{22}\ \mathfrak{jj} & b_{23}\ \mathfrak{jk} \\ b_{31}\ \mathfrak{ki} & b_{32}\ \mathfrak{kj} & b_{33}\ \mathfrak{kk} \end{Bmatrix}$$

mit

$$b_{11} = \sum_l c_k\, u_{k,x} \cos \alpha_k; \qquad b_{12} = \sum_l c_k\, u_{k,x} \cos \beta_k \text{ usw.}$$

Man erhält

$$\mathbf{C}_k = c_k\{\mathfrak{u}_k\mathfrak{u}_k\} = c_k \begin{Bmatrix} u_{k,x}^2 & \mathfrak{ii} & u_{k,x}u_{k,y}\ \mathfrak{ij} & u_{k,x}u_{k,z} & \mathfrak{ik} \\ u_{k,y}u_{k,x}\ \mathfrak{ji} & u_{k,y}^2 & \mathfrak{jj} & u_{k,y}u_{k,z} & \mathfrak{jk} \\ u_{k,z}u_{k,x}\ \mathfrak{ki} & u_{k,z}u_{k,y}\ \mathfrak{kj} & u_{k,z}^2 & \mathfrak{kk} \end{Bmatrix}$$

und

$$\mathbf{C} = \begin{Bmatrix} c_{11}\ \mathfrak{ii} & c_{12}\ \mathfrak{ij} & c_{13}\ \mathfrak{ik} \\ c_{21}\ \mathfrak{ji} & c_{22}\ \mathfrak{jj} & c_{23}\ \mathfrak{jk} \\ c_{31}\ \mathfrak{ki} & c_{32}\ \mathfrak{kj} & c_{33}\ \mathfrak{kk} \end{Bmatrix}$$

mit

$$c_{11} = \sum_l c_k u_{kx}^2; \qquad c_{12} = \sum_l c_k u_{k,x} u_{k,y} \text{ usw.}$$

Nun werden die Vektor-Gleichgewichtsbedingungen in Komponentengleichungen umgewandelt.

Mit

$$\mathfrak{v}_m^* = (u_m, v_m, w_m) \quad \text{und} \quad \mathfrak{d}_m^* = (\varphi_{m,x}, \varphi_{m,y}, \varphi_{m,z})$$

wird nach (I B.16)

$$\mathfrak{v}_m^{*,T} \cdot \mathbf{A} = \begin{array}{|c|ccc|} \hline & a_{11}\ \mathfrak{ii} & a_{12}\ \mathfrak{ij} & a_{13}\ \mathfrak{ik} \\ & a_{21}\ \mathfrak{ji} & a_{22} & a_{23} \\ & a_{31}\ \mathfrak{ki} & a_{32} & a_{33} \\ \hline u_m\mathfrak{i},\ v_m\mathfrak{j},\ w_m\mathfrak{k} & d_{11} & d_{22} & d_{33} \\ \hline & \mathfrak{i} & \mathfrak{j} & \mathfrak{k} \\ \hline \end{array} =$$

$$= \begin{pmatrix} (u_m a_{11} + v_m a_{21} + w_m a_{31})\ \mathfrak{i} \\ (u_m a_{12} + v_m a_{22} + w_m a_{32})\ \mathfrak{j} \\ (u_m a_{13} + v_m a_{23} + w_m a_{33})\ \mathfrak{k} \end{pmatrix}.$$

Weiter ist

$$\mathfrak{d}_m^{*,T} \cdot \mathbf{B} = \begin{pmatrix} (\varphi_{m,x}b_{11} + \varphi_{m,y}b_{21} + \varphi_{m,z}b_{31})\,\mathfrak{i} \\ (\varphi_{m,x}b_{12} + \varphi_{m,y}b_{22} + \varphi_{m,z}b_{32})\,\mathfrak{j} \\ (\varphi_{m,x}b_{13} + \varphi_{m,y}b_{23} + \varphi_{m,z}b_{33})\,\mathfrak{k} \end{pmatrix}$$

und entsprechend $\mathfrak{d}_m^{*,T} \cdot \mathbf{C}$.

Nach (I B.15) wird

$$\mathbf{B} \cdot \mathfrak{v}_m^* = \begin{pmatrix} (u_m b_{11} + v_m b_{12} + w_m b_{13})\,\mathfrak{i} \\ (u_m b_{21} + v_m b_{22} + w_m b_{23})\,\mathfrak{j} \\ (u_m b_{31} + v_m b_{32} + w_m b_{33})\,\mathfrak{k} \end{pmatrix}.$$

Die Komponentengleichungen lauten:

	u_m	v_m	w_m	$\varphi_{m,x}$	$\varphi_{m,y}$	$\varphi_{m,z}$	Bel. Glied
$\mathfrak{i}$	a_{11}	a_{21}	a_{31}	b_{11}	b_{21}	b_{31}	R_x
$\mathfrak{j}$	a_{12}	a_{22}	a_{32}	b_{12}	b_{22}	b_{32}	R_y
$\mathfrak{k}$	a_{13}	a_{23}	a_{33}	b_{13}	b_{23}	b_{33}	R_z
$\mathfrak{i}$	b_{11}	b_{12}	b_{13}	c_{11}	c_{21}	c_{31}	M_x
$\mathfrak{j}$	b_{21}	b_{22}	b_{23}	c_{12}	c_{22}	c_{32}	M_y
$\mathfrak{k}$	b_{31}	b_{32}	b_{33}	c_{13}	c_{23}	c_{33}	M_z

Mit u_m, v_m, w_m und φ_{mx}, φ_{my}, φ_{mz} und

$$\mathfrak{d}_m^* \times (\mathfrak{r}_k - \mathfrak{r}_m) = \begin{pmatrix} \mathfrak{i} & \mathfrak{j} & \mathfrak{k} \\ \varphi_{m,x} & \varphi_{m,y} & \varphi_{m,z} \\ x_k - x_m & y_k - y_m & z_k - z_m \end{pmatrix}$$

erhält man aus

$$\mathfrak{v}_k^* = \mathfrak{v}_m^* + \mathfrak{d}_m^* \times (\mathfrak{r}_k - \mathfrak{r}_m)$$

die Verschiebungen des Punktes k mit seinen Komponenten

$$u_k = u_m + \varphi_{m,y}(z_k - z_m) - \varphi_{m,z}(y_k - y_m);$$
$$v_k = v_m - \varphi_{m,x}(z_k - z_m) + \varphi_{m,z}(x_k - x_m);$$
$$w_k = w_m + \varphi_{m,x}(y_k - y_m) + \varphi_{m,y}(x_k - x_m)$$

und

$$\Delta l_k = \mathfrak{v}_k^* \cdot \mathfrak{e}_k = u_k \cos\alpha_k + v_k \cos\beta_k + w_k \cos\gamma_k.$$

Damit ergeben sich die Kräfte in den einzelnen Pfählen zu

$$S_k = c_k \, \Delta l_k.$$

Zahlenbeispiel IV.1

Die Berechnung erfolgt nach den Formeln des Abschnittes IV.1. Der in Abb. IV.2 dargestellte Pfahlrost besteht aus einer ebenen starren Platte und 8 Pfählen.

Da der Koordinatenursprung θ und der Punkt m zusammenfallen, sind entsprechend Abb. IV. 1 $\mathfrak{r}_m = 0$ und $\mathfrak{r}_k = \mathfrak{r}_k$. Es sind alle Werte $z_k = 0$.

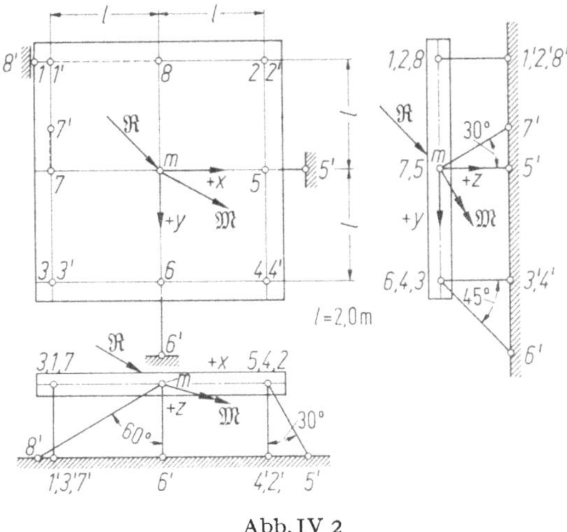

Abb. IV 2

Die Wirkung der äußeren Belastung im Punkt m ist gegeben durch die Vektoren

$$\Re = \begin{pmatrix} R_x = +25,0\ \text{t} \\ R_y = +25,0\ \text{t} \\ R_z = +35,35\,\text{t} \end{pmatrix}; \quad \mathfrak{M} = \begin{pmatrix} M_x = +40,0\ \text{tm} \\ M_y = +20,0\ \text{tm} \\ M_z = +10,0\ \text{tm} \end{pmatrix}; \quad |\Re| = 50\ \text{t}.$$

Aus Gründen der einfacheren Rechnung werden die Operationen mit den Werten

$$\frac{S_k}{c_c} = \frac{c_k}{c_c}\,\Delta l_k \quad \text{und} \quad c_c = \frac{E_c F_c}{l_c}$$

durchgeführt. Bei der Pfahlkraftermittlung fällt der Wert c_c wieder heraus. Die Werte c_k/c_c werden im vorliegenden Fall frei gewählt. Im allgemeinen sind sie aus den gegebenen Längen, Querschnittsabmessungen und dem Elastizitätsmodul für jeden einzelnen Pfahl zu bestimmen.

Sie sind in Tabelle 2.1 Spalte 2 eingetragen. Die Spalten 3—5 geben die Komponenten der Vektoren e_k an.

Tabelle 2.1

1	2	3	4	5	6	7	8	9	10	11	12
Pfahl k	$\dfrac{c_k}{c_c}$	$\cos\alpha_k$	$\cos\beta_k$	$\cos\gamma_k$	$\dfrac{x_k}{l}$	$\dfrac{y_k}{l}$	$\dfrac{x_k}{l}\cos\beta_k$	$\dfrac{x_k}{l}\cos\gamma_k$	$\dfrac{y_k}{l}\cos\gamma_k$	$\dfrac{y_k}{l}\cos\alpha_k$	[8]−[11]
1	1,0	—	—	1,0	−1,0	−1,0	—	−1,0	−1,0	—	—
2	1,0	—	—	1,0	+1,0	−1,0	—	+1,0	−1,0	—	—
3	1,0	—	—	1,0	−1,0	+1,0	—	−1,0	+1,0	—	—
4	1,0	—	—	1,0	+1,0	+1,0	—	+1,0	+1,0	—	—
5	1,5	0,5	—	0,8660	+1,0	0	—	+0,8660	—	—	—
6	1,2	—	−0,7071	0,7071	0	+1,0	—	—	+0,7071	—	—
7	1,5	—	−0,5	0,8660	−1,0	0	+0,5	−0,8660	—	—	+0,500
8	1,2	−0,8660	—	0,500	0	−1,0	—	—	−0,50	+0,8660	−0,8666

Dyade A

Im vorliegenden Fall ist $a_{ik} = a_{ki}$ und es wird die Dyade $\mathbf{A}/c_c$ in Tabelle 2.2. bestimmt.

Tabelle 2.2

1	2	3	4	5	6	7	8	9	10	11	12	13	14
								$[2]\cdot[3]$	$[2]\cdot[4]$	$[2]\cdot[5]$	$[2]\cdot[6]$	$[2]\cdot[7]$	$[2]\cdot[8]$
k	$\dfrac{c_k}{c_c}$	$\cos^2\alpha_k$	$\cos\alpha_k\cos\beta_k$	$\cos\alpha_k\cos\gamma_k$	$\cos\beta_k^2$	$\cos\beta_k\cos\gamma_k$	$\cos\gamma_k^2$	$\dfrac{a_{11,k}}{c_c}$	$\dfrac{a_{12,k}}{c_c}$	$\dfrac{a_{13,k}}{c_c}$	$\dfrac{a_{22,k}}{c_c}$	$\dfrac{a_{23,k}}{c_c}$	$\dfrac{a_{33,k}}{c_c}$
1	1,0						1,0						1,0
2	1,0						1,0						1,0
3	1,0						1,0						1,0
4	1,0						1,0						1,0
5	1,5	0,2500		0,4330			0,7500	0,3750		0,6495			1,1250
6	1,2				0,5000	0,5000	0,5000				0,6000	0,6000	0,6000
7	1,5				0,2500	−0,4330	0,7500				0,3750	−0,6495	1,1250
8	1,2	0,7500		−0,4330			0,2500	0,9000		−0,5196			0,3000
Σ								1,2750	0,0	0,1299	0,9750	−0,0495	7,1500

Damit wird

$$\frac{\mathbf{A}}{c_c} = \left\{ \begin{array}{lll} +1{,}2750\,\mathfrak{ii} & 0\quad\mathfrak{ij} & +0{,}1299\,\mathfrak{if} \\ 0\quad\mathfrak{ji} & +0{,}9750\,\mathfrak{jj} & -0{,}0495\,\mathfrak{jf} \\ +0{,}1299\,\mathfrak{fi} & -0{,}0495\,\mathfrak{fj} & +7{,}1500\,\mathfrak{ff} \end{array} \right\}$$

Dyade B

Zur einfachen Zahlenrechnung wird die Dyade $\mathbf{B}/c_c l$ berechnet. Somit sind statt x_k und y_k die Werte x_k/l und y_k/l (Tabelle 2.1, Spalte 6 und 7) einzuführen ($z_k = 0$).
Zum Beispiel ergibt sich

$$\frac{b_{11,k}}{c_c l} = \frac{c_k}{c_c}\left(\left(\frac{y_k}{l}\cos\gamma_k - 0\right)\cos\alpha_k\right);$$

$$\frac{b_{13,k}}{c_c l} = \frac{c_k}{c_c}\left(\left(\frac{x_k}{l}\cos\beta_k - \frac{y_k}{l}\cos\alpha_k\right)\cos\alpha_k\right) \quad \text{usw.}$$

Mit den Werten der Tabelle 2.1 Spalten 2—5 und 8—12 ergeben sich damit die Werte der Tabelle 2.3.
Damit wird:

$$\frac{\mathbf{B}}{c_c l} = \left\{ \begin{array}{lll} +0{,}5196\,\mathfrak{ii} & +0{,}6000\,\mathfrak{ij} & +0{,}3000\,\mathfrak{if} \\ -0{,}6495\,\mathfrak{ji} & -0{,}6495\,\mathfrak{jj} & 0\quad\mathfrak{jf}] \\ +0{,}9000\,\mathfrak{fi} & -0{,}3750\,\mathfrak{fj} & +0{,}1299\,\mathfrak{ff} \end{array} \right\}$$

Tabelle 2.3

1	2	3	4	5	6	7	8	9	10	11	12
		$[2\cdot3\cdot10]$	$[2\cdot4\cdot10]$	$[2\cdot5\cdot10]$	$-[2\cdot3\cdot9]$	$-[2\cdot4\cdot9]$	$-[2\cdot5\cdot9]$	$[2\cdot3\cdot12]$	$[2\cdot4\cdot12]$	$[2\cdot5\cdot12]$	v. Tab. 2.1
k	$\dfrac{c_k}{c_c}$	$\dfrac{b_{11,k}}{c_c l}$	$\dfrac{b_{12,k}}{c_c l}$	$\dfrac{b_{13,k}}{c_c l}$	$\dfrac{b_{21,k}}{c_c l}$	$\dfrac{b_{22,k}}{c_c l}$	$\dfrac{b_{23,k}}{c_c l}$	$\dfrac{b_{31,k}}{c_c l}$	$\dfrac{b_{32,k}}{c_c l}$	$\dfrac{b_{33,k}}{c_c l}$	
1	1,0			$-1,0$			$+1,0$				
2	1,0			$-1,0$			$-1,0$				
3	1,0			$+1,0$			$+1,0$				
4	1,0			$+1,0$			$-1,0$				
5	1,5				$-0,6495$		$-1,125$				
6	1,2		$+0,6000$	$+0,6000$							
7	1,5					$-0,6495$	$+1,125$		$-0,3750$	$+0,6495$	
8	1,2	$+0,5196$		$-0,3000$				$+0,9000$		$-0,5196$	
Σ		$+0,5196$	$+0,6000$	$+0,3000$	$-0,6495$	$-0,6495$	0	$+0,9000$	$-0,3750$	$+0,1299$	

Dyade C

Zur einfachen Zahlenrechnung wird die Dyade $\mathbf{C}/c_c l^2$ berechnet. Somit sind statt x_x und y_k die Werte x_k/l und y_k/l einzuführen.

Zum Beispiel ergibt sich

$$\frac{c_{11,k}}{c_c l^2} = \frac{c_k}{c_c}\left(\frac{y_k}{l}\cos\gamma_k\right)^2;$$

$$\frac{c_{13,k}}{c_c l^2} = \frac{c_k}{c_c}\left(\frac{x_k}{l}\cos\beta_k - \frac{y_k}{l}\cos\alpha_k\right)\left(\frac{y_k}{l}\cos\gamma_k\right) \quad \text{usw.}$$

Hierbei gilt $c_{ik} = c_{ki}$.

Die Werte c_{ik} sind in Tabelle 2.4 unter Benützung der Spalten 2 und 9, 10, und 12 der Tabelle 2.1 berechnet.

Tabelle 2.4

1	2	3	4	5	6	7	8	9
		$[2]\cdot[10]^2$	$[2]\cdot[9]^2$	$[2]\cdot[12]^2$	$-[2\cdot9\cdot10]$	$-[2\cdot9\cdot12]$	$[2\cdot9\cdot12]$	v. Tab. 2.1
k	$\dfrac{c_k}{c_c}$	$\dfrac{c_{11,k}}{c_c l^2}$	$\dfrac{c_{22,k}}{c_c l^2}$	$\dfrac{c_{33,k}}{c_c l^2}$	$\dfrac{c_{12,k}}{c_c l^2}$	$\dfrac{c_{23,k}}{c_c l^2}$	$\dfrac{c_{13,k}}{c_c l^2}$	
1	1,0	1,0	1,0		$-1,0$			
2	1,0	1,0	1,0		$+1,0$			
3	1,0	1,0	1,0		$+1,0$			
4	1,0	1,0	1,0		$-1,0$			
5	1,5		1,125					
6	1,2	0,6000						
7	1,5		1,125	0,3750		$+0,6495$		
8	1,2	0,3000		0,9000			$+0,5196$	
Σ		$+4,9000$	$+6,2500$	$+1,2750$	0	$+0,6495$	$+0,5196$	

Damit wird

$$\frac{\mathbf{C}}{c_c l^2} = \left\{\begin{array}{lll} +4,9000\ \mathfrak{ii} & 0\quad \mathfrak{ij} & +0,5196\ \mathfrak{it} \\ 0\quad \mathfrak{ji} & +6,2500\ \mathfrak{jj} & +0,6495\ \mathfrak{jt} \\ +0,5196\ \mathfrak{ti} & +0,6495\ \mathfrak{tj} & +1,2750\ \mathfrak{tt} \end{array}\right\}$$

Mit $l = 2{,}0$ m erhält man die Dyaden

$$\frac{\mathbf{B}}{c_c} = \left\{\begin{array}{lll} +1,0392\ \mathfrak{ii} & +1,2000\ \mathfrak{ij} & +0,6000\ \mathfrak{it} \\ -1,2990\ \mathfrak{ji} & -1,2990\ \mathfrak{jj} & 0\quad \mathfrak{jt} \\ +1,8000\ \mathfrak{ti} & -0,7500\ \mathfrak{tj} & +0,2598\ \mathfrak{tt} \end{array}\right\}$$

und

$$\frac{\mathbf{C}}{c_c} = \left\{\begin{array}{lll} +19,600\ \mathfrak{ii} & 0\quad \mathfrak{ij} & +2,0784\ \mathfrak{it} \\ 0\quad \mathfrak{ji} & +25,000\ \mathfrak{jj} & +2,5980\ \mathfrak{jt} \\ +2,0784\ \mathfrak{ti} & +2,5980\ \mathfrak{tj} & +5,1000\ \mathfrak{tt} \end{array}\right\}$$

Gleichungssystem der unbekannten Verformungen

Aus

$$(\mathfrak{v}_m^* c_c) \cdot \frac{\mathbf{A}}{c_c} + (\mathfrak{d}_m^* c_c) \cdot \frac{\mathbf{B}}{c_c} = \mathfrak{R}$$

und

$$\frac{\mathbf{B}}{c_c} \cdot (\mathfrak{v}_m^* c_c) + (\mathfrak{d}_m^* c_c) \cdot \frac{\mathbf{C}}{c_c} = \mathfrak{M}$$

erhält man das Gleichungssystem der Tabelle 2.5.

Tabelle 2.5

1	2	3	4	5	6	7	8
Gl. Nr.	$c_c u_m$	$c_c v_m$	$c_c w_m$	$c_c \varphi_{mx}$	$c_c \varphi_{my}$	$c_c \varphi_{mz}$	Belastungsglied
i	$+1,2750$		$+0,1299$	$+1,0392$	$-1,2990$	$+1,8000$	$25,000$
j		$+0,9750$	$-0,0495$	$+1,2000$	$-1,2990$	$-0,7500$	$25,000$
k	$+0,1299$	$-0,0495$	$+7,1500$	$+0,6000$		$+0,2598$	$35,350$
i	$+1,0392$	$+1,2000$	$+0,6000$	$+19,6000$		$+2,0784$	$40,000$
j	$-1,2990$	$-1,2990$			$+25,0000$	$+2,5980$	$20,000$
k	$+1,8000$	$-0,7500$	$+0,2598$	$+2,0784$	$+2,5980$	$+5,1000$	$10,000$

Als Lösung ergibt sich

$$c_c u_m = +42,745; \quad c_c v_m = +24,482; \quad c_c w_m = +4,840;$$
$$c_c \varphi_{m,x} = -0,559; \quad c_c \varphi_{m,y} = +5,580; \quad c_c \varphi_{m,z} = -12,386.$$

Pfahlkräfte

Die Pfahlkräfte erhält man aus:

$$S_k = c_k \, \Delta l_k = \frac{c_k}{c_c} \left(c_c u_m \cos \alpha_k - c_c \varphi_{m,z} y_k \cos \alpha_k + c_c v_m \cos \beta_k + c_c \varphi_{m,z} x_k \cos \beta_k + \right.$$
$$+ c_c w_m \cos \gamma_k + c_c \varphi_{m,x} y_k \cos \gamma_k - c_c \varphi_{m,y} x_k \cos \gamma_k \big)$$
$$= \frac{c_k}{c_c} \big((c_c u_m) \cos \alpha_k + (c_c v_m) \cos \beta_k + (c_c w_m) \cos \gamma_k +$$
$$+ (c_c \varphi_{m,x}) y_k \cos \gamma_k + (c_c \varphi_{m,y}) (-x_k \cos \gamma_k) + (c_c \varphi_{m,z}) (x_k \cos \beta_k - y_k \cos \alpha_k) \big).$$

Sie sind in Tabelle 2.6 berechnet.

Tabelle 2.6

1	2	3	4	5	6	7	8	9	10	11
k	$\dfrac{c_k}{c_c}$	x_k	y_k	$\cos \alpha_k$	$\cos \beta_k$	$\cos \gamma_k$	$y_k \cos \gamma_k$	$-x_k \cos \gamma_k$	$y_k \cos \beta_k$ / $-y_k \cos \alpha_k$	$(c_c u_m)$ [2]·[5]
1	$1,0$	$-2,0$	$-2,0$			$+1,0$	$-2,0$	$+2,0$		
2	$1,0$	$+2,0$	$-2,0$			$+1,0$	$-2,0$	$-2,0$		
3	$1,0$	$-2,0$	$+2,0$			$+1,0$	$+2,0$	$+2,0$		
4	$1,0$	$+2,0$	$+2,0$			$+1,0$	$+2,0$	$-2,0$		
5	$1,5$	$+2,0$	0	$+0,500$		$+0,8660$		$-1,7321$		$+32,059$
6	$1,2$	0	$+2,0$		$+0,7071$	$+0,7071$	$+1,4142$			
7	$1,5$	$-2,0$	0		$-0,5000$	$+0,8660$		$+1,7321$	$+1,0$	
8	$1,2$	0	$-2,0$	$-0,8660$		$+0,5000$	$-1,0$		$-1,7321$	$-44,421$

Tabelle 2.6 (Fortsetzung)

k	12 $(c_c v_m)$ $[2] \cdot [6]$	13 $(c_c w_m)$ $[2] \cdot [7]$	14 $(c_c \varphi_{mx})$ $[2] \cdot [8]$	15 $(c_c \varphi_{my})$ $[2] \cdot [9]$	16 $(c_c \varphi_{mz})$ $[2] \cdot [10]$	17 $S_k =$ $[11+12+13$ $+14+15+16]$	18 $S_{k,x} =$ $= -[5] \cdot [17]$	19 $S_{k,y} =$ $= -[6] \cdot [17]$	20 $S_{k,z} =$ $= -[17] \cdot [17]$
1		+4,840	+1,118	+11,160		+17,118			−17,118
2		+4,840	+1,118	−11,160		−5,202			+5,202
3		+4,840	−1,118	+11,160		+14,882			−14,882
4		+4,840	−1,118	−11,160		−7,438			+7,438
5		+6,290		−14,498		+23,851	−11,926		−20,655
6	+20,773	+4,110	−0,979			+23,934		−16,924	−16,924
7	−18,362	+6,290		+14,498	−18,579	−16,153		−8,077	+13,988
8		+2,900	+0,675		+25,745	−15,101	−13,077		+7,551
Σ							−25,003	−25,001	−35,400
Sollwerte							−25,000	−25,000	−35,350

Als Kontrolle ergibt sich

$$\sum S_{k,x} = -R_x; \quad \sum S_{k,y} = -R_y; \quad \sum S_{k,z} = -R_z.$$

Diese Bedingungen sind erfüllt, wie Tabelle 2.6 zeigt.

Als weitere Kontrolle ergibt sich

$$\sum_l (\mathfrak{r}_k \times \mathfrak{S}_k) = -\mathfrak{M}.$$

Literatur zum Kapitel IV

[1] Trostel, R.: Beitrag zum Thema Pfahlrostberechnung, Bauing. 34 (1959) 110.

V. Ebene Stabwerke (Matrizen-Methode)

Aus der Vielfalt der Anwendungsmöglichkeiten der Matrizenmethode sollen schematisch nur zwei Verfahren zur Berechnung der Schnittbelastungen gezeigt werden, das Schnittbelastungsverfahren und das Reduktionsverfahren.

Diese beiden Verfahren gehen von ganz verschiedenen Gedankengängen aus, was besonderer Beachtung wert ist.

Während das erstere auf dem Schnittbelastungsverfahren für statisch unbestimmte Systeme beruht (siehe Band I), liegen dem letzteren die allgemeinen Lösungen der Differentialgleichungen eines belasteten Elementarstabes zugrunde, wobei an den Enden der einzelnen Elemente mit Vorteil von der Anwendung von Übertragungsmatrizen Gebrauch gemacht wird. Selbstverständlich gibt es noch eine Reihe anderer Verfahren; z.B. sind es die Sonderfälle des Abschnittes VII, wenn das räumliche System zu einem ebenen wird. Es können praktisch alle in der Statik bekannte Verfahren auch in Matrizenschreibweise behandelt werden; es sind dann nur die entsprechenden Programme für die elektronische Berechnung zu entwickeln. Es sei dazu vermerkt, daß die Matrizenrechnung nur für eine elektronische Berechnung zu empfehlen ist.

A. Schnittbelastungsmethode

Dieses Verfahren wird an der Berechnung von Rahmen erläutert.

Allgemeine Entwicklungen für Rahmentragwerke

Nach den Entwicklungen von Zurmühl [6, S. 364] werden der Berechnung einzelne Stabelemente zugrunde gelegt.

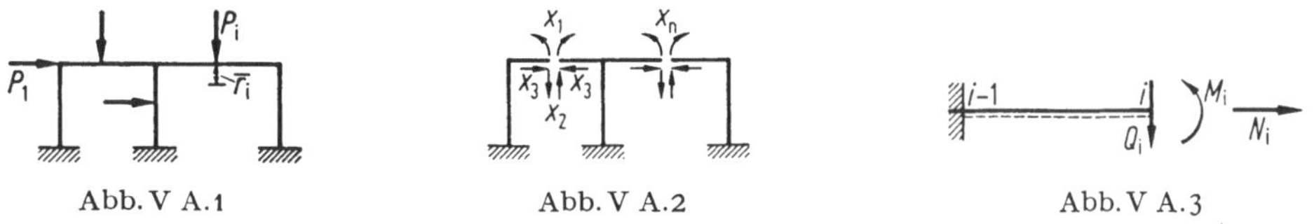

Abb. V A.1   Abb. V A.2   Abb. V A.3

Für einen mehrfach statisch unbestimmten Rahmen (Abb. V A.1) kann ein beliebiges statisch bestimmtes Grundsystem (Abb. V A.2) gewählt werden. Sämtliche Lasten P_1 bis P_p können durch den p-dimensionalen Spaltenvektor $\mathbf{p}$ erfaßt werden, die Verschiebungen $\bar{r}_i$, zugehörig zu den einzelnen Lasten P_i, durch den p-dimensionalen Spaltenvektor $\bar{r}$. Sämtliche n Unbekannten Größen X_1 bis X_n werden durch den n-dimensionalen Spaltenvektor x versinnbildlicht.

$$p = \begin{pmatrix} P_1 \\ P_2 \\ \vdots \\ P_p \end{pmatrix}; \quad \bar{r} = \begin{pmatrix} \bar{r}_1 \\ \bar{r}_2 \\ \vdots \\ \bar{r}_p \end{pmatrix}; \quad x = \begin{pmatrix} X_1 \\ X_2 \\ \vdots \\ X_n \end{pmatrix}. \qquad \text{(V A.1)}$$

Nach der Schnittlastenmethode erhält man die Elastizitätsgleichungen zur Ermittlung der Unbekannten aus der Bedingung, daß die gegenseitige endgültige Verformung an der Wirkungsstelle eines Unbekanntenpaares zu Null werden muß. In Vektorform lautet dies für alle Unbekanntenpaare

$$\bar{r}_x = 0. \qquad \text{(V A.2)}$$

Für den Fall von Einzellasten wird das System in einzelne Elemente von der Länge l_i aufgelöst, für die die Querkräfte konstant sind. Für die nachfolgenden Entwicklungen wird der Einfluß der Längskräfte bei der Ermittlung der Unbekannten vernachlässigt, was bei Vollwandrahmen im allgemeinen angenommen werden kann. Jedes Element wird durch die Schnittlasten $\overline{M}_i, \overline{Q}_i$ und $\overline{N}_i$ (Abb. V A.3) am rechten, frei beweglich gedachtem Ende, belastet gedacht, während das linke Ende starr eingespannt angenommen wird.

$$\overline{Q}_i = Q_i + Q_1 X_1 + Q_2 X_2 + \cdots;$$
$$\overline{M}_i = M_i + M_1 X_1 + M_2 X_2 + \cdots; \qquad \text{(V A.3)}$$
$$\overline{N}_i = N_i + N_1 X_1 + M_2 X_2 + \cdots.$$

Diese Schnittbelastungen werden durch den Spaltenvektor $\bar{s}_i$, die entsprechenden Schnittbelastungen für das gesamte System mit k-Einzelelementen durch den Spaltenvektor $\bar{s}$ gekennzeichnet.

$$\bar{s}_i = \begin{pmatrix} \overline{Q}_i \\ \overline{M}_i \\ \overline{N}_i \end{pmatrix}; \quad \bar{s} = \begin{pmatrix} \bar{s}_1 \\ \bar{s}_2 \\ \vdots \\ \bar{s}_k \end{pmatrix}. \qquad \text{(V A.4)}$$

Wird die Längenänderung $\bar{\Delta}s_i$ aus der Längskraft $\overline{N}_i$ vernachlässigt, so ergeben sich für das einseitig eingespannte Kragträgerelement nach Abb. V A.4 die Verformungen:

$$EJ_i \tilde{w}_i = \frac{1}{3} l_i^3 \overline{Q}_i - \frac{1}{2} l_i^2 \overline{M}_i + 0 \cdot \overline{N}_i;$$

$$EJ_i \tilde{\varphi}_i = -\frac{1}{2} l_i^2 \overline{Q}_i + l_i \overline{M}_i + 0 \cdot \overline{N}_i; \qquad \text{(V A.5)}$$

$$EJ_i \Delta \tilde{s}_i = 0.$$

Mit der Federmatrix für das Einzelelement

$$\mathbf{F}_i = \begin{bmatrix} \dfrac{l_i^3}{3EJ_i} & -\dfrac{l_i^2}{2EJ_i} & 0 \\[2mm] -\dfrac{l_i^2}{2EJ_i} & +\dfrac{l_i}{EJ_i} & 0 \\[2mm] 0 & 0 & 0 \end{bmatrix} \qquad \text{(V A.6)}$$

wird

$$\tilde{\boldsymbol{v}}_i = \begin{pmatrix} \tilde{w}_i \\ \tilde{\varphi}_i \\ 0 \end{pmatrix} = \mathbf{F}_i \cdot \bar{\boldsymbol{s}}_i. \tag{V A.7}$$

Mit der Federmatrix für das Gesamtsystem, einer Diagonalmatrix

$$\breve{\mathbf{F}}_0 = \begin{bmatrix} \mathbf{F}_1 & 0 & 0 & \dots \\ 0 & \mathbf{F}_2 & 0 & \dots \\ 0 & 0 & & \mathbf{F}_n \end{bmatrix} \tag{V A.8}$$

gilt

$$\tilde{\boldsymbol{v}} = \breve{\mathbf{F}}_0 \cdot \bar{\boldsymbol{s}}. \tag{V A.9}$$

Zum Beispiel ist $\tilde{\boldsymbol{v}}_1 = \mathbf{F}_1 \cdot \bar{\boldsymbol{s}}_1$; $\tilde{\boldsymbol{v}}_2 = \mathbf{F}_2 \cdot \bar{\boldsymbol{s}}_2$ usw.

Die Berechnung der Unbekannten auf Grund der Schnittbelastungsmethode erfolgt unter Anwendung der virtuellen Arbeit.

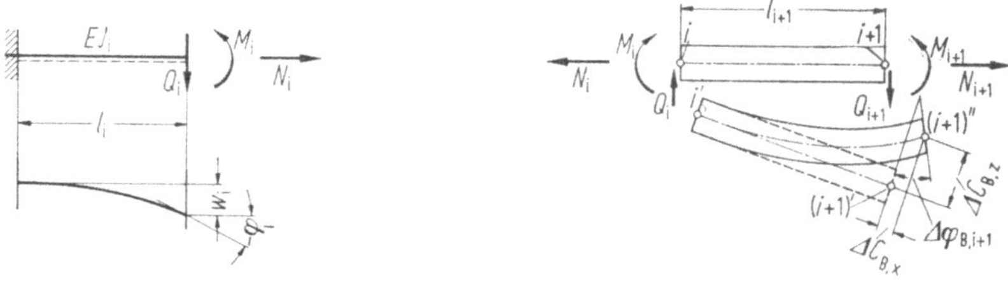

Abb. V A.4   Abb. V A.5

Es sei ein Trägerstück von der Länge l_{i+1} betrachtet, auf das die Schnittbelastungen M_i, Q_i, N_i bzw. $M_{i+1}, Q_{i+1}, N_{i+1}$ wirken und das im Bereich l_{i+1} keine örtliche Belastung erfährt (Abb. V A.5). Erfährt das Gesamtsystem eine Verformung aus einem beliebigen Belastungszustand B, so ist die verformte Lage durch die Schwerlinie $i' - (i + 1)''$ gekennzeichnet. Diese verformte Lage kann man sich entstanden denken aus einer Verschiebung und Drehung des starr gedachten Trägerstückes in die Lage $i' - (i + 1)'$ und den elastischen Verformungen des einseitig bei i eingespannt gedachten Kragträgers, so daß die Lage $i' - (i + 1)''$ erreicht wird. Da bei der Bewegung eines starren Körpers im Gleichgewicht befindliche Schnittbelastungen keine Arbeit leisten — dies ist für die Bewegung des Elementes von der Lage $i - (i + 1)$ in die Lage $i' - (i + 1)'$ der Fall —, erhält man für die gesamte im Bereich des Trägerstückes l_{i+1} geleistete virtuelle innere Arbeit den Betrag

$$^{v}A_{i+1,i} = M_{i+1}\, \Delta\varphi_{B,i+1} + N_{i+1}\, \Delta c_{B,x} - Q_{i+1}\, \Delta c_{B,z}.$$

Die innere Arbeit kann somit allein über die Endverformungen von gedachten Kragträgern ermittelt werden.

Für ein Element von der Länge l_i gilt somit für den Belastungszustand p und dem dazugehörigen Verformungszustand

$$^{v}A_{i,i} = \tilde{\boldsymbol{v}}_i \cdot \bar{\boldsymbol{s}}_i \text{ bzw. für das ganze System } {}^{v}A_i = \tilde{\boldsymbol{v}} \cdot \bar{\boldsymbol{s}}. \tag{V A.10}$$

Die virtuelle Arbeit der äußeren Kräfte beträgt

$$^{v}A_{\ddot{a}} = \tilde{\boldsymbol{r}} \cdot \boldsymbol{p}. \tag{V A.11}$$

Bei der inneren Arbeit kann auf Grund des Reduktionssatzes (Band I, V C.32a) entweder der Belastungszustand oder der Verformungszustand auch an einem statisch bestimmten Grundsystem wirkend angenommen werden, so daß gilt

$$^{v}A_i = \tilde{\boldsymbol{v}} \cdot \boldsymbol{s}. \tag{V A.12}$$

Allgemein ergibt sich für ein statisch unbestimmtes System die Schnittbelastung

$$\bar{s} = \mathbf{C}_p \cdot p + \mathbf{C}_n \cdot x = s + \mathbf{C}_n \cdot x. \qquad \text{(V A.13)}$$

Die Elemente ${}^p c_{ik}$ und ${}^n c_{ik}$ der Verknüpfungsmatrizen $\mathbf{C}_p$ und $\mathbf{C}_n$ leiten sich aus dem statischen Gleichgewichtsbedingungen am gewählten statisch bestimmten Grundsystem her, wenn alle Lasten P bzw. Unbekannten X bis jeweils auf eine einzige Größe Null gesetzt werden.

Endgültig lassen sich die Unbekannten X_n linear durch die Lasten P_p ausdrücken

$$x = \mathbf{X} \cdot p \quad \text{mit} \quad \mathbf{X} = \begin{bmatrix} X_{11} & X_{12} & \dots \\ X_{21} & \dots\dots\dots \\ \dots\dots\dots\dots \end{bmatrix} \qquad \text{(V A.14)}$$

Ist die Matrix $\mathbf{X}$ bekannt, so erhält man die endgültigen Schnittbelastungen

$$\bar{s} = \mathbf{C}_p \cdot p + \mathbf{C}_n \cdot \mathbf{X} \cdot p = (\mathbf{C}_p + \mathbf{C}_n \cdot \mathbf{X}) \cdot p = \mathbf{C} \cdot p \qquad \text{(V A.15)}$$

mit

$$\mathbf{C} = \mathbf{C}_p + \mathbf{C}_n \cdot \mathbf{X}. \qquad \text{(V A.16)}$$

Für den Belastungszustand p erhält man die zugehörigen Verformungen $\bar{r}$ aus der Bedingung ${}^v A_{\ddot{a}} = {}^v A_i$

$$\tilde{v} \cdot s = \bar{r} \cdot p;$$
$$\tilde{v} \cdot \mathbf{C}_p \cdot p = \bar{r} \cdot p \qquad \text{(V A.17)}$$

und daraus

$$\bar{r} = \tilde{v}^T \cdot \mathbf{C}_p = \mathbf{C}_p^T \cdot \tilde{v} = \mathbf{C}_p^T \cdot \check{\mathbf{F}}_0 \cdot \bar{s} = \mathbf{C}_p^T \cdot \check{\mathbf{F}}_0 \cdot \mathbf{C} \cdot p = \mathbf{V} \cdot p \qquad \text{(V A.18)}$$

mit

$$\mathbf{V} = \mathbf{C}_p^T \cdot \check{\mathbf{F}}_0 \cdot \mathbf{C}. \qquad \text{(V A.19)}$$

Es gilt nun, die Matrix $\mathbf{X}$ zu bestimmen.

Nimmt man jeweils die Wirkung der Unbekannten am statisch bestimmten Grundsystem an und die der Belastung am statisch unbestimmten System, so ergibt sich

$$\bar{r}_x = 0 = \tilde{v}^T \cdot \mathbf{C}_n = \mathbf{C}_n^T \cdot \tilde{v} = \mathbf{C}_n^T \cdot \check{\mathbf{F}}_0 \cdot \bar{s} = \mathbf{C}_n^T \cdot \check{\mathbf{F}}_0 \cdot (\mathbf{C}_p \cdot p + \mathbf{C}_n \cdot x). \qquad \text{(V A.20)}$$

Mit

$$\mathbf{D}_0 = \mathbf{C}_n^T \cdot \check{\mathbf{F}}_0 \cdot \mathbf{C}_p \quad \text{und} \quad \mathbf{D}_n = \mathbf{C}_n^T \cdot \check{\mathbf{F}}_0 \cdot \mathbf{C}_n \qquad \text{(V A.21)}$$

wird

$$\mathbf{D}_n \cdot x + \mathbf{D}_0 \cdot p = 0;$$
$$\mathbf{D}_n^{-1} \cdot \mathbf{D}_n \cdot x = -\mathbf{D}_n^{-1} \cdot \mathbf{D}_0 \cdot p$$

und

$$x = -\mathbf{D}_n^{-1} \cdot \mathbf{D}_0 \cdot p = \mathbf{X} \cdot p \qquad \text{(V A.22)}$$

mit

$$\mathbf{X} = -\mathbf{D}_n^{-1} \cdot \mathbf{D}_0. \qquad \text{(V A.23)}$$

Damit sind alle Werte $X_1 \dots$ bis X_n als Funktionen von der gegebenen Belastung ausgedrückt. Es können damit nach (V A.3) bzw. (V A.15) sämtliche Schnittbelastungen und nach (V A.18) sämtliche Verformungen bestimmt werden.

Zahlenbeispiel V.1.   a) Zweigelenkrahmen

Die Abmessungen des Rahmens mit überall gleichem Trägheitsmoment J_c und die Belastung sind aus Abb. V 1.1 ersichtlich [6]. Die Momente und Querkräfte am statisch bestimmten Grundsystem sind für die Zustände $[P_1 = 1]$, $[P_2 = 1]$ und $[X_1 = 1]$ in Abb. V 1.2a, b, c dargestellt.

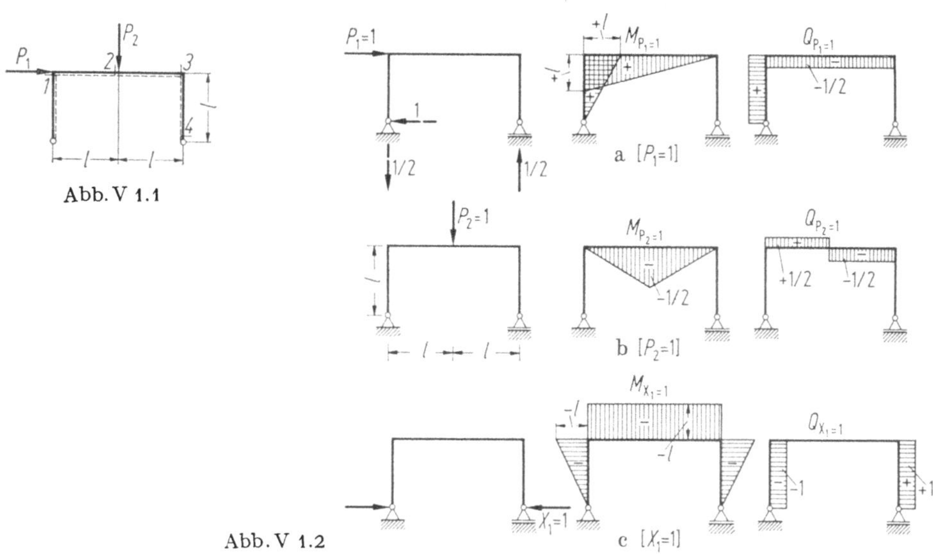

Abb. V 1.1

Abb. V 1.2

Damit können die Verknüpfungsmatrizen $\mathbf{C}_p$ und $\mathbf{C}_n$ bestimmt werden, wobei nur die Schnittbelastungen s jeweils am rechten Ende eines Trägerelements aus den Abbildungen abzulesen sind.

Tabelle 1.1　*Verknüpfungsmatrizen* $\mathbf{C}_p$ *und* $\mathbf{C}_n$

Zustand		$[P_1]$	$[P_2]$	$[X_1]$
Matrizen		$\mathbf{C}_p$		$\mathbf{C}_n$
s_1	Q_1	$+1$	0	-1
	M_1	$+l$	0	$-l$
s_2	Q_2	$-0,5$	$+0,5$	0
	M_2	$+0,5\,l$	$+0,5\,l$	$-l$
s_3	Q_3	$-0,5$	$-0,5$	0
	M_3	0	0	$-l$
s_4	Q_4	0	0	$+1$
	M_4	0	0	0

Tabelle 1.2　*Verknüpfungsmatrix* $\mathbf{C}_n^T$

s	Q_1	M_1	Q_2	M_2	Q_3	M_3	Q_4	M_4
$\mathbf{C}_n^T$	-1	$-l$	0	$-l$	0	$-l$	$+1$	0

Aus Rechengründen wird die $6EJ_c$-fache Federmatrix $\check{\mathbf{F}}_0^*$ bestimmt. Federmatrix $\check{\mathbf{F}}_0^* = 6EJ_c\check{\mathbf{F}}_0$ (V A.6) und (V A.8).

Tabelle 1.3   (Federmatrix $\check{\mathbf{F}}_0^*$)

$$
\begin{array}{cc}
+2\,l^3 & -3\,l^2 \\
-3\,l^2 & +6\,l
\end{array}
\qquad
\begin{array}{cc}
+2\,l^3 & -3\,l^2 \\
-3\,l^2 & +6\,l
\end{array}
\qquad
\begin{array}{cc}
+2\,l^3 & -3\,l^2 \\
-3\,l^2 & +6\,l
\end{array}
\qquad
\begin{array}{cc}
+2\,l^3 & -3\,l^2 \\
-3\,l^2 & +6\,l
\end{array}
$$

Mit $\check{\mathbf{F}}_0^*$ ergeben sich durch Matrizenmultiplikation nach (V A.21) die Matrizen

$$\mathbf{D}_n^* = \mathbf{C}_n^T \cdot \mathbf{F}_0^* \cdot \mathbf{C}_n$$

und

$$\mathbf{D}_0^* = \mathbf{C}_n^T \cdot \mathbf{F}_0^* \cdot \mathbf{C}_p.$$

Tabelle 1.4

Zu-stand	$[X_1]$	$[P_1]$	$[P_2]$
Matrix	$\mathbf{C}_n$	$\mathbf{C}_p$	
Q_1	-1	$+1$	0
M_1	$-l$	$+l$	0
Q_2	0	$-0,5$	$+0,5$
M_2	$-l$	$+0,5\,l$	$+0,5\,l$
Q_3	0	$-0,5$	$-0,5$
M_3	$-l$	0	0
Q_4	$+1$	0	0
M_4	0	0	0

	Q_1	M_1	Q_2	M_2	Q_3	M_3	Q_4	M_4	$\mathbf{F}_0^* \cdot \mathbf{C}_n$	$\mathbf{F}_0^* \cdot \mathbf{C}_p$	
$\mathbf{F}_0^*$	$+2\,l^3$	$-3\,l^2$							$+l^3$ [1]	$-l^3$	0
	$-3\,l^2$	$+6\,l$							$-3\,l^2$	$+3\,l^2$	0
			$+2\,l^3$	$-3\,l^2$					$+3\,l^2$	$-2,5\,l^3$ [2]	$-0,5\,l^3$
			$-3\,l^2$	$+6\,l$					$-6\,l^2$	$+4,5\,l^2$	$+1,5\,l^2$
					$+2\,l^3$	$-3\,l^2$			$+3\,l^3$	$-l^3$	$-l^3$
					$-3\,l^2$	$+6\,l$			$-6\,l^2$	$+1,5\,l^2$	$+1,5\,l^2$
							$+2\,l^3$	$-3\,l^2$	$+2\,l^3$	0	0
							$-3\,l^2$	$+6\,l$	$-3\,l^2$	0	0
									$\mathbf{D}_n^*$	$\mathbf{D}_0^*$	
$\mathbf{C}_n^T$	-1	$-l$	0	$-l$	0	$-l$	$+1$	0	$+16\,l^3$ [3]	$-8\,l^3$	$-3\,l^3$

Die einzelnen Koeffizienten der neu zu bildenden Matrizen ergeben sich nach (I C.27).

Zum Beispiel erhält man:

für [1]: $c_{11} = (+2l^3) \cdot (-1) + (-3l^2) \cdot (-1) + 0 = +l^3;$

für [2]: $c_{31} = (+2l^3) \cdot (-0,5) + (-3l^2) \cdot (+0,5l) = -2,5l^3;$

für [3]: $c_{11} = (+l^3) \cdot (-1) + (-3l^2) \cdot (-l) + (-6l^2) \cdot (-l) +$
$$+ (-6l^2) \cdot (-l) + (2l^3)(+1) = +16l^3. \qquad \text{usw.}$$

Mit

$$\mathbf{D}_n \cdot \boldsymbol{x} + \mathbf{D}_0 \cdot \boldsymbol{p} = 0$$

gilt auch

$$\mathbf{D}_n^* \cdot \boldsymbol{x} + \mathbf{D}_0^* \cdot \boldsymbol{p} = 0.$$

Damit wird nach (V A.23)

$$\mathbf{X} = -\mathbf{D}_n^{*-1} \cdot \mathbf{D}_0^*.$$

Im vorliegenden Fall, bei dem nur eine Unbekannte X_1 vorhanden ist, ergibt sich

$$\mathbf{D}_n^* = [+16l^3]$$

als ein konstanter Wert und somit ist

$$\mathbf{X} = -\frac{1}{16l^3} \cdot \mathbf{D}_0^* = +\frac{1}{16l^3} [8l^3 \; 3l^3] = \left[\frac{1}{2} \; \frac{3}{16}\right].$$

Damit wird mit (V A.14)

$$\boldsymbol{x} = \mathbf{X} \cdot \boldsymbol{p} = \left[\frac{1}{2} \; \frac{3}{16}\right] \cdot \binom{P_1}{P_2} = \frac{1}{2} P_1 + \frac{3}{16} P_2 = X_1.$$

Ist die Unbekannte X_1 ermittelt, so können alle Schnittbelastungen in üblicher Weise bestimmt werden.

b) Einseitig eingespannter, einseitig gelenkig gelagerter Rahmen

Der Rahmen und die Belastung sind in Abb. V 1.3 dargestellt. Hierfür ergibt sich (siehe [6, S. 371])

$$\mathbf{D}_n^* = \begin{bmatrix} 16 & 46 \\ 46 & 239 \end{bmatrix}; \quad \mathbf{D}_0^* = -\begin{bmatrix} 40 & 3 \\ 152 & 21 \end{bmatrix}.$$

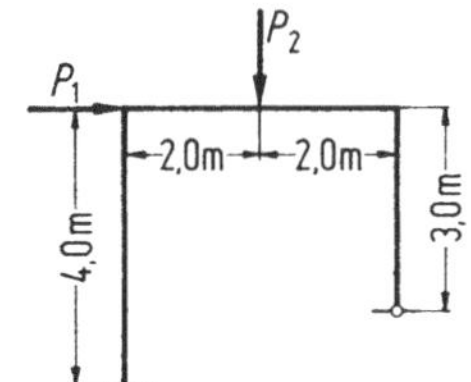

Abb. V 1.3

Nach (I C.51) ist

$$\det \mathbf{D}_n^* = 16 \cdot 239 - 46^2 = 1\,708,$$

und nach (I C.49) bis (I C.53)

$$\mathbf{D}_{n,\mathrm{adj.}}^* = \begin{bmatrix} 239 & -46 \\ -46 & 16 \end{bmatrix}; \quad \mathbf{D}_n^{*-1} = \frac{1}{1\,708} \begin{bmatrix} 239 & -46 \\ -46 & 16 \end{bmatrix};$$

$$\mathbf{X} = -\mathbf{D}_n^{*-1} \cdot \mathbf{D}_0^* = \frac{1}{1\,708}
\begin{array}{|cc|cc|}
\hline
 & & 40 & 3 \\
 & & 152 & 21 \\
\hline
239 & -46 & 2568 & -249 \\
-46 & 16 & 592 & 198 \\
\hline
\end{array}
= \begin{bmatrix} 1,503 & -0,146 \\ +0,347 & +0,116 \end{bmatrix}$$

$$\boldsymbol{x} = \mathbf{X} \cdot \boldsymbol{p} = \begin{bmatrix} 1,503 & -0,146 \\ +0,347 & -0,116 \end{bmatrix} \cdot \binom{P_1}{P_2}$$

$$X_1 = \quad 1{,}503 P_1 - 0{,}146 P_2;$$
$$X_2 = +0{,}347 P_1 + 0{,}116 P_2.$$

Weitere Anwendungen der Matrizenmethode werden bei anderen Abschnitten gebracht.

B. Reduktionsverfahren

1. Allgemeines

Von S. Falk wurde, aufbauend auf weiter zurückliegende Grundlagen, in seiner 1956/57 verfaßten Habilitationsschrift „das Reduktionsverfahren der Baustatik unter besonderer Berücksichtigung der Programmierbarkeit für digitale Rechenautomaten" erstmals eine allgemeine Theorie des Reduktionsverfahrens entwickelt, die jedes beliebige ebene und räumliche, aus geraden Teilstücken bestehende Tragwerk zu berechnen erlaubt. Er unterstützte und förderte auch die Drucklegung des Buches „Reduktionsverfahren der Baustatik" von Kersten [5].

In diesem Buch von Kersten sind die Grundlagen des Reduktionsverfahrens entwickelt und die Anwendung derselben auf die verschiedensten Probleme in Theorie und Beispielen gezeigt. Es ist dort auch ein so umfassendes Schrifttum angegeben, daß hier nur auf einige wenige Arbeiten hingewiesen zu werden braucht [1—4]. Dieses Verfahren hat so weitgehend Eingang in die Berechnung von Tragkonstruktionen, sowohl was die Ermittlung der Schnittbelastungen als auch von Problemen der Stabilität und der Ermittlung von Spannungsvorgängen betrifft, gefunden, daß im Rahmen dieses Werkes auf das Grundsätzliche dieses Verfahrens hingewiesen werden muß. Mit Rücksicht auf das umfangreiche Schrifttum erübrigt sich aber ein Eingehen in Sonderfälle. Aus dem gleichen Grunde wurden auch die Bezeichnungen und die Vorzeichenfestlegung nach [5] im wesentlichen beibehalten.

Nachfolgend werden die grundsätzlichen Entwicklungen nach Kersten [5] angegeben und auch die beiden grundsätzlichen Beispiele sind diesem Buch entnommen.

2. Grundprinzip

Wirkt im Punkt 0 des Tragwerkes nach Abb. V B.1 ein bestimmtes Moment M_0, so werden alle Schnittbelastungen, Durchbiegungen und Drehungen an den Stellen der Unterstützungen lineare Funktionen des Wertes M_0 sein. Ähnliches gilt bei der Wirkung einer Querkraft Q_0, bzw. von eingeprägten Verformungen w_0 und φ_0 an der Stelle 0. Auch für eine äußere Belastung gilt das gleiche. Die willkürlich wählbaren Größen M_0, Q_0, w_0 und φ_0 werden als Freigrößen bezeichnet.

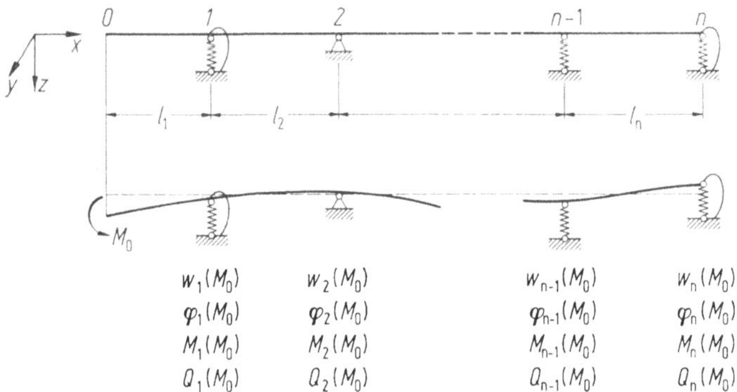

Abb. V B.1. Beliebig gestützter, am linken Ende durch ein Moment M_0 belasteter Durchlaufträger [5]

Die Hälfte dieser Freigrößen ist durch Randbedingungen am linken Trägerende festgelegt.

Für den Durchlaufträger mit elastisch gelagerten Zwischenstützen nach Abb. V B.2 sind z.B. $M_0 = 0$ und $Q_0 = 0$. Es bleiben somit w_0 und φ_0 als unbekannte Freigrößen übrig; sie lassen sich aber aus den Randbedingungen am rechten Trägerende bestimmen. Im vorliegenden Falle sind $w_4 = 0$ und $\varphi_4 = 0$. Damit ergeben sich zwei lineare Gleichungen für w_0 und φ_0, gleichgültig wie groß die Felderanzahl ist. Sind w_0 und φ_0 bestimmt, so lassen sich alle Schnittbelastungen und Verformungen des Tragwerkes als Funktionen von w_0, φ_0, p und P bestimmen.

Die Aufgabe besteht nun darin, den linearen Zusammenhang zwischen der Schnittbelastung und den Verformungen am linken und rechten Trägerende festzustellen. Dies erfolgt mit Übertragungsmatrizen.

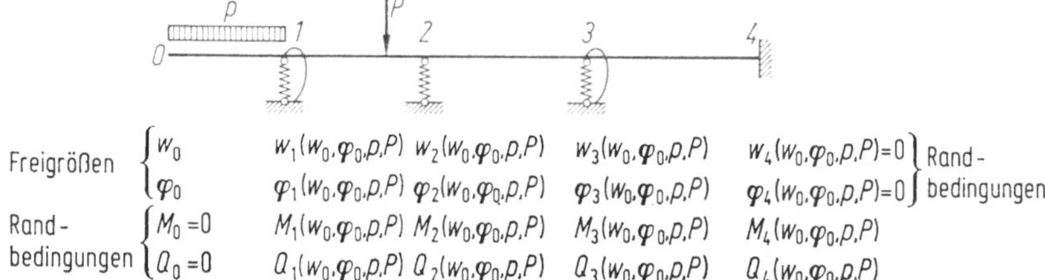

Abb. V B.2. Beliebig gestützter Durchlaufträger mit Freigrößen und Randbedingungen [5]

3. Vorzeichenfestlegung

Aus mathematischen Gründen werden die Vorzeichen für einen räumlichen Stab für die Achsenrichtungen, die Schnittbelastungen, die Verformungen und die Belastungsfunktion nach Abb. V B.3 a und b gewählt; für den Sonderfall ebener Systeme gilt entsprechend Abb. V B.4.

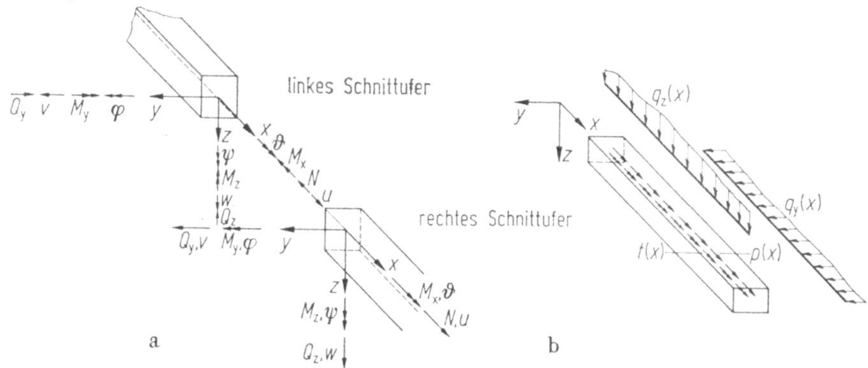

Abb. V B.3. Vorzeichenfestlegung für räumliche Stäbe. a) Schnittbelastungen und Verformungen, b) Belastungen [5]

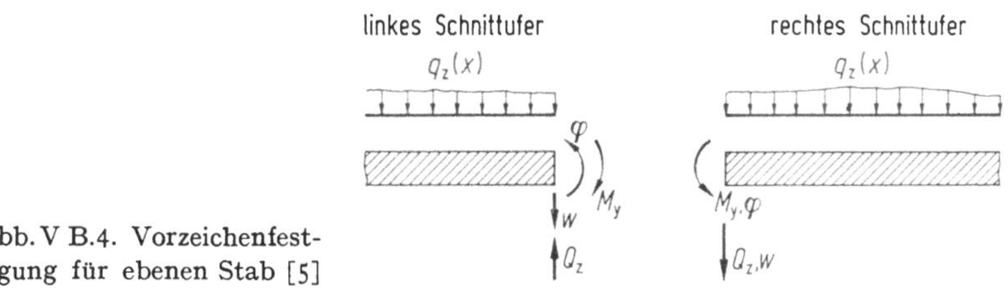

Abb. V B.4. Vorzeichenfestlegung für ebenen Stab [5]

4. Einfeld- und Durchlaufträger
für feldweise konstante Biegesteifigkeit *EJ*. Allgemeine Entwicklungen

An diesem System soll die grundsätzliche Anwendung des Verfahrens gezeigt werden, wobei die Belastung $q(x)$ in der $x - z$-Ebene wirkt und nur reine Biegung in der $x - z$-Ebene auftritt.

Ein beliebiger Träger (z. B. Abb. V B.5) wird entsprechend seinen Lagerungen, Gelenken und freien Enden in einzelne Elemente (Felder) zerlegt.

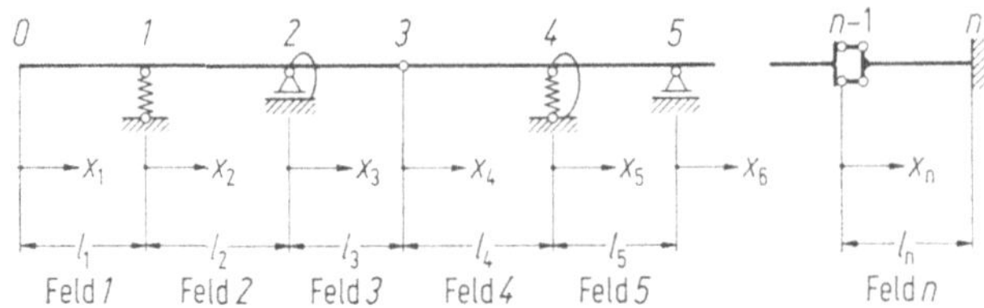

Abb. V B.5. Festlegung der Feldgrenzen für Durchlaufträger [5]

a) Feldmatrix

Für ein belastetes Feld mit der Länge l_k wird der Zusammenhang zwischen den Verformungen und den Schnittbelastungen in den beiden Schnitten i und k, unmittelbar neben den Stützen, gesucht. In Abb. V B.6 sind die Vorzeichen nach Abschnitt B.3 gewählt. Für jeden beliebigen Stab stellt i das linke und k das rechte Ende dar.

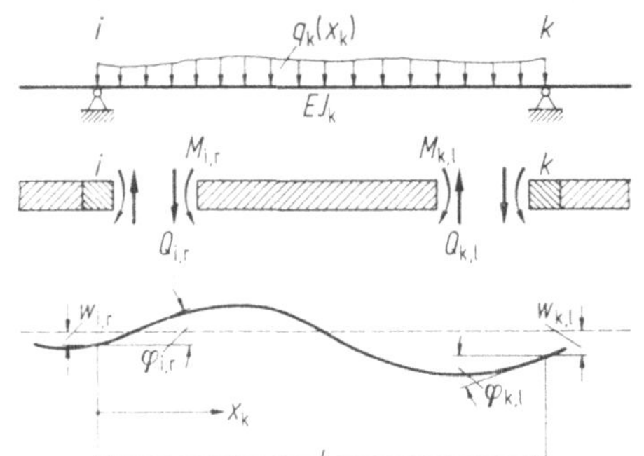

Abb. V B.6. Vorzeichenfestlegung für ein Feld [5]

Die Differentialgleichung der Biegelinie lautet für das Feld l_m

$$(EJ_m w'')'' = q. \qquad (\text{V B.1})$$

Damit ergibt sich durch fortlaufende Integration bei konstantem Trägheitsmoment J_m

$$\left. \begin{aligned}
(EJ_m w'')' &= Q = \int_0^x q\, dx + c_1 = Q_{x,0} + c_1; \\[2mm]
EJ_m w'' &= M = \int_0^x Q_{x,0}\, dx + c_1 x + c_2 = M_{x,0} + c_1 x + c_2; \\[2mm]
EJ_m w' &= -EJ_m \varphi = EJ_m \int_0^x \frac{M_{x,0}}{EJ_m}\, dx + c_1 \frac{x^2}{2} + c_2 x + c_3 = \\[2mm]
&= -EJ_m \varphi_{x,0} + c_1 \frac{x^2}{2} + c_2 x + c_3; \\[2mm]
EJ_m w &= -EJ_m \int_0^x \varphi_{x,0}\, dx + c_1 \frac{x^3}{6} + c_2 \frac{x^2}{2} + c_3 x + c_4 = \\[2mm]
&= EJ_m w_{x,0} + c_1 \frac{x^3}{3} + c_2 \frac{x^2}{2} + c_3 x + c_4.
\end{aligned} \right\} \quad (\text{V B.2})$$

Hierbei werden die sonst in der Statik nicht üblichen neuen Begriffe

$$Q_{x,0} = \int_0^x q\,\mathrm{d}x; \quad M_{x,0} = \int_0^x Q_{x,0}\,\mathrm{d}x;$$

$$-\varphi_{x,0} = \int_0^x \frac{M_{x,0}}{EJ_m}\,\mathrm{d}x; \quad w_{x,0} = -\int_0^x \varphi_{x,0}\,\mathrm{d}x \tag{V B.3}$$

eingeführt. Für $x = l_m$ des Feldes m lauten die entsprechenden Ausdrücke ${}^m Q_{k,0}$, ${}^m M_{k,0}$, ${}^m \varphi_{k,0}$ und ${}^m w_{k,0}$.

Für $x = 0$ ergeben sich nach (V B.3)

$${}^m Q_{i,0} = {}^m M_{i,0} = {}^m \varphi_{i,0} = {}^m w_{i,0} = 0.$$

Nach (V B.2) erhält man damit die Konstanten c_1 bis c_4 aus den Randbedingungen an der Stelle $x = 0$ zu

$$Q_i = c_1; \quad M_i = c_2; \quad -EJ\varphi_i = c_3; \quad EJw_i = c_4.$$

Und

$$w_x = 1 \cdot w_i - x\varphi_i + \frac{x^2}{2EJ_m} M_i + \frac{x^3}{6EJ_m} Q_i + w_{x,0} \cdot 1;$$

$$\varphi_x = \qquad 1 \cdot \varphi_i - \frac{x}{EJ_m} M_i - \frac{x^2}{2EJ_m} Q_i + \varphi_{x,0} \cdot 1;$$

$$M_x = \qquad\qquad\qquad 1 \cdot M_i + x Q_i + M_{x,0} \cdot 1; \tag{V B.4}$$

$$Q_x = \qquad\qquad\qquad\qquad 1 \cdot Q_i + Q_{x,0} \cdot 1;$$

$$q_x = \qquad\qquad\qquad\qquad\qquad q_x \cdot 1.$$

Für $x = l_m$ erhält man daraus den Zusammenhang zwischen den Schnittbelastungen und Verformungen vom linken und rechten Trägerende des Feldes m.

$${}^m w_k = 1 \cdot {}^m w_i - l_m\,{}^m \varphi_i + \frac{l_m^2}{2EJ_m}\,{}^m M_i + \frac{l_m^3}{6EJ_m}\,{}^m Q_i + {}^m w_{k,0} \cdot 1;$$

$${}^m \varphi_k = \qquad 1 \cdot {}^m \varphi_i - \frac{l_m}{EJ_m}\,{}^m M_i - \frac{l_m^2}{2EJ_m}\,{}^m Q_i + {}^m \varphi_{k,0} \cdot 1;$$

$${}^m M_k = \qquad\qquad\qquad 1 \cdot {}^m M_i + l_m\,{}^m Q_i + {}^m M_{k,0} \cdot 1; \tag{V B.5}$$

$${}^m Q_k = \qquad\qquad\qquad\qquad 1 \cdot {}^m Q_i + {}^m Q_{k,0} \cdot 1;$$

$${}^m q_k = \qquad\qquad\qquad\qquad\qquad {}^m q_k \cdot 1.$$

In Matrizenschreibweise lautet (V B.5)

$$
\begin{bmatrix} {}^m w_k \\[4pt] {}^m \varphi_k \\[4pt] {}^m M_k \\[4pt] {}^m Q_k \\[4pt] 1 \end{bmatrix}
=
\begin{bmatrix}
1 & -l_m & \dfrac{l_m^2}{2EJ_m} & \dfrac{l_m^3}{6EJ_m} & {}^m w_{k,0} \\[8pt]
0 & 1 & -\dfrac{l_m}{EJ_m} & -\dfrac{l_m^2}{2EJ_m} & {}^m \varphi_{k,0} \\[8pt]
0 & 0 & 1 & l_m & {}^m M_{k,0} \\[6pt]
0 & 0 & 0 & 1 & {}^m Q_{k,0} \\[6pt]
0 & 0 & 0 & 0 & 1
\end{bmatrix}
\cdot
\begin{bmatrix} {}^m w_i \\[4pt] {}^m \varphi_i \\[4pt] {}^m M_i \\[4pt] {}^m Q_i \\[4pt] 1 \end{bmatrix}
\tag{V B.6a}
$$

bzw.

$${}^m \mathbf{y}_k = \mathbf{F}_m \cdot {}^m \mathbf{y}_i. \tag{V B.6 b}$$

Da die Größen ${}^m w_{k,0}$, ${}^m \varphi_{k,0}$, ${}^m M_{k,0}$, ${}^m Q_{k,0}$ nach (V B.3) für $x = l_m$ für ein Feld m für eine gegebene Belastung bestimmte Zahlenwerte sind, ist somit die Feldmatrix $\mathbf{F}_m$ für jedes Feld m bei einer gegebenen Belastung bekannt.

Aus (V B.3) erkennt man aber weiter, daß $Q_{k,0}$ und $M_{k,0}$ die Querkraft und das Moment an der Einspannstelle eines rechts eingespannten gedachten Kragträgers aus der Belastung q sind, und $-\varphi_{k,0}$ und $w_{k,0}$ die entsprechenden Werte bei einer ideellen Belastung $M_{x,0}/EJ_m$ (siehe Abb. V B.7).

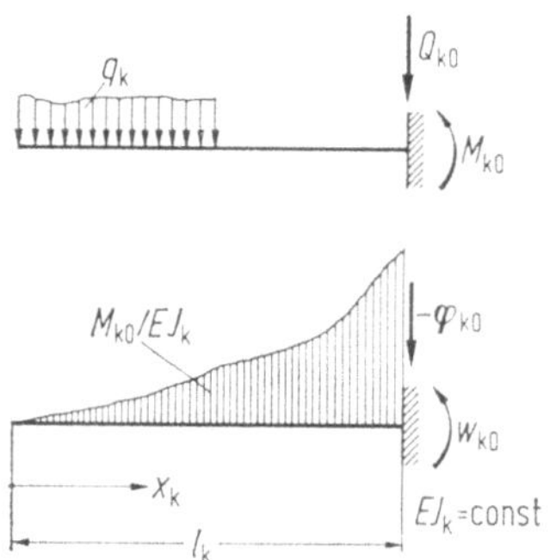

Abb. V B.7. Bestimmung der Werte $w_{k,o}$, $\varphi_{k,o}$, $M_{k,o}$ und $Q_{k,o}$ am ideellen Kragträger [5]

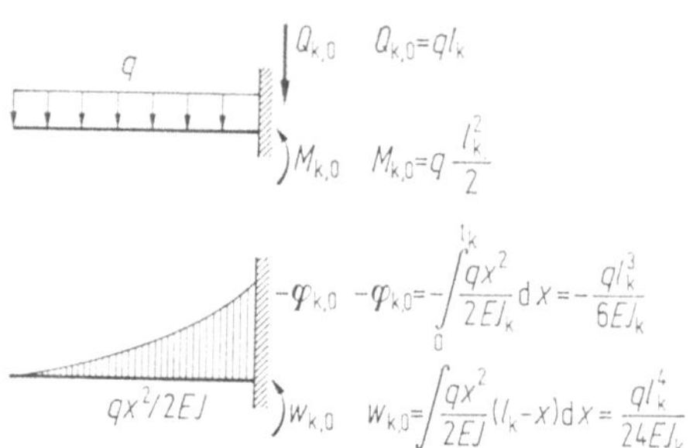

Abb. V B.8. Bestimmung der Werte $w_{k,o}$, $\varphi_{k,o}$, $M_{k,o}$ und $Q_{k,o}$ für eine gleichförmig virtuelle Belastung q am ideellen Kragträger

Zum Beispiel ergibt sich für eine gleichförmig verteilte Belastung q (Abb. V B.8) bei konstantem Wert EJ_m:

$$^{m}Q_{k,0} = ql_m ; \quad ^{m}M_{k,0} = q\,\frac{l_m^2}{2} ;$$

$$-^{m}\varphi_{k,0} = -\int_0^l \frac{qx^2}{2EJ_m}\,\mathrm{d}x = -\frac{ql_m^3}{6EJ_m} ;$$

$$^{m}w_{k,0} = \int_0^l \frac{qx^2}{2EJ_m}\,(l_m - x)\,\mathrm{d}x = \frac{ql_m^4}{24EJ_m}.$$

In der Tabelle V B.1 sind Zahlenwerte für einige wenige Sonderbelastungen bei konstantem Wert EJ_m angegeben, wobei a_k und b_k den Angriffspunkt der Last P bzw. des Momentes M angeben.

Tabelle V B.1

	$^{m}w_{k,0}$	$^{m}\varphi_{k,0}$	$^{m}M_{k,0}$	$^{m}Q_{k,0}$
P bei a_k	$\dfrac{Pa_k^2}{6EJ_m}$	$-\dfrac{Pa_k^2}{2EJ_m}$	Pa_k	P
M bei b_k	$\dfrac{Mb_k^2}{2EJ_m}$	$-\dfrac{Mb_k}{EJ_m}$	M	0
q über l_m	$\dfrac{ql_m^4}{24EJ_m}$	$-\dfrac{ql_m^3}{6EJ_m}$	$\dfrac{ql_m^2}{2}$	ql_m
q (Dreieck) über l_m	$\dfrac{q_k l_m^4}{120EJ_m}$	$-\dfrac{q_k l_m^3}{24EJ_m}$	$\dfrac{ql_m^2}{6}$	$\dfrac{ql_m}{2}$

b) Punktmatrix

Beim Übergang an einer Feldgrenze vom Feld m zum Feld $m + 1$ können sich je nach dem gegebenen Bedingungen Schnittbelastungen und Verformungen sprungweise ändern. Diese Änderungen werden durch Punkt- bzw. Übergangs- oder Sprungmatrizen erfaßt.

Sie sind je nach der Ausbildungsart der Feldgrenzen verschieden.

Ausbildungsart der Feldgrenze

Elastisch senkbare Stützung (Abb. V B.9)

Für die Senkung $^m w_k$ ergibt sich bei einer Federkonstanten $k_{m,z}$ eine Reaktionsbelastung

$$Q_m = -k_{m,z}{}^m w_k. \tag{V B.7}$$

Abb. V B.9. Elastisch
senkbare Stütze [5]

Abb. V B.10. Elastisch
drehbare Stütze [5]

Elastisch drehbare Stützung (Abb. V B.10)

Für eine Drehung $^m \varphi_k$ ergibt sich bei einer Federkonstanten $k_{k,d}$ eine Reaktionsbelastung

$$M_m = -k_{m,d}{}^m \varphi_k. \tag{V B.8}$$

Festes gelenkiges Lager (Abb. V B.11)

An einem festen Lager tritt infolge der vorerst unbekannten Stützkraft eine sprunghafte Änderung der Querkraft um den Wert Q_m^s auf.

Festes Gelenk (Abb. V B.12)

In einem festen Gelenkpunkt tritt eine sprunghafte Änderung der Drehung φ_m^s auf, während die Schnittbelastungen und die Durchbiegung sich nicht ändern.

Querkraftnullfeld (Abb. V B.13)

In diesem Fall kann sich nur die Durchbiegung w_m^s sprungweise ändern, nicht aber können M und Q Änderungen erfahren.

Senkrecht geführtes Lager (Abb. V B.14)

Für ein solches Lager kann nur eine sprunghafte Änderung des Momentes um den Wert M_m^s erfolgen. w_k, φ_k, Q_k bleiben gleich.

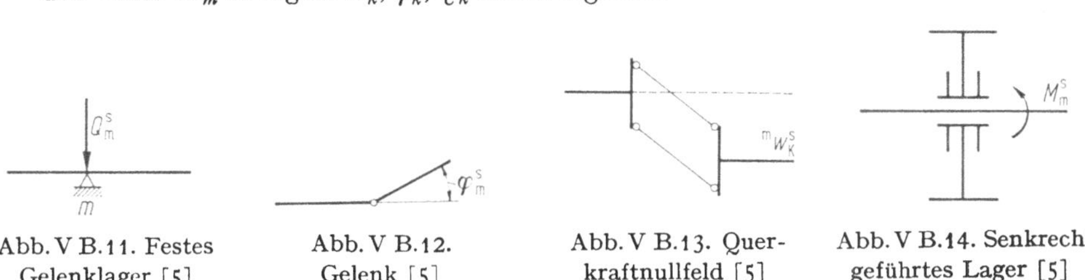

Abb. V B.11. Festes
Gelenklager [5]

Abb. V B.12.
Gelenk [5]

Abb. V B.13. Querkraftnullfeld [5]

Abb. V B.14. Senkrecht
geführtes Lager [5]

Je nach der Lagerungsart können einzelne oder mehrere Schnittbelastungs- oder Verformungsgrößen sich sprunghaft im Knotenpunkt m ändern, so daß sich nach Abb. V B.15 links des Punktes m andere Größen als rechts davon ergeben können. Die Berücksichtigung der Vorzeichen für die Schnittbelastung ist aus Abb. V B.16 ersichtlich. Es ergibt sich danach

$$^{m+1}M_i = {}^{m}M_k - k_{m,d}{}^{m}\varphi_k + M_m^s;$$
$$^{m+1}Q_i = {}^{m}Q_k - k_{m,z}{}^{m}w_k + Q_m^s.$$

$$(V\,B.9)$$

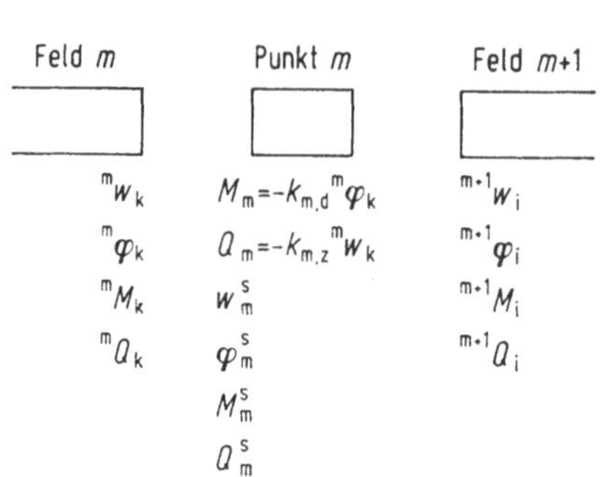

Abb. V B.15. Bezeichnung der Schnittbelastungen und Verformungen an den
Feldgrenzen [5]

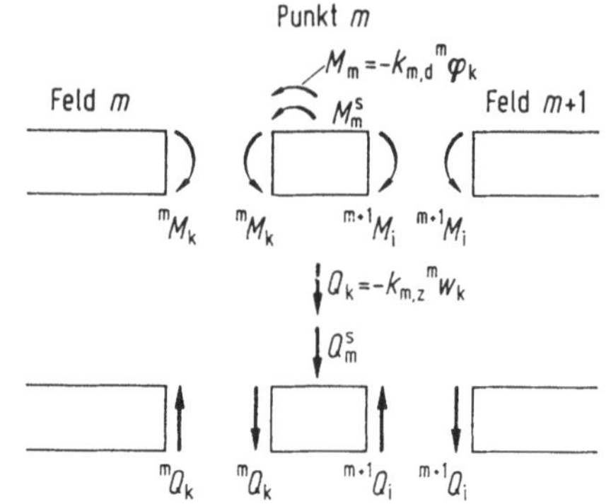

Abb. V B.16. Vorzeichenfestlegung für
Schnittbelastung an den Feldgrenzen [5]

Allgemein gilt

$$^{m+1}w_i = {}^{m}w_k \qquad\qquad\qquad + w_m^s;$$
$$^{m+1}\varphi_i = \qquad {}^{m}\varphi_k \qquad\qquad + \varphi_m^s;$$
$$^{m+1}M_i = \qquad -k_{k,d}{}^{m}\varphi_k + {}^{m}M_k + M_m^s;$$
$$^{m+1}Q_i = -k_{k,z}{}^{m}w_k \qquad\quad + {}^{m}Q_k + Q_m^s;$$
$$1 = \qquad\qquad\qquad\qquad 1$$

$$(V\,B.10)$$

bzw. in Matrizenschreibweise

$$
\begin{bmatrix} ^{m+1}w_i \\ ^{m+1}\varphi_i \\ ^{m+1}M_i \\ ^{m+1}Q_i \\ 1 \end{bmatrix}
=
\begin{bmatrix}
1 & 0 & 0 & 0 & w_m^s \\
0 & 1 & 0 & 0 & \varphi_m^s \\
0 & -k_{m,d} & 1 & 0 & M_m^s \\
-k_{m,z} & 0 & 0 & 1 & Q_m^s \\
0 & 0 & 0 & 0 & 1
\end{bmatrix}
\cdot
\begin{bmatrix} ^{m}w_k \\ ^{m}\varphi_k \\ ^{m}M_k \\ ^{m}Q_k \\ 1 \end{bmatrix}
$$

$$(V\,B.11\,a)$$

bzw.

$$^{m+1}\mathbf{y}_i = \mathbf{U}_m \cdot {}^{m}\mathbf{y}_k.$$

$$(V\,B.11\,b)$$

Mit (V B.6) wird

$$^{m+1}\mathbf{y}_i = \mathbf{U}_m \cdot \mathbf{F}_m \cdot {}^{m}\mathbf{y}_i.$$

$$(V\,B.12)$$

Für das Feld $m + 1$ erhält man nach (V B.6)

$$^{m+1}\mathbf{y}_k = \mathbf{F}_{m+1} \cdot {}^{m+1}\mathbf{y}_i.$$

$$(V\,B.13)$$

Man erhält somit die Schnittbelastungen und Verformungen für das gesamte System durch fortlaufende Matrizenmultiplikation.

c) Randbedingungen

Für die betrachteten ebenen Durchlaufträger mit Belastung in der $x - z$-Ebene sind am linken Tragwerksende zwei Freigrößen festgelegt, da immer zwei Randbedingungen vorhanden sind. Diese Freigrößen gehen in die Berechnung der Schnittbelastungen und Verformungen ein. Aus den beiden Randbedingungen am rechten Tragwerksende ergeben sich dann zwei lineare Gleichungen zur Bestimmung dieser Freigrößen.

Für das linke Tragwerksende (Abb. V B.17) ergeben sich je nach der Lagerungsart verschiedene Freigrößen.

Für ein festes gelenkiges Lager (Abb. V B.17a) bestehen die Randbedingungen $^1w_i = {}^1M_i = 0$.

Damit sind $^1\varphi_i$ und ^1Q_i Freigrößen.

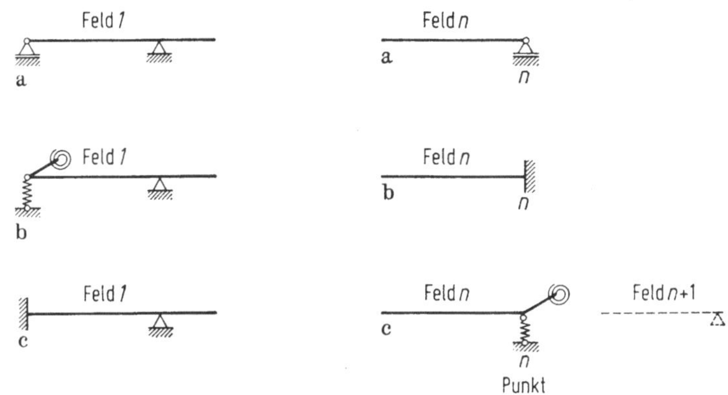

<table>
<tr><td>Abb. V B.17. Randbedingungen
am linken Tragwerksende</td><td>Abb. V B.18. Randbedingungen
am rechten Tragwerksende</td></tr>
</table>

Für eine elastisch senkbare und drehbare Lagerung (Abb. V B.17b) sind die Schnittbelastungen in Abhängigkeit von den Verformungen als Randbedingungen gegeben.

$$^1M_i = -k_{0,d}\,{}^1\varphi_i \quad \text{und} \quad {}^1Q_i = -k_{0,z}\,{}^1w_i.$$

Somit sind hier ^1w_i und $^1\varphi_i$ die gesuchten Freigrößen.

Für das eingespannte Ende (Abb. V B.17c) gilt:

$$^1w_i = {}^1\varphi_i = 0; \quad \text{Freigrößen:} \quad {}^1M_i \text{ und } {}^1Q_i.$$

Entsprechend sind andere Lagerungen zu berücksichtigen.

Für das rechte Tragwerksende des letzten Feldes n (Abb. V B.18) ergeben sich je nach Lagerung die beiden Randbedingungen zur Bestimmung der beiden Freigrößen des linken Tragwerkendes.

Für ein festes Gelenklager (Abb. V B.18a) lauten die Randbedingungen

$$^nw_k = 0; \quad {}^nM_k = 0$$

und für ein starr eingespanntes Tragwerksende (Abb. V B.18b)

$$^nw_k = 0; \quad {}^n\varphi_k = 0.$$

Für eine elastisch senkbare und drehbare Lagerung (Abb. V B.18c) erhält man die Randbedingungen

$$^{n+1}Q_i = 0 \quad \text{und} \quad {}^{n+1}M_i = 0.$$

Hierbei ist zu beachten, daß im Punkt n die Schnittbelastungen

$$M_n = -k_{n,d}\,{}^n\varphi_k \quad \text{und} \quad Q_n = -k_{n,z}\,{}^nw_k$$

auf den Träger wirken, so daß bei der Ermittlung der Randbedingungen die Punktmatrix U_n berücksichtigt werden muß, d. h. der Übergang vom Feld n zum gedachten Feld $n + 1$ wird damit erfaßt.

Entsprechend sind andere Lagerungen zu berücksichtigen.

d) Durchführung der Berechnung

Für ein beliebig gestütztes System sind die Bezeichnungen in Abb. V B.19 eingetragen.

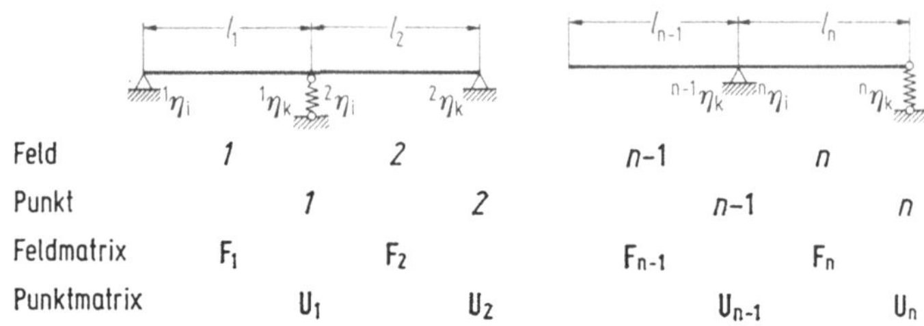

Feld	1	2	n-1	n
Punkt	1	2	n-1	n
Feldmatrix	F_1	F_2	F_{n-1}	F_n
Punktmatrix	U_1	U_2	U_{n-1}	U_n

Abb. V B.19. Bezeichnungen für einen Durchlaufträger

Es wird aus rechentechnischen Gründen empfohlen, den Anfangs-Spaltenvektor ^1y_i in der Form

$$^1y_i = Ax_1 + Bx_2 + 1x_3 \qquad \text{(V B.14)}$$

darzustellen, wobei A und B die beiden vorhandenen Freigrößen am linken Tragwerksende sind.

Zum Beispiel ergibt sich für ein festes Gelenk

$$^1y_i = \begin{bmatrix} ^1w_i = 0 \\ ^1\varphi_i \\ ^1M_i = 0 \\ ^1Q_i \\ 1 \end{bmatrix} = \begin{bmatrix} 0 \\ 1 \\ 0 \\ 0 \\ 0 \end{bmatrix} {}^1\varphi_i + \begin{bmatrix} 0 \\ 0 \\ 0 \\ 1 \\ 0 \end{bmatrix} {}^1Q_i + \begin{bmatrix} 0 \\ 0 \\ 0 \\ 0 \\ 1 \end{bmatrix} 1; \qquad \text{(V B.15)}$$

bzw.

$$^1y_i = {}^1\varphi_i x_1 + {}^1Q_i x_2 + x_3,$$

während für ein elastisch senkbares und drehbares Lager gilt

$$^1y_i = \begin{bmatrix} ^1w_i \\ ^1\varphi_i \\ -k_{1,d}{}^1\varphi_i \\ -k_{1,z}{}^1w_i \\ 1 \end{bmatrix} = \begin{bmatrix} 1 \\ 0 \\ 0 \\ -k_{i,z} \\ 0 \end{bmatrix} {}^1w_i + \begin{bmatrix} 0 \\ 1 \\ -k_{1,d} \\ 0 \\ 0 \end{bmatrix} {}^1\varphi_i + \begin{bmatrix} 0 \\ 0 \\ 0 \\ 0 \\ 1 \end{bmatrix} \cdot 1 \qquad \text{(V B.16)}$$

bzw.

$$^1y_i = {}^1w_i x_1 + {}^1\varphi_i x_2 + x_3.$$

Mit den Feld- und Sprungmatrizen nach (V B.6a) und (V B.11a) können alle Spaltenvektoren $^m y_i$ durch Matrizenmultiplikation als Funktion der Freigrößen A und B angeschrieben werden.

Da es bei der Berechnung statisch unbestimmter Größen (s. Band I) zweckmäßig ist, mit dem Verhältnis der Trägheitsmomente, Belastungen usw. zu arbeiten, wird das auch hier mit Vorteil angewendet, wobei die Schnittbelastungs- und Verformungsgrößen M, Q, w, φ durch dimensionslose Größen M^*, Q^*, w^*, φ^* ersetzt werden.

$$w = w^* \frac{P_c l_c}{E J_c} \; ; \quad M = M^* P_c l_c ; \quad q = q^* \frac{P_c}{l_c} \; ;$$

$$\varphi = \varphi^* \frac{P_c l_c^2}{E J_c} \; ; \quad Q = Q^* P_c . \tag{V B.17}$$

l_c, J_c, P_c sind dabei beliebig gewählte Werte.

Setzt man (V B.17) in die erste Gleichung von (V B.5) ein, und dividiert diese durch

$$\frac{P_c l_c^3}{E J_c} ,$$

so erhält man

$$^m w_k^* = {}^m w_i^* - \frac{l_m}{l_c} {}^m \varphi_i^* + \frac{1}{2} \frac{l_m^2}{l_c^2} \frac{J_c}{J_m} {}^m M_i^* + \frac{1}{6} \frac{l_m^3}{l_c^3} \frac{J_c}{J_m} {}^m Q_i^* + {}^m w_{k,0} .$$

Führt man diese Substitution auch bei den anderen Gleichungen durch, so ergibt sich in Matrizenform

$$\begin{bmatrix} {}^m w_k^* \\ {}^m \varphi_k^* \\ {}^m M_k^* \\ {}^m Q_k^* \\ 1 \end{bmatrix} = \begin{bmatrix} 1 & -\dfrac{l_m}{l_c} & \dfrac{1}{2}\dfrac{l_m^2}{l_c^2}\dfrac{J_c}{J_m} & \dfrac{1}{6}\dfrac{l_m^3}{l_c^3}\dfrac{J_c}{J_m} & {}^m w_{k,0}^* \\ 0 & 1 & -\dfrac{l_m}{l_c}\dfrac{J_c}{J_m} & -\dfrac{1}{2}\dfrac{l_m^2}{l_c^2}\dfrac{J_c}{J_m} & {}^m \varphi_{k,0}^* \\ 0 & 0 & 1 & \dfrac{l_m}{l_c} & {}^m M_{k,0}^* \\ 0 & 0 & 0 & 1 & {}^m Q_{k,0}^* \\ 0 & 0 & 0 & 0 & 1 \end{bmatrix} \cdot \begin{bmatrix} {}^m w_i^* \\ {}^m \varphi_i^* \\ {}^m M_i^* \\ {}^m Q_i^* \\ 1 \end{bmatrix} \tag{V B.18a}$$

bzw.

$$^m \mathbf{y}_k^* = \mathbf{F}_m^* \cdot {}^m \mathbf{y}_i^* . \tag{V B.18b}$$

Die Werte $^m w_{k,0}^*$, $^m \varphi_{k,0}^*$, $^m M_{k,0}^*$ und $^m Q_{k,0}^*$ sind nunmehr statt aus der Tabelle V.B1 aus der Tabelle V B.2 unter Zugrundelegung der reduzierten Trägerlänge zu entnehmen.

Tabelle V B.2

	$w_{k,0}^*$	$\varphi_{k,0}^*$	$M_{k,0}^*$	$Q_{k,0}^*$
P/P_c a_k/l_c	$\dfrac{1}{6}\dfrac{P}{P_c}\dfrac{a_k^3}{l_c^3}\dfrac{J_c}{J_m}$	$-\dfrac{1}{2}\dfrac{P}{P_c}\dfrac{a_k^2}{l_c^2}\dfrac{J_c}{J_m}$	$\dfrac{P}{P_c}\dfrac{a_k}{l_c}$	$\dfrac{P}{P_c}$
$M/P_c l_c$ b_k/l_c	$\dfrac{1}{2}\dfrac{M}{P_c l_c}\dfrac{b_k^2}{l_c^2}\dfrac{J_c}{J_m}$	$-\dfrac{M}{P_c l_c}\dfrac{b_k}{l_c}\dfrac{J_c}{J_m}$	$\dfrac{M}{P_c l_c}$	0
q^* l_m/l_c	$\dfrac{q^*}{24}\dfrac{l_m^4}{l_c^4}\dfrac{J_c}{J_m}$	$-\dfrac{q^*}{6}\dfrac{l_m^3}{l_c^3}\dfrac{J_c}{J_m}$	$\dfrac{q^*}{2}\dfrac{l_m^2}{l_c^2}$	$q^*\dfrac{l_m}{l_c}$
q^* q_k^* l_m/l_c	$\dfrac{q^*}{120}\dfrac{l_m^4}{l_c^4}\dfrac{J_c}{J_m}$	$-\dfrac{q^*}{24}\dfrac{l_m^3}{l_c^3}\dfrac{J_c}{J_m}$	$\dfrac{q^*}{6}\dfrac{l_m^2}{l_c^2}$	$\dfrac{q^*}{2}\dfrac{l_m}{l_c}$

Entsprechend (V B.7) und (V B.8) sind einzuführen

$$Q_m^* = -k_{m,z}^* \, {}^m w_k^* \quad \text{mit} \quad k_{m,z}^* = k_{m,z} \frac{l_c^3}{EJ_c} \; ; \qquad \text{(V B.19)}$$

$$M_m^* = -k_{m,d}^* \, {}^m \varphi_k^* \quad \text{mit} \quad k_{m,d}^* = k_{m,d} \frac{l_c}{EJ_c} \cdot \qquad \text{(V B.20)}$$

Schließlich ist noch aus (V B.11) die Punktmatrix $\mathbf{U}_m^*$ zu bilden.

$$\mathbf{U}_m^* = \begin{bmatrix} 1 & 0 & 0 & 0 & w_m^{s*} \\ 0 & 1 & 0 & 0 & \varphi_m^{s*} \\ 0 & -k_{m,d}^* & 1 & 0 & M_m^{*s} \\ -k_{m,z}^* & 0 & 0 & 1 & Q_m^{*s} \\ 0 & 0 & 0 & 0 & 1 \end{bmatrix} \qquad \text{(V B.21)}$$

und es gilt

$$^{m+1}y_i^* = \mathbf{U}_m^* \cdot {}^m y_k^* . \qquad \text{(V B.22)}$$

e) Einfeldträger

Durch die Randbedingungen am linken Tragwerksende ist der Spaltenvektor ^1y_i nach (V B.14) festgelegt. Für das rechte Trägerende ergibt sich, wenn keine elastische Lagerung vorhanden ist,

$$^1y_k = \mathbf{F}_1 \cdot {}^1y_i . \qquad \text{(V B.23)}$$

Aus den beiden Randbedingungen am rechten Tragwerksende erhält man aus (V B.23) die beiden Bedingungsgleichungen zur Ermittlung der beiden Freigrößen A und B. Damit können sämtliche Schnittbelastungen und Verformungsgrößen bestimmt werden.

Ist die Lagerung am rechten Tragwerksende derart, daß hier Sprunggrößen auftreten und damit eine Sprungmatrix, so wird für ein gedachtes Feld 2

$$^2y_i = \mathbf{U}_1 \cdot {}^1y_k . \qquad \text{(V B.24)}$$

Aus den Bedingungen $^2Q_i = 0$ und $^2M_i = 0$, die man aus (V B.24) erhält, gewinnt man wieder zwei lineare Gleichungen zur Bestimmung der Freigrößen A und B.

f) Durchlaufträger mit elastischen Lagerungen an den Zwischenstützen

In diesem Fall sind die Sprunggrößen nach (V B.7) und (V B.8) nur von den Durchbiegungen bzw. Drehungen an den Stützen abhängig. Die Sprungmatrix hat, mit Rücksicht darauf, daß w_m^s, φ_m^s, M_m^s und Q_m^s Null sind, die Form

$$\mathbf{U}_m = \begin{bmatrix} 1 & 0 & 0 & 0 & 0 \\ 0 & 1 & 0 & 0 & 0 \\ 0 & -k_{m,d} & 1 & 0 & 0 \\ -k_{m,z} & 0 & 0 & 1 & 0 \\ 0 & 0 & 0 & 0 & 1 \end{bmatrix} . \qquad \text{(V B.25)}$$

Schreibt man (V B.12)

$$^{m+1}y_i = \mathbf{U}_m \cdot \mathbf{F}_m \cdot {}^m y_i$$

in der Form

$$^{m+1}y_i = \mathbf{L}_m \cdot {}^m y_i \qquad \text{(V B.26)}$$

an, so ergibt sich $\mathbf{L}_m$ durch Matrizenmultiplikation von $\mathbf{U}_m$ mit $\mathbf{F}_m$ zu

$$\mathbf{L}_m = \begin{bmatrix} 1 & -l_m & \dfrac{l_m^2}{2EJ_m} & \dfrac{l_m^3}{6EJ_m} & {}^m w_{k,0} \\[2ex] 0 & 1 & -\dfrac{l_m}{EJ_m} & -\dfrac{l_m^2}{2EJ_m} & {}^m \varphi_{k,0} \\[2ex] 0 & -k_{m,d}; & k_{m,d}\dfrac{l_m}{EJ_m}+1; & k_{m,d}\dfrac{l_m^2}{2EJ_m}+l_m; & -k_{m,d}\,{}^m\varphi_{k,0}+{}^m M_{k,0} \\[2ex] -k_{m,z}; & k_{m,z}l_m; & -k_{m,z}\dfrac{l_m^2}{2EJ_m}; & -k_{m,z}\dfrac{l_m^3}{6EJ_m}+1; & -k_{m,z}\,{}^m w_{k,0}+{}^m Q_{k,0} \\[2ex] 0 & 0 & 0 & 0 & 1 \end{bmatrix}.$$

$$(\text{V B.27})$$

Am linken Tragwerksende ist ${}^1 y_i$ nach (V B.14) wieder eine Funktion der beiden vorhandenen, vorerst noch unbekannten Freigrößen A und B.

Da alle Koeffizienten der Matrix $\mathbf{L}_m$ bekannt sind, erhält man durch fortgesetzte Anwendung von (V B.26) am rechten Tragwerksende, wenn dieses ebenfalls elastisch gelagert ist,

$$^{n+1}y_i = \mathbf{L}_n \cdot {}^n y_i$$

bzw. wenn hier ein festes Lager vorhanden ist

$$^n y_k = \mathbf{F}_m \cdot {}^n y_i$$

ebenfalls als Funktion nur von den beiden Freigrößen A und B. Diese beiden Größen sind durch die Randbedingungen am rechten Tragwerksende aus zwei linearen Gleichungen bestimmbar. Damit können aber alle Schnittbelastungen und Verformungen des gesamten Systems berechnet werden. Besonders interessant an diesem Verfahren ist somit, daß ein Träger auf beliebig vielen elastisch gelagerten Zwischenstützen durch nur zwei unbekannte Größen erfaßt werden kann.

g) Durchlaufträger auf festen Zwischenstützen bzw. besonderen Zwischenbedingungen

Bei der Berechnung solcher Systeme ist zu beachten, daß in den Sprungmatrizen nach (V B.11) die Sprunggrößen w_m^s, φ_m^s, M_m^s und Q_m^s vorerst unbekannte Größen sind. Da außerdem die beiden Freigrößen A und B am linken Tragwerksende ebenfalls unbekannt sind, ist die Gesamtzahl der Unbekannten bei n Zwischenfeldgrenzen $n+2$.

Zwei Bedingungsgleichungen ergeben sich wieder aus den beiden Randbedingungen am rechten Tragwerksende, die übrigen n aus den n Zwischenbedingungen an den Zwischenfeldgrenzen. Diese Zwischenbedingungen lauten

für ein festes Lager (Abb. V B.11) $\qquad\qquad w_m = 0,$

für ein Gelenk (Abb. V B.12) $\qquad\qquad\qquad M_m = 0,$

für ein Querkraftsnullfeld (Abb. V B.13) $\qquad\quad Q_m = 0$ und

für eine senkrechte Führung (Abb. V B.14) $\qquad \varphi_m = 0.$

Das Anschreiben der Bedingungsgleichungen erfolgt mit Hilfe der Gleichungen (V B.6) und (V B.11).

Der Spaltenvektor ${}^1 y_i$ wird wieder nach (V B.14) als Funktion der beiden Freigrößen A und B eingeführt. Sind die Freigrößen und die Sprunggrößen bekannt, so können durch laufende Matrizenmultiplikation alle Schnittbelastungen und Verformungen ermittelt werden.

h) Allgemeine Betrachtungen für ebene Systeme

Von Kersten sind in seinem Buch [5] die verschiedensten Fälle und Systeme untersucht worden. Hierbei sind auch verschiedene Varianten für die Durchführung der Zahlenrechnung gezeigt. Es bezieht sich dies sowohl auf allgemeine Entwicklungen wie z. B. der Einführung von Knotenschnittbelastungen an Stelle der Tabelle V B.1 oder der Ablösung der Freigrößen bei der Berechnung von Durchlaufträgern u.a.m., wie auch auf die Besonderheiten der Zahlenrechnung.

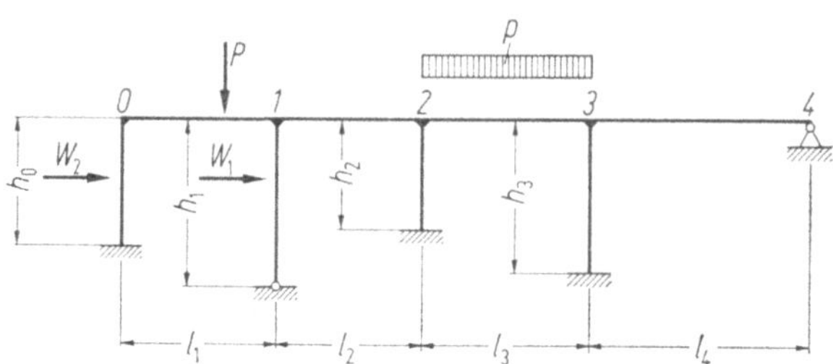

Abb. V B.20. Unverschieblicher Durchlaufrahmen

Das gezeigte Verfahren kann aber auch in sinnvoller Weise für andere Systeme angewendet werden. Bei dem unverschieblichen Rahmen nach Abb. V B.20 kann z. B. der Riegel 0 bis 4 als Durchlaufträger behandelt werden. Da die Rahmenstiele einer Drehung der Knoten einen Widerstand entgegensetzen, können sie wie elastische Federungen in die Rechnung eingeführt werden. Dieser Widerstand resultiert aus zwei Anteilen. Der erste Anteil ergibt sich aus der Biegesteifigkeit des Stiels bei einer Knotendrehung φ_m in Abhängigkeit von der Stielhöhe h_m und der Lagerung des Stielfußes. Der zweite Anteil rührt von der Belastung des Stieles bei Starreinspannung von Knoten ($\varphi_m = 0$) her. Für einen verschieblichen, unteren eingespannten Stiel erhält man (Abb. V B.21) z. B.

$$M_m^{hm} = -\frac{4EJ_{m,s}}{h_m}\varphi_m$$

aus der Drehung des Knotens um φ_m und das Starreinspannmoment $M_{m,0}^{hm}$.

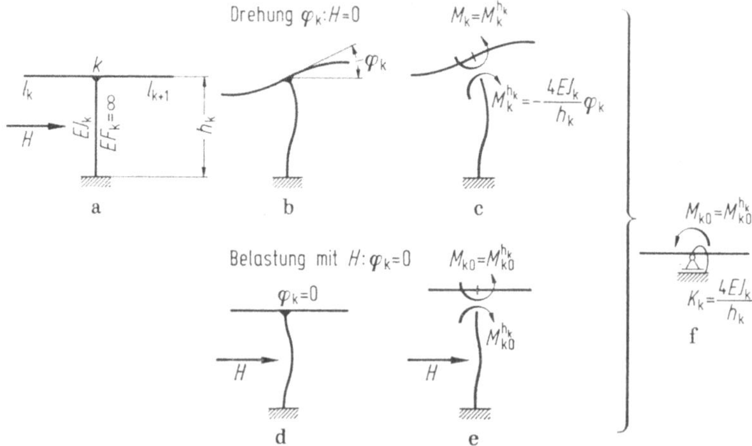

Abb. V B.21. Anfederung eines Rahmenstiels mit unverschieblichen Knotenpunkten [5]

Somit ist im Punkt m die Federkonstante

$$k_{m,d} = \frac{4EJ_{m,s}}{h_m},$$

und das Knotenmoment $M_{m,0}^{hm}$ zu berücksichtigen.

In [5] sind beliebige Rahmen, auch verschiebliche behandelt, ebenfalls Trägerroste u.a.m. Das Studium dieses Buches zeigt die vielfache Anwendungsmöglichkeit des Reduktionsverfahrens in anschaulicher und klarer Weise.

Bei veränderlichem Trägheitsmoment zwischen den Stützen kann das Trägheitsmoment auf kleine Intervalle konstant angenommen werden und die betreffenden Abschnitte als Felder behandelt werden.

Die Darstellung der Rechnung ist dann gleich wie früher, wobei $^m y_k = {}^{m+1} y_i$ ist.

Zahlenbeispiel V.2. Einfeldträger

Es wird als Beispiel ein einseitig starr eingespannter, einseitig elastisch gelagerter Träger nach [5] gewählt. Die Abmessungen und die Belastung sind aus Abb. V 2.1 ersichtlich.

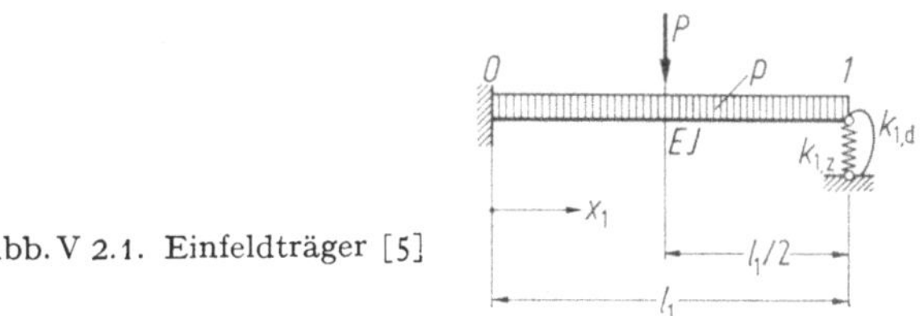

Abb. V 2.1. Einfeldträger [5]

Gegeben sind: $l_1 = 5{,}0$ m; $EJ_1 = 1250$ tm²; $p = 2$ t/m;

$P = 5$ t; $k_{1,z} = 500$ t/m; $k_{1,d} = 5000$ tm.

Der dimensionslosen Zahlenrechnung wurden die Größen

$$l_c = 5{,}0 \text{ cm}; \quad P_c = 5 \text{ t}; \quad EJ_c = 6EJ_1$$

zugrunde gelegt.

Damit ergeben sich nach (V B.19) und (V B.20) und Tabelle V B.2

$$k_{1,z}^* = 500 \frac{5{,}0^3}{6 \cdot 1250} = \frac{25}{3}; \quad k_{1,d}^* = 5000 \frac{5{,}0}{6 \cdot 1250} = \frac{10}{3};$$

$$\frac{P}{P_c} = 1{,}0; \quad p^* = 2{,}0 \frac{5{,}0}{5{,}0} = 2{,}0;$$

und daraus

$$^1 w_{k,0}^* = \frac{1}{6} \cdot 1{,}0 \left(\frac{1}{2}\right)^3 \cdot 6{,}0 + \frac{2{,}0}{24} 1{,}0^4 \cdot 6{,}0 = \frac{1}{8} + \frac{1}{2} = \frac{5}{8};$$

$$^1 \varphi_{k,0}^* = -\frac{1}{2} \cdot 1{,}0 \left(\frac{1}{2}\right)^2 \cdot 6 - \frac{2{,}0}{6} \cdot 1{,}0^3 \cdot 6 = -\frac{3}{4} - 2{,}0 = -\frac{11}{4};$$

$$^1 M_{k,0}^* = 1{,}0 \cdot \frac{1}{2} + \frac{2{,}0}{2} \cdot 1{,}0^2 = \frac{3}{2};$$

$$^1 Q_{k,0}^* = 1 + 2{,}0 \cdot 1{,}0 = 3{,}0.$$

Nach (V B.18) wird

$$\mathbf{F}_m^* = \begin{bmatrix} 1 & -1,0 & 3,0 & 1,0 & \dfrac{5}{8} \\ 0 & 1 & -6,0 & -3,0 & -\dfrac{11}{4} \\ 0 & 0 & 1 & 1,0 & \dfrac{3}{2} \\ 0 & 0 & 0 & 1 & 3,0 \\ 0 & 0 & 0 & 0 & 1 \end{bmatrix}$$

und nach (V B.21)

$$\mathbf{U}_m^* = \begin{bmatrix} 1 & 0 & 0 & 0 & 0 \\ 0 & 1 & 0 & 0 & 0 \\ 0 & -\dfrac{10}{3} & 1 & 0 & 0 \\ -\dfrac{25}{3} & 0 & 0 & 1 & 0 \\ 0 & 0 & 0 & 0 & 1 \end{bmatrix}$$

bzw. nach (V B.26)

$$\mathbf{L}_m^* = \mathbf{U}_m^* \cdot \mathbf{F}_m^* = \begin{bmatrix} 1 & -1 & 3 & 1 & \dfrac{5}{8} \\ 0 & 1 & -6 & -3 & -\dfrac{11}{4} \\ 0 & -\dfrac{10}{3} & +21 & 11 & \dfrac{32}{3} \\ -\dfrac{25}{3} & \dfrac{25}{3} & -25 & -\dfrac{22}{3} & -\dfrac{53}{24} \\ 0 & 0 & 0 & 0 & 1 \end{bmatrix}.$$

Für das linke Tragwerksende sind die Freigrößen $^1M_i^*$ und $^1Q_i^*$, da $^1w_i^* = {}^1\varphi_i^* = 0$. Nach (V B.14) ist

$$^1\mathbf{y}_i^* = \begin{bmatrix} 0 \\ 0 \\ 1 \\ 0 \\ 0 \end{bmatrix} {}^1M_i^* + \begin{bmatrix} 0 \\ 0 \\ 0 \\ 1 \\ 0 \end{bmatrix} {}^1Q_i^* + \begin{bmatrix} 0 \\ 0 \\ 0 \\ 0 \\ 1 \end{bmatrix} 1.$$

Für das rechte Tragwerksende gilt mit (V B.12) und (V B.26) für das gedachte Feld 2

$$^2\mathbf{y}_i^* = \mathbf{L}_m^* \cdot {}^1\mathbf{y}_i^* = \begin{matrix} {}^1M_i^* & {}^1Q_i^* & 1 \\ \begin{bmatrix} 3 & 1 & 5/8 \\ -6 & -3 & -11/4 \\ 21 & +11 & 32/3 \\ -25 & -22/3 & -53/24 \\ 0 & 0 & 1 \end{bmatrix} \end{matrix} = \begin{bmatrix} {}^2w_i^* \\ {}^2\varphi_i^* \\ {}^2M_i^* \\ {}^2Q_i^* \\ 1 \end{bmatrix}.$$

Aus den Bedingungen $^2M_i^* = {}^2Q_i^* = 0$ erhält man

$$21\ {}^1M_i^* + 11\ {}^1Q_i^* + \frac{32}{3} = 0;$$

$$-25\ {}^1M_i^* - \frac{22}{3}\ {}^1Q_i^* - \frac{53}{24} = 0$$

mit der Lösung $^1M_i^* = +0{,}44570$ und $^1Q_i^* = -1{,}82057$.

Nach (V B.17) wird:

$$w = w^* \frac{P_c l_c^3}{EJ_c} = w^* \frac{5 \cdot 5}{6 \cdot 1\,250} = 0{,}0833 w^*;$$

$$\varphi = \varphi^* \frac{5 \cdot 25}{6 \cdot 1\,250} = \qquad 0{,}01667 \varphi^*;$$

$$M = M^* 5 \cdot 5 \quad = \qquad 25 M^*;$$

$$Q = Q^* \cdot 5 \quad = \qquad 5 Q^*.$$

Damit ergibt sich

$$^1\mathbf{y}_i = \begin{vmatrix} {}^1w_i = 0 \\ {}^1\varphi_i = 0 \\ {}^1M_i = 11{,}142\ \text{tm} \\ {}^1Q_i = -9{,}102\ \text{t} \\ 1 \end{vmatrix} ; \quad {}^2\mathbf{y}_i = \begin{vmatrix} {}^2w_i = 0{,}0118\ \text{m} \\ {}^2\varphi_i = 0{,}000625 \\ {}^2M_i = 0 \\ {}^2Q_i = 0 \\ 1 \end{vmatrix}.$$

Auch alle anderen Schnittbelastungen sind damit eindeutig festgelegt.

Zahlenbeispiel V.3. Durchlaufträger

Das System und die Belastung sind in Abb. V 3.1 dargestellt, der Träger ist im Punkt 0 eingespannt, im Punkt 2 gelenkig gelagert und weist im Punkt 1 eine gelenkige aber drehelastische Lagerung auf. Außer der Belastung ist noch eine Stützensenkung $\Delta w_1 = 2$ cm im Punkt 1 zu berücksichtigen. Die drehelastische Lagerung im Punkt 1 könnte z. B. aus der Wirkung eines unbelasteten Rahmenstieles herrühren.

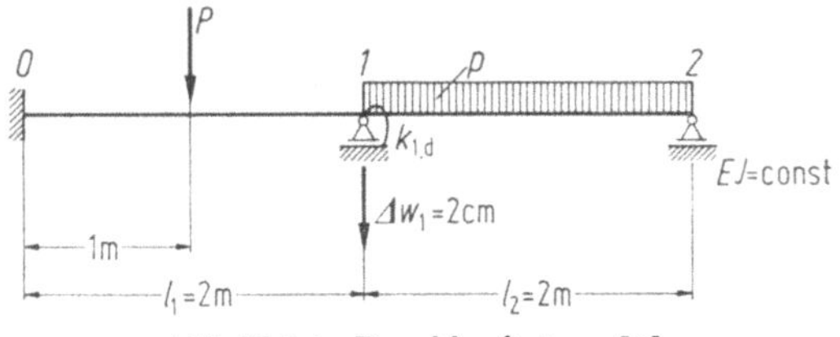

Abb. V 3.1. Durchlaufträger [5]

Gegeben sind:

$$l_1 = 2{,}0\ \text{m}; \quad l_2 = 2{,}0\ \text{m}; \quad P = 6\ \text{t}; \quad p = 3\ \text{t/m};$$

$$k_{1,d} = 200\ \text{tm}; \quad EJ = 100\ \text{tm}^2.$$

Der dimensionslosen Rechnung werden die Größen

$$l_c = 1\ \text{m}; \quad P_c = 6\ \text{t}; \quad EJ_c = 6 EJ$$

zugrunde gelegt. Damit ergeben sich aus (V B.19) und (V B.20) und Tabelle V B.2

$$k_{1,d}^* = 200\ \frac{1}{6 \cdot 100} = \frac{1}{3}; \quad \frac{P}{P_c} = 1; \quad p^* = 3\frac{1}{6} = \frac{1}{2}; \quad \frac{l}{l_c} = \frac{2}{1} = 2$$

und daraus

$$^1w_{k,0}^* = \frac{1}{6} \cdot 1 \cdot 1^3 \cdot 6 = 1;$$

$$^1\varphi_{k,0}^* = -\frac{1}{2} \cdot 1 \cdot 1^2 \cdot 6 = -3;$$

$$^1M_{k,0}^* = 1 \cdot 1 = 1;$$

$$^1Q_{k,0}^* = 1;$$

$$^2w_{k,0}^* = \frac{1}{2 \cdot 24} \cdot 2^4 \cdot 6 = 2;$$

$$^2\varphi_{k,0}^* = -\frac{1}{2 \cdot 6} \cdot 2^3 \cdot 6 = -4;$$

$$^2M_{k,0}^* = \frac{1}{2 \cdot 2} \cdot 2^2 = 1;$$

$$^2Q_{k,0}^* = \frac{1}{2} \cdot 2 = 1.$$

Außerdem ist für die Zwischenbedingung im Punkt 1, da die Durchbiegung den Wert $\triangle w_1 = 0{,}02$ m aufweist, Q_1^{*s} eine weitere Unbekannte.

Mit Rücksicht auf die Randbedingungen im Punkt 0 ist $^1w_i^* = {}^1\varphi_i^* = 0$ und $^1M_i^*$ und $^1Q_i^*$ sind die unbekannten Freigrößen.

Für die dimensionslose Rechnung — auch die eingeprägte Stützensenkung ist dimensionslos einzuführen — wird

$$^1w_k^* = {}^2w_i^* = \triangle w_1 \frac{EJ_c}{P_c l_c^3} = 0{,}02 \frac{6 \cdot 100}{6 \cdot 1^3} = 2.$$

Nach (V B.14) ergibt sich für das linke Tragwerksende

$$^1\mathbf{y}_i^* = \begin{bmatrix} 0 \\ 0 \\ 1 \\ 0 \\ 0 \end{bmatrix} {}^1M_i^* + \begin{bmatrix} 0 \\ 0 \\ 0 \\ 1 \\ 0 \end{bmatrix} {}^1Q_i^* + \begin{bmatrix} 0 \\ 0 \\ 0 \\ 0 \\ 1 \end{bmatrix} 1.$$

Nach (V B.18), (V B.25) und (V B.26) wird

$$^1\mathbf{y}_k^* = \mathbf{F}_1^* \cdot {}^1\mathbf{y}_i^*;$$
$$^2\mathbf{y}_i^* = \mathbf{U}_1^* \cdot {}^1\mathbf{y}_k^*;$$
$$^2\mathbf{y}_k^* = \mathbf{F}_2^* \cdot {}^2\mathbf{y}_i^*.$$

Die Zahlenrechnung wird mittels Matrizenmultiplikation (Zeile mal Spalte) durchgeführt.

$$^1\mathbf{y}_i^* = \begin{array}{ccc} ^1M_i^* & ^1Q_i^* & 1 \end{array}$$

$$^1\mathbf{y}_i^* = \begin{bmatrix} 0 & 0 & 0 \\ 0 & 0 & 0 \\ 1 & 0 & 0 \\ 0 & 1 & 0 \\ 0 & 0 & 1 \end{bmatrix} = \begin{bmatrix} ^1w_i^* = 0 \\ ^1\varphi_i^* = 0 \\ ^1M_i^* \\ ^1Q_i^* \\ 1 \end{bmatrix} = \begin{bmatrix} 0 \\ 0 \\ -0{,}9318 \\ +0{,}7045 \\ 1 \end{bmatrix}; \quad {}^1\mathbf{y}_i = \begin{bmatrix} 0 \\ 0 \\ -5{,}591 \text{ tm} \\ 4{,}227 \text{ t} \\ 1 \end{bmatrix};$$

$$\mathbf{F}_1^* = \begin{bmatrix} 1 & -2 & 12 & 8 & 1 \\ 0 & 1 & -12 & -12 & -3 \\ 0 & 0 & 1 & 2 & 1 \\ 0 & 0 & 0 & 1 & 1 \\ 0 & 0 & 0 & 0 & 1 \end{bmatrix}; \quad \begin{matrix} {}^1M_i^* & {}^1Q_i^* & 1 \\ \begin{bmatrix} 12 & 8 & 1 \\ -12 & -12 & -3 \\ 1 & 2 & 1 \\ 0 & 1 & 1 \\ 0 & 0 & 1 \end{bmatrix} \end{matrix} = {}^1y_k^* = \begin{Bmatrix} {}^1w_k^* = 2 \\ {}^1\varphi_k^* \\ {}^1M_k^* \\ {}^1Q_k^* \\ 1 \end{Bmatrix} =$$

$$= \begin{Bmatrix} 2 \\ -0{,}27 \\ -0{,}159 \\ 0{,}0682 \\ 1 \end{Bmatrix}; \quad {}^1y_k = \begin{Bmatrix} 0{,}02 \text{ m} \\ -0{,}0027 \\ -0{,}954 \text{ tm} \\ 0{,}409 \text{ t} \\ 1 \end{Bmatrix};$$

$$\mathbf{U}_1^* = \begin{bmatrix} 1 & 0 & 0 & 0 & 0 \\ 0 & 1 & 0 & 0 & 0 \\ 0 & -1/3 & 1 & 0 & 0 \\ 0 & 0 & 0 & 1 & Q_1^{s*} \\ 0 & 0 & 0 & 0 & 1 \end{bmatrix}; \quad \begin{matrix} {}^1M_i^* & {}^1Q_i^* & 1 \\ \begin{bmatrix} 12 & 8 & 1 \\ -12 & -12 & -3 \\ 5 & 6 & 2 \\ 0 & 1 & 1 + Q_1^{s*} \\ 0 & 0 & 1 \end{bmatrix} \end{matrix} = {}^2y_i^* = \begin{Bmatrix} {}^2w_i^* = 2 \\ {}^2\varphi_i^* \\ {}^2M_i^* \\ {}^2Q_i^* \\ 1 \end{Bmatrix} =$$

$$= \begin{Bmatrix} 2 \\ -0{,}27 \\ -0{,}0681 \\ -0{,}4659 \\ 1 \end{Bmatrix}; \quad {}^2y_1 = \begin{Bmatrix} 0{,}02 \text{ m} \\ -0{,}0027 \\ -0{,}409 \text{ tm} \\ -2{,}795 \text{ t} \\ 1 \end{Bmatrix};$$

$$\mathbf{F}_2^* = \begin{bmatrix} 1 & -2 & 12 & 8 & 2 \\ 0 & 1 & -12 & -12 & -4 \\ 0 & 0 & 1 & 2 & 1 \\ 0 & 0 & 0 & 1 & 1 \\ 0 & 0 & 0 & 0 & 1 \end{bmatrix}; \quad \begin{matrix} {}^1M_i^* & {}^1Q_i^* & 1 \\ \begin{bmatrix} 96 & 112 & 41 + 8Q_1^* \\ -72 & -96 & -43 - 12Q_i^{s*} \\ 5 & 8 & 5 + 2Q_1^{s*} \\ 0 & 1 & 2 + Q_1^{s*} \\ 0 & 0 & 1 \end{bmatrix} \end{matrix} = {}^2y_k^* =$$

$$= \begin{Bmatrix} {}^2w_k^* = 0 \\ {}^2\varphi_k^* \\ {}^2M_k^* = 0 \\ {}^2Q_k^* \\ 1 \end{Bmatrix} = \begin{Bmatrix} 0 \\ 2{,}1363 \\ 0 \\ 0{,}5341 \\ 1 \end{Bmatrix}; \quad {}^2y_k = \begin{Bmatrix} 0 \\ 0{,}0214 \\ 0 \\ 3{,}205 \text{ t} \\ 1 \end{Bmatrix}.$$

Aus den drei Bedingungen

$$ {}^1w_k^* = {}^2w_i^* = 2; \quad {}^2w_k^* = 0 \quad \text{und} \quad {}^2M_k^* = 0 $$

erhält man die drei Gleichungen zur Bestimmung der unbekannten Größen

$$^1M_i^*; \quad ^1Q_i^* \quad \text{und} \quad Q_1^{s*}$$

zu

$$12\,^1M_i^* + 8\,^1Q_i^* + 1 = 2;$$

$$96\,^1M_i^* + 112\,^1Q_i^* + 8\,Q_1^{s*} + 41 = 0;$$

$$5\,^1M_i^* + 8\,^1Q_i^* + 2\,Q_i^{s*} + 5 = 0;$$

mit den Lösungen

$$^1M_i^* = +0{,}7045;$$

$$^1Q_i^* = -0{,}9318;$$

$$Q_i^{s*} = -0{,}53409.$$

Setzt man diese Werte in obige Gleichungen ein, so ergeben sich die Zahlenwerte für $^1y_i^*$, $^1y_k^*$, $^2y_i^*$ und $^2y_k^*$.

Mit (V B.17) wird

$$w = w^* \cdot \frac{6 \cdot 1^3}{600} = 0{,}01w^*;$$

$$\varphi = \varphi^* \cdot \frac{6 \cdot 1^2}{600} = 0{,}01\varphi^*;$$

$$M = M^* \cdot 6 \cdot 1 = 6M^*;$$

$$Q = Q^* \cdot 6 \quad = 6Q^*$$

und man erhält damit die endgültigen Schnittbelastungen und Verformungen des gesamten Trägers ^1y_i, ^1y_k, ^2y_i und ^2y_k.

Die Lagerreaktionen ergeben sich nach Abb. V 3.2 zu

$$A_{0,z} = -{}^1Q_i = 5{,}591 \text{ t};$$

$$A_{1,z} = {}^1Q_k - {}^2Q_i = 0{,}409 + 2{,}795 = 3{,}204 \text{ t};$$

$$A_{2,z} = {}^2Q_k = 3{,}205 \text{ t};$$

$$M_0 = {}^1M_i = 4{,}227 \text{ tm};$$

$$M_2 = {}^1M_k - {}^2M_i = -0{,}409 + 0{,}954 = 0{,}549 \text{ tm}.$$

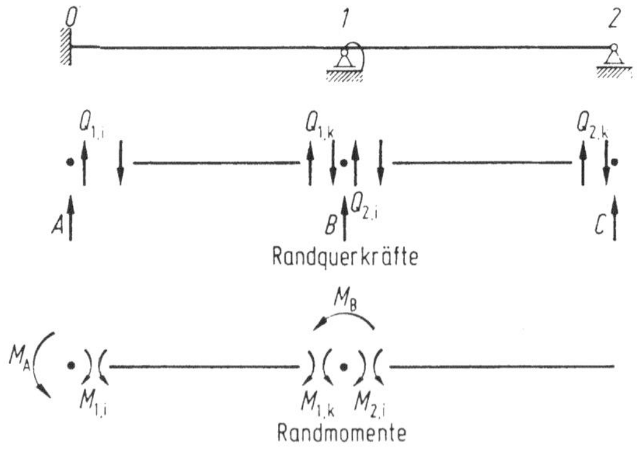

Abb. V 3.2. Lagerreaktionen des Durchlaufträgers

Literatur zum Kapitel V

[1] Falk, S.: Biegen, Knicken und Schwingen des mehrfeldrigen geraden Balkens. Abh. d. Braunschweig. wissenschaftl. Ges. VII (1955).
[2] Falk, S.: Die Berechnung des beliebig gestützten Durchlaufträgers nach dem Reduktionsverfahren.
[3] Falk, S.: Die Berechnung von Rahmentragwerken mit Hilfe von Übertragungsmatrizen. ZAMM 37 (1957) H. 7/8.
[4] Hintzen, J.: Die elektronische Berechnung des Durchlaufträgers auf starren und elastischen Stützen. Elektronische Datenverarbeitung (1959) Folge 4 u. 5.
[5] Kersten, R.: Das Reduktionsverfahren der Baustatik, Berlin-Göttingen-Heidelberg: Springer 1962.
[6] Zurmühl, R.: Matrizen, 2. Aufl., Berlin-Göttingen-Heidelberg: Springer 1958, S. 364.

VI. Rautenfachwerke

Einleitung

Die pfostenlosen Rautenfachwerke mit einfacher (Abb. VI A.1) und mehrfacher Raute (Abb. VI A.2—4) gehören zu den wirtschaftlichsten Fachwerksystemen. Neben ihren konstruktiven Vorteilen — Wegfall der Pfosten, geringe Knicklängen der Diagonalen, kleine Diagonalquerschnitte, kleine Knicklängen der Gurte, kleine Knotenbleche bzw. Wegfall derselben bei Stahlkonstruktionen — liegt der Grund der immer häufigeren Verwendung in einem ästhetisch befriedigenden Aussehen.

Die Ausführung von Rautenfachwerken mit Stützweiten von mehreren hundert Metern bietet keine besonderen konstruktiven Schwierigkeiten.

Bei Rautensystemen ist die übliche Fachwerktheorie mit lauter gelenkig gedachten Stabanschlüssen in keiner Weise zutreffend, und damit im Zusammenhang werden auch die früher verschiedentlich geforderten Stabilitätsstäbe überflüssig, wie dies von Christiani [1, 2] und Krabbe [3] nachgewiesen wurde. Letzterer hat erstmalig bei der einfachen Raute darauf hingewiesen, daß der Einfluß zweier entgegengesetzt gerichteter Kräfte (Abb. VI A.1, Zustand [b]) sich dabei nur auf wenige Felder in der Nähe des Lastangriffs erstreckt; er hat die Wirkung gleichgerichteter und entgegengesetzt gerichteter Kräfte zum gewünschten Endzustand superponiert und damit ein Berechnungsverfahren für die einfache Raute entwickelt mit wesentlich geringerem Arbeitsaufwand als nach Christiani. Diesen Grundgedanken findet man ebenfalls bei Eßlinger [4]. Es sei hier noch Geheimrat Schapers gedacht, der immer wieder für den Bereich der „Deutschen Reichsbahn" die Ausführung von Rautensystemen anstrebte und zum Teil auch verwirklichte.

Nachfolgend wird ein Berechnungsverfahren gezeigt, mit dem es möglich ist, einfache und mehrfache Rautensysteme mit den üblichen Methoden der Baustatik in verhältnismäßig einfacher Weise zu erfassen [5]. Es können sowohl die Form des Stabwerkes, die verschiedenen Trägheitsmomente und Flächen der einzelnen Stäbe, wie auch die Nebenspannungen aus den Verformungen des Tragwerkes berücksichtigt werden.

A. Einflußlinien beliebiger Rautenfachwerke

Eine in Höhe der Fahrbahn (Ober- oder Untergurt) in einem Knotenpunkt angreifende Einzellast $P = 1$ t wird in „gleichgerichtete" und „entgegengesetzt gerichtete" Lastzustände aufgeteilt, wie dies die Abb. VI A.1—4 für einige Rautensysteme zeigen. Der „gleichgerichtete" Belastungszustand wird dabei so gewählt, daß für ihn auch bei vollständig gelenkig angeschlossen gedachten Diagonal- und Gurtstäben ein Gleichgewichtszustand vorhanden ist, für den alle Stabkräfte nach der üblichen Fachwerktheorie eindeutig bestimmt werden können. Dies trifft aber für die verschiedenen Rautensysteme nur bei der gewählten Belastungsaufteilung bei den

Zuständen [*a*] nach Abb. VI A.1—4 zu. Den Belastungszstand nach Abb. VI A.1 auch für mehrfache Rautenfachwerke zu verwenden, wäre daher abwegig.

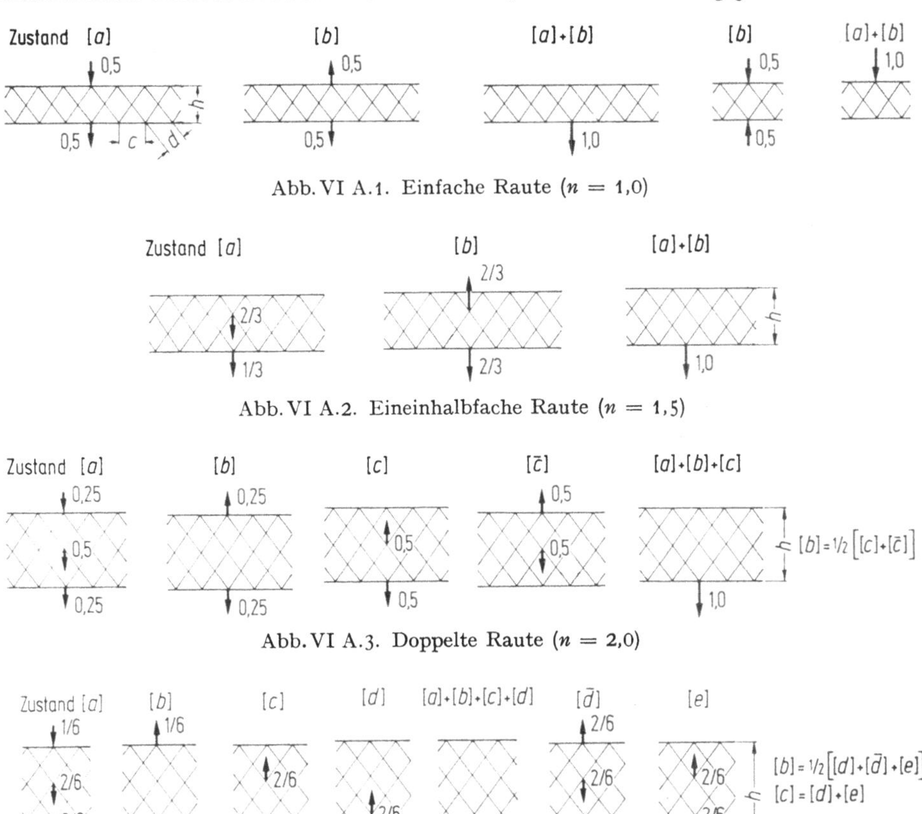

Abb. VI A.1. Einfache Raute (*n* = 1,0)

Abb. VI A.2. Eineinhalbfache Raute (*n* = 1,5)

Abb. VI A.3. Doppelte Raute (*n* = 2,0)

Abb. VI A.4. Dreifache Raute (*n* = 3,0)

Abb. VI A.1.—VI A.4. Schema der Belastungsaufteilung in gleichgerichtete und entgegengesetzt gerichtete Belastungszustände

Die Belastungsanordnungen für die „entgegengesetzt gerichteten" Belastungszustände sind dann zwangsläufig festgelegt, da die Übereinanderlagerung des „gleichgerichteten" Belastungszustandes mit den zugehörigen „entgegengesetzt gerichteten" Belastungszuständen nur im belasteten Gurt die Einzellast $P = 1$ t ergeben muß.

Bei den gleichgerichteten Belastungszuständen kann der Einfluß der Biegesteifigkeit der Gurte vernachlässigt werden, wie unten nachgewiesen wird. Anders ist dies bei den „entgegengesetzt gerichteten" Belastungszuständen, bei denen die Biegesteifigkeit der Gurte von wesentlichen Einfluß ist.

Der Rechenaufwand kann nun bedeutend verringert werden, wenn man Ober- und Untergurt je eines Feldes (Abstand zweier Querträger), obwohl sie verschieden große maximale Stabkräfte aufweisen und daher verschieden große Querschnittsflächen erhalten, mit gleich großem Trägheitsmoment ausführt. Diese Maßnahme ist konstruktiv leicht erfüllbar, und sie wurde auch den nachfolgenden Untersuchungen und Zahlenbeispielen zugrunde gelegt. Dadurch wird eine unnütze Mehrarbeit vermieden.

Da der Einfluß der Gurtdehnungen neben dem der Gurtverbiegungen bei der Berechnung der „entgegengesetzt gerichteten" Belastungszustände von geringer Bedeutung ist, wird für die „F_c/F-Werte" der Gurte eines Feldes der Mittelwert aus den beiden Werten für den Ober- und Untergurt in die Rechnung eingeführt. Bei der Berechnung aller Verformungsgrößen der statisch unbestimmten Systeme für „entgegengesetzt gerichtete" Belastungszustände sind neben den Momentenanteilen auch die Längskraftanteile für Gurte und Diagonalen zu berücksichtigen.

Nachfolgend werden die einzelnen Belastungszustände getrennt untersucht.

1. Der „gleichgerichtete" Belastungszustand ohne Berücksichtigung der Nebenspannungen

Tritt für einen Belastungszustand $[a]$ nach Abb. VI A.1—4 eines Feldes das äußere Moment ^aM auf und hat die äußere Querkraft dieses Feldes die Größe ^aQ, so erhält man die Gurtkraft

$$^aG = \pm \frac{^aM}{h} \qquad\qquad \text{(VI A.1 a)}$$

und für die Stabkräfte aller Diagonalen eines Feldes ergibt sich:

$$^aD = \frac{^aQ}{2n} \cdot \frac{d\,2n}{h} = {}^aQ\,\frac{d}{h}; \qquad\qquad \text{(VI A.1 b)}$$

h ist die theoretische Systemhöhe, d die Länge einer Diagonale von Kreuzungspunkt zu Kreuzungspunkt. Für einen Durchlaufträger sind für $^a\overline{M}$ und $^a\overline{Q}$ die Werte des Durchlaufträgers einzusetzen.

Die Einflußlinien für die Gurtstabkräfte „^aG" und die Diagonalstabkräfte „^aD" sind z.B. für eine einfache Raute aus Abb. VI 1.1 und für eine doppelte Raute aus Abb. VI 2.1 zu ersehen (gestrichelte Linien).

Die Einflußlinien der Stabkräfte für die Zustände $[a]$, die weiterhin als Grundzustände bezeichnet werden, sind somit in üblicher Weise (siehe Bd. I A, II D.3) zu ermitteln.

2. Die „entgegengesetzt gerichteten" Belastungszustände

Um, wie oben beschrieben, nur am belasteten Gurt nach Überlagerung des jeweiligen Grundzustandes mit den „entgegengesetzt gerichteten" Belastungszuständen oder sekundären Zuständen die Einzellast $P = 1$ t zu erhalten, müssen bei letzteren bei „Fahrbahn oben" die Kräfte zur Trägerachse, bei „Fahrbahn unten" von ihr weggerichtet sein (z.B. Abb. VI A.1 $[b]$).

Die Untersuchungen von Christiani [2] und Krabbe [3] und die eigenen [5] haben klar ergeben, daß bei der Berechnung von Rautensystemen die Biegesteifigkeit der Gurte berücksichtigt werden muß, daß es aber für die Ordinaten der Einflußlinien der Stabkräfte und Gurtmomente völlig bedeutungslos ist, ob die Diagonalen biegesteif oder gelenkig an die Gurte angeschlossen sind. In die weitere Rechnung können daher die Diagonalen immer gelenkig angeschlossen gedacht eingeführt werden.

An durchgerechneten Zahlenbeispielen konnte erkannt werden, daß sich bei allen Rautensystemen der Einfluß eines entgegengesetzt gerichteten Lastpaares nach Abb. VI A.1—4, wie es auch von Krabbe für die einfache Raute nachgewiesen wurde, nur auf wenige Felder links und rechts des Lastangriffs erstreckt. Zweckmäßig werden je drei Felder rechts und links des Lastangriffspunktes berücksichtigt; eine Einbeziehung weiterer Felder würde die Genauigkeit der Ergebnisse nicht mehr verbessern.

Die Beanspruchungen in weiter weg liegenden Stabteilen sind so klein, daß sie zahlenmäßig bedeutungslos werden (Problem der Krafteinteilung nach St. Vernant). Um aber die Wirkung aller weiter weg liegenden Stäbe als Ganzes mit zu berücksichtigen, wird ihr Einfluß bei der Ermittlung der Beanspruchungen entgegengesetzt gerichteter Lastzustände durch Einführung ideeller Ersatzpfosten erfaßt. Diese gedachten Pfosten werden je an den Enden eines aus 6 Feldern bestehenden Trägerabschnittes vorgesehen (z.B. Abb. VI A.5 für die einfache Raute); ihre zu wählenden Querschnittsflächen hängen von den vorhandenen Gurt- und Diagonalquerschnitten und dem Tragsystem ab. Die Ermittlung der Flächen der gedachten Pfosten wird unten bei den einzelnen Rautensystemen behandelt. Die Kontrollrechnung für das von Krabbe [3] und Christiani veröffentlichte Beispiel ergab vollständige Übereinstimmung.

Liegt der Lastangriffspunkt ein, zwei oder drei Felder vom Endportal entfernt, so wird selbstverständlich dieses in der Rechnung berücksichtigt. Für das sich über 6 Felder erstreckende, in sich geschlossene Tragsystem kann die Ermittlung der Stabkräfte und Momente nach der üblichen Berechnungsweise für statisch unbestimmte Systeme durchgeführt werden. Es können sowohl die verschiedenen Tragsysteme, wie die verschiedenen Querschnittswerte der Einzelstäbe Berücksichtigung finden. Der gesamte Rechenaufwand ist verhältnismäßig bescheiden, da die einmal aufgestellten Elastizitätsgleichungen für jeden Punkt allgemein gelten und nur jeweils die Querschnittswerte zu ändern sind.

Nachfolgend wird auf zwei Sonderfällen, die einfache und die doppelte Raute, näher eingegangen. Grundsätzlich kann aber jedes beliebige Rautensystem in ähnlicher Weise berechnet werden.

a) Die einfache Raute

Bei der einfachen Raute erstrecken sich sechs Felder schon auf einen ziemlich großen Teil des Trägers. Man wird daher bei der Ermittlung der Stabkräfte und Momente für den Zustand [b] (z.B. Abb. VI A.5) die veränderlichen Trägheitsmomente und Flächen der Gurte und Diagonalen in den einzelnen Feldern berücksichtigen. Die Annahme konstanter Trägheitsmomente und Flächen, über sechs Felder

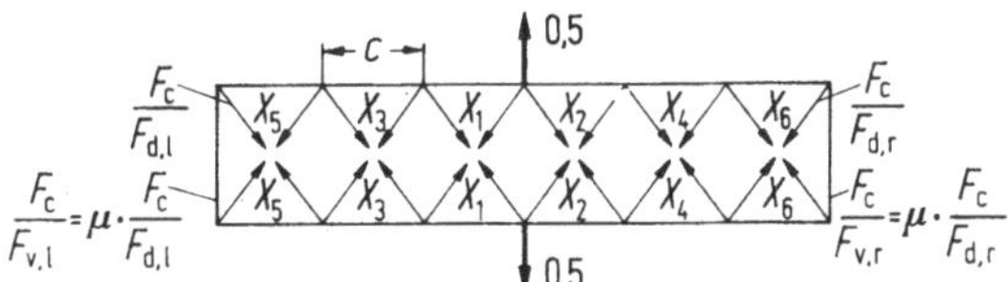

Abb. VI A.5. Statisch bestimmtes Grundsystem und Wahl der Unbekannten für den sekundären Belastungszustand [b] bei der einfachen Raute

hinweg, würde hier bereits Fehler ergeben, die über der geforderten Rechengenauigkeit liegen. Kaum beeinträchtigt wird aber die Genauigkeit, wie an anderer Stelle nachgewiesen wird, wenn man für die Flächen der Diagonalen eines Feldes den Mittelwert beider Diagonalen einführt. Dadurch sinkt die Anzahl der Unbekannten von 12 auf 6, wie dies Abb. VI A.5 zeigt. Das statisch bestimmte Grundsystem wird hierbei aus den beiden biegungssteifen Gurtungen gebildet, die an ihren Enden durch die beiden gedachten Ersatzpfosten gelenkig miteinander verbunden sind. Nach Lösung der Elastizitätsgleichungen nach Gauß erhält man die Stabkräfte und für die Gurte auch die Momente. Voraussetzung ist natürlich eine genaue Zahlenrechnung. Günstig wirkt sich aus, daß auch kleinste Fehler bei der Aufstellung der einfach zu ermittelnden a_{ik}-Werte völlig unmögliche Ergebnisse liefern, so daß man solche sofort erkennt. Kommt man in die Nähe der Portalpfosten, so wird man das Anschlußmoment zwischen Portal und Gurt als weitere Unbekannte einführen.

Die Wahl der „F_c/F-Werte" für die Flächen der Ersatzpfosten kann so getroffen werden, daß man etwa einen $\mu = 3$fachen Betrag des Wertes F_c/F_d der letzten Diagonalen links bzw. rechts für den linken bzw. rechten Pfosten einsetzt (z. B. Abb. VI A.5). Man kann diesen Wert nachprüfen, indem man nach Beendigung des Rechnungsganges die Entfernungsänderung der Lastangriffspunkte eines Lastpaares $P = 0,5$ t, wirkend an der Stelle des zu prüfenden Pfostens, errechnet und diese der Längenänderung eines Ersatzstabes gleichsetzt, der dieselbe Längenänderung aufweist. Damit wäre der „F_c/F_v-Wert" eines Pfostens festgelegt, der das gesamte Rautensystem links und rechts des Lastangriffspunktes ersetzen würde. Da z. B. am linken Ende der Ersatzstab nur alle links vom Ende vorhandenen Stäbe ersetzen soll, wird man den doppelten eben errechneten Wert F_c/F_v für ihn wählen. Fehler, die man hier macht, sind aber von untergeordneter Bedeutung. Vergleicht man zu dem vorgeschlagenen Mittelwert des Multiplikators $\mu = 3$ die beiden Grenzwerte $\mu = 0$ (unendlich starre Ersatzstäbe) und $\mu = 10$ (sehr nachgiebige Ersatzstäbe), so ergeben sich Abweichungen in der Stabkraft der Mitteldiagonale, die allein von größerer Bedeutung ist, von rund 2% nach oben und unten vom Mittelwert der Diagonalstabkraft.

Superponiert man die Stabkräfte des sekundären Zustandes zu denen des Grundzustandes, was zweckmäßig tabellarisch erfolgt, so erhält man Einflußlinien, die man bereits als endgültige Einflußlinien ansehen kann.

Daß die Berücksichtigung der Nebenspannungen des Grundzustandes für die Einflußlinien der Stabkräfte nur Abweichungen von untergeordneter Größe ergibt, wird unter Abschnitt 3 gezeigt. Die Größe des Einflusses der sekundären Zustände kann man aus den Zahlenbeispielen des Abschnittes VI B erkennen.

b) Die doppelte Raute

Die doppelte Raute wird man für Brücken mit größeren Stützweiten verwenden. Der Einfluß der sekundären Zustände wird wieder über 6 Felder, je 3 links und rechts vom Lastangriffspunkt, verfolgt. Der Einflußbereich solcher Lastzustände ist hier somit wesentlich kleiner im Verhältnis zur Stützweite als bei der einfachen Raute. Man kann daher hier auf den Bereich von 6 Feldern mit einem mittleren Trägheitsmoment der Gurte und mit mittleren Querschnittsflächen der Gurte und Diagonalen rechnen, ohne die geforderte Rechengenauigkeit zu beeinträchtigen. Man wird für jeden Lastangriffspunkt bei einem entgegengesetzt gerichteten Belastungszustand den Mittelwert der Trägheitsmomente und Flächen der an diesen Punkt anschließenden Gurte bzw. Diagonalen wählen. Der Multiplikator, mit dem der Mittelwert F_c/F_d einer Diagonale zu vervielfachen ist, um den „F_c/F_v-Wert" der Ersatzpfosten am Ende der 6 Felder zu erhalten, wird hier mit $\mu = 5$ vorgeschlagen. Wie Abb. VI A.3 zeigt, sind zum Grundzustand $[a]$ nun zwei sekundäre Zustände, nämlich $[b]$ und $[c]$ zu superponieren, um als Ergebnis die Belastung $P = 1$ t (Zustand $[a] + [b] + [c]$), am Untergurtknoten des Systems angreifend, zu erhalten. Wie man sich aber leicht überzeugen kann, braucht nur der Zustand $[c]$ berechnet zu werden, da der Zustand $[c]$ achsensymmetrisch ist und Zustand $[b]$ sich ergibt aus

$$[b] = \frac{1}{2}\left[[c] + [\bar{c}]\right]. \tag{VI A.2}$$

Berechnet man beide Zustände $[b]$ und $[c]$, so erhält man nach Obigem somit für jede Stabkraft eine Kontrolle.

Die Untersuchung der sekundären Zustände $[c]$ bzw. $[b]$ erfolgt ähnlich wie bei der einfachen Raute. Als statisch bestimmtes Grundsystem wird wieder ein System, bestehend aus den beiden über 6 Feldern durchlaufenden biegesteifen Gurten, verbunden durch die beiden gedachten Endpfosten, angenommen. Die Wahl der statisch unbestimmten Größen ist für den Zustand [b] (3 Unbekannte) und für den Zustand [c] (5 Unbekannte) aus Abb. VI A.6 zu ersehen. Nach Lösung der Elastizitätsgleichungen erhält man wieder Stabkräfte und Momente.

Nach Übereinanderlagerung der Zustände [a], [b] und [c] erhält man bereits die Einflußlinien der Stabkräfte, da der Einfluß der Nebenspannungen aus dem Zustand [a] in der Regel vernachlässigt werden kann.

Es sei vermerkt, daß die Einflußlinien für alle Diagonalen eines Diagonalzuges (z. B. D_9, D_{30}, D_{51} und D_{72} in Abb. VI 2.1) gleich sein müssen, wodurch einwandfreie Kontrollen gegeben sind.

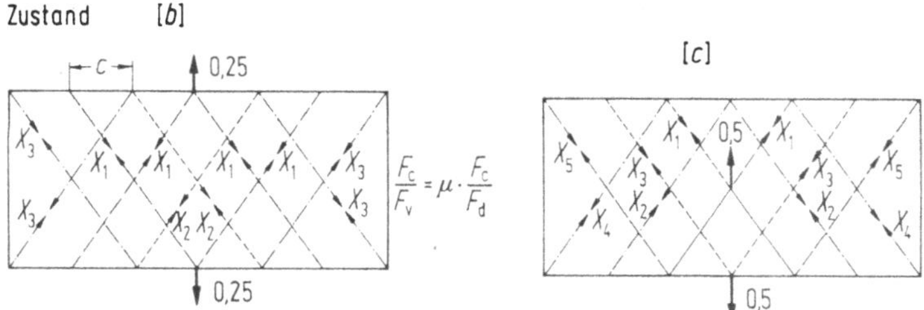

Abb. VI A.6. Statisch bestimmtes Grundsystem und Wahl der Unbekannten für die sekundären Belastungszustände [b] und [c] bei der doppelten Raute

c) Die 1,5fache Raute

Wie aus Abb. VI A.2 entnommen werden kann, ist hier zum Grundzustand [a] nur der sekundäre Zustand [b] für ein Lastpaar $P = 2/3$ zu superponieren. Zweckmäßig wird man wie bei der doppelten Raute je 3 Felder links und rechts vom Kraftangriffspunkt berücksichtigen und mit mittleren Trägheitsmomenten und Flächen für Gurte und Diagonalen rechnen.

Für den sekundären Zustand [b] treten wieder nur 5 statisch unbestimmte Größen auf (Abb. VI A.7).

Abb. VI A.7. Statisch bestimmtes Grundsystem und Wahl der Unbekannten für den sekundären Belastungszustand [b] bei der eineinhalbfachen Raute

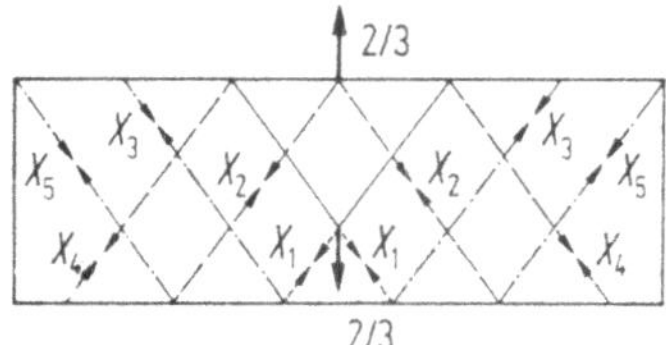

d) Die 3fache Raute

Man ersieht aus Abb. VI A.4, daß hierbei zum Grundzustand [a] drei sekundäre Zustände [b], [c] und [d] zu superponieren sind. Verzichtet man auf Kontrollen, so brauchen nur zwei sekundäre Zustände [d] und [e] berechnet zu werden, da die Zustände [b] und [c] aus [d] und [e] erhalten werden können.

Es ist

$$[b] = \frac{1}{2}\,[\,[d] + [\bar{d}] + [e]\,] \qquad \text{und} \qquad [c] = [d] + [e]. \qquad \text{(VI A.3)}$$

Man wird hier je 4 Felder rechts und links des Lastangriffspunktes berücksichtigen. Für den sekundären Zustand [e] sind drei, für den von [d] sechs statisch unbestimmte Größen vorhanden, wenn man wieder mit mittleren Trägheitsmomenten und Flächen rechnet (Abb. VI A.8).

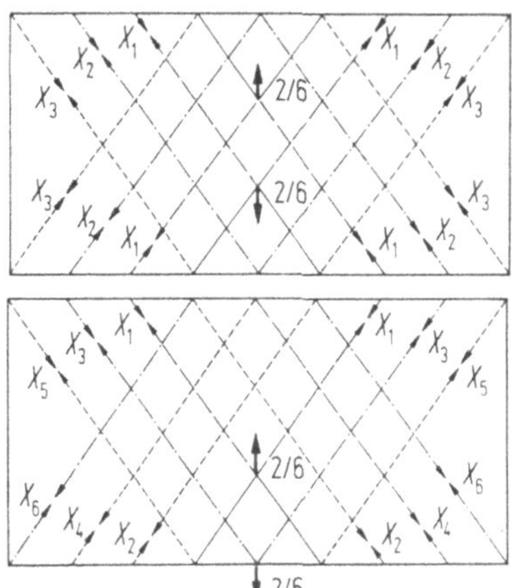

Abb. VI A.8. Statisch bestimmtes Grundsystem und Wahl der Unbekannten für
die sekundären Belastungszustände [d]
und [e] bei der dreifachen Raute

3. Die Berechnung der Nebeneinflüsse aus den Verformungen des Grundzustandes [a]

Die Berechnung der Nebeneinflüsse (Zusatzmomente und Zusatzstabkräfte) aus den Verformungen des Systems, zugehörig zu den Grundzuständen [a], könnte nach bekannten Verfahren (siehe Bd. I A, S. 437) durchgeführt werden. Wie aber bereits unter Abschnitt 2 erwähnt wurde, ist der Einfluß der Biegesteifigkeit der Diagonalen bei den Rautensystemen von völlig untergeordneter Bedeutung. Es werden daher der Berechnung der Nebeneinflüsse ebenfalls biegungssteife Gurte und gelenkig angeschlossene Diagonalen zugrunde gelegt. Dies hat aber wieder wesentliche Vereinfachungen im Rechenaufwand zur Folge, da nun nicht mehr der umständliche Williot-Mohrsche Verschiebungsplan gezeichnet zu werden braucht, sondern es sind nur die Durchbiegungen der Gurtungen mittels „elastischer Gewichte" zu berechnen.

Zerlegt man die übliche „W-Gewichtsbelastung" mit den Einzelkräften $1/c$ ($c =$ Feldweite) in gleicher Weise in Teilkräfte, wie man beim jeweiligen Grundzustand [a] die Last $P = 1$ t zerlegt hat, so ist auch diese Teilbelastung bereits für das vollkommen gelenkig gedachte Stabsystem im Gleichgewicht, und es werden immer nur 2 Felder durch eine „W-Gewichtsbelastung" in Spannung gesetzt, wie dies die Abb. VI A.9 a-d für einige Rautensysteme zeigen.

Das „W-Gewicht" für einen beliebigen Trägerpunkt ergibt sich zu

$$EF_c W = \Sigma\, {}^a S^W S s \frac{F_c}{F}. \qquad\qquad \text{(VI A.4)}$$

Es sind ${}^a S$ die Stabkräfte infolge des Grundzustandes [a] mit $P = 1$ t am frei aufliegenden oder durchlaufenden Träger, je nachdem welches Tragsystem vorhanden ist, während ${}^W S$ die Stabkräfte infolge der „W-Gewichtsbelastungen" nach (Abb. VI A.9) sind, die aber nur am statisch bestimmten System genommen zu werden brauchen. Die Momentenlinie der „W-Gewichte" ergibt dann in bekannter Weise die Biegelinie der Gurte. Durch diese Aufteilung der „W-Gewichte" ist die Ermittlung der Biegelinie von beliebigen Rautensystemen somit sehr einfach geworden. Sind für den Grundzustand [a] die Durchbiegungen in den einzelnen Knotenpunkten bekannt, so wird man nach Bd. I A, IX B 1.a die im Gurt auftretenden Momente ermitteln, wobei jeweils nur 3 Felder links und rechts des Lastangriffspunktes berücksichtigt zu werden brauchen. Die Endpunkte kann man in der Regel als gelenkig gelagert annehmen. Kommt man in die Nähe des Endpfostens, so wird dessen Biegesteifigkeit

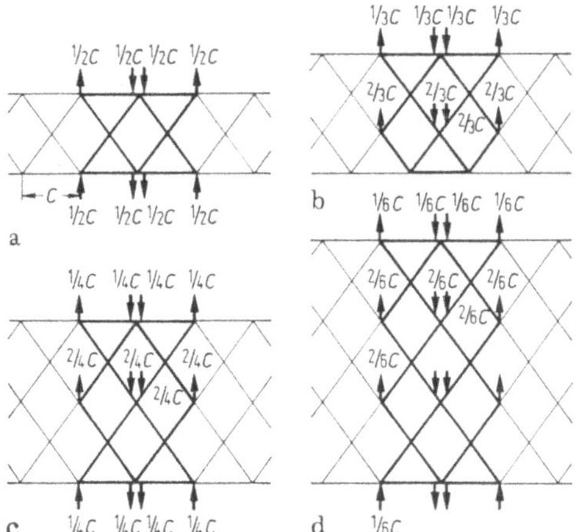

Abb. VI A.9. Aufteilung der „W-Gewichtsbelastung" bei der Berechnung der Durchbiegungen
von Rautenfachwerken

im Momentenausgleich berücksichtigt, wobei man mit Rücksicht auf den vorhandenen
Belastungszustand [a] in Pfostenmitte ein Gelenk annehmen kann. Sind die Momente
in den Knotenpunkten bekannt, so können, ähnlich der Theorie der Nebenspannungen, daraus die Zusatzbelastungen 2. Größe ermittelt werden, die für sich allein einen
Gleichgewichtszustand bilden, der nur in den herangezogenen 6 Feldern Zusatzstabkräfte hervorruft. Bei der einfachen Raute ist das System auch ohne Ersatzpfosten
im Gleichgewicht, bei der mehrfachen Raute werden die unter Abschnitt 2 vorgesehenen Ersatzpfosten wieder mitberücksichtigt. Die endgültigen Einflußlinien erhält
man, wenn die Zustände nach Abschnitt 1, 2 und 3 für Stabkräfte und Momente
überlagert werden.

4. Zusammenfassung

Durch Aufteilung der Belastung in einen gleichgerichteten Belastungszustand [a]
und entgegengesetzt gerichtete Belastungszustände gelingt mit den üblichen Mitteln
der Statik die exakte und trotzdem einfache Berechnung beliebiger pfostenloser
Rautensysteme.

Der Einfluß entgegengesetzt gerichteter Belastungszustände klingt bis auf eine
Entfernung von 3 Feldern links und rechts vom Lastangriffspunkt fast ganz ab. Um
aber das übrige Fachwerk außerhalb der im wesentlichen in Spannung gesetzten
6 Felder mitzuberücksichtigen, werden an den Enden dieser Felder gedachte Ersatzstäbe eingeführt. Für die einfache Raute wird empfohlen, für jedes Feld die Mittel-
werte der Querschnitte der Gurte bzw. Diagonalen in die Rechnung einzuführen,
während es für die mehrfachen Rautensysteme genügt, für jeden Belastungszustand
den Mittelwert der Querschnitte der Gurte bzw. der Diagonalen aller benachbarten
6 Felder als konstanten Wert zu wählen. Die Biegesteifigkeit der Diagonalen kann
wegen ihrer untergeordneten Bedeutung vernachlässigt werden.

Die Nebeneinflüsse aus der Grundbelastung [a], entsprechend der Theorie der
Nebenspannungen von Brücken, können in der Regel vernachlässigt werden. Will
man sie aber berechnen, wird durch Verwendung einer „W-Gewichtsbelastung", die
entsprechend der Grundbelastung aufgeteilt wird, ihre Ermittlung verhältnismäßig
einfach.

Aus den Einflußlinien ist der Einfluß der einzelnen Belastungszustände deutlich
ersichtlich.

Aus einem umfangreichen Zahlenmaterial werden nachfolgend die wichtigsten Ergebnisse bekanntgegeben, um die Größenordnung der Auswirkung der verschiedenen Annahmen und Belastungszustände erkennen zu lassen.

Die Nebenspannungen bleiben bei den Rautenfachwerken in denselben Grenzen wie bei den üblichen Dreieckfachwerken.

Die Gurte eines Feldes weisen verschiedene Stabkräfte auf, und ebenso weichen die Stabkräfte in den Diagonalen eines Feldes sehr stark voneinander ab. Dieser Tatsache muß bei der wirtschaftlichen Bemessung solcher Fachwerke Rechnung getragen werden, auch wenn bei der Berechnung Vereinfachungen vorgenommen werden.

Zahlenbeispiele

Beispiel VI.1. Einfache Raute

Das System des 70 m langen Fachwerkträgers ist aus Abb. VI 1.1 zu ersehen. Die Einflußlinien werden für die stark gekennzeichneten Stäbe angegeben.

Die Einflußlinien unter Zugrundelegung des Primärzustandes [a] werden in üblicher Weise für das Gelenkfachwerk unter Beachtung von (VI A.1) ermittelt. Sie sind in Abb. VI 1.1 gestrichelt eingezeichnet.

Die Ermittlung der Einflüsse aus dem Sekundärzustand [b] erfolgt nach dem Schnittbelastungsverfahren für statisch unbestimmte Systeme in üblicher Weise (siehe Bd. I A), wobei die Gurte und der Endpfosten biegesteif angenommen werden. Die entsprechende Berechnung muß getrennt für die entgegengesetzt gerichtete Belastung von 0,5 für jeden Knotenpunkt durchgeführt werden. Die Ergebnisse dieser Berechnung sind z.B. für die Belastungen in den Knotenpunkten 2, 4 und 6 in Abb. VI 1.2 angegeben. Der biegesteife Randpfosten 1—I ist dabei biegesteif mit den Gurten verbunden, während alle Diagonalen und die ideellen Ersatzpfosten, z.B. für die Belastung in Punkt 6 in Näherung gelenkig an die Gurte angeschlossen angenommen werden. In diesen Abbildungen sind auch für jedes Feld die zugehörigen Querschnittswerte J_c/J und F_c/F angegeben. Aus diesen Abbildungen erkennt man auch das Abklingen der Schnittbelastungen vom Belastungspunkt aus. Sind nun alle Schnittbelastungen aus den Zuständen [b] für jeden Knoten bestimmt, so kann man die Einflußlinienwerte für die Primärzustände [a] (gestrichelte Werte in Abb. VI 1.1) entsprechend den jeweiligen Laststellungen ergänzen und man erhält die Einflußlinien, die man der Dimensionierung der einzelnen Stäbe zugrunde legen kann (volle Linien in Abb. VI 1.1).

Neben den Stabkrafteinflußlinien sind auch die Gurtmomenteneinflußlinien — letztere aber nur aus den sekundären Zuständen [b] — auf diese Weise bekannt. Vergleicht man jeweils zwei einander zugeordnete Einflußlinien, wie z.B. „O_{II}" und „U_2"; „O_{IV}" und „U_4"; „D_2" und „D_{II}" usw., so erkennt man, daß die Zunahme der Ordinatenwerte gegenüber den Zuständen [a] bei der einen Einflußlinie mit etwa gleichen Abnahmen der anderen verbunden ist. Als Folge davon kann man bei Vorberechnungen und für Angebote lediglich mit den Primärwerten rechnen und braucht erst bei der Ausführung die sekundären Anteile berücksichtigen.

Für die weiteren Einflüsse aus den Nebenspannungen der Primärzustände [a] muß zuerst der Williot-Mohr-Verschiebungsplan gezeichnet werden. Mit den gegenseitigen Verschiebungen der einzelnen Knotenpunkte gewinnt man die Starreinspannmomente für die Gurte und Diagonalen und nach dem Momentenausgleich die zugehörigen Gurtmomente und Stabkräfte. Neben diesem Verfahren wurde die Näherungsberechnung nach Abschnitt A 3 durchgeführt.

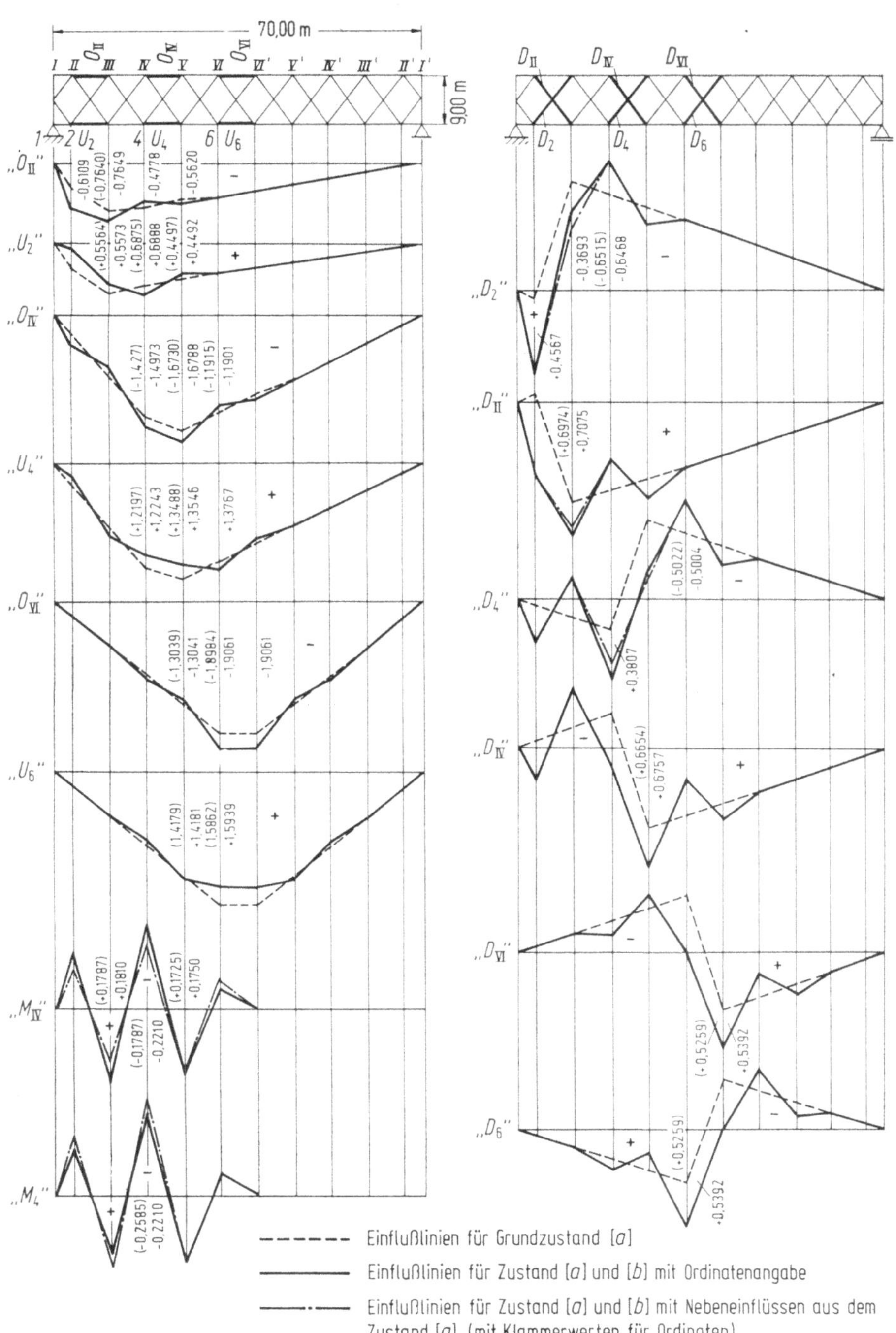

Abb. VI 1.1. Einflußlinien für die einfache Raute

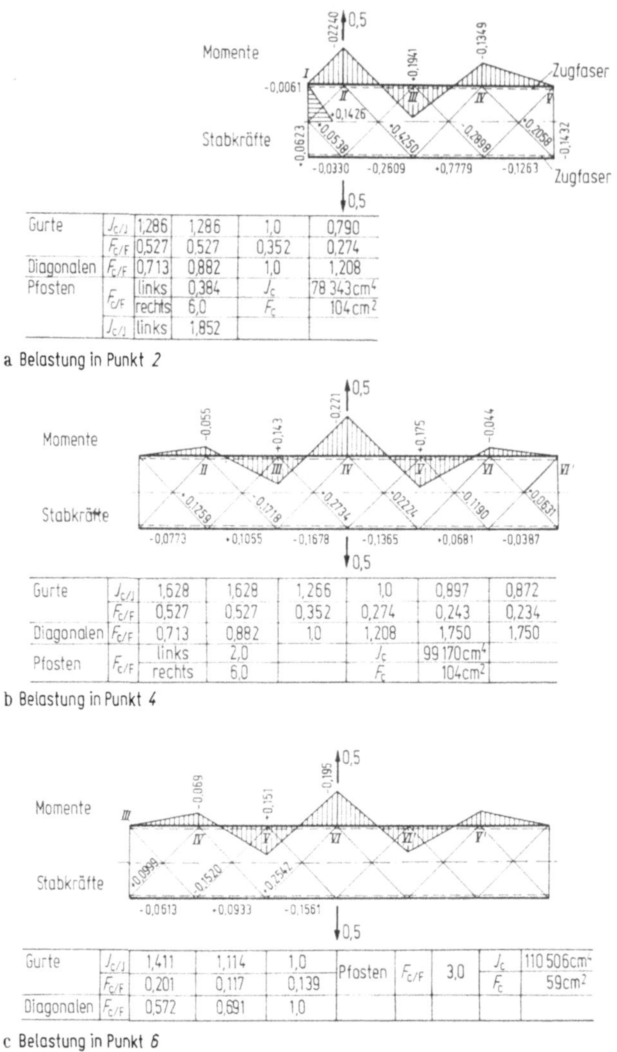

Gurte	$J_{c/J}$	1,286	1,286	1,0	0,790
	$F_{c/F}$	0,527	0,527	0,352	0,274
Diagonalen	$F_{c/F}$	0,713	0,882	1,0	1,208
Pfosten	$F_{c/F}$ links	0,384	J_c	78 343 cm⁴	
	$F_{c/F}$ rechts	6,0	F_c	104 cm²	
	$J_{c/J}$ links	1,852			

a Belastung in Punkt 2

Gurte	$J_{c/J}$	1,628	1,628	1,266	1,0	0,897	0,872
	$F_{c/F}$	0,527	0,527	0,352	0,274	0,243	0,234
Diagonalen	$F_{c/F}$	0,713	0,882	1,0	1,208	1,750	1,750
Pfosten	$F_{c/F}$ links	2,0		J_c	99 170 cm⁴		
	$F_{c/F}$ rechts	6,0		F_c	104 cm²		

b Belastung in Punkt 4

Gurte	$J_{c/J}$	1,411	1,114	1,0	Pfosten	$F_{c/F}$	3,0	J_c	110 506 cm⁴
	$F_{c/F}$	0,201	0,117	0,139				F_c	59 cm²
Diagonalen	$F_{c/F}$	0,572	0,691	1,0					

c Belastung in Punkt 6

Abb. VI 1.2. Momente und Stabkräfte für das nach Abb. VI A.5 belastete System

Mit der W-Gewichtsaufteilung nach Abb. VI A.9 ergibt sich z.B. für die Laststellung im Punkt 6 in diesem Punkt eine Durchbiegung von 0,342 mm. Der genaue Wert unter Benützung des Williot-Mohr-Verschiebungsplanes beträgt 0,337 mm. Die Differenz in der Größenordnung von 1,3% liegt somit innerhalb der Rechen- bzw. Zeichengenauigkeit. Durch die Aufteilung der W-Gewichtsbelastung nach Abb. VI A.9 wird die Berechnung der Durchbiegungen der Rautensysteme für Einzellasten P und für Gesamtbelastungen (z.B. Ständige Last, Verkehrslast usw.) sehr einfach.

In Abb. VI 1.3a sind die Durchbiegungen des Untergurtes für die Laststellung $P = 1$ im Punkt VI dargestellt. Aus Abb. VI 1.3b kann man die Gurtmomente aus der Nebenspannungstheorie entnehmen. Strichliert (bzw. Zahlenwerte in Klammern) sind die genauen Werte, einschließlich der biegesteifen Anschlüsse der Diagonalen, und voll gezeichnet (bzw. Zahlenwerte ohne Klammern) die Gurtmomente eingetragen, die sich ergeben, wenn lediglich der Momentenausgleich für den Gurt als Durchlaufträger — mit je drei Feldern rechts und links des Belastungspunktes — durchgeführt wird. Im letzteren Fall sind die Diagonalen gelenkig an den biegesteifen Gurt angeschlossen angenommen.

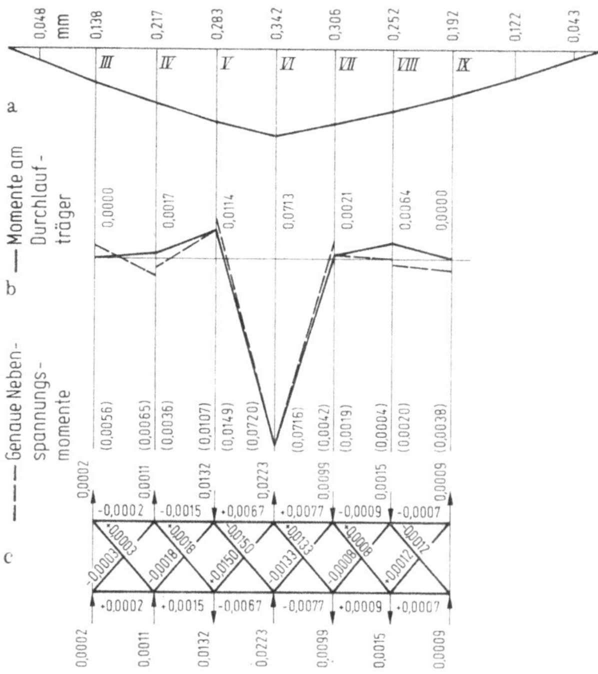

Abb. VI 1.3. Biegelinie (a), Momente (b), Zusatzbelastung und Zusatzstabkräfte (c) für den Punkt VI der einfachen Raute als Nebeneinflüsse zum Grundzustand [a]

In Abb. VI 1.3 c sind noch die Zusatzstabkräfte aus der Nebenspannungstheorie eingetragen, die aber so klein sind, daß sie in den Stabkrafteinflußlinien nach [a]+[b] (Abb. VI 1.1) überhaupt nicht mehr aufgetragen werden können. Auch aus den Einflußlinien für die Gurtmomente (z. B. „M_{IV}" und „M_4" in Abb. VI 1.1) erkennt man, daß der Einfluß aus den Nebenspannungen im allgemeinen vernachlässigt werden kann.

Als Ergebnis dieses Zahlenbeispiels kann festgestellt werden, daß im allgemeinen nur die Primär- und Sekundär-Zustände [a] und [b] allein berücksichtigt zu werden brauchen.

Diese Tatsache ersieht man auch deutlich aus der Tabelle 1.1. Man erkennt daraus, daß der Sekundäreinfluß [b] unbedingt miterfaßt werden muß, daß aber der Einfluß der Nebenspannungen zu Zustand [a] völlig unbedeutend ist und daher vernachlässigt werden kann, was für den Umfang der Berechnung von wesentlicher Bedeutung ist.

Der Ermittlung der Stabkräfte liegt dabei eine Stahlkonstruktion aus St 37, Fahrbahn unten, eine Belastung pro Hauptträger von 4,0 t/m aus ständiger Last und 4,0 t/m aus Verkehrslast zugrunde.

Tabelle 1.1

Brücke	Stabkraft bzw. Momente	Maximale Stabkräfte in t bzw. Momente in tm unter Berücksichtigung des Grundzustandes [a]		
		allein	und der sekundären Zustände	und der sekundären Zustände und der Nebeneinflüsse aus [a]
nach Abb. VI 1.1	O_{II}	$-190{,}6$ t	$-204{,}6$ t	$-204{,}4$ t
	U_2	$+190{,}6$ t	$+176{,}5$ t	$+176{,}3$ t
	O_{IV}	$-451{,}9$ t	$-465{,}1$ t	$-464{,}5$ t
	M_{IV}		$-1{,}97$ tm	$+0{,}06$ tm
	U_4	$+451{,}9$ t	$+438{,}7$ t	$+438{,}2$ t
	M_4		$-1{,}97$ tm	$-3{,}94$ tm
	O_{VI}	$-539{,}1$ t	$-554{,}4$ t	$-553{,}5$ t
	U_6	$+539{,}1$ t	$+523{,}5$ t	$+522{,}6$ t
	D_2	$-142{,}3$ t	$-125{,}8$ t	$-125{,}7$ t
	D_{II}	$+142{,}3$ t	$+164{,}7$ t	$+164{,}8$ t
	D_4	$-78{,}0$ t	$-60{,}6$ t	$-60{,}4$ t
	D_{IV}	$+78{,}0$ t	$+96{,}4$ t	$+96{,}3$ t
	$D_{6,VI}$	$\{+20{,}0$ t / $-20{,}0$ t	$-2{,}7$ t / $+40{,}4$ t	$-2{,}5$ t / $+40{,}2$ t
nach Abb. VI 2.1	O_V	$-1652{,}7$ t	$-1699{,}8$ t	$-1700{,}6$ t
	M_{VI}		$+85{,}9$ tm	$+94{,}7$ tm
	U_5	$+1652{,}7$ t	$+1577{,}3$ t	$+1580{,}1$ t
	M_6		$+48{,}5$ tm	$+53{,}3$ tm
	O_X	$-2299{,}0$ t	$-2344{,}0$ t	$-2338{,}9$ t
	M_{XI}		$+70{,}4$ tm	$+90{,}5$ tm
	U_{10}	$+2299{,}0$ t	$+2233{,}9$ t	$+2228{,}9$ t
	M_{11}		$+60{,}4$ tm	$+48{,}9$ tm
	D_{10}	$-242{,}4$ t	$-224{,}4$ t	$-223{,}1$ t
	D_{30}	$+242{,}4$ t	$+264{,}6$ t	$+265{,}6$ t
	D_{50}	$-242{,}4$ t	$-191{,}5$ t	$-192{,}2$ t
	D_{70}	$+242{,}4$ t	$+298{,}2$ t	$+296{,}5$ t

Beispiel VI.2. Doppelte Raute

Das System des 150 m langen Fachwerkträgers ist aus Abb. VI 2.1 zu ersehen. Die Einflußlinien werden für die stark gekennzeichneten Stäbe angegeben.

Die Einflußlinien für die Primärzustände [a] sind gestrichelt, die mit Berücksichtigung der Sekundärzustände [b] und [c] voll dargestellt. Letztere können der endgültigen Berechnung der maximalen Stabkräfte und maximale Gurtmomente zugrunde gelegt werden.

Bei der Berechnung der Sekundärzustände wurde einmal die Annahme getroffen, wie es in Abschnitt A.2b vorgeschlagen wird, daß die Querschnittswerte für den Belastungszustand im Punkt i drei Felder links und rechts des betrachteten Punktes konstant gewählt werden. Die zugehörigen Stabkräfte und Gurtmomente sind z.B. für die Laststellungen der Zustände [b] und [c] in Punkt VI und Punkt XI in Abb. VI 2.2 dargestellt. Man erkennt auch hier das rasche Abklingen der Schnittbelastungen vom Lastangriffspunkt weg. Die Diagonalen und die ideellen Ersatzpfosten sind hierbei wieder gelenkig an die biegesteifen Gurte angeschlossen. Zum

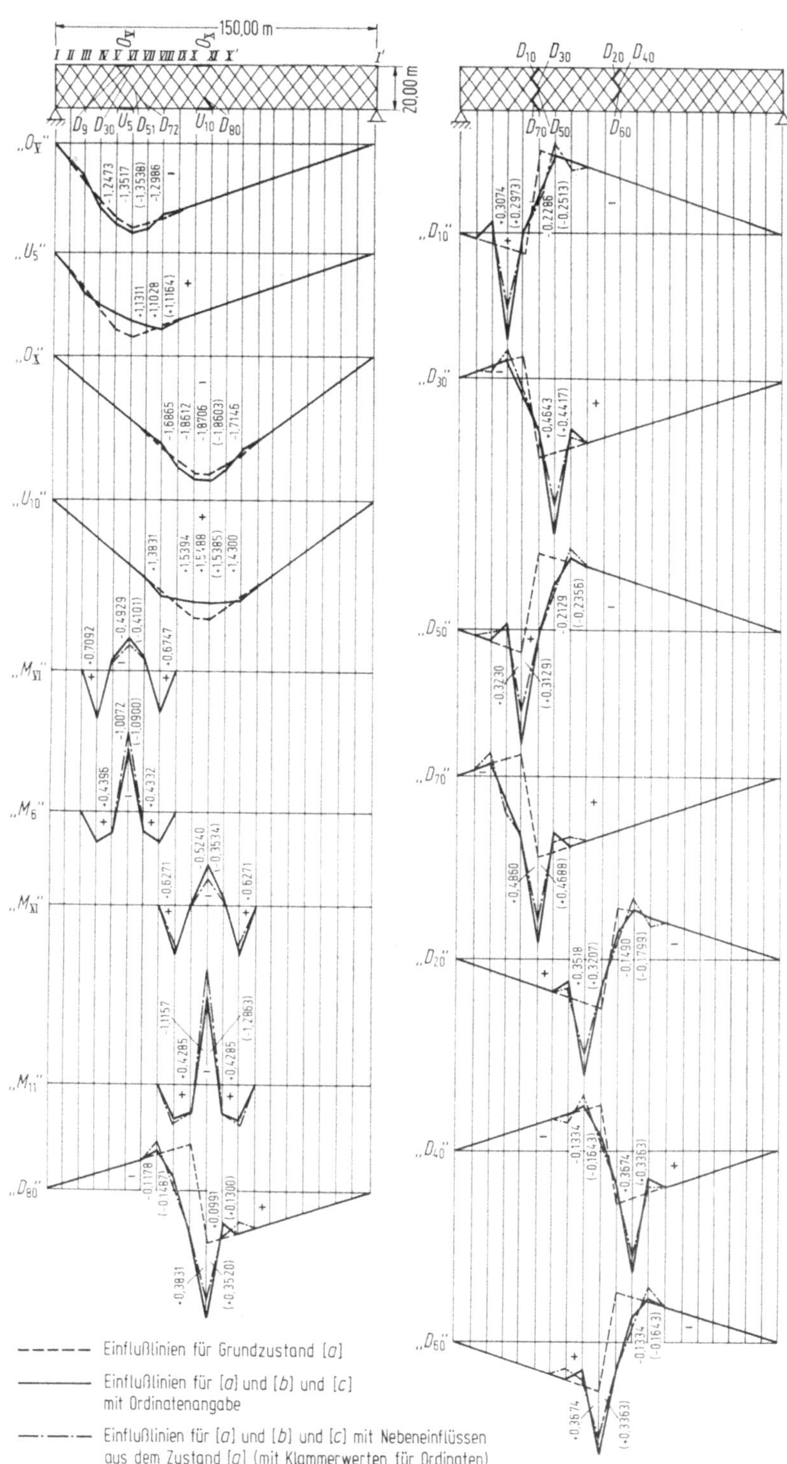

Abb. VI 2.1. Einflußlinien für die doppelte Raute

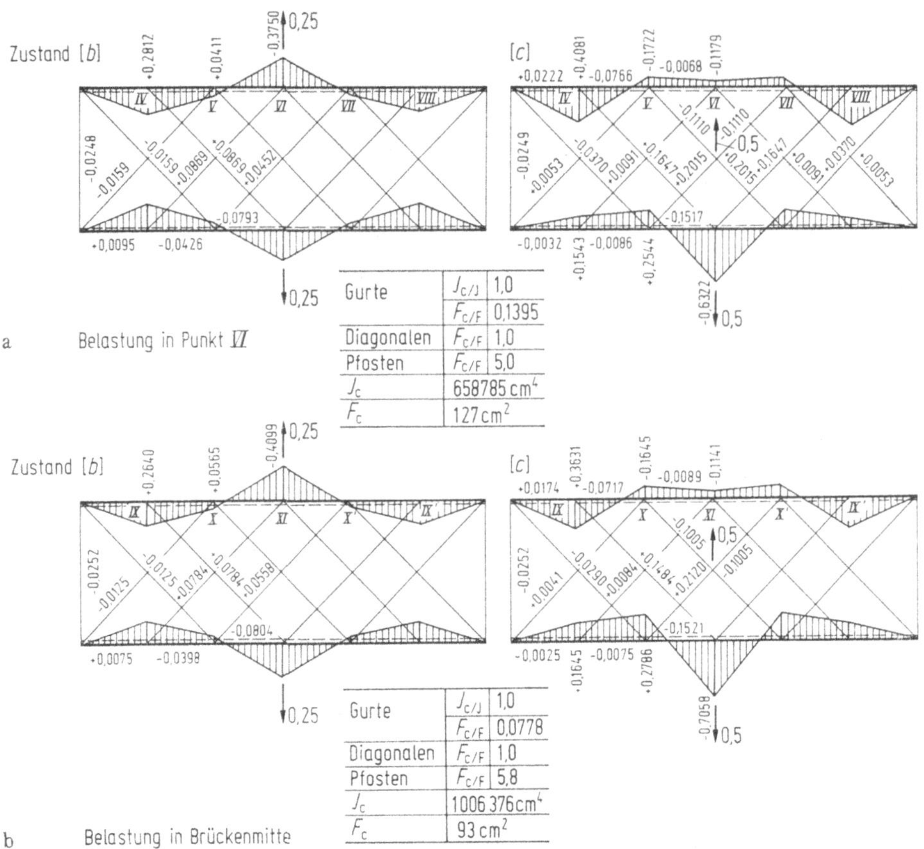

Abb. VI 2.2. Momente und Stabkräfte für die Zustände [b] und [c]

Unterschied hierzu sind in Abb. VI 2.3 für den Zustand [c] und Belastung im Punkt VI die Schnittbelastungen angegeben, die sich ergeben würden, wenn die tatsächlichen Querschnittswerte jedes einzelnen Stabes berücksichtigt werden. Die der Berechnung zugrunde gelegten Querschnittswerte sind aus den Abb. VI 2.2 und VI 2.3 zu entnehmen.

Man erkennt wieder, daß die gewählte Vereinfachung, die eine wesentliche Reduzierung des Rechenaufwandes bewirkt, völlig gerechtfertigt ist, da die erforderliche Rechengenauigkeit eingehalten wird.

Der Einfluß der Nebenspannungen aus den Zuständen [a] ist wieder geringfügig. Unter Verwendung der W-Gewichte nach Abb. VI A.9c kann die Biegelinie für die jeweilige Belastung berechnet werden. Unter Zugrundelegung eines Durchlaufträgers von je 3 Feldern links und rechts vom belasteten Punkt, kann der Momentenausgleich ausgeführt werden, wobei die Eckpunkte gelenkig gelagert angenommen werden können.

Für den Belastungszustand [a] im Punkt VI sind in Abb. VI 2.4 die Biegelinie, die Gurtmomente und Stabkräfte aus der Nebenspannungstheorie angegeben.

Sie sind gegenüber den Werten aus den Zuständen [a], [b] und [c] geringfügig. Ihr Einfluß in den Stabkrafteinflußlinien ist unbedeutend und in den Gurtmomenten so gering, daß bei der Bemessung der Fachwerkstäbe nur die Zustände [a], [b] und [c] Berücksichtigung finden müssen. Dies ist einerseits aus Abb. VI 2.1 und andererseits aus Tabelle 1.1 ersichtlich. Aus den maximalen Stabkräften dieser Tabelle erkennt man wieder, daß die Sekundärzustände [b] und [c] berücksichtigt werden

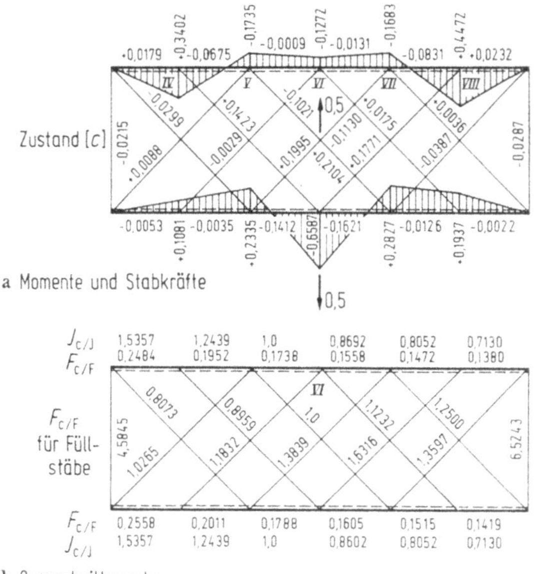

Abb. VI 2.3. Momente und Stabkräfte für den sekundären Belastungszustand [c] in Punkt VI unter Berücksichtigung der genauen Querschnittswerte jedes Stabes

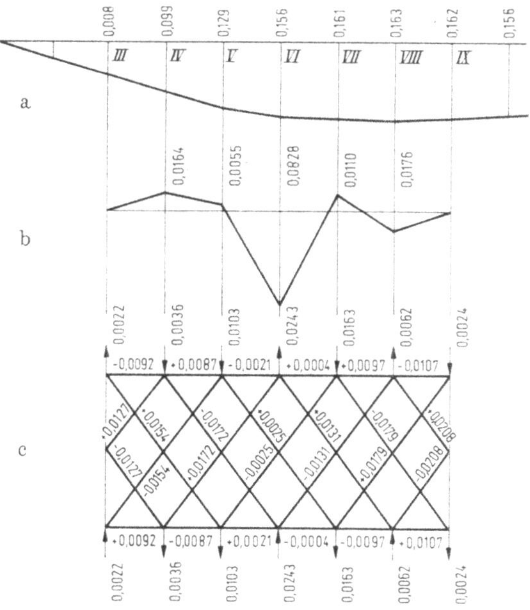

Abb. VI 2.4. Biegelinie (a), Nomente (b), Zusatzbelastung und Zusatzstabkräfte (c) für den Punkt VI der doppelten Raute als Nebeneinflüsse zum Grundzustand [a]

müssen, daß aber der Einfluß der Nebenspannungen in der Berechnung mit zulässigen Beanspruchungen nicht erfaßt zu werden braucht, da er in der üblichen Größenordnung von Nebenspannungen liegt, die durch den Sicherheitsfaktor abgefangen werden.

Den maximalen Stabkräften liegt dabei eine Stahlkonstruktion aus St 52, eine Belastung aus ständiger Last von 5,2 t/m je Hauptträger und der Lastenzug S der Deutschen Bundesbahn zugrunde.

Literatur zum Kapitel VI

[1] Christiani, P.: Zur Berechnung von Rhombenträgern. Stahlbau 2 (1929) 183.
[2] Christiani, P.: Über die angebliche Labilität von Fachwerken. Stahlbau 4 (1931) 17.
[3] Krabbe: Das Wesen des Rautenträgers und seine richtige und einfache Berechnung. Stahlbau 4 (1931) 169.
[4] Eßlinger, M.: Méthode de calcul de poutres à treillis en forme de losanges. Ann. de l'Inst. Techn. du Bâtiment et des Trav. Publ. (1950) Nr. 153.
[5] Sattler, K.: Allgemeine Theorie der Rautenfachwerke. Bautechn. 29 (1952) 152—159.

VII. Räumliche Stabwerke (Matrizenrechnung)

Bei beliebigen räumlichen Stabwerken, die durch Momente, Längskräfte und Querkräfte beansprucht werden, ist mit Vorteil die Matrizenrechnung zur Anwendung zu bringen.

Da für die Berechnung der Schnittbelastungen, Spannungen und Verformungen die Kenntnis der Hauptachsenrichtungen (1, 2, 3) erforderlich ist, werden im Abschnitt A diese zuerst bestimmt.

Dem Abschnitt B, der den Sonderfall der Belastung nur in Knotenpunkten darstellt, wird die Schnittbelastungsmethode zugrunde gelegt. Für den allgemeinsten Fall beliebiger Stabwerke, mit Belastung auch zwischen den Knotenpunkten, werden die Entwicklungen des Abschnittes C nach der Deformationsmethode durchgeführt, da sich diese hierbei als zweckmäßig erweist.

A. Festlegung der Hauptachsen

Theoretische Grundlagen

Für ein p-Koordinatensystem (x, y, z) sind die Endpunkte eines Stabes $i - k$ durch die Vektoren $\mathfrak{x}_i(x_i, y_i, z_i)$ und $\mathfrak{x}_k (x_k, y_k, z_k)$ gegeben (Abb. VII A.1). Der Berechnung der Beanspruchungen und Verformungen biegesteifer und torsionssteifer Stäbe werden mit Vorteil die Hauptachsen (Hauptträgheitsachsen) zugrunde gelegt. Hierfür wird das bewegliche Koordinatensystem q (1, 2, 3) nach Abb. VII A.2 gewählt. Die Achse 1 fällt dabei in die Richtung $i - k$, während die Achsen 2 und 3 die Hauptträgheitsachsen des senkrecht zur Achse 1 stehenden Stabquerschnittes sind.

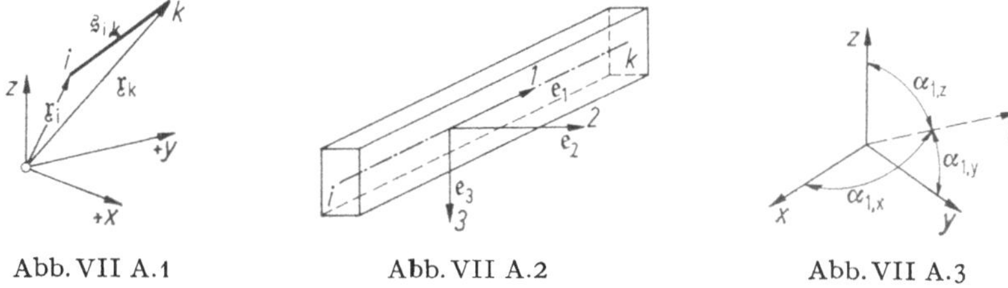

Abb. VII A.1   Abb. VII A.2   Abb. VII A.3

Der Einheitsvektor e_1 nach Abb. VII A.3

$$e_1 = \begin{pmatrix} e_{1,x} = \cos \alpha_{1,x} \\ e_{1,y} = \cos \alpha_{1,y} \\ e_{1,z} = \cos \alpha_{1,z} \end{pmatrix}$$

ergibt sich aus

$$\mathfrak{s}_{i-k} = \mathfrak{r}_k - \mathfrak{r}_i = \begin{pmatrix} \Delta x_{i-k} = x_k - x_i \\ \Delta y_{i-k} = y_k - y_i \\ \Delta z_{i-k} = z_k - z_i \end{pmatrix}$$

und

$$s_{i-k} = \sqrt{\Delta x^2 + \Delta y^2 + \Delta z^2}$$

zu

$$\mathfrak{e}_1 = \begin{Bmatrix} e_{1,x} = \dfrac{\Delta x_{i-k}}{s_{i-k}} \\[2mm] e_{1,y} = \dfrac{\Delta y_{i-k}}{s_{i-k}} \\[2mm] e_{1,z} = \dfrac{\Delta z_{i-k}}{s_{i-k}} \end{Bmatrix}. \qquad\qquad \text{(VII A.1)}$$

Um die Komponenten der Einheitsvektoren für die Hauptträgheitsachsen 2 und 3 berechnen zu können, ist die zusätzliche Angabe eines Winkels β erforderlich, der die Lage einer Hauptträgheitsachse in der Querschnittsebene angibt. Wird durch die positive Achse z und die positive Achse 1 eines Stabes $i - k$ (Abb. VII A.4) eine Ebene gelegt, so schneidet diese lotrechte Ebene die Querschnittsebene in der Geraden h.

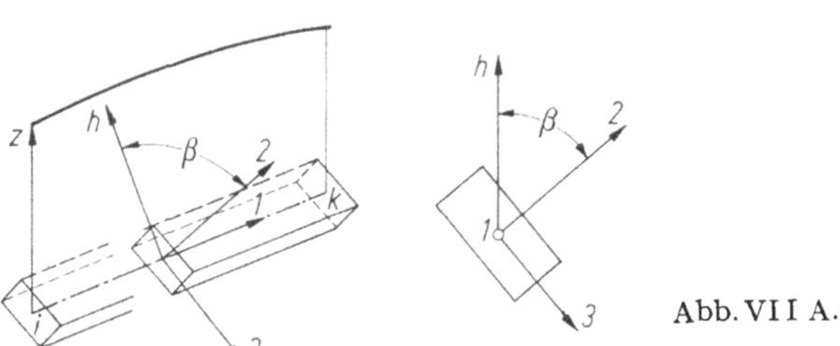

Abb. VII A.4

Blickt man in die Richtung der positiven Achse 1 des Stabes $i - k$, so entsteht der Winkel β durch Drehung der Geraden h im Uhrzeigersinn nach der positiven Achse 2. Dabei wird vorausgesetzt, daß der Winkel β immer positiv und nur zwischen $0°$ und $180°$ liegt.

Zur Bestimmung des Einheitsvektors der Schnittlinie h ist folgendes zu beachten: Nach Abb. VII A.5 liegen die Geraden 1 und h in einer vertikalen Ebene und zueinander senkrecht. Es gilt somit

$$e_{h,z} = k \quad \text{mit} \quad k = \sqrt{e_{1,x}^2 + e_{1,y}^2} = \sqrt{1 - e_{1,z}^2}\,.$$

Außerdem gilt

$$e_{h,x} = -c\,e_{1,x}; \quad e_{h,y} = -c\,e_{1,y}\,.$$

Aus der Normalenbedingung

$$\mathfrak{e}_1 \cdot \mathfrak{e}_h = 0 \quad \text{bzw.} \quad e_{1,x}e_{h,x} + e_{1,y}e_{h,y} + e_{1,z}e_{h,z} = 0$$

wird

$$e_{1,x}(-c\,e_{1,x}) + e_{1,y}(-c\,e_{1,y}) + e_{1,z}k = 0$$

bzw.

$$-k^2 c + e_{1,z}k = 0$$

und daraus

$$c = \frac{e_{1,z}}{k}\,.$$

Somit ergibt sich:

$$e_h = \begin{bmatrix} e_{h,x} = -\dfrac{e_{1,x}e_{1,z}}{k} \\[2ex] e_{h,y} = -\dfrac{e_{1,y}e_{1,z}}{k} \\[2ex] e_{h,z} = k \end{bmatrix} . \qquad \text{(VII A.2)}$$

Die Bedingungen

$$e_h \cdot e_2 = \cos\beta; \quad e_1 \cdot e_2 = 0; \quad |e_2| = 1$$

liefern schließlich den Einheitsvektor e_2 der Hauptträgheitsachse 2

$$e_2 = \begin{bmatrix} e_{2,x} = \dfrac{1}{k}\left(-\cos\beta\, e_{1,x}e_{1,z} + \sin\beta\, e_{1,y}\right) \\[2ex] e_{2,y} = \dfrac{1}{k}\left(-\cos\beta\, e_{1,y}e_{1,z} - \sin\beta\, e_{1,x}\right) \\[2ex] e_{2,z} = k\cos\beta \end{bmatrix} . \qquad \text{(VII A.3)}$$

Der Einheitsvektor der Hauptträgheitsachse 3 ergibt sich aus dem Vektorexprodukt $e_3 = e_1 \times e_2$

$$e_3 = \begin{pmatrix} e_{3,x} = e_{1,y}e_{2,z} - e_{1,z}e_{2,y} \\ e_{3,y} = e_{1,z}e_{2,x} - e_{1,x}e_{2,z} \\ e_{3,z} = e_{1,x}e_{2,y} - e_{1,y}e_{2,x} \end{pmatrix} . \qquad \text{(VII A.4)}$$

Tritt der Sonderfall $e_{1,x} = e_{1,y} = 0$ ein, daß also die Stabachse $i - k$ parallel zur z-Achse liegt, so können e_2 und e_3 nicht mehr nach obigen Gleichungen ermittelt werden.

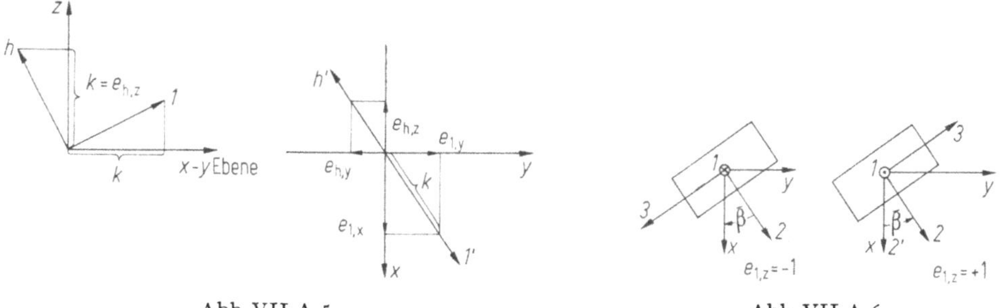

Abb. VII A.5Abb. VII A.6

In diesem Fall wird eine andere Winkelvereinbarung getroffen. Blickt man wiederum in Richtung der positiven Stabachse, so entsteht der Winkel $\bar{\beta}$ durch Drehung der positiven x-Achse nach der positiven Achse 2. Die Einheitsvektoren der Hauptträgheitsachsen können dann direkt aus Abb. VII A.6 entnommen werden.

$$e_1 = \begin{bmatrix} 0 \\ 0 \\ e_{1,z} = \pm 1 \end{bmatrix} ; \quad e_2 = \begin{bmatrix} +\cos\bar{\beta} \\ +\sin\bar{\beta} \\ 0 \end{bmatrix} ; \quad e_3 = \begin{bmatrix} -e_{1,z}\sin\bar{\beta} \\ +e_{1,z}\cos\bar{\beta} \\ 0 \end{bmatrix} . \qquad \text{(VII A.5)}$$

Nach (VII A.1) bis (VII A.5) können für jedes beliebige System die Einheitsvektoren für das p-Koordinatensystem bestimmt werden, wobei die positive Richtung von e_1 immer vom Punkt n zum Punkt $n + 1$ gezählt wird.

Zahlenbeispiel VII.1: Räumlicher Kragträger

Der in Abb. VII 1.1 dargestellte Kragträger ist im Punkt 0 starr eingespannt und nur im Punkt 4 durch eine Einheitseinzellast $P_4 = 1$ t belastet. Die Wirkungsrichtung von $\mathfrak{P}$ ist ebenfalls in Abb. VII 1.1 angegeben.

Koordinaten der Systempunkte 0—4 [m]

$$0\begin{pmatrix} 0 \\ 0 \\ 0 \end{pmatrix} \quad 1\begin{pmatrix} 3,5 \\ 6,0 \\ 4,0 \end{pmatrix} \quad 2\begin{pmatrix} 3,5 \\ 6,0 \\ 6,0 \end{pmatrix} \quad 3\begin{pmatrix} 1,5 \\ 11,0 \\ 6,0 \end{pmatrix} \quad 4\begin{pmatrix} 3,5 \\ 11,0 \\ 6,0 \end{pmatrix}.$$

Die Lagen der Stabachsen werden so gewählt, daß auch alle Sonderfälle behandelt werden. Der Querschnitt der einzelnen Stäbe wird nach Abb. VII 1.2 gleich ausgebildet. Die Stege in den Bereichen 0—1, 2—3 und 3—4 liegen in Ebenen normal zur $x - y$-Ebene.

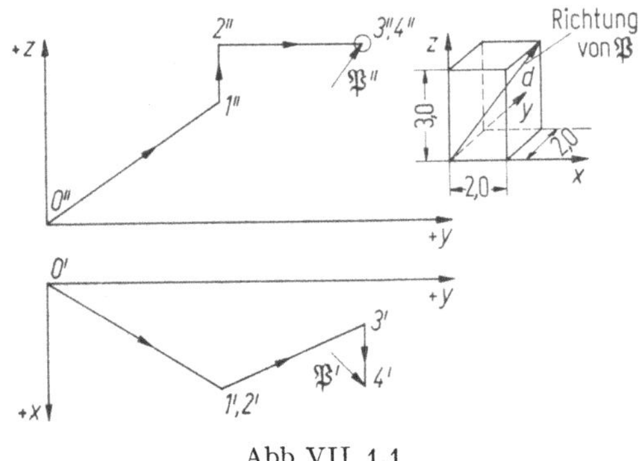

Abb. VII 1.1   Abb. VII 1.2

a) Querschnittswerte

$F = 2 \cdot 20,5 \cdot 1,0 + 38,0 \cdot 1,0 = 79,0$ cm².

Trägheitsmomente: Nach Bd. I A (I C.9) ist

$$J_p = \frac{1 \cdot 38,0^3}{12} + 2\left(\frac{20,5 \cdot 1,0^3}{12} + 20,5 \cdot 1,0 \cdot 19,5^2\right) = 20166 \text{ cm}^4;$$

$$J_q = \frac{38,0 \cdot 1,0^3}{12} + 2\left(\frac{1,0 \cdot 20,5^3}{12} + 20,5 \cdot 1,0 \cdot 9,75^2\right) = 5337 \text{ cm}^4.$$

Zentrifugalmoment: Nach Bd. I A (I C.14) ist

$$J_{p,q} = 2 \cdot 20,5 \cdot 1,0 \cdot 19,5 \cdot 9,75 = +7795 \text{ cm}^4.$$

Hauptträgheitsmoment: Nach Bd. I A (I C.20) ist

$$J_2 = J_{\max} = 0,5 \, (20166 + 5337) + 0,5 \sqrt{(20166 - 5337)^2 + 4 \cdot 7795^2} =$$
$$= 23510 \text{ cm}^4;$$

$$J_3 = J_{\min} = 0,5 \, (20166 + 5337) - 0,5 \sqrt{(20166 - 5337)^2 + 4 \cdot 7795^2} =$$
$$= 1993 \text{ cm}^4.$$

Nach Bd. I A (I C.19) ergeben sich die Richtungen der Hauptträgheitsachsen

$$\text{tg } 2\alpha = \frac{2 \cdot 7795}{5337 - 20166} = 1,051 \quad \text{und} \quad \alpha = 23,2°.$$

Für die Richtung von α gilt daher das Schema der Abb. VII 1.3. Am besten erkennt man die Lage der Hauptträgheitsachsen aus der Konstruktion des Mohr-Land-Kreises nach Bd. I A Abb. I C.29 (siehe Abb. VII 1.3).

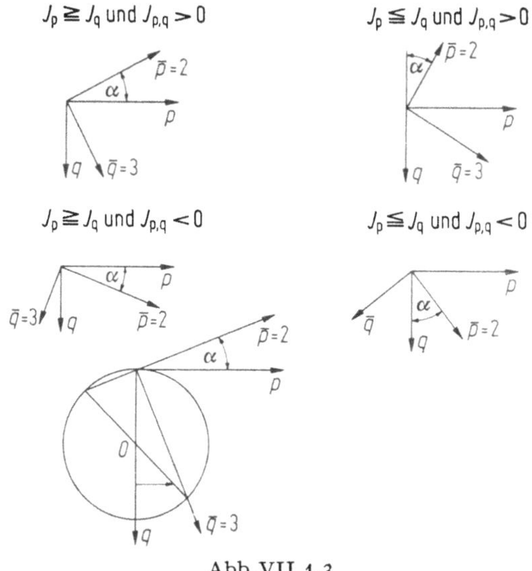

Abb. VII 1.3

b) Lage der Hauptachsen im Raum

Durch die Festlegung, daß der Steg des Querschnittes senkrecht zur $x - y$ Ebene steht, sind die Lagen der Hauptträgheitsachsen eindeutig für diese Stäbe festgelegt.

Stab 0—1:

Nach Abb. VII 1.4 ist:

$$\alpha = 23{,}2°; \quad \beta = 66{,}8°; \quad \sin \beta = 0{,}9191; \quad \cos \beta = 0{,}3939.$$

Mit

$$\Delta = \begin{pmatrix} x_1 - x_0 \\ y_1 - y_0 \\ z_1 - z_0 \end{pmatrix} = \begin{pmatrix} 3{,}5 \\ 6{,}0 \\ 4{,}0 \end{pmatrix} \quad \text{und} \quad s_{0-1} = \sqrt{3{,}5^2 + 6{,}0^2 + 4{,}0^2} = 8{,}016 \text{ m}$$

wird

$$\mathfrak{e}_1 = \begin{bmatrix} \dfrac{3{,}5}{8{,}016} = 0{,}436 \\ \dfrac{6{,}0}{8{,}016} = 0{,}748 \\ \dfrac{4{,}0}{8{,}016} = 0{,}499 \end{bmatrix}; \qquad \begin{aligned} k &= \sqrt{1 - 0{,}499^2} = 0{,}867 \\ \frac{1}{k} &= 1{,}154. \end{aligned}$$

Damit erhält man nach (VII A.3) und (VII A.4)

$$\mathfrak{e}_2 = \begin{pmatrix} 1{,}154\,(-0{,}3939 \cdot 0{,}499 \cdot 0{,}436 + 0{,}9191 \cdot 0{,}748) = 0{,}695 \\ 1{,}154\,(-0{,}3939 \cdot 0{,}499 \cdot 0{,}748 - 0{,}9191 \cdot 0{,}436) = -0{,}633 \\ 0{,}867 \cdot 0{,}3939 = 0{,}341 \end{pmatrix};$$

$$\mathfrak{e}_3 = \begin{pmatrix} 0{,}749 \cdot 0{,}341 - 0{,}499\,(-0{,}633) = 0{,}571 \\ 0{,}499 \cdot 0{,}695 - 0{,}436 \cdot 0{,}341 = 0{,}198 \\ 0{,}436\,(-0{,}633) - 0{,}749 \cdot 0{,}695 = -0{,}796 \end{pmatrix}.$$

Stab 1—2:

Bleibt die Stegebene gleich wie beim Stab 0—1, wird nach Abb. VII 1.5

$$\operatorname{tg}\gamma = \frac{x_1}{y_1} = \frac{3,5}{6,0} = 0,583 \quad \text{und} \quad \gamma = 30,3°.$$

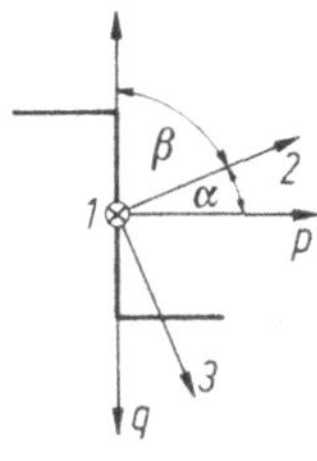

Abb. VII 1.4

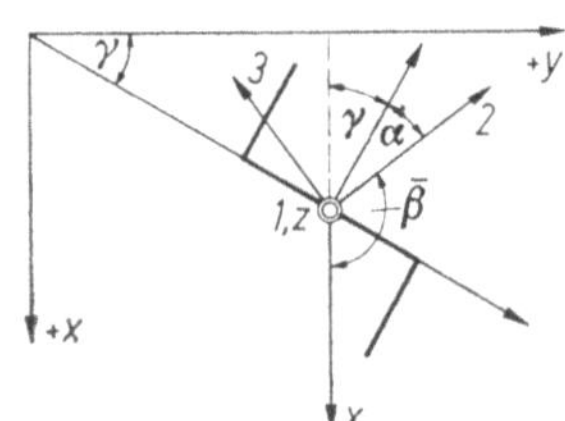

Abb. VII 1.5

Mit

$$\alpha = 23,2° \text{ wird } \bar{\beta} = 180,0 - 30,3 - 23,2 = 126,5°;$$

$$\sin\bar{\beta} = +0,8039; \quad \cos\bar{\beta} = -0,5948.$$

Damit erhält man nach (VII A.5)

$$e_1 = \begin{pmatrix} 0 \\ 0 \\ 1 \end{pmatrix}; \qquad e_2 = \begin{pmatrix} -0,5948 \\ 0,8039 \\ 0 \end{pmatrix}; \qquad e_3 = \begin{pmatrix} -0,8039 \\ -0,5948 \\ 0 \end{pmatrix}.$$

Stab 2—3:

Mit Abb. VII 1.6 und $\alpha = 23,2°$ wird

$$\beta = 66,8°; \quad \sin\beta = 0,9191; \quad \cos\beta = 0,3939; \quad e_{1,z} = 0; \quad k = 1.$$

Mit

$$\Delta = \begin{pmatrix} -2,0 \\ +5,0 \\ 0 \end{pmatrix} \text{ und } s_{2-3} = 5,3852 \text{ m}$$

wird

$$e_1 = \begin{pmatrix} -0,371 \\ +0,928 \\ 0 \end{pmatrix}; \qquad e_2 = \begin{pmatrix} 0,9191 \cdot 0,928 = 0,853 \\ 0,9191 \cdot 0,371 = 0,341 \\ 0,3939 \cdot 1,0 \quad = 0,394 \end{pmatrix};$$

$$e_3 = \begin{pmatrix} 0,3939 \cdot 0,928 = \quad 0,365 \\ 0,3939 \cdot 0,371 = \quad 0,146 \\ -0,371 \cdot 0,341 \\ -0,928 \cdot 0,853 = -0,919 \end{pmatrix}.$$

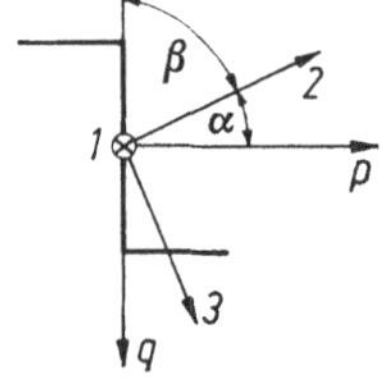

Abb. VII 1.6

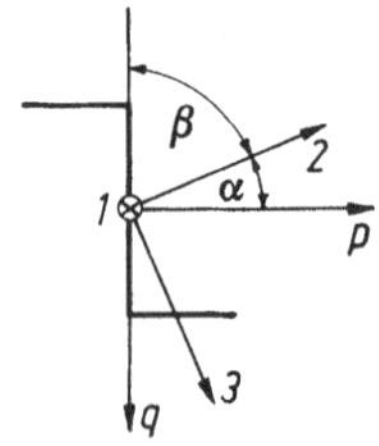

Abb. VII 1.7

Stab 3—4:

Mit Abb. VII 1.7 wird

$$\beta = 66,8°; \quad \sin\beta = 0,9191; \quad \cos\beta = 0,3939; \quad e_{1,z} = 0; \quad k = 1.$$

Weiter ergibt sich

$$e_1 = \begin{pmatrix} 0 \\ 0 \\ 1 \end{pmatrix}; \qquad e_2 = \begin{pmatrix} 0 \\ -0,919 \\ +0,394 \end{pmatrix}; \qquad e_3 = \begin{pmatrix} 0 \\ -0,394 \\ -0,919 \end{pmatrix}.$$

c) Momente

Nach Bd. I A (I A.5) gilt für das $x - y - z$-System

$$\mathfrak{M}_{P,i} = \mathfrak{r}_i \times \mathfrak{P}_4 = P_4(\mathfrak{r}_i \times e_P).$$

Nach Abb. VII 1.1 ist $d = \sqrt{2,0^2 + 2,0^2 + 3,0^2} = 4,123$ und

$$e_P = \begin{bmatrix} \dfrac{2,0}{d} = 0,4851 = e_{P,x} \\ \dfrac{2,0}{d} = 0,4851 = e_{P,y} \\ \dfrac{3,0}{d} = 0,7276 = e_{P,z} \end{bmatrix}; \qquad \mathfrak{r}_i = \begin{pmatrix} x_4 - x_i \\ y_4 - y_i \\ z_4 - z_i \end{pmatrix}.$$

Nach Bd. I A (I A.6) ist für $P_4 = 1$ t

$$\mathfrak{M}_{P,i} = \begin{pmatrix} \mathfrak{i} & \mathfrak{j} & \mathfrak{k} \\ r_{i,x} & r_{i,y} & r_{i,z} \\ e_{P,x} & e_{P,y} & e_{P,z} \end{pmatrix} = \begin{pmatrix} r_{i,y}e_{P,z} - r_{i,z}e_{P,y} \\ r_{i,z}e_{P,x} - r_{i,x}e_{P,z} \\ r_{i,x}e_{P,y} - r_{i,y}e_{P,x} \end{pmatrix} = \begin{pmatrix} M_{P,i;x} \\ M_{P,i;y} \\ M_{P,i;z} \end{pmatrix}.$$

Für die einzelnen Punkte 0 bis 4 erhält man

$$\mathfrak{r}_4 = \begin{pmatrix} 0 \\ 0 \\ 0 \end{pmatrix}; \quad \mathfrak{M}_4 = \begin{pmatrix} 0 \\ 0 \\ 0 \end{pmatrix}; \quad \mathfrak{r}_3 = \begin{pmatrix} +2,0 \\ 0 \\ 0 \end{pmatrix}; \quad \mathfrak{M}_3 = \begin{pmatrix} 0 \\ -1,455 \\ +0,970 \end{pmatrix};$$

$$\mathfrak{r}_2 = \begin{pmatrix} 0 \\ 5,0 \\ 0 \end{pmatrix}; \quad \mathfrak{M}_2 = \begin{pmatrix} +3,638 \\ 0 \\ -2,425 \end{pmatrix}; \quad \mathfrak{r}_1 = \begin{pmatrix} 0 \\ +5,0 \\ +2,0 \end{pmatrix}; \quad \mathfrak{M}_1 = \begin{pmatrix} +2,668 \\ +0,970 \\ -2,425 \end{pmatrix};$$

$$\mathfrak{r}_0 = \begin{pmatrix} +3,5 \\ +11,0 \\ +6,0 \end{pmatrix}; \quad \mathfrak{M}_0 = \begin{pmatrix} +5,093 \\ +0,264 \\ -3,638 \end{pmatrix}.$$

Die Komponenten der Momente, bezogen auf die Raumachsen 1, 2 und 3 ergeben sich nach Bd. I A (I A.8) zu

$$M_{i,1} = \mathfrak{M}_i \cdot e_1; \quad M_{i,2} = \mathfrak{M}_i \cdot e_2; \quad M_{i,3} = \mathfrak{M}_i \cdot e_3.$$

Für den Stab 0—1 ergibt sich:

$$M_{0,1} = 5{,}093 \cdot 0{,}436 + 0{,}364 \cdot 0{,}748 + (-3{,}638) \cdot 0{,}499 = 0{,}677 \text{ tm};$$

$$M_{0,2} = 5{,}093 \cdot 0{,}695 + 0{,}364 \cdot (-0{,}633) + (-3{,}638) \cdot 0{,}341 = 2{,}069 \text{ tm};$$

$$M_{0,3} = 5{,}093 \cdot 0{,}571 + 0{,}364 \cdot 0{,}198 + (-3{,}638) \cdot (-0{,}796) = 5{,}876 \text{ tm};$$

$$M_{1,1} = 2{,}668 \cdot 0{,}436 + 0{,}970 \cdot 0{,}748 + (-2{,}425) \cdot 0{,}499 = 0{,}677 \text{ tm};$$

$$M_{1,2} = 2{,}668 \cdot 0{,}695 + 0{,}970 \cdot (-0{,}633) + (-2{,}425) \cdot 0{,}341 = 0{,}413 \text{ tm};$$

$$M_{1,3} = 2{,}668 \cdot 0{,}571 + 0{,}970 \cdot 0{,}198 + (-2{,}425) \cdot (-0{,}796) = 3{,}646 \text{ tm}.$$

Die übrigen Momente sind in Abb. VII 1.8 angegeben.

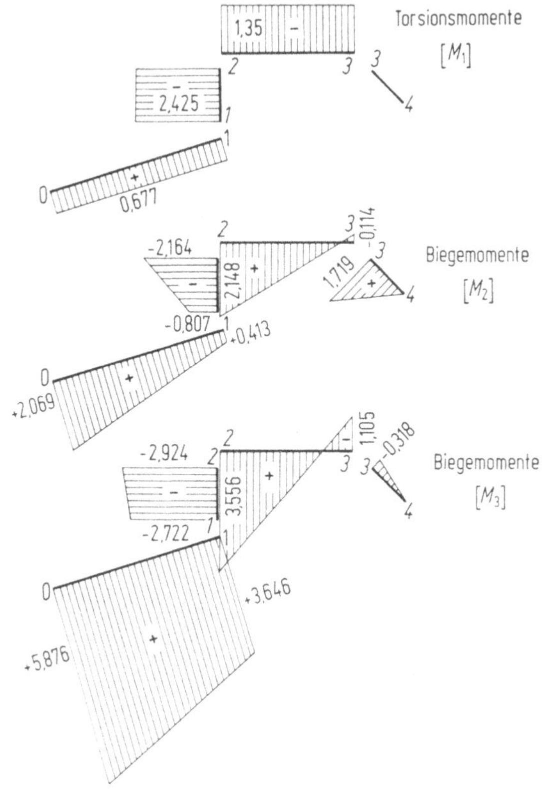

Abb. VII 1.8

d) Normal- und Querkräfte

Für die Normal- und Querkräfte gilt für den Stab 0—1:

$$N_{0,1} = \mathfrak{P}_4 \cdot e_1 = P_4(e_P \cdot e_1);$$

$$Q_{0,2} = \mathfrak{P}_4 \cdot e_2 = P_4(e_P \cdot e_2);$$

$$Q_{0,3} = \mathfrak{P}_4 \cdot e_3 = P_4(e_P \cdot e_3).$$

Für $P_4 = 1$ t ergibt sich:

$$N_{0,1} = 0,4851 \cdot 0,436 + 0,4851 \cdot 0,748 + 0,7276 \cdot 0,499 = 0,937 \text{ t};$$

$$Q_{0,2} = 0,4851 \cdot 0,695 + 0,4851(-0,633) + 0,7276 \cdot 0,341 = 0,278 \text{ t};$$

$$Q_{0,3} = 0,4851 \cdot 0,571 + 0,4851 \cdot 0,198 + 0,7276 \,(-0,796) = -0,206 \text{ t}.$$

Die Berechnung der übrigen Stäbe erfolgt in gleicher Weise. Damit sind alle Schnittbelastungen für den Kragträger bestimmt.

B. Schnittbelastungsmethode für Systeme mit Belastung in den Knotenpunkten

Im modernen Bauen, vor allem mit Beton und Spannbeton, kommen vielfach räumliche Tragwerke in Anwendung. Schon einfache, nach Kreisbogen gekrümmte Systeme erfordern einen großen mathematischen Aufwand. Verwandelt man jedoch solche beliebig gekrümmte Systeme in Stabzüge mit geraden Teilstücken (z.B. Abb. VII B.1 a und b), so wird die Berechnung, wie nachfolgend gezeigt wird, einfach und kann schematisch durchgeführt werden [1]. Die Länge der einzelnen Teilstücke wird einerseits so gewählt, daß die Belastung nur in den so gebildeten Knotenpunkten angreift und andererseits der geknickte Linienzug sich möglichst genau dem gekrümmten anpaßt. Eine stetige Belastung wird ebenfalls in eine Knotenpunktsbelastung umgewandelt. Es ist dies auch sonst vielfach in der Statik üblich. Bei einem Einfeldträger mit zehnfacher Unterteilung der Stützweite und gleichförmig verteilter Belastung beträgt z.B. bei Einführung von Ersatzeinzellasten in den Knotenpunkten die maximale Abweichung im Moment für Knotenpunkte nur $0,01 M_{\max}$.

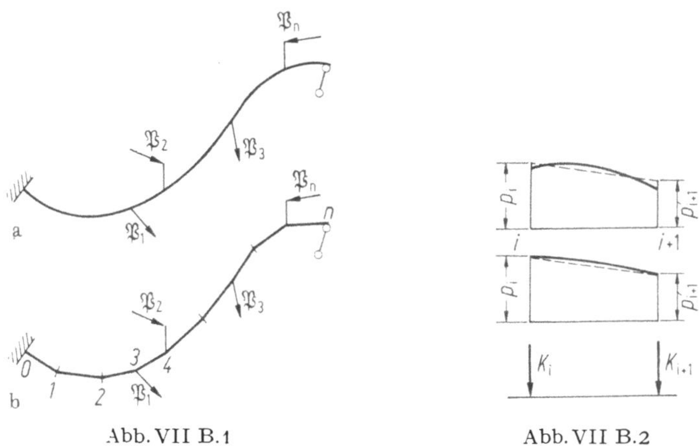

Abb. VII B.1   Abb. VII B.2

Den nachfolgenden Untersuchungen werden für jedes Teilstück konstante Querschnittswerte (F, J, J_d) zugrunde gelegt. Es wird nur die Saint-Venantsche Torsion berücksichtigt. Eine auf die Feldweite c stetige Belastung wird zweckmäßig als Trapezlast angenommen und die Knotenlasten nach der Trapezregel bestimmt, wobei nach Abb. VII B.2

$$K_i = \frac{c}{6} \,(2p_i + p_{i+1})$$

wird.

Die Entwicklungen werden zuerst am unverzweigten Stabwerk durchgeführt und anschließend werden Systemverzweigungen behandelt.

Auf Grund der Bestimmung der Schnittbelastungen und Verformungen statisch bestimmter Systeme werden nach der Schnittbelastungsmethode statisch unbestimmte Systeme behandelt.

1. Statisch bestimmtes unverzweigtes System

a) Belastung

Im allgemeinen Falle wird im Knotenpunkt i an einem starr gedachten Hebelarm $i - n$ eine beliebig gerichtete Kraft $\mathfrak{P}_n$ wirken (Abb. VII B.3), deren Einheitsvektor e_{pn} ist.

Reduziert man diese Kraft in den Knotenpunkt i, so erhält man mit $\mathfrak{r}_{n,i} = \mathfrak{x}_n - \mathfrak{x}_i$

$$\mathfrak{P}_{n,i} = \mathfrak{P}_n = P_n e_{pn} \tag{VII B.1}$$

und

$$\mathfrak{M}_{pn,i} = \mathfrak{r}_{n,i} \times \mathfrak{P}_n = P_n(\mathfrak{r}_{n,i} \times e_{pn}) = P_n \mathfrak{m}_{pn,i}, \tag{VII B.2}$$

wobei gilt

$$\mathfrak{m}_{pn,i} = \begin{pmatrix} m_{pn;i,x} \\ m_{pn;i,y} \\ m_{pn;i,z} \end{pmatrix} = \begin{pmatrix} \mathfrak{i} & \mathfrak{j} & \mathfrak{k} \\ r_{ni;x} & r_{ni;y} & r_{ni;z} \\ e_{pn;x} & e_{pn;y} & e_{pn;z} \end{pmatrix} = \begin{pmatrix} (y_n - y_i)\, e_{pn;z} - (z_n - z_i)\, e_{pn;y} \\ (z_n - z_i)\, e_{pn;x} - (x_n - x_i)\, e_{pn;z} \\ (x_n - x_i)\, e_{pn;y} - (y_n - y_i)\, e_{pn;x} \end{pmatrix}.$$

$$\tag{VII B.3}$$

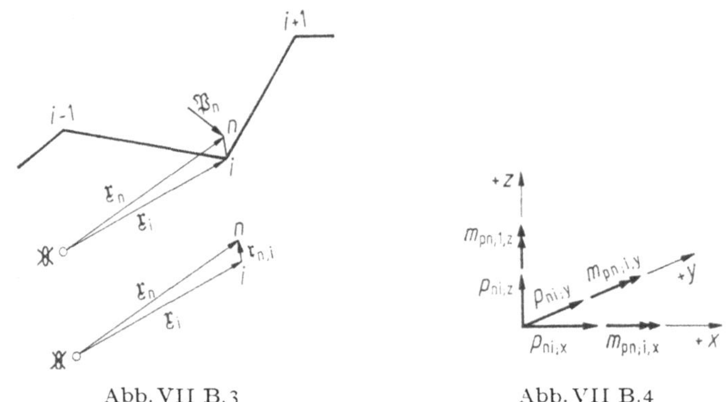

Abb. VII B.3   Abb. VII B.4

Der gesamte Belastungs-Spaltenvektor aus der Belastung $\mathfrak{P}_n$ lautet somit für den Punkt i (Abb. VII B.4)

$$P_n \mathbf{p}_{pn;i} = P_n \begin{bmatrix} e_{pn;x} = p_{ni;x} \\ e_{pn;y} = p_{ni;y} \\ e_{pn;z} = p_{ni;z} \\ m_{pn;i,x} \\ m_{pn;i,y} \\ m_{pn;i,z} \end{bmatrix}. \tag{VII B.4}$$

Greifen mehrere Lasten im Bereich des Knotenpunktes i an, so beträgt die gesamte Knotenpunktsbelastung

$$\sum P_n \mathbf{p}_{pn;i}. \tag{VII B.5}$$

Völlig entsprechend ergeben sich die Knotenpunktsbelastungen aus einer Stützbelastung, die am Hebelarm $\mathfrak{r}_{l,i} = \mathfrak{x}_l - \mathfrak{x}_i$ angreift. Wirkt am Hebelarm $i - l$ eine

Stützkraft $\mathfrak{A}_l$ bzw. ein Stützmoment $\mathfrak{D}_l$ mit dem Einheitsvektor $e_{a,l}$ bzw. $e_{d,l}$ auf die Unterstützung, so erhält man entsprechend (VII B.1) bzw. (VII B.4) als Wirkung der Lagerreaktionen auf das Stabwerk im Knotenpunkt i die Belastungsspaltenvektoren.

$$-A_l p_{al;i} = -A_l \begin{Bmatrix} e_{al;x} = p_{al;x} \\ e_{al;y} = p_{al;y} \\ e_{al;z} = p_{al;z} \\ m_{al;i,x} = (y_l - y_i)\,e_{al;z} - (z_l - z_i)\,e_{al;y} \\ m_{al;i,y} = (z_l - z_i)\,e_{al;x} - (x_l - x_i)\,e_{al;z} \\ m_{al;i,z} = (x_l - x_i)\,e_{al;y} - (y_l - y_i)\,e_{al;x} \end{Bmatrix} \qquad \text{(VII B.6)}$$

bzw.

$$-D_l p_{dl;i} = -D_l \begin{Bmatrix} 0, \\ 0, \\ 0, \\ m_{dl;i,x} = e_{dl;i,x} \\ m_{dl;i,y} = e_{dl;i,y} \\ m_{dl;i,z} = e_{dl;i,z} \end{Bmatrix}. \qquad \text{(VII B.7)}$$

Sind die Absolutwerte A_l bzw. D_l nach Abschnitt b) bestimmt, so ergibt sich der endgültige Gesamtbelastungsspaltenvektor im Punkt i zu

$$p_i = p_{p+a;i} = \sum P_n p_{pn;i} - \sum A_l p_{al;i} - \sum D_l p_{dl;i}. \qquad \text{(VII B.8)}$$

b) Absolutwerte der Stützbelastung

Legt man in einem Knotenpunkt den Koordinatenursprung (Abb. VII B.5) und stellt die Gleichgewichtsbedingungen für Kräfte und Momente, bezogen auf diesen Punkt, auf, so erhält man nach Bd. I A (I B.11) und (I B.12)

$$\sum_n \mathfrak{P}_n - \sum_l \mathfrak{A}_l = 0; \qquad \text{(VII B.9)}$$

$$\sum_n (\mathfrak{r}_n \times \mathfrak{P}_n) - \sum_l (\mathfrak{r}_l \times \mathfrak{A}_l) - \sum_l \mathfrak{D}_l = 0. \qquad \text{(VII B.10)}$$

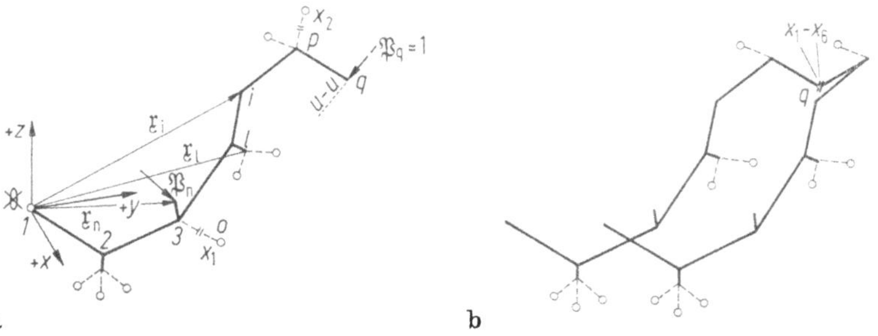

a   b

Abb. VII B.5

Die 6 Komponentengleichungen ergeben sich als Skalarprodukte von (VII B.9) und (VII B.10) mit den Einheitsvektoren e_x, e_y und e_z.

Zum Beispiel wird nach Bd. I A (I B.15) und (I B.16)

$$\sum P_n e_{pn} \cdot \mathfrak{e}_x - \sum A_l e_{al} \cdot \mathfrak{e}_x = 0; \qquad \text{(VII B.11)}$$

$$\sum P_n(\mathfrak{r}_n \times e_{pn}) \cdot \mathfrak{e}_x - \sum A_l(\mathfrak{r}_l \times e_{a,l}) \cdot \mathfrak{e}_x - \sum D_l e_{dl} \cdot \mathfrak{e}_x = 0 \quad \text{usw.} \quad \text{(VII B.12)}$$

Mit

$$(\mathfrak{r}_i \times e_n) \cdot \mathfrak{e}_x = \begin{pmatrix} \mathfrak{i} & \mathfrak{j} & \mathfrak{k} \\ x_i & y_i & z_i \\ e_{nx} & e_{ny} & e_{nz} \end{pmatrix} \cdot \begin{pmatrix} 1 \\ 0 \\ 0 \end{pmatrix} = y_i e_{nz} - z_i e_{ny} \quad \text{usw.} \qquad \text{(VII B.13)}$$

ergibt sich beim Vorhandensein von 3 Wegfesseln und 3 Drehfesseln nach Bd. I A (I B.17) das nachfolgende Gleichungssystem I.

Hierbei bedeuten x_{al}, y_{al}, z_{al} die Koordinaten der Angriffspunkte von $\mathfrak{A}_l$ usw., x_{pn}, y_{pn}, z_{pn} diejenigen der Angriffspunkte der Lasten $\mathfrak{P}_n$ usw. (In der Zahlenrechnung bedeutet $x_{al,k}$ die x-Koordinate des Punktes k, in dem der Auflagerdruck A_l angreift usw.)

Tabelle VII B.1   Gleichungssystem I

1	2	3	4	5	6	7	8
A_1	A_2	A_3	D_1	D_2	D_3	Belastungsglied	0
$-e_{a1,x}$	$-e_{a2,x}$	$-e_{a3,x}$	0	0	0	$\sum P_n e_{pn,x}$	0
$-e_{a1,y}$	$-e_{a2,y}$	$-e_{a3,y}$	0	0	0	$\sum P_n e_{pn,y}$	0
$-e_{a1,z}$	$-e_{a2,z}$	$-e_{a3,z}$	0	0	0	$\sum P_n e_{pn,z}$	0
$z_{a1}e_{a1,y} -$ $-y_{a1}e_{a1,z}$	$z_{a2}e_{a2,y} -$ $-y_{a2}e_{a2,z}$	$z_{a3}e_{a3,y} -$ $-y_{a3}e_{a3,z}$	$-e_{d1,x}$	$-e_{d2,x}$	$-e_{d3,x}$	$\sum P_n(y_{pn}e_{pn,z} -$ $-z_{pn}e_{pn,y})$	0
$x_{a1}e_{a1,z} -$ $-z_{a1}e_{a1,x}$	$x_{a2}e_{a2,z} -$ $-z_{a2}e_{a2,x}$	$x_{a3}e_{a3,z} -$ $-z_{a3}e_{a3,x}$	$-e_{d1,y}$	$-e_{d2,y}$	$-e_{d3,y}$	$\sum P_n(z_{pn}e_{pn,x} -$ $-x_{pn}e_{pn,z})$	0
$y_{a1}e_{a1,x} -$ $-x_{a1}e_{a1,y}$	$y_{a2}e_{a2,x} -$ $-x_{a2}e_{a2,y}$	$y_{a3}e_{a3,x} -$ $-x_{a3}e_{a3,y}$	$-e_{d1,z}$	$-e_{d2,z}$	$-e_{d3,z}$	$\sum P_n(x_{pn}e_{pn,y} -$ $-y_{pn}e_{pn,x})$	0

Sind statt Drehfesseln weitere Wegfesseln vorhanden, so sind in den Spalten 4, 5 und 6 den Spalten 1 bis 3 entsprechende Werte einzuführen; z.B. für A_4 die Werte $-e_{a4,x}$ usw.

Als Lösung von (I) ergeben sich die Werte A_l und D_l und damit die Reaktionsbelastungen $-A_l e_{a,l}$ bzw. $-D_l e_{d,l}$.

Nach (VII B.4) bis (VII B.8) sind dann alle Knotenbelastungen festgelegt. Schreibt man die Nennerdeterminante von (I) in Matrizenform als $-\mathbf{A}$ und die Belastungsglieder in der Form

$$\mathbf{B} \cdot \mathfrak{P} = \begin{bmatrix} e_{p1;x} & e_{p2;x} & \cdots & e_{pn;x} \\ e_{p1;y} & \cdot & \cdots & \cdot \\ e_{p1;z} & \cdot & \cdots & \cdot \\ y_{p1}e_{p1;z} - z_{p1}e_{p1;y} & \cdot & \cdots & \cdot \\ z_{p1}e_{p1;x} - x_{p1}e_{p1;z} & \cdot & \cdots & \cdot \\ x_{p1}e_{p1;y} - y_{p1}e_{p1;x} & \cdot & \cdots & \cdot \end{bmatrix} \cdot \begin{bmatrix} P_1 \\ P_2 \\ P_3 \\ \cdot \\ \cdot \\ P_n \end{bmatrix}, \qquad \text{(VII B.14)}$$

so gilt mit

$$\mathfrak{A} = \begin{bmatrix} A_1 \\ A_2 \\ A_3 \\ D_1 \\ D_2 \\ D_3 \end{bmatrix} \quad \text{bzw.} \quad \mathfrak{A} = \begin{bmatrix} A_1 \\ A_2 \\ A_3 \\ A_4 \\ A_5 \\ A_6 \end{bmatrix} \qquad \text{(VII B.15)}$$

$$-\mathbf{A} \cdot \mathfrak{A} = -\mathbf{B} \cdot \mathfrak{P}$$

und

$$\mathfrak{A} = \mathbf{A}^{-1} \cdot \mathbf{B} \cdot \mathfrak{P} = \frac{\mathbf{A}_{\text{adj}} \cdot \mathbf{B}}{\det A} \cdot \mathfrak{P} = \frac{\mathbf{C}}{\det A} \cdot \mathfrak{P}. \qquad \text{(VII B.16)}$$

Mit (VII B.16) können durch Matrizenmultiplikation alle Stützreaktionen in Abhängigkeit von den gegebenen Lasten $\mathfrak{P}_n$ ermittelt werden.

c) Schnittbelastung

Für einen nur in den Knotenpunkten belasteten Stab (n) (Abb. VII B.6) sind die Schnittlasten an jeder Stelle m durch den Spaltenvektor $s_{n,m}$ bzw. durch seine 6 Komponenten (Abb. VII B.7) gegeben. Zwischen der Schnittbelastung $s_{n,a}$ am Anfangspunkt a und $s_{n,e}$ am Endpunkt e besteht die Beziehung

$$s_{n,e} = \mathbf{D} \cdot s_{n,a} \qquad \text{(VII B.17)}$$

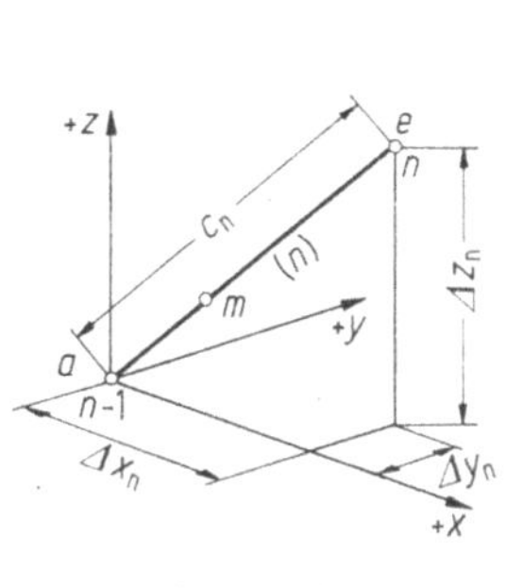
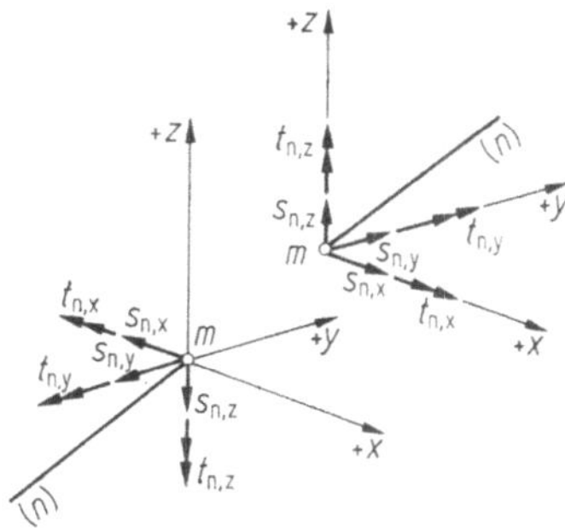

Abb. VII B.6   Abb. VII B.7

mit

$$s_{n,a} = \begin{bmatrix} s_{nx,a} \\ s_{ny,a} \\ s_{nz,a} \\ t_{nx,a} \\ t_{ny,a} \\ t_{nz,a} \\ 1 \end{bmatrix} \; ; \quad s_{n,e} = \begin{bmatrix} 1 & 0 & 0 & 0 & 0 & 0 & 0 \\ 0 & 1 & 0 & 0 & 0 & 0 & 0 \\ 0 & 0 & 1 & 0 & 0 & 0 & 0 \\ 0 & +\Delta z_n & -\Delta y_n & 1 & 0 & 0 & 0 \\ -\Delta z_n & 0 & +\Delta x_n & 0 & 1 & 0 & 0 \\ +\Delta y_n & -\Delta x_n & 0 & 0 & 0 & 1 & 0 \\ 0 & 0 & 0 & 0 & 0 & 0 & 1 \end{bmatrix} \cdot \begin{bmatrix} s_{nx,a} \\ s_{ny,a} \\ s_{nz,a} \\ t_{nx,a} \\ t_{ny,a} \\ t_{nz,a} \\ 1 \end{bmatrix}. \qquad \text{(VII B.18)}$$

Mit der Knotenpunktbelastung nach (VII B.8) ergibt sich für den Anfangsstab (Abb. VII B.5 a) im Punkt 1 die Schnittbelastung

$$s_{1,n} = p_1; \qquad \text{(VII B.19)}$$

$$s_{1,a} = \begin{bmatrix} s_{1x,a} \\ s_{1y,a} \\ s_{1z,a} \\ t_{1x,a} \\ t_{1y,a} \\ t_{1z,a} \\ 1 \end{bmatrix} = \begin{bmatrix} p_{1,x} \\ p_{1,y} \\ p_{1,z} \\ m_{1,x} \\ m_{1,y} \\ m_{1,z} \\ 1 \end{bmatrix}.$$

Für alle anderen Stäbe $(n + 1)$ kann die Anfangsschnittbelastung aus der Endschnittbelastung des jeweils vorherigen Stabes (n) mittels der Sprungmatrix $\mathbf{Q}$ — resultierend aus der Knotenpunktsbelastung p_n — erhalten werden.

$$s_{n+1,a} = \mathbf{Q} \cdot s_{n,e} = \mathbf{Q} \cdot \mathbf{D} \cdot s_{n,a}; \qquad \text{(VII B.20)}$$

$$s_{n+1,a} = \begin{bmatrix} 1 & 0 & 0 & 0 & 0 & 0 & p_{n,x} \\ 0 & 1 & 0 & 0 & 0 & 0 & p_{n,y} \\ 0 & 0 & 1 & 0 & 0 & 0 & p_{n,z} \\ 0 & 0 & 0 & 1 & 0 & 0 & m_{n,x} \\ 0 & 0 & 0 & 0 & 1 & 0 & m_{n,y} \\ 0 & 0 & 0 & 0 & 0 & 1 & m_{n,z} \\ 0 & 0 & 0 & 0 & 0 & 0 & 1 \end{bmatrix} \cdot \begin{bmatrix} s_{nx,e} \\ s_{ny,e} \\ s_{nz,e} \\ t_{nx,e} \\ t_{ny,e} \\ t_{nz,e} \\ 1 \end{bmatrix}. \qquad \text{(VII B.21)}$$

Durch Anwendung von (VII B.20) bzw. (VII B.21) können somit alle Schnittbelastungen — bezogen auf das gewählte Koordinatensystem x, y, z — mittels fortlaufender Matrizenmultiplikation bestimmt werden. Will man die Schnittbelastung s_n auf die Hauptträgheitsachsen 1, 2 und 3 (Abb. VII A.4 und VII A.6) beziehen s'_n, wobei die Achse 1 jeweils mit der zugehörigen Stabachse zusammenfällt, so hat man den Spaltenvektor s_n mit der Rotationsmatrix $\mathbf{R}$ zu multiplizieren.

$$s'_n = \mathbf{R} \cdot s_n; \qquad \text{(VII B.22)}$$

$$s'_n = \begin{bmatrix} s_{n,1} \\ s_{n,2} \\ s_{n,3} \\ t_{n,1} \\ t_{n,2} \\ t_{n,3} \end{bmatrix} = \begin{bmatrix} \cos\alpha_{1,x} & \cos\alpha_{1,y} & \cos\alpha_{1,z} & 0 & 0 & 0 \\ \cos\alpha_{2,x} & \cos\alpha_{2,y} & \cos\alpha_{2,z} & 0 & 0 & 0 \\ \cos\alpha_{3,x} & \cos\alpha_{3,y} & \cos\alpha_{3,z} & 0 & 0 & 0 \\ 0 & 0 & 0 & \cos\alpha_{1,x} & \cos\alpha_{1,y} & \cos\alpha_{1,z} \\ 0 & 0 & 0 & \cos\alpha_{2,x} & \cos\alpha_{2,y} & \cos\alpha_{2,z} \\ 0 & 0 & 0 & \cos\alpha_{3,x} & \cos\alpha_{3,y} & \cos\alpha_{3,z} \end{bmatrix} \cdot \begin{bmatrix} s_{n,x} \\ s_{n,y} \\ s_{n,z} \\ t_{n,x} \\ t_{n,y} \\ t_{n,z} \end{bmatrix}.$$

$$\text{(VII B.23)}$$

Die positive Richtung der Achse 1 folgt dem Stabzug von Punkt 1 bis n. Die positiven Richtungen der Hauptträgheitsachsen 2 und 3 bilden mit der Achse 1 wieder ein Rechtssystem. Unter Zugrundelegung der Abb. VII A.4 bis VII A.6 ergeben sich die Einheitsvektoren der Achsen 1, 2 und 3 nach (VII A.1) bis (VII A.5).

d) Verformungen eines einseitig eingespannten Feldes

Für einen in a eingespannten Stab (Abb. VII B.8), auf den am frei gedachten Ende e mit der Vorzeichenfestlegung nach Abb. VII B.7 die Schnittbelastung $-s'_e$ in Richtung der 3 Hauptachsen 1, 2 und 3 wirkt, erhält man die Verformungen des Punktes e gegenüber a mittels der Federmatrix $\mathbf{F}$ — wenn man die Schubverformungen nicht berücksichtigt — zu

$$v_e = \mathbf{F} \cdot s'_e;\qquad\text{(VII B.24)}$$

$$
\mathbf{v}_e =
\begin{bmatrix} v_{e,1} \\ v_{e,2} \\ v_{e,3} \\ \varphi_{e,1} \\ \varphi_{e,2} \\ \varphi_{e,3} \end{bmatrix}
=
\begin{bmatrix}
\dfrac{c}{EF} & 0 & 0 & 0 & 0 & 0 \\[2mm]
0 & \dfrac{c^3}{3EJ_3} & 0 & 0 & 0 & \dfrac{c^2}{2EJ_3} \\[2mm]
0 & 0 & \dfrac{c^3}{3EJ_2} & 0 & -\dfrac{c^2}{2EJ_2} & 0 \\[2mm]
0 & 0 & 0 & \dfrac{c}{GJ_d} & 0 & 0 \\[2mm]
0 & 0 & -\dfrac{c^2}{2EJ_2} & 0 & \dfrac{c}{EJ_2} & 0 \\[2mm]
0 & \dfrac{c^2}{2EJ_3} & 0 & 0 & 0 & \dfrac{c}{EJ_3}
\end{bmatrix}
\cdot
\begin{bmatrix} s'_{1,e} \\ s'_{2,e} \\ s'_{3,e} \\ t'_{1,e} \\ t'_{2,e} \\ t'_{3,e} \end{bmatrix}.
\qquad\text{(VII B.25)}
$$

J_2 bzw. J_3 sind Trägheitsmomente um die Achse 2 bzw. 3, J_d ist der Drillungswiderstand.

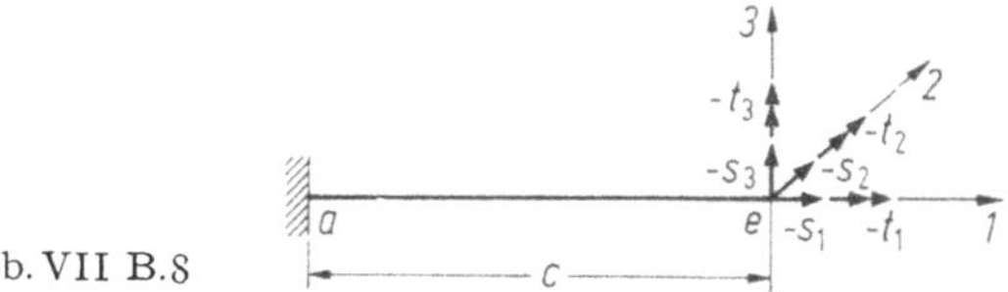

Abb. VII B.8

Treten für eine gegebene Belastung B die Schnittlasten $s'_{B,n;e}$ in Richtung der Hauptachsen auf, so gilt für das Feld n mit c_n, $\mathbf{F}_n$, $J_{2,n}$, $J_{3,n}$, $J_{d,n}$:

$$v_{B,n;e} = -\mathbf{F}_n \cdot s'_{B,n;e}.\qquad\text{(VII B.26)}$$

e) Verformung des Gesamtsystems

Die Verformung an einer bestimmten Stelle des Systems infolge einer gegebenen Belastung B wird zweckmäßig mit dem Satz von der virtuellen Arbeit ermittelt. Wird z. B. die Verschiebung $v^*_{B,u-u}$ des Punktes q in Richtung $u - u$ (Abb. VII B.5 a) gesucht, so wird als einzige virtuelle Belastung $\mathfrak{P}_q = 1$ in Richtung $u - u$ aufgebracht. Nach Abschnitt b, Gleichung (VII B.9) bis (VII B.16), ergeben sich die zugehörigen Auflagerdrücke $\mathfrak{A}_{P_q=1}$ und nach Abschnitt c, Gleichung (VII B.17) bis (VII B.23) die Schnittbelastung

$$s_{P_q=1;n,e}.$$

Aus

$$v A_a = v A_i \quad\text{wird}\quad v^*_{B;u-u} = v A_i.\qquad\text{(VII B.27)}$$

Die innere Arbeit an einem Trägerstück i, $i + 1$ aus den Verformungen der Belastung B und den Schnittlasten aus dem Zustand $\mathfrak{P}_q = 1$ kann besonders einfach berechnet werden. Sie ist gleich der Arbeit, die die Endschnittlasten an den entsprechenden Endverformungen leisten. Abb. VII B.9 zeigt z. B. ein ebenes Trägerstück i, $i + 1$, das nach der Verformung des Systems die Lage i', $(i + 1)''$ einnimmt. Die Endverformungslage i', $(i + 1)''$ kann man sich entstanden denken als Verschiebung des starren Trägerstückes i, $(i + 1)$ in die Lage i', $(i + 1)'$ und aus den zusätzlichen Verformungen des bei i' starr eingespannten elastischen Trägerstückes. Da die Schnittlasten im Punkt i mit denen im Punkt $i + 1$ ein Gleichgewichtssystem bilden, wird bei der Ver-

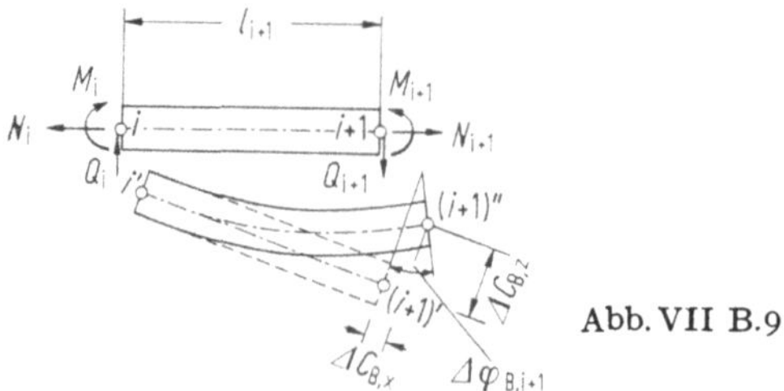

Abb. VII B.9

schiebung in die Lage i', $(i + 1)'$ keine Arbeit geleistet. Die gesamte innere Arbeit entspricht somit einzig und allein der Arbeit der Schnittlasten im Punkt $i + 1$ an den Endverformungen in diesem Punkte des bei i' starr eingespannten elastischen Trägerstückes.

$$^vA_i = M_{i+1}\,\Delta\varphi_{B;i+1} + N_{i+1}\,\Delta c_{B;x} - Q_{i+1}\,\Delta c_{B;z}\,.$$

Für ein Trägerstück des räumlichen Systems ergibt sich die innere Arbeit somit aus dem Produkt der Verformungen nach (VII B.26) $v_{B;n,e} = -\mathbf{F}_n \cdot s'_{B;n,e}$ und der Schnittbelastung $s'_{P_q=1;n,e}$. Da nach Abb. VII B.7 die Schnittlasten $+s_{P_q=1;n,e}$ am Trägerende e entgegengesetzt den positiven Richtungen der Verformungen wirken, wird die geleistete Arbeit am Gesamtsystem

$$a_{B,u} = \mathbf{F}_n \cdot (s'_{B,e})_n \cdot (s'_{P_q=1;e})_n \qquad\qquad \text{(VII B.28)}$$

$$= \begin{bmatrix} \mathbf{F}_1 \cdot s'_{B;1,e} & 0 & 0 \\ 0 & \mathbf{F}_2 \cdot s'_{B;2,e} & 0 \\ \cdots & \cdots & \cdots \\ 0 & 0 & \mathbf{F}_n \cdot s'_{B;n,e} \end{bmatrix} \cdot \begin{bmatrix} s'_{P_q=1;1,e} \\ s'_{P_q=1;2,e} \\ \vdots \\ s'_{P_q=1;n,e} \end{bmatrix} = \mathbf{K}_B \cdot (s'_{P_q=1;e})_n.$$

$$\text{(VII B.29)}$$

Bei der Ermittlung von gegenseitigen Verschiebungen, Drehungen, gegenseitigen Drehungen usw. werden sinngemäß Doppelkräfte $\mathfrak{P}_q = 1$, Momente $\mathfrak{M}_q = 1$, Doppelmomente $\mathfrak{M}_q = 1$ usw. angenommen.

2. Statisch unbestimmtes unverzweigtes System

a) Verformungsgrößen an den Wirkungsstellen der statisch unbestimmten Größen X_u

Nach der Schnittbelastungsmethode wird ein statisch unbestimmtes in ein statisch bestimmtes System verwandelt, indem entweder an den Wirkungsstellen von Stützbelastungen oder an denen von Schnittbelastungen freie Bewegungsmöglichkeiten in Wirkungsrichtung der betreffenden Belastung geschaffen werden. Zum Beispiel wird das 2fach statisch unbestimmte System der Abb. VII B.5 a mittels Durchschneiden der Stützstäbe o und p in das statisch bestimmte Grundsystem verwandelt, während das zu q symmetrisch 6fach statisch unbestimmte System der Abb. VII B.5 b durch eine völlige Durchschneidung in q in 2 statisch bestimmte Grundsysteme der Abb. VII B.5 a zerfällt. Die Verformungsgrößen $a_{i,k}$ am statisch bestimmten Grundsystem in Wirkungsrichtung der Unbekannten X_u können nach Abschnitt 1 e als virtuelle Arbeiten bestimmt werden. Für eine Belastung B ist mit (VII B.28) und (VII B.29)

$$a_{B,u} = \mathbf{K}_B \cdot (s'_{X_u=1;e})_n.$$

Weiter gilt

$$a_{uu} = \mathbf{K}_{X_u=1} \cdot (s'_{X_u=1;e})_n; \qquad\qquad \text{(VII B.30)}$$

$$a_{uv} = \mathbf{K}_{X_u=1} \cdot (s'_{X_v=1;e})_n.$$

b) Statisch unbestimmte Größen X_u

Aus der Bedingung, daß an den Wirkungsstellen der Unbekannten X_u in Wirklichkeit keine gegenseitigen Verformungen der Schnittstellen auftreten können, und unter Beachtung des Superpositionsgesetzes erhält man entsprechend Bd. I A (V B.14a) das bekannte Gleichungssystem II zur Berechnung der Absolutwerte X_u.

Gleichungssystem II

$$\begin{aligned}
X_{B,1}a_{11} + X_{B,2}a_{21} \cdots + a_{B,1} &= 0, \\
X_{B,1}a_{12} + X_{B,2}a_{22} \cdots + a_{B,2} &= 0, \\
\vdots \qquad \vdots \qquad \vdots & \\
X_{B1}a_{1k} + X_{B,2}a_{2k} \cdots + a_{B,k} &= 0.
\end{aligned}$$

$$\text{(VII B.31)}$$

c) Endgültige Schnittbelastung

Hierfür gilt allgemein entsprechend Bd. I A (V C.16)

$$\bar{s}'_{B,n} = s'_{B,n} + X_{B,1}s'_{1,n} + X_{B,2}s'_{2,n} + \cdots. \qquad \text{(VII B.32)}$$

3. Verzweigte Systeme

Für statisch bestimmte verzweigte Systeme (Abb. VII B.10a—c) kann die Stützbelastung unter Zugrundelegung eines beliebigen Koordinatenursprunges wieder nach Abschnitt 1 b bestimmt werden.

Für Systeme nach Abb. VII B.10a kann die Schnittbelastung für die Teile A und B, von a bzw. b beginnend, nach Abschnitt 1 c berechnet werden, und zwar jeweils bis zum Teilungspunkt t_1. Beim Weiterschreiten über den Punkt t_1 hinaus ist nur für die Schnittbelastung im beginnenden Teil C statt (VII B.20) die neue Gleichung

$$^C s_{n+1;a} = \mathbf{Q} \cdot ({}^A s'_{n,e} + {}^B s'_{n,e}) \qquad \text{(VII B.33)}$$

einzuführen, wobei $^A s'_{n,e}$ und $^B s'_{n,e}$ die Endschnittbelastungen der Teile A und B am Teilungspunkt sind.

Für Systeme nach Abb. VII B.10b wird man den Koordinatenursprung zweckmäßig auf der verzweigten Seite annehmen und die Berechnung in Richtung $a - t_1$ bzw. $b - t_1$ durchführen.

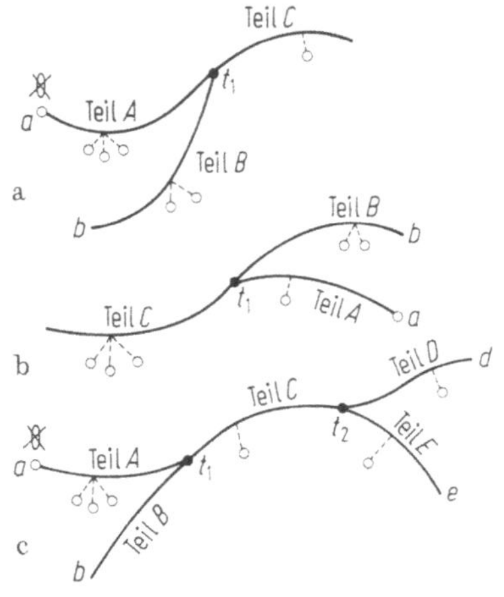

Abb. VII B.10

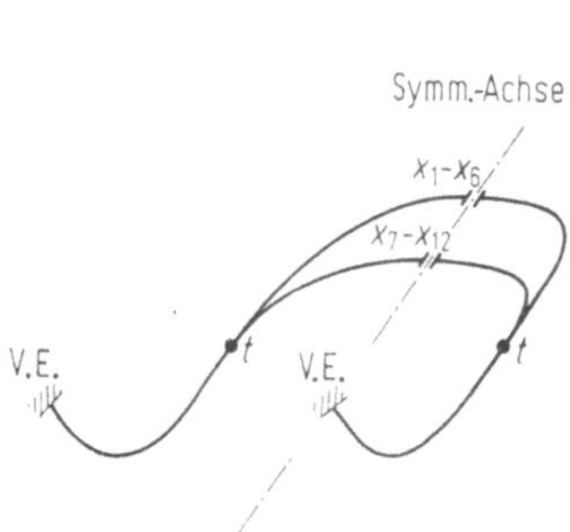

Abb. VII B.11

Ist eine mehrfache Verzweigung vorhanden (z.B. Abb. VII B.10c), so wird man zur Bestimmung der Stützbelastung z.B. den Koordinatenursprung 0 wählen. Für die Bestimmung der Schnittbelastung der Teile A, B und C wird man mit 0 in Richtung $a - t_1$, bzw. $b - t_1$, bzw. $t_1 - t_2$ vorgehen, während man für die Teile D und E in Richtung $d - t_2$, $c - t_2$ weiterschreiten wird.

Bei statisch unbestimmten Systemen (z.B. Abb. VII B.11) können die Verformungsgrößen a_{ik} entsprechend Abschnitt 1d und 1e berechnet werden. Da die Richtung des Fortschreitens bei der Ermittlung der $a_{i,k}$-Werte gleichgültig ist, kann das oben Gesagte sinngemäß unter Verwendung von (VII B.28) und (VII B.29) angewendet werden. Die Berechnung der Unbekannten X_u und Schnittlasten $\bar{s}'_B$ erfolgt dann entsprechend Abschnitt 2.

4. Zusammenfassung

Für ein beliebiges räumliches System, das statisch bestimmt gelagert ist, sind die Auflagerdrücke durch zwei vektorielle Gleichungen bestimmt. Schreibt man letztere in Matrizenform, so sind die Einzelglieder nur von den Einheitsvektoren der Lasten und Auflagerdrücke und den Koordinaten der Systempunkte und der Belastungsangriffspunkte abhängig und können schematisch angeschrieben werden. Es sind dies die einzigen Eingabedaten bei Verwendung einer elektronischen Rechenanlage. Die Systemunterteilung wird so gewählt, daß man unter Beibehaltung einer Rechengenauigkeit von rund 1% die Belastung nur in den Knotenpunkten wirkend annehmen kann. Dies bedingt eine wesentliche Vereinfachung der Rechnung, da alle Schnittlasten durch Matrizenmultiplikation fortlaufend erhalten werden. Die Verformungen an beliebiger Stelle werden über die Federmatrix der Einzelstäbe ebenfalls durch Matrizenmultiplikation gewonnen.

Bei beliebigen statisch unbestimmten räumlichen Systemen können die Verformungsgrößen $a_{i,k}$ usw. des statisch bestimmten Grundsystems auf gleiche Weise ermittelt werden, damit die Unbekannten X_u und die endgültigen Schnittlasten.

Mit obigem Verfahren kann mit einem einmal aufgestellten grundsätzlichen Programm jedes räumliche Stabwerk, für das die Schnittlastenmethode zweckmäßig ist, berechnet werden. An einem einfachen Beispiel soll die Durchführung der Berechnung nachfolgende gezeigt werden.

Zahlenbeispiel VII.2

a) Statisch bestimmtes System

Das System und die Wirkungsrichtungen der gegebenen Belastung ($\mathfrak{P}_3$, $\mathfrak{P}_4$, $\mathfrak{P}_6$) sowie die Stützstäbe ($\mathfrak{A}_1$ bis $\mathfrak{A}_6$) sind in Abb. VII 2.1 im Aufriß und Grundriß dargestellt (siehe auch Abb. VII 2.2).

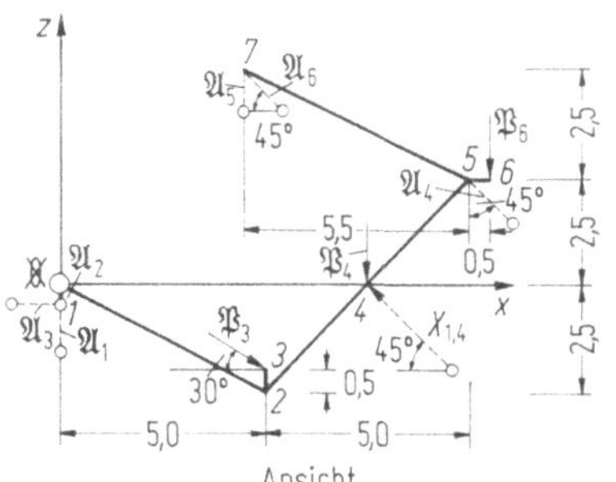

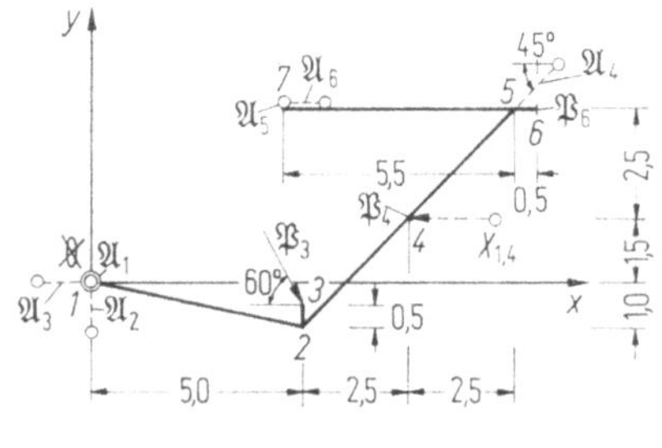

Abb. VII 2.1

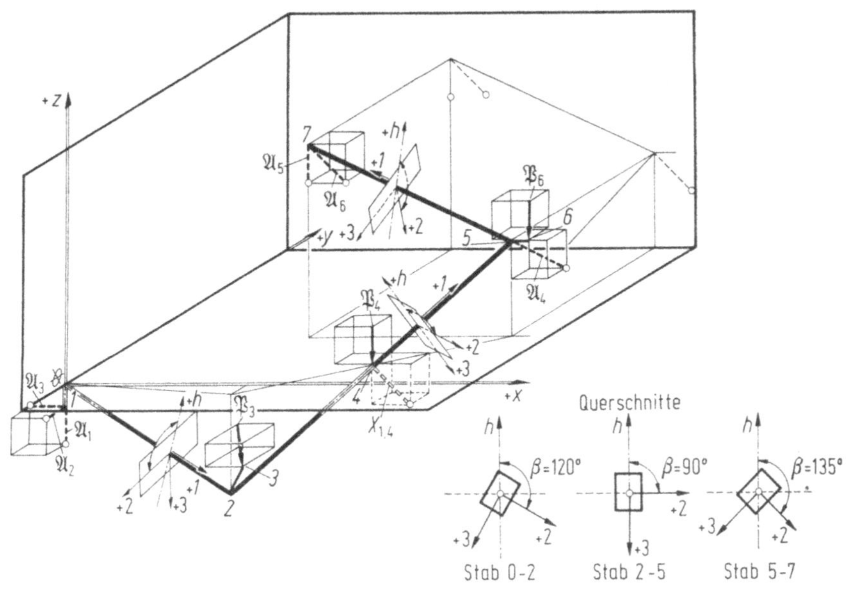

Abb. VII 2.2

Koordinaten der Systempunkte

Tabelle 2.1

Pkt.	0	1	2	3	4	5	6	7
x	0	0	$+5,0$	$+5,0$	$+7,5$	$+10,0$	$+10,5$	$+4,5$
y	0	0	$-1,0$	$-0,5$	$+1,5$	$+4,0$	$+4,0$	$+4,0$
z	0	$-0,5$	$-2,5$	$-2,0$	0	$+2,5$	$+2,5$	$+5,0$

Einheitsvektoren der Stützstabrichtungen vom System weggerichtet

Tabelle 2.2

	$e_{a,1}$	$e_{a,2}$	$e_{a,3}$	$e_{a,4}$	$e_{a,5}$	$e_{a,6}$
$e_{a,x}$	0	0	-1	$+\dfrac{1}{\sqrt{3}}$	0	$+\dfrac{1}{\sqrt{2}}$
$e_{a,y}$	0	-1	0	$+\dfrac{1}{\sqrt{3}}$	0	0
$e_{a,z}$	-1	0	0	$-\dfrac{1}{\sqrt{3}}$	-1	$-\dfrac{1}{\sqrt{2}}$

Einheitsvektoren der Kräfte in Wirkungsrichtung

Tabelle 2.3

	$e_{p,3}$	$e_{p,4}$	$e_{p,6}$
$e_{p,x}$	$+0,48$	0	0
$e_{p,y}$	$-0,83$	0	0
$e_{p,z}$	$-0,28$	$-1,0$	$-1,0$

Belastungsvektoren m für Einheitsbelastung nach (VII B.3) und (VII B.6) z.B.

$$m_{p,3;2,x} = (y_3 - y_2)\,e_{p,3;z} - (z_3 - z_2)\,e_{p3,y} = +0{,}275,$$

$$m_{a4;5} = m_{a5;7} = m_{a6;7} = 0,$$

da die Stützstäbe in den Systempunkten angreifen.

Tabelle 2.4

	$m_{p3;2}$	$m_{p4;4}$	$m_{p6;5}$	$m_{a1;0}$	$m_{a2;0}$	$m_{a3;0}$
m_x	$+0{,}275$	0	0	0	$-0{,}5$	0
m_y	$+0{,}240$	0	$+0{,}50$	0	0	$+0{,}5$
m_z	$-0{,}240$	0	0	0	0	0

Matrix A

Es sind die negativen Werte des Gleichungssystems I einzuführen, z.B. $e_{a1;z} = -1{,}0$ und mit den Koordinaten des Angriffspunktes 1 von $\mathfrak{A}_3$:

$$z_{a3;1}e_{a3;x} - x_{a3;1}e_{a3;z} = -0{,}5(-1{,}0) - 0{,}0 = +0{,}5 \ \text{usw.}$$

(siehe Tabelle 2.1 und 2.2).

$$\mathbf{A} = \begin{bmatrix}
0 & 0 & -1{,}0 & +0{,}578 & 0 & +0{,}707 \\
0 & -1{,}0 & 0 & +0{,}578 & 0 & 0 \\
-1{,}0 & 0 & 0 & -0{,}578 & -1{,}0 & -0{,}707 \\
0 & -0{,}5 & 0 & -3{,}757 & -4{,}0 & -2{,}828 \\
0 & 0 & +0{,}5 & +7{,}225 & +4{,}5 & +6{,}716 \\
0 & 0 & 0 & +3{,}468 & 0 & -2{,}828
\end{bmatrix} \cdot$$

Mit den Unterdeterminanten, bei denen jeweils bereits die Vorzeichen $(-1)^{i+k}$ berücksichtigt sind,

$$\begin{bmatrix}
A_{11} & A_{12} & \cdots \\
A_{21} & A_{22} & \cdots \\
\cdot & \cdot & \cdots
\end{bmatrix},$$

erhält man in transponierter Anordnung

$$\mathbf{A}_{\mathrm{adj}} = \begin{bmatrix}
A_{11} & A_{21} & \cdots \\
A_{12} & A_{22} & \cdots \\
\cdot & \cdot & \cdots
\end{bmatrix}.$$

$$\mathbf{A}_{\mathrm{adj}} = \begin{bmatrix}
+\ 2{,}452 & -13{,}689 & -87{,}442 & +27{,}377 & +\ 4{,}904 & +\ 6{,}742 \\
+\ 3{,}269 & -91{,}120 & 0 & +\ 7{,}356 & +\ 6{,}538 & +\ 8{,}989 \\
-79{,}269 & -\ 9{,}195 & 0 & +18{,}389 & +16{,}346 & +\ 0{,}612 \\
+\ 5{,}656 & -\ 6{,}363 & 0 & +12{,}726 & +11{,}312 & +15{,}552 \\
-10{,}216 & +22{,}884 & 0 & -45{,}766 & -21{,}250 & -\ 7{,}354 \\
+\ 6{,}936 & -\ 7{,}803 & 0 & +15{,}606 & +13{,}872 & -11{,}849
\end{bmatrix} \cdot$$

Weiter wird

$$\det A = +(-1)\,(+A_{13}) + (+0{,}578)\,(+A_{14}) + (+0{,}707)\,(+A_{16}) =$$

$$= (-1)\,(-79{,}269) + 0{,}578 \cdot 5{,}656 + 0{,}707 \cdot 6{,}936 = +87{,}442.$$

Matrix B

Es gilt (VII B.14) z.B.

$$e_{p3;z} = -0{,}28,$$

$$y_{p3}\,e_{p3;z} - z_{p3}\,e_{p3;y} = (-0{,}5)\,(-0{,}28) - (-2{,}0)\,(-0{,}83) = -1{,}52$$

(siehe Tabelle 2.1 und 2.3).

$$\mathbf{B} = \begin{bmatrix} +0{,}48 & 0 & 0 \\ -0{,}83 & 0 & 0 \\ -0{,}28 & -1{,}0 & -1{,}0 \\ -1{,}52 & -1{,}5 & -4{,}0 \\ +0{,}44 & +7{,}5 & +10{,}5 \\ -3{,}91 & 0 & 0 \end{bmatrix}.$$

Matrix C

Diese wird entsprechend (VII B.16) nach folgendem Schema (Zeile mal Spalte) berechnet

	$\mathbf{B}$ 6×3
$\mathbf{A}_{adj}$ 6×6	$\mathbf{C}$ 6×3

z.B.

$$c_{12} = (-87{,}442)\,(-1{,}0) + 27{,}377\,(-1{,}5) + 4{,}904 \cdot 7{,}5 = +83{,}157.$$

$$\mathbf{C} = \begin{bmatrix} -28{,}794 & +83{,}157 & +29{,}426 \\ +33{,}747 & +38{,}401 & +39{,}225 \\ -53{,}569 & +95{,}012 & +98{,}077 \\ -67{,}178 & +65{,}751 & +67{,}972 \\ +64{,}875 & -90{,}726 & -40{,}061 \\ +38{,}518 & +80{,}631 & +83{,}232 \end{bmatrix}.$$

Auflagerdrücke

Für den Fall $P_3 = P_4 = P_6 = 1{,}0$ erhält man nach (VII B.16) mit

$$\mathfrak{A} = \frac{\mathbf{C}}{\det A} \cdot \mathfrak{P};$$

$$\mathfrak{A}_P = \begin{bmatrix} A_1 \\ A_2 \\ A_3 \\ A_4 \\ A_5 \\ A_6 \end{bmatrix} = \frac{1}{87{,}442}\,\mathbf{C} \cdot \begin{pmatrix} P_3 = 1 \\ P_4 = 1 \\ P_6 = 1 \end{pmatrix} = \begin{bmatrix} +0{,}958 \\ +1{,}268 \\ +1{,}595 \\ +0{,}759 \\ -0{,}753 \\ +2{,}313 \end{bmatrix}.$$

Auf das System wirken die Reaktionskräfte A_i in Richtung „$-e_{a,i}$".

Rotationsmatrizen R

Die Lagen der Hauptträgheitsachsen sind aus Abb. VII 2.2 ersichtlich.
Stab 0—2:

$$e_1 = \begin{pmatrix} e_{1x} = \cos \alpha_{1,x} \\ e_{1y} = \cos \alpha_{1,y} \\ e_{1z} = \cos \alpha_{1,z} \end{pmatrix} = \begin{pmatrix} +0{,}8804 \\ -0{,}1761 \\ -0{,}4402 \end{pmatrix}.$$

Nach Abschnitt VII A.1 und Abb. VII A.4 wird

$$k = \sqrt{1 - 0{,}4402^2} = 0{,}8979.$$

Mit $\beta = 120°$ (Abb. VII A.4) ergibt sich nach (VII A.3) mit $\cos\beta = -0{,}5$, $\sin\beta = 0{,}866$

$$e_{2,x} = \frac{1}{0{,}8979}\,[-(-0{,}5)\,0{,}8804\,(-0{,}4402) + 0{,}866\,(-0{,}1761)] = -0{,}3857;$$

$$e_{2,y} = \frac{1}{0{,}8979}\,[-(-0{,}5)\,(0{,}1761)\,(-0{,}4402) - 0{,}866\cdot 0{,}8804] = -0{,}8060;$$

$$e_{2,z} = 0{,}8979\,(-0{,}5) = -0{,}4489$$

und nach (VII A.4)

$$e_{3,x} = -0{,}2758; \quad e_{3,y} = +0{,}5651; \quad e_{3,z} = -0{,}7775.$$

Stab 2—5:

$$e_1 = \begin{pmatrix} +0{,}5773 \\ +0{,}5773 \\ +0{,}5773 \end{pmatrix}; \quad \beta = 90°; \quad k = 0{,}8165; \quad \sin\beta = 1{,}0; \quad \cos\beta = 0.$$

Stab 5—7:

$$e_1 = \begin{pmatrix} -0{,}9104 \\ 0 \\ +0{,}4138 \end{pmatrix}; \quad \beta = 135°; \quad k = 0{,}9104; \quad \sin\beta = 0{,}7071; \quad \cos\beta = -0{,}7071.$$

$$\mathbf{R}_{0-2} = \begin{bmatrix} +0{,}8804 & -0{,}1761 & -0{,}4402 & & & \\ -0{,}3857 & -0{,}8060 & -0{,}4489 & & & \\ -0{,}2758 & +0{,}5651 & -0{,}7775 & & & \\ & & & +0{,}8804 & -0{,}1761 & -0{,}4402 \\ & & & -0{,}3857 & -0{,}8060 & -0{,}4489 \\ & & & -0{,}2758 & +0{,}5651 & -0{,}7775 \end{bmatrix}$$

$$\mathbf{R}_{2-5} = \begin{bmatrix} +0{,}5773 & +0{,}5773 & +0{,}5773 & & & \\ +0{,}7071 & -0{,}7071 & 0 & & & \\ +0{,}4082 & +0{,}4082 & -0{,}8164 & & & \\ & & & +0{,}5773 & +0{,}5773 & +0{,}5773 \\ & & & +0{,}7071 & -0{,}7071 & 0 \\ & & & +0{,}4082 & +0{,}4082 & -0{,}8164 \end{bmatrix}$$

$$\mathbf{R}_{5-7} = \begin{bmatrix} -0{,}9104 & 0 & +0{,}4138 & & & \\ -0{,}2926 & +0{,}7071 & -0{,}6437 & & & \\ -0{,}2926 & -0{,}7071 & -0{,}6437 & & & \\ & & & -0{,}9104 & 0 & +0{,}4138 \\ & & & -0{,}2926 & +0{,}7071 & -0{,}6437 \\ & & & -0{,}2926 & -0{,}7071 & -0{,}6437 \end{bmatrix} \cdot$$

Schnittbelastung

Mit $s_{0-2,a} = \sum_1^3 A_l p_{al,0}$ ergibt sich aus Tabelle 2.2. und 2.4 und Multiplikation mit

den Werten A_1, A_2 und A_3

$$s_{0-2,a} = \begin{bmatrix} +1,5950 \\ +1,2680 \\ +0,9580 \\ +0,6340 \\ -0,7975 \\ 0 \\ 1,0 \end{bmatrix} \cdot$$

Nach (VII B.17) und (VII B.18) wird:

$$s_{0-2,e} = \begin{bmatrix} 1 & 0 & 0 & 0 & 0 & 0 & 0 \\ 0 & 1 & 0 & 0 & 0 & 0 & 0 \\ 0 & 0 & 1 & 0 & 0 & 0 & 0 \\ 0 & -2,5 & +1,0 & 1 & 0 & 0 & 0 \\ +2,5 & 0 & +5,0 & 0 & 1 & 0 & 0 \\ -1,0 & -5,0 & 0 & 0 & 0 & 1 & 0 \\ 0 & 0 & 0 & 0 & 0 & 0 & 1 \end{bmatrix} \cdot s_{0-2,a} = \begin{bmatrix} +1,5950 \\ +1,2680 \\ +0,9580 \\ -1,5780 \\ +7,9800 \\ -7,9350 \\ 1 \end{bmatrix} \cdot$$

Nach (VII B.20) und (VII B.21) erhält man mit $e_{p,3}$ und $\mathfrak{m}_{p,3;2}$ (Tabelle 2.3, 2.4 und 2.5)

$$s_{2-4,a} = \begin{bmatrix} 1 & 0 & 0 & 0 & 0 & 0 & +0,480 \\ 0 & 1 & 0 & 0 & 0 & 0 & -0,830 \\ 0 & 0 & 1 & 0 & 0 & 0 & -0,280 \\ 0 & 0 & 0 & 1 & 0 & 0 & +0,275 \\ 0 & 0 & 0 & 0 & 1 & 0 & +0,240 \\ 0 & 0 & 0 & 0 & 0 & 1 & -0,240 \\ 0 & 0 & 0 & 0 & 0 & 0 & 1 \end{bmatrix} \cdot \begin{bmatrix} +1,5950 \\ +1,2680 \\ +0,9580 \\ -1,5780 \\ +7,9800 \\ -7,9350 \\ 1 \end{bmatrix} \cdot$$

In gleicher Weise fortschreitend ergeben sich sämtliche Schnittlasten in allen Systempunkten nach Tabelle 2.5.

Tabelle 2.5 *Schnittlasten aus äußerer Belastung*

	$s_{0-2,a}$	$s_{0-2,e}$	$s_{2-4,a}$	$s_{2-4,e}$	$s_{4-5,a}$	$s_{4-5,e}$	$s_{5-7,a}$	$s_{5-7,e}$
s_x	$+1,5950$	$+1,5950$	$+2,0750$	$+2,0750$	$+2,0750$	$+2,0750$	$+1,6363$	$+1,6363$
s_y	$+1,2680$	$+1,2680$	$+0,4380$	$+0,4380$	$+0,4380$	$+0,4380$	$-0,0007$	$-0,0007 \sim 0$
s_z	$+0,9580$	$+0,9580$	$+0,6780$	$+0,6780$	$-0,3220$	$-0,3220$	$-0,8833$	$-0,8833$
t_x	$+0,6340$	$-1,5780$	$-1,3030$	$-1,9030$	$-1,9030$	$-0,0030$	$-0,0030$	$-0,0030 \sim 0$
t_y	$-0,7975$	$+7,9800$	$+8,2200$	$+4,7275$	$+4,7275$	$-1,2650$	$-0,7650$	$+0,0024 \sim 0$
t_z	$0,0$	$-7,9350$	$-8,1750$	$-4,0825$	$-4,0825$	$+0,0100$	$+0,0100$	$+0,0100 \sim 0$
1	$1,0$	$1,0$	$1,0$	$1,0$	$1,0$	$1,0$	$1,0$	$1,0$

Bei der Berechnung von $s_{5-7,a}$ ist nach (VII B.8) zu berücksichtigen

$$p_5 = P_6 p_{p6,5} - A_4 p_{a4,5};$$

$$p_5 = 1 \begin{bmatrix} 0 \\ 0 \\ -1,0 \\ +0,5 \\ 0 \\ 0 \end{bmatrix} - 0,759 \begin{bmatrix} +\dfrac{1}{\sqrt{3}} \\ +\dfrac{1}{\sqrt{3}} \\ -\dfrac{1}{\sqrt{3}} \\ 0 \\ 0 \\ 0 \end{bmatrix} = \begin{bmatrix} -0,4382 \\ -0,4382 \\ -0,5618 \\ +0,5 \\ 0 \\ 0 \end{bmatrix}.$$

$$s_{5-7,a} = Q \cdot s_{4-5,e} = \begin{bmatrix} 1 & 0 & 0 & 0 & 0 & 0 & -0,4382 \\ 0 & 1 & 0 & 0 & 0 & 0 & -0,4382 \\ 0 & 0 & 1 & 0 & 0 & 0 & -0,5618 \\ 0 & 0 & 0 & 1 & 0 & 0 & 0 \\ 0 & 0 & 0 & 0 & 1 & 0 & +0,5000 \\ 0 & 0 & 0 & 0 & 0 & 1 & 0 \\ 0 & 0 & 0 & 0 & 0 & 0 & 0 \end{bmatrix} \cdot \begin{bmatrix} +2,0750 \\ +0,4380 \\ -0,3220 \\ -0,0030 \\ -1,2650 \\ +0,0100 \\ 1,0 \end{bmatrix} = \begin{bmatrix} +1,6363 \\ -0,0007 \\ -0,8833 \\ -0,0030 \\ -0,7650 \\ +0,0100 \\ 1,0 \end{bmatrix}.$$

Zur Kontrolle berechnet man $s_{5-7,e}$ auch direkt aus den Auflagerdrücken $\mathfrak{A}_5$ und $\mathfrak{A}_6$

$$-s_{5-7,e} = \begin{bmatrix} 2,313 \ (-0,707) & = -1,636 \\ 0 \\ 2,313 \ (0,707) \ - 0,753 = +0,8830 \\ 0 \\ 0 \\ 0 \\ 1 & = +1 \end{bmatrix}.$$

Mit s_n sind nach (VII B.22) und (VII B.23) auch die Schnittlasten $s'_n = R_n \cdot s_n$ bekannt. Sie sind in Tabelle 2.6 eingetragen.

Tabelle 2.6　*Schnittlasten aus äußerer Belastung, bezogen auf die Hauptträgheitsachsen*

	$s'_{0-2,a}$	$s'_{0-2,e}$	$s'_{2-4,a}$	$s'_{2-4,e}$	$s'_{4-5,a}$	$s'_{4-5,e}$	$s'_{5-7,a}$	$s'_{5-7,e}$
s_1	$+0,7592$	$+0,7592$	$+1,8422$	$+1,8422$	$+1,2649$	$+1,2649$	$-1,8548$	$-1,8548$
s_2	$-2,0672$	$-2,0672$	$+1,1575$	$+1,1575$	$+1,1575$	$+1,1575$	$+0,0897$	$+0,0897$
s_3	$-0,4682$	$-0,4882$	$+0,4723$	$+0,4723$	$+1,2887$	$+1,2887$	$+0,0897$	$+0,0897$
t_1	$+0,6986$	$+0,6984$	$-0,7262$	$-0,7262$	$-0,7262$	$-0,7303$	0	0
t_2	$+0,3983$	$-2,2612$	$-6,7337$	$-4,6884$	$-4,6884$	$+0,8945$	$-0,5409$	0
t_3	$-0,6255$	$-11,1142$	$+9,4976$	$+4,4859$	$+4,4859$	$-0,5164$	$+0,5409$	0

Für die Maschinenrechnung sind nur die Systemkoordinaten und die Richtungen der Auflagerdrücke und Belastungen sowie die Größen der letzteren anzugeben und alle Schnittlasten und Lagerdrücke werden ausgedruckt.

b) Statisch unbestimmtes System

Das im Abschnitt a) behandelte System wird zusätzlich im Punkt 4 durch einen starren Stab in Richtung von $X_{1,4}$ gestützt (Abb. VII 2.1 und 2.2). Es wird $X_{1,4} = 1$ als einzige Belastung am statisch bestimmten Grundsystem aufgebracht. Es ist

$$e_{X_{1,4}} = \begin{pmatrix} -0{,}7071 \\ 0 \\ +0{,}7071 \end{pmatrix} \text{ und nach (VII B.14) } \mathbf{B}_{X_1} = \begin{bmatrix} -0{,}7071 \\ 0 \\ +0{,}7071 \\ +1{,}0607 \\ -5{,}3033 \\ +1{,}0607 \end{bmatrix}.$$

Mit $\mathbf{A}_{adj}$ nach a) wird

$$\mathbf{C}_{X_1} = \begin{array}{|c|c|} \hline & \begin{array}{c} \mathbf{B}_{X_1} \\ 6 \times 1 \end{array} \\ \hline \begin{array}{c} \mathbf{A}_{adj} \\ 6 \times 6 \end{array} & \mathbf{C}_{X_1} \\ \hline \end{array} = \begin{bmatrix} -53{,}3814 \\ -19{,}6473 \\ -10{,}4823 \\ -33{,}9958 \\ +63{,}8637 \\ -74{,}4868 \end{bmatrix}$$

und man erhält die zugehörigen Auflagerdrücke

$$\mathfrak{A}_{X_1} = \begin{bmatrix} A_1 \\ A_2 \\ A_3 \\ A_4 \\ A_5 \\ A_6 \end{bmatrix} = \frac{1}{87{,}442}\, \mathbf{C}_{X_1} \cdot (X_1 = 1) = \begin{bmatrix} -0{,}6101 \\ -0{,}2246 \\ -0{,}1198 \\ -0{,}3886 \\ +0{,}7300 \\ -0{,}8514 \end{bmatrix}.$$

Entsprechend Abschnitt a) werden die Schnittlasten berechnet (Tabelle 2.7).

Tabelle 2.7 *Schnittlasten infolge $X_1 = 1$*

	$s_{0-2,a}$	$s_{0-2,e}$	$s_{2-4,a}$	$s_{2-4,e}$	$s_{4-5,a}$	$s_{4-5,e}$	$s_{5-7,a}$	$s_{5-7,e}$	Kontr.
s_x	$-0{,}1198$	$-0{,}1198$	$-0{,}1198$	$-0{,}1198$	$-0{,}8269$	$-0{,}8269$	$-0{,}6023$	$-0{,}6023$	$-0{,}6019$
s_y	$-0{,}2246$	$-0{,}2246$	$-0{,}2246$	$-0{,}2246$	$-0{,}2246$	$-0{,}2246$	0	0	0
s_z	$-0{,}6101$	$-0{,}6101$	$-0{,}6101$	$-0{,}6101$	$-0{,}0970$	$+0{,}0970$	$-0{,}1276$	$-0{,}1276$	$-0{,}1281$
t_x	$-0{,}1123$	$-0{,}1609$	$-0{,}1609$	$-0{,}8029$	$+0{,}8029$	$-0{,}0010$	~ 0	0	0
t_y	$+0{,}0599$	$-3{,}2901$	$-3{,}2901$	$-4{,}5159$	$-4{,}5159$	$-2{,}2062$	$-2{,}2062$	$+0{,}0013$	0
t_z	0	$+1{,}2428$	$+1{,}2428$	$+1{,}5048$	$+1{,}5048$	$-0{,}0009$	~ 0	0	0
1	1	0	1	1	1	1	1	1	1

Mit s_n werden nach (VII B.22) und (VII B.23) die Schnittlasten $s_n' = \mathbf{R}_n \cdot s_n$ berechnet (Tabelle 2.8).

Tabelle 2.8 *Schnittlasten infolge $X_1 = 1$ bezogen auf die Hauptträgheitsachsen*

	$s_{0-2,a}'$	$s_{0-2,e}'$	$s_{2-4,a}'$	$s_{2-4,e}'$	$s_{4-5,a}'$	$s_{4-5,e}'$	$s_{5-7,a}'$	$s_{5-7,e}'$
s_1	$+0{,}2026$	$+0{,}2026$	$-0{,}5510$	$-0{,}5510$	$-0{,}5510$	$-0{,}5510$	$+0{,}4950$	$+0{,}4950$
s_2	$+0{,}5011$	$+0{,}5011$	$+0{,}0741$	$+0{,}0740$	$-0{,}4259$	$-0{,}4259$	$+0{,}2586$	$+0{,}2586$
s_3	$+0{,}3805$	$+0{,}3805$	$+0{,}3575$	$+0{,}3575$	$-0{,}5084$	$-0{,}5084$	$+0{,}2586$	$+0{,}2586$
t_1	$-0{,}1094$	$-0{,}1094$	$-1{,}2748$	$-1{,}2748$	$-1{,}2748$	$-1{,}2736$	0	0
t_2	$-0{,}0050$	$+2{,}1560$	$+2{,}2127$	$+3{,}7609$	$+3{,}7609$	$+1{,}5600$	$-1{,}5600$	0
t_3	$+0{,}0648$	$-2{,}7811$	$-2{,}4233$	$-2{,}7442$	$-2{,}7442$	$-0{,}9006$	$+1{,}5600$	0

Zur Berechnung der Verformungsgrößen sind die Querschnittswerte erforderlich. Es wird für den gesamten Stabzug ein konstanter Querschnitt nach Abb. VII 2.3 gewählt. Damit ergeben sich mit $J_c = 65\,016$ cm^4 die Verhältniswerte

$$\frac{J_c}{F} = 0{,}03 \text{ m}^2, \quad \frac{J_c}{J_1} = 2{,}00, \quad \frac{J_c}{J_2} = 1{,}0 \quad \text{und} \quad \frac{J_c}{J_3} = 3{,}00.$$

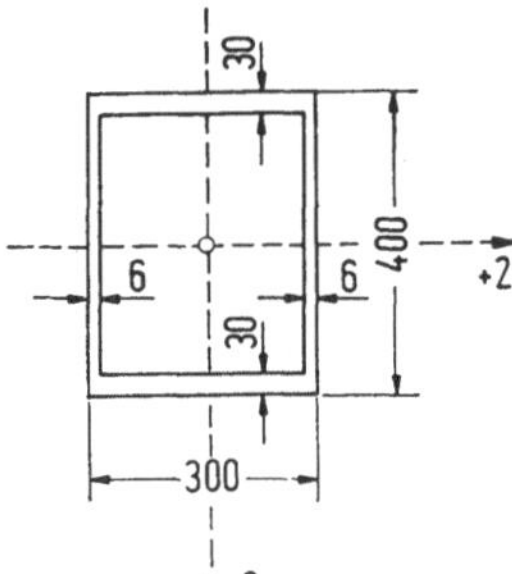

Abb. VII 2.3

Mit den Längen $c_{0-2} = 5{,}68$ m, $c_{2-4} = c_{4-5} = 4{,}33$ m, $c_{5-7} = 6{,}04$ m und $E/G = 2{,}6$ erhält man nach (VII B.25) — wenn man den Multiplikator $1/EJ_c$ heraushebt — die nachfolgenden Federmatrizen

$$\mathbf{F}_{0-2} = \begin{bmatrix} +0{,}1704 & 0 & 0 & 0 & 0 & 0 \\ 0 & +183{,}2504 & 0 & 0 & 0 & +48{,}3936 \\ 0 & 0 & +61{,}0829 & 0 & -16{,}1312 & 0 \\ 0 & 0 & 0 & +29{,}5360 & 0 & 0 \\ 0 & 0 & -16{,}1312 & 0 & +5{,}6800 & 0 \\ 0 & +48{,}3936 & 0 & 0 & 0 & +17{,}0400 \end{bmatrix} \cdot \frac{1}{EJ_c}$$

$$\begin{matrix}\mathbf{F}_{2-4} \\ \mathbf{F}_{4-5}\end{matrix} = \begin{bmatrix} +0{,}1299 & 0 & 0 & 0 & 0 & 0 \\ 0 & +81{,}1827 & 0 & 0 & 0 & +28{,}1234 \\ 0 & 0 & +27{,}0606 & 0 & -9{,}3745 & 0 \\ 0 & 0 & 0 & +22{,}5159 & 0 & 0 \\ 0 & 0 & -9{,}3745 & 0 & +4{,}3300 & 0 \\ 0 & +28{,}1234 & 0 & 0 & 0 & +12{,}9900 \end{bmatrix} \cdot \frac{1}{EJ_c}$$

$$\mathbf{F}_{5-7} = \begin{bmatrix} +0{,}1812 & 0 & 0 & 0 & 0 & 0 \\ 0 & +220{,}3489 & 0 & 0 & 0 & +54{,}7224 \\ 0 & 0 & +73{,}4489 & 0 & -18{,}2408 & 0 \\ 0 & 0 & 0 & +31{,}4080 & 0 & 0 \\ 0 & 0 & -18{,}2408 & 0 & +6{,}0400 & 0 \\ 0 & +54{,}7224 & 0 & 0 & 0 & +18{,}1200 \end{bmatrix} \cdot \frac{1}{EJ_c}$$

Zur Ermittlung der statisch unbestimmten Größe sind nach (VII B.28) und (VII B.29) die Verformungssprünge a_{B1} und a_{11} zu berechnen.

$$a_{B1} = \begin{bmatrix} \mathbf{F}_{0-2} \cdot s'_{B,0-2;e} & 0 & 0 & 0 \\ 0 & \mathbf{F}_{2-4} \cdot s'_{B,2-4,e} & 0 & 0 \\ 0 & 0 & \mathbf{F}_{4-5} \cdot s'_{B,4-5,e} & 0 \\ 0 & 0 & 0 & \mathbf{F}_{5-7} \cdot s'_{B,5-7;e} \end{bmatrix} \cdot \begin{bmatrix} s'_{X_1,0-2;e} \\ s'_{X_1,2-4;e} \\ s'_{X_1,4-5;e} \\ s'_{X_1,5-7;e} \end{bmatrix}$$

Da es sich um eine Diagonalmatrix handelt, kann der Gesamtwert zeilenweise bestimmt werden.

Für die erste Zeile gilt z. B.

$$\mathbf{F}_{0-2} \cdot s'_{B,0-2;e} = \mathbf{F}_{0-2} \cdot \begin{bmatrix} +\,0{,}7592 \\ -\,2{,}0672 \\ -\,0{,}4882 \\ +\,0{,}6984 \\ -\,2{,}2612 \\ +11{,}1142 \end{bmatrix} = \begin{bmatrix} +\;\;0{,}1294 \\ +159{,}0408 \\ +\;\;6{,}6521 \\ +\;20{,}6278 \\ -\;\;4{,}9684 \\ +\;89{,}3466 \end{bmatrix}$$

und

$$a_{B1;0-2} = (\mathbf{F}_{0-2} \cdot s'_{B,0-2;e}) \cdot s_{X_1,0-2;e} = \begin{bmatrix} \cdot \\ \cdot \\ \cdot \\ \cdot \\ \cdot \\ \cdot \end{bmatrix} \cdot \begin{bmatrix} +0{,}2026 \\ +0{,}5011 \\ +0{,}3805 \\ -0{,}1094 \\ +2{,}1560 \\ -2{,}7811 \end{bmatrix} = -179{,}1977 .$$

Die Summe über alle 4 Zeilen gibt $a_{B1} = -519{,}7733$. In gleicher Weise ergibt sich

$$a_{11} = \begin{bmatrix} \mathbf{F}_{0-2} \cdot s'_{X_1 0-2;e} & 0 & 0 & 0 \\ 0 & \mathbf{F}_{2-4} \cdot s'_{X_1,2-4,e} & 0 & 0 \\ & & \cdot & \\ & & & \cdot \end{bmatrix} \cdot \begin{Bmatrix} s'_{X_1,0-2;e} \\ s'_{X_1,2-4;e} \\ \cdot \\ \cdot \end{Bmatrix} = +350{,}5280 .$$

Nach (VII B.31) wird

$$X_{B1} = -\,\frac{a_{B1}}{a_{11}} = -\,\frac{-519{,}7733}{+350{,}5280} = +1{,}4827 .$$

Der Multiplikator $1/EJ_c$ in a_{B1} und a_{11} hat sich dabei gekürzt. Mit (VII B.32) erhält man schließlich die endgültigen Schnittlasten

$$\bar{s}'_{B,n} = s'_{B,n} + X_{B1} s'_{X_1 n} .$$

Mit den Zahlen der Tabellen 2.6 und 2.8 ergibt sich z. B.

$$\bar{s}'_{B,0-2;e} = \begin{bmatrix} +\,0{,}7592 + (+0{,}3003) \\ -\,2{,}0672 + (+0{,}7430) \\ -\,0{,}4882 + (+0{,}5642) \\ +\,0{,}6984 + (-0{,}1622) \\ -\,2{,}2612 + (+3{,}1967) \\ +11{,}1142 + (-4{,}1235) \end{bmatrix} = \begin{bmatrix} +1{,}0595 \\ -1{,}3242 \\ +0{,}0760 \\ +0{,}5362 \\ +0{,}9355 \\ +6{,}9907 \end{bmatrix}$$

Die Gesamtschnittlasten sind in Tabelle 2.9 zusammengestellt.

Tabelle 2.9 *Gesamtschnittlasten aus der Belastung des statisch unbestimmten Systems bezogen auf die Hauptträgheitsachsen*

	$\bar{s}'_{0-2,a}$	$\bar{s}'_{0-2,e}$	$\bar{s}'_{2-4,a}$	$\bar{s}'_{2-4,e}$	$\bar{s}'_{4-5,a}$	$\bar{s}'_{4-5,e}$	$\bar{s}'_{5-7,a}$	$\bar{s}'_{5-7,e}$
$\bar{s}_1$	+1,0595	+1,0595	+1,0252	+1,0252	+0,4479	+,04479	−1,1207	−1,1207
$\bar{s}_2$	−1,3242	−1,3242	+1,2674	+1,2672	+0,5260	+0,5260	+0,4732	+0,4732
$\bar{s}_3$	+0,0960	+0,0760	+1,0024	+1,0024	+0,5347	+0,5347	+0,4732	+0,4732
$\bar{t}_1$	+0,5364	+0,5362	−2,6165	−2,6165	−2,6165	−2,6187	0	0
$\bar{t}_2$	+0,3909	+0,9358	−3,4527	+0,8882	+0,8882	+3,2077	−2,8541	0
$\bar{t}_3$	−0,5293	+6,9902	+5,9046	+0,4166	+0,4166	−1,8517	+2,8541	0

Rechnet man mit den endgültigen Schnittlasten $\bar{s}'_{B,n}$ unter Beachtung des Reduktionssatzes die Verformung des statisch bestimmten Grundsystems in Richtung der Wirkung von X_1, so muß diese zur Kontrolle den Wert Null ergeben.

Mit (VII B.28) und (VII B.29) gilt wieder

$$\bar{a}_{B1} = \begin{bmatrix} \mathbf{F}_{0-2} \cdot \bar{s}'_{B,0-2;e} & 0 & 0 & 0 \\ 0 & \mathbf{F}_{2-4} \cdot \bar{s}'_{B,2-4;e} & 0 & 0 \\ & & \cdot & \\ & & & \cdot \end{bmatrix} \cdot \begin{bmatrix} s'_{X_1,0-2;e} \\ s'_{X_1,2-0;e} \\ \cdot \\ \cdot \end{bmatrix} = 0.$$

Unter Einsetzung der Zahlenwerte von Tabelle 2.8 und 2.9 wird

$$\bar{a}_{B,1} = -145{,}2816 + 145{,}0256 = -0{,}2560 \approx 0!$$

Man ersieht aus der Zahlenrechnung, daß sämtliche Schnittlasten und Verformungen von statisch bestimmten und unbestimmten Systemen durch fortlaufende Matrizenmultiplikationen in einfacher Weise erhalten werden können. Damit ist eine einfache Berechnungsweise für Rechenautomaten gegeben.

C. Deformationsmethode

1. Einleitung

Die Entwicklungen dieses Abschnittes gelten — im Gegensatz zum Abschnitt B der für Sonderfälle gedacht ist — für beliebige räumliche Stabwerke mit beliebiger Belastung in und zwischen den Knotenpunkten. Sie gelten für verschiebliche und unverschiebliche Systeme, wobei die besondere Art der Entwicklung der Koeffizienten eine übersichtliche und schematische Durchführung der Berechnung mit Rechengeräten erlaubt. Für unverschiebliche Systeme kann das in Abschnitt 8 gezeigte Momentenausgleichsverfahren — das eine Weiterentwicklung des Verfahrens von Engesser-Kani (Band I A, IX B) von der Ebene in den Raum darstellt — in manchen Fällen von Vorteil sein, da dabei die Lösung von unter Umständen großen Gleichungssystemen in Fortfall kommt. Für verschiebliche Systeme sind nachfolgend zwei verschiedene Wege angegeben, einer über die Lösung des Gleichungssystems und der andere auf Grund des Festhaltestabverfahrens, das dem Verfahren Engesser-Kani-Ostenfeld der Ebene entspricht. In der Regel wird bei verschieblichen Systemen der erstere Weg, auf Grund seiner einfachen schematischen Anwendbarkeit, der zweckmäßigere sein.

Die nachfolgende Darstellung folgt den Dissertationen von K. Matz [3], L. Wagner [4] und H. Spener [17], die z.T. über den Rahmen des hier Gebrachten hinausgehen und in welchen ein ausführliches Schrifttumsverzeichnis angegeben ist. Es sei hier nur auf die Arbeiten von Withum [19, 20], Möller, Mörchen, Völkel und Wagemann [11], Klöppel und Reuschling [8], Mücke [10], Müller [12], Fenves [7], Eisemann [6], Martin [9], Wissmann [18], Schumpich und Spiering [16] und Postl [14] hingewiesen.

2. Allgemeine Voraussetzungen

a) Koordinatensystem und Vorzeichenfestlegungen

Für das allgemeine p-Koordinatensystem (x, y, z) und das q-Koordinatensystem $(1, 2, 3)$ des Einzelstabes, bezogen auf die Hauptachsen, gilt Abschnitt A 1.

Die von den Stäben $(i - k)$ auf einen Knoten wirkenden Momente im q-System (Abb. VII C.1 und VII C.2)

$$q\mathfrak{M}_{ik} = \begin{pmatrix} {}^1M_{ik} \\ {}^2M_{ik} \\ {}^3M_{ik} \end{pmatrix}; \quad q\mathfrak{M}_{ki} = \begin{pmatrix} {}^1M_{ki} \\ {}^2M_{ki} \\ {}^3M_{ki} \end{pmatrix} \tag{VII C.1}$$

sind positiv, wenn sie um die jeweilige Bezugsachse im Sinne einer Rechtsschraube drehen. Das gilt sinngemäß auch für das p-System.

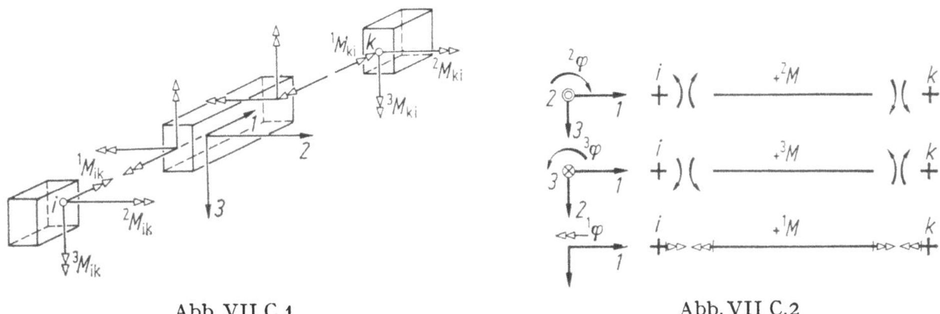

Abb. VII C.1   Abb. VII C.2

Für die Knotendrehwinkel wird die positive Drehrichtung entgegen der positiven Momentenrichtung angenommen, damit eine positive Knotendrehung ein positives Knotenmoment hervorruft.

Für das q-System sind die Knotendrehungen

$$q\Phi_i = \begin{pmatrix} {}^1\varphi_i \\ {}^2\varphi_i \\ {}^3\varphi_i \end{pmatrix}; \quad q\Phi_k = \begin{pmatrix} {}^1\varphi_k \\ {}^2\varphi_k \\ {}^3\varphi_k \end{pmatrix}. \tag{VII C.2}$$

in Abb. VII C.2 dargestellt.

Für die Knotenverschiebungen sind die positiven Verschiebungsrichtungen in Richtung der positiven Achsen angenommen

$$q\mathfrak{v}_i = \begin{pmatrix} {}^1v_i \\ {}^2v_i \\ {}^3v_i \end{pmatrix}; \quad p\mathfrak{v}_i = \begin{pmatrix} {}^xv_i \\ {}^yv_i \\ {}^zv_i \end{pmatrix}. \tag{VII C.3}$$

Für die Normal- und Querkräfte im q-System sind die positiven Wirkungsrichtungen für einen Stab $(i - k)$ in Abb. VII C.3 angegeben. Demnach bestehen zwischen der auf den Knoten wirkenden Knotenkraft $q\mathfrak{P}$ und der Endschnittbelastung $q\mathfrak{S}$ des Stabes die Beziehung

für den Anfangsknoten i

$$q\mathfrak{P}_i = q\widetilde{\mathfrak{S}}_{Bi;ik}\,, \tag{VII C.4}$$

für den Endknoten k

$$q\mathfrak{P}_k = -q\widetilde{\mathfrak{S}}_{Bk;ik}\,, \tag{VII C.5}$$

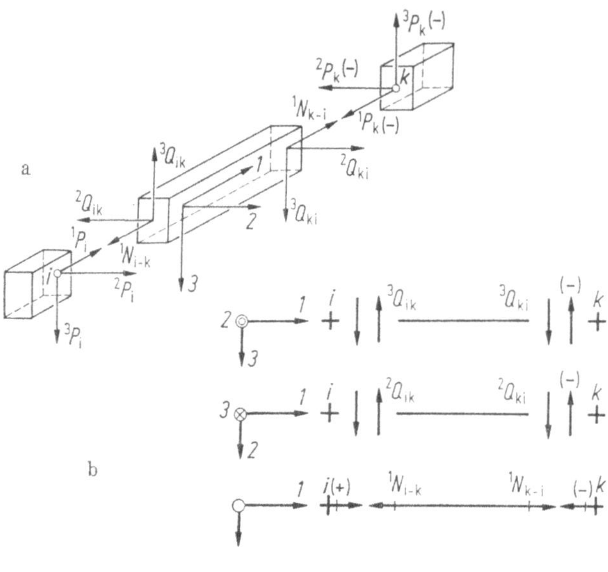

Abb. VII C.3

wobei gilt

$$
{}^q\mathfrak{P}_i = \begin{pmatrix} {}^1P_i \\ {}^2P_i \\ {}^3P_i \end{pmatrix}; \quad
{}^q\widetilde{\mathfrak{S}}_{Bi,ik} = \begin{pmatrix} {}^1\widetilde{N}_{i-k} \\ {}^2Q_{i-k} \\ {}^3Q_{i-k} \end{pmatrix}; \quad
{}^q\mathfrak{P}_k = \begin{pmatrix} {}^1P_k \\ {}^2P_k \\ {}^3P_k \end{pmatrix}; \quad
{}^q\widetilde{\mathfrak{S}}_{Bk;ik} = \begin{pmatrix} +{}^1\widetilde{N}_{k-i} \\ +{}^2Q_{k-i} \\ +{}^3Q_{k-i} \end{pmatrix}.
$$

(VII C.6a)

Für die endgültigen Schnittbelastungen des statisch unbestimmten Stabwerkes gilt

$$
\overline{\mathfrak{S}}_{B\,i;ik} = \begin{pmatrix} {}^1\overline{N}_{i-k} \\ {}^2\overline{Q}_{i-k} \\ {}^3\overline{Q}_{i-k} \end{pmatrix}; \quad
\overline{\mathfrak{S}}_{Bk;ki} = \begin{pmatrix} {}^1\overline{N}_{k-i} \\ {}^2\overline{Q}_{k-i} \\ {}^3\overline{Q}_{k-i} \end{pmatrix}.
$$

(VII C.6b)

b) Annahmen

Den nachfolgenden Untersuchungen liegen folgende Annahmen zugrunde:
Gültigkeit des Hookeschen Gesetzes.
Gültigkeit der Bernoullischen Hypothese.
Gültigkeit des Superpositionsgesetzes.
Den Gleichgewichtsbedingungen wird das unverformte System zugrunde gelegt (Theorie I. Ordnung).
Jeder Stab ist die geradlinige Verbindung zweier Knoten. Der Schubmittelpunkt fällt mit dem Querschnittsschwerpunkt zusammen (doppelsymmetrische Querschnitte).
Es wird nur die Torsion nach Saint-Vernant berücksichtigt. Der Einfluß der Schubverformung infolge der Querkraft wird vernachlässigt. Er kann jedoch nach [15] durch eine einfache Korrektur der Steifigkeits- und Fortleitungszahlen sowie der Volleinspannmomente erfaßt werden.
Der Einfluß der Stabdehnungen wird bei der Ermittlung der Schnittbelastungen z. T. vernachlässigt, z. T. jedoch miterfaßt, wie dies bei den einzelnen Entwicklungen sich als zweckmäßig erweist.

c) Steifigkeiten im q-System

Die im Band I A, VIII B, entwickelten Grundlagen der Deformationsmethode für ebene Systeme sind sinngemäß auf räumliche Systeme zu erweitern.

Biegesteifigkeit

Biegesteifigkeiten $s_{i,k}$, $s_{i,k}^0$ usw. nach Band I A (VIII B.43) bis (VIII B.50) treten nunmehr sowohl um die Achse 2 als auch um die Achse 3 auf; z. B. $^2s_{i,k}$, $^3s_{i,k}$ usw. Nach ihrer Definition entsprechen sie Momenten eines nur an den Stabenden belasteten Stabes, die die Knotendrehung „1" hervorrufen. Alle Steifigkeiten werden im Rahmen dieses Kapitels mit „K" bezeichnet.

Für einen beiderseits eingespannten Stab ist somit das Moment im Punkt i, das die Drehung „1" hervorruft, $K_{i,i}$. Mit der Fortleitungszahl μ_{i-k} nach Bd. I A (VIII B.40a) erhält man das zugehörige Moment $K_{i,k}$ am Ende k:

$$K_{ii} = s_{i,k} = {^i a_i}; \quad \mu_{i-k} = \frac{{^k a_i}}{{^i a_i}}; \quad K_{ik} = \mu_{i-k}K_{ii} = {^k a_i}. \tag{VII C.7a}$$

Für konstantes Trägheitsmoment gilt

$$K_{ii} = \frac{4EJ}{s_{i-k}}; \quad K_{ik} = \frac{2EJ}{s_{i-k}}; \quad \mu_{i-k} = \frac{1}{2}. \tag{VII C.7b}$$

Für den einseitig eingespannt, einseitig gelenkig gelagerten Stab gilt:

$$K_{ii,0} = s_{i,k}^0 = {^i a_i^0}; \quad \mu_{i-k,0} = 0; \quad K_{ik} = 0 \tag{VII C.8a}$$

und für konstantes J

$$K_{ii,0} = \frac{3EJ}{s_{i-k}}; \quad K_{ik,0} = 0; \quad \mu_{i-k} = 0. \tag{VII C.8b}$$

Drillsteifigkeit

Unter der Drillsteifigkeit des beiderseits starr eingespannten Stabes $(i - k)$ versteht man das Moment $K_{i,i}$, das am Ende i angreifend, die Verdrehung „1" hervorruft. Mit Abb. VII C.4 ergibt sich unter Beachtung des Drillwiderstandes J_d nach Bd. I A, I C.7

$$\vartheta = \int \frac{M_i\,{^v M_i}}{GJ_d}\,\mathrm{d}s = \frac{1}{G}\int \frac{1}{J_d}\,\mathrm{d}s; \quad K_{ii} = \frac{1}{\vartheta}; \left.\begin{array}{l} \\[2ex] \end{array}\right\} \tag{VII C.9a}$$
$$K_{ik} = \mu_{i-k}K_{ii} = -K_{ii}$$

und für konstantes $J_d = J_1$

$$\vartheta = \frac{s_{i-k}}{GJ_1}; \quad K_{ii} = \frac{GJ_1}{s_{i-k}}; \quad \mu_{i-k} = -1,0; \quad K_{ik} = -K_{ii}. \tag{VII C.9b}$$

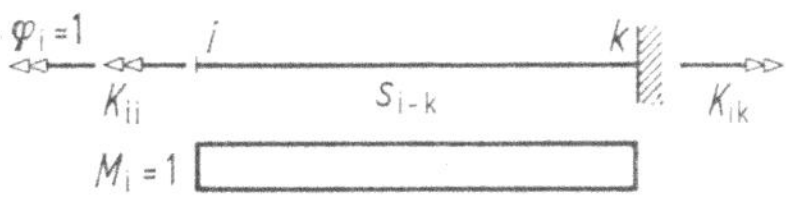

Abb. VII C.4

Dehnsteifigkeit

Unter der Dehnsteifigkeit des in i und k starr gelagerten Stabes versteht man die Stabendkraft, die die Längenänderung „1" hervorruft. Nach Abb. VII C.5 ist

$$\Delta s = \int \frac{N_{i-k}\,{^v N_{i-k}}}{EF}\,\mathrm{d}s = \frac{1}{E}\int \frac{\mathrm{d}s}{F}; \quad K_{i-k} = \frac{1}{\Delta s} \tag{VII C.10a}$$

und für konstantes F

$$\Delta s = \frac{s_{i-k}}{EF}\,; \qquad K_{i-k} = \frac{EF}{s_{i-k}}\,.$$

(VII C.10b)

Abb. VII C.5

3. Belastungszustände für einen Stab $(i - k)$ im q-System

Bei der praktischen Durchführung der Berechnung wird den einzelnen Knoten eine bestimmte steigende Zahlenfolge zugeordnet. Die Richtung $e_{1;ik}$ bzw. $e_{1;hi}$, immer vom Knoten mit der niedrigeren Zahl zu dem mit einer höheren, wird als Ordnungsrichtung bezeichnet.

Auf die Ordnungsrichtung jedes einzelnen Stabes bezieht sich auch die dafür gemäß (VII B.22) und (VII B.23) berechnete Rotationsmatrix $\mathbf{R}_{ik}$ bzw. $\mathbf{R}_{hi}$ und ihre transponierte Form $\mathbf{R}_{ik}^T$ bzw. $\mathbf{R}_{hi}^T$:

$$\mathbf{R}_{ik} = \mathbf{R}_{hi} = \begin{bmatrix} e_{1x} & e_{1y} & e_{1z} \\ e_{2x} & e_{2y} & e_{2z} \\ e_{3x} & e_{3y} & e_{3z} \end{bmatrix}; \qquad \mathbf{R}_{ik}^T = \mathbf{R}_{hi}^T = \begin{bmatrix} e_{1x} & e_{2x} & e_{3x} \\ e_{1y} & e_{2y} & e_{3y} \\ e_{1z} & e_{2z} & e_{3z} \end{bmatrix}.$$

(VII C.11)

Da es sich bei $\mathbf{R}_{ik}$ um eine orthogonale Matrix handelt, gilt nach Zurmühl [21, S. 55]

$$\mathbf{R}_{ik}^{-1} = \mathbf{R}_{ik}^T\,.$$

(VII C.12)

a) Äußere Belastung

α) Momente

Beiderseits starr eingespannter Stab. Die Ermittlung der Schnittbelastungen bzw. Knotenkräfte erfolgt im beweglichen Koordinatensystem q. Ist eine äußere Belastung B durch ihre Richtung und Größe im p-System angegeben (z. B. eine Einzellast $^q\mathfrak{P}$), so wird sie zuerst in das q-System transformiert (Abb. VII C.6), wie später gezeigt wird ($^q\mathfrak{P}$).

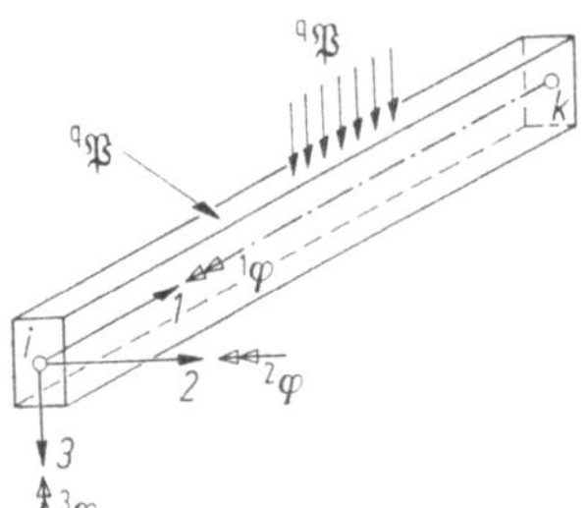

Abb. VII C.6

Starreinspannmomente um die Hauptträgheitsachse 2:

Mit Abb. VII C.7 und nach Bd. I A, VII B.1 mit

$$^2\alpha_{B,i} = \int_i^k \frac{^2M_B\,^2M_i}{EJ_2}\,ds\,; \qquad ^2\alpha_{B,k} = \int_i^k \frac{^2M_B\,^2M_k}{EJ_2}\,ds\,;$$

(VII C.13)

ergibt sich:

$$2\tilde{M}_{Bi;ik} = -({}^2\alpha_{B,i}{}^2K_{ii} - {}^2\alpha_{B,k}{}^2K_{ik});$$

$$2\tilde{M}_{Bk;ik} = -({}^2\alpha_{Bi}{}^2K_{ki} - {}^2\alpha_{Bk}{}^2K_{kk}). \qquad \text{(VII C.14)}$$

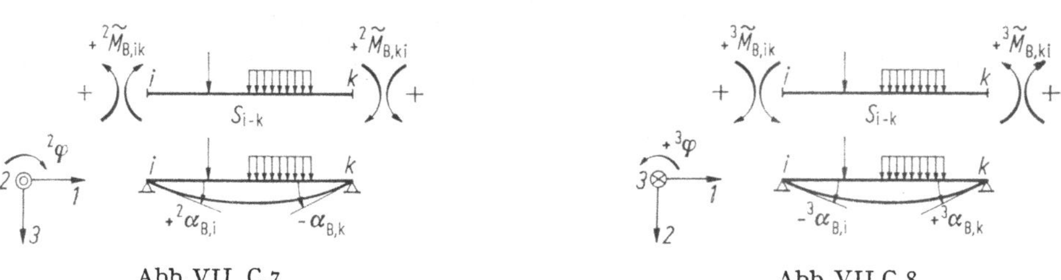

Abb. VII C.7   Abb. VII C.8

Starreinspannmomente um die Hauptträgheitsachse 3:

Mit Abb. VII C.8 und mit

$${}^3\alpha_{B,i} = \int_i^k \frac{{}^3M_B{}^3M_i}{EJ_3}\,ds; \qquad {}^3\alpha_{B,k} = \int_i^k \frac{{}^3M_B{}^3M_k}{EJ_3}\,ds; \qquad \text{(VII C.15)}$$

wird:

$${}^3\tilde{M}_{Bi,ik} = ({}^3\alpha_{Bi}{}^3K_{ii} - {}^3\alpha_{Bk}{}^3K_{ik});$$

$${}^3\tilde{M}_{Bk;ik} = ({}^3\alpha_{Bi}{}^3K_{ki} - {}^3\alpha_{Bk}{}^3K_{kk}). \qquad \text{(VII C.16)}$$

Torsionseinspannmomente (Momente um die Längsachse 1):

Mit Abb. VII C.9 und

$${}^1\alpha_{Bi} = \int_i^k \frac{{}^1M_B{}^1M_i}{GJ_1}\,ds; \qquad {}^1\alpha_{Bk} = \int_i^k \frac{{}^1M_B{}^1M_k}{GJ_1}\,ds \qquad \text{(VII C.17)}$$

wird:

$${}^1\tilde{M}_{Bi;ik} = {}^1\alpha_{B,i}{}^1K_{ii};$$

$${}^1\tilde{M}_{Bk;ik} = {}^1\alpha_{Bk}K_{kk}. \qquad \text{(VII C.18)}$$

Die Vektoren der Starreinspannmomente in i und k lauten allgemein im q-System:

$${}^q\tilde{\mathfrak{M}}_{Bi;ik} = \begin{bmatrix} {}^1\tilde{M}_{Bi;ik} \\ {}^2\tilde{M}_{Bi;ik} \\ {}^3\tilde{M}_{Bi;ik} \end{bmatrix}; \qquad {}^q\tilde{\mathfrak{M}}_{Bk;ik} = \begin{bmatrix} {}^1\tilde{M}_{Bk;ik} \\ {}^2\tilde{M}_{Bk;ik} \\ {}^3\tilde{M}_{Bk;ik} \end{bmatrix}. \qquad \text{(VII C.19)}$$

Einseitig starr eingespannter, einseitig gelenkig gelagerter Stab. Wenn im Knoten i oder k (Abb. VII C.10) ein vollständiges Gelenk (Kugelgelenk) auftritt, so sind für die

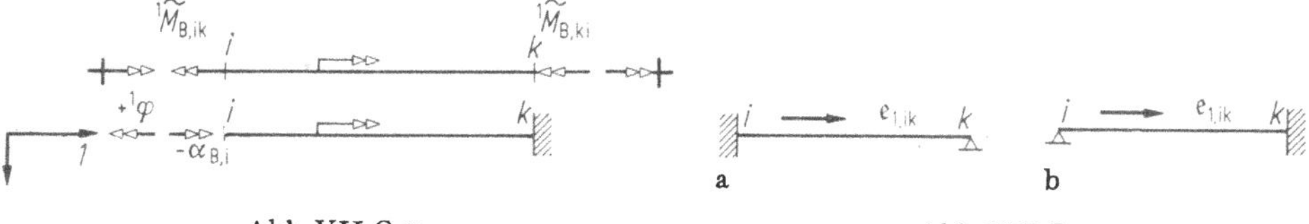

Abb. VII C.9   Abb. VII C.10

Richtungen 2 und 3 an der Einspannstelle die Schnittbelastungen für den einseitig starr eingespannten, einseitig gelenkig gelagerten Stab zu verwenden.

Wird statt eines Kugelgelenkes ein Scharniergelenk um eine Hauptträgheitsachse ausgeführt, so erhält man die zugehörigen Starreinspannmomente aus einer Kombination der entsprechenden Lagerbedingungen.

Ist z.B. nach Abb. VII C.11 der Stab in i starr eingespannt und weist in k ein Scharniergelenk um die Achse 2 auf, so erhält man für die Starreinspannmomentenvektoren

$$\mathfrak{q}\tilde{\mathfrak{M}}_{Bi;ik} = \begin{bmatrix} {}^1\tilde{M}_{Bi;ik} \\ {}^2\tilde{M}_{Bi;ik} \\ {}^3\tilde{M}_{Bi;ik} \end{bmatrix} \;;\quad \mathfrak{q}\tilde{\mathfrak{M}}_{Bk;ik} = \begin{bmatrix} {}^1\tilde{M}_{Bk;ik} \\ 0 \\ {}^3\tilde{M}_{Bk;ik} \end{bmatrix}.$$

Durch entsprechende Kombinationen lassen sich die Starreinspannmomente bei verschiedenen Gelenkausbildungen in i und k berechnen.

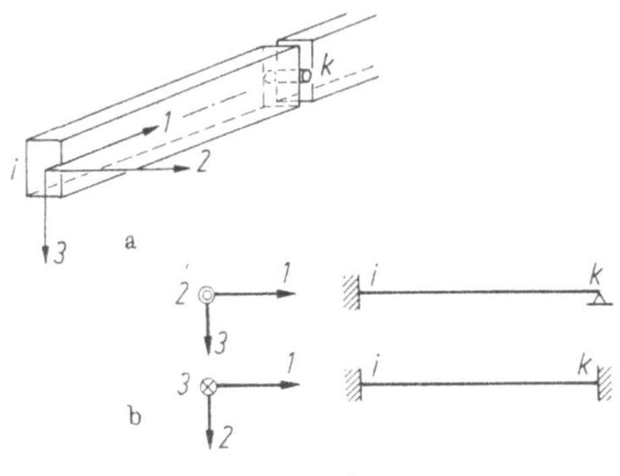

Abb. VII C.11

Beiderseits gelenkig gelagerter Stab (Kugelgelenke). In diesem Falle gibt es keine Starreinspannmomente in i und k, es werden nur Querkräfte und Normalkräfte auf die Knoten übertragen.

Elastische Lagerung. Die Einspannmomente bei drehelastischer Einspannung könnten nach Einführung von Einspanngraden, z.B. nach [13], ermittelt werden.

In Hinblick auf die schematische Durchführung der elektronischen Berechnung werden jedoch für die Darstellung der drehelastischen Einspannung günstiger ideelle Federstäbe verwendet. Dabei werden die Biegesteifigkeiten der ideellen Federstäbe so gewählt, daß sie den entsprechenden Drehfederkonstanten f um die jeweilige q-Achse entsprechen (z.B. Abb. VII C.12 und Gleichungen VII C.20). Ist nur der Punkt k drehelastisch gelagert, so ergeben sich mit den ideellen Federstäben $k - l$, $k - m$,

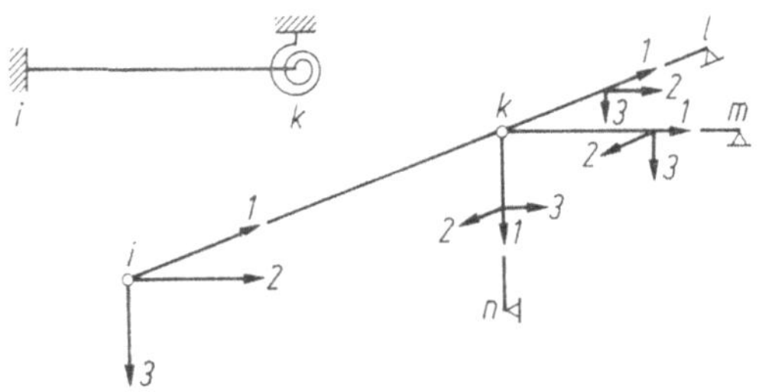

Abb. VII C.12

$k - n$ die Federkonstanten

$$\begin{aligned}
{}^{1}f_k &= {}^{2}K_{kk,k-m} + {}^{2}K_{kk,k-n}; \\
{}^{2}f_k &= {}^{2}K_{kk,k-l} + {}^{3}K_{kk,k-n}; \\
{}^{3}f_k &= {}^{3}K_{kk,k-l} + {}^{3}K_{kk,k-m}.
\end{aligned} \qquad\qquad \text{(VII C.20)}$$

Die Starreinspannmomente des Stabes $i - k$ werden unter diesen Annahmen für einen Stab mit beiderseits starrer Einspannung gerechnet.

Bei längselastischer Lagerung ist es zweckmäßig, einen zusätzlichen Stab für jede Lagerungsart einzuführen, der die entsprechende Dehnsteifigkeit aufweist.

β) Stützbelastungen

Die Anteile aus der Lastübertragung eines Stabes $(i - k)$ in die Knoten i und k sind nach (VII C.4) und (VII C.5) gegeben durch

$$\begin{aligned}
{}^{q}\mathfrak{P}_i &= {}^{q}\widetilde{\mathfrak{S}}_{Bi;ik}, \\
{}^{q}\mathfrak{P}_k &= -{}^{q}\widetilde{\mathfrak{S}}_{Bk;ik}.
\end{aligned}$$

Die Werte ${}^{q}\widetilde{\mathfrak{S}}_{B}$ sind nach Abschnitt γ) für verschiedene Belastungsfälle und verschiedene Lagerungsarten gegeben. Die Anteile, die aus den in α) für verschiedene Lagerungsarten und Belastungen angegebenen Momenten ${}^{q}\widetilde{\mathfrak{M}}_{Bi;ik}$ und ${}^{q}\widetilde{\mathfrak{M}}_{Bk;ik}$ entstehen, ergeben die Stützkräfte:

$$ {}^{q}\widetilde{\mathfrak{B}}_{Bi;ik} = -{}^{q}\widetilde{\mathfrak{B}}_{Bk;ik} = {}^{q}\mathbf{G}_{ik} \cdot ({}^{q}\widetilde{\mathfrak{M}}_{Bi;ik} + {}^{q}\widetilde{\mathfrak{M}}_{Bk;ik}). \qquad \text{(VII C.21)}$$

Unter Beachtung der Vorzeichenfestlegungen ergibt sich die Matrix

$$ {}^{q}\mathbf{G}_{ik} = \begin{bmatrix} 0 & 0 & 0 \\ 0 & 0 & \dfrac{1}{s_{i-k}} \\ 0 & -\dfrac{1}{s_{i-k}} & 0 \end{bmatrix}. \qquad \text{(VII C.22)}$$

γ) Starreinspannschnittbelastungen für bestimmte Belastungen und verschiedene Lagerungsarten bei stabweise konstanten Querschnittswerten im q- und p-Koordinatensystem

In der Tafel C 1—3 sind die Starreinspannschnittbelastungen unter Beachtung der festgelegten Vorzeichenregeln und der Ordnungsrichtung $e_{1;ik}$ für einige Belastungsfälle angegeben. Die Querkräfte, die ebenfalls aus der Tafel C entnommen werden können, stellen die Auflagerkräfte für den beiderseits gelenkig gelagerten Stab dar. Die Längskräfte sind die eines beiderseits gelenkig und unverschieblich gelagerten Stabes, der in seiner Längsrichtung belastet ist, und können nach Bd. I A, VIII E (VIII E.1) als Schnittbelastungen eines einfach statisch unbestimmten Systems berechnet werden. Es ist darauf zu achten, daß die Komponenten der Belastungsvektoren für Kräfte und Momente vorzeichengerecht eingeführt werden, d. h. daß die positiven Komponenten mit den positiven Richtungen der Hauptachsen 1, 2 und 3 übereinstimmen (siehe z.B. Abb. VII C.13).

Die Starreinspannmomente bzw. Auflagerkräfte für weitere Belastungsfälle können aus Tabellenwerten (z.B. [5]), unter Beachtung der nun geltenden Vorzeichenregeln, entnommen werden.

In Abb. VII C.14 sind z.B. für eine Kraft ${}^{q}\mathfrak{P} = (+{}^{1}P, +{}^{2}P, +{}^{3}P)$ die Schnittlasten an den Stabenden i und k, bzw. an den Knoten eines beiderseits starr eingespannten Stabes angegeben.

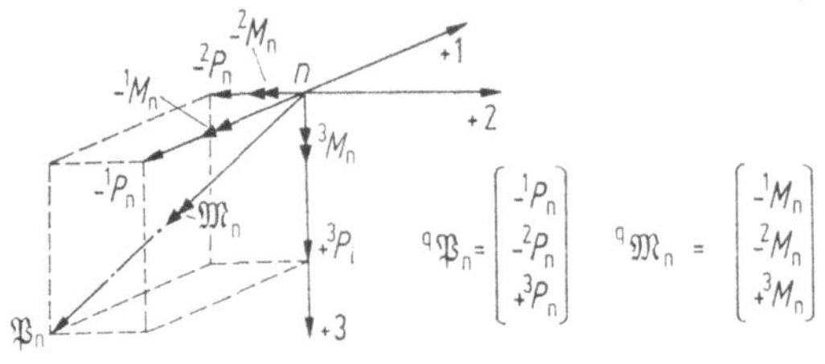

Abb. VII C.13

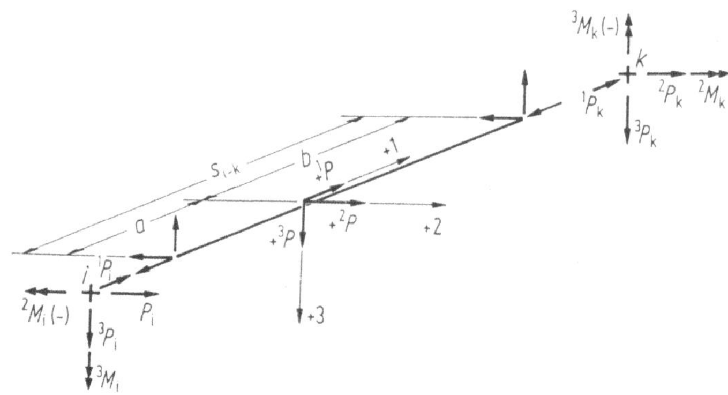

Abb. VII C.14

Nach der Tafel C ergeben sich die Schnittbelastungen des Stabes mit $a = \zeta s$, $b = \zeta' s$

für den Knoten i:

$${}^1\tilde{M}_{Bi;ik} = 0$$
$${}^2\tilde{M}_{Bi;ik} = -\,{}^3Ps\zeta\zeta'^2$$
$${}^3\tilde{M}_{Bi;ik} = +\,{}^2Ps\zeta\zeta'^2$$
$${}^1\tilde{N}_{Bi;ik} = +\,{}^1P\zeta'$$
$${}^2Q_{Bi;ik} = +\,{}^2P\zeta'$$
$${}^3Q_{Bi;ik} = +\,{}^3P\zeta'$$

für den Knoten k:

$${}^1\tilde{M}_{Bk;ik} = 0$$
$${}^2\tilde{M}_{Bk;ik} = +\,{}^3Ps\zeta^2\zeta'$$
$${}^3\tilde{M}_{Bk;ik} = -\,{}^2Ps\zeta^2\zeta'$$
$${}^1\tilde{N}_{Bk;ik} = -\,{}^1P\zeta$$
$${}^2Q_{Bk;ik} = -\,{}^2P\zeta$$
$${}^3Q_{Bk;ik} = -\,{}^3P\zeta$$

Bezüglich der Knotenbelastungen ist (VII C.4) bis (VII C.6) zu beachten.

In Matrizenschreibweise gilt somit für die Einspannmomente im q-System:

$$q\tilde{\mathfrak{M}}_{Bi;ik} = \begin{bmatrix} 0 & 0 & 0 \\ 0 & 0 & -s\zeta\zeta'^2 \\ 0 & +s\zeta\zeta'^2 & 0 \end{bmatrix} \cdot \begin{pmatrix} {}^1P \\ {}^2P \\ {}^3P \end{pmatrix} = {}^q\mathbf{U}_{ik} \cdot {}^q\mathfrak{P} \qquad \text{(VII C.22a)}$$

bzw.

$$q\tilde{\mathfrak{M}}_{Bk;ik} = {}^q\mathbf{U}_{ki} \cdot {}^q\mathfrak{P}. \qquad \text{(VII C.22b)}$$

b) Zustand $[{}^q\boldsymbol{\Phi}_i]$

α) Momente ${}^q\tilde{M}_{\Phi_i}$

Die einzelnen Zustände $[{}^1\varphi_i = 1]$, $[{}^2\varphi_i = 1]$ und $[{}^3\varphi_i = 1]$ entsprechen den Dreh- und Biegesteifigkeiten des Stabes $(i - k)$, die in Abschnitt 2c entwickelt wurden.

Daher gilt für den Momenten-Spaltenvektor

$$\begin{aligned}
{}^{q}\widetilde{\mathfrak{M}}_{\Phi_i,i;ik} &= {}^{q}\check{\mathbf{K}}_{ii}\cdot{}^{q}\Phi_i; \\[2mm]
{}^{q}\widetilde{\mathfrak{M}}_{\Phi_i,k;ik} &= {}^{q}\check{\mathbf{K}}_{ik}\cdot{}^{q}\Phi_i
\end{aligned}\right\} \qquad\qquad \text{(VII C.23)}$$

mit

$$
{}^{q}\Phi_i = \begin{bmatrix} {}^{1}\varphi_i \\[2mm] {}^{2}\varphi_i \\[2mm] {}^{3}\varphi_i \end{bmatrix} ; \qquad
{}^{q}\widetilde{\mathfrak{M}}_{\Phi_i,i;ik} = \begin{bmatrix} {}^{1}\widetilde{M}_{1\varphi_i,i;ik} \\[2mm] {}^{2}\widetilde{M}_{2\varphi_i,i;ik} \\[2mm] {}^{3}\widetilde{M}_{3\varphi_i,i;ik} \end{bmatrix} ; \qquad
{}^{q}\widetilde{\mathfrak{M}}_{\Phi_i,k;i,k} = \begin{bmatrix} {}^{1}\widetilde{M}_{1\varphi_i,k;ik} \\[2mm] {}^{2}\widetilde{M}_{2\varphi_i,k;ik} \\[2mm] {}^{3}\widetilde{M}_{3\varphi_i,k;ik} \end{bmatrix} .
$$

$$\text{(VII C.24)}$$

Beiderseits starr eingespannter Stab. Für einen beiderseits starr eingespannten Stab lautet die Steifigkeitsmatrix allgemein, bzw. für einen Stab mit konstanten Querschnittswerten

$$
{}^{q}\check{\mathbf{K}}_{ii} = \begin{bmatrix} \dfrac{1}{\vartheta} & 0 & 0 \\[3mm] 0 & {}^{2}s_{i,k} & 0 \\[3mm] 0 & 0 & {}^{3}s_{i,k} \end{bmatrix} \quad\text{bzw.}\quad
{}^{q}\check{\mathbf{K}}_{ii} = \begin{bmatrix} \dfrac{GJ_1}{s_{i-k}} & 0 & 0 \\[3mm] 0 & \dfrac{4EJ_2}{s_{i-k}} & 0 \\[3mm] 0 & 0 & \dfrac{4EJ_3}{s_{i-k}} \end{bmatrix} . \qquad \text{(VII C.25)}
$$

Die zugehörige Fortleitungszahlmatrix lautet

$$
{}^{q}\check{\boldsymbol{\mu}}_{i-k} = \begin{bmatrix} -1 & 0 & 0 \\[3mm] 0 & {}^{2}\mu_{i-k} & 0 \\[3mm] 0 & 0 & {}^{3}\mu_{i-k} \end{bmatrix} \quad\text{bzw.}\quad
{}^{q}\check{\boldsymbol{\mu}}_{i-k} = \begin{bmatrix} -1 & 0 & 0 \\[3mm] 0 & \dfrac{1}{2} & 0 \\[3mm] 0 & 0 & \dfrac{1}{2} \end{bmatrix} \qquad \text{(VII C.26)}
$$

und die Matrix für ${}^{q}\mathbf{K}_{ik}$, die reduzierte Steifigkeitsmatrix,

$$
{}^{q}\check{\mathbf{K}}_{ik} = \begin{bmatrix} -\dfrac{1}{\vartheta} & 0 & 0 \\[3mm] 0 & {}^{2,k}a_i & 0 \\[3mm] 0 & 0 & {}^{3,k}a_i \end{bmatrix} \quad\text{bzw.}\quad
{}^{q}\check{\mathbf{K}}_{ik} = \begin{bmatrix} -\dfrac{GJ_1}{s_{i-k}} & 0 & 0 \\[3mm] 0 & \dfrac{2EJ_2}{s_{i-k}} & 0 \\[3mm] 0 & 0 & \dfrac{2EJ_3}{s_{i-k}} \end{bmatrix} .
$$

$$\text{(VII C.27)}$$

Für die Steifigkeit ${}^{q}\mathbf{K}_{ki}$ gilt

$$
{}^{q}\check{\mathbf{K}}_{ki} = {}^{q}\check{\mathbf{K}}_{ik}. \qquad\qquad \text{(VII C.28)}
$$

Einseitig eingespannter, einseitig gelenkig gelagerter Stab. Für einen bei i einseitig eingespannten, bei k einseitig gelenkig gelagerten Stab (Kugelgelenk) lautet die Steifigkeitsmatrix allgemein, bzw. für einen Stab mit konstanten Querschnittswerten

$$
{}^{q}\check{\mathbf{K}}_{ii} = \begin{bmatrix} 0 & 0 & 0 \\[3mm] 0 & {}^{0,2}s_{i,k} & 0 \\[3mm] 0 & 0 & {}^{0,3}s_{i,k} \end{bmatrix} \quad\text{bzw.}\quad
{}^{q}\check{\mathbf{K}}_{ii} = \begin{bmatrix} 0 & 0 & 0 \\[3mm] 0 & \dfrac{3EJ_2}{s_{i-k}} & 0 \\[3mm] 0 & 0 & \dfrac{3EJ_3}{s_{i-k}} \end{bmatrix} . \qquad \text{(VII C.29)}
$$

Die zugehörige Fortleitungszahlmatrix lautet

$$^q\mu_{i-k} = 0 \quad \text{und es wird} \quad {}^q\check{\mathbf{K}}_{ik} = 0. \tag{VII C.29}$$

Beliebige Lagerung. Für beliebige Lagerungen, z.B. Scharniergelenke nur in bestimmten Richtungen, für Symmetrie und Antimetrie in der Belastung usw. kann unter Beachtung von Bd. I A, VII B.1, 2 und 3 sinngemäß wie oben vorgegangen werden.

β) Stützkräfte $^q\widetilde{\mathfrak{B}}_{\varPhi_i}$

Für die Stützkräfte, die auf die Knoten i und k wirken, gilt entsprechend (VII C.21) und (VII C.22) und nach Einführung von (VII C.23)

$$^q\widetilde{\mathfrak{B}}_{\varPhi_i,i;i,k} = - \,{}^q\widetilde{\mathfrak{B}}_{\varPhi_i,k;ik} = {}^q\mathbf{G}_{ik} \cdot ({}^q\widetilde{\mathfrak{M}}_{\varPhi_i,i;ik} + {}^q\widetilde{\mathfrak{M}}_{\varPhi_i,k;ik}) = {}^q\mathbf{E}_{ii} \cdot {}^q\varPhi_i = - \,{}^q\mathbf{E}_{ik} \cdot {}^q\varPhi_i. \tag{VII C.30}$$

Für den beiderseits eingespannten Stab wird:

$$^q\mathbf{E}_{ii} = \begin{bmatrix} 0 & 0 & 0 \\[2mm] 0 & 0 & \dfrac{6EJ_3}{s_{i-k}^2} \\[4mm] 0 & -\dfrac{6EJ_2}{s_{i-k}^2} & 0 \end{bmatrix} = - \,{}^q\mathbf{E}_{ik}. \tag{VII C.31}$$

Für den bei i eingespannten, bei k gelenkig gelagerten Stab ergibt sich:

$$^q\mathbf{E}_{ii} = \begin{bmatrix} 0 & 0 & 0 \\[2mm] 0 & 0 & \dfrac{3EJ_3}{s_{i-k}^2} \\[4mm] 0 & -\dfrac{3EJ_2}{s_{i-k}^2} & 0 \end{bmatrix} = - \,{}^q\mathbf{E}_{ik}. \tag{VII C.32}$$

Für andere Lagerbedingungen, z.B. für Scharniergelenke oder Gelenke in i, ist entsprechend vorzugehen.

c) Zustand $[{}^q\varPhi_k]$

α) Momente $^q\widetilde{\mathfrak{M}}_{\varPhi_k}$

Für das Moment im Punkt i erhält man entsprechend Abschnitt b, α)

$$^q\widetilde{\mathfrak{M}}_{\varPhi_k,i;ik} = {}^q\check{\mathbf{K}}_{ki} \cdot {}^q\varPhi_k = {}^q\check{\mathbf{K}}_{ik} \cdot {}^q\varPhi_k. \tag{VII C.33}$$

Es gilt nämlich für die Steifigkeit $^q\check{\mathbf{K}}_{ki}$ mit $\mathfrak{e}_{1;ik}$ von i nach k die Beziehung

$$^q\check{\mathbf{K}}_{ki} = {}^q\check{\mathbf{K}}_{ik}. \tag{VII C.28}$$

Für das Moment im Punkt k erhält man

$$^q\widetilde{\mathfrak{M}}_{\varPhi_k,k;ik} = {}^q\check{\mathbf{K}}_{kk} \cdot {}^q\varPhi_k. \tag{VII C.33}$$

Es gelten bei entsprechender Lagerung im Punkt k die gleichen Matrizen, wie sie für $^b\mathbf{K}_{ii}$ Verwendung finden, nach (VII C.25) bis (VII C.29).

β) Stützkräfte $^{q}\tilde{\mathfrak{V}}_{\Phi_k}$

Die Stützkräfte im Punkt i ergeben sich entsprechend Abschnitt b, β). Für den beiderseits eingespannten Stab erhält man mit

$$^{q}\mathbf{E}_{ki} = {}^{q}\mathbf{E}_{ii};\qquad\text{(VII C.34)}$$

$$^{q}\tilde{\mathfrak{V}}_{\Phi_k,i;ik} = -\,{}^{q}\tilde{\mathfrak{V}}_{\Phi_k,k;ik} = {}^{q}\mathbf{E}_{ki}\cdot{}^{q}\boldsymbol{\Phi}_k = {}^{q}\mathbf{E}_{ii}\cdot{}^{q}\boldsymbol{\Phi}_k = -{}^{q}\mathbf{E}_{kk}\cdot\boldsymbol{\Phi}_k.\qquad\text{(VII C.35)}$$

Bei einer vollständigen oder teilweisen Gelenklagerung wird

$$-{}^{q}\mathbf{E}_{kk} = {}^{q}\mathbf{E}_{ki} \dotplus {}^{q}\mathbf{E}_{ii} = -{}^{q}\mathbf{E}_{ik}\qquad\text{(VII C.36)}$$

und es muß für $^{q}\mathbf{E}_{ki}$ die entsprechende Matrix aufgeschrieben werden.

Zum Beispiel ist für ein Scharniergelenk im Punkt k für die Richtung 3

$$^{q}\mathbf{E}_{ii} = \begin{bmatrix} 0 & 0 & 0 \\[2mm] 0 & 0 & +\dfrac{3EJ_3}{s_{i-k}^2} \\[4mm] 0 & -\dfrac{6EJ_2}{s_{i-k}^2} & 0 \end{bmatrix} = -{}^{q}\mathbf{E}_{ik}\qquad\text{(VII C.37)}$$

und

$$^{q}\mathbf{E}_{ki} = \begin{bmatrix} 0 & 0 & 0 \\[2mm] 0 & 0 & 0 \\[2mm] 0 & -\dfrac{6EJ_2}{s_{i-k}^2} & 0 \end{bmatrix} = -{}^{q}\mathbf{E}_{kk}\qquad\text{(VII C.38)}$$

d) Zustand $[^{q}v_i]$

α) Momente $^{q}\tilde{\mathfrak{M}}_{v_i}$

Sehnendrehungen treten im Stab $(i-k)$ für $\mathbf{e}_{1;i,k}$ in Richtung $(i-k)$ nur infolge der relativen Verschiebungen $^{2}v_i$ und $^{3}v_i$ auf. (Abb. VII C.15 und 16), und zwar

$$^{2}\psi_{v_i} = \frac{^{3}v_i}{s_{i-k}}\;;\qquad {}^{3}\psi_{v_i} = \frac{^{2}v_i}{s_{i-k}}\,.$$

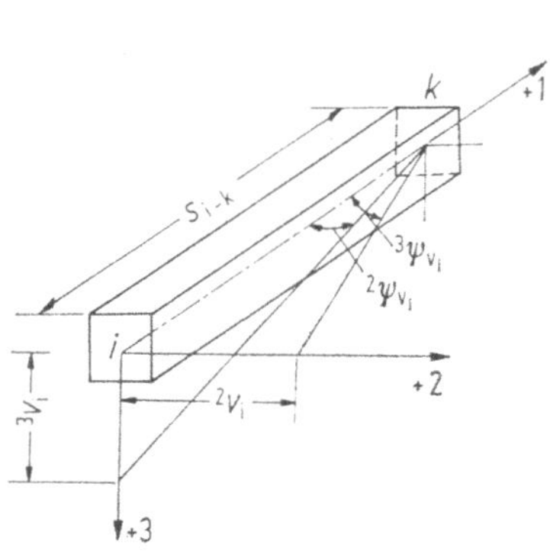

Abb. VII C.15

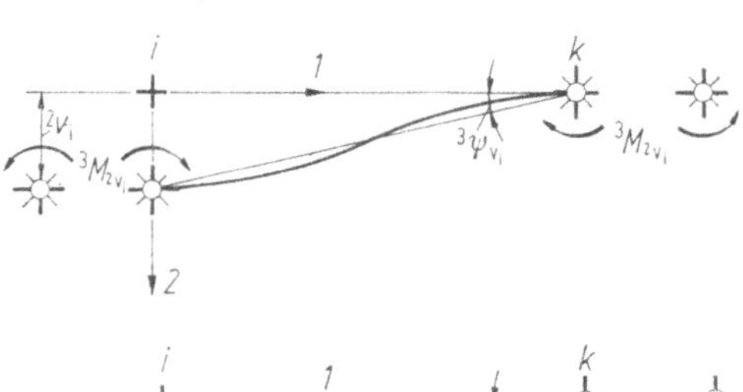

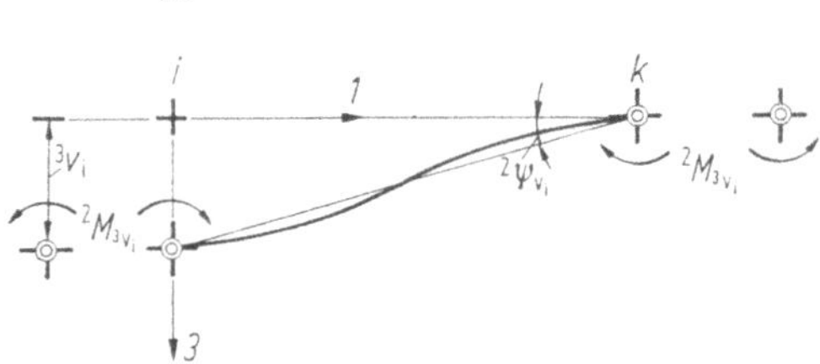

Abb. VII C.16

Nach Bd. I A (VIII B.1), (VIII B.10) und (VIII B.11) gilt allgemein für den beiderseits eingespannten Stab:

$$\tilde{M}_{\psi,i} = \tilde{M}_{\psi,k} = -a_{i-k}\psi_{i-k}$$

bzw.

$$\tilde{M}_{\psi,i} = \tilde{M}_{\psi,k} = -\frac{6EJ_{i,k}}{s_{i-k}}\psi_{i-k},$$

und für den einseitig gelenkig gelagerten Stab

$$M_{\psi,i} = -\frac{3EJ_{i,k}}{s_{i-k}}\psi_{i-k}.$$

Mit den Werten von $^2\psi_{i-k}$ und $^3\psi_{i-k}$ und den getroffenen Vorzeichenfestlegungen für die Schnittbelastungen ergeben sich die nachfolgenden Einspannmomente.

Beiderseits eingespannter Stab

$$^q\widetilde{\mathfrak{M}}_{\mathfrak{v}_i,i;i,k} = {^q\widetilde{\mathfrak{M}}_{\mathfrak{v}_i,k;ik}} = \begin{bmatrix} ^1\tilde{M}_{\mathfrak{v}_i,i;ik} \\ ^2\tilde{M}_{\mathfrak{v}_i,i;ik} \\ ^3\tilde{M}_{\mathfrak{v}_i,i;ik} \end{bmatrix} ; \quad {^q\mathfrak{v}_i} = \begin{bmatrix} ^1v_i \\ ^2v_i \\ ^3v_i \end{bmatrix} \qquad \text{(VII C.39)}$$

$$^q\widetilde{\mathfrak{M}}_{\mathfrak{v}_i,i;ik} = \begin{bmatrix} 0 \\ +\dfrac{6EJ_2}{s_{i-k}^2}\;{^3v_i} \\ -\dfrac{6EJ_3}{s_{i-k}^2}\;{^2v_i} \end{bmatrix} = {^q\mathbf{D}_{ii}} \cdot {^q\mathfrak{v}_i} \qquad \text{(VII C.40)}$$

mit

$$^q\mathbf{D}_{ii} = \begin{bmatrix} 0 & 0 & 0 \\ 0 & 0 & \dfrac{6EJ_2}{s_{i-k}^2} \\ 0 & -\dfrac{6EJ_3}{s_{i-k}^2} & 0 \end{bmatrix}. \qquad \text{(VII C.41)}$$

Man erkennt beim Vergleich von $^q\mathbf{D}_{ii}$ und $^q\mathbf{E}_{ii}$, daß gilt

$$^q\mathbf{E}_{ii} = -{^q\mathbf{D}_{ii}^T}$$

bzw.

$$^q\mathbf{E}_{kk} = -{^q\mathbf{D}_{kk}^T}$$

$$\text{(VII C.42)}$$

Weiters gilt

$$^q\mathbf{D}_{ii} = -{^q\mathbf{D}_{ki}} \quad \text{bzw.} \quad {^q\mathbf{D}_{kk}} = -{^q\mathbf{D}_{ik}}$$

Bei i eingespannter, bei k gelenkig gelagerter Stab

$$^q\widetilde{\mathfrak{M}}_{\mathfrak{v}_i,i;ik} = {^q\mathbf{D}_{ii}} \cdot {^q\mathfrak{v}_i}; \quad {^q\widetilde{\mathfrak{M}}_{\mathfrak{v}_i,k;ik}} = {^q\mathbf{D}_{ik}} \cdot {^q\mathfrak{v}_i} = -{^q\mathbf{D}_{kk}} \cdot {^q\mathfrak{v}_i}. \qquad \text{(VII C.43)}$$

Es ist

$$
{}^{q}\mathbf{D}_{ii} =
\begin{bmatrix}
0 & 0 & 0 \\[4pt]
0 & 0 & \dfrac{3EJ_2}{s_{i-k}^2} \\[10pt]
0 & -\dfrac{3EJ_3}{s_{i-k}^2} & 0
\end{bmatrix}; \quad {}^{q}\mathbf{D}_{kk} = 0.
\tag{VII C.44}
$$

Allgemeine Lagerungsart

Hierbei sind die Matrizen ${}^{q}\mathbf{D}_{ii}$ und ${}^{q}\mathbf{D}_{kk}$ besonders zu bestimmten unter Beachtung der obigen Ergebnisse. Es ergibt sich z. B. für den Stab nach Abb. VII C.17 mit einem Scharniergelenk um die Achse 2 im Knoten i und Einspannung im Knoten k die Matrix

$$
{}^{q}\mathbf{D}_{ii} =
\begin{bmatrix}
0 & 0 & 0 \\[4pt]
0 & 0 & 0 \\[4pt]
0 & -\dfrac{6EJ_3}{s_{i-k}^2} & 0
\end{bmatrix};
\tag{VII C.45}
$$

$$
-{}^{q}\mathbf{D}_{kk} =
\begin{bmatrix}
0 & 0 & 0 \\[4pt]
0 & 0 & \dfrac{3EJ_2}{s_{i-k}^2} \\[10pt]
0 & -\dfrac{6EJ_3}{s_{i-k}^2} & 0
\end{bmatrix}.
$$

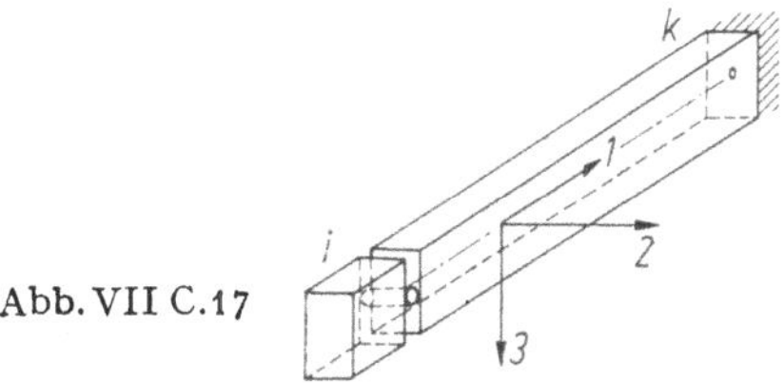

Abb. VII C.17

β) Stützkräfte ${}^{q}\widetilde{\mathfrak{B}}_{\mathfrak{v}_i}$

Stützkräfte aus der Verschiebung ${}^{1}v_i$

Unter Beachtung der Dehnsteifigkeit nach (VII C.10) erhält man bei einer Verschiebung des Knotens i in Richtung $\mathfrak{e}_{1;ik}$

$$
{}^{q}\widetilde{\mathfrak{B}}_{{}^{1}v_i;i;ik} = -\frac{EF_{i,k}}{s_{i-k}}\,{}^{1}v_i.
\tag{VII C.46}
$$

Stützkräfte aus den Verschiebungen ${}^{2}v_i$ und ${}^{3}v_i$

Mit den Momenten des Abschnittes α) erhält man allgemein mit ${}^{q}\mathbf{G}_{ik}$ nach (VII C.22) entsprechend (VII C.21)

$$
{}^{q}\widetilde{\mathfrak{B}}_{{}^{2}v_i+{}^{3}v_i;i,k} = {}^{q}\mathbf{G}_{ik}\cdot\left({}^{q}\widetilde{\mathfrak{M}}_{\mathfrak{v}_i,i;ik} + {}^{q}\widetilde{\mathfrak{M}}_{\mathfrak{v}_i,k;ik}\right).
\tag{VII C.47}
$$

Beiderseits eingespannter Stab

Aus (VII C.46) und (VII C.47) erhält man mit (VII C.39) bis (VII C.41)

$$
{}^{q}\widetilde{\mathfrak{B}}_{\mathfrak{v}_i,i;ik} =
\left[
\begin{array}{ccc|ccc}
 & & & -\dfrac{EF_{ik}}{s_{i-k}} & 0 & 0 \\[2ex]
 & & & 0 & 0 & \dfrac{12EJ_2}{s_{i-k}^2} \\[2ex]
 & & & 0 & -\dfrac{12EJ_3}{s_{i-k}^2} & 0 \\[2ex]
\hline
1 & 0 & 0 & -\dfrac{EF_{i,k}}{s_{i-k}} & 0 & 0 \\[2ex]
0 & 0 & \dfrac{1}{s_{i-k}} & 0 & -\dfrac{12EJ_3}{s_{i-k}^3} & 0 \\[2ex]
0 & -\dfrac{1}{s_{i-k}} & 0 & 0 & 0 & -\dfrac{12EJ_2}{s_{i-k}^3}
\end{array}
\right]
$$

bzw.

$$
{}^{q}\widetilde{\mathfrak{B}}_{\mathfrak{v}_i,i;ik} = -{}^{q}\widetilde{\mathfrak{B}}_{\mathfrak{v}_i,k;i,k} = {}^{q}\check{\mathbf{L}}_{ii} \cdot {}^{q}\mathfrak{v}_i = -{}^{q}\check{\mathbf{L}}_{ik} \cdot {}^{q}\mathfrak{v}_i \tag{VII C.48}
$$

mit

$$
{}^{q}\check{\mathbf{L}}_{ik} =
\begin{bmatrix}
\dfrac{EF_{ik}}{s_{i-k}} & & \\[2ex]
 & \dfrac{12EJ_3}{s_{i-k}^3} & \\[2ex]
 & & \dfrac{12EJ_2}{s_{i-k}^3}
\end{bmatrix}. \tag{VII C.49}
$$

Bei i eingespannter, bei k gelenkig gelagerter Stab

Auf Grund der obigen Entwicklungen gilt:

$$
{}^{q}\check{\mathbf{L}}_{ik} =
\begin{bmatrix}
\dfrac{EF_{ik}}{s_{i-k}} & 0 & 0 \\[2ex]
0 & \dfrac{3EJ_3}{s_{i-k}^3} & 0 \\[2ex]
0 & 0 & \dfrac{3EJ_2}{s_{i-k}^3}
\end{bmatrix}. \tag{VII C.50}
$$

Für andere Lagerbedingungen ist entsprechend vorzugehen.

e) Zustand [${}^{q}\mathfrak{v}_k$]

α) Momente ${}^{q}\widetilde{\mathfrak{M}}_{\mathfrak{v}_k}$

Das Moment im Punkt i ergibt sich entsprechend Abschnitt dα)

$$
{}^{q}\widetilde{\mathfrak{M}}_{\mathfrak{v}_k,i;i,k} = {}^{q}\mathbf{D}_{ki} \cdot {}^{q}\mathfrak{v}_k = -{}^{q}\mathbf{D}_{ii} \cdot {}^{q}\mathfrak{v}_k \tag{VII C.51}
$$

da

$$
{}^{q}\mathbf{D}_{ki} = -{}^{q}\mathbf{D}_{ii} \tag{VII C.52}
$$

ist.

$$
{}^{q}\widetilde{\mathfrak{M}}_{\mathfrak{v}_k,k;i,k} = {}^{q}\mathbf{D}_{kk} \cdot \mathfrak{v}_k = -{}^{q}\mathbf{D}_{ik} \cdot {}^{q}\mathfrak{v}_k, \tag{VII C.51}
$$

da

$$
{}^{q}\mathbf{D}_{ik} = -{}^{q}\mathbf{D}_{kk}. \tag{VII C.53}
$$

In (VII C.51) sind die Matrizen ${}^{q}\mathbf{D}_{ii}$ für die verschiedenen Randbedingungen einzuführen, die in Abschnitt dα) gezeigt sind.

β) Stützkräfte ${}^{q}\widetilde{\mathfrak{V}}_{v_k}$

Die Bestimmung der Stützkräfte erfolgt entsprechend Abschnitt dβ). Es gilt:

$$
{}^{q}\widetilde{\mathfrak{V}}_{v_k,i;i,k} = {}^{q}\check{\mathbf{L}}_{ki} \cdot {}^{q}\mathfrak{v}_k = {}^{q}\check{\mathbf{L}}_{ik} \cdot {}^{q}\mathfrak{v}_k. \tag{VII C.54}
$$

Die Matrizen ${}^{q}\mathbf{L}_{ik}$ sind für die gegebenen Randbedingungen zu bestimmen.

4. Belastungszustände für den Stab $(i - k)$ im p-System

Für die nachfolgenden Entwicklungen benötigt man die Transformation von Vektoren und Matrizen vom q-System ins p-System und umgekehrt, wobei die einmal aufgestellte Rotationsmatrize $\mathbf{R}_{ik}$ jedes einzelnen Stabes verwendet wird (VII C.11).

Transformation eines Vektors

Ist z. B. die am Stab $(i - k)$ wirkende Belastung $\mathfrak{P}$ im p-System oder q-System gegeben

$$
{}^{p}\mathfrak{P} = \begin{pmatrix} {}^{x}P \\ {}^{y}P \\ {}^{z}P \end{pmatrix}; \quad {}^{q}\mathfrak{P} = \begin{pmatrix} {}^{1}P \\ {}^{2}P \\ {}^{3}P \end{pmatrix}, \tag{VII C.55}
$$

so gelten unter Beachtung von (VII C.12) folgende Transformationsregeln:

$$
{}^{q}\mathfrak{P} = \mathbf{R}_{ik} \cdot {}^{p}\mathfrak{P}; \tag{VII C.56}
$$

$$
{}^{p}\mathfrak{P} = \mathbf{R}_{ik}^{-1} \cdot {}^{q}\mathfrak{P} = \mathbf{R}_{ik}^{T} \cdot {}^{q}\mathfrak{P} \tag{VII C.57}
$$

(VII C.56) und (VII C.57) gelten für die Transformation beliebiger Vektoren, aus Belastungen, Schnittbelastungen und Verformungen herrührend.

Transformation von Matrizen vom q-System ins p-System

Dies sei am Beispiel der Transformation der allgemeinen Momentendarstellung — unter Beachtung der Drehung ${}^{q}\Phi$ — vom q- ins p-System gezeigt.

Nach (VII C.23) gilt:

$$
{}^{q}\widetilde{\mathfrak{M}}_{\Phi_i,i;ik} = {}^{q}\check{\mathbf{K}}_{ii} \cdot {}^{q}\Phi_i.
$$

Nach (VII C.56) ist:

$$
{}^{q}\Phi_i = \mathbf{R}_{ik} \cdot {}^{p}\Phi_i.
$$

Damit wird:

$$
{}^{q}\widetilde{\mathfrak{M}}_{\Phi_i,i;ik} = {}^{q}\check{\mathbf{K}}_{ii} \cdot \mathbf{R}_{ik} \cdot {}^{p}\Phi_i.
$$

Nach (VII C.57) wird:

$$
{}^{p}\widetilde{\mathfrak{M}}_{\Phi_i,i;i,k} = \mathbf{R}_{ik}^{T} \cdot {}^{q}\check{\mathbf{K}}_{ii} \cdot \mathbf{R}_{ik} \cdot {}^{p}\Phi_i = {}^{p}\mathbf{K}_{ii} \cdot {}^{p}\Phi_i \tag{VII C.58}
$$

mit

$$
{}^{p}\mathbf{K}_{ii} = \mathbf{R}_{ik}^{T} \cdot {}^{q}\check{\mathbf{K}}_{ii} \cdot \mathbf{R}_{ik}. \tag{VII C.59}
$$

a) Äußere Belastung, Schnittbelastungen und Verformungen

Jeder Vektor für Belastungen, Schnittbelastungen (Momente, Längskräfte, Querkräfte) und Verformungen kann nach (VII C.56) vom p-System ins q-System und nach (VII C.57) vom q-System ins p-System transformiert werden.

α) Momente $^p\widetilde{\mathfrak{M}}_B$

Nach (VII C.57) gilt für die Momente nach Abschnitt 3 aα):

$$\left.\begin{array}{l} ^p\widetilde{\mathfrak{M}}_{Bi;ik} = \mathbf{R}_{ik}^T \cdot {}^q\widetilde{\mathfrak{M}}_{Bi;ik}\,; \\[2mm] ^p\widetilde{\mathfrak{M}}_{Bk;ik} = \mathbf{R}_{ik}^T \cdot {}^q\widetilde{\mathfrak{M}}_{Bk;ik}. \end{array}\right\} \qquad \text{(VII C.60)}$$

β) Stützkräfte $^p\widetilde{\mathfrak{B}}_B$

Für die Knotenbelastungen $^q\widetilde{\mathfrak{P}}$ nach Abschnitt 3 a) erhält man:

$$\begin{array}{l} ^q\widetilde{\mathfrak{P}}_{i;ik} = {}^q\widetilde{\mathfrak{S}}_{Bi;ik}\,; \\[2mm] ^p\widetilde{\mathfrak{P}}_{i;ik} = \mathbf{R}_{ik}^T \cdot {}^q\widetilde{\mathfrak{S}}_{Bi;ik} = {}^p\widetilde{\mathfrak{S}}_{Bi;ik}. \end{array} \qquad \text{(VII C.61)}$$

Für die Stützkräfte $^q\widetilde{\mathfrak{B}}_B$ nach Abschnitt 3 aβ) ergibt sich:

$$\left.\begin{array}{l} ^q\widetilde{\mathfrak{B}}_{Bi;ik} = {}^q\mathbf{G}_{ik}({}^q\widetilde{\mathfrak{M}}_{Bi;ik} + {}^q\widetilde{\mathfrak{M}}_{Bk;ik}) = -{}^q\widetilde{\mathfrak{B}}_{Bk;ik}\,; \\[2mm] ^p\widetilde{\mathfrak{B}}_{Bi;ik} = \mathbf{R}_{ik}^T \cdot {}^q\widetilde{\mathfrak{B}}_{Bi;ik}. \end{array}\right\} \qquad \text{(VII C.62)}$$

b) Zustand $[^p\Phi_i]$

Unter Zugrundelegung von Abschnitt 3 b) ergeben sich folgende Formeln.

α) Momente $^p\widetilde{\mathfrak{M}}_{\Phi_i}$

Unter Beachtung von (VII C.59) ergibt sich

$$\left.\begin{array}{l} ^p\widetilde{\mathfrak{M}}_{\Phi_i,i;ik} = {}^p\mathbf{K}_{ii} \cdot {}^p\Phi_i\,; \\[2mm] ^p\widetilde{\mathfrak{M}}_{\Phi_i,k;ik} = {}^p\mathbf{K}_{ik} \cdot {}^p\Phi_i \end{array}\right\} \qquad \text{(VII C.63)}$$

mit

$$\left.\begin{array}{l} ^p\mathbf{K}_{ii} = \mathbf{R}_{ik}^T \cdot {}^q\breve{\mathbf{K}}_{ii} \cdot \mathbf{R}_{ik}\,; \\[2mm] ^p\mathbf{K}_{ik} = \mathbf{R}_{ik}^T \cdot {}^q\breve{\mathbf{K}}_{ik} \cdot \mathbf{R}_{ik}. \end{array}\right\} \qquad \text{(VII C.64)}$$

β) Stützkräfte $^p\widetilde{\mathfrak{B}}_{\Phi_i}$

Es gilt:

$$^p\widetilde{\mathfrak{B}}_{\Phi_i,i;ik} = -{}^p\widetilde{\mathfrak{B}}_{\Phi_i,k;ik} = {}^p\mathbf{E}_{ii} \cdot {}^p\Phi_i \qquad \text{(VII C.65)}$$

mit

$$^p\mathbf{E}_{ii} = \mathbf{R}_{ik}^T \cdot {}^q\mathbf{E}_{ii} \cdot \mathbf{R}_{ik}. \qquad \text{(VII C.66)}$$

c) Zustand $[^p\Phi_k]$

Unter Zugrundelegung von Abschnitt 3 c) egeben sich folgende Formeln:

α) Momente $^p\widetilde{\mathfrak{M}}_{\Phi_k}$

Unter Beachtung von (VII C.59) ergibt sich

$$\left.\begin{array}{l} ^p\widetilde{\mathfrak{M}}_{\Phi_k,i;ik} = {}^p\mathbf{K}_{ik} \cdot {}^p\Phi_k\,; \\[2mm] ^p\widetilde{\mathfrak{M}}_{\Phi_k,k;ik} = {}^p\mathbf{K}_{kk} \cdot {}^p\Phi_k \end{array}\right\} \qquad \text{(VII C.67)}$$

mit

$$\left.\begin{aligned}{}^{p}\mathbf{K}_{ik} &= \mathbf{R}_{ik}^{T} \cdot {}^{q}\check{\mathbf{K}}_{ik} \cdot \mathbf{R}_{ik}; \\ {}^{p}\mathbf{K}_{kk} &= \mathbf{R}_{ik}^{T} \cdot {}^{q}\check{\mathbf{K}}_{kk} \cdot \mathbf{R}_{ik}. \end{aligned}\right\} \qquad \text{(VII C.68)}$$

β) Stützkräfte ${}^{p}\widetilde{\mathfrak{B}}_{\Phi_{k}}$

Es gilt mit (VII C.35):

$$\left.\begin{aligned}{}^{p}\widetilde{\mathfrak{B}}_{\Phi_{k},i;ik} &= {}^{p}\mathbf{E}_{ki} \cdot {}^{p}\Phi_{k}; \\ {}^{p}\widetilde{\mathfrak{B}}_{\Phi_{k},k;ik} &= {}^{p}\mathbf{E}_{kk} \cdot {}^{p}\Phi_{k} = -{}^{p}\mathbf{E}_{ki} \cdot \Phi_{k} \end{aligned}\right\} \qquad \text{(VII C.69)}$$

mit

$$ {}^{p}\mathbf{E}_{ki} = \mathbf{R}_{ik}^{T} \cdot {}^{q}\mathbf{E}_{ki} \cdot \mathbf{R}_{ik}. \qquad \text{(VII C.70)}$$

d) Zustand [${}^{p}\mathfrak{v}_{i}$]

Unter Zugrundelegung von Abschnitt 3 d) ergeben sich die folgenden Formeln:

α) Momente ${}^{p}\widetilde{\mathfrak{M}}_{\mathfrak{v}_{i}}$

$$\left.\begin{aligned}{}^{p}\widetilde{\mathfrak{M}}_{\mathfrak{v}_{i},i;ik} &= {}^{p}\mathbf{D}_{ii} \cdot {}^{p}\mathfrak{v}_{i}; \\ {}^{p}\widetilde{\mathfrak{M}}_{\mathfrak{v}_{i},k;ik} &= -{}^{p}\mathbf{D}_{kk} \cdot {}^{p}\mathfrak{v}_{i} \end{aligned}\right\} \qquad \text{(VII C.71)}$$

mit

$$\left.\begin{aligned}{}^{p}\mathbf{D}_{ii} &= \mathbf{R}_{ik}^{T} \cdot {}^{q}\mathbf{D}_{ii} \cdot \mathbf{R}_{ik}; \\ {}^{p}\mathbf{D}_{kk} &= \mathbf{R}_{ik}^{T} \cdot {}^{q}\mathbf{D}_{kk} \cdot \mathbf{R}_{ik}. \end{aligned}\right\} \qquad \text{(VII C.72)}$$

β) Stützkräfte ${}^{p}\widetilde{\mathfrak{B}}_{\mathfrak{v}_{i}}$

Unter Beachtung von (VII C.59) gilt mit (VII C.48)

$$ {}^{p}\widetilde{\mathfrak{B}}_{\mathfrak{v}_{i},i;ik} = -{}^{p}\widetilde{\mathfrak{B}}_{\mathfrak{v}_{i},k;ik} = -{}^{p}\mathbf{L}_{ik} \cdot {}^{p}\mathfrak{v}_{i} \qquad \text{(VII C.73)}$$

mit

$$ {}^{p}\mathbf{L}_{ik} = \mathbf{R}_{ik}^{T} \cdot {}^{q}\check{\mathbf{L}}_{ik} \cdot \mathbf{R}_{ik}. \qquad \text{(VII C.74)}$$

e) Zustand [${}^{p}\mathfrak{v}_{k}$]

Unter Zugrundelegung von Abschnitt 3 e) und 4 d) ergeben sich folgende Formeln:

α) Momente ${}^{p}\widetilde{\mathfrak{M}}_{\mathfrak{v}_{k}}$

$$\left.\begin{aligned}{}^{p}\widetilde{\mathfrak{M}}_{\mathfrak{v}_{k},i;ik} &= -{}^{p}\mathbf{D}_{ii} \cdot {}^{p}\mathfrak{v}_{k}; \\ {}^{p}\widetilde{\mathfrak{M}}_{\mathfrak{v}_{k},k;ik} &= {}^{p}\mathbf{D}_{kk} \cdot {}^{p}\mathfrak{v}_{k} \end{aligned}\right\} \qquad \text{(VII C.75)}$$

mit ${}^{p}\mathbf{D}_{ii}$ und ${}^{p}\mathbf{D}_{kk}$ nach (VII C.72).

β) Stützkräfte ${}^{p}\widetilde{\mathfrak{B}}_{\mathfrak{v}_{k}}$

Unter Beachtung von (VII C.59) gilt

$$ {}^{p}\widetilde{\mathfrak{B}}_{\mathfrak{v}_{k},i;ik} = {}^{p}\mathbf{L}_{ik} \cdot {}^{p}\mathfrak{v}_{k} \qquad \text{(VII C.76)}$$

mit ${}^{p}\mathbf{L}_{ik}$ nach (VII C.74).

5. Gleichungssystem der Deformationsmethode

Das Gleichungssystem zur Bestimmung der unbekannten Verformungen wird mit Hilfe der virtuellen Arbeiten aufgestellt. Die virtuellen Arbeiten werden als Produkt der Schnittbelastungen an den einzelnen Knoten im p-System gebildet. Es werden die virtuellen Verformungen an den einzelnen Knoten i

$$^p\check{\mathbf{E}}_{\Phi_i=1} = \begin{bmatrix} ^x\varphi_i = 1 & & \\ & ^y\varphi_i = 1 & \\ & & ^z\varphi_i = 1 \end{bmatrix}; \quad ^p\check{\mathbf{E}}_{v_i=1} = \begin{bmatrix} ^xv_i = 1 & & \\ & ^yv_i = 1 & \\ & & ^zv_i = 1 \end{bmatrix} \quad \text{(VII C.77)}$$

zugrunde gelegt.

Da Drehungen und zugehörige Momente bzw. Verschiebungen mit zugehörigen Stützkräften immer negative Arbeiten ergeben, werden die negativen Arbeiten angeschrieben, um in den Hauptdiagonalen des Gleichungssystems positive Werte zu erhalten.

Zu beachten ist, daß immer die Schnittbelastungsmatrizen der Seite eines Stabes $m - n$ zu nehmen sind, die gerade dem betrachteten Knoten i im Gleichungssystem entsprechen.

Da die Schnittbelastungen aus Abschnitt 4 immer für eine bestimmte Ordnungsrichtung $e_{1;ik}$ angegeben werden, muß darauf geachtet werden, daß die Schnittbelastungsmatrizen des betrachteten Knotens Verwendung finden. Wird z.B. der Knoten 8 des Stabes 7—8 betrachtet, so muß bei der Wahl der Schnittbelastung auf die Richtung des Einheitsvektors $e_{1;7,8}$ Rücksicht genommen werden und somit der Knoten 8 mit dem Knotenpunkt k gleichgesetzt werden.

Die Schnittbelastungen, die im Abschnitt 4 bereits im p-System gegeben sind, brauchen nur mit den Einheitsmatrizen $^p\check{\mathbf{E}}_{\Phi_i=1}$ bzw. $^p\check{\mathbf{E}}_{v_i=1}$ multipliziert zu werden, um die virtuellen Arbeiten zu erhalten.

Danach ergibt sich das nachfolgende Gleichungssystem. Für die virtuellen Drehungen $^p\check{\mathbf{E}}_{\Phi_i=1}$ wird:

$$-^vA = \left(\sum_m {}^p\mathbf{K}_{ii}\right) \cdot {}^p\check{\boldsymbol{\Phi}}_i \cdot {}^p\check{\mathbf{E}}_{\Phi_i=1} + \left(\sum_m {}^p\mathbf{D}_{ii}\right) \cdot {}^p\check{\mathfrak{v}}_i \cdot {}^p\check{\mathbf{E}}_{\Phi_i=1} +$$

$$+ \sum_m ({}^p\mathbf{K}_{ki} \cdot {}^p\check{\boldsymbol{\Phi}}_k) \cdot {}^p\check{\mathbf{E}}_{\Phi_i=1} + \sum ({}^p\mathbf{D}_{ki} \cdot {}^p\check{\mathfrak{v}}_k) \cdot {}^p\check{\mathbf{E}}_{\Phi_i=1} +$$

$$+ {}^p\check{\mathbf{E}}_{\Phi_i=1} \cdot \left(\sum_m {}^p\widetilde{\mathfrak{M}}_{Bi;ik} + \sum {}^{\ddot{a},p}\mathfrak{M}_i\right) = 0. \quad \text{(VII C.78a)}$$

Für die virtuellen Verschiebungen $^p\check{\mathbf{E}}_{v_i=1}$ wird:

$$-A = -\left(\sum_m {}^p\mathbf{E}_{ii}\right) \cdot {}^p\check{\boldsymbol{\Phi}}_i \cdot {}^p\check{\mathbf{E}}_{v_i=1} - \left(\sum_m {}^p\mathbf{L}_{ii}\right) \cdot {}^p\check{\mathfrak{v}}_i \cdot {}^p\check{\mathbf{E}}_{v_i=1} -$$

$$- \sum_m ({}^p\mathbf{E}_{ki} \cdot {}^p\check{\boldsymbol{\Phi}}_k) \cdot {}^p\check{\mathbf{E}}_{v_i=1} - \sum_m ({}^p\mathbf{L}_{ki} \cdot {}^p\check{\mathfrak{v}}_k) \cdot {}^p\check{\mathbf{E}}_{v_i=1} -$$

$$- {}^p\check{\mathbf{E}}_{v_i=1} \cdot \left(\sum_m {}^p\mathfrak{P}_{i;ik} + {}^{\ddot{a},p}\mathfrak{P}_i\right) -$$

$$- {}^p\check{\mathbf{E}}_{v_i=1} \cdot \left(\sum_m {}^p\widetilde{\mathfrak{P}}_{Bi;ik}\right) = 0. \quad \text{(VII C.78b)}$$

Bei beiden Gleichungen sind alle m Stäbe, die an dem jeweilig betrachteten Knoten i anschließen, zu erfassen.

Bei Multiplikation von einer Matrix mit einer Einheitsmatrix ändert sich der Wert der Matrix nicht; es können daher in (VII C.78) die Einheitsmatrizen $^p\check{\mathbf{E}}_{\Phi_i=1}$

und $^p\check{\mathbf{E}}_{v_i=1}$ weggelassen werden. Weiters werden folgende Abkürzungen gewählt:

$$^p\mathbf{K}_i = \sum_m {}^p\mathbf{K}_{ii};$$

$$^p\mathbf{D}_i = \sum_m {}^p\mathbf{D}_{ii};$$

$$^p\mathbf{E}_i = \sum_m {}^p\mathbf{E}_{ii};$$

$$^p\mathbf{L}_i = \sum {}^p\mathbf{L}_{ik} = -\sum {}^p\mathbf{L}_{ii}; \qquad\qquad \text{(VII C.79)}$$

$$^p\mathfrak{M}_{B,i} = \sum_m ({}^p\widetilde{\mathfrak{M}}_{Bi;ik} + {}^{\ddot{a},p}\mathfrak{M}_i);$$

$$^p\mathfrak{P}_i = \sum_m ({}^p\mathfrak{P}_{i;ik} + {}^{\ddot{a},p}\mathfrak{P}_i);$$

$$^pV_i = \sum_m {}^p\widetilde{\mathfrak{V}}_{Bi;ik}.$$

$^{\ddot{a},p}\mathfrak{P}_i$ und $^{\ddot{a},p}\mathfrak{M}_i$ sind dabei direkt am Knoten i angreifende Kräfte und Momente im p-System.

Mit (VII C.52), (VII C.48) und (VII C.79) ergibt sich aus (VII C.78) das Gleichungssystem zur Berechnung der unbekannten Knotendrehungen $^p\Phi_i$ und ^pv_i, das für jeden freien Knoten i aufzustellen ist.

$$^p\mathbf{K}_i \cdot {}^p\Phi_i + {}^p\mathbf{D}_i \cdot {}^pv_i + \sum_m ({}^p\mathbf{K}_{ik} \cdot {}^p\Phi_k) + \sum_m ({}^p\mathbf{D}_{ki} \cdot {}^pv_k) + {}^p\mathfrak{M}_{B,i} = 0;$$

$$-{}^p\mathbf{E}_i \cdot {}^p\Phi_i + {}^p\mathbf{L}_i \cdot {}^pv_i - \sum_m ({}^p\mathbf{E}_{ki} \cdot {}^p\Phi_k) - \sum_m ({}^p\mathbf{L}_{ik} \cdot {}^pv_k) - {}^p\mathfrak{P}_i - {}^pV_i = 0. \quad \text{(VII C.80)}$$

Da die Koeffizienten von (VII C.80) und (VII C.79) schematisch berechnet werden können, kann das Gleichungssystem für jedes beliebige System und jede beliebige Belastung sofort angeschrieben werden (siehe Beispiele VII 3 und VII 4).

Jede der zwei Vektorgleichungen von (VII C.80) besteht aus drei Gleichungen für die Richtungen x, y und z, so daß je Knoten 6 Gleichungen erhalten werden.

Für das räumliche Stabwerk nach Abb. VII C.18 werden z. B. die 12 unbekannten Verformungen

$$^x\varphi_1, \; ^y\varphi_1, \; ^z\varphi_1, \; ^xv_1, \; ^yv_1, \; ^zv_1, \; ^x\varphi_2, \; ^y\varphi_2, \; ^z\varphi_2, \; ^xv_2, \; ^yv_2, \; ^zv_2$$

auftreten.

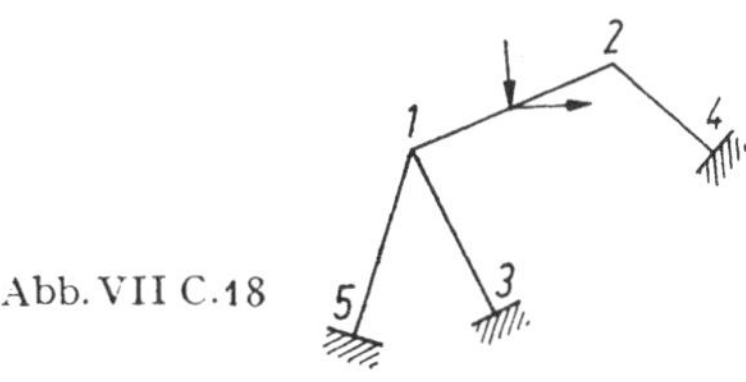

Abb. VII C.18

Jedes erhaltene Gleichungssystem ist zur Hauptdiagonale symmetrisch. Dies bedeutet, daß nur die Glieder der Hauptdiagonale und rechts davon berechnet werden müssen. Die Glieder links der Hauptdiagonale sind transponierte Matrizen zu den Matrizen rechts der Hauptdiagonale.

Kann eine bestimmte Verformungskomponente einer Drehung oder Verschiebung nicht auftreten (z. B. $^yv_2$), was durch besondere Lagerbedingungen gegeben sein kann, so sind die Koeffizienten der entsprechenden Spalte und Zeile des Gleichungssystems Null zu setzen, bis auf den Wert in der Hauptdiagonale, der die Größe „1" hat. Das Gleichungssystem sieht dann wie folgt aus:

		$^y\varphi_2$	$^z\varphi_2$	$^x v_2$	$^y v_2$	$^z v_2$	$^x\varphi_3$	
		×	×	×	0	×	×	
		×	×	×	0	×	×	
		×	×	×	0	×	×	
$^z\varphi_2$		×	×	×	0	×	×	
$^x v_2$		×	×	×	0	×	×	
$^y v_2$		0	0	0	1	0	0	
$^z v_2$		×	×	×	0	×	×	
$^x\varphi_3$		×	×	×	0	×	×	
		×	×	×	0	×	×	

Das Gleichungssystem (VII C.80) ist allgemein für das Beispiel nach Abb. VII C.18 angeschrieben:

	$^p\check{\Phi}_1$	$^p\check{\mathfrak{v}}_1$	$^p\check{\Phi}_2$	$^p\check{\mathfrak{v}}_2$	Bel.	
$^v\Phi_1$	$^p\mathbf{K}_1$	$^p\mathbf{D}_1$	$^p\mathbf{K}_{1,2}$	$+^p\mathbf{D}_{2,1}$	$^p\mathfrak{M}_{B1}$	$= 0$
$^v\mathfrak{v}_1$	$-^p\mathbf{E}_1$	$^p\mathbf{L}_1$	$-^p\mathbf{E}_{2,1}$	$-^p\mathbf{L}_{1,2}$	$^p\mathfrak{P}_1 - {}^pV_1$	$= 0$
$^v\Phi_2$	$^p\mathbf{K}_{1,2}$	$+^p\mathbf{D}_{1,2}$	$^p\mathbf{K}_2$	$^p\mathbf{D}_2$	$^p\mathfrak{M}_{B2}$	$= 0$
$^v\mathfrak{v}_2$	$-^p\mathbf{E}_{1,2}$	$-^p\mathbf{L}_{1,2}$	$-^p\mathbf{E}_2$	$^p\mathbf{L}_2$	$^p\mathfrak{P}_2 - {}^pV_2$	$= 0$

(VII C.80a)

und lautet in Komponentenform:

	$^x\varphi_1$	$^y\varphi_1$	$^z\varphi_1$	$^x v_1$	usw.
$^{v,x}\varphi_1$	k_{11}	k_{12}	k_{13}	d_{11}	
$^{v,y}\varphi_1$	k_{21}	k_{22}	k_{23}	d_{21}	
$^{v,z}\varphi_1$	k_{31}	k_{32}	k_{33}	d_{31}	
$^{v,x}v_1$	d_{11}	d_{21}	d_{31}	l_{11}	

usw.

Für unverschiebliche Systeme, d. h., daß keine Knotenpunktsverschiebungen auftreten und der Einfluß von Längskräften vernachlässigt wird, entfällt in (VII C.80) die zweite Vektorgleichung und die erste Vektorgleichung reduziert sich auf die Form

$$^p\mathbf{K}_i \cdot {}^p\check{\Phi}_i + \sum_m \left({}^p\mathbf{K}_{i,k} \cdot {}^p\check{\Phi}_k\right) + {}^p\mathfrak{M}_{Bi} = 0. \qquad \text{(VII C.81)}$$

Diese Gleichung ist wieder für jeden freien Knoten aufzustellen, so daß $3n$ Gleichungen erhalten werden.

6. Endgültige Schnittbelastungen

Mit den nach Abschnitt 5 ermittelten Knotendrehungen $^p\Phi_i$ und Knotenverschiebungen $^p\mathfrak{v}_i$ können mit den Schnittbelastungen des Abschnittes 4 die endgültigen Schnittbelastungen des Systems berechnet werden.

α) Stabendmomente $\overline{\mathfrak{M}}_B$

Mit (VII C.60), (VII C.63), (VII C.67), (VII C.71), (VII C.75) erhält man:

$$\left.\begin{aligned}
^p\overline{\mathfrak{M}}_{Bi;ik} &= {}^p\widetilde{\mathfrak{M}}_{Bi;ik} + {}^p\mathbf{K}_{ii}\cdot{}^p\breve{\Phi}_i + {}^p\mathbf{K}_{ik}\cdot{}^p\breve{\Phi}_k + {}^p\mathbf{D}_{ii}\cdot{}^p\breve{\mathfrak{v}}_i - {}^p\mathbf{D}_{ii}\cdot{}^p\breve{\mathfrak{v}}_k; \\
^p\overline{\mathfrak{M}}_{Bk;ik} &= {}^p\widetilde{\mathfrak{M}}_{Bk;ik} + {}^p\mathbf{K}_{ik}\cdot{}^p\breve{\Phi}_i + {}^p\mathbf{K}_{kk}\cdot{}^p\breve{\Phi}_k - {}^p\mathbf{D}_{kk}\cdot{}^p\breve{\mathfrak{v}}_i + {}^p\mathbf{D}_{kk}\cdot{}^p\mathfrak{v}_k.
\end{aligned}\right\} \quad \text{(VII C.82)}$$

Mit (VII C.56) wird:

$$\left.\begin{aligned}
^q\overline{\mathfrak{M}}_{Bi;ik} &= \mathbf{R}_{ik}\cdot{}^p\overline{\mathfrak{M}}_{Bi;ik}; \\
^q\mathfrak{M}_{Bk;ik} &= \mathbf{R}_{ik}\cdot{}^p\overline{\mathfrak{M}}_{Bk;ik}.
\end{aligned}\right\} \quad \text{(VII C.83)}$$

β) Stabendkräfte $\overline{\mathfrak{S}}_B$

Mit (VII C.61), (VII C.62), (VII C.65), (VII C.69), (VII C.73) und (VII C.76) erhält man:

$$\left.\begin{aligned}
^p\overline{\mathfrak{S}}_{Bi;ik} &= {}^p\widetilde{\mathfrak{S}}_{Bi;ik} + {}^p\widetilde{\mathfrak{W}}_{Bi;ik} + {}^p\mathbf{E}_{ii}\cdot{}^p\breve{\Phi}_i + {}^p\mathbf{E}_{ki}\cdot{}^p\breve{\Phi}_k + {}^p\mathbf{L}_{ik}({}^p\breve{\mathfrak{v}}_k - {}^p\breve{\mathfrak{v}}_i); \\
^p\overline{\mathfrak{S}}_{Bk;ik} &= {}^p\overline{\mathfrak{S}}_{Bi;ik} - \sum {}^p\mathfrak{P}_{ik}.
\end{aligned}\right\} \quad \text{(VII C.84)}$$

Mit (VII C.56) wird

$$\left.\begin{aligned}
^q\overline{\mathfrak{S}}_{Bi;ik} &= \mathbf{R}_{ik}\cdot{}^p\overline{\mathfrak{S}}_{Bi;ik}; \\
^q\overline{\mathfrak{S}}_{Bk;ik} &= \mathbf{R}_{ik}\cdot{}^p\overline{\mathfrak{S}}_{Bk;ik}.
\end{aligned}\right\} \quad \text{(VII C.85)}$$

7. Symmetrische Systeme

Bei symmetrischen Systemen kann jede Belastung nach dem „Belastungs-Umordnungs-Verfahren" (siehe Band I A, VI B) in eine symmetrische und antimetrische Belastung aufgespalten werden, wodurch der Rechenaufwand wesentlich vermindert werden kann. Dies wirkt sich besonders bei räumlichen Systemen günstig aus, bei denen bei unverschieblichen Systemen 3, bei verschieblichen Systemen 6 unbekannte Verformungen je freien Knoten auftreten. Nach dem B-U-Verfahren ist zweimal das Gleichungssystem, aber nur mit der halben Zahl von Unbekannten zu lösen, was von Vorteil ist. Besonders große Vereinfachungen ergeben sich dabei bei rotationssymmetrischen Systemen mit rotationssymmetrischer Belastung.

Allgemein gilt für einen beliebigen Belastungszustand:

$$[B] = [B_s] + [B_a]. \quad \text{(VII C.86)}$$

Für ebene Systeme bietet das Verfahren der Festhaltestäbe nach Ostenfeld (Bd. I A, IX D) eine einfache Handhabung zur Feststellung der Anzahl der unbekannten Verschiebungen bzw. Sehnendrehungen. Es kann auch für räumliche Systeme hierfür mit Vorteil Verwendung finden [4].

Für das symmetrische System werden in der Symmetrieebene (SE) für Stäbe, die durch diese geschnitten werden, ideelle Knoten angenommen. Für diese sowie für Knoten in der SE werden nachfolgend die Bedingungen angegeben, die bei der Berechnung des halben Systems zu beachten sind. Ist ein Knoten in einer Richtung unverschieblich, so wird dies durch einen Stützstab St ($^n v = 0$), ist er drehsteif um eine bestimmte Richtung, so durch eine starre Einspannung E_n ($^n \varphi = 0$) in den nachfolgenden Abbildungen veranschaulicht. Jeder erforderliche Festhaltestab entspricht einer unbekannten Verschiebung.

a) Der Stab ($i - k$) schneidet die SE. rechtwinkelig im Punkt m

(Abb. VII C. 19a)

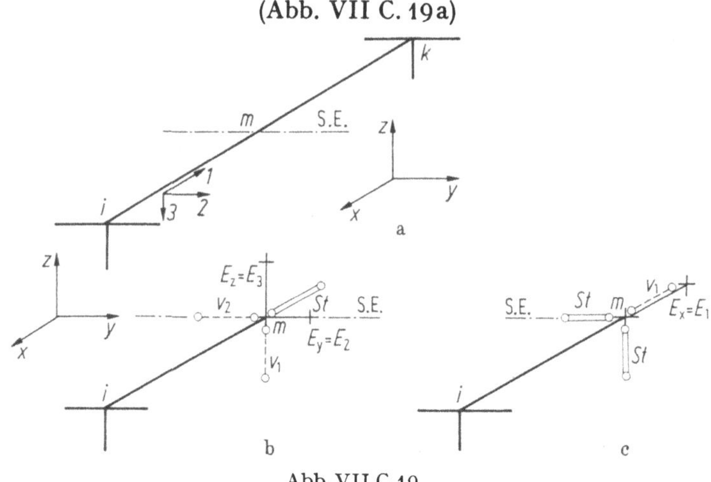

Abb. VII C.19

α) Symmetrische Belastung

Der Knoten m kann sich zufolge einer Biegemomentenbeanspruchung des Stabes ($i - k$) nicht drehen. Diese Bedingung wird durch starre Einspannungen E_2 und E_3 in den Achsrichtungen 2 und 3 erfüllt (Abb. VII C.19b). Bei einer Drehung des Knotens i um die Stabrichtung 1 dreht sich der Knoten k um dasselbe Maß, daher muß sich der ideelle Knoten m in Richtung 1 frei drehen können. Diese Bedingung erfordert eine einspannungsfreie Lagerung des Punktes m in Richtung 1, daher entfällt eine starre Einspannung in Richtung der Achse 1.

Festhaltestäbe:

Der Knoten m muß normal zur Symmetrieebene unverschieblich, in der Symmetrieebene jedoch verschieblich sein. Das erfordert zwei Festhaltestäbe V_1 und V_2 in der Symmetrieebene und einen Stützstab St normal zur SE (Abb. VII C.19b). Deformationsbedingungen:

$$^p\Phi_m = \begin{bmatrix} ^x\varphi_m = -{}^1\varphi_m \\ ^y\varphi_m = {}^2\varphi_m = 0 \\ ^z\varphi_m = -{}^3\varphi_m = 0 \end{bmatrix} ; \quad ^p\mathfrak{v}_m = \begin{bmatrix} ^x v_m = -{}^1 v_m = 0 \\ ^y v_m = {}^2 v_m \\ ^z v_m = -{}^3 v_m \end{bmatrix} .$$

β) Antimetrische Belastung

Infolge einer Biegemomentenbeanspruchung tritt in der SE ein Momentennullpunkt auf. Dies erfordert eine gelenkige Lagerung in den Stabrichtungen 2 und 3, d. h. es entfallen die starren Einspannungen um die Achsen 2 und 3.

Bei einer Drehung des Knotens i in Stabrichtung 1 dreht sich der Knoten k um denselben Betrag, jedoch in entgegengesetzter Richtung. Das bedeutet, daß sich der Stab ($i-k$) auf seine ganze Länge verwindet und der Querschnitt im Mittelpunkt m daher nicht verdreht wird. Dieser Effekt wird durch eine starre Einspannung $E_x = E_1$ des Punktes m in Stabrichtung 1 erzielt.

Festhaltestäbe:

Der Knoten m muß sich normal zur SE verschieben können, in der SE jedoch unverschieblich sein. Diese Bedingung wird durch einen Festhaltestab V_1 normal zur SE und zwei wegstarre Stäbe St in der SE erfüllt (Abb. VII C.19c).

Deformationsbedingungen:

$$^p\mathfrak{v}_m = \begin{bmatrix} ^x v_m = -^1 v_m \\ ^y v_m = ^2 v_m = 0 \\ ^z v_m = -^3 v_m = 0 \end{bmatrix}; \quad ^p\mathbf{\Phi}_m = \begin{bmatrix} ^x \varphi_m = -^1 \varphi_m = 0 \\ ^y \varphi_m = ^2 \varphi_m \\ ^z \varphi_m = -^3 \varphi_m \end{bmatrix}.$$

γ) Reduzierte Steifigkeiten für die verschiedenen Lagerbedingungen

Auf Grund der geforderten Lagerbedingungen, welche der Stab $(i - k)$ bei symmetrischer oder antimetrischer Belastung aufweisen muß, ist es notwendig, die verschiedensten Lagerkombinationen eines Stabes in den Achsrichtungen 1, 2 und 3 auch zu ermöglichen. Für den ideellen Stab $(i - m)$ sind für den Knoten i je nach Art der Lagerung — eingespannt oder gelenkig — für jede der drei Richtungen 1, 2 und 3 die den Lagerungen entsprechenden reduzierten Steifigkeiten $^q\check{\mathbf{K}}_{ik}$ zu berechnen.

Voraussetzung sind nachfolgend dabei konstante Trägheitsmomente J_2 und J_3, sowie ein konstanter Drillwiderstand J_1.

Zum Beispiel ergibt sich bei einer symmetrischen Belastung und den Lagerbedingungen:

Lager i: 1, 2, 3, ... eingespannt; Lager m: 1 ... gelenkig; 2, 3, ... eingespannt; (Abb. VII C.20a), die Steifigkeitsmatrix entsprechend (VII C.27) und (VII C.29)

$$^q\check{\mathbf{K}}_{im} = \begin{bmatrix} 0 & 0 & 0 \\ 0 & \dfrac{2EJ_2}{s_{i-m}} & 0 \\ 0 & 0 & \dfrac{2EJ_3}{s_{i-m}} \end{bmatrix}.$$

Für eine antimetrische Belastung und den Lagerbedingungen

Lager i: 1, 2, 3 ... eingespannt; Lager m: 1 ... eingespannt; 2, 3 ... gelenkig; (Abb. VII C.20b) erhält man z. B. die Steifigkeitsmatrix entsprechend (VII C.27) und (VII C.29)

$$^q\check{\mathbf{K}}_{im} = \begin{bmatrix} -\dfrac{GJ_1}{s_{i-m}} & 0 & 0 \\ 0 & \dfrac{3EJ_2}{2s_{i-m}} & 0 \\ 0 & 0 & \dfrac{3EJ_3}{2s_{i-m}} \end{bmatrix}.$$

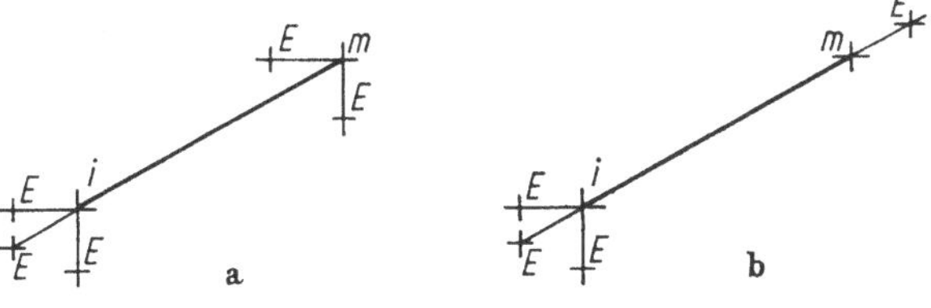

Abb. VII C.20

b) Ein Knoten liegt in der Symmetrieebene

In Abb. VII C.21 sind verschiedene Kombinationen von Aufrissen und Grundrissen von Stäben angegeben, die sich in der SE in einem Knoten vereinigen.

Die Überlegungen des Abschnittes a) gelten sinngemäß. Wesentlich ist jedoch, daß zum Unterschied von Abschnitt a) über die Lagerung der Stäbe besondere Aussagen gemacht werden müssen, um der Symmetrie bzw. Antimetrie der Belastung gerecht zu werden. Die entsprechenden Angaben werden für die einzelnen Systeme im Abschnitt c) gemacht.

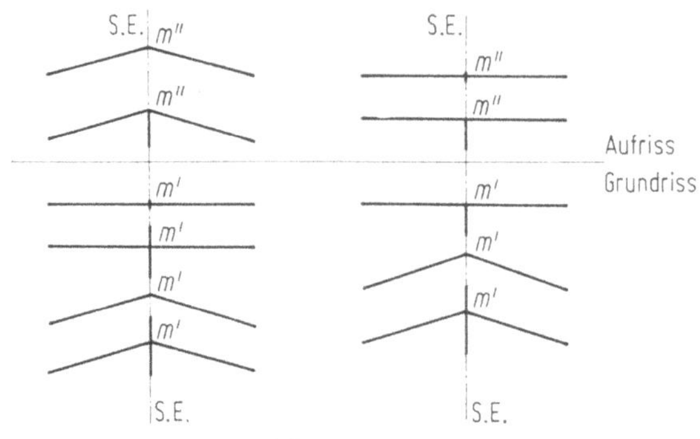

Abb. VII C.21

c) Erforderliche Anzahl der Festhaltestäbe und deren Anordnung in bezug auf symmetrische und antimetrische Belastungsfälle für Grundsysteme und Deformationsbedingungen

Die Verschieblichkeit eines räumlichen Systems wird zweckmäßig nach der bekannten Bedingungsgleichung $3m - (s - u) = 0$ bestimmt.

m Anzahl der freien Knoten

s Gesamtzahl der Stäbe   (VII C.87)

u Anzahl der überzähligen Stäbe.

Für $3m - (s - u) > 0$ ist die Knotenfigur beweglich, es müssen so viele Festhaltestäbe angebracht werden, als Verschiebungsmöglichkeiten bestehen.

Weist ein Stab des Gesamtsystems, welcher durch die SE durchgeht, in der SE keinen Knoten auf, so werden beim symmetrischen und antimetrischen Ersatzsystem in der SE zusätzliche Knoten gebildet.

Nachfolgend wird für verschiedene Grundsysteme mit einer Symmetrieebene gezeigt, wie viele Festhaltestäbe erforderlich sind und wie Festhaltestäbe, starre Einspannungen und starre Stützstäbe unter verschiedenen Bedingungen anzuordnen sind. Von den verschiedenen Systemen werden Grundsysteme betrachtet, die entsprechend Abschnitt d) oder e) beliebig ergänzt werden können, ohne daß sich die grundlegenden Überlegungen ändern.

System A (Abb. VII C.22a)

Ersatzsystem für symmetrische Belastung (Abb. VII C.22b)

Festhaltestäbe:

Mit den ideellen Knoten 9 und 10 wird

$$m = 4, \quad s = 5, \quad u = 0,$$
$$3m - (s - u) = 7.$$

Mit den beiden ideellen, starren Stützstäben St wird die Zahl der Festhaltestäbe $n_V = 7 - 2 = 5$ (V_1 bis V_5).

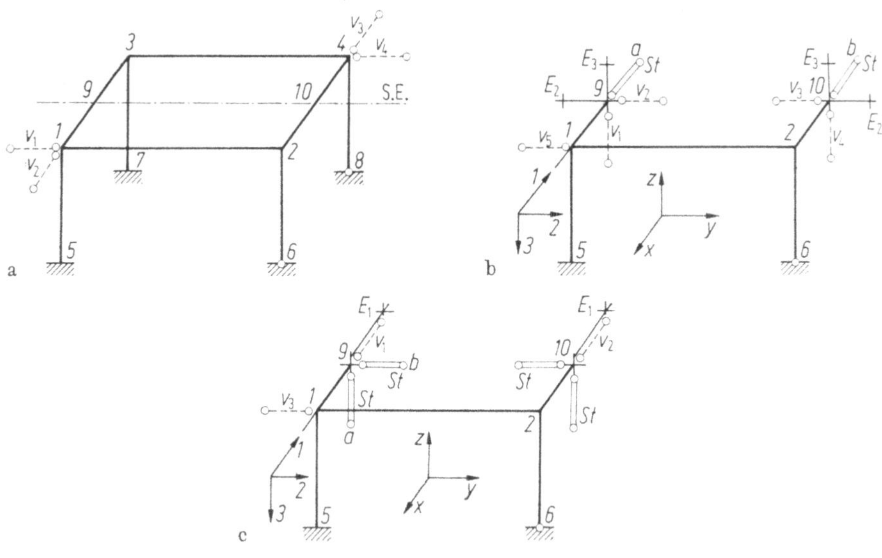

Abb. VII C.22

Die Stäbe (1—9) und (2—10) sind in 9 und 10 in Achsrichtung 1 gelenkig gelagert, in den Richtungen 2 und 3 starr eingespannt.

Für eine Torsionsbeanspruchung des Stabes (1—9) ist dieser im Punkt 1 starr eingespannt, im Punkt 9 gelenkig gelagert anzunehmen; für eine Biegemomentenbelastung ist er beidseitig starr eingespannt.

Die reduzierte Steifigkeitsmatrix $^q\check{\mathbf{K}}_{19}$ lautet

$$^q\check{\mathbf{K}}_{19} = \begin{bmatrix} 0 & 0 & 0 \\[2mm] 0 & \dfrac{2EJ_2}{s_{1-9}} & 0 \\[2mm] 0 & 0 & \dfrac{2EJ_3}{s_{1-9}} \end{bmatrix}.$$

Es ist zu beachten, daß in diesem System die Stabachsen 1, 2, 3 der Stäbe (1—9) und (2—10) mit den Achsen x, y, z des Koordinatensystems p übereinstimmen (Endlager eines Einzelstabes, eingespannt für Biegemomente, gelenkig für Torsionsmomente).

Deformationsbedingungen:

$$^p\mathfrak{v}_9 = \begin{bmatrix} {}^xv_9 = -{}^1v_9 = 0 \\[1mm] {}^yv_9 = {}^2v_9 \\[1mm] {}^zv_9 = -{}^3v_9 \end{bmatrix} ; \quad ^p\Phi_9 = \begin{bmatrix} {}^x\varphi_9 = -{}^1\varphi_9 \\[1mm] {}^y\varphi_9 = {}^2\varphi_9 = 0 \\[1mm] {}^z\varphi_9 = -{}^3\varphi_9 = 0 \end{bmatrix} ;$$

$$^p\mathfrak{v}_{10} = \begin{bmatrix} {}^xv_{10} = -{}^1v_{10} = 0 \\[1mm] {}^yv_{10} = {}^2v_{10} \\[1mm] {}^zv_{10} = -{}^3v_{10} \end{bmatrix} ; \quad ^p\Phi_{10} = \begin{bmatrix} {}^x\varphi_{10} = -{}^1\varphi_{10} \\[1mm] {}^y\varphi_{10} = {}^2\varphi_{10} = 0 \\[1mm] {}^z\varphi_{10} = -{}^3\varphi_{10} = 0 \end{bmatrix} .$$

Ersatzsystem für antimetrische Belastung (Abb. VII C.22c)

Festhaltestäbe:

Mit den 4 starren Stützstäben St ergibt sich

$$n_V = 7 - 4 = 3 \ (V_1 \text{ bis } V_3)\,.$$

Die Stäbe $(1-9)$ und $(2-10)$ sind in 9 und 10 in der Achsrichtung 1 starr eingespannt, in den Richtungen 2 und 3 gelenkig gelagert.

Die reduzierte Steifigkeitsmatrix $^q\check{\mathbf{K}}_{19}$ lautet

$$^q\check{\mathbf{K}}_{19} = \begin{bmatrix} -\dfrac{GJ_1}{s_{1-9}} & 0 & 0 \\[2ex] 0 & \dfrac{3EJ_2}{s_{1-9}} & 0 \\[2ex] 0 & 0 & \dfrac{3EJ_3}{s_{1-9}} \end{bmatrix}.$$

Die Stützung der Knoten in der SE erfolgt durch zwei starre Stützstäbe (z. B. Stützstäbe $(9-a)$ und $(9-b)$ und durch einen Festhaltestab V_1 normal zur SE.

Deformationsbedingungen:

$$^p\mathfrak{v}_9 = \begin{bmatrix} ^xv_9 = -{}^1v_9 \\ ^yv_9 = {}^2v_9 = 0 \\ ^zv_9 = -{}^3v_9 = 0 \end{bmatrix}; \quad ^q\Phi_9 = \begin{bmatrix} ^x\varphi_9 = -{}^1\varphi_9 = 0 \\ ^y\varphi_9 = {}^2\varphi_9 \\ ^z\varphi_9 = -{}^3\varphi_9 \end{bmatrix};$$

$^p\mathfrak{v}_{10}$ und $^p\Phi_{10}$ entsprechend.

System B (Abb. VII C.23 a)

Ersatzsystem für symmetrische Belastung (Abb. VII C.23 b)

Festhaltestäbe:

Ein Knoten in der SE (z. B. Knoten 3 in Abb. VII C.23 b) erfordert zur Erfüllung der Symmetriebedingungen wieder einen starren Stützstab normal zur SE (Stab $(3-a)$) und zwei Festhaltestäbe in der SE (V_1 und V_2). Außerdem müssen die Bedingungen erfüllt sein, daß sich der Knoten 3 in den Achsrichtungen y und z nicht drehen kann, in Achsrichtung x jedoch frei drehbar gelagert ist.

Da in diesem Fall die Stabachsen 1, 2 und 3 des Koordinatensystems q nicht mit den Achsen x, y und z des Koordinatensystems p zusammenfallen, ist mit Rücksicht auf die oben geforderten Bedingungen die Einspannung $E_{y,z}$ durch einen zusätzlichen, starren Einspannstab darzustellen.

Der Stab $(3-b)$ stellt eine starre Einspannung $E_{y,z}$ dar mit $J_y = J_z = \infty$, $J_x = 0$, $F = 0$; mit Rücksicht auf die Beweglichkeit des Knotens 3 in z-Richtung muß seine Endlagerung im Punkt b in Richtung x gelenkig sein. Die Knoten auf der SE müssen sowohl beim Momenten- wie auch beim Normalkraftausgleich ausgeglichen werden.

Deformationsbedingungen:

$$^p\mathfrak{v}_3 = \begin{bmatrix} ^xv_3 = 0 \\ ^yv_3 \\ ^zv_3 \end{bmatrix}; \quad ^p\Phi_3 = \begin{bmatrix} ^x\varphi_3 \\ ^y\varphi_3 = 0 \\ ^z\varphi_3 = 0 \end{bmatrix};$$

$^p\mathfrak{v}_4$ und $^p\Phi_4$ entsprechend.

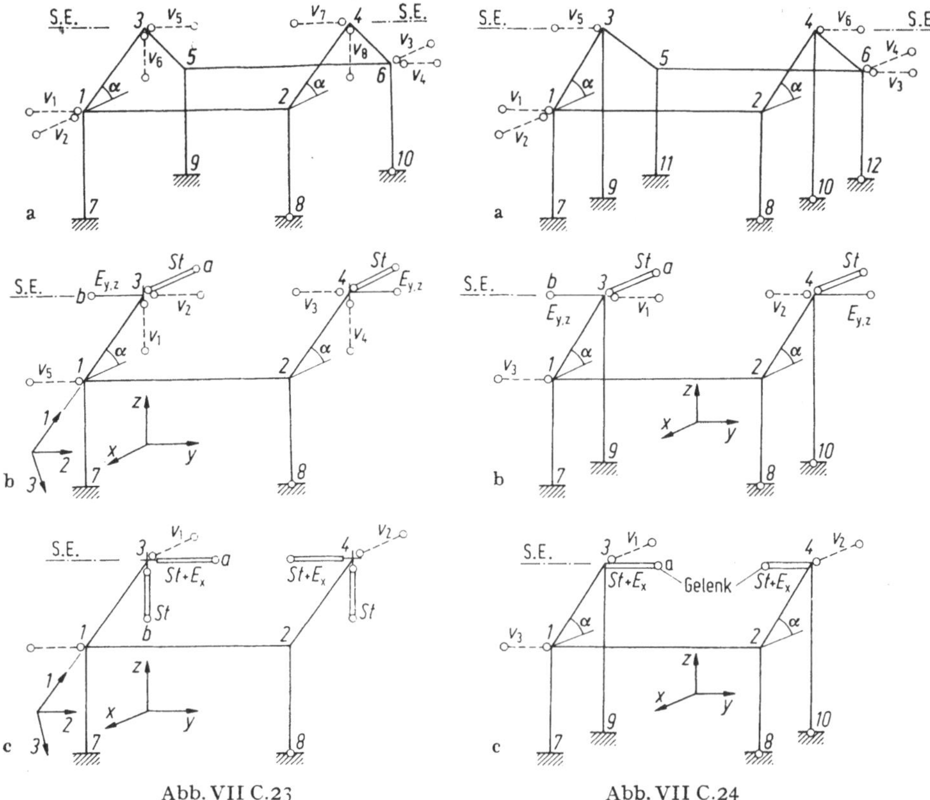

Abb. VII C.23   Abb. VII C.24

Ersatzsystem für antimetrische Belastung (Abb. VII C.23 c)

Festhaltestäbe:

Die erforderlichen starren Stützstäbe St, Einspannungen E und Festhaltestäbe V sind in Abb. VII C.23 c eingetragen. Beim Momenten- und Normalkraftausgleich müssen die Knoten auf der SE ausgeglichen werden.

Deformationsbedingungen:

$$\mathfrak{p}_{\mathfrak{v}_3} = \begin{bmatrix} {}^x v_3 \\ {}^y v_3 = 0 \\ {}^z v_3 = 0 \end{bmatrix}; \quad \mathfrak{p}_{\Phi_3} = \begin{bmatrix} {}^x \varphi_3 = 0 \\ {}^y \varphi_3 \\ {}^z \varphi_3 \end{bmatrix};$$

$\mathfrak{p}_{\mathfrak{v}_4}$ und $\mathfrak{p}_{\Phi_4}$ entsprechend.

System C (Abb. VII C.24 a)

System D (Abb. VII C.25 a)

System E (Abb. VII C.26 a)

Festhaltestäbe:

Die zugehörigen Ersatzsysteme für symmetrische Belastung sind in den Abb. b, die für antimetrische Belastungen in den Abb. c dargestellt. Hierbei sind jeweils die erforderlichen starren Stützstäbe St, Einspannungen E und Festhaltestäbe V angegeben. Stäbe, welche in der Symmetrieebene SE liegen — z. B. Stab (3—9) der Abb. VII C.24 — sind jeweils mit den halben Querschnittswerten zu berücksichtigen.

Bei der endgültigen Schnittbelastungsermittlung sind die Schnittbelastungen in diesen Stäben zu verdoppeln. Knoten in der SE müssen sowohl beim Momenten- als auch beim Normalkraftausgleich ausgeglichen werden.

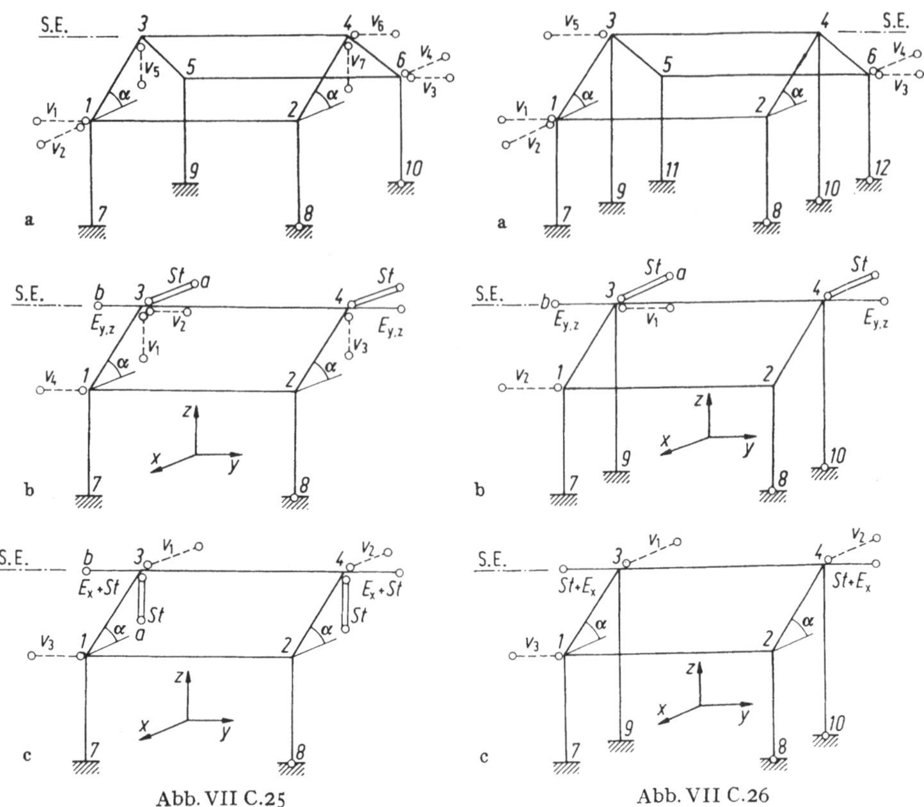

Abb. VII C.25   Abb. VII C.26

Deformationsbedingungen:

Für die symmetrischen Ersatzsysteme gilt

$$
{}^{p}\mathfrak{v}_3 = \begin{bmatrix} {}^{x}v_3 = 0 \\ {}^{y}v_3 \\ {}^{z}v_3 \end{bmatrix}; \quad {}^{p}\varPhi_3 = \begin{bmatrix} {}^{x}\varphi_3 \\ {}^{y}\varphi_3 = 0 \\ {}^{z}\varphi_3 = 0 \end{bmatrix};
$$

${}^{p}\mathfrak{v}_4$ und ${}^{p}\varPhi_4$ entsprechend.

Für die antimetrischen Ersatzsysteme gilt

$$
{}^{p}\mathfrak{v}_3 = \begin{bmatrix} {}^{x}v_3 \\ {}^{y}v_3 = 0 \\ {}^{z}v_3 = 0 \end{bmatrix}; \quad {}^{p}\varPhi_3 = \begin{bmatrix} {}^{x}\varphi_3 = 0 \\ {}^{y}\varphi_3 \\ {}^{z}\varphi_3 \end{bmatrix};
$$

${}^{p}\mathfrak{v}_4$ und ${}^{p}\varPhi_4$ entsprechend.

d) Anwendung der Grundsysteme mit einer Symmetrieebene

An zwei Beispielen wird die zweckmäßige Anwendung und richtige Eingliederung der in Abschnitt c) angegebenen Grundsysteme in Gesamtsysteme gezeigt.

Das in Abb. VII C.27a skizzierte System weist 20 Knoten auf. Das entsprechende Ersatzsystem für symmetrische Belastung ist in Abb. VII C.27b dargestellt. Es weist

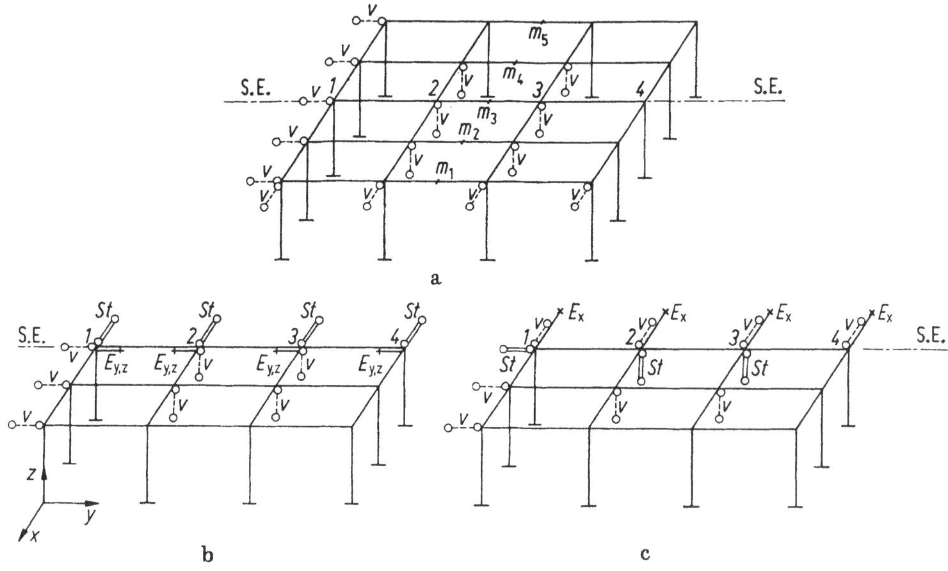

Abb. VII C.27

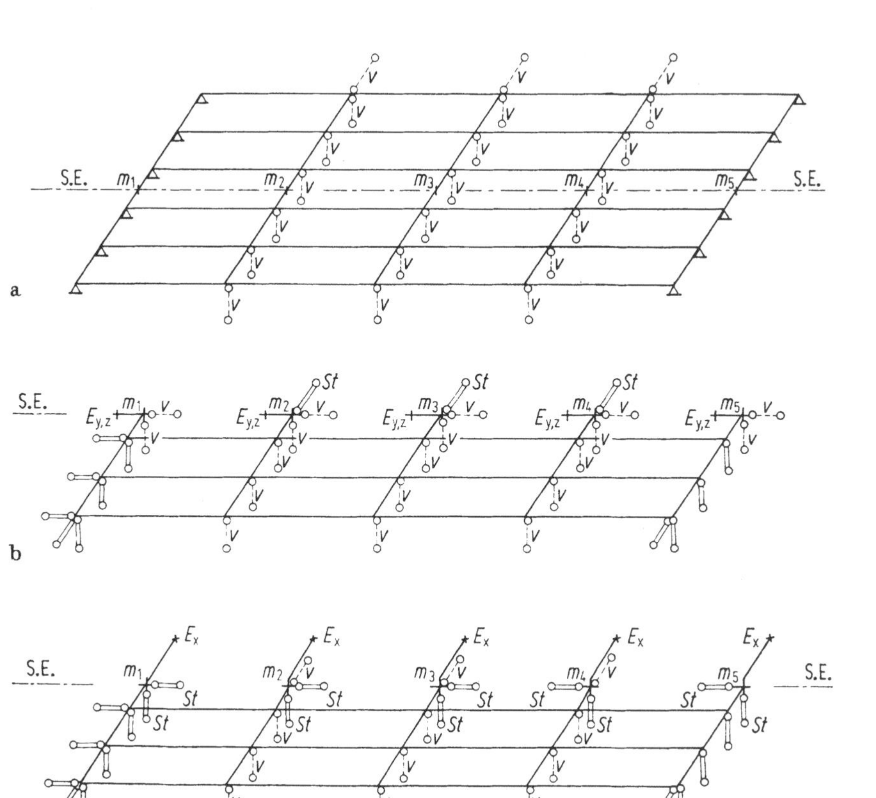

Abb. VII C.28

12 freie Knoten auf, wobei die Knoten 1 und 4 entsprechend dem Grundsystem C und die Knoten 2 und 3 entsprechend dem Grundsystem D auf der SE gelagert sind.

Das Ersatzsystem für antimetrische Belastung ist in Abb. VII C.27c ersichtlich, wobei wieder die Knoten 1 und 4 entsprechend dem Grundsystem C, die Knoten 2 und 3 entsprechend dem Grundsystem D auf der SE gelagert sind.

Es ist ersichtlich, daß durch Einführen von Ersatzsystemen für symmetrische und antimetrische Belastung gegenüber dem Gesamtsystem eine große Einsparung an Arbeitsaufwand erzielt werden kann.

Auch bei der Berechnung von Trägerrosten bringt die Aufteilung in eine symmetrische und antimetrische Belastung eine große Arbeitseinsparung mit sich (Abb. VII C.28, a, b, c).

Für andere Systeme ist sinngemäß vorzugehen.

e) Symmetrische Systeme mit zwei oder mehreren Symmetrieebenen

Die Entwicklungen für symmetrische Systeme mit einer SE gelten sinngemäß auch für diesen Abschnitt. Die Lagerungs- und Einspannbedingungen auf den Symmetrieebenen werden daher nach denselben Überlegungen aufgestellt. Da in den praktischen Fällen meist nur eine Belastung auftritt, die zu zwei oder mehreren SE symmetrisch, fast nie aber antimetrisch ist, wird nachfolgend nur der Fall der symmetrischen Belastung behandelt.

Zum Beispiel ist für das System nach Abb. VII C.27a eine zweite SE möglich (durch die Punkte $m_1 \ldots m_5$). Dafür läßt sich nun ein Ersatzsystem bilden, in welchem zwei SE berücksichtigt werden (Abb. VII C.29).

Es sind 7 Festhaltestäbe anzubringen. Die Lagerungsbedingungen sind in Abb. VII C.29 angegeben. Die Deformationsbedingungen sind dabei einfach festzustellen. Für einen ideellen Stützstab St wird die Verschiebung v in dessen Richtung Null, für eine ideelle Einspannung wird die entsprechende Drehung φ Null.

Besonders groß wird die Verringerung an Arbeitsaufwand bei ringsymmetrischen Systemen. Auch hier gelten wieder die oben getroffenen Vereinbarungen.

In Abb. VII C.30a ist ein einfaches System mit Ringsymmetrie angegeben. Abb. VII C.30b zeigt das dazugehörige Ersatzsystem bei ringsymmetrischer Belastung. Die Lagerung und Einspannung der Punkte m_l und m_r sind entsprechend dem Grundsystem A nach Abschnitt c) ausgebildet. Die beiden Einspannstäbe $E_{2,3}$ symbolisieren jeweils eine Einspannung der Stäbe $(i - m_l)$ und $(i - m_r)$ in den Stabachskoordinaten 2 und 3.

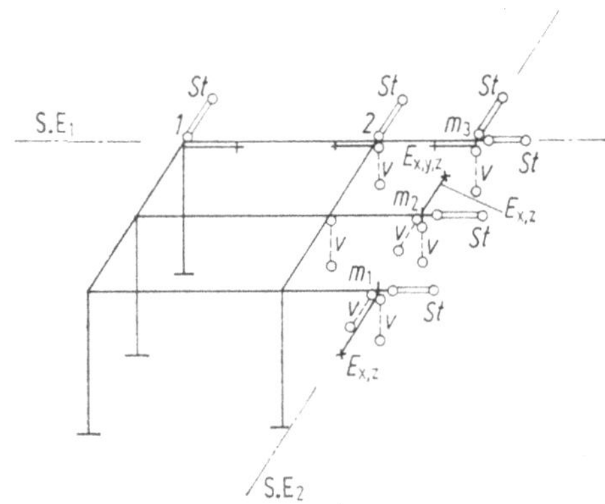

Abb. VII C.29

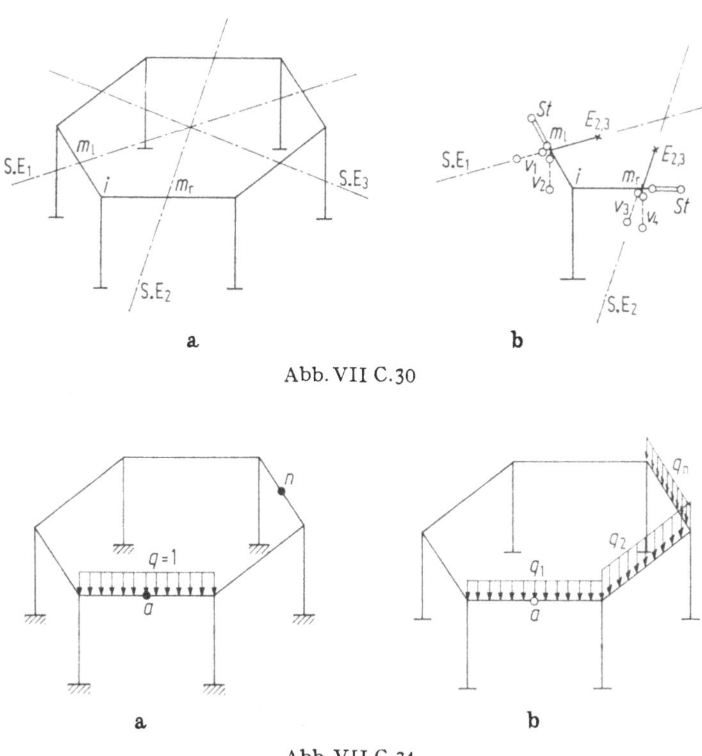

Abb. VII C.30

Abb. VII C.31

In ähnlicher Weise ist bei beliebigen anderen ringsymmetrischen Systemen, wie
z. B. mehrstöckigen Tragwerken und Kuppeln, vorzugehen.

Ist eine beliebige Belastung vorhanden und berechnet man für eine Einheitsbelastung in einem Feld das gesamte System, so erhält man damit Einflußflächen für
die gewünschten Schnittbelastungen. Diese Einflußflächen sind dann nur mit den
verschiedenen Lasten auszuwerten.

Erhält z. B. das System nach Abb. VII C.31 a in einem Riegel eine vertikale Be-
lastung $q = 1$, so erhält man bei Berechnung über das gesamte System in jedem
Punkt des Tragwerkes die betreffenden Schnittlasten. Es würde sich z. B. in der Mitte
des belasteten Riegels der Einflußwert $E_{a,a}$ ergeben, in einem beliebigen anderen
Riegel der Wert $E_{a,n}$. Wird das System nun nach Abb. VII C.31 b mit beliebigen
Werten $q_1, q_2 \ldots q_n$ belastet, so ergibt sich die endgültige Schnittlast im Punkt a zu

$$E = E_{a,a} \cdot q_1 + \sum_n E_{a,n} \cdot q_n. \qquad \text{(VII C.88)}$$

Diese Überlegungen gelten auch für horizontale Belastungen, wie z. B. Windbelastun-
gen, so daß aus einem einzigen Rechnungsgang die Schnittbelastungen aus Winddruck
und Windsog — an beliebiger Stelle wirkend — ermittelt werden können.

8. Momentenausgleichsverfahren für unverschiebliche Systeme

Unter Zugrundelegung der Entwicklungen der vorhergehenden Abschnitte wurde
von Matz [3] und Wagner [4] ein Momentenausgleichsverfahren für räumliche Stabwerke entwickelt.

a) Allgemeine Entwicklungen

Beim Verfahren von Kani für ebene Systeme wird nach Bd. I A, IX B 1 a, bei stabweise konstanten Querschnittswerten, bei einer Drehung des Knotens i um φ_i

$$M_{\varphi_i,k} = M'_{ik} \quad \text{und} \quad M_{\varphi_i,i} = 2M'_{ik}$$

bzw. bei einer Drehung des Knotens k um φ_k

$$M_{\varphi_k,i} = M'_{ki} \quad \text{und} \quad M_{\varphi_k,k} = 2M'_{ki}$$

bezeichnet.

In entsprechender Weise wird nunmehr für einen Raumstab $(i - k)$ für einen Drehvektor ${}^p\Phi_i$

$${}^p\mathbf{K}_{ik} \cdot {}^p\Phi_i = {}^p\mathfrak{M}'_{ik} \quad \text{und} \quad {}^p\mathbf{K}_{ii} \cdot {}^p\Phi_i = {}^p\mathbf{C}_{ik} \cdot {}^p\mathbf{K}_{ik} \cdot {}^p\Phi_i = {}^p\mathbf{C}_{ik} \cdot {}^p\mathfrak{M}'_{ik} \qquad \text{(VII C.89)}$$

bzw. für einen Drehvektor ${}^p\Phi_k$

$${}^p\mathbf{K}_{ki} \cdot {}^p\Phi_k = {}^p\mathbf{K}_{ik} \cdot {}^p\Phi_k = {}^p\mathfrak{M}'_{ki} \quad \text{und} \quad {}^p\mathbf{K}_{kk} \cdot {}^p\Phi_k = {}^p\mathbf{C}_{ki} \cdot {}^p\mathbf{K}_{ik} \cdot {}^p\Phi_k = {}^p\mathbf{C}_{ki} \cdot {}^p\mathfrak{M}'_{ki}$$
$$\text{(VII C.90)}$$

bezeichnet.

Im q-System ist dementsprechend

$${}^q\check{\mathbf{K}}_{ii} = {}^q\check{\mathbf{C}}_{ik} \cdot {}^q\check{\mathbf{K}}_{ik}; \quad {}^q\check{\mathbf{K}}_{kk} = {}^q\check{\mathbf{C}}_{ki} \cdot {}^q\check{\mathbf{K}}_{ik}. \qquad \text{(VII C.91)}$$

Für stabweise konstante Querschnittswerte ergibt sich aus (VII C.25) und (VII C.27) bzw. (VII C.28) und (VII C.29)

$${}^q\check{\mathbf{C}}_{ik} = {}^q\check{\mathbf{C}}_{ki} = \begin{bmatrix} -1 & 0 & 0 \\ 0 & 2 & 0 \\ 0 & 0 & 2 \end{bmatrix}. \qquad \text{(VII C.92)}$$

Entsprechend (VII C.59) wird

$${}^p\mathbf{C}_{ik} = \mathbf{R}_{ik}^T \cdot {}^q\check{\mathbf{C}}_{ik} \cdot \mathbf{R}_{ik}. \qquad \text{(VII C.93)}$$

Mit der Knotensteifigkeitsmatrix

$${}^p\mathbf{K}_i = \sum_m {}^p\mathbf{K}_{ii} = \sum_m {}^p\mathbf{C}_{ik} \cdot {}^p\mathbf{K}_{ik} \qquad \text{(VII C.94)}$$

lautet (VII C.81) für den Knoten i mit (VII C.79)

$$-{}^p\mathbf{K}_i \cdot {}^p\Phi_i = {}^p\mathfrak{M}_{B,i} + \sum_m [{}^p\mathbf{K}_{ik} \cdot {}^p\Phi_k]. \qquad \text{(VII C.95 a)}$$

Damit wird

$${}^p\Phi_i = [-{}^p\mathbf{K}_i]^{-1} \cdot \left({}^p\mathfrak{M}_{B,i} + \sum_m [{}^p\mathbf{K}_{ik} \cdot {}^p\Phi_k] \right) \qquad \text{(VII C.95 b)}$$

und

$${}^p\mathfrak{M}'_{ik} = {}^p\mathbf{K}_{ik} \cdot {}^p\Phi_i = {}^p\mathbf{K}_{ik} \cdot [-{}^p\mathbf{K}_i]^{-1} \cdot ({}^p\mathfrak{M}_{B,i} + \sum_m [{}^p\mathbf{K}_{ik} \cdot {}^p\Phi_k]). \qquad \text{(VII C.96)}$$

Mit

$$\boldsymbol{\mu}_{ik} = {}^p\mathbf{K}_{ik} \cdot [-{}^p\mathbf{K}_i]^{-1} \qquad \text{(VII C.97)}$$

wird

$${}^p\mathfrak{M}'_{ik} = \boldsymbol{\mu}_{ik} \cdot ({}^p\mathfrak{M}_{B,i} + \sum_m {}^p\mathfrak{M}'_{ki}). \qquad \text{(VII C.98)}$$

Die Berechnung von ${}^p\mathfrak{M}'_{ik}$ erfolgt iterativ.

Die endgültigen Stabendmomente lauten somit für einen Belastungszustand $[B]$ nach (VII C.82) mit ${}^p\mathfrak{v}_i = {}^p\mathfrak{v}_k = 0$

$${}^p\overline{\mathfrak{M}}_{Bi;ik} = {}^p\widetilde{\mathfrak{M}}_{Bi;ik} + {}^p\mathbf{C}_{ik} \cdot {}^p\mathfrak{M}'_{ik} + {}^p\mathfrak{M}'_{ki};$$
$${}^p\overline{\mathfrak{M}}_{Bk;ki} = {}^p\widetilde{\mathfrak{M}}_{Bk;ki} + {}^p\mathfrak{M}'_{ik} + {}^p\mathbf{C}_{ki} \cdot {}^p\mathfrak{M}'_{ki}. \qquad \text{(VII C.99)}$$

Weiter gilt nach (VII C.95)

$${}^p\Phi_i = [-{}^p\mathbf{K}_i]^{-1} \cdot \left({}^p\mathfrak{M}_{B,i} + \sum_m {}^p\mathfrak{M}'_{ki} \right). \qquad \text{(VII C.100)}$$

b) Iteration

Die Iteration wird nach **Wagner** [4] zweckmäßig in Einzelschritten durchgeführt. In der Arbeit von Matz [3] ist auch der Weg „Iteration in Gesamtschritten" entwickelt.

Der Unterschied zwischen diesen beiden Lösungsverfahren besteht im wesentlichen darin, daß beim Gesamtschrittverfahren für jede Zeile des r-ten Iterationsschrittes der iterierte Näherungswert des $(r-1)$-ten Iterationsschrittes verwendet wird, während beim Einzelschrittverfahren in jeder schon gerechneten Zeile des r-ten Iterationsschrittes der Wert des $(r-1)$-ten Iterationsschrittes durch den Wert des r-ten Schrittes ersetzt wird. Dadurch führt das Einzelschrittverfahren im allgemeinen bedeutend schneller zum Ziel als das Gesamtschrittverfahren. Nachfolgend wird daher nur das Einzelschrittverfahren angewandt.

Aus Gleichung (VII C.98) ergibt sich die Iterationsvorschrift, daß sich die Anteile $\mathfrak{M}'_{ik}$ und $\mathfrak{M}'_{ki}$ nach abgeschlossener Iteration nicht mehr ändern. Dies entspricht für jede Zeile i auch der Bedingung, daß sich der Ausdruck

$$\left({}^{p}\widetilde{\mathfrak{M}}_{B,i} + \sum_{m} {}^{p}\mathfrak{M}'_{ki}\right) = \mathfrak{M}'_{i}, \tag{VII C.101}$$

der für jeden freien Knoten zu bilden ist, bei fortschreitender Iteration nicht mehr ändert oder die Änderung einen geforderten kleinen Wert unterschreitet.

Im folgenden Abschnitt wird die Iteration in Einzelschritten für das gesamte System in Matrizenschreibweise durchgeführt.

Die Vektoren ${}^{p}\widetilde{\mathfrak{M}}_{B,i}$ und $\mathfrak{M}'_{i}$, die für jeden Knoten gebildet werden, werden zu den Spaltenvektoren M und M' zusammengefaßt, ebenso werden die μ_{ki}-Matrizen (3×3 Matrix) in der richtigen Anordnung zu der Übermatrix $\mathbf{B}$ vereint.

Betrachtet man (VII C.98), so wird $\Sigma^{p}\mathfrak{M}'_{ki}$ über alle abliegenden Knoten k summiert, wobei ${}^{p}\mathfrak{M}'_{ki}$ wieder entsprechend (VII C.98) berechnet wird. Hierbei sind die μ_{ki}-Matrizen und ${}^{p}\widetilde{\mathfrak{M}}_{B,k}$ usw. für jeden Knoten k der m Stäbe $i-k$, die an den Knoten i anschließen, zu verwenden. Als Beispiel sei die Übermatrix $\mathbf{B}$ für das System nach Abb. VII C.32 angeschrieben.

$$\mathbf{B} = \begin{bmatrix} 0 & \mu_{21} & \mu_{31} & 0 \\ \mu_{12} & 0 & 0 & \mu_{42} \\ \mu_{13} & 0 & 0 & \mu_{43} \\ 0 & \mu_{24} & \mu_{34} & 0 \end{bmatrix} = \begin{bmatrix} \mathbf{B}_1 \\ \mathbf{B}_2 \\ \mathbf{B}_3 \\ \mathbf{B}_4 \end{bmatrix}. \tag{VII C.102}$$

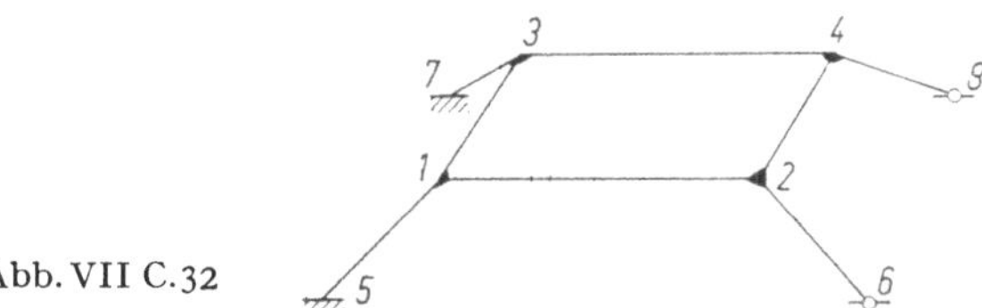

Abb. VII C.32

Die μ_{ki}-Matrizen ergeben sich dabei nach (VII C.97). $\mathbf{B}_i$ ist z. B. der Zeilenvektor der i-ten Zeile der Matrix $\mathbf{B}$. Allgemein gilt für den r-ten Iterationsschritt

$$M + \mathbf{B} \cdot M'_{r-1} = M'_{r}. \tag{VII C.103}$$

Als Ausgangswert für die 1. Iteration wird

$$M'_{r-1} = M'_{0} \tag{VII C.104}$$

gewählt.

Damit ergibt sich im 1. Iterationsschritt für die erste Zeile von M_1'

$$\mathfrak{M}_{1,1}' = \mathfrak{M}_1 + \mathbf{B}_1 \cdot M_0'. \tag{VII C.105}$$

Für die Berechnung der zweiten Zeile von M_1' wird in (VII C.105) die erste Zeile des Spaltenvektors M_0' durch den eben errechneten Wert $\mathfrak{M}_{1,1}'$ ersetzt. Allgemein gilt für die k-te Zeile von M_1'

$$\mathfrak{M}_{k,1}' = \mathfrak{M}_k + \mathbf{B}_k \cdot M_{k-1,0}'. \tag{VII C.106}$$

$M_{k-1,0}'$ ist nun nicht mehr der Ausgangsspaltenvektor M_0', sondern in allen Zeilen bis einschließlich der $(k-1)$-ten Zeile durch die nach (VII C.106) gewonnenen Werte des Spaltenvektors M_1' ersetzt, während $\mathfrak{M}_{k,0}'$ und alle folgenden Zeilen die unveränderten Werte des Spaltenvektors M_0' enthalten.

Dieser Rechenablauf läßt sich leicht programmieren, indem jeweils der Wert $\mathfrak{M}_{k,0}'$ durch den neu errechneten Wert $\mathfrak{M}_{k,1}'$ ersetzt bzw. überspeichert wird.

Der zweite Iterationsschritt geht in gleicher Weise vor sich.

Für die erste Zeile gilt

$$\mathfrak{M}_1' = \mathfrak{M}_1 + \mathbf{B}_1 \cdot M_1'$$

und für die k-te Zeile in gleicher Weise

$$\mathfrak{M}_{k,2}' = \mathfrak{M}_k + \mathbf{B}_k \cdot M_{k-1,1}'.$$

$M_{k-1,1}'$ wird auf dieselbe Weise gebildet wie es für $M_{k-1,0}'$ beschrieben wurde.

Die Iteration wird nun so lange in der oben beschriebenen Art fortgeführt, bis im r-ten Iterationsschritt für jede Zeile k die Bedingung

$$\mathfrak{M}_{k,r}' = \mathfrak{M}_k + \mathbf{B}_k \cdot M_{k-1,r-1}' \tag{VII C.107}$$

erfüllt ist oder die gewünschte Genauigkeit erreicht wird. Entsprechend gilt die gesamte Matrix (VII C.103).

In Kapitel VIII wird eine Methode gezeigt, mit deren Hilfe eine bedeutende Beschleunigung der Konvergenz erreicht wird. Diese Methode ist auch beim Momentenausgleich anwendbar. Aus den Beispielen in Kapitel VIII ist auch die Durchführung des Ausgleiches klar zu ersehen.

9. Momentenausgleichs-Festhaltestab-Verfahren

a) Allgemeine Entwicklungen

Analog dem Verfahren „Kani-Ostenfeld" für ebene Rahmen (Bd. I A, IX D) wird nachfolgend die Berechnung räumlicher verschieblicher Stabwerke unter Verwendung von Festhaltestäben nach [3] und [4] gezeigt. Entsprechend Bd. I A, S. 426 können im allgemeinen die Längenänderungen der Stäbe vernachlässigt werden. Diese Voraussetzung wird den nachfolgenden Entwicklungen zugrunde gelegt. Der Einfluß der Stablängenänderungen kann zusätzlich berücksichtigt werden. Der Grundgedanke dieses Verfahrens besteht darin, daß an einem „Hauptsystem" — dem Stabwerk mit unverschieblicher Knotenfigur — nach Abschnitt 3 die Schnittbelastungen aus der äußeren Belastung und aus einzelnen „Einheitsverschiebungszuständen" berechnet werden. Das Hauptsystem entsteht durch Anbringen so vieler Festhaltestäbe am verschieblichen System, bis dieses unverschieblich ist. Der Grad der Verschieblichkeit eines räumlichen Systems kann durch die Betrachtungsweise, daß ein Knoten durch mindestens drei längsstarre Stäbe, welche nicht in einer Ebene liegen dürfen und an den Endlagern unverschieblich gelagert sind, unverschieblich festgehalten wird, festgestellt oder durch die bekannte Bedingungsgleichung bestimmt werden:

$$3m - (s - u) = 0. \tag{VII C.108}$$

Darin bedeuten

s　　Gesamtzahl der Stäbe;

u　　Anzahl der überzähligen Stäbe (wenn ein Knoten durch mehr als drei Stäbe gehalten wird);

m　　Anzahl der freien Knoten.

Für den Fall, daß $u = 0$ ist, gilt für:

$3m - s = 0$　　das System ist statisch bestimmt und unverschieblich (z.B. Abb. VII C.33 a);

$3m - s > 0$　　das System ist verschieblich, wobei der Zahlenwert die Anzahl der erforderlichen Festhaltestäbe angibt (z.B. Abb. VII C.33 b).

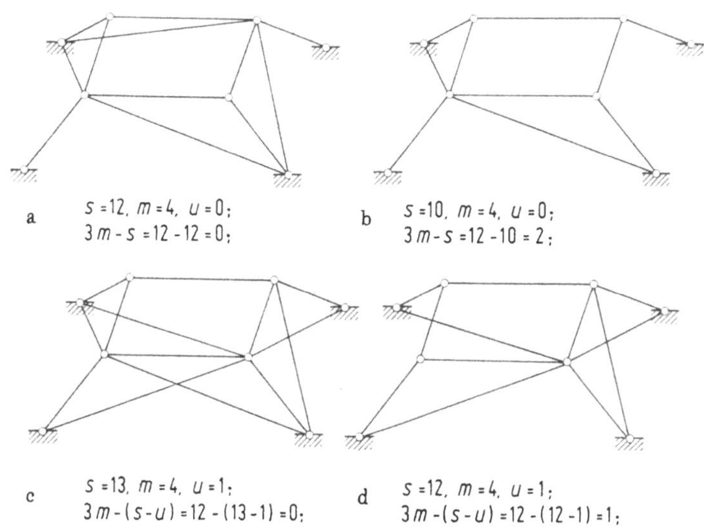

Abb. VII C.33

Für $u \neq 0$ gilt:

$3m - (s - u) = 0$　　das System ist statisch unbestimmt und unverschieblich (z.B. Abb. VII C.33 c);

$3m - (s - u) > 0$　　das System ist teilweise statisch unbestimmt, teilweise verschieblich, wobei der Zahlenwert die Anzahl der erforderlichen Festhaltestäbe angibt (z.B. Abb. VII C.33 d).

Werden nun am Hauptsystem (mit Festhaltestäben) alle biegesteifen Knoten durch Kugelgelenke ersetzt, so entsteht ein unverschiebliches Gelenksystem, das sogenannte „stabilisierte Gelenksystem". Als Einheitsverschiebungszustand wird jene Verschiebungsfigur definiert, welche infolge der Auslenkung eines Festhaltestabes n um $\Delta_n = 1$ am stabilisierten Gelenksystem entsteht. In den Festhaltestäben treten sowohl infolge der äußeren Belastung als auch infolge der Einheitsverschiebungen $\Delta_n = 1$ Stabkräfte auf. Mit der Bedingung, daß am endgültigen System in den Festhaltestäben keine Stabkräfte vorhanden sein können, ergibt sich ein Gleichungssystem zur Berechnung der endgültigen Verschiebungen in Richtung der Festhaltestäbe

$$V_{1,1} \cdot \Delta_{B,1} + V_{2,1} \cdot \Delta_{B,2} + \cdots + V_{n,1} \cdot \Delta_{B,n} + V_{B,1} = 0;$$

$$V_{1,2} \cdot \Delta_{B,1} + V_{2,2} \cdot \Delta_{B,2} + \cdots + V_{n,2} \cdot \Delta_{B,n} + V_{B,2} = 0;$$

$$\vdots \qquad\qquad\qquad\qquad\qquad\qquad\qquad\qquad\text{(VII C.109)}$$

$$V_{1,n} \cdot \Delta_{B,1} + V_{2,n} \cdot \Delta_{B,2} + \cdots + V_{n,n} \cdot \Delta_{B,n} + V_{B,n} = 0.$$

In Matrizenschreibweise lautet dieses Gleichungssystem

$$\mathbf{V} \cdot \boldsymbol{\Delta}_B + \mathbf{V}_B = 0.$$ (VII C.110)

Als Lösung für die unbekannten Verschiebungen erhält man

$$\boldsymbol{\Delta}_B = -\mathbf{V}^{-1} \cdot \mathbf{V}_B.$$ (VII C.111)

$\mathbf{V}$ ist eine symmetrische Matrix, welche alle Festhaltekräfte infolge der Einheitsverschiebungszustände enthält.

Für das System nach Abb. VII C.34 ist $V_{1,2}$ z.B. die Stabkraft des Festhaltestabes V_2 infolge einer Verschiebung des Festhaltestabes V_1 um $\Delta_1 = 1$.

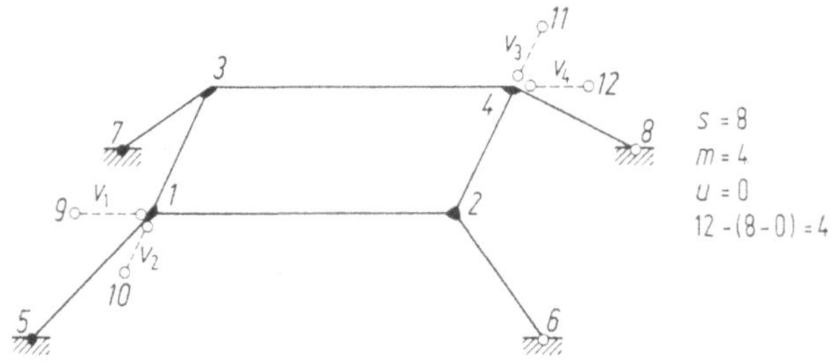

Abb. VII C.34

Jeder Festhaltestab wird jeweils um $\Delta = 1$ ausgelenkt, daher gilt

$$V_{n,m} = V_{m,n}.$$ (VII C.112)

$\boldsymbol{\Delta}_B$ ist der Spaltenvektor aller endgültigen Verschiebungen in Richtung der Festhaltestäbe infolge des äußeren Belastungszustandes $[B]$. Für das in Abb. VII C.34 skizzierte System ist $\varDelta_{B,2}$ z.B. die Verschiebung des an den Festhaltestab V_2 anschließenden Systemknoten 1 in Richtung des Festhaltestabes V_2.

$\mathbf{V}_B$ ist der Spaltenvektor aller Festhaltekräfte infolge der äußeren Belastung B. Für das System nach Abb. VII C.34 gilt

$$\mathbf{V} = \begin{bmatrix} V_{1,1} & V_{2,1} & V_{3,1} & V_{4,1} \\ V_{1,2} & V_{2,2} & V_{3,2} & V_{4,2} \\ V_{1,3} & V_{2,3} & V_{3,3} & V_{4,3} \\ V_{1,4} & V_{2,4} & V_{3,4} & V_{4,4} \end{bmatrix}; \quad \boldsymbol{\Delta}_B = \begin{bmatrix} \varDelta_{B,1} \\ \varDelta_{B,2} \\ \varDelta_{B,3} \\ \varDelta_{B,4} \end{bmatrix}; \quad \mathbf{V}_B = \begin{bmatrix} V_{B,1} \\ V_{B,2} \\ V_{B,3} \\ V_{B,4} \end{bmatrix}.$$ (VII C.113)

Nach Auflösung des Gleichungssystems (VII C.109) nach den unbekannten Verschiebungen $\varDelta_{B,n}$ ergeben sich damit die endgültigen Stabendmomente für den Stab $(i - k)$:

$$\begin{aligned} {}^{p}\overline{\mathfrak{M}}_{Bi;ik} &= {}^{p}\widetilde{\mathfrak{M}}^{*}_{Bi;ik} + \varDelta_{B,1} \cdot {}^{p}\widetilde{\mathfrak{M}}^{*}_{1i;ik} + \varDelta_{B,2} \cdot {}^{p}\widetilde{\mathfrak{M}}^{*}_{2i;ik} + \cdots + \varDelta_{B,n} \cdot {}^{p}\widetilde{\mathfrak{M}}^{*}_{ni;ik}; \\ {}^{p}\overline{\mathfrak{M}}_{Bk;ki} &= {}^{p}\widetilde{\mathfrak{M}}^{*}_{Bk;ki} + \varDelta_{B,1} \cdot {}^{p}\widetilde{\mathfrak{M}}^{*}_{1k;ki} + \varDelta_{B,2} \cdot {}^{p}\widetilde{\mathfrak{M}}^{*}_{2k;ki} + \cdots + \varDelta_{B,n} \cdot {}^{p}\widetilde{\mathfrak{M}}^{*}_{nk;ki}. \end{aligned}$$ (VII C.114)

In (VII C.114) bedeutet ${}^{p}\widetilde{\mathfrak{M}}^{*}_{Bi;ik}$ den Momentenvektor am Stabende i am unverschieblichen Hauptsystem infolge des Belastungszustandes $[B]$. ${}^{p}\widetilde{\mathfrak{M}}^{*}_{ni;ik}$ ist der Momentenvektor am Stabende i infolge des Einheitsverschiebungszustandes $[\varDelta_n = 1]$. Die Berechnung dieses Momentenvektors erfolgt ebenfalls am unverschieblichen Hauptsystem.

Wird einem ebenen oder räumlichen unverschieblichen Gelenksystem eine Einheitsverschiebung $\varDelta_n = 1$ eingeprägt, so entsteht — unter der Voraussetzung von längsstarren Stäben — eine Stabkette mit einem kinematischen Freiheitsgrad.

Die Verschiebungspläne aus den Einheitsverschiebungszuständen $[\Delta_n = 1]$ für ebene Systeme können in einfacher Weise z. B. mit Hilfe des Williotplanes gezeichnet werden. Die Bestimmung der Verschiebungen aus den Einheitsverschiebungszuständen $[\Delta_n = 1]$ für räumliche Systeme erfordert besondere Lösungswege.

Verschiedene graphische Lösungsmethoden — ähnlich dem Williotschen Verschiebungsplan für ebene Systeme — sind für eine Programmierung nicht gut geeignet. Nachfolgend wird ein allgemeiner Lösungsweg gezeigt, mit dessen Hilfe es möglich ist, für jedes beliebig gebildete stabilisierte Gelenksystem — statisch bestimmt oder statisch unbestimmt — den Verschiebungszustand infolge einer vorgegebenen Verschiebung $\Delta_n = 1$ zu ermitteln.

Auf Grund der Tatsache, daß es sich beim stabilisierten Gelenksystem praktisch um ein räumliches Fachwerk handelt, war es naheliegend, das Berechnungsverfahren nach Abschnitt VIII für räumliche Fachwerke auch bei der Bestimmung der Einheitsverschiebungszustände und weiter dann zur Bestimmung der Festhaltekräfte heranzuziehen.

Voraussetzung für die Anwendung dieses Verfahrens ist, daß die Verschiebung $\Delta_n = 1$ durch die Wirkung einer äußeren Kraft ersetzt wird, für welche dann die Verschiebungen und Normalkräfte gerechnet werden. Dies ist möglich, indem der Festhaltestab V_n mit einer endlichen Fläche F_n und ebenso mit einer endlichen Stablänge s_n angenommen wird. Wenn dem Festhaltestab V_n eine Normalkraft

$$N_n = \frac{EF_n}{s_n} \qquad\qquad\qquad \text{(VII C.115)}$$

erteilt wird, so hat diese Normalkraft im Festhaltestab V_n eine Stablängenänderung von

$$\Delta_n = \frac{N_n}{EF_n} s_n = \frac{EF_n}{s_n} \cdot \frac{s_n}{EF_n} = 1$$

zur Folge. Da das Endlager jedes Festhaltestabes unverschieblich ist, bewirkt die Normalkraft N_n eine Verschiebung des jeweiligen Systemknotens, an welchem der Festhaltestab V_n angreift, um $\Delta_n = 1$ in Richtung des Festhaltestabes. Damit ist es möglich, einen räumlichen Einheitsverschiebungszustand infolge $\Delta_n = 1$ auf rechnerische Weise zu ermitteln, indem für eine äußere Kraft $N_n = \dfrac{EF_n}{s_n}$ in Richtung des Festhaltestabes V_n die Stabkräfte und daraus die Knotenverschiebungen am stabilisierten Gelenksystem gerechnet werden.

Nach (VIII.9) lautet die Knotengleichgewichtsbedingung

$$\mathfrak{R}_i + \sum_m \mathfrak{R}_{i-k} = 0. \qquad\qquad\qquad \text{(VII C.116)}$$

Diese Bedingungsgleichung ist wieder für jeden freien Knoten des stabilisierten Gelenksystems aufzustellen. $\mathfrak{R}_i$ ist in dieser Gleichung für denjenigen Knoten, an welchem der Festhaltestab angreift, die aufgezwungene Festhaltestabkraft $\mathfrak{R}_n = -\dfrac{EF_n}{s_n} e_n$, für alle anderen Knoten ist $\mathfrak{R}_i$ gleich Null.

Die Berechnung der ideellen Normalkräfte des stabilisierten Gelenksystems ist gleich wie die der Stabkräfte des Abschnittes VIII durchzuführen. Hierbei erfolgt die Berechnung der Dehnsteifigkeiten bzw. der Dehnsteifigkeitsmatrix nach Abschnitt VIII.2, die der Normalkräfte entweder nach Abschnitt VIII.3 oder VIII.4. Es wird nur überall statt $\mathfrak{S}$ die Bezeichnung $\mathfrak{R}$ gewählt.

Diese Berechnung ist für jeden Festhaltestab V_n durchzuführen. Damit sind alle Einheitsverschiebungszustände bekannt, das sind die Verschiebungen jedes Knotens i

nach (VIII.21), jeweils an einem starren Stabsystem mit einem Freiheitsgrad berechnet,

$${}^{p}\mathfrak{v}_{i} = {}^{p}\mathbf{K}_{i}^{-1} \cdot [{}^{p}\mathfrak{R}_{i} + \sum {}^{p}\mathfrak{R}'_{k-i}] . \qquad\qquad \text{(VII C.117)}$$

Damit ergibt sich für einen Stab $i - k$

$$\Delta^{p}\mathfrak{v}_{i-k} = ({}^{p}\mathfrak{v}_{k} - {}^{p}\mathfrak{v}_{i}) . \qquad\qquad \text{(VII C.118)}$$

Unter der getroffenen Annahme — der Bewegung einer starren Gelenkstabkette mit einem Freiheitsgrad — ist $\Delta^{p}v_{1} = 0$ und $\Delta^{p}v_{2}$ und $\Delta^{p}v_{3}$ ergeben Stabsehnendrehungen.

Mit den Stabsehnendrehungen erhält man die Starreinspannmomente für den Verschiebungszustand $[\Delta_{n} = 1]$

$$\widetilde{\mathfrak{M}}_{ni;ik} \quad \text{und} \quad \widetilde{\mathfrak{M}}_{nk;ki} .$$

Führt man den Momentenausgleich des nach der eingeprägten Verschiebung wieder unverschieblichen Systems nach Abschnitt VII 8 durch, so erhält man die endgültigen Momente für diesen Verschiebungszustand

$$ {}^{p}\widetilde{\mathfrak{M}}^{*}_{ni;ik} \quad \text{und} \quad {}^{p}\widetilde{\mathfrak{M}}^{*}_{nk;ki} .$$

Mit den Momentendifferenzen

$$\Delta^{p}\widetilde{\mathfrak{M}}^{*}_{n,i-k} = {}^{p}\widetilde{\mathfrak{M}}^{*}_{ni;ik} + {}^{p}\widetilde{\mathfrak{M}}^{*}_{nk;ki} \qquad\qquad \text{(VII C.119)}$$

ergeben sich entsprechend (VII C.21) und (VII C.59) die zugehörigen Querkräfte

$$ {}^{p}\widetilde{\mathfrak{Q}}^{*}_{ni;ik} = {}^{p}\widetilde{\mathfrak{Q}}^{*}_{nk;ki} = {}^{p}\mathbf{G}_{ik} \cdot \Delta^{p}\widetilde{\mathfrak{M}}^{*}_{n;i-k} . \qquad\qquad \text{(VII C.120)}$$

Stellt man das Knotengleichgewicht für jeden Knoten i auf, so gilt

$$\sum_{m} {}^{p}\widetilde{\mathfrak{Q}}^{*}_{ni;ik} + \sum {}^{p}\widetilde{\mathfrak{R}}^{*}_{n;i-k} = 0 . \qquad\qquad \text{(VII C.121)}$$

Bezeichnet man den ersten, zahlenmäßig bekannten Ausdruck mit $\mathfrak{R}_{i}$, so ist der Aufbau von (VII C.121) ganz gleich wie der von (VIII.9) und die Längskräfte ${}^{p}\widetilde{\mathfrak{R}}^{*}_{n;i-k}$ können nach Abschnitt VIII.3 oder iterativ nach Abschnitt VIII.4 bestimmt werden. Die dabei in den Festhaltestäben auftretenden Normalkräfte sind gleich den Festhaltestabkräften

$$V_{n,n}, V_{n,1}, V_{n,2} \quad \text{usw.}$$

Führt man diese Berechnung für alle Verschiebungszustände $[\Delta_{1} = 1]$ bis $[\Delta_{n} = 1]$ durch, so sind alle Festhaltestabkräfte $V_{m,n}, V_{m,m}$ usw. bekannt.

Für den Belastungszustand $[B]$ ergeben sich nach Abschnitt 8 für das unverschiebliche System die Schnittbelastungen

$$ {}^{p}\widetilde{\mathfrak{M}}^{*}_{Bi;ik}, {}^{p}\widetilde{\mathfrak{M}}^{*}_{Bk;ki}, {}^{p}\widetilde{\mathfrak{Q}}^{*}_{Bi;ik}, {}^{p}\widetilde{\mathfrak{Q}}^{*}_{Bk;ki} .$$

Entsprechend (VII C.121) erhält man damit die Normalkräfte ${}^{p}\widetilde{\mathfrak{R}}^{*}_{B;i-k}$. Die Normalkräfte in den Festhaltestäben sind wieder die Größen

$$V_{B,1}, V_{B,2} \dots V_{B,n} .$$

Damit sind alle Größen der Matrix $\mathbf{V}$ und des Spaltenvektors $\mathbf{V}_{B}$ nach (VII C.113) gegeben und der Spaltenvektor Δ_{B} kann nach (VII C.111) berechnet werden.

Statt die Festhaltestäbe nach obigen Angaben zu bestimmen, können diese auch über die virtuellen Arbeiten ermittelt werden.

Sind die Größen $\Delta_{B,n}$ bekannt, können nach (VII C.114) die endgültigen Momente bestimmt werden.

Bei dieser Berechnung mit Verwendung von Festhaltestäben kann wohl ein umfangreiches Gleichungssystem (wie nach Abschnitt VII 5) vermieden werden, aber die Vielzahl der Rechenoperationen erfordert eine große Umsicht und ist nicht so schematisch einfach durchzuführen, wie die Methode nach Abschnitt VII 3 bis 5.

Beispiel VII.3. Räumlicher Rahmen mit zwei Knotenpunkten

Der Rahmen und die Belastung sind in Abb. VII 3.1 dargestellt. $s_{1-2} = 1\,000$ cm; $s_{1-5} = s_{1-3} = 707{,}1$ cm; $s_{2-4} = 583{,}1$ cm.

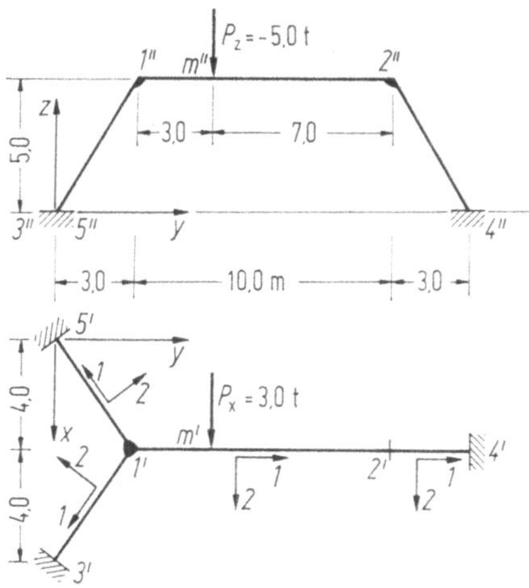

Abb. VII 3.1

Koordinaten der Knotenpunkte

$$\mathfrak{x}_1 = \begin{bmatrix} +4{,}0 \\ +3{,}0 \\ +5{,}0 \end{bmatrix}; \quad \mathfrak{x}_2 = \begin{bmatrix} +4{,}0 \\ +13{,}0 \\ +5{,}0 \end{bmatrix}; \quad \mathfrak{x}_3 = \begin{bmatrix} +8{,}0 \\ 0 \\ 0 \end{bmatrix}; \quad \mathfrak{x}_4 = \begin{bmatrix} +4{,}0 \\ +16{,}0 \\ 0 \end{bmatrix}; \quad \mathfrak{x}_5 = \begin{bmatrix} 0 \\ 0 \\ 0 \end{bmatrix}.$$

Querschnittswerte

Stab $1-2$: $40/25$ cm;

$$J_1 = 126875 \text{ cm}^4; \quad J_2 = 133333 \text{ cm}^4; \quad J_3 = 52083 \text{ cm}^4; \quad F = 1\,000 \text{ cm}^2;$$

Stab $1-5$, $1-3$, $2-4$: $25/25$ cm;

$$J_1 = 55078 \text{ cm}^4; \quad J_2 = 32552 \text{ cm}^4; \quad J_3 = 32552 \text{ cm}^4; \quad F = 625 \text{ cm}^2.$$

Die Hauptträgheitsachse 2 liegt bei allen Stäben horizontal. $E = 225$ t/cm^2; $G = 88$ t/cm^2.

Nach (VII A.1) ergeben sich für die einzelnen Stäbe die Einheitsvektoren e_1 und nach (VII A.3) und (VII A.4) die Einheitsvektoren e_2 und e_3.

Im vorliegenden Fall ist $\beta = 90°$; $\cos \beta = 0$; $\sin \beta = 1{,}0$. $k = \sqrt{1 - e_{1,z}^2}$

$$e_2 = \begin{cases} e_{2x} = \dfrac{e_{1y}}{k} \\[2mm] e_{2y} = \dfrac{-e_{1x}}{k} \\[2mm] e_{2z} = 0 \end{cases}; \quad e_3 = \begin{cases} e_{3x} = -e_{1z}\,e_{2y} \\ e_{3y} = e_{1z}\,e_{2x} \\ e_{3z} = e_{1x}\,e_{2y} - e_{1y}\,e_{2x} \end{cases}.$$

Damit sind nach (VII C.11) die Rotationsmatrizen $\mathbf{R}_{ik}$ für jeden Stab festgelegt. Die gewählten Richtungen der Einheitsvektoren werden für die gesamte Rechnung beibehalten.

$$\mathbf{R}_{1,2} = \begin{bmatrix} 0 & +1,0 & 0 \\ +1,0 & 0 & 0 \\ 0 & 0 & -1,0 \end{bmatrix}; \quad \mathbf{R}_{1,3} = \begin{bmatrix} +0,566 & -0,424 & -0,707 \\ -0,600 & -0,800 & 0 \\ -0,566 & +0,424 & -0,707 \end{bmatrix};$$

$$\mathbf{R}_{1,5} = \begin{bmatrix} -0,566 & -0,424 & -0,707 \\ -0,600 & +0,800 & 0 \\ +0,566 & +0,424 & -0,707 \end{bmatrix}; \quad \mathbf{R}_{2,4} = \begin{bmatrix} 0 & +0,515 & -0,857 \\ +1,0 & 0 & 0 \\ 0 & -0,857 & -0,515 \end{bmatrix}.$$

Für die Rotationsmatrizen $\mathbf{R}_{ik}^T$ sind nach (VII C.11) nur Zeilen und Spalten der Matrizen $\mathbf{R}_{ik}$ zu vertauschen.

Belastung

Für die Belastung im Punkt m gilt (VII C.57):

$$^q\mathfrak{P}_{1,2} = \begin{bmatrix} 0 \\ +3,0 \\ +5,0 \end{bmatrix}; \quad {}^p\mathfrak{P}_{1,2} = \mathbf{R}_{1,2}^T \cdot {}^q\mathfrak{P}_{1,2} = \begin{bmatrix} +3,0 \\ 0 \\ -5,0 \end{bmatrix}.$$

Starreinspannmomente und Knotenlasten am System mit drehstarren, unverschieblichen Knoten

Aus der Tafel C 1 ergeben sich die Schnittbelastungen für den beiderseits starr eingespannten Stab $1-2$ mit $\zeta = \dfrac{3,0}{10,0} = 0,3$; $\zeta' = 0,7$:

$$^1\tilde{M}_{P1;1,2} = 0; \quad {}^2\tilde{M}_{P1;1,2} = -5,0 \cdot 1\,000 \cdot 0,3 \cdot 0,7^2 = -735,0 \text{ tcm};$$

$$^3\tilde{M}_{P1;1,2} = 3 \cdot 1\,000 \cdot 0,3 \cdot 0,7^2 = +441,0 \text{ tcm};$$

$$^1\tilde{M}_{P2;1,2} = 0; \quad {}^2\tilde{M}_{P2;1,2} = +315,0 \text{ tcm}; \quad {}^3\tilde{M}_{P2;1,2} = -189,0 \text{ tcm}.$$

$$^2\tilde{Q}_{P1;1,2} = +3,0 \cdot 0,7 = +2,1 \text{ t}; \quad {}^3\tilde{Q}_{P1;1,2} = +5,0 \cdot 0,7 = +3,5 \text{ t};$$

$$^1\tilde{N}_{P1;1,2} = 0;$$

$$^2\tilde{Q}_{P2;1,2} = -0,90 \text{ t}; \quad {}^3\tilde{Q}_{P2;1,2} = -1,50 \text{ t}; \quad {}^1\tilde{N}_{P2;1,2} = 0.$$

Damit lauten die Vektoren der Schnittbelastungen, siehe auch (VII C.4 bis VII C.6):

$$^q\tilde{\mathfrak{M}}_{P1;1,2} = \begin{bmatrix} 0 \\ -735,0 \\ +441,0 \end{bmatrix}; \quad {}^q\tilde{\mathfrak{M}}_{P2;1,2} = \begin{bmatrix} 0 \\ +315,0 \\ -189,0 \end{bmatrix};$$

$$^q\tilde{\mathfrak{S}}_{P1;1,2} = \begin{bmatrix} 0 \\ +2,10 \\ +3,50 \end{bmatrix}; \quad {}^q\tilde{\mathfrak{S}}_{P2;1,2} = \begin{bmatrix} 0 \\ -0,900 \\ -1,500 \end{bmatrix}.$$

Die entsprechenden Schnittbelastungen für die anderen Stäbe sind Null.

Nach (VII C.60) und (VII C.61) ergeben sich damit die Schnittbelastungen im p-System

$$^{p}\widetilde{\mathfrak{M}}_{P1;1,2} = \begin{bmatrix} -735,0 \\ 0 \\ -441,0 \end{bmatrix}; \quad ^{p}\widetilde{\mathfrak{M}}_{P2;1,2} = \begin{bmatrix} +315,0 \\ 0 \\ +189,0 \end{bmatrix};$$

$$^{p}\widetilde{\mathfrak{S}}_{P1;1,2} = \begin{bmatrix} +2,10 \\ 0 \\ -3,50 \end{bmatrix}; \quad ^{p}\widetilde{\mathfrak{S}}_{P2;1,2} = \begin{bmatrix} -0,900 \\ 0 \\ +1,500 \end{bmatrix}.$$

Steifigkeitsmatrizen

Da alle Stäbe konstante Querschnittswerte haben und beiderseits an die Knoten starr angeschlossen sind, ergeben sich die Steifigkeitsmatrizen nach (VII C.25) und (VII C.27).

$$^{q}\check{\mathbf{K}}_{11;1,2} = {}^{q}\check{\mathbf{K}}_{22;2,1} = \begin{bmatrix} 11\,165 & 0 & 0 \\ 0 & 120\,000 & 0 \\ 0 & 0 & 46\,875 \end{bmatrix};$$

$$^{q}\check{\mathbf{K}}_{11;1,3} = {}^{q}\check{\mathbf{K}}_{11;1,5} = \begin{bmatrix} 6979 & 0 & 0 \\ 0 & 41\,432 & 0 \\ 0 & 0 & 41\,432 \end{bmatrix};$$

$$^{q}\check{\mathbf{K}}_{22;2,4} = \begin{bmatrix} 8463 & 0 & 0 \\ 0 & 50\,243 & 0 \\ 0 & 0 & 50\,243 \end{bmatrix};$$

$$^{q}\check{\mathbf{K}}_{12} = {}^{q}\check{\mathbf{K}}_{21} = \begin{bmatrix} -11\,165 & 0 & 0 \\ 0 & 60\,000 & 0 \\ 0 & 0 & 23\,438 \end{bmatrix};$$

$$^{q}\check{\mathbf{K}}_{15} = {}^{q}\check{\mathbf{K}}_{13} = \begin{bmatrix} -6978 & 0 & 0 \\ 0 & 20\,716 & 0 \\ 0 & 0 & 20\,716 \end{bmatrix};$$

$$^{q}\check{\mathbf{K}}_{24} = \begin{bmatrix} -8463 & 0 & 0 \\ 0 & 25\,122 & 0 \\ 0 & 0 & 25\,122 \end{bmatrix}.$$

Nach (VII C.59) erhält man die entsprechenden Steifigkeitsmatrizen, bezogen auf das p-Koordinatensystem.

Zum Beispiel ergibt sich für $^{p}\mathbf{K}_{11;1,3}$:

$^{p}\mathbf{K}_{11;1,3} =$	$^{q}\check{\mathbf{K}}_{11;1,3}$	$\mathbf{R}_{1,3}$	
$\mathbf{R}_{1,3}^{T}$	$\mathbf{R}_{1,3}^{T} \cdot {}^{q}\check{\mathbf{K}}_{11;1,3}$	$\mathbf{R}_{1,3}^{T} \cdot {}^{q}\check{\mathbf{K}}_{11;1,3} \cdot \mathbf{R}_{1,3} = {}^{p}\mathbf{K}_{11;1,3}$	$=$

		6979			$+0,566$	$-0,424$	$-0,707$
			41\,432		$-0,600$	$-0,800$	0
				41\,432	$-0,566$	$+0,424$	$-0,707$
$=$	$+0,566$ $-0,600$ $-0,566$	3948	-24859	$-23\,438$	30\,407	8269	13\,781
	$-0,424$ $-0,800$ $+0,424$	-2961	$-33\,146$	$+17\,578$	8269	35\,230	$-10\,336$
	$-0,707$ $\quad0\quad$ $-0,707$	-4935	0	$-29\,297$	13\,781	$-10\,336$	24\,205

Entsprechend ergeben sich die übrigen Steifigkeitsmatrizen.

$$^p\mathbf{K}_{11;1,2} = {}^p\mathbf{K}_{22;2,1} = \begin{bmatrix} 120\,000 & 0 & 0 \\ 0 & 11\,165 & 0 \\ 0 & 0 & 46\,875 \end{bmatrix};$$

$$^p\mathbf{K}_{11;1,3} = \begin{bmatrix} 30\,407 & 8\,269 & 13\,781 \\ 8\,269 & 35\,230 & -10\,336 \\ 13\,781 & -10\,336 & 24\,205 \end{bmatrix}; \quad {}^p\mathbf{K}_{11;1,5} = \begin{bmatrix} 30\,407 & -8\,269 & -13\,781 \\ -8\,269 & 35\,230 & -10\,336 \\ -13\,781 & -10\,336 & 24\,205 \end{bmatrix};$$

$$^p\mathbf{K}_{22;2,4} = \begin{bmatrix} 50\,244 & 0 & 0 \\ 0 & 39\,184 & 18\,433 \\ 0 & 18\,433 & 19\,523 \end{bmatrix}; \quad {}^p\mathbf{K}_{12} = {}^p\mathbf{K}_{21} = \begin{bmatrix} 60\,000 & 0 & 0 \\ 0 & -11\,165 & 0 \\ 0 & 0 & 23\,437 \end{bmatrix};$$

$$^p\mathbf{K}_{13} = \begin{bmatrix} 11\,854 & 6\,647 & 11\,078 \\ 6\,647 & 15\,731 & -8\,308 \\ 11\,078 & -8\,308 & 6\,868 \end{bmatrix}; \quad {}^p\mathbf{K}_{15} = \begin{bmatrix} 11\,854 & -6\,647 & -11\,078 \\ -6\,647 & 15\,731 & -8\,308 \\ -11\,078 & -8\,308 & 6\,868 \end{bmatrix};$$

$$^p\mathbf{K}_{24} = \begin{bmatrix} 25\,122 & 0 & 0 \\ 0 & 16\,232 & 14\,817 \\ 0 & 14\,817 & 427 \end{bmatrix}.$$

Nach (VII C.41) ergeben sich die Matrizen $^q\mathbf{D}_{ii}$.

$$^q\mathbf{D}_{11;1,2} = -{}^q\mathbf{D}_{22;1,2} = \begin{bmatrix} 0 & 0 & 0 \\ 0 & 0 & +180,0 \\ 0 & -70,31 & 0 \end{bmatrix}; \quad {}^q\mathbf{D}_{22;2,4} = \begin{bmatrix} 0 & 0 & 0 \\ 0 & 0 & +129,25 \\ 0 & -129,25 & 0 \end{bmatrix};$$

$$^q\mathbf{D}_{11;1,3} = {}^q\mathbf{D}_{11;1,5} = \begin{bmatrix} 0 & 0 & 0 \\ 0 & 0 & +87,89 \\ 0 & -87,89 & 0 \end{bmatrix},$$

und daraus nach (VII C.72) die Matrizen $^p\mathbf{D}_{ii}$.

$$^p\mathbf{D}_{11;1,2} = -{}^p\mathbf{D}_{22;1,2} = \begin{bmatrix} 0 & 0 & -180,0 \\ 0 & 0 & 0 \\ +70,312 & 0 & 0 \end{bmatrix};$$

$$^p\mathbf{D}_{22;2,4} = \begin{bmatrix} 0 & -110,83 & -66,500 \\ +110,83 & 0 & 0 \\ +66,500 & 0 & 0 \end{bmatrix};$$

$$^p\mathbf{D}_{11;1,3} = \begin{bmatrix} 0 & -62,148 & +37,289 \\ +62,148 & 0 & +49,718 \\ -37,289 & -49,718 & 0 \end{bmatrix};$$

$$^p\mathbf{D}_{11;1,5} = \begin{bmatrix} 0 & -62,148 & +37,289 \\ +62,148 & 0 & -49,718 \\ -37,289 & +49,718 & 0 \end{bmatrix}.$$

Nach (VII C.31) ist

$$^q\mathbf{E}_{21;1,2} = -{}^q\mathbf{E}_{12;1,2} = {}^q\mathbf{E}_{11;1,2} = \begin{bmatrix} 0 & 0 & 0 \\ 0 & 0 & +70,31 \\ 0 & -180,00 & 0 \end{bmatrix},$$

und mit (VII C.70)

$$^pE_{21;1,2} = -{}^pE_{12;1,2} = {}^pE_{11;1,2} = \begin{bmatrix} 0 & 0 & -70,31 \\ 0 & 0 & 0 \\ +180,0 & 0 & 0 \end{bmatrix}.$$

Nach (VII C.49) wird

$$^qL_{12} = \begin{bmatrix} 225,00 & 0 & 0 \\ 0 & 0,141 & 0 \\ 0 & 0 & 0,360 \end{bmatrix}; \quad {}^qL_{13} = {}^qL_{15} = \begin{bmatrix} 198,88 & 0 & 0 \\ 0 & 0,249 & 0 \\ 0 & 0 & 0,249 \end{bmatrix};$$

$$^qL_{24} = \begin{bmatrix} 241,17 & 0 & 0 \\ 0 & 0,443 & 0 \\ 0 & 0 & 0,443 \end{bmatrix}$$

und mit (VII C.74)

$$^pL_{12} = \begin{bmatrix} +0,141 & 0 & 0 \\ 0 & 225,0 & 0 \\ 0 & 0 & +0,360 \end{bmatrix}; \quad {}^pL_{13} = \begin{bmatrix} 63,81 & -47,67 & -79,45 \\ -47,67 & 36,80 & 59,58 \\ -79,45 & 59,58 & 99,56 \end{bmatrix};$$

$$^pL_{15} = \begin{bmatrix} 63,81 & 47,67 & 79,45 \\ 47,67 & 36,00 & 59,58 \\ 79,45 & 59,58 & 99,56 \end{bmatrix}; \quad {}^pL_{24} = \begin{bmatrix} 0,443 & 0 & 0 \\ 0 & 64,17 & -106,20 \\ 0 & -106,20 & 177,45 \end{bmatrix}.$$

Nach (VII C.22) ergeben sich die Matrizen $^qG_{ik}$

$$^qG_{1,2} = \begin{bmatrix} 0 & 0 & 0 \\ 0 & 0 & +0,0010 \\ 0 & -0,0010 & 0 \end{bmatrix}; \quad {}^qG_{1,3} = \begin{bmatrix} 0 & 0 & 0 \\ 0 & 0 & +0,0014 \\ 0 & -0,0014 & 0 \end{bmatrix};$$

$$^qG_{1,5} = \begin{bmatrix} 0 & 0 & 0 \\ 0 & 0 & +0,0014 \\ 0 & -0,0014 & 0 \end{bmatrix}; \quad {}^qG_{2,4} = \begin{bmatrix} 0 & 0 & 0 \\ 0 & 0 & +0,0017 \\ 0 & -0,0017 & 0 \end{bmatrix}.$$

Mit den bisher ermittelten Matrizen ergeben sich die Größen nach (VII C.79).

$$^pK_1 = {}^pK_{11,12} + {}^pK_{11,13} + {}^pK_{11,15} = \begin{bmatrix} 180\,814 & 0 & 0 \\ 0 & 81\,626 & -20\,672 \\ 0 & -20\,672 & 95\,286 \end{bmatrix};$$

$$^pK_2 = {}^pK_{22,12} + {}^pK_{22,24} = \begin{bmatrix} 170\,244 & 0 & 0 \\ 0 & 50\,349 & 18\,433 \\ 0 & 18\,433 & 66\,397 \end{bmatrix};$$

$$^pD_1 = {}^pD_{11,12} + {}^pD_{11,13} + {}^pD_{11,15} = \begin{bmatrix} 0 & -124,30 & -105,42 \\ 124,30 & 0 & 0 \\ -4,27 & 0 & 0 \end{bmatrix};$$

$$^pD_2 = {}^pD_{22,24} + {}^pD_{22,12} = \begin{bmatrix} 0 & -110,83 & +113,50 \\ 110,83 & 0 & 0 \\ -3,81 & 0 & 0 \end{bmatrix};$$

$$^p\mathbf{L}_1 = {}^p\mathbf{L}_{12} + {}^p\mathbf{L}_{13} + {}^p\mathbf{L}_{15} = \begin{bmatrix} 127{,}76 & 0 & 0 \\ 0 & 297{,}00 & 119{,}18 \\ 0 & 119{,}18 & 199{,}48 \end{bmatrix};$$

$$^p\mathbf{L}_2 = {}^p\mathbf{L}_{12} + {}^p\mathbf{L}_{24} = \begin{bmatrix} 0{,}584 & 0 & 0 \\ 0 & 289{,}17 & -106{,}20 \\ 0 & -106{,}20 & 177{,}81 \end{bmatrix};$$

$$^p\mathfrak{M}_{B,1} = {}^p\widetilde{\mathfrak{M}}_{B,1;1,2} = \begin{bmatrix} -735{,}0 \\ 0 \\ -441{,}0 \end{bmatrix}; \quad {}^p\mathfrak{M}_{B,2} = {}^p\widetilde{\mathfrak{M}}_{B,2;1,2} = \begin{bmatrix} +315{,}0 \\ 0 \\ +189{,}0 \end{bmatrix}.$$

Nach (VII C.61) ist:

$$^p\mathfrak{P}_1 = {}^p\mathfrak{P}_{1;1,2} = {}^p\widetilde{\mathfrak{S}}_{B,1;1,2} = \begin{bmatrix} +2{,}10 \\ 0 \\ -3{,}50 \end{bmatrix}; \quad {}^p\mathfrak{P}_2 = -{}^p\widetilde{\mathfrak{S}}_{B,2;1,2} = \begin{bmatrix} +0{,}900 \\ 0 \\ -1{,}50 \end{bmatrix}.$$

Mit (VII C.62) wird

$$^q\widetilde{\mathfrak{V}}_{B,1;1,2} = {}^q\mathbf{G}_{1,2} \cdot ({}^q\widetilde{\mathfrak{M}}_{B,1;1,2} + {}^q\widetilde{\mathfrak{M}}_{B,2;1,2}) =$$

$$= \left[\begin{array}{ccc|c} & & & 0 \\ & & & -420{,}0 \\ & & & +252{,}0 \\ \hline 0 & 0 & 0 & 0 \\ 0 & 0 & +0{,}0010 & +0{,}252 \\ 0 & -0{,}0010 & 0 & +0{,}420 \end{array}\right];$$

$$^pV_1 = {}^p\widetilde{\mathfrak{V}}_{B,1;1,2} = \mathbf{R}_{1,2}^T \cdot {}^q\widetilde{\mathfrak{V}}_{B,1;1,2} =$$

$$= \left[\begin{array}{ccc|c} & & & 0 \\ & & & +0{,}252 \\ & & & +0{,}420 \\ \hline 0 & +1{,}0 & 0 & +0{,}252 \\ +1{,}0 & 0 & 0 & 0 \\ 0 & 0 & -1 & -0{,}420 \end{array}\right]$$

$$-{}^p\mathfrak{P}_1 - {}^pV_1 = \begin{bmatrix} -2{,}352 \\ 0 \\ +3{,}920 \end{bmatrix}.$$

Nach (VII C.62) ist:

$$^q\widetilde{\mathfrak{V}}_{B,2;1,2} = -{}^q\mathbf{G}_{1,2} \cdot ({}^q\widetilde{\mathfrak{M}}_{B,1;1,2} + {}^q\widetilde{\mathfrak{M}}_{B,2;1,2}) = \begin{bmatrix} 0 \\ -0{,}252 \\ -0{,}420 \end{bmatrix};$$

$$^pV_2 = {}^p\widetilde{\mathfrak{V}}_{B,2;1,2} = \mathbf{R}_{1,2}^T \cdot {}^q\widetilde{\mathfrak{V}}_{B,2;1,2} = \begin{bmatrix} -0{,}252 \\ 0 \\ +0{,}420 \end{bmatrix};$$

$$-{}^p\mathfrak{P}_2 - {}^pV_2 = \begin{bmatrix} -0{,}648 \\ 0 \\ +1{,}080 \end{bmatrix}.$$

Gleichungssystem

Nach (VII C.80) bzw. (VII C.80a) ergibt sich mit den obigen Matrizen und Vektoren das Gleichungssystem zur Berechnung der unbekannten Knotenverformungen nach Tabelle 3.1 (siehe Seite 320/321).

Als Lösung erhält man:

$$^x\varphi_1 = 0{,}5168 \cdot 10^{-2}; \quad ^x\varphi_2 = -0{,}4053 \cdot 10^{-2}; \quad ^xv_1 = \;\;\;0{,}0229; \quad ^xv_2 = 2{,}9392;$$
$$^y\varphi_1 = 0{,}1406 \cdot 10^{-2}; \quad ^y\varphi_2 = -0{,}4579 \cdot 10^{-2}; \quad ^yv_1 = \;\;\;0{,}9628; \quad ^yv_2 = 0{,}9530;$$
$$^z\varphi_1 = 0{,}8164 \cdot 10^{-2}; \quad ^z\varphi_2 = -0{,}4313 \cdot 10^{-2}; \quad ^zv_1 = -0{,}5947; \quad ^zv_2 = 0{,}5593.$$

Schnittbelastungen

Mit den Lösungswerten für $^p\varphi_1, {}^p\varphi_2, {}^pv_1$ und $^pv_2$ erhält man nach (VII C.82) die endgültigen Momente $^p\overline{\mathfrak{M}}_{B,i;i,k}$ und $^p\overline{\mathfrak{M}}_{B,k;k,i}$ im p-System.

Zum Beispiel wird

$$^p\overline{\mathfrak{M}}_{B,1;1,2} = {}^p\widetilde{\mathfrak{M}}_{B,1;1,2} + {}^p\mathbf{K}_{11;1,2} \cdot {}^p\varPhi_1 + {}^p\mathbf{K}_{12} \cdot {}^p\varPhi_2 + {}^p\mathbf{D}_{11;1,2} \cdot {}^pv_1 - {}^p\mathbf{D}_{11;1,2} \cdot {}^pv_2 =$$

$$= \begin{bmatrix} -735{,}0 \\ 0 \\ -441{,}0 \end{bmatrix} + \left[\begin{array}{ccc|c} 120\,000 & & & 620{,}2 \\ & 11\,165 & & 15{,}7 \\ & & 46\,875 & 382{,}7 \end{array}\right] \begin{bmatrix} 0{,}5168 \cdot 10^{-2} \\ 0{,}1406 \cdot 10^{-2} \\ 0{,}8164 \cdot 10^{-2} \end{bmatrix} +$$

$$+ \left[\begin{array}{ccc|c} 60\,000 & & & -243{,}2 \\ & -11\,165 & & +51{,}1 \\ & & 23\,437 & -101{,}1 \end{array}\right] \begin{bmatrix} -0{,}4053 \cdot 10^{-2} \\ -0{,}4579 \cdot 10^{-2} \\ -0{,}4313 \cdot 10^{-2} \end{bmatrix} +$$

$$+ \left[\begin{array}{ccc|c} 0 & 0 & -180{,}0 & +107{,}1 \\ 0 & 0 & 0 & 0 \\ +70{,}312 & 0 & 0 & +1{,}6 \end{array}\right] \begin{bmatrix} 0{,}0229 \\ 0{,}9628 \\ -0{,}5947 \end{bmatrix} -$$

$$- \left[\begin{array}{ccc|c} 0 & 0 & -180{,}0 & -100{,}7 \\ 0 & 0 & 0 & 0 \\ +70{,}312 & 0 & 0 & +206{,}7 \end{array}\right] \begin{bmatrix} 2{,}9392 \\ 0{,}9530 \\ 0{,}5593 \end{bmatrix} = \begin{bmatrix} -150{,}3 \\ 66{,}8 \\ -364{,}4 \end{bmatrix};$$

Tabelle

	$^x\varphi_1$	$^y\varphi_1$	$^z\varphi_1$	$^xv_1$	$^yv_1$	$^zv_1$	$^x\varphi_2$
$^{v,x}\varphi_1$	180814	0	0	0	$-124{,}30$	$-105{,}42$	60000
$^{v,y}\varphi_1$	0	81626	-20672	124,30	0	0	0
$^{v,z}\varphi_1$	0	-20672	95286	$-4{,}27$	0	0	0
$^{v,x}v_1$	0	124,30	$-4{,}27$	127,76	0	0	0
$^{v,y}v_1$	$-124{,}30$	0	0	0	297,00	119,18	0
$^{v,z}v_1$	$-105{,}42$	0	0	0	119,18	199,48	$-180{,}0$
$^{v,x}\varphi_2$	60000	0	0	0	0	$-180{,}0$	170244
$^{v,y}\varphi_2$	0	-11165	0	0	0	0	0
$^{v,z}\varphi_2$	0	0	23437	70,31	0	0	0
$^{v,x}v_2$	0	0	$-70{,}31$	0	110,83	$-3{,}81$	0
$^{v,y}v_2$	0	0	0	$-110{,}83$	0	0	$-110{,}83$
$^{v,z}v_2$	180,0	0	0	113,50	0	0	113,50

$$^p\overline{\mathfrak{M}}_{B,2;2,1} = {}^p\widetilde{\mathfrak{M}}_{B,2;2,1} + {}^p\mathbf{K}_{12}\cdot{}^p\boldsymbol{\Phi}_1 + {}^p\mathbf{K}_{22;2,1}\cdot{}^p\boldsymbol{\Phi}_2 + {}^p\mathbf{D}_{22;1,2}\cdot{}^pv_1 - {}^p\mathbf{D}_{22;1,2}\cdot{}^pv_2 =$$

$$= \begin{bmatrix} 346{,}5 \\ -66{,}8 \\ -26{,}9 \end{bmatrix}.$$

Entsprechend erhält man für die anderen Stäbe, für die $^p\widetilde{\mathfrak{M}}_{B,i;ik} = {}^p\widetilde{\mathfrak{M}}_{B,k;ki} = 0$ ist:

$$^p\overline{\mathfrak{M}}_{B,1;1,3} = \begin{bmatrix} 199{,}3 \\ -20{,}2 \\ 205{,}6 \end{bmatrix}; \qquad {}^p\overline{\mathfrak{M}}_{B,3;3,1} = \begin{bmatrix} 79{,}0 \\ -39{,}5 \\ 52{,}9 \end{bmatrix};$$

$$^p\overline{\mathfrak{M}}_{B,1;1,5} = \begin{bmatrix} -49{,}0 \\ -46{,}6 \\ 158{,}9 \end{bmatrix}; \qquad {}^p\overline{\mathfrak{M}}_{B,5;5,1} = \begin{bmatrix} -120{,}5 \\ -49{,}1 \\ 34{,}1 \end{bmatrix};$$

$$^p\overline{\mathfrak{M}}_{B,2;2,4} = \begin{bmatrix} -346{,}5 \\ +66{,}8 \\ +26{,}9 \end{bmatrix}; \qquad {}^p\overline{\mathfrak{M}}_{B,4;4,2} = \begin{bmatrix} -244{,}6 \\ +187{,}5 \\ +125{,}7 \end{bmatrix}.$$

3.1

$^y\varphi_2$	$^z\varphi_2$	$^xv_2$	$^yv_2$	$^zv_2$	Bel.	
0	0	0	0	180,0	$-735,0$	$=0$
$-11,165$	0	0	0	0	0	$=0$
0	23437	$-70,312$	0	0	$-441,0$	$=0$
0	70,31	$-0,14$	0	0	$-2,352$	$=0$
0	0	0	$-225,0$	0	0	$=0$
0	0	0	0	$-0,36$	$+3,920$	$=0$
0	0	0	$-110,83$	$+113,50$	315,0	$=0$
50349	18433	110,83	0	0	0	$=0$
18433	66397	$-3,81$	0	0	189,0	$=0$
110,83	$-3,81$	0,584	0	0	$-0,648$	$=0$
0	0	0	289,17	$-106,20$	0	$=0$
0	0	0	$-106,20$	177,81	$+1,08$	$=0$

Die endgültigen Stabendkräfte ergeben sich nach (VII C.84)

$$^p\overline{\overline{\mathfrak{S}}}_{B,1;1,2} = {}^p\widetilde{\mathfrak{S}}_{B,1;1,2} + {}^p\widetilde{\mathfrak{B}}_{B,1;1,2} + {}^p\mathbf{E}_{11,12} \cdot {}^p\boldsymbol{\Phi}_1 + {}^p\mathbf{E}_{21} \cdot {}^p\boldsymbol{\Phi}_2 + {}^p\mathbf{L}_{12} \cdot ({}^p\mathfrak{v}_2 - {}^p\mathfrak{v}_1) =$$

$$= \begin{bmatrix} +2,10 \\ 0 \\ -3,50 \end{bmatrix} + \begin{bmatrix} +0,252 \\ 0 \\ -0,420 \end{bmatrix} + \left[\begin{array}{ccc|c} & & & 0,5168 \cdot 10^{-2} \\ & & & 0,1406 \cdot 10^{-2} \\ & & & 0,8164 \cdot 10^{-2} \\ \hline 0 & 0 & -70,31 & -0,573 \\ 0 & 0 & 0 & 0 \\ +180,0 & 0 & 0 & +0,930 \end{array}\right] +$$

$$+ \left[\begin{array}{ccc|c} & & & -0,4053 \cdot 10^{-2} \\ & & & -0,4579 \cdot 10^{-2} \\ & & & -0,4313 \cdot 10^{-2} \\ \hline 0 & 0 & -70,31 & +0,303 \\ 0 & 0 & 0 & 0 \\ +180,0 & & & -0,730 \end{array}\right] + \left[\begin{array}{ccc|c} & & & +2,9163 \\ & & & -0,0098 \\ & & & +1,0540 \\ \hline 0,141 & 0 & 0 & +0,410 \\ 0 & 225,07 & 0 & -2,203 \\ 0 & 0 & +0,360 & +0,380 \end{array}\right] =$$

$$= \begin{bmatrix} +2,49 \\ -2,20 \\ -3,30 \end{bmatrix}$$

und

$$^p\overline{\overline{\mathfrak{S}}}_{B,2;1,2} = {}^p\overline{\overline{\mathfrak{S}}}_{B,1;1,2} - \sum {}^p\mathfrak{B}_{12} = \begin{bmatrix} +2,49 \\ -2,20 \\ -3,30 \end{bmatrix} - \begin{bmatrix} +3,00 \\ 0 \\ -5,00 \end{bmatrix} = \begin{bmatrix} -0,51 \\ -2,20 \\ +1,70 \end{bmatrix}.$$

Zum Abschluß werden die Schnittbelastungen im q-System benötigt. Nach (VII C.83) und (VII C.85) gilt allgemein:

$$^{q}\overline{\mathfrak{M}} = \mathbf{R}_{ik} \cdot {}^{p}\overline{\mathfrak{M}}; \quad ^{q}\overline{\mathfrak{S}} = \mathbf{R}_{ik} \cdot {}^{q}\overline{\mathfrak{R}}.$$

Zum Beispiel ergibt sich für

$$^{q}\overline{\mathfrak{M}}_{B,1;1,2} = \mathbf{R}_{12} \cdot {}^{p}\overline{\mathfrak{M}}_{B,1;1,2} =
\begin{array}{|ccc|c|}
\hline
\multicolumn{3}{c|}{} & -150{,}3 \\
\multicolumn{3}{c|}{} & 66{,}8 \\
\multicolumn{3}{c|}{} & -364{,}4 \\
\hline
0 & +1{,}0 & 0 & +\,66{,}83 \\
+1{,}0 & 0 & 0 & -150{,}3 \\
0 & 0 & -1{,}0 & +364{,}4 \\
\hline
\end{array}.$$

Dementsprechend sind alle anderen Schnittbelastungen zu berechnen.

$$^{q}\overline{\mathfrak{M}}_{B,2;2,1} = \begin{bmatrix} -66{,}83 \\ 346{,}45 \\ 26{,}85 \end{bmatrix}; \quad
{}^{q}\overline{\mathfrak{M}}_{B,1;1,3} = \begin{bmatrix} -24{,}50 \\ -103{,}37 \\ -266{,}68 \end{bmatrix}; \quad
{}^{q}\overline{\mathfrak{M}}_{B,3;3,1} = \begin{bmatrix} 24{,}05 \\ -15{,}82 \\ -98{,}89 \end{bmatrix};$$

$$^{q}\overline{\mathfrak{M}}_{B,1;1,5} = \begin{bmatrix} -64{,}86 \\ -7{,}87 \\ -159{,}81 \end{bmatrix}; \quad
{}^{q}\overline{\mathfrak{M}}_{B,5;5,1} = \begin{bmatrix} 64{,}86 \\ 33{,}07 \\ -113{,}15 \end{bmatrix}; \quad
{}^{q}\overline{\mathfrak{M}}_{B,2;2,4} = \begin{bmatrix} 11{,}36 \\ -346{,}45 \\ -71{,}12 \end{bmatrix};$$

$$^{q}\overline{\mathfrak{M}}_{B,4;4,2} = \begin{bmatrix} -11{,}36 \\ -244{,}63 \\ -225{,}50 \end{bmatrix}.$$

$$^{q}\overline{\overline{\mathfrak{S}}}_{B,1;1,2} = \begin{bmatrix} -2{,}20 \\ +2{,}49 \\ +3{,}30 \end{bmatrix}; \quad
{}^{q}\overline{\overline{\mathfrak{S}}}_{B,2;1,2} = \begin{bmatrix} -2{,}20 \\ -0{,}51 \\ -1{,}70 \end{bmatrix};$$

$$^{q}\overline{\overline{\mathfrak{S}}}_{B,1;1,3} = \begin{bmatrix} -4{,}98 \\ -0{,}52 \\ +0{,}17 \end{bmatrix}; \quad
{}^{q}\overline{\overline{\mathfrak{S}}}_{B,3;1,3} = \begin{bmatrix} -4{,}98 \\ -0{,}52 \\ -0{,}17 \end{bmatrix};$$

$$^{q}\overline{\overline{\mathfrak{S}}}_{B,1;1,5} = {}^{q}\overline{\overline{\mathfrak{S}}}_{B,5;1,5} = \begin{bmatrix} +0{,}18 \\ -0{,}39 \\ -0{,}04 \end{bmatrix}; \quad
{}^{q}\overline{\overline{\mathfrak{S}}}_{B,2;2,4} = {}^{q}\overline{\overline{\mathfrak{S}}}_{B,4;2,4} = \begin{bmatrix} -2{,}59 \\ -0{,}51 \\ +1{,}01 \end{bmatrix}.$$

Beispiel VII.4. Räumlicher Rahmen mit vier Knotenpunkten

Der Rahmen und die Belastung sind in Abb. VII 4.1 dargestellt.

$$s_{1-2} = s_{3-4} = 700\ \text{cm}; \quad s_{1-3} = s_{2-4} = 600\ \text{cm};$$

$$s_{1-5} = s_{2-6} = s_{3-7} = s_{4-8} = 574{,}46\ \text{cm}.$$

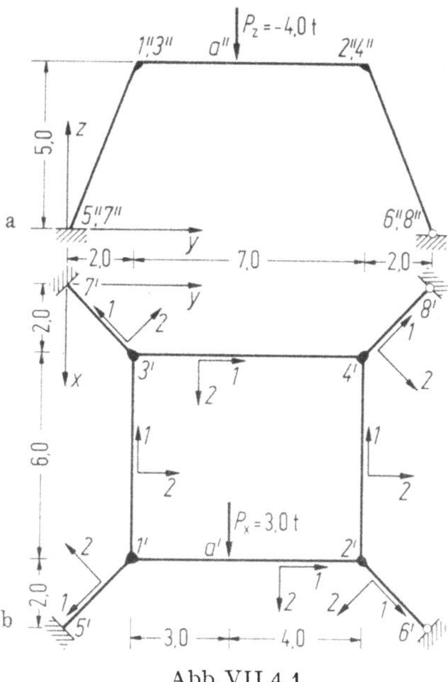

Abb. VII 4.1

Koordinaten der Knotenpunkte

$$\mathfrak{x}_1 = \begin{bmatrix} +8,0\,\text{m} \\ +2,0 \\ +5,0 \end{bmatrix}; \quad \mathfrak{x}_2 = \begin{bmatrix} +8,0\,\text{m} \\ +9,0 \\ +5,0 \end{bmatrix}; \quad \mathfrak{x}_3 = \begin{bmatrix} +2,0\,\text{m} \\ +2,0 \\ +5,0 \end{bmatrix}; \quad \mathfrak{x}_4 = \begin{bmatrix} +2,0\,\text{m} \\ +9,0 \\ +5,0 \end{bmatrix};$$

$$\mathfrak{x}_5 = \begin{bmatrix} +10,0\,\text{m} \\ 0 \\ 0 \end{bmatrix}; \quad \mathfrak{x}_6 = \begin{bmatrix} +10,0\,\text{m} \\ +11,0 \\ 0 \end{bmatrix}; \quad \mathfrak{x}_7 = \begin{bmatrix} 0\,\text{m} \\ 0 \\ 0 \end{bmatrix}; \quad \mathfrak{x}_8 = \begin{bmatrix} 0\,\text{m} \\ +11,0 \\ 0 \end{bmatrix}.$$

Querschnittswerte

Riegel 40/25: $J_1 = 126875$ cm^4; $J_2 = 133333$ cm^4; $J_3 = 52083$ cm^4;
$\qquad\quad F = 1000$ cm^2;

Stiele 25/25: $J_1 = 55078$ cm^4; $J_2 = 32552$ cm^4; $J_3 = 32552$ cm^4;
$\qquad\quad F = 625$ cm^2;

$$E = 225\ \text{t/cm}^2; \quad G = 88\ \text{t/cm}^2.$$

Die Hauptträgheitsachse 2 liegt bei allen Stäben horizontal. Entsprechend Beispiel VII.3 werden die Einheitsvektoren e_1, e_2 und e_3 für alle Stäbe gerechnet, wobei die Rotationsmatrizen $\mathbf{R}_{ik}$ nach (VII C.11) festgelegt sind. Die positive Richtung des Eineitsvektors e_1 ist bei allen Stäben in Abb. VII 4.1 b eingetragen.

Man erhält:

$$\mathbf{R}_{1,5} = \begin{bmatrix} +0,348 & -0,348 & -0,870 \\ -0,707 & -0,707 & 0 \\ -0,615 & 0,615 & -0,492 \end{bmatrix}; \quad \mathbf{R}_{2,6} = \begin{bmatrix} +0,348 & +0,348 & -0,870 \\ +0,707 & -0,707 & 0 \\ -0,615 & -0,615 & -0,492 \end{bmatrix};$$

$$\mathbf{R}_{3,7} = \begin{bmatrix} -0{,}348 & -0{,}348 & -0{,}870 \\ -0{,}707 & +0{,}707 & 0 \\ 0{,}615 & 0{,}615 & -0{,}492 \end{bmatrix}; \quad \mathbf{R}_{4,8} = \begin{bmatrix} -0{,}348 & +0{,}348 & -0{,}870 \\ +0{,}707 & +0{,}707 & 0 \\ 0{,}615 & -0{,}615 & -0{,}492 \end{bmatrix};$$

$$\begin{matrix} \mathbf{R}_{1,2} \\ \mathbf{R}_{1,3} \end{matrix} = \begin{bmatrix} 0 & 1{,}0 & 0 \\ 1{,}0 & 0 & 0 \\ 0 & 0 & -1{,}0 \end{bmatrix}; \quad \begin{matrix} \mathbf{R}_{3,4} \\ \mathbf{R}_{2,4} \end{matrix} = \begin{bmatrix} -1{,}0 & 0 & 0 \\ 0 & 1{,}0 & 0 \\ 0 & 0 & -1{,}0 \end{bmatrix}.$$

Für die Rotationsmatrizen $\mathbf{R}_{ik}^{T}$ sind nach (VII C.11) nur Zeilen und Spalten der Matrizen $\mathbf{R}_{ik}$ zu vertauschen.

Belastung: Für die Belastung im Punkt a gilt (VII C.57):

$$^{q}\mathfrak{P} = \begin{bmatrix} 0 \\ +3{,}0 \\ +4{,}0 \end{bmatrix} \quad \text{und} \quad ^{p}\mathfrak{P} = \mathbf{R}_{1,2}^{T} \cdot {}^{q}\mathfrak{P} = \begin{bmatrix} +3{,}0 \\ 0 \\ -4{,}0 \end{bmatrix}.$$

Starreinspannmomente und Knotenlasten am System mit drehstarren, unverschieblichen Knoten

Aus der Tafel C ergeben sich die Schnittbelastungen für den beiderseits starr eingespannten Stab 1—2 mit

$$\zeta = \frac{3}{7} = 0{,}4285; \quad \zeta' = \frac{4}{7} = 0{,}5715;$$

$$^{q}\widetilde{\mathfrak{M}}_{B,1;1,2} = \begin{bmatrix} 0 \\ -391{,}84 \\ +293{,}88 \end{bmatrix}; \quad ^{q}\widetilde{\mathfrak{M}}_{B,2;1,2} = \begin{bmatrix} 0 \\ +293{,}88 \\ -220{,}41 \end{bmatrix}; \quad ^{q}\widetilde{\mathfrak{S}}_{B,1;1,2} = \begin{bmatrix} 0 \\ 1{,}714 \\ 2{,}286 \end{bmatrix};$$

$$^{q}\widetilde{\mathfrak{S}}_{B,2;1,2} = \begin{bmatrix} 0 \\ -1{,}286 \\ -1{,}714 \end{bmatrix}.$$

Nach (VII C.60) und (VII C.61) ergeben sich damit die Schnittbelastungen im p-System.

$$^{p}\widetilde{\mathfrak{M}}_{B,1;1,2} = \begin{bmatrix} -391{,}84 \\ 0 \\ -293{,}88 \end{bmatrix}; \quad ^{p}\widetilde{\mathfrak{M}}_{B,2;1,2} = \begin{bmatrix} +293{,}88 \\ 0 \\ +220{,}41 \end{bmatrix}; \quad ^{p}\widetilde{\mathfrak{S}}_{B,1;1,2} = \begin{bmatrix} +1{,}714 \\ 0 \\ -2{,}286 \end{bmatrix};$$

$$^{p}\widetilde{\mathfrak{S}}_{B,2;1,2} = \begin{bmatrix} -1{,}286 \\ 0 \\ +1{,}714 \end{bmatrix}.$$

Steifigkeitsmatrizen

Mit Ausnahme der Stäbe 6—2 und 8—4, die in 6 und 8 Kugelgelenke aufweisen, sind alle anderen Stäbe beiderseits starr an die Knoten angeschlossen.

Für die beiderseits starr eingespannten Stäbe gilt (VII C.25) und (VII C.27), für die einseitig gelenkig, einseitig starr eingespannten Stäbe (VII C.29).

$$^{q}\mathbf{K}_{11;12} = {}^{q}\mathbf{K}_{22;21} = {}^{q}\mathbf{K}_{33;34} = {}^{q}\mathbf{K}_{44;43} = \begin{bmatrix} 15\,950 & & \\ & 171\,428 & \\ & & 66\,964 \end{bmatrix};$$

$$^{q}\mathbf{K}_{11;13} = {}^{q}\mathbf{K}_{33;31} = {}^{q}\mathbf{K}_{22;24} = {}^{q}\mathbf{K}_{44;42} = \begin{bmatrix} 18608 & & \\ & 200000 & \\ & & 78124 \end{bmatrix};$$

$$^{q}\mathbf{K}_{11;15} = {}^{q}\mathbf{K}_{33;37} = \begin{bmatrix} 8437 & & \\ & 51000 & \\ & & 51000 \end{bmatrix};$$

$$^{q}\mathbf{K}_{22;26} = {}^{q}\mathbf{K}_{44;48} = \begin{bmatrix} 0 & & \\ & 38250 & \\ & & 38250 \end{bmatrix};$$

$$^{q}\mathbf{K}_{13} = {}^{q}\mathbf{K}_{31} = {}^{q}\mathbf{K}_{24} = {}^{q}\mathbf{K}_{42} = \begin{bmatrix} -18608 & & \\ & 100000 & \\ & & 39062 \end{bmatrix};$$

$$^{q}\mathbf{K}_{12} = {}^{q}\mathbf{K}_{21} = {}^{q}\mathbf{K}_{34} = {}^{q}\mathbf{K}_{43} = \begin{bmatrix} -15950 & & \\ & 85714 & \\ & & 33482 \end{bmatrix};$$

$$^{q}\mathbf{K}_{15} = {}^{q}\mathbf{K}_{37} = \begin{bmatrix} -8437 & & \\ & 25500 & \\ & & 25500 \end{bmatrix}; \quad {}^{q}\mathbf{K}_{26} = {}^{q}\mathbf{K}_{43} = 0.$$

Nach (VII C.59) erhält man die entsprechenden Steifigkeitsmatrizen, bezogen auf das p-Koordinatensystem (siehe Beispiel VII.3).

$$^{p}\mathbf{K}_{11;12} = {}^{p}\mathbf{K}_{22;21} = {}^{p}\mathbf{K}_{33;34} = {}^{p}\mathbf{K}_{44;43} = \begin{bmatrix} 171428 & & \\ & +15950 & \\ & & 66964 \end{bmatrix};$$

$$^{p}\mathbf{K}_{11;13} = {}^{p}\mathbf{K}_{33;31} = {}^{p}\mathbf{K}_{22;24} = {}^{p}\mathbf{K}_{44;42} = \begin{bmatrix} 18608 & & \\ & 200000 & \\ & & 78124 \end{bmatrix};$$

$$^{p}\mathbf{K}_{11;15} = \begin{bmatrix} 45840 & 5159 & 12898 \\ 5159 & 45840 & -12898 \\ 12898 & -12898 & 18755 \end{bmatrix}; \quad {}^{p}\mathbf{K}_{33;37} = \begin{bmatrix} 45840 & -5159 & -12898 \\ -5159 & 45840 & -12898 \\ -12898 & -12898 & 18755 \end{bmatrix};$$

$$^{p}\mathbf{K}_{22;26} = \begin{bmatrix} 33613 & -4636 & 11591 \\ -4636 & 33613 & 11591 \\ 11591 & 11591 & 9273 \end{bmatrix}; \quad {}^{p}\mathbf{K}_{44;43} = \begin{bmatrix} 33613 & 4636 & -11591 \\ 4636 & 33613 & 11591 \\ -11591 & 11591 & 9273 \end{bmatrix};$$

$$^{p}\mathbf{K}_{12} = {}^{p}\mathbf{K}_{21} = {}^{p}\mathbf{K}_{34} = {}^{p}\mathbf{K}_{43} = \begin{bmatrix} 85714 & & \\ & -15950 & \\ & & 33482 \end{bmatrix};$$

$$^{p}\mathbf{K}_{13} = {}^{p}\mathbf{K}_{31} = {}^{p}\mathbf{K}_{24} = {}^{p}\mathbf{K}_{42} = \begin{bmatrix} -18608 & & \\ & 100000 & \\ & & 39062 \end{bmatrix};$$

$$^p\mathbf{K}_{51} = {}^p\mathbf{K}_{15} = \begin{bmatrix} 21\,386 & 4114 & 10\,284 \\ 4114 & 21\,386 & -10\,284 \\ 10\,284 & -10\,284 & -210 \end{bmatrix};$$

$$^p\mathbf{K}_{37} = {}^p\mathbf{K}_{73} = \begin{bmatrix} 21\,386 & -4114 & -10\,284 \\ -4114 & 21\,386 & -10\,284 \\ -10\,284 & -10\,284 & 210 \end{bmatrix}; \quad {}^p\mathbf{K}_{26} = {}^p\mathbf{K}_{48} = 0.$$

Nach (VII C.41) ergeben sich die Matrizen $^q\mathbf{D}_{ii}$.

$$^q\mathbf{D}_{11;12} = -{}^q\mathbf{D}_{22;12} = {}^q\mathbf{D}_{33;34} = -{}^q\mathbf{D}_{44;34} = \begin{bmatrix} 0 & 0 & 0 \\ 0 & 0 & +367{,}346 \\ 0 & -143{,}494 & 0 \end{bmatrix};$$

$$^q\mathbf{D}_{11;13} = -{}^q\mathbf{D}_{33;13} = {}^q\mathbf{D}_{22;24} = -{}^q\mathbf{D}_{44;24} = \begin{bmatrix} 0 & 0 & 0 \\ 0 & 0 & +499{,}999 \\ 0 & -195{,}311 & 0 \end{bmatrix};$$

$$^q\mathbf{D}_{11;15} = {}^q\mathbf{D}_{33;37} = \begin{bmatrix} 0 & 0 & 0 \\ 0 & 0 & +133{,}166 \\ 0 & -133{,}166 & 0 \end{bmatrix},$$

und nach (VII C.44) die Matrizen

$$^q\mathbf{D}_{22;26} = {}^q\mathbf{D}_{44;48} = \begin{bmatrix} 0 & 0 & 0 \\ 0 & 0 & +66{,}583 \\ 0 & -66{,}583 & 0 \end{bmatrix};$$

$$^q\mathbf{D}_{66;26} = {}^q\mathbf{D}_{88;48} = 0.$$

Nach (VII C.71) und (VII C.72) ergeben sich die Matrizen $^p\mathbf{D}_{ik}$.

$$^p\mathbf{D}_{11;12} = -{}^p\mathbf{D}_{22;12} = {}^p\mathbf{D}_{33;34} = -{}^p\mathbf{D}_{44;34} = \begin{bmatrix} 0 & 0 & -367{,}35 \\ 0 & 0 & 0 \\ +143{,}49 & 0 & 0 \end{bmatrix};$$

$$^p\mathbf{D}_{11;13} = -{}^p\mathbf{D}_{33;13} = {}^p\mathbf{D}_{22;24} = -{}^p\mathbf{D}_{44;24} = \begin{bmatrix} 0 & 0 & 0 \\ 0 & 0 & -500{,}0 \\ 0 & +195{,}31 & 0 \end{bmatrix};$$

$$^p\mathbf{D}_{11;15} = \begin{bmatrix} 0 & -115{,}910 & +46{,}37 \\ +115{,}91 & 0 & +46{,}37 \\ -46{,}37 & -46{,}37 & 0 \end{bmatrix};$$

$$^p\mathbf{D}_{33;37} = \begin{bmatrix} 0 & -115{,}91 & +46{,}36 \\ +115{,}91 & 0 & +46{,}36 \\ -46{,}36 & +46{,}36 & 0 \end{bmatrix};$$

$$^p\mathbf{D}_{22;26} = \begin{bmatrix} 0 & -57{,}954 & -23{,}19 \\ +57{,}954 & 0 & +23{,}18 \\ +23{,}18 & -23{,}18 & 0 \end{bmatrix};$$

$$^p\mathbf{D}_{44;48} = \begin{bmatrix} 0 & -57{,}954 & -23{,}19 \\ +57{,}954 & 0 & -23{,}18 \\ +23{,}18 & +23{,}18 & 0 \end{bmatrix}.$$

Nach (VII C.31) und (VII C.34) ist:

$${}^{q}\mathbf{E}_{11;12} = {}^{q}\mathbf{E}_{21} = {}^{q}\mathbf{E}_{43} = \begin{bmatrix} 0 & 0 & 0 \\ 0 & 0 & +143,5 \\ 0 & -367,4 & 0 \end{bmatrix};$$

$${}^{q}\mathbf{E}_{11;13} = {}^{q}\mathbf{E}_{31} = {}^{q}\mathbf{E}_{42} = \begin{bmatrix} 0 & 0 & 0 \\ 0 & 0 & +195,3 \\ 0 & -500,0 & 0 \end{bmatrix}.$$

Nach (VII C.70) wird:

$${}^{p}\mathbf{E}_{43} = {}^{p}\mathbf{E}_{21} = \mathbf{R}_{12}^{T} \cdot {}^{q}\mathbf{E}_{21} \cdot \mathbf{R}_{12} = \begin{bmatrix} 0 & 0 & -143,5 \\ 0 & 0 & 0 \\ +367,4 & 0 & 0 \end{bmatrix};$$

$${}^{p}\mathbf{E}_{42} = {}^{p}\mathbf{E}_{31} = \mathbf{R}_{13}^{T} \cdot {}^{q}\mathbf{E}_{31} \cdot \mathbf{R}_{13} = \begin{bmatrix} 0 & 0 & 0 \\ 0 & 0 & -195,3 \\ 0 & +500,0 & 0 \end{bmatrix}.$$

Nach (VII C.49) und (VII C.50) wird:

$${}^{q}\mathbf{L}_{12} = {}^{q}\mathbf{L}_{34} = \begin{bmatrix} 321,430 & 0 & 0 \\ 0 & 0,410 & 0 \\ 0 & 0 & 1,050 \end{bmatrix};$$

$${}^{q}\mathbf{L}_{13} = {}^{q}\mathbf{L}_{24} = \begin{bmatrix} 375,000 & 0 & 0 \\ 0 & 0,651 & 0 \\ 0 & 0 & 1,667 \end{bmatrix};$$

$${}^{q}\mathbf{L}_{15} = {}^{q}\mathbf{L}_{37} = \begin{bmatrix} 244,795 & 0 & 0 \\ 0 & 0,464 & 0 \\ 0 & 0 & 0,464 \end{bmatrix};$$

$${}^{q}\mathbf{L}_{26} = {}^{q}\mathbf{L}_{48} = \begin{bmatrix} 244,795 & 0 & 0 \\ 0 & 0,116 & 0 \\ 0 & 0 & 0,116 \end{bmatrix}.$$

Mit (VII C.74) wird:

$${}^{p}\mathbf{L}_{12} = {}^{p}\mathbf{L}_{34} = \begin{bmatrix} 0,410 & 0 & 0 \\ 0 & +321,430 & 0 \\ 0 & 0 & +1,050 \end{bmatrix};$$

$${}^{p}\mathbf{L}_{13} = {}^{p}\mathbf{L}_{24} = \begin{bmatrix} 375,0 & 0 & 0 \\ 0 & 0,651 & 0 \\ 0 & 0 & 1,667 \end{bmatrix};$$

$${}^{p}\mathbf{L}_{15} = \begin{bmatrix} 30,080 & -29,616 & -74,040 \\ -29,616 & 30,079 & 74,040 \\ -74,040 & 74,040 & 185,563 \end{bmatrix};$$

$$
{}^{p}\mathbf{L}_{37} =
\begin{bmatrix}
30{,}080 & 29{,}616 & 74{,}040 \\
29{,}616 & 30{,}079 & 74{,}040 \\
74{,}040 & 74{,}040 & 185{,}563
\end{bmatrix};
$$

$$
{}^{p}\mathbf{L}_{26} =
\begin{bmatrix}
29{,}770 & 29{,}658 & -74{,}146 \\
29{,}658 & 29{,}770 & -74{,}146 \\
-74{,}146 & -74{,}146 & 185{,}424
\end{bmatrix};
$$

$$
{}^{p}\mathbf{L}_{48} =
\begin{bmatrix}
29{,}770 & -29{,}658 & 74{,}146 \\
-29{,}658 & 29{,}770 & -74{,}146 \\
74{,}146 & -74{,}146 & 185{,}424
\end{bmatrix}.
$$

Nach (VII C.22) ergeben sich die Matrizen ${}^{q}\mathbf{G}_{ik}$.

$$
{}^{q}\mathbf{G}_{12} =
\begin{bmatrix}
0 & 0 & 0 \\
0 & 0 & +0{,}0014 \\
0 & -0{,}0014 & 0
\end{bmatrix}
\quad \text{usw.}
$$

Gleichungssystem

Das Gleichungssystem nach (VII C.80) ergibt sich mit ${}^{p}\mathbf{D}_{ki} = -{}^{p}\mathbf{D}_{ii}$ nach (VII C.52) in allgemeiner Form nach Tabelle 4.1.

Tabelle 4.1

	${}^{p}\check{\Phi}_1$	${}^{p}\check{\mathfrak{v}}_1$	${}^{p}\check{\Phi}_2$	${}^{p}\check{\mathfrak{v}}_2$	${}^{p}\check{\Phi}_3$	${}^{p}\check{\mathfrak{v}}_3$	${}^{p}\check{\Phi}_4$	${}^{p}\check{\mathfrak{v}}_4$	Bel.	$= 0$
${}^{v}\check{\Phi}_1$	${}^{p}\mathbf{K}_1$	${}^{p}\mathbf{D}_1$	${}^{p}\mathbf{K}_{12}$	$-{}^{p}\mathbf{D}_{11;12}$	${}^{p}\mathbf{K}_{13}$	$-{}^{p}\mathbf{D}_{11;13}$	0	0	${}^{p}\mathfrak{M}_{B,1}$	$= 0$
${}^{v}\check{\mathfrak{v}}_1$		${}^{p}\mathbf{L}_1$	$-{}^{p}\mathbf{E}_{21}$	$-{}^{p}\mathbf{L}_{12}$	$-{}^{p}\mathbf{E}_{31}$	$-{}^{p}\mathbf{L}_{13}$	0	0	$-{}^{p}\mathfrak{P}_1 -{}^{p}V_1$	$= 0$
${}^{v}\check{\Phi}_2$			${}^{p}\mathbf{K}_2$	${}^{p}\mathbf{D}_2$	0	0	${}^{p}\mathbf{K}_{24}$	$-{}^{p}\mathbf{D}_{22;24}$	${}^{p}\mathfrak{M}_{B,2}$	$= 0$
${}^{v}\check{\mathfrak{v}}_2$				${}^{p}\mathbf{L}_2$	0	0	$-{}^{p}\mathbf{E}_{42}$	$-{}^{p}\mathbf{L}_{24}$	$-{}^{p}\mathfrak{P}_2 -{}^{p}V_2$	$= 0$
${}^{v}\check{\Phi}_3$					${}^{p}\mathbf{K}_3$	${}^{p}\mathbf{D}_3$	${}^{p}\mathbf{K}_{34}$	$-{}^{p}\mathbf{D}_{33;34}$	${}^{p}\mathfrak{M}_{B,3}$	$= 0$
${}^{v}\check{\mathfrak{v}}_3$						${}^{p}\mathbf{L}_3$	$-{}^{p}\mathbf{E}_{43}$	$-{}^{p}\mathbf{L}_{34}$	$-{}^{p}\mathfrak{P}_3 -{}^{p}V_3$	$= 0$
${}^{v}\check{\Phi}_4$	spiegelsymmetrisch						${}^{p}\mathbf{K}_4$	${}^{p}\mathbf{D}_4$	${}^{p}\mathfrak{M}_{B,4}$	$= 0$
${}^{v}\check{\mathfrak{v}}_4$								${}^{p}\mathbf{L}_4$	$-{}^{p}\mathfrak{P}_4 -{}^{p}V_4$	$= 0$

Von diesem Gleichungssystem werden nur die Glieder der Hauptdiagonale und die rechts davon benötigt, da die Nennerdeterminante spiegelsymmetrisch ist.

Die erforderlichen Glieder werden nach (VII C.79) bestimmt:

$$
{}^{p}\mathbf{K}_1 = {}^{p}\mathbf{K}_{11;12} + {}^{p}\mathbf{K}_{11;13} + {}^{p}\mathbf{K}_{11;15} =
\begin{bmatrix}
235\,880 & 5\,159 & 12\,898 \\
5\,159 & 261\,790 & -12\,898 \\
12\,898 & -12\,898 & 163\,840
\end{bmatrix};
$$

$$^p\mathbf{K}_2 = {}^p\mathbf{K}_{22;21} + {}^p\mathbf{K}_{22;24} + {}^p\mathbf{K}_{22;26} = \begin{bmatrix} 223\,650 & -4636 & 11\,591 \\ -4636 & 249\,560 & 11\,591 \\ 11\,591 & 11\,591 & 154\,360 \end{bmatrix};$$

$$^p\mathbf{K}_3 = {}^p\mathbf{K}_{33;31} + {}^p\mathbf{K}_{33;34} + {}^p\mathbf{K}_{33;37} = \begin{bmatrix} 235\,880 & -5159 & -12\,898 \\ -5159 & 261\,790 & -12\,898 \\ -12\,898 & -12\,898 & 163\,840 \end{bmatrix};$$

$$^p\mathbf{K}_4 = {}^p\mathbf{K}_{44;42} + {}^p\mathbf{K}_{44;43} + {}^p\mathbf{K}_{44;48} = \begin{bmatrix} 223\,650 & 4636 & -11\,591 \\ 4636 & 249\,560 & 11\,591 \\ -11\,591 & +11\,591 & 154\,360 \end{bmatrix};$$

$$^p\mathbf{D}_1 = {}^p\mathbf{D}_{11;12} + {}^p\mathbf{D}_{11;13} + {}^p\mathbf{D}_{11;15} = \begin{bmatrix} 0 & -115{,}910 & -320{,}980 \\ +115{,}910 & 0 & -453{,}640 \\ 97{,}131 & 148{,}950 & 0 \end{bmatrix};$$

$$^p\mathbf{D}_2 = {}^p\mathbf{D}_{22;24} + {}^p\mathbf{D}_{22;12} + {}^p\mathbf{D}_{22;26} = \begin{bmatrix} 0 & -57{,}954 & 344{,}160 \\ +57{,}954 & 0 & -476{,}820 \\ -120{,}310 & 172{,}130 & 0 \end{bmatrix};$$

$$^p\mathbf{D}_3 = {}^p\mathbf{D}_{33;34} + {}^p\mathbf{D}_{33;13} + {}^p\mathbf{D}_{33;37} = \begin{bmatrix} 0 & -115{,}910 & -320{,}980 \\ 115{,}910 & 0 & 453{,}640 \\ 97{,}131 & -148{,}950 & 0 \end{bmatrix};$$

$$^p\mathbf{D}_4 = {}^p\mathbf{D}_{44;24} + {}^p\mathbf{D}_{44;34} + {}^p\mathbf{D}_{44;48} = \begin{bmatrix} 0 & -57{,}954 & +344{,}160 \\ +57{,}954 & 0 & 476{,}820 \\ -120{,}310 & -172{,}130 & 0 \end{bmatrix}.$$

$$^p\mathbf{L}_1 = {}^p\mathbf{L}_{1,2} + {}^p\mathbf{L}_{1,3} + {}^p\mathbf{L}_{1,5} = \begin{bmatrix} 405{,}490 & -29{,}616 & -74{,}040 \\ -29{,}616 & 352{,}160 & 74{,}040 \\ -74{,}040 & 74{,}040 & 188{,}280 \end{bmatrix};$$

$$^p\mathbf{L}_2 = {}^p\mathbf{L}_{1,2} + {}^p\mathbf{L}_{2,4} + {}^p\mathbf{L}_{2,6} = \begin{bmatrix} 405{,}180 & 29{,}658 & -74{,}146 \\ 29{,}658 & 351{,}850 & -74{,}146 \\ -74{,}146 & -74{,}146 & 188{,}200 \end{bmatrix};$$

$$^p\mathbf{L}_3 = {}^p\mathbf{L}_{1,3} + {}^p\mathbf{L}_{3,4} + {}^p\mathbf{L}_{3,7} = \begin{bmatrix} 405{,}409 & 29{,}616 & 74{,}040 \\ 29{,}616 & 352{,}160 & 74{,}040 \\ 74{,}040 & 74{,}040 & 188{,}280 \end{bmatrix};$$

$$^p\mathbf{L}_4 = {}^p\mathbf{L}_{2,4} + {}^p\mathbf{L}_{3,4} + {}^p\mathbf{L}_{4,8} = \begin{bmatrix} 405{,}180 & -29{,}658 & 74{,}146 \\ -29{,}658 & 351{,}850 & -74{,}146 \\ 74{,}146 & -74{,}146 & 188{,}200 \end{bmatrix};$$

$$^p\mathfrak{M}_{B,1} = {}^p\widetilde{\mathfrak{M}}_{B,1;1,2}; \quad ^p\mathfrak{M}_{B,2} = {}^p\widetilde{\mathfrak{M}}_{B,2;1,2}; \quad ^p\mathfrak{M}_{B,3} = {}^p\mathfrak{M}_{B,4} = 0;$$

$$^p\mathfrak{P}_1 = {}^p\mathfrak{P}_{1;1,2} = {}^p\widetilde{\mathfrak{S}}_{B,1;1,2} = \begin{bmatrix} +1{,}714 \\ 0 \\ -2{,}286 \end{bmatrix}; \quad ^p\mathfrak{P}_2 = -{}^p\widetilde{\mathfrak{S}}_{B,2;1,2} = \begin{bmatrix} +1{,}286 \\ 0 \\ +1{,}714 \end{bmatrix}.$$

Tabelle

	$^x\varphi_1$	$^y\varphi_1$	$^z\varphi_1$	$^xv_1$	$^yv_1$	$^zv_1$	$^x\varphi_2$	$^y\varphi_2$	$^z\varphi_2$	$^xv_2$	$^yv_2$	$^zv_2$	$^x\varphi_3$
$^x\varphi_1$	235 880	5 159	12 898	0	−115,9	−321,0	85 714					367,3	−18 608
$^y\varphi_1$		261 790	−12 898	115,9	0	−453,6		−15 950					
$^z\varphi_1$			163 840	97,13	148,9	0			33 482	−143,5			
$^xv_1$				405,5	−29,6	−74,0			143,5	−0,41			
$^yv_1$					352,2	74,0					−321,4		
$^zv_1$						188,3	−367,4					−1,05	
$^x\varphi_2$							223 650	−4 636	11 591		−57,9	344,2	
$^y\varphi_2$								249 560	11 591	57,9		−476,8	
$^z\varphi_2$									1 54 360	−120,3	172,1		
$^xv_2$										405,2	29,7	−74,1	
$^yv_2$											351,9	−74,1	
$^zv_2$												188,2	
$^x\varphi_3$													235 880
$^y\varphi_3$													
$^z\varphi_3$													
$^xv_3$													
$^yv_3$													
$^zv_3$													
$^x\varphi_4$													
$^y\varphi_4$													
$^z\varphi_4$													
$^xv_4$													
$^yv_4$													
$^zv_4$													

(spiegelsymmetrisch)

Mit (VII C.22) und (VII C.21) wird

$$^q\tilde{\mathfrak{B}}_{B,1;1,2} = {}^q\mathbf{G}_{12} \cdot \left({}^q\tilde{\mathfrak{M}}_{B,1;1,2} + {}^q\tilde{\mathfrak{M}}_{B,2;1,2}\right) =$$

$$\begin{array}{c}
\begin{bmatrix} 0 \\ -97{,}96 \\ +73{,}47 \end{bmatrix} \\[2mm]
10^{-2}\begin{bmatrix} 0 & 0 & 0 & 0 \\ 0 & 0 & +0{,}1428 & +0{,}105 \\ 0 & -0{,}1428 & 0 & +0{,}140 \end{bmatrix}
\end{array}$$

4.2

$^y\varphi_3$	$^z\varphi_3$	$^xv_3$	$^yv_3$	$^zv_3$	$^x\varphi_4$	$^y\varphi_4$	$^z\varphi_4$	$^xv_4$	$^yv_4$	$^zv_4$	Bel.
											$-391,84$
100000				500							0
	39062		$-195,3$								$-293,88$
		$-375,0$									$-1,82$
	195,3		$-0,65$								0
-500				$-1,67$							2,43
					-18608						293,88
						100000				500	0
							39062		$-195,3$		220,41
								$-375,0$			$-1,18$
							195,3		$-0,65$		0
						-500				$-1,67$	1,57
-5159	-12898		$-115,9$	$-321,0$	85714				367,4		0
261790	-12898	115,9		453,6		-15950					0
	163840	97,1	$-148,9$				33482	$-143,5$			0
		405,3	29,7	74,0			143,5	$-0,41$			0
			352,2	74,0					$-321,4$		0
				188,3	$-367,4$				$-1,05$		0
					223650	4636	-11591		$-57,95$	344,16	0
						249560	11591	57,95		476,82	0
							154360	$-120,31$	$-172,13$	0	0
								405,18	$-29,66$	74,15	0
									351,85	$-74,15$	0
										188,20	0

(Die rechte Spalte ist insgesamt $= 0$.)

$${}^pV_1 = {}^p\widetilde{\mathfrak{V}}_{B,1;1,2} = \mathbf{R}_{12}^T \cdot {}^q\widetilde{\mathfrak{V}}_{B,1;1,2} = \begin{array}{ccc|c} & & & 0 \\ & & & 0,105 \\ & & & 0,140 \\ \hline 0 & 1 & 0 & 0,150 \\ 1 & 0 & 0 & 0 \\ 0 & 0 & -1 & -0,140 \end{array}$$

$$-{}^p\mathfrak{B}_1 - {}^pV_1 = \begin{bmatrix} -1,819 \\ 0 \\ +2,426 \end{bmatrix}.$$

In gleicher Weise ergibt sich

$$-{}^{p}\mathfrak{P}_2 - {}^{p}V_2 = \begin{bmatrix} -1,18 \\ 0 \\ +1,57 \end{bmatrix}.$$

Damit sind alle Koeffizienten des Gleichungssystems gegeben, das entsprechend Tabelle 4.1 in Tabelle 4.2 angeschrieben wird.

Als Lösung ergeben sich die Werte:

$$
\begin{aligned}
{}^{x}\varphi_1 &= 0,21006 \cdot 10^{-2}; & {}^{y}\varphi_1 &= 0,52062 \cdot 10^{-3}; & {}^{z}\varphi_1 &= 0,23706 \cdot 10^{-2}; \\
{}^{x}\varphi_2 &= -0,23846 \cdot 10^{-2}; & {}^{y}\varphi_2 &= 0,79071 \cdot 10^{-3}; & {}^{z}\varphi_2 &= -0,20960 \cdot 10^{-2}; \\
{}^{x}\varphi_3 &= 0,27335 \cdot 10^{-3}; & {}^{y}\varphi_3 &= 0,28918 \cdot 10^{-3}; & {}^{z}\varphi_3 &= -0,59703 \cdot 10^{-3}; \\
{}^{x}\varphi_4 &= -0,47771 \cdot 10^{-3}; & {}^{y}\varphi_4 &= 0,69995 \cdot 10^{-3}; & {}^{z}\varphi_4 &= 0,29626 \cdot 10^{-3}; \\
{}^{x}v_1 &= 0,62450 \text{ cm}; & {}^{y}v_1 &= 0,33619 \text{ cm}; & {}^{z}v_1 &= 0,10080 \text{ cm}; \\
{}^{x}v_2 &= 0,67438 \text{ cm}; & {}^{y}v_2 &= 0,33363 \text{ cm}; & {}^{z}v_2 &= 0,39172 \text{ cm}; \\
{}^{x}v_3 &= 0,62320 \text{ cm}; & {}^{y}v_3 &= 0,18110 \text{ cm}; & {}^{z}v_3 &= -0,31904 \text{ cm}; \\
{}^{x}v_4 &= 0,67365 \text{ cm}; & {}^{y}v_4 &= 0,18041 \text{ cm}; & {}^{z}v_4 &= -0,19617 \text{ cm}.
\end{aligned}
$$

Schnittbelastungen

Entsprechend Beispiel VII.3 können damit die Schnittbelastungen (Stabendmomente, Querkräfte und Normakräfte) berechnet werden.

Für den Stab 1—2 ergeben sich nach (VII C.82):

$$
{}^{p}\overline{\mathfrak{M}}_{B,1;1,2} = {}^{p}\widetilde{\mathfrak{M}}_{B,1;1,2} + {}^{p}\mathbf{K}_{11;12} \cdot {}^{p}\Phi_1 + {}^{p}\mathbf{K}_{12} \cdot {}^{p}\Phi_2 + {}^{p}\mathbf{D}_{11;12} \cdot {}^{p}v_1 - {}^{p}\mathbf{D}_{11;12} \cdot {}^{p}v_2.
$$

$$
{}^{p}\widetilde{\mathfrak{M}}_{B,1;1,2} = \begin{bmatrix} -391,840 \\ 0 \\ -293,880 \end{bmatrix}
+ \begin{bmatrix} 171\,428 & & \\ & 15\,950 & \\ & & 66\,964 \end{bmatrix}
\begin{bmatrix} 0,21006 \cdot 10^{-2} \\ 0,52062 \cdot 10^{-3} \\ 0,23706 \cdot 10^{-2} \end{bmatrix}
\begin{bmatrix} 360,102 \\ 8,304 \\ 158,745 \end{bmatrix} +
$$

$$
+ \begin{bmatrix} 85\,714 & & \\ & -15\,950 & \\ & & 33\,482 \end{bmatrix}
\begin{bmatrix} -0,23846 \cdot 10^{-2} \\ 0,79071 \cdot 10^{-3} \\ -0,20960 \cdot 10^{-2} \end{bmatrix}
\begin{bmatrix} -204,394 \\ -12,612 \\ -70,178 \end{bmatrix} +
$$

$$
+ \begin{bmatrix} 0 & 0 & -367,350 \\ 0 & 0 & 0 \\ +143,494 & 0 & 0 \end{bmatrix}
\begin{bmatrix} 0,62450 \\ 0,33619 \\ 0,10080 \end{bmatrix}
\begin{bmatrix} -37,029 \\ 0 \\ +89,612 \end{bmatrix}
- \begin{bmatrix} 0 & 0 & -367,350 \\ 0 & 0 & 0 \\ +143,494 & 0 & 0 \end{bmatrix}
\begin{bmatrix} 0,67438 \\ 0,33363 \\ 0,39172 \end{bmatrix}
\begin{bmatrix} -143,898 \\ 0 \\ +96,769 \end{bmatrix} =
$$

$$
= \begin{bmatrix} -129,263 \\ -4,308 \\ +212,470 \end{bmatrix}.
$$

Nach (VII C.83) können die Schnittbelastungen im q-System berechnet werden. Zum Beispiel ist

$$
{}^{q}\overline{\mathfrak{M}}_{B,1;1,2} = \mathbf{R}_{12} \cdot {}^{p}\overline{\mathfrak{M}}_{B,1;1,2} =
\begin{array}{|ccc|c|}
\hline
 & & & -129{,}263 \\
 & & & -\ \ 4{,}308 \\
 & & & -212{,}470 \\
\hline
0 & 1 & 0 & -\ \ 4{,}308 \\
1 & 0 & 0 & -129{,}263 \\
0 & 0 & -1 & +212{,}470 \\
\hline
\end{array}
=
\begin{bmatrix}
-\ \ 4{,}308 \\
-129{,}263 \\
+212{,}470
\end{bmatrix} .
$$

In gleicher Weise können alle Schnittbelastungen ermittelt werden, die in Tabelle 4.3 angegeben sind.

Tabelle 4.3

Stab $i-k$	Achse n	$\overline{N}_{P,i-k}$	${}^{n}\overline{M}_{Pi;ik}$	${}^{n}\overline{Q}_{Pi;ik}$	${}^{n}\overline{M}_{Pk;ik}$	${}^{n}\overline{Q}_{Pk;ik}$
		t	tcm	t	tcm	t
1-2	1	-0,825	-4,31	0	4,31	0
	2		-129,3	1,800	172,0	-1,200
	3		212,5	2,225	-152,0	-1,775
1-3	1	0,485	-34,0	0	34,0	0
	2		-76,9	-0,447	-100,0	-0,447
	3		-192,0	0,295	-76,2	0,295
1-5	1	-3,094	-12,8	0	12,8	0
	2		-125,0	0,030	-77,5	0,030
	3		-18,7	0,352	35,9	0,352
2-4	1	0,273	35,5	0	-35,5	0
	2		-65,8	0,252	-74,9	0,252
	3		122,0	0,234	28,8	0,234
2-6	1	-2,447	0	0	0	0
	2		-140,0	0,106	0	0,106
	3		61,0	0,244	0	0,244
3-4	1	-0,224	-6,6	0	6,6	0
	2		51,0	0,064	-13,3	0,064
	3		37,3	-0,054	7,4	-0,054
3-7	1	0,573	2,7	0	-2,7	0
	2		87,4	0,230	87,1	0,230
	3		74,3	-0,304	58,0	-0,304
4-8	1	0,240	0	0	0	0
	2		32,7	-0,128	0	-0,128
	3		-73,5	-0,057	0	-0,057

Literatur zum Kapitel VII

[1] Sattler, K.: Zur Berechnung räumlicher Stabwerke. IVBH 26 (1966).

[2] Sattler, K.: Lehrbuch der Statik, Bd. I A u. I B, Berlin-Heidelberg-New York: Springer 1969.

[3] Matz, K.: Beitrag zur Berechnung räumlicher Stabtragwerke mit beliebiger Knotenfigur (Knotenbewegungs- und Festhaltestabverfahren). Dissert. TH Graz, 1969.

[4] Wagner, L.: Beitrag zur Berechnung räumlicher Tragwerke. Dissert., TH Graz, 1971.

[5] Baum, G.: Grundwerte am Einfeldbalken, Berlin-Heidelberg-New York: Springer 1965.

[6] Eisemann, K.: Space Frame Analysis by Matrices and Computer. J. Structural Division, Dezember 1962.

[7] Fenves: Stress. A User's Manual. Cambridge, Massachussetts: MIT Press 1964.

[8] Klöppel, K., Reuschling, D.: Zur Anwendung der Theorie der Graphen bei der Matrizenformulierung statischer Probleme. Stahlbau 35 (1966) 236.

[9] Martin, I.: General Solution of Space Frameworks. J. Structural Division, August 1961.

[10] Mücke, E.: Beitrag zur Berechnung ebener und räumlicher Stabwerke nach Theorie 1. und 2. Ordnung. Dissert., TH Graz, 1965.

[11] Möller, K. H., Mörchen, H., Völkel, G., Wagemann, C. H.: Prosa — eine Programmiersprache für statische Aufgaben. Stahlbau 36 (1967) 289.

[12] Müller, H.: Anwendung der Matrizenrechnung in der Stabstatik. Ing. Taschenbuch Bauwesen, Bd. I, Edition Leipzig 1964.

[13] Opladen, K.: Unbehindert verschiebliche Rahmen, Bd. I, Düsseldorf: Werner 1963.

[14] Postl, J.: Die elektronische Berechnung des beliebigen räumlichen Stabwerkes unter beliebiger statischer und dynamischer Belastung. Österr. Ing.-Arch. (1963) 145.

[15] Resinger, F.: Der Momentenausgleich nach Cross bei Berücksichtigung der Stabverformung. Bauingenieur 34 (1959) 266.

[16] Schumpich, G., Spiering, S.: Zur Praxis der Berechnung von räumlichen Stabwerken mit Hilfe von Übertragungsmatrizen. Abh. Braunschweig. Wiss. Ges. XIII (1961).

[17] Spener, H.: Beitrag zur Stabilität räumlicher Tragwerke. Dissert. TH Graz, 1972.

[18] Wissmann, W.: Beitrag zur elektronischen Berechnung allgemeiner Stabwerke der Baustatik. Dissert., TH Stuttgart, 1967.

[19] Withum, D.: Berechnung räumlicher Stabwerke. Bauingenieur 41 (1966) 476.

[20] Withum, D.: Eine problemorientierte Sprache zur elektronischen Berechnung räumlicher Stabwerke. Mitt. d. Inst. f. Stat. d. TH Hannover Nr. 11 (1966).

[21] Zurmühl, R.: Matrizen, Berlin-Heidelberg-New York: Springer 1969.

VIII. Räumliche Fachwerke

1. Einleitung

Die Entwicklungen dieses Abschnittes bauen auf denen des Abschnittes VII für räumliche Stabwerke auf. Sie sind das Ergebnis der beiden Dissertationen von K. Matz [2] und L. Wagner [3]. Wesentlich ist dabei, daß auf Grund von Steifigkeitsmatrizen und der Deformationsmethode in einfacher Weise die Bedingungsgleichungen zur Berechnung beliebiger, statisch bestimmter und unbestimmter Raumfachwerke aufgestellt werden können.

Das räumliche Fachwerk stellt einen Sonderfall der räumlichen Stabwerke dar. Die Berechnung der räumlichen Fachwerke erfolgt unter der Annahme, daß an zwei Knoten i und k ein gerader Stab $(i - k)$ zentrisch und mit reibungsfreien Gelenken angeschlossen ist und daß die äußeren Lasten nur in den Knotenpunkten angreifen.

Es gibt prinzipiell drei verschiedene Typen von Fachwerken [4]:

Fachwerke einfacher Bauart. Das sind Fachwerke, die innerlich und äußerlich statisch bestimmt und außerdem entsprechend dem „Aufbaukriterium" gebildet sind. Unter dem Aufbaukriterium versteht man diejenige Bildungsart von räumlichen Fachwerken, bei welcher von einer Basis von drei Knoten ausgehend, jeweils durch drei nicht in einer Ebene liegende Stäbe ein neuer Knoten gebildet wird.

Fachwerke komplexer Bauart. Das sind Fachwerke, die zwar statisch bestimmt sind, aber nicht dem Aufbaukriterum entsprechen.

Statisch unbestimmte Fachwerke.

Für Fachwerke einfacher Bauart ist es verhältnismäßig leicht, die bei der Handrechnung übliche Schnittbelastungsmethode zu programmieren. Für komplexe Fachwerke wird dabei zweckmäßig die Methode der Stabvertauschung angewandt. Für die Programmierung bedeutet dies, daß durch Anbringen von Tausch- und Ersatzstäben ein Fachwerk einfacher Bauart als Grundsystem gebildet werden muß, an welchem dann die einzelnen Belastungsfälle gerechnet werden [1, Bd. I A, S. 152].

Für statisch unbestimmte Fachwerke wäre ein zusätzliches Programm erforderlich. Die statisch Überzähligen und die endgültigen Stabkräfte werden dann an einem Fachwerk einfacher Bauart, am statisch bestimmten Grundsystem, in bekannter Weise ermittelt.

Dieser kurze Überblick zeigt, daß bei der Schnittbelastungsmethode ein umfangreiches und kompliziertes Programm erforderlich ist, um jedes beliebige Fachwerk berechnen zu können.

Das in diesem Abschnitt gezeigte Berechnungsverfahren für räumliche Fachwerke beruht auf der Deformationsmethode, ist allgemein anwendbar und daher für die Programmierung gut geeignet. Es ist nicht erforderlich, über die Bauart und statische Bestimmtheit des Fachwerkes eine Aussage zu machen.

Die folgenden Entwicklungen sind immer auf das Koordinatensystem $p(x, y, z)$ bezogen, der Index p wird jedoch nicht angeschrieben.

2. Grundgleichungen der Deformationsmethode

Nach (VII C.10) ist die Dehnsteifigkeit des Stabes $(i - k)$

$$K_{i-k} = \frac{EF_{ik}}{s_{i-k}}. \tag{VIII.1}$$

Unter der Annahme bekannter Knotenverschiebungen $\mathfrak{v}_i$ und $\mathfrak{v}_k$ der Knoten i und k und der daraus entstehenden Stablängenänderung Δ_{i-k} ergibt sich die Stabkraft

$$S_{i-k} = K_{i-k}\,\Delta_{i-k} = \frac{EF_{ik}}{s_{i-k}} \cdot \Delta_{i-k}. \tag{VIII.2}$$

Nach Abb. VIII.1 ist die Längenänderung Δ_{i-k} des Stabes $(i - k)$ gleich dem Absolutbetrag der Komponente der Relativverschiebung in Stabrichtung e_{ik}

$$\Delta_{i-k} = (\mathfrak{v}_k - \mathfrak{v}_i) \cdot e_{ik}. \tag{VIII.3}$$

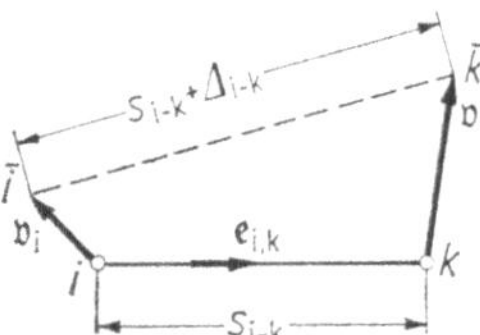

Abb. VIII.1

Der Vektor e_{ik} wird aus rechentechnischen Gründen in transponierter Schreibweise, also als Zeilenvektor angeschrieben. Damit lautet (VIII.3):

$$\Delta_{i-k} = e_{ik}^T \cdot (\mathfrak{v}_k - \mathfrak{v}_i). \tag{VIII.4}$$

Mit (VIII.2) ergibt sich der auf den Knoten i wirkende Stabkraftvektor $\mathfrak{S}_{i-k}$

$$\mathfrak{S}_{i-k} = e_{ik}\,S_{i-k} = e_{ik}\frac{EF_{ik}}{s_{i-k}} \cdot \Delta_{i-k}, \tag{VIII.5}$$

und weiter mit (VIII.4)

$$\mathfrak{S}_{i-k} = \frac{EF_{ik}}{s_{i-k}}\,e_{ik} \cdot e_{ik}^T \cdot (\mathfrak{v}_k - \mathfrak{v}_i). \tag{VIII.6}$$

In (VIII.6) wird

$$\frac{EF_{ik}}{s_{i-k}}\,e_{ik} \cdot e_{ik}^T = \mathbf{K}_{ik} = \mathbf{K}_{ki} = \frac{EF_{ik}}{s_{i-k}}\begin{bmatrix} e_x^2 & e_x\,e_y & e_x\,e_z \\ e_x\,e_y & e_y^2 & e_y\,e_z \\ e_x\,e_z & e_y\,e_z & e_z^2 \end{bmatrix} \tag{VIII.7}$$

als Dehnsteifigkeitsmatrix des Stabes $(i - k)$ definiert.

$\mathbf{K}_{ik}$ ist eine symmetrische Matrix dritter Ordnung.

Damit ergibt sich

$$\mathfrak{S}_{i-k} = \mathbf{K}_{ik} \cdot (\mathfrak{v}_k - \mathfrak{v}_i) \tag{VIII.8}$$

bzw.

$$\mathfrak{S}_{i-k} = \mathbf{K}_{ik} \cdot \mathfrak{v}_k - \mathbf{K}_{ik} \cdot \mathfrak{v}_i.$$

3. Allgemeine Deformationsmethode

Für einen Knoten i eines Raumfachwerkes muß die Bedingung erfüllt sein, daß die Resultierende der äußeren Knotenlasten $\Re_{B,i}$ mit den Stabkräften der am Knoten i angreifenden m Stäbe eine Gleichgewichtsgruppe bildet:

$$\Re_{B,i} + \sum \mathfrak{S}_{B;i-k} = 0. \qquad\qquad (VIII.9)$$

Mit (VIII.8) ergibt sich

$$\Re_{B;i} + \sum_m (\mathbf{K}_{ik} \cdot \mathfrak{v}_k) - \left(\sum_m \mathbf{K}_{ik}\right) \cdot \mathfrak{v}_i = 0 \qquad\qquad (VIII.10\,a)$$

bzw. mit (VIII.13)

$$\mathbf{K}_i \cdot \mathfrak{v}_i - \sum_m (\mathbf{K}_{ik} \cdot \mathfrak{v}_k) - \Re_{B,i} = 0. \qquad\qquad (VIII.10\,b)$$

Diese Vektorgleichung wird für jeden Knoten aufgestellt, wobei $\mathfrak{v}_i$ und $\mathfrak{v}_k$ die unbekannten Verformungsgrößen sind.

Nach Lösung des Gleichungssystems erhält man mit (VIII.8) die endgültigen Stabkräfte

$$S_{B;i-k} = \mathfrak{S}_{B;i-k} \cdot e_{ik} = \mathbf{K}_{ik} \cdot (\mathfrak{v}_k - \mathfrak{v}_i) \cdot e_{ik}. \qquad\qquad (VIII.11)$$

Dabei ist es gleichgültig, ob es sich um statisch bestimmte oder unbestimmte Fachwerke handelt.

4. Stabkraftausgleichverfahren

a) Allgemeine Entwicklungen

Vergleicht man (VIII.10) mit (VII C.95 a), so erkennt man den ähnlichen Aufbau in beiden Gleichungssystemen. Statt der Knotendrehungen Φ_i und Φ_k treten nunmehr die Knotenverschiebungen $\mathfrak{v}_i$ und $\mathfrak{v}_k$ als unbekannte Verformungsgrößen auf. Es ist daher naheliegend, die Stabkräfte aus einem Belastungs- oder Verformungszustand nach einem dem Abschnitt VII C.8 b entsprechenden ähnlichen Berechnungsverfahren zu bestimmen.

Aus (VIII.10) erhält man für jeden freien Knoten des Fachwerkes

$$\left(\sum_m \mathbf{K}_{ik}\right) \cdot \mathfrak{v}_i = \Re_i + \sum_m (\mathbf{K}_{ik} \cdot \mathfrak{v}_k). \qquad\qquad (VIII.12)$$

Mit der „Knotendehnsteifigkeitsmatrix" $\mathbf{K}_i$

$$\mathbf{K}_i = \sum_m \mathbf{K}_{ik} \qquad\qquad (VIII.13)$$

ergibt sich durch Linksmultiplikation von (VIII.12) mit $\mathbf{K}_i^{-1}$

$$\mathfrak{v}_i = \mathbf{K}_i^{-1} \cdot \left(\Re_i + \sum_m (\mathbf{K}_{ik} \cdot \mathfrak{v}_k)\right) \qquad\qquad (VIII.14)$$

und weiter durch Linksmultiplikation mit $\mathbf{K}_{ik}$

$$\mathbf{K}_{ik} \cdot \mathfrak{v}_i = \mathbf{K}_{ik} \cdot \mathbf{K}_i^{-1} \cdot \left(\Re_i + \sum_m (\mathbf{K}_{ik} \cdot \mathfrak{v}_k)\right). \qquad\qquad (VIII.15)$$

Entsprechend (VII C.96) werden

$$\mathbf{K}_{ik} \cdot \mathfrak{v}_i = \mathfrak{S}'_{i-k}$$

und

$$\mathbf{K}_{ik} \cdot \mathfrak{v}_k = \mathfrak{S}'_{k-i} \qquad\qquad (VIII.16)$$

als Stabkraftanteile aus den Knotenverschiebungen der Knoten i und k eingeführt.

Mit

$$\mathbf{K}_{ik} \cdot \mathbf{K}_i^{-1} = \mu_{ik}$$

bzw.

$$\mathbf{K}_{ki} \cdot \mathbf{K}_k^{-1} = \boldsymbol{\mu}_{ki} \tag{VIII.17}$$

als Matrix der Verteilungszahlen ergibt sich aus (VIII.15)

$$\mathfrak{S}'_{i-k} = \boldsymbol{\mu}_{ik} \cdot \left(\mathfrak{R}_i + \sum_m \mathfrak{S}'_{k-i}\right) = \boldsymbol{\mu}_{ik} \cdot \mathfrak{S}'_{i,\infty}. \tag{VIII.18}$$

Die Berechnung von (VIII.18) erfolgt wie im Abschnitt VII C.8b iterativ.

Der endgültige Stabkraftvektor lautet nach (VIII.8)

$$\mathfrak{S}_{i-k} = \mathfrak{S}'_{k-i} - \mathfrak{S}'_{i-k}, \tag{VIII.19}$$

und damit ergibt sich die endgültige Stabkraft eines Stabes $(i - k)$ aus einem beliebigen Belastungszustand $[B]$ zu

$$S_{B;i-k} = \mathfrak{S}_{B;i-k} \cdot \mathfrak{e}_{ik}. \tag{VIII.20}$$

$S_{B;i-k}$ ist eine Zugkraft, wenn (VIII.20) positiv ist.

Mit (VIII.14) ergibt sich die endgültige Knotenverschiebung infolge eines beliebigen Belastungszustandes

$$\mathfrak{v}_i = \mathbf{K}_i^{-1} \cdot \left(\mathfrak{R}_i + \sum_m \mathfrak{S}'_{k-i}\right) = \mathbf{K}_i^{-1} \cdot \mathfrak{S}'_{i,\infty}. \tag{VIII.21}$$

b) Iteration

Die iterative Lösung von (VIII.18) erfolgt nach dem „Iterationsverfahren in Einzelschritten". Es wird folgender Weg beschritten. Aus (VIII.18) ergibt sich die Iterationsvorschrift, daß sich der Ausdruck

$$\mathfrak{R}_i + \sum_m \mathfrak{S}'_{k-i} = \mathfrak{S}'_i, \tag{VIII.22}$$

der für jeden freien Knoten zu bilden ist, bei fortschreitender Iteration nicht mehr ändert oder daß die Änderung einen geforderten Genauigkeitswert ε nicht überschreitet.

Die Vektoren $\mathfrak{R}_i$ und $\mathfrak{S}'_i$ — für jeden Punkt i gebildet — werden zu den Spaltenvektoren $\tilde{S}$ und S' zusammengefaßt, ebenso werden die $\boldsymbol{\mu}_{ki}$-Matrizen zu einer Übermatrix $\mathbf{B}$ vereint. Die Anordnung der $\boldsymbol{\mu}_{ki}$-Matrizen ergibt sich aus der Anordnung der Knoten zueinander. Für das in Abb. VIII.2 skizzierte Beispiel lautet die $\mathbf{B}$-Matrix:

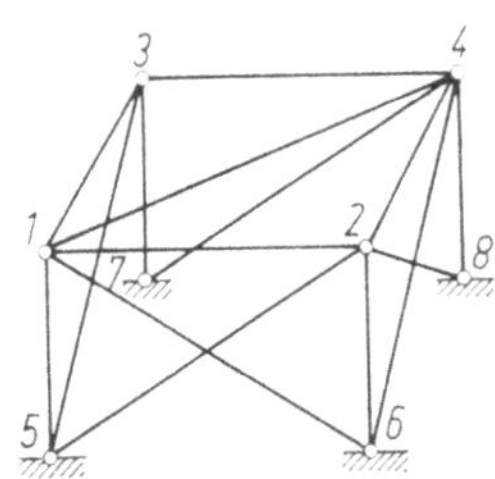

$$\mathbf{B} = \begin{bmatrix} 0 & \boldsymbol{\mu}_{21} & \boldsymbol{\mu}_{31} & \boldsymbol{\mu}_{41} \\ \boldsymbol{\mu}_{12} & 0 & 0 & \boldsymbol{\mu}_{42} \\ \boldsymbol{\mu}_{13} & 0 & 0 & \boldsymbol{\mu}_{43} \\ \boldsymbol{\mu}_{14} & \boldsymbol{\mu}_{24} & \boldsymbol{\mu}_{34} & 0 \end{bmatrix}.$$

Abb. VIII.2

Als Ausgangsvektor für die Iteration wird der Spaltenvektor $\tilde{S}$, gebildet aus den Belastungsvektoren, gewählt.

Mit dieser Matrix ergibt sich für den 1-ten Iterationsschritt

$$S'_1 = S + \mathbf{B} \cdot S'_{k-i,0}. \tag{VIII.23}$$

Für den r-ten Iterationsschritt gilt

$$S'_r = \tilde{S} + \mathbf{B} \cdot S'_{k-i,r-1}. \tag{VIII.24}$$

Für die erste Zeile sind die Werte von $S_0' = \tilde{S}$ einzuführen, für jede weitere Zeile die in den vorhergehenden Zeilen bereits ermittelten Werte von S_1' (siehe Beispiel 1 und 2). Besonders beim „Stabkraftausgleich" zeigt es sich, daß die **B**-Matrix mit ungefähr gleich großen μ_{ki}-Werten besetzt ist. Dies deutet auf eine schlechte Konvergenz des eben beschriebenen Verfahrens hin. Es zeigt sich auch bei durchgerechneten Zahlenbeispielen, daß schon bei einer geringen Anzahl von auszugleichenden Knoten die Konvergenz schlecht ist, das heißt, daß viele Iterationsschritte benötigt werden. Da dieser Programmteil sehr rechenzeitintensiv ist, war es notwendig, die Konvergenz zu beschleunigen.

An durchgeführten Zahlenbeispielen ließ sich erkennen, daß nach einer geringen Anzahl von Iterationsschritten für jede Zeile i des Spaltenvektors S_r' eine regelmäßige Abnahme der Differenz

$$D_{i,r} = \mathfrak{S}_{i,r}' - \mathfrak{S}_{i,r-1}' \qquad\qquad \text{(VIII.25)}$$

angenommen werden kann. Diese Regelmäßigkeit besteht darin, daß der Quotient q_i zweier benachbarter Differenzen $D_{i,r+1}$ und $D_{i,r}$ gleich groß ist (Abb. VIII.3). Auf Grund dieser Gesetzmäßigkeit ist es möglich, einen fiktiven Endwert zu bestimmen.

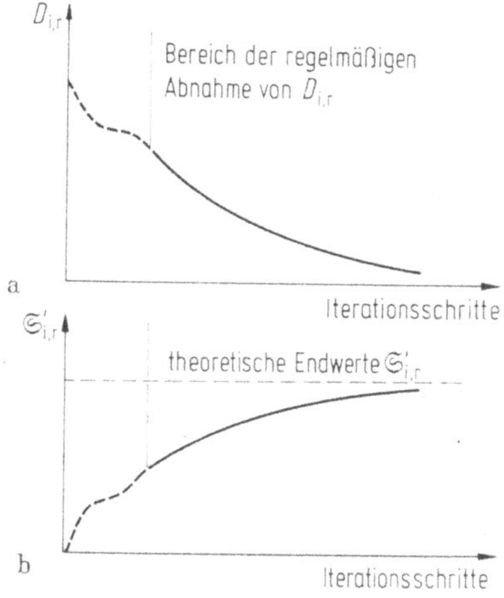

Abb. VIII.3

Nach dem r-ten Iterationsschritt gilt für die Zeile i:

$$\frac{D_{i,r}}{D_{i,r-1}} = \frac{D_{i,r-1}}{D_{i,r-2}} = q_i. \qquad\qquad \text{(VIII.26)}$$

Mit konstantem q_i ist es möglich, den Wert $\mathfrak{S}_{i,r+1}'$ auf folgende Weise zu errechnen:

$$\mathfrak{S}_{i,r+1}' = \mathfrak{S}_{i,r}' + q_i D_{i,r}.$$

Für den $(r+1)$-ten Schritt lautet die Gleichung für $\mathfrak{S}_{i,r+2}'$

$$\mathfrak{S}_{i,r+2}' = \mathfrak{S}_{i,r}' + q_i D_{i,r} + q_i^2 D_{i,r}$$

und für den (n-ten) Iterationsschritt

$$\mathfrak{S}_{i,n}' = \mathfrak{S}_{i,r}' + q_i D_{i,r} + q_i^2 D_{i,r} + \cdots + q_i^{n-r} D_{i,r}.$$

Für $n \to \infty$ und mit der Bedingung

$$q_i < 1 \qquad\qquad \text{(VIII.27)}$$

läßt sich der fiktive Endwert $\mathfrak{S}'_{i,n}$ mittels der geometrischen Reihe berechnen

$$\mathfrak{S}'_{i,n} = \mathfrak{S}'_{i,r} + D_{i,r}\,\frac{q_i}{1 - q_i}\,. \tag{VIII.28}$$

Diese Endwertberechnung wird für jede Zeile von S'_n durchgeführt; in Matrizenschreibweise lautet sie

$$S'_n = S'_r \pm \mathbf{D}_r \cdot \mathbf{Q}\,. \tag{VIII.29}$$

$\mathbf{D}_r$ ist der Spaltenvektor der Differenzen $(S'_r - S'_{r-1})$ zwischen dem r-ten und $(r-1)$-ten Iterationsschritt, $\mathbf{Q}$ ist ein Spaltenvektor, in welchem für jede Zeile i der arithmetische Ausdruck $q_i/(1 - q_i)$ bestimmt ist.

Das wechselnde Vorzeichen $\pm$ in (VIII.29) ist dadurch erklärt, daß bei einem negativen Wert einer Zeile des Vektors $(\tilde{S} + S'_r)$ ein negativer Wert von $\mathbf{D}_r \cdot \mathbf{Q}$, bei einem positiven Wert einer Zeile des Vektors (S'_r) ein positiver Wert von $\mathbf{D}_r \cdot \mathbf{Q}$ hinzugerechnet werden muß, um zum fiktiven Endwert zu gelangen. Es muß daher für jede Zeile von S'_n eine Abfrage über das Vorzeichen des Ausdruckes $(\mathfrak{S}'_{i,n})$ im Programm stattfinden. Mit dem nach (VIII.29) errechneten fiktiven Endwert S'_n als neuen Ausgangsvektor wird eine Nachiteration durchgeführt, um gewisse Ungenauigkeiten in der Endwertbestimmung ausschalten zu können.

Es ist offensichtlich, daß das Eintreten einer Gesetzmäßigkeit bei der Differenzenbildung nach (VIII.25) stark vom jeweiligen System, speziell von der Knotenanzahl und von der Anordnung der Stäbe abhängt. Dieser Tatsache wurde insofern entsprochen, daß es möglich ist, den r-ten Iterationsschritt, nach welchem die Berechnung des fiktiven Endwertes erfolgt, für jede Aufgabe frei zu wählen. Ebenso frei wählbar ist die gewünschte Genauigkeit ε.

Mit S'_n sind nach (VIII.18) und (VIII.19) die endgültigen Stabkräfte $\mathfrak{S}_{i-k}$ und nach (VIII.21) die endgültigen Verschiebungen v_i der einzelnen Knoten festgelegt. Diese obigen Überlegungen über eine Konvergenzbeschleunigung gelten sinngemäß auch für den Momentenausgleich des Abschnittes VII C.8b.

5. Einflußflächen

Mittels der kinematischen Methode lassen sich für jedes Fachwerk die Stabkrafteinflußlinien bestimmen [Bd. I A, S. 171].

Erteilt man dem Stab, für welchen die Einflußfläche bestimmt werden soll, eine Stablängenänderung $\Delta = 1$, entgegengesetzt der positiven Stabkraftrichtung, so ist die Biegelinie infolge $\Delta = 1$ die Einflußlinie des gewünschten Stabes.

Ist die Einflußfläche für den Stab $(i - k)$ gesucht, so wird die Kraft S_{i-k}, die der Längenänderung bzw. Klaffung $\Delta_{i-k} = 1$ entspricht (Abb. VIII.4)

$$S_{i-k} = \frac{EF_{ik}}{s_{i-k}}\,. \tag{VIII.30}$$

Diese wird in den Knoten i und k in Richtung des Stabes $(i - k)$ als einzige äußere Belastung aufgebracht, und zwar so, daß im Stab $(i - k)$ bei angenommener Zugkraft eine Klaffung nach Abb. VIII.4 entsteht.

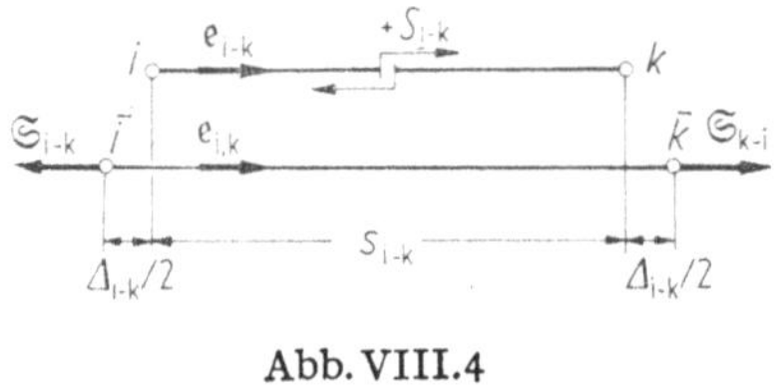

Abb. VIII.4

Nach Abb. VIII.4 entspricht dies den Stabkraftvektoren

$$\mathfrak{S}_{\Delta i - k = 1; i - k} = - \mathfrak{e}_{ik} \frac{EF_{ik}}{s_{i-k}}$$

bzw.   (VIII.31)

$$\mathfrak{S}_{\Delta i - k = 1; k - i} = - \mathfrak{e}_{ik} \frac{EF_{ik}}{s_{i-k}}$$

in den Punkten i bzw. k.

Das Gleichungssystem (VIII.9) wird für jeden freien Knoten aufgestellt, wobei für den Knoten i

$$\mathfrak{R}_i = \mathfrak{S}_{\Delta i - k; i - k},$$

für den Knoten k

$$\mathfrak{R}_k = \mathfrak{S}_{\Delta i - k; k - i}$$

und für alle übrigen freien Knoten

$$\mathfrak{R}_i = 0$$

einzuführen ist.

Für diesen Belastungsfall sind die Knotenverschiebungen in der vorher beschriebenen Weise zu berechnen. Die Verschiebungskoordinaten in x-Richtung (bzw. y- oder z-Richtung) sind die Einflußflächenordinaten für die wandernde Last $P_x = 1$ (bzw. $P_y = 1$ oder $P_z = 1$) in allen Punkten.

6. Lagerbedingungen

Ist ein Stab $(i - k)$ im Knoten i unverschieblich gelagert, so handelt es sich um eine gelenkige feste Lagerung (Abb. VIII.5 a). Dies gilt auch, wenn mehrere Stäbe im Knoten i unverschieblich gelagert sind (z. B. Knoten 1 in Abb. VIII.5 b) für jeden einzelnen dieser Stäbe. Der Knoten i wird in beiden Fällen nicht ausgeglichen. Die Auflagerreaktion ist im ersten Beispiel gleich der Stabkraft $\mathfrak{S}_{i-k}$, bei mehreren Stäben gleich der Resultierenden $\Sigma \mathfrak{S}_{i-k}$.

Sind zwei oder mehrere Stäbe in einem Lagerpunkt i in einer oder zwei Richtungen verschieblich gelagert, so werden die Auflagerbedingungen durch Lagerstäbe ersetzt (Knoten 2, 3, 4 in Abb. VIII.5 b und c).

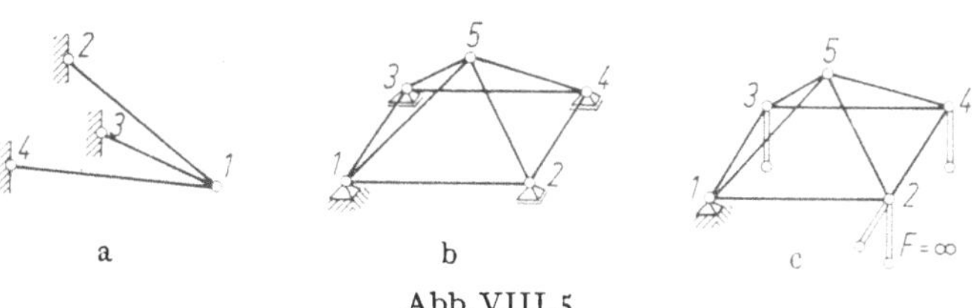

Abb. VIII.5

Für eine unverschiebliche Lagerung ist die Dehnsteifigkeit des entsprechenden Auflagerstabes unendlich groß anzunehmen. Die Auflagerkräfte werden in diesem Fall als Stabkräfte der Auflagerstäbe ermittelt, daher ist der Knoten i auch auszugleichen.

Die Durchführung der Berechnung wird in den Zahlenbeispielen gezeigt.

Beispiel VIII.1. Statisch bestimmtes räumliches Fachwerk

Das räumliche Fachwerk nach Abb. VIII 1.1 ist in den Punkten 1 und 2 mit den Lasten $\mathfrak{P}_1$ und $\mathfrak{P}_2$ belastet und statisch bestimmt.

$$\mathfrak{x}_1 = \begin{pmatrix} 0 \\ 0 \\ +3,0 \end{pmatrix}; \quad \mathfrak{x}_2 = \begin{pmatrix} 0 \\ +5,0 \\ +3,0 \end{pmatrix}; \quad \mathfrak{x}_3 = \begin{pmatrix} 0 \\ -2,0 \\ 0 \end{pmatrix}; \quad \mathfrak{x}_4 = \begin{pmatrix} -1,5 \\ 0 \\ 0 \end{pmatrix};$$

$$\mathfrak{x}_5 = \begin{pmatrix} -1,5 \\ 0 \\ 0 \end{pmatrix}; \quad \mathfrak{x}_6 = \begin{pmatrix} -1,5 \\ +5,0 \\ 0 \end{pmatrix}; \quad \mathfrak{x}_7 = \begin{pmatrix} -1,5 \\ +5,0 \\ 0 \end{pmatrix};$$

$$\mathfrak{P}_1 = \begin{pmatrix} +10,0 \\ -5,0 \\ +10,0 \end{pmatrix}; \quad \mathfrak{P}_2 = \begin{pmatrix} -10,0 \\ -10,0 \\ +5,0 \end{pmatrix}; \quad \begin{array}{l} s_{1-2} = 5,0\,\text{m}; \; s_{1-3} = 3,6056\,\text{m}; \\ s_{1-4} = s_{1-5} = s_{2-6} = s_{2-7} = 3,3541\,\text{m}. \end{array}$$

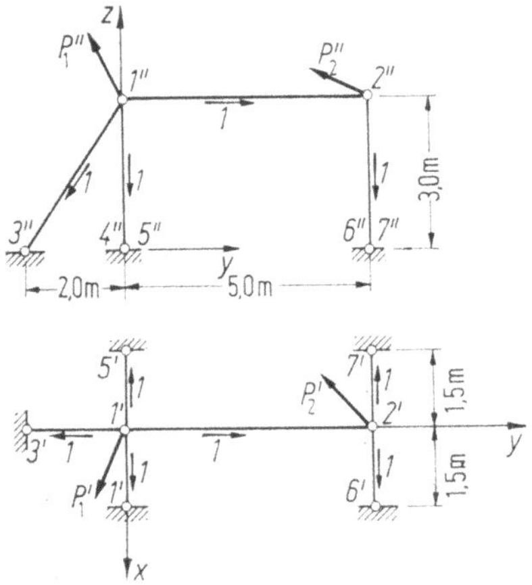

Abb. VIII 1.1

Mit den Koordinaten $\mathfrak{x}_i$ ergeben sich die Einheitsvektoren e_{ik}^T.

$$e_{1,2}^T = (\quad 0 \qquad\qquad 1,0 \qquad\qquad 0 \qquad);$$

$$e_{1,3}^T = (\quad 0 \qquad\quad -0,55470 \quad -0,83205\ );$$

$$e_{1,4}^T = (\quad 0,447214 \qquad 0 \qquad\quad -0,894427);$$

$$e_{1,5}^T = (-0,447214 \qquad 0 \qquad\quad -0,894427);$$

$$e_{2,6}^T = (\quad 0,447214 \qquad 0 \qquad\quad -0,894427);$$

$$e_{2,7}^T = (-0,447214 \qquad 0 \qquad\quad -0,894427).$$

$$P_1 = \sqrt{10,0^2 + 5,0^2 + 10,0^2} = 15,0\,\text{t} = P_2.$$

$$e_{P_1,x} = e_{P_1,z} = \frac{10}{15} = 0,\dot{6}66; \quad e_{P_1,y} = \frac{-5,0}{15,0} = -0,\dot{3}33;$$

$$e_{P_2,x} = -0,\dot{6}66 = e_{P_2,y}; \quad e_{P_2,z} = +0,\dot{3}33.$$

a) Schnittbelastungsverfahren

Nach Bd. I A (I A 36—I A 38) ergibt sich für den Knoten 2:

$$\mathbf{D} = \begin{bmatrix} e_{2,6;x} & e_{2,7;x} & -e_{1,2;x} \\ e_{2,6;y} & e_{2,7;y} & -e_{1,2;y} \\ e_{2,6;z} & -e_{2,7;z} & -e_{1,2;z} \end{bmatrix}; \quad \mathbf{D}_{2,6} = \begin{bmatrix} e_{P_2,x} & e_{2,7;x} & -e_{1,2;x} \\ e_{P_2,y} & e_{2,7;y} & -e_{1,2;y} \\ e_{P_2,z} & e_{2,7;z} & -e_{1,2;z} \end{bmatrix};$$

$$\mathbf{D}_{2,7} = \begin{bmatrix} e_{2,6;x} & e_{P_2,x} & -e_{1,2;x} \\ e_{2,6;y} & e_{P_2,y} & -e_{1,2;y} \\ e_{2,6;z} & e_{P_2,z} & -e_{1,2;z} \end{bmatrix}; \quad \mathbf{D}_{2,1} = \begin{bmatrix} e_{2,6;x} & e_{2,7;x} & e_{P_2,x} \\ e_{2,6;y} & e_{2,7;y} & e_{P_2,y} \\ e_{2,6;z} & e_{2,7;z} & e_{P_2,z} \end{bmatrix}.$$

$$S_{2-6} = \frac{-D_{2,6}}{D} P_2; \quad S_{2-7} = \frac{-D_{2,7}}{D} P_2; \quad S_{2-1} = \frac{-D_{2,1}}{D} P_2.$$

Die negativen Vorzeichen rühren davon her, daß es sich bei den Stabkräften um Reaktionen gegen die äußere Belastung handelt.

$$\mathbf{D} = \begin{bmatrix} 0{,}447214 & -0{,}447214 & 0 \\ 0 & 0 & -1{,}0 \\ -0{,}894427 & -0{,}894427 & 0 \end{bmatrix} = -0{,}8;$$

$$\mathbf{D}_{2,6} = \begin{bmatrix} -0{,}66\dot{6} & -0{,}447214 & 0 \\ -0{,}66\dot{6} & 0 & -1{,}0 \\ +0{,}33\dot{3} & -0{,}894427 & 0 \end{bmatrix} = 0{,}74536;$$

$$\mathbf{D}_{2,7} = \begin{bmatrix} 0{,}447214 & -0{,}66\dot{6} & 0 \\ 0 & -0{,}66\dot{6} & -1{,}0 \\ -0{,}894427 & +0{,}33\dot{3} & 0 \end{bmatrix} = -0{,}44721;$$

$$\mathbf{D}_{2,1} = \begin{bmatrix} 0{,}447214 & -0{,}447214 & -0{,}66\dot{6} \\ 0 & 0 & -0{,}66\dot{6} \\ -0{,}894427 & -0{,}894427 & +0{,}33\dot{3} \end{bmatrix} = -0{,}533\dot{3};$$

$$S_{2-6} = -\frac{0{,}74536}{-0{,}8} \, 15{,}0 = +13{,}975 \text{ t};$$

$$S_{2-7} = -\frac{-0{,}44721}{-0{,}8} \, 15{,}0 = -8{,}385 \text{ t};$$

$$S_{1-2} = -\frac{-0{,}533\dot{3}}{-0{,}8} \, 15{,}0 = -10{,}0 \text{ t}.$$

Für den Knoten 1 ist mit S_{1-2} und $\mathfrak{P}_1$ die Belastung des Dreistabknotens 1—3, 1—4, 1—5

$$\mathfrak{R}_1 = \mathfrak{P}_1 + \mathfrak{S}_{1-2} = \begin{pmatrix} +10{,}0 \\ -15{,}0 \\ +10{,}0 \end{pmatrix}; \quad R_1 = \sqrt{425} = 20{,}6155 \text{ t}.$$

$$e_{R_1,x} = e_{R_1,z} = \frac{10}{R_1} = 0{,}4851; \quad e_{R_1,y} = -\frac{15{,}0}{R_1} = -0{,}7276.$$

Mit der Stabreihenfolge 1—4, 1—5, 1—3 ergibt sich

$$\mathbf{D} = \begin{bmatrix} 0{,}447214 & -0{,}447214 & 0 \\ 0 & 0 & -0{,}55470 \\ -0{,}894427 & -0{,}894427 & -0{,}83205 \end{bmatrix} = -0{,}44376;$$

$$\mathbf{D}_{1,4} = \begin{bmatrix} 0{,}4851 & -0{,}447214 & 0 \\ -0{,}7276 & 0 & -0{,}55470 \\ 0{,}4851 & -0{,}894427 & -0{,}83205 \end{bmatrix} = 0{,}15040;$$

$$\mathbf{D}_{1,5} = \begin{bmatrix} 0{,}447214 & 0{,}4851 & 0 \\ 0 & -0{,}7276 & -0{,}55470 \\ -0{,}894427 & 0{,}4851 & -0{,}83205 \end{bmatrix} = 0{,}63176;$$

$$\mathbf{D}_{1,3} = \begin{bmatrix} 0{,}447214 & -0{,}447214 & 0{,}4851 \\ 0 & 0 & -0{,}7276 \\ -0{,}894427 & -0{,}894427 & 0{,}4851 \end{bmatrix} = 0{,}58208.$$

$$S_{1-4} = -\frac{D_{1,4}}{D}\,R_1 = +6{,}988\ \text{t}; \quad S_{1-5} = -\frac{D_{1,5}}{D}\,R_1 = 29{,}348\ \text{t};$$

$$S_{1-3} = -\frac{D_{1,3}}{D}\,R_1 = -27{,}042\ \text{t}.$$

b) Deformationsmethode

Die Berechnung wird nach Abschnitt VIII.A durchgeführt. Für diese Berechnung ist es erforderlich, Querschnittswerte anzunehmen, wie dies auch bei statisch unbestimmten Systemen der Fall ist. Die angenommenen Flächen haben jedoch bei statisch bestimmten Systemen keinen Einfluß auf die Stabkräfte. Sie sind lediglich Berechnungshilfswerte.

$$\text{Stab } 1-2: \quad \phi = 5'', \ s = 10\ \text{mm}, \quad F_{1,2} = 36{,}8\ \text{cm}^2;$$

$$\text{Stab } 1-3: \quad \phi = 5'', \ s = 12{,}5\ \text{mm}, \ F_{1,3} = 45{,}0\ \text{cm}^2;$$

$$\text{Stäbe } 1-4,\ 1-5,\ 2-6,\ 2-7: \phi = 5'', s = 8\ \text{mm}, \quad F_{1,4} = F_{1,5} = F_{2,6} = F_{2,7} = = 29{,}9\ \text{cm}^2.$$

Dehnsteifigkeitsmatrizen

Nach (VIII.7) gilt

$$\mathbf{K}_{ik} = \mathbf{K}_{ki} = \frac{EF_{i,k}}{s_{i-k}}\, \mathbf{e}_{ik} \cdot \mathbf{e}_{ik}^{T}.$$

Für den Stab 1—3 ergibt sich

$$\mathbf{K}_{1,3} = \frac{2100 \cdot 45{,}0}{360{,}56} \begin{array}{c|ccc} & 0 & -0{,}55470 & -0{,}83205 \\ \hline 0 & 0 & 0 & 0 \\ -0{,}55470 & 0 & 80{,}6449 & 120{,}9670 \\ -0{,}83205 & 0 & 120{,}9670 & 181{,}4510 \end{array} \ .$$

Entsprechend erhält man

$$\mathbf{K}_{1,2} = \begin{bmatrix} 0 & 0 & 0 \\ 0 & 154,56 & 0 \\ 0 & 0 & 0 \end{bmatrix}; \quad \mathbf{K}_{1,4} = \mathbf{K}_{2,6} = \begin{bmatrix} 37,4407 & 0 & -74,8814 \\ 0 & 0 & 0 \\ -74,8814 & 0 & 149,763 \end{bmatrix};$$

$$\mathbf{K}_{1,5} = \mathbf{K}_{2,7} = \begin{bmatrix} 37,4407 & 0 & 74,8814 \\ 0 & 0 & 0 \\ 74,8814 & 0 & 149,763 \end{bmatrix}.$$

Nach (VIII.13) wird

$$\mathbf{K}_1 = \mathbf{K}_{1,3} + \mathbf{K}_{1,4} + \mathbf{K}_{1,5} + \mathbf{K}_{1,2} = \begin{bmatrix} 74,8814 & 0 & 0 \\ 0 & 235,2049 & 120,967 \\ 0 & 120,967 & 480,977 \end{bmatrix};$$

$$\mathbf{K}_2 = \mathbf{K}_{1,2} + \mathbf{K}_{2,6} + \mathbf{K}_{2,7} = \begin{bmatrix} 74,8814 & 0 & 0 \\ 0 & 154,56 & 0 \\ 0 & 0 & 299,526 \end{bmatrix}.$$

Allgemeine Deformationsmethode

Nach (VII.10b) lautet das Gleichungssystem für die unbekannten Knotenpunktsverschiebungen

$$\mathbf{K}_1 \cdot \mathfrak{v}_1 - \mathbf{K}_{1,2} \cdot \mathfrak{v}_2 - \mathfrak{R}_{B,1} = 0;$$
$$-\mathbf{K}_{1,2} \cdot \mathfrak{v}_1 + \mathbf{K}_2 \cdot \mathfrak{v}_2 - \mathfrak{R}_{B,2} = 0.$$

Entsprechend

$$\mathbf{K}_1 \cdot \mathfrak{v}_1 = \begin{bmatrix} 74,8814 & & \\ & 235,2049 & 120,967 \\ & 120,967 & 480,977 \end{bmatrix} \begin{bmatrix} {}^{x}v_1 \\ {}^{y}v_1 \\ {}^{z}v_1 \end{bmatrix} = \begin{bmatrix} 74,8814\ {}^{x}v_1 \\ 235,2049\ {}^{y}v_1 + 120,967\ {}^{z}v_1 \\ 120,967\ {}^{y}v_1 + 480,977\ {}^{z}v_1 \end{bmatrix}$$

werden $\mathbf{K}_{1,2} \cdot \mathfrak{v}_2$, $\mathbf{K}_{1,2} \cdot \mathfrak{v}_1$ und $\mathbf{K}_2 \cdot \mathfrak{v}_2$ gebildet. Mit $\mathfrak{R}_{B,1} = \mathfrak{P}_1$ und $\mathfrak{R}_{B,2} = \mathfrak{P}_2$ erhält man das Gleichungssystem

${}^{x}v_1$	${}^{y}v_1$	${}^{z}v_1$	${}^{x}v_2$	${}^{y}v_2$	${}^{z}v_2$	Bel.	$= 0$
74,8814	0	0	0	0	0	$-10,0$	$= 0$
0	235,2049	120,967	0	$-154,56$	0	$+\ 5,0$	$= 0$
0	120,967	480,977	0	0	0	$-10,0$	$= 0$
0	0	0	74,8814	0	0	$+10,0$	$= 0$
0	$-154,56$	0	0	154,66	0	$+10,0$	$= 0$
0	0	0	0	0	299,526	$-\ 5,0$	$= 0$

Als Lösung erhält man

$$\begin{aligned} {}^{x}v_1 &= 0,1335; & {}^{x}v_2 &= -0,1335; \\ {}^{y}v_1 &= -0,3488; & {}^{y}v_2 &= -0,4135; \\ {}^{z}v_1 &= 0,1085; & {}^{z}v_2 &= 0,0167. \end{aligned}$$

Nach (VIII.11) ergeben sich damit die Stabkräfte

$$S_{B,i-k} = \mathbf{K}_{ik} \cdot (\mathfrak{v}_k - \mathfrak{v}_i) \cdot \mathfrak{e}_{ik}$$

$$S_{B,1-2} = \begin{bmatrix} -0{,}2670 \\ -0{,}0647 \\ -0{,}0918 \end{bmatrix} (\mathfrak{v}_2 - \mathfrak{v}_1)$$

$$= \begin{bmatrix} 0 & 0 & 0 & 0 \\ 0 & 154{,}56 & 0 & -10{,}0 \\ 0 & 0 & 0 & 0 \end{bmatrix} \cdot \begin{pmatrix} 0 \\ 1 \\ 0 \end{pmatrix} \quad \mathfrak{e}_{1,2} = -10{,}0 \text{ t};$$

$$S_{B,1-3} = \begin{bmatrix} -0{,}1335 \\ +0{,}3488 \\ -0{,}1085 \end{bmatrix} \mathfrak{v}_1$$

$$= \begin{bmatrix} 0 & 0 & 0 & 0 \\ 0 & 80{,}6449 & 120{,}9670 & 15{,}004 \\ 0 & 120{,}9670 & 181{,}4510 & 22{,}506 \end{bmatrix} \cdot \begin{pmatrix} 0 \\ -0{,}55470 \\ -0{,}83205 \end{pmatrix} \quad \mathfrak{e}_{1,3} = -27{,}048 \text{ t}.$$

usw.

$$S_{B,1-4} = \mathbf{K}_{1,4} \cdot (-\mathfrak{v}_1) \cdot \mathfrak{e}_{1,4};$$

$$S_{B,1-5} = \mathbf{K}_{1,5} \cdot (-\mathfrak{v}_1) \cdot \mathfrak{e}_{1,5};$$

$$S_{B,2-6} = \mathbf{K}_{2,6} \cdot (-\mathfrak{v}_2) \cdot \mathfrak{e}_{2,6};$$

$$S_{B,2-7} = \mathbf{K}_{2,7} \cdot (-\mathfrak{v}_2) \cdot \mathfrak{e}_{2,7}.$$

Stabkraft-Ausgleichverfahren

An diesem einfachen System soll auch das Ausgleichsverfahren gezeigt werden, da dieses bei Systemen mit vielen Knotenpunkten, statisch unbestimmten Systemen, und für solche, wo sonst das Stabvertauschungsverfahren angewendet werden müßte, mit Vorteil Verwendung finden kann. Es werden zuerst die „Inversen Steifigkeitsmatrizen" $\mathbf{K}_i^{-1}$ gebildet.

$$\mathbf{K}_1^{-1} = 10^{-3} \cdot \begin{bmatrix} 13{,}354 & 0 & 0 \\ 0 & 4{,}88326 & -1{,}22816 \\ 0 & -1{,}22816 & 2{,}3879 \end{bmatrix};$$

$$\mathbf{K}_2^{-1} = 10^{-3} \cdot \begin{bmatrix} 13{,}354 & 0 & 0 \\ 0 & 6{,}46998 & 0 \\ 0 & 0 & 3{,}33861 \end{bmatrix}.$$

Nach (VIII.17) ergeben sich die Matrizen $\boldsymbol{\mu}_{ik}$ bzw. $\boldsymbol{\mu}_{ki}$ der Verteilungszahlen

$$\boldsymbol{\mu}_{1,2} = \mathbf{K}_{1,2} \cdot \mathbf{K}_1^{-1} = \begin{bmatrix} 13{,}354 & 0 & 0 \\ 0 & 4{,}88326 & -1{,}22816 \\ 0 & -1{,}22816 & 2{,}3879 \end{bmatrix} \cdot 10^{-3}$$

$$\boldsymbol{\mu}_{1,2} = \begin{bmatrix} 0 & 0 & 0 & 0 & 0 & 0 \\ 0 & 154{,}50 & 0 & 0 & 0{,}754757 & -0{,}18982 \\ 0 & 0 & 0 & 0 & 0 & 0 \end{bmatrix}$$

und entsprechend

$$\boldsymbol{\mu}_{1,3} = \begin{bmatrix} 0 & 0 & 0 \\ 0 & 0{,}245243 & 0{,}189824 \\ 0 & 0{,}367865 & 0{,}284736 \end{bmatrix}; \quad \boldsymbol{\mu}_{1,4} = \begin{bmatrix} 0{,}5 & 0{,}091966 & -0{,}178816 \\ 0 & 0 & 0 \\ -1{,}0 & -0{,}183932 & 0{,}357632 \end{bmatrix};$$

$$\boldsymbol{\mu}_{1,5} = \begin{bmatrix} 0{,}5 & -0{,}091966 & 0{,}178816 \\ 0 & 0 & 0 \\ 1{,}0 & -0{,}183932 & 0{,}357632 \end{bmatrix}; \quad \boldsymbol{\mu}_{2,6} = \begin{bmatrix} 0{,}5 & 0 & -0{,}25 \\ 0 & 0 & 0 \\ -1{,}0 & 0 & 0{,}5 \end{bmatrix};$$

$$\boldsymbol{\mu}_{2,7} = \begin{bmatrix} 0{,}5 & 0 & 0{,}25 \\ 0 & 0 & 0 \\ 1{,}0 & 0 & 0{,}5 \end{bmatrix}.$$

Für unverschiebliche Lagerpunkte k ist $\mathbf{K}_{ki}$ bzw. $\boldsymbol{\mu}_{k,i}$ Null. Somit gilt

$$\boldsymbol{\mu}_{3,1} = \boldsymbol{\mu}_{4,1} = \boldsymbol{\mu}_{5,1} = \boldsymbol{\mu}_{6,2} = \boldsymbol{\mu}_{7,2} = 0.$$

$$\boldsymbol{\mu}_{2,1} = \mathbf{K}_{1,2} \cdot \mathbf{K}_2^{-1} = \begin{bmatrix} 13{,}354 & 0 & 0 \\ 0 & 6{,}46998 & 0 \\ 0 & 0 & 3{,}33861 \end{bmatrix} \cdot 10^{-3}$$

$$= \begin{bmatrix} 0 & 0 & 0 & 0 & 0 & 0 \\ 0 & 154{,}56 & 0 & 0 & 1{,}0 & 0 \\ 0 & 0 & 0 & 0 & 0 & 0 \end{bmatrix}$$

Nach Abschnitt VIII.4 b lautet die **B**-Matrix

$$\mathbf{B} = \begin{bmatrix} 0 & \boldsymbol{\mu}_{2,1} \\ \boldsymbol{\mu}_{1,2} & 0 \end{bmatrix}; \quad \tilde{\boldsymbol{S}} = \begin{bmatrix} 10{,}0 \\ -5{,}0 \\ 10{,}0 \\ -10{,}0 \\ -10{,}0 \\ 5{,}0 \end{bmatrix} \begin{matrix} \left.\vphantom{\begin{matrix}10{,}0\\-5{,}0\\10{,}0\end{matrix}}\right\} \Re_1 = \mathfrak{P}_1 \\ \left.\vphantom{\begin{matrix}-10{,}0\\-10{,}0\\5{,}0\end{matrix}}\right\} \Re_2 = \mathfrak{P}_2 \end{matrix}.$$

Als Ausgang der Iteration wird nach (VIII.23) der Spaltenvektor $\boldsymbol{S}_0' = \tilde{\boldsymbol{S}}$ gewählt. Für den ersten Iterationsschritt werden in jeder Zeile bereits die Iterationswerte $\boldsymbol{S}_1'$ statt $\boldsymbol{S}_0'$ für alle bereits vorangegangenen Zeileniterationen benützt.

Zum Beispiel ergeben sich die Werte von $\boldsymbol{S}_1'$

für die zweite Zeile $-5{,}0 + 1{,}0 \cdot (-10{,}0) = -15{,}0$ und

für die fünfte Zeile $-10{,}0 + 0{,}754757 \cdot (-15{,}0) - 0{,}18982 \cdot (10{,}0) = -23{,}219.$

Die Durchführung der Iteration ist nachfolgend ersichtlich:

Kno-ten	B						$\boldsymbol{S}_0'$	$\boldsymbol{S}_1'$	$\boldsymbol{S}_2'$	$\boldsymbol{S}_3'$	$\boldsymbol{S}_4'$	$\boldsymbol{S}_5'$	$\boldsymbol{S}_\infty'$	
	0 0	0	0 0	0			10,0	10,0	10,0	10,0	10,0	10,0	10,0	
1	0 0	0	0 1,0	0			$-5{,}0$	$-15{,}0$	$-28{,}219$	$-38{,}197$	$-45{,}728$	$-51{,}412$	$-68{,}904$	$\boldsymbol{S}_{1,\infty}'$
	0 0	0	0 0	0			10,0	10,0	10,0	10,0	10,0	10,0	$+10{,}0$	
	0 0	0	0 0	0			$-10{,}0$	$-10{,}0$	$-10{,}0$	$-10{,}0$	$-10{,}0$	$-10{,}0$	$-10{,}0$	
2	0 0,754757	$-0{,}18982$	0 0	0			$-10{,}0$	$-23{,}219$	$-33{,}197$	$-40{,}728$	$-46{,}412$	$-50{,}701$	$-63{,}904$	$\boldsymbol{S}_{2,\infty}'$
	0 0	0	0 0	0			5,0	5,0	5,0	5,0	5,0	5,0	5,0	

Nach dem 5. Iterationsschritt wird für jede Zeile der Quotient der Differenzen nach (VIII.26) gebildet.

$$q_2 = \frac{-51,412 + 45,728}{-45,728 + 38,197} = 0,75476;$$

$$q_5 = \frac{-50,701 + 46,412}{-46,412 + 40,718} = 0,75476.$$

Damit ergibt sich nach (VIII.28)

$$\mathfrak{S}'_{2,\infty} = -51,412 - 5,684 \frac{0,75476}{1 - 0,75476} = -68,904;$$

$$\mathfrak{S}'_{5,\infty} = -50,701 - 4,289 \frac{0,75476}{1 - 0,75476} = -63,904.$$

Nach (VIII.18) ist endgültig

$$\mathfrak{S}'_{i-k} = \mu_{ik} \cdot \mathfrak{S}'_{i,\infty};$$

$$\mathfrak{S}'_{1-2} = \mu_{1,2} \cdot \mathfrak{S}'_{1,\infty} = \begin{pmatrix} & & & 10,0 \\ & & & -68,904 \\ & & & 10,0 \\ 0 & 0 & 0 & 0 \\ 0 & 0,75457 & -0,18982 & -53,904 \\ 0 & 0 & 0 & 0 \end{pmatrix};$$

$$\mathfrak{S}'_{2-1} = \mu_{2,1} \cdot \mathfrak{S}'_{2,\infty} = \begin{pmatrix} & & & -10,0 \\ & & & -63,904 \\ & & & 5,0 \\ 0 & 0 & 0 & 0 \\ 0 & 1 & 0 & -63,904 \\ 0 & 0 & 0 & 0 \end{pmatrix}.$$

Entsprechend erhält man

$$\mathfrak{S}'_{1-3} = \mu_{1,3} \cdot \mathfrak{S}'_{1,\infty} = \begin{pmatrix} 0 \\ -15,0 \\ -22,5 \end{pmatrix}; \qquad \mathfrak{S}'_{1-4} = \mu_{1,4} \cdot \mathfrak{S}'_{1,\infty} = \begin{pmatrix} -3,125 \\ 0 \\ 6,250 \end{pmatrix};$$

$$\mathfrak{S}'_{1-5} = \mu_{1,5} \cdot \mathfrak{S}'_{1,\infty} = \begin{pmatrix} 13,125 \\ 0 \\ 26,250 \end{pmatrix}; \qquad \mathfrak{S}'_{2-6} = \mu_{2,6} \cdot \mathfrak{S}'_{2,\infty} = \begin{pmatrix} -6,250 \\ 0 \\ 12,500 \end{pmatrix};$$

$$\mathfrak{S}'_{2-7} = \mu_{2,7} \cdot \mathfrak{S}'_{2,\infty} = \begin{pmatrix} -3,750 \\ 0 \\ -7,500 \end{pmatrix};$$

$$\mathfrak{S}'_{3-1} = \mathfrak{S}'_{4-1} = \mathfrak{S}'_{5-1} = \mathfrak{S}'_{6-2} = \mathfrak{S}'_{7-2} = 0,$$

da die entsprechenden μ_{ik}-Matrizen Null sind.

Nach (VIII.19) und (VIII.20) ergeben sich die endgültigen Stabkräfte

$$S_{B,i-k} = (\mathfrak{S}'_{k-i} - \mathfrak{S}'_{i-k}) \cdot e_{i,k};$$

$$S_{B,1-2} = (\mathfrak{S}'_{2-1} - \mathfrak{S}'_{-2}) \cdot e_{1,2} = \begin{pmatrix} 0 \\ -10,0 \\ 0 \end{pmatrix} \cdot \begin{pmatrix} 0 \\ 1 \\ 0 \end{pmatrix} = -10,0 \text{ t};$$

$$S_{B,1-3} = (0 - \mathfrak{S}'_{1-3}) \cdot e_{1,3} = \begin{pmatrix} 0 \\ +15,0 \\ +22,5 \end{pmatrix} \cdot \begin{pmatrix} 0 \\ -0,55470 \\ -0,83205 \end{pmatrix} = -27,042 \text{ t};$$

$$S_{B,1-4} = (0 - \mathfrak{S}'_{1-4}) \cdot e_{1,4} = \begin{pmatrix} +3,125 \\ 0 \\ -6,250 \end{pmatrix} \cdot \begin{pmatrix} 0,447214 \\ 0 \\ -0,894427 \end{pmatrix} = 6,988 \text{ t};$$

$$S_{B,1-5} = 29,348 \text{ t}; \quad S_{B,2-6} = 13,975 \text{ t}; \quad S_{B,2-7} = -8,385 \text{ t}.$$

Mit (VIII.21) können nun die Knotenpunktsverschiebungen bestimmt werden.

$$\mathfrak{v}_1 = \mathbf{K}_1^{-1} \cdot \mathfrak{S}'_{1,\infty} = \begin{array}{|c|} \hline 10,0 \\ -68,904 \\ 10,0 \\ \hline \end{array}$$

$$= 10^{-3} \cdot \begin{array}{|ccc|c|} \hline 13,354 & 0 & 0 & 0,1335 \\ 0 & 4,88326 & -1,22816 & -0,3488 \\ 0 & -1,22816 & 2,3879 & 0,1085 \\ \hline \end{array} \begin{array}{l} = {}^x v_1 \\ = {}^y v_1 \\ = {}^z v_1 \end{array}$$

$$\mathfrak{v}_2 = \mathbf{K}_2^{-1} \cdot \mathfrak{S}'_{2,\infty} = \begin{array}{|c|} \hline -10,0 \\ -63,904 \\ 5,0 \\ \hline \end{array}$$

$$= 10^{-3} \cdot \begin{array}{|ccc|c|} \hline 13,354 & 0 & 0 & -0,1335 \\ 0 & 6,46998 & 0 & -0,4135 \\ 0 & 0 & 3,33861 & 0,0167 \\ \hline \end{array} \begin{array}{l} = {}^x v_2 \\ = {}^y v_2 \\ = {}^z v_2. \end{array}$$

Beispiel VIII.2. Statisch unbestimmtes räumliches Fachwerk

Das räumliche Fachwerk ist in Abb. VIII.2.1 dargestellt. Nach (VII C.115) ist mit $m = 2$, $s = 9$

$$s - 3m = 9 - 3 \cdot 2 = 3$$

das System 3fach statisch unbestimmt.

Gegenüber Beispiel VIII.1 ist der Knoten 2 durch die weiteren Stäbe 2—4, 2—5 und 2—8 gehalten, die die Flächen

$$F_{2,8} = 45,0 \text{ cm}^2; \quad F_{2,4} = F_{2,5} = 29,9 \text{ cm}^2$$

aufweisen.

$$s_{2-8} = 3,6056 \text{ m}; \quad s_{2-4} = s_{2-5} = 6,0208 \text{ m}.$$

Für die Belastung, die Querschnittswerte und die Einheitsvektoren der übigen Stäbe gelten die Größen des Beispiels VIII.1.

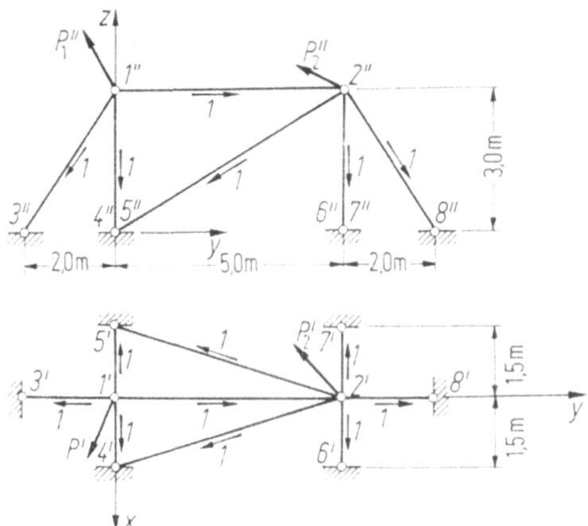

Abb. VIII 2.1

In Ergänzung zu Beispiel 1 ergeben sich folgende Größen

$$e_{2,8}^T = (\quad 0 \qquad\quad +0{,}55470 \quad -0{,}83205);$$

$$e_{2,4}^T = (\quad 0{,}249136 \quad -0{,}830455 \quad -0{,}498273);$$

$$e_{2,5}^T = (-0{,}249136 \quad -0{,}830455 \quad -0{,}498273).$$

Nach (VII.7) gilt

$$K_{2,8} = \begin{bmatrix} 0 & 0 & 0 \\ 0 & 80{,}6446 & -120{,}967 \\ 0 & -120{,}967 & 181{,}451 \end{bmatrix}; \quad K_{2,4} = \begin{bmatrix} 6{,}4731 & -21{,}5769 & -12{,}9462 \\ -21{,}5769 & 71{,}9231 & 43{,}1539 \\ -12{,}9462 & 43{,}1539 & 25{,}8923 \end{bmatrix};$$

$$K_{2,5} = \begin{bmatrix} 6{,}4731 & 21{,}5769 & 12{,}9462 \\ 21{,}5769 & 71{,}9231 & 43{,}1539 \\ 12{,}9462 & 43{,}1539 & 25{,}8923 \end{bmatrix}.$$

Nach (VIII.13) wird

$$K_1 \text{ gleich wie bei Beispiel 1};$$

$$K_2 = \begin{bmatrix} 87{,}8276 & 0 & 0 \\ 0 & 298{,}4062 & 86{,}3078 \\ 0 & 86{,}3078 & 351{,}3106 \end{bmatrix}.$$

Stabkraft-Ausgleichsverfahren

Mit den Steifigkeitsmatrizen K_{ik} ergeben sich die „Inversen Steifigkeitsmatrizen" K_i^{-1}.

$$K_1^{-1} \text{ bleibt gleich wie bei Beispiel 1};$$

$$K_2^{-1} = \begin{bmatrix} 11{,}3859 & 0 & 0 \\ 0 & 2{,}65395 & 0{,}172660 \\ 0 & 0{,}17266 & 1{,}88825 \end{bmatrix} \cdot 10^{-3}.$$

Nach (VIII.17) ergeben sich die Matrizen μ_{ik} bzw. μ_{ki} der Verteilungszahlen

$\mu_{1,2}$, $\mu_{1,3}$, $\mu_{1,4}$, $\mu_{1,5}$ bleiben wie bei Beispiel 1;

$$\mu_{2,6} = \begin{bmatrix} 0{,}426298 & -0{,}012929 & -0{,}141395 \\ 0 & 0 & 0 \\ -0{,}852596 & 0{,}025858 & 0{,}282789 \end{bmatrix};$$

$$\mu_{2,7} = \begin{bmatrix} 0{,}426298 & 0{,}012929 & 0{,}141395 \\ 0 & 0 & 0 \\ 0{,}852596 & 0{,}025858 & 0{,}282789 \end{bmatrix};$$

$$\mu_{2,8} = \begin{bmatrix} 0 & 0 & 0 \\ 0 & 0{,}193142 & -0{,}214492 \\ 0 & -0{,}289713 & 0{,}321738 \end{bmatrix};$$

$$\mu_{2,4} = \begin{bmatrix} 0{,}073702 & -0{,}059499 & -0{,}028171 \\ -0{,}245674 & 0{,}198331 & 0{,}093903 \\ -0{,}147404 & 0{,}118999 & 0{,}056342 \end{bmatrix};$$

$$\mu_{2,5} = \begin{bmatrix} 0{,}073702 & 0{,}059499 & 0{,}028171 \\ 0{,}245674 & 0{,}198331 & 0{,}093903 \\ 0{,}147404 & 0{,}118999 & 0{,}056342 \end{bmatrix};$$

$$\mu_{2,1} = \begin{bmatrix} 0 & 0 & 0 \\ 0 & 0{,}410195 & 0{,}026686 \\ 0 & 0 & 0 \end{bmatrix}.$$

Die Iteration wird wieder nach Abschnitt VIII.4b durchgeführt (siehe Beispiele 1 und S. 352).

$$\mathbf{B} = \begin{bmatrix} 0 & \mu_{2,1} \\ \mu_{1,2} & 0 \end{bmatrix}; \qquad \tilde{S} = \begin{bmatrix} 10{,}0 \\ -\,5{,}0 \\ 10{,}0 \\ -10{,}0 \\ -10{,}0 \\ 5{,}0 \end{bmatrix} \begin{matrix} \left.\vphantom{\begin{matrix}a\\b\\c\end{matrix}}\right\} \Re_1 = \mathfrak{P}_1 \\ \left.\vphantom{\begin{matrix}a\\b\\c\end{matrix}}\right\} \Re_2 = \mathfrak{P}_2 \end{matrix}$$

Nach (VIII.26) wird

$$q_2 = \frac{-14{,}071 - 13{,}965}{-13{,}965 + 13{,}624} = 0{,}3096;$$

$$q_5 = \frac{-22{,}518 + 22{,}439}{-22{,}439 + 22{,}181} = 0{,}3096.$$

Damit ergibt sich nach (VIII.28)

$$\mathfrak{S}'_{2,\infty} = -14{,}071 - 0{,}10550 \,\frac{0{,}3096}{1 - 0{,}3096} = -14{,}118 \text{ t};$$

$$\mathfrak{S}'_{5,\infty} = -22{,}518 - 0{,}07963 \,\frac{0{,}3096}{1 - 0{,}3096} = -22{,}554 \text{ t}.$$

Kno-ten	B	S'_0	S'_1	S'_2	S'_3	S'_4	S'_5	S'_∞	
	0 0 0 0 0 0	10,0	10,0	10,0	10,0	10,0	10,0	10,0	
1	0 0 0 0 0,410195 0,026686	−5,0	−8,969	−12,524	−13,624	−13,965	−14,071	−14,118	$\mathfrak{G}'_{1,\infty}$
	0 0 0 0 0 0	10,0	10,0	10,0	10,0	10,0	10,0	10,0	
	0 0 0 0 0 0	−10,0	−10,0	−10,0	−10,0	−10,0	−10,0	−10,0	
2	0 0,754757 −0,189820 0 0 0	−10,0	−18,667	−21,351	−22,181	−22,439	−22,518	−22,554	$\mathfrak{G}'_{2,\infty}$
	0 0 0 0 0 0	5,0	5,0	5,0	5,0	5,0	5,0	5,0	

Nach (VIII.18) wird

$\mathfrak{S}'_{1-2}$	$\begin{matrix} 0 \\ -12{,}554 \\ 0 \end{matrix}$	$\mathfrak{S}'_{1-3}$	$\begin{matrix} 0 \\ -1{,}564 \\ -2{,}346 \end{matrix}$	$\mathfrak{S}'_{1-4}$	$\begin{matrix} 1{,}913 \\ 0 \\ -3{,}827 \end{matrix}$	$\mathfrak{S}'_{1-5}$	$\begin{matrix} 8{,}087 \\ 0 \\ 16{,}173 \end{matrix}$	$\mathfrak{S}'_{2-6}$	$\begin{matrix} -4{,}678 \\ 0 \\ 9{,}357 \end{matrix}$
$\mathfrak{S}'_{2-7}$	$\begin{matrix} -3{,}848 \\ 0 \\ -7{,}695 \end{matrix}$	$\mathfrak{S}'_{2-8}$	$\begin{matrix} 0 \\ -5{,}429 \\ 8{,}143 \end{matrix}$	$\mathfrak{S}'_{2-4}$	$\begin{matrix} 0{,}464 \\ -1{,}547 \\ -0{,}928 \end{matrix}$	$\mathfrak{S}'_{2-5}$	$\begin{matrix} -1{,}938 \\ -6{,}460 \\ -3{,}876 \end{matrix}$	$\mathfrak{S}'_{2-1}$	$\begin{matrix} 0 \\ -9{,}118 \\ 0 \end{matrix}$

Nach (VIII.19) und (VIII.20) ergeben sich die endgültigen Stabkräfte

$$S_{B,i-k} = (\mathfrak{S}'_{k-i} - \mathfrak{S}'_{i-k}) \cdot e_{ik}.$$

S_{1-2}	S_{1-3}	S_{1-4}	S_{1-5}	S_{2-6}	S_{2-7}	S_{2-8}	S_{2-4}	S_{2-5}	
3,436	$-2{,}820$	$-4{,}279$	18,082	10,461	$-8{,}603$	9,787	$-1{,}863$	$-7{,}779$	[t]

Nach (VIII.21) erhält man die Knotenpunktsverschiebungen

$$\mathfrak{v}_1 = \mathbf{K}_1^{-1} \cdot \mathfrak{S}'_{1,\infty} = \begin{pmatrix} 0{,}1335 \\ -0{,}0812 \\ 0{,}0412 \end{pmatrix} \begin{matrix} = {}^{x}v_1 \\ = {}^{y}v_1 \\ = {}^{z}v_1 \; ; \end{matrix}$$

$$\mathfrak{v}_2 = \mathbf{K}_2^{-1} \cdot \mathfrak{S}'_{2,\infty} = \begin{pmatrix} -0{,}1139 \\ -0{,}0590 \\ 0{,}0055 \end{pmatrix} \begin{matrix} = {}^{x}v_2 \\ = {}^{y}v_2 \\ = {}^{z}v_2 \, . \end{matrix}$$

Literatur zum Kapitel VIII

[1] Sattler, K.: Lehrbuch der Statik, Bd. I A u. I B, Berlin-Heidelberg-New York: Springer 1969.
[2] Matz, K.: Beitrag zur Berechnung räumlicher Stabtragwerke mit beliebiger Knotenfigur (Knotenbewegungs- und Festhaltestabverfahren). Dissert., TH Graz, 1969.
[3] Wagner, L.: Beitrag zur Berechnung räumlicher Tragwerke. Dissert., TH Graz, 1971.
[4] Knopf, E.: Elektronische Berechnung von Stabwerken. Konstruktiver Ingenieurbau, H. 3.

IX. Trägerroste

Einleitung

Werden mehr als zwei zueinander parallele Hauptträger mit Querträgern verbunden, die an den Kreuzungspunkten außer Querkräften auch Momente aufnehmen können, so spricht man von einem Trägerrost. Ein solcher ist in der Lage einseitige Verkehrslasten und konzentrierte Einzellasten auf alle Hauptträger zu verteilen, wodurch unter Umständen große Materialersparnisse erzielt werden können.

Bis 1945 basierten die meisten Theorien zur Berechnung von Trägerrosten auf der Schnittbelastungs- oder der Deformationsmethode statisch unbestimmter Systeme. Bei mehreren Hauptträgern und üblicher Querträgerentfernung (z. B. bei Brücken) wurden solche Systeme hochgradig statisch unbestimmt und erforderten einen überaus großen Rechenaufwand. Das Bestreben der Statiker war daher, solche Methoden zu entwickeln, die einen geringeren Rechenaufwand erfordern bzw. die Verwendung von Tabellenwerken ermöglichen. Janssonius [10] muß das Verdienst zugesprochen werden, in seiner Dissertation einen Überblick über den Inhalt der wesentlichen, von 1889 bis 1948 erschienenen Arbeiten gegeben zu haben, in der er auch kritisch zu den einzelnen Methoden Stellung nimmt und das gesamte Schrifttum (170 Veröffentlichungen) bis zu diesem Zeitpunkt erfaßt. Was Näherungsberechnungen aus diesem Zeitraum betrifft, so ist die einfachste und erste (1889) die von Engesser [3], der unendlich starre Querträger zugrunde legt, die jedoch nur beschränkt Gültigkeit hat. Es wird nachfolgend darauf hingewiesen werden, wann diese Methode auch heute noch mit Vorteil angewendet werden kann.

Eine Wende brachte 1945 die Theorie von Guyon [4], bei der einerseits statt dieses hochgradig statisch unbestimmten Systems eine orthotrope Platte den Entwicklungen zugrunde gelegt wurde und andererseits Lösungen gefunden wurden, die an Hand weniger Kurven mit einem Minimum an Rechenaufwand die Erfassung torsionsloser Trägerroste ermöglichen.

Massonnet [13—17] hat dieses Verfahren dann auch auf torsionssteife Trägerroste erweitert. Damit waren alle Vorbedingungen zur einfachen Berechnung von torsionsfreien und torsionssteifen Trägerrosten geschaffen. Den entwickelten Kurventafeln liegen dabei frei aufliegende Träger, konstantes Trägheitsmoment und gleiches Trägheitsmoment aller Hauptträger zugrunde. Vom Verfasser wurden dazu Erweiterungen [20—22] gebracht, welche sowohl veränderliches Trägheitsmoment eines Hauptträgers, verschiedene Trägheitsmomente der Rand- und Mittelträger und beliebige statische Systeme betreffen.

Im Jahre 1966 ist ein Werk von Bares-Massonnet [1] erschienen, das alle Erkenntnisse, die auf der Theorie von Guyon-Massonnet aufbauen, erfaßt und eine Reihe neuer Gedanken und Erfahrungen bringt. Die theoretischen Entwicklungen sind in den Arbeiten von Guyon, Massonnet und in dem Buch Bares-Massonnet so vollständig gebracht, daß im Rahmen dieses Abschnittes nachfolgend nur die Ergebnisse dieser Arbeiten und deren praktische Anwendung gebracht werden. Wieder ist damit ein umfangreicher Schrifttumnachweis (159 Veröffentlichungen) verbunden, so daß im Rahmen dieses Abschnittes nur auf einige Arbeiten, über die besonders berichtet wird, Bezug genommen wird.

Ein anderer, besonders interessanter Weg ist der über strenge Lösungen auf Grund von „Eigenwerten", wie z.B. von Melan-Schindler [18] und Homberg [6—8]. Die Ergebnisse der Theorien wurden in Tabellenwerken erfaßt, wodurch der Rechenaufwand wesentlich vermindert wird. Es sei hier vor allem auf das Tabellenwerk von Homberg-Weinmeister [8] verwiesen. Auch von Leonhardt-Andrä [11] wurden für torsionssteife Trägerroste Tabellen aufgestellt.

Die genauen Theorien — unter Zugrundelegung der Schnittbelastungs- oder Deformationsmethode für statisch unbestimmte Systeme — sind im Zeitalter der elektronischen Rechengeräte nun ebenfalls mit erträglichem Zeitaufwand anwendbar. Da die Berechnung für solche Verfahren nach den üblichen Regeln für statisch unbestimmte Systeme durchgeführt werden kann, braucht im Rahmen dieses Abschnittes nicht darauf eingegangen zu werden.

Ebenso braucht auch die Erläuterung von Tafelwerten nicht besonders behandelt werden, da jeweils eine Gebrauchsanweisung dazu gegeben ist.

Wichtig scheint es jedoch, auf die Verfahren von Guyon-Massonnet und deren Erweiterung näher einzugehen, da die Querverteilungseinflußlinien aus der Ermittlung von nur zwei Basiswerten sofort angegeben werden können. Außerdem ist die Genauigkeit derart, daß in vielen Fällen eine weitere Berechnung kaum erforderlich ist, wie nachfolgend besonders gezeigt wird. Im besonderen wird man sie auch dann verwenden, wenn elektronische Berechnungen kontrolliert werden sollen und bei Vorberechnungen. Kurz wird auch auf das Verfahren von Engesser hingewiesen, da es verschiedentlich für Vorberechnungen Verwendung finden kann.

A. Verfahren Guyon—Massonnet

1. Einfeld-Trägerrost mit gleichen Hauptträgern bei konstantem Querschnitt

Den Ausgangspunkt für die Theorie der Trägerroste bilden die bekannten Differentialgleichungen von Huber [9] für die anisotrope Platte mit der konstanten Plattenstärke h:

$$A\,\frac{\partial^4 w}{\partial x^4} + 2H\,\frac{\partial^4 w}{\partial x^2\,\partial y^2} + B\,\frac{\partial^4 w}{\partial y^4} = p(x, y),\qquad\text{(IX A.1)}$$

mit

$$\left.\begin{aligned}
&A = E'_x h^3/12; \quad B = E'_y h^3/12; \quad H = (E'' + 2G)\,h^3/12;\\
&\sigma_x = E'_x \varepsilon_x + E'' \varepsilon_y; \quad \sigma_y = E'_y \varepsilon_y + E'' \varepsilon_x;\\
&\tau_{xy} = G\gamma_{xy}.
\end{aligned}\right\}\qquad\text{(IX A.2)}$$

Was die Konstanten der Differentialgleichung betrifft, so ist in einer zusammenfassenden Arbeit von Chwalla [2] die Entwicklung der verschiedenen Anisotropiekonstanten in ganz allgemeiner Form gezeigt und es ist auch ein erschöpfendes Schrifttumsverzeichnis hierzu angegeben (siehe auch Girkmann [5]).

Werden für den als Kontinuum aufgefaßten Trägerrost das Trägheitsmoment eines Hauptträgers mit J_p, das eines Querträgers mit J_q, die entsprechenden Drillungswiderstände mit $J_{d,p}$ und $J_{d,q}$ und die entsprechenden Trägerabstände mit p und q bezeichnet und wird der Einfluß der Querkontaktion (Poissonsche Zahl rund 0,1 für Beton und 0,33 für Stahl) vernachlässigt, so ergeben sich die Koeffizienten der Gleichung (IX A.1) zu

$$A = \frac{EJ_p}{p}; \quad B = \frac{EJ_q}{q}; \quad H = \frac{G}{2}\left[\frac{J_{d,p}}{p} + \frac{J_{d,q}}{q}\right].\qquad\text{(IX A.3)}$$

Vorausgesetzt wird hierbei, daß bei Ausbildungen mit einer Platte Hauptträger und Querträger symmetrisch zur Platte angeordnet sind. Will man die tatsächliche Lage von Haupt- und Querträger zur Platte (z. B. Fahrbahnplatte einer Brücke) genauer erfassen, so sind nach Bares-Massonnet [1] fiktive Werte A_f, B_f und H_f zu ermitteln, die auf Grund von Minimumbedingungen erhalten werden. Wird der Ausdruck für H in der Form geschrieben:

$$H = \alpha \sqrt{AB} \, , \qquad \text{(IX A.4)}$$

so ist durch den Torsionssteifigkeitsfaktor

$$\alpha = \frac{G \left[\dfrac{J_{d,p}}{p} + \dfrac{J_{d,q}}{q} \right]}{2E \sqrt{\dfrac{J_p J_q}{pq}}} \qquad \text{(IX A.5)}$$

der Einfluß der Torsionssteifigkeit des Rostes eindeutig gekennzeichnet. Der Trägerrost ohne Torsionssteifigkeit ist durch den unteren Grenzwert $\alpha = 0$ bestimmt, für den somit auch $H = 0$ ist, während sich für den Fall der isotropen Platte mit voller Torsionswirkung der obere Grenzwert $\alpha = 1$ ergibt.

Die Differentialgleichung (IX A.1) wurde für den Fall der Trägerroste über eine Öffnung ohne Torsionssteifigkeit ($\alpha = 0$) von Guyon [4], für den Fall der Berücksichtigung der Torsionssteifigkeit von Haupt- und Querträgern (α) von Massonnet [14] gelöst.

Unter Benutzung einer Lévyschen Reihe für die Durchbiegungen

$$w = \sum_{m=1}^{\infty} Y_m(y) \sin \frac{m\pi x}{l} \qquad \text{(IX A.6)}$$

wurde zuerst die Lösung für die homogene Differentialgleichung für $p(x,y) = 0$ aufgeschrieben und anschließend wurde für einen unendlich breiten Plattenstreifen eine partikuläre Lösung für den Belastungssonderfall $p = p_m \cdot \sin(m\pi x/l)$ gesucht. Die Belastung erstreckt sich dabei nur auf einen linienförmigen Plattenstreifen in der Entfernung e_B von der Brückenlängsachse, und ist sinusförmig über die ganze Hauptträgerstützweite l verteilt (für $m = 1$, s. Abb. IX A.1). Unter Beachtung der Randbedingungen an den gestützten Rändern $x = 0$ und $x = l$ und an den freien Rändern $y = \pm b$ konnten die Konstanten ermittelt werden, so daß die zugehörigen Durchbiegungen w für jeden Träger und an jeder Stelle gegeben sind. Damit ist aber auch die zugehörige Lastverteilung für die einzelnen Träger bestimmt.

Von wesentlicher Bedeutung ist die von Guyon dabei gewonnene Erkenntnis, daß in sehr guter Näherung für jede Last in der Entfernung e_B von der Trägerrostlängsachse an beliebiger Stelle das gleiche Lastverteilungsverhältnis gilt.

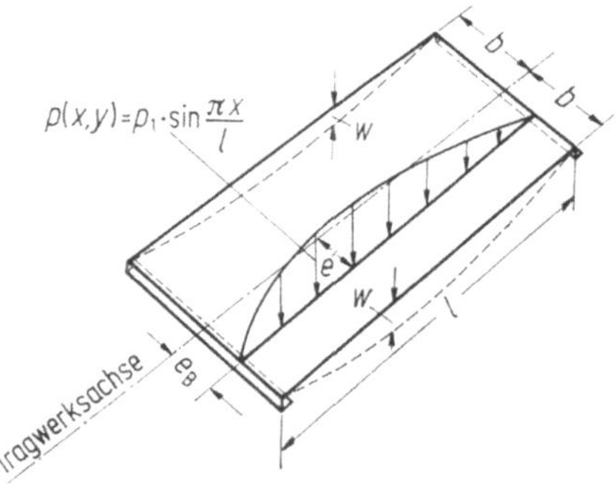

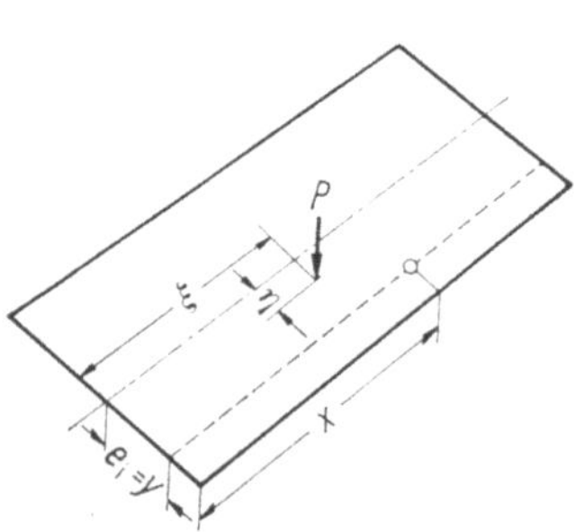

Abb. IX A.1. Exzentrische sinusförmige   Abb. IX A.2
Linienbelastung der Platte

Der sich bei der Auflösung der Differentialgleichung ergebende Parameter

$$\vartheta = \sqrt[4]{\frac{J_p q}{J_q p}} \qquad\qquad \text{(IX A.7)}$$

wird als Roststeifigkeitsfaktor bezeichnet, durch den das elastische Verhalten eines Rostes — in Verbindung mit α bei torsionssteifen Rosten — eindeutig gekennzeichnet ist.

Verteilt man eine in der Entfernung η von Brückenlängsachse und in der Entfernung ξ vom Lager 0 vorhandene Einzellast $P = 1$ (Abb. IX A.2) gleichmäßig auf die Brückenbreite $2b$ bzw. auf alle n Hauptträger, so erhält man an der Stelle x die „mittlere" Durchbiegung $w_{0,\xi;x}$ und das „mittlere" Moment $m_{0,\xi;x}$ nach den üblichen Regeln der Statik.

Als ideeller Lastverteilungsfaktor wird nun das Verhältnis

$$K = w/w_0 \qquad\qquad \text{(IX A.8)}$$

bezeichnet, wobei w jeweils die tatsächliche Durchbiegung ist.

Wenn w die wirkliche Durchbiegung eines bestimmten Trägers i in der Entfernung e_i von der Tragwerksachse ist, die sich aus der Lösung der Differentialgleichung unter Beachtung der Randbedingungen ergibt und w_0 die entsprechende für eine gleichmäßige Verteilung der Belastung $P = 1$ auf alle Träger, so ist K_i jedenfalls ein Maß für die Lastverteilung auf den betrachteten Träger. Ist k_i der Lastanteil, der von der Last $P = 1$, in beliebiger Stellung, auf den Träger i entfällt und f die Durchbiegung eines Hauptträgers infolge $P = 1$ für die betreffende Laststellung, so gilt, wenn n die Anzahl der Hauptträger ist,

$$K_i = \frac{w_i}{w_0} = \frac{k_i f}{\dfrac{1}{n} f} = n k_i$$

und

$$k_i = \frac{K_i}{n}. \qquad\qquad \text{(IX A.9)}$$

k_i gibt den wirklichen Lastanteil, der auf den Träger i aus einer Belastung $P = 1$ entfällt, an.

Für torsionsfreie Trägerroste, für die $\alpha = 0$ ist, wurden die Werte K_i für die verschiedensten Roststeifigkeitsfaktoren ϑ von Guyon für die Trägerlasten $e_i = 0$, $b/4$, $b/2$, $3b/4$ und b berechnet. Sie sind in den Tafeln am Schluß dieses Buches dargestellt (Tafeln E, 1—6, Kurventafeln nach Guyon). In Abb. IX A.3 sind z. B. die K_0-Kurven für die Trägerlage $e = b/2$ in Abhängigkeit von ϑ angegeben, wobei der Index bei jeder Kurve die Laststellung der Last $P = 1$ angibt (z. B. Kurve b, Last $P = 1$ in b, Trägerlage $b/2$).

Da das Hauptträgerträgheitsmoment jeweils auf den Hauptträgerabstand p gleichmäßig verteilt wird — um eine anisotrope Platte zu erhalten — muß dies auch für den Randträger durchgeführt werden. Die effektive Brückenbreite $2b$, die der Rechnung zugrunde zu legen ist, erstreckt sich somit um die Abstände $p/2$ über die Randträger hinaus. Dies ist z. B. für einen Trägerrost mit 5 Hauptträgern aus Abb. IX A.4 zu ersehen.

Da für jede Trägerlage e_i die ideellen Lastverteilungsfaktoren zugehörig zu den einzelnen Laststellungen und den verschiedenen ϑ-Werten in Kurventafeln angegeben sind, kann daraus die entsprechende Quereinflußlinie gezeichnet werden. Die Ordinaten K sind dabei nur für die Entfernungen $e = b$, $3b/4$, $b/2$, $b/4$, 0, $-b/4$, $-b/2$, $-3b/4$, $-b$ angegeben (Abb. IX A.5).

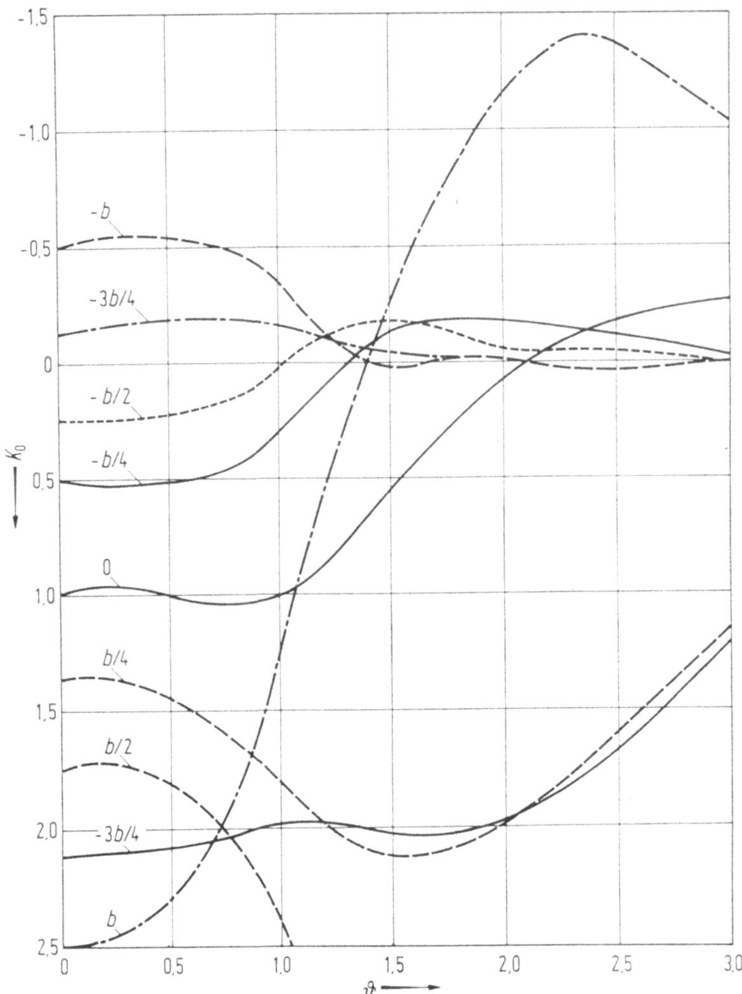

Abb. IX A.3. Ideelle Lastverteilungskoeffizienten K für Trägerlage $e = b/2$ (nach Guyon)

Abb. IX A.4. Effektive Brückenbreite und Hauptträgerentfernungen e

Fallen die Lagen der Hauptträger nicht mit diesen Punkten zusammen, so kann eine lineare Interpolation durchgeführt werden. Diese ist in zweifacher Hinsicht, in bezug auf die Trägerlage und die Laststellung durchzuführen, wie dies z. B. in den Zahlenbeispielen IX.1.b und c gezeigt wird.

Teilt man die „K"-Einflußlinien durch die Anzahl der Hauptträger n, so erhält man die wirklichen Querverteilungseinflußlinien „k" für jeden Hauptträger. In Abb. IX A.6 ist z. B. die Querverteilungseinflußlinie für den Hauptträger a dargestellt.

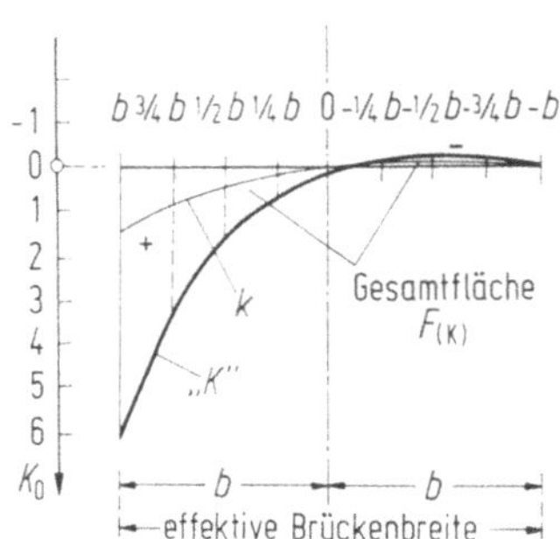

Abb. IX A.5. Ideelle Lastverteilungseinflußlinie „K" und Querverteilungseinflußlinie „k" für den

Träger $e = \dfrac{3}{4}\,b$ bei

4 Hauptträgern

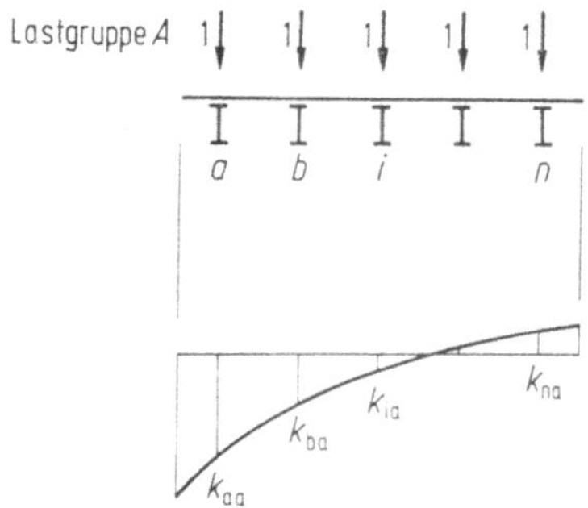

Abb. IX A.6. Querverteilungseinflußlinie für den Hauptträger a

Die Auswertung für eine bestimmte Belastung ergibt daraus die Belastung des Hauptträgers a. Bringt man auf jeden Hauptträger die Last 1 auf, so biegen sich alle Hauptträger gleich durch, das heißt, es kann somit keine Querverteilung auftreten und auf jeden Hauptträger kommt die Belastung 1. Dies bedeutet aber, daß die Auswertung mit der Lastgruppe A den Wert 1 ergeben muß.

Somit gilt

$$\sum k_{i,a} = 1 \qquad\qquad\text{(IX A.10a)}$$

bzw.

$$\int K\,\mathrm{d}y = 2b. \qquad\qquad\text{(IX A.10b)}$$

Mit (IX A.10) ist eine Kontrolle für die aus den Kurventafeln abgelesenen Werte K gegeben. Eine weitere Kontrolle ist durch den Satz von Maxwell (siehe Bd. I A, S. 191) gegeben, wonach gilt:

$$K_{a,i} = K_{i,a} \quad\text{bzw.}\quad k_{a,i} = k_{i,a}. \qquad\qquad\text{(IX A.11)}$$

Dies ist aus Abb. IX A.7 für einen Trägerrost mit 7 Hauptträgern zu erkennen, wobei einmal 3 Querträger und einmal nur 1 Querträger vorhanden sind. Es ergibt sich nur jeweils ein anderer ϑ-Wert. In den Zahlenbeispielen IX.1 ist die Durchführung der Korrekturen bei Ablesefehlern in den K-Werten gezeigt.

Betrachtet man die Kurventafeln der K_0-Werte, so erkennt man, daß diese Werte für ϑ-Werte von 0 bis 0,3 fast konstant bleiben. Da $\vartheta = 0$ den Fall der unendlich starren Querträger darstellt, gilt somit im Bereich $0 < \vartheta < 0,3$ auch die Theorie von Engesser in ausgezeichneter Näherung, auf welche Tatsache später noch mit Vorteil hingewiesen wird.

Die gezeigten Entwicklungen gelten für Laststellungen $P = 1$ an den Kreuzungspunkten von Haupt- und Querträgern. Bei kleinen Querträgerabständen genügt es, mit den Quereinflußlinien „k" die Belastungen der einzelnen Hauptträger zu bestimmen und die maximalen Schnittbelastungen an den Kreuzungspunkten durch Auswerten der entsprechenden Einflußlinien des Hauptträgers zu bestimmen. Sind jedoch größere Querträgerabstände vorhanden, so sind die nachfolgenden Entwicklungen zu berücksichtigen.

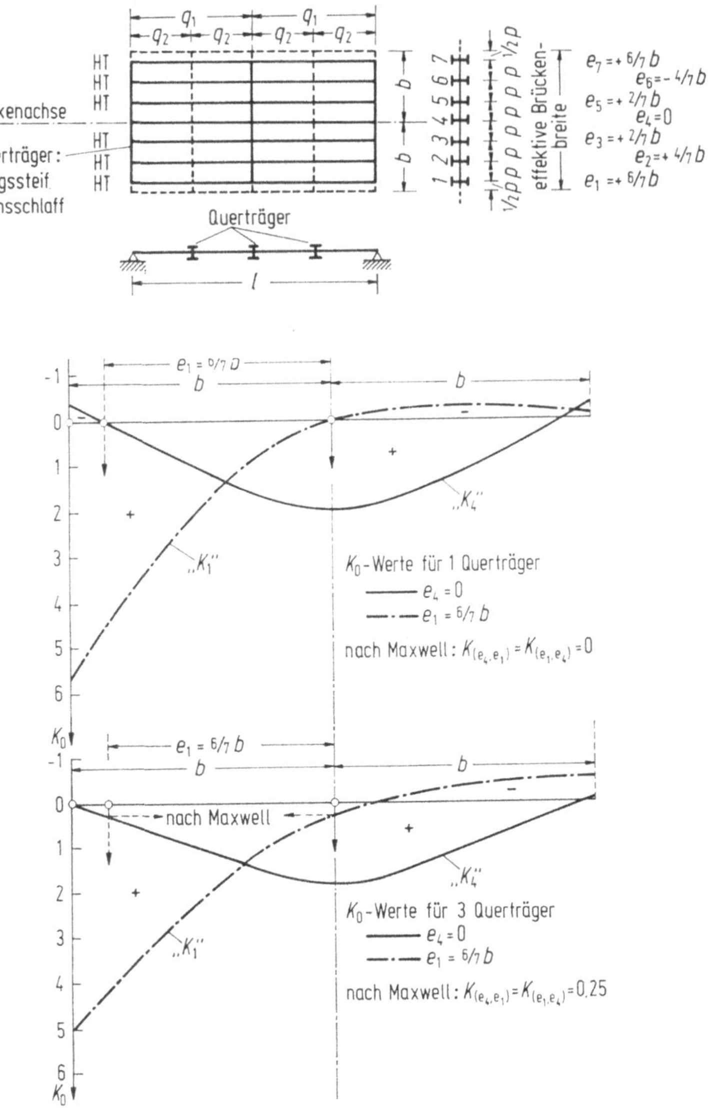

Abb. IX A.7. Ideelle Querverteilungslinien für einen torsionsfreien Trägerrost mit 5 Hauptträgern und einen bzw. drei Querträgern

Steht bei dem Trägerrost nach Abb. IX A.8a die Last $P = 1$ t am Hauptträger n in der Entfernung x vom Auflager und wäre an dieser Stelle ein Querträger vorhanden, so würde sich für den mittleren Hauptträger die Querverteilungseinflußlinie „k" nach Abb. IX A.8b ergeben. Auf den mittleren Hauptträger kommt dabei der Anteil $k_{n,n} = k_{2,2}$. Die Lastverteilung kann dabei gleich angenommen werden, als die unter Berücksichtigung des tatsächlichen Querträgers Q in Trägermitte. Dies bedeutet, daß für die primären Schnittbelastungen für den Träger n an der Stelle j aus der Last $P = 1$ am Träger n an der Stelle x gilt

$$M_{P=1,n,x;n,j} = M_{P=1,x}\,k_{n,n}.$$

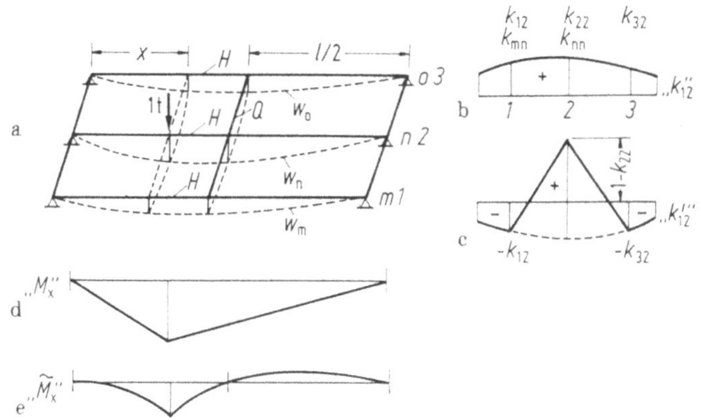

Abb. IX A.8. Primäre und sekundäre Querverteilungseinflußlinien für Laststellungen außerhalb
der Kreuzungspunkte

Tatsächlich wirkt an der Stelle x des Trägers n statt der Belastung $k_{n,n}$ die Last $P = 1$.
Da in Punkt x kein Querträger vorhanden ist und der Anteil $k_{n,n}$ bereits im Primäranteil erfaßt ist, bleibt der restliche Sekundäranteil $(1 - k_{n,n})$ noch zu berücksichtigen. Dieser wirkt aber auf den im Querträgerpunkt und an den Auflagern starr gestützten Hauptträger als Durchlaufträger, da die Schnittbelastungen aus den Stützensenkungen des durch den Querträger gestützten Hauptträgers durch die Primär-
schnittlasten bereits erfaßt sind. Ist $\tilde{M}_{x,j}$ das Moment aus einer Einzellast $P = 1$ am
Durchlaufträger, so betragen die Sekundäranteile

$$\tilde{M}_{P=1,n,x;n,j} = \tilde{M}_{P=1,x;j} \; (1 - k_{n,n}),$$

und somit ergibt sich das Gesamtmoment

$$\overline{M}_{P=1,n,x;n,j} = M_{P=1,x;j} k_{n,n} + \tilde{M}_{P=1,x;j} \; (1 - k_{n,n})$$

bzw. gilt für die Einflußlinie des Moments an der Stelle x des Trägers n bei Belastung
des Trägers n

$$\text{„}\overline{M}_{x,n;n}\text{“} = \text{„}M_x\text{“} \, k_{n,n} + \text{„}\tilde{M}_x\text{“} \, (1 - k_{n,n}). \tag{IX A.12a}$$

Steht die Last aber am Träger m und sollen die Schnittbelastungen am Träger n
bestimmt werden, so gilt für den Primäranteil

$$M_{P=1,m,x;n,j} = P_{P=1,x} k_{m,n}.$$

In Wirklichkeit kann aber an der Stelle x die Last $k_{m,n}$ nicht auf den Träger n wirken. Auf den Durchlaufträger wirkt somit die Sekundärbelastung $(-k_{m,n})$, und es gilt
somit

$$\tilde{M}_{P=1,m,x;n,j} = -\tilde{M}_{P=1,x;j} k_{m,n}$$

bzw. für die Einflußlinie des Momentes an der Stelle x des Trägers n bei Belastung des
Trägers m gilt

$$\text{„}\overline{M}_{x,m;n}\text{“} = \text{„}M_x\text{“} \, k_{m,n} - \text{„}\tilde{M}_x\text{“} \, k_{m,n}. \tag{IX A.12b}$$

Die gleiche Beziehung gilt für die anderen Schnittbelastungen, wie Querkräfte und
Auflagerkräfte.

Die gesamte Einflußfläche erhält man nun, indem man die „M_x"-Einflußlinien (z.B. Abb. IX A.8 und IX A.9) mit den Werten $k_{n,n}$ bzw. $k_{m,n}$ multipliziert und dazu die mit $(1 - k_{n,n})$ bzw. $(-k_{m,n})$ verzerrten „$\tilde{M}_x$"-Einflußlinien superponiert. Wie die Zahlenbeispiele zeigen, sind die Sekundäranteile in der Regel gering, vor allem bei mehreren lastverteilenden Querträgern.

Man wird daher zweckmäßig so vorgehen, daß man zuerst nach den Querverteilungseinflußlinien „k" (Abb. IX A.8 b und IX A.9 b) die ungünstigste Querbelastung feststellt und dafür die Belastung I für den untersuchten Hauptträger bestimmt. Für die gleiche Querbelastung ermittelt man dann für die Quereinflußlinie „$k'_{n,n}$" bzw. „$k'_{m,n}$" die Belastung II des zu untersuchenden Hauptträgers. Hierbei ist

bei Belastung des Trägers n $\qquad\qquad k'_{n,n} = 1 - k_{n,n},$

bei Belastung des Trägers m $\qquad\qquad k'_{m,n} = -k_{m,n}.$

$$\text{(IX A.13)}$$

Wertet man die Einflußlinie „M_x" mit der ungünstigsten Laststellung unter Verwendung der Belastung I aus und für die gleiche Laststellung die Einflußlinie „$\tilde{M}_x$" für die Belastung II, so braucht man diese Werte nur zu superponieren, um die maximalen Schnittbelastungen aus Verkehr zu erhalten. Diese Art der Berechnung ist wesentlich einfacher, als die ganze Einflußfläche nach (IX A.12a und b) aufzuzeichnen und für entsprechende Belastungen auszuwerten. Der geforderte Genauigkeitsgrad wird dabei, vor allem bei mehreren Querträgern, eingehalten.

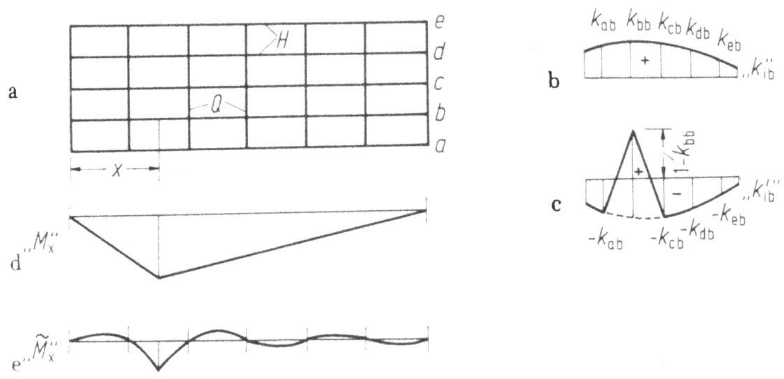

Abb. IX A.9. Primäre und sekundäre Querverteilungseinflußlinien für Laststellungen außerhalb der Kreuzungspunkte

In den Zahlenbeispielen IX 14 und IX 15 wird die Durchführung der Berechnung gezeigt.

Gegenüber den torsionsfreien Trägerrosten mit $\alpha = 0$ werden bei solchen mit Torsionssteifigkeiten nach Massonnet durch den Torsionssteifigkeitsfaktor α nach (IX A.5) auch diese in einfacher Weise erfaßt. Von Massonnet wurden Kurventafeln berechnet, die für den Wert $\alpha = 1$ gelten und aus denen wieder in Abhängigkeit vom Roststeifigkeitsfaktor ϑ die ideellen Lastverteilungskoeffizienten K_1 direkt entnommen werden können (siehe Tafeln E, 7—11, Kurventafeln nach Massonnet).

Als Beispiel sind in Abb. IX A.10 die Kurven der Werte K_1 für die Trägerlage $b/2$ dargestellt. Vergleicht man diese mit den Kurven nach Abb. IX A.3 für $\alpha = 0$, so erkennt man die völlig anderen Verhältnisse bei $\alpha = 1$. Betrachtet man die Kurventafeln, so ersieht man daraus, daß bei voller Torsion ($\alpha = 1$) und sehr steifen Querträgern ($0 < \vartheta < 0,3$) auch eine exzentrische Belastung sich fast gleichmäßig auf alle Hauptträger verteilt.

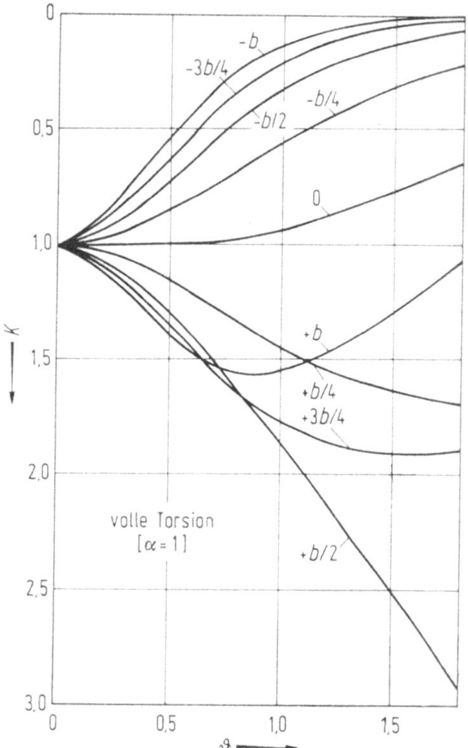

Abb. IX A.10. Ideelle Lastverteilungskoeffizienten K_1 für Trägerlage $e = b/2$ (nach Massonnet)

Für Zwischenwerte der Lastverteilungsfaktoren bei Trägerrosten mit $0 < \alpha < 1,0$ können Interpolationsformeln unter Benützung der Werte K_0 für $\alpha = 0$ und K_1 für $\alpha = 1$ Verwendung finden. Massonnet hat die Interpolationsformel

$$K_\alpha = K_0 + (K_1 - K_0) \sqrt{\alpha} \qquad \text{(IX A.14)}$$

vorgeschlagen.

Hierbei können unter Umständen größere Fehler entstehen, und es werden daher nach Stein [21] nachfolgende Näherungsformeln empfohlen, und zwar für

$$0 < \vartheta \leqq 0,1; \quad K_\alpha = K_0 + (K_1 - K_0)\,\alpha^{0,05},$$

$$0,1 < \vartheta \leqq 1,0; \quad K_\alpha = K_0 + (K_1 - K_0)\,\alpha^{\left(1 - \exp\frac{0,065 - \vartheta}{0,663}\right)}, \qquad \text{(IX A.15)}$$

wobei $\exp n = e^n$ bedeutet.

Wie der Wert α die Lastverteilung wesentlich beeinflußt, zeigen z. B. die Querverteilungslinien nach Abb. IX A.11 des Trägers mit der Lage $e = -b/4$ für einen Trägerrost mit der Roststeifigkeitszahl $\vartheta = 0{,}67$ bei Variation von α. Abb. IX A.12 hingegen läßt bei konstantem Wert $\alpha = 1{,}0$ den Einfluß einer Variation von ϑ erkennen.

Allgemein gilt: Je größer ϑ wird, desto ungünstiger, und je größer α wird, desto besser wird die Querverteilung.

Die Durchführung der Zahlenrechnung für torsionssteife Trägerroste wird in den Zahlenbeispielen IX 3, IX 8—IX 13 gezeigt.

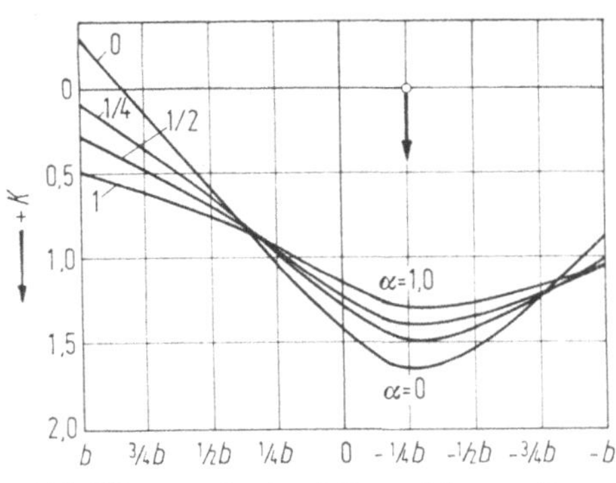

Abb. IX A.11. Lastverteilungsfaktoren für
$e = b/4$, $\vartheta = 0{,}67$ und Variation von α
(nach Massonnet)

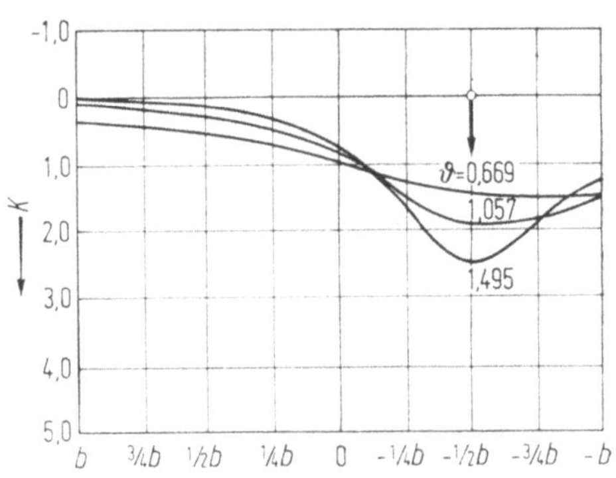

Abb. IX A.12. Lastverteilungsfaktoren für
$e = -b/2$, $\alpha = 1$ und Variation von ϑ
(nach Massonnet)

2. Trägerroste über mehrere Öffnungen
und beliebige andere statisch unbestimmte Hauptträgersysteme

Die Durchrechnung von über mehrere Öffnungen durchlaufenden Trägerrosten
hat erkennen lassen, daß die in Abschnitt 1 für die freiaufliegenden Träger entwickelten Formeln hier keine richtigen Ergebnisse mehr liefern. Das liegt darin, daß z.B.
bei Belastung eines Feldes eines Durchlaufträgers die Durchbiegungen der Hauptträger geringer sind als bei einem freiaufliegenden Träger mit gleichem Trägheitsmoment, woraus sich dann eine andere Lastverteilung ergibt. Unter Berücksichtigung
der Durchbiegungen des Durchlaufträgers ergibt sich ein einfaches Verfahren [20],
das erlaubt, auch für solche Systeme die Kurventafeln von Guyon und Massonnet zu
verwenden. Denkt man sich statt des Durchlaufträgers mit dem Trägheitsmoment J_p
einen frei aufliegenden Träger, so müßte dieser ein vergrößertes Trägheitsmoment J_p^*
aufweisen, um die gleiche Durchbiegung in Feldmitte zu erhalten. Beträgt die Durchbiegung des Durchlaufträgers in Feldmitte bei Belastung daselbst infolge einer Last
$P = 1$ (siehe Abb. IX A.13)

$$f_d = \frac{l^3}{E J_p}\,\frac{1}{c}, \qquad\qquad\qquad \text{(IX A.16)}$$

und bestimmt man die Durchbiegung des idealisierten frei aufliegenden Trägers zu:

$$f_f = \frac{1}{48}\,\frac{l^3}{E J_p^*},$$

so ergibt sich aus $f_d = f_f$

$$J_p^* = \frac{c}{48}\,J_p = \varkappa J_p \quad \text{mit} \quad \varkappa = \frac{c}{48}. \qquad \text{(IX A.17)}$$

Setzt man nun in (IX A.7) für ϑ des frei aufliegenden Rostes den neuen Wert J_p^*
statt J_p ein, so erhält man für das belastete Feld des Durchlaufträgers

$$\vartheta^* = \frac{b}{l}\,\sqrt[4]{\frac{J_p^* q}{J_q p}} = \vartheta \sqrt[4]{\varkappa}. \qquad\qquad \text{(IX A.18)}$$

Mit diesem neuen Wert ϑ^* können aus den früheren Kurventafeln die Lastverteilungsfaktoren für die einzelnen Hauptträger entnommen werden. Bei Durchlaufträgern mit verschiedenen Stützweiten ergeben sich für jedes Feld andere ϑ-Werte und
andere zugehörige ϑ^*-Werte. Selbstverständlich sind als Momenteneinflußlinien der

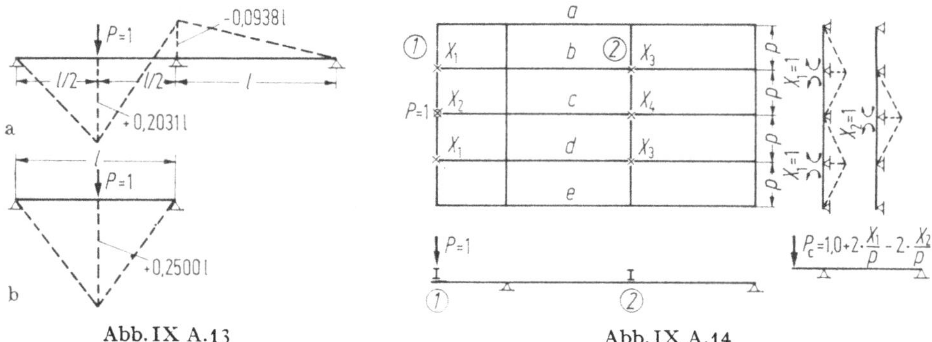

Abb. IX A.13   Abb. IX A.14

Primärbelastung diese des Durchlaufträgers zu verwenden. Die Momenteneinfluß-linien für unbelastete Öffnungen können bei torsionsfreien Rosten in Annäherung je-weils mit den Lastverteilungsfaktoren der Felder ausgewertet werden, in denen die entsprechenden Belastungen vorhanden sind. Für Durchlaufträger über zwei gleiche Öffnungen mit konstantem J_p ergibt sich z. B. nach Abb. IX A.13 unter Beachtung der Momentenbilder nach a) und b) die Durchbiegung des Durchlaufträgers zu

$$EJ_c f_d = l^3 \left\{ \frac{1}{2} \cdot \frac{1}{3} \cdot 0{,}25 \cdot 0{,}2031 + \frac{1}{2} \cdot \frac{1}{6} \cdot [0{,}25 \cdot (2 \cdot 0{,}2031 - 0{,}0938)] \right\} =$$

$$= 0{,}014971 \, l^3 = \frac{1}{66{,}795} \, l^3 .$$

Damit ist

$$c = 66{,}795 ; \quad \varkappa = \frac{66{,}795}{48} = 1{,}3916 ; \quad \sqrt[4]{\varkappa} = 1{,}088 ; \quad \vartheta^* = 1{,}088 \, \vartheta .$$

Für einen Durchlaufträger mit dem Verhältnis $l_1 : l_2 : l_3 = 2 : 3 : 2$ erhält man z. B. für die Mittelöffnung $\varkappa = 2{,}08$ und $\vartheta_{l_2}^* = 1{,}2 \, \vartheta_{l_2}$, während sich für den beiderseits starr eingespannten Trägerrost mit dem maximalen Wert von $\varkappa = 4{,}0$ der Wert $\vartheta_e^* = 1{,}41 \, \vartheta$ ergibt.

In [20] sind nur für einige Roste die auf Grund der Gleichungen (IX A.7) und (IX A.18) ermittelten Lastverteilungsfaktoren für den mittleren Hauptträger bei Belastung desselben angegeben und den genauen Rechenwerten gegenübergestellt. Die Genauigkeit genügt vollkommen den Anforderungen an eine statische Berech-nung. Da die $\varkappa$-Werte leicht und schnell berechnet werden können, wurde davon abgesehen, sie für verschiedene mögliche Ausführungsfälle in Tafeln zusammenzu-stellen.

Nun soll noch gezeigt werden, wie man sich in Sonderfällen mit Benutzung des Maxwellschen Satzes mit einem verhältnismäßig einfachen Rechenaufwand helfen kann. Für eine symmetrische Laststellung $P = 1$ (z. B. Abb. IX A.14) ist der Rechen-aufwand für einen Trägerrost meist nicht allzu groß. Zweckmäßigerweise führt man hierbei die Querträgermomente über den Hauptträgern als Unbekannte ein, und es ergeben sich z. B. für den Rost nach Abb. IX A.14 nur 4 Unbekannte X_1 bis X_4. Man kann sich für diesen einfachen Belastungszustand die Belastungen k der einzel-nen Hauptträger berechnen und hat damit die zugehörigen genauen Faktoren $K_0 = nk$. Nun sieht man unter Verwendung der Kurven von Guyon nach, für welchen Faktor ϑ dort die gleichen Werte k erhalten werden. Mit diesem so festgestell-ten Wert ϑ können aber wegen der Gültigkeit des Maxwellschen Satzes sofort aus den Kurven von Guyon alle Lastverteilungsfaktoren für sämtliche Hauptträger abgegrif-fen werden.

Diese Überlegungen waren notwendig, da man bei der Lastverteilung für einen Kragträger ja keinen Vergleich mit einem freiaufliegenden Träger zur Verfügung hat, wie dies z. B. bei Durchlaufträgern nach obigen Ausführungen der Fall ist. Für Rahmen und ähnliche Systeme kann wieder (IX A.18) Anwendung finden, wie dies am Zweigelenkrahmen nach Abb. IX A.15 gezeigt wird. Zur Vereinfachung der Rechnung werden die für die Ausführung vorgesehenen 5 Querträger zu einem einzigen mit dem Trägheitsmoment $J_q = 5J_{q,e}$ zusammengefaßt. (Für eine Ausführung ist auch die Anordnung von mehreren oder vielen Querträgern mit einem kaum nennenswerten Mehraufwand der Rechnung verbunden, wenn man die vorgeschlagene Berechnungsweise anwendet.)

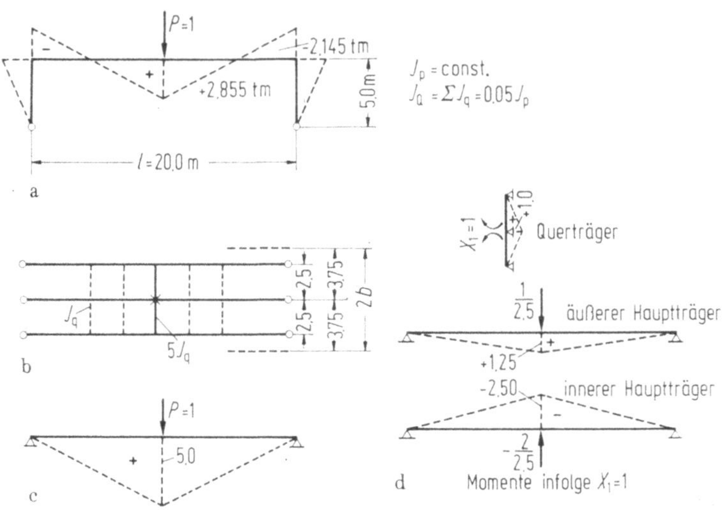

Abb. IX A 15. Zweigelenkrahmen

Aus der Integration des Produktes der beiden Momentenlinien nach Abb. IX A.15 a) und c) ergibt sich die Durchbiegung in Rahmenmitte aus $P = 1$ t zu

$$EJ_c f_d = 2 \cdot \frac{10}{6} \cdot 5,0 \cdot (2 \cdot 2,855 - 2,145) = 59,416 \frac{l^3}{l^3} = \frac{l^3}{134,641} \, .$$

Damit ergibt sich nach (IX A.17) und (IX A.18)

$$c = 134,641; \quad \varkappa = \frac{c}{48} = 2,805; \quad \vartheta^* = 1,293 \, \vartheta \, .$$

Nach (IX A.7) ist

$$\vartheta = \frac{3,75}{20,0} \cdot \sqrt[4]{\frac{1 \cdot 10,0}{0,05 \cdot 2,5}} = 0,56$$

und $\vartheta^* = 1,293 \, \vartheta = 0,724$.

Aus den Tafeln von Guyon erhält man damit für $e = 0$ den Wert $K_0 = 1,72$ und es entfällt daher bei 3 Hauptträgern auf den mittleren der Lastanteil

$$k = {}_\Delta P = 1,72/3 = 0,573 \, .$$

Zur Kontrolle ergibt sich aus dem einfach statisch unbestimmten System mit den Momenten nach Abb. IX A.15 d und c in einfacher Weise:

$$EJ_c a_{11} = 90{,}372; \quad EJ_c a_{1,0} = -47{,}533; \quad X_1 = -\frac{a_{1,0}}{a_{1,1}} = +0{,}526,$$

und $k = \Delta P = 1{,}0 - 2 \cdot 0{,}526/2{,}50 = 0{,}579$.

Man erkennt auch hier die ausgezeichnete Übereinstimmung der Näherungsberechnung mit den genauen Werten. Mit ϑ^* können nun die Kurven der K_0-Werte für alle Hauptträger aus den Tafeln von Guyon entnommen werden.

Die gleichen Gesichtspunkte müssen auch für die Berechnung der torsionssteifen Trägerroste gelten. Es ist zuerst in gleicher Weise der Wert $\vartheta^* = \vartheta \sqrt[4]{\varkappa}$ zu ermitteln. Der ideelle Wert J_p^* nach (IX A.17) muß nun aber auch in (IX A.5) Verwendung finden, und es ergibt sich

$$\alpha^* = \frac{G\left[\dfrac{J_{d,p}}{p} + \dfrac{J_{d,q}}{q}\right]}{2E\sqrt{\dfrac{J_p^* J_q}{pq}}} = \frac{\alpha}{\sqrt{\varkappa}}. \tag{IX A.19}$$

Mit ϑ^* und α^* können in gleicher Weise wie früher mit den Werten ϑ und α die Lastverteilungsfaktoren bestimmt werden.

Die Auswirkungen dieser Maßnahmen erkennt man an folgendem Beispiel. Für einen Durchlaufträger mit dem Verhältnis $l_1 : l_2 : l_3 = 2 : 3 : 2$ ergibt sich nach obigen Ausführungen für die Mittelöffnung

$$\varkappa = 2{,}08; \quad \sqrt{\varkappa} = 1{,}442 \quad \text{und} \quad \sqrt[4]{\varkappa} = 1{,}2.$$

Für die Mittelöffnung, als frei aufliegender Rost allein, würden sich mit $\vartheta = 0{,}71$ und $\alpha = 0{,}171$ die Lastverteilungsfaktoren K_x nach (IX A.15) ergeben.

Tatsächlich müssen aber die Werte $\vartheta^* = \vartheta \sqrt[4]{\varkappa} = 1{,}2 \cdot 0{,}71 = 0{,}852$ und $\alpha^* = \dfrac{\alpha}{\sqrt{\varkappa}} = \dfrac{0{,}171}{1{,}442} = 0{,}118$ zugrunde gelegt werden.

Während bei torsionsfreien Trägerrosten bei Durchlaufträgern für jedes Feld die Querverteilungseinflußlinien gesondert zu berechnen sind, kann aus den Versuchen und Berechnungen von Morice und Little [19], über die auch unter [20] berichtet wurde, die Folgerung gezogen werden, daß bei torsionssteifen Trägerrosten mit torsionssteifen Querträgern über den Lagern in den unbelasteten Feldern mit einer gleichmäßigen Beanspruchung aller Träger, bei Belastung in anderen Feldern, gerechnet werden kann. Es ist dabei gleichgültig, ob die Belastung in den übrigen Feldern zentrisch oder exzentrisch zur Bauwerksachse angeordnet ist.

Das Verfahren, mit ideellen Hauptträgerquerschnittswerten zu rechnen, ist nunmehr aber auch für Einfeldträger und beliebige andere Systeme bei Hauptträgern mit veränderlichen Trägheitsmomenten anzuwenden, wenn nur der Verlauf der Trägheitsmomente bei allen Hauptträgern gleich ist. Es ist wieder die Durchbiegung f_d, nun unter Beachtung der veränderlichen Trägheitsmomente, zu berechnen, wodurch der Wert c nach (IX A.16) festgelegt ist. Nach (IX A.17) ist dann J_p^* und nach (IX A.18) ϑ^* zu ermitteln bzw. nach (IX A.19) α^*. Diese Überlegungen gelten auch für Fachwerkträger.

Als wichtiges Ergebnis dieses Abschnittes kann festgestellt werden, daß auch statisch unbestimmte Trägerrostsysteme in einfacher Weise unter Zuhilfenahme der Kurventafeln von Guyon-Massonnet berechnet werden können.

3. Trägerroste mit Steifigkeitsunterschieden zwischen Rand- und Innenträgern

In vielen Fällen haben die Randträger aus konstruktiven Gründen ein anderes — oft wesentlich anderes — Trägheitsmoment (J_r) als die inneren Hauptträger (J_m). Die Berechnung solcher Systeme behandeln z. B. Little und Rove [12].

Ziel umfangreicher Untersuchungen des Verfassers [21] — bei denen P. Stein wesentlich mitarbeitete — war es, eine für die Praxis einfache Berechnungsweise für Systeme mit $J_r \neq J_m$ zu finden. Es war von vornherein klar, daß es sich auf Grund des früher Gesagten nur um eine Näherungsberechnung handeln konnte. Es wird nachfolgend gezeigt, daß man auch bei solchen Systemen die Querverteilungseinflußlinien für $J_r = J_m$ nach Guyon-Massonnet mit allen Erweiterungen des Abschnittes 2 als Ausgangsbasis benutzen kann, und daß man lediglich durch verschiedentliche Verzerrungen der symmetrischen und antimetrischen Anteile dieser Einflußlinien die entsprechenden Querverteilungseinflußlinien für Systeme mit $J_r \neq J_m$ erhält. Die einfache Anwendung dieses Verfahrens ist am Schluß in Zahlenbeispielen gezeigt. Aus diesen ist im Vergleich zu genauen Werten auch die für den Ingenieur völlig ausreichende Genauigkeit der Näherungsberechnung zu erkennen.

a) Torsionsfreie Trägerroste mit $J_r \neq J_m$ $(\alpha = 0)$

Betrachtet man Abb. IX A.16, so erkennt man, daß für den Trägerrost M mit $r = J_r/J_m = 1$ die Lastgruppe A eine horizontale Lage des mittleren Querträgers bedingt. Die Größe der Durchbiegung sei $^A\delta_a = {}^A\delta_b = \cdots = c$. Für den Trägerrost R mit $r = J_r/J_m$ erhält man unter Zugrundelegung des Lastfalles B die gleiche Durchbiegungslage und wieder $^B\overline{\delta}_a = {}^B\overline{\delta}_b = \cdots = c$. Außerdem muß sich für den Trägerrost R unter Zugrundelegung des Lastfalles C mit $\eta_i = 2y_i/B$ eine Schräglage des mittleren Querträgers einstellen, bei der letzterer völlig gerade bleibt. Diese einfachen Erkenntnisse bilden den Ausgangspunkt für die nachfolgenden Ergebnisse.

Randträger

Wirkt auf den Trägerrost M die Lastgruppe B, so ergibt sich für den Randträger a die Durchbiegung $^B\delta_a$; wirkt auf den Trägerrost R die Lastgruppe A, so erhält man $^A\overline{\delta}_a$.

Es wurde nun festgestellt, daß die Beziehung besteht:

$$\frac{^A\delta_a}{^B\delta_a} = \frac{^A\overline{\delta}_a}{^B\overline{\delta}_a} \ . \tag{IX A.20}$$

In Abb. IX A.17 sind für den Trägerrost M $(r = 1)$ die Ordinaten $k_{ia,0}$ der Querverteilungseinflußlinien des Randträgers a dargestellt. Für den Trägerrost R mit $r = J_r/J_m$ werden sich andere Ordinaten $\overline{k}_{ia,0}$ ergeben. (Die Abb. IX A.17 entspricht einem Wert $r > 1$.)

Wertet man für den Trägerrost M die Einflußlinie für $k_{ia,0}$ mit der in Abb. IX A.16 angegebenen Lastgruppe A aus, so ergibt sich

$$^A\delta_a = c \sum_{r+m} k_{ia,0} = c, \quad \text{da} \quad \sum_{r+m} k_{ia,0} = 1 \ .$$

Weiter ist für die Lastgruppe B der Abb. IX A.16

$$^B\delta_a = c \left[r \sum_r k_{ia,0} + \sum_m k_{ia,0} \right],$$

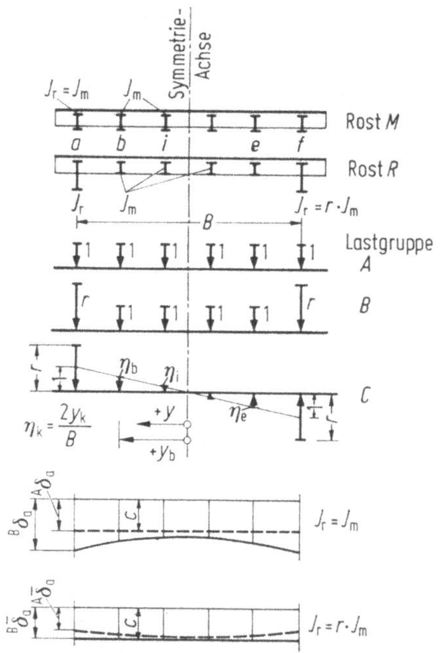

Abb. IX A.16. Durchbiegungen des Querträgers zu verschiedenen Lastgruppen

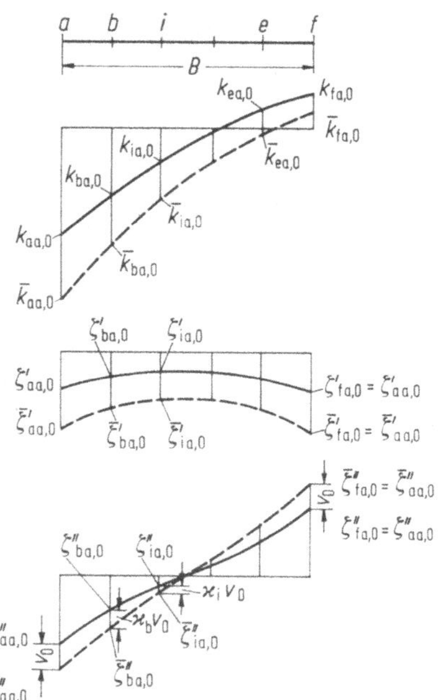

Abb. IX A.17. Querverteilungseinflußlinie „$\bar{k}_{ia,0}$" für den Randträger a $(\alpha = 0)$

wobei $\sum\limits_{r} k_{ia,0}$ über die beiden Randträger, $\sum\limits_{m} k_{ia,0}$ über alle Innenträger, $\sum\limits_{r+m} k_{ia,0}$ über Rand- und Innenträger zu erstrecken sind. Für den Trägerrost R ergibt sich unter Benutzung der Einflußlinie $\bar{k}_{ia,0}$ in ähnlicher Weise:

$$^{A}\bar{\delta}_a = \frac{c}{r} \sum_{r+m} \bar{k}_{ia,0}$$

und

$$^{B}\bar{\delta}_a = \frac{c}{r}\left[r \sum_{r} \bar{k}_{ia,0} + \sum_{m} \bar{k}_{ia,0}\right] = c,$$

da

$$r \sum_{r} \bar{k}_{ia,0} + \sum_{m} \bar{k}_{ia,0} = r$$

sein muß.

(Wirkt die Lastgruppe B auf den Trägerrost R, so muß auf einen Randträger die Belastung r entfallen!)

Nach (IX A.20) ergibt sich somit

$$\frac{1}{r \sum\limits_{r} k_{ia,0} + \sum\limits_{m} k_{ia,0}} = \frac{\sum\limits_{r+m} \bar{k}_{ia,0}}{r},$$

bzw. man erhält die Summe aller Ordinaten für den äußeren Randträger des Rostes R

$$\sum_{r+m} \bar{k}_{ia,0} = Z_{a,0} = \frac{r}{r \sum\limits_{r} k_{ia,0} + \sum\limits_{m} k_{ia,0}} =$$

$$= \frac{r}{r \sum\limits_{r} \zeta'_{ia,0} + \sum\limits_{m} \zeta'_{ia,0}}$$

(IX A.21)

aus den bekannten Ordinaten $k_{ia,0}$ des Rostes M $(r = 1)$.

$\sum\limits_{r+m}\zeta''_{ia,0}$ wird für einen symmetrischen Lastfall Null. Es handelt sich nun noch darum, die Form der $\bar{k}_{ia,0}$-Linie zu finden. Zu diesem Zweck werden alle Ordinaten der bereits bekannten $k_{ia,0}$-Linie in einen symmetrischen Anteil $\zeta'_{ia,0}$ und einen antimetrischen Anteil $\zeta''_{ia,0}$ zerlegt. Zum Beispiel ist nach Abb. IX A.17

$$\zeta'_{aa,0} = \frac{1}{2}\,(k_{aa,0} + k_{fa,0})\,; \quad \zeta''_{aa,0} = \frac{1}{2}\,(k_{aa,0} - k_{fa,0})\,;$$

$$\zeta'_{ba,0} = \frac{1}{2}\,(k_{ba,0} + k_{ea,0})\,; \quad \zeta''_{ba,0} = \frac{1}{2}\,(k_{ba,0} - k_{ea,0}) \text{ usw.} \tag{IX A.22}$$

Es wurde festgestellt, daß die symmetrischen Anteile der Ordinaten $\bar{\zeta}'_{ia,0}$ für einen Rost R gegenüber den Anteilen $\zeta'_{ia,0}$ für einen Rost M linear verzerrt sind, d.h. es gilt:

$$\bar{\zeta}'_{ia,0} = \mu_0 \zeta'_{ia,0}. \tag{IX A.23}$$

Für die Lastgruppe A nach Abb. IX A.16 und den Rost R muß somit gelten:

$$\mu_0 \sum\limits_{r+m}\zeta'_{ia,0} = \sum\limits_{r+m}\bar{k}_{ia,0} = Z_{a,0}.$$

Da $\sum\limits_{r+m}\zeta'_{ia,0} = 1$ sein muß, ist:

$$\mu_0 = Z_{a,0}. \tag{IX A.24}$$

Für die antimetrischen Anteile $\bar{\zeta}''_{ia,0}$ wurde festgestellt, daß entsprechend Abb. IX A.17 gilt:

$$\left.\begin{aligned}
\bar{\zeta}''_{ia,0} &= \zeta''_{ia,0} + \varkappa_{i,0} v_0 \quad\text{mit}\quad \varkappa_{i,0} = \frac{\zeta''_{ia,0}}{\bar{\zeta}''_{aa,0}}, \\
\bar{\zeta}''_{aa,0} &= \zeta''_{aa,0} + v_0.
\end{aligned}\right\} \tag{IX A.25}$$

Unter der Lastgruppe C nach Abb. IX A.16 muß beim Trägerrost R auf den Randträger der Belastungsanteil r entfallen. Somit ergibt sich bei Auswertung der $\bar{\zeta}''_{ia,0}$-Kurve:

$$2r(\zeta''_{aa,0} + v_0) + 2\left[\sum\limits_{\eta=0}^{\eta_b}\eta_i(\zeta''_{ia,0} + \varkappa_{i,0} v_0)\right] = r. \tag{IX A.26}$$

Aus dieser Gleichung kann die einzige Unbekannte v_0 berechnet werden, und man erhält damit die Ordinaten der Querverteilungseinflußlinie:

$$\left.\begin{aligned}
\bar{k}_{aa,0} &= \mu_0 \zeta'_{aa,0} + \zeta''_{aa,0} + v_0 = \bar{\zeta}'_{aa,0} + \zeta''_{aa,0} + v_0\,; \\
\bar{k}_{ia,0} &= \mu_0 \zeta'_{ia,0} + \zeta''_{ia,0} + \varkappa_{i,0} v_0 = \bar{\zeta}'_{ia,0} + \zeta''_{ia,0} + \varkappa_{i,0} v_0.
\end{aligned}\right\} \tag{IX A.27}$$

Innenträger

Zuerst werden für den Rost mit $r = 1$ die gegebenen Einflußlinienordinaten $k_{ki,0}$ entsprechend Gleichung (IX A.22) in die Anteile $\zeta'_{ki,0}$ und $\zeta''_{ki,0}$ zerlegt. Nach dem Satz von Maxwell gilt für den Rost mit $J_r \neq J_m$:

$$\bar{k}_{ai,0} = \frac{1}{r}\,\bar{k}_{ia,0} \quad\text{bzw.}\quad \bar{\zeta}'_{ai,0} = \frac{1}{r}\,\bar{\zeta}'_{ia,0}\,; \quad \bar{\zeta}''_{ai,0} = \frac{1}{r}\,\bar{\zeta}''_{ia,0} \text{ usw.} \tag{IX A.28}$$

Für die beiden Randordinaten des Trägers b nach Abb. IX A.18 gilt mit Abb. IX A.17

$$\bar{k}_{ab,0} = \frac{1}{r}\,\bar{k}_{ba,0}\,; \quad \bar{k}_{f,b,0} = \frac{1}{r}\,\bar{k}_{ea,0}\,; \quad \bar{\zeta}'_{ab,0} = \frac{1}{r}\,\bar{\zeta}'_{ba,0} \quad\text{usw.,} \tag{IX A.29}$$

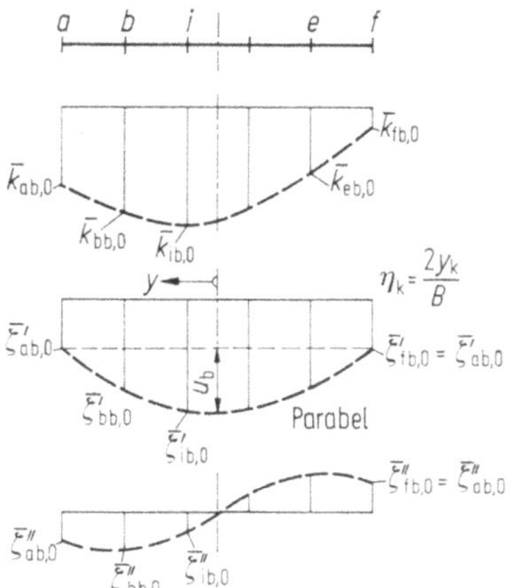

Abb. IX A.18. Querverteilungseinflußlinie $\bar{k}_{bi,0}$ für Innenträger b ($\alpha = 0$)

wobei $\bar{k}_{ba,0}$, $\bar{k}_{ea,0}$, $\bar{\zeta}'_{ba,0}$ usw. bereits aus der Berechnung des Randträgers bekannte Werte sind. Die Randordinaten der Einflußlinie $\bar{k}_{kb,0}$ sind somit schon bekannt. Für die symmetrische Lastgruppe B muß auf den Träger b der Lastanteil 1 entfallen. Somit gilt:

$$2r\bar{\zeta}'_{ab,0} + \sum_m \bar{\zeta}'_{kb,0} = 1 .$$

Für die symmetrische Lastgruppe A erhält man entsprechend:

$$2\bar{\zeta}'_{ab,0} + \sum_m \bar{\zeta}'_{kb,0} = \sum_{r+m} \bar{k}_{kb,0} = Z_{b,0} .$$

Nach Elimination von $\sum_m \bar{\zeta}'_{kb,0}$ ergibt sich:

$$\left. \begin{aligned} Z_{b,0} &= \sum_{r+m} \bar{k}_{kb,0} = 1 - 2\bar{\zeta}'_{ab,0}(r - 1), \\ Z_{i,0} &= \sum_{r+m} \bar{k}_{ki,0} = 1 - 2\bar{\zeta}'_{ai,0}(r - 1), \quad \text{usw.} \end{aligned} \right\} \qquad \text{(IX A.30)}$$

Für die Trägerroste mit 3 und 4 Hauptträgern kann daraus sofort der symmetrische Anteil der Querverteilungseinflußlinie gewonnen werden.

Für 3 Hauptträger gewinnt man durch Auswerten der Einflußlinie für die Lastgruppe B unter Beachtung von (IX A.29):

$$\bar{\zeta}'_{bb,0} = 1 - 2\bar{\zeta}'_{ba,0} , \qquad \text{(IX A.31)}$$

und entsprechend für 4 Hauptträger

$$\bar{\zeta}'_{bb,0} = 0{,}5(1 - 2\bar{\zeta}'_{ba,0}) . \qquad \text{(IX A.31)}$$

Für n Hauptträger muß, nachdem die Summe der Ordinaten bekannt ist, wieder die Form der Einflußlinie bestimmt werden. Für die symmetrischen Anteile $\bar{\zeta}'_{kb,0}$ des Innenträgers b kann die Parabelform nach Abb. IX A.18 angenommen werden:

$$\bar{\zeta}'_{kb,0} = \bar{\zeta}'_{ab,0} + u_b(1 - \eta_k^2) . \qquad \text{(IX A.32)}$$

Die einzige Unbekannte ist dann der Wert u_b. Nach Auswertung für die Lastgruppe A wird:

$$\sum_{r+m} \bar{\zeta}'_{kb,0} = n\bar{\zeta}'_{ab,0} + u_b \sum_m (1 - \eta_k^2) = \bar{n}\zeta'_{ab,0} + u_b \left(n - 2 - 2 \sum_{\eta_0}^{\eta_b} \eta_k^2 \right) = Z_{b,0},$$

$$\text{(IX A.33)}$$

woraus u_b berechnet werden kann.

Für die antimetrischen Anteile kann eingeführt werden:

$$\bar{\zeta}''_{kb,0} = \zeta''_{kb,0} + [\bar{\zeta}''_{ab,0}\eta_k + 0,45\vartheta^3(\eta_k - \eta_k^2) - \zeta''_{kb,0}] \frac{r-1}{r} 1,10. \qquad \text{(IX A.34)}$$

Für den Träger i gelten die Formeln sinngemäß.

Somit ist endgültig:

$$\bar{k}_{kb,0} = \bar{\zeta}'_{kb,0} + \bar{\zeta}''_{kb,0}; \quad \bar{k}_{ki,0} = \bar{\zeta}'_{ki,0} + \bar{\zeta}''_{ki,0}. \qquad \text{(IX A.35)}$$

Die gute Übereinstimmung der Ergebnisse nach diesen Formeln mit genauen Werten ist aus den Zahlenbeispielen ersichtlich.

b) Torsionssteife Trägerroste mit $J_r \neq J_m$ $(0 < \alpha \leq 1,0)$

Für torsionssteife Roste $(\alpha \neq 0)$ mit $r \neq 1$ werden die Verhältnisse wesentlich komplizierter, da die unter Abschnitt a) für den torsionsfreien Rost entwickelten Bedingungsgleichungen nicht mehr oder nur in Annäherung gültig sind. Nimmt man an, daß für den Randträger die Torsionssteifigkeit $J_{d,r}$ in demselben Verhältnis wie die Biegesteifigkeit J_r zunimmt, d.h. daß gilt

$$\frac{J_{d,r}}{J_r} = \frac{J_{d,m}}{J_m}, \qquad \text{(IX A.36)}$$

so können für den überaus großen Bereich $0 < \alpha \leq 1,0$; $0 < \vartheta \leq 1,0$; $1 \leq r \leq 10$ und $n \leq 10$ (Anzahl der Hauptträger) die nachfolgenden Näherungsformeln verwendet werden.

Randträger

Für den Trägerrost mit $r = 1$ und den gegebenen Werten von ϑ und α nach (IX A.5) und (IX A.7) sind aus den Kurven von Guyon $(\alpha = 0)$ und Massonnet $(\alpha = 1)$ und unter Benutzung von (IX A.9) und (IX A.15) die Ordinaten $k_{ia,\alpha}$ bekannt (Abb. IX A.19). Diese Ordinaten werden entsprechend Gleichung (IX A.22) in ihre symmetrischen und antimetrischen Anteile zerlegt, wie z.B.

$$\zeta'_{aa,\alpha}, \; \zeta''_{aa,\alpha}, \; \zeta'_{ba,\alpha}, \; \zeta''_{ba,\alpha}, \quad \text{usw.}$$

Entsprechend (IX A.21) wird der Wert

$$\mu_\alpha = \frac{r}{r \sum_r k_{ia,\alpha} + \sum_m k_{ia,\alpha}} = \frac{r}{r \sum_r \zeta'_{ia,\alpha} + \sum_m \zeta'_{ia,\alpha}} \qquad \text{(IX A.36)}$$

bestimmt und damit die Größe

$$\Delta_a \approx (\mu_\alpha - 1) \, \zeta'_{aa,\alpha}. \qquad \text{(IX A.37)}$$

Für Trägerrost mit $r \neq 1$ ergeben sich damit (siehe Abb. IX A.19)

für $n = 3$ bis 5 $\qquad\qquad\qquad \Delta_a \approx \Delta_m,$

für $n > 5$ $\qquad\qquad\qquad\qquad \Delta_m \approx \Delta_a \sqrt{\dfrac{5}{n}},$ $\qquad\qquad \text{(IX A.38)}$

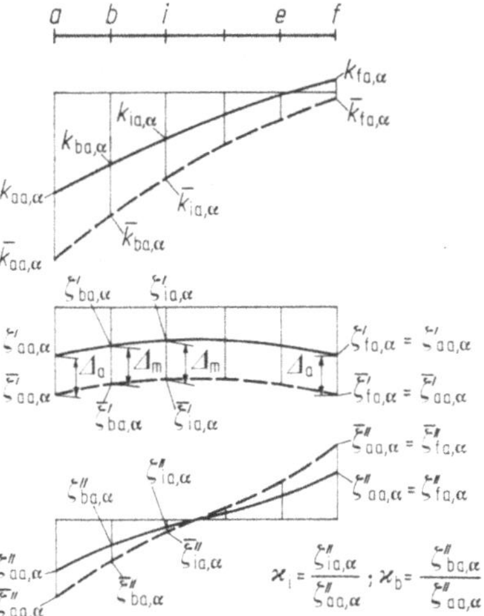

Abb. IX A.19. Querverteilungseinflußlinie $\bar{k}_{ia,\alpha}$ für Randträger a $(\alpha \neq 0)$

und daraus die symmetrischen Ordinatenteile

$$\bar{\zeta}'_{aa,\alpha} = \zeta'_{aa,\alpha} + \Delta_a = \mu_\alpha \zeta'_{aa,\alpha};$$
$$\bar{\zeta}'_{ia,\alpha} = \zeta'_{ia,\alpha} + \Delta_m. \tag{IX A.39}$$

Zur Bestimmung der antimetrischen Ordinatenanteile $\bar{\zeta}''_{ia,\alpha}$ werden zuerst für $r = 1$ die Werte $\varkappa_{i,a}$ ermittelt.

Damit wird:

$$\varkappa_{i,a} = \frac{\zeta''_{ia,\alpha}}{\zeta''_{aa,\alpha}};$$

$$\bar{\zeta}''_{aa,\alpha} = \nu\zeta''_{aa,\alpha} \quad \text{und} \quad \bar{\zeta}''_{ia,\alpha} = \varkappa_{i,a}\bar{\zeta}''_{aa,\alpha} \tag{IX A.40}$$

mit

$$\nu = 1 + \left[(1{,}1 + 1{,}8 \sqrt[3]{\alpha^2\, e^{-2\vartheta^2}}) \cdot (0{,}6 + 0{,}1n) - 1 \right] \frac{(r-1)}{r}\, 1{,}10$$

und schließlich

$$\bar{k}_{ia,\alpha} = \bar{\zeta}'_{ia,\alpha} + \bar{\zeta}''_{ia,\alpha}. \tag{IX A.41}$$

Innenträger

Für die inneren Träger sind wieder nach Maxwell die Randordinaten der Querverteilungseinflußlinien durch die entsprechenden Ordinaten für den äußeren Hauptträger bereits gegeben:

$$\bar{k}_{ai,\alpha} = \frac{1}{r}\bar{k}_{ia,\alpha}; \quad \bar{\zeta}'_{ai,\alpha} = \frac{1}{r}\bar{\zeta}'_{ia,\alpha}; \quad \bar{\zeta}''_{ai,\alpha} = \frac{1}{r}\bar{\zeta}''_{ia,\alpha}; \quad \text{usw.} \tag{IX A.42}$$

Symmetrische Anteile $\bar{\zeta}'_{ki,\alpha}$: Sind alle Ordinaten $\bar{\zeta}'_{ia,\alpha}$ des Randträgers bekannt und nach Gleichung (IX A.42) auch die Randordinaten $\bar{\zeta}'_{ai,\alpha}$ der inneren Hauptträger, so kann die Summe der Ordinaten $\bar{\zeta}'_{ki,\alpha}$ für alle inneren Hauptträger bestimmt werden.

3 Hauptträger ($n = 3$)

Wertet man die beiden Einflußlinien für die äußeren Hauptträger a und c und die des mittleren Trägers b mit der in Abb. IX A.20 angegebenen Lastgruppe aus, so muß sich ergeben:

$$\sum \bar\zeta'_{ki,\alpha} = n = 3\,;$$

$$2\bar\zeta'_{ab,\alpha} + \bar\zeta'_{bb,\alpha} + 2\,(2\bar\zeta'_{aa,\alpha} + \bar\zeta'_{ba,\alpha}) = 3\,,$$

und mit

$$\bar\zeta'_{ab,\alpha} = \frac{1}{r}\,\bar\zeta'_{ba,\alpha}\,;\qquad \bar\zeta'_{bb,\alpha} = 3 - 4\bar\zeta'_{aa,\alpha} - 2\,\frac{r+1}{r}\,\bar\zeta'_{ba,\alpha}\,. \qquad \text{(IX A.43)}$$

4 Hauptträger ($n = 4$)

Bei Belastung durch 4 Lasten $P = 1$ und Auswertung der Einflußlinien für die äußeren Hauptträger a und d und für die inneren Träger b und c nach Abb. IX A.21 erhält man

$$4\bar\zeta'_{bb,\alpha} + 4\bar\zeta'_{ab,\alpha} + 4\bar\zeta'_{aa,\alpha} + 4\bar\zeta'_{ba,\alpha} = 4$$

bzw.

$$\bar\zeta'_{bb,\alpha} = 1 - \bar\zeta'_{aa,\alpha} - \frac{r+1}{r}\,\bar\zeta'_{ba,\alpha}\,. \qquad \text{(IX A.44)}$$

n Hauptträger

Entsprechend (IX A.30) werden in Näherung die Werte

$$Z_{b,\alpha} = 1 - 2\,\bar\zeta'_{ab,\alpha}(r - 1)\,,$$

$$Z_{k,\alpha} = 1 - 2\bar\zeta'_{ak,\alpha}(r - 1)\,, \quad \text{usw.} \qquad \text{(IX A.45)}$$

bestimmt.

Obwohl dies nicht wie früher die Ordinatensummen der einzelnen Einflußlinien sein können, bleibt doch für die inneren Hauptträger das Verhältnis der einzelnen Summen untereinander ungefähr bestehen, und es ist

$$\beta_i = \frac{Z_i}{\sum\limits_{m} Z_k} \approx \frac{\bar Z_i}{\sum\limits_{m} \bar Z_k}\,. \qquad \text{(IX A.46)}$$

Die tatsächlichen Summen der Ordinaten betragen $\bar Z_i$ für den Träger i und $\bar Z_k$ für den Träger k.

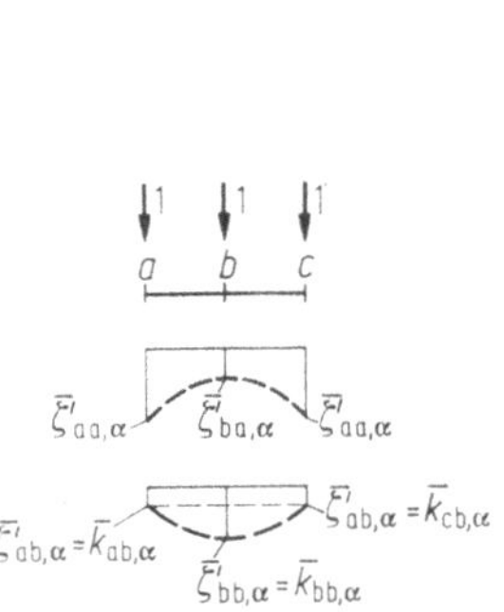

Abb. IX A.20. Querverteilungseinflußlinie $\bar k_{ib,\alpha}$ für Mittelträger b ($\alpha \neq 0$)

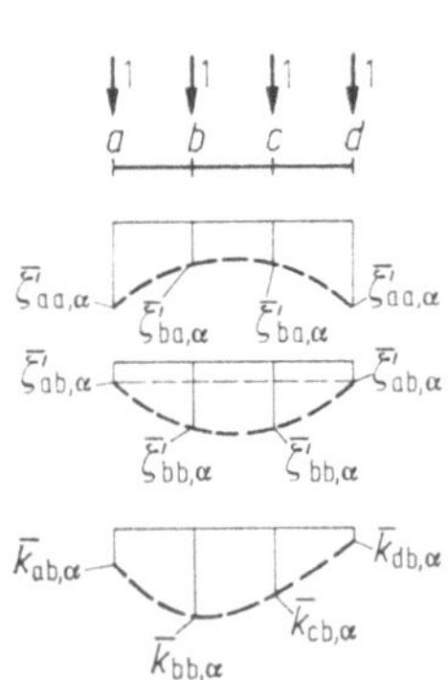

Abb. IX. A.21 Querverteilungseinflußlinie $\bar k_{ib,\alpha}$ für Innenträger b ($\alpha \neq 0$)

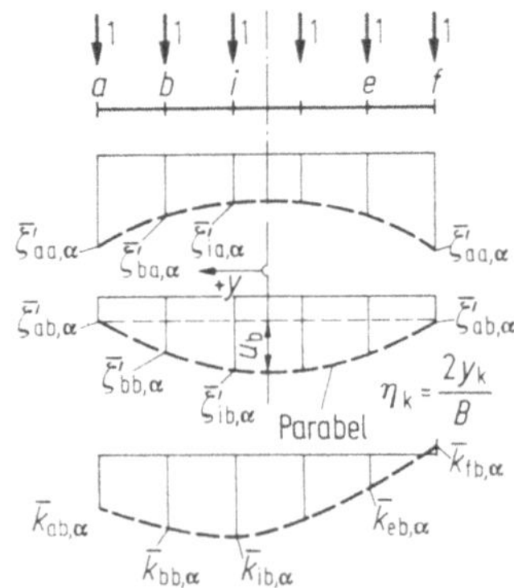

Abb. IX A.22

Querverteilungseinflußlinie $\bar k_{ib,\alpha}$ für Innenträger b ($\alpha \neq 0$)

Wertet man die tatsächlichen Einflußlinien $\bar{\zeta}'$ für die äußeren und inneren Hauptträger mit der in Abb. IX A.22 angegebenen Lastgruppe aus, so muß die Summe aller Ordinaten (Randträger + Innenträger) den Wert n ergeben. Somit ist

$$n = 2 \sum_{r+m} \bar{\zeta}'_{ia,\alpha} + \sum_m \bar{Z}_k,$$

und daraus mit (IX A.46)

$$\bar{Z}_i = \beta_i \Big(n - 2 \sum_{r+m} \bar{\zeta}'_{ia,\alpha} \Big). \qquad\text{(IX A.47)}$$

Nimmt man für die Form der Einflußlinien $\bar{\zeta}_{ki,\alpha}$ des inneren Trägers i nach Abb. IX A.22 eine Parabel an und wertet diese für die in Abb. IX A.22 angegebene Belastung aus, so ergibt sich z. B. für Träger b

$$n\,\bar{\zeta}'_{ab,\alpha} + u_b \sum_m (1 - \eta_k^2) = \bar{Z}_b, \quad \eta_k = \frac{2y_k}{B}, \qquad\text{(IX A.48)}$$

woraus u_b bestimmt werden kann.

Allgemein gilt somit für den Träger i

$$\bar{\zeta}'_{ki,\alpha} \approx \bar{\zeta}'_{a,i,\alpha} + u_i\,(1 - \eta_k^2). \qquad\text{(IX A.49)}$$

Antimetrische Anteile $\bar{\zeta}''_{ki,\alpha}$: Aus den Ordinaten der Einflußlinien des Randträgers sind bereits nach Maxwell wieder die entsprechenden Randordinaten für die Einflußlinien der inneren Träger bekannt:

$$\bar{\zeta}''_{ai,\alpha} = \frac{1}{r}\,\bar{\zeta}''_{ia,\alpha}.$$

Für die inneren Ordinaten kann entsprechend (IX A.34) für den Träger b eingeführt werden

$$\bar{\zeta}''_{kb,\alpha} = \zeta''_{kb,\alpha} + \big[\,\bar{\zeta}''_{ab,\alpha}\eta_k + 0{,}45\,\vartheta^3(\eta_k - \eta_k^2) - \zeta''_{kb,\alpha}\big]\frac{(r-1)}{r}1{,}10. \qquad\text{(IX A.50)}$$

Für den Träger i gilt die Formel sinngemäß.

Weiter gilt

$$\bar{k}_{kb,\alpha} = \bar{\zeta}'_{kb,\alpha} + \bar{\zeta}''_{kb,\alpha} \quad \text{usw.} \qquad\text{(IX A.51)}$$

4. Lastverteilende Querträger

Für die Berechnung der Schnittbelastungen der Querträger sind unter den Voraussetzungen der Abschnitte 1 und 2 von Guyon und Massonnet [4, 13—16] und Bares-Massonnet [1] für konstantes und gleiches Trägheitsmoment aller Hauptträger ebenfalls Tabellenwerte angegeben. Während bei der Berechnung der maximalen Schnittbelastungen der Hauptträger nach den Abschnitten 1 bis 3 eine Rechengenauigkeit von 1—2% eingehalten wird, können für die Werte der Querträger unter Beachtung der vielen möglichen Variationen und unter Zugrundelegung der Tabellenwerte große Abweichungen auftreten. Die Aufgabe der Querträger ist es, eine günstige Querverteilung konzentrierter Einzellasten oder einseitiger bzw. nur teilweisen Belastungen zu erreichen. Hierbei ist nach den Abschnitten 1 bis 3 das Verhältnis J_p/J_q von wesentlichem Einfluß. Man wird somit für eine Vorberechnung dieses Verhältnis annehmen, womit die Querverteilungseinflußlinien „k" gegeben sind. Die Querträger können als Durchlaufträger auf elastischen Stützen angesehen werden, wobei der Querträger, der in Tragwerksmitte liegt, die ungünstigsten Beanspruchungen aus den Durchbiegungen der Hauptträger erhalten wird.

Zur Ermittlung der maximalen Schnittbelastungen dieses Querträgers kann der nachfolgende Weg eingeschlagen werden:

Für eine angenommene Belastung in Quer- und Längsrichtung des Tragwerkes (Einzellasten und gleichförmig verteilte Belastung) werden die Querverteilungseinflußlinien „k" für die einzelnen Hauptträger ausgewertet. Für die sich je Hauptträger ergebende Belastung erfolgt die Auswertung der Einflußlinie der Hauptträgerdurchbiegung für die Querträgerstelle.

Die erhaltenen Durchbiegungen der einzelnen Hauptträger werden als Stützensenkungen für den durchlaufend gedachten Querträger mit starren Stützen an den Hauptträgern eingeführt und die entsprechenden Schnittbelastungen des Querträgers jeweils in Feldmitte und über den Stützen berechnet (siehe Bd. I A, VII). Die Schnittbelastungen aus der unmittelbar auf den untersuchten Querträger wirkenden Belastung werden durch Auswerten der entsprechenden Einflußlinien des Trägers auf starren Stützen erhalten.

Die Einflußlinien können den bekannten Tafelwerken für Durchlaufträger mit gleicher Feldweite und konstantem Trägheitsmoment entnommen werden. Beide Anteile sind dann zu superponieren. Auf diese Weise können durch Probieren die größten positiven und negativen Schnittbelastungen im Feld und über den Stützen der Querträger ermittelt werden. Die Querverteilungseinflußlinien bieten einen guten Anhalt zum Auffinden der jeweils ungünstigsten Belastungsstellungen.

Das geschilderte Verfahren kann für alle Fälle nach Abschnitt 1 bis 3 Anwendung finden.

Neben den bekannten Einflußlinien ist zusätzlich nur die Einflußlinie der Durchbiegung des Hauptträgers für die Querträgerstelle zu ermitteln, die aber auch später für die Berechnung der größten Durchbiegungen der Hauptträger benötigt wird.

Die ganze Berechnung des Querträgers läuft somit auf eine mehrfache Auswertung von bekannten Quer- und Längseinflußlinien hinaus, die ohne größeren Rechenaufwand durchzuführen ist. Sie wurde vom Verfasser verschiedentlich mit Vorteil angewendet. In vielen Fällen hängen die Querträgerabmessungen wesentlich von der günstigen Wahl der Lastverteilung (Wahl von J_p/J_q, ϑ, α) ab und nicht von den Spannungen, die dann oft nicht ausgenützt werden. Dies alles erkennt man aus der einfachen Berechnung der Hauptträger nach Abschnitt 1 bis 3 und der oben beschriebenen Querträgerberechnung. Man kann dabei ohne großen Aufwand die Auswirkungen von verschiedenen Querschnittsannahmen studieren und die wirtschaftlichste auswählen.

5. Allgemeine Betrachtungen

Die in den verschiedenen Abschnitten angegebenen Berechnungsverfahren wurden in vielfacher Hinsicht geprüft, und zwar sowohl durch genaue Berechnungsverfahren als auch durch Modellmessungen und Messungen an Bauwerken. In den nachfolgenden Zahlenbeispielen sind meist den Werten aus der Näherungsberechnung genaue Werte gegenübergestellt, so daß sich jeder Leser selbst ein Bild über die erzielte Genauigkeit machen kann. Bei den maximalen Schnittbelastungen infolge Eigengewicht und Verkehr ist dabei eine Genauigkeit von $1-2\%$ gegeben. Angaben hierüber sind auch aus [20—22] zu entnehmen.

Auch Modellmessungen haben die volle Bestätigung der Berechnung nach dem Verfahren von Guyon-Massonnet und den angeführten Erweiterungen ergeben. Zum Beispiel wurde eine eingehende Modellmessung für eine Autobahnbrücke über 5 Öffnungen mit 7 Hauptträgern durchgeführt. Ein eingehender Bericht darüber ist in [20] gegeben. Aus der Abb. IX A.23 erkennt man z. B. für einen Trägerteil die gute Übereinstimmung für die Querverteilungszahlen nach Guyon mit den Versuchswerten. Die Genauigkeit der Messungen ist auch aus Abb. IX A.24 zu erkennen, da der Satz von Maxwell, wonach $K_{ik} = K_{ki}$ sein muß, voll eingehalten ist. Umfangreiche Ver-

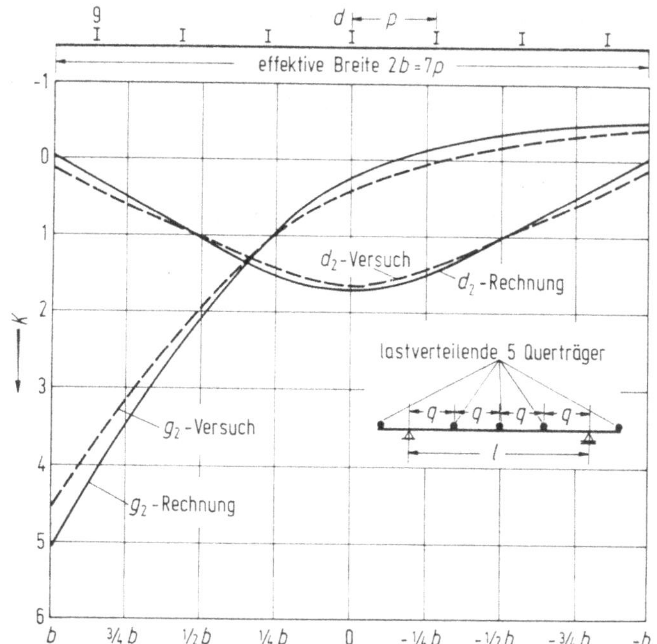

Abb. IX A.23. Vergleich der K_0- und K_V-Werte bei 5 lastverteilenden Querträgern zwischen Rechnung und Versuch

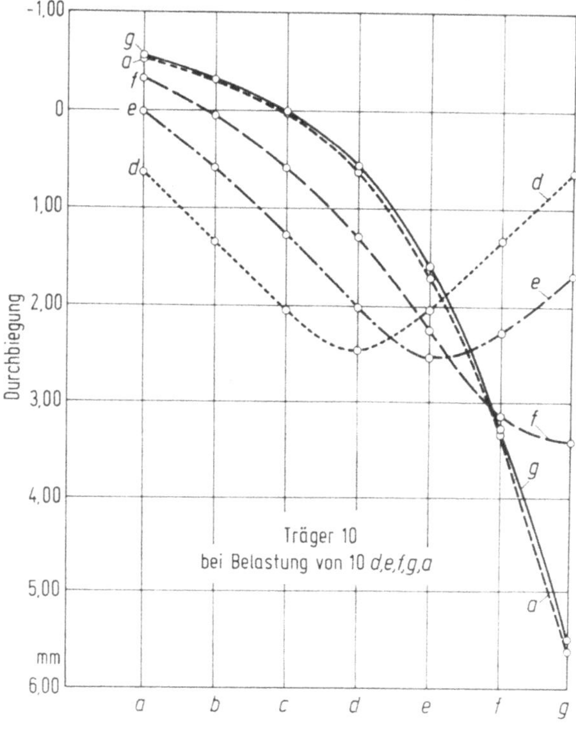

Abb. IX A.24

suche von Morice und Little [19] an vorgespannten Betonbrückensystemen bei torsionssteifen Trägerrosten haben ebenfalls die theoretischen Ausführungen der vorhergehenden Abschnitte bestätigt, wonach für die belasteten Felder die Querverteilung
nach Massonnet zutrifft (Abb. IX A.25) und für die unbelasteten Felder bei Belastung
benachbarter Felder und torsionssteifen Querträgern über den Lagerpunkten eine
gleichmäßige Beanspruchung aller Träger eintritt (Abb. IX A.26). Auch Durchbiegungsmessungen an ausgeführten Bauwerken haben die Querverteilungseinflußlinien
nach den obigen Verfahren bestätigt (z. B. durchlaufende Betonhohlkastenbrücke
nach [22]). Bezüglich der verschiedenartigsten Messungen sei auch auf die angeführten Arbeiten von Guyon, Massonnet und Bares verwiesen.

Zusammenfassend kann festgestellt werden, daß mit den Entwicklungen der
Abschnitte 1 bis 4 jeder beliebige torsionsfreie oder torsionssteife Trägerrost schnell
und einfach berechnet werden kann. Die erzielte Genauigkeit entspricht vollkommen
den Anforderungen, die an eine statische Berechnung gestellt werden. Sollten wirklich in dem einen oder anderen Falle, durch nicht genaue Erfassung der ϑ- bzw. α-
Werte, etwas größere Abweichungen auftreten, so ist dies von nicht allzu großer
Bedeutung, da dies ja nur die Einzellast und nicht die gleichmäßig verteilte Belastung aus ständiger Last und Verkehr betrifft.

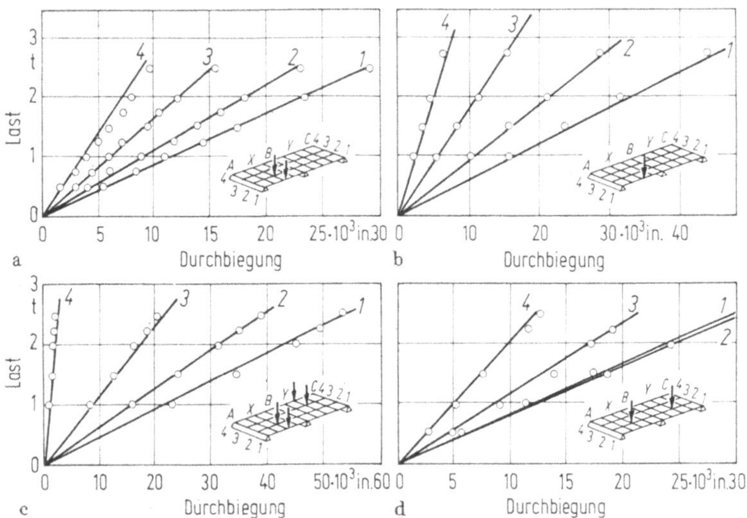

Abb. IX A.25. Vergleich zwischen den tatsächlichen und den theoretischen Durchbiegungen für
die belasteten Felder

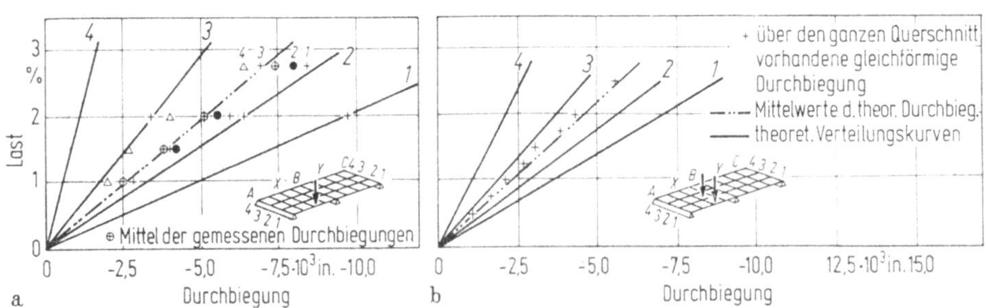

Abb. IX A.26. Vergleich der tatsächlichen Durchbiegungen in der unbelasteten Öffnung mit den
Werten, die sich mit den Lastfaktoren der belasteten Öffnung ergeben

Auch ist ein diesbezüglicher Fehler in den Beanspruchungen der unbelasteten Öffnung aus einer Last in einer anderen Öffnung von nicht großer Bedeutung. Dazu kommt auch, daß die Trägerrostbrücken im allgemeinen auf Grund der Plastizitätstheorie eine wesentlich größere Sicherheit gegen Versagen der Konstruktion aufweisen, da bei einem ungünstigsten Belastungszustand für ein Bauglied andere Bauglieder weniger beansprucht sind und beim örtlichen Auftreten von Plastizierungen sofort Belastungsumlagerungen auf letztere eintreten.

Eine weitere Verminderung der nach obigem Verfahren vorhandenen geringen Fehlerprozente durch genauere und meist viel umfangreichere Verfahren erzielen zu wollen, scheint unzweckmäßig, da jeweils schon bei den Annahmen grundlegende Idealisierungen, z.B. über die mitwirkende Plattenbreite, den Torsionswiderstand, den Elastizitätsmodul usw. gemacht werden müssen.

Diese Annahmen streuen aber in einem wesentlich größeren Prozentsatz als die Genauigkeit der Berechnung und müssen auch für die angeblich genaueren Berechnungsverfahren in gleicher Weise getroffen werden.

Von besonderem Vorteil sind die gezeigten Verfahren auch für den ersten Entwurf von Brücken. In kürzester Zeit können die Ergebnisse für die verschiedensten Maßnahmen durch Variation der Anzahl von Hauptträger und lastverteilenden Querträger, deren Abmessungen, des Systems usw. erhalten werden und so die wirtschaftlichste Konstruktion ausgewählt werden. Dieses Verfahren hat sich auch für die endgültige Berechnung von Trägerrostbauwerken seit langem eingebürgert.

B. Verfahren Engesser

Der Näherungsmethode von Engesser [3] zur Berechnung von Trägerrosten liegen unendlich starre Querträger zugrunde. Unter einer beliebigen Last P, am Querträger wirkend, wird sich der Querträger um einen Wert w_0' parallel verschieben und um einen Winkel β drehen (Abb. IX B.1). Die Durchbiegung w_0', der Drehwinkel β und

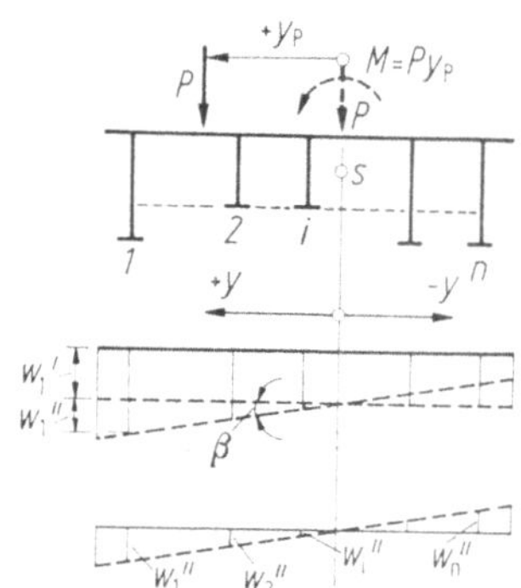

Abb. IX B.1. Querträgerdurchbiegungen nach Engesser

der Ort des Punktes s, um den die Drehung stattfindet, sind 3 unbekannte Größen. Es werden somit 3 Bestimmungsgleichungen für die Ermittlung der Lastaufteilung auf die einzelnen Hauptträger erforderlich. Bei den nachfolgenden Entwicklungen können die Hauptträger voneinander verschiedene Trägheitsmomente, verschiedene Abstände und auch auf ihre Länge veränderliche Trägheitsmomente aufweisen. Auch kann es sich dabei um statisch bestimmte oder um statisch unbestimmte Hauptträgersysteme handeln.

Für die Stelle des Querträgers ergibt sich infolge einer Last $P = 1$ t am Hauptträger eine Durchbiegung desselben von der Form

$$f = \frac{\alpha}{J} \,. \qquad\qquad\qquad \text{(IX B.1)}$$

Für konstantes Trägheitsmoment und einen Querträger in Feldmitte wird mit

$$f = \frac{1}{48}\,\frac{l^3}{EJ} \quad \text{mit (IX B.1)} \quad \alpha = \frac{l^3}{48E}\,.$$

Reduziert man die Last P in dem Drehpunkt s, so ergibt sich hier eine Belastung P und ein Moment Py_p. Die im Punkt s wirkende Last P hat nun die gleiche Durchbiegung w_0' aller Hauptträger, das Moment Py_p die Drehung um den Winkel β bzw. die Durchbiegungen w_i'' der einzelnen Hauptträger zur Folge.

Beim gleichen Verlauf der Trägheitsmomente in allen Hauptträgern ist α nach (IX B.1) ein konstanter Wert und man erhält mit den Anteilen P_i' von P auf die einzelnen Träger:

$$w_0' = w_1' = w_n' = \frac{P_1'\alpha}{J_1} = \frac{P_2'\alpha}{J_2} = \cdots = \frac{P_i'\alpha}{J_i} = \cdots = \frac{P_n'\alpha}{J_n}\,.$$

Damit wird

$$P_1' = P_i'\frac{J_1}{J_i}\,; \quad P_2' = P_i'\frac{J_2}{J_i} \quad \text{usw.}$$

Aus der Bedingung

$$\sum_1^n P_k' = P$$

ergibt sich

$$P_i'\left[\frac{J_1}{J_i} + \frac{J_2}{J_i} + \cdots \frac{J_n}{J_i}\right] = P$$

und

$$P_i' = P\,\frac{J_i}{\displaystyle\sum_1^n J_k}\,. \qquad\qquad \text{(IX B.2)}$$

Aus der Wirkung des Moments Py_p erhält man die Belastung P_1'', P_2'' usw. für die einzelnen Träger.

Mit

$$w_1'' = \frac{P_1''\alpha}{J_1}\,; \quad w_2'' = \frac{P_2''\alpha}{J_2}\,; \quad w_i'' = \frac{P_i''\alpha}{J_i} \quad \text{usw.}$$

und

$$\frac{w_1''}{y_1} = \frac{w_2''}{y_2} = \cdots = \frac{w_i''}{y_i} = \cdots = \frac{w_n''}{y_n}$$

wird

$$\frac{P_1''}{y_1 J_1} = \frac{P_2''}{y_2 J_2} = \cdots = \frac{P_i''}{y_i J_i} \quad \text{und} \quad P_1'' = P_i''\frac{y_1 J_1}{y_i J_i} \quad \text{usw.}$$

Für den Momentenanteil gilt

$$\sum_1^n P_k'' = 0 = \frac{P_i''}{y_i J_i}\,[y_1 J_1 + y_2 J_2 + \cdots + y_n J_n]\,.$$

Diese Bedingung ist erfüllt für

$$y_1 J_1 + y_2 J_2 + \cdots + y_n J_n = 0\,.$$

Sie gilt für den Schwerpunkt s der Trägheitsmomente. Damit kann der Drehpunkt s bestimmt werden. Weiter gilt für die Belastungen P''_i der einzelnen Träger:

$$M = P y_p = \sum_1^n P''_k y_k$$

bzw.

$$P''_1 y_1 + P''_2 y_2 + \cdots P''_n y_n = P y_p$$

bzw.

$$P''_i \frac{[y_1^2 J_1 + y_2^2 J_2 + \cdots + y_n^2 J_n]}{y_i J_i} = {}^\backprime P y_p.$$

Somit wird

$$P''_i = P \frac{y_p y_i J_i}{\sum_1^n y_k^2 J_k}. \qquad \text{(IX B.3)}$$

Wählt man $P = 1$, so erhält man für den Träger i bei Laststellung am Träger k (Abb. IX B.2a) die Lastverteilungseinflußlinie „k_{ki}" (Abb. IX B.2b) dieses Trägers

$$\text{„}k_{ki}\text{"} = \frac{J_i}{\sum_1^n J_k} + \frac{y_i y_k J_i}{\sum_1^n y_k^2 J_k} = \frac{J_i}{\sum_1^n J_k}\left[1 + \frac{y_i y_k \sum_1^n J_k}{\sum_1^n y_k^2 J_k}\right]. \qquad \text{(IX B.4)}$$

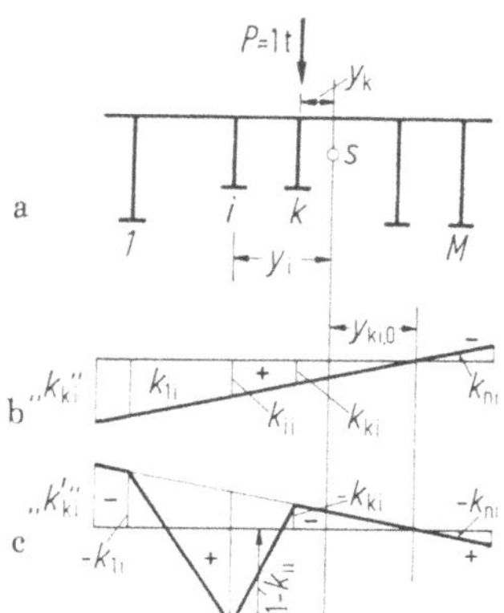

Abb. IX B.2. Querverteilungseinflußlinien nach Engesser für primäre und sekundäre Belastung

Es ist dies eine Gerade, deren Nullstelle (Lastscheide) durch die Bedingung

$$y_{ki,0} = - \frac{\sum y_k^2 J_k}{y_i \sum_1^n J_k} \qquad \text{(IX B.5)}$$

gegeben ist (siehe z. B. Beispiel IX.14).

Für Laststellungen am Hauptträger zwischen den Kreuzungspunkten von Haupt- und Querträgern gelten die Überlegungen des Abschnittes 1, und zwar die Gleichungen (IX A.12a und b) vollinhaltlich. Mit (IX A.13) ergibt sich die Querverteilungseinfluß- linie für den Sekundäreinfluß „k'_{ki}" für den Träger i, indem man von der negativen Einflußlinie „k_{ki}" an der Stelle i den Wert $(+1)$ abzieht und von der so erhaltenen Spitze bis zu den nächsten Hauptträgerstellen abschrägt (Abb. IX B.2c). Die Durch- führung der Rechnung ist aus den Zahlenbeispielen IX 2 und IX 14 zu sehen.

Wie bereits im Abschnitt 1 festgestellt wurde, verlaufen die K_0-Werte nach Guyon von $\vartheta = 0$ bis $\vartheta \approx 0{,}3$ fast horizontal. Der Wert $\vartheta = 0$ kennzeichnet aber die torsionsfreien Trägerroste mit unendlich starren Querträgern. Somit gelten aber für solche Trägerroste auch die Querverteilungseinflußlinien nach Engesser. Da die Entwicklungen von Engesser aber für verschiedene Trägheitsmomente der einzelnen Hauptträger und auch für verschiedene Hauptträgerabstände gelten, erlauben sie auch für solche Konstruktionen eine einfache Berechnungsweise, bei der der erforderliche Genauigkeitsgrad eingehalten werden kann.

Zahlenbeispiele

Die nachfolgenden Beispiele sind so zusammengestellt, daß beim Studium der Ergebnisse ein Einblick in das Verhalten der Trägerroste bezüglich der Lastverteilung unter Beachtung der Variation der einzelnen Parameter ersichtlich wird. So variieren die Hauptträgeranzahl von 4 bis 6, die Roststeifigkeitsfaktoren ϑ von 0,25 bis 1,0, die Torsionssteifigkeitsfaktoren α von 0 bis 1,0 und der Kennwert r für den Unterschied der Trägheitsmomente von Rand- und Mittelträgern von 1 bis 10. Zum Teil werden bei mehreren Beispielen gewisse Parameter konstant gehalten, um so besser den Einfluß der anderen zu erkennen. Bei einigen Beispielen wird die Interpolation der K_0-Werte bzw. K_1-Werte gezeigt, wenn die Hauptträgerlage nicht mit einem Vielfachen von $b/4$ zusammenfällt. Für weitere Beispiele wird dann die Ermittlung der K-Werte als bekannt vorausgesetzt. Mit den Querverteilungseinflußlinien „k" bzw. „k'" sind auch die Einflußflächen für eine bestimmte Schnittbelastung festgelegt. Deren Berechnung und Auswertung wird in den letzten Beispielen gezeigt und kann sinngemäß auf beliebige Hauptträgersysteme und Querträgeranordnungen angewendet werden.

Beispiel IX.1. Torsionsfreier Trägerrost ($\alpha = 0$) mit $\vartheta = 1{,}0$

Der Wert ϑ ist nach (IX A.7) gegeben. Die hierfür aus den Kurventafeln E, 1—6 für $\alpha = 0$ entnommenen Ordinaten K_0 sind in Tabelle IX.1 angegeben und in Abb. IX 1.1 dargestellt. Mit Rücksicht auf die Ablesegenauigkeit sei darauf hingewiesen, daß für jede Kurve K_0 nach (IX A.10) $\int_0^{2b} K_0 \, \mathrm{d}y = 2b$ beträgt, und daß nach dem Satz von Maxwell $K_{ik} = K_{ki}$ ist (siehe z. B. Tabelle IX.1).

Damit hat man eine Möglichkeit, Ablesefehler sofort auszugleichen, die bei der Darstellung durch Kurven nicht zu vermeiden sind.

Tabelle IX.1 K_0-Werte

Last in → Träger in ↓	b	$\frac{3}{4}b$	$\frac{1}{2}b$	$\frac{1}{4}b$	0	$-\frac{1}{4}b$	$-\frac{1}{2}b$	$-\frac{3}{4}b$	$-b$
$e = b$	$+9{,}05$	$+4{,}45$	$-1{,}23$	$-0{,}25$	$-0{,}71$	$-0{,}49$	$-0{,}35$	$-0{,}07$	$+0{,}16$
$e = \frac{3}{4}b$	$+4{,}45$	$+3{,}34$	$+1{,}98$	$+0{,}86$	$+0{,}15$	$-0{,}14$	$-0{,}17$	$-0{,}15$	$-0{,}06$
$e = \frac{1}{2}b$	$+1{,}25$	$+1{,}98$	$+2{,}41$	$+1{,}81$	$+1{,}00$	$+0{,}30$	$+0{,}01$	$-0{,}16$	$-0{,}34$
$e = \frac{1}{4}b$	$-0{,}24$	$+0{,}86$	$+1{,}85$	$+2{,}37$	$+1{,}91$	$+1{,}07$	$+0{,}38$	$-0{,}13$	$-0{,}58$
$e = 0$	$-0{,}70$	$+0{,}17$	$+1{,}00$	$+1{,}90$	$+2{,}33$	$+1{,}90$	$+1{,}00$	$+0{,}17$	$-0{,}70$

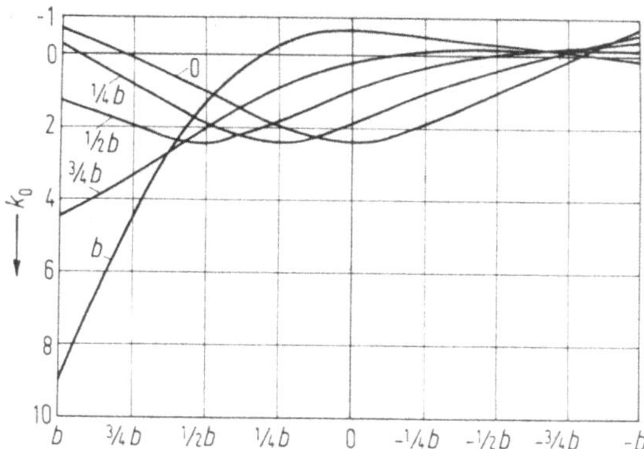

Abb. IX 1.1. Querverteilungsfaktoren K_0 nach Guyon für $\alpha = 0$, $\vartheta = 1,0$

a) Trägerrost mit 4 Hauptträgern ($n = 4$)

Zum Beispiel ist für einen Trägerrost mit 4 Hauptträgern und einem Querträger

$$l = 18,0 \text{ m}; \quad p = 3,0 \text{ m}; \quad b = 6,0 \text{ m}; \quad q = 9,0 \text{ m}; \quad \frac{J_q}{J_p} = \frac{1}{27}.$$

Somit ist nach (IX A.7):

$$\vartheta = \frac{6,0}{18,0} \cdot \sqrt[4]{27 \cdot \frac{9,0}{3,0}} = 1,0.$$

Entsprechend Abb. IX 1.2 liegen die Hauptträger in $e = 3b/4$ und $e = b/4$ und es können aus Tabelle IX.1 die Verteilungsfaktoren K_0 für $e = 3b/4$ und $e = b/4$ entnommen werden (Tabelle IX.2). Dividiert man diese Werte durch $n = 4$, so ergeben sich die Querverteilungseinflußlinien „$k_{ka,0}$" für den Randträger a und „$k_{kb,0}$" für den Mittelträger b. Die Summe der Ordinaten über den einzelnen Hauptträgern muß jeweils den Wert „1" ergeben. Abweichungen davon werden nachfolgend (auch bei den

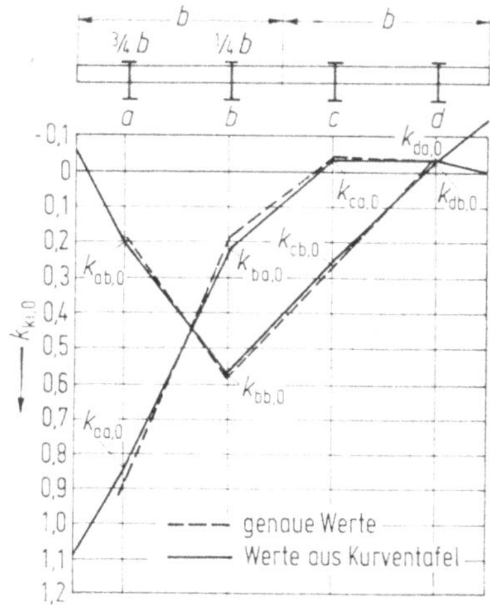

Abb. IX 1.2. Querverteilungseinflußlinien $k_{k\,i,0}$ für $n = 4$, $\alpha = 0$, $\vartheta = 1,0$

anderen Beispielen) so ausgeglichen, daß die Differenz entsprechend den vorhandenen Größen der Ordinaten ausgeglichen wird. Die Rechnung ist in Tabelle IX.2 durchgeführt, und die Ergebnisse sind in Abb. IX.1.2 dargestellt. Man ersieht daraus auch die in diesem Falle sehr geringen Abweichungen gegenüber den genauen Werten.

Tabelle IX.2

	aus Tab. IX.1		aus Tab. IX.1	verbessert	genaue Rechnung
	K_0		$k_0 = \dfrac{K_0}{4}$	$c \cdot k_0$	
Rand-träger a	$+3{,}34$	$k_{aa,0}$	$+0{,}8350$	$+0{,}8542$	$+0{,}8901$
	$+0{,}86$	$k_{ba,0}$	$+0{,}2150$	$+0{,}2199$	$+0{,}1868$
	$-0{,}14$	$k_{ca,0}$	$-0{,}0350$	$-0{,}0358$	$-0{,}0440$
	$-0{,}15$	$k_{da,0}$	$-0{,}0375$	$-0{,}0384$	$-0{,}0330$
	Σ		$+0{,}9775$	$+1{,}0$	$+1{,}0$
Innen-träger b	$+0{,}86$	$k_{ab,0}$	$+0{,}2150$	$+0{,}2062$	$+0{,}1868$
	$+2{,}37$	$k_{bb,0}$	$+0{,}5925$	$+0{,}5683$	$+0{,}5824$
	$+1{,}07$	$k_{cb,0}$	$+0{,}2675$	$+0{,}2566$	$+0{,}2747$
	$-0{,}13$	$k_{db,0}$	$-0{,}0325$	$-0{,}0312$	$-0{,}0440$
	Σ		$+1{,}0425$	$+1{,}0$	$+1{,}0$

$$\Delta k_a = \frac{1 - 0{,}9775}{0{,}9775} = +0{,}023018; \qquad c_a = 1 + \Delta k_a = 1{,}023018;$$

$$\Delta k_b = \frac{1 - 1{,}0425}{1{,}0425} = -0{,}040767; \qquad c_b = 1 + \Delta k_b = 0{,}959233.$$

b) Trägerrost mit 3 Hauptträgern ($n = 3$)

Zum Beispiel ist für einen Trägerrost mit 3 Hauptträgern und 1 Querträger:

$$l = 18{,}0 \text{ m}; \quad p = 3{,}6 \text{ m}; \quad b = 5{,}4 \text{ m}; \quad q = 9{,}0 \text{ m}; \quad \frac{J_q}{J_p} = \frac{1}{50}.$$

Somit ist nach (IX A.7)

$$\vartheta = \frac{5{,}4}{18} \cdot \sqrt[4]{\frac{50 \cdot 9}{3{,}6}} = 1{,}003 \approx 1{,}0.$$

Da in den Kurventafeln Werte nur für b, $3b/4$, $b/2$ usw. angegeben sind, müssen für alle Roste mit $n \neq 4$ Zwischenwerte interpoliert werden. Aus Gründen der einfachen Rechnung wird nachfolgend immer linear interpoliert. Da im vorliegenden Falle die Hauptträger in $e = 2b/3$ und $e = 0$ liegen, werden die Werte K_0 für den Randträger zuerst für die Trägerlage $e = 2b/3$ aus den Werten für $e = 3b/4$ und $e = b/2$ interpoliert, und anschließend wird aus diesen erhaltenen Werten nochmals für die Laststellung in $e = 2b/3$ und 0 interpoliert. Letzteres gilt auch für den Mittelträger. Die Durchführung der Rechnung erfolgt in Tabelle IX.3. Die Ordinaten $k_{ki,0}$ werden mit den erhaltenen Werten der Tabelle IX.3 in Tabelle IX.4 entsprechend Abschnitt a bestimmt; sie sind in Abb. IX.1.3 dargestellt.

Tabelle IX.3 K_0-*Werte*

Träger in \ Last in	$\dfrac{3}{4}b$	$\dfrac{2}{3}b$	$\dfrac{1}{2}b$	0	$-\dfrac{1}{2}b$	$-\dfrac{2}{3}b$	$-\dfrac{3}{4}b$	Bemerkung
Randträger a $e=\dfrac{3}{4}b$	+3,34		+1,98	+0,15	−0,17		−0,15	aus Tab.IX.1
$e=\dfrac{1}{2}b$	+1,98		+2,41	+1,00	+0,01		−0,16	aus Tab.IX.1
$e=\dfrac{2}{3}b$	+2,8867		+2,1233	+0,4333	−0,1100		−0,1533	Interp.
$e=\dfrac{2}{3}b$		+2,6322		+0,4333		−0,1389		Interp.
Mittelträger b $e=0$	+0,17		+1,00	+2,33	+1,00		+0,17	aus Tab.IX.1
$e=\dfrac{2}{3}b$		+0,4467		+2,33		+0,4467		Interp.

Tabelle IX.4

	aus Tab. IX.3 K_0		aus Tab. IX.3 $k_0=\dfrac{K_0}{3}$	verbessert $c\cdot k_0$	genaue Rechnung
Randträger a	+2,6322	$k_{aa,0}$	+0,8774	+0,8994	+0,9468
	+0,4333	$k_{ba,0}$	+0,1444	+0,1480	+0,1064
	−0,1389	$k_{ca,0}$	−0,0463	−0,0475	−0,0532
	Σ		+0,9755	+1,0	+1,0
Mittelträger b	+0,4467	$k_{ab,0}$	+0,1489	+0,1386	+0,1064
	+2,33	$k_{bb,0}$	+0,7767	+0,7228	+0,7872
	+0,4467	$k_{cb,0}$	+0,1489	+0,1386	+0,1064
	Σ		+1,0745	+1,0	+1,0

$$\Delta k_a = \frac{1-0{,}9755}{0{,}9755} = +0{,}025115; \qquad c_a = 1{,}025115;$$

$$\Delta k_b = \frac{1-1{,}0745}{1{,}0745} = -0{,}069334; \qquad c_b = 0{,}930666.$$

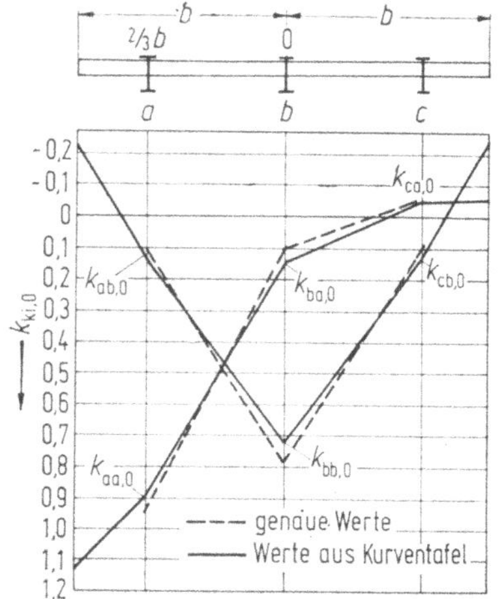

Abb. IX 1.3. Querverteilungseinflußlinien $k_{ki,0}$ für $n=3$, $\alpha=0$, $\vartheta=1,0$

Tabelle IX.5 K_0-*Werte*

Träger in \ Last in	b	$\frac{5}{6}b$	$\frac{3}{4}b$	$\frac{1}{2}b$	$\frac{1}{4}b$	$\frac{1}{6}b$	0	$-\frac{1}{6}b$	$-\frac{1}{4}b$	$-\frac{1}{2}b$	$-\frac{3}{4}b$	$-\frac{5}{6}b$	$-b$	Bemerkung
Randträger a $e=b$	$+9{,}05$		$+4{,}45$	$+1{,}23$	$-0{,}25$		$-0{,}71$		$-0{,}49$	$-0{,}35$	$-0{,}07$		$+0{,}16$	aus Tab.IX.1
$e=\frac{3}{4}b$	$+4{,}45$		$+3{,}34$	$+1{,}98$	$+0{,}86$		$+0{,}15$		$-0{,}14$	$-0{,}17$	$-0{,}15$		$-0{,}06$	aus Tab.IX.1
$e=\frac{5}{6}b$	$+5{,}9833$		$+3{,}7100$	$+1{,}7300$	$+0{,}4900$		$-0{,}1367$		$-0{,}2567$	$-0{,}2300$	$-0{,}1267$		$+0{,}0133$	Interp.
$e=\frac{5}{6}b$		$+4{,}4678$		$+1{,}7300$		$+0{,}2811$		$-0{,}2167$		$-0{,}2300$		$-0{,}0800$		Interp.
Innenträger b $e=\frac{1}{2}b$	$+1{,}25$		$+1{,}98$	$+2{,}41$	$+1{,}81$		$+1{,}00$		$+0{,}30$	$+0{,}01$	$-0{,}16$		$-0{,}34$	aus Tab.IX.1
$e=\frac{1}{2}b$		$+1{,}7367$		$+2{,}4100$		$+1{,}5400$		$+0{,}5333$		$+0{,}0100$		$-0{,}2200$		Interp.
Innenträger c $e=\frac{1}{4}b$	$-0{,}24$		$+0{,}86$	$+1{,}85$	$+2{,}37$		$+1{,}91$		$+1{,}07$	$+0{,}38$	$-0{,}13$		$-0{,}58$	aus Tab.IX.1
$e=0$	$-0{,}70$		$+0{,}17$	$+1{,}00$	$+1{,}90$		$+2{,}33$		$+1{,}90$	$+1{,}00$	$+0{,}17$		$-0{,}70$	aus Tab.IX.1
$e=\frac{1}{6}b$	$-0{,}3933$		$+0{,}6300$	$+1{,}5667$	$+1{,}2133$		$+2{,}0500$		$+1{,}3467$	$+0{,}5867$	$-0{,}0300$		$-0{,}6200$	Interp.
$e=\frac{1}{6}b$		$+0{,}2889$		$+1{,}5667$		$+2{,}1589$		$+1{,}5811$		$+0{,}5867$		$-0{,}2267$		Interp.

c) Trägerrost mit 6 Hauptträgern ($n = 6$)

Zum Beispiel ist für einen Trägerrost mit 6 Hauptträgern und 1 Querträger:

$$l = 36{,}0\ \text{m}; \quad p = 3{,}0\ \text{m}; \quad b = 9{,}0\ \text{m}; \quad q = 18{,}0\ \text{m}; \quad \frac{J_q}{J_p} = \frac{3}{128} = \frac{1}{42{,}667}\,.$$

Somit ist nach (IX A.7)

$$\vartheta = \frac{9{,}0}{36{,}0} \cdot \sqrt[4]{\frac{128 \cdot 18{,}0}{3 \cdot 3{,}0}} = 1{,}0\,.$$

Entsprechend den Erläuterungen zu Beispiel IX.1 b und der Lage der Hauptträger in $5b/6$, $b/2$ und $b/6$ werden die Zwischenwerte K_0 für diese Hauptträgerlagen wieder durch doppelte lineare Interpolation gefunden, wie dies in Tabelle IX.5 durchgeführt ist. Die Ordinaten der Querverteilungseinflußlinien sind entsprechend Tabelle IX.6 zu bestimmen, wo dies jedoch nur für den Randträger a gezeigt ist. Die Einflußlinien für „$k_{ki,0}$" sind in Abb. IX 1.4 dargestellt, aus der auch die gute Übereinstimmung mit den genauen Werten ersichtlich ist.

Tabelle IX.6

	aus Tab. IX.5		aus Tab. IX.5	verbessert	genaue Rechnung
	K_0		$k_0 = \dfrac{K_0}{6}$	$c \cdot k_0$	
Randträger a	$+4{,}4678$	$k_{aa,0}$	$+0{,}7446$	$+0{,}7506$	$+0{,}7714$
	$+1{,}7300$	$k_{ba,0}$	$+0{,}2883$	$+0{,}2906$	$+0{,}2952$
	$+0{,}2811$	$k_{ca,0}$	$+0{,}0468$	$+0{,}0472$	$+0{,}0316$
	$-0{,}2167$	$k_{da,0}$	$-0{,}0361$	$-0{,}0364$	$-0{,}0465$
	$-0{,}2300$	$k_{ea,0}$	$-0{,}0383$	$-0{,}0386$	$-0{,}0400$
	$-0{,}0800$	$k_{fa,0}$	$-0{,}0133$	$-0{,}0134$	$-0{,}0118$
	Σ		$+0{,}9920$	$+1{,}0$	$+1{,}0$

$$\Delta k_a = \frac{1 - 0{,}9920}{0{,}9920} = 0{,}008031; \quad c_a = 1{,}008031\,.$$

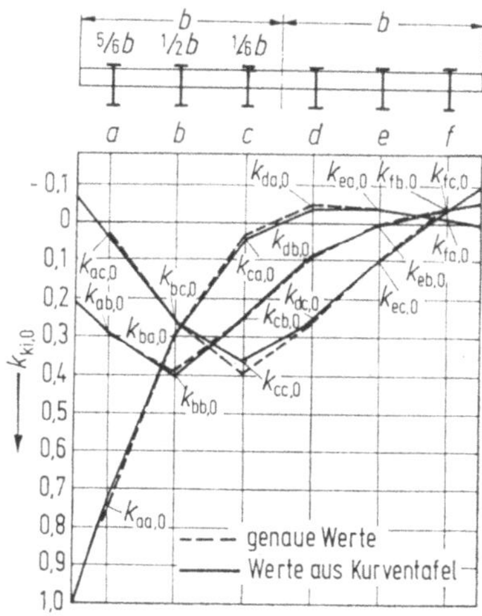

Abb. IX 1.4. Querverteilungseinflußlinien $k_{ki,0}$ für $n = 6$, $\alpha = 0$, $\vartheta = 1{,}0$

Beispiel IX.2. Torsionsfreier Trägerrost mit 4 Hauptträgern $\vartheta = 0$ (unendlich steife Querträger), $J_r = 1,1\,J_m$

Die Berechnung der Lastverteilung wird nach Engesser durchgeführt. Die Anordnung der Hauptträger ist auch Abb. IX 2.1 a zu ersehen.

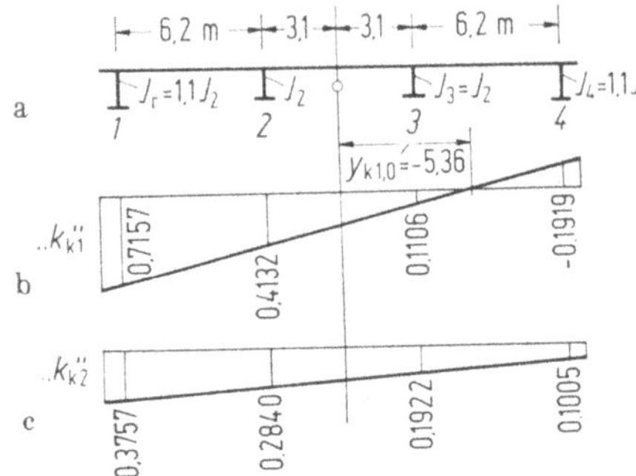

Abb. IX 2.1. Querverteilungseinflußlinien $k_{ki,0}$ für $n = 4$, $\alpha = 0$, $\vartheta = 0$, $J_r = 1,1\,J$

Mit $J_1 = J_y = 1,1\,J_2 = 1,1\,J_3$ und $y_1 = 9,3$ m; $y_2 = 3,1$ m wird

$$\sum_1^4 J_k = 4,2\,J_2;$$

$$\sum_1^4 y_k^2 J_k = 209,5\,J_2.$$

Nach (IX B.4) erhält man für die Querverteilungseinflußlinien

$$„k_{k,1}" = \frac{J_1}{\sum_1^4 J_k} + y_k \frac{y_1 J_1}{\sum_1^4 y_k^2 J_k} = \frac{1,1}{4,2} + y_k \frac{9,3 \cdot 1,1}{209,5} = 0,2619 + 0,0488\,y_k;$$

$$„k_{k,2}" = \frac{J_2}{\sum_1^4 J_k} + y_k \frac{y_2 J_2}{\sum_1^4 y_k^2 J_k} = \frac{1,0}{4,2} + y_k \frac{3,1 \cdot 1,0}{209,5} = 0,2381 + 0,0148\,y_k.$$

Nach (IX B.5) ergibt sich die Lastscheide von $„k_{k,1}"$ zu:

$$y_{k1,0} = -\frac{209,5}{9,3 \cdot 4,2} = -5,36\,\text{m},$$

während bei $„k_{k,2}"$ kein Vorzeichenwechsel der Einflußlinie stattfindet. Diese Einflußlinien sind in Abb. IX 2.1 b und c dargestellt.

Beispiel IX.3. Torsionssteifer Trägerrost mit 4 Hauptträgern, $\alpha = 0,75$ und $\vartheta = 1,0$

Zum Beispiel ist für einen Trägerrost mit 4 Hauptträgern und 1 Querträger:

$$l = 18,0\,\text{m}; \quad p = 3,0\,\text{m}; \quad b = 6,0\,\text{m}; \quad q = 9,0\,\text{m}; \quad \frac{J_q}{J_p} = \frac{1}{27};$$

$$\frac{J_{d,p}}{J_p} = \frac{1}{3}; \quad J_{d,q} = 0 \text{ (die Torsionssteifigkeit des Querträgers ist hier z. B. Null)};$$

$$\frac{E}{G} = 2,0.$$

Somit ist nach (IX A.7)

$$\vartheta = \frac{6}{18} \cdot \sqrt[4]{27 \cdot 3} = 1{,}0$$

und nach (IX A.5)

$$\alpha = \frac{G\left[\dfrac{J_p}{3p} + 0\right]}{2 \cdot 2G \sqrt{\dfrac{J_p \cdot J_p}{p \cdot 27 \cdot 3p}}} = \frac{\dfrac{1}{3}}{4 \cdot \dfrac{1}{9}} = 0{,}75\,.$$

Nach (IX A.15) müssen bei Verwendung der Kurventafeln zuerst die Lastverteilungsfaktoren K_1 für $\alpha = 1$ und K_0 für $\alpha = 0$ abgegriffen werden. Anschließend kann für $\alpha = 0{,}75$ interpoliert werden.

Hierbei ist

$$\frac{0{,}065 - 1{,}0}{0{,}663} = -1{,}4102; \quad 1 - e^{-1{,}4102} = 0{,}7559$$

und

und somit

$$\alpha^{\,1-\exp\frac{0{,}065-\vartheta}{0{,}663}} = 0{,}75^{0{,}7559} = 0{,}8046$$

$$K_\alpha = K_0 + (K_1 - K_0)\,0{,}8046 \quad \text{bzw.} \quad k_\alpha = k_0 + (k_1 - k_0)\,0{,}8046\,.$$

Die Werte K_0 sind in Tabelle IX.2 bereits angegeben, die für K_1 werden in gleicher Weise wie die für K_0 aus den Kurventafeln E, 7—11, nun aber für $\alpha = 1$ bestimmt. Die Berechnung nach (IX A.14) erfolgt zweckmäßig sofort für die Querverteilungsordinaten $k_{ki,\alpha}$ (statt für K_α); sie ist in Tabelle IX.7 durchgeführt. Die Ergebnisse sind in Abb. IX 3.1 dargestellt, in der zu Vergleichszwecken auch die genauen Werte angegeben sind.

Ist eine von 4 verschiedene Hauptträgeranzahl n vorhanden, so muß die Berechnung entsprechend der in Beispiel IX.1 b und 1 c gezeigten Weise durchgeführt werden. Zuerst werden zweckmäßigerweise die Werte K_0 und K_1 für b, $3b/4$, $b/2$, $b/4$ usw. für den gegebenen ϑ-Wert bestimmt, dann daraus die Werte K_α nach (IX A.14), dann erst werden die doppelten Interpolationen für n Hauptträger durchgeführt und die Werte $k_{ki,\alpha}$ berechnet.

Tabelle IX.7

		aus Tab. IX.2		aus Kurventafeln	$(k_{ki,1} - k_{ki,0}) \cdot 0{,}0846$		$k_{ki,a}$	genaue Rechnung
		$k_{ki,0}$		$k_{ki,1}$				
Randträger a	$k_{aa,0}$	$+0{,}8542$	$k_{aa,1}$	$+0{,}6015$	$-0{,}2033$	$k_{aa,\alpha}$	$+0{,}6509$	$+0{,}6984$
	$k_{ba,0}$	$+0{,}2199$	$k_{ba,1}$	$+0{,}2760$	$+0{,}0451$	$k_{ba,\alpha}$	$+0{,}2650$	$+0{,}2564$
	$k_{ca,0}$	$-0{,}0358$	$k_{ca,1}$	$+0{,}0903$	$+0{,}1015$	$k_{ca,\alpha}$	$+0{,}0657$	$+0{,}0482$
	$k_{da,0}$	$-0{,}0384$	$k_{da,1}$	$+0{,}0322$	$+0{,}0568$	$k_{da,\alpha}$	$+0{,}0184$	$-0{,}0030$
Innenträger b	$k_{ab,0}$	$+0{,}2062$	$k_{ab,1}$	$+0{,}2732$	$+0{,}0539$	$k_{ab,\alpha}$	$+0{,}2601$	$+0{,}2564$
	$k_{bb,0}$	$+0{,}5683$	$k_{bb,1}$	$+0{,}4160$	$-0{,}1225$	$k_{bb,\alpha}$	$+0{,}4458$	$+0{,}4721$
	$k_{cb,0}$	$+0{,}2566$	$k_{cb,1}$	$+0{,}2218$	$-0{,}0280$	$k_{cb,\alpha}$	$+0{,}2286$	$+0{,}2232$
	$k_{db,0}$	$-0{,}0312$	$k_{db,1}$	$+0{,}0890$	$+0{,}0967$	$k_{db,\alpha}$	$+0{,}0655$	$+0{,}0182$

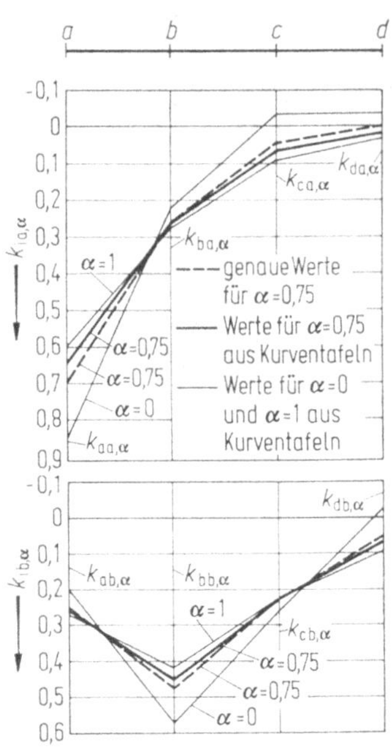

Abb. IX 3.1. Querverteilungseinflußlinien $k_{ki,0}$ für $n = 4$, $\alpha = 0{,}75$, $\vartheta = 1{,}0$

Beispiel IX.4. Torsionsfreier Trägerrost mit 3 Hauptträgern, $\alpha = 0$; $\vartheta = 0{,}2575$; $J_r = 10\,J_m$

Für $r = 1$ sind die Lastverteilungsordinaten $k_{ki,0}$ gegeben. Im vorliegenden Fall betragen die genauen Werte bzw. in Klammern die Werte unter Verwendung der Kurventafeln für $\alpha = 0$

$$k_{aa,0} = +0{,}834862\,(+0{,}7832); \quad k_{ab,0} = +0{,}330275\,(+0{,}3262);$$

$$k_{ba,0} = +0{,}330275\,(+0{,}3262); \quad k_{bb,0} = +0{,}339450\,(+0{,}3476);$$

$$k_{ca,0} = -0{,}165138\,(-0{,}1093); \quad k_{cb,0} = +0{,}330275\,(+0{,}3262).$$

Die Zerlegung in symmetrische und antimetrische Anteile nach (IX A.22) ergibt

$$\zeta'_{aa,0} = \zeta'_{ca,0} = \frac{1}{2}\,(0{,}834862 - 0{,}165138) = 0{,}3349862;$$

$$\zeta'_{ba,0} = 0{,}330275 = \zeta'_{ab,0};$$

$$\zeta''_{aa,0} = \frac{1}{2}\,(0{,}834862 + 0{,}165138) = +0{,}500; \quad \zeta''_{ba,0} = 0;$$

$$\zeta''_{ca,0} = -0{,}500.$$

Ist $J_r = 10 J_m$ bzw. $r = 10$, so wird mit (IX A.21) und (IX A.24)

$$\mu_0 = \frac{10}{10\,(0{,}834862 - 0{,}165138) + 0{,}330275} = 1{,}422978.$$

Für den Randträger a ergibt sich nach (IX A.23)

$$\bar{\zeta}'_{aa,0} = \bar{\zeta}'_{ca,0} = \mu_0 \cdot 0{,}334862 = 0{,}476501\,;$$

$$\bar{\zeta}'_{ba,0} = \mu_0 \cdot 0{,}330275 = 0{,}4699754\,.$$

Weiter ist für 3 Hauptträger $\varkappa_{b,0} = 0$, und es ist nach (IX A.26)

$$2 \cdot 10 \cdot (0{,}50 + v_0) + 0 = 10 \text{ und somit } v_0 = 0.$$

Nach (IX A.27) ergibt sich daher

$$\bar{k}_{aa,0} = 0{,}476501 + 0{,}50 + 0 = +0{,}976501\,; \quad \bar{k}_{ba,0} = 0{,}469974\,;$$

$$\bar{k}_{ca,0} = 0{,}476501 - 0{,}50 + 0 = -0{,}023499\,.$$

Die strenge Lösung für $r = 10$ ergibt für die $\bar{k}_{ia,0}$-Werte bis auf die 6. Dezimale dieselben Werte.

Für den Mittelträger b ist nach Maxwell:

$$\bar{k}_{ab,0} = \frac{\bar{k}_{ba,0}}{10} = + \frac{0{,}469974}{10} = +0{,}046997\,.$$

Damit kann man nach Abb. IX 4.1 aber sofort den Mittelwert $\bar{k}_{bb,0}$ bestimmen, denn für die dort angegebene Belastung muß sich mit $r = 10$ bei Auswertung der Einflußlinie $\bar{k}_{ib,0}$ der Wert „1" ergeben. Somit ist:

$$1 \cdot \bar{k}_{bb,0} + 2 \cdot 10\,(+0{,}046997) = 1{,}0 \quad \text{und} \quad \bar{k}_{bb,0} = +0{,}060052\,.$$

Diese Werte stimmen mit der strengen Lösung wieder bis auf die 6. Dezimale überein.

In Abb. IX 4.2 sind die $k_{ki,0}$-Werte für $r = 1$ und die $\bar{k}_{ki,0}$-Werte für $r = 10$ dargestellt. Hierin sind auch die Werte, die sich unter Zugrundelegung der Kurventafeln ergeben, eingetragen.

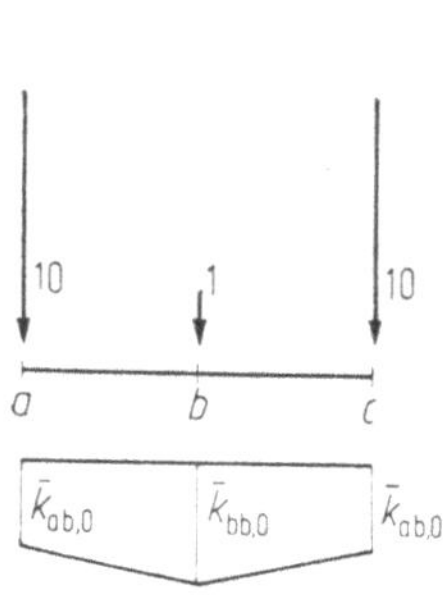

Abb. IX 4.1

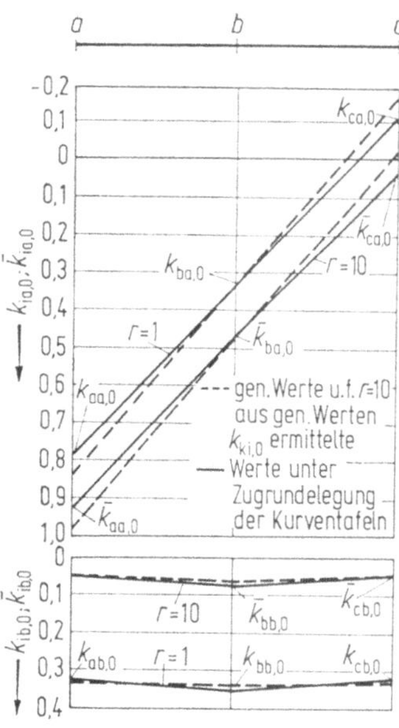

Abb. IX 4.2. Querverteilungseinflußlinien $\bar{k}_{ki,0}$ für $n = 3$, $\alpha = 0$,
$\vartheta = 0{,}2575$, $r = 10$

Beispiel IX.5. Torsionsfreier Trägerrost mit 3 Hauptträgern, $\alpha = 0; \vartheta = 1{,}00; r = 10$

Die Berechnung erfolgt in gleicher Weise wie bei Beispiel IX.4. Die Querverteilungseinflußlinien $k_{ki,0}$ für $r = 1$ und $\bar{k}_{ki,0}$ für $r = 10$ sind in Abb. IX 5.1 dargestellt. Man erkennt durch Vergleich von Abb. IX 4.2 mit Abb. IX 5.1 den großen Einfluß von ϑ für die Querverteilung.

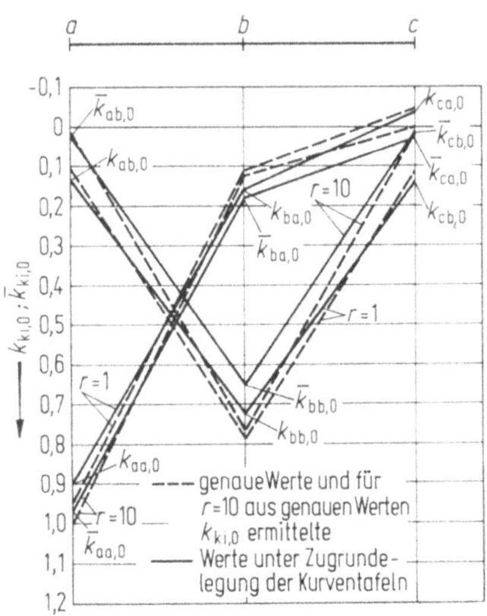

Abb. IX 5.1. Querverteilungseinflußlinien $\bar{k}_{ki,0}$ für $n = 3$, $\alpha = 0$, $\vartheta = 1{,}0$, $r = 10$

Beispiel IX.6. Torsionsfreier Trägerrost mit 4 Hauptträgern, $\alpha = 0; \vartheta = 0{,}439; r = 10$

Für $r = 1$ sind die Querverteilungsordinaten $k_{ki,0}$ gegeben. Im vorliegenden Falle betragen die genauen Werte bzw. in Klammern die Werte unter Verwendung der Kurventafeln für $\alpha = 0$;

$$k_{aa,0} = +0{,}721735 \ (+0{,}7125); \quad k_{ab,0} = +0{,}377166 \ (+0{,}359);$$

$$k_{ba,0} = +0{,}377166 \ (+0{,}3537); \quad k_{bb,0} = +0{,}326131 \ (+0{,}327);$$

$$k_{ca,0} = +0{,}080462 \ (+0{,}0789); \quad k_{cb,0} = +0{,}216241 \ (+0{,}230);$$

$$k_{da,0} = -0{,}179363 \ (-0{,}1450); \quad k_{db,0} = +0{,}080462 \ (+0{,}084).$$

Die Zerlegung in symmetrische und antimetrische Anteile entsprechend (IX A.22) ergibt für den Randträger a:

$$\zeta'_{aa,0} = \zeta'_{da,0} = +0{,}27119; \quad \zeta'_{ba,0} = \zeta'_{ca,0} = +0{,}22881;$$

$$\zeta''_{aa,0} = -\zeta''_{da,0} = +0{,}45055; \quad \zeta''_{ba,0} = -\zeta''_{ca,0} = +0{,}14835;$$

Für den Innenträger b erhält man:

$$\zeta'_{ab,0} = \zeta'_{db,0} = +0{,}22881;$$

$$\zeta''_{bb,0} = \frac{1}{2}(0{,}32613 - 0{,}21624) = +0{,}05495.$$

Für $J_r = 10 J_m$ bzw. $r = 10$ wird mit (IX A.21) und (IX A.24)

$$\mu_0 = \frac{10}{10\,(0{,}721735 - 0{,}179363) + 0{,}377166 + 0{,}080462} = 1{,}7003\,,$$

und es wird nach (IX A.23) für den Randträger:

$$\bar{\zeta}'_{aa,0} = \bar{\zeta}'_{da,0} = \mu_0 \cdot 0{,}27119 = +0{,}46110;$$

$$\bar{\zeta}'_{ba,0} = \bar{\zeta}'_{ca,0} = \mu_0 \cdot 0{,}22881 = 0{,}38905.$$

Weiter sind für 4 Hauptträger nach (IX A.25) und (IX A.26)

$$\varkappa_{b,0} = \varkappa_{c,0} = \frac{0{,}14835}{0{,}45053} = +0{,}32927; \quad \eta_b = \frac{1}{3}\,;$$

$$2 \cdot 10 \cdot [0{,}45055 + v_0] + 2 \cdot \left[\frac{1}{3}\,(0{,}14835 + 0{,}32927 \cdot v_0)\right] = 10.$$

Daraus wird $v_0 = 0{,}04402$, und man erhält nach (IX A.27):

$$\bar{k}_{aa,0} = 0{,}46101 + 0{,}45055 + 0{,}04402 = +0{,}95567; \quad (+0{,}9593);$$

$$\bar{k}_{ba,0} = 0{,}38905 + 0{,}14835 + 0{,}32927 \cdot 0{,}04402 = +0{,}55190; \quad (+0{,}5127);$$

$$\bar{k}_{ca,0} = 0{,}38905 - 0{,}14835 - 0{,}32927 \cdot 0{,}04402 = +0{,}22620; \quad (+0{,}1956);$$

$$\bar{k}_{da,0} = 0{,}46110 - 0{,}45055 - 0{,}04402 = -0{,}03348; \quad (-0{,}0301).$$

Die strenge Lösung ergibt für $r = 10$ bis auf die letzte Stelle die gleichen Werte.

Für den Innenträger b ist nach Maxwell:

$$\bar{k}_{ab,0} = \frac{\bar{k}_{ba,0}}{10} = +0{,}05519; \quad (+0{,}0513);$$

$$\bar{k}_{db,0} = \frac{\bar{k}_{ca,0}}{10} = +0{,}022762; \quad (+0{,}0196);$$

$$\bar{\zeta}'_{ab,0} = \frac{\bar{\zeta}'_{ba,0}}{10} = +0{,}03891 = \bar{\zeta}'_{db,0}.$$

Damit wird nach (IX A.31)

$$\bar{\zeta}'_{bb,0} = 0{,}5\,(1 - 2 \cdot 0{,}38905) = +0{,}11095.$$

Für den antimetrischen Anteil der Einflußlinie gilt:

$$\bar{\zeta}''_{ab,0} = \bar{k}_{ab,0} - \bar{\zeta}'_{ab,0} = 0{,}05519 - 0{,}03891 = +0{,}01628,$$

und nach (IX A.34) mit $\eta_b = 1/3$

$$\bar{\zeta}''_{bb,0} = -\bar{\zeta}''_{cb,0} = +0{,}05495 +$$

$$+ \left[0{,}01628 \cdot \frac{1}{3} + 0{,}45 \cdot 0{,}439^3 \cdot \left(\frac{1}{3} - \frac{1}{9}\right) - 0{,}05495\right] \cdot$$

$$\cdot \frac{10 - 1}{10}\, 1{,}10 = +0{,}01430.$$

Damit wird endgültig nach (IX A.35):

$$\bar{k}_{bb,0} = +0{,}11095 + 0{,}01430 = +0{,}12525; \quad (+0{,}1599);$$

$$\bar{k}_{cb,0} = +0{,}11095 - 0{,}01430 = +0{,}09665; \quad (+0{,}1318).$$

In Abb. IX 6.1 sind den genauen Werten wieder die unter Zugrundelegung der Kurventafeln ermittelten gegenübergestellt. Ebenfalls sind zu Vergleichszwecken für den Randträger a und den Innenträger b die Querverteilungseinflußlinien für $r = 0{,}5$; $r = 2{,}0$ und $r = 10{,}0$ eingetragen.

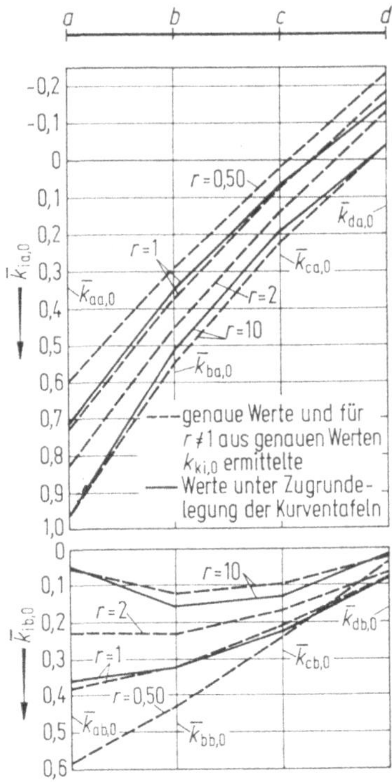

Abb. IX 6.1. Querverteilungseinflußlinien $\bar{k}_{ki,0}$ für $n = 4$, $\alpha = 0$, $\vartheta = 0{,}439$, $r = 0{,}5$; $2{,}0$ und $10{,}0$

Beispiel IX.7. Trägerrost mit 6 Hauptträgern,

$\alpha = 0$; $\vartheta = 0{,}515$; $r = 10$

Für $r = 1$ sind die Ordinaten $k_{ki,0}$ gegeben. Die genauen Werte bzw. in Klammern die Werte unter Verwendung der Kurventafeln für $\alpha = 0$ sind in Tabelle IX.8 eingetragen und ebenfalls die sich aus (IX A.22) ergebenden symmetrischen und antimetrischen Anteile $\zeta'_{ki,0}$ und $\zeta''_{ki,0}$.

Für $J_r = 10 J_m$ bzw. $r = 10$ wird mit (IX A.21) und (IX A.24)

$$\mu_0 = \frac{10}{10 \cdot (0{,}5741 - 0{,}1466) + 0{,}3695 + 0{,}1952 + 0{,}0584 - 0{,}00505} = +2{,}0629.$$

Für 6 Hauptträger sind nach (IX A.25) und (IX A.26)

$$\varkappa_{b,0} = -\varkappa_{e,0} = \frac{0{,}2100}{0{,}3603} = +0{,}5828;$$

$$\varkappa_{c,0} = -\varkappa_{d,0} = \frac{0{,}0684}{0{,}3603} = +0{,}1898;$$

$$\varkappa_{f,0} = -\frac{0{,}3603}{0{,}3603} = -1{,}000;$$

$$\eta_b = \frac{3}{5}; \quad \eta_c = \frac{1}{5};$$

$$2 \cdot 10 \cdot [0{,}3603 + v_0] + 2 \cdot \left[\frac{3}{5}(0{,}2100 + 0{,}5828 \cdot v_0)\right] + \frac{1}{5} \cdot (0{,}0684 + 0{,}1898\, v_0) = 10.$$

Tabelle IX.8

	$k_{ia,0}$	$(k_{ia,0})$	$\zeta'_{ia,0}$	$\zeta''_{ia,0}$
Randträger a	$+0{,}5741$	$(+0{,}5765)$	$+0{,}2138$	$+0{,}3603$
	$+0{,}3695$	$(+0{,}3673)$	$+0{,}1594$	$+0{,}2100$
	$+0{,}1952$	$(+0{,}1902)$	$+0{,}1268$	$+0{,}0684$
	$+0{,}0584$	$(+0{,}0562)$	$+0{,}1268$	$-0{,}0684$
	$-0{,}0505$	$(-0{,}0511)$	$+0{,}1594$	$-0{,}2100$
	$-0{,}1466$	$(-0{,}1391)$	$+0{,}2138$	$-0{,}3603$

	$k_{ib,0}$	$(k_{ib,0})$	$\zeta'_{ib,0}$	$\zeta''_{ib,0}$
Innenträger b	$+0{,}3694$	$(+0{,}3644)$	$+0{,}1594$	$+0{,}2099$
	$+0{,}3041$	$(+0{,}3099)$	$+0{,}1696$	$+0{,}1345$
	$+0{,}2175$	$(+0{,}2225)$	$+0{,}1710$	$+0{,}0466$
	$+0{,}1244$	$(+0{,}1158)$	$+0{,}1710$	$-0{,}0466$
	$+0{,}0351$	$(+0{,}0375)$	$+0{,}1696$	$-0{,}1345$
	$-0{,}0505$	$(-0{,}0499)$	$+0{,}1594$	$-0{,}2099$

	$k_{ic,0}$	$(k_{ic,0})$	$\zeta'_{ic,0}$	$\zeta''_{ic,0}$
Innenträger c	$+0{,}1952$	$(+0{,}1911)$	$+0{,}1268$	$+0{,}0684$
	$+0{,}2175$	$(+0{,}2137)$	$+0{,}1710$	$+0{,}0466$
	$+0{,}2206$	$(+0{,}2213)$	$+0{,}2022$	$+0{,}0184$
	$+0{,}1838$	$(+0{,}1885)$	$+0{,}2022$	$-0{,}0184$
	$+0{,}1244$	$(+0{,}1266)$	$+0{,}1710$	$-0{,}0466$
	$+0{,}0584$	$(+0{,}0588)$	$+0{,}1268$	$-0{,}0684$

Daraus ist $v_0 = 0{,}1210$, und man erhält für den Randträger a nach (IX A.27):

$$\bar{k}_{aa,0} = 2{,}0629 \cdot 0{,}2138 + 0{,}3603 + 0{,}1210 = +0{,}9223; \quad (+0{,}924);$$

$$\bar{k}_{ba,0} = 2{,}0629 \cdot 0{,}1594 + 0{,}2100 + 0{,}5828 \cdot 0{,}1210 = +0{,}6095; \quad (+0{,}602);$$

$$\bar{k}_{ca,0} = 2{,}0629 \cdot 0{,}1268 + 0{,}0684 + 0{,}1898 \cdot 0{,}1210 = +0{,}3529; \quad (+0{,}340);$$

$$\bar{k}_{da,0} = 2{,}0629 \cdot 0{,}1268 - 0{,}0684 - 0{,}1898 \cdot 0{,}1210 = +0{,}1702; \quad (+0{,}159);$$

$$\bar{k}_{ea,0} = 2{,}0629 \cdot 0{,}1594 - 0{,}2100 - 0{,}5828 \cdot 0{,}1210 = +0{,}0448; \quad (+0{,}039);$$

$$\bar{k}_{fa,0} = 2{,}0629 \cdot 0{,}2138 - 0{,}3603 - 1{,}0 \cdot 0{,}1210 = -0{,}0404; \quad (-0{,}038).$$

Die strenge Lösung ergibt für $r = 10$ völlig gleiche Werte, die Klammerwerte gelten bei Verwendung der Kurventafeln.

Für den Innenträger b ist nach Maxwell:

$$\bar{k}_{ab,0} = \frac{\bar{k}_{ba,0}}{10} = \frac{0{,}6095}{10} = +0{,}06095; \quad (0{,}0602);$$

$$\bar{k}_{fb,0} = \frac{\bar{k}_{ea,0}}{10} = \frac{0{,}0484}{10} = +0{,}00484; \quad (0{,}0039);$$

$$\bar{\zeta}'_{ab,0} = \frac{\bar{\zeta}'_{ab,0}}{10} = \frac{2{,}0629 \cdot 0{,}1594}{10} = +0{,}0329 = \bar{\zeta}'_{fb,0}\,.$$

Damit wird nach (IX A.30):

$$Z_{b,0} = 1 - 2 \cdot 0{,}0329 \cdot (10 - 1) = +0{,}4079,$$

und nach (IX A.33)

$$6 \cdot 0,0329 + u_b \cdot \left[6 - 2 - 2\frac{9+1}{25}\right] = +0,4079.$$

Daraus ergibt sich $u_b = +0,0658$, und man erhält nach (IX A.32):

$$\bar{\zeta}'_{bb,0} = +0,0329 + 0,0658 \cdot (1 - 0,36) = +0,0750 = \bar{\zeta}'_{eb,0};$$

$$\bar{\zeta}'_{cb,0} = +0,0329 + 0,0658 \cdot (1 - 0,04) = +0,0961 = \bar{\zeta}'_{db,0}.$$

Weiter ist

$$\bar{\zeta}''_{ab,0} = \bar{k}_{ab,0} - \bar{\zeta}'_{ab,0} = +0,0609 - 0,0329 = +0,0280.$$

Nach (IX A.34) ist

$$\bar{\zeta}'_{bb,0} = 0,1345 + \left[0,0280\,\frac{3}{5} + 0,45 \cdot 0,515^3 \cdot \left(\frac{3}{5} - \frac{9}{25}\right) - 0,1345\right] \cdot$$

$$\cdot \frac{10 - 1}{10}\,1,10 = +0,0326;$$

$$\bar{\zeta}''_{cb,0} = 0,0466 + \left[0,0280\,\frac{1}{5} + 0,45 \cdot 0,515^3 \cdot \left(\frac{1}{5} - \frac{1}{25}\right) - 0,0466\right] \cdot$$

$$\cdot \frac{10 - 1}{10}\,1,10 = +0,0158.$$

Nach (IX A.35) wird

$$\bar{k}_{bb,0} = +0,0750 + 0,0326 = +0,1076; \quad (+0,111);$$

$$\bar{k}_{cb,0} = +0,0961 + 0,0158 = +0,1118; \quad (+0,117);$$

$$\bar{k}_{db,0} = +0,0961 - 0,0158 = +0,0803; \quad (+0,086);$$

$$\bar{k}_{eb,0} = +0,0750 - 0,0326 = +0,0424; \quad (+0,046).$$

Für den Innenträger c erhält man in gleicher Weise:

$$\bar{k}_{ac,0} = \frac{\bar{k}_{ca,0}}{10} = \frac{0,3529}{10} = 0,03529; \quad (0,034);$$

$$\bar{k}_{fc,0} = \frac{\bar{k}_{da,0}}{10} = \frac{0,1702}{10} = 0,01702; \quad (0,016);$$

$$\bar{\zeta}_{ac,0} = \frac{\bar{\zeta}_{ca,0}}{10} = \frac{2,0629 \cdot 0,1268}{10} = +0,02616;$$

$$Z_{c,0} = 1 - 2 \cdot 0,02616 \cdot (10 - 1) = +0,52919;$$

$$6 \cdot 0,02616 + u_c \cdot \left[6 - 2 - 2 \cdot \frac{9+1}{25}\right] = +0,52919;$$

$$u_c = 0,11633; \quad \bar{\zeta}'_{bc,0} = +0,1006; \quad \bar{\zeta}_{cc,0} = +0,1378;$$

$$\bar{\zeta}''_{ac,0} = \bar{k}_{ac,0} - \bar{\zeta}'_{ac,0} = +0,00913;$$

$$\bar{\zeta}''_{bc,0} = +0,0466 + \left[0,00913\,\frac{3}{5} + 0,45 \cdot 0,515^3 \cdot \left(\frac{3}{5} - \frac{9}{25}\right) - 0,0466\right] \cdot$$

$$\cdot \frac{9}{10}\,1,10 = +0,0205;$$

$$\bar{\zeta}''_{cc,0} = +0{,}0184 + 0{,}009133\,\frac{1}{5} + 0{,}45 \cdot 0{,}515^3\left(\frac{1}{5} - \frac{1}{25}\right) - 0{,}0184 \cdot$$

$$\cdot \frac{9}{10}\,1{,}10 = +0{,}0117;$$

$$\bar{k}_{bc,0} = +0{,}1006 + 0{,}0250 = +0{,}1211;\quad (0{,}126);$$

$$\bar{k}_{cc,0} = +0{,}1378 + 0{,}0117 = +0{,}1496;\quad (0{,}157);$$

$$\bar{k}_{dc,0} = +0{,}1261;\quad (0{,}133);\quad \bar{k}_{c,0} = +0{,}0801;\quad (0{,}085).$$

In Abb. IX 7.1 sind den so ermittelten Werten die genauen Werte bzw. die sich unter Verwendung der Kurventafeln ergebenden Werte gegenübergestellt.

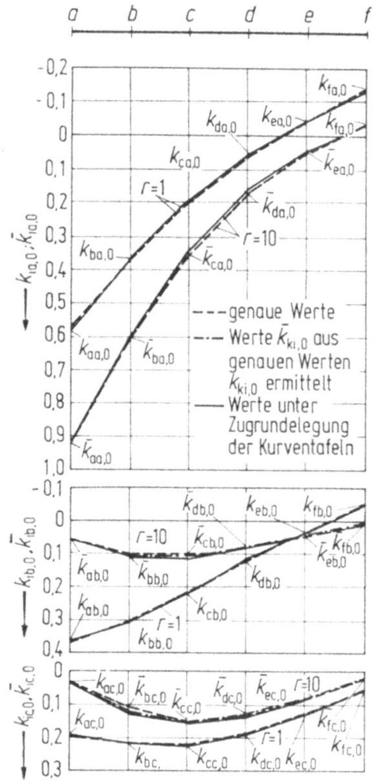

Abb. IX 7.1. Querverteilungseinflußlinien $\bar{k}_{ki,0}$ für $n = 6$, $\alpha = 0$, $\vartheta = 0{,}515$, $r = 10$

Beispiel IX.8. Torsionssteifer Trägerrost mit 3 Hauptträgern, $\alpha = 1{,}0$; $\vartheta = 0{,}433$; $r = 10$

Für $r = 1$ sind die Querverteilungsordinaten $k_{ki,\alpha} = k_{ki,1}$ gegeben. Im vorliegenden Falle betragen die genauen Werte bzw. in Klammern die Werte unter Verwendung der Kurventafeln für $\alpha = 1$:

$$k_{aa,1} = +0{,}4834,\ (+0{,}473);\quad k_{ab,1} = +0{,}3198,\ (+0{,}322);$$

$$k_{ba,1} = +0{,}3198,\ (+0{,}333);\quad k_{bb,1} = +0{,}3604,\ (+0{,}356);$$

$$k_{ca,1} = +0{,}1968,\ (+0{,}194);\quad k_{cb,1} = +0{,}3198,\ (+0{,}322).$$

Die Zerlegung in symmetrische und antimetrische Anteile entsprechend (IX A.22) ergibt:

$$\zeta'_{aa,1} = +0{,}3401; \quad \zeta'_{ba,1} = +0{,}3198 = \zeta'_{ab,1};$$

$$\zeta''_{aa,1} = +0{,}1433 = -\zeta''_{ca,1}; \quad \zeta''_{ba,1} = 0;$$

$$\zeta'_{bb,1} = +0{,}3604; \quad \zeta''_{bb,1} = 0.$$

Für $J_r = 10 J_m$ bzw. $r = 10$ wird nach (IX A.36)

$$\mu_\alpha = \frac{10}{10 \cdot (0{,}4834 + 0{,}1968) + 0{,}3198} = 1{,}4041.$$

Nach (IX A.37), (IX A.38) und (IX A.39) gilt für den Randträger a:

$$\Delta = \Delta_a = 0{,}4041 \cdot 0{,}3401 = 0{,}1374;$$

$$\overline{\zeta}'_{aa,1} = 1{,}4041 \cdot 0{,}3401 = 0{,}4775;$$

$$\overline{\zeta}'_{ba,1} = 0{,}3198 + 0{,}1374 = +0{,}4572.$$

Nach (IX A.40) ist:

$$\nu = 1 + \left[\left(1{,}1 + 1{,}8 \cdot \sqrt[3]{1} \cdot e^{2 \cdot 0{,}433^2}\right) \cdot (0{,}6 + 0{,}1 \cdot 3) - 1 \right] \cdot \frac{10-1}{10} \, 1{,}10 = 2{,}0924;$$

$$\overline{\zeta}''_{aa,1} = 2{,}0924 \cdot 0{,}1433 = +0{,}2998,$$

und nach (IX A.41):

$$\overline{k}_{aa,1} = 0{,}4775 + 0{,}2998 = +0{,}7774; \quad [0{,}8025]; \quad (0{,}768);$$

$$\overline{k}_{ba,1} = +0{,}4572; \quad [0{,}4614]; \quad (0{,}476);$$

$$\overline{k}_{ca,1} = 0{,}4775 - 0{,}2998 = +0{,}1777; \quad [0{,}1514]; \quad (0{,}184).$$

Für den Mittelträger b ist nach (IX A.42):

$$\overline{\zeta}'_{ab,1} = \frac{0{,}4572}{10} = +0{,}0457 = \overline{k}_{ab,1}; \quad [0{,}0461]; \quad (0{,}0476).$$

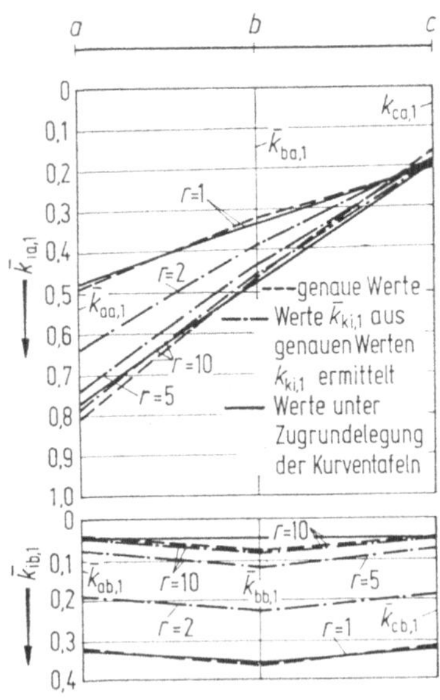

Abb. IX 8.1. Querverteilungseinflußlinien $\overline{k}_{ki,\alpha}$ für $n = 3$, $\alpha = 1{,}0$, $\vartheta = 0{,}433$, $r = 2{,}0$; $5{,}0$ und $10{,}0$

Nach (IX A.43) wird:

$$\bar{\zeta}'_{bb,1} = 3 - 4 \cdot 0{,}4775 - 2 \frac{10+1}{10} 0{,}4572 = +0{,}0838 = \bar{k}_{bb,1}; \quad [0{,}0771]; \quad (0{,}0485).$$

Die Werte in []-Klammern sind genaue Werte, während die in ()-Klammern sich unter Zugrundelegung der Kurventafeln ergeben. Die Querverteilungsordinaten sind sowohl für $r = 10$ als auch für $r = 2$ und $r = 5$ in Abb. IX 8.1 dargestellt.

Beispiel IX.9. Torsionssteifer Trägerrost mit 3 Hauptträgern, $\alpha = 0{,}5$; $\vartheta = 0{,}433$; $r = 10$

Zuerst sind entsprechend Beispiel IX.3 für $r = 1$ die Lastverteilungsordinaten $k_{ki,\alpha}$ zu bestimmen. Die weitere Rechnung erfolgt wie in Beispiel IX.8. Die Ergebnisse sind aus Abb. IX 9.1 ersichtlich. Im Vergleich mit Abb. IX 8.1 erkennt man den Einfluß der geringeren Torsionssteifigkeit.

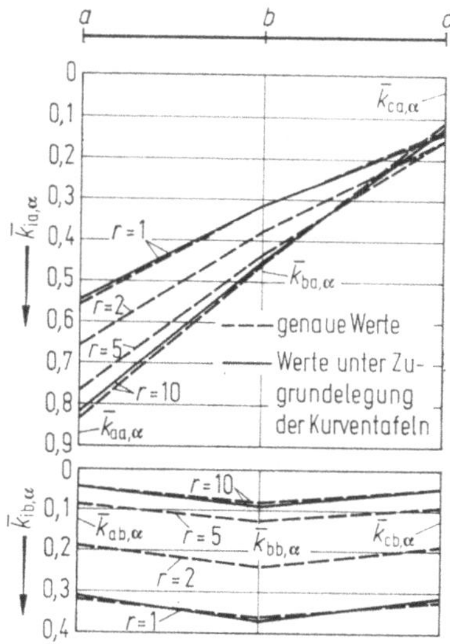

Abb. IX 9.1. Querverteilungseinflußlinien $\bar{k}_{ki,\alpha}$ für $n = 3$, $\alpha = 0{,}5$, $\vartheta = 0{,}433$, $r = 2{,}0$; $5{,}0$ und $10{,}0$

Beispiel IX.10. Torsionssteifer Trägerrost mit 4 Hauptträgern, $\alpha = 0{,}75$; $\vartheta = 1{,}0$; $r = 10$

Die Lastverteilungsordinaten $k_{ki,\alpha}$ für $r = 1$ sind bereits in Beispiel IX.3 (Tabelle IX.7) angegeben. Die Aufspaltung in symmetrische und antimetrische Anteile entsprechend (IX A.22) ergibt

$$\zeta'_{aa,\alpha} = +0{,}3477; \quad \zeta'_{ba,\alpha} = +0{,}1523 = \zeta'_{ab,\alpha};$$

$$\zeta''_{aa,\alpha} = +0{,}3507; \quad \zeta''_{ba,\alpha} = +0{,}1041 = \zeta''_{ab,\alpha};$$

$$\zeta''_{bb,\alpha} = +0{,}3477; \quad \zeta''_{ba,\alpha} = +0{,}1244 = -\zeta''_{cb,\alpha}.$$

Für den Randträger a gilt nach (IX A.36)

$$\mu_\alpha = \frac{10}{10 \cdot 2 \cdot 0{,}3477 + 2 \cdot 0{,}1523} = 1{,}3777,$$

und nach (IX A.37) und (IX A.39)

$$\bar{\zeta}'_{aa,\alpha} = 1{,}3777 \cdot 0{,}3477 = 0{,}4790,$$

$$\Delta = \Delta_a = \Delta_m = 0{,}3777 \cdot 0{,}3477 = 0{,}1313,$$

$$\bar{\zeta}'_{ba,\alpha} = 0{,}1523 + 0{,}1313 = 0{,}2836.$$

Nach (IX A.40) ist

$$\nu = 1 + \left[\left(1{,}1 + 1{,}8 \cdot \sqrt[3]{0{,}75} \cdot e^{-2{,}0 \cdot 1{,}0}\right) \cdot (0{,}6 + 0{,}1 \cdot 4) - 1\right] \cdot \frac{10-1}{10} 1{,}10 = 1{,}299;$$

$$\varkappa_{b,\alpha} = \frac{0{,}1041}{0{,}3507} = 0{,}2986;$$

$$\bar{\zeta}''_{aa,\alpha} = 1{,}299 \cdot 0{,}3507 = 0{,}4555;$$

$$\bar{\zeta}''_{ba,\alpha} = 0{,}2968 \cdot 0{,}4555 = 0{,}1352.$$

Damit wird nach (IX A.41)

$$\bar{k}_{aa,\alpha} = 0{,}4790 + 0{,}4555 = 0{,}9345; \quad [0{,}9465];$$

$$\bar{k}_{ba,\alpha} = 0{,}2836 + 0{,}1352 = 0{,}4188; \quad [0{,}4325];$$

$$\bar{k}_{ca,\alpha} = 0{,}2836 - 0{,}1352 = 0{,}1484; \quad [0{,}0894];$$

$$\bar{k}_{da,\alpha} = 0{,}4790 - 0{,}4555 = 0{,}0235; \quad [0{,}0013].$$

Wertet man die Einflußlinie für die Lastgruppe „B" aus, so muß diese Auswertung die Summe 10 ergeben. Mit obigen Ordinaten ist

$$10\,(0{,}9345 + 0{,}0235) + 0{,}4188 + 0{,}1484 = 10{,}1472 > 10.$$

Nach Ausgleich der Differenz ergeben sich die folgenden verbesserten Ordinaten, die auch der weiteren Berechnung zugrunde gelegt sind:

$$\bar{k}_{aa,\alpha} = 0{,}9209; \quad \bar{k}_{ba,\alpha} = 0{,}4127; \quad \bar{k}_{ca,\alpha} = 0{,}1462; \quad \bar{k}_{da,\alpha} = 0{,}0232.$$

Für den Innenträger b ist nach (IX A.42)

$$\bar{k}_{ab,\alpha} = \frac{0{,}4127}{10} = 0{,}04127, \quad [0{,}04325];$$

$$\bar{\zeta}'_{ab,\alpha} = \frac{0{,}2836}{10} = 0{,}02836;$$

$$\bar{\zeta}''_{ab,\alpha} = 0{,}04127 - 0{,}02836 = +0{,}01261;$$

$$\bar{k}_{db,\alpha} = \frac{0{,}1462}{10} = 0{,}01462, \quad [0{,}00894],$$

und nach (IX A.44)

$$\bar{\zeta}'_{bb,\alpha} = 1 - 0{,}4790 - \frac{10+1}{10} \cdot 0{,}2836 = +0{,}2090.$$

Nach (IX A.50) ist mit $\eta_b = 1/3$

$$\bar{\zeta}''_{bb,\alpha} = 0{,}1244 + \left[0{,}01291\,\frac{1}{3} + 0{,}45 \cdot 1{,}0^3 \left(\frac{1}{3} - \frac{1}{9}\right) - 0{,}1244\right] \cdot$$

$$\cdot \frac{10-1}{10} 1{,}10 = +0{,}1045,$$

und nach (IX A.51)

$$\bar{k}_{bb,\alpha} = 0{,}2090 + 0{,}1045 = 0{,}3135\,;\quad [0{,}3246]\,;$$

$$\bar{k}_{cb,\alpha} = 0{,}2090 - 0{,}1045 = 0{,}1045\,;\quad [0{,}1535]\,.$$

Wird die Einflußlinie $\bar{k}_{ib,\alpha}$ für die Lastgruppe B ausgewertet, so ergibt sich

$$1{,}0 - 10 \cdot (0{,}04127 + 0{,}01462) - 0{,}3135 - 0{,}1045 = +0{,}0213 \neq 0.$$

Gleicht man die Differenz an den beiden Innenträgern aus, so wird

$$\bar{k}_{bb,\alpha} = 0{,}31350 + 0{,}01155 = 0{,}32505\,;$$

$$\bar{k}_{cb,\alpha}' = 0{,}10450 + 0{,}01155 = 0{,}11605\,.$$

Die Ergebnisse sind in Abb. IX 10.1 dargestellt. Aus Abb. IX 10.2 sieht man die Auswirkung verschiedener Werte von r.

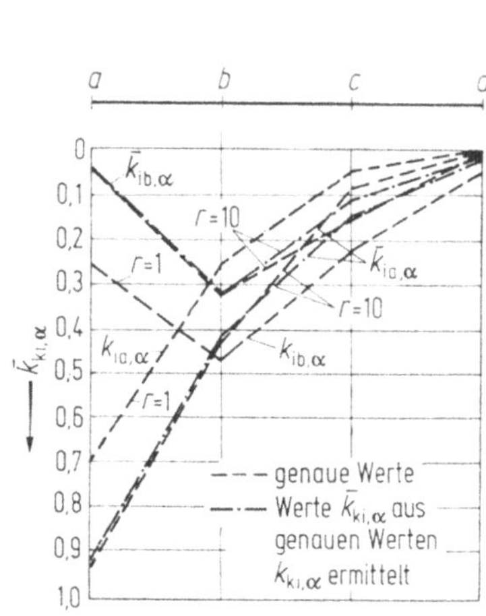

Abb. IX 10.1. Querverteilungseinfluß-linien $\bar{k}_{ki,\alpha}$ für $n = 4$, $\alpha = 0{,}75$, $\vartheta = 1{,}0$; $r = 10{,}0$

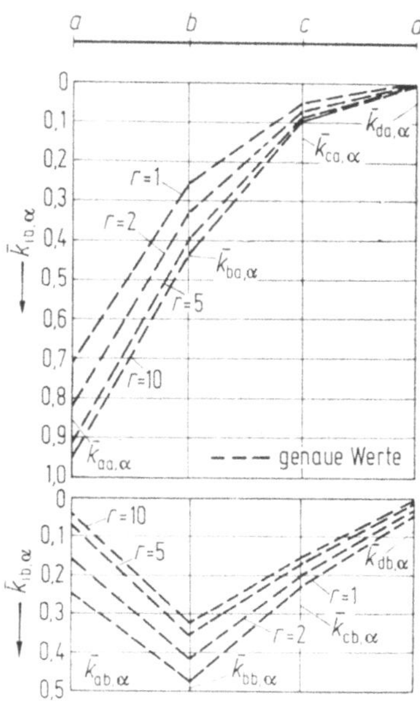

Abb. IX 10.2. Querverteilungseinfluß-linien $\bar{k}_{ki,\alpha}$ für $n = 4$, $\alpha = 0{,}75$, $\vartheta = 1{,}0$; $r = 2{,}0$; $5{,}0$ und $10{,}0$

Beispiel IX.11. Torsionssteifer Trägerrost mit 4 Hauptträgern, $\alpha = 1{,}0$; $\vartheta = 0{,}577$; $r = 1$ bis 10

Die Berechnung erfolgt in völlig gleicher Weise wie bei Beispiel IX.10. Die Querverteilungslinien $\bar{k}_{ki,\alpha}$ sind in Abb. IX 11.1 dargestellt. Die Abweichungen der Näherungswerte gegenüber den genauen Werten weisen die gleiche Größenordnung auf wie bei Beispiel IX.10.

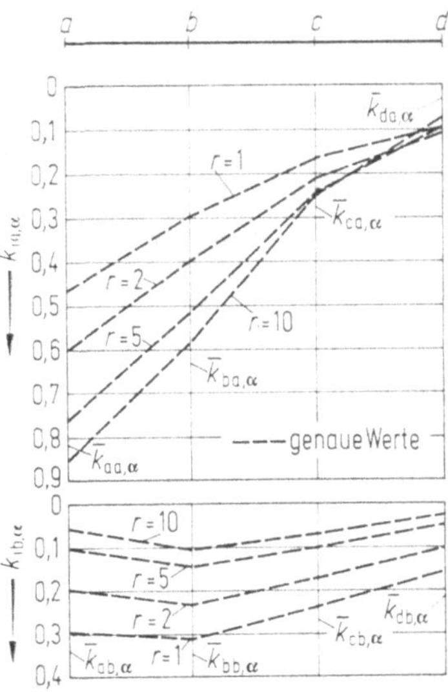

Abb. IX 11.1. Querverteilungseinflußlinien $\bar{k}_{ki,\alpha}$ für $n = 4$, $\alpha = 1{,}0$; $\vartheta = 0{,}577$; $r = 2{,}0$; 5,0 und 10,0

Beispiel IX.12. Torsionssteifer Trägerrost mit 6 Hauptträgern, $\alpha = 0{,}419$; $\vartheta = 0{,}448$; $r = 10$

Die Querverteilungsordinaten $k_{ki,\alpha}$ für $r = 1$ sind wie früher zu berechnen. Sie sind in Tabelle IX.9, einschließlich der Aufspaltung in symmetrische und antimetrische Anteile, eingetragen. Die Klammerwerte sind unter Verwendung der Kurventafeln ermittelt.

Tabelle IX.9

	$k_{ia,\alpha}$	$(k_{ia,\alpha})$	$(\zeta'_{ia,\alpha})$	$(\zeta''_{ia,\alpha})$
	$+0{,}3606$	$(+0{,}359)$	$(+0{,}1880)$	$(+0{,}1710)$
	$+0{,}2684$	$(+0{,}268)$	$(+0{,}1635)$	$(+0{,}1045)$
	$+0{,}1845$	$(+0{,}180)$	$(+0{,}1485)$	$(+0{,}0315)$
Randträger a	$+0{,}1150$	$(+0{,}117)$		
	$+0{,}0591$	$(+0{,}059)$		
	$+0{,}0125$	$(+0{,}017)$		
	$k_{ib,\alpha}$	$(k_{ib,\alpha})$	$(\zeta'_{ib,\alpha})$	$(\zeta''_{ib,\alpha})$
	$+0{,}2684$	$(+0{,}268)$		
	$+0{,}2373$	$(+0{,}239)$		$(+0{,}0695)$
	$+0{,}1925$	$(+0{,}192)$		$(+0{,}0245)$
Innenträger b	$+0{,}1438$	$(+0{,}143)$		
	$+0{,}0989$	$(+0{,}100)$		
	$+0{,}0591$	$(+0{,}058)$		
	$k_{ic,\alpha}$	$(k_{ic,\alpha})$	$(\zeta'_{ic,\alpha})$	$(\zeta''_{ic,\alpha})$
	$+0{,}1845$	$(+0{,}184)$		
	$+0{,}1925$	$(+0{,}191)$		$(+0{,}0245)$
	$+0{,}1910$	$(+0{,}191)$		$(+0{,}0095)$
Innenträger c	$+0{,}1733$	$(+0{,}172)$		
	$+0{,}1437$	$(+0{,}145)$		
	$+0{,}1150$	$(+0{,}117)$		

Für den Randträger a gilt nach (IX A.36) bis (IX A.39) mit Verwendung der Kurventafeln:

$$\mu_\alpha = \frac{10}{10\,(0{,}359 + 0{,}017) + 0{,}268 + 0{,}180 + 0{,}117 + 0{,}059} = 2{,}275;$$

$$\Delta_a = 1{,}275 \cdot 0{,}188 = +0{,}2395; \quad \Delta_m = 0{,}2395 \cdot \sqrt{\frac{5}{6}} = +0{,}2185;$$

$$\bar\zeta'_{aa,\alpha} = 0{,}1880 + 0{,}2395 = +0{,}4275, \quad [-0{,}002 = +0{,}4255];$$

$$\bar\zeta'_{ba,\alpha} = 0{,}1635 + 0{,}2185 = +0{,}3820, \quad [-0{,}002 = +0{,}3800];$$

$$\bar\zeta'_{ca,\alpha} = 0{,}1485 + 0{,}2185 = +0{,}3670, \quad [-0{,}002 = +0{,}3650].$$

Zur Verbesserung der Werte ist zu beachten, daß für den Belastungsfall B gelten muß:

$$r \cdot \sum_r \bar\zeta'_{ia,\alpha} + \sum_m \bar\zeta'_{ia,\alpha} = r;$$

$$10 \cdot 2 \cdot 0{,}4275 + 2 \cdot 0{,}3820 + 2 \cdot 0{,}3670 = 10{,}048 \approx 10.$$

Fehler je Träger:

$$\frac{0{,}048}{2 \cdot 10 + 4 \cdot 1} = -0{,}002.$$

Dieser Wert wurde von den einzelnen Ordinaten abgezogen, so daß die oben angegebenen []-Klammerwerte erhalten werden. Nach (IX A.40) ist

$$v = 1 + \left[\left(1{,}1 + 1{,}8\,\sqrt[3]{0{,}419^2} \cdot e^{-2{,}0 \cdot 0{,}448^2}\right) \cdot (0{,}6 + 0{,}1 \cdot 6) - 1\right] \cdot \frac{10 - 1}{10}\,1{,}10 = 2{,}118;$$

$$\varkappa_{b,\alpha} = \frac{0{,}1045}{0{,}1710} = 0{,}6115; \quad \varkappa_{c,d} = \frac{0{,}0315}{0{,}1710} = 0{,}1845;$$

$$\bar\zeta''_{aa,\alpha} = 2{,}118 \ \cdot 0{,}1710 = +0{,}3620;$$

$$\bar\zeta''_{ba,\alpha} = 0{,}6115 \cdot 0{,}3620 = +0{,}2210;$$

$$\bar\zeta''_{ca,\alpha} = 0{,}1845 \cdot 0{,}3620 = +0{,}0668.$$

Nach (IX A.41) ergibt sich damit:

$$\bar k_{aa,\alpha} = +0{,}7875; \quad \bar k_{ba,\alpha} = +0{,}6010; \quad \bar k_{ca,\alpha} = +0{,}4318;$$

$$\bar k_{da,\alpha} = +0{,}2982; \quad \bar k_{ea,\alpha} = +0{,}1590; \quad \bar k_{fa,\alpha} = +0{,}0635.$$

Für die Innenträger b und c ist nach (IX A.42):

$$\bar k_{ab,\alpha} = +0{,}0601; \quad \bar k_{fb,\alpha} = +0{,}0159; \quad \bar k_{ac,\alpha} = +0{,}0432;$$

$$\bar k_{fc,\alpha} = +0{,}0298;$$

$$\bar\zeta'_{ab,\alpha} = +0{,}0380; \quad \bar\zeta'_{ac,\alpha} = +0{,}0365.$$

Nach (IX A.45) und (IX A.46) ergibt sich:

$$Z_{b,\alpha} = 1 - 2 \cdot 0{,}0380 \cdot 9 = 0{,}3160;$$

$$Z_{c,\alpha} = 1 - 2 \cdot 0{,}0365 \cdot 9 = 0{,}3430;$$

$$\sum_m Z_k = 2 \cdot (0{,}3160 + 0{,}3430) = 1{,}3180;$$

$$\beta_b = \frac{0{,}3160}{1{,}3180} = 0{,}2395; \quad \beta_c = \frac{0{,}3430}{1{,}3180} = 0{,}2610.$$

Nach (IX A.47) wird:

$$\bar{Z}_b = 0{,}2395 \cdot [6 - 2 \cdot 2 \cdot (0{,}4255 + 0{,}3800 + 0{,}3650)] = 0{,}3160;$$

$$\bar{Z}_c = 0{,}2610 \cdot 1{,}3180 = 0{,}3440.$$

Nach (IX A.48) ergibt sich mit $\eta_b = 3/5$; $\eta_c = 1/5$:

$$\sum_m (1 - \eta_i^2) = 2\left(\frac{24}{25} + \frac{16}{25}\right) = \frac{80}{25};$$

$$6 \cdot 0{,}0380 + u_b \cdot \frac{80}{25} = 0{,}3160; \qquad u_b = 0{,}0275.$$

Nach (IX A.49) wird:

$$\bar{\zeta}'_{bb,\alpha} = +0{,}0380 + 0{,}0275\,\frac{16}{25} = +0{,}0556;$$

$$\bar{\zeta}_{cb,\alpha} = +0{,}0380 + 0{,}0275\,\frac{24}{25} = +0{,}0644.$$

Nach Maxwell ist

$$\bar{\zeta}'_{bc,\alpha} = \bar{\zeta}'_{cb,\alpha} = +0{,}0644,$$

und daraus wird unmittelbar:

$$\bar{\zeta}'_{cc,\alpha} = \frac{1}{2} \cdot [0{,}3440 - 2 \cdot 0{,}0365 - 2 \cdot 0{,}0644] = +0{,}0711.$$

Für die antimetrischen Anteile gewinnt man:

$$\bar{\zeta}''_{ab,\alpha} = \bar{k}_{ab,\alpha} - \bar{\zeta}'_{ab,\alpha} = +0{,}0601 - 0{,}0380 = +0{,}0221;$$

$$\bar{\zeta}''_{ac,\alpha} = \bar{k}_{ac,\alpha} - \bar{\zeta}'_{ac,\alpha} = +0{,}0432 - 0{,}0365 = +0{,}0067.$$

Nach (IX A.50) wird:

$$\bar{\zeta}'_{bb,\alpha} = 0{,}0695 + \left[0{,}0221 \cdot \frac{3}{5} + 0{,}45 \cdot 0{,}448^3 \cdot \left(\frac{3}{5} - \frac{9}{25}\right) - 0{,}0695\right] \cdot$$

$$\cdot \frac{10 - 1}{10}\,1{,}10 = +0{,}0236;$$

$$\bar{\zeta}''_{cb,\alpha} = 0{,}0245 + \left[0{,}0221 \cdot \frac{1}{5} + 0{,}45 \cdot 0{,}448^3 \cdot \left(\frac{1}{5} - \frac{1}{25}\right) - 0{,}0245\right] \cdot$$

$$\cdot \frac{10 - 1}{10}\,1{,}10 = +0{,}0110;$$

$$\bar{\zeta}''_{cc,\alpha} = 0{,}0095 + \left[0{,}0067 \cdot \frac{1}{5} + 0{,}45 \cdot 0{,}448^3 \cdot \left(\frac{1}{5} - \frac{1}{25}\right) - 0{,}0095\right] \cdot$$

$$\cdot \frac{10 - 1}{10}\,1{,}10 = +0{,}0078.$$

Damit erhält man nach (IX A.51):

$$\bar{k}_{ab,\alpha} = +0{,}0601; \quad \bar{k}_{bb,\alpha} = +0{,}0792; \quad \bar{k}_{cb,\alpha} = +0{,}0754;$$

$$\bar{k}_{db,\alpha} = +0{,}0534; \quad \bar{k}_{eb,\alpha} = +0{,}0320; \quad \bar{k}_{fb,\alpha} = +0{,}0159;$$

$$\bar{k}_{ac,\alpha} = +0{,}0432; \quad \bar{k}_{bc,\alpha} = +0{,}0754; \quad \bar{k}_{cc,\alpha} = +0{,}0789;$$

$$\bar{k}_{dc,\alpha} = +0{,}0633; \quad \bar{k}_{ec,\alpha} = +0{,}0534; \quad \bar{k}_{fc,\alpha} = +0{,}0298.$$

Die Ergebnisse sind in Abb. IX 12.1 aufgetragen und den genauen Werten gegenübergestellt.

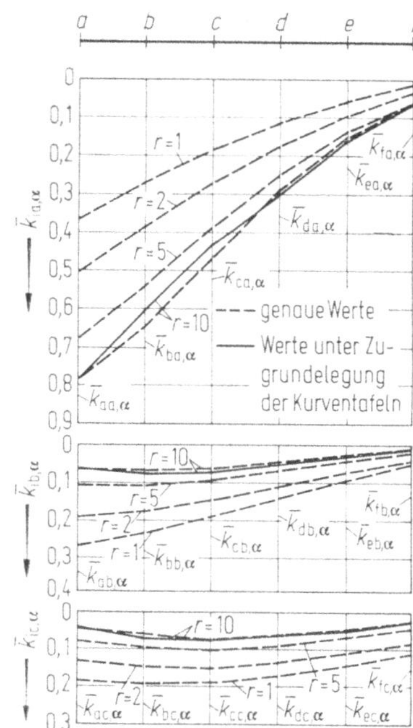

Abb. IX 12.1. Querverteilungseinflußlinien $\bar{k}_{ki,x}$
für $n = 6$; $\alpha = 0,419$, $\vartheta = 0,448$; $r = 2,0$; $5,0$
und $10,0$

Beispiel IX.13. Torsionsfreier Trägerrost mit 6 Hauptträgern, $\alpha = 1,0$; $\vartheta = 0,866$; $r = 10$

Die Berechnung erfolgt in völlig gleicher Weise wie in Beispiel IX.12. Die Ergebnisse sind in Abb. IX 13.1 dargestellt.

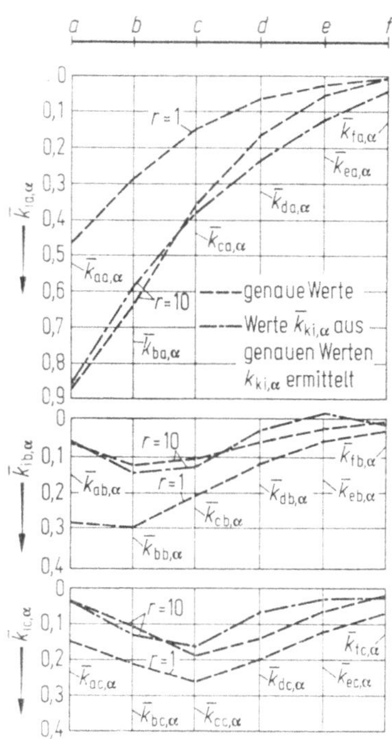

Abb. IX 13.1. Querverteilungseinflußlinien $\bar{k}_{ki,x}$
für $n = 0$; $x = 1,0$; $\vartheta = 0,866$; $r = 10,0$

Beispiel IX.14. Torsionsfreier Trägerrost mit 3 Hauptträgern $\vartheta = 0$ (unendlich steife Querträger); $J_r = 1,2\,J$.
Konstantes Trägheitsmoment der Hauptträger

Der Trägerrost ist in Abb. IX.14.1 dargestellt. Gesucht sind die maximalen Momente der Hauptträger.

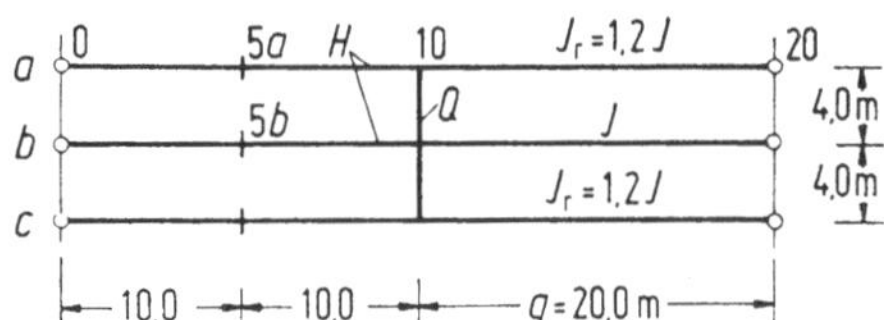

Abb. IX 14.1. Trägerrost mit starrem Querträger

Querverteilungseinflußlinien

Mit

$$\sum_1^3 J_k = (1,2 + 1,0 + 1,2)\,J = 3,4\,J;$$

$$\sum_1^3 y_k^2 J_k = (1,2 \cdot 4,0^2 \cdot 2 + 1,0 \cdot 0) = 38,4\,J$$

ergibt sich nach (IX B.4) für den Randträger a

$$k_{aa} = \frac{1,2}{3,4} + \frac{4,0 \cdot 4,0 \cdot 1,2}{38,4} = 0,8529;$$

$$k_{ba} = \frac{1,2}{3,4} = 0,3529;$$

$$k_{ca} = \frac{1,2}{3,4} - \frac{4,0 \cdot 4,0 \cdot 1,2}{38,4} = -0,1471$$

Abb. IX 14.2. Primäre und sekundäre Querverteilungseinflußlinien und für den Mittelträger b mit $y_i = 0$

$$k_{bb} = k_{ab} = k_{cb} = \frac{1,0}{3,4} = 0,2941.$$

Diese Einflußlinien „k_{ia}" und „k_{ib}" sind in Abb. IX 14.2b und e dargestellt. Die zugehörigen Quereinflußlinien „k'_{ia}" und „k'_{ib}" nach (IX A.13) sind aus Abb. IX 14.2d und f ersichtlich.

Bringt man entsprechend Abb. IX A.16 die Lastgruppe B nach Abb. IX 14.2g auf, so kann keine Lastverteilung stattfinden und es muß die Auswertung der „k_{ia}" Einflußlinie zur Kontrolle den Wert 1,2 und die der „k_{ib}"-Einflußlinie den Wert 1,0 ergeben.

$$1,2\,(0,8529 - 0,1471) + 1,0 \cdot 0,3529 = 1,2;$$
$$(2 \cdot 1,2 + 1,0)\,0,2941 = 1,0.$$

Momenteneinflußfläche „$\overline{M}_{a,5}$" für den Randträger a im Punkt 5

Die Momenteneinflußlinie „M_5" eines freiaufliegenden Trägers ist in Abb. IX 14.3a dargestellt. Die Momenteneinflußlinie „$\tilde{M}_5$" eines in den Punkten 0, 10 und 20 starr gestützten Durchlaufträgers kann für konstantes Trägheitsmoment aus bekannten Tabellen (hier nach [24]) entnommen werden. Bei veränderlichem Hauptträgheitsmoment müßte diese Einflußlinie neu berechnet werden. Da man, wie nachfolgend gezeigt wird, den Einfluß aus diesen sekundären Momenten sofort erfassen kann, und dieser in der Regel klein ist, kann man auch unmittelbar entscheiden, ob die Berechnung der Werte $\tilde{M}$ für veränderliches Trägheitsmoment erforderlich wird, oder ob man sich mit den Tabellenwerten begnügen kann. Letzteres wird meistens zutreffen.

Nach (IX A.12) und (IX A.13) gilt allgemein:

$$„\overline{M}" = „M"\,k + „\tilde{M}"\,k'.$$

Für die Einflußfläche „$\overline{M}_{a,5}$" des Trägers a gilt somit (Abb. IX 14.4a)

$$„\overline{M}_{a;a,5}" = „M_5" \cdot 0,8529 + „\tilde{M}_5"\,(1 - 0,8529);$$
$$„\overline{M}_{b;a,5}" = „M_5" \cdot 0,3529 - „\tilde{M}_5" \cdot 0,3529;$$
$$„\overline{M}_{c;a,5}" = „M_5"\,(-0,1471) - „\tilde{M}_5"\,0,1471.$$

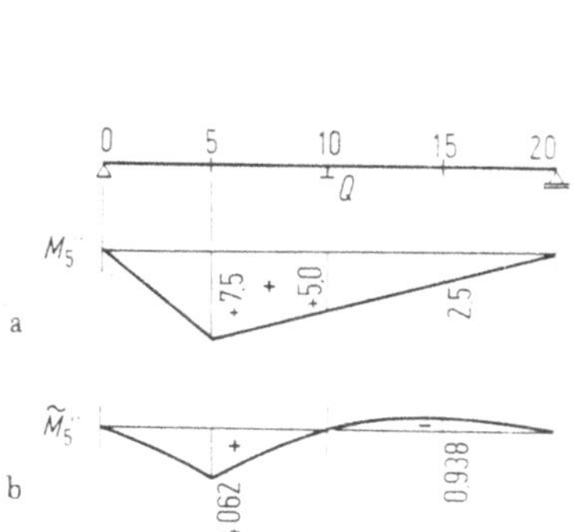

Abb. IX 14.3. Primäre und sekundäre
Momenteneinflußlinien für Punkt 5

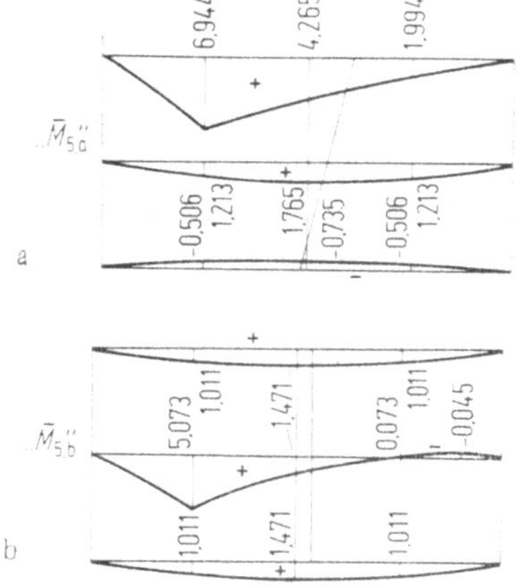

Abb. IX 14.4. Momenteneinflußfelder
für die Punkte 5a und 5b

Für die Einflußfläche „$\overline{M}_{b,5}$" des Trägers b gilt (Abb. IX 14.4 b)

$$\text{„}\overline{M}_{b;b,5}\text{"} = \text{„}M_5\text{"} \cdot 0{,}2941 + \text{„}\tilde{M}_5\text{"}\,(1 - 0{,}2941)\,;$$

$$\text{„}\overline{M}_{a;b,5}\text{"} = \text{„}\overline{M}_{c;b,5}\text{"} = 0{,}2941\,(\text{„}M_5\text{"} - \text{„}\tilde{M}_5\text{"})\,.$$

Es sind somit nur jeweils die Einflußlinie „M_5" nach Abb. IX 14.3 a und die Einflußlinie „$\tilde{M}_5$" nach Abb. IX 14.3 b mit den angegebenen Faktoren zu multiplizieren
und zu überlagern. Da für die Nebenträger immer die Differenz „$M_5 - \tilde{M}_5$"
maßgebend ist und beide Einflußlinien infolge einer gedachten gegenseitigen Quer-
schnittsdrehung $\Delta\varphi = 1$ zustande kommen, ist für den Punkt 5 die Differenz
$\Delta\varphi - \Delta\varphi = 0$, d.h. die Einflußlinien „$\overline{M}$" der Nebenträger können keinen Knick
an der Stelle 5 aufweisen.

Zum Beispiel ergeben sich für die Einflußfläche „$\overline{M}_{a,5}$" mit Abb. IX 14.3 folgende
Ordinaten in den Punkten 5 und 10

$$\text{Träger } a: \qquad \eta_{a,5} = 7{,}5 \cdot 0{,}8529 + 4{,}062 \cdot 0{,}1471 = 6{,}994\,;$$

$$\eta_{a,10} = 5{,}0 \cdot 0{,}8529 + 0 = 4{,}265\,;$$

$$\text{Träger } b: \qquad \eta_{b,5} = 0{,}3529\,(7{,}5 - 4{,}062) = 1{,}213\,;$$

$$\eta_{b,10} = 0{,}3529 \cdot (5{,}0 - 0) = 1{,}765\,;$$

$$\text{Träger } c: \qquad \eta_{c,5} = -0{,}1471\,(7{,}5 - 4{,}062) = -0{,}506\,;$$

$$\eta_{,c10} = -0{,}1471 \cdot 5{,}0 = -0{,}735\,.$$

Für eine bestimmte Laststellung $P = 1$ muß die Summe der Ordinaten gleich dem
Moment am freiaufliegenden Träger sein:

Zum Beispiel ergibt sich aus den Abb. IX 14.4 a und b — die Einflußfläche „$\overline{M}_{c,5}$"
ist zu der von „$\overline{M}_{a,5}$" spiegelsymmetrisch zur Brückenachse — der Wert:

$$\overline{M}_{a;a,5} + \overline{M}_{b;a,5} + \overline{M}_{c;a,5} = 6{,}994 + 1{,}011 - 0{,}506 = +7{,}499 \approx 7{,}50 \text{ tm}.$$

Maximales Moment max $\overline{M}_{a,5}$ infolge Verkehrslast

Für die Verkehrslast wäre die Momenteneinflußfläche auszuwerten. Zum Beispiel
ist für eine gleichmäßige verteilte Last $p = 1{,}0$ t/m² die gesamte positive Einflußfläche zu belasten (Abb. IX 14.4 a). Nach Abschnitt IX A.1 werden jedoch zweckmäßig die Quereinflußlinien „k" und „k'" für die ungünstigste Laststellung von „k"
ausgewertet.

Für den Hauptträger a ist somit die Belastung nach Abb. IX 14.2 c maßgebend.
Wertet man die Einflußlinien „k" (Abb. IX 14.2 b und d) damit aus, erhält man:

$$p_{\mathrm{I}} = 0{,}853 \cdot 6{,}82 \cdot 0{,}5 \cdot 1{,}0 = 2{,}910 \text{ t/m}\,;$$

$$p_{\mathrm{II}} = (0{,}147 - 0{,}353)\,4{,}0 \cdot 0{,}5 \cdot 1{,}0 + (-0{,}353) \cdot 2{,}82 \cdot 0{,}5 \cdot 1{,}0 = -0{,}910 \text{ t/m}.$$

Aus Abb. IX 14.4 bzw. IX 14.3 a erkennt man, daß die Hauptträger auf ihre ganze
Länge belastet werden müssen.
Die Auswertung von „M_5" mit p_{I} ergibt:

$$M_{\mathrm{I}} = 4{,}0 \cdot 7{,}5 \cdot 0{,}5 \cdot 2{,}91 = 436{,}5 \text{ tm}.$$

Die Auswertung von „M_5" für eine gleichförmige Vollbelastung p beträgt nach [24]:

$$\tilde{M} = 0{,}0625\,p \cdot q^2 \quad (q = \text{Querträgerentfernung})\,.$$

Somit wird

$$M_{\mathrm{II}} = 0{,}0625 \cdot (-0{,}910) \cdot 20^2 = -22{,}8 \text{ tm}\,.$$

Insgesamt ergibt sich

$$\max \overline{M}_{p;a,5} = 436{,}5 - 22{,}8 = 413{,}7 \text{ tm}\,.$$

Bei der Auswertung der Einflußfläche kommt man — nur mühsamer — zum selben Wert.

Für die Laststellung in Längsrichtung kommt somit immer die ungünstigste in bezug auf M, für die in der Querrichtung immer die in bezug auf „$k_{i,n}$" in Frage.

Die Einflußfläche für das Moment „$M_{b,5}$" des Innenträgers (Abb. IX 14.4b) ist somit für Vollbelastung des gesamten Bauwerkes auszuwerten, da nach Abb. IX 14.2e Vollbelastung in Querrichtung in Frage kommt.

Die Berechnung ist für jeden Trägerpunkt in gleicher Weise durchzuführen. Für die Punkte 10 der Träger a, b und c sind z. B. die Momenteneinflußflächen „M_{10}" und „$\tilde{M}_{10}$" nach Abb. IX 14.5 a und b zugrunde zu legen.

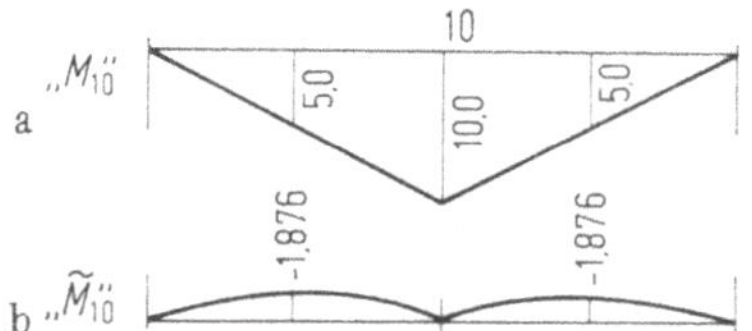

Abb. IX 14.5. Primäre und sekundäre Momenteneinflußlinien für den Punkt 10

Beispiel IX.15. Torsionsfreier Trägerrost mit 4 Hauptträgern, $\vartheta = 0{,}45;\ \alpha = 0;\ J_r = 1{,}3\,J_m$.
Konstantes Trägheitsmoment der Hauptträger

Der Trägerrost ist in Abb. IX 15.1 dargestellt. Gesucht sind die maximalen Momente der Hauptträger. Die Berechnung wird nur für den äußeren Hauptträger a angegeben. Es gelten grundsätzlich die gleichen Überlegungen wie beim Beispiel IX.14.

Abb. IX 15.1. Trägerrost mit elastischen Querträgern

Querverteilungseinflußlinien

Entsprechend den Entwicklungen des Abschnittes IX A.3 und den Beispielen IX.4 bis IX.7 werden die Querverteilungseinflußlinien „$k_{i,a}$" und „$k'_{i,a}$" nach Abb. IX 15.2b und d erhalten.

Maximales Moment max $\overline{M}_{a,15}$ infolge Verkehrslast

Als Verkehrsbelastung wird eine gleichförmige Belastung auf Fahrbahn und Fußweg $p = 0,5$ t/m² und auf eine Fläche von $3,0 \cdot 6,0$ m (Breite und Länge) eine zusätzliche von $\bar{p} = 2,0$ t/m² auf der Fahrbahn angenommen. Entsprechend Beispiel IX.14 werden die Quereinflußlinien „$k_{i,a}$" und „$k'_{i,a}$" für die ungünstigste Laststellung von „$k_{i,a}$" (Abb. IX 15.2c) ausgewertet. Damit ergibt sich für die primäre Belastung des Hauptträgers a:

für $p = 0,5$ t/m² und $\bar{p} = 2,0$ t/m²:

$$F = 0,5 \cdot 1,5 \,(0,98 + 0,826) + 3,0 \left(\frac{0,826}{2} + 0,5078 + 0,249 + \frac{0,0623}{2} \right) = 4,995;$$

$$F' = 0,5 \cdot 3,0 \,(0,826 + 0,508) = 2,001;$$

$$p_{\mathrm{I}} = 4,995 \cdot 0,5 = 2,498 \text{ t/m};$$

$$\overline{p}_{\mathrm{I}} = 2,001 \cdot 2,0 = 4,002 \text{ t/m}.$$

Für die sekundäre Belastung des Hauptträgers a, unter Beachtung der gleichen Laststellung wie für die primäre, wird

$$F = -4,995 + 1,5\, \frac{4,5}{2} = -1,62;$$

$$F' = -2,001 + 1,0\, \frac{3,0}{2} = -0,501;$$

$$p_{\mathrm{II}} = -1,62 \cdot 0,5 = -0,81 \text{ t/m};$$

$$\overline{p}_{\mathrm{II}} = -0,501 \cdot 2,0 = -1,002 \text{ t/m}.$$

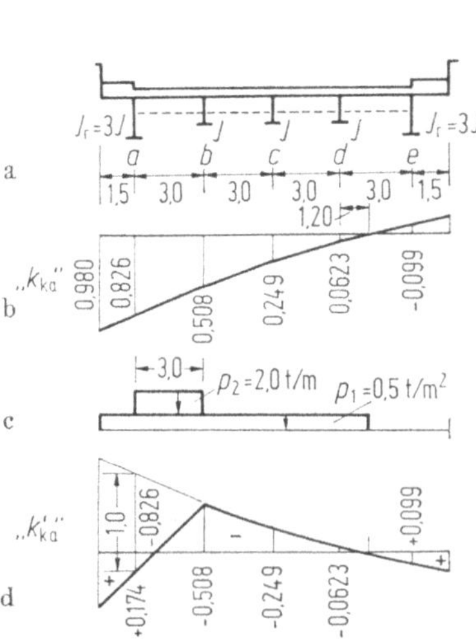

Abb. IX 15.2. Primäre und sekundäre
Querverteilungseinflußlinien

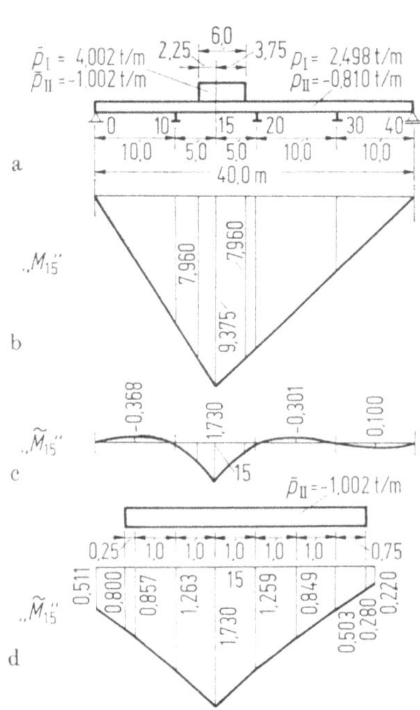

Abb. IX 15.3. Primäre und sekundäre
Momenteneinflußlinien für Punkt 15

Die Momenteneinflußlinien „M_{15}" und „$\tilde{M}_{15}$" sind in Abb. IX 15.3 b und c dargestellt. „$\tilde{M}_{15}$" ist hierbei aus [24] entnommen. Die Auswertung erfolgt für die ungünstigste Laststellung unter Zugrundelegung der „M_{15}"-Einflußlinie (Abb. IX 15.3 a).

Primäreinfluß aus der Auswertung von „M_{15}"

$$M_{\mathrm{I}} = 40{,}0 \cdot 9{,}375 \cdot 0{,}5 \cdot 2{,}498 + 0{,}5\,(7{,}960 + 9{,}375) \cdot 6{,}0 \cdot 4{,}002 =$$

$$= 468{,}38 + 208{,}12 = 676{,}50 \text{ tm}.$$

Sekundäreinfluß aus der Auswertung von „$\tilde{M}_{15}$" für die gleiche Laststellung wie bei „M_{15}" (für $\bar{p}_{\mathrm{II}}$ siehe auch Abb. IX 15.3 d):

$$M_{\mathrm{II}} = 0{,}357 \cdot q^2\,(-0{,}81) + [(1{,}263 + 1{,}730 + 1{,}259 + 0{,}849 + 0{,}201 +$$

$$+ 0{,}429) \cdot 1{,}0 + 0{,}825 \cdot 0{,}25 + 0{,}391 \cdot 0{,}75] \cdot (-1{,}002) =$$

$$= 0{,}0357 \cdot 10^2 \cdot (-0{,}81) + 6{,}231 \cdot (-1{,}002) =$$

$$= -2{,}89 - 6{,}24 = -9{,}13 \text{ tm};$$

$$\max \overline{M}_{p;a,15} = +667{,}37 \text{ tm}.$$

Aus diesem Ergebnis ersieht man, daß der Sekundäreinfluß nur 1,4% vom Primäreinfluß ausmacht, während beim Beispiel IX.14 dieser noch 5% betrug. Bei noch kleineren Querträgerabständen kann somit der Sekundäreinfluß ganz vernachlässigt werden. Auf jeden Fall können immer den Einflußlinien des Durchlaufträgers die Tabellen für konstantes Trägheitsmoment zugrunde gelegt werden.

Literatur zum Kapitel IX

[1] Bares, R., Massonnet, C.: Le calcul des grillages de poutres et dalles orthotropes, Paris: Dunod 1966.

[2] Chwalla, E.: Über die Grundgleichungen der allgemeinen orthotropen Scheiben und Platten. Rendiconti e Publicazioni del Corso di Perfezionamente del Politecnico di Milano (1957) H. 7.

[3] Engesser, F.: (1889).

[4] Guyon, M. Y.: Calcul des ponts larges a poutres multiples solidarisées par des entretoises. Ann. Ponts et Chauss. (1946) 553—612.

[5] Girkmann, K.: Flächentragwerke, 5. Aufl., Wien: Springer 1959.

[6] Homberg, H.: Einflußflächen für Trägerroste, 1949.

[7] Homberg, H.: Kreuzwerke. Forschungshefte aus dem Gebiete des Stahlbaues, H. 8 (1951).

[8] Homberg, H., Weinmeister, J.: Einflußflächen für Kreuzwerke, 2. Aufl., Berlin-Göttingen-Heidelberg: Springer 1956.

[9] Huber, M. T.: Über die Biegung einer Rechteckplatte von ungleicher Biegungsfestigkeit in der Längs- und Querrichtung. Bauingenieur 6 (1924) 259—305.

[10] Janssonius, G. F.: Nieuwe Vereffeninsmethoden voor het Berekenen van Balkroosters. Proefschrift, Techn. Hogeschool Delft, 1948.

[11] Leonhardt, F., Andrä, W.: Die vereinfachte Trägerrostberechnung, Stuttgart: Hoffmann 1950.

[12] Little, G., Rowe, R. E.: The Effect of Edge-Stiffening and Eccentric Transverse Prestress in Bridges. Cement and Concrete Association. Technical Report. TRA 279 (1957).

[13] Massonnet, Ch.: La répartition transversale des charges dans les ponts à arcs multiples. IVBH 7 (1949).

[14] Massonnet, Ch.: Contribution en calcul des ponts à poutres multiples. Annales des Travaux Publics de Belgique. (Juin, octobre, décembre 1950).

[15] Massonnet, Ch.: Méthode de calcul des ponts à poutres multiples tenant compte de leur resistance à la torsion. Mémoires AIPC 10 (1950) 147—182.

[16] Massonnet, Ch.: Compléments à la méthode de calcul des ponts à poutres multiples. Annales des Travaux Publics de Belgique (Oct. 1954).

[17] Massonnet, Ch., Dehan, E., Seyvert, J.: Recherches expérimentales sur les ponts à poutres multiples. Ann. des Travaux Publics de Belgique, No. 2 (1955).

[18] Melan, E., Schindler, R.: Die genaue Berechnung von Trägerrosten, Wien: Springer 1942.

[19] Morice, P. B., Little, G.: Load Distribution in Prestresses concrete Bridge Systems. The Structural Engineer 32 (1954) 83.

[20] Sattler, K.: Betrachtungen zum Berechnungsverfahren von Guyon-Massonnet für frei aufliegende Trägerroste und Erweiterung dieses Verfahrens auf beliebige Systeme. Bauingenieur 30 (1955) 77—89.

[21] Sattler, K.: Betrachtungen über Trägerroste mit Steifigkeitsunterschieden zwischen Rand- und Innenträgern. Bauingenieur 34 (1959) 1—9.

[22] Sattler, K.: Über die sinnvolle Berechnung zur Konstruktion. Veröff. des Deutschen Stahlbau-Verbandes (1960) H. 14.

[23] Timoshenko, S.: Theory of Plates and Shells, 2. Aufl., New York: McGraw-Hill 1959.

[24] Zellerer, E.: Durchlaufträger, Einflußlinien und Momentenlinien, Berlin: Ernst & Sohn 1967.

Tafel A

Auflagerdrücke und Einspannmomente für in einer Ebene beanspruchte Träger ($i - k$) für verschiedene Belastungs- und Verformungszustände bei konstanten Querschnittswerten und verschiedenen Lagerbedingungen

(Berechnung nach Bd. I A, V C.1 oder VIII B.1).

Tafel A 1

Belastung / Lagerung	(beidseitig gelenkig)	(beidseitig eingespannt)
(Dreieckslast)	$A_i = \dfrac{p}{40}\left[11l - 9a + \dfrac{a^2(l+a)}{l^2}\right]$ $A_k = \dfrac{p}{40}\left[9(l+a) - \dfrac{a^2(l+a)}{l^2}\right]$ $M_k = -\dfrac{pl}{120}(l+a)\left(7 - 3\dfrac{a^2}{l^2}\right)$	$A_i = \dfrac{p}{20l^2}[l^2(a+9b) + l(a^2-b^2) + (a^3-b^3)]$ $A_k = \dfrac{p}{20l^2}[l^2(9a+b) - l(a^2-b^2) - (a^3-b^3)]$ $M_i = -\dfrac{p}{180l}[7l^3 - 7l^2(a-2b) + 3l(a^2-2b^2) + 3(a^3-2b^3)]$ $M_k = -\dfrac{p}{180l}[7l^3 + 7l^2(2a-b) - 3l(2a^2-b^2) - 3(2a^3-b^3)]$
(Trapezlast p_1, p_2)	$A_i = \dfrac{l}{40}(11p_1 + 4p_2)$ $A_k = \dfrac{l}{40}(9p_1 + 16p_2)$ $M_k = -\dfrac{l^2}{120}(7p_1 + 8p_2)$	$A_i = \dfrac{l}{20}(7p_1 + 3p_2)$ $A_k = \dfrac{l}{20}(3p_1 + 7p_2)$ $M_i = -\dfrac{l^2}{60}(3p_1 + 2p_2)$ $M_k = -\dfrac{l^2}{60}(2p_1 + 3p_2)$
Parabel	$A_i = \dfrac{7}{30}pl$ $A_k = \dfrac{13}{30}pl$ $M_k = -\dfrac{1}{10}pl^2$	$A_i = A_k = \dfrac{1}{3}pl$ $M_i = M_k = -\dfrac{1}{15}pl^2$
(Trapezlast)	$A_i = \dfrac{p}{8l}\left[(2l-a)^2 - l^2 + a^2 - \dfrac{a^3}{l}\right]$ $A_k = \dfrac{p}{8l}\left[(2l-a)^2 + l^2 - 3a^2 + \dfrac{a^3}{l}\right]$ $M_k = -\dfrac{p}{8}\left(l^2 - 2a^2 + \dfrac{a^3}{l}\right)$	$A_i = A_k = \dfrac{p}{2}(l-a)$ $M_i = M_k = -\dfrac{p}{12}\left(l^2 - 2a^2 + \dfrac{a^3}{l}\right)$
$\Delta t = t_o - t_u$	$A_i = -\dfrac{3EJ\Delta t \alpha_t}{2lh}$ $A_k = \dfrac{3EJ\Delta t \alpha_t}{2lh}$ $M_k = -\dfrac{3EJ\Delta t \alpha_t}{2h}$	$A_i = A_k = 0$ $M_i = M_k = -\dfrac{EJ\Delta t \alpha_t}{h}$
Stützensenkung	$A_i = -\dfrac{3EJ}{l^3}(y_1 - y_2)$ $A_k = \dfrac{3EJ}{l^3}(y_1 - y_2)$ $M_k = -\dfrac{3EJ}{l^2}(y_1 - y_2)$	$A_i = -\dfrac{12EJ}{l^3}(y_1 - y_2)$ $A_k = \dfrac{12EJ}{l^3}(y_1 - y_2)$ $M_i = -M_k = \dfrac{6EJ}{l^2}(y_1 - y_2)$

Lagerung / Belastung	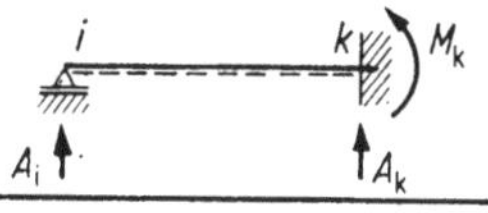	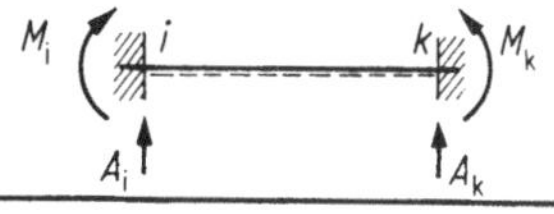
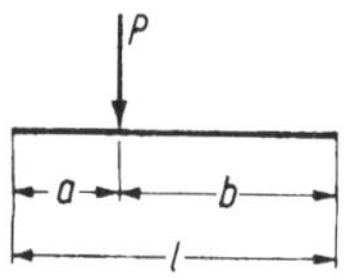	$A_i = \frac{Pb^2}{2l^3}(2l+a)$ $A_k = \frac{Pa}{2l^3}(3l^2-a^2)$ $M_k = -\frac{Pab}{2l^2}(l+a)$	$A_i = \frac{Pb^2}{l^3}(3l-2b)$ $A_k = \frac{Pa^2}{l^3}(3l-2a)$ $M_i = -\frac{Pab^2}{l^2}$ $M_k = -\frac{Pa^2b}{l^2}$
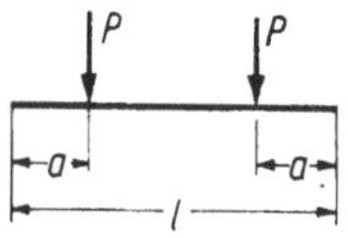	$A_i = P\left[1-\frac{3}{2}\left(\frac{a}{l}-\frac{a^2}{l^2}\right)\right]$ $A_k = P\left[1+\frac{3}{2}\left(\frac{a}{l}-\frac{a^2}{l^2}\right)\right]$ $M_k = -\frac{3Pa}{2l}(l-a)$	$A_i = A_k = P$ $M_i = M_k = -\frac{Pa}{l}(l-a)$
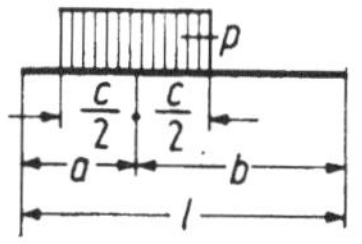	$A_i = pc - \frac{pca}{8l^3}(12l^2-4a^2-c^2)$ $A_k = \frac{pca}{8l^3}(12l^2-4a^2-c^2)$ $M_k = -\frac{pca}{8l^2}[4(l^2-a^2)-c^2]$	$A_i = {}^0A_i + \frac{M_k-M_i}{l}$ $A_k = {}^0A_k + \frac{M_i-M_k}{l}$ $M_i = -\frac{pc}{12l^2}[(4l^2-c^2)(2b-a)-4(2b^3-a^3)]$ $M_k = -\frac{pc}{12l^2}[(4l^2-c^2)(2a-b)-4(2a^3-b^3)]$
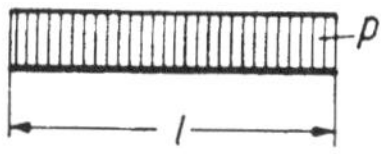	$A_i = \frac{3}{8}pl$ $A_k = \frac{5}{8}pl$ $M_k = -\frac{pl^2}{8}$	$A_i = A_k = \frac{pl}{2}$ $M_i = M_k = -\frac{pl^2}{12}$
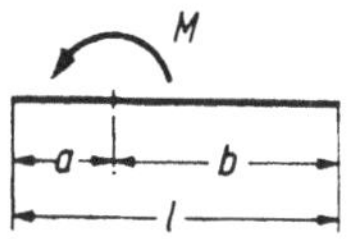	$A_i = \frac{3M}{2l^3}(l^2-a^2)$ $A_k = -\frac{3M}{2l^3}(l^2-a^2)$ $M_k = \frac{M}{2l^2}(l^2-3a^2)$	$A_i = \frac{6Mab}{l^3}$ $A_k = -\frac{6Mab}{l^3}$ $M_i = -\frac{Mb}{l^2}(3a-l)$ $M_k = \frac{Ma}{l^2}(3b-l)$

Tafel B

Kreuzlinienabschnitte für in einer Ebene beanspruchte Träger ($i-k$) für verschiedene Belastungs- und Verformungszustände bei konstanten Querschnittswerten und verschiedenen Lagerbedingungen

(Berechnung nach Bd. I A, VII A 3).

Tafel B

Kreuzlinienabschnitte / Belastungsfall	 $i \quad k$ (k_i)	 $i \quad k$ (k_k)
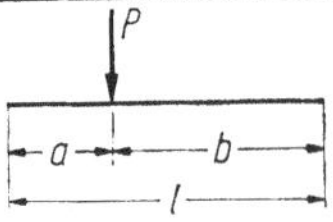 P (a, b; l)	$\dfrac{Pab}{l^2}(b+l)$	$\dfrac{Pab}{l^2}(a+l)$
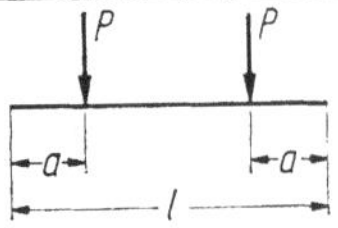 P, P (a; a; l)	$\dfrac{3Pa}{l}(l-a)$	$\dfrac{3Pa}{l}(l-a)$
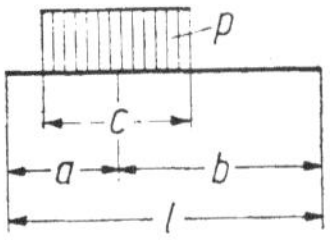 p (c; a; b; l)	$\dfrac{pcb}{l^2}\left(l^2-b^2-\dfrac{c^2}{4}\right)$	$\dfrac{pca}{l^2}\left(l^2-a^2-\dfrac{c^2}{4}\right)$
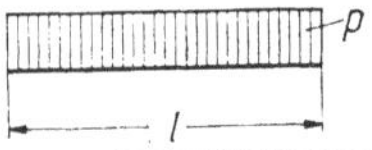 p (l)	$\dfrac{pl^2}{4}$	$\dfrac{pl^2}{4}$
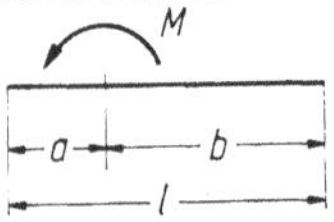 M (a; b; l)	$\dfrac{M}{l^2}(l^2-3b^2)$	$\dfrac{M}{l^2}(3a^2-l^2)$
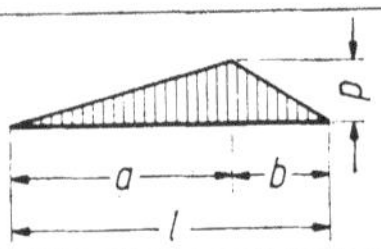 p (a; b; l)	$\dfrac{pl^2}{60}\left(1+\dfrac{b}{l}\right)\left(7-3\dfrac{b^2}{l^2}\right)$	$\dfrac{pl^2}{60}\left(1+\dfrac{a}{l}\right)\left(7-3\dfrac{a^2}{l^2}\right)$
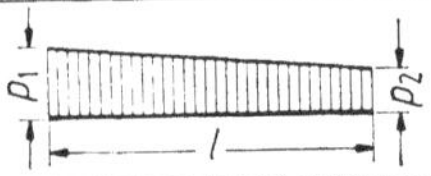 p_1; p_2 (l)	$\dfrac{l^2}{60}(8p_1+7p_2)$	$\dfrac{l^2}{60}(7p_1+8p_2)$
Parabel 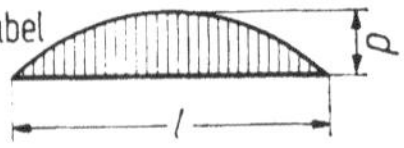 p (l)	$\dfrac{pl^2}{5}$	$\dfrac{pl^2}{5}$
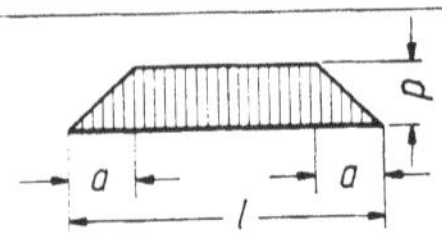 p (a; a; l)	$\dfrac{p}{4}\left(l^2-2a^2+\dfrac{a^3}{l}\right)$	$\dfrac{p}{4}\left(l^2-2a^2+\dfrac{a^3}{l}\right)$
Stützensenkung 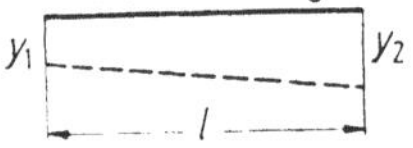 (y_1; y_2; l)	$\dfrac{6EJ}{l^2}(y_2-y_1)$	$-\dfrac{6EJ}{l^2}(y_2-y_1)$
ungleichmäßige Erwärmung 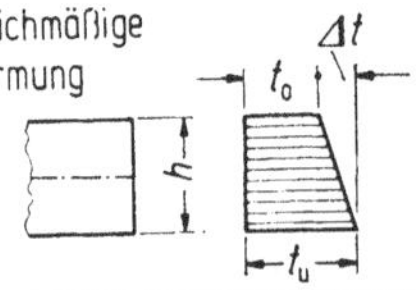 (Δt; t_o; h; t_u)	$\dfrac{3EJ\alpha_t\Delta t}{h}$	$\dfrac{3EJ\alpha_t\Delta t}{h}$

Tafel C

Schnittbelastungen an den Stabenden für die Hauptachsenrichtungen (q-System) eines räumlich beanspruchten Stabes ($i-k$) für verschiedene Belastungs- und Verformungszustände bei konstanten Querschnittswerten und verschiedenen Lagerbedingungen (Tafeln C.1—C.3)

(Berechnung und Vorzeichenfestlegung nach Bd. II, VII C 2 und 3)

$$
{}^{q}\tilde{\mathfrak{M}} = \begin{pmatrix} {}^{1}\tilde{M} \\ {}^{2}\tilde{M} \\ {}^{3}\tilde{M} \end{pmatrix}; \quad
{}^{q}\tilde{\mathfrak{S}}_{Bi;ik} = \begin{pmatrix} {}^{1}\tilde{N}_{i-k} \\ {}^{2}\tilde{Q}_{i-k} \\ {}^{3}\tilde{Q}_{i-k} \end{pmatrix}; \quad
{}^{q}\tilde{\mathfrak{S}}_{Bk;i,k} = \begin{pmatrix} {}^{1}\tilde{N}_{k-i} \\ {}^{2}\tilde{Q}_{k-i} \\ {}^{3}\tilde{Q}_{k-i} \end{pmatrix}
$$

Tafel C 1

Belastung (q) / Lagerung	$\mathfrak{M}$ und $\mathfrak{N}$	$\underset{s}{i \xrightarrow{\ e_{1,ik}\ } k}$ (i)	$\underset{s}{i \xrightarrow{\ e_{1,ik}\ } k}$ (i)	(k)	$\underset{s}{i \xrightarrow{\ e_{1,ik}\ } k}$ (k)
$^q P$ $\rule{0pt}{0pt}$ $\vdash a \dashv\vdash b \dashv$ $a=\zeta s$ $b=\zeta' s$	$^1\widetilde{M}$	0	0	0	0
	$^2\widetilde{M}$	$-\,^3P\dfrac{s}{2}(\zeta'-\zeta'^3)$	$-\,^3Ps\,\zeta\,\zeta'^2$	$+\,^3Ps\,\zeta^2\zeta'$	$+\,^3P\dfrac{s}{2}(\zeta-\zeta^3)$
	$^3\widetilde{M}$	$+\,^2P\dfrac{s}{2}(\zeta'-\zeta'^3)$	$+\,^2Ps\,\zeta\,\zeta'^2$	$-\,^2Ps\,\zeta^2\zeta'$	$-\,^2P\dfrac{s}{2}(\zeta-\zeta^3)$
	$^1\widetilde{N}^0$	$+\,^1P\,\zeta'$		$-\,^1P\,\zeta$	
	$^2\widetilde{Q}^0$	$+\,^2P\,\zeta'$		$-\,^2P\,\zeta$	
	$^3\widetilde{Q}^0$	$+\,^3P\,\zeta'$		$-\,^3P\,\zeta$	
$^q P \qquad ^q P$ $\vdash a \dashv\vdash s-2a \dashv\vdash a \dashv$ $a=\zeta s$	$^1\widetilde{M}$	0	0	0	0
	$^2\widetilde{M}$	$-\,^3P\dfrac{3s}{2}(\zeta-\zeta^2)$	$-\,^3Ps\,(\zeta-\zeta^2)$	$+\,^3Ps\,(\zeta-\zeta^2)$	$+\,^3P\dfrac{3s}{2}(\zeta-\zeta^2)$
	$^3\widetilde{M}$	$+\,^2P\dfrac{3s}{2}(\zeta-\zeta^2)$	$+\,^2Ps\,(\zeta-\zeta^2)$	$-\,^2Ps\,(\zeta-\zeta^2)$	$-\,^2P\dfrac{3s}{2}(\zeta-\zeta^2)$
	$^1\widetilde{N}^0$	$+\,^1P$		$-\,^1P$	
	$^2\widetilde{Q}^0$	$+\,^2P$		$-\,^2P$	
	$^3\widetilde{Q}^0$	$+\,^3P$		$-\,^3P$	
$^q p$ $\vdash \frac{c}{2}\cdot\frac{c}{2}\dashv$ $\vdash a \dashv\vdash b \dashv$ $a=\zeta s$ $b=\zeta' s$ $c=\nu s$	$^1\widetilde{M}$	0	0	0	0
	$^2\widetilde{M}$	$-\dfrac{^3ps^2\nu}{2}\left[\zeta\zeta'(1+\zeta')-\dfrac{\nu^2\zeta'}{4}\right]$	$-\,^3ps^2\nu\left[\zeta\zeta'^2-\dfrac{\nu^2}{12}(3\zeta-1)\right]$	$+\,^3ps^2\nu\left[\zeta^2\zeta'-\dfrac{\nu^2}{12}(3\zeta-1)\right]$	$+\dfrac{^3ps^2\nu}{2}\left[\zeta\zeta'(1+\zeta)-\dfrac{\nu^2\zeta}{4}\right]$
	$^3\widetilde{M}$	$+\dfrac{^2ps^2\nu}{2}\left[\zeta\zeta'(1+\zeta')-\dfrac{\nu^2\zeta'}{4}\right]$	$+\,^2ps^2\nu\left[\zeta\zeta'^2-\dfrac{\nu^2}{12}(3\zeta-1)\right]$	$-\,^2ps^2\nu\left[\zeta^2\zeta'-\dfrac{\nu^2}{12}(3\zeta-1)\right]$	$-\dfrac{^2ps^2\nu}{2}\left[\zeta\zeta'(1+\zeta)-\dfrac{\nu^2\zeta}{4}\right]$
	$^1\widetilde{N}^0$	$+\,^1p\,c\,\zeta'$		$-\,^1p\,c\,\zeta$	
	$^2\widetilde{Q}^0$	$+\,^2p\,c\,\zeta'$		$-\,^2p\,c\,\zeta$	
	$^3\widetilde{Q}^0$	$+\,^3p\,c\,\zeta'$		$-\,^3p\,c\,\zeta$	
$^q p$ $\longleftarrow s \longrightarrow$	$^1\widetilde{M}$	0	0	0	0
	$^2\widetilde{M}$	$-\dfrac{^3ps^2}{8}$	$-\dfrac{^3ps^2}{12}$	$+\dfrac{^3ps^2}{12}$	$+\dfrac{^3ps^2}{8}$
	$^3\widetilde{M}$	$+\dfrac{^2ps^2}{8}$	$+\dfrac{^2ps^2}{12}$	$-\dfrac{^2ps^2}{12}$	$-\dfrac{^2ps^2}{8}$
	$^1\widetilde{N}^0$	$+\,^1p\,\dfrac{s}{2}$		$-\,^1p\,\dfrac{s}{2}$	
	$^2\widetilde{Q}^0$	$+\,^2p\,\dfrac{s}{2}$		$-\,^2p\,\dfrac{s}{2}$	
	$^3\widetilde{Q}^0$	$+\,^3p\,\dfrac{s}{2}$		$-\,^3p\,\dfrac{s}{2}$	

Belastung (q) / Lagerung	$\mathfrak{M}$ und $\mathfrak{S}$	i	i	k	k
$^q M$ $a = \zeta s$ $b = \zeta' s$	$^1\widetilde{M}$	$+\,^1M$	$+\,^1M\,\zeta'$	$+\,^1M\,\zeta$	$+\,^1M$
	$^2\widetilde{M}$	$-\dfrac{^2M}{2}\,(1-3\zeta'^2)$	$-\,^2M\,\zeta'(2-3\zeta')$	$-\,^2M\,\zeta\,(2-3\zeta)$	$-\dfrac{^2M}{2}\,(1-3\zeta^2)$
	$^3\widetilde{M}$	$-\dfrac{^3M}{2}\,(1-3\zeta'^2)$	$-\,^3M\,\zeta'(2-3\zeta')$	$-\,^3M\,\zeta\,(2-3\zeta)$	$-\dfrac{^3M}{2}\,(1-3\zeta^2)$
	$^1\widetilde{N}^0$	0		0	
	$^2\widetilde{Q}^0$	$-\,^3M\,\dfrac{1}{s}$		$-\,^3M\,\dfrac{1}{s}$	
	$^3\widetilde{Q}^0$	$+\,^2M\,\dfrac{1}{s}$		$+\,^2M\,\dfrac{1}{s}$	
^1m $\dfrac{c}{2}$ $\dfrac{c}{2}$ $a = \zeta s$ $b = \zeta' s$	$^1\widetilde{M}$	$+\,^1m\,c$	$+\,^1mc\,\zeta'$	$+\,^1mc\,\zeta$	$+\,^1m\,c$
	$^2\widetilde{M}$	0	0	0	0
	$^3\widetilde{M}$	0	0	0	0
	$^1\widetilde{N}^0$	0		0	
	$^2\widetilde{Q}^0$	0		0	
	$^3\widetilde{Q}^0$	0		0	
$^q p$ $a = \zeta s$ $b = \zeta' s$	$^1\widetilde{M}$	0	0	0	0
	$^2\widetilde{M}$	$-\dfrac{^3ps^2}{120}\left[(1+\zeta')(7-3\zeta'^2)\right]$	$-\dfrac{^3ps^2}{60}\left[2+\zeta'(1+\zeta+3\zeta\zeta')\right]$	$+\dfrac{^3ps^2}{60}\left[2+\zeta(1-\zeta'-3\zeta\zeta')\right]$	$+\dfrac{^3ps^2}{120}\left[(1+\zeta)(7-3\zeta^2)\right]$
	$^3\widetilde{M}$	$+\dfrac{^2ps^2}{120}\left[(1+\zeta')(7-3\zeta'^2)\right]$	$+\dfrac{^2ps^2}{60}\left[2+\zeta'(1+\zeta+3\zeta\zeta')\right]$	$-\dfrac{^2ps^2}{60}\left[2+\zeta(1+\zeta'+3\zeta\zeta')\right]$	$-\dfrac{^2ps^2}{120}\left[(1+\zeta)(7-3\zeta^2)\right]$
	$^1\widetilde{N}^0$	$+\dfrac{^1p}{6}(s+b)$		$-\dfrac{^1p}{6}(s+a)$	
	$^2\widetilde{Q}^0$	$+\dfrac{^2p}{6}(s+b)$		$-\dfrac{^2p}{6}(s+a)$	
	$^3\widetilde{Q}^0$	$+\dfrac{^3p}{6}(s+b)$		$-\dfrac{^3p}{6}(s+a)$	
$^q p_i$ $^q p_k$ s $p_k = \lambda\,p_i$	$^1\widetilde{M}$	0	0	0	0
	$^2\widetilde{M}$	$-\dfrac{^3p_i s^2}{120}\,(8+7\lambda)$	$-\dfrac{^3p_i s^2}{60}\,(3+2\lambda)$	$+\dfrac{^3p_i s^2}{60}\,(2+3\lambda)$	$+\dfrac{^3p_i s^2}{120}\,(7+8\lambda)$
	$^3\widetilde{M}$	$+\dfrac{^2p_i s^2}{120}\,(8+7\lambda)$	$+\dfrac{^2p_i s^2}{60}\,(3+2\lambda)$	$-\dfrac{^2p_i s^2}{60}\,(2+3\lambda)$	$-\dfrac{^2p_i s^2}{120}\,(7+8\lambda)$
	$^1\widetilde{N}^0$	$+\dfrac{^1p_i s}{6}\,(2+\lambda)$		$-\dfrac{^1p_i s}{6}\,(1+2\lambda)$	
	$^2\widetilde{Q}^0$	$+\dfrac{^2p_i s}{6}\,(2+\lambda)$		$-\dfrac{^2p_i s}{6}\,(1+2\lambda)$	
	$^3\widetilde{Q}^0$	$+\dfrac{^3p_i s}{6}\,(2+\lambda)$		$-\dfrac{^3p_i s}{6}\,(1+2\lambda)$	

Tafel C 3

Belastung (q) / Lagerung ($\widetilde{\mathfrak{S}}$ und $\widetilde{\mathfrak{M}}$)		fixed–pinned	fixed–fixed		pinned–fixed
		i	i	k	k
Parabel	$^1\widetilde{M}$	0	0	0	0
	$^2\widetilde{M}$	$-\dfrac{^3ps^2}{10}$	$-\dfrac{^3ps^2}{15}$	$+\dfrac{^3ps^2}{15}$	$+\dfrac{^3ps^2}{10}$
	$^3\widetilde{M}$	$+\dfrac{^2ps^2}{10}$	$+\dfrac{^2ps^2}{15}$	$-\dfrac{^2ps^2}{15}$	$-\dfrac{^2ps^2}{10}$
	$^1\widetilde{N}{}^0$	$+\dfrac{^1ps}{3}$		$-\dfrac{^1ps}{3}$	
	$^2\widetilde{Q}{}^0$	$+\dfrac{^2ps}{3}$		$-\dfrac{^2ps}{3}$	
	$^3\widetilde{Q}{}^0$	$+\dfrac{^3ps}{3}$		$-\dfrac{^3ps}{3}$	
$a=\zeta s$	$^1\widetilde{M}$	0	0	0	0
	$^2\widetilde{M}$	$-\dfrac{^3ps^2}{8}\left[1-(2-\zeta)\zeta^2\right]$	$-\dfrac{^3ps^2}{12}\left[1-(2-\zeta)\zeta^2\right]$	$+\dfrac{^3ps^2}{12}\left[1-(2-\zeta)\zeta^2\right]$	$+\dfrac{^3ps^2}{8}\left[1-(2-\zeta)\zeta^2\right]$
	$^3\widetilde{M}$	$+\dfrac{^2ps^2}{8}\left[1-(2-\zeta)\zeta^2\right]$	$+\dfrac{^2ps^2}{12}\left[1-(2-\zeta)\zeta^2\right]$	$-\dfrac{^2ps^2}{12}\left[1-(2-\zeta)\zeta^2\right]$	$-\dfrac{^2ps^2}{8}\left[1-(2-\zeta)\zeta^2\right]$
	$^1\widetilde{N}{}^0$	$+\dfrac{^1p}{2}(s-a)$		$-\dfrac{^1p}{2}(s-a)$	
	$^2\widetilde{Q}{}^0$	$+\dfrac{^2p}{2}(s-a)$		$-\dfrac{^2p}{2}(s-a)$	
	$^3\widetilde{Q}{}^0$	$+\dfrac{^3p}{2}(s-a)$		$-\dfrac{^3p}{2}(s-a)$	
$\Delta t=t_u-t_o$	$^1\widetilde{M}$	0	0	0	0
	$^2\widetilde{M}$	0	0	0	0
	$^3\widetilde{M}$	$+\dfrac{3}{2}\dfrac{\Delta t}{h}EJ_3\alpha_t$	$+\dfrac{\Delta t}{h}EJ_3\alpha_t$	$-\dfrac{\Delta t}{h}EJ_3\alpha_t$	$-\dfrac{3}{2}\dfrac{\Delta t}{h}EJ_3\alpha_t$
	$^1\widetilde{N}{}^0$	0		0	
	$^2\widetilde{Q}{}^0$	0		0	
	$^3\widetilde{Q}{}^0$	0		0	
$\Delta t=t_u-t_o$	$^1\widetilde{M}$	0	0	0	0
	$^2\widetilde{M}$	$-\dfrac{3}{2}\dfrac{\Delta t}{h}EJ_2\alpha_t$	$-\dfrac{\Delta t}{h}EJ_2\alpha_t$	$+\dfrac{\Delta t}{h}EJ_2\alpha_t$	$+\dfrac{3}{2}\dfrac{\Delta t}{h}EJ_2\alpha_t$
	$^3\widetilde{M}$	0	0	0	0
	$^1\widetilde{N}{}^0$	0		0	
	$^2\widetilde{Q}{}^0$	0		0	
	$^3\widetilde{Q}{}^0$	0		0	

Tafel D

Werte der Arbeitsintegrale $\dfrac{1}{s} \int F_a F_b \, \mathrm{d}s$ für verschiedene Funktionen von F_a und F_b

	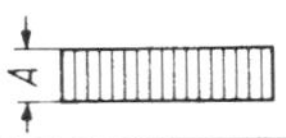 Rechteck (A)	 Dreieck (B)	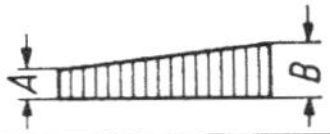 Trapez (A,B)	 Parabel (A) *	 Parabel (B) *	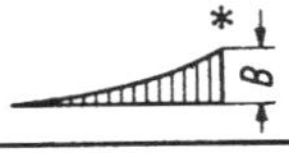 Parabel (B) *	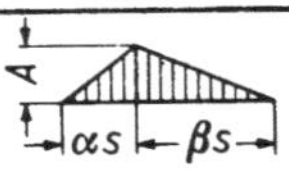 Dreieck (A, αs–βs)
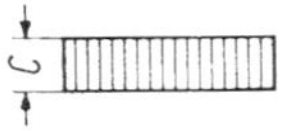 Rechteck (C)	AC	$\frac{1}{2}BC$	$\frac{1}{2}(A+B)C$	$\frac{2}{3}AC$	$\frac{2}{3}BC$	$\frac{1}{3}BC$	$\frac{1}{2}AC$
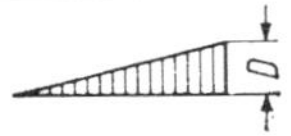 Dreieck (D)	$\frac{1}{2}AD$	$\frac{1}{3}BD$	$\frac{1}{6}(A+2B)D$	$\frac{1}{3}AD$	$\frac{5}{12}BD$	$\frac{1}{4}BD$	$\frac{1}{6}AD(1+\alpha)$
 Dreieck (C)	$\frac{1}{2}AC$	$\frac{1}{6}BC$	$\frac{1}{6}(2A+B)C$	$\frac{1}{3}AC$	$\frac{1}{4}BC$	$\frac{1}{12}BC$	$\frac{1}{6}AC(1+\beta)$
 Trapez (C,D)	$\frac{1}{2}A(C+D)$	$\frac{1}{6}B(C+2D)$	$\frac{1}{6}[A(2C+D)+B(2D+C)]$	$\frac{1}{3}A(C+D)$	$\frac{1}{12}B(3C+5D)$	$\frac{1}{12}B(C+3D)$	$\frac{1}{6}[A(C(1+\beta)+D(1+\alpha)]$
 Parabel (C) *	$\frac{2}{3}AC$	$\frac{1}{3}BC$	$\frac{1}{3}(A+B)C$	$\frac{8}{15}AC$	$\frac{7}{15}BC$	$\frac{1}{5}BC$	$\frac{1}{3}AC(1+\alpha\dot\beta)$
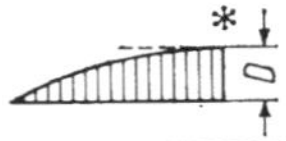 Parabel (D) *	$\frac{2}{3}AD$	$\frac{5}{12}BD$	$\frac{1}{12}(3A+5B)D$	$\frac{7}{15}AD$	$\frac{8}{15}BD$	$\frac{3}{10}BD$	$\frac{1}{12}AD(5-\beta-\beta^2)$
 Parabel (C) *	$\frac{2}{3}AC$	$\frac{1}{4}BC$	$\frac{1}{12}(5A+3B)C$	$\frac{7}{15}AC$	$\frac{11}{30}BC$	$\frac{2}{15}BC$	$\frac{1}{12}AC(5-\alpha-\alpha^2)$
 Parabel (D) *	$\frac{1}{3}AD$	$\frac{1}{4}BD$	$\frac{1}{12}(A+3B)D$	$\frac{1}{5}AD$	$\frac{3}{10}BD$	$\frac{1}{5}BD$	$\frac{1}{12}AD(1+\alpha+\alpha^2)$
 Parabel (C) *	$\frac{1}{3}AC$	$\frac{1}{12}BC$	$\frac{1}{12}(3A+B)C$	$\frac{1}{5}AC$	$\frac{2}{15}BC$	$\frac{1}{30}BC$	$\frac{1}{12}AC(1+\beta+\beta^2)$
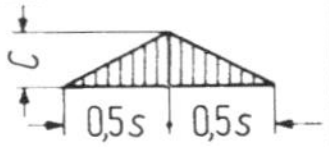 Dreieck ($0{,}5s$ + $0{,}5s$)	$\frac{1}{2}AC$	$\frac{1}{4}BC$	$\frac{1}{4}(A+B)C$	$\frac{5}{12}AC$	$\frac{17}{48}BC$	$\frac{7}{48}BC$	$\frac{1}{12}AC\left(\frac{3-4\alpha^2}{\beta}\right)$

* Quadratische Parabel

Tafel E

Querverteilungszahlen K_{ik} für torsionsfreie Trägerroste nach Guyon (Tafeln E.1—E.6) und torsionssteife Trägerroste nach Massonnet (Tafeln E.7—E.11)

Ideelle Brückenbreite 2b

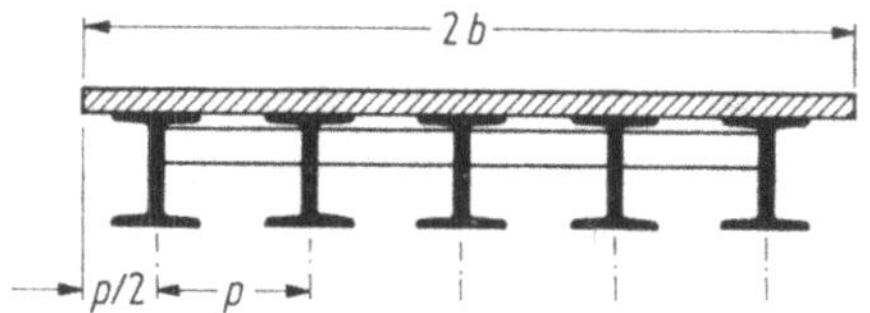

Querträgerabstand q

Roststeifigkeitsfaktor

$$\vartheta = \sqrt[4]{\frac{J_p q}{J_q p}} \quad \text{nach (IX A.7)}$$

Torsionssteifigkeitsfaktor

$$\alpha = \frac{G \left[\dfrac{J_{d,p}}{p} + \dfrac{J_{d,q}}{q}\right]}{2E \sqrt{\dfrac{J_p J_q}{pq}}} \quad \text{nach (IX A.5)}$$

Querverteilungseinflußlinien $k_{ik} = K_{ik}/n$ nach (IX A.9)

$e \ldots$ Lage des Trägers im Querschnitt.

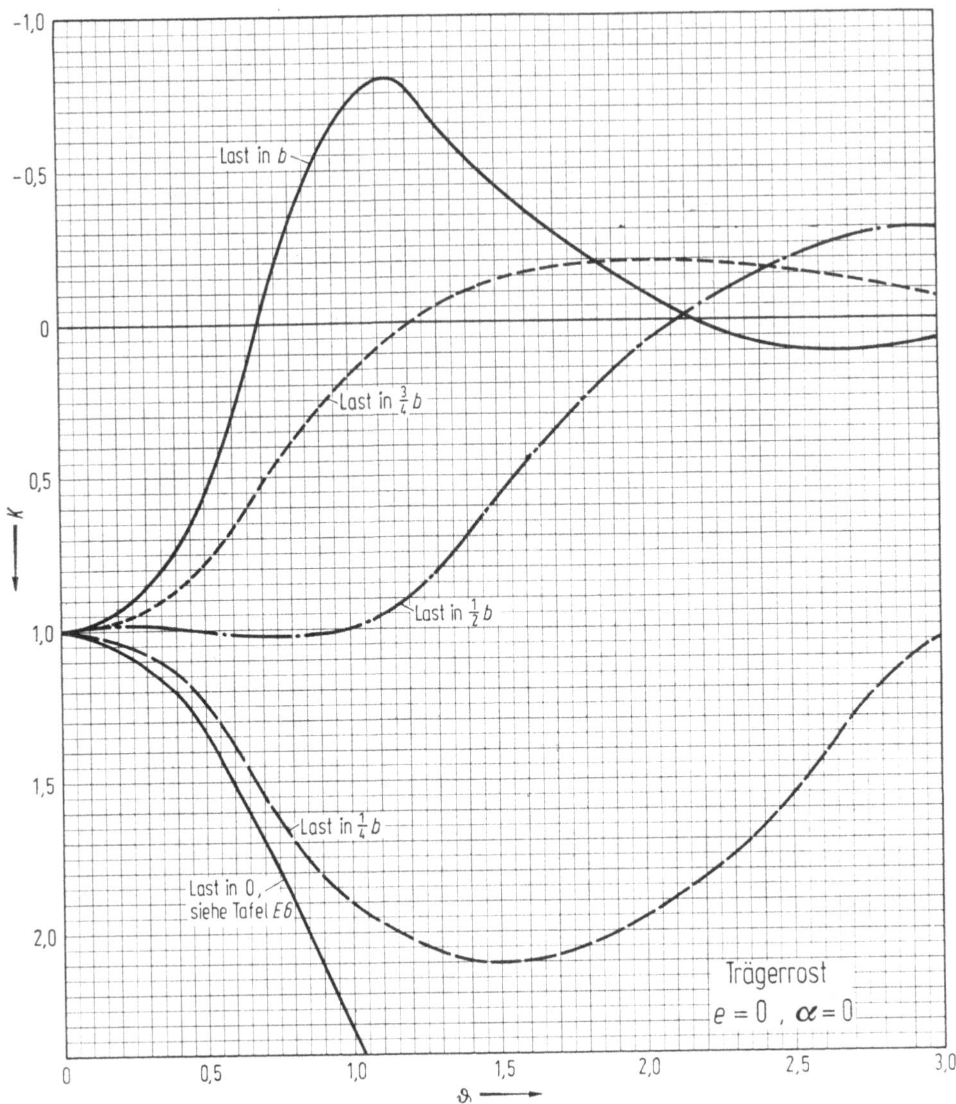
-1,0
-0,5
0
0,5
1,0
1,5
2,0
K
Last in b
Last in 3/4 b
Last in 1/2 b
Last in 1/4 b
Last in 0,
siehe Tafel E6
Trägerrost
e = 0 , α = 0
0
0,5
1,0
1,5
2,0
2,5
3,0
ϑ

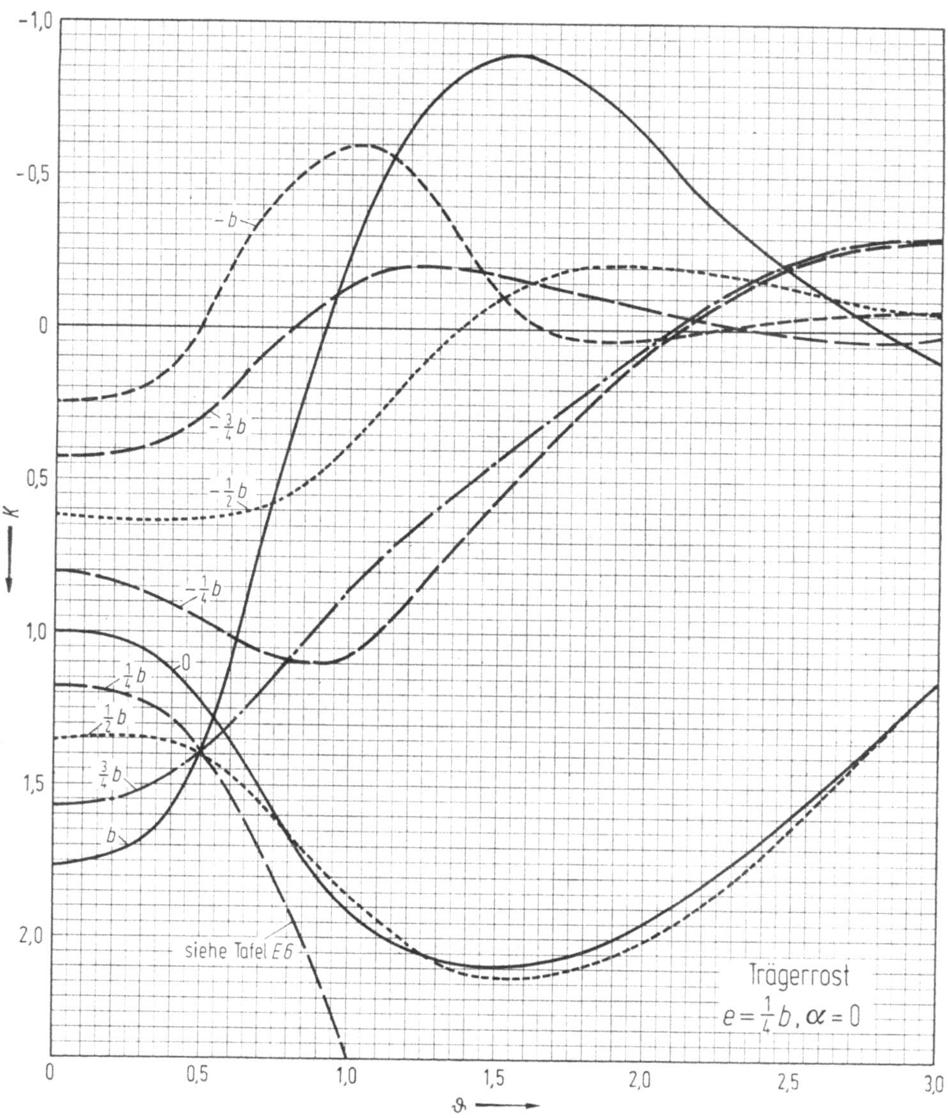

-b
-3/4 b
-1/2 b
-1/4 b
0
1/4 b
1/2 b
3/4 b
b
siehe Tafel E6
Trägerrost
$e = \frac{1}{4}b,\ \alpha = 0$
K

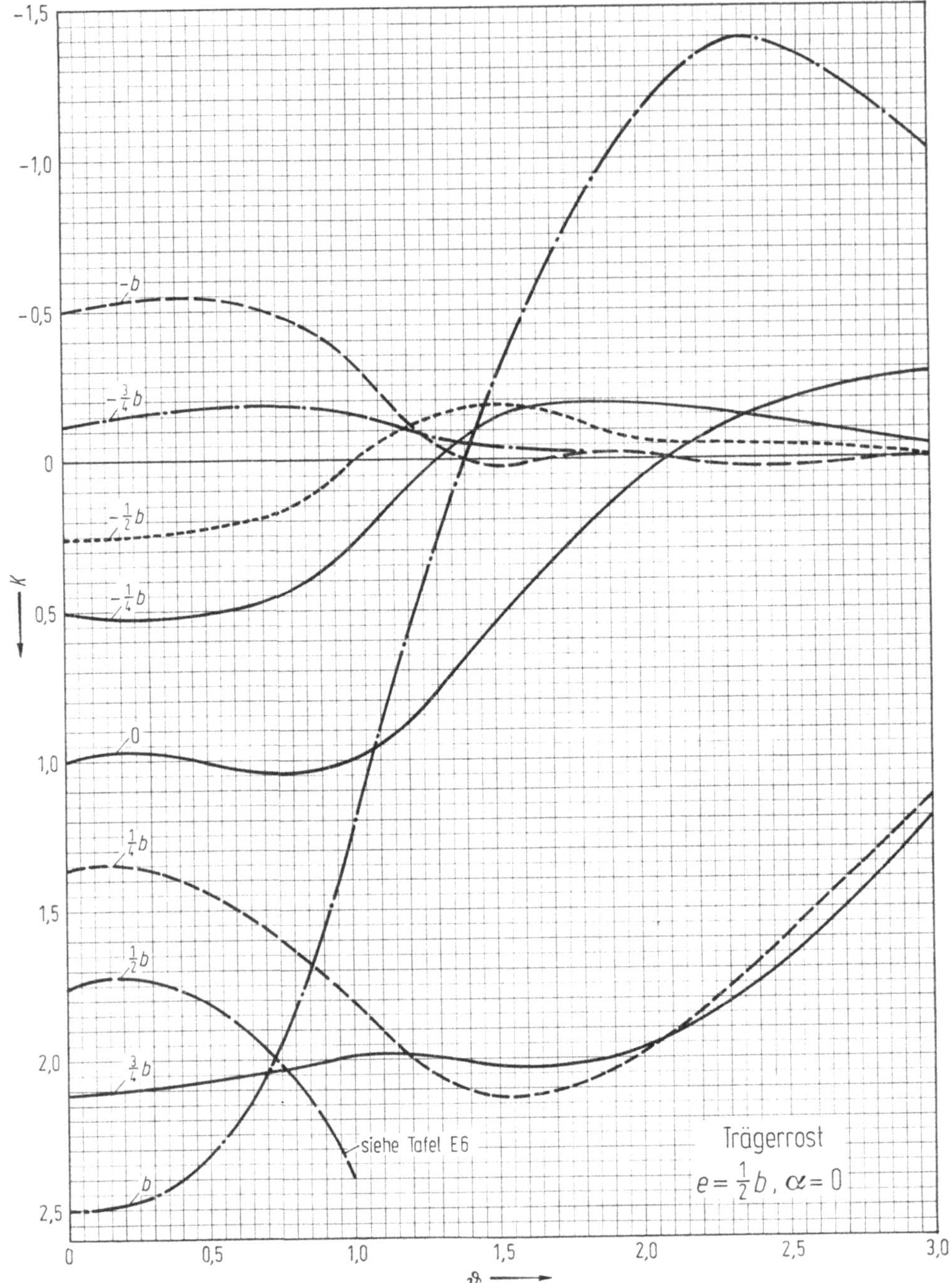
-1,5
-1,0
-0,5
-b
-¾b
0
-½b
-¼b
K
0,5
0
1,0
¼b
1,5
½b
2,0
¾b
siehe Tafel E6
b
2,5
0
0,5
1,0
1,5
2,0
2,5
3,0
ϑ
Trägerrost
e = ½b, α = 0

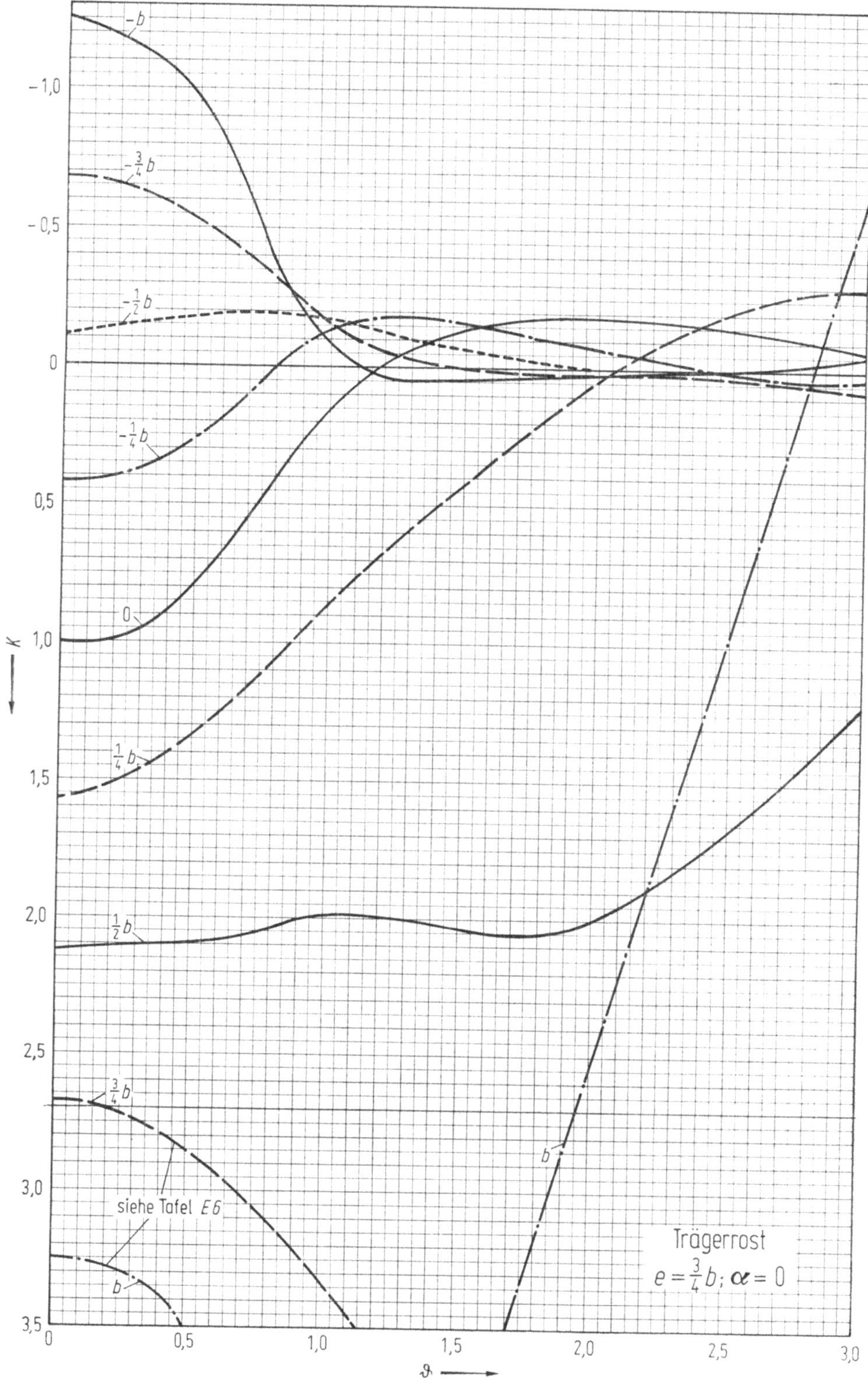
Tafel E 4
429
$-b$
$-\frac{3}{4}b$
$-\frac{1}{2}b$
$-\frac{1}{4}b$
0
$\frac{1}{4}b$
$\frac{1}{2}b$
$\frac{3}{4}b$
siehe Tafel E6
b
b
Trägerrost
$e=\frac{3}{4}b;\ \alpha=0$
$-1,0$
$-0,5$
0
$0,5$
$1,0$
$1,5$
$2,0$
$2,5$
$3,0$
$3,5$
ϑ
k
0
$0,5$
$1,0$
$1,5$
$2,0$
$2,5$
$3,0$

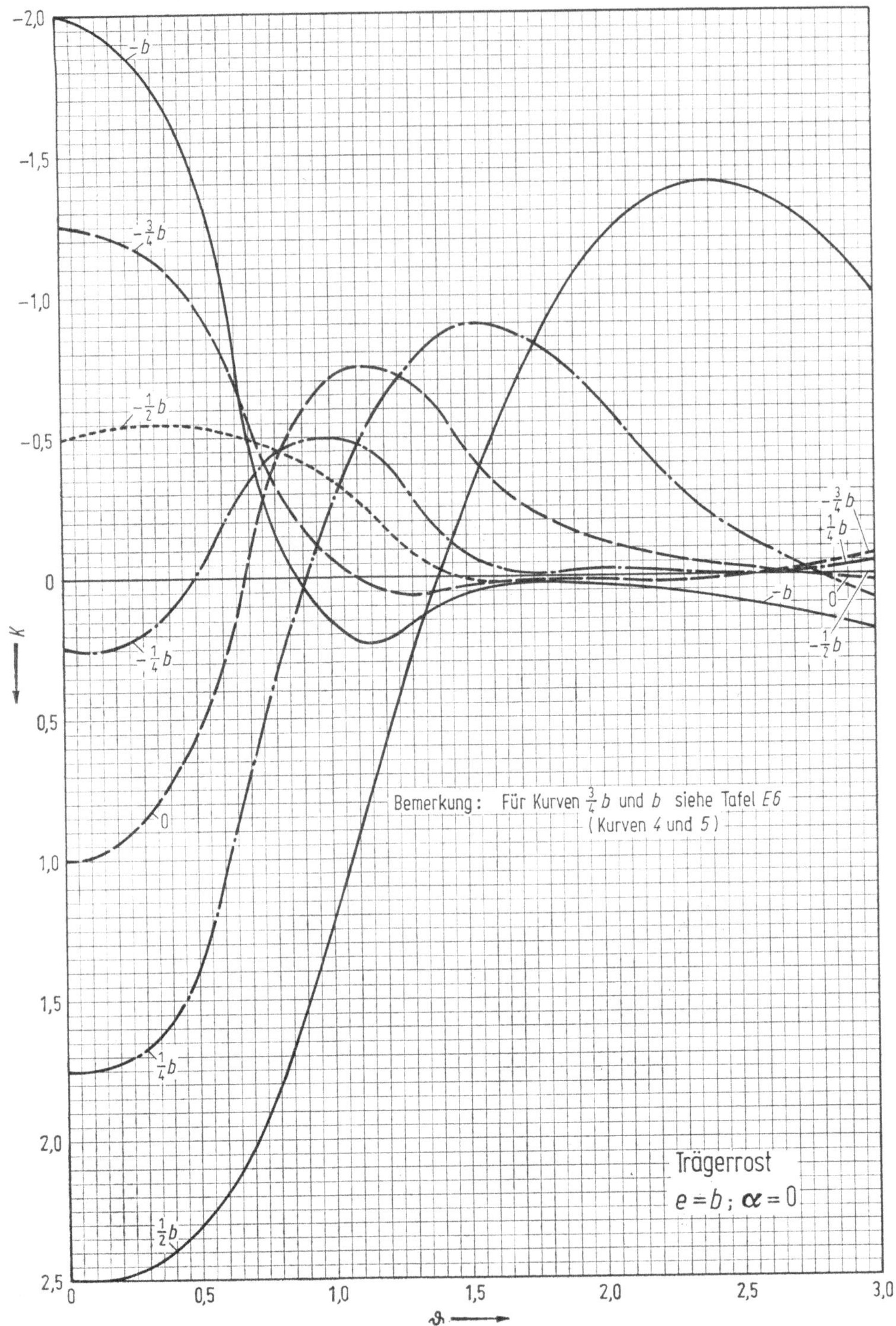
-b
-¾b
-½b
-¼b
0
¼b
½b
-¾b
-¼b
-b
-½b
0
Bemerkung: Für Kurven ¾b und b siehe Tafel E6
(Kurven 4 und 5)
Trägerrost
e = b ; α = 0
K
ϑ
-2,0
-1,5
-1,0
-0,5
0
0,5
1,0
1,5
2,0
2,5
0
0,5
1,0
1,5
2,0
2,5
3,0

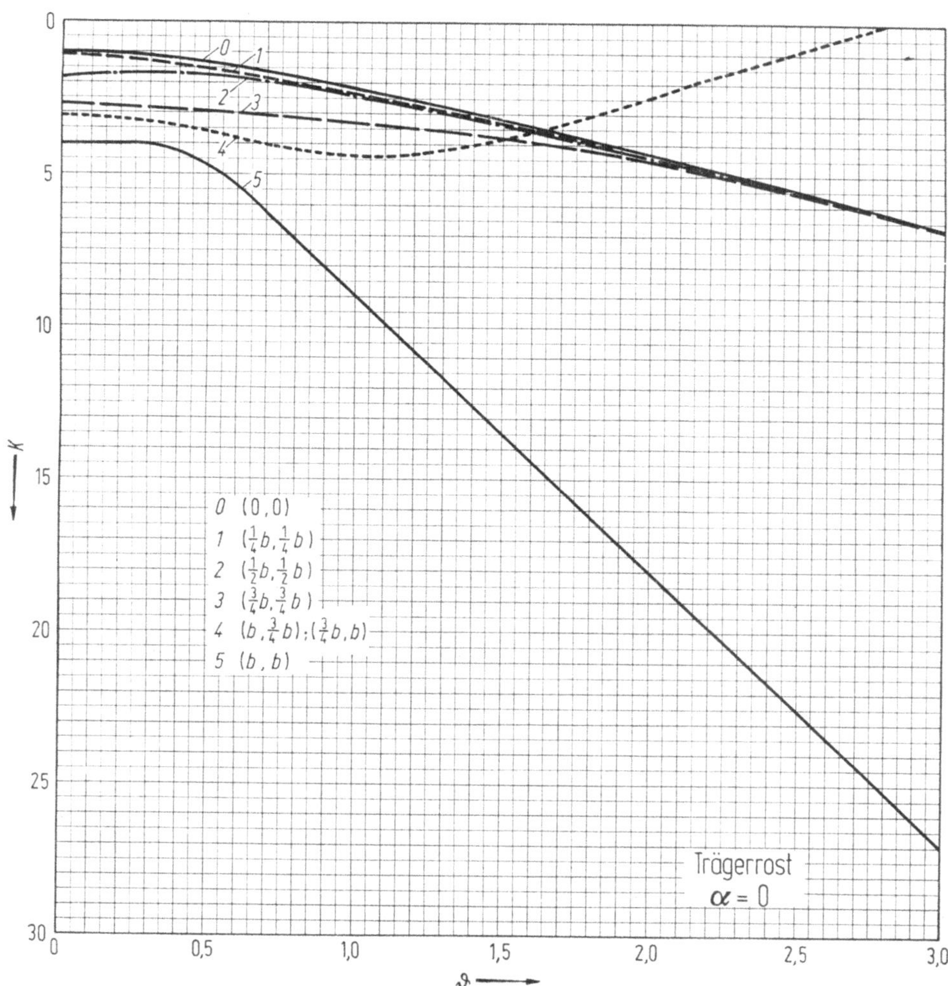
0 (0,0)
1 (¼b, ¼b)
2 (½b, ½b)
3 (¾b, ¾b)
4 (b, ¾b); (¾b, b)
5 (b, b)
Trägerrost
α = 0

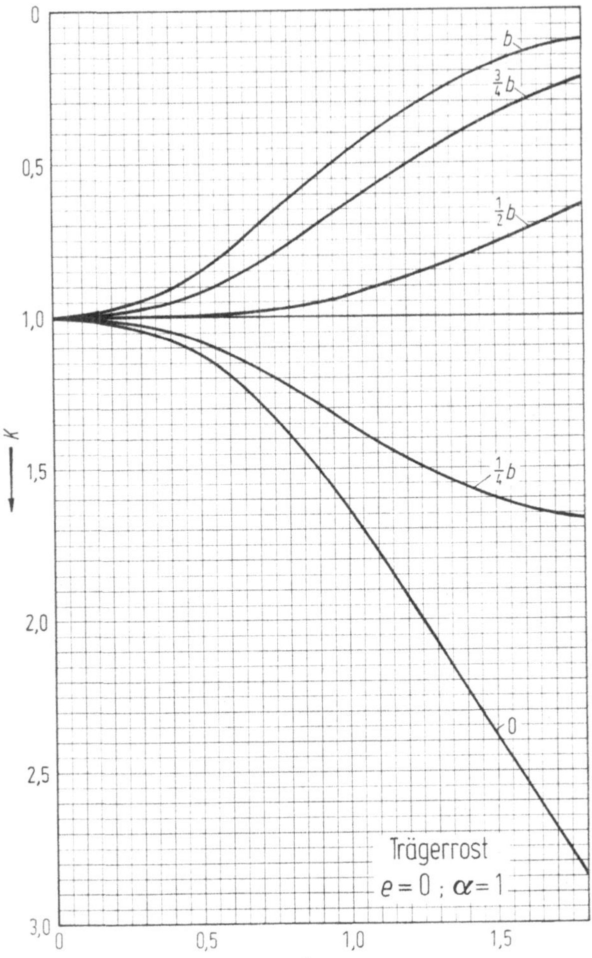
0
0,5
1,0
1,5
2,0
2,5
3,0
K
b
3/4 b
1/2 b
1/4 b
0
Trägerrost
e = 0 ; α = 1
0
0,5
1,0
1,5
ϑ

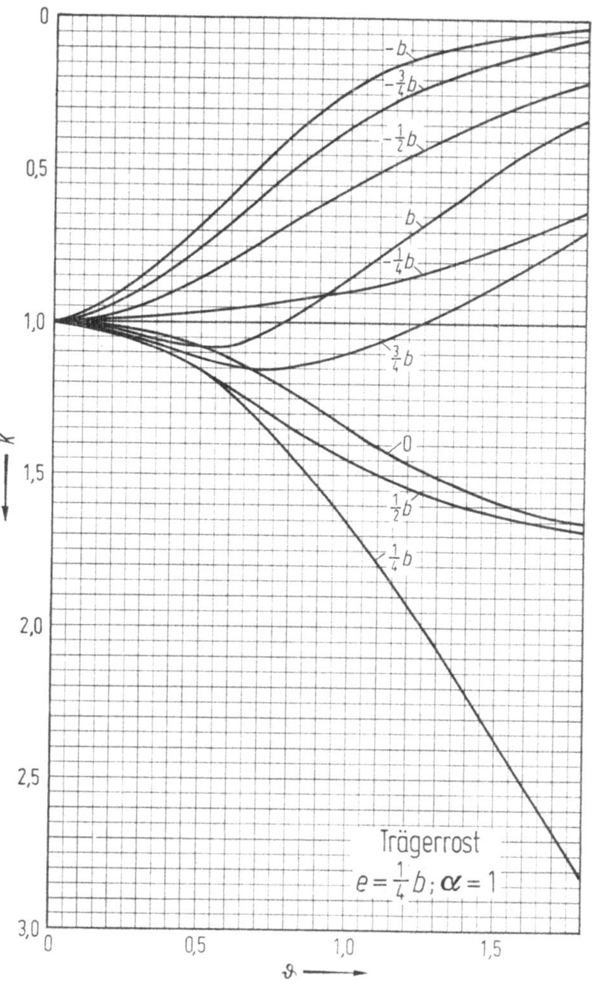
0
0,5
1,0
1,5
2,0
2,5
3,0
K
$-b$
$-\frac{3}{4}b$
$-\frac{1}{2}b$
b
$-\frac{1}{4}b$
$\frac{3}{4}b$
0
$\frac{1}{2}b$
$\frac{1}{4}b$
Trägerrost
$e=\frac{1}{4}b;\ \alpha=1$
0,5
1,0
1,5
ϑ

Tafel E 9

-b
-¾b
-½b
-¼b
0
b
¼b
¾b
½b
K
0
0,5
1,0
1,5
2,0
2,5
3,0
0
0,5
1,0
1,5
ϑ
Trägerrost
e = ½ b; α = 1

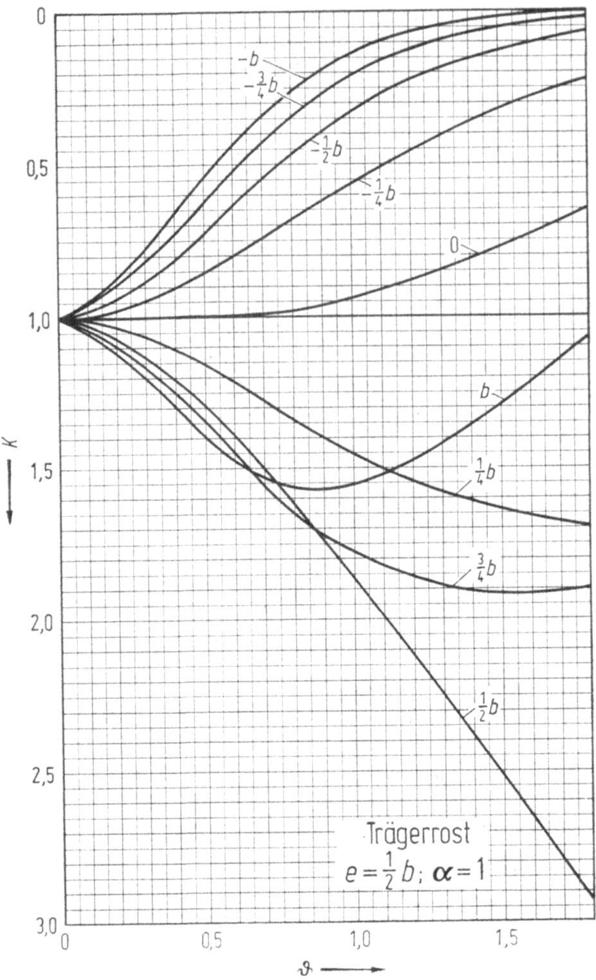

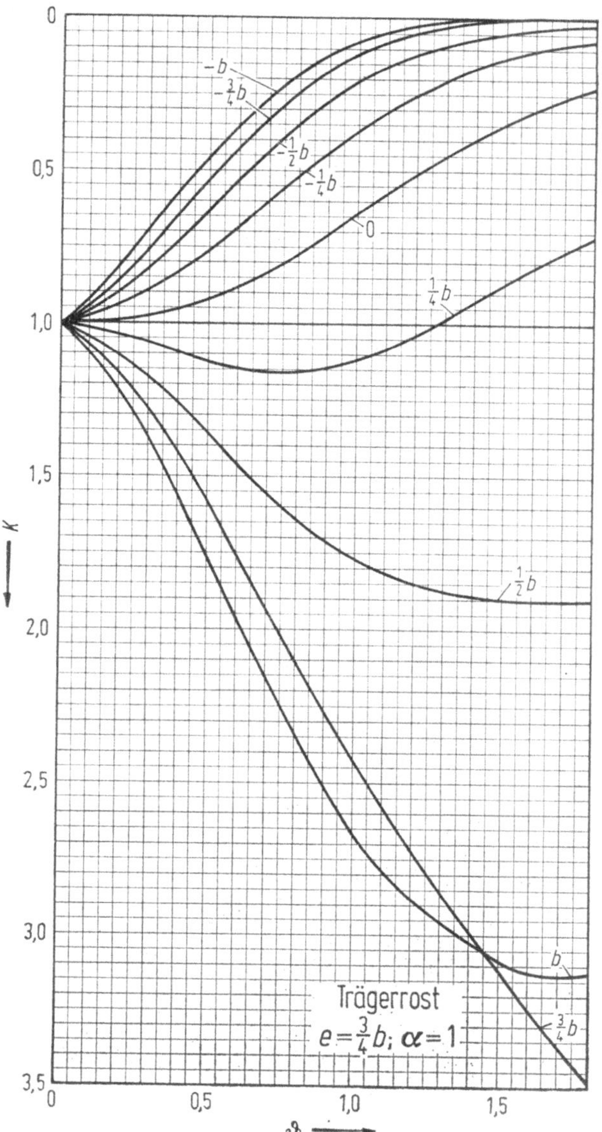
0
—b
−¾b
−½b
−¼b
0
¼b
½b
b
¾b
K
0,5
1,0
1,5
2,0
2,5
3,0
3,5
0,5
1,0
1,5
Trägerrost
e = ¾b; α = 1
ϑ

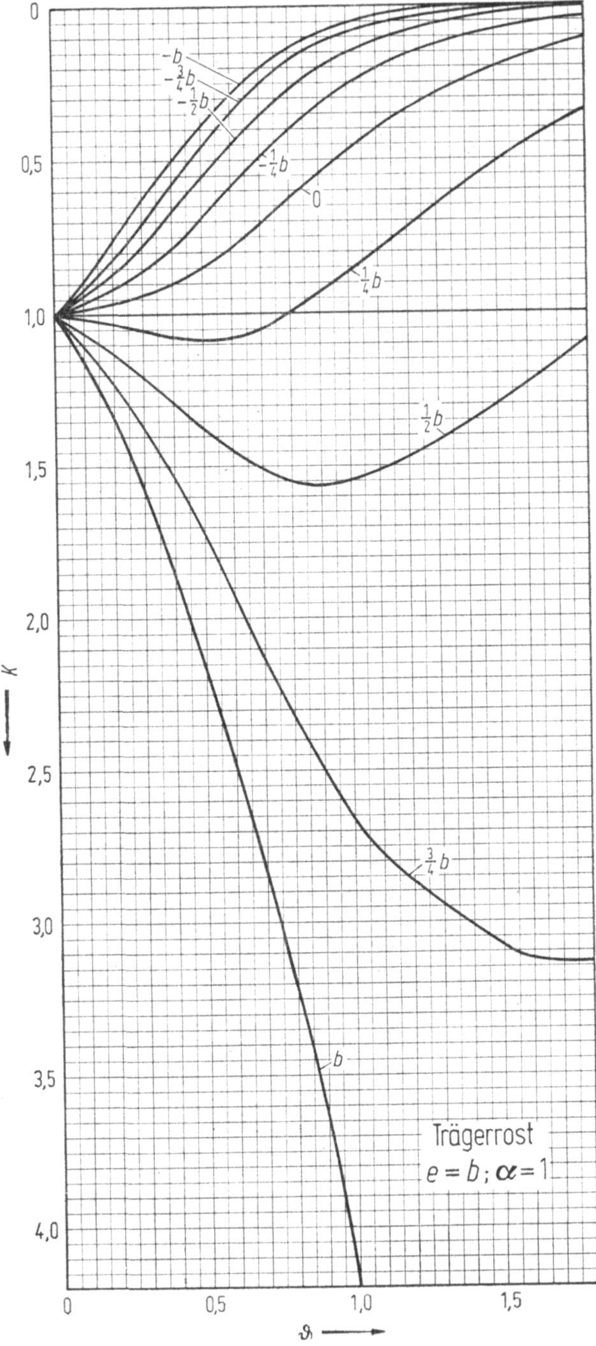

−b
−¾b
−½b
−¼b
0
¼b
½b
¾b
b
Trägerrost
e = b; α = 1
K
ϑ
0
0,5
1,0
1,5
2,0
2,5
3,0
3,5
4,0
0,5
1,0
1,5

Sachverzeichnis